应用拓扑学

徐罗山　毛徐新　何青玉　著

科学出版社

北京

内 容 简 介

本书以点集拓扑核心内容为基础，从经典拓扑和内蕴拓扑的应用出发，结合理论计算机科学和信息科学等进一步阐述无点化拓扑、Domain 理论、数字拓扑与数字图像信息处理、形式概念分析与广义近似空间理论 (粗糙集理论)、宇宙拓扑模型等. 全书共 12 章. 第 1—3 章是点集拓扑的经典内容；第 4 章为范畴论基本概念和无点化拓扑；第 5—8 章是序结构理论及拓扑学在 Domain 理论中的应用；第 9 章是数字拓扑及在数字图像处理方面的应用；第 10 章是关于形式背景的序结构和拓扑理论；第 11 章是广义近似空间和抽象知识库的拓扑理论；第 12 章是对宇宙空间拓扑模型的探讨等.

本书既可作为数学、理论计算机及相关专业的研究生的教学用书，也可作为各相关专业的研究生、教师与研究人员的参考书.

图书在版编目(CIP)数据

应用拓扑学/徐罗山，毛徐新，何青玉著. —北京：科学出版社，2022.6
ISBN 978-7-03-072437-3

Ⅰ. ①应… Ⅱ. ①徐… ②毛… ③何… Ⅲ. ①拓扑–研究 Ⅳ. ①O189

中国版本图书馆 CIP 数据核字(2022) 第 094841 号

责任编辑：李静科 李 萍／责任校对：樊雅琼
责任印制：吴兆东／封面设计：无极书装

科学出版社 出版
北京东黄城根北街 16 号
邮政编码：100717
http://www.sciencep.com

北京中科印刷有限公司印刷
科学出版社发行 各地新华书店经销

*

2022 年 6 月第 一 版 开本：720×1000 1/16
2025 年 1 月第三次印刷 印张：26 1/2
字数：530 000
定价：178.00 元
(如有印装质量问题，我社负责调换)

序

在微积分中, 极限是最重要的概念. 柯西首先用 ε-δ 语言给出了极限的严格定义, 从而结束了早期微分概念的含糊性和歧义性, 为现代分析学奠定了严密、坚实的基础. 尝试摆脱代数运算而在更广的结构上定义极限的第一步是引入度量空间. 但度量本身的定义还要借助实数的运算, 仍然有很大的局限. 那么有没有可能完全不利用实数而在任一集合里引入诸如极限、收敛、连续等概念呢? 极限、连续的本质到底是什么? 人们发现, 本质性的构造是每个点周围的那些由不同半径决定的 "邻域". 事实上, 只要给一个集合的每个点指定一族大大小小的 "邻域", 我们就可以定义序列的极限及映射的连续性. 对于邻域最基本的要求是每个点的邻域包含该点, 且两个邻域的交还是该点的邻域. 这样的构造称作一个邻域系. 利用邻域系, 我们可以定义开集: 一个子集 U 是开集, 如果对 U 中的每个点, U 都包含该点的一个邻域. 然后容易验证全体开集具有三个性质: 空集和最大的子集是开的; 任何两个开集的交是开的; 任意一族开集的并是开的. 一个集合 X 上的一族满足上面三个条件的子集称作 X 上的一个拓扑. 反过来, 给了 X 上的一个拓扑, 我们可以把该拓扑中所有包含一个点的开子集指定为该点的基本邻域. 由此可得到一个邻域系. 以这种方式, 可以建立拓扑与某种邻域系之间的对应. 比起邻域系, 拓扑的定义更简洁, 所以现在人们多使用拓扑作为建立极限理论的一般结构. 一个集合加上其上的一个拓扑叫做一个拓扑空间. 这样一来, 一个纯粹基于集合论, 为极限及相关理论提供的最一般的平台就建立起来了. 之后, 人们对拓扑空间的方方面面进行了全方位、深入细致的研究. 比如, 引入并讨论了诸如 T_0、T_1、T_2、正则、正规等分离性; 紧致性、仿紧性、可数紧等紧致性; 各种连通性; 以及度量空间、一致空间、近性空间等特殊空间类. 从而发展建立了庞大的枝繁叶茂的点集拓扑学 (又称为一般拓扑学) 理论. 拓扑结构已被公认为是数学的三大母结构之一.

在完善建立拓扑学自身的同时, 人们再次把眼光投向与其他学科的联系. Martial Stone 的表示定理的出现让人们看到了拓扑与序结构、代数结构的深层联系. Stone 的切身体会 "A cardinal principle of modern mathematics research may be stated as a maxim: One must always topologize" (现代数学研究的一个基本原则也许应该表述为: 人们必须应用拓扑) 更是让人们意识到了拓扑的价值. Stone 的工作也真正开辟了由代数结构构造非平凡拓扑空间的方向, 为拓扑学注入了崭新的活力. 诸如同伦、同调论的发展、完善, 进一步丰富加深了拓扑与代数的联系. 代数拓扑在当今的数据分析里也得到本质性应用, 已发展成为 "拓扑数据分析" 理论. 20 世纪 70 年代, Dana Scott 在寻找 λ-演算的语义时建立了 Domain 理论, 其中一个很重要的概念是 Scott 拓扑. Scott 拓扑的出现让人们又一次看见了拓扑与一般序结构的强大的、多层次的联系. 更重要的是, Scott 拓扑的研究也极大地深化、丰富了人们对非 Hausdorff 拓扑空间价值的认知. 无点化拓扑、形式概念分析及数字拓扑的研究也是相关拓扑应用的领域. 目前发表点集拓扑文章较多的杂志, 一个是《拓扑及其应用》(*Topology and Its Applications*), 另一个是《应用拓扑》(*Applied Topology*), 都鲜明地强调应用拓扑之重要.

在这部专著里, 作者把重点放在拓扑与其他结构的联系及其应用上.

第 1—3 章涵盖了一般拓扑的比较完整的基本理论, 第 4—12 章比较详细地、多视角地展示了范畴论、Locale 理论、Domain 理论的方方面面, 各种相关的偏序集上的内蕴拓扑、数字拓扑、形式概念分析以及拓扑分解与宇宙拓扑模型假说. 整体内容安排合理, 自我完备, 叙述及证明明了易懂. 对一些难点的处理有独到之处. 每一部分还附有适当的练习题.

书中很多内容都是作者参与做出的重要结果, 广泛、丰富、深刻. 所涉及的许多课题属于依然十分活跃的前沿研究领域. 这是难得的既提供完整基础理论也展示最新研究成果的专著. 能在一本书里, 把这么多有关应用拓扑的成果、课题有机地连接在一起, 实为不易. 相信读过该书的读者一定会喜欢上它.

徐罗山教授是一位勤奋认真、治学严谨的学者, 也是我相知几十年的老朋友. 他所带领的团队在该书所涉及的许多领域都做出了非常出色的工作. 衷心祝贺该书的出版, 也希望更多的读者能从中受益.

赵东升

2021 年 11 月

于新加坡南洋理工大学

前　言

拓扑学是一门年轻的学科, 它成为一门学科是 20 世纪初的事情, 距今不过 100 多年. 在拓扑学的世界里, 左脚的鞋与右脚的鞋是没有区别的, 身上的衣服可以不解纽扣脱下来. 之所以有这种情况是因为人们将鞋和衣服想象为有足够弹力的材料制成的, 人们的思路开阔了, 观点就高了. 正是这新的观点引导人们从现实世界走进了奇妙的拓扑世界. 拓扑学的主要思想动机是甩掉直观性强的 "度量", 寻求连续形变之下几何图形的不变的性质——拓扑性质, 如正方形可以经压缩或拉伸变为圆形, 其大小等度量性质变了, 但连成一片的性质 (连通性) 没变. 经过许多大数学家, 如 Hausdorff, Fréchet, Poincaré, Urysohn 等的努力, 拓扑学今天已成为一门基础学科并渗透到数学各领域及数学以外诸多学科之中, 应用也极其广泛.

拓扑学今天已成长为参天大树, 具有众多分支.

点集拓扑或称一般拓扑, 是以集合论为基础, 讲述拓扑学的基本概念、理论和方法. 主要研究一般拓扑空间的拓扑性质, 如连通性、分离性、可数性和紧致性等. 点集拓扑为其他分支和学科提供基础.

代数拓扑, 其思想是将具有较好性质的拓扑空间与群或群的序列联系起来. 利用群、环等代数结构、概念和方法研究较为常见的拓扑空间, 特别是与欧氏空间 $\mathbb{R}^n$ 的子空间同胚的空间. 研究同伦群 (基本群)、同调群等拓扑性质, 这些性质在更广的同伦变换下不变.

微分拓扑, 利用微分的方法, 借助于数学分析的研究手法, 研究具有局部欧氏性质的光滑空间和在微分同胚下不变的性质.

格上拓扑, 是推广的点集拓扑, 它建立在格论的基础上, 研究格上拓扑空间的与格的序性质相关的拓扑性质等, 从而有更多的代数和序论色彩.

无点化拓扑, 以范畴论作为工具, 把具有某种分配律的完备格作为拓扑来研究, 是一种广义拓扑空间理论. 既有拓扑特点又有序论和代数的色彩.

还有集论拓扑、几何拓扑、数字拓扑等更细致的分支, 就不一一介绍了.

拓扑学作为基本的数学工具在数学学科中广泛运用自不必说, 在其他自然科学学科, 如理论物理、生物学、空间科学等学科中有应用也是比较容易知晓的, 且是大量存在的, 但在理论计算机科学和信息科学中也能有所应用则是不太容易预料的. 由图灵奖得主 Dana Scott 在 20 世纪 70 年代初开创的 Domain 理论, 其基本目的是为计算机程序语言的指称语义学提供数学模型, 是理论计算机科学的数学基础之一. 内蕴拓扑是刻画 Domain 的有力工具, 使得理论计算机科学成为拓扑学成功应用的重要学科之一. 信息学科中的形式概念分析和粗糙集理论也有大量拓扑式研究成果. 总之, 拓扑学在不断地向各个学科渗透中而得到应用. 本书目的之一就是尽可能起到抛砖引玉的作用, 使读者们受到启发, 寻求拓扑学的更多、更重要的应用.

拓扑学研究方法偏重公理化, 又具有一定的构造性色彩. 今天已成为众多研究领域的工具和思考问题的思想方法. 现在总体看来, 拓扑学的应用主要体现在思想方法和理论方面, 体现在拓扑的思想方法和基础理论在众多学科中的渗透. 需要说明的是, 许多学科中提到的拓扑, 如计算机网络拓扑、生物 DNA 的结构拓扑等, 并不是严格意义上的拓扑, 而是借用了拓扑的弹性思想来表达的有关学科的概念和结论, 也可算作拓扑学在这些学科的渗透和实际应用.

按法国 Bourbaki 学派的观点, 代数结构、序结构和拓扑结构是数学中的三大母结构, 足见拓扑结构, 或说拓扑学在数学大家庭中的地位. 然而, 大众眼中的拓扑学似乎是神秘的, 看不见摸不着, 很难理解, 更难自然而又准确地被运用于解决实际问题. 即使让有经验的拓扑学家来解释什么是拓扑学, 也很难让人立刻领悟其深意, 这也许就是拓扑学到 20 世纪初才真正形成一门独立学科的根本原因. 我们正是基于让更多人了解、理解拓扑学, 先于本书之前出版了教材《应用拓扑学基础》(北京: 科学出版社, 2021). 在此基础上, 我们本着深入反映拓扑学在多学科中的渗透和应用, 反映代数结构、序结构和拓扑结构的交叉而考虑撰写本书的.

在本书的撰写过程中, 作者得到了许多专家、学者的关心和帮助. 湖南大学的李庆国教授, 陕西师范大学的李生刚、韩胜伟教授, 汕头大学的杨忠强教授, 山东大学的刘华文教授, 淮北师范大学的姜广浩教授, 江苏第二师范学院的卢涛教授和南京信息工程大学的姚卫教授等审阅了部分书稿, 提出了诸多有益的建议; 江苏师范大学的杨凌云、奚小勇副教授和盐城师范学院的李高林副教授对书稿进行了全面审阅, 提出了许多有价值的修改建议; 研究生吴国俊在学习过程中也发现原稿中的一些不妥, 使得我们得以及时纠正; 新加坡南洋理工大学的赵东升教授审阅了书稿, 提出了宝贵建议, 对本书的出版给予了极大支持并为本书作序. 在此, 作者对他们的付出一并表示感谢!

本书得到了扬州大学出版基金资助, 也得到了国家自然科学基金项目 (No. 11671008, 11701500)、江苏省自然科学基金项目 (BK20170483) 和扬州大学数学科学学院江苏省 "十三五" 重点学科 (数学一级学科) 建设经费等的资助. 一并表示感谢!

同时, 感谢科学出版社李静科等编辑高效而细致的工作.

　　本书是基于作者多年教学和研究工作而写成的, 书中的大部分专题内容都已正式发表, 并且各部分都经过多次讨论修改. 尽管如此, 限于作者的水平, 书中的不妥之处仍在所难免, 希望各位专家和读者提出宝贵意见.

徐罗山　　　毛徐新　　　何青玉

扬州大学　　南京航空航天大学　扬州大学

2021 年 11 月

目　　录

序

前言

第 1 章　集合论基础 ·· 1

1.1　集合及其基本运算 ·· 1

1.2　关系、映射与偏序 ·· 3

1.2.1　关系与映射 ·· 3

1.2.2　等价关系 ·· 5

1.2.3　预序、偏序及全序 ·· 6

1.2.4　集族及其运算 ·· 9

1.3　基数与序数 ·· 11

1.4　选择公理与 Zorn 引理 ·· 14

第 2 章　拓扑空间及拓扑性质 ·· 16

2.1　拓扑与拓扑空间 ·· 16

2.2　开集、闭集、闭包及内部 ·· 20

2.3　基与子基 ·· 24

2.4　连续映射与同胚 ·· 27

2.5　拓扑空间构造方法 ·· 30

2.5.1　子空间 ·· 30

2.5.2　和空间 ·· 32

2.5.3　积空间 ·· 33

2.5.4　商拓扑与商空间 ·· 35

2.6　可分性与可分空间 ·· 38

2.7　可数性与可数性空间 ·· 39

2.8　连通性与连通空间 ·· 43

2.9　分离性与 T_i 空间 ··· 49

2.10　紧致性与紧致空间 ··· 55

2.11　仿紧性与仿紧空间 ··· 60

第 3 章　收敛理论与拓扑概念刻画 ······································ 63

3.1　网的收敛理论 ·· 63

　　　　3.1.1　网及其收敛 ···································· 63

　　　　3.1.2　收敛类和拓扑 ································ 68

　　3.2　集合滤子及其收敛 ································ 70

　　3.3　紧致性的收敛式刻画 ···························· 74

　　3.4　列紧性与度量空间的完备性 ······················ 79

第 4 章　范畴论基础与无点化拓扑 ························ 85

　　4.1　范畴与函子 ···································· 85

　　4.2　自然变换与泛态射 ································ 89

　　4.3　伴随函子与反射子范畴 ·························· 93

　　4.4　骨架范畴与范畴等价 ···························· 97

　　4.5　Galois 联络 ···································· 100

　　4.6　分配格、Boole 代数与 Heyting 代数 ················ 102

　　　　4.6.1　半格、格和分配格 ······················ 102

　　　　4.6.2　Boole 格与完备 Boole 代数 ················ 105

　　　　4.6.3　Heyting 代数与伪补 ······················ 106

　　4.7　Locale 与空间式 Locale ·························· 108

　　4.8　子 Locale 与几类特殊 Locale ······················ 115

　　　　4.8.1　子 Locale ································ 115

　　　　4.8.2　凝聚 Locale ······························ 117

　　　　4.8.3　正则 Locale ······························ 119

　　　　4.8.4　紧 Locale ································ 120

　　　　4.8.5　连通 Locale ······························ 121

　　4.9　Stone 空间与 Boole 格表示定理 ···················· 122

第 5 章　拓扑空间的特殊化序与连续 domain ················ 125

　　5.1　拓扑空间的特殊化序 ···························· 125

　　5.2　偏序集基础 ···································· 127

　　5.3　双小于关系与连续偏序集 ························ 132

　　5.4　基和嵌入基 ···································· 134

　　5.5　映射像的连续性 ································ 139

　　5.6　S-超连续偏序集 ································ 142

　　5.7　连续格与完全分配格 ···························· 146

第 6 章　内蕴拓扑与多种连续性的拓扑刻画 ················ 154

　　6.1　偏序集上的内蕴拓扑 ···························· 154

　　6.2　连续偏序集的内蕴拓扑刻画 ······················ 162

6.3　强连续偏序集 ·· 169

　　6.3.1　强逼近关系与强连续性 ····························· 170

　　6.3.2　下可遗传 Scott 拓扑 ································· 171

　　6.3.3　局部 Scott 拓扑 ····································· 172

　　6.3.4　偏序集上几种连续性的关系 ······················ 173

6.4　连续格与入射 T_0 空间 ······························ 176

6.5　交连续偏序集 ·· 179

6.6　拟连续偏序集 ·· 183

6.7　偏序集中的下收敛与 Lawson 拓扑 ················ 191

6.8　超连续偏序集 ·· 197

6.9　C-连续偏序集 ·· 201

　　6.9.1　C-逼近关系与 C-连续性 ·························· 201

　　6.9.2　拟 C-连续偏序集 ··································· 205

　　6.9.3　Scott 闭集格的 C-代数性 ························ 208

　　6.9.4　交 C-连续偏序集 ·································· 209

6.10　具有同构 Scott 闭集格的 dcpo ··················· 214

　　6.10.1　C_σ-决定 dcpo ······························ 217

　　6.10.2　Γ-忠实 dcpo 类 ··································· 221

第 7 章　**L-domain 与 FS-domain** ························· 226

7.1　L-domain 和 sL-domain 的函数空间刻画 ········· 226

7.2　有限分离映射与 FS-domain ························· 232

7.3　QFS-domain ·· 236

7.4　性质 M* 和 Lawson 紧性 ···························· 246

第 8 章　**形式拓扑与 Domain 幂构造** ·················· 254

8.1　形式拓扑与形式球 ··· 254

　　8.1.1　形式拓扑 ··· 254

　　8.1.2　度量空间的形式球 ································· 263

8.2　Domain 的幂构造 ··· 264

　　8.2.1　Hoare 幂 ·· 265

　　8.2.2　Smyth 幂 ··· 266

8.3　QFS-domain 的幂 ··· 268

第 9 章　**数字拓扑** ··· 272

9.1　数字轴与数字平面 ··· 273

9.2　数字拓扑的序结构 ··· 276

9.3　数字平面的特殊子集 ·· 280

9.4　数字图像处理 ··· 283

第 10 章　形式背景的概念格与拓扑 ······························· 287

10.1　形式背景的概念格 ··· 287

10.2　形式背景与拓扑空间 ··· 292

10.2.1　形式背景诱导拓扑空间 ······························· 292

10.2.2　拓扑空间诱导形式背景 ······························· 294

10.3　形式背景的分离性与 AE-紧致性 ······························· 296

10.3.1　形式背景的分离性 ··································· 296

10.3.2　形式背景的 AE-紧致性 ······························· 301

10.4　形式背景的 AE-仿紧性 ··· 304

第 11 章　广义近似空间与抽象知识库的拓扑 ······················· 311

11.1　近似算子与诱导拓扑 ··· 311

11.2　广义近似空间的分离性 ······································· 316

11.3　广义近似空间的紧致性和连通性 ······························· 323

11.4　广义近似空间中各种集族的序结构 ····························· 326

11.5　粗糙连续映射与拓扑连续映射 ································· 335

11.5.1　粗糙连续映射 ······································· 336

11.5.2　拓扑连续映射 ······································· 337

11.5.3　粗糙同胚性质和拓扑同胚性质 ························· 338

11.5.4　广义近似空间范畴 ··································· 340

11.6　知识库及其相对约简与拓扑约简 ······························· 343

11.7　抽象知识库及其多种约简 ····································· 352

第 12 章　拓扑分解与宇宙拓扑模型假说 ··························· 360

12.1　拓扑的双射转移 ··· 360

12.2　紧 T_2 分解拓扑 ··· 362

12.3　n 维球面粘点空间 ··· 365

12.4　宇宙学基本学说 ··· 366

12.4.1　爱因斯坦宇宙学说 ··································· 367

12.4.2　相对空间与相对时间 ································· 368

12.4.3　宇宙的几何与物理性状 ······························· 369

12.4.4　宇宙的大爆炸学说 ··································· 371

12.4.5　物质–反物质宇宙学说 ······························· 371

12.4.6　宇宙的中心与边界 ··································· 372

　　　12.4.7　时间穿梭的可能性——虫洞 ·······················373

　　12.5　宇宙拓扑模型假说 ·································373

参考文献 ···376

符号说明 ···388

名词索引 ···392

第 1 章　集合论基础

第 1—3 章介绍 "朴素集合论" 和一般拓扑基础知识, 一些用到而未说明的概念和符号读者可参见本书的前篇《应用拓扑学基础》[205]. 本章从 "集合" 和 "元素" 两个基本概念出发介绍集合运算、关系与偏序、映射、集合的序数和选择公理等.

1.1　集合及其基本运算

集合是由某些具有某种共同特点的个体构成的全体. 这些个体称为集合的**元素或元**. 我们通常用大写字母 $A, B, \cdots$ 表示集合, 小写字母 $a, b, \cdots$ 表示集合的元素. 如果 a 是 A 的元素, 记作 $a \in A$, 读作 a **属于** A. 如果 a 不是 A 的元素, 则记作 $a \notin A$, 读作 a **不属于** A.

我们常用写出集合全体元素都满足的共同性质的方法来表示集合. 例如 $A = \{x \mid x$ 是小于 4 的正整数 $\}$. 在这里, 花括号表示 "$\cdots$ 的集合", 竖线表示 "使得" 这个词, 整个式子读作 "A 是所有使得 x 为小于 4 的正整数 x 的集合". 又例如 $\{x \mid x^2 = 4,$ 且 x 是正整数 $\}$ 是由一个元素 2 构成的集合. 凡由一个元素构成的集合, 常称为**独点集或单点集**. 此外, 也常将一个有限集合的所有元素列举出来, 再加花括号以表示这个集合. 例如 $\{a, b, c\}$ 表示由元素 a, b, c 构成的集合. 习惯上, 用 $\mathbb{N}$ 表示全体自然数构成的集合, 含 0; 用 $\mathbb{Z}$ 表示全体整数构成的集合, $\mathbb{Q}$ 表示全体有理数构成的集合, $\mathbb{R}$ 表示全体实数构成的集合, $\mathbb{Z}_+$ 表示全体正整数构成的集合, $\mathbb{Q}_+$ 表示全体正有理数构成的集合.

一个集合也可以没有元素. 例如平方等于 2 的有理数的集合. 这种没有元素的集合称为**空集**, 记作 $\varnothing$.

如果集合 A 与 B 的元素完全相同, 就称 A 与 B **相等**, 记作 $A = B$, 否则就称 A 与 B **不相等**, 记作 $A \neq B$.

如果 A 的每一个元素都是 B 的元素, 就称 A 是 B 的**子集**, 记作 $A \subseteq B$ 或 $B \supseteq A$, 分别读作 A **包含于** B 或 B **包含** A.

定理 1.1.1　设 A, B, C 是集合, 则

(1) $A \subseteq A$;

(2) 若 $A \subseteq B, B \subseteq A$, 则 $A = B$;

(3) 若 $A \subseteq B, B \subseteq C$, 则 $A \subseteq C$.

我们认为空集包含于任一集合, 从而可以得到结论: 空集是唯一的.

如果 $A \subseteq B$ 且 $A \neq B$, 即 A 的每一个元素都是 B 的元素, 但 B 中至少有一个元素不是 A 的元素, 就称 A 是 B 的**真子集**, 记作 $A \subset B$, $A \subsetneqq B$ 或 $B \supset A$, $B \supsetneqq A$, 分别读作 A **真包含于** B 或 B **真包含** A.

属于一个集合的元素可以是各式各样的. 特别地, 属于某集合的元素, 其本身也可以是一个集合. 为了强调这个特点, 这类集合常称为**集族**, 并用花写字母 $\mathcal{A}$, $\mathcal{B}$, $\cdots$ 表示. 例如, 令 $\mathcal{A} = \{\{1\}, \varnothing\}$, 则它的元素分别是独点集 $\{1\}$ 和空集.

设 X 是一个集合, 我们常用 $\mathcal{P}(X)$, $\mathcal{P}X$ 或 2^X 表示 X 的所有子集构成的集合, 称为集合 X 的**幂集**. 例如, 集合 $\{a, b\}$ 的幂集 $\mathcal{P}(\{a, b\}) = \{\{a\}, \{b\}, \{a, b\}, \varnothing\}$.

给定两个集合 A, B, A 中所有元素及 B 中所有元素可以组成一个集合, 称为集合 A 与 B 的**并**, 记作 $A \cup B$, 即 $A \cup B = \{x \mid x \in A$ 或 $x \in B\}$. 在此采用 "或" 字并没有两者不可兼的意思, 也就是说既属于 A 又属于 B 的元素也属于 $A \cup B$. 如果取 A 与 B 的公共部分, 这个集合称为集合 A 与 B 的**交**, 记作 $A \cap B$, 即 $A \cap B = \{x \mid x \in A$ 且 $x \in B\}$. 若集合 A 与 B 没有公共元素, 即 $A \cap B = \varnothing$, 则称 A 与 B **不相交**, 或相交为空集.

在讨论具体问题时, 所涉及的各个集合往往都是某特定的集合 U 的子集. 我们称这样的特定的集合 U 为**宇宙集**或**基础集**. 在基础集 U 明确的情况下, 设集 $A, B \subseteq U$, 则集合 $\{x \mid x \notin A\}$ 称为 A 的**余集**, 或**补集**, 记作 A^c. 集合 A 关于集合 B 的差集是 $B \cap A^c$, 或者记作 $B - A$, 即 $B - A = \{x \mid x \in B$ 且 $x \notin A\}$. 这样的集又称为 B 与 A 之**差**.

集合的并、交、差三种运算之间, 有以下的运算律.

定理 1.1.2　设 A, B, C 是集合, 则以下等式成立:

(1) (幂等律) $A \cup A = A$, $A \cap A = A$;

(2) (交换律) $A \cup B = B \cup A$, $A \cap B = B \cap A$;

(3) (结合律) $(A \cup B) \cup C = A \cup (B \cup C)$, $(A \cap B) \cap C = A \cap (B \cap C)$;

(4) (分配律) $(A \cap B) \cup C = (A \cup C) \cap (B \cup C)$, $(A \cup B) \cap C = (A \cap C) \cup (B \cap C)$;

(5) (De Morgan 律) $A - (B \cup C) = (A - B) \cap (A - C)$, $A - (B \cap C) = (A - B) \cup (A - C)$.

在解析几何中, 于平面上建立笛卡儿直角坐标系后, 平面上的每一点对应着唯一的有序实数对. 可以把有序实数对概念推广到一般集合上. 给定集合 A, B, 集合 $\{(x, y) \mid x \in A, y \in B\}$ 称为 A 与 B 的**笛卡儿积**, 或称**乘积**, 记作 $A \times B$. 在**有序对** (x, y) 中, x 称为第一个**坐标**, y 称为第二个坐标; A 称为 $A \times B$ 的第一个**坐标集**, B 称为 $A \times B$ 的第二个坐标集. 集合 A 与自身的笛卡儿积 $A \times A$ 常记作 A^2.

例 1.1.3　平面点集 $\mathbb{R}^2 = \mathbb{R} \times \mathbb{R}$ 是所有有序实数对 (x, y) 构成的集合.

两个集合的笛卡儿积定义可以推广到任意有限个集合的情形. 对于任意 n 个集合 A_1, A_2, $\cdots$, A_n, n 为正整数, 集合 $\{(x_1, x_2, \cdots, x_n) \mid x_1 \in A_1, x_2 \in A_2, \cdots, x_n \in A_n\}$ 称为 A_1, A_2, $\cdots$, A_n 的**笛卡儿积**, 记作 $A_1 \times A_2 \times \cdots \times A_n$, 其中 $(x_1, x_2, \cdots, x_n)$ 为有序 n **元组**, x_i $(1 \leqslant i \leqslant n)$ 称为 $(x_1, x_2, \cdots, x_n)$ 的第 i 个坐标, A_i $(1 \leqslant i \leqslant n)$ 称为 $A_1 \times A_2 \times \cdots \times A_n$ 的第 i 个坐标集. 常记 n 个集合 A 的笛卡儿积为 A^n. 例如, $\mathbb{R}^n$ 表示 n 个实数集 $\mathbb{R}$ 的笛卡儿积.

习 题 1.1

1. 设 A 是集合. 试判断以下关系式的正误:

$$A = \{A\}, \quad A \subseteq \{A\}, \quad A \in \{A\}, \quad \varnothing \in \varnothing, \quad \varnothing \subseteq \varnothing, \quad \varnothing \subseteq \{\varnothing\}.$$

2. 列出 $\mathcal{P}(\mathcal{P}(\varnothing))$ 和 $\mathcal{P}(\mathcal{P}(\mathcal{P}(\varnothing)))$ 的全体元素.

3. 设 A, B_1, B_2, $\cdots$, B_n 是集合, n 为正整数. 证明:

(1) $A \cap (\bigcup_{i=1}^{n} B_i) = \bigcup_{i=1}^{n} (A \cap B_i)$, $A \cup (\bigcap_{i=1}^{n} B_i) = \bigcap_{i=1}^{n} (A \cup B_i)$;

(2) $A - (\bigcup_{i=1}^{n} B_i) = \bigcap_{i=1}^{n} (A - B_i)$, $A - (\bigcap_{i=1}^{n} B_i) = \bigcup_{i=1}^{n} (A - B_i)$.

4. 设 A, B 是集合. 定义 $A \oplus B = (A - B) \cup (B - A)$, 称为 A 与 B 的**对称差**. 证明集合的对称差运算满足交换群公理, 即:

(1) $A \oplus B = B \oplus A$;

(2) $A \oplus \varnothing = A$;

(3) 对于任意集合 A, 存在 $\widetilde{A}$ 使 $A \oplus \widetilde{A} = \varnothing$;

(4) $(A \oplus B) \oplus C = A \oplus (B \oplus C)$.

5. 集合 $A \times B$ 为有限集是否蕴涵着 A 与 B 都是有限集?

6. 设 X, Y 是集合且 A, $B \subseteq X$, C, $D \subseteq Y$. 证明:

(1) $(A \times C) \cap (B \times D) = (A \cap B) \times (C \cap D)$;

(2) $(A \cup B) \times (C \cup D) = (A \times C) \cup (A \times D) \cup (B \times C) \cup (B \times D)$.

1.2 关系、映射与偏序

1.2.1 关系与映射

定义 1.2.1 若 R 是集合 X 与 Y 的笛卡儿积 $X \times Y$ 的一个子集, 即 $R \subseteq X \times Y$, 则称 R 是从 X 到 Y 的一个**关系**. 如果 $(x, y) \in R$, 则称 x 与 y 是 R-**相关的**, 并记作 xRy. 若 $A \subseteq X$, 则称集合 $\{y \in Y \mid$ 存在 $x \in A$, 使得 $xRy\}$ 为集合 A 对于关系 R 而言的**像集**, 并记作 $R(A)$.

定义 1.2.2 从集合 X 到 X 的关系称为集合 X 上的**关系**. 关系 $\triangle(X) = \{(x, x) \mid x \in X\}$ 称为**恒同关系**或者**对角线关系**, 常简写 $\triangle(X)$ 为 $\triangle$.

定义 1.2.3　(1) 设 R 是从集合 X 到 Y 的一个关系. 则集合 $\{(y,x) \in Y \times X \mid xRy\}$ 是从 Y 到 X 的一个关系, 称为关系 R 的**逆**, 记作 R^{-1}. 若 $B \subseteq Y$, 则 X 的子集 $R^{-1}(B)$ 是集合 B 的 R^{-1} 像集, 也称为集合 B 对于关系 R 而言的**原像集**.

(2) 若 R 是集合 U 上的关系, 则 $R^c = \{(x,y) \in U \times U \mid (x,y) \notin R\}$ 也是 U 上的关系, 称为 R 的**补关系**.

定义 1.2.4　设 R 是从 X 到 Y 的关系, S 是从 Y 到 Z 的关系. 则集合 $\{(x,z) \in X \times Z \mid$ 存在 $y \in Y$ 使 xRy 且 $ySz\}$ 是从 X 到 Z 的一个关系, 称为关系 R 与 S 的**复合**, 记作 $S \circ R$.

设 R 是 X 上的关系. 则记 $R^2 = R \circ R$, 一般地, 记 $R^n = R \circ R^{n-1}$.

容易验证关系的逆与复合运算之间有以下的运算律, 证明从略.

定理 1.2.5　设 R 是从集合 X 到 Y 的一个关系, S 是从集合 Y 到 Z 的一个关系, T 是从集合 Z 到 W 的一个关系. 则

(1) $(R^{-1})^{-1} = R$;

(2) $(S \circ R)^{-1} = R^{-1} \circ S^{-1}$;

(3) $T \circ (S \circ R) = (T \circ S) \circ R$.

数学分析中的函数、群论中的同态、线性代数中的线性变换等概念都有赖于下面所讨论的映射概念.

定义 1.2.6　设 R 是从集合 X 到 Y 的一个关系. 如果对每一 $x \in X$, 存在唯一 $y \in Y$ 使 xRy, 则称 R 为从集合 X 到 Y 的**映射**, 并记作 $R: X \to Y$. 此时 X 称为映射 R 的**定义域**, Y 称为映射 R 的**陪域**. 对每一 $x \in X$ 使得 xRy 的那个唯一 $y \in Y$ 称为 x 的**像或值**, 记作 $R(x)$. 称 $R(X) = \{R(x) \mid x \in X\}$ 为映射 R 的**值域**. 对于每一个 $y \in Y$, 如果存在 $x \in X$ 使 xRy, 则称 x 是 y 的一个**原像**, y 的全体原像集记作 $R^{-1}(y)$.

注意 $y \in Y$ 可以没有原像, 也可以有不止一个原像.

今后, 常用小写字母 $f, g, h, \cdots$ 表示映射. 下一个定理说明求映射的原像集运算保持集合的并、交、差.

例 1.2.7　设 X 是集合, $A \subseteq X$. 定义 $i_A: A \to X$ 使 $\forall a \in A, i_A(a) = a$. 则易证 i_A 是映射. 称映射 i_A 为从 A 到 X 的包含映射, 简称**包含映射**. 包含映射有时简记为 $i: A \to X$. 集合 X 到 X 的包含映射特别称为恒同**映射**或恒等**映射**, 记作 id_X 或 $\mathrm{Id}_X: X \to X$.

定理 1.2.8　设 $f: X \to Y$ 是从集合 X 到 Y 的映射. 若 $W, V \subseteq X$, $A, B \subseteq Y$, 则

(1) $f^{-1}(A \cup B) = f^{-1}(A) \cup f^{-1}(B)$;

(2) $f^{-1}(A \cap B) = f^{-1}(A) \cap f^{-1}(B)$;

(3) $f^{-1}(A - B) = f^{-1}(A) - f^{-1}(B)$;

(4) $f(W \cup V) = f(W) \cup f(V)$.

定理 1.2.8 说明, 求映射的像集运算保并, 而求原像集运算保并、交、差.

下一定理在证明涉及映射像集的包含式时很有用, 我们把它叫做映射像引理.

定理 1.2.9 (映射像引理) 设 $f : X \to Y$ 是映射, $A \subseteq X$, $B \subseteq Y$. 则 $A \subseteq f^{-1}(B)$ 当且仅当 $f(A) \subseteq B$.

证明 设 $A \subseteq f^{-1}(B)$. 下证 $f(A) \subseteq B$. 对任意 $y \in f(A)$, 存在 $x \in A$ 使得 $y = f(x)$. 由 $A \subseteq f^{-1}(B)$ 知 $y = f(x) \in B$. 从而 $f(A) \subseteq B$. 反过来, 设 $f(A) \subseteq B$. 则对任意 $x \in A$, 由 $f(A) \subseteq B$ 知 $f(x) \in B$. 从而 $x \in f^{-1}(B)$. 故 $A \subseteq f^{-1}(B)$. □

定理 1.2.10 设 $f : X \to Y$, $g : Y \to Z$ 均为映射. 则 f 与 g 的复合 $g \circ f$ 是从集合 X 到 Z 的映射, 即 $g \circ f : X \to Z$ 为映射.

证明 注意到映射是特殊的关系, 由定义 1.2.4 和定义 1.2.6 直接可得. □

定义 1.2.11 设 $f : X \to Y$ 是映射. 若 Y 中每个元关于映射 f 都有原像, 即 $f(X) = Y$, 则称 f 是**满射**; 若 X 中不同的元关于映射 f 的像是 Y 中不同的元, 即对任意 $x_1, x_2 \in X$, 当 $x_1 \neq x_2$ 时, 有 $f(x_1) \neq f(x_2)$, 则称 f 是**单射**; 若 f 既是单射也是满射, 则称 f 是**一一映射**或**一一对应**, 或双射.

下一定理的证明从略. 根据该定理, 一一映射也称为**可逆映射**.

定理 1.2.12 设 $f : X \to Y$ 是一一映射, 则 f^{-1} 是从集合 Y 到 X 的一一映射 (可记作 $f^{-1} : Y \to X$). 并有 $f^{-1} \circ f = \mathrm{id}_X$, $f \circ f^{-1} = \mathrm{id}_Y$.

定义 1.2.13 设 X, Y 是集合, $A \subseteq X$. 若映射 $f : X \to Y$ 和 $g : A \to Y$ 满足条件 $g \subseteq f$, 即 $\forall x \in X$, 有 $f(x) = g(x)$, 则称 g 是 f 的**限制**, 也称 f 是 g 的一个扩张, 记作 $g = f|_A$.

若 $f : X \to Y$ 为映射, $f(X) \subseteq D \subseteq Y$, 则 $f^\circ : X \to D$ 使任意 $a \in X$, $f^\circ(a) = f(a)$ 也是映射, 称为 f 的一个**余限制**. 本书说的余限制如无说明是指 $D = f(X)$ 的情形.

定义 1.2.14 定义 n 个集合 $X_1, X_2, \cdots, X_n$ 的笛卡儿积 $X_1 \times X_2 \times \cdots \times X_n$ 到它的第 i 个坐标集 X_i 的**投影映射** $p_i : X_1 \times X_2 \times \cdots \times X_n \to X_i$ 使得对任意 $(x_1, x_2, \cdots, x_n) \in X_1 \times X_2 \times \cdots \times X_n$, $p_i(x_1, x_2, \cdots, x_n) = x_i$ $(1 \leqslant i \leqslant n)$. 投影映射简称为**投影**.

1.2.2 等价关系

定义 1.2.15 设 R 是集合 X 上的关系, $x, y, z \in X$.

(1) (自反性) 若由 $x \in X$ 可得 xRx, 即 $\triangle(X) \subseteq R$, 则称 R 是**自反关系**;

(2) (对称性) 若由 xRy 可得 yRx, 则称 R 是**对称关系**;

(3) (反对称性) 若由 xRy 和 yRx 可得 $x = y$, 则称 R 是**反对称关系**;

(4) (传递性) 若由 xRy 和 yRz 可得 xRz, 则称 R 是**传递关系**;

(5) 若 R 同时满足自反性、对称性和传递性, 则称 R 是**等价关系**.

例 1.2.16 恒同关系 $\triangle(X)$ 是集 X 上的一个等价关系, $X \times X$ 也是 X 上的一个等价关系.

定义 1.2.17 设 R 为集合 X 上的等价关系, $x, y \in X$. 若 xRy, 则称 x, y 是 **R-等价**的. 集合 X 的子集 $\{z \in X \mid zRx\}$ 称为 x 的**R-等价类**, 记作 $[x]_R$ 或简单地记作 $[x]$. 任何一个 $z \in [x]_R$ 都称为 R-等价类 $[x]_R$ 的**代表元**. 集族 $\{[x]_R \mid x \in X\}$ 称为集合 X 关于等价关系 R 的**商集**, 记作 X/R. 映射 $q : X \to X/R$ 定义为对任意 $x \in X$, $q(x) = [x]_R$, 称 q 为**自然投射**或粘合映射.

直观上, 可以把商集 X/R 看成是把集合 X 关于等价关系 R 的每个等价类 $[x]_R$ 粘合成一点而得到的集合, 因此映射 $q : X \to X/R$ 也称为粘合映射.

1.2.3 预序、偏序及全序

定义 1.2.18 (1) 集合 L 上的一个关系如果是自反的和传递的, 则称该关系是 L 上的一个**预序**, 记作 $\leqslant_L$, 简记为 $\leqslant$, 并称 $(L, \leqslant)$ 是**预序集**, 或简称 L 是预序集. 习惯上, 用 $x < y$ 表示 $x \leqslant y$ 且 $x \neq y$.

(2) 设 $\leqslant$ 是集合 L 上的一个预序. 若 $\leqslant$ 是反对称的, 则称 $\leqslant$ 是 L 上的一个**偏序**, 称 $(L, \leqslant)$ 是**偏序集**. 在不引起混淆的情况下, $(L, \leqslant)$ 可简记为 L.

(3) 设 $(L, \leqslant)$ 是偏序集. 若 $\forall x, y \in L$, 有 $x \leqslant y$ 或 $y \leqslant x$, 则称 $\leqslant$ 是 L 上的一个**全序**, 称 $(L, \leqslant)$ 是一个**全序集**或线性序集, 或链.

(4) 集合 L 上的偏序关系 $\leqslant$ 的逆关系仍然是 L 上的一个偏序关系, 称为 $\leqslant$ 的**对偶偏序**, 记作 $\leqslant^{op}$. 相应地, 赋予对偶偏序的集合 L 可记作 $(L, \leqslant^{op})$, 或简记为 L^{op}.

例 1.2.19 幂集 $\mathcal{P}(X)$ 上子集的包含关系是偏序关系, 实数集 $\mathbb{R}$ 上通常的小于等于关系是一个全序关系. 在任一集 X 上定义关系 "$\leqslant$" 使 $\forall x, y \in X, x \leqslant y$ 当且仅当 $x = y$. 则 $\leqslant$ 是 X 上的一个偏序, 称为 X 上的**离散序**.

定义 1.2.20 设 $(L, \leqslant)$ 是一个预序集, D 是 L 的非空子集.

(1) 若 $\forall a, b \in D$, 存在 $c \in D$, 使得 $a \leqslant c, b \leqslant c$, 则称 D 是 L 的**定向集**或上定向集.

(2) 若 $\forall a, b \in D$, 存在 $c \in D$, 使得 $c \leqslant a, c \leqslant b$, 则称 D 是 L 的**滤向集**或下定向集.

(3) 设 D 是 L 的定向集, $E \subseteq D$. 若 $\forall d \in D$, 存在 $e \in E$ 使 $e \geqslant d$, 则称 E 是 D 的**共尾子集**.

显然, 全序集都是定向集, 定向集的共尾子集仍为定向集, 正偶数集是正整数集的共尾子集. 注意定向集和滤向集一定是非空集.

定义 1.2.21 设 $(L, \leqslant)$ 是一个预序集, $X \subseteq L, a \in L$.

(1) 若 $\forall x \in X$, 有 $x \leqslant a$, 则称 a 是 X 的一个**上界**.

(2) 若 $\forall x \in X$, 有 $a \leqslant x$, 则称 a 是 X 的一个**下界**.

一般来说, X 的上界或下界未必存在. 即使存在也未必唯一, 并且未必属于 X.

定义 1.2.22 设 $(L, \leqslant)$ 是一个偏序集, $a \in L$.

(1) 若 $\forall x \in L$, 有 $x \leqslant a$, 则称 a 是 L 的**最大元**或**顶元**, 常记为 1 或 $\top$.

(2) 若 $\forall x \in L$, 有 $a \leqslant x$, 则称 a 是 L 的**最小元**或**底元**, 常记为 0 或 $\bot$.

(3) 若 $\forall x \in L, a \leqslant x \Longrightarrow a = x$, 则称 a 是 L 的**极大元**; 用 $\max(L)$ 表示 L 的全体极大元之集, 也称 $\max(L)$ 为 L 的**极大点集**.

(4) 若 $\forall x \in L, x \leqslant a \Longrightarrow a = x$, 则称 a 是 L 的**极小元** (或是 L 的**原子**); 用 $\min(L)$ 表示 L 的全体极小元之集, 也称**极小点集**.

对于全序集, 最大元与极大元、最小元与极小元分别是一致的, 但未必存在.

定义 1.2.23 设 $(L, \leqslant)$ 是一个偏序集, $X \subseteq L$.

(1) 若集合 X 的所有上界之集有最小元, 则称该元为 X 的**上确界**, 记作 $\vee X$ 或 $\sup X$.

(2) 若集合 X 的所有下界之集有最大元, 则称该元为 X 的**下确界**, 记作 $\wedge X$ 或 $\inf X$.

特别地, 若 $X = \{x, y\}$, 则记 $\vee X = x \vee y, \wedge X = x \wedge y$. 若 $X = \varnothing$, 则 L 的每一个元都是它的上界, 也都是它的下界. 于是 $\varnothing$ 有没有上确界与下确界, 分别取决于 L 有没有最小元与最大元. 若 L 有最大元 1 与最小元 0, 则 $\vee \varnothing = 0, \wedge \varnothing = 1$.

上确界又常称为**并**, 下确界又常称为**交**.

定义 1.2.24 设 $(L, \leqslant)$ 是一个偏序集, $X \subseteq L, a, b \in L$. 则记

(1) $\downarrow X = \{y \in L \mid$ 存在 $x \in X$ 使得 $y \leqslant x\}$.

(2) $\uparrow X = \{y \in L \mid$ 存在 $x \in X$ 使得 $x \leqslant y\}$.

(3) $\downarrow a = \downarrow\{a\} = \{y \in L \mid y \leqslant a\}$.

(4) $\uparrow b = \uparrow\{b\} = \{y \in L \mid b \leqslant y\}$.

我们称:

(5) X 是**下集**当且仅当 $X = \downarrow X$.

(6) X 是**上集**当且仅当 $X = \uparrow X$.

(7) X 是**理想**当且仅当 X 是定向的下集. L 中全体理想之集记为 $\mathrm{Idl}(L)$.

(8) X 是**滤子**当且仅当 X 是滤向的上集. L 中全体滤子之集记为 $\mathrm{Filt}(L)$.

(9) 形如 $\downarrow a$ 的集合称为**主理想**, 形如 $\uparrow b$ 的集合称为**主滤子**.

任意有限偏序集必有极大元与极小元, 但是未必有最大元与最小元. 对于一般偏序集, 若最大元与最小元存在, 则由于反对称性, 它们分别是唯一的极大元与

极小元. 对于偏序集中的子集, 其上确界或下确界未必存在. 若某种确界存在, 则由反对称性可知必是唯一的.

定义 1.2.25　设 $(L, \leqslant)$ 是一个偏序集, $S \subseteq L$. 对任意 $x, y \in S$, 规定 $x \leqslant_S y$ 当且仅当 $x \leqslant y$. 易见 $\leqslant_S$ 是 S 上的一个偏序. 称 $(S, \leqslant_S)$ 是 $(L, \leqslant)$ 的一个**子偏序集**, 偏序 $\leqslant_S$ 是 S 上的**继承序**, 也可简记为 $\leqslant$.

定义 1.2.26　设 $(L_1, \leqslant_1)$, $(L_2, \leqslant_2)$ 是偏序集. 在笛卡儿积 $L_1 \times L_2$ 上规定

$$(x_1, y_1) \leqslant (x_2, y_2) \Longleftrightarrow x_1 \leqslant_1 x_2 \text{ 且 } y_1 \leqslant_2 y_2.$$

易见 $\leqslant$ 是 $L_1 \times L_2$ 上的偏序. 称 $(L_1 \times L_2, \leqslant)$ 是偏序集 L_1 和 L_2 的**乘积**, 偏序 $\leqslant$ 称为笛卡儿积 $L_1 \times L_2$ 上的**乘积序**, 亦称**点式序**.

在本书中, 如无特别说明, 笛卡儿积 $L_1 \times L_2$ 上的偏序均为乘积序.

例 1.2.27　设实数集 $\mathbb{R}$ 上赋予通常的小于等于关系. 则 $\mathbb{R} \times \mathbb{R}$ 上的乘积序为: $(x_1, x_2) \leqslant (y_1, y_2)$ 当且仅当 $x_1 \leqslant y_1$ 和 $x_2 \leqslant y_2$. 这个乘积序是一个偏序而不是全序.

定义 1.2.28　设 L 为集合, $(P, \leqslant)$ 是偏序集. 在集合 $\{h \mid h : L \to P \text{为映射}\}$ 上规定偏序使得对任意 $f, g \in \{h \mid h : L \to P \text{为映射}\}$,

$$f \leqslant g \Longleftrightarrow \forall x \in L, f(x) \leqslant g(x).$$

易见 $\leqslant$ 是 $\{h \mid h : L \to P \text{为映射}\}$ 上的一个偏序. 称该偏序为**点式序**, 也称为**逐点序**.

为了从全序集的乘积获得全序集, 下面介绍全序集乘积上的字典序.

定义 1.2.29　设 $(A, \leqslant_A)$, $(B, \leqslant_B)$ 是全序集. 笛卡儿积 $A \times B$ 上的**字典序关系** $\leqslant_{A \times B}$ 定义为: $(x_1, y_1) \leqslant_{A \times B} (x_2, y_2) \Longleftrightarrow x_1 <_A x_2$ 或 $x_1 = x_2, y_1 \leqslant_B y_2$.

易证字典序关系是一个全序, 特别地, $\mathbb{R} \times \mathbb{R}$ 上的字典序是全序. 下面我们介绍有关偏序集之间一些映射的概念.

定义 1.2.30　设 $(L, \leqslant_L)$, $(M, \leqslant_M)$ 是偏序集, $f : L \to M$ 是映射.

(1) 若 $\forall x, y \in L$, $x \leqslant_L y \Longrightarrow f(x) \leqslant_M f(y)$, 则称 f 是**保序映射**或**单调映射**.

(2) 若 $\forall X \subseteq L$, $f(\vee X) = \vee f(X)$, 则称 f 为**保并映射**; 若 $\forall D \subseteq L$ 为定向集, 均有 $f(\vee D) = \vee f(D)$, 则称 f 为**保定向并**.

(3) 若 $\forall X \subseteq L$, $f(\wedge X) = \wedge f(X)$, 则称 f 为**保交映射**; 若 $\forall A \subseteq L$ 为滤向集, 均有 $f(\wedge A) = \wedge f(A)$, 则称 f 为**保滤向交**.

(4) 若 f 是保序双射, 并且 f^{-1} 是保序映射, 则称 f 是**序同构**. 若存在序同构 $f : L \to M$, 则称偏序集 L 与 M **同构**, 记作 $L \cong M$.

(5) 若对任意 $x, y \in L$, $x \leqslant y$ 当且仅当 $f(x) \leqslant f(y)$, 则称 f 是 L 到 M 的**序嵌入**.

注 1.2.31 (1) 定义 1.2.30(2), (3) 中对于 $X \subseteq L$, $f(\vee X) = \vee f(X)$ 或 $f(\wedge X) = \wedge f(X)$ 有双重含义：首先它表示当 $\vee X$ 和 $\wedge X$ 在 L 中分别存在时, $\vee f(X)$ 和 $\wedge f(X)$ 分别在 M 中也存在, 其次表示各等式两边的值相等.

(2) 容易验证若 f 是序同构, 则 f^{-1} 也是序同构.

(3) 不致混淆时, 不同的偏序集的偏序关系常用同一记号 $\leqslant$ 来表示.

例 1.2.32 集合 $L = \{\bot, \top, a, b\}$ 上赋予偏序：$\bot \leqslant a, b \leqslant \top$. 集合 $M = \{c_1, c_2, c_3, c_4\}$ 上赋予全序：$c_1 \leqslant c_2 \leqslant c_3 \leqslant c_4$. 映射 $f: L \to M$ 定义为 $f(\bot) = c_1$, $f(a) = c_2$, $f(b) = c_3$, $f(\top) = c_4$. 则 f 是偏序集 L 和 M 之间的一个保序双射, 但不是序同构.

1.2.4 集族及其运算

以前提到的集族 $\mathcal{A}$ 可以称为普通集族. 为了考虑集族运算时表达的方便, 我们要引入有标集族的概念.

定义 1.2.33 设 Γ 是一个集合, 若对任意 $\alpha \in \Gamma$, 指定一个集合 A_α, 则说给定了一个**有标集族**$\{A_\alpha\}_{\alpha \in \Gamma}$, 其中 Γ 称为集族 $\{A_\alpha\}_{\alpha \in \Gamma}$ 的**指标集**.

有标集族涉及的集合放在一起构成通常意义下的普通集族 $\{A_\alpha \mid \alpha \in \Gamma\}$, 这个普通集族 $\{A_\alpha \mid \alpha \in \Gamma\}$ 与有标集族 $\{A_\alpha\}_{\alpha \in \Gamma}$ 的不同在于, 普通集族仅与由哪些元素构成有关, 而与它的每一个元素由 Γ 的哪一个元素指定无关.

普通集族也可自然地看成是有标集族的特例. 设 $\mathcal{A}$ 为一个普通集族. 令 $\Gamma = \mathcal{A}$, 并对每一 $\alpha = A \in \Gamma$, 指定 $A_A = A$, 这样我们就得到一个以 $\Gamma = \mathcal{A}$ 为指标集的族 $\{A\}_{A \in \mathcal{A}}$. 按照这个做法, 我们常将 $\mathcal{A}$ 理解为用自己的元素来标号的有标集族 $\{A\}_{A \in \mathcal{A}}$, 并对两者不加区别. 因此, 下文对于有标集族定义的并与交运算对普通集族也当然有效.

指标集非空的有标集族简称为非空集族；指标集是空集的有标集族为空族 (集).

定义 1.2.34 给定有标集族 $\{A_\alpha\}_{\alpha \in \Gamma}$. 称集合 $\{x \mid$ 存在 $\alpha \in \Gamma$ 使 $x \in A_\alpha\}$ 为集族 $\{A_\alpha\}_{\alpha \in \Gamma}$ 的**并集**, 或并, 记作 $\bigcup_{\alpha \in \Gamma} A_\alpha$, 或 $\cup A_\alpha$. 当 $\Gamma \neq \varnothing$ 时, 称集合 $\{x \mid$ 对于任意 $\alpha \in \Gamma$ 有 $x \in A_\alpha\}$ 为集族 $\{A_\alpha\}_{\alpha \in \Gamma}$ 的**交集**, 或交, 记作 $\bigcap_{\alpha \in \Gamma} A_\alpha$, 或 $\cap A_\alpha$. 若对任意 $\alpha \in \Gamma$, 集合 A_α 都是集合 X 的子集, 则称集族 $\{A_\alpha\}_{\alpha \in \Gamma}$ 为基础集 X 的**子集族**. 当基础集 X 明确且 $\Gamma = \varnothing$ 时, 规定 $\bigcap_{\alpha \in \Gamma} A_\alpha = X$.

设 $\{A_\alpha\}_{\alpha \in \Gamma}$ 是一族集合, 若对任意 $\alpha, \beta \in \Gamma$, $\alpha \neq \beta$, 有 $A_\alpha \cap A_\beta = \varnothing$, 则称集族 $\{A_\alpha\}_{\alpha \in \Gamma}$ **两两不交**. 一族集合 $\{A_\alpha\}_{\alpha \in \Gamma}$ 的**无交并**定义为 $\bigcup_{\alpha \in \Gamma} (A_\alpha \times \{\alpha\})$, 记作 $\coprod_{\alpha \in \Gamma} A_\alpha$.

集合 A_1 和 A_2 的笛卡儿积 $A_1 \times A_2$ 中的元素 (x_1, x_2) 为一个映射 $\mathbf{x}: \{1, 2\} \to A_1 \cup A_2$ 满足：$\mathbf{x}(1) = x_1 \in A_1$, $\mathbf{x}(2) = x_2 \in A_2$. 利用这种观点, 可将有限个集合

的笛卡儿积推广为任意一族集合的笛卡儿积.

定义 1.2.35 集族 $\{A_\alpha\}_{\alpha\in\Gamma}$ 的**笛卡儿积** $\prod_{\alpha\in\Gamma}A_\alpha$ 定义为集合 $\{\mathbf{x}:\Gamma\to\bigcup_{\alpha\in\Gamma}A_\alpha\mid$ 对于任意 $\alpha\in\Gamma,\mathbf{x}(\alpha)\in A_\alpha\}$. 对任意 $\mathbf{x}\in\prod_{\alpha\in\Gamma}A_\alpha$, 称 $\mathbf{x}(\alpha)$ 为 $\mathbf{x}$ 的**第 α 个坐标**, 常改记为 x_α. 同时也可将 $\mathbf{x}$ 改记为 $(x_\alpha)_{\alpha\in\Gamma}$. 集合 $A_\alpha\ (\alpha\in\Gamma)$ 称为笛卡儿积 $\prod_{\alpha\in\Gamma}A_\alpha$ 的**第 α 个坐标集**.

若干个偏序集 $\{P_\alpha\}_{\alpha\in\Gamma}$ 的**乘积偏序集**定义为笛卡儿积 $\prod_{\alpha\in\Gamma}P_\alpha$ 上赋予偏序 $\leqslant$ 使得 $\forall x=(x_\alpha)_{\alpha\in\Gamma},y=(y_\alpha)_{\alpha\in\Gamma}\in\prod_{\alpha\in\Gamma}P_\alpha$, $x\leqslant y$ 当且仅当 $\forall\alpha\in\Gamma,x_\alpha\leqslant y_\alpha$.

对于任意 $\alpha\in\Gamma$, 称映射 $p_\alpha:\prod_{\alpha\in\Gamma}A_\alpha\to A_\alpha$ 满足对于任意 $\mathbf{x}\in\prod_{\alpha\in\Gamma}A_\alpha$, $p_\alpha(\mathbf{x})=\mathbf{x}(\alpha)$ 为笛卡儿积 $\prod_{\alpha\in\Gamma}A_\alpha$ 的**第 α 个投影 (映射)**.

若给定的集族 $\{A_\alpha\}_{\alpha\in\Gamma}$ 只涉及一个集合 X, 即对任意 $\alpha\in\Gamma$, 有 $A_\alpha=X$, 则笛卡儿积 $\prod_{\alpha\in\Gamma}A_\alpha$ 恰好是从集合 Γ 到 X 的所有映射构成的集合, 可简记为 X^Γ.

<h3 style="text-align:center">习　题　1.2</h3>

1. 设 $f:X\to Y$ 为映射, 且 $A\subseteq X$, $B\subseteq Y$. 证明:

(1) $f(A\cap f^{-1}(B))=f(A)\cap B$;

(2) $f(A-f^{-1}(B))=f(A)-B$;

(3) 若 f 是单射, 则 $f^{-1}(f(A))=A$;

(4) 若 f 是满射, 则 $f(f^{-1}(B))=B$.

2. 设 $f:X\to Y$, $g:Y\to Z$ 均为映射. 证明:

(1) 若 f,g 都是满射, 则 $g\circ f:X\to Z$ 也是满射;

(2) 若 $g\circ f$ 是满射, 则 g 也是满射;

(3) 若 f,g 都是单射, 则 $g\circ f:X\to Z$ 也是单射;

(4) 若 $g\circ f$ 是单射, 则 f 也是单射;

(5) 若 f,g 都是一一映射, 则 $g\circ f:X\to Z$ 也是一一映射;

(6) 若 $g\circ f=\mathrm{id}_X$, 则 f 是单射, g 是满射.

3. 设 $A=\{1,2,3,4\}$.

问: A 上共有多少个不同的二元关系? 又有多少个不同的等价关系?

4. 写出将 $S^1=\{(x,y)\in\mathbb{R}^2\mid x^2+y^2=1\}$ 的每对对径点粘合成一点的等价关系.

5. 对于平面的两个点 (x_0,y_0), (x_1,y_1), 当 $y_0-x_0^2=y_1-x_1^2$ 时规定它们是等价的.

证明: 这是一个等价关系并写出全部等价类.

6. 设 R 是 X 上的一个等价关系, $A\subseteq X$.

证明: $R_A=(A\times A)\cap R$ 是 A 上的一个等价关系, 且对任意 $x\in A$, $[x]_{R_A}=[x]_R\cap A$.

7. 证明: 偏序集的若干上集的并还是上集; 若干下集的交还是下集.

8. 设 $\leqslant$ 是集 L 上的一个预序. 证明:

(1) $E=\leqslant\cap\leqslant^{-1}$ 是 L 上的一个等价关系;

(2) 若在商集 L/E 上定义关系 $\leqslant_E:[x]_E\leqslant_E[y]_E\Longleftrightarrow x\leqslant y$, 则 $\leqslant_E$ 是偏序.

9. 证明: 偏序集中一个定向集若是有限集, 则该定向集一定有最大元.

10. 证明: 保定向并的映射一定保序.

11. 设 $\{A_\alpha\}_{\alpha\in\Gamma}$ 是有标集族, A 是集合. 证明:

(1) $A\cap(\bigcup_{\alpha\in\Gamma}A_\alpha)=\bigcup_{\alpha\in\Gamma}(A\cap A_\alpha)$, $A\cup(\bigcap_{\alpha\in\Gamma}A_\alpha)=\bigcap_{\alpha\in\Gamma}(A\cup A_\alpha)$;

(2) (集族运算的 De Morgan 律)

$$A-\left(\bigcup_{\alpha\in\Gamma}A_\alpha\right)=\bigcap_{\alpha\in\Gamma}(A-A_\alpha),$$

$$A-\left(\bigcap_{\alpha\in\Gamma}A_\alpha\right)=\bigcup_{\alpha\in\Gamma}(A-A_\alpha).$$

12. 设 R 是从集合 X 到 Y 的一个关系. 证明: 对集合 X 的任意子集族 $\{A_\alpha\}_{\alpha\in\Gamma}$ 有

(1) $R(\bigcup_{\alpha\in\Gamma}A_\alpha)=\bigcup_{\alpha\in\Gamma}R(A_\alpha)$;

(2) $R(\bigcap_{\alpha\in\Gamma}A_\alpha)\subseteq\bigcap_{\alpha\in\Gamma}R(A_\alpha)$.

13. 设 $f:X\to Y$ 为映射. 证明: 对集合 Y 的任意子集族 $\{B_\alpha\}_{\alpha\in\Gamma}$ 有

(1) $f^{-1}(\bigcup_{\alpha\in\Gamma}B_\alpha)=\bigcup_{\alpha\in\Gamma}f^{-1}(B_\alpha)$;

(2) $f^{-1}(\bigcap_{\alpha\in\Gamma}B_\alpha)=\bigcap_{\alpha\in\Gamma}f^{-1}(B_\alpha)$.

14. 设 I,J 均是非空的指标集, $\{X_i\}_{i\in I}$, $\{Y_j\}_{j\in J}$ 是有标集族. 证明:

(1) $(\bigcup_{i\in I}X_i)\times(\bigcup_{j\in J}Y_j)=\cup\{X_i\times Y_j\mid i\in I,j\in J\}$;

(2) $(\bigcap_{i\in I}X_i)\times(\bigcap_{j\in J}Y_j)=\cap\{X_i\times Y_j\mid i\in I,j\in J\}$.

15. 设 D 是偏序集 P 的定向集, 上确界 $\sup D$ 存在, $A\cup B=D$.

证明: A,B 中至少有一个是 D 的共尾子集且其上确界为 $\sup D$.

1.3 基数与序数

定义 1.3.1 若集合 A 是空集或存在正整数 $n\in\mathbb{Z}_+$ 使 A 和集合 $\{1,2,\cdots,n\}$ 之间有一个一一映射, 则称 A 是一个**有限集**. 不是有限集的集合称为**无限集**. 如果存在一个从集合 A 到正整数集 $\mathbb{Z}_+$ 的单射, 则称 A 是一个**可数集**. 不是可数集的集合称为**不可数集**.

例 1.3.2 有限集均是可数集, 但可数集可为无限集. 例如, 正整数集 $\mathbb{Z}_+$ 就是一个无限的可数集, 简称**可数无限集**. 可以证明一个无限集是可数无限集当且仅当它和正整数集 $\mathbb{Z}_+$ 之间有一个一一映射.

定理 1.3.3 可数集的子集都是可数集.

证明 设 X 是可数集, $Y\subseteq X$. 则存在单射 $f:X\to\mathbb{Z}_+$. 显然 f 在 Y 上的限制 $f|_Y:Y\to\mathbb{Z}_+$ 也是单射. 从而 Y 是可数集. □

定理 1.3.4 设 $f:A\to B$ 是映射且 A 是可数集, 则 $f(A)$ 是可数集.

证明 由 A 是可数集知存在单射 $g:A\to\mathbb{Z}_+$. 定义 $h:f(A)\to\mathbb{Z}_+$ 为对任意 $y\in f(A)$, $h(y)=\min\{g(f^{-1}(y))\}$. 下面验证 h 是单射. 设 $y_1,y_2\in f(A)$. 若 $h(y_1)=h(y_2)$, 即 $\min\{g(f^{-1}(y_1))\}=\min\{g(f^{-1}(y_2))\}$, 则由 g 是单射知

$f^{-1}(y_1) \cap f^{-1}(y_2) \neq \varnothing$. 取 $x \in f^{-1}(y_1) \cap f^{-1}(y_2)$. 则 $y_1 = f(x) = y_2$. 从而 h 是单射. □

定理 1.3.5　非空集合 A 是可数集当且仅当存在从正整数集 $\mathbb{Z}_+$ 到 A 的一个满射.

证明　充分性: 若存在满射 $f : \mathbb{Z}_+ \to A$, 由定理 1.3.4 知 $A = f(\mathbb{Z}_+)$ 是可数集.

必要性:　因 A 可数, 故存在单射 $g : A \to \mathbb{Z}_+$. 取 $x_0 \in A$, 定义映射 $f : \mathbb{Z}_+ \to A$ 为

$$f(n) = \begin{cases} \text{集合 } g^{-1}(n) \text{ 中的唯一元}, & n \in g(A), \\ x_0, & n \in \mathbb{Z}_+ - g(A), \end{cases}$$

容易验证 f 是满射. □

定理 1.3.6　正整数集 $\mathbb{Z}_+$ 的幂集 $\mathcal{P}(\mathbb{Z}_+)$ 是不可数集.

证明　用反证法. 假设 $\mathcal{P}(\mathbb{Z}_+)$ 是可数集. 由定理 1.3.5 知存在满射 $f : \mathbb{Z}_+ \to \mathcal{P}(\mathbb{Z}_+)$. 则对任意 $n \in \mathbb{Z}_+$, $f(n)$ 是 $\mathbb{Z}_+$ 的一个子集. 令 $B = \{n \in \mathbb{Z}_+ \mid n \in \mathbb{Z}_+ - f(n)\}$. 则 B 是 $\mathbb{Z}_+$ 的子集, 即 $B \in \mathcal{P}(\mathbb{Z}_+)$, 但可以断言 B 不在 f 的像中. 否则就有 $n_0 \in \mathbb{Z}_+$ 使 $B = f(n_0)$. 从而

$$n_0 \in B \iff n_0 \in \mathbb{Z}_+ - f(n_0) \iff n_0 \in \mathbb{Z}_+ - B,$$

矛盾! 故 B 不在 f 的像中, 这又与 f 是满射矛盾! 从而 $\mathcal{P}(\mathbb{Z}_+)$ 是不可数集. □

定义 1.3.7　设 A, B 是集合, 若存在一个从 A 到 B 的一一映射, 则称 A 与 B **对等或等势**, 并记作 $A =_c B$.

定理 1.3.8　设 A, B, C 是集合. 则

(1) $A =_c A$;

(2) 若 $A =_c B$, 则 $B =_c A$;

(3) 若 $A =_c B$, $B =_c C$, 则 $A =_c C$.

根据对等关系可对集合进行分类, 凡互相对等的集合就划入同一类. 这样, 每一个集合都被划入了某一类. 任一集合 A 所属的类就称为集合 A 的**基数**, 记作 $|A|$ 或 $\mathrm{card}A$. 这样, 当集合 A 与 B 同属一个类时, A 与 B 就有相同的基数, 即 $\mathrm{card}A = \mathrm{card}B$.

当 A 是非空有限集时, 与 A 对等的所有集合有一个共同的特征, 那就是它们含有的元素个数相等, 此时可以用集合 A 所含的元素个数来代表 A 所在的类. 于是有限集的基数也就是传统概念下的 "个数". 例如, 习惯上将空集 $\varnothing$ 的基数记为 0, 即 $\mathrm{card}\varnothing = 0$. 对 $n \in \mathbb{Z}_+$, 将集合 $\{1, 2, \cdots, n\}$ 的基数记为 n, 即 $\mathrm{card}\{1, 2, \cdots, n\} = n$.

对于无限集, 传统概念没有个数之分, 而现在按基数概念, 却有不同. 例如, 任一可数无限集与正整数集 $\mathbb{Z}_+$ 有相同的基数, 即所有可数无限集是等基数的, 而实数集与 $\mathbb{Z}_+$ 的基数就不相同. 所以集合的基数概念是传统个数概念的推广.

定义 1.3.9 设 A, B 是集合, 若存在一个从 A 到 B 的单射, 则称 A 的**基数小于或等于** B **的基数**, 并记作 $\text{card}\, A \leqslant \text{card} B$. 若 $\text{card} A \leqslant \text{card} B$, 且 $\text{card} A \neq \text{card} B$, 则称 A 的**基数小于** B **的基数**, 并记作 $\text{card} A < \text{card} B$.

习惯上, 将正整数集 $\mathbb{Z}_+$ 的基数记作 $\aleph_0$, 将实数集的基数称为**连续统基数**, 记作 $2^{\aleph_0}$ 或 c. 关于连续统基数, 集合论的创立人 Cantor 提出一个著名的命题:

连续统假设 不存在任何一个基数 α 使得 $\aleph_0 < \alpha < c$.

人们证明了连续统假设在公理集合论系统中既不能被证明也不能被否定.

正整数集有一个有用的性质: 每个非空子集有最小元. 将其推广得良序集概念.

定义 1.3.10 若全序集 $(A, \leqslant)$ 的任意非空子集有最小元, 则称 $(A, \leqslant)$ 为**良序集**.

例 1.3.11 (1) 正整数集 $\mathbb{Z}_+$ 在通常序下是良序集;

(2) 集合 $\mathbb{Z}_+ \times \mathbb{Z}_+$ 在字典序下是良序集;

(3) 有理数集 $\mathbb{Q}$ 在通常序下是全序集, 但不是良序集.

设 $(A, \leqslant_A), (B, \leqslant_B)$ 是全序集. 若存在一个从 A 到 B 的序同构, 则称 A 与 B **相似**. 根据相似这种关系可对全序集进行分类, 凡是相似的全序集就划入同一类. 任意一个全序集 A 所属的类就称为全序集 A 的**序型**, 因此两个相似的全序集具有相同的序型. 良序集 A 的序型称为**序数**, 记作 $\text{Ord} A$.

定义 1.3.12 设 A 为全序集, $a \in A$. 则子集 $S_a = \{x \in A \mid x < a\}$ 称为 A 在 a 处的**截段**.

通常, 记空集的序数 $\text{Ord}\, \varnothing = 0$, 非空有限集 $\{1, 2, \cdots, n\}$ 的序数 $\text{Ord}\, \{1, 2, \cdots, n\} = n$ $(n \in \mathbb{Z}_+)$, 正整数集 $\mathbb{Z}_+$ 的序数 $\text{Ord}\, \mathbb{Z}_+ = \omega$.

给定一个没有序关系的集合 A, 一个自然的问题是 A 上是否存在一个序关系, 使其成为良序集? 如果 A 是非空有限集, 则任意双射 $f: A \to \{1, 2, \cdots, n\}$ 就能够定义 A 上的一个全序关系, 使 A 与良序集 $\{1, 2, \cdots, n\}$ 的序型相同. 对于无限集的情况, 1904 年, Zermelo 证明了如下定理.

定理 1.3.13 (良序定理) 设 A 为任意集合. 则存在 A 上的一个全序关系, 使 A 为良序集.

良序定理是公理集合论中的重要结果, 它的证明依赖于集论公理系统, 与 1.4 节要介绍的选择公理是等价的. 由良序定理立即得到如下推论.

推论 1.3.14 *存在不可数良序集.*

定理 1.3.15 *存在一个不可数良序集, 其每一截段为可数集.*

证明　由推论 1.3.14 知存在不可数良序集 X. 从而存在一个不可数良序集 Y, 它的至少一个截段是不可数的. 例如在字典序下的集合 $\{1,2\} \times X$ 就满足要求. 令 $B = \{\alpha \in Y \mid S_\alpha$ 不可数$\}$. 则 B 作为良序集 Y 的非空子集就有最小元 Ω, Ω 为最小不可数序数. 易由 Ω 的最小性得 S_Ω 为不可数良序集, 其每一截段是可数集. $\qquad\square$

定理 1.3.15 中的良序集 S_Ω 称为**最小不可数良序集**, 这一良序集在构造一些拓扑反例方面将起到重要作用.

习　题　1.3

1. 证明: 可数集的有限笛卡儿积是可数集; 可数集的可数并是可数集.

2. 一个实数称为**代数数**如果它是某个 $n(n \geqslant 1)$ 次有理系数多项式的根.
证明: 所有的代数数之集是可数集.

3. 设 X 和 Y 均为有限集. 证明: 所有映射 $f : X \to Y$ 的集合是一个有限集.

4. 证明: 从正整数集 $\mathbb{Z}_+$ 到 $\{0,1\}$ 的全体映射的集合 $\{0,1\}^{\mathbb{Z}_+}$ 为不可数集.

5. 设集合 X 和 Y 满足既存在从 X 到 Y 的单射, 又存在从 Y 到 X 的单射. 证明 $X =_c Y$.

6. 设 X 是无限集, Y 是任意非空集. 证明: $|X \times Y| = |X \cup Y| = \max\{|X|, |Y|\}$.

7. 证明: 若集合 A 与 B 等势, 则 2^A 与 2^B 等势.

8. 对任意集合 A, 令 $\{0,1\}^A$ 表示从 A 到 $\{0,1\}$ 的全体映射的集合.
证明: $|\{0,1\}^A| = |\mathcal{P}(A)|$.

9. 设 $|A_i| < |B_i|, i \in J$. 证明: $|\coprod_{i \in J} A_i| < |\coprod_{i \in J} B_i|$.

10. 证明: 良序集的有限笛卡儿积按字典序是良序集.

11. 证明: 若 A 为全序集且其每个可数子集均为良序集, 则 A 为良序集.
提示: 用反证法.

1.4　选择公理与 Zorn 引理

在集合论中, 有一个著名论断, 称为选择公理. 历史上曾有一些数学家质疑选择公理的合理性. 但近代数理逻辑学家已经证明, 选择公理既不能从通常的集合论公理系统推导出来, 也不与通常的集合论公理系统矛盾. 因此, 在现代数学中, 选择公理得到公认而被广泛使用.

选择公理　设 Γ 是非空集, 且对任意 $\alpha \in \Gamma$, A_α 非空. 则存在映射 $c : \Gamma \to \bigcup_{\alpha \in \Gamma} A_\alpha$ 使对任意 $\alpha \in \Gamma$, 有 $c(\alpha) \in A_\alpha$, 即 $\prod_{\alpha \in \Gamma} A_\alpha \neq \varnothing$, 其中映射 c 称为**选择函数**.

选择公理告诉我们, 任意由非空集合构成的非空集族都有选择函数. 拓扑学中很多重要结果的证明依赖于选择公理. 并且选择公理有多种等价形式. 下面介绍选择公理的几种常见的等价形式, 它们的等价性证明留给读者练习, 可参见文献 [25, 149] 等.

集族 $\mathcal{A}$ 称为具有**有限特征**的, 若集合 A 是 $\mathcal{A}$ 的元素当且仅当 A 的每一有限子集是 $\mathcal{A}$ 的元素.

Tukey 引理 每个具有有限特征的集族 $\mathcal{A}$ 赋予集合包含关系后有极大元, 即存在 $A_0 \in \mathcal{A}$ 使对任意 $A \in \mathcal{A}$, $A_0 \subseteq A$ 蕴涵 $A_0 = A$.

Zorn 引理 设 $(L, \leqslant)$ 是偏序集. 若 L 的任意全序子集在 L 中都有上界, 则 L 中必有极大元.

Hausdorff 极大原理 偏序集的每一全序子集均包含在某个极大全序子集之中.

我们承认选择公理, 因而也就承认了与之等价的上述各种论断. 今后我们将自由地使用选择公理而不每次都加以说明.

习 题 1.4

1. 证明: 选择公理与 Zorn 引理等价.

2. 证明: Hausdorff 极大原理与 Zorn 引理等价.

3. 不用选择公理定义一个单射 $f : \mathbb{Z}_+ \to \{0,1\}^{\mathbb{Z}_+}$.

4. 试对下列集族不用选择公理各作出一个选择函数:

(1) $\mathbb{Z}_+$ 的非空子集族 $\mathscr{A}$;

(2) $\mathbb{Z}$ 的非空子集族 $\mathscr{B}$;

(3) $\mathbb{Q}$ 的非空子集族 $\mathscr{C}$.

5. 证明: $|\mathbb{R}| = |\mathcal{P}(\mathbb{Z}_+)|$. 提示: 用二进表数法.

6. 设 X 为有限偏序集, $\min(X)$ 为 X 的极小元之集.

证明: 对每一 $y \in X$ 有 $\downarrow y \cap \min(X) \neq \varnothing$.

7. 证明选择公理与下述命题等价:

若 $\mathscr{A}$ 是由互不相交非空集构成的集族, 则存在集 C 使 $\forall A \in \mathscr{A}$, 有 $|C \cap A| = 1$.

8. 证明: 良序定理与 Zorn 引理等价.

第 2 章 拓扑空间及拓扑性质

本章给出拓扑和拓扑空间的定义, 以及与之有关的诸如开集、闭集、连续映射等基本概念. 它们都是作为欧氏空间和度量空间的相应概念的自然推广而引入的.

2.1 拓扑与拓扑空间

本节先介绍特殊的拓扑空间——度量空间, 引入一些基本概念, 然后再把最本质的带有一般性的东西抽象出来推广得到拓扑和拓扑空间.

定义 2.1.1 设 X 是集合, $d: X \times X \to \mathbb{R}$. 若对于任意 $x, y, z \in X$, 有

(1) (正定性) $d(x, y) \geqslant 0$, 且 $d(x, y) = 0$ 当且仅当 $x = y$;

(2) (对称性) $d(x, y) = d(y, x)$;

(3) (三角不等式) $d(x, z) \leqslant d(x, y) + d(y, z)$,

则称 d 是 X 的一个**度量**, 称偶对 (X, d) 是一个**度量空间**, $d(x, y)$ 称为点 x 到 y 的**距离**.

例 2.1.2 (离散度量空间) 设 X 是非空集合. $d: X \times X \to \mathbb{R}$ 定义为

$$d(x, y) = \begin{cases} 0, & x = y, \\ 1, & x \neq y. \end{cases}$$

则 d 是 X 的一个度量.

显然 d 满足度量定义的 (1), (2). 下面说明 d 也满足 (3). 易见 $\forall x, y, z \in X$,

$$d(x, z) + d(z, y) \geqslant \begin{cases} 0 = d(x, y), & x = y, \\ 1 = d(x, y), & x \neq y. \end{cases}$$

故 d 是 X 的一个度量, (X, d) 为度量空间, 它比较特殊, 称为**离散度量空间**. 以后会知道它诱导的拓扑最细, 是离散的, 而由此得名.

例 2.1.3 (实数空间 $\mathbb{R}$) 定义 $\mathbb{R}$ 上的**通常度量** d 为: $\forall x, y \in \mathbb{R}$, $d(x, y) = |x - y|$.

实数集 $\mathbb{R}$ 赋予通常度量称为**实直线**或**实数空间**.

例 2.1.4 ($\mathbb{R}^n$ 的通常度量与平方度量)　设 $x = (x_1, x_2, \cdots, x_n)$, $y = (y_1, y_2, \cdots, y_n) \in \mathbb{R}^n$. 记 $\|x\| = \sqrt{x_1^2 + x_2^2 + \cdots + x_n^2}$. 定义 $d: \mathbb{R}^n \times \mathbb{R}^n \to \mathbb{R}$ 为

$$d(x, y) = \|x - y\| = \sqrt{(x_1 - y_1)^2 + (x_2 - y_2)^2 + \cdots + (x_n - y_n)^2}.$$

定义 $\rho: \mathbb{R}^n \times \mathbb{R}^n \to \mathbb{R}$ 为

$$\rho(x, y) = \max\{|x_1 - y_1|, |x_2 - y_2|, \cdots, |x_n - y_n|\}.$$

则 d 和 ρ 都是 $\mathbb{R}^n$ 上的度量, 称 d 为 $\mathbb{R}^n$ 的**通常度量**或**欧氏度量**, 称 $(\mathbb{R}^n, d)$ 为 n **维欧氏空间**, 称 ρ 为 $\mathbb{R}^n$ 上的**平方度量**.

例 2.1.5 (Hilbert 空间 $\mathbb{H}$)　令 $\mathbb{H} = \left\{\{x_n\}_{n \in \mathbb{Z}_+} \,\middle|\, \sum_{n=1}^{\infty} x_n^2 < +\infty\right\}$ 为平方和收敛的数列之集. 定义 $d_{\mathbb{H}}: \mathbb{H} \times \mathbb{H} \to \mathbb{R}$ 为对任意 $x = \{x_n\}_{n \in \mathbb{Z}_+}$, $y = \{y_n\}_{n \in \mathbb{Z}_+} \in \mathbb{H}$:

$$d_{\mathbb{H}}(x, y) = \sqrt{\sum_{n=1}^{\infty}(x_n - y_n)^2}.$$

则 $d_{\mathbb{H}}$ 为 $\mathbb{H}$ 的一个度量. 度量空间 $(\mathbb{H}, d_{\mathbb{H}})$ 称为 **Hilbert 空间**.

上面例子的结论验证留给读者. 一般稍难的情况是验证三角不等式. 而上面的例子说明每一集合上都可以定义度量, 且可以定义不止一个度量, 从而同一集合上可以有许多度量. 相同集合上给定两个不同的度量得到的是不同的度量空间, 应加以区分, 常记作 (X, ρ_1), (X, ρ_2) 等.

在度量空间 (X, d) 中, 对 $x \in X$, $\varepsilon > 0$, 考虑所有与点 x 的距离小于 ε 的点 y 的集合 $B_d(x, \varepsilon) = \{y \in X \mid d(x, y) < \varepsilon\}$, 称为**以 x 为中心的 ε 球形邻域**, 在不引起混淆的情况下, 简称**球形邻域**, 简记为 $B(x, \varepsilon)$.

引理 2.1.6　设 (X, d) 是度量空间, $x \in X$, $\varepsilon > 0$. 则对任意 $y \in B(x, \varepsilon)$, 存在 $\delta > 0$ 使 $B(y, \delta) \subseteq B(x, \varepsilon)$.

证明　对任意 $y \in B(x, \varepsilon)$, 令 $\delta = \varepsilon - d(x, y) > 0$. 则对任意 $z \in B(y, \delta)$, 由定义 2.1.1(3) 得 $d(x, z) \leqslant d(x, y) + d(y, z) < \varepsilon$. 这说明 $z \in B(x, \varepsilon)$. 从而 $B(y, \delta) \subseteq B(x, \varepsilon)$. $\qquad\qquad\square$

利用球形邻域, 我们可以在度量空间中引进开集的概念.

定义 2.1.7　设 (X, ρ) 为度量空间, $A \subseteq X$. 如果 $\forall a \in A$, 存在 $\varepsilon > 0$ 使 $B_\rho(a, \varepsilon) \subseteq A$, 则称 A 为 ρ-**开集**, 简称 A 为开集. 全体 ρ-开集用 $\mathcal{T}_\rho = \{A \subseteq X \mid A$ 为 X 的 ρ-开集$\}$ 表示.

例如, 在通常度量下, $\varnothing$, $\mathbb{R}$ 和 (a, b) 均为 $\mathbb{R}$ 中开集, $[a, b)$ 及 $(a, b]$ 不是 $\mathbb{R}$ 的开集.

由引理 2.1.6 知度量空间中任一球形邻域都是开集.

定理 2.1.8 (开集性质, 开集公理)　设 $\mathcal{T}_\rho$ 为度量空间 (X, ρ) 的开集全体. 则

(1) $\varnothing, X \in \mathcal{T}_\rho$, 即 $\varnothing, X$ 均为开集;

(2) 若 $U, V \in \mathcal{T}_\rho$, 则 $U \cap V \in \mathcal{T}_\rho$, 即任意两个开集之交还是开集;

(3) 若 $A_\alpha \in \mathcal{T}_\rho \, (\alpha \in \Gamma)$, 则 $\bigcup_{\alpha \in \Gamma} A_\alpha \in \mathcal{T}_\rho$, 即任意开集族的并还是开集.

证明　(1) 显然.

(2) 对任一 $x \in U \cap V$, 有 $x \in U$ 且 $x \in V$. 于是存在 $B(x, \varepsilon_1) \subseteq U$, $B(x, \varepsilon_2) \subseteq V$. 这样令 $\varepsilon = \min\{\varepsilon_1, \varepsilon_2\}$ 便得 $B(x, \varepsilon) \subseteq U \cap V$, 这说明 $U \cap V$ 是开集.

(3) 若 $x \in \bigcup_{\alpha \in \Gamma} A_\alpha$, 则 $\exists \alpha_0 \in \Gamma, x \in A_{\alpha_0}$. 由 A_{α_0} 是开集, 故存在 $B(x, \varepsilon)$ 使得 $x \in B(x, \varepsilon) \subseteq A_{\alpha_0} \subseteq \bigcup_{\alpha \in \Gamma} A_\alpha$, 这说明 $\bigcup_{\alpha \in \Gamma} A_\alpha$ 是开集.　□

分析度量空间的开集全体 $\mathcal{T}_\rho$ 的上述性质可知, $\mathcal{T}_\rho$ 在任意并和有限交运算之下是封闭的. 这一表述并没有提及当初的度量. 这样若在 X 上定义一族 (开) 子集 $\mathcal{T}$, 使它满足开集公理, 我们便获得拓扑和拓扑空间概念. 按照这一思路, 现在可自然地给出如下定义.

定义 2.1.9　设 X 是一个集合, $\mathcal{T}$ 是 X 的一个子集族. 若 $\mathcal{T}$ 满足如下三条**拓扑公理**:

(i)　$\varnothing, X \in \mathcal{T}$;

(ii)　若 $U, V \in \mathcal{T}$, 则 $U \cap V \in \mathcal{T}$;

(iii)　若 $\mathcal{T}_1 \subseteq \mathcal{T}$, 则 $\bigcup_{U \in \mathcal{T}_1} U \in \mathcal{T}$,

则称集族 $\mathcal{T}$ 是 X 上的一个**拓扑**, 并称偶对 $(X, \mathcal{T})$ 为一个**拓扑空间**, 或简称 X 是 (关于拓扑 $\mathcal{T}$ 的) 拓扑空间. 拓扑空间的拓扑也常用希腊字母 τ, η 等表示.

拓扑定义中条件 (i)—(iii) 可以简述为 "拓扑 $\mathcal{T}$ 对有限交和任意并关闭".

例 2.1.10　设 X 是一集合, 则

(1) $\mathcal{T}_\eta = \{X, \varnothing\}$ 是 X 上的一个拓扑, 称为**平庸拓扑**; $\mathcal{T}_s = \mathcal{P}(X)$ 也是 X 上的一个拓扑, 称为**离散拓扑**.

(2) $\mathcal{T}_f = \{A \subseteq X \mid X - A$ 为有限集 $\} \cup \{\varnothing\}$ 是 X 上的一个拓扑, 称为**有限余拓扑**, 或有限补拓扑.

(3) $\mathcal{T}_c = \{A \subseteq X \mid X - A$ 为可数集 $\} \cup \{\varnothing\}$ 是 X 上的一个拓扑, 称为**可数余拓扑**.

一个集合上一般有多种不同拓扑, 而相应的拓扑空间也认为是不同的, 如 3 元集 $\{a, b, c\}$ 上有 29 种不同的拓扑, 4 元集有 355 种拓扑, 而 5 元集上有 6942 种拓扑 (见文献 [159]).

例 2.1.11　设 (X, ρ) 为度量空间, $\mathcal{T}_\rho$ 为度量空间 (X, ρ) 的开集全体. 由定理 2.1.8 知 $\mathcal{T}_\rho$ 满足拓扑公理 (i)—(iii), 故 $(X, \mathcal{T}_\rho)$ 是一个拓扑空间.

定义 2.1.12 (1) 设 (X, ρ) 为度量空间, $\mathcal{T}_\rho$ 为度量空间 (X, ρ) 的开集全体. 称 $\mathcal{T}_\rho$ 为度量 ρ **诱导的拓扑**, 拓扑空间 $(X, \mathcal{T}_\rho)$ 称为度量空间 (X, ρ) **诱导的拓扑空间**.

(2) 设 ρ 和 d 为 X 上的两个度量. 若 $\mathcal{T}_\rho = \mathcal{T}_d$, 则称 ρ, d 为**等价的度量**.

这样, 每一个度量空间就自动地被看成了拓扑空间, 其拓扑即为 $\mathcal{T}_\rho$. 于是有时也说度量空间是拓扑空间的特例.

例 2.1.13 设 (X, ρ) 为离散度量空间. 则 $\mathcal{T}_\rho = \mathcal{P}(X)$ 为离散拓扑.

拓扑空间 $(X, \mathcal{T})$ 的拓扑如果是某度量诱导的拓扑, 则称该拓扑或该拓扑空间是**可度量化的**. 可否度量化问题是拓扑学中重要的研究课题.

定义 2.1.14 设 $\mathcal{T}$ 和 $\mathcal{T}'$ 是给定集合 X 上的两个拓扑, 若 $\mathcal{T} \subseteq \mathcal{T}'$, 则称 $\mathcal{T}'$ **细于** $\mathcal{T}$ 或者 $\mathcal{T}$ **粗于** $\mathcal{T}'$; 若 $\mathcal{T} \subset \mathcal{T}'$, 则称 $\mathcal{T}'$ **严格细于** $\mathcal{T}$ 或者 $\mathcal{T}$ **严格粗于** $\mathcal{T}'$.

同一集合 X 上的离散拓扑是最细的, 平庸拓扑是最粗的. 又如果 $\mathcal{T}$ 是 X 上的可度量化拓扑, 则一般情况下 $\mathcal{T}$ 严格粗于离散拓扑, 而严格细于平庸拓扑.

当然, 给定集合 X 上的两个拓扑不一定就可以比较.

习 题 2.1

1. 证明: 如下定义的函数 d 是集合 $\mathbb{R}^n$ $(n > 1)$ 上的一个度量:

$$d(x, y) = \max\{|x_1 - y_1|, |x_2 - y_2|, \cdots, |x_n - y_n|\},$$

其中 $x = (x_1, x_2, \cdots, x_n),\ y = (y_1, y_2, \cdots, y_n) \in \mathbb{R}^n$.

2. 设 d_1 和 d_2 是 X 上的两个度量. 定义 $d(x, y) = d_1(x, y) + d_2(x, y)$ $(\forall x, y \in X)$.
证明: d 也是 X 上的一个度量.

3. 设 $X = \{a, b\}$, $\mathcal{T} = \{\varnothing, \{a, b\}, \{a\}\}$.
证明: $(X, \mathcal{T})$ 是一个拓扑空间, 称为 **Sierpiński** 空间.

4. 设 $\mathcal{T}_1, \mathcal{T}_2$ 是集 X 上的两个拓扑.
(1) 证明: $\mathcal{T}_1 \cap \mathcal{T}_2$ 是集 X 上的拓扑.
(2) 问 $\mathcal{T}_1 \cup \mathcal{T}_2$ 是否一定是集 X 上的拓扑? 请说明理由.

5. 设 $X = \{a, b, c\}$. 令 $\mathcal{T}_1 = \{\varnothing, X, \{a\}, \{a, b\}\}$, $\mathcal{T}_2 = \{\varnothing, X, \{a\}, \{b, c\}\}$.
求包含着 $\mathcal{T}_1$ 和 $\mathcal{T}_2$ 的最粗的拓扑, 以及包含于 $\mathcal{T}_1$ 和 $\mathcal{T}_2$ 的最细的拓扑.

6. 在 $\mathbb{R}$ 上构造分别具有 6 个和 7 个开集的拓扑.

7. 证明 $\mathbb{R}^n$ 的通常度量与平方度量是等价的度量.

8. 对每个 $n \in \mathbb{Z}_+$, 令 $A_n = \{m \in \mathbb{Z}_+ \mid m \geqslant n\}$.
证明: $\mathcal{T} = \{A_n \mid n \in \mathbb{Z}_+\} \cup \{\varnothing\}$ 构成正整数集 $\mathbb{Z}_+$ 上的一个拓扑.

9. 设 $\{\tau_\alpha\}_{\alpha \in J}$ 是 X 上的一族拓扑, 且 $J \neq \varnothing$.
证明: $\bigcap_{\alpha \in J} \tau_\alpha$ 是 X 上包含于所有 τ_α 的最细的拓扑.

2.2　开集、闭集、闭包及内部

有了拓扑空间概念, 我们则可引入若干其他概念, 首先是开集和邻域的概念.

定义 2.2.1　设 $(X, \mathcal{T})$ 是一个拓扑空间, $x \in X$.

(1) 拓扑 $\mathcal{T}$ 中每一个元素都称为拓扑空间 $(X, \mathcal{T})$ (或 X) 中的一个**开集**. 这就是说, $\mathcal{T}$ 中的元素, 也只有 $\mathcal{T}$ 中元素称为拓扑空间 $(X, \mathcal{T})$ 的开集.

(2) 对 X 的子集 U, 若 $x \in U$ 且 U 是一个开集, 则称 U 是点 x 的一个**开邻域**. 若 $x \in U \subseteq V \subseteq X$ 且 U 是 x 的一个开邻域, 则称 V 是点 x 的一个**邻域**. 点 x 的所有邻域构成的 X 的子集族称为 x 的**邻域系**, 记为 $\mathcal{U}_x$.

定理 2.2.2　拓扑空间 X 的子集 U 为开集当且仅当 U 是其每一点的邻域.

证明　必要性: 显然.

充分性: 若 $U = \varnothing$. 则 U 为开集. 若 $U \neq \varnothing$. 对任意 $x \in U$, 存在开集 U_x 使 $x \in U_x \subseteq U$. 则 $U = \bigcup_{x \in U} U_x$ 为若干开集之并, 从而 U 为开集.　□

定理 2.2.3 (邻域系性质)　设 $(X, \mathcal{T})$ 是一个拓扑空间, $\mathcal{U}_x$ 是点 $x \in X$ 的邻域系. 则

(1) 对任意 $x \in X$, $\mathcal{U}_x \neq \varnothing$, 并且若 $U \in \mathcal{U}_x$, 有 $x \in U$;

(2) 若 $U, V \in \mathcal{U}_x$, 则 $U \cap V \in \mathcal{U}_x$;

(3) 若 $U \in \mathcal{U}_x$ 且 $U \subseteq V$, 则 $V \in \mathcal{U}_x$;

(4) 若 $U \in \mathcal{U}_x$, 则存在 $V \in \mathcal{U}_x$ 使 $V \subseteq U$, 并且对于任意 $y \in V$, 有 $V \in \mathcal{U}_y$.

证明　(1)—(3) 的证明留给读者练习. 仅证明 (4). 设 $U \in \mathcal{U}_x$. 由邻域的定义知存在开集 V 使 $x \in V \subseteq U$. 从而 $V \in \mathcal{U}_x$, 并且对于任意 $y \in V$, 因 V 是开集, 故有 $V \in \mathcal{U}_y$.　□

定理 2.2.4　设 X 为非空集合. 若对任意 $x \in X$, 指定 X 的一个子集族 $\mathcal{U}_x$, 并且它们满足定理 2.2.3 中的条件 (1)—(4), 则 X 上有唯一拓扑 $\mathcal{T}$ 使对于任意 $x \in X$, 子集族 $\mathcal{U}_x$ 恰是点 x 在拓扑空间 $(X, \mathcal{T})$ 中的邻域系.

证明　令 $\mathcal{T} = \{U \subseteq X \mid$ 若 $x \in U$, 则 $U \in \mathcal{U}_x\}$. 下面验证 $\mathcal{T}$ 为集 X 的一个拓扑.

(i) 显然 $\varnothing \in \mathcal{T}$. 对任意 $x \in X$, 由定理 2.2.3(1) 知存在 $U \in \mathcal{U}_x$ 使 $x \in U \subseteq X$. 再由定理 2.2.3(3) 知 $X \in \mathcal{T}$.

(ii) 若 $U, V \in \mathcal{T}$, 则对任意 $x \in U \cap V$, 有 $U \in \mathcal{U}_x$ 且 $V \in \mathcal{U}_x$. 由定理 2.2.3(2) 知 $U \cap V \in \mathcal{U}_x$. 从而 $U \cap V \in \mathcal{T}$.

(iii) 若 $\mathcal{T}_1 \subseteq \mathcal{T}$, 则对任意 $x \in \bigcup_{A \in \mathcal{T}_1} A$, 存在 $W \in \mathcal{T}_1$ 使 $x \in W$. 故 $W \in \mathcal{U}_x$. 再由 $W \subseteq \bigcup_{A \in \mathcal{T}_1} A$ 及定理 2.2.3(3) 知 $\bigcup_{A \in \mathcal{T}_1} A \in \mathcal{U}_x$. 从而 $\bigcup_{A \in \mathcal{T}_1} A \in \mathcal{T}$.

下面证明拓扑 $\mathcal{T}$ 的唯一性. 设 $\mathcal{T}^*$ 是 X 的另一拓扑使得 $\forall x \in X$, $\mathcal{U}_x$ 恰好是

点 x 在空间 $(X, \mathcal{T}^*)$ 中的邻域系. 由定理 2.2.2 知 $U \in \mathcal{T}^*$ 当且仅当 $\forall x \in U$ 有 $U \in \mathcal{U}_x$. 由 $\mathcal{T} = \{U \subseteq X \mid$ 若 $x \in U$, 则 $U \in \mathcal{U}_x\}$ 的定义知 $U \in \mathcal{T}^*$ 当且仅当 $U \in \mathcal{T}$. 故 $\mathcal{T} = \mathcal{T}^*$. □

定理 2.2.4 表明, 完全可以从邻域系的概念出发来建立拓扑空间理论.

例 2.2.5 设 $\mathbb{R}$ 是实数集. 对任意 $x \in \mathbb{R}$, 令 $\mathcal{U}_x = \{U \subseteq \mathbb{R} \mid$ 存在 $a, b \in \mathbb{R}, a < b$ 使 $x \in (a, b) \subseteq U\}$. 则 $\mathcal{U}_x$ 是点 x 的邻域系. 由定理 2.2.4 知它生成 $\mathbb{R}$ 上的一个拓扑, 称为 $\mathbb{R}$ 的**通常拓扑**, 记作 $\mathcal{T}_e$, 或 $\mathcal{T}_\mathbb{R}$. $\mathbb{R}$ 赋予该拓扑称为实数空间或**实直线**.

定义 2.2.6 设 X 是拓扑空间, $A \subseteq X$. 若 A 的余集 A^c 是开集, 则称 A 是**闭集**.

命题 2.2.7 拓扑空间 X 中的闭集具有以下闭集性质:

(1) X, $\varnothing$ 是闭集;

(2) 有限多个闭集的并是闭集;

(3) 任意多个闭集的交是闭集.

证明 由定义 2.1.9、定义 2.2.1、定义 2.2.6 及集合运算的 De Morgan 律可得. □

定义 2.2.8 设 $(X, \mathcal{T})$ 是一个拓扑空间, $A \subseteq X$. 若点 $x \in X$ 的任意邻域 U 中都有 A 中异于 x 的点, 即 $U \cap (A - \{x\}) \neq \varnothing$, 则称 x 是集合 A 的**聚点**. 集合 A 的所有聚点构成的集合称为 A 的**导集**, 记作 A^d. 子集 A 中不是 A 的聚点的点称为 A 的**孤立点**.

例 2.2.9 (1) 设 $A = (0, 1) \cup \{3\}$. 则 A 在实直线 $\mathbb{R}$ 中的导集 $A^d = [0, 1]$, 3 为 A 的孤立点. 这说明 A 的聚点可以属于也可以不属于 A.

(2) 有理数集 $\mathbb{Q}$ 在实直线 $\mathbb{R}$ 中的导集 $\mathbb{Q}^d = \mathbb{R}$. 故 $\mathbb{Q}$ 没有孤立点.

下一定理的证明不难, 从略.

定理 2.2.10 设 $(X, \mathcal{T})$ 是一个拓扑空间, $A, B \subseteq X$. 则

(1) $\varnothing^d = \varnothing$;

(2) 若 $A \subseteq B$, 则 $A^d \subseteq B^d$;

(3) $(A \cup B)^d = A^d \cup B^d$;

(4) $(A^d)^d \subseteq A \cup A^d$.

定义 2.2.11 设 $(X, \mathcal{T})$ 是拓扑空间, $A \subseteq X$. 称集 $A \cup A^d$ 为 A 的**闭包**, 记作 $\overline{A}$, A^- 或 $\mathrm{cl}(A)$.

定理 2.2.12 设 $(X, \mathcal{T})$ 是一个拓扑空间, $A, B \subseteq X$. 则有如下闭包性质:

(1) $\overline{\varnothing} = \varnothing$;

(2) 若 $A \subseteq B$, 则 $\overline{A} \subseteq \overline{B}$;

(3) $\overline{A \cup B} = \overline{A} \cup \overline{B}$;

(4) $\overline{\overline{A}} = \overline{A}$.

证明 由定义 2.2.11 和定理 2.2.10 直接验证可得. □

命题 2.2.13 设 $(X, \mathcal{T})$ 是一个拓扑空间, $A \subseteq X$. 则 A 是闭集当且仅当 $A^d \subseteq A$.

证明 必要性: 设 A 是闭集. 则 $X - A$ 是开集. 若 $x \notin A$, 则 $x \in X - A$ 且 $(X - A) \cap (A - \{x\}) = \varnothing$. 这说明 $x \notin A^d$. 从而 $A^d \subseteq A$.

充分性: 设 $A^d \subseteq A$. 下证 $X - A$ 是开集. 对任意 $x \in X - A$, 由 $A^d \subseteq A$ 知 $x \notin A^d$. 则存在 x 的开邻域 U 使 $U \cap A = \varnothing$. 从而 $x \in U \subseteq X - A \in \mathcal{U}_x$. 由 x 的任意性及定理 2.2.2 知 $X - A$ 是开集. 从而 A 是闭集. □

推论 2.2.14 拓扑空间 X 的子集 A 是闭集当且仅当 $\overline{A} = A$.

证明 由命题 2.2.13 直接可得. □

定义 2.2.15 设 X 为集合. 若映射 $c : \mathcal{P}(X) \to \mathcal{P}(X)$ 满足 : $\forall A, B \subseteq X$ 有

(1) $c(\varnothing) = \varnothing$;

(2) $A \subseteq c(A)$;

(3) $c(A \cup B) = c(A) \cup c(B)$;

(4) $c(c(A)) = c(A)$,

则称 c 为集 X 上的**闭包算子**. 上述四个条件称为 **Kuratowski 闭包公理**.

下一定理表明, 完全可以从闭包算子的概念出发来建立拓扑空间理论.

定理 2.2.16 若 c 为集合 X 上的闭包算子, 则 X 上有唯一拓扑 $\mathcal{T}$ 使得对于任意 $A \subseteq X$, $c(A)$ 恰是子集 A 在拓扑空间 $(X, \mathcal{T})$ 中的闭包 $\overline{A}$.

证明 所说的唯一拓扑是 $\mathcal{T} = \{X - A \mid c(A) = A\}$, 具体过程留给读者自证. □

定义 2.2.17 设 $(X, \mathcal{T})$ 是一个拓扑空间, $A \subseteq X$. 若 A 是点 $x \in X$ 的一个邻域, 则称 x 是集合 A 的**内点**. 集合 A 的所有内点构成的集合称为 A 的**内部**, 记作 A° 或 $\text{int}(A)$.

命题 2.2.18 设 $(X, \mathcal{T})$ 是拓扑空间. 则 $\forall A \subseteq X$ 有 $A^\circ = X - \overline{X - A}$, 简写为 $A^\circ = A^{c-c}$. 从而 $\forall A \subseteq X$, $A^{c\circ} = A^{-c}$ 和 $A^{c\circ c} = A^-$.

证明 设 $x \in A^\circ$. 则 x 有邻域 U 使 $x \in U \subseteq A$. 从而 $U \cap A^c = \varnothing$. 这说明 $x \notin \overline{A^c}$, 即 $x \in A^{c-c}$. 故有 $A^\circ \subseteq A^{c-c}$. 以上推理可逆, 故 $A^{c-c} \subseteq A^\circ$. 综上得 $A^\circ = A^{c-c}$. 在此式中用 A^c 代 A, 最后再取补便得 $\forall A \subseteq X$, $A^{c\circ} = A^{-c}$ 和 $A^{c\circ c} = A^-$. □

由命题 2.2.18、定理 2.2.12 及集合运算的 De Morgan 律易得下一定理和命题成立.

定理 2.2.19 设 $(X, \mathcal{T})$ 是一个拓扑空间, $A, B \subseteq X$. 则

(1) $X^\circ = X$;

(2) $A° \subseteq A$;

(3) $(A \cap B)° = A° \cap B°$;

(4) $(A°)° = A°$.

命题 2.2.20 设 $(X, \mathcal{T})$ 是一个拓扑空间, $A \subseteq X$. 则 A 是开集当且仅当 $A° = A$.

定义 2.2.21 设 $(X, \mathcal{T})$ 是一个拓扑空间, $A \subseteq X$, $x \in X$. 若点 x 的任意邻域 U 中既有 A 的点又有 $X - A$ 的点, 即 $U \cap A \neq \varnothing$ 且 $U \cap (X - A) \neq \varnothing$, 则称 x 是集合 A 的**边界点**. 集合 A 的所有边界点构成的集合称为 A 的**边界**, 记作 A^b, $\mathrm{Bd}(A)$ 或 ∂A.

例 2.2.22 (1) 设 $A = (0, 1) \cup \{3\}$. 则在实直线 $\mathbb{R}$ 中 $A° = (0, 1)$, $\partial A = \{0, 1, 3\}$.

(2) 设 A 为离散空间 X 的子集. 则 A 的内部 $A° = A$, 边界 $\partial A = \varnothing$.

关于边界、内部、闭包之间的种种联系, 我们列举部分结果如下.

定理 2.2.23 设 $(X, \mathcal{T})$ 是一个拓扑空间, $A \subseteq X$. 则

(1) $\partial A = \overline{A} \cap \overline{X - A} = \partial(X - A)$;

(2) $\overline{A} = A° \cup \partial A$.

证明 (1) 由定义 2.2.21 知 $\partial A \subseteq \overline{A}$, $\partial A \subseteq \overline{X - A}$, 从而 $\partial A \subseteq \overline{A} \cap \overline{X - A}$. 反过来, 设 $x \in \overline{A} \cap \overline{X - A}$, 则对 x 的任意邻域 U 有 $U \cap A \neq \varnothing$ 且 $U \cap (X - A) \neq \varnothing$, 由定义 2.2.21 知 $x \in \partial A$. 综合得 $\partial A = \overline{A} \cap \overline{X - A}$. 在这一等式中用 $X - A$ 代替 A 又得 $\partial(X - A) = \overline{A} \cap \overline{X - A} = \partial A$.

(2) 由 (1) 和命题 2.2.18 知

$$A° \cup \partial A = A° \cup (\overline{A} \cap \overline{X - A}) = (A° \cup \overline{A}) \cap (A° \cup \overline{X - A}) = \overline{A} \cap X = \overline{A}. \quad \square$$

习 题 2.2

1. 设 $(X, \mathcal{T}_X)$ 是拓扑空间, ∞ 是任一不属于 X 的元. 令 $X^* = X \cup \{\infty\}$.

(1) 证明: $\mathcal{T}^* = \{A \cup \{\infty\} \mid A \in \mathcal{T}_X\} \cup \{\varnothing\}$ 为 X^* 上的一个拓扑.

(2) 写出 $\infty \in X^*$ 在空间 $(X^*, \mathcal{T}^*)$ 中的邻域系.

2. 证明: 拓扑空间中任一点的邻域系赋予集合反包含序形成一个定向集.

3. 设不可数集 X 上赋予可数余拓扑 $\mathcal{T}_c$, A 为 X 的不可数子集. 求 A 的导集 A^d 和闭包 $\overline{A}$.

4. 设 X 是一个拓扑空间, $\mathcal{F}$ 是由空间 X 中所有闭集构成的集族, $A \subseteq X$. 证明: $\overline{A} = \cap \{B \in \mathcal{F} \mid A \subseteq B\}$, 即 A 的闭包 $\overline{A}$ 为含 A 的所有闭集之交.

5. 试求有理数集 $\mathbb{Q}$ 在实直线 $\mathbb{R}$ 中的内部 $\mathbb{Q}°$ 和边界 $\partial \mathbb{Q}$.

6. 设 X 是一个拓扑空间, $A \subseteq X$. 证明: A^d 是闭集当且仅当 X 的每个单点集的导集是闭集.

7. 设 X 是一个拓扑空间, $A \subseteq X$.

证明: 从 A 出发, 仅用取补和取闭包两种运算至多可得 14 个不同的子集.

8*. (a) 证明定理 2.2.19.

(b) 对偶于闭包算子, 请结合定理 2.2.19 给出**内部算子** Int 的定义.

(c) 给定 X 上内部算子 Int, 证明 X 上有唯一拓扑 $\mathcal{T}$ 使 $(X, \mathcal{T})$ 的内部运算就是 Int.

9. 称拓扑空间 $(X, \mathcal{T})$ 中集 $A \subseteq X$ 是**正则集**, 如果 $A = \overline{A}^\circ$. 设 $A_i \subseteq X (i \in J)$ 是正则集.
证明: (a) 任一 $A \subseteq X$, $\overline{A}^\circ$ 是正则集.

(b) $(\overline{\bigcap_{i \in J} A_i})^\circ$ 是含于 $\bigcap_{i \in J} A_i$ 的最大正则集; $(\overline{\bigcup_{i \in J} A_i})^\circ$ 是包含 $\bigcup_{i \in J} A_i$ 的最小正则集.

10. 拓扑空间中子集 A 称为G_δ **集**, 若 A 是可数个开集的交. G_δ 集的余集称为F_σ **集**.

证明: (1) 度量空间 (X, ρ) 的每个闭集是 G_δ 集, 每个开集是 F_σ 集;

(2) 可数余拓扑空间 $(X, \mathcal{T}_c)$ 中每个 G_δ 集都是开集, 每个 F_σ 集都是闭集;

(3) 有限余拓扑空间 $(X, \mathcal{T}_f)$ 中所有 G_δ 集构成之族恰好是集 X 上的可数余拓扑 $\mathcal{T}_c$.

2.3　基与子基

定义 2.3.1　设 $(X, \mathcal{T})$ 是一个拓扑空间, $\mathcal{B} \subseteq \mathcal{T}$. 若空间 X 的每一开集都是 $\mathcal{B}$ 中某些成员的并, 即对于任意 $U \in \mathcal{T}$, 存在 $\mathcal{B}_1 \subseteq \mathcal{B}$ 使 $U = \bigcup_{B \in \mathcal{B}_1} B$, 则称 $\mathcal{B}$ 是拓扑 $\mathcal{T}$ 的一个基, 或称 $\mathcal{B}$ 是拓扑空间 X 的一个**拓扑基**, 其成员称为**基元**或**基本开集**.

例 2.3.2　设 (X, d) 是度量空间. 则 $\mathcal{B} = \{B(x, \varepsilon) \mid x \in X, \varepsilon > 0\}$ 是诱导拓扑 $\mathcal{T}_d$ 的基.

证明　由 $\mathcal{T}_d$ 的定义及定义 2.3.1 立得. □

实际上, 由拓扑基 $\mathcal{B} = \{B(x, \varepsilon) \mid x \in X, \varepsilon > 0\}$ 生成的度量空间 X 上的拓扑就是由度量 d 诱导的度量拓扑. 下一定理为某一开集族是不是给定的拓扑的基提供了一个易于验证的等价条件.

定理 2.3.3　设 $(X, \mathcal{T})$ 是一个拓扑空间, $\mathcal{B} \subseteq \mathcal{T}$. 则 $\mathcal{B}$ 是空间 X 的基当且仅当对任意 $x \in X$ 及 x 的任意邻域 U_x, 存在 $B_x \in \mathcal{B}$ 使 $x \in B_x \subseteq U_x$.

证明　必要性: 设 $\mathcal{B}$ 是 X 的基. 则对任意 $x \in X$ 及 x 的邻域 U_x, 存在开集 V_x 使 $x \in V_x \subseteq U_x$. 由 $\mathcal{B}$ 是基知存在 $\mathcal{B}_1 \subseteq \mathcal{B}$ 使 $V_x = \bigcup_{B \in \mathcal{B}_1} B$. 从而存在 $B_x \in \mathcal{B}_1$ 使 $x \in B_x \subseteq V_x \subseteq U_x$.

充分性: 设 U 为空间 X 的任意非空开集. 由假设知对任意 $x \in U$, 存在 $B_x \in \mathcal{B}$ 使 $x \in B_x \subseteq U$. 令 $\mathcal{B}_1 = \{B_x \in \mathcal{B} \mid x \in U\}$. 易见 $\mathcal{B}_1 \subseteq \mathcal{B}$ 且 $U = \bigcup_{B \in \mathcal{B}_1} B$. 从而由定义 2.3.1 知 $\mathcal{B}$ 是空间 X 的基. □

例 2.3.4　(1) 实直线 $\mathbb{R}$ 的所有开区间构成的子集族 $\mathcal{B} = \{(a, b) \mid a, b \in \mathbb{R}, a < b\}$ 是 $\mathbb{R}$ 上的通常拓扑 $\mathcal{T}_e$ 的一个基.

(2) 集合 X 的所有单点子集构成的族是 X 上离散拓扑的一个基.

给定任一集, 它的任意子集族是否都可以确定一个拓扑并以该子集族为基呢? 答案是否定的. 下一定理给出了子集族 $\mathcal{B}$ 成为某一拓扑的基的充要条件.

定理 2.3.5 (成基定理) 设 $\mathcal{B}$ 是非空集 X 的子集族. 若 $\mathcal{B}$ 满足:

(1) $X = \bigcup_{B \in \mathcal{B}} B$;

(2) 若 $B_1, B_2 \in \mathcal{B}$, 则对任意 $x \in B_1 \cap B_2$, 存在 $B_3 \in \mathcal{B}$ 使 $x \in B_3 \subseteq B_1 \cap B_2$, 则集族 $\mathcal{T} = \{U \mid \forall x \in U,$ 存在 $B \in \mathcal{B}$ 使 $x \in B \subseteq U\}$ 是集 X 的唯一以 $\mathcal{B}$ 为基的拓扑.

特别地, 若 $\mathcal{B}$ 满足 (1) 且对非空有限交关闭, 则 $\mathcal{B}$ 必为 X 上唯一拓扑的基.

反过来, 若 X 的子集族 $\mathcal{B}$ 是 X 的某一拓扑的基, 则 $\mathcal{B}$ 必然满足条件 (1) 和 (2).

证明 设 X 的子集族 $\mathcal{B}$ 满足上述条件 (1) 和 (2). 我们先证明 $\mathcal{T} = \{U \mid \forall x \in U,$ 存在 $B \in \mathcal{B}$ 使 $x \in B \subseteq U\}$ 是 X 上的拓扑.

(i) 显然, $X, \varnothing \in \mathcal{T}$.

(ii) 若 $U, V \in \mathcal{T}$, 则对任意 $x \in U \cap V$, 存在 $B_1, B_2 \in \mathcal{B}$, 使 $x \in B_1 \subseteq U$ 且 $x \in B_2 \subseteq V$. 由条件 (2) 知存在 $B_3 \in \mathcal{B}$ 使 $x \in B_3 \subseteq B_1 \cap B_2 \subseteq U \cap V$. 从而 $U \cap V \in \mathcal{T}$.

(iii) 若 $\mathcal{T}_1 \subseteq \mathcal{T}$, 则对任意 $x \in \bigcup_{U \in \mathcal{T}_1} U$, 存在 $U_0 \in \mathcal{T}_1 \subseteq \mathcal{T}$ 使 $x \in U_0$. 再由 $\mathcal{T}$ 的定义知存在 $B_0 \in \mathcal{B}$ 使 $x \in B_0 \subseteq U_0 \subseteq \bigcup_{U \in \mathcal{T}_1} U$, 从而 $\bigcup_{U \in \mathcal{T}_1} U \in \mathcal{T}$.

综上可得, $\mathcal{T}$ 为 X 上的拓扑.

又显然 $\mathcal{T}$ 以 $\mathcal{B}$ 为基. 由基的定义, 可知以 $\mathcal{B}$ 为基的拓扑是唯一的.

特例情况的 $\mathcal{B}$ 自然也满足 (2), 故所述结论成立.

反过来, 若 X 的子集族 $\mathcal{B}$ 是 X 的某一拓扑的基, 则由基的定义知开集 X 及 $B_1 \cap B_2$ 均可表示为 $\mathcal{B}$ 中若干元的并, 从而 $\mathcal{B}$ 满足条件 (1) 和 (2). □

一般一个拓扑的基不是唯一的, 但一个基却决定唯一一个拓扑. 所以人们常通过指定满足成基定理中条件 (1) 和 (2) 的集族来构造拓扑.

例 2.3.6 容易验证 $\mathbb{R}$ 的子集族 $\mathcal{B} = \{[a, b) \mid a, b \in \mathbb{R}, a < b\}$ 满足定理 2.3.5 中的条件, 故为 $\mathbb{R}$ 的某一拓扑的基, 该拓扑称为 $\mathbb{R}$ 的**下限拓扑**. 实数集赋予下限拓扑称为 **Sorgenfrey 直线**, 记作 $\mathbb{R}_l$.

定义 2.3.7 设 $(X, \mathcal{T})$ 是一个拓扑空间, $\mathcal{W} \subseteq \mathcal{T}$. 若 $\mathcal{W}$ 中元素的非空有限交全体是拓扑 $\mathcal{T}$ 的一个基, 则称 $\mathcal{W}$ 是拓扑 $\mathcal{T}$ 的一个**子基**, 或称 $\mathcal{W}$ 是空间 X 的一个**子基**, 其成员称为**子基元**或**子基开集**.

例 2.3.8 实直线 $\mathbb{R}$ 的子集族 $\mathcal{W} = \{(a, +\infty) \mid a \in \mathbb{R}\} \cup \{(-\infty, b) \mid b \in \mathbb{R}\}$ 是 $\mathbb{R}$ 上通常拓扑 $\mathcal{T}_e$ 的一个子基.

定理 2.3.9 (成子基定理) 设 $\mathcal{W}$ 是集 X 的子集族. 若 $X = \bigcup_{S \in \mathcal{W}} S$, 则存在 X 的唯一拓扑 $\mathcal{T}$ 以 $\mathcal{W}$ 为子基. 若令 $\mathcal{B} = \wedge \mathcal{W} := \{S_1 \cap S_2 \cap \cdots \cap S_n \mid S_i \in \mathcal{W}, i = 1, 2, \cdots, n, n \in \mathbb{Z}_+\}$, 则 $\mathcal{T} = \{U \mid$ 对任意 $x \in U,$ 存在 $B \in \mathcal{B}$ 使 $x \in B \subseteq U\}$.

证明　容易验证 $\mathcal{B} = \{S_1 \cap S_2 \cap \cdots \cap S_n \mid S_i \in \mathcal{W}, i = 1, 2, \cdots, n, n \in \mathbb{Z}_+\}$ 满足定理 2.3.5 中的条件 (1) 和 (2), 故结论成立. □

由定理 2.3.9 可知一个子基决定唯一一个拓扑. 所以人们常指定满足成子基定理中条件 (即并集为全集) 的集族来生成一个拓扑.

对于局部情形, 类似基与子基, 我们引入邻域基与邻域子基的概念.

定义 2.3.10　设 $(X, \mathcal{T})$ 是一个拓扑空间, $x \in X$. 若 x 的邻域系 $\mathcal{U}_x$ 有一个子族 $\mathcal{B}_x$ 满足条件: 对任意 $U \in \mathcal{U}_x$, 存在 $V \in \mathcal{B}_x$ 使 $x \in V \subseteq U$, 则称 $\mathcal{B}_x$ 是 x 的一个**邻域基**. $\mathcal{U}_x$ 的子族 $\mathcal{W}_x$ 若满足条件: $\mathcal{W}_x$ 的所有非空有限子族之交的全体构成的集族

$$\{S_1 \cap S_2 \cap \cdots \cap S_n \mid S_i \in \mathcal{W}_x, i = 1, 2, \cdots, n, n \in \mathbb{Z}_+\}$$

是 x 的一个邻域基, 则称 $\mathcal{W}_x$ 是 x 的一个**邻域子基**.

拓扑基与邻域基、拓扑子基与邻域子基有以下关联.

定理 2.3.11　设 $(X, \mathcal{T})$ 是一个拓扑空间, $x \in X$.

(1) 若 $\mathcal{B}$ 是 X 的一个基, 则 $\mathcal{B}_x = \{B \in \mathcal{B} \mid x \in B\}$ 是 x 的一个邻域基;

(2) 若 $\mathcal{W}$ 是 X 的一个子基, 则 $\mathcal{W}_x = \{S \in \mathcal{W} \mid x \in S\}$ 是 x 的一个邻域子基.

证明　直接验证. □

习　题　2.3

1. 设实数集 $\mathbb{R}$ 的子集族 $\mathcal{B} = \{(a, b] \mid a, b \in \mathbb{R}, a < b\}$. 证明:

(1) $\mathcal{B}$ 构成 $\mathbb{R}$ 上某一拓扑的基, 该拓扑称为**上限拓扑**.

(2) 若实数集 $\mathbb{R}$ 赋予上限拓扑, 则子集 $(a, b](a, b \in \mathbb{R}, a < b)$ 是既开又闭的.

2. 设 A 是全序集, $|A| > 1, a, b \in A$. 令

$$(a, +\infty) = \{x \in A \mid a < x\}, \quad (-\infty, b) = \{x \in A \mid x < b\}.$$

证明: $\mathcal{W} := \{(a, +\infty) \mid a \in A\} \cup \{(-\infty, b) \mid b \in A\}$ 是 A 上某拓扑的子基. (该拓扑称为全序集 A 上的**序拓扑**.)

3. 证明正整数集 $\mathbb{Z}_+$ 上的序拓扑是离散拓扑.

4. 设 X 表示所有 n 阶实方阵的集合. 对任意 $A = (a_{ij}) \in X$ 及正数 ε, 定义

$$U(A, \varepsilon) = \{B = (b_{ij}) \in X \mid \forall i, j \leqslant n, |a_{ij} - b_{ij}| < \varepsilon\}.$$

证明: 全体 $U(A, \varepsilon)$ 构成的集族是 X 的某个拓扑的基.

5. 对于任一 $n \in \mathbb{Z}_+$, 设 $B_n = \{n, n+1, n+2, \cdots\}$.

证明: 集族 $\{B_n\}_{n \in \mathbb{Z}_+}$ 是 $\mathbb{Z}_+$ 的某个拓扑的基.

6. 设 $\{\mathcal{T}_\alpha\}_{\alpha \in J}$ 是集 X 上的一族拓扑, 其中 $J \neq \varnothing$. 证明:

(1) 集族 $\bigcup_{\alpha \in J} \mathcal{T}_\alpha$ 是 X 的某一拓扑 $\mathcal{T}$ 的子基;

(2) $\mathcal{T}$ 是 X 上包含所有 $\mathcal{T}_\alpha(\alpha \in J)$ 的最粗的拓扑.

7. 任给 $x \in \mathbb{R}$, 证明 $\left\{ \left[x, x + \dfrac{1}{n} \right) \,\middle|\, n \in \mathbb{Z}_+ \right\}$ 是 x 在 Sorgenfrey 直线 $\mathbb{R}_l$ 中的一个邻域基.

8. 设 $\mathcal{B}$ 是空间 X 的拓扑基. 证明: X 的拓扑是 X 上包含 $\mathcal{B}$ 的所有拓扑的交.

9. 设 (X, d) 是度量空间, 且有一个由有限个元构成的拓扑基.

证明: $(X, \mathcal{T}_d)$ 是只含有限个点的离散空间.

2.4　连续映射与同胚

本节将数学分析中的连续函数概念推广为一般拓扑空间之间的连续映射.

定义 2.4.1　设 X 和 Y 为拓扑空间, $f : X \to Y$ 为映射, $x_0 \in X$. 若 $f(x_0)$ 在 Y 中的任意邻域 W 的原像 $f^{-1}(W)$ 为 x_0 在 X 中的邻域, 则称 f **在点 x_0 处连续**. 如果 f 在 X 的每一点处都连续, 则称 f 是从拓扑空间 X 到 Y 的一个**连续映射**, 或简称映射 f **连续**.

例 2.4.2　从离散拓扑空间到任一拓扑空间的所有映射都是连续映射; 从任一拓扑空间到平庸拓扑空间的所有映射都是连续映射.

定理 2.4.3　设 X, Y 和 Z 均为拓扑空间, 则

(1) 恒同映射 $\mathrm{id}_X : X \to X$ 是连续映射;

(2) 若 $f : X \to Y$ 和 $g : Y \to Z$ 都是连续映射, 则 $g \circ f : X \to Z$ 也是连续映射.

证明　证明是直接的, 读者可作为练习自证.　　　　　　　　　　　□

定理 2.4.4　设 X 和 Y 为拓扑空间, $f : X \to Y$ 为映射. 则下列条件等价:

(1) f 是连续映射;

(2) Y 的任意开集 V 的原像 $f^{-1}(V)$ 是 X 的开集;

(3) Y 的任意闭集 F 的原像 $f^{-1}(F)$ 是 X 的闭集;

(4) 对 X 中任一子集 A, A 的闭包的像包含于 A 的像的闭包, 即 $f(\overline{A}) \subseteq \overline{f(A)}$;

(5) $\forall B \subseteq Y$, 有 $f^{-1}(\overline{B}) \supseteq \overline{f^{-1}(B)}$;

(6) Y 的每一基的任意基元 B 的原像 $f^{-1}(B)$ 是 X 的开集;

(6′) Y 的某一基的任意基元 B 的原像 $f^{-1}(B)$ 是 X 的开集;

(7) Y 的每一子基的任意子基元 S 的原像 $f^{-1}(S)$ 是 X 的开集;

(7′) Y 的某一子基的任意子基元 S 的原像 $f^{-1}(S)$ 是 X 的开集.

证明　(1) $\Longrightarrow$ (2) 设 V 是 Y 的开集. 则 $\forall x \in f^{-1}(V)$, 由 $f(x) \in V$ 及 f 连续知 $f^{-1}(V)$ 是 x 在 X 中的邻域. 由 $x \in f^{-1}(V)$ 的任意性及定理 2.2.2 知 $f^{-1}(V)$ 是 X 的开集.

(2) $\Longleftrightarrow$ (3) 利用开集与闭集之间的互补关系及定理 1.2.8 可得.

(3) $\Longrightarrow$ (4) 设 $A \subseteq X$, 由于 $f(A) \subseteq \overline{f(A)}$, 故由映射像引理 (引理 1.2.9), $A \subseteq f^{-1}(\overline{f(A)})$, 由 (3), $f^{-1}(\overline{f(A)})$ 为 X 中闭集, 于是 $\overline{A} \subseteq f^{-1}(\overline{f(A)})$, 再由映射像引理得 $f(\overline{A}) \subseteq \overline{f(A)}$.

(4) $\Longrightarrow$ (5) 设 $B \subseteq Y$, 对集合 $f^{-1}(B) \subseteq X$ 应用 (4) 即得 $f(\overline{f^{-1}(B)}) \subseteq \overline{f(f^{-1}(B))} \subseteq \overline{B}$, 因此 $\overline{f^{-1}(B)} \supseteq \overline{f^{-1}(B)}$.

(5) $\Longrightarrow$ (3) 设 F 是 Y 中闭集, 对此集合应用 (5) 有 $f^{-1}(F) \supseteq \overline{f^{-1}(F)}$. 但总有 $f^{-1}(F) \subseteq \overline{f^{-1}(F)}$, 故 $f^{-1}(F) = \overline{f^{-1}(F)}$ 为闭集.

(2) $\Longrightarrow$ (6), (2) $\Longrightarrow$ (7) 由基元和子基元都是开集可得.

(6) $\Longrightarrow$ (6'), (7) $\Longrightarrow$ (7') 平凡的.

(7') $\Longrightarrow$ (6') 设 $\mathcal{S}$ 是满足 (7') 的 Y 的子基, 则 $\mathcal{B} = \wedge \mathcal{S}$ 是 Y 的满足 (6') 的某个基.

(6') $\Longrightarrow$ (1) 设 $\mathcal{B}$ 是满足 (6') 的 Y 的基. 则对 $x \in X$, 若 $U \in \mathcal{U}_{f(x)}$, 则存在 $B \in \mathcal{B}$ 使 $f(x) \in B \subseteq U$. 故由 (6'), $f^{-1}(B)$ 为开集, 从而 $x \in f^{-1}(B) \subseteq f^{-1}(U) \in \mathcal{U}_x$ 成立, 由 $x \in X$ 的任意性得 (1) 成立.

综合上述, 可得定理中各条等价.　　　　　　　　　　　　　　　　□

定理 2.4.4 为验证映射连续提供了多种途径, 同时也给出了连续映射的多个性质.

定义 2.4.5　设 X 和 Y 为拓扑空间, $f : X \to Y$ 为映射. 若 f 将 X 的闭 (开) 集映为 Y 的闭 (开) 集, 则称 f 是一个**闭映射 (开映射)**.

注 2.4.6　闭映射 (开映射) 不必是连续映射, 连续映射也不必是闭映射 (开映射).

定义 2.4.7　设 X 和 Y 为拓扑空间, $f : X \to Y$ 为双射. 若 f 和 f^{-1} 都连续, 则称 f 是一个**同胚映射**, 简称**同胚**.

例 2.4.8　(1) 设 $\mathbb{R}$ 为实直线. 则由 $f(x) = 3x + 1$ 所给出的函数 $f : \mathbb{R} \to \mathbb{R}$ 是一个同胚.

(2) 设 $f : X \to Y$ 是双射. 若 X 和 Y 均为离散空间 (或均为平庸空间), 则 $f : X \to Y$ 是一个同胚. 若 $|X| > 1$, X 为离散空间, Y 为平庸空间, 则 f 连续但不是同胚.

该例说明同胚概念中关于逆映射 f^{-1} 连续的要求是不可缺少的.

定理 2.4.9　设 X 和 Y 是拓扑空间, $f : X \to Y$ 为双射. 若 f 是一个连续的闭映射 (开映射), 则 f 和 f^{-1} 均是同胚映射.

证明　由条件直接验证 $f^{-1} : Y \to X$ 也是连续映射, 从而得 f 和 f^{-1} 均是同胚映射.　　　　　　　　　　　　　　　　□

定义 2.4.10　设 X 和 Y 为拓扑空间. 若存在一个同胚映射 $f : X \to Y$, 则称拓扑空间 X 和 Y 是**同胚的**, 记作 $X \cong Y$.

简单地说, 同胚的两个拓扑空间可认为具有相同的拓扑结构.

拓扑空间的某种性质 P, 如果经过同胚映射保持不变, 即若拓扑空间 X 具有性质 P, 则与 X 同胚的所有拓扑空间也具有性质 P, 则性质 P 称为**拓扑不变性质**, 简称**拓扑性质**, 或**同胚性质**. 拓扑学的中心任务就是寻找、研究并利用各种拓扑不变性质.

习 题 2.4

1. 设 $X = \{1,2,3\}$, $\mathcal{T} = \{\varnothing, X, \{1\}, \{1,2\}, \{1,3\}\}$.

证明: $f : X \to \mathbb{R}$ 连续当且仅当 f 是常值映射.

2. 设 X 为集合, Y 为拓扑空间, $f : X \to Y$ 为映射.

证明: 在集合 X 上存在使 f 连续的最粗拓扑.

3. 说明有界性不是拓扑性质.

4. 设 A 是度量空间 (X,d) 中的非空集. 定义点 $x \in X$ **到集 A 的距离** $d(x,A)$ 为

$$d(x,A) = \inf\{d(x,y) \mid y \in A\}.$$

证明: 映射 $f : X \to \mathbb{R}$, $f(x) = d(x,A)$ 是连续的.

5. 举例说明: 连续映射不必是开映射; 开映射也不必是连续映射.

6. 举例说明: 拓扑空间之间连续的一一映射的逆映射未必连续.

7. 设 X 不可数. 证明: 有限余拓扑空间 $(X, \mathcal{T}_f)$ 与可数余拓扑空间 $(X, \mathcal{T}_c)$ 不同胚.

8. 设 (X,d) 为度量空间.

证明: 由 d 诱导的拓扑 $\mathcal{T}_d$ 是使函数 $d : X \times X \to \mathbb{R}$ 连续的最粗拓扑.

9. 设 X,Y 是拓扑空间, $f : X \to Y$ 是映射. 证明:

(1) f 是闭映射当且仅当对任意 $A \subseteq X$, $\overline{f(A)} \subseteq f(\overline{A})$;

(2) f 是连续的闭映射当且仅当对任意 $A \subseteq X$, $\overline{f(A)} = f(\overline{A})$.

10. 设 X,Y 是拓扑空间, $f : X \to Y$ 是映射. 证明下列条件等价:

(1) f 是开映射;

(2) $\forall A \subseteq X$, $f(A^\circ) \subseteq f(A)^\circ$;

(3) $\forall B \subseteq Y$, $f^{-1}(B)^\circ \subseteq f^{-1}(B^\circ)$;

(4) $\forall B \subseteq Y$, $f^{-1}(\overline{B}) \subseteq \overline{f^{-1}(B)}$.

11. 设 X,Y,Z 是拓扑空间. $f : X \to Y$, $g : Y \to Z$ 是映射. 证明:

(1) 若 f, g 是开 (闭) 映射, 则 $g \circ f$ 是开 (闭) 映射;

(2) 若 $g \circ f$ 是开 (闭) 映射且 f 是连续满射, 则 g 是开 (闭) 映射;

(3) 若 $g \circ f$ 是开 (闭) 映射且 g 是连续单射, 则 f 是开 (闭) 映射.

12. 设 X 是拓扑空间, Y 是具有序拓扑的全序集, $f,g : X \to Y$ 是连续映射.

证明: $\{x \in X \mid f(x) \leqslant g(x)\}$ 是 X 中的闭集.

2.5　拓扑空间构造方法

本章讨论拓扑空间的一些经典构造方法, 或者说构造新拓扑空间的方法. 主要思想是利用已有的拓扑空间作为 "素材", 通过某些标准的程序构作新的拓扑空间. 这里主要介绍子空间、和空间、积空间与商空间的构作方法.

2.5.1　子空间

为了定义拓扑子空间先给出如下定义.

定义 2.5.1　设 $\mathcal{A}$ 是一个集族, Y 是一个集合. 集族 $\{A \cap Y \mid A \in \mathcal{A}\}$ 称为集族 $\mathcal{A}$ 在集合 Y 上的**限制**, 记作 $\mathcal{A}|_Y$.

定义 2.5.2　设 Y 是拓扑空间 $(X, \mathcal{T})$ 的一个子集, 则集族 $\mathcal{T}|_Y = \{U \cap Y \mid U \in \mathcal{T}\}$ 是集 Y 上的一个拓扑, 称为**子空间拓扑**. 称 $(Y, \mathcal{T}|_Y)$ 是 $(X, \mathcal{T})$ 的一个**子空间** (简称 Y 是 X 的一个子空间), 其开集由拓扑空间 X 的开集与 Y 的交构成. 若 Y 是拓扑空间 X 的一个开 (闭) 子集, 则子空间 Y 称为 X 的一个**开 (闭) 子空间**.

根据定义 2.5.2, 拓扑空间 $(X, \mathcal{T})$ 的任一子集均可自动地认为是 X 的子空间. 需要注意的是: 若 Y 本身是一个拓扑空间, 又是拓扑空间 X 的子集, 一般 Y 不一定是 X 的子空间, 只有 Y 上拓扑与 $\mathcal{T}_X|_Y$ 相同时才是 X 的子空间, 否则不是.

特别要注意的是: 在涉及空间 X 和子空间 Y 时, 使用 "开集""闭集" 这些词必须明确, 究竟它指的是子空间 Y 的开集 (闭集), 还是空间 X 的开集 (闭集).

例 2.5.3　(1) 设 $X = \{a, b, c, d\}$, $\mathcal{T}_X = \{X, \varnothing, \{a\}, \{c, d\}, \{a, c\}, \{c\}, \{a, d, c\}\}$; $Y = \{a, b, c\}$. 则作为 X 的子空间, Y 上拓扑只能是 $\mathcal{T}_Y = \{Y, \varnothing, \{a\}, \{a, c\}, \{c\}\}$.

(2) 把单位闭区间 $\mathbf{I} = [0, 1]$ 作为实直线 $\mathbb{R}$ 的子空间. 则 $\left[0, \dfrac{2}{3}\right)$ 和 $\left(\dfrac{2}{3}, 1\right]$ 都是 $\mathbf{I}$ 的开集, 但不是 $\mathbb{R}$ 的开集.

注 2.5.4 (子空间的绝对性)　设 X, Y, Z 都是拓扑空间, 若 Y 是 X 的子空间, Z 是 Y 的子空间, 则 Z 也是 X 的子空间.

证明　直接由定义验证, 留作练习. 通俗地说, 子空间的子空间还是子空间. 这一性质常说成是子空间的绝对性.　□

由例 2.5.3 知若 Y 是 X 的子空间, U 是 Y 的开集, U 未必是 X 的开集. 但在一种特殊情况下, Y 的任意开集也是 X 的开集.

命题 2.5.5　设 Y 是 X 的子空间.
(1) 若 U 是 Y 的开集且 Y 是 X 的开集, 则 U 是 X 的开集.
(2) 若 F 是 Y 的闭集且 Y 是 X 的闭集, 则 F 是 X 的闭集.

证明　由定义 2.5.2 直接可得.　□

定理 2.5.6 设 Y 是 X 的子空间, $y \in Y$.

(1) 若 $\mathcal{B}$ 是 X 的一个基, 则 $\mathcal{B}|_Y$ 是 Y 的一个基.

(2) 若 $\mathcal{W}$ 是 X 的一个子基, 则 $\mathcal{W}|_Y$ 是 Y 的一个子基.

(3) 若 $\mathcal{U}_y$ 是 y 在 X 中的一个邻域系, 则 $\mathcal{U}_y|_Y$ 是 y 在 Y 中的一个邻域系.

证明 (2)—(3) 的证明留给读者作为练习, 仅证明 (1).

设 $\mathcal{B}$ 是 X 的一个基. 对子空间 Y 的任意开集 V, 存在 X 的一个开集 U 使 $V = U \cap Y$. 由 $\mathcal{B}$ 是 X 的一个基知, 存在 $\mathcal{B}_1 \subseteq \mathcal{B}$ 使 $U = \bigcup_{B \in \mathcal{B}_1} B$. 从而

$$V = U \cap Y = \left(\bigcup_{B \in \mathcal{B}_1} B \right) \cap Y = \bigcup_{B \in \mathcal{B}_1} (B \cap Y).$$

因 $\{B \cap Y \mid B \in \mathcal{B}_1\} \subseteq \mathcal{B}|_Y$, 故由定义 2.3.1 知 $\mathcal{B}|_Y$ 是子空间 Y 的一个基. □

定义 2.5.7 设 X 和 Y 为拓扑空间, $f : X \to Y$ 为映射. 若 f 是单射并且是从空间 X 到空间 Y 的子空间 $f(X)$ 的一个同胚映射, 则称 f 为一个**嵌入**. 若存在一个嵌入 $f : X \to Y$, 则称**拓扑空间 X 可嵌入拓扑空间 Y**.

显然, 拓扑空间 X 可嵌入拓扑空间 Y 意味着拓扑空间 X 与拓扑空间 Y 的一个子空间同胚. 换言之, 在同胚的意义下, 拓扑空间 X 可看作拓扑空间 Y 的一个子空间.

定义 2.5.8 设 X 和 Y 都是拓扑空间. 若存在连续映射 $r : Y \to X$ 和 $s : X \to Y$ 使 $r \circ s = \mathrm{id}_X$, 则称映射 $r : Y \to X$ 为 (外部) **收缩**, 称 X 为 Y 的**收缩核**, (r, s) 为**收缩对**. 当 $X \subseteq Y$ 为子空间, $s = i : X \to Y$ 为包含映射使 $r \circ i = \mathrm{id}_X$ 时, 则称 X 为 Y 的 **(内部) 收缩核**.

注 2.5.9 与收缩 $r : Y \to X$ 配对的 $s : X \to Y$ 是嵌入. 故收缩核 X 可看作 Y 的子空间而作为内部收缩核.

证明 令 $s^\circ : X \to s(X)$ 为 s 限制于 Y 的子空间 $s(X)$ 上. 则 s° 连续且是双射. 容易验证 $s^\circ \circ (r \circ i_{s(X)}) = \mathrm{id}_{s(X)}$, $(r \circ i_{s(X)}) \circ s^\circ = \mathrm{id}_X$, 其中 i 表示包含映射, id 表示恒等映射. 故连续映射 $r \circ i_{s(X)}$ 为 s° 的逆映射, 从而 s° 是一个同胚, 即 $s : X \to Y$ 是一个嵌入. □

定理 2.5.10 (粘接引理) 设 X 为拓扑空间, 且 $X = A \cup B$ 为两开子空间 (或两闭子空间) 之并. $f : A \to Y$ 与 $g : B \to Y$ 都是连续映射. 若对任意 $x \in A \cap B$, $f(x) = g(x)$, 则 f, g 可以组成一个连续映射 $h : X \to Y$ 使

$$h(x) = \begin{cases} f(x), & x \in A, \\ g(x), & x \in B. \end{cases}$$

证明 以 A, B 是开的情形为例证之. 设 V 是 Y 的开集. 易见 $h^{-1}(V) = f^{-1}(V) \cup g^{-1}(V)$. 由 $f : A \to Y$ 连续及定理 2.4.4 知 $f^{-1}(V)$ 是 X 的开子空间

A 的开集. 从而由命题 2.5.5(1) 知 $f^{-1}(V)$ 是空间 X 的开集. 同理可证 $g^{-1}(V)$ 也是空间 X 的开集. 于是 $h^{-1}(V) = f^{-1}(V) \cup g^{-1}(V)$ 是空间 X 的开集. 从而由定理 2.4.4 知 $h: X \to Y$ 是连续的.

对 A, B 为 X 的闭子空间情形, 类似可证粘接引理成立. □

例 2.5.11 (连续双射但不为同胚的例)　设 $[0, 1), S^1 \subseteq \mathbb{R}^2$ 为欧氏空间的子空间, $f: [0, 1) \to S^1$ 使得 $\forall x \in [0, 1), f(x) = e^{2\pi xi} \in S^1$. 则 f 是连续的双射, 但因 $f([0, 1/4))$ 不是 S^1 的开集, 故 f 不是一个同胚 (图 2.1).

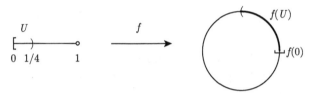

图 2.1　连续双射但不为同胚的例

2.5.2　和空间

若一个集族 $\{X_\alpha\}_{\alpha \in \Gamma}$ 中所有的 X_α 都是拓扑空间, 则称 $\{X_\alpha\}_{\alpha \in \Gamma}$ 是**一族拓扑空间**.

定义 2.5.12　设 $\{(X_\alpha, \mathcal{T}_\alpha)\}_{\alpha \in \Gamma}$ 是一族拓扑空间, 作并集 $X = \bigcup_{\alpha \in \Gamma} X_\alpha$, 令 $\mathcal{T} = \{U \mid U \subseteq X$ 并且 $\forall \alpha \in \Gamma, U \cap X_\alpha \in \mathcal{T}_\alpha\}$. 则容易验证 $\mathcal{T}$ 是 X 上的一个拓扑 (读者可作为练习自证). 称拓扑 $\mathcal{T}$ 为 $\{\mathcal{T}_\alpha\}_{\alpha \in \Gamma}$ 的**和拓扑**, 称空间 $(X, \mathcal{T})$ 是拓扑空间族 $\{(X_\alpha, \mathcal{T}_\alpha)\}_{\alpha \in \Gamma}$ 的**和空间**, 记作 $(\sum_{\alpha \in \Gamma} X_\alpha, \sum_{\alpha \in \Gamma} \mathcal{T}_\alpha)$, 常简记为 $\sum_{\alpha \in \Gamma} X_\alpha$.

对一族拓扑空间 $\{(X_\alpha, \mathcal{T}_\alpha)\}_{\alpha \in \Gamma}$ 作无交并 $X = \coprod_{\alpha \in \Gamma} X_\alpha$ 再赋予和拓扑, 得到的空间称为**无交和空间**, 相应拓扑称作**无交和拓扑**.

注 2.5.13　文献 [66] 定义 X 上的 "和拓扑" 是以 $\bigcup_{\alpha \in \Gamma} \mathcal{T}_\alpha$ 为子基生成的 X 上的拓扑, 这一拓扑一般比定义 2.5.12 定义的和拓扑要细得多. 但容易验证在所给拓扑空间族两两不交时, 两种方式定义的拓扑是相同的.

定理 2.5.14　设 $\{(X_\alpha, \mathcal{T}_\alpha)\}_{\alpha \in \Gamma}$ 为一族拓扑空间. 则集 A 为和空间 $X = \sum_{\alpha \in \Gamma} X_\alpha$ 的闭子集当且仅当 $\forall \alpha \in \Gamma, A \cap X_\alpha$ 是空间 X_α 的闭集.

证明　必要性: 设 A 为和空间 $X = \sum_{\alpha \in \Gamma} X_\alpha$ 的闭子集. 则 $\sum_{\alpha \in \Gamma} X_\alpha - A = X - A = \bigcup_{\alpha \in \Gamma}(X_\alpha - A)$ 为和空间 $\sum_{\alpha \in \Gamma} X_\alpha$ 的开子集. 故由和拓扑的定义知 $\forall \alpha \in \Gamma, (X - A) \cap X_\alpha = (\bigcup_{\alpha \in \Gamma}(X_\alpha - A)) \cap X_\alpha = X_\alpha - (X_\alpha \cap A) \in \mathcal{T}_\alpha$. 从而 $\forall \alpha \in \Gamma, A \cap X_\alpha$ 是空间 X_α 的闭集.

充分性: 因为必要性的每一步推导过程可逆, 故结论成立. □

推论 2.5.15　设 $\{(X_\alpha, \mathcal{T}_\alpha)\}_{\alpha \in \Gamma}$ 为一族两两不交的拓扑空间. 则在和空间

$\sum_{\alpha \in \Gamma} X_\alpha$ 中, $\forall \alpha \in \Gamma$, X_α 都是既开且闭的.

证明 由定理 2.5.14 直接可得. □

定理 2.5.16 设 $\{(X_\alpha, \mathcal{T}_\alpha)\}_{\alpha \in \Gamma}$ 为一族两两不交的拓扑空间, $\forall \alpha \in \Gamma$, $A_\alpha \subseteq X_\alpha$. 则子空间族 $\{A_\alpha\}_{\alpha \in \Gamma}$ 的和空间 $\sum_{\alpha \in \Gamma} A_\alpha$ 的拓扑与 $\sum_{\alpha \in \Gamma} X_\alpha$ 的子空间 $A = \bigcup_\alpha A_\alpha$ 的拓扑相等.

证明 设 U 是和空间 $\sum_{\alpha \in \Gamma} A_\alpha$ 的开集. 则 $\forall \alpha \in \Gamma$, $U \cap A_\alpha$ 是子空间 A_α 的开集. 故存在 $V_\alpha \in \mathcal{T}_\alpha$ 使 $U \cap A_\alpha = V_\alpha \cap A_\alpha$. 由推论 2.5.15 知 X_α 是 $\sum_{\alpha \in \Gamma} X_\alpha$ 的开集, 从而 $\forall \alpha \in \Gamma$, V_α 也是 $\sum_{\alpha \in \Gamma} X_\alpha$ 的开集. 于是 $\bigcup_{\alpha \in \Gamma} V_\alpha$ 是 $\sum_{\alpha \in \Gamma} X_\alpha$ 的开集. 又因为

$$U = U \cap \left(\bigcup_{\alpha \in \Gamma} X_\alpha \cap A \right) = \bigcup_{\alpha \in \Gamma} (U \cap A_\alpha) = \bigcup_{\alpha \in \Gamma} (V_\alpha \cap A_\alpha) = \left(\bigcup_{\alpha \in \Gamma} V_\alpha \right) \cap A,$$

所以 U 是 $\sum_{\alpha \in \Gamma} X_\alpha$ 的子空间 A 的开集.

反之, 设 U 是 $\sum_{\alpha \in \Gamma} X_\alpha$ 的子空间 A 的开集. 则存在 $\sum_{\alpha \in \Gamma} X_\alpha$ 的开集 V 使 $U = V \cap A = \bigcup_{\alpha \in \Gamma} (V \cap A_\alpha)$. 因为 $\forall \alpha \in \Gamma$, $V \cap A_\alpha \in \mathcal{T}_\alpha$, 故 $V \cap A_\alpha$ 是子空间 A_α 的开集. 从而由和拓扑的定义知 U 是和空间 $\sum_{\alpha \in \Gamma} A_\alpha$ 的开集.

综上可得, 和空间 $\sum_{\alpha \in \Gamma} A_\alpha$ 的拓扑与 $\sum_{\alpha \in \Gamma} X_\alpha$ 的子空间 A 的拓扑相等. □

2.5.3 积空间

为了定义拓扑空间的有限积, 先建立如下结果.

定理 2.5.17 设 $(X, \mathcal{T}_X)$ 和 $(Y, \mathcal{T}_Y)$ 是拓扑空间. 则集合 $X \times Y$ 的子集族

$$\mathcal{B} = \{U \times V \mid U \in \mathcal{T}_X, V \in \mathcal{T}_Y\}$$

是 $X \times Y$ 上某个拓扑的拓扑基.

证明 直接验证定理 2.3.5 条件 (1) 和 (2) 便得. □

利用上一定理, 并注意一个基决定唯一一个拓扑, 自然有如下定义.

定义 2.5.18 设 $(X, \mathcal{T}_X)$ 和 $(Y, \mathcal{T}_Y)$ 是拓扑空间. 集 $X \times Y$ 上以 $\mathcal{B} = \{U \times V \mid U \in \mathcal{T}_X, V \in \mathcal{T}_Y\}$ 为基的拓扑称为 $X \times Y$ 上的**积拓扑**, 记作 $\mathcal{T}_X * \mathcal{T}_Y$ 或 $\mathcal{T}_{X \times Y}$, 空间 $(X \times Y, \mathcal{T}_X * \mathcal{T}_Y)$ 称为空间 X 和 Y 的**积空间**.

定理 2.5.19 设 $(X, \mathcal{T}_X)$ 和 $(Y, \mathcal{T}_Y)$ 是拓扑空间, $\mathcal{B}$ 是 X 的基, $\mathcal{C}$ 是 Y 的基. 则集族

$$\mathcal{D} = \{B \times C \mid B \in \mathcal{B}, C \in \mathcal{C}\}$$

是积空间 $X \times Y$ 的一个基.

证明 设 $(x, y) \in X \times Y$. 对 (x, y) 在积空间 $X \times Y$ 的任意邻域 $\widetilde{W}$, 由定义 2.5.18 知存在 $U \in \mathcal{T}_X$, $V \in \mathcal{T}_Y$ 使 $(x, y) \in U \times V \subseteq \widetilde{W}$. 由 $x \in U$, $\mathcal{B}$ 是 X 的一个基及定理 2.3.3 知存在 $B \in \mathcal{B}$ 使 $x \in B \subseteq U$. 同理存在 $C \in \mathcal{C}$ 使 $y \in C \subseteq V$. 从而 $(x, y) \in B \times C \subseteq U \times V \subseteq \widetilde{W}$. 从而由定理 2.3.3 知 $\mathcal{D} = \{B \times C \mid B \in \mathcal{B}, C \in \mathcal{C}\}$ 是积空间 $X \times Y$ 的一个基.   □

例 2.5.20 (1) 设 $\mathbb{R}$ 是实数空间. 则 $\mathbb{R}$ 上通常拓扑的积拓扑 $\mathcal{T}_{\mathbb{R}^2}$ 称为平面 $\mathbb{R}^2 = \mathbb{R} \times \mathbb{R}$ 上的通常拓扑, 称赋予通常拓扑的 $\mathbb{R}^2$ 为**欧氏平面**. 由定理 2.5.19 知欧氏平面 $\mathbb{R}^2$ 的通常拓扑有一个由所有的开矩形 $(a_1, b_1) \times (a_2, b_2)$ 构成的基.

(2) 设 $\mathbb{R}_l$ 为 Sorgenfrey 直线. 则积空间 $\mathbb{R}_l \times \mathbb{R}_l$ 称为 **Sorgenfrey 平面**, 记作 $\mathbb{R}_l^2$. 由例 2.3.6 和定理 2.5.19 知 Sorgenfrey 平面有一个由所有形如 $[a_1, b_1) \times [a_2, b_2)$ 的集构成的集族作成的基.

有时也用子基来表示积拓扑. 设 X 和 Y 是拓扑空间. 映射 $p_1: X \times Y \to X$ 和 $p_2: X \times Y \to Y$ 为笛卡儿积 $X \times Y$ 的第一和第二投影映射, 即 $\forall (x, y) \in X \times Y$, $p_1(x, y) = x$, $p_2(x, y) = y$. 显然, 投影映射 p_1 和 p_2 都是满射. 设 U 是 X 的开集, 则集 $p_1^{-1}(U) = U \times Y$ 是积空间 $X \times Y$ 的开集. 类似地, 设 V 是 Y 的开集, 则集 $p_2^{-1}(V) = X \times V$ 也是积空间 $X \times Y$ 的开集. 从而由定理 2.4.4 知投影映射 p_1 和 p_2 都是连续的.

定理 2.5.21 设 $(X, \mathcal{T}_X)$ 和 $(Y, \mathcal{T}_Y)$ 是拓扑空间. 则集族

$$\mathcal{W} = \{p_1^{-1}(U) \mid U \in \mathcal{T}_X\} \cup \{p_2^{-1}(V) \mid V \in \mathcal{T}_Y\}$$

是积空间 $X \times Y$ 的一个子基.

证明 设 $\mathcal{T}_{X \times Y}$ 为 $X \times Y$ 上的积拓扑. 由定义 2.5.18 知 $\mathcal{B} = \{U \times V \mid U \in \mathcal{T}_X, V \in \mathcal{T}_Y\}$ 是积空间 $X \times Y$ 的一个基. 令 $\mathcal{B}^* = \{S_1 \cap S_2 \cap \cdots \cap S_n \mid S_i \in \mathcal{W}, i = 1, 2, \cdots, n, n \in \mathbb{Z}_+\}$. 由 $\mathcal{W} \subseteq \mathcal{B}$ 知 $\mathcal{B}^* \subseteq \mathcal{T}_{X \times Y}$. 对任意 $U \times V \in \mathcal{B}$, 由 $U \times V = (U \times Y) \cap (X \times V) = p_1^{-1}(U) \cap p_2^{-1}(V)$ 知 $U \times V \in \mathcal{B}^*$. 从而有 $\mathcal{B} \subseteq \mathcal{B}^* \subseteq \mathcal{T}_{X \times Y}$. 由 $\mathcal{B}$ 是积空间 $X \times Y$ 的一个基及定义 2.3.1 知 $\mathcal{B}^*$ 也是积空间 $X \times Y$ 的基. 于是由定义 2.3.7 得集族 $\mathcal{W} = \{p_1^{-1}(U) \mid U \in \mathcal{T}_X\} \cup \{p_2^{-1}(V) \mid V \in \mathcal{T}_Y\}$ 是积空间 $X \times Y$ 的一个子基.   □

命题 2.5.22 设 X 和 Y 是非空拓扑空间. 则投影映射 p_1 和 p_2 都是满的连续开映射.

证明 设 $(X, \mathcal{T}_X)$ 和 $(Y, \mathcal{T}_Y)$ 是非空拓扑空间. 前面已说明 $p_1: X \times Y \to X$ 是满的连续映射, 下证 p_1 是开映射. 由定义 2.5.18 知 $\mathcal{B} = \{U \times V \mid U \in \mathcal{T}_X, V \in \mathcal{T}_Y\}$ 是积空间 $X \times Y$ 的一个基. 对 $X \times Y$ 的任意开集 $\widetilde{W}$, 存在 $\mathcal{B}_1 \subseteq \mathcal{B}$ 使 $\widetilde{W} = \bigcup_{(U \times V) \in \mathcal{B}_1} (U \times V)$. 由映射求像集保并及投影的定义知

$$p_1(\widetilde{W}) = p_1 \left(\bigcup_{(U \times V) \in \mathcal{B}_1} (U \times V) \right) = \bigcup_{(U \times V) \in \mathcal{B}_1} p_1(U \times V) = \bigcup_{(U \times V) \in \mathcal{B}_1} U.$$

这说明 $p_1(\widetilde{W})$ 是拓扑空间 X 的开集. 从而投影映射 p_1 是开映射. 类似可证投影映射 p_2 也是满的连续开映射. □

定理 2.5.23 设 X, Y 和 Z 是非空拓扑空间. 则映射 $f : Z \to X \times Y$ 连续当且仅当映射 $p_1 \circ f : Z \to X$ 和 $p_2 \circ f : Z \to Y$ 均连续.

证明 必要性: 由命题 2.5.22 和定理 2.4.3(2) 可得.

充分性: 设映射 $p_1 \circ f : Z \to X$ 和 $p_2 \circ f : Z \to Y$ 均连续. 由定义 2.5.18 知 $\mathcal{B} = \{U \times V \mid U \in \mathcal{T}_X, V \in \mathcal{T}_Y\}$ 是积空间 $X \times Y$ 的一个基. 对任意 $U \times V \in \mathcal{B}$,

$$f^{-1}(U \times V) = (p_1 \circ f)^{-1}(U) \cap (p_2 \circ f)^{-1}(V).$$

由 $p_1 \circ f : Z \to X$ 和 $p_2 \circ f : Z \to Y$ 连续知 $(p_1 \circ f)^{-1}(U), (p_2 \circ f)^{-1}(V)$ 均是 Z 的开集. 从而 $f^{-1}(U \times V)$ 是 Z 的开集. 由定理 2.4.4 知映射 $f : Z \to X \times Y$ 连续. □

两个拓扑空间的积空间定义及相关性质, 都可以推广到有限个拓扑空间的情形. 下面考虑拓扑空间的任意积情形.

定义 2.5.24 设 $\{X_\alpha\}_{\alpha \in \Gamma}$ 是一族拓扑空间, $\mathcal{W}_\alpha = \{p_\alpha^{-1}(U_\alpha) \mid U_\alpha$ 是 X_α 中开集 $\}$, 其中 $p_\alpha : \prod_{\alpha \in \Gamma} X_\alpha \to X_\alpha$ 为笛卡儿积 $\prod_{\alpha \in \Gamma} X_\alpha$ 的第 α 个投影. 令 $\mathcal{W} = \bigcup_{\alpha \in \Gamma} \mathcal{W}_\alpha$. 则 $\prod_{\alpha \in \Gamma} X_\alpha$ 上以 $\mathcal{W}$ 为子基生成的拓扑称为 $\prod_{\alpha \in \Gamma} X_\alpha$ 上的**积拓扑**. 赋予积拓扑的 $\prod_{\alpha \in \Gamma} X_\alpha$ 称为**拓扑空间族 $\{X_\alpha\}_{\alpha \in \Gamma}$ 的积空间**.

注 2.5.25 由定理 2.5.21 知有限个拓扑空间的积空间是一族拓扑空间的积空间的特例.

事实上, 关于有限个拓扑空间的积空间的一些重要结论均可推广到一族拓扑空间的积空间, 例见本节后的习题. 关于一族拓扑空间的积空间的更多性质, 可参见文献 [149, 193].

2.5.4 商拓扑与商空间

商空间与本章研究过的子空间、积空间不同, 它主要是从几何上引入, 由采用粘合某些点的方法引申而来.

设 $(X, \mathcal{T}_X)$ 是拓扑空间. 如果把空间 X 中要粘在一起的点称为互相等价的点, 则集 X 上就有了一个等价关系, 记为 $\sim$. 因为每个等价类被粘合为一个点, 故新空间的集合就是等价类的集合, 即商集 $X / \sim$. 把 X 上的点对应到它所在的等价类, 就得到自然投射 $q : X \to X / \sim$. 下面规定 $X / \sim$ 上的拓扑.

定义 2.5.26　设 $(X, \mathcal{T}_X)$ 是拓扑空间, $\sim$ 是集 X 上的一个等价关系. 映射 $q : X \to X/\sim$ 为自然投射. 令 $\widetilde{\mathcal{T}} = \{V \subseteq X/\sim \mid q^{-1}(V) \in \mathcal{T}_X\}$. 容易验证 $\widetilde{\mathcal{T}}$ 是 $X/\sim$ 上的一个拓扑, 称为**商拓扑**. 称拓扑空间 $(X/\sim, \widetilde{\mathcal{T}})$ 是 $(X, \mathcal{T}_X)$ 关于 $\sim$ 的**商空间**.

按照定义, 在商拓扑下, 自然投射 $q : X \to X/\sim$ 是连续的满射. 并且容易证明商拓扑是使得自然投射 q 连续的最细拓扑.

注 2.5.27　(1) 要说明的是, 在拓扑学中, **适当利用几何直观是必须的**, 也是适用的. 不应任何问题都具体构造解答 (有的话当然好). 这是因为拓扑的具体表达形式是多样的而且是灵活的. 把灵活性去掉就抽象、悬空了, 等于去掉了拓扑学的灵魂. 例如, 心形线 ♡ 与圆周 S^1 是同胚的, 这很难用显式表示. 如不承认这点就无法落到实处, 走不多远, 拓扑学就成了僵硬的学科. 故利用几何直观承认一些事实常常是需要的. 然而, 绝大多数情况下还是需要严格证明的, 不能仅凭直观.

(2) 直观看, 商空间 $X/\sim$ 就是把 X 中关于 $\sim$ 的等价类粘为一点所得. 因此自然投射也称为**粘合映射**, 商拓扑与商空间也分别称为粘合拓扑与粘合空间.

例 2.5.28　(1) 在实直线 $\mathbb{R}$ 上定义等价关系 $\sim = \{(x, y) \in \mathbb{R}^2 \mid x, y \in \mathbb{Q}$ 或 $x, y \notin \mathbb{Q}\}$. 则商空间 $\mathbb{R}/\sim$ 是由两个点构成的平庸空间.

(2) 在单位闭区间 $\mathbf{I} = [0, 1]$ 上定义等价关系 $\sim = \{(x, y) \in \mathbf{I} \times \mathbf{I} \mid x = y$ 或 $\{x, y\} = \{0, 1\}\}$. 则商空间 $\mathbf{I}/\sim$ 与单位圆周 S^1 同胚. 几何直观上, 商空间 $\mathbf{I}/\sim$ 可看作将单位闭区间 $\mathbf{I} = [0, 1]$ 的两个端点粘合所得.

定理 2.5.29　设 X 和 Y 是拓扑空间, $\sim$ 是 X 上的一个等价关系, $f : X/\sim \to Y$ 为映射. 则 f 连续当且仅当 $f \circ q$ 连续, 其中 $q : X \to X/\sim$ 是粘合映射.

证明　必要性: 设 $f : X/\sim \to Y$ 为连续映射. 由 $q : X \to X/\sim$ 是连续的及定理 2.4.3(2) 知复合映射 $f \circ q$ 连续.

充分性: 设 $f \circ q : X \to Y$ 为连续映射. 则由定理 2.4.4 知 Y 的任意开集 V 的原像 $(f \circ q)^{-1}(V) = q^{-1}(f^{-1}(V))$ 是 X 的开集. 再由 $q : X \to X/\sim$ 是粘合映射及商拓扑的定义知 $f^{-1}(V)$ 是商空间 $X/\sim$ 的开集. 从而由定理 2.4.4 知映射 f 连续. $\qquad\square$

商映射的概念与商空间紧密相关, 它是从映射的角度去认识商空间.

定义 2.5.30　设 (X, τ_X) 和 (Y, τ_Y) 是拓扑空间. 映射 $f : X \to Y$ 为连续的满射. 若 f 满足: U 是 Y 的开集当且仅当 $f^{-1}(U)$ 是 X 的开集, 则称 f 是一个**商映射**. 此时, $\tau_Y = \{U \mid f^{-1}(U) \in \tau_X\}$ 为商拓扑.

由定义 2.5.30 知, 当 $X/\sim$ 是 X 的商空间时, 粘合映射 $q : X \to X/\sim$ 是一个商映射. 事实上, 在同胚的意义下, 任意一个商映射均可看成粘合映射.

设 $f : X \to Y$ 为商映射. 利用 f 在 X 上可规定一个等价关系 $\sim_f$: 对任意 $x_1, x_2 \in X$, $x_1 \sim_f x_2 \iff f(x_1) = f(x_2)$.

定理 2.5.31 设 X, Y, Z 均为拓扑空间, $f : X \to Y$ 为商映射. 则

(1) 映射 $g : Y \to Z$ 连续当且仅当 $g \circ f : X \to Z$ 连续;

(2) 商空间 $X / \sim_f \cong Y$.

证明 (1) 必要性: 设 $g : Y \to Z$ 为连续映射. 由 $f : X \to Y$ 是连续的及定理 2.4.3(2) 知复合映射 $g \circ f$ 连续.

充分性: 设 $g \circ f : X \to Z$ 为连续映射. 则由定理 2.4.4 知 Z 的任意开集 V 的原像 $(g \circ f)^{-1}(V) = f^{-1}(g^{-1}(V))$ 是 X 的开集. 再由 $f : X \to Y$ 是商映射知 $g^{-1}(V)$ 是 Y 的开集. 从而由定理 2.4.4 知映射 g 连续.

(2) 设 $x \in X$, x 在商空间 $X / \sim_f$ 中所在的等价类记作 $[x]$. 定义映射 $h : X / \sim_f \to Y$ 为对任意 $[x] \in X / \sim_f$, $h([x]) = f(x)$. 由 $f : X \to Y$ 是商映射及等价关系 $\sim_f$ 的定义知映射 h 的定义合理且是双射. 易见 $h \circ q = f$, $h^{-1} \circ f = q$, 其中 $q : X \to X / \sim$ 是粘合映射. 从而由 (1) 及定理 2.5.29 知映射 h, h^{-1} 都是连续的. 这说明 $h : X / \sim_f \to Y$ 是一个同胚映射, 即商空间 $X / \sim_f \cong Y$. □

注 2.5.32 定理 2.5.31 说明当 $f : X \to Y$ 为商映射时, 在同胚意义下, Y 可看作 X 的一个商空间, 而 f 可看作相应的粘合映射.

定理 2.5.33 设 $f : X \to Y$ 为连续的满射. 若 f 是开映射或闭映射, 则 f 是商映射.

证明 仅证明 f 是开映射的情形, 闭的情形类似. 设 $U \subseteq Y$. 若 U 是 Y 的开集, 则由 f 连续知 $f^{-1}(U)$ 是 X 的开集. 反之, 若 $f^{-1}(U)$ 是 X 的开集, 则由 f 是满的开映射知 $U = f(f^{-1}(U))$ 是 Y 的开集. 综上可得 f 是商映射. □

习 题 2.5

1. 设 Y 是 X 的子空间, $A \subseteq Y$, 用 int_Y, ∂_Y 分别表示在 Y 中取内部和边界. 证明:

(1) A 在 Y 中的导集是 A 在 X 中的导集与 Y 的交;

(2) A 在 Y 中的闭包是 A 在 X 中的闭包与 Y 的交.

2*. 证明: (1) 两两不交的可度量化空间族的和空间还是可度量化空间;

(2) 可数多个可度量空间的积空间还是可度量化空间.

3. 设 $\mathbf{I} = [0, 1] \subseteq \mathbb{R}$. 由 $\mathbb{R} \times \mathbb{R}$ 上字典序的限制得到 $\mathbf{I} \times \mathbf{I}$ 上的字典序.

问 $\mathbf{I} \times \mathbf{I}$ 上的序拓扑与它作为序空间 $\mathbb{R} \times \mathbb{R}$ 的子空间拓扑是否相同?

4. 设 X, Y 是拓扑空间, $\{A_\alpha\}_{\alpha \in J}$ 是 X 的闭集族, $X = \bigcup_{\alpha \in J} A_\alpha$, $f : X \to Y$ 为映射.

(1) 证明: 若 $\{A_\alpha\}_{\alpha \in J}$ 是有限族且 $\forall \alpha \in J$, $f|_{A_\alpha}$ 均连续, 则 f 连续;

(2) 举例说明若闭集族 $\{A_\alpha\}_{\alpha \in J}$ 是可数无限族, 则 f 不必连续.

5. 证明: 若空间 X 能够表示成一族互不相交开集 $\{X_\alpha\}_{\alpha \in \Gamma}$ 的并, 则 $X = \sum_{\alpha \in \Gamma} X_\alpha$.

6. 设 Y 是拓扑空间, $\{(X_\alpha, \mathcal{T}_\alpha)\}_{\alpha \in \Gamma}$ 为一族互不相交的拓扑空间.

证明: 映射 $f : \sum_{\alpha \in \Gamma} X_\alpha \to Y$ 连续当且仅当 $\forall \alpha \in \Gamma$, $f|_{x_\alpha} : X_\alpha \to Y$ 连续.

7. 设 X 和 Y 是拓扑空间. $p_1 : X \times Y \to X$ 和 $p_2 : X \times Y \to Y$ 为投影映射.

证明: $X \times Y$ 上的积拓扑是使 p_1, p_2 连续的最小拓扑.

8. 设 $\{X_\alpha\}_{\alpha\in\Gamma}$ 是一族非空拓扑空间, Z 是拓扑空间.

证明: 映射 $f: Z \to \prod_{\alpha\in\Gamma} X_\alpha$ 连续当且仅当 $\forall \alpha \in \Gamma$, 映射 $p_\alpha \circ f: Z \to X_\alpha$ 均连续.

9. 设 $S^1 = \{(x,y) \in \mathbb{R}^2 \mid x^2 + y^2 = 1\}$ 表示欧氏平面 $\mathbb{R}^2$ 上的单位圆周.

问 S^1 的哪些子集是它作为 $\mathbb{R}^2$ 子空间拓扑中的开集?

10. 证明: 单位圆周 S^1 是挖去原点的平面 $\mathbb{R}^2 - \{(0,0)\}$ 的收缩核.

11. 将 $\mathbb{R}$ 中小于 0 的点粘为一点, 大于 0 的点粘为一点, 请描述所得粘合空间.

12. 设 $\sim$ 是 $\mathbb{R}^2$ 上的等价关系: $(x_1,y_1) \sim (x_2,y_2) \Longleftrightarrow x_1 - x_2 \in \mathbb{Z}, y_1 - y_2 \in \mathbb{Z}$.

证明: 商空间 $\mathbb{R}^2/\sim$ 同胚于 $S^1 \times S^1$, 其中 S^1 为单位圆周.

13. 举例说明连续满射未必是商映射.

14. 举例说明商映射可以既不是开映射也不是闭映射.

15. 在 $\mathbf{I}^2 = [0,1] \times [0,1]$ 上定义下述等价关系 $\sim$, 其中 $x = (x_1, x_2), y = (y_1, y_2) \in \mathbf{I}^2$,

$$\sim = \{(x,y) \in \mathbf{I}^2 \times \mathbf{I}^2 \mid x = y, \text{或}\{x_1, y_1\} = \{0,1\}\text{时}, x_2 = y_2\}.$$

证明: 商空间 $\mathbf{I}^2/\sim$ 同胚于一个**圆柱面** $\mathbf{I} \times S^1$.

16. 设 X 是拓扑空间, A 为 X 的子空间.

证明: 如果存在收缩映射 $r: X \to A$, 则 r 是商映射.

2.6　可分性与可分空间

定义 2.6.1　设 A 和 Y 是拓扑空间 X 的子集. 若 $A \subseteq Y$ 且 $\overline{A} \supseteq Y$, 则称 A 在 Y 中稠密. 如 A 在 X 中稠密, 则称 A 是 X 的**稠密子集**. 若 X 有一个可数的稠密子集, 则称 X 具有**可分性**, 也称 X 是**可分空间**.

命题 2.6.2　设 A 是拓扑空间 X 的子集. 则 A 是 X 的稠密子集当且仅当 X 的每个非空开集都含有 A 中的点.

证明　由稠密子集的定义直接可得. □

例 2.6.3　(1) 平庸空间的任一非空子集都是稠密子集, 从而平庸空间 X 是可分空间.

(2) 实数空间的有理数集 $\mathbb{Q}$ 是可数稠密子集, 从而实数空间 $\mathbb{R}$ 是可分空间.

(3) 设 X 是任一不可数集, 赋予可数余拓扑. 则 X 的所有可数子集均为闭集, 从而空间 X 不是可分空间.

定理 2.6.4　(1) 可分空间的开子空间是可分的.

(2) 设 X 和 Y 是可分空间. 则积空间 $X \times Y$ 是可分的.

(3) 可分性在连续映射下不变, 即设 $f: X \to Y$ 是连续映射, 若 X 是可分空间, 则 $f(X)$ 作为 Y 的子空间也是可分的.

证明　(1) 设 Y 是可分空间 X 的一个非空开子集. 由 X 是可分空间知, 存在可数稠密子集 A 使 $\mathrm{cl}(A) = \overline{A} = X$. 令 $A^* = A \cap Y$. 则 A^* 是可数集. 又对于子空间 Y 中的任意非空开集 V 存在 X 中的开集 W 使 $V = W \cap Y$. 于是

$V \cap A^* = W \cap Y \cap (A \cap Y) = A \cap (W \cap Y)$. 注意到 $W \cap Y = V \neq \emptyset$ 为 X 中的开集, 由命题 2.6.2, $V \cap A^* = A \cap (W \cap Y) \neq \emptyset$, 再由命题 2.6.2 知 A^* 是开子空间 Y 的一个可数稠密子集, 从而开子空间 Y 也是可分的.

(2) 设 X 和 Y 是可分空间, A 和 B 分别是空间 X 和 Y 的可数稠密子集. 则 $A \times B$ 是积空间 $X \times Y$ 的一个可数稠密子集. 从而积空间 $X \times Y$ 是可分的.

(3) 设 $f: X \to Y$ 是连续映射. 若 X 是可分空间, 则 X 存在一个可数稠密子集 A. 自然 $f(A)$ 也可数. 由 f 的连续性得 $f(\overline{A}) = f(X) \subseteq \overline{f(A)}$. 故 $f(A)$ 在 Y 的子空间 $f(X)$ 中稠密. 从而 $f(X)$ 作为 Y 的子空间也是可分的. □

一种拓扑性质称为**遗传的**, 若一个拓扑空间具有它时, 每个子空间也具有它. 一种拓扑性质称为有**限可乘的**, 若两个拓扑空间具有它时, 其乘积空间也具有它. 例如可分性是有限可乘的, 但不是遗传的, 即可分空间可能有子空间不是可分的.

习 题 2.6

1. 在积空间 $X = \prod_{\alpha \in \Gamma} X_\alpha$ 中取定一个点 $x^* = (x_\alpha^*)_{\alpha \in \Gamma}$. 定义

$$D = \left\{ x \in \prod_{\alpha \in \Gamma} X_\alpha \,\middle|\, x \text{ 至多有限个坐标与 } x^* \text{ 的坐标不相同} \right\}.$$

证明: D 是 X 的稠密子集.

2. 设 X 是拓扑空间, $\mathbb{R}$ 为实直线, D 为 X 的稠密集. 又设 $f, g: X \to \mathbb{R}$ 都连续. 证明: 若 $f|_D = g|_D$, 则 $f = g$.

3. 设不可数集 X 上赋予有限余拓扑 $\mathcal{T}_f$. 证明:
(1) 任意无限集都是 X 的稠密子集;
(2) 空间 $(X, \mathcal{T}_f)$ 是可分空间.

4. 证明: 集 $\prod_{\alpha \in \Gamma} A_\alpha$ 在积空间 $\prod_{\alpha \in \Gamma} X_\alpha$ 中稠密当且仅当 $\forall \alpha \in \Gamma$, A_α 在空间 X_α 中稠密.

5. 设 X 为可分空间. 证明: X 中任一两两不相交的开集族是可数族.

6. 举例说明可分空间的子空间未必是可分的.

7. 证明: 可分空间的连续映射像是可分空间; 可数个可分空间的积空间是可分空间.

2.7 可数性与可数性空间

定义 2.7.1 设 X 为拓扑空间. 若 X 中每点都有可数的邻域基, 则称 X 具有**第一可数性**, 也称 X 是**第一可数空间**, 简称 A_1 **空间**. 若 X 有可数的拓扑基, 则称 X 具有**第二可数性**, 也称 X 是**第二可数空间**, 简称 A_2 **空间**.

命题 2.7.2 任一 A_2 空间都是 A_1 空间.

证明　设 $\mathcal{B}$ 为 A_2 空间 X 的一个可数的拓扑基. 对任意 $x \in X$, 令 $\mathcal{B}_x = \{B \in \mathcal{B} \mid x \in B\}$. 可以由定理 2.3.11 直接证明 $\mathcal{B}_x$ 是 x 的一个可数的邻域基. 从而 X 为 A_1 空间.　　　□

例 2.7.3　(1) 设 $\mathbb{R}$ 为实直线. 令 $\mathcal{B}$ 为所有以有理数为两个端点的开区间构成的集族. 容易证明 $\mathcal{B}$ 为实直线 $\mathbb{R}$ 的一个可数基, 从而实直线 $\mathbb{R}$ 是 A_2 空间.

(2) 离散空间都是 A_1 空间. 由于离散空间的每个独点集都是开集, 因此离散空间的每个拓扑基必包含所有的独点集, 从而包含不可数个点的离散空间不是 A_2 空间. 这说明命题 2.7.2 的逆命题不成立.

(3) Sorgenfrey 直线 $\mathbb{R}_l$ 是可分的 A_1 空间, $\{[x,q) \mid x < q \in \mathbb{Q}\}$ 是点 x 的可数邻域基.

(4) 每一度量空间都是 A_1 空间, $\{B(x,1/n) \mid n \in \mathbb{Z}_+\}$ 是点 x 的可数邻域基.

定理 2.7.4　每一 A_2 空间都是可分空间.

证明　设 $\mathcal{B}$ 为 A_2 空间 X 的一个可数拓扑基. 在 $\mathcal{B}$ 的每个非空元素 B 中任意取一点 $x_B \in B$. 令 $D = \{x_B \mid B \in \mathcal{B}, B \neq \varnothing\}$. 由命题 2.6.2 可得 D 为 X 的一个可数稠密子集. 从而 X 为可分空间.　　　□

例 2.7.5　设 $(X, \mathcal{T}_X)$ 是拓扑空间 (包括不可分空间), ∞ 是任一不属于 X 的元. 令 $X^* = X \cup \{\infty\}$, $\mathcal{T}^* = \{A \cup \{\infty\} \mid A \in \mathcal{T}_X\} \cup \{\varnothing\}$. 易见 $(X, \mathcal{T}_X)$ 是拓扑空间 $(X^*, \mathcal{T}^*)$ 的子空间且独点集 $\{\infty\}$ 是 $(X^*, \mathcal{T}^*)$ 的稠密子集, 从而空间 $(X^*, \mathcal{T}^*)$ 是可分空间. 同时可证空间 X^* 是 A_2 空间当且仅当 X 是 A_2 空间. 这说明定理 2.7.4 的逆不成立.

定理 2.7.6　设 $f: X \to Y$ 是满的连续开映射. 若 X 是 A_2 空间 (A_1 空间), 则 Y 也是 A_2 空间 (A_1 空间).

证明　设 $\mathcal{B}$ 为 A_2 空间 X 的一个可数的拓扑基. 由 f 是开映射知 $\widetilde{\mathcal{B}} = \{f(B) \mid B \in \mathcal{B}\}$ 是空间 Y 中的可数开集族. 下证 $\widetilde{\mathcal{B}}$ 是 Y 的一个可数基. 对 Y 的任意开集 U, 由 f 是连续映射知 $f^{-1}(U)$ 是 X 的开集. 从而由 $\mathcal{B}$ 是 X 的一个基知, 存在 $\mathcal{B}_1 \subseteq \mathcal{B}$ 使 $f^{-1}(U) = \bigcup_{B \in \mathcal{B}_1} B$. 因为 f 是满的, 故

$$U = f(f^{-1}(U)) = f\left(\bigcup_{B \in \mathcal{B}_1} B\right) = \bigcup_{B \in \mathcal{B}_1} f(B).$$

这说明 $\widetilde{\mathcal{B}}$ 是 Y 的一个可数基. 从而 Y 是 A_2 空间.

关于 A_1 空间情形的证明类似.　　　□

定理 2.7.6 说明拓扑空间的第一可数性和第二可数性都是拓扑不变性质.

数学分析中的数列、子数列可推广为拓扑空间中的序列和子序列.

定义 2.7.7　设 X 为拓扑空间. 每一个映射 $S: \mathbb{Z}_+ \to X$ 称为 X 中的一个

序列, 通常将序列 S 记作 $\{x_n\}_{n \in \mathbb{Z}_+}$, 其中 $x_n = S(n), n \in \mathbb{Z}_+$. 若 T 是 $\mathbb{Z}_+$ 的共尾子集, 则限制映射 $S|_T$ 称为序列的一个**子序列**.

拓扑空间 X 中的序列就是 X 中按先后次序排成的一列点, 这些点可以重复出现. 如果 $\forall n \in \mathbb{Z}_+, x_n = a$ 为常数, 则称序列 $\{x_n\}_{n \in \mathbb{Z}_+}$ 为**常值序列**.

定义 2.7.8 设 $\{x_n\}_{n \in \mathbb{Z}_+}$ 是拓扑空间 X 中的序列, $a \in X$. 若对 a 的任意邻域 U, 存在 $N \in \mathbb{Z}_+$ 使当 $n > N$ 时, 有 $x_n \in U$, 则称点 a 是序列 $\{x_n\}_{n \in \mathbb{Z}_+}$ 的**一个极限点** (或**极限**), 也称序列 $\{x_n\}_{n \in \mathbb{Z}_+}$ **收敛于** a, 记作 $\lim\limits_{n \to +\infty} x_n = a$ 或 $x_n \to a \, (n \to +\infty)$.

与数列收敛相仿, 易见序列 $\{x_n\}_{n \in \mathbb{Z}_+}$ 收敛到点 x, 则它的任一子序列也收敛到点 x. 但注意收敛序列与收敛数列性质上还是有很大差别的. 例如, 收敛数列的极限是唯一的, 但容易验证平庸空间中的任意序列都收敛于该空间中的每一点, 这时序列极限不具有唯一性.

定理 2.7.9 设 X 为拓扑空间, $A \subseteq X, x \in X$. 若 $A - \{x\}$ 中有序列收敛于 x, 则 $x \in A^d$.

证明 设集 $A - \{x\}$ 中有序列 $\{x_n\}_{n \in \mathbb{Z}_+}$ 收敛于 x. 则对 x 的任意邻域 U, 存在 $N \in \mathbb{Z}_+$ 使当 $n > N$ 时, 有 $x_n \in U$. 从而 $U \cap (A - \{x\}) \neq \varnothing$. 这说明 $x \in A^d$. □

例 2.7.10 设 X 为不可数集合, 赋予可数余拓扑. 容易验证拓扑空间 X 中序列 $\{x_n\}_{n \in \mathbb{Z}_+}$ 收敛于 $a \in X$ 当且仅当存在 $N \in \mathbb{Z}_+$ 使当 $n > N$ 时, 有 $x_n = a$. 设 $p \in X$. 令 $A = X - \{p\}$. 则 A 为 X 的不可数子集. 可以断言 A 的导集 $A^d = X$, 从而 $p \in A^d$. 但是集 $A = X - \{p\}$ 中不可能有序列收敛于 p. 故定理 2.7.9 的逆命题不成立.

该例表明, 在一般的拓扑空间中用序列收敛来刻画聚点是不够的. 我们将在第 3 章引入网和滤子及其收敛概念, 利用它们可刻画众多拓扑概念和拓扑空间类.

下面讨论 A_1 空间中与序列收敛有关的性质, 跟数学分析中数列收敛有类似之处.

称满足任意 $n \in \mathbb{Z}_+, A_{n+1} \subseteq A_n$ 的一列集合 $\{A_n\}_{n \in \mathbb{Z}_+}$ 是**递降集列**. 下一引理说明 A_1 空间中每点有递降集列作为局部邻域基.

引理 2.7.11 设 X 是 A_1 空间. 则对任意 $x \in X$, 存在 x 的一个可数邻域基 $\{U_n\}_{n \in \mathbb{Z}_+}$ 使对任意 $n \in \mathbb{Z}_+, U_{n+1} \subseteq U_n$.

证明 设 X 是 A_1 空间. 则对任意 $x \in X$, 存在 x 的可数邻域基 $\{V_n\}_{n \in \mathbb{Z}_+}$. 对任意 $n \in \mathbb{Z}_+$, 令 $U_n = V_1 \cap V_2 \cap \cdots \cap V_n$. 显然, $U_{n+1} \subseteq U_n (\forall n \in \mathbb{Z}_+)$. 容易证明 $\{U_n\}_{n \in \mathbb{Z}_+}$ 是 x 的一个可数邻域基. □

定理 2.7.12 设 X 是 A_1 空间, $A \subseteq X, x_0 \in X$. 则 $x_0 \in A^d$ 当且仅当

$A - \{x_0\}$ 中有序列收敛于 x_0.

证明　必要性: 设 $x_0 \in A^d$. 由 X 是 A_1 空间及引理 2.7.11 知, 存在 x_0 的可数邻域基 $\{U_n\}_{n \in \mathbb{Z}_+}$ 使对任意 $n \in \mathbb{Z}_+$, $U_{n+1} \subseteq U_n$. 又由 $x_0 \in A^d$ 知对任意 $n \in \mathbb{Z}_+$, $U_n \cap (A - \{x_0\}) \neq \varnothing$, 从而可选取 $x_n \in U_n \cap (A - \{x_0\})$. 容易验证 $\{x_n\}_{n \in \mathbb{Z}_+}$ 为 $A - \{x_0\}$ 中收敛于 x_0 的序列.

充分性: 由定理 2.7.9 可得. □

推论 2.7.13　设 X 是 A_1 空间, $A \subseteq X$. 则点 $x_0 \in \overline{A}$ 当且仅当 A 中有序列收敛于 x_0.

证明　必要性: 由 $\overline{A} = A \cup A^d$ 及定理 2.7.12 直接可得.

充分性: 用反证法. 若 A 中有序列 $\{x_n\}_{n \in \mathbb{Z}_+}$ 收敛于 x_0 且 $x_0 \notin \overline{A} = A \cup A^d$. 则序列 $\{x_n\}_{n \in \mathbb{Z}_+}$ 在 $A - \{x_0\}$ 中且收敛于 x_0, 由定理 2.7.12 得 $x_0 \in A^d \subseteq \overline{A}$, 矛盾! □

下面介绍另一种比第二可数性弱一些的性质, 通常称为 Lindelöf 性质.

定义 2.7.14　设 X 是拓扑空间, $\mathcal{U} = \{A_\alpha \mid \alpha \in J\}$ 为 X 的子集族. 若 $\bigcup_{\alpha \in J} A_\alpha = X$, 则称集族 $\mathcal{U}$ 为空间 X 的一个**覆盖**. 当指标集 J 是有限 (可数) 集时, 称该覆盖为**有限 (可数) 覆盖**. 若覆盖 $\mathcal{U}$ 中的元素都是开集 (闭集), 则称该覆盖为**开 (闭) 覆盖**. 若覆盖 $\mathcal{U}$ 的一个子集 $\mathcal{U}' \subseteq \mathcal{U}$ 也是 X 的一个覆盖, 则称 $\mathcal{U}'$ 是 $\mathcal{U}$ 的**子覆盖**.

定义 2.7.15　若拓扑空间 X 的任一开覆盖都有可数子覆盖, 则称 X 具有 **Lindelöf 性**, 也称 X 是 **Lindelöf 空间**.

定理 2.7.16　每一 A_2 空间都是 Lindelöf 空间.

证明　设 X 是 A_2 空间, $\mathcal{U}$ 为 X 的一个开覆盖. 则 X 存在一个可数的拓扑基 $\mathcal{B}$. 令 $\widetilde{\mathcal{B}} = \{B \in \mathcal{B} \mid$ 存在 $U \in \mathcal{U}$ 使 $B \subseteq U\}$. 则 $\widetilde{\mathcal{B}} \subseteq \mathcal{B}$ 是可数的. 由 $\widetilde{\mathcal{B}}$ 的构造, 对任意 $B \in \widetilde{\mathcal{B}}$, 取定 $U_B \in \mathcal{U}$ 使 $B \subseteq U_B$. 从而得到 $\mathcal{U}$ 的一个可数子集族 $\widetilde{\mathcal{U}} = \{U_B \mid B \in \widetilde{\mathcal{B}}\}$. 下证 $\widetilde{\mathcal{U}}$ 是 X 的一个覆盖. 对任意 $x \in X$, 由 $\mathcal{U}$ 为 X 的开覆盖知存在 $U_0 \in \mathcal{U}$ 使 $x \in U_0$. 因为 $\mathcal{B}$ 为 X 的拓扑基, 故存在 $B_0 \in \mathcal{B}$ 使 $x \in B_0 \subseteq U_0$. 这说明 $B_0 \in \widetilde{\mathcal{B}}$. 从而存在 $U_{B_0} \in \widetilde{\mathcal{U}}$ 使 $x \in B_0 \subseteq U_{B_0}$. 故 $\widetilde{\mathcal{U}}$ 是 X 的一个覆盖. □

例 2.7.17　(1) 包含不可数个点的离散空间不是 Lindelöf 空间.

(2) 设包含不可数个点的集合 X 上赋予可数余拓扑 $\mathcal{T}_c$. 则空间 $(X, \mathcal{T}_c)$ 是 Lindelöf 空间, 但不是 A_2 空间. 这说明定理 2.7.16 的逆命题不成立.

习　题　2.7

1. 证明: 若 X 是 A_1 空间且仅含可数个点, 则 X 是 A_2 空间.
2. 证明: (1) A_1 空间 (A_2 空间) 的任意子空间是 A_1 空间 (A_2 空间);

(2) 设 X 和 Y 是 A_1 空间 (A_2 空间), 则积空间 $X \times Y$ 是 A_1 空间 (A_2 空间).

3. 证明: (1) 无交和空间 $X = \sum_{\alpha \in \Gamma} X_\alpha$ 是 A_1 的当且仅当 $\forall \alpha \in \Gamma$, X_α 是 A_1 的.

(2) 无交和空间 $X = \sum_{\alpha \in \Gamma} X_\alpha$ 是 A_2 的当且仅当 $\forall \alpha \in \Gamma$, X_α 是 A_2 的, 且 $|\Gamma| \leqslant \aleph_0$.

4. 证明: 拓扑空间 X 是 A_2 空间当且仅当 X 有一个可数子基.

5. 设 $(X, \mathcal{T}_X)$ 是 A_2 空间. 证明: $\mathrm{card}\mathcal{T}_X \leqslant 2^{\aleph_0}$.

6. 设 X 是可数集, $\mathcal{T}_f$ 是集 X 上的有限补拓扑. 证明:

(1) $\mathcal{T}_f$ 是可数集;

(2) $(X, \mathcal{T}_f)$ 是 A_1 空间;

(3) $(X, \mathcal{T}_f)$ 是 A_2 空间;

(4) $(X, \mathcal{T}_f)$ 只有可数个开集.

7. 设 X 为离散空间, $\{x_n\}_{n \in \mathbb{Z}_+}$ 是 X 中的序列.

证明: $\{x_n\}_{n \in \mathbb{Z}_+}$ 收敛当且仅当存在 $N \in \mathbb{Z}_+$ 使当 $i, j > N$ 时有 $x_i = x_j$.

8. 设实数集 $\mathbb{R}$ 上赋予有限余拓扑. 求序列 $\left\{ \dfrac{1}{n} \right\}_{n \in \mathbb{Z}_+}$ 的极限.

9. 设 X 和 Y 是拓扑空间, $f : X \to Y$ 是连续映射.

证明: 若 X 是 Lindelöf 空间, 则 $f(X)$ 作为 Y 的子空间也是 Lindelöf 空间.

10. 证明: Lindelöf 空间的闭子空间是 Lindelöf 空间.

11. 举例说明 Lindelöf 性质不必遗传; 两 Lindelöf 空间的积空间未必是 Lindelöf 空间.

12. 证明: 商空间 $\mathbb{R}/\mathbb{Z}$ (将 $\mathbb{Z}$ 的点粘为一点) 不是 A_1 空间.

2.8 连通性与连通空间

连通性与数学分析中闭区间 $[a, b]$ 上连续函数具有介值性有紧密联系.

定义 2.8.1 若拓扑空间 X 可以分解为两个非空不相交开集的并, 即存在非空开集 U, V 使 $X = U \cup V$ 且 $\varnothing = U \cap V$, 则称 X 为**不连通空间**; 否则称 X 具有**连通性**, 也称 X 为**连通空间**.

定理 2.8.2 设 X 为拓扑空间. 则下列条件等价:

(1) X 是不连通空间;

(2) X 可以分解为两个非空不相交闭集的并;

(3) X 中存在既开又闭的非空真子集.

证明 (1) $\Longrightarrow$ (2) 设 X 是不连通空间. 则存在非空开集 U, V 使 $X = U \cup V$ 且 $\varnothing = U \cap V$. 由集合运算的 De Morgan 律知 $X = (X - U) \cup (X - V)$ 且 $\varnothing = (X - U) \cap (X - V)$, 其中 $X - U$, $X - V$ 是非空闭集. 这说明 X 可以分解为两个非空不相交闭集的并.

(2) $\Longrightarrow$ (3) 设 X 可以分解为两个非空不相交闭集的并, 即存在非空闭集 E, F 使 $X = E \cup F$ 且 $\varnothing = E \cap F$. 易见 E, F 均是 X 的既开又闭的非空真子集.

(3) $\Longrightarrow$ (1) 设 X 中存在既开又闭的非空真子集 A. 则 $X - A$ 也是 X 的既开又闭的非空真子集且 $X = A \cup (X - A)$, $\varnothing = A \cap (X - A)$. 由定义 2.8.1 知 X 是不连通空间. $\qquad\square$

例 2.8.3 (1) 单点空间、平庸拓扑空间是连通空间, 多于一个点的离散拓扑空间都是不连通的.

(2) 实数集 $\mathbb{R}$ 上赋予通常拓扑 $\mathcal{T}_e$ 所得实直线是连通空间. 否则存在两个非空不相交闭集 A, B 使 $\mathbb{R} = A \cup B$. 任取 $a \in A$, $b \in B$, 不妨设 $a < b$. 令 $c = \sup(A \cap [a, b])$. 则 $c \leqslant b$. 因为 $A \cap [a, b]$ 是闭集, 故 $c \in A \cap [a, b] \subseteq A$. 下面利用 c 与 b 的关系导出矛盾. 若 $c = b$, 则 $c \in A \cap B$, 这与 $A \cap B = \varnothing$ 矛盾! 若 $c < b$, 则由 c 的定义知 $(c, b] \subseteq B$. 从而 $c \in \overline{B} = B$, 仍与 $A \cap B = \varnothing$ 矛盾!

(3) 有理数集 $\mathbb{Q}$ 作为 $\mathbb{R}$ 的子空间是不连通的, 因为任取 q 为无理数, $(-\infty, q) \cap \mathbb{Q} = (-\infty, q] \cap \mathbb{Q}$ 为子空间 $\mathbb{Q}$ 的既开又闭非空真子集. 这说明连通空间的子空间未必连通.

(4) 实数集 $\mathbb{R}$ 上赋予有限余拓扑 $\mathcal{T}_f$ 所得空间 $(\mathbb{R}, \mathcal{T}_f)$ 是连通空间, 因为它的任意两个非空开集必相交. 同理, $\mathbb{R}$ 上赋予可数余拓扑 $\mathcal{T}_c$ 所得空间 $(\mathbb{R}, \mathcal{T}_c)$ 也是连通空间.

定义 2.8.4 若拓扑空间 X 的非空子集 Y 作为 X 的子空间是连通空间, 则称 Y 为 X 的**连通子集**.

由子空间的绝对性的注 2.5.4, 可得下一结果.

注 2.8.5 (连通子集的绝对性) 设 X 为拓扑空间, $Y \subseteq Z \subseteq X$. 则 Y 是 X 的连通子集当且仅当 Y 是 X 的子空间 Z 的连通子集.

引理 2.8.6 设 X 是拓扑空间, Y 是 X 的一个连通子集. 若 A 是 X 的既开又闭子集, 则有 $A \cap Y = \varnothing$ 或 $Y \subseteq A$.

证明 假设 $A \cap Y \neq \varnothing$. 则 $A \cap Y$ 是 X 的子空间 Y 的既开又闭的非空子集. 从而由 Y 连通及定理 2.8.2 知 $A \cap Y = Y$. 这说明 $Y \subseteq A$. $\qquad\square$

命题 2.8.7 若拓扑空间 X 有一个连通的稠密子集 Y, 则 X 是连通空间.

证明 设 A 是 X 的既开又闭的非空子集. 由 Y 是 X 的稠密子集知 $A \cap Y \neq \varnothing$. 由引理 2.8.6 得 $Y \subseteq A$. 从而 $X = \overline{Y} \subseteq \overline{A} = A \subseteq X$. 故 $A = X$. 由定理 2.8.2 知 X 是连通空间. $\qquad\square$

推论 2.8.8 设 Y 为拓扑空间 X 的连通子集. 若 X 的子集 Z 满足 $Y \subseteq Z \subseteq \overline{Y}$, 则 Z 为 X 的连通子集. 特别地, 连通集的闭包仍然连通.

证明 由注 2.8.5 知 Y 是 X 的子空间 Z 的连通稠密集. 从而由命题 2.8.7 得 Z 连通. $\qquad\square$

定理 2.8.9 设 $f: X \to Y$ 是连续映射. 若 X 是连通空间, 则 $f(X)$ 是空间 Y 的连通子集.

证明 设 $Z = f(X)$. 令 f 在 Z 上的限制映射为 $g : X \to Z$ 使对任意 $x \in X$, $g(x) = f(x)$. 易见 g 是满的连续映射. 假设 Z 是不连通的. 由定理 2.8.2 知, 存在 Z 的既开又闭的非空真子集 A. 从而 $g^{-1}(A)$ 是 X 的既开又闭的非空真子集, 这与 X 是连通空间矛盾! 故 $Z = f(X)$ 是连通的. □

定理 2.8.9 说明连通性是拓扑不变性质.

引理 2.8.10 若拓扑空间 X 有一个由连通子集构成的覆盖 $\mathcal{U} = \{Y_\alpha \mid \alpha \in J\}$ 且有一连通子集 Y, 它与 $\mathcal{U}$ 中每个成员都相交, 则 X 是连通空间.

证明 设 A 是 X 的既开又闭的子集. 下证 $A = \varnothing$ 或 $A = X$. 由 Y 是 X 的连通子集及引理 2.8.6 知 $A \cap Y = \varnothing$ 或 $Y \subseteq A$.

(i) 若 $A \cap Y = \varnothing$, 则因为 Y 与 $\mathcal{U}$ 中每个成员都相交, 故对任意 $Y_\alpha \in \mathcal{U}$, $Y_\alpha \nsubseteq A$. 从而由引理 2.8.6 知 $A \cap Y_\alpha = \varnothing$. 于是

$$A = X \cap A = \left(\bigcup_{\alpha \in J} Y_\alpha \right) \cap A = \bigcup_{\alpha \in J} (Y_\alpha \cap A) = \varnothing.$$

(ii) 若 $Y \subseteq A$, 则由 Y 与 $\mathcal{U}$ 中每个成员都相交知对任意 $Y_\alpha \in \mathcal{U}$, $Y_\alpha \cap A \neq \varnothing$. 从而由引理 2.8.6 知 $Y_\alpha \subseteq A$. 于是 $X = \bigcup_{\alpha \in J} Y_\alpha \subseteq A \subseteq X$. 这说明 $A = X$.

综上可知 X 没有既开又闭的非空真子集, 由定理 2.8.2 知 X 是连通空间. □

推论 2.8.11 有共同交点的连通集族之并是连通的.

证明 在相交的连通集族中任取一个作为引理 2.8.10 中的 Y, 运用引理 2.8.10 即得. □

定义 2.8.12 设 X 为拓扑空间, $x, y \in X$. 若 X 中存在包含 x, y 的连通子集, 则称点 x, y 是**连通的**.

命题 2.8.13 拓扑空间 X 中点的连通关系是一个等价关系.

证明 证明是直接的, 读者可作为练习自证. □

定义 2.8.14 拓扑空间 X 关于点的连通关系的每个等价类称为 X 的**连通分支**.

命题 2.8.15 设 C 为拓扑空间 X 的连通分支. 则

(1) 若 Y 是 X 的连通子集且 $Y \cap C \neq \varnothing$, 则 $Y \subseteq C$;

(2) C 是 X 的极大连通子集;

(3) C 是 X 的闭子集.

证明 (1) 由 $Y \cap C \neq \varnothing$ 知存在 $x_0 \in Y \cap C$. 对任意 $y \in Y$, 由 Y 是 X 的连通子集及定义 2.8.12 知点 x_0, y 是连通的. 因为 $x_0 \in C$ 且 C 为空间 X 的连通分支, 故 $y \in C$, 从而 $Y \subseteq C$.

(2) 取 $x_0 \in C$. 则对任意 $y \in C$, 由 C 为空间 X 的连通分支知存在 X 的连通子集 Y_y 使 $x_0, y \in Y_y$. 从而由 (1) 知 $Y_y \subseteq C$. 易见 $C = \bigcup_{y \in C} Y_y$ 且

$x_0 \in \bigcap_{y \in C} Y_y$. 由推论 2.8.11 知 C 是 X 的连通子集. 而 C 的极大性由 (1) 直接可得.

(3) 由 (2) 知 C 是 X 的极大连通子集. 因为 C 连通, 由推论 2.8.8 知 $\overline{C}$ 是连通的. 于是由 C 的极大性知 $C = \overline{C}$, 这说明 C 是闭集. □

对一个空间而言, 连通性是一个有用的性质. 但在某些场合下, 空间局部地满足连通性条件也值得探讨.

定义 2.8.16 设 X 为拓扑空间, $x \in X$. 若对于 x 的任意邻域 U, 存在 x 的一个连通邻域 V 包含于 U, 则称空间 X **在点 x 处局部连通**. 若空间 X 在它的每个点处都是局部连通的, 则称空间 X 是**局部连通空间**.

例 2.8.17 (1) 设实数集 $\mathbb{R}$ 上赋予通常拓扑 $\mathcal{T}_e$. 则 $(\mathbb{R}, \mathcal{T}_e)$ 的子空间 $[-1, 0) \cup (0, 1]$ 是不连通的, 但它是局部连通的.

(2) 设欧氏平面 $\mathbb{R}^2$ 的子集 $S = \left\{ \left(x, \sin \dfrac{1}{x} \right) \middle| 0 < x \leqslant 1 \right\}$. 因为 S 是 $\mathbb{R}$ 的连通子集 $(0, 1]$ 在一个连续映射下的像, 故 S 是欧氏平面 $\mathbb{R}^2$ 的连通子集. 由推论 2.8.8 知集 S 的闭包 $\overline{S} = S \cup \{ (0, y) \mid -1 \leqslant y \leqslant 1 \}$ 也是 $\mathbb{R}^2$ 的连通子集. 但是可以证明 $\overline{S}$ 作为 $\mathbb{R}^2$ 的子空间不是局部连通的. 这里的集合 $\overline{S}$ 是拓扑学中的一个经典例子, 称为**拓扑学家的正弦曲线**.

例 2.8.17 说明拓扑空间的连通性与局部连通性互不蕴涵.

常常会考虑直观性更强的道路连通性和局部道路连通性.

定义 2.8.18 设 X 为拓扑空间. 任一从单位闭区间 $\mathbf{I} = [0, 1]$ 到 X 的连续映射 α 均称为 X 的一条**道路**, 任一道路的像集 $\alpha(\mathbf{I})$ 均称为 X 中的**曲线**, 点 $\alpha(0)$, $\alpha(1)$ 分别称为道路 α(或曲线 $\alpha(\mathbf{I})$) 的**起点**和**终点**.

定义 2.8.19 若拓扑空间 X 中任意两点 x, y 都存在 X 的道路以 x 为起点, y 为终点, 则称 X 具有**道路连通性**, 也称 X 为**道路连通空间**. 若 X 的子集 A 作为子空间是道路连通的, 则称 A 是 X 的**道路连通子集**.

定义 2.8.20 设 X 为拓扑空间, $x \in X$. 若对于 x 的任意邻域 U, 存在 x 的一个道路连通邻域 V 包含于 U, 则称空间 X **在点 x 处局部道路连通**. 若空间 X 在它的每个点处都是局部道路连通的, 则称空间 X 是**局部道路连通空间**.

$\mathbb{R}^n$ 中的集 X 称为**凸集**, 如果 X 包含以 X 的点为端点的任一线段.

例 2.8.21 (1) 单点空间、平庸拓扑空间是道路连通的, 多于一个点的离散拓扑空间都不是道路连通的.

(2) 实直线 $\mathbb{R}$ 是道路连通的. 因为对任意 $x, y \in \mathbb{R}$, 定义 $\alpha : \mathbf{I} = [0, 1] \to \mathbb{R}$ 为 $\alpha(t) = x + (y - x)t, t \in \mathbf{I}$. 易见 α 为实直线 $\mathbb{R}$ 的以 x 为起点, y 为终点的道路.

(3) $\mathbb{R}^n$ 中任一凸集是道路连通的. 特别地, 实直线 $\mathbb{R}$ 中任一区间是道路连通的.

命题 2.8.22 (局部) 道路连通空间都是 (局部) 连通的.

证明 以道路连通为例. 设 X 为道路连通空间, 取定 $x_0 \in X$. 则对任意 $y \in X$, 存在 X 的以 x_0 为起点, y 为终点的道路 α_y. 由定理 2.8.9 知 $\alpha_y(\mathbf{I})$ 是连通的. 因为 $X = \bigcup_{y \in X} \alpha_y(\mathbf{I})$ 且 $x_0 \in \bigcap_{y \in X} \alpha_y(\mathbf{I})$, 故由推论 2.8.11 知 X 是连通的. $\qquad\square$

例 2.8.23 (缺边梳子空间) 设 $\mathbf{I} = [0,1]$. 令 $A = (\mathbf{I} \times \{0\}) \cup \bigcup_{n=1}^{\infty} \left(\left\{ \frac{1}{n} \right\} \times \mathbf{I} \right)$, $p = (0,1) \in \mathbb{R}^2$, $X = A \cup \{p\}$. 则 X 作为 $\mathbb{R}^2$ 的子空间连通但不道路连通, 故命题 2.8.22 的逆不成立.

证明 首先, 由引理 2.8.10 知 A 是连通的. 又因为 $A \subseteq X \subseteq \overline{A}$, 由命题 2.8.7 知 X 连通.

取 $q \in A \subseteq X$. 下面用反证法说明不存在 X 的道路以 p 为起点, q 为终点. 为此, 假设存在连续映射 $\alpha : \mathbf{I} \to X$ 使 $\alpha(0) = p = (0,1)$, $\alpha(1) = q$. 令 $H = \alpha^{-1}(\{p\})$. 下面证明 H 是 $\mathbf{I}$ 的既开又闭非空真子集, 从而与 $\mathbf{I}$ 的连通性矛盾.

由 $\{p\}$ 是闭的及 α 连续知 H 为 $\mathbf{I}$ 的闭集且 $0 \in H$. 下证 H 也为 $\mathbf{I}$ 的开集. 取 p 在 $\mathbb{R}^2$ 中的邻域 V 使 $V \cap (\mathbf{I} \times \{0\}) = \varnothing$. 则对任意 $t \in H$, 由 α 连续及例 2.3.4(1) 知存在 $\varepsilon > 0$ 使 $t \in U = (t - \varepsilon, t + \varepsilon) \cap \mathbf{I}$ 且 $\alpha(U) \subseteq V$. 因为 U 仍为实直线 $\mathbb{R}$ 的区间, 故连通. 从而由定理 2.8.9 知 $\alpha(U)$ 连通. 我们断言 $t \in U \subseteq H$, 从而由 $t \in H$ 的任意性知 H 是 $\mathbf{I}$ 的开子集. 若不然, 则存在 $t_0 \in U$ 使 $\alpha(t_0) \neq p$, 从而得存在正整数 n_0 使 $\alpha(t_0) \in \left(\left\{ \frac{1}{n_0} \right\} \times \mathbf{I} \right)$. 取 $r \in \mathbb{R}$ 使 $\frac{1}{n_0 + 1} < r < \frac{1}{n_0}$. 令

$$F = \alpha(U) \cap ((-\infty, r) \times \mathbb{R}), \quad K = \alpha(U) \cap ((r, +\infty) \times \mathbb{R}).$$

易见 $\alpha(U) = F \cup K$, $p = (0,1) = \alpha(t) \in F$, $\alpha(t_0) \in K$, 故 F 和 K 是 $\alpha(U)$ 的非空不交开集, 这与 $\alpha(U)$ 的连通性矛盾! 从而 H 是 $\mathbf{I}$ 的既开又闭的非空真子集. $\qquad\square$

定理 2.8.24 (1) 道路连通空间的连续像是道路连通的;

(2) 任意一族道路连通空间的积空间是道路连通的.

证明 (1) 设 X 是道路连通的, $f : X \to Y$ 是连续映射. 对于 $f(X)$ 中的任意两点 y_1, y_2, 存在 $x_1, x_2 \in X$ 使 $f(x_1) = y_1$, $f(x_2) = y_2$. 由 X 是道路连通的知, 存在连续映射 $\alpha : \mathbf{I} \to X$ 使 $\alpha(0) = x_1$, $\alpha(1) = x_2$. 从而 $f \circ \alpha : \mathbf{I} \to Y$ 是 $f(X)$ 中以 y_1 为起点, y_2 为终点的道路. 故 $f(X)$ 是道路连通的.

(2) 设 $\{X_j\}_{j \in J}$ 是一族道路连通空间, $x = (x_j)_{j \in J}$, $y = (y_j)_{j \in J} \in \prod_{j \in J} X_j$. 对任意 $j \in J$, 由 X_j 是道路连通的知, 存在连续映射 $\alpha_j : \mathbf{I} \to X_j$ 使 $\alpha_j(0) = x_j$,

$\alpha_j(1) = y_j$. 定义 $\alpha : \mathbf{I} \to \prod_{j \in J} X_j$ 使对任意 $t \in \mathbf{I}$, $\alpha(t) = (\alpha_j(t))_{j \in J}$. 由 α 的各个分量均连续 (习题 2.5 题 8) 知 α 是连续的且 $\alpha(0) = (\alpha_j(0))_{j \in J} = (x_j)_{j \in J} = x$, $\alpha(1) = (\alpha_j(1))_{j \in J} = (y_j)_{j \in J} = y$. 从而积空间 $\prod_{j \in J} X_j$ 是道路连通的.   □

定理 2.8.24(1) 说明道路连通性是拓扑不变性质.

类似于连通空间的情形, 可以给出道路连通分支的概念.

定义 2.8.25　拓扑空间 X 上可定义一个二元关系 R: 对任意 $x, y \in X$, $xRy \Longleftrightarrow$ 存在连接 x, y 的道路. 由道路的运算易见 R 是 X 上的一个等价关系. X 关于 R 的每个等价类称为 X 的**道路连通分支**.

例 2.8.26　拓扑空间的道路连通分支与连通分支不同, 它未必是闭集. 例如在拓扑学家的正弦曲线 (参见例 2.8.17(2)) 这一例子中, S 是 $\overline{S}$ 的道路连通分支, 但它不是 $\overline{S}$ 的闭集, 而是 $\overline{S}$ 的开集.

习　题　2.8

1. 证明: 实直线 $\mathbb{R}$ 的非空子集 A 连通当且仅当 A 是区间或单点.
2. 证明: 单位圆周 S^1 连通.
3. 设 A 为欧氏空间 $\mathbb{R}^n (n \geqslant 2)$ 的可数子集. 证明: $\mathbb{R}^n - A$ 是 $\mathbb{R}^n (n \geqslant 2)$ 的连通子集.
4. 证明: $\mathbb{R}^n (n \geqslant 2)$ 与实直线 $\mathbb{R}$ 和单位圆周 S^1 的任何子集都不同胚.
5. 设 $\mathcal{T}_1, \mathcal{T}_2$ 是集 X 上的两个拓扑, $\mathcal{T}_1 \subseteq \mathcal{T}_2$.
证明: 若空间 $(X, \mathcal{T}_2)$ 是连通的, 则空间 $(X, \mathcal{T}_1)$ 也是连通的.
6. 设 $\{X_j\}_{j \in J}$ 是一族非空的拓扑空间.
证明: 积空间 $\prod_{j \in J} X_j$ 连通当且仅当对任意 $j \in J$, X_j 连通.
7. 证明: (1) $\mathbb{R}^2$ 中所有至少有一个坐标是有理数的点构成的集合是连通的;
(2) $\mathbb{R}^2$ 中所有第二个坐标是有理数的点构成的集合不连通.
8. 设 $f : S^1 \to \mathbb{R}$ 连续.
证明: 存在 $z \in S^1$ 使 $f(z) = f(-z)$, 其中 $-z$ 表示 z 的对径点.
9. 举例说明拓扑空间的连通分支不必是开集.
10. 证明: 局部连通空间的开子空间是局部连通空间.
11. 证明: $\mathbb{R}^2$ 的子空间 $A = \{(x, y) \in \mathbb{R}^2 \mid x = 0 \ \text{或}\ y \in \mathbb{Q}\}$ 不是局部连通的.
12. 证明: 局部连通空间的连通分支是既开又闭的.
13. 设 $f : X \to Y$ 是连续开映射, X 是局部连通空间.
证明 $f(X)$ 作为 Y 的子空间是局部连通的, 从而局部连通性是拓扑性质.
14. 设 X 和 Y 是局部连通空间. 证明积空间 $X \times Y$ 是局部连通空间.
15. 设 X 是拓扑空间, $x_0 \in X$.
证明: X 是道路连通的当且仅当对任意 $y \in X$ 都有道路与 x_0 相连.
16. 证明: 实直线 $\mathbb{R}$ 的子集 A 道路连通当且仅当 A 连通.
17. 设 $\{A_j \mid j \in J\}$ 是拓扑空间 X 的一族道路连通子集.
证明: 若 $\bigcap_{j \in J} A_j \neq \varnothing$, 则 $\bigcup_{j \in J} A_j$ 是道路连通的.
18. 设 A 为欧氏平面 $\mathbb{R}^2$ 的可数子集. 证明: $\mathbb{R}^2 - A$ 是道路连通的.

19. 证明拓扑学家的正弦曲线 $\overline{S} = S \cup \{(0,y) \mid -1 \leqslant y \leqslant 1\}$ 不是道路连通的.

20. 证明: 欧氏空间 $\mathbb{R}^n$ 的连通开集都是道路连通集.

2.9 分离性与 T_i 空间

本节要介绍 $T_i\left(i = 0,1,2,3,3\frac{1}{2},4\right)$ 空间、正则空间、完全正则空间和正规空间. 称这些空间相应具有 $T_i\left(i = 0,1,2,3,3\frac{1}{2},4\right)$ 分离性、正则性、完全正则性和正规性.

拓扑空间中收敛序列极限往往不唯一, 原因在于一般拓扑空间的点与点之间可能缺乏应有的分离性. 为此, 我们首先引入点与点之间用开集分离的至少三种分离性.

定义 2.9.1 若对拓扑空间 X 中任意两个不同的点, 存在其中一点的开邻域不包含另外一点, 即 $\forall x, y \in X$, 若 $x \neq y$, 存在 x 的开邻域 U 使 $y \notin U$, 或存在 y 的开邻域 V 使 $x \notin V$, 如图 2.2 所示, 则称 X 为 T_0 空间.

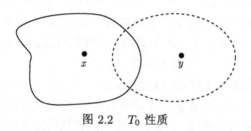

图 2.2 T_0 性质

定义 2.9.2 若对拓扑空间 X 中任意两个不同的点, 都各自存在开邻域不包含另外一点, 即 $\forall x, y \in X$, 若 $x \neq y$, 存在 x 的开邻域 U 及 y 的开邻域 V 使 $y \notin U$ 且 $x \notin V$, 如图 2.3 所示, 则称 X 为 T_1 空间.

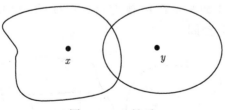

图 2.3 T_1 性质

定义 2.9.3 若对拓扑空间 X 中任意两个不同的点, 都各自存在开邻域使这两个开邻域不相交, 即 $\forall x, y \in X$, 若 $x \neq y$, 存在 x 的开邻域 U 及 y 的开邻域 V

使 $U \cap V = \varnothing$, 如图 2.4 所示, 则称 X 为 T_2 空间 或 **Hausdorff** 空间.

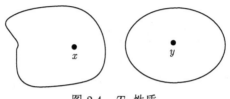

图 2.4 T_2 性质

显然, T_2 空间都是 T_1 空间, T_1 空间都是 T_0 空间.

例 2.9.4   (1) 多于一个点的平庸拓扑空间不是 T_0 空间.

(2) 设 $X = \{a, b\}$, $\mathcal{T} = \{X, \varnothing, \{a\}\}$. 则空间 $(X, \mathcal{T})$ 是 T_0 空间, 但不是 T_1 空间.

(3) 实数集 $\mathbb{R}$ 上赋予有限余拓扑 $\mathcal{T}_f$ 所得空间 $(\mathbb{R}, \mathcal{T}_f)$ 是 T_1 空间, 但不是 T_2 空间.

(4) 度量空间 $(X, \mathcal{T}_d)$ 都是 T_2 空间. 若 $x, y \in X$, $x \neq y$, 则 $\delta = \dfrac{d(x, y)}{3} > 0$. 因 $B(x, \delta)$ 和 $B(y, \delta)$ 分别是 x 和 y 的不交开邻域, 故 $(X, \mathcal{T}_d)$ 是 T_2 空间.

定理 2.9.5   拓扑空间 X 是 T_1 空间当且仅当 X 中的单点集都是闭集.

证明   必要性: 设 $x \in X$. 由 X 是 T_1 空间知对任意 $y \neq x$, 存在 y 的开邻域 V 使 $x \notin V$. 从而 $y \notin \overline{\{x\}}$. 这说明 $\overline{\{x\}} = \{x\}$.

充分性: 设 X 的单点集都是闭集. 若 $x, y \in X$, $x \neq y$, 则 $U = X - \{y\}$ 为 x 的开邻域不含 y, $V = X - \{x\}$ 是 y 的开邻域不含 x. 由定义 2.9.2 知 X 是 T_1 空间.□

下面将讨论更强的分离性. 为此, 先将点的邻域的定义推广到集合的邻域.

定义 2.9.6   设 X 是拓扑空间, $A, U \subseteq X$. 若 U 是 A 中每点的邻域, 则称 U 是 A 的一个**邻域**. 特别地, 若 U 是 A 的邻域且 U 是开集 (闭集), 则称 U 是 A 的一个**开邻域** (**闭邻域**).

定义 2.9.7   设 X 是拓扑空间. 若对 X 中任一点 x 及不含 x 的闭集 A, 存在 x 的开邻域 U 和 A 的开邻域 V 使 $U \cap V = \varnothing$ (图 2.5), 则称 X 为**正则空间**. 正则的 T_1 空间称为 T_3 **空间**.

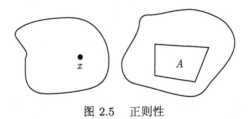

图 2.5   正则性

定义 2.9.8 设 X 是拓扑空间. 若对 X 中任意不相交闭集 A, B, 存在 A 的开邻域 U 和 B 的开邻域 V 使 $U \cap V = \varnothing$(图 2.6), 则称 X 为**正规空间**. 正规的 T_1 空间称为**T_4 空间**.

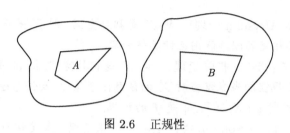

图 2.6 正规性

显然, T_4 空间都是 T_3 的, T_3 空间都是 T_2 的. T_3 而非 T_4 空间的例子可见例 2.9.23.

注 2.9.9 正规空间未必是正则的, 正则空间未必是 T_2 的, 均因单点集未必是闭集.

定理 2.9.10 设 X 是拓扑空间. 则 X 是正则空间当且仅当对任意 $x \in X$ 及 x 的任一开邻域 U, 存在 x 的开邻域 V 使 $x \in V \subseteq \overline{V} \subseteq U$.

证明 必要性: 设 X 是正则空间. 对任意 $x \in X$ 及 x 的开邻域 U, 令 $A = X - U$. 则 A 是闭集且 $x \notin A$. 由 X 是正则空间知, 存在点 x 的开邻域 V 和 A 的开邻域 W 使 $V \cap W = \varnothing$. 从而 $x \in V \subseteq \overline{V} \subseteq X - W \subseteq X - A = U$.

充分性: 对 X 中任意一点 x 及不包含 x 的闭集 A, 显然集 $U = X - A$ 是 x 的一个开邻域. 从而存在 x 的开邻域 V 使 $x \in V \subseteq \overline{V} \subseteq U$. 令 $W = X - \overline{V}$. 则 W 是 A 的一个开邻域且 $V \cap W = \varnothing$. 由定义 2.9.7 知 X 是正则空间. □

定理 2.9.11 设 X 是拓扑空间. 则 X 是正规空间当且仅当对 X 的任意闭子集 A 及 A 的开邻域 U, 存在 A 的开邻域 V 使 $A \subseteq V \subseteq \overline{V} \subseteq U$.

证明 证明过程与定理 2.9.10 类似, 读者可作为练习自证. □

注 2.9.12 由于拓扑空间的分离性 T_0, T_1, T_2, T_3 和 T_4 都是利用开集和闭集描述的, 容易验证它们都是拓扑不变性质.

拓扑空间的 T_0, T_1, T_2, T_3 和 T_4 性描述了空间的邻域分离性质, 下面介绍拓扑空间的另一种分离性质——函数分离.

定义 2.9.13 设 X 是拓扑空间, $x, y \in X$. 若存在连续映射 $f : X \to [0,1]$ 使 $f(x) = 0$, $f(y) = 1$, 则称点 x, y 能用**连续函数分离**.

定义 2.9.14 设 X 是拓扑空间, $A, B \subseteq X$. 若存在连续映射 $f : X \to [0,1]$ 使对任意 $x \in A$ 有 $f(x) = 0$ 且对任意 $y \in B$ 有 $f(y) = 1$, 则称集 A, B 能用**连续函数分离**.

注 2.9.15　因为实直线 $\mathbb{R}$ 的任意闭区间 $[a,b]$ 与单位闭区间 $[0,1]$ 同胚, 故定义 2.9.13 和定义 2.9.14 中的单位闭区间 $[0,1]$ 可换为任意闭区间 $[a,b]$.

下面两个结果是有名的经典结果, 读者可参看本书的前篇《应用拓扑学基础》[205].

引理 2.9.16 (Urysohn 引理)　设 X 是拓扑空间. 则 X 是正规空间当且仅当 X 中任意两个不相交的闭集能用连续函数分离.

定理 2.9.17 (Tietze 扩张定理)　设 X 是拓扑空间, $[a,b]$ 是实数集 $\mathbb{R}$ 的闭区间. 则 X 是正规空间当且仅当对 X 的任意闭子集 A 及任意连续映射 $f : A \to [a,b]$, 存在连续映射 $g : X \to [a,b]$ 是 f 的扩张.

注 2.9.18　(1) Urysohn 引理和 Tietze 扩张定理一般是作为正规空间的性质来使用.

(2) Urysohn 引理和 Tietze 扩张定理从连续函数角度刻画了正规分离性, 因此它们是等价的. 实际上, Urysohn 引理是 Tietze 扩张定理的特殊情形.

现在, 我们介绍介于拓扑空间的 T_3 和 T_4 分离性之间的一种性质——$T_{3\frac{1}{2}}$ 分离性.

定义 2.9.19　设 X 是拓扑空间. 若对 X 中任意一点 x 及不包含 x 的闭集 A, 存在一个连续映射 $f : X \to [0,1]$ 使 $f(x) = 1$ 且对任意 $y \in A$ 有 $f(y) = 0$, 则称 X 为**完全正则空间**, 完全正则的 T_1 空间称为 $T_{3\frac{1}{2}}$ **空间** 或 **Tychonoff 空间**.

定理 2.9.20　(1) 完全正则空间的子空间是完全正则的;

(2) 完全正则空间的任意积空间是完全正则的.

证明　(1) 设 X 是完全正则空间, Y 是 X 的子空间. 对 Y 中任意一点 x 及不包含 x 的闭集 A, 有 $A = \mathrm{cl}_X(A) \cap Y$, 其中 $\mathrm{cl}_X(A)$ 为 A 在 X 中的闭包. 从而 $x \notin \mathrm{cl}_X(A)$. 于是由 X 是完全正则的知, 存在连续映射 $f : X \to [0,1]$ 使 $f(x) = 1$ 且对任意 $y \in \mathrm{cl}_X(A)$ 有 $f(y) = 0$. 令 $g = f|_Y : Y \to [0,1]$. 则 g 是连续映射. 易见 $g(x) = f(x) = 1$ 且对任意 $y \in A$, $g(y) = f(y) = 0$. 从而由定义 2.9.19 知 Y 是完全正则的.

(2) 设 $X = \prod_{\alpha \in \Gamma} X_\alpha$ 为一族完全正则空间 $\{X_\alpha\}_{\alpha \in \Gamma}$ 的积空间. 设 $x = (x_\alpha)_{\alpha \in \Gamma} \in X$, A 是 X 中不包含 x 的闭集. 由 $x \in X - A$ 知, 存在 X 中的基元 $U = \bigcap_{i=1}^n p_{\alpha_i}^{-1}(U_{\alpha_i})$ 使 $x \in U \subseteq X - A$, 其中 U_{α_i} 是 X_{α_i} 的开集, $n \in \mathbb{Z}_+$. 故对任意 $i(1 \leqslant i \leqslant n)$, 有 $x_{\alpha_i} \in U_{\alpha_i}$. 于是由 X_{α_i} 的完全正则性知, 存在连续映射 $f_{\alpha_i} : X_{\alpha_i} \to [0,1]$ 使 $f_{\alpha_i}(x_{\alpha_i}) = 1$, $f_{\alpha_i}(X_{\alpha_i} - U_{\alpha_i}) = 0$. 令 $\varphi_{\alpha_i} = f_{\alpha_i} \circ p_{\alpha_i} : X \to [0,1]$. 则 φ_{α_i} 连续且 $\varphi_{\alpha_i}(x) = 1$. 定义映射 $f : X \to [0,1]$ 为对任意 $y \in X$, $f(y) = \varphi_{\alpha_1}(y)\varphi_{\alpha_2}(y)\cdots\varphi_{\alpha_n}(y)$. 易证 f 连续且 $f(x) = \varphi_{\alpha_1}(x)\varphi_{\alpha_2}(x)\cdots\varphi_{\alpha_n}(x) = 1$. 对任意 $z = (z_\alpha)_{\alpha \in \Gamma} \in A$, 由 $z \notin U$ 知有 $j(1 \leqslant j \leqslant n)$ 使 $z \notin p_{\alpha_j}^{-1}(U_{\alpha_j})$. 故 $z_{\alpha_j} \notin U_{\alpha_j}$, 从而 $\varphi_{\alpha_j}(z) = (f_{\alpha_j} \circ p_{\alpha_j})(z) = f_{\alpha_j}(z_{\alpha_j}) = 0$.

于是 $f(z) = \varphi_{\alpha_1}(z)\varphi_{\alpha_2}(z)\cdots\varphi_{\alpha_n}(z) = 0$. 由定义 2.9.19 知 $X = \prod_{\alpha\in\Gamma} X_\alpha$ 是完全正则的. □

命题 2.9.21　完全正则空间都是正则空间, 从而 $T_{3\frac{1}{2}}$ 空间都是 T_3 空间.

证明　设 X 是完全正则空间. 则对 X 中任意一点 x 及不包含 x 的闭集 A, 存在一个连续映射 $f : X \to [0,1]$ 使 $f(x) = 1$ 且对任意 $y \in A$ 有 $f(y) = 0$. 从而 $f^{-1}\left(\left[0,\frac{1}{2}\right)\right)$ 和 $f^{-1}\left(\left(\frac{1}{2},1\right]\right)$ 分别是 A 和 x 的开邻域, 且互不相交. 由定义 2.9.7 知 X 是正则空间. □

文献 [37] 中例 2.4.1 给出了不是完全正则的正则空间, 故命题 2.9.21 的逆不成立.

命题 2.9.22　若 X 是正则且正规的空间, 则 X 是完全正则空间, 从而 T_4 空间是 $T_{3\frac{1}{2}}$ 空间.

证明　设 $x \in X$, $B \subseteq X$ 为闭集, 且 $x \notin B$. 由 X 是正则空间得, 存在 x 的邻域 U, 使 $U \subseteq \overline{U} \subseteq X - B$. 令 $A = \overline{U}$, 则 A, B 是 X 中不交闭集, 从而由 X 是正规空间, 利用 Urysohn 引理 (引理 2.9.16) 得, 存在连续映射 $f : X \to [0,1]$ 使 $\forall x \in A$ 有 $f(x) = 0$ 且 $\forall y \in B$ 有 $f(y) = 1$, 由于 $x \in A$, 所以 $f(x) = 0$, 这证明了 X 是完全正则空间. □

例 2.9.23　Sorgenfrey 平面 $\mathbb{R}_l^2$ 是完全正则空间, 但不是正规空间. 这说明完全正则空间不必正规.

下一结果是有名的经典结果, 读者可参看本书的前篇 [205].

定理 2.9.24 (Tychonoff 定理)　正则的 Lindelöf 空间是正规空间.

推论 2.9.25　设 X 是 A_2 空间. 则 X 是 T_3 空间当且仅当 X 是 T_4 空间.

证明　充分性是显然的. 必要性由定理 2.7.16 和定理 2.9.24 直接可得. □

下面研究将一个拓扑空间嵌入到一个积空间的方法.

定义 2.9.26　设 X 是拓扑空间, $\{Y_\alpha\}_{\alpha\in\Gamma}$ 是一族拓扑空间, $\{f_\alpha : X \to Y_\alpha\}_{\alpha\in\Gamma}$ 是一族连续映射.

(1) 若任给 X 中不同的点 x, y, 存在 $\alpha \in \Gamma$ 使 $f_\alpha(x) \neq f_\alpha(y)$, 则称映射族 $\{f_\alpha\}_{\alpha\in\Gamma}$ 是**分离点的**;

(2) 若任给 X 中闭集 F 及任意 $x \notin F$, 存在 $\alpha \in \Gamma$ 使 $f_\alpha(x) \notin \overline{f_\alpha(F)}$, 则称映射族 $\{f_\alpha\}_{\alpha\in\Gamma}$ 是**分离点与闭集的**.

定理 2.9.27 (拓扑嵌入定理)　设 X 是拓扑空间, $\{Y_\alpha\}_{\alpha\in\Gamma}$ 是一族拓扑空间, $\{f_\alpha : X \to Y_\alpha\}_{\alpha\in\Gamma}$ 是一族连续映射. 若映射族 $\{f_\alpha\}_{\alpha\in\Gamma}$ 是分离点且是分离点与闭集的, 则映射 $f : X \to \prod_{\alpha\in\Gamma} Y_\alpha$ 是一拓扑嵌入, 其中 f 定义为对任意 $x \in X$, $f(x) = (f_\alpha(x))_{\alpha\in\Gamma}$.

证明　对任意 $x, y \in X$, 若 $x \neq y$, 由映射族 $\{f_\alpha\}_{\alpha\in\Gamma}$ 是分离点的知, 存

在 $\alpha \in \Gamma$ 使 $f_\alpha(x) \neq f_\alpha(y)$. 从而 $f(x) \neq f(y)$, 这说明 f 是单射. 因为对任意 $\alpha \in \Gamma$, $p_\alpha \circ f = f_\alpha$ 连续, 其中 p_α 为 $\prod_{\alpha \in \Gamma} Y_\alpha$ 的第 α 个投影, 故由每个分量 f_α 连续知 f 是连续的. 下证 $f : X \to f(X)$ 是开映射. 设 U 为 X 中的开集. 则对任意 $y \in f(U)$, 存在 $x \in U$ 使 $f(x) = y$. 由映射族 $\{f_\alpha\}_{\alpha \in \Gamma}$ 是分离点与闭集的知, 存在 $\alpha \in \Gamma$ 使 $f_\alpha(x) \notin \overline{f_\alpha(X - U)}$. 令 $V = p_\alpha^{-1}(Y_\alpha - \overline{f_\alpha(X - U)})$. 则 $y \in V$ 且 V 是积空间 $\prod_{\alpha \in \Gamma} Y_\alpha$ 中的开集. 设 $t \in V \cap f(X)$. 则存在 $z \in X$ 使 $t = f(z) = (f_\alpha(z))_{\alpha \in \Gamma} \in V$. 故 $p_\alpha(f(z)) = f_\alpha(z) \in Y_\alpha - \overline{f_\alpha(X - U)}$, 从而 $f_\alpha(z) \notin \overline{f_\alpha(X - U)}$. 这说明 $z \notin X - U$, 即 $z \in U$. 于是 $t = f(z) \in f(U)$. 因此 $y \in V \cap f(X) \subseteq f(U)$. 从而 $f(U)$ 为积空间 $\prod_{\alpha \in \Gamma} Y_\alpha$ 的子空间 $f(X)$ 中的开集. □

定理 2.9.28　若 X 是 Tychonoff 空间, 则存在指标集 J 使 X 可拓扑嵌入积空间 $[0,1]^J$.

证明　设 X 是 Tychonoff 空间. 令 $\{f_\alpha\}_{\alpha \in J}$ 为 X 到 $[0,1]$ 的全体连续映射构成的集族. 则由 X 是 Tychonoff 空间知, $\{f_\alpha\}_{\alpha \in J}$ 是 X 上分离点且分离点与闭集的映射族. 从而由拓扑嵌入定理 (定理 2.9.27) 知映射 $f : X \to [0,1]^J$ 是一个拓扑嵌入, 其中 f 定义为对任意 $x \in X$, $f(x) = (f_\alpha(x))_{\alpha \in J}$. □

习　题　2.9

1. 证明: 空间的 T_0, T_1, T_2 和 T_3 性有遗传性与有限可乘性.
2. 设 T_1 空间 X 有一个含有限个基元的拓扑基. 证明 X 是仅含有有限个点的离散空间.
3. 证明: T_1 空间中任何多于一点的连通子集必为无限集.
4. 证明: 拓扑空间 X 是 T_2 的当且仅当 $\forall x \in X$ 及 x 的邻域系 $\mathcal{U}_x$ 有

$$\{x\} = \cap \{\overline{U} \mid U \in \mathcal{U}_x\}.$$

5. 设 $(X, \mathcal{T}_X)$ 是无限的 T_2 空间. 证明:
(1) 存在 X 的无限多个互不相交的非空开集;
(2) 若 X 又是 A_2 空间, 则 $\text{card} \mathcal{T}_X = 2^{\aleph_0}$.
6. 证明: 正规空间的闭子空间是正规的.
7. 证明: Sorgenfrey 平面 $\mathbb{R}_l^2$ 不是 T_4 空间.
8*. 设良序集 S_Ω 和 $\overline{S_\Omega} = S_\Omega \cup \{\Omega\}$ 均赋予序拓扑.
证明: S_Ω 和 $\overline{S_\Omega} = S_\Omega \cup \{\Omega\}$ 均为 T_4 空间, 但 $S_\Omega \times \overline{S_\Omega}$ 不是 T_4 空间.
9. 设 X 是 T_2 空间. 证明 X 上连续自映射 f 的不动点集 $\{x \in X \mid x = f(x)\}$ 是闭集.
10. 证明: Hausdorff 空间的内部收缩核是闭集.
11. 设 X 是连通的 Tychonoff 空间.
证明: 若 X 多于一点, 则 X 的每个非空开集都是不可数集, 特别地, X 不可数.
12. 证明: 每一个全序集上的序拓扑都是正则的.

2.10　紧致性与紧致空间

在数学分析中, 闭区间上的连续函数有很多好的性质, 例如有界性、最值性和一致连续性等. 实际上, 这些性质均与闭区间所具有的 Heine-Borel 性质有关. 实直线上闭区间 $[a, b]$ 的 Heine-Borel 性质是指 $[a, b]$ 的任意由开区间构成的覆盖有有限子覆盖. 把这一性质抽象出来推广到一般拓扑空间上就得到了紧致性的概念.

定义 2.10.1　若拓扑空间 X 的任一开覆盖都具有有限子覆盖, 则称 X 是**紧致空间**或简称**紧空间**.

显然, 紧致空间都是 Lindelöf 空间.

定义 2.10.2　若拓扑空间 X 的子集 K 作为 X 的子空间是紧致空间, 则称 K 为 X 的**紧致子集**或简称**紧子集、紧集**.

显然, 由子空间的绝对性可得紧致子集也有绝对性, 从而得拓扑空间 X 的子集 K 是 X 的紧子集当且仅当任一由 X 中开集构成的 K 的覆盖都有有限子覆盖.

例 2.10.3　(1) 实直线 $\mathbb{R}$ 不是紧致空间.

(2) 实直线 $\mathbb{R}$ 上闭区间 $[a, b]$ 是紧致子集, 但开区间 (a, b) 和半开区间 $[a, b)$ 不是紧致子集. 这说明紧空间的子空间未必紧.

(3) 任意一个仅含有限多个点的空间都是紧致空间.

定理 2.10.4　设 $f: X \to Y$ 是连续映射. 若 X 是紧致空间, 则 $f(X)$ 是 Y 的紧致子集.

证明　设 $\mathscr{U} = \{U_\alpha \mid \alpha \in J\}$ 为 Y 的一族开集且 $f(X) \subseteq \bigcup_{\alpha \in J} U_\alpha$. 由 $f: X \to Y$ 是连续映射及定理 2.4.4 知 $\{f^{-1}(U_\alpha)\}_{\alpha \in J}$ 是 X 的一个开覆盖. 从而由 X 的紧致性知存在有限子覆盖 $\{f^{-1}(U_{\alpha_1}), f^{-1}(U_{\alpha_2}), \cdots, f^{-1}(U_{\alpha_n})\}(n \in \mathbb{Z}_+)$. 这时 $\{U_{\alpha_1}, U_{\alpha_2}, \cdots, U_{\alpha_n}\}$ 即为 $\mathscr{U}$ 的一个有限子覆盖覆盖 $f(X)$. 故由定义 2.10.2 知 $f(X)$ 是 Y 的紧子集. $\qquad\square$

定理 2.10.4 说明紧致性是拓扑不变性质.

为了用闭集刻画拓扑空间的紧致性, 我们给出以下概念.

定义 2.10.5　设 $\mathscr{A}$ 为集合 X 的子集族. 若 $\mathscr{A}$ 的任意有限子集都有非空的交, 即任给 $\mathscr{A}$ 的有限子集 $\mathscr{A}' = \{A_1, A_2, \cdots, A_n\}$, 总有 $A_1 \cap A_2 \cap \cdots \cap A_n \neq \varnothing$, 则称集族 $\mathscr{A}$ 满足**有限交性质**.

定理 2.10.6　拓扑空间 X 是紧的当且仅当 X 的满足有限交性质的闭集族都有非空的交.

证明　必要性: 设 X 是紧致空间, $\mathscr{A}$ 是 X 的满足有限交性质的闭集族. 令 $\mathscr{U} = \{X - A \mid A \in \mathscr{A}\}$. 则 $\mathscr{U}$ 是 X 的开集族. 因为 $\mathscr{A}$ 满足有限交性质, 故 $\mathscr{U}$ 的任意有限子族不能覆盖 X. 从而由 X 是紧致空间知 $\mathscr{U}$ 不是 X 的开覆盖, 即

$X \nsubseteq \cup \mathscr{U}$. 于是

$$\cap \mathscr{A} = \cap\{X - U \mid U \in \mathscr{U}\} = X - \cup \mathscr{U} \neq \varnothing.$$

充分性: 设 X 的任意满足有限交性质的闭集族有非空的交, $\mathscr{U}$ 是 X 的任意开覆盖. 假设 $\mathscr{U}$ 没有有限子覆盖, 则 $\mathscr{A} = \{X - U \mid U \in \mathscr{U}\}$ 是 X 的满足有限交性质的闭集族, 从而 $\cap \mathscr{A} \neq \varnothing$. 则 $\cup \mathscr{U} = X - \cap \mathscr{A} \neq X$, 这与 $\mathscr{U}$ 是 X 的开覆盖矛盾! 故 $\mathscr{U}$ 有有限子覆盖, 从而 X 是紧致空间. □

推论 2.10.7　设 X 是拓扑空间. 则 X 是紧致的当且仅当对 X 的任意满足有限交性质的子集族 $\mathscr{A}$, 有 $\bigcap_{A \in \mathscr{A}} \overline{A} \neq \varnothing$.

证明　由定理 2.10.6 直接可得. □

引理 2.10.8　设 K 是 T_2 空间 X 的一个紧子集, $x_0 \notin K$. 则存在点 x_0 的开邻域 U 和 K 的开邻域 V 使 $U \cap V = \varnothing$.

证明　设 K 是 T_2 空间 X 的一个紧子集, $x_0 \notin K$. 对任意 $y \in K$, 由 X 是 T_2 空间知存在 x_0 的开邻域 U_y 及 y 的开邻域 V_y 使 $U_y \cap V_y = \varnothing$. 由集族 $\{V_y \mid y \in K\}$ 是 K 的开覆盖及 K 是 X 的紧子集知存在 K 的有限开覆盖, 记为 $\{V_{y_1}, V_{y_2}, \cdots, V_{y_n}\}(n \in \mathbb{Z}_+)$. 令 $U = \bigcap_{i=1}^n U_{y_n}$, $V = \bigcup_{i=1}^n V_{y_n}$. 易证 $U \cap V = \varnothing$. 从而 U 和 V 是 x_0 和 K 的两个不相交的开邻域. □

推论 2.10.9　设 K_1 和 K_2 是 T_2 空间 X 的两个不相交的紧子集. 则存在 K_1 的开邻域 U 和 K_2 的开邻域 V 使 $U \cap V = \varnothing$.

证明　设 K_1 和 K_2 是 T_2 空间 X 的两个不相交的紧子集. 则对任意 $x \in K_1$, 由引理 2.10.8 知, 存在点 x 的开邻域 U_x 和 K_2 的开邻域 V_{x, K_2} 使 $U_x \cap V_{x, K_2} = \varnothing$. 由集族 $\{U_x \mid x \in K_1\}$ 是 K_1 的开覆盖及 K_1 是 X 的紧子集知存在有限子覆盖覆盖 K_1, 记为 $\{U_{x_1}, U_{x_2}, \cdots, U_{x_n}\}(n \in \mathbb{Z}_+)$. 令 $U = \bigcup_{i=1}^n U_{x_i}$, $V = \bigcap_{i=1}^n V_{x_i, K_2}$, 易证 $U \cap V = \varnothing$. 从而 U 和 V 是 K_1 和 K_2 的两个不相交的开邻域. □

定理 2.10.10　(1) 紧致空间的闭子空间是紧空间.

(2) T_2 空间的紧子集是闭集.

证明　(1) 设 F 是紧致空间 X 的一个闭集, $\mathscr{U} = \{U_\alpha \mid \alpha \in J\}$ 为 F 的由 X 的开集组成的任意开覆盖. 由 F 是闭集知 $\mathscr{U}' = \mathscr{U} \cup \{X - F\}$ 为 X 的一个开覆盖. 从而由 X 是紧空间知存在 X 的有限子覆盖 $\{U_1, U_2, \cdots, U_n, X - F\}(n \in \mathbb{Z}_+)$. 于是 $\{U_1, U_2, \cdots, U_n\}(n \in \mathbb{Z}_+)$ 是有限子覆盖覆盖 F. 这说明 F 是紧的.

(2) 设 K 是 T_2 空间 X 的一个紧子集. 对任意 $x \notin K$, 由引理 2.10.8 知 $x \notin \overline{K}$. 从而 $\overline{K} \subseteq K$. 这说明 K 是闭集. □

例 2.10.11　由例 2.9.4(3) 知实数集 $\mathbb{R}$ 上赋予有限余拓扑 $\mathcal{T}_f$ 所得空间 $(\mathbb{R}, \mathcal{T}_f)$ 是 T_1 空间, 但不是 T_2 空间. 容易验证 $(\mathbb{R}, \mathcal{T}_f)$ 的任意子集都是紧子集. 这说明定理 2.10.10(2) 中 T_2 分离性不能减弱为 T_1 分离性.

推论 2.10.12 设 X 是紧致的 T_2 空间. 则 X 的子集 K 是紧子集当且仅当 K 是闭集.

证明 由定理 2.10.10 直接可得. □

推论 2.10.13 紧致的 T_2 空间是 T_4 空间.

证明 由定理 2.10.10(2) 和推论 2.10.9 可得. □

定理 2.10.14 设 X 是紧致空间, Y 是 T_2 空间, $f: X \to Y$ 是连续映射. 则 f 是闭映射.

证明 设 F 是 X 的闭集. 则由定理 2.10.10, F 是 X 的紧集. 由定理 2.10.4, $f(F)$ 是 Y 的紧集. 再由定理 2.10.10(2) 得 $f(F)$ 是 Y 的闭集. 故 f 将闭集映射为闭集, 是一个闭映射. □

推论 2.10.15 从紧致空间到 T_2 空间的连续双射是同胚.

证明 由定理 2.10.14 和定理 2.4.9 立得. □

推论 2.10.16 (紧 T_2 拓扑的恰当性) 如果 τ_1 是 X 的一个 T_2 拓扑, τ_2 是 X 的一个紧拓扑且有 $\tau_1 \subseteq \tau_2$, 那么 $\tau_2 = \tau_1$.

证明 作恒等映射 id: $(X, \tau_2) \to (X, \tau_1)$, 则 id 是连续双射. 由推论 2.10.15 得 id: $(X, \tau_2) \to (X, \tau_1)$ 是同胚, 于是 $\tau_2 = \tau_1$. □

引理 2.10.17 (管形引理) 设 X 是拓扑空间, $x_0 \in X$. 若 Y 是紧空间, 则对积空间 $X \times Y$ 中任一包含 $\{x_0\} \times Y$ 的开集 N, 存在 x_0 在 X 中的开邻域 W 使 $W \times Y \subseteq N$.

证明 因 N 是若干标准基元的并集, 故可用若干含于 N 的标准基元 $U_j \times V_j (j \in J)$ 覆盖 $\{x_0\} \times Y$. 因为空间 $\{x_0\} \times Y$ 与 Y 同胚, 故 $\{x_0\} \times Y$ 是紧的. 因此可用与 $\{x_0\} \times Y$ 相交的 $\{U_j \times V_j\}_{j \in J}$ 中有限多个元 $U_1 \times V_1, U_2 \times V_2, \cdots, U_n \times V_n$ 覆盖 $\{x_0\} \times Y$. 令 $W = U_1 \cap U_2 \cap \cdots \cap U_n$. 则 $x_0 \in W$ 且 W 是 X 中的开集. 断言覆盖 $\{x_0\} \times Y$ 的这些开集 $U_1 \times V_1, U_2 \times V_2, \cdots, U_n \times V_n$ 也覆盖 $W \times Y$. 事实上, 设 $(x, y) \in W \times Y$. 考虑在 $\{x_0\} \times Y$ 中与 (x, y) 具有相同纵坐标的点 (x_0, y). 则存在 i_0 使 $(x_0, y) \in U_{i_0} \times V_{i_0}$, 从而 $y \in V_{i_0}$. 于是 $(x, y) \in U_{i_0} \times V_{i_0}$. 这说明开集族 $\{U_1 \times V_1, U_2 \times V_2, \cdots, U_n \times V_n\}$ 覆盖 $W \times Y$, 故 $W \times Y \subseteq N$. □

定理 2.10.18 若 X 和 Y 是紧致空间, 则积空间 $X \times Y$ 是紧致空间.

证明 设 X 和 Y 是紧致空间, $\mathscr{U}$ 是 $X \times Y$ 的一个开覆盖. 给定 $x_0 \in X$, 则 $\{x_0\} \times Y$ 是紧的. 因此可用 $\mathscr{U}$ 中有限多个成员 $U_1, U_2, \cdots, U_n$ 覆盖 $\{x_0\} \times Y$. 故集 $N = U_1 \cup U_2 \cup \cdots \cup U_n$ 是包含 $\{x_0\} \times Y$ 的开集. 由引理 2.10.17 知, 存在 x_0 在 X 中的开邻域 W_{x_0} 使 $W_{x_0} \times Y \subseteq N$. 因此 $W_{x_0} \times Y$ 也被 $\mathscr{U}$ 中有限多个成员 $U_1, U_2, \cdots, U_n$ 所覆盖. 于是 $\forall x \in X$, 可选择 x 在 X 中的开邻域 W_x 使 $W_x \times Y$ 能被 $\mathscr{U}$ 中有限多个成员所覆盖. 所有这些开邻域 W_x 构成 X 的一个开

覆盖, 因 X 紧致, 故它有有限子覆盖 $\{W_{x_1}, W_{x_2}, \cdots, W_{x_k}\}$. 此时有

$$\bigcup_{i=1}^{k}(W_{x_i} \times Y) = \left(\bigcup_{i=1}^{k} W_{x_i}\right) \times Y = X \times Y.$$

因每一 $W_{x_i} \times Y$ 可被 $\mathscr{U}$ 中有限个元所覆盖, 故 $X \times Y$ 可被 $\mathscr{U}$ 中有限个元所覆盖, 从而是紧致空间.   □

研究拓扑空间的一个重要方法是将一个拓扑空间嵌入到另一个具有更好性质的空间中. 基于紧性的重要性, 对于非紧的空间, 我们希望把它嵌入到一个紧空间中, 这就涉及拓扑空间的紧化问题.

定义 2.10.19   (1) 设 X 是拓扑空间. 若存在紧空间 Y 及同胚嵌入 $f: X \to Y$ 使 $\overline{f(X)} = Y$, 则称有序对 (Y, f) 是 X 的一个**紧化**, 常简称 Y 是 X 的一个紧化. 若 Y 还是 T_2 空间, 则称 (Y, f) 是 X 的 T_2 **紧化**.

(2) 设 $(Y, f), (Z, g)$ 是拓扑空间 X 的紧化. 若存在连续映射 $h: Y \to Z$ 使 $h \circ f = g$, 则称紧化 (Y, f) 大于等于紧化 (Z, g), 记作 $(Y, f) \geqslant (Z, g)$. 一个紧化 (Y, f) 称为 X 的**极大紧化** (相应地, **极小紧化**), 如果对 X 的任意紧化 (Z, g) 均有 $(Y, f) \geqslant (Z, g)$ (相应地, $(Z, g) \geqslant (Y, f)$).

(3) 设 Y_1, Y_2 是 X 的紧化, 若存在同胚映射 $h: Y_1 \to Y_2$ 使 $\forall x \in X, h(x) = x$, 则称 X 的紧化 Y_1 与 Y_2 **等价**.

下一结果的证明不难, 读者可参看本书的前篇 [205].

定理 2.10.20   在非紧的拓扑空间 $(X, \mathcal{T})$ 上增加一个新点 $\infty \notin X$. 记 $X^* = X \cup \{\infty\}, \mathcal{T}^* = \mathcal{T} \cup \{X^* - K \mid K$ 是 X 的紧致闭集 $\}$. 则

(1) $\mathcal{T}^*$ 是集合 X^* 上的拓扑;

(2) 拓扑空间 $(X^*, \mathcal{T}^*)$ 是紧致空间;

(3) 拓扑空间 $(X, \mathcal{T})$ 是 $(X^*, \mathcal{T}^*)$ 的开子空间且包含映射 $i: X \to X^*$ 是同胚嵌入;

(4) X 是 $(X^*, \mathcal{T}^*)$ 的稠密子集;

(5) $(X, \mathcal{T})$ 是局部紧的 T_2 空间当且仅当 $(X^*, \mathcal{T}^*)$ 是 T_2 空间.

定义 2.10.21   设 $(X, \mathcal{T})$ 是非紧的拓扑空间. 则按上述定理作成的紧空间 $(X^*, \mathcal{T}^*)$ 称为空间 $(X, \mathcal{T})$ 的**单点紧化**.

容易证明在同胚的意义下, 拓扑空间的单点紧化是唯一的.

对拓扑空间要求紧致性是比较严苛的, 常见的欧氏空间就不具有这一性质. 于是适当推广紧致性概念是合理自然的. 紧致性是用覆盖来刻画的拓扑空间的一个整体性质, 下面从局部考虑将紧致性推广得到局部紧致性. 局部紧致性反映的是拓扑空间各点所具有的紧致性特征.

定义 2.10.22 设 X 是拓扑空间. 若 X 的每一点都有一个紧邻域, 则称拓扑空间 X 为**局部紧致空间**或简称**局部紧空间**.

这里的局部紧是 "一邻域" 定义, 不要求 T_2 分离性. 显然紧空间必为局部紧的.

例 2.10.23 (1) 实直线 $\mathbb{R}$ 是局部紧空间, 但不是紧空间.

(2) 离散拓扑空间都是局部紧空间.

(3) 有理数集 $\mathbb{Q}$ 作为实直线 $\mathbb{R}$ 的子空间不是局部紧的. 这说明局部紧空间的子空间未必局部紧.

例 2.10.24 实直线 $\mathbb{R}$ 的开子空间 $(0,1)$ 是非紧的局部紧 T_2 空间, 它的单点紧化同胚于单位圆周 $S^1 = \{(x,y) \in \mathbb{R}^2 \mid x^2 + y^2 = 1\}$.

有时说一个拓扑空间 "局部地" 满足某个性质, 是指对空间的每个点的邻域都存在一个 "更小的" 邻域具有该性质. 因此我们给出下一定义.

定义 2.10.25 设 X 是拓扑空间. 若对每一 $x \in X$ 及 x 的任一邻域 U, 总存在开集 V 和紧集 K 使 $x \in V \subseteq K \subseteq U$, 则称 X 为 **II 型局部紧空间**.

II 型局部紧空间是局部紧空间, 但一般两者不等价. 下一定理表明 T_2 空间是局部紧的当且仅当它是 II 型局部紧的.

定理 2.10.26 设 X 是 T_2 空间. 则 X 是局部紧的当且仅当它是 II 型局部紧的.

证明 充分性是显然的. 仅需证明必要性. 设 X 在点 x_0 处存在 x_0 的紧邻域 K. 设 U 是 x_0 的任一开邻域. 则 $W = U \cap K^\circ \subseteq K$ 也是 x_0 的一个开邻域. 作为 X 的子空间, K 是紧致 T_2 空间, 从而由推论 2.10.13 得 K 是 T_4 空间. 因 $W = U \cap K^\circ$ 是子空间 K 中 x_0 的一个开邻域, 故由 K 是 T_4 空间及定理 2.9.11 知, 存在 K 中开集 V 使 $x_0 \in V \subseteq \mathrm{cl}_K(V) \subseteq W = U \cap K^\circ \subseteq U$, 其中 $\mathrm{cl}_K(V)$ 表示 V 在 K 中的闭包. 因 V 是 K 中的开集且 $V \subseteq W \subseteq K$, 故 V 是 K 的子空间 W 的开集, 从而 V 也是 X 的开集. 由 K 为 T_2 空间 X 的紧集及定理 2.10.10(2) 知 K 为 X 的闭集, 从而 $\mathrm{cl}_K(V) = \mathrm{cl}_X(V) = \overline{V}$. 作为紧 T_2 空间 K 的闭集, $\overline{V} = \mathrm{cl}_K(V)$ 是紧致的, 于是存在开集 V 和紧集 $\overline{V}$ 使 $x_0 \in V \subseteq \overline{V} \subseteq U$ 成立. 由 x_0 的任意性得 X 是 II 型局部紧的. $\qquad\square$

推论 2.10.27 (1) 局部紧 T_2 空间的每一点具有闭的紧邻域基;

(2) 局部紧 T_2 空间的开子空间是局部紧的 T_2 空间.

证明 由定理 2.10.26 直接可得. $\qquad\square$

习 题 2.10

1. 设 X 是紧空间, $f : X \to \mathbb{R}$ 是 X 上的连续函数.
证明: $f : X \to \mathbb{R}$ 存在最大值和最小值.

2. (紧 T_2 拓扑的恰当性) 若集 X 关于拓扑 $\mathcal{T}$ 和 $\mathcal{T}'$ 都是紧的 T_2 空间.

证明: $\mathcal{T} = \mathcal{T}'$ 或者 $\mathcal{T}, \mathcal{T}'$ 不可比较.

3. 设 X, Y 是拓扑空间, A 和 B 分别是 X, Y 的紧致集, W 是 $A \times B$ 在 $X \times Y$ 中的开邻域.

证明: 存在 A 在 X 中的开邻域 U 和 B 在 Y 中的开邻域 V 使 $U \times V \subseteq W$.

4. 设 $\mathscr{A}$ 是集 X 的满足有限交性质的子集族.

证明: 存在 X 的一个子集族 $\mathscr{U}$ 使 $\mathscr{A} \subseteq \mathscr{U}$ 且 $\mathscr{U}$ 关于有限交性质是极大的.

5. 证明: 实直线 $\mathbb{R}$ 的单点紧化同胚于单位圆周 $S^1 = \{(x, y) \in \mathbb{R}^2 \mid x^2 + y^2 = 1\}$.

6. 证明: $\mathbb{Z}_+$ 的单点紧化同胚于实直线 $\mathbb{R}$ 的子空间 $\{0\} \cup \left\{ \frac{1}{n} \Big| n \in \mathbb{Z}_+ \right\}$.

7. 证明: 欧氏空间 $\mathbb{R}^n$ 中子集 K 是紧的当且仅当 K 是有界闭集.

8. 证明: (II 型) 局部紧空间的闭子空间都是 (II 型) 局部紧的.

9. 证明: 若 X 和 Y 是 (II 型) 局部紧致空间, 则积空间 $X \times Y$ 是 (II 型) 局部紧致空间.

10. 设 $f: X \to Y$ 是连续、满的开映射.

证明: 若 X 是 (II 型) 局部紧空间, 则 Y 也是 (II 型) 局部紧空间.

11. 设 $(X^*, \mathcal{T}^*)$ 是拓扑空间 $(X, \mathcal{T})$ 的单点紧化.

证明: X^* 是 T_2 空间当且仅当 X 是局部紧的 T_2 空间.

12. 证明: 若空间 X 与 Y 同胚, 则它们的单点紧化也同胚. 举例说明逆命题不成立.

13. 证明: 局部紧的 T_2 空间是 Tychonoff 空间.

14. 证明: 若拓扑空间 X 的每个紧致子集都是闭集, 则 X 中收敛序列的极限是唯一的.

2.11　仿紧性与仿紧空间

前面我们从局部考虑, 将紧致性推广到了局部紧致性, 并发现非紧致的局部紧 T_2 空间均可稠密地嵌入到一个只比该空间多一个点的紧致 T_2 空间 (单点紧化) 中. 本节要从整体上推广紧致性, 得到仿紧性概念. 先介绍几个相关概念.

定义 2.11.1　设 $\mathscr{A}$ 和 $\mathscr{B}$ 都是拓扑空间 X 的集族, 如果 $\mathscr{A}$ 中的每一个成员都包含于 $\mathscr{B}$ 中的某一个成员之中, 则称 $\mathscr{A}$ 是 $\mathscr{B}$ 的一个**加细**. 如果 $\mathscr{A}$ 是 $\mathscr{B}$ 的一个加细且 $\mathscr{A}$ 的成员都是开集 (闭集), 则称 $\mathscr{A}$ 是 $\mathscr{B}$ 的一个**开加细** (**闭加细**).

显然, 如果 $\mathscr{A}$ 是 $\mathscr{B}$ 的一个子覆盖, 则 $\mathscr{A}$ 是 $\mathscr{B}$ 的一个加细.

定义 2.11.2　设 X 是一个拓扑空间. $\mathscr{A}$ 是 X 的一个集族. 如果对 X 的每一点 x, 都存在 x 的一个开邻域 V 使得 V 仅与 $\mathscr{A}$ 中有限个成员相交不空, 则称 $\mathscr{A}$ 是 X 的一个**局部有限集族**. 如果 $\mathscr{A}$ 可表示为可数个局部有限集族的并, 则称 $\mathscr{A}$ 是 σ **局部有限集族**.

有限集族当然是局部有限集族, 局部有限集族是 σ 局部有限的, 可数集族是 σ 局部有限的.

注 2.11.3　设 $\mathscr{A} = \{A_j\}_{j \in I}$ 是拓扑空间 X 的局部有限集族, 则 $\overline{\mathscr{A}} = \{\overline{A_j}\}_{j \in I}$ 也是局部有限集族, 且有 $\overline{\cup A_j} = \cup \overline{A_j}$.

证明 因对任一 $x \in X$ 有开邻域 V_x 仅与 $\mathscr{A}$ 中有限个成员相交, 故除这有限个元外的每一元 A_j, 有 $V_x \cap A_j = \varnothing$, 从而 $V_x \cap \overline{A_j} = \varnothing$. 于是 V_x 仅与 $\overline{\mathscr{A}}$ 中有限个成员相交, 这说明 $\overline{\mathscr{A}}$ 局部有限.

显然 $\overline{\cup A_j} \supseteq \cup \overline{A_j}$. 又设 $x \notin \cup \overline{A_j}$, 则由 $\{A_j\}_{j \in I}$ 局部有限知存在 x 的开邻域 V_x 和有限集 $F \subseteq I$ 使 $\forall j \in I - F, V_x \cap A_j = \varnothing$, 从而 $V_x \cap \left(\bigcup_{j \in I-F} A_j \right) = \varnothing$. 又因 $x \notin \bigcup_{j \in F} \overline{A_j} = \overline{\bigcup_{j \in F} A_j}$, 故存在 x 的开邻域 W_x 使 $W_x \cap \left(\bigcup_{j \in F} A_j \right) = \varnothing$. 令 $U_x = V_x \cap W_x$, 则 U_x 是 x 的开邻域且 $U_x \cap \left(\bigcup_{j \in I} A_j \right) = \varnothing$. 这说明 $x \notin \overline{\cup A_j}$, 从而 $\overline{\cup A_j} \subseteq \cup \overline{A_j}$, 进而 $\overline{\cup A_j} = \cup \overline{A_j}$. □

定义 2.11.4 设 X 是一个拓扑空间. 如果 X 的任一开覆盖都存在局部有限开加细覆盖, 则称 X 是一个**仿紧空间**.

显然紧致空间是仿紧的. 因离散空间中由所有单点集组成的开覆盖是局部有限的且是任一覆盖的加细, 故离散空间也是仿紧的.

下一定理说明仿紧性也有加强分离性的功效.

定理 2.11.5 仿紧的正则空间都是正规空间.

证明 设 X 是仿紧的正则空间. 对 X 的任一闭集 A 及 A 的开邻域 U, 由 X 的正则性知对每一 $a \in A$, 存在开集 V_a 使得 $a \in V_a \subseteq \overline{V_a} \subseteq U$. 从而集族 $\mathscr{V} = \{V_a \mid a \in A\} \cup \{X - A\}$ 是 X 的一个开覆盖, 它有一个局部有限的开加细覆盖, 设为 $\mathscr{B}$. 令 $\mathscr{C} = \{C \in \mathscr{B} \mid C \cap A \neq \varnothing\}$. 则 $\mathscr{C}$ 是 A 的局部有限的开覆盖, 于是 $W = \bigcup_{C \in \mathscr{C}} C$ 是 A 的开邻域. 下面说明 $\overline{W} \subseteq U$.

对任一元 $C \in \mathscr{C}$, 由 $\mathscr{B}$ 加细 $\mathscr{V}$ 知有某元 V_a 使得 $C \subseteq V_a$, 从而 $\overline{C} \subseteq U$. 对 $x \in \overline{W}$, 由 $\mathscr{C}$ 局部有限知, x 存在一个开邻域 V 只与 $\mathscr{C}$ 中有限个元 $C_1, C_2, \cdots, C_n$ 有非空的交. 故

$$x \notin \overline{W - \bigcup_{i=1}^{n} C_i}.$$

由 $x \in \overline{W} = \overline{W - \bigcup_{i=1}^{n} C_i} \cup \overline{\bigcup_{i=1}^{n} C_i}$ 知 $x \in \overline{\bigcup_{i=1}^{n} C_i} = \bigcup_{i=1}^{n} \overline{C_i} \subseteq U$. 由 $x \in \overline{W}$ 的任意性得 $\overline{W} \subseteq U$. 由定理 2.9.11 得 X 是正规空间. □

定理 2.11.6 仿紧的 T_2 空间是正则空间, 从而是正规空间, 进而是 T_4 空间.

证明 设 X 是仿紧的 T_2 空间. 下证 X 是正则空间. 对 X 的任一点 a 及 a 的任一开邻域 U, 由 X 的 T_2 性知对每一 $b \in X - U$, 存在 a 的开邻域 V_a^b 和 b 的开邻域 W_b 使得 $V_a^b \cap W_b = \varnothing$. 从而集族 $\mathscr{V} = \{W_b \mid b \in X - U\} \cup \{U\}$ 是 X 的一个开覆盖, 它有一个局部有限的开加细覆盖设为 $\mathscr{B}$. 令 $\mathscr{C} = \{C \in \mathscr{B} \mid \exists b \in X - U, C \subseteq W_b\}$. 则 $\mathscr{C}$ 是 $X - U$ 的局部有限的开覆盖, 于是 $W = \bigcup_{C \in \mathscr{C}} C$ 是

$X - U$ 的开邻域. 下面说明 $a \in (X - W)^\circ \subseteq X - W = \overline{X - W} \subseteq U$. 因 W 是开集且覆盖 $X - U$, 故 $X - W = \overline{X - W} \subseteq U$. 又由 $\mathscr{C}$ 局部有限知, a 存在一个开邻域 V 只与 $\mathscr{C}$ 中有限个元 $C_1, C_2, \cdots, C_n$ 有非空的交. 对 $C_i \in \mathscr{C}$, 有某元 W_{b_i} 使 $C_i \subseteq W_{b_i}$ $(i = 1, 2, \cdots, n)$. 取 a 的开邻域 $G = V \cap \left(\bigcap_{i=1}^n V_a^{b_i} \right)$, 则由 $V_a^{b_i} \cap W_{b_i} = \varnothing$ $(i = 1, 2, \cdots, n)$ 知 $\forall C \in \mathscr{C}$, 有 $G \cap C = \varnothing$, 从而 $G \cap W = \varnothing$, $G \subseteq X - W$. 于是 $a \in G \subseteq (X - W)^\circ \subseteq X - W = \overline{X - W} \subseteq U$. 由定理 2.9.10 得 X 是正则空间. 由定理 2.11.5 得 X 还是正规空间, 进而是 T_4 空间.   □

习 题 2.11

1. 设 $\mathscr{F} = \{F_j\}_{j \in J}$ 是拓扑空间 X 的局部有限闭集族. 证明: $\cup \mathscr{F}$ 是 X 的闭集.

2. 设 $\mathcal{B}$ 为拓扑空间 X 的一个基.

证明: 若由 $\mathcal{B}$ 的元组成的 X 的覆盖都有局部有限开加细, 则 X 是仿紧的.

3. 对于正则空间 X, 证明下列各条等价:

(1) X 是仿紧空间;

(2) X 的任一开覆盖都存在 σ 局部有限开加细覆盖;

(3) X 的任一开覆盖都存在局部有限加细覆盖;

(4) X 的任一开覆盖都存在局部有限闭加细覆盖.

4. 证明: 每一正则的 Lindelöf 空间, 特别地, 每一 A_2 的局部紧 T_2 空间, 都是仿紧空间.

5. 证明: 仿紧的可分空间是 Lindelöf 空间.

6. 证明: 仿紧空间的闭子空间是仿紧空间.

7. 证明: 仿紧空间与紧空间的积空间是仿紧空间.

8. 举例说明两个仿紧空间的积空间未必是仿紧空间. 提示: 参见习题 2.9 题 8.

9. 证明: 度量空间均是仿紧空间.

第 3 章　收敛理论与拓扑概念刻画

前面我们已看到在 A_1 空间中, 利用序列的收敛可刻画一些拓扑概念. 对于一般的拓扑空间, 序列收敛并不能完全刻画相关的拓扑概念. 于是本章介绍更一般的网和滤子的收敛理论, 利用这些理论可刻画更多拓扑概念和特殊拓扑空间类.

3.1　网的收敛理论

3.1.1　网及其收敛

在拓扑空间中, 有些逼近状态无法用序列的极限来描述, 因此有必要将序列概念加以推广, 建立更为一般的网的收敛理论.

定义 3.1.1　设 X 是集合, J 是定向集. 每个映射 $\xi : J \to X$ 称为 X 内的一个网. 若对任意 $j \in J$, 记 $\xi(j) = x_j$, 则网 ξ 可记作 $(x_j)_{j \in J}$.

显然, 当定向集 $J = \mathbb{Z}_+$ 时, 一个网就是一个序列. 故网是序列概念的推广.

例 3.1.2　设 $(X, \mathcal{T})$ 是拓扑空间, $x \in X$, $\mathcal{U}_x$ 是点 x 的邻域系. 定义 $\mathcal{U}_x$ 上的偏序关系 $\leqslant$ 为集合的反包含序, 即对任意 $U, V \in \mathcal{U}_x$, $U \leqslant V \Longleftrightarrow U \supseteq V$. 由定理 2.2.3(2) 知 $(\mathcal{U}_x, \leqslant)$(或记作 $(\mathcal{U}_x, \supseteq)$) 是定向集. 从而对任意 $U \in \mathcal{U}_x$, 取 $x_U \in U$, 易见 $\{x_U\}_{U \in \mathcal{U}_x}$ 是一个网, 其中 $x_U \in U$ 的取法是任意的, 不同的取法可以得到不同的网.

定义 3.1.3　设 $\xi = (x_j)_{j \in J}$ 是拓扑空间 X 内的一个网, $A \subseteq X$, $p \in X$.

(1) 若对任意 $j \in J$, 有 $x_j \in A$, 则称网 $(x_j)_{j \in J}$ **在集 A 内**.

(2) 若存在 $j_0 \in J$ 使当 $j \in J$ 且 $j \geqslant j_0$ 时有 $x_j \in A$, 则称网 $(x_j)_{j \in J}$ **最终在集 A 内**.

(3) 若对任意 $j \in J$, 存在 $k \in J$ 使 $k \geqslant j$ 且 $x_k \in A$, 则称网 $(x_j)_{j \in J}$ **常在集 A 内**.

(4) 若对点 p 的任意邻域 U, 网 $(x_j)_{j \in J}$ 最终在集 U 内, 即存在 $j_U \in J$ 使当 $j \in J$ 且 $j \geqslant j_U$ 时有 $x_j \in U$, 则称点 p 是 $(x_j)_{j \in J}$ **的一个极限**, 或称 $(x_j)_{j \in J}$ **收敛于** p, 记作 $(x_j)_{j \in J} \to p$. 有极限的网称为**收敛网**, 否则称为**发散网**. 网 $(x_j)_{j \in J}$ 的所有极限构成的集合记作 $\lim(x_j)_{j \in J}$.

(5) 若对点 p 的任意邻域 U, 网 $(x_j)_{j \in J}$ 常在集 U 内, 则称点 p 是网 $(x_j)_{j \in J}$ **的一个聚点**. 网 $(x_j)_{j \in J}$ 的所有聚点构成的集合记作 $\mathrm{adh}(x_j)_{j \in J}$. 易见, 网 $(x_j)_{j \in J}$ 均最终在集 U 内必常在集 U 内, 故 $\lim(x_j)_{j \in J} \subseteq \mathrm{adh}(x_j)_{j \in J}$.

例 3.1.4　(1) 拓扑空间中常值网均收敛, 即若网 $\xi = (x_j)_{j \in J}$ 满足对任意 $j \in J$, $x_j = s$, 则网 $\xi = (x_j)_{j \in J} \to s$.

(2) 设 $X = \{a, b\}$, $\mathcal{T} = \{X, \varnothing, \{a\}\}$ 为 Sierpiński 空间. 则常值网 $(x_j = a)_{j \in J}$ 既收敛到 a 也收敛到 b. 故收敛网的极限不必唯一.

定理 3.1.5　拓扑空间 X 是 T_2 空间当且仅当 X 中每个收敛网有唯一极限.

证明　必要性: 设 $(x_j)_{j \in J}$ 是拓扑空间 X 的一个收敛网. 假设 $(x_j)_{j \in J}$ 收敛到两个不同的点 x, y. 则对于 x 的任意开邻域 U, y 的任意开邻域 V, 网 $(x_j)_{j \in J}$ 均最终在集 U 和 V 内. 从而 $U \cap V \neq \varnothing$. 这说明 x, y 没有不相交的开邻域, 与 X 是 T_2 空间矛盾! 故 X 中每个收敛网有唯一极限.

充分性: 假设 X 不是 T_2 空间. 则存在 X 中两个不同的点 x, y 使对任意 $U \in \mathcal{U}_x$, $V \in \mathcal{U}_y$, 有 $U \cap V \neq \varnothing$, 其中 $\mathcal{U}_x$ 和 $\mathcal{U}_y$ 分别是点 x 和 y 的邻域系. 由例 3.1.2 知 $\mathcal{U}_x$ 和 $\mathcal{U}_y$ 赋予集合的反包含序形成定向集 $D_1 = (\mathcal{U}_x, \supseteq)$ 和 $D_2 = (\mathcal{U}_y, \supseteq)$. 令 $D = D_1 \times D_2$ 为定向集 D_1 和 D_2 的乘积. 由定义 1.2.26 易见 D 也是一个定向集. 从而对任意 $(U, V) \in D$, 取 $x_{(U,V)} \in U \cap V$. 可以直接验证 $\{x_{(U,V)}\}_{(U,V) \in D}$ 是一个同时收敛于 x 和 y 的网, 这与 X 中每个收敛网有唯一极限矛盾! 故 X 是 T_2 空间.　　$\square$

推论 3.1.6　T_2 空间中的任意一个收敛序列只有一个极限点.

证明　直接由定理 3.1.5 可得.　　$\square$

利用网的收敛可以刻画集合的聚点和闭包, 从而事实上也就描述了空间的拓扑.

定理 3.1.7　设 X 为拓扑空间, $A \subseteq X$, $p \in X$. 则

(1) 点 p 为 A 的聚点 (即 $p \in A^d$) 当且仅当存在 $A - \{p\}$ 内的网收敛于 p;

(2) 点 p 属于 A 的闭包 (即 $p \in \overline{A}$) 当且仅当存在 A 内的网收敛于 p.

证明　(1) 设 $p \in A^d$. 则对 p 的任意邻域 U, $U \cap (A - \{p\}) \neq \varnothing$. 取 $x_U \in U \cap (A - \{p\})$. 由例 3.1.2 知 $\{x_U\}_{U \in \mathcal{U}_p}$ 是 $A - \{p\}$ 内的网且收敛于点 p, 其中 $\mathcal{U}_p$ 是点 $p \in X$ 的邻域系. 反之, 若存在 $A - \{p\}$ 内的网 $(x_j)_{j \in J}$ 收敛于 p, 则对 p 的任意邻域 U, 存在 $j_U \in J$ 使当 $j \in J$ 且 $j \geqslant j_U$ 时有 $x_j \in U$. 从而 $U \cap (A - \{p\}) \neq \varnothing$. 这说明 $p \in A^d$.

(2) 设 $p \in \overline{A} = A \cup A^d$. 由 (1) 知仅需证 $p \in A - A^d$ 的情形. 此时取常值网 $x_j \equiv p$ ($\forall j \in J$), 易见 $(x_j)_{j \in J}$ 是 A 内的网且收敛于 p. 反之, 若存在 A 内的网 $(y_k)_{k \in K}$ 收敛于 p. 则对 p 的任意邻域 U, 存在 $k_U \in K$ 使当 $k \in K$ 且 $k \geqslant k_U$ 时有 $y_k \in U$. 从而 $U \cap A \neq \varnothing$. 这说明 $p \in \overline{A}$.　　$\square$

推论 3.1.8　设 X 为拓扑空间, $A \subseteq X$. 则 A 是闭集当且仅当 A 内的任一收敛网的极限在 A 中.

对于 A_1 空间, 凡用网收敛表述的概念或命题均可改用序列收敛表述, 从而可

以简化问题. 定理 2.7.12 和推论 2.7.13 就是定理 3.1.7 的简化表达.

命题 3.1.9 设 $\xi : J \to X$ 为空间 X 内的一个网. 对任意 $j \in J$, 令 $A_j = \{\xi(m) \mid m \in J$ 且 $m \geqslant j\}$. 则 $\mathrm{adh}\xi = \bigcap_{j \in J} \overline{A_j}$.

证明 由定义 3.1.3(3) 和 (5) 直接验证. □

定理 3.1.10 设 J 是定向集, $\{E_j\}_{j \in J}$ 是一族定向集, $\prod_{j \in J} E_j = \{f : J \to \bigcup_{j \in J} E_j \mid$ 对于任意 $j \in J, f(j) \in E_j\}$. 在 $J \times \prod_{j \in J} E_j$ 中规定

$$(i, f) \leqslant (k, g) \Longleftrightarrow i \leqslant k, 且对任意 j \in J, f(j) \leqslant g(j).$$

(1) 偏序集 $(J \times \prod_{j \in J} E_j, \leqslant)$ 是定向集;

(2) 设 $\xi : J \to X$ 为拓扑空间 X 内的网, $\{\eta_j : E_j \to X\}_{j \in J}$ 为一族 X 内的网. 若网 ξ 收敛于 x, 且对任意 $j \in J$, 网 η_j 收敛于 $\xi(j)$, 则网

$$\mu : \left(J \times \prod_{j \in J} E_j, \leqslant \right) \to X, \ (j, f) \mapsto \eta_j(f(j))$$

收敛于 x. 网 μ 称为由 $\xi : J \to X$ 和 $\{\eta_j : E_j \to X\}_{j \in J}$ 确定的**对角网**.

证明 (1) 对任意 $(i, f), (k, g) \in J \times \prod_{j \in J} E_j$, 由 $i, k \in J$ 及 J 定向知存在 $m \in J$ 使 $i, k \leqslant m$. 又由 $f, g \in \prod_{j \in J} E_j$ 知对任意 $j \in J$, 有 $f(j), g(j) \in E_j$. 从而由 E_j 定向知存在 $h_j \in E_j$ 使 $f(j), g(j) \leqslant h_j$. 令 $h : J \to \bigcup_{j \in J} E_j$ 满足对于任意 $j \in J, h(j) = h_j$. 则 $h \in \prod_{j \in J} E_j$ 且 $f, g \leqslant h$. 从而 $(m, h) \in J \times \prod_{j \in J} E_j$ 使 $(i, f), (k, g) \leqslant (m, h)$. 这说明偏序集 $(J \times \prod_{j \in J} E_j, \leqslant)$ 是定向集.

(2) 对点 x 的任意邻域 U, 由网 ξ 收敛于 x 知存在 $j_U \in J$ 使对任意 $j \in J$ 且 $j \geqslant j_U$, 有 $\xi(j) \in U$. 又由网 $\eta_j : E_j \to X$ 收敛于 $\xi(j)$ 知存在 $f_j \in E_j$ 使对任意 $n \in E_j$ 且 $n \geqslant f_j$, 有 $\eta_j(n) \in U$. 定义 $f_U : J \to \bigcup_{j \in J} E_j$ 如下:

$$f_U(j) = \begin{cases} f_j, & j \geqslant j_U, \\ E_j 的任意元, & j \not\geqslant j_U. \end{cases}$$

显然 $(j_U, f_U) \in J \times \prod_{j \in J} E_j$. 于是对任意 $(j, g) \in J \times \prod_{j \in J} E_j$ 且 $(j, g) \geqslant (j_U, f_U)$, 有 $j \geqslant j_U$ 且 $g(j) \geqslant f_U(j) = f_j$. 从而 $\mu(j, g) = \eta_j(g(j)) \in U$. 这说明网 μ 收敛于 x. □

定义 3.1.11 设 $\xi = (x_j)_{j \in J}$, $\eta = (y_e)_{e \in E}$ 均为集 X 内的网. 若存在映射 $h : E \to J$ 满足:

(1) $\eta = \xi \circ h$, 即对任意 $e \in E, y_e = \eta(e) = (\xi \circ h)(e) = x_{h(e)}$;

(2) 对任意 $j \in J$, 存在 $e_j \in E$ 使对任意 $p \in E$ 且 $p \geqslant e_j$, 有 $h(p) \geqslant j$, 则称 $\eta = (y_e)_{e \in E}$ 为 $\xi = (x_j)_{j \in J}$ 的**子网**.

例 3.1.12　设 $\xi = (x_j)_{j \in J}$ 是集 X 内的网, E 为 J 的一个共尾子集. 取映射 $h : E \to J$ 为包含映射, 则 $\eta = \xi \circ h = (x_e)_{e \in E}$ 为 $\xi = (x_j)_{j \in J}$ 的一个子网.

定理 3.1.13　设 $\xi = (x_j)_{j \in J}$ 是拓扑空间 X 内的一个网, $x_0 \in X$.

(1) 若 $\xi = (x_j)_{j \in J}$ 收敛于 x_0, 则它的任意子网也收敛于 x_0;

(2) 若 $\xi = (x_j)_{j \in J}$ 不收敛于 x_0, 则 ξ 有子网 $\eta = (y_e)_{e \in E}$ 使 η 无子网收敛于 x_0.

证明　(1) 由网 $\xi = (x_j)_{j \in J}$ 收敛于 x_0 知, 对点 x_0 的任意邻域 U, 存在 $j_U \in J$ 使当 $j \in J$ 且 $j \geqslant j_U$ 时有 $x_j \in U$. 若 $\eta = (y_e)_{e \in E}$ 为 $\xi = (x_j)_{j \in J}$ 的一个子网, 由定义 3.1.11 知存在映射 $h : E \to J$, 对 $j_U \in J$, 存在 $e_{j_U} \in E$ 使对任意 $p \in E$ 且 $p \geqslant e_{j_U}$, 有 $h(p) \geqslant j_U$, 从而 $y_p = \eta(p) = (\xi \circ h)(p) = x_{h(p)} \in U$. 由定义 3.1.3(4) 知子网 $\eta = (y_e)_{e \in E}$ 也收敛于 x_0.

(2) 若 $\xi = (x_j)_{j \in J}$ 不收敛于 x_0, 则存在 x_0 的邻域 U 使对任意 $j \in J$, 存在 $k_j \in J$ 使 $k_j \geqslant j$ 且 $x_{k_j} \in X - U$. 令 $E = \{k_j \mid j \in J\}$. 由定义 1.2.20 知 E 是 J 的共尾子集. 取映射 $h : E \to J$ 为包含映射. 由例 3.1.12 知 $\eta = \xi \circ h = (x_{k_j})_{k_j \in E}$ 为网 ξ 的一个子网. 又因为对任意 $k_j \in E$, $x_{k_j} \in X - U$, 故 η 的任意子网都不收敛于 x_0.　□

命题 3.1.14　设 $\xi : D \to X$, $\eta : D \to X$ 均是集 X 内的网. 对任意 $d \in D$, 令 $B_d = \{n \in D \mid n \geqslant d\}$, $A_d = \{\xi(n) \mid n \in B_d\}$ 且 $\phi_d : E_d \to A_d$ 为 A_d 内的网. 则由 $\eta : D \to X$ 和 $\{\phi_d : E_d \to A_d\}_{d \in D}$ 确定的对角网 μ 为 ξ 的一个子网, 其中 $\mu : (D \times \prod_{d \in D} E_d, \leqslant) \to X$ 满足对任意 $(d, f) \in D \times \prod_{d \in D} E_d$, $\mu(d, f) = \phi_d(f(d))$.

证明　对任意 $(d, f) \in D \times \prod_{d \in D} E_d$, 由 $\mu(d, f) = \phi_d(f(d)) \in A_d$ 及 $A_d = \{\xi(n) \mid n \in B_d\}$ 知集 $\xi^{-1}(\phi_d(f(d))) \cap B_d$ 非空. 令映射 $h : D \times \prod_{d \in D} E_d \to D$ 为对任意 $(d, f) \in D \times \prod_{d \in D} E_d$, $h(d, f)$ 为非空集 $\xi^{-1}(\phi_d(f(d))) \cap B_d$ 的任意元. 易见 $\mu = \xi \circ h$. 设 $d_0 \in D$. 取 $f_0 \in \prod_{d \in D} E_d$. 则 $(d_0, f_0) \in D \times \prod_{d \in D} E_d$. 对任意 $(d, f) \in D \times \prod_{d \in D} E_d$, 若 $(d, f) \geqslant (d_0, f_0)$, 则 $d \geqslant d_0$. 从而 $B_d \subseteq B_{d_0}$, $A_d \subseteq A_{d_0}$. 于是由 h 的定义知 $h(d, f) \in B_d \subseteq B_{d_0}$. 这说明 $h(d, f) \geqslant d_0$. 由定义 3.1.11 知 μ 为 ξ 的一个子网.　□

定义 3.1.15　设 $\xi = (x_j)_{j \in J}$ 是拓扑空间 X 内的一个网. 若对任意 $A \subseteq X$, $(x_j)_{j \in J}$ 最终在集 A 或 $X - A$ 内, 则称 $(x_j)_{j \in J}$ 是 X 内的一个**超网**.

显然, 拓扑空间内的每个常值网都是超网.

定理 3.1.16　设 $\xi = (x_j)_{j \in J}$ 是拓扑空间 X 内的一个超网. 则

(1) $\lim(x_j)_{j \in J} = \mathrm{adh}(x_j)_{j \in J}$.

(2) 对任意映射 $f : X \to Y$, 有 $f \circ \xi$ 为拓扑空间 Y 内的一个超网.

证明　用定义 3.1.3 和定义 3.1.15 直接验证.　□

引理 3.1.17　设 $\xi = (x_j)_{j \in J}$ 是拓扑空间 X 内的一个网. 则存在集族 $\mathscr{B} \subseteq$

$\mathcal{P}(X)$ 满足下列三个条件:

(1) $\mathcal{B} \neq \varnothing$ 且网 ξ 常在 $\mathcal{B}$ 的每个元内;

(2) $\mathcal{B}$ 内任意两个元之交属于 $\mathcal{B}$;

(3) 对 X 的任意子集 A, 有 $A \in \mathcal{B}$ 或 $X - A \in \mathcal{B}$.

证明 令 $\mathscr{A} = \{\mathscr{D} \subseteq \mathcal{P}(X) \mid \mathscr{D}$ 满足条件 (1) 和 (2)$\}$. 则 $\{X\} \in \mathscr{A}$. 故 $\mathscr{A} \neq \varnothing$. 设 $\{\mathscr{D}_\lambda\}_{\lambda \in \Gamma}$ 是偏序集 $(\mathscr{A}, \subseteq)$ 的全序子集. 易见 $\bigcup_{\lambda \in \Gamma} \mathscr{D}_\lambda \in \mathscr{A}$. 故由 Zorn 引理知 $(\mathscr{A}, \subseteq)$ 中存在极大元 $\mathcal{B}$. 下证 $\mathcal{B}$ 满足条件 (3).

为此, 先证明断言: 若 $U \subseteq X$ 使对任意 $B \in \mathcal{B}$, 网 ξ 常在 $B \cap U$ 内, 则 $U \in \mathcal{B}$. 事实上, 令 $\mathcal{B}^* = \mathcal{B} \cup \{U\} \cup \{B \cap U \mid B \in \mathcal{B}\}$. 则 $\mathcal{B}^* \in \mathscr{A}$ 且 $\mathcal{B}^* \supseteq \mathcal{B}$. 从而由 $\mathcal{B}$ 的极大性知 $\mathcal{B}^* = \mathcal{B}$. 故 $U \in \mathcal{B}$, 即断言成立.

下证 $\mathcal{B}$ 满足条件 (3). 对 X 的任意子集 A, 若 $A \notin \mathcal{B}$, 则由断言知存在 $B_0 \in \mathcal{B}$ 使网 ξ 不常在 $B_0 \cap A$ 内. 从而网 ξ 最终在 $X - (B_0 \cap A) = (X - B_0) \cup (X - A)$ 内. 对任意 $B \in \mathcal{B}$, 由网 ξ 常在 B 内知 ξ 常在 $B \cap ((X - B_0) \cup (X - A))$ 内. 于是由断言知 $(X - B_0) \cup (X - A) \in \mathcal{B}$. 则由 $\mathcal{B}$ 满足条件 (2) 知 $B_0 \cap ((X - B_0) \cup (X - A)) = B_0 \cap (X - A) \in \mathcal{B}$. 从而再由 $\mathcal{B}$ 满足条件 (2) 知对任意 $B \in \mathcal{B}$, $B \cap (B_0 \cap (X - A)) \in \mathcal{B}$. 故由 $\mathcal{B}$ 满足条件 (1) 知网 ξ 常在 $B \cap (B_0 \cap (X - A)) \subseteq (B \cap (X - A))$ 内. 于是由断言知 $X - A \in \mathcal{B}$. 这说明 $\mathcal{B}$ 满足条件 (3). □

引理 3.1.18 设 $\xi = (x_j)_{j \in J}$ 是拓扑空间 X 内的网. 若 $\mathcal{B} \subseteq \mathcal{P}(X)$ 满足下列两条:

(1) $\mathcal{B} \neq \varnothing$ 且网 ξ 常在 $\mathcal{B}$ 的每个元内;

(2) $\mathcal{B}$ 内任意两个元之交包含 $\mathcal{B}$ 的一个元,

则 ξ 有一个子网最终在 $\mathcal{B}$ 的每个元内.

证明 令 $E = \{(j, B) \in J \times \mathcal{B} \mid \xi(j) \in B\}$. 由网 ξ 常在 $\mathcal{B}$ 的每个元内知 $E \neq \varnothing$. 在 E 上定义二元关系如下: 对任意 $(i, A), (j, B) \in E$, $(i, A) \leqslant (j, B)$ 当且仅当 $i \leqslant j, B \subseteq A$. 则由条件 (2) 易见 $(E, \leqslant)$ 为定向集. 定义映射 $h : E \to J$ 为对任意 $(j, B) \in E$, $h(j, B) = j$. 令 $\eta = \xi \circ h$. 下证 η 是 ξ 的一个子网且 η 最终在 $\mathcal{B}$ 的每个元内.

(i) 对任意 $j \in J$, 任取 $B \in \mathcal{B}$. 由条件 (1) 知网 ξ 常在 B 中. 故存在 $k \in J$ 使 $k \geqslant j$ 且 $\xi(k) \in B$. 由 E 的定义知 $(k, B) \in E$. 则对任意 $(i, A) \in E$ 且 $(i, A) \geqslant (k, B)$, 有 $h(i, A) = i \geqslant k \geqslant j$. 从而由定义 3.1.11 知 η 是 ξ 的一个子网.

(ii) 对任意 $B \in \mathcal{B}$. 由 (i) 的证明知存在 $k \in J$ 使 $(k, B) \in E$. 于是, 对任意 $(i, A) \in E$ 且 $(i, A) \geqslant (k, B)$, 有 $\eta(i, A) = (\xi \circ h)(i, A) = \xi(i) \in A \subseteq B$. 这说明 η 最终在 $\mathcal{B}$ 的每个元内. □

定理 3.1.19 任意拓扑空间 X 内的任一网都有一个子网为超网.

证明　设 ξ 是拓扑空间 X 内的一个网. 由引理 3.1.17 知存在集族 $\mathscr{B} \subseteq \mathcal{P}(X)$ 满足下列三个条件: ① $\mathscr{B} \neq \varnothing$ 且网 ξ 常在 $\mathscr{B}$ 的每个元内; ② $\mathscr{B}$ 内任意两个元之交属于 $\mathscr{B}$; ③ 对 X 的任意子集 A, 有 $A \in \mathscr{B}$ 或 $X - A \in \mathscr{B}$. 从而由引理 3.1.18 知 ξ 有一个子网 η 最终在 $\mathscr{B}$ 的每个元内. 因对 X 的任意子集 A, 有 $A \in \mathscr{B}$ 或 $X - A \in \mathscr{B}$, 故子网 η 最终在集 A 或 $X - A$ 内. 由定义 3.1.15 知 η 是 ξ 的超子网. □

3.1.2　收敛类和拓扑

下面考虑如下问题: 设 X 是集合, $\mathscr{C}$ 是由 (ξ, x) 组成的类, 其中 ξ 为 X 内的网, x 为 X 的点. 则何时存在 X 的拓扑 $\mathcal{T}$ 使 $(\xi, x) \in \mathscr{C}$ 当且仅当网 ξ 关于拓扑 $\mathcal{T}$ 收敛于 x?

定义 3.1.20　设 X 是集合, $\mathscr{C}$ 是由若干序对 (ξ, x) 组成的类, 其中 ξ 为 X 内的网, x 为 X 的点. $\mathscr{C}$ 称为关于 X 的**收敛类**, 若 $\mathscr{C}$ 满足

(1) 若 ξ 是取值 x 的常值网, 则 $(\xi, x) \in \mathscr{C}$.

(2) 若 $(\xi, x) \in \mathscr{C}$, 则对 ξ 的任意子网 η, 有 $(\eta, x) \in \mathscr{C}$.

(3) 若 $(\xi, x) \notin \mathscr{C}$, 则存在 ξ 的子网 η 使对 η 的任意子网 ζ, 有 $(\zeta, x) \notin \mathscr{C}$.

(4) 设 $\xi: J \to X$ 为集 X 内的网, $\{\eta_j: E_j \to X\}_{j \in J}$ 为 X 内的一族网. 若 $(\xi, x) \in \mathscr{C}$, 且对任意 $j \in J$, $(\eta_j, \xi(j)) \in \mathscr{C}$, 则 $(\mu, x) \in \mathscr{C}$, 其中网 $\mu: (J \times \prod_{j \in J} E_j, \leqslant) \to X$ 是由 $\xi: J \to X$ 和 $\{\eta_j: E_j \to X\}_{j \in J}$ 确定的对角网, 满足对任意 $(j, f) \in J \times \prod_{j \in J} E_j$, $\mu(j, f) = \eta_j(f(j))$.

定理 3.1.21　设 X 是集合, $\mathscr{C}$ 是由若干 (ξ, x) 组成的类, 其中 ξ 为 X 内的网, x 为 X 的点. 则下列条件等价:

(1) 存在 X 上的拓扑 $\mathcal{T}$ 使 $(\xi, x) \in \mathscr{C}$ 当且仅当网 ξ 关于拓扑 $\mathcal{T}$ 收敛于 x;

(2) $\mathscr{C}$ 为关于 X 的收敛类.

证明　$(1) \Longrightarrow (2)$ 由例 3.1.4(1)、定理 3.1.10 和定理 3.1.13 可得.

$(2) \Longrightarrow (1)$ 设 $\mathscr{C}$ 为关于 X 的收敛类. 对 X 的任意子集 A, 令 $\mathrm{cl}(A) = \{x \in X \mid$ 存在 A 内的网 ξ 使 $(\xi, x) \in \mathscr{C}\}$. 下证映射 $\mathrm{cl}: \mathcal{P}(X) \to \mathcal{P}(X)$ 为集 X 上的闭包算子.

(i) 因为网是定义在非空定向集上的, 故由算子 cl 的定义易知 $\mathrm{cl}(\varnothing) = \varnothing$.

(ii) 由定义 3.1.20(1) 知对任意 $a \in A$, 存在 A 内的取值为 a 的常值网 ξ 使 $(\xi, a) \in \mathscr{C}$. 故 $a \in \mathrm{cl}(A)$. 从而 $A \subseteq \mathrm{cl}(A)$.

(iii) 对 X 的任意子集 A, B, 因为集 A 内的网也是集 $A \cup B$ 内的网, 故由算子 cl 的定义知 $\mathrm{cl}(A) \subseteq \mathrm{cl}(A \cup B)$. 同理, $\mathrm{cl}(B) \subseteq \mathrm{cl}(A \cup B)$. 从而 $\mathrm{cl}(A) \cup \mathrm{cl}(B) \subseteq \mathrm{cl}(A \cup B)$. 设 $x \in \mathrm{cl}(A \cup B)$. 则存在集 $A \cup B$ 内的网 $\xi: J \to A \cup B$ 使 $(\xi, x) \in \mathscr{C}$. 令 $J_A = \{j \in J \mid \xi(j) \in A\}$, $J_B = \{j \in J \mid \xi(j) \in B\}$. 则 $J = J_A \cup J_B$. 由 J 定向

知 J_A 或 J_B 为 J 的共尾子集. 不妨设 J_A 为 J 的共尾子集. 取映射 $h: J_A \to J$ 为包含映射, 则由例 3.1.12 知 $\eta = \xi \circ h$ 为 ξ 的一个子网. 从而由定义 3.1.20(2) 知 $(\eta, x) \in \mathscr{C}$. 易见 η 为集 A 内的一个网, 故 $x \in \mathrm{cl}(A) \subseteq \mathrm{cl}(A) \cup \mathrm{cl}(B)$. 这说明 $\mathrm{cl}(A \cup B) \subseteq \mathrm{cl}(A) \cup \mathrm{cl}(B)$. 从而 $\mathrm{cl}(A \cup B) = \mathrm{cl}(A) \cup \mathrm{cl}(B)$.

(iv) 由 (ii) 知 $\mathrm{cl}(A) \subseteq \mathrm{cl}(\mathrm{cl}(A))$. 设 $x \in \mathrm{cl}(\mathrm{cl}(A))$. 则存在集 $\mathrm{cl}(A)$ 内的网 $\xi: J \to \mathrm{cl}(A)$ 使 $(\xi, x) \in \mathscr{C}$. 因为对任意 $j \in J$, $\xi(j) \in \mathrm{cl}(A)$, 故存在集 A 内的网 $\eta_j: E_j \to A$ 使 $(\eta_j, \xi(j)) \in \mathscr{C}$. 从而由 $\mathscr{C}$ 为收敛类及定义 3.1.20(4) 知存在集 A 内的网 $(\mu, x) \in \mathscr{C}$, 其中 $\mu: (J \times \prod_{j \in J} E_j, \leqslant) \to A$ 满足对任意 $(j, f) \in J \times \prod_{j \in J} E_j$, $\mu(j, f) = \eta_j(f(j))$. 故 $x \in \mathrm{cl}(A)$. 这说明 $\mathrm{cl}(\mathrm{cl}(A)) \subseteq \mathrm{cl}(A)$. 于是有 $\mathrm{cl}(\mathrm{cl}(A)) = \mathrm{cl}(A)$.

综合 (i)—(iv) 知映射 $\mathrm{cl}: \mathcal{P}(X) \to \mathcal{P}(X)$ 满足定义 2.2.15 中的条件, 故为集 X 上的闭包算子. 从而由定理 2.2.16 知 X 上存在唯一拓扑 $\mathcal{T}$ 使得对于任意 $A \subseteq X$, $\mathrm{cl}(A)$ 恰是子集 A 在拓扑空间 $(X, \mathcal{T})$ 中的闭包.

下证 $(\xi, x) \in \mathscr{C}$ 当且仅当网 ξ 关于拓扑 $\mathcal{T}$ 收敛于 x.

(a) 假设存在 $(\xi, x) \in \mathscr{C}$ 使网 $\xi: J \to X$ 关于拓扑 $\mathcal{T}$ 不收敛于 x. 则存在 x 的开邻域 U 使对任意 $j \in J$, 存在 $k_j \in J$ 满足 $k_j \geqslant j$ 且 $\xi(k_j) \in (X - U)$. 令 $E = \{k_j \mid j \in J\}$. 易见 E 为 J 的共尾子集. 设 $h: E \to J$ 为包含映射. 由例 3.1.12 知 $\eta = \xi \circ h: E \to X$ 为 ξ 的一个子网. 于是由定义 3.1.20(2) 知 $(\eta, x) \in \mathscr{C}$. 因为对任意 $k_j \in E$, $\eta(k_j) = (\xi \circ h)(k_j) = \xi(k_j) \in (X - U)$, 故 η 为集 $X - U$ 内的一个网. 从而由算子 cl 的定义知 $x \in \mathrm{cl}(X - U) = X - U$, 矛盾!

(b) 假设存在网 ξ 关于拓扑 $\mathcal{T}$ 收敛于 x 使 $(\xi, x) \notin \mathscr{C}$. 则由定义 3.1.20(3) 知存在 ξ 的子网 $\eta: D \to X$ 使对 η 的任意子网 ζ, 有 $(\zeta, x) \notin \mathscr{C}$. 并由定理 3.1.13(1) 知 η 关于拓扑 $\mathcal{T}$ 收敛于 x. 令网 $\varphi: D \to X$ 为取值 x 的常值网. 对任意 $m \in D$, 令 $B_m = \{n \in D \mid n \geqslant m\}$, $A_m = \{\eta(n) \mid n \in B_m\}$. 由定理 3.1.7(2) 知 $x \in \overline{A_m} = \mathrm{cl}(A_m)$. 则由算子 cl 的定义知对任意 $m \in D$, 存在集 A_m 内的网 $\phi_m: E_m \to A_m$ 使 $(\phi_m, x) \in \mathscr{C}$. 故由命题 3.1.14 和定义 3.1.20(4) 知由 $\varphi: D \to X$ 和 $\{\phi_m: E_m \to A_m\}_{m \in D}$ 确定的对角网 μ 是 η 的一个子网且满足 $(\mu, x) \in \mathscr{C}$, 矛盾!

综合 (a) 和 (b) 知 $(\xi, x) \in \mathscr{C}$ 当且仅当网 ξ 关于拓扑 $\mathcal{T}$ 收敛于 x. □

定理 3.1.21 建立了集 X 上的拓扑与收敛类之间的一一对应.

习 题 3.1

1. 设 C 为拓扑空间 X 的一个指定的非空闭集. 试构造一个网 ξ 使 $\mathrm{adh}\,\xi = C$.

2. 设 $\xi = (x_j)_{j \in J}$ 是拓扑空间 X 内的一个网, $x_0 \in X$.

证明: x_0 为 ξ 的聚点当且仅当存在 ξ 的子网收敛于 x_0.

3. 设 X 为空间 X_1 和 X_2 的积空间, $p_i : X_1 \times X_2 \to X_i$ 为投影映射 $(\forall i = 1, 2)$.

证明: X 的网 ξ 收敛于点 $x = (x_1, x_2)$ 当且仅当 X_i 的网 $p_i \circ \xi$ 收敛于 x_i $(\forall i = 1, 2)$.

4. 设 X 和 Y 为拓扑空间, $f : X \to Y$ 为映射. 证明下列条件等价:

(1) f 是连续映射;

(2) 对 X 的任一网 $\xi = (x_j)_{j \in J}$, 有 $f(\lim \xi) \subseteq \lim(f \circ \xi)$;

(3) 对 X 的任一网 $\xi = (x_j)_{j \in J}$, 有 $f(\mathrm{adh}\,\xi) \subseteq \mathrm{adh}(f \circ \xi)$.

5. 设 $\mathscr{C}_1, \mathscr{C}_2$ 是集 X 上的收敛类, $\mathcal{T}_1, \mathcal{T}_2$ 是对应的拓扑.

证明: $\mathscr{C}_1 \subseteq \mathscr{C}_2$ 当且仅当 $\mathcal{T}_2 \subseteq \mathcal{T}_1$.

6. 设 A 是拓扑空间 $(X, \mathcal{T}_X)$ 的子集, $\xi = (x_j)_{j \in J}$ 是 A 内的网. 证明:

(1) $\lim_A \xi = \lim \xi \cap A$, 其中 $\lim_A \xi$ 表示网 ξ 在子空间 $(A, \mathcal{T}_A)$ 的极限点之集;

(2) $\mathrm{adh}_A \xi = \mathrm{adh}\,\xi \cap A$, 其中 $\mathrm{adh}_A \xi$ 表示网 ξ 在子空间 $(A, \mathcal{T}_A)$ 的聚点之集.

3.2　集合滤子及其收敛

与网的收敛理论类似, 用集合滤子也可以刻画收敛性.

定义 3.2.1　集 X 的一个**集合滤子**, 简称**滤子**, 是指满足如下三个条件的非空子集族 $\mathcal{F} \subseteq \mathcal{P}(X)$:

(1) $\varnothing \notin \mathcal{F}$;

(2) 若 $A, B \in \mathcal{F}$, 则 $A \cap B \in \mathcal{F}$;

(3) 若 $A \in \mathcal{F}$ 及 $A \subseteq C \subseteq X$, 则 $C \in \mathcal{F}$.

集 X 的全体滤子之集关于集族的包含序构成一个非空偏序集. 易知滤子的链的并还是滤子, 故由 Zorn 引理知 X 的全体滤子之集存在极大元, 这样的极大元均称为 X 的**极大滤子**或**超滤子**.

例 3.2.2　拓扑空间 X 中每一点 x 的邻域系 $\mathcal{U}_x$ 均是 X 的滤子 (参见定理 2.2.3).

集 X 的滤子与满足有限交性质的子集族有紧密联系. 由定义 3.2.1 知 X 的滤子均满足有限交性质. 更一般地, 可引入如下定义.

定义 3.2.3　集 X 的一个**滤子基**是指满足如下两个条件的非空子集族 $\mathcal{B} \subseteq \mathcal{P}(X)$:

(1) $\varnothing \notin \mathcal{B}$;

(2) 若 $B_1, B_2 \in \mathcal{B}$, 则存在 $B_3 \in \mathcal{B}$ 使 $B_3 \subseteq B_1 \cap B_2$.

命题 3.2.4　设 $\mathcal{B}$ 为集 X 的一个滤子基. 则 $\mathcal{F} = \{C \subseteq X \mid$ 存在 $B \in \mathcal{B}$ 使 $B \subseteq C\}$ 是 X 的滤子, 称为**由滤子基 $\mathcal{B}$ 生成的滤子**. 故也称 $\mathcal{B}$ 为滤子 $\mathcal{F}$ 的滤子基.

证明　利用定义 3.2.1 和定义 3.2.3 直接验证. 　　　　　　　　　　　□

若 $\mathcal{M}$ 是集 X 的满足有限交性质的子集族, 则由定义 3.2.3 知

$$\mathcal{B} = \{\cap \mathcal{A} \mid \mathcal{A} \text{是} \mathcal{M} \text{的有限子族}\}$$

是 X 的一个滤子基. 由命题 3.2.4 知 $\mathcal{B}$ 可生成 X 的一个滤子.

定义 3.2.5 设 $\mathcal{F}$ 是拓扑空间 X 的滤子, $x \in X$.

(1) 若 x 的任一邻域均属于 $\mathcal{F}$, 即 x 的邻域系 $\mathcal{U}_x \subseteq \mathcal{F}$, 则称 x 是滤子 $\mathcal{F}$ 的**一个极限点**或**滤子 $\mathcal{F}$ 收敛于** x, 记作 $\mathcal{F} \to x$. 滤子 $\mathcal{F}$ 的所有极限点构成的集合记作 $\lim \mathcal{F}$.

(2) 若对任意 $A \in \mathcal{F}$, 有 $x \in \overline{A}$, 即 $x \in \cap\{\overline{A} \mid A \in \mathcal{F}\}$, 则称 x 是滤子 $\mathcal{F}$ **的一个聚点**. 滤子 $\mathcal{F}$ 的所有聚点构成的集合记作 $\mathrm{adh}\mathcal{F}$. 易见 $\lim \mathcal{F} \subseteq \mathrm{adh}\mathcal{F}$.

一般来说, 滤子的极限不必唯一.

例 3.2.6 设 $X = \{a, b\}$, $\mathcal{T} = \{X, \varnothing, \{a\}\}$ 为 Sierpiński 空间. 取滤子 $\mathcal{F} = \{X, \{a\}\}$, 易见 $\mathcal{F} \to a$ 且 $\mathcal{F} \to b$. 故滤子 $\mathcal{F}$ 的极限不唯一.

定理 3.2.7 拓扑空间 X 是 T_2 空间当且仅当 X 中每个滤子至多有一个极限点.

证明 必要性: 设 X 是 T_2 空间. 假设 X 的滤子 $\mathcal{F}$ 收敛到两个不同的点 x, y. 则由定义 3.2.5(1) 知 $\mathcal{U}_x, \mathcal{U}_y \subseteq \mathcal{F}$, 其中 $\mathcal{U}_x, \mathcal{U}_y$ 分别是点 x 和 y 的邻域系. 于是由滤子定义知对任意 $U \in \mathcal{U}_x$, $V \in \mathcal{U}_y$ 有 $U \cap V \neq \varnothing$, 这与 X 是 T_2 空间矛盾!

充分性: 设 X 中每个滤子至多有一个极限点. 假设 X 不是 T_2 空间. 则 X 中存在两个不同的点 x, y 使对任意 $U \in \mathcal{U}_x$, $V \in \mathcal{U}_y$ 有 $U \cap V \neq \varnothing$. 令 $\mathcal{F} = \{A \subseteq X \mid$ 存在 $U \in \mathcal{U}_x$, $V \in \mathcal{U}_y$ 使 $U \cap V \subseteq A\}$. 易见 $\mathcal{F}$ 为滤子, 且 $\mathcal{F} \to x$, $\mathcal{F} \to y$, 这与 X 中每个滤子至多有一个极限点矛盾! 故 X 是 T_2 空间. $\qquad\square$

命题 3.2.8 设 $\mathcal{F}, \mathcal{G}$ 是拓扑空间 X 的滤子.

(1) 若 $\mathcal{F} \subseteq \mathcal{G}$, 则 $\lim\mathcal{F} \subseteq \lim \mathcal{G}$, $\mathrm{adh}\mathcal{G} \subseteq \mathrm{adh}\,\mathcal{F}$;

(2) 若 $\mathcal{F}$ 是 X 的极大滤子, 则 $\lim\mathcal{F} = \mathrm{adh}\mathcal{F}$.

证明 (1) 由定义 3.2.5 直接验证.

(2) 设 $\mathcal{F}$ 是 X 的极大滤子. 只需证明 $\mathrm{adh}\mathcal{F} \subseteq \lim \mathcal{F}$. 设 $p \in \mathrm{adh}\mathcal{F}$. 由定义 3.2.5 知 $p \in \cap\{\overline{A} \mid A \in \mathcal{F}\}$. 设 U 是点 p 的任一邻域. 则对任意 $A \in \mathcal{F}$, 有 $U \cap A \neq \varnothing$. 令 $\mathcal{B} = \mathcal{F} \cup \{U \cap A \mid A \in \mathcal{F}\}$. 易见 $\mathcal{B}$ 为 X 的一个滤子基. 从而由命题 3.2.4 知 $\mathcal{B}$ 可生成 X 的滤子 $\mathcal{F}^*$ 满足 $U \in \mathcal{F}^*$ 且 $\mathcal{F}^* \supseteq \mathcal{F}$. 因为 $\mathcal{F}$ 是 X 的极大滤子, 故 $\mathcal{F} = \mathcal{F}^*$. 于是 $U \in \mathcal{F}$. 则由定义 3.2.5 知 $p \in \lim \mathcal{F}$. 故 $\mathrm{adh}\mathcal{F} \subseteq \lim \mathcal{F}$. $\qquad\square$

下一定理说明利用滤子收敛可刻画闭包, 从而能够确定拓扑空间的结构.

定理 3.2.9　设 X 为拓扑空间, $A \subseteq X$, $p \in X$. 则点 $p \in \overline{A}$ 当且仅当存在 X 的滤子 $\mathcal{F}$ 使 $A \in \mathcal{F}$ 且 $\mathcal{F}$ 收敛于 p.

证明　必要性: 设 $p \in \overline{A}$. 则对 p 的任意邻域 U, $U \cap A \neq \varnothing$. 令 $\mathcal{F} = \{C \subseteq X \mid$ 存在 $U \in \mathcal{U}_p$ 使 $U \cap A \subseteq C\}$, 其中 $\mathcal{U}_p$ 为 p 的邻域系. 易见 $\mathcal{F}$ 为滤子, $A \in \mathcal{F}$ 且 $\mathcal{F}$ 收敛于 p.

充分性: 设 $\mathcal{F}$ 是 X 的收敛于 p 的滤子且 $A \in \mathcal{F}$. 由定义 3.2.5(1) 知 p 的邻域系 $\mathcal{U}_p \subseteq \mathcal{F}$. 则由滤子定义知对 p 的任意邻域 U, $U \cap A \in \mathcal{F}$, 从而 $U \cap A \neq \varnothing$. 这说明 $p \in \overline{A}$.　　　　　　　　　　　□

定理 3.2.10　设 X, Y 是拓扑空间, $f : X \to Y$ 为映射. 则

(1) 若 $\mathcal{F}$ 是 X 的滤子, 则 $\mathcal{F}_f = \{B \subseteq Y \mid \exists A \in \mathcal{F}, f(A) \subseteq B\}$ 是 Y 的滤子;

(2) $f : X \to Y$ 连续当且仅当对 X 的任意一个滤子 $\mathcal{F}$, 有 $f(\lim \mathcal{F}) \subseteq \lim \mathcal{F}_f$.

证明　(1) 设 $\mathcal{F}$ 是 X 的滤子, 令 $\mathcal{F}_f = \{B \subseteq Y \mid \exists A \in \mathcal{F}, f(A) \subseteq B\}$. 显然, $\mathcal{F}_f$ 非空且 $\varnothing \notin \mathcal{F}_f$. 若 $B_1, B_2 \in \mathcal{F}_f$, 则存在 $A_1, A_2 \in \mathcal{F}$ 使 $f(A_1) \subseteq B_1$, $f(A_2) \subseteq B_2$. 由 $\mathcal{F}$ 是 X 的滤子知 $A_1 \cap A_2 \in \mathcal{F}$. 从而由 $f(A_1 \cap A_2) \subseteq f(A_1) \cap f(A_2) \subseteq B_1 \cap B_2$ 知 $B_1 \cap B_2 \in \mathcal{F}_f$. 设 $B \in \mathcal{F}$ 且 $B \subseteq C \subseteq Y$. 则存在 $A \in \mathcal{F}$ 使 $f(A) \subseteq B \subseteq C$. 故 $C \in \mathcal{F}$. 于是由定义 3.2.1 知 $\mathcal{F}_f$ 是 Y 的滤子.

(2) 必要性: 设 $x_0 \in \lim \mathcal{F}$. 则对 $f(x_0)$ 在空间 Y 中的任意邻域 W, 由 $f : X \to Y$ 连续及定义 2.4.1 知 $f^{-1}(W)$ 为 x_0 在 X 中的邻域. 由 $x_0 \in \lim \mathcal{F}$ 及定义 3.2.5(1) 知 $f^{-1}(W) \in \mathcal{F}$. 因 $f(f^{-1}(W)) \subseteq W$, 故由 $\mathcal{F}_f$ 的定义知 $W \in \mathcal{F}_f$. 于是由定义 3.2.5(1) 知 $f(x_0) \in \lim \mathcal{F}_f$. 这说明 $f(\lim \mathcal{F}) \subseteq \lim \mathcal{F}_f$.

充分性: 设对 X 的任意一个滤子 $\mathcal{F}$, 有 $f(\lim \mathcal{F}) \subseteq \lim \mathcal{F}_f$. 则对任意 $x_0 \in X$, 由例 3.2.2 知 x_0 在 X 中的邻域系 $\mathcal{F} = \mathcal{U}_{x_0}$ 是 X 的一个滤子且 $x_0 \in \lim \mathcal{F}$. 故 $f(x_0) \in \lim \mathcal{F}_f$. 从而对 $f(x_0)$ 在空间 Y 中的任意邻域 W, 有 $W \in \mathcal{F}_f$. 于是由 $\mathcal{F}_f$ 的定义知存在 $U \in \mathcal{F} = \mathcal{U}_{x_0}$ 使 $f(U) \subseteq W$, 即 $U \subseteq f^{-1}(W)$. 这说明 f 在 x_0 处连续. 从而由 $x_0 \in X$ 的任意性知 f 是连续映射.　　　　　□

下面考虑网与滤子之间的对应关系.

设 $\xi = (x_j)_{j \in J}$ 是空间 X 内的一个网. 对任意 $i \in J$, 令 $A_i = \{x_j \mid j \in J$ 且 $j \geqslant i\}$. 则易见 $\{A_i \mid i \in J\}$ 为集 X 的一个滤子基. 从而由命题 3.2.4 知 $\{A_i \mid i \in J\}$ 可生成 X 的滤子 $\mathcal{F}_\xi = \{C \subseteq X \mid$ 存在 $i \in J$ 使 $A_i \subseteq C\}$, 称 $\mathcal{F}_\xi$ 为**由网 ξ 诱导的滤子**. 反之, 设 $\mathcal{F}$ 是 X 的一个滤子, 令 $J_\mathcal{F} = \{(x, A) \mid x \in A \in \mathcal{F}\}$. 则 $J_\mathcal{F}$ 关于序关系:

$$(x, A) \leqslant (y, B) \Longleftrightarrow B \subseteq A$$

构成一个定向集. 从而映射

$$\xi_\mathcal{F} : J_\mathcal{F} \to X, \quad (x, A) \mapsto x$$

是空间 X 内的一个网, 称 $\xi_{\mathcal{F}}$ 为由**滤子 $\mathcal{F}$ 诱导的网**.

定理 3.2.11 设 $\xi = (x_j)_{j \in J}$ 是拓扑空间 X 内的网, $\mathcal{F}$ 为 X 的滤子. 则

(1) $\lim \xi = \lim \mathcal{F}_{\xi}$, $\mathrm{adh}\xi = \mathrm{adh}\,\mathcal{F}_{\xi}$;

(2) $\lim \mathcal{F} = \lim \xi_{\mathcal{F}}$, $\mathrm{adh}\mathcal{F} = \mathrm{adh}\,\xi_{\mathcal{F}}$.

证明 仅证明 $\lim \xi = \lim \mathcal{F}_{\xi}$. 其余等式的证明类似. 设 $p \in \lim \xi$. 则对点 p 的任意邻域 U, 网 $\xi = (x_j)_{j \in J}$ 均最终在 U 内, 即存在 $j_U \in J$ 使当 $j \in J$ 且 $j \geqslant j_U$ 时有 $x_j \in U$. 故 $A_{j_U} = \{x_j \mid j \in J$ 且 $j \geqslant j_U\} \subseteq U$. 由 $\mathcal{F}_{\xi}$ 的定义知 $U \in \mathcal{F}_{\xi}$. 由定义 3.2.5(1) 知 $p \in \lim \mathcal{F}_{\xi}$. 反之, 设 $p \in \lim \mathcal{F}_{\xi}$. 由定义 3.2.5(1) 知 对点 p 的任意邻域 U, 有 $U \in \mathcal{F}_{\xi}$. 从而由 $\mathcal{F}_{\xi}$ 的定义知存在 $A_{j_U} = \{x_j \mid j \in J$ 且 $j \geqslant j_U\} \subseteq U$, 故网 $\xi = (x_j)_{j \in J}$ 最终在 U 内. 于是 $p \in \lim \xi$. □

定理 3.2.11 说明网收敛与滤子收敛有异曲同工之妙. 其实这两种收敛是等价的.

习 题 3.2

1. 设 X 是非空集, 令 $\mathcal{F}(X)$ 为 X 的全体滤子之集. 证明:

(1) 若 $\{\mathcal{F}_i \mid i \in J\}$ 是 X 的一族滤子, $J \neq \varnothing$, 则 $\bigcap_{i \in J} \mathcal{F}_i$ 是 X 的滤子;

(2) 若 $\mathcal{D}$ 是偏序集 $(\mathcal{F}(X), \subseteq)$ 的定向子集, 则 $\bigcup_{\mathcal{F} \in \mathcal{D}} \mathcal{F}$ 是 X 的滤子.

2. 设 $\mathcal{F}$ 是 X 的滤子, $x \in X$. 证明: $\mathcal{F}$ 收敛于 x 当且仅当 x 是每一包含 $\mathcal{F}$ 的滤子的聚点.

3. 设 $\mathcal{F}$ 是 X 的滤子, $x \in X$. 证明: $x \in \mathrm{adh}\mathcal{F}$ 当且仅当存在 X 的滤子 $\mathcal{G} \supseteq \mathcal{F}$ 使 $\mathcal{G}$ 收敛于 x.

4. 设 $\mathcal{F}$ 是 X 的滤子. 证明下列条件等价:

(1) $\mathcal{F}$ 是极大滤子;

(2) 若 $C \subseteq X$ 满足对任意 $A \in \mathcal{F}$, $C \cap A \neq \varnothing$, 则 $C \in \mathcal{F}$;

(3) 对任意 $A, B \subseteq X$, 若 $A \cup B \in \mathcal{F}$, 则 $A \in \mathcal{F}$ 或 $B \in \mathcal{F}$;

(4) 对任意 $C \subseteq X$, 有 $C \in \mathcal{F}$ 或 $X - C \in \mathcal{F}$.

5. 证明: 若 η 是 ξ 的子网, 则 $\mathcal{F}_{\xi} \subseteq \mathcal{F}_{\eta}$.

6. 设 $\mathcal{F}$ 是拓扑空间 X 的滤子. 证明: $\mathrm{adh}\mathcal{F} = \cap \{\overline{F} \mid F \in \mathcal{F}\}$.

7. 设 X 为拓扑空间, $A \subseteq X$.

证明: A 是闭集当且仅当对 X 上每个含有 A 的滤子 $\mathcal{F}$ 均有 $\lim \mathcal{F} \subseteq A$.

8. 对集 X 的滤子基 $\mathcal{B}_1$ 和 $\mathcal{B}_2$, 证明集族 $\{A_1 \cup A_2 \mid A_1 \in \mathcal{B}_1, A_2 \in \mathcal{B}_2\}$ 也是滤子基.

9. 设 $f: X \to Y$ 为映射, $\mathcal{B}$ 是集 Y 的一个滤子基.

证明: $f^{-1}(\mathcal{B})$ 是 X 的滤子基当且仅当对任意 $B \in \mathcal{B}$, $f^{-1}(B) \neq \varnothing$.

10. 设 ξ 是拓扑空间 X 内的一个网, $\mathcal{F}$ 是 X 的滤子. 证明:

(1) 若 ξ 是超网, 则 $\mathcal{F}_{\xi}$ 是极大滤子;

(2) 若 $\mathcal{F}$ 是极大滤子, 则 $\xi_{\mathcal{F}}$ 是超网.

3.3　紧致性的收敛式刻画

利用网的收敛和滤子收敛可得紧空间的下述综合性刻画定理.

定理 3.3.1　设 X 是拓扑空间. 则下列条件等价:

(1) X 是紧空间;

(2) (Alexander 子基引理) 拓扑空间 X 的任一子基 $\mathcal{W}$ 中的元构成的 X 的任意覆盖都有有限子覆盖;

(3) X 的任一超网都有极限;

(4) X 的任一网有收敛子网;

(5) X 的任一网都有聚点;

(6) X 的任一极大滤子都有极限;

(7) X 的任一滤子都有聚点.

证明　(1) $\Longrightarrow$ (2) 显然.

(2) $\Longrightarrow$ (3) 用反证法. 假设 X 有一个超网 ξ 无极限, 即对任意 $x \in X$, 网 ξ 不收敛于 x. 则存在 x 的邻域 U_x 使 ξ 不最终在 U_x 内. 又由 $\mathcal{W}$ 为 X 的子基知存在 $S_1, S_2, \cdots, S_n(n \in \mathbb{Z}_+)$ 使 $x \in S_1 \cap S_2 \cap \cdots \cap S_n \subseteq U$. 从而存在 $S_{i(x)}(1 \leqslant i(x) \leqslant n)$ 使 ξ 不最终在集 $S_{i(x)}$ 内. 于是由 ξ 为超网知 ξ 最终在集 $X - S_{i(x)}$ 内. 因 $\{S_{i(x)} \mid x \in X\}$ 是由 $\mathcal{W}$ 中的元构成的 X 的覆盖, 故由 (2) 知存在 $x_1, x_2, \cdots, x_m \in X(m \in \mathbb{Z}_+)$ 使 $X = \bigcup_{k=1}^{m} S_{i(x_k)}$. 从而 ξ 最终在集 $\bigcap_{k=1}^{m}(X - S_{i(x_k)}) = X - \bigcup_{k=1}^{m} S_{i(x_k)} = \varnothing$ 内, 矛盾! 故 X 的任一超网都有极限.

(3) $\Longrightarrow$ (4) 由定理 3.1.19 知 X 的任一网 ξ 有超子网 η. 从而由 (3) 知 η 是收敛的.

(4) $\Longrightarrow$ (5) 设 $\xi : J \to X$ 为 X 的任一网. 则由 (4) 知存在 ξ 的子网 $\eta : E \to X$ 收敛于 x. 下证 x 是网 ξ 的聚点. 对 x 在 X 中的任意邻域 U, 由 $\eta \to x$ 知存在 $e_U \in E$ 使对任意 $e \in E$ 且 $e \geqslant e_U$, 有 $\eta(e) \in U$. 因 η 是 ξ 的子网, 故由定义 3.1.11 知存在映射 $h : E \to J$ 使 $\eta = \xi \circ h$ 且对任意 $j \in J$, 存在 $e_j \in E$ 使对任意 $p \in E$ 且 $p \geqslant e_j$, 有 $h(p) \geqslant j$. 于是由 E 定向知存在 $\widetilde{e} \in E$ 使 $e_U, e_j \leqslant \widetilde{e}$. 从而 $h(\widetilde{e}) \geqslant j$ 且 $\xi(h(\widetilde{e})) = \eta(\widetilde{e}) \in U$. 由定义 3.1.3 知 x 是网 ξ 的聚点.

(5) $\Longrightarrow$ (6) 设 $\mathcal{F}$ 是 X 的一个极大滤子, $\xi_{\mathcal{F}}$ 为由滤子 $\mathcal{F}$ 诱导的网. 则由 (5)、命题 3.2.8 和定理 3.2.11 知 $\lim \mathcal{F} = \mathrm{adh}\mathcal{F} = \mathrm{adh}\xi_{\mathcal{F}} \neq \varnothing$.

(6) $\Longrightarrow$ (7) 设 $\mathcal{F}$ 是 X 的一个滤子. 则 X 的包含 $\mathcal{F}$ 的全体滤子之集以集族包含序构成一个非空偏序集且满足 Zorn 引理, 从而存在极大元 $\mathcal{G}$, 即 $\mathcal{G}$ 是包含 $\mathcal{F}$ 的一个极大滤子. 从而由 (6) 和命题 3.2.8 知 $\mathrm{adh}\mathcal{F} \supseteq \mathrm{adh}\mathcal{G} = \lim \mathcal{G} \neq \varnothing$.

(7) $\Longrightarrow$ (1) 由定理 2.10.6 知, 只需证 X 的任意满足有限交性质的闭集族 $\mathscr{A} = \{A_\alpha\}_{\alpha \in \Gamma}$ 有非空的交. 令 $\mathscr{A}^* = \{\cap \mathcal{B} \mid \mathcal{B} \text{ 是 } \mathscr{A} \text{ 的有限子族}\}$. 则 $\mathscr{A}^*$ 是集 X 的一个滤子基. 从而由命题 3.2.4 知 $\mathscr{A}^*$ 可生成 X 的一个滤子 $\mathcal{F} = \{C \subseteq X \mid$ 存在 $\cap \mathcal{B} \in \mathscr{A}^*$ 使 $\cap \mathcal{B} \subseteq C\}$. 于是由 (7) 和定义 3.2.5 知 $\cap \mathscr{A} \supseteq \bigcap_{C \in \mathcal{F}} \overline{C} = \mathrm{adh} \mathcal{F} \neq \varnothing$. $\qquad \square$

引理 3.3.2 设 $f : X \to Y$ 是一映射, $\mathcal{F}$ 是 X 的极大滤子. 则 $\mathcal{F}_f = \{B \subseteq Y \mid \exists A \in \mathcal{F}, f(A) \subseteq B\}$ 是 Y 的极大滤子.

证明 由定理 3.2.10(1) 知 $\mathcal{F}_f$ 是 Y 的滤子. 任给 $B \subseteq Y$, 由 $f^{-1}(B) \cup f^{-1}(Y - B) = X \in \mathcal{F}$ 及 $\mathcal{F}$ 是 X 的极大滤子知 $f^{-1}(B) \in \mathcal{F}$ 或 $f^{-1}(Y - B) \in \mathcal{F}$. 从而 $f(f^{-1}(B)) \in \mathcal{F}_f$ 或 $f(f^{-1}(Y - B)) \in \mathcal{F}_f$. 又因为 $f(f^{-1}(B)) \subseteq B$, $f(f^{-1}(Y - B)) \subseteq Y - B$, 故 $B \in \mathcal{F}_f$ 或 $Y - B \in \mathcal{F}_f$. 这说明 $\mathcal{F}_f$ 是 Y 的极大滤子. $\qquad \square$

定理 3.3.3 (Tychonoff 乘积定理) 任意一族紧致空间的积空间是紧致空间.

证明 设 $\{X_\alpha\}_{\alpha \in \Gamma}$ 是一族紧致空间. 记 $X = \prod_{\alpha \in \Gamma} X_\alpha$ 为积空间. 下证 X 的任意极大滤子 $\mathcal{F}$ 收敛. 对任意 $\alpha \in \Gamma$, 令 $p_\alpha : \prod_{\alpha \in \Gamma} X_\alpha \to X_\alpha$ 为积空间 $X = \prod_{\alpha \in \Gamma} X_\alpha$ 的第 α 个投影. 由引理 3.3.2 知对任意 $\alpha \in \Gamma$, $\mathcal{F}_{p_\alpha}$ 是 X_α 的极大滤子. 因为 X_α 是紧的, 故由定理 3.3.1 知 $\mathcal{F}_{p_\alpha}$ 有极限. 任取 $\mathcal{F}_{p_\alpha}$ 的一个极限点 x_α, 且令 $x = (x_\alpha)_{\alpha \in \Gamma}$. 可断言 $\mathcal{F}$ 收敛于 x. 若 $p_\alpha^{-1}(U_\alpha)$ 是积空间 X 中包含 x 的一个子基元, 则 U_α 是 $x_\alpha = p_\alpha(x)$ 在 X_α 中的开邻域. 故由 x_α 是 $\mathcal{F}_{p_\alpha}$ 的极限点知 $U_\alpha \in \mathcal{F}_{p_\alpha}$. 于是存在 $A \in \mathcal{F}$ 使 $p_\alpha(A) \subseteq U_\alpha$, 即 $A \subseteq p_\alpha^{-1}(U_\alpha)$. 因此 $p_\alpha^{-1}(U_\alpha) \in \mathcal{F}$. 任给积空间 X 中包含 x 的一个开邻域 U, 由乘积拓扑的定义, 存在 X 的一个基本开集 $\bigcap_{\alpha \in I} p_\alpha^{-1}(U_\alpha)$ 满足 $x \in \bigcap_{\alpha \in I} p_\alpha^{-1}(U_\alpha) \subseteq U$, 其中 I 是 Γ 的某有限子集, U_α 是 X_α 的某开集. 从而由前面的论证及 $\mathcal{F}$ 是滤子知 $\bigcap_{\alpha \in I} p_\alpha^{-1}(U_\alpha) \in \mathcal{F}$. 于是 $U \in \mathcal{F}$, 这说明 $\mathcal{F}$ 收敛于 x. 故由定理 3.3.1 知 $X = \prod_{\alpha \in \Gamma} X_\alpha$ 是紧致空间. $\qquad \square$

注 3.3.4 Tychonoff 乘积定理的证明利用了定理 3.3.1 的结论, 而定理 3.3.1 的证明利用了与选择公理等价的 Zorn 引理.

定理 3.3.5 良序集 $\overline{S_\Omega} = [0, \Omega]$ 赋予序拓扑是紧致空间.

证明 设 $\mathcal{U}$ 是 $\overline{S_\Omega}$ 的任一开覆盖, 由于 $\Omega \in \overline{S_\Omega}$, 故存在 $V \in \mathcal{U}$ 使 $\Omega \in V$, 从而存在 $\alpha \in S_\Omega$ 使 $(\alpha, \Omega] \subseteq V$. 记 $A = \{\eta \in S_\Omega \mid \mathcal{U}$ 有有限子覆盖覆盖 $[\eta, \Omega]\}$. 因 $(\alpha, \Omega] = [\alpha + 1, \Omega] \subseteq V$, 故 $A \neq \varnothing$. 由 S_Ω 的良序性可知 $\min(A)$ 存在, 设为 α_0. 若 $\alpha_0 \neq 0$, 则由 $\mathcal{U}$ 覆盖 α_0, 存在 $\sigma < \alpha_0$, $\tau > \alpha_0$, $W \in \mathcal{U}$ 使 $(\sigma, \tau) \subseteq W$. 当 α_0 为极限序数时, 有 $\sigma + 1 < \alpha_0$, 从而 $\mathcal{U}$ 有有限子覆盖覆盖 $[\sigma + 1, \Omega]$, $\sigma + 1 \in A$, 这与 $\min(A) = \alpha_0$ 矛盾. 当 α_0 不为极限序数时, $\alpha_0 - 1$ 存在, 由 $\mathcal{U}$ 有有限子覆盖覆盖 $[\alpha_0, \Omega]$ 可知, $\mathcal{U}$ 也有有限子覆盖覆盖 $[\alpha_0 - 1, \Omega]$, 从而 $\alpha_0 - 1 \in A$, 这与

$\min(A) = \alpha_0$ 矛盾. 故 $\alpha_0 = 0$, 从而 $\mathcal{U}$ 有有限子覆盖覆盖 $[0, \Omega] = \overline{S_\Omega}$, 于是 $\overline{S_\Omega}$ 是紧致的. □

良序集赋予序拓扑称为**良序空间**. 用证明定理 3.3.5 的类似方法可证更一般结果.

定理 3.3.6　对于任意序数 α, 良序空间 $\overline{S_\alpha} = [0, \alpha]$ 是紧致空间.

我们已经研究过拓扑空间 X 的一种紧化——单点紧化 (参见定义 2.10.21). 这是 X 的极小紧化. 作为 Tychonoff 乘积定理的重要应用, 下面介绍 Tychonoff 空间的 Stone-Čech 紧化, 它是 X 的极大 (T_2) 紧化.

命题 3.3.7　拓扑空间 X 有 T_2 紧化当且仅当 X 是 $T_{3\frac{1}{2}}$ 空间.

证明　必要性: 设拓扑空间 X 有 T_2 紧化 (Y, f). 则 X 是紧 T_2 空间 Y 的稠密子空间. 由推论 2.10.13 和定理 2.9.20 可得 X 是 $T_{3\frac{1}{2}}$ 空间.

充分性: 设 X 是 $T_{3\frac{1}{2}}$ 空间. 由定理 2.9.28 知存在指标集 J 使 X 拓扑嵌入积空间 $[0, 1]^J$, 即存在拓扑嵌入 $f : X \to [0, 1]^J$. 令 $Y = \overline{f(X)}$. 则 Y 作为积空间 $[0, 1]^J$ 的子空间是紧 T_2 空间. 把 $f : X \to [0, 1]^J$ 的值域限制在 Y 上得到的映射记为 $c : X \to Y$. 则 (Y, c) 是 X 的 T_2 紧化. □

对拓扑空间 X 及其紧化 Y, 一个基本的问题是, 寻求定义在 X 上的连续实值函数可以扩张到其紧化 Y 上的条件. 首先给出有关扩张的一个引理.

引理 3.3.8　设 X 是拓扑空间, Z 是 T_2 空间, $A \subseteq X$. 若函数 $f : A \to Z$ 是连续的, 则至多存在 f 的一个连续扩张 $g : \overline{A} \to Z$.

证明　用反证法. 假设 $g_1, g_2 : \overline{A} \to Z$ 是 f 的两个不同的连续扩张. 则存在 $x \in \overline{A}$ 使 $g_1(x) \neq g_2(x)$. 于是由 Z 是 T_2 空间知存在不相交的开集 U_1, U_2 分别包含 $g_1(x)$ 和 $g_2(x)$. 因为 g_1, g_2 都是连续的, 存在 x 在 $\overline{A}$ 中的开邻域 V 使 $V \subseteq g_1^{-1}(U_1) \cap g_2^{-1}(U_2)$. 显然, $V \cap A \neq \varnothing$. 取 $y \in V \cap A$. 从而 $f(y) = g_1(y) \in g_1(V) \subseteq U_1$ 且 $f(y) = g_2(y) \in g_2(V) \subseteq U_2$, 这与 $U_1 \cap U_2 = \varnothing$ 矛盾! □

定义 3.3.9　设 X 是 $T_{3\frac{1}{2}}$ 空间. 令 $\{f_\alpha\}_{\alpha \in \Gamma}$ 是 X 上所有实值有界连续函数组成的族. 对任意 $\alpha \in \Gamma$, 令 $a_\alpha = \inf\{f_\alpha(x) \mid x \in X\}$, $b_\alpha = \sup\{f_\alpha(x) \mid x \in X\}$ 且 $I_\alpha = [a_\alpha, b_\alpha]$. 记积空间 $Z = \prod_{\alpha \in \Gamma} I_\alpha$, 并定义映射 $h : X \to Z$ 为对任意 $x \in X$, $h(x) = (f_\alpha(x))_{\alpha \in \Gamma}$. 则由 X 的 $T_{3\frac{1}{2}}$ 性、定理 2.9.28 和定理 3.3.3 知 h 是拓扑嵌入且 Z 是紧 T_2 空间. 令 $\beta X = \overline{h(X)}$. 把 h 的值域限制在 βX 上得到的映射记为 $\eta_X : X \to \beta X$, 则 $(\beta X, \eta_X)$ 是 X 的一个 T_2 紧化, 称为 X 的 **Stone-Čech 紧化**.

引理 3.3.10　设 X 是 $T_{3\frac{1}{2}}$ 空间, $(\beta X, \eta_X)$ 是 X 的 Stone-Čech 紧化. 则对任意有界实值连续函数 $f : X \to \mathbb{R}$, 存在唯一连续函数 $f^* : \beta X \to \mathbb{R}$ 使 $f = f^* \circ \eta_X$,

即下图可交换:

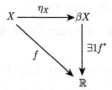

证明 任给有界实值连续函数 $f : X \to \mathbb{R}$, 由定义 3.3.9 知存在 $\alpha \in \Gamma$ 使 $f = f_\alpha$. 令 $f^* = p_\alpha \circ i$, 其中 $i : \beta X \to \prod_{\alpha \in \Gamma} I_\alpha$ 是包含映射, $p_\alpha : \prod_{\alpha \in \Gamma} I_\alpha \to I_\alpha$ 为积空间 $X = \prod_{\alpha \in \Gamma} I_\alpha$ 的第 α 个投影. 则 $f^* : \beta X \to I_\alpha$ 连续, 且对任意 $x \in X$,

$$f^* \circ \eta_X(x) = (p_\alpha \circ i)(\eta_X(x)) = (p_\alpha \circ i)((f_\alpha(x))_{\alpha \in \Gamma}) = f_\alpha(x) = f(x).$$

故 $f = f^* \circ \eta_X$. 因 $\eta_X(X)$ 在 βX 中稠密, 故由引理 3.3.8 知满足条件的 f^* 唯一. $\square$

定理 3.3.11 设 $(\beta X, \eta_X)$ 是 $T_{3\frac{1}{2}}$ 空间 X 的 Stone-Čech 紧化. 则对任意紧 T_2 空间 Y 及连续映射 $f : X \to Y$, 存在唯一连续映射 $f^* : \beta X \to Y$ 使 $f = f^* \circ \eta_X$, 即下图可交换:

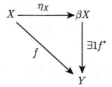

证明 因为 Y 是 T_2 空间且 $\eta_X(X)$ 在 βX 中稠密, 所以由引理 3.3.8 知满足条件的 f^* 唯一. 下证 f^* 的存在性. 因为 Y 是紧 T_2 空间, 由定理 2.9.28 知存在指标集 J 使 Y 可拓扑嵌入积空间 $[0,1]^J$, 即存在拓扑嵌入 $h : Y \to [0,1]^J$. 对任意 $j \in J$, 令 $f_j = p_j \circ (h \circ f) : X \to [0,1]$, 其中 $p_j : [0,1]^J \to [0,1]$ 为积空间 $[0,1]^J$ 的第 j 个投影. 从而由引理 3.3.10 知存在唯一连续函数 $f_j^* : \beta X \to [0,1]$ 使 $f_j = f_j^* \circ \eta_X$. 令映射 $k : \beta X \to [0,1]^J$ 为对任意 $x \in \beta X$, $k(x) = (f_j^*(x))_{j \in J}$. 则对任意 $j \in J, p_j \circ k = f_j^*$. 于是对任意 $j \in J, p_j \circ (k \circ \eta_X) = f_j^* \circ \eta_X = f_j = p_j \circ (h \circ f)$. 这说明 $k \circ \eta_X = h \circ f$. 从而

$$k(\beta X) = k(\overline{\eta_X(X)}) \subseteq \overline{(k \circ \eta_X)(X)}$$

$$= \overline{(h \circ f)(X)} = \overline{h(f(X))} = h(\overline{f(X)}) \subseteq h(Y).$$

因为 $h : Y \to [0,1]^J$ 是拓扑嵌入, 它的值域限制在 $h(Y)$ 上得到的映射 $\tilde{h} : Y \to h(Y)$ 是同胚映射. 记 $\tilde{h}$ 的逆映射为 $\tilde{h}^{-1} : h(Y) \to Y$, 令 $f^* = \tilde{h}^{-1} \circ k : \beta X \to Y$.

则 f^* 是连续映射. 又因为对任意 $x \in X$, $h \circ f^* \circ \eta_X(x) = h \circ \widetilde{h}^{-1} \circ k \circ \eta_X(x) = k \circ \eta_X(x) = h \circ f(x)$, 故由 h 是单射知 $f = f^* \circ \eta_X$, 即 f^* 满足条件. □

推论 3.3.12　$T_{3\frac{1}{2}}$ 空间 X 的 Stone-Čech 紧化 $(\beta X, \eta_X)$ 是 X 的极大 T_2 紧化.

证明　由定理 3.3.11 知存在唯一连续映射 $f^* : \beta X \to Y$ 使 $f = f^* \circ \eta_X$. 从而由定义 2.10.19(2) 知 $(\beta X, \eta_X)$ 是 X 的极大 T_2 紧化. □

推论 3.3.13　设 $(\beta X, \eta_X)$ 是 $T_{3\frac{1}{2}}$ 空间 X 的 Stone-Čech 紧化. 若 (Y, c) 是 X 的 T_2 紧化使得对任意紧 T_2 空间 Z 及连续映射 $f : X \to Z$, 存在唯一连续映射 $f^* : Y \to Z$ 使 $f = f^* \circ c$, 则 Y 同胚于 βX.

证明　由定理 3.3.11 知存在连续映射 $c^* : \beta X \to Y$ 和 $\eta_X^* : Y \to \beta X$ 使下图可交换:

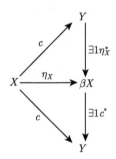

所以 $\mathrm{id}_{\beta X} \circ \eta_X = \eta_X = \eta_X^* \circ c = (\eta_X^* \circ c^*) \circ \eta_X$. 由定理 3.3.11 得 $\mathrm{id}_{\beta X} = \eta_X^* \circ c^*$. 同理根据对 (Y, c) 的假设可得 $\mathrm{id}_Y = c^* \circ \eta_X^*$. 于是 Y 同胚于 βX. □

注 3.3.14　由推论 3.3.13 知 $T_{3\frac{1}{2}}$ 空间 X 的任一极大 T_2 紧化都与 Stone-Čech 紧化等价.

例 3.3.15　(1) 单位闭区间 $[0,1]$ 是 $(0,1]$ 的单点紧化, 但不是 $(0,1]$ 的 Stone-Čech 紧化. 因为定义在 $(0,1]$ 上到 T_2 紧空间 $[-1,1]$ 上的函数 $x \mapsto \sin \dfrac{1}{x}$, 不能连续扩张到 $[0,1]$.

(2) 良序空间 $[0, \Omega)$ 的单点紧化和 Stone-Čech 紧化都是 $\overline{S_\Omega} = [0, \Omega]$.

习　题　3.3

1. 设 X 是 Tychonoff 空间. 证明下列条件等价:

(1) X 是局部紧的;

(2) 任给 X 的 T_2 紧化 (Y, f), $f(X)$ 是 Y 的开集;

(3) X 是其 Stone-Čech 紧化 βX 的开集;

(4) 存在 X 的 T_2 紧化 (Y, f) 使 $f(X)$ 是 Y 的开集.

2. 设 X 是 T_4 空间, βX 是 X 的 Stone-Čech 紧化, $\mathrm{cl}_{\beta X}$ 表示在 βX 中取闭包.

证明: 若 F_1, F_2 是 X 中两不相交的闭集, 则 $\mathrm{cl}_{\beta X}(F_1) \cap \mathrm{cl}_{\beta X}(F_2) = \varnothing$.

3. 设 X 是 Tychonoff 空间. 证明: X 连通当且仅当 X 的 Stone-Čech 紧化 βX 连通.

4. 拓扑空间 X 称为**极不连通空间**, 若 X 的每个开集的闭包是开集.

证明: Tychonoff 空间 X 极不连通当且仅当 X 的 Stone-Čech 紧化 βX 极不连通.

5*. 证明: 自然数集 N(取离散拓扑) 的 Stone-Čech 紧化 βN 的势等于 2^c, 即 $|\beta$N$| = 2^c$.

6*. 设 X 是紧 T_2 空间, $f : X \to X$ 是连续映射.

证明: 存在非空闭集 $A \subseteq X$ 使得 $f(A) = A$.

7. 设 X 是 T_4 空间. 证明: 若 $y \in \beta X - X$, 则 y 不是 X 中任一序列的极限.

3.4 列紧性与度量空间的完备性

下面讨论比紧致性弱的几个常见性质: 可数紧性、列紧性与完备性.

定义 3.4.1 若拓扑空间 X 的任一可数开覆盖具有有限子覆盖, 则称 X 是**可数紧致空间**或简称**可数紧空间**.

显然, 任一紧致空间都是可数紧的.

定理 3.4.2 设 X 是 Lindelöf 空间. 则 X 为紧致空间当且仅当 X 为可数紧致空间. 特别地, A_2 空间的紧性与可数紧性是等价的.

证明 由定义 2.7.15、定理 2.7.16 和定义 3.4.1 可得. □

类比紧致性, 可数紧具有类似于定理 2.10.6 的等价刻画.

定理 3.4.3 拓扑空间 X 是可数紧致空间当且仅当 X 的任意非空递降闭集列 $\{F_n\}_{n \in \mathbb{Z}_+}$ 有非空的交, 即 $\bigcap_{n=1}^{\infty} F_n \neq \varnothing$.

证明 必要性: 设 X 是可数紧致空间, $\{F_n\}_{n \in \mathbb{Z}_+}$ 是 X 的非空递降闭集列. 用反证法. 假设 $\bigcap_{n=1}^{\infty} F_n = \varnothing$. 则 $X = X - \bigcap_{n=1}^{\infty} F_n = \bigcup_{n=1}^{\infty} (X - F_n)$. 故 $\{X - F_n\}_{n \in \mathbb{Z}_+}$ 为 X 的一个可数开覆盖, 从而由 X 的可数紧性知, 存在有限子覆盖 $\{X - F_{n_1}, X - F_{n_2}, \cdots, X - F_{n_k}\}(k \in \mathbb{Z}_+)$. 不妨设 $n_1 < n_2 < \cdots < n_k$. 则 $X = \bigcup_{i=1}^{k}(X - F_{n_i}) = X - \bigcap_{i=1}^{k} F_{n_i} = X - F_{n_k}$. 故 $F_{n_k} = \varnothing$, 这与 F_{n_k} 非空矛盾!

充分性: 设 X 的任意非空递降闭集列有非空的交, $\{U_n\}_{n \in \mathbb{Z}_+}$ 为 X 的任意可数开覆盖. 用反证法. 假设 $\{U_n\}_{n \in \mathbb{Z}_+}$ 没有 X 的有限开覆盖. 则对任意 $n \in \mathbb{Z}_+$, 令 $F_n = X - \bigcup_{i=1}^{n} U_i$. 易见 $\{F_n\}_{n \in \mathbb{Z}_+}$ 是 X 的非空递降闭集列, 从而 $\bigcap_{n=1}^{\infty} F_n \neq \varnothing$. 另一方面,

$$\bigcap_{n=1}^{\infty} F_n = \bigcap_{n=1}^{\infty} \left(X - \bigcup_{i=1}^{n} U_i \right) = X - \bigcup_{n=1}^{\infty} \left(\bigcup_{i=1}^{n} U_i \right) = X - \bigcup_{n=1}^{\infty} U_n = \varnothing,$$

这与 $\bigcap_{n=1}^{\infty} F_n \neq \varnothing$ 矛盾! □

定义 3.4.4 若拓扑空间 X 中的任一序列都有收敛的子序列, 则称 X 是**序列紧致空间**, 简称为**序列紧空间**.

定理 3.4.5　序列紧致空间都是可数紧致空间.

证明　设 X 是序列紧致空间, $\{F_n\}_{n\in\mathbb{Z}_+}$ 是 X 的非空递降闭集列, 对任意 $n \in \mathbb{Z}_+$, 取 $x_n \in F_n$. 则由 X 是序列紧致空间知序列 $\{x_n\}_{n\in\mathbb{Z}_+}$ 存在收敛子列 $\{x_{n_k}\}_{k\in\mathbb{Z}_+}$. 设 $\lim_{k\to\infty} x_{n_k} = a \in X$. 因 $\forall i \in \mathbb{Z}_+$, 当 $k \geqslant i$ 时, $x_{n_k} \in F_{n_k} \subseteq F_{n_i} \subseteq F_i$, 故由 $\lim_{k\to\infty} x_{n_k} = a$ 及定理 3.1.7 知 $a \in \overline{F_i} = F_i$. 这说明 $a \in \bigcap_{n=1}^{\infty} F_n \neq \varnothing$. 由定理 3.4.3 知 X 可数紧致. □

定理 3.4.6　设 X 是 A_1 空间. 则 X 为序列紧致空间当且仅当 X 为可数紧致空间.

证明　必要性: 由定理 3.4.5 可得.

充分性: 设 X 是可数紧致的 A_1 空间, $\{x_n\}_{n\in\mathbb{Z}_+}$ 是 X 中的一个序列. 对任意 $n \in \mathbb{Z}_+$, 令 $B_n = \{x_i \mid i \geqslant n\}$. 则 $\{\overline{B_n}\}_{n\in\mathbb{Z}_+}$ 是 X 的非空递降闭集列. 故由定理 3.4.3 知 $\bigcap_{n=1}^{\infty} \overline{B_n} \neq \varnothing$. 取 $x \in \bigcap_{n=1}^{\infty} \overline{B_n}$. 下证序列 $\{x_n\}_{n\in\mathbb{Z}_+}$ 有一个子序列 $\{x_{n_k}\}_{k\in\mathbb{Z}_+}$ 收敛于 x. 因为 X 是 A_1 空间, 故由引理 2.7.11 知, 存在 x 的一个可数邻域基 $\{U_n\}_{n\in\mathbb{Z}_+}$ 使对任意 $n \in \mathbb{Z}_+$, $U_{n+1} \subseteq U_n$. 则由 $x \in \overline{B_1}$ 知 $U_1 \cap B_1 \neq \varnothing$. 取 $x_{n_1} \in U_1 \cap B_1$. 因 $x \in \overline{B_{n_1+1}}$, 故 $U_2 \cap B_{n_1+1} \neq \varnothing$. 取 $x_{n_2} \in U_2 \cap B_{n_1+1}$. 由 B_{n_1+1} 的定义知 $n_2 \geqslant n_1 + 1 > n_1$. 因 $x \in \overline{B_{n_2+1}}$, 故 $U_3 \cap B_{n_2+1} \neq \varnothing$. 取 $x_{n_3} \in U_3 \cap B_{n_2+1}$, 则 $n_3 > n_2$. 如此继续下去, 可得 $\{x_n\}_{n\in\mathbb{Z}_+}$ 的子序列 $\{x_{n_k}\}_{k\in\mathbb{Z}_+}$. 易见该子序列 $\{x_{n_k}\}_{k\in\mathbb{Z}_+}$ 收敛于 x. 从而由定义 3.4.4 知 X 为序列紧致空间. □

推论 3.4.7　设 X 是 A_2 空间. 则下列条件等价:

(1) X 是紧致空间;

(2) X 是可数紧致空间;

(3) X 是序列紧致空间.

证明　由命题 2.7.2、定理 3.4.2 和定理 3.4.6 可得. □

例 3.4.8　(1) 存在 (可数) 紧致而不序列紧致的拓扑空间. 设 $\mathbf{I} = [0,1]$ 为单位闭区间, 并在 $\mathbf{I}$ 上取通常的拓扑. 则由 Tychonoff 乘积定理 (定理 3.3.3) 知积空间 $X = \mathbf{I}^{\mathbf{I}}$ 是紧致空间. 下证 X 不是序列紧致的. 对任意 $n \in \mathbb{Z}_+$, 定义 $\alpha_n : \mathbf{I} \to \mathbf{I}$ 为对任意 $x \in \mathbf{I}$, $\alpha_n(x)$ 是 x 的二进制表示中的第 n 个数字. 下面说明序列 $\{\alpha_n\}_{n\in\mathbb{Z}_+}$ 不存在收敛子列. 用反证法. 假设 $\{\alpha_n\}_{n\in\mathbb{Z}_+}$ 有子序列 $\{\alpha_{n_k}\}_{k\in\mathbb{Z}_+}$ 收敛于 α. 则由于乘积空间中序列的收敛性是按坐标收敛, 故对任意 $x \in \mathbf{I}$, $\{\alpha_{n_k}(x)\}_{k\in\mathbb{Z}_+}$ 收敛于 $\alpha(x)$. 取 $x_0 \in \mathbf{I}$ 使对任意 $k \in \mathbb{Z}_+$,

$$\alpha_{n_k}(x_0) = \begin{cases} 0, & \text{当 } k \text{ 为奇数}, \\ 1, & \text{当 } k \text{ 为偶数}. \end{cases}$$

这说明序列 $\{\alpha_{n_k}(x_0)\}_{k\in\mathbb{Z}_+}$ 是 $0, 1, 0, 1, \cdots$, 从而是发散的, 矛盾!

(2) *存在序列紧致而不紧致的拓扑空间.* 设 Ω 为最小的不可数序数 (见定理 1.3.15). 令 $X = S_\Omega \cup \{\Omega\} = [0, \Omega]$, $Y = [0, \Omega) = S_\Omega$. 则由定理 3.3.5 得全序集 X 上赋予序拓扑是紧致空间, Y 作为 X 的子空间是序列紧致但非紧致的.

由例 2.7.3(4) 知度量空间都是 A_1 空间, 但未必是 Lindelöf 空间. 虽然如此, 在度量空间中, 紧致性、可数紧致性与序列紧致性仍然是等价的.

定义 3.4.9 设 A 为度量空间 (X, d) 的子集. 若 A 是有界子集, 记 $D(A) = \sup\{d(x, y) \mid x, y \in A\}$, 称为 A 的**直径**. 若 A 是无界子集, 称 A 的**直径**为无穷大, 并记 $D(A) = \infty$.

定义 3.4.10 设 $\mathscr{U} = \{U_\alpha \mid \alpha \in J\}$ 是度量空间 (X, d) 的一个开覆盖. 实数 $\lambda(\mathscr{U}) > 0$ 称为覆盖 $\mathscr{U}$ 的 **Lebesgue 数**, 如果对每一 $A \subseteq X$, 只要 $D(A) < \lambda(\mathscr{U})$, 就存在 $\alpha \in J$ 使 $A \subseteq U_\alpha$.

注 3.4.11 覆盖的 Lebesgue 数未必存在. 若存在也不必唯一. 设 $\mathscr{U} = \left\{ \left(n - \frac{1}{|n|}, n + 1 + \frac{1}{|n|} \right) \middle| n \in \mathbb{Z} - \{0\} \right\}$ 是实直线 $\mathbb{R}$ 的一个开覆盖. 但任一实数 $\lambda > 0$ 均不是 $\mathscr{U}$ 的 Lebesgue 数.

定理 3.4.12 设 (X, d) 是序列紧致的度量空间. 则 X 的任意开覆盖都有 Lebesgue 数.

证明 设 (X, d) 是序列紧致的度量空间, $\mathscr{U} = \{U_\alpha \mid \alpha \in J\}$ 是 X 的一个开覆盖. 假设 $\mathscr{U}$ 没有 Lebesgue 数. 则对于任意 $\lambda = \frac{1}{n}$ $(n = 1, 2, \cdots,)$ 存在 $A_n \subseteq X$ 且 $D(A_n) < \frac{1}{n}$ 使对任意 $\alpha \in J$, $A_n \not\subseteq U_\alpha$. 取 $x_n \in A_n$. 则 $\{x_n\}_{n \in \mathbb{Z}_+}$ 是 X 的一个序列. 由 X 的序列紧性知 $\{x_n\}_{n \in \mathbb{Z}_+}$ 有收敛的子序列 $\{x_{n_k}\}_{k \in \mathbb{Z}_+}$. 设 $\lim\limits_{k \to \infty} x_{n_k} = a \in X$. 则由 $\mathscr{U}$ 是 X 的开覆盖知存在 $\alpha_0 \in J$ 使 $a \in U_{\alpha_0}$. 从而 由例 2.7.3(4) 知存在 $\varepsilon > 0$ 使 $a \in B(a, \varepsilon) \subseteq U_{\alpha_0}$. 因为 $\lim\limits_{k \to \infty} x_{n_k} = a$, 故存在 $M_1 \in \mathbb{Z}_+$ 使当 $k > M_1$ 时, 有 $d(x_{n_k}, a) < \frac{\varepsilon}{2}$. 又由 $\lim\limits_{k \to \infty} \frac{1}{k} = 0$ 知存在 $M_2 \in \mathbb{Z}_+$ 使当 $k > M_2$ 时, 有 $\frac{1}{k} < \frac{\varepsilon}{2}$. 从而由 $n_k \geqslant k$ 知 $D(A_{n_k}) < \frac{1}{n_k} \leqslant \frac{1}{k} < \frac{\varepsilon}{2}$. 令 $m = M_1 + M_2$. 则对任意 $y \in A_{n_m}$, $d(y, a) \leqslant d(y, x_{n_m}) + d(x_{n_m}, a) < \varepsilon$. 故 $y \in B(a, \varepsilon) \subseteq U_{\alpha_0}$. 从而 $A_{n_m} \subseteq U_{\alpha_0}$, 这与对任意 $\alpha \in J$, $A_{n_m} \not\subseteq U_\alpha$ 矛盾! $\qquad \square$

定理 3.4.13 设 (X, d) 是度量空间. 则下列条件等价:
(1) X 是紧致空间;
(2) X 是可数紧致空间;
(3) X 是序列紧致空间.

证明 $(1) \Longrightarrow (2)$ 显然.

(2) ⟹ (3) 由例 2.7.3(4) 和定理 3.4.6 可得.

(3) ⟹ (1) 设 (X,d) 是序列紧致的度量空间, $\mathscr{U} = \{U_\alpha \mid \alpha \in J\}$ 是 X 的一个开覆盖. 则由定理 3.4.12 知 $\mathscr{U}$ 有 Lebesgue 数 $\lambda > 0$. 令 $\widetilde{\mathscr{U}} = \left\{ B\left(x, \dfrac{\lambda}{3}\right) \middle| x \in X \right\}$. 先用反证法证明 X 的开覆盖 $\widetilde{\mathscr{U}}$ 有有限子覆盖. 假设 $\widetilde{\mathscr{U}}$ 没有有限子覆盖. 任取 $x_1 \in X$. 因为 $B\left(x_1, \dfrac{\lambda}{3}\right)$ 不是 X 的开覆盖, 故存在 $x_2 \in X$ 使 $x_2 \notin B\left(x_1, \dfrac{\lambda}{3}\right)$. 因为 $B\left(x_1, \dfrac{\lambda}{3}\right) \cup B\left(x_2, \dfrac{\lambda}{3}\right)$ 不是 X 的开覆盖, 故存在 $x_3 \in X$ 使 $x_3 \notin \left(B\left(x_1, \dfrac{\lambda}{3}\right) \cup B\left(x_2, \dfrac{\lambda}{3}\right)\right)$. 这样继续下去可得 X 的一个序列 $\{x_n\}_{n\in\mathbb{Z}_+}$ 满足对任意 $n \in \mathbb{Z}_+$, 有 $x_{n+1} \notin \bigcup_{i=1}^{n} B\left(x_i, \dfrac{\lambda}{3}\right)$. 可以断言序列 $\{x_n\}_{n\in\mathbb{Z}_+}$ 没有收敛的子序列. 否则设 $\{x_n\}_{n\in\mathbb{Z}_+}$ 有子序列收敛于 $a \in X$. 则点 a 的球形邻域 $B\left(a, \dfrac{\lambda}{6}\right)$ 中含有序列 $\{x_n\}_{n\in\mathbb{Z}_+}$ 的无穷多点, 但 $B\left(a, \dfrac{\lambda}{6}\right)$ 中任意两点的距离均小于 $\dfrac{\lambda}{3}$, 这与序列 $\{x_n\}_{n\in\mathbb{Z}_+}$ 的定义矛盾! 从而序列 $\{x_n\}_{n\in\mathbb{Z}_+}$ 没有收敛的子序列, 这又与 X 的序列紧性矛盾! 故 X 的开覆盖 $\widetilde{\mathscr{U}}$ 有有限子覆盖 $\left\{ B\left(y_1, \dfrac{\lambda}{3}\right), B\left(y_2, \dfrac{\lambda}{3}\right), \cdots, B\left(y_m, \dfrac{\lambda}{3}\right) \right\}$ $(m \in \mathbb{Z}_+)$. 因 $\mathscr{U}$ 的 Lebesgue 数为 λ, 则由定义 3.4.10 知对任意 $i = 1, 2 \cdots, m$, 存在 $U_i \in \mathscr{U}$ 使 $B\left(y_i, \dfrac{\lambda}{3}\right) \subseteq U_i$. 从而 $\{U_1, U_2, \cdots, U_n\}$ 是 $\mathscr{U}$ 的有限子覆盖. 于是 (X,d) 是紧致空间.　□

定义 3.4.14　度量空间的网 $\{x_i\}_{i\in J}$ 称为一个 **Cauchy** 网, 如果对任一 $\varepsilon > 0$, 存在 $k \in J$ 使当 $j \in J$ 且 $j \geqslant k$ 时, 有 $d(x_k, x_j) < \varepsilon$. 当一个 Cauchy 网是 (X,d) 中序列 $\{x_n\}_{n\in\mathbb{Z}_+}$ 时, 则称该序列为 **Cauchy**(柯西) **序列**.

注 3.4.15　由度量满足三角不等式易知度量空间中的每个收敛序列均是 Cauchy 序列, 但是 Cauchy 序列却未必收敛. 例如 $\left\{\dfrac{1}{n}\right\}_{n\in\mathbb{Z}_+}$ 是实直线 $\mathbb{R}$ 中子空间 $(0,1)$ 关于通常度量的 Cauchy 序列, 但是它在 $(0,1)$ 中不收敛.

定义 3.4.16　若度量空间 (X,d) 的子集 A 中任一 Cauchy 序列均收敛于 A 中的点, 则称 A 是 (X,d) 的**完备集**. 当 X 在 (X,d) 中完备时, 称度量空间 (X,d) 是**完备度量空间**.

易见, 集合 A 是度量空间 (X,d) 中完备集当且仅当 A 作为度量子空间是完备的.

例 3.4.17 (1) n 维欧氏空间 $(\mathbb{R}^n, d)$ 是完备度量空间;

(2) Hilbert 空间 $(\mathbb{H}, d_{\mathbb{H}})$ 是完备度量空间.

定义 3.4.18 度量空间 (X, d) 中集合 A 称为是**全有界集**, 如果对任一 $\varepsilon > 0$, 存在有限集 $\{x_1, x_2, \cdots, x_n\} \subseteq X$ 使得 $A \subseteq \bigcup_{i=1}^{n} B(x_i, \varepsilon)$. 当 X 在 (X, d) 中全有界时, 称度量空间 (X, d) 是**全有界空间**.

易见, 集 A 是度量空间 (X, d) 中全有界集当且仅当 A 作为度量子空间是全有界空间.

定理 3.4.19 度量空间 (X, d) 是紧的当且仅当它是全有界的完备度量空间.

证明 必要性显然. 下证充分性. 设 (X, d) 是全有界的完备度量空间, 由定理 3.4.13 知只需证 X 是序列紧的. 为此, 设 $\{x_n\}_{n \in \mathbb{Z}_+}$ 为 X 中任一序列, 由 X 全有界, 用归纳法可构造该序列的一个子列 $\{x_{n_k}\}_{k \in \mathbb{Z}_+}$ 使其是 Cauchy 列. 再由 X 是完备的知该子序列收敛. 这说明序列 $\{x_n\}_{n \in \mathbb{Z}_+}$ 有收敛子列, 故 (X, d) 是序列紧的. $\qquad\square$

推论 3.4.20 度量空间 (X, d) 的子集 A 是紧的当且仅当它是全有界的完备集.

注意到全有界和完备均不是拓扑性质, 但由上一定理知两者叠加后获得了紧性这一拓扑性质, 这是一个非常有趣的现象, 我们可从中获得更多启发.

习 题 3.4

1. 举例说明可数紧致空间未必是紧致空间.

2. 证明: 可数紧致空间的闭子空间是可数紧致空间.

3. 设 X, Y 是拓扑空间, $f : X \to Y$ 是连续映射.

证明: 若 X 是可数紧致空间, 则 $f(X)$ 也是可数紧致空间.

4. 证明: 序列紧致空间的闭子空间是序列紧致的.

5. 证明: 序列紧致空间在连续映射下的像是序列紧致的.

6. 证明: 拓扑空间 X 是可数紧致的当且仅当 X 中每个序列有聚点.

7. 证明: 序列紧致空间与可数紧致空间的乘积空间是可数紧致的.

8. 证明: 度量空间是完备的当且仅当该空间中任一 Cauchy 网均收敛.

9. 任给 $x, y \in (0, 1]$, 令 $d(x, y) = \left| \dfrac{1}{x} - \dfrac{1}{y} \right|$. 证明:

(1) d 是 $(0, 1]$ 上的度量并且诱导 $(0, 1]$ 上的通常拓扑;

(2) $((0, 1], d)$ 是完备度量空间.

10. 设 (X, d) 是度量空间. 任给 $x, y \in X$, 令 $d^*(x, y) = \dfrac{d(x, y)}{1 + d(x, y)}$. 证明:

(1) d^* 是 X 上的度量并且与 d 等价;

(2) (X, d) 是完备度量空间当且仅当 (X, d^*) 是完备度量空间.

11. 证明: 全有界的度量空间是可分空间.

12. 证明: 度量空间 (X, d) 的子集 A 全有界当且仅当 A 的闭包 $\overline{A}$ 全有界.

13*. 证明: 每一可数紧致的 A_1 的 T_2 空间都是 T_3 空间.

14*. 设 X 是 T_1 空间, $\mathcal{F}$ 是 X 的局部有限子集族.

证明: (1) 如果 X 是可数紧的, 则存在有限子族 $\mathcal{F}_1 \subseteq \mathcal{F}$ 使得 $\cup \mathcal{F}_1 = \cup \mathcal{F}$;

(2) X 是紧致的当且仅当 X 是可数紧致的仿紧空间.

第 4 章　范畴论基础与无点化拓扑

下面几章我们要重点介绍与拓扑学相关的若干应用专题, 包括代数色彩较浓的无点化拓扑、与计算机理论相关的 Domain 理论和与图像信息处理相关的数字拓扑等.

本章先从范畴论基础开始, 然后介绍无点化拓扑 (也称 Locale 理论).

4.1　范畴与函子

范畴是从数学的各领域中概括出来的一个高度抽象的数学系统, 范畴论的概念和方法对于解释和阐述抽象概念、建立不同分支间的关联起着基本而重要的作用.

定义 4.1.1　一个范畴 $\mathcal{C}$ 由下列成分构成.

(1) $\mathrm{ob}(\mathcal{C})$ 是一个**对象类**, 其成员称为 $\mathcal{C}$-**对象**, 通常用 A, B, $\cdots$ 表示范畴的对象.

(2) $\mathrm{Mor}(\mathcal{C})$ 是一个**态射类**, 其成员称为 $\mathcal{C}$-**态射**. 对于 $\mathcal{C}$ 中对象的每个有序对 (A, B), 对应有唯一的集合 $\mathrm{Hom}_{\mathcal{C}}(A, B)$, 可简记为 $\mathrm{Hom}(A, B)$. $\mathrm{Hom}(A, B)$ 中的元 f 称为 $\mathcal{C}$ 中以 A 为**论域**, 以 B 为**余论域**的 $\mathcal{C}$-**态射**, 简称**态射**, 记作 $f : A \to B$ 或 $A \xrightarrow{f} B$.

(3) $\mathcal{C}$ 中对象的每个有序三元组 (A, B, C), 对应一个称为**复合**的映射

$$\circ : \mathrm{Hom}(A, B) \times \mathrm{Hom}(B, C) \to \mathrm{Hom}(A, C)$$

$$(f, g) \mapsto g \circ f,$$

称 $g \circ f$ 为 f 和 g 的**复合**.

范畴 $\mathcal{C}$ 中的对象和态射还需要满足下列公理:

(i) 若 $(A, B) \neq (C, D)$, 则 $\mathrm{Hom}(A, B) \cap \mathrm{Hom}(C, D) = \varnothing$;

(ii) 若 $f \in \mathrm{Hom}(A, B)$, $g \in \mathrm{Hom}(B, C)$, $h \in \mathrm{Hom}(C, D)$, 则 $(h \circ g) \circ f = h \circ (g \circ f)$;

(iii) 对任意 $A \in \mathrm{ob}(\mathcal{C})$, 存在 $\mathrm{id}_A \in \mathrm{Hom}(A, A)$ 使对任意 $f \in \mathrm{Hom}(A, B)$, $g \in \mathrm{Hom}(C, A)$ 有

$$f \circ \mathrm{id}_A = f, \quad \mathrm{id}_A \circ g = g,$$

其中 id_A 称为 A 上的**恒同态射**, 或**恒等态射**.

若范畴 $\mathcal{C}$ 的对象类 $\mathrm{ob}(\mathcal{C})$ 是一个集合, 则称 $\mathcal{C}$ 为**小范畴**.

命题 4.1.2　范畴 $\mathcal{C}$ 中任意对象 A 上的恒同态射 id_A 是唯一的.

证明　设 ID_A 是 A 上另一恒同态射, 则分别将 id_A 和 ID_A 看成定义 4.1.1(iii) 中 f 和 g 便得

$$\mathrm{ID}_A \circ \mathrm{id}_A = \mathrm{ID}_A, \quad \mathrm{ID}_A \circ \mathrm{id}_A = \mathrm{id}_A.$$

从而 $\mathrm{ID}_A = \mathrm{id}_A$.　　　　　　　　　　　　　　　　　　　　　　　□

例 4.1.3　(1) **Set**: 集与映射的范畴, $\mathrm{ob}(\mathbf{Set})$ 是全体集合构成的类, $\forall X$, $Y \in \mathrm{ob}(\mathbf{Set})$, $\mathrm{Hom}(X,Y)$ 是所有映射 $f: X \to Y$ 构成的集合, **Set** 中态射的复合就是映射的复合.

(2) **Sp**: 拓扑空间与连续映射的范畴.

(3) **Sp$_0$**: T_0 拓扑空间与连续映射的范畴.

(4) **KHausSp**: 紧 Hausdorff 空间与连续映射的范畴.

(5) **Tych**: Tychonoff 空间与连续映射的范畴.

(6) **Grp**: 群与群同态的范畴.

(7) **AbGrp**: Abel 群与群同态的范畴.

(8) 设 X 是集合. 可构造如下小范畴: 其对象类是集合 X, 并且仅有的态射是各对象上的恒同态射. 称此范畴为**离散小范畴**.

(9) 设 P 是一个偏序集. 则 P 可看作一个小范畴: 对象集就是 P, 而对任意 $a,b \in P$, 当 $a \leqslant b$ 时, 从 a 到 b 有唯一态射, 记作 $\leqslant$, 否则 $\mathrm{Hom}(a,b) = \varnothing$.

(10) **Poset**: 偏序集与保序映射的范畴.

定义 4.1.4　范畴 $\mathcal{D}$ 称为范畴 $\mathcal{C}$ 的一个**子范畴**, 如果 $\mathcal{D}$ 满足下列三个条件:

(1) $\mathrm{ob}(\mathcal{D}) \subseteq \mathrm{ob}(\mathcal{C})$;

(2) 对任意 $A, B \in \mathrm{ob}(\mathcal{D})$, $\mathrm{Hom}_\mathcal{D}(A, B) \subseteq \mathrm{Hom}_\mathcal{C}(A, B)$;

(3) 范畴 $\mathcal{D}$ 中态射的复合以及每一对象上的恒同态射均与范畴 $\mathcal{C}$ 中相同.

若范畴 $\mathcal{D}$ 是 $\mathcal{C}$ 的子范畴, 并且对任意 A, $B \in \mathrm{ob}(\mathcal{D})$, 有 $\mathrm{Hom}_\mathcal{D}(A, B) = \mathrm{Hom}_\mathcal{C}(A, B)$, 则称 $\mathcal{D}$ 是 $\mathcal{C}$ 的**满子范畴**.

例 4.1.5　范畴 **KHausSp** 和 **Tych** 均是范畴 **Sp** 的满子范畴.

定义 4.1.6　设 $\mathcal{C}_1$ 和 $\mathcal{C}_2$ 是范畴. 则规定一个范畴 $\mathcal{C}_1 \times \mathcal{C}_2$, 其对象类为

$$\mathrm{ob}(\mathcal{C}_1 \times \mathcal{C}_2) = \mathrm{ob}(\mathcal{C}_1) \times \mathrm{ob}(\mathcal{C}_2) = \{(A_1, A_2) \mid A_1 \in \mathrm{ob}(\mathcal{C}_1), A_2 \in \mathrm{ob}(\mathcal{C}_2)\}.$$

对任意 $(A_1, A_2), (B_1, B_2) \in \mathrm{ob}(\mathcal{C}_1 \times \mathcal{C}_2)$, 规定态射集为

$$\mathrm{Hom}_{\mathcal{C}_1 \times \mathcal{C}_2}((A_1, A_2), (B_1, B_2)) = \mathrm{Hom}_{\mathcal{C}_1}(A_1, B_1) \times \mathrm{Hom}_{\mathcal{C}_2}(A_2, B_2).$$

对任意 $(f_1, f_2) \in \mathrm{Hom}_{\mathcal{C}_1 \times \mathcal{C}_2}((A_1, A_2), (B_1, B_2))$, $(g_1, g_2) \in \mathrm{Hom}_{\mathcal{C}_1 \times \mathcal{C}_2}((B_1, B_2),$ $(C_1, C_2))$, 规定

$$(g_1, g_2) \circ (f_1, f_2) = (g_1 \circ f_1, g_2 \circ f_2).$$

称范畴 $\mathcal{C}_1 \times \mathcal{C}_2$ 为范畴 $\mathcal{C}_1$ 与 $\mathcal{C}_2$ 的积范畴.

定义 4.1.7 一个范畴 $\mathcal{C}$ 的**对偶范畴** $\mathcal{C}^{op}$ 构造如下: 其对象类为 $\mathrm{ob}(\mathcal{C}^{op}) = \mathrm{ob}(\mathcal{C})$. 对任意 $A, B \in \mathrm{ob}(\mathcal{C}^{op})$, 规定态射集 $\mathrm{Hom}_{\mathcal{C}^{op}}(A, B) = \mathrm{Hom}_{\mathcal{C}}(B, A)$. 对 $f \in \mathrm{Hom}_{\mathcal{C}^{op}}(A, B)$, $g \in \mathrm{Hom}_{\mathcal{C}^{op}}(B, C)$, 规定 f 与 g 在 $\mathcal{C}^{op}$ 中的复合就是 g 与 f 在 $\mathcal{C}$ 中的复合.

注 4.1.8 设 P 是一个关于范畴 $\mathcal{C}$ 的命题, 即命题 P 的条件和结论都是由 $\mathcal{C}$ 中的对象和态射构成的. 若将 P 中所有的态射反向, 则可得到新的命题 P^*, 称之为 P 的**对偶命题**. 容易看出命题 P 关于范畴 $\mathcal{C}$ 成立当且仅当命题 P^* 关于范畴 $\mathcal{C}^{op}$ 成立, 该原则称为**对偶原理**.

定义 4.1.9 设 $\mathcal{C}$ 是范畴, $A, B \in \mathrm{ob}(\mathcal{C})$, $f \in \mathrm{Hom}(A, B)$. 若存在 $g \in \mathrm{Hom}(B, A)$ 使

$$g \circ f = \mathrm{id}_A, \quad f \circ g = \mathrm{id}_B,$$

则称 f 为**可逆态射**或**同构态射**, 并称 g 是 f 的**逆态射**. 此时称 A 与 B **同构**, 记作 $A \cong B$.

例 4.1.10 范畴 **Set** 中的同构态射是双射. 而范畴 **Sp** 中的同构态射则是同胚映射.

定义 4.1.11 设 $\mathcal{C}$ 是范畴, $A \in \mathrm{ob}(\mathcal{C})$. 若对任意 $B \in \mathrm{ob}(\mathcal{C})$, $\mathrm{Hom}(A, B)$ 是单点集, 则称 A 为 $\mathcal{C}$ 的**始对象**. 对偶地, 范畴 $\mathcal{C}^{op}$ 的始对象则称为范畴 $\mathcal{C}$ 的**终对象**.

例 4.1.12 (1) 在范畴 **Set** 中, 空集是始对象但非终对象, 单点集是终对象但非始对象.

(2) 在拓扑空间范畴 **Sp** 中, 空拓扑空间 $(\varnothing, \{\varnothing\})$ 是始对象, 单点空间是终对象.

(3) 一个偏序集作为范畴时, 最小元是始对象, 最大元是终对象.

此例说明始对象和终对象不一定存在, 存在时也不必唯一.

定义 4.1.13 设 $\mathcal{C}$ 和 $\mathcal{D}$ 是范畴. 一个从 $\mathcal{C}$ 到 $\mathcal{D}$ 的**共变函子** F, 记作 $F : \mathcal{C} \to \mathcal{D}$, 是指一对函数: 一个是**对象函数**, 即对任意 $A \in \mathrm{ob}(\mathcal{C})$, 有 $F(A) \in \mathrm{ob}(\mathcal{D})$; 另一个是**态射函数**, 即对任意 $\mathcal{C}$-态射 $f \in \mathrm{Hom}_{\mathcal{C}}(A, B)$, 有 $F(f) \in \mathrm{Hom}_{\mathcal{D}}(F(A), F(B))$ 使

(i) 对任意 $A \in \mathrm{ob}(\mathcal{C})$, 有 $F(\mathrm{id}_A) = \mathrm{id}_{F(A)}$;

(ii) 对于任意 $\mathcal{C}$-态射 $f \in \mathrm{Hom}_{\mathcal{C}}(A, B)$, $g \in \mathrm{Hom}_{\mathcal{C}}(B, C)$, 有 $F(g \circ f) = F(g) \circ F(f)$.

从范畴 $\mathcal{C}^{op}$ 到 $\mathcal{D}$ 的共变函子称为从 $\mathcal{C}$ 到 $\mathcal{D}$ 的**反变函子**.

共变函子也称**协变函子**, 简称**函子**. 无特别声明, 本书所说函子均指共变函子.

例 4.1.14　(1) 设范畴 $\mathcal{C}'$ 是 $\mathcal{C}$ 的子范畴. 则存在一个**包含函子** $I : \mathcal{C}' \to \mathcal{C}$ 使对任意 $A \in \mathrm{ob}(\mathcal{C}')$, 有 $I(A) = A$, 并且对任意 $\mathcal{C}$-态射 $f \in \mathrm{Hom}_{\mathcal{C}'}(A, B)$, 有 $I(f) = f \in \mathrm{Hom}_{\mathcal{C}}(A, B)$. 特别地, 若 $\mathcal{C}' = \mathcal{C}$, 则称包含函子为范畴 $\mathcal{C}$ 上的恒同函子, 并记作 $\mathrm{id}_{\mathcal{C}} : \mathcal{C} \to \mathcal{C}$.

(2) 设 $\mathcal{C}$ 和 $\mathcal{D}$ 是范畴, $B \in \mathrm{ob}(\mathcal{D})$. 则存在一个**常值函子** $\triangle(B) : \mathcal{C} \to \mathcal{D}$ 使对任意 $A \in \mathrm{ob}(\mathcal{C})$, 有 $\triangle(B)(A) = B$, 并且对任意 $\mathcal{C}$-态射 $f \in \mathrm{Hom}_{\mathcal{C}}(A, A')$, 有 $\triangle(B)(f) = \mathrm{id}_B$.

(3) 设 $\mathcal{C}$ 是范畴, $A \in \mathrm{ob}(\mathcal{C})$. 则存在共变函子 $\mathrm{Hom}(A, -) : \mathcal{C} \to \mathbf{Set}$ 使对任意 $B \in \mathrm{ob}(\mathcal{C})$, 有 $\mathrm{Hom}(A, -)(B) = \mathrm{Hom}_{\mathcal{C}}(A, B)$, 并对任意 $\mathcal{C}$-态射 $g \in \mathrm{Hom}_{\mathcal{C}}(B, B')$, 有

$$\mathrm{Hom}(A, -)(g) = \mathrm{Hom}(A, g) = g_* : \mathrm{Hom}_{\mathcal{C}}(A, B) \to \mathrm{Hom}_{\mathcal{C}}(A, B'),$$

满足对任意 $h \in \mathrm{Hom}_{\mathcal{C}}(A, B)$, $g_*(h) = g \circ h \in \mathrm{Hom}_{\mathcal{C}}(A, B')$.

(4) 设 $\mathcal{C}$ 是范畴, $B \in \mathrm{ob}(\mathcal{C})$. 则存在一个反变函子 $\mathrm{Hom}(-, B) : \mathcal{C} \to \mathbf{Set}$ 使对任意 $A \in \mathrm{ob}(\mathcal{C})$, 有 $\mathrm{Hom}(-, B)(A) = \mathrm{Hom}_{\mathcal{C}}(A, B)$, 并对任意 $\mathcal{C}$-态射 $f \in \mathrm{Hom}_{\mathcal{C}}(A', A)$, 有

$$\mathrm{Hom}(-, B)(f) = \mathrm{Hom}(f, B) = f^* : \mathrm{Hom}_{\mathcal{C}}(A, B) \to \mathrm{Hom}_{\mathcal{C}}(A', B),$$

满足对任意 $h \in \mathrm{Hom}_{\mathcal{C}}(A, B)$, $f^*(h) = h \circ f \in \mathrm{Hom}_{\mathcal{C}}(A', B)$.

(5) 设 $\mathbf{pSp}$ 是带基点的道路连通拓扑空间范畴, 其中对象为带基点的道路连通拓扑空间, 态射是保基点的连续映射. 定义 $\Pi : \mathbf{pSp} \to \mathbf{Grp}$ 使得 $\Pi(X, x_0) = \pi_1(X, x_0)$ 为基本群, 对 $f : (X, x_0) \to (Y, y_0)$, 令 $\Pi(f) = f_\pi : \pi_1(X, x_0) \to \pi_1(Y, y_0)$ 为诱导同态, 则 $\Pi : \mathbf{pSp} \to \mathbf{Grp}$ 是一个共变函子.

命题 4.1.15　设 $F : \mathcal{C} \to \mathcal{D}$ 是函子. 若 $f \in \mathrm{Hom}_{\mathcal{C}}(A, B)$ 是 $\mathcal{C}$ 中的同构态射, 则 $F(f) \in \mathrm{Hom}_{\mathcal{D}}(F(A), F(B))$ 是 $\mathcal{D}$ 中的同构态射.

证明　设 $f \in \mathrm{Hom}_{\mathcal{C}}(A, B)$ 是 $\mathcal{C}$ 中的同构态射. 则由定义 4.1.9 知存在 $g \in \mathrm{Hom}(B, A)$ 使 $g \circ f = \mathrm{id}_A$ 且 $f \circ g = \mathrm{id}_B$. 从而由 $F : \mathcal{C} \to \mathcal{D}$ 是函子知

$$F(g \circ f) = F(g) \circ F(f) = \mathrm{id}_{F(A)}, \quad F(f \circ g) = F(f) \circ F(g) = \mathrm{id}_{F(B)}.$$

故由定义 4.1.9 知 $F(f)$ 是 $\mathcal{D}$ 中的同构态射.　　　　　　　　　　　　　　□

定义 4.1.16 设 $F: \mathcal{C} \to \mathcal{D}$ 与 $G: \mathcal{D} \to \mathcal{E}$ 是函子. 则存在一个函子 $G \circ F: \mathcal{C} \to \mathcal{E}$ 使 $\forall A \in \mathrm{ob}(\mathcal{C})$, 有 $(G \circ F)(A) = G(F(A)) \in \mathrm{ob}(\mathcal{E})$, 且对任意 $\mathcal{C}$-态射 $f \in \mathrm{Hom}_{\mathcal{C}}(A, B)$, 有 $(G \circ F)(f) = G(F(f)) \in \mathrm{Hom}_{\mathcal{E}}(G(F(A)), G(F(B)))$. 函子 $G \circ F$ 称为函子 F 与 G 的**复合函子**.

定义 4.1.17 一个函子 $F: \mathcal{C} \to \mathcal{D}$ 称为**同构函子**, 若存在函子 $G: \mathcal{D} \to \mathcal{C}$ 使 $G \circ F = \mathrm{id}_{\mathcal{C}}$ 且 $F \circ G = \mathrm{id}_{\mathcal{D}}$, 其中 $\mathrm{id}_{\mathcal{C}}$ 和 $\mathrm{id}_{\mathcal{D}}$ 是使得对象和态射均不变的恒同函子. 若存在同构函子 $F: \mathcal{C} \to \mathcal{D}$, 则称范畴 $\mathcal{C}$ 和 $\mathcal{D}$ **同构**, 记为 $\mathcal{C} \cong \mathcal{D}$.

定义 4.1.18 设 $F: \mathcal{C} \to \mathcal{D}$ 是函子.

(1) 若对 $\mathcal{C}$ 中任意态射集 $\mathrm{Hom}_{\mathcal{C}}(A, B)$, F 都是从 $\mathrm{Hom}_{\mathcal{C}}(A, B)$ 到 $\mathrm{Hom}_{\mathcal{D}}(F(A), F(B))$ 的单射, 则称函子 F 是**忠实函子**;

(2) 若对 $\mathcal{C}$ 中任意态射集 $\mathrm{Hom}_{\mathcal{C}}(A, B)$, F 都是从 $\mathrm{Hom}_{\mathcal{C}}(A, B)$ 到 $\mathrm{Hom}_{\mathcal{D}}(F(A), F(B))$ 的满射, 则称函子 F 是**完全函子**.

例 4.1.19 包含函子是忠实函子, 恒同函子既是忠实函子又是完全函子.

定义 4.1.20 设 $\mathcal{C}$ 是范畴, 若存在忠实函子 $G: \mathcal{C} \to \mathbf{Set}$, 则称 $\mathcal{C}$ 是**具体范畴**, 并称函子 G 是**遗忘函子**.

例 4.1.21 范畴 $\mathbf{KHausSp}$, $\mathbf{Tych}$ 和 $\mathbf{Grp}$ 都是具体范畴, 均存在一个到集合范畴 $\mathbf{Set}$ 的遗忘函子 G 使得 G 把每个紧 Hausdorff 空间、Tychonoff 空间或群对应为所在的集合, 而把每个连续映射或群同态对应为自身.

习 题 4.1

1. 证明: 若范畴 $\mathcal{C}$ 中对象 A_1 与 A_2 均是始 (终) 对象, 则 $A_1 \cong A_2$.
2. 设 X 是非空集合, R 是 X 上的一个自反、传递的二元关系. 对任意 $x, y \in X$, 定义

$$x \to y \Longleftrightarrow (x, y) \in R.$$

证明: 以 X 中的元素为对象, 以上面定义的箭头为态射构成一个范畴.
3. 证明: 带基点的道路连通空间为对象, 保基点的连续映射为态射形成一个范畴.
4. 证明例 4.1.14(5) 的结论.
5. 设 $\mathbb{Z}$ 是整数加群, $f: G \to G'$ 是群同态. 记 $(\mathbb{Z}, G)$ 为 $\mathbb{Z}$ 到群 G 的群同态之集. 定义

$$(\mathbb{Z}, f): (\mathbb{Z}, G) \to (\mathbb{Z}, G'), \quad \forall p \in (\mathbb{Z}, G), \quad (\mathbb{Z}, f)(p) = f \circ p.$$

证明: $(\mathbb{Z}, -): \mathbf{Grp} \to \mathbf{Set}$ 是一个函子.

4.2 自然变换与泛态射

定义 4.2.1 设 $F, G: \mathcal{C} \to \mathcal{D}$ 都是函子. 一个由 F 到 G 的**自然变换** $\lambda: F \to G$ 是指满足对任意 $A \in \mathrm{ob}(\mathcal{C})$, $\lambda(A) = \lambda_A \in \mathrm{Hom}_{\mathcal{D}}(F(A), G(A))$ 的一个函数. 该函数还满足对任意 $\mathcal{C}$-态射 $f \in \mathrm{Hom}_{\mathcal{C}}(A, B)$, 下图可交换:

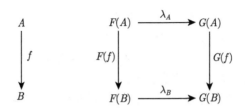

若对于任意 $\mathcal{C}$-对象 A, $\lambda(A) = \lambda_A : F(A) \to G(A)$ 是 $\mathcal{D}$ 中的同构态射, 则称自然变换 $\lambda : F \to G$ 为**自然同构**, 也称函子 F 和 G 是自然同构的, 记作 $F \cong G$.

例 4.2.2　(1) 设 $F : \mathcal{C} \to \mathcal{D}$ 是函子. 定义 $\mathrm{id}_F : F \to F$ 使对于任意 $\mathcal{C}$-对象 A, $(\mathrm{id}_F)_A = \mathrm{id}_{F(A)} : F(A) \to F(A)$. 则 $\mathrm{id}_F : F \to F$ 是自然变换, 称为**恒同自然变换**.

(2) 设 $F, G, H : \mathcal{C} \to \mathcal{D}$ 都是函子, $\lambda : F \to G$ 和 $\mu : G \to H$ 都是自然变换, 规定 $\mu \circ \lambda : F \to H$ 使得对任意 $\mathcal{C}$-对象 A, $(\mu \circ \lambda)_A = \mu_A \circ \lambda_A$. 则 $\mu \circ \lambda : F \to H$ 是自然变换, 称为 λ 和 μ 的**复合**.

定义 4.2.3　设 $\mathcal{C}$ 是范畴, $\mathcal{J}$ 是小范畴. 定义一个范畴 $\mathcal{C}^{\mathcal{J}}$, 其对象类 $\mathrm{ob}(\mathcal{C}^{\mathcal{J}})$ 是由从范畴 $\mathcal{J}$ 到 $\mathcal{C}$ 的全体函子构成; 对任意 $F, G \in \mathrm{ob}(\mathcal{C}^{\mathcal{J}})$, 规定态射集 $\mathrm{Hom}_{\mathcal{C}^{\mathcal{J}}}(F, G)$ 是从函子 F 到 G 的全体自然变换, 并且 $\mathcal{C}^{\mathcal{J}}$ 中态射的复合就是自然变换的复合.

设给定范畴 $\mathcal{C}$ 和小范畴 $\mathcal{J}$. 定义一个函子 $\triangle : \mathcal{C} \to \mathcal{C}^{\mathcal{J}}$ 使对任意 $\mathcal{C}$-对象 A, $\triangle(A)$ 为从范畴 $\mathcal{J}$ 到 $\mathcal{C}$ 的常值函子; 且对任意 $\mathcal{C}$-态射 $f \in \mathrm{Hom}_{\mathcal{C}}(A, B)$, 自然变换 $\triangle(f) : \triangle(A) \to \triangle(B)$ 满足对任意 $j \in \mathrm{ob}(\mathcal{J})$, $\triangle(f)_j = f$. 函子 $\triangle : \mathcal{C} \to \mathcal{C}^{\mathcal{J}}$ 称为**对角函子**.

定义 4.2.4　设 $F : \mathcal{C} \to \mathcal{D}$ 是函子, $B \in \mathrm{ob}(\mathcal{D})$. 又设 $U \in \mathrm{ob}(\mathcal{C})$, $u : B \to F(U)$ 是 $\mathcal{D}$ 中的态射. 若对任意 $\mathcal{C}$-对象 A 及 $\mathcal{D}$-态射 $f \in \mathrm{Hom}_{\mathcal{D}}(B, F(A))$, 存在唯一 $\mathcal{C}$-态射 $\overline{f} : U \to A$ 使 $f = F(\overline{f}) \circ u$, 即下图可交换:

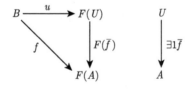

则称 $u : B \to F(U)$ 为从 B 到 F 的**泛态射**.

例 4.2.5　设 $I : \mathbf{KHausSp} \longrightarrow \mathbf{Tych}$ 是紧 T_2 拓扑空间范畴到 Tychonoff 空间范畴的包含函子, $X \in \mathrm{ob}(\mathbf{Tych})$, $(\beta(X), \eta_X)$ 是 X 的 Stone-Čech 紧化. 则由定理 3.3.11 得 $\beta(X) \in \mathrm{ob}(\mathbf{KHausSp})$ 且 $\eta_X : X \to I(\beta(X)) = \beta(X)$ 是 $\mathbf{Tych}$-态射, 使对任意 $Y \in \mathrm{ob}(\mathbf{KHausSp})$ 及 $\mathbf{Tych}$-态射 $f : X \to I(Y) = Y$, 存在唯一

KHausSp-态射 $f^*: \beta(X) \to Y$ 满足 $f = I(f^*) \circ \eta_X$, 其中 $I(f^*) = f^*: I(\beta(X)) = \beta(X) \to I(Y) = Y$. 这说明 $\eta_X: X \to I(\beta(X))$ 是从 X 到包含函子 I 的泛态射.

定理 4.2.6 设 $F: \mathcal{C} \to \mathcal{D}$ 是函子, $B \in \text{ob}(\mathcal{D})$. 若对 $\mathcal{C}$-对象 U, U', $u: B \to F(U)$ 和 $u': B \to F(U')$ 都是从 B 到 F 的泛态射, 则存在唯一同构态射 $h: U \to U'$ 使 $u' = F(h) \circ u$.

证明 因为 $u: B \to F(U)$ 和 $u': B \to F(U')$ 都是从 B 到 F 的泛态射, 所以存在唯一 $\mathcal{C}$-态射 $h: U \to U'$ 使 $u' = F(h) \circ u$, 也存在唯一 $\mathcal{C}$-态射 $h': U' \to U$ 使 $u = F(h') \circ u'$. 从而

$$F(h' \circ h) \circ u = (F(h') \circ F(h)) \circ u = F(h') \circ (F(h) \circ u) = F(h') \circ u' = u.$$

又由 u 是从 B 到 F 的泛态射及 $F(\text{id}_U) \circ u = u$ 知 $h' \circ h = \text{id}_U$. 同理可证 $h \circ h' = \text{id}_{U'}$. 于是由定义 4.1.9 知 $h: U \to U'$ 是满足 $u' = F(h) \circ u$ 的唯一同构态射. $\qquad\square$

定义 4.2.7 设 $F: \mathcal{C} \to \mathcal{D}$ 是函子, $B \in \text{ob}(\mathcal{D})$. 又设 $U \in \text{ob}(\mathcal{C})$, $v: F(U) \to B$ 是 $\mathcal{D}$ 中的态射. 若对任意 $\mathcal{C}$-对象 A 及任意 $\mathcal{D}$-态射 $f \in \text{Hom}_{\mathcal{D}}(F(A), B)$, 存在唯一 $\mathcal{C}$-态射 $\overline{f}: A \to U$ 使 $f = v \circ F(\overline{f})$, 即下图可交换:

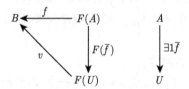

则称 $v: F(U) \to B$ 为从 F 到 B 的**泛态射**.

定理 4.2.8 设 $F: \mathcal{C} \to \mathcal{D}$ 是函子, $B \in \text{ob}(\mathcal{D})$. 若对于 $\mathcal{C}$-对象 V, V', $v: F(V) \to B$ 和 $v': F(V') \to B$ 都是从 F 到 B 的泛态射, 则存在 $\mathcal{C}$ 中唯一同构态射 $h: V' \to V$ 使 $v' = v \circ F(h)$.

证明 类似于定理 4.2.6 的证明, 读者可作为练习自证. $\qquad\square$

定义 4.2.9 设 $\mathcal{C}$ 是范畴, $\mathcal{J}$ 是小范畴, $\triangle: \mathcal{C} \to \mathcal{C}^{\mathcal{J}}$ 是对角函子. 对于 $B \in \text{ob}(\mathcal{C}^{\mathcal{J}})$, 若存在 $\mathcal{C}$-对象 U 和从 B 到 $\triangle$ 的泛态射 $u: B \to \triangle(U)$, 则称序偶 (U, u) 为 B 的**余极限**, 并称 U 为 B 的余极限对象.

对偶地, 对于 $B \in \text{ob}(\mathcal{C}^{\mathcal{J}})$, 若存在 $\mathcal{C}$-对象 V 和从 $\triangle$ 到 B 的泛态射 $v: \triangle(V) \to B$, 则称序偶 (V, v) 为 B 的**极限**, 并称 V 为 B 的极限对象.

若任意 $B \in \text{ob}(\mathcal{C}^{\mathcal{J}})$, B 有余极限 (或极限), 则称范畴 $\mathcal{C}$ 有 $\mathcal{J}$ **型余极限** (或 $\mathcal{J}$ **型极限**). 若对每个小范畴 $\mathcal{J}$, 范畴 $\mathcal{C}$ 都有 $\mathcal{J}$ 型余极限 (或 $\mathcal{J}$ 型极限), 则称范畴 $\mathcal{C}$ **余完备** (或**完备**).

定义 4.2.10 设 $\mathcal{C}$ 是范畴, $\mathcal{J}$ 是离散小范畴. 可将范畴 $\mathcal{J}$ 与 $\mathrm{ob}(\mathcal{J})$ 等同看待, 并且任意 $\mathcal{C}^{\mathcal{J}}$-对象 B 可看作以 $\mathcal{J}$ 为指标集的一族 $\mathcal{C}$-对象 $\{B_j \mid j \in \mathcal{J}\}$. 则 B 的余极限和极限分别称为 $\mathcal{C}$-对象族 $\{B_j \mid j \in \mathcal{J}\}$ 的**余积**和**乘积**.

内蕴地, $\mathcal{C}$ 中一族对象 $\{B_j\}_{j \in \mathcal{J}}$ 的**余积**是满足下列条件的二元组 $\left(\coprod_{j \in \mathcal{J}} B_j, \{q_j\}_{j \in \mathcal{J}}\right)$:

(1) $\coprod\limits_{j \in \mathcal{J}} B_j$ 为一个 $\mathcal{C}$-对象;

(2) 对任意 $j \in \mathcal{J}, q_j \colon B_j \to \coprod_{j \in \mathcal{J}} B_j$ 是一个 $\mathcal{C}$-态射;

(3) 对范畴 $\mathcal{C}$ 中的任意对象 A 及任意态射族 $\{g_j \colon B_j \to A\}_{j \in \mathcal{J}}$, 存在唯一的 $\mathcal{C}$-态射 $h \colon \coprod_{j \in \mathcal{J}} B_j \to A$ 使对任意 $j \in \mathcal{J}, g_j = h \circ q_j$, 即下图可交换:

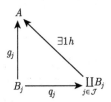

若范畴 $\mathcal{C}$ 中任意对象族的余积均存在, 则称 $\mathcal{C}$ **有余积**.

对偶地, $\mathcal{C}$ 中一族对象 $\{B_j\}_{j \in \mathcal{J}}$ 的**乘积**是满足下列条件的二元组 $\left(\prod_{j \in \mathcal{J}} B_j, \{p_j\}_{j \in \mathcal{J}}\right)$:

(1) $\prod_{j \in \mathcal{J}} B_j$ 为一个 $\mathcal{C}$-对象;

(2) 对任意 $j \in \mathcal{J}, p_j \colon \prod_{j \in \mathcal{J}} B_j \to B_j$ 是一个 $\mathcal{C}$-态射;

(3) 对范畴 $\mathcal{C}$ 中任意对象 A 及态射族 $\{f_j \colon A \to B_j\}_{j \in \mathcal{J}}$, 存在唯一 $\mathcal{C}$-态射 $f \colon A \to \prod_{j \in \mathcal{J}} B_j$ 使对任意 $j \in \mathcal{J}, f_j = p_j \circ f$, 即下图可交换:

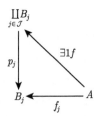

特别当指标集 $\mathcal{J}$ 为 n 个元的有限集时, 记乘积对象 $\prod_{j \in \mathcal{J}} B_j = B_1 \times B_2 \times \cdots \times B_n$. 若范畴 $\mathcal{C}$ 中任意 (有限) 对象族的乘积均存在, 则称 $\mathcal{C}$ **有 (有限) 乘积**.

注 4.2.11 如果范畴 $\mathcal{C}$ 中任意 (有限) 对象族的乘积均存在, 则对给定的 (有限) 集 $\mathcal{J}$ 和 $\mathcal{C}$ 中任一态射族 $\{f_j \colon A_j \to B_j \mid j \in J\}$, 可设 $\left(\prod_{j \in \mathcal{J}} B_j, \{p_j\}_{j \in \mathcal{J}}\right)$,

$\left(\prod_{j\in\mathcal{J}}A_j,\{q_j\}_{j\in\mathcal{J}}\right)$ 分别是对象族 $\{B_j\}_{j\in\mathcal{J}}$, $\{A_j\}_{j\in\mathcal{J}}$ 的乘积, 进而对 $A=\prod_{j\in\mathcal{J}}A_j$ 及态射族 $\{f_j\circ q_i:A\to B_j\}_{j\in\mathcal{J}}$, 由定义 4.2.9 知存在唯一 $\mathcal{C}$-态射 $f:A\to\prod_{j\in\mathcal{J}}B_j$ 使 $\forall j\in\mathcal{J}$, $f_j\circ q_j=p_j\circ f$, 即下图可交换:

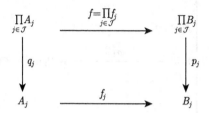

我们称该唯一态射 $f=\prod_{j\in\mathcal{J}}f_j$ 为态射族 $\{f_j:A_j\to B_j\mid j\in J\}$ 的乘积. 如果 $J=\{1,2,\cdots,n\}$, 则记乘积为 $f=f_1\times f_2\times\cdots\times f_n$.

例 4.2.12 (1) 在范畴 **Set** 中, 对象族的余积是无交并, 乘积是笛卡儿乘积.

(2) 在范畴 **Sp** 中, 对象族的余积是无交和空间 (见定义 2.5.12 及注 2.5.13), 对象族的乘积是拓扑空间族的积空间.

(3) 在范畴 **KHausSp** 中, 对象族的余积是无交情形的和空间的 Stone-Čech 紧化, 对象族的乘积是紧 Hausdorff 空间族的积空间.

(4) 在范畴 **Grp** 中, 对象族的余积是群族的自由积, 对象族的乘积是群族的直积.

习 题 4.2

1. 证明: 遗忘函子 $G:\textbf{Grp}\to\textbf{Set}$ 自然同构于函子 $(\mathbb{Z},-):\textbf{Grp}\to\textbf{Set}$ (见习题 4.1 题 5).
2. 设 $\mathcal{C}$ 是小范畴, $\mathrm{id}_\mathcal{C}:\mathcal{C}\to\mathcal{C}$ 是范畴 $\mathcal{C}$ 上的恒同函子.
证明: 函子 $\mathrm{id}_\mathcal{C}\in\mathcal{C}^\mathcal{C}$ 存在余极限当且仅当 $\mathcal{C}$ 存在终对象.
3. 证明: 带基点的拓扑空间范畴 **pSp** 存在有限积和有限余积.
4. 证明: 两个完备 (余完备) 范畴的乘积范畴还是一个完备 (余完备) 范畴.
5. 证明: 若干拓扑空间的积空间就是它们在拓扑空间范畴 **Sp** 中的乘积.

4.3 伴随函子与反射子范畴

定义 4.3.1 设 $F:\mathcal{C}\to\mathcal{D}$ 和 $G:\mathcal{D}\to\mathcal{C}$ 是函子. 若对于任意 $\mathcal{C}$-对象 A 及任意 $\mathcal{D}$-对象 B, 存在一个双射

$$\varphi=\varphi_{A,B}:\mathrm{Hom}_\mathcal{D}(F(A),B)\to\mathrm{Hom}_\mathcal{C}(A,G(B))$$

使 φ 关于 A 和 B 都是自然的, 即 $\varphi_{A,-}$ 是从共变函子 $\mathrm{Hom}_\mathcal{D}(F(A),-)$ 到 $\mathrm{Hom}_\mathcal{C}(A,G(-))$ 的自然变换, 并且 $\varphi_{-,B}$ 是从反变函子 $\mathrm{Hom}_\mathcal{D}(F(-),B)$ 到 $\mathrm{Hom}_\mathcal{C}(-,$

$G(B)$) 的自然变换, 即对于任意 $\mathcal{C}$-态射 $f : A' \to A$ 和任意 $\mathcal{D}$-态射 $g : B \to B'$, 下图可交换:

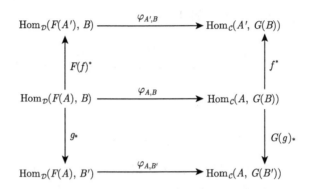

其中 f^* 和 g_* 见例 4.1.14, 则称有序三元组 (F, G, φ) 为从 $\mathcal{C}$ 到 $\mathcal{D}$ 的**伴随**, 或称序偶 (F, G) 为一个**伴随对**, 记作 $F \dashv G$, 并称 F 是 G 的**左伴随**, G 是 F 的**右伴随**.

例 4.3.2　设 $G : \mathcal{C} \to \mathbf{Set}$ 是遗忘函子, $D : \mathbf{Set} \to \mathbf{Sp}$ 是函子使得对任意集 X, $D(X)$ 为以 X 为底集的离散拓扑空间. 则 D 是 G 的左伴随, 即 $D \dashv G$. 又设 $T : \mathbf{Set} \to \mathbf{Sp}$ 是函子, 使得对任意集合 X, $T(X)$ 为平庸拓扑空间 X, 则 T 是 G 的右伴随, 即 $G \dashv T$.

定理 4.3.3　设 $F : \mathcal{C} \to \mathcal{D}$ 和 $G : \mathcal{D} \to \mathcal{C}$ 是函子. 若 (F, G, φ) 为从 $\mathcal{C}$ 到 $\mathcal{D}$ 的伴随, 则

(1) 存在自然变换 $\eta : \mathrm{id}_\mathcal{C} \to G \circ F$ 使 $\forall A \in \mathrm{ob}(\mathcal{C})$, $\eta(A) = \eta_A : A \to G(F(A))$ 是从 A 到 G 的泛态射, 且对任意 $\mathcal{D}$-态射 $g \in \mathrm{Hom}_\mathcal{D}(F(A), B)$, 有 $\varphi(g) = G(g) \circ \eta_A$;

(2) 存在自然变换 $\varepsilon : F \circ G \to \mathrm{id}_\mathcal{D}$ 使 $\forall B \in \mathrm{ob}(\mathcal{D})$, $\varepsilon(B) = \varepsilon_B : F(G(B)) \to B$ 是从 F 到 B 的泛态射, 且对任意 $\mathcal{C}$-态射 $f \in \mathrm{Hom}_\mathcal{C}(A, G(B))$, 有 $\varphi^{-1}(f) = \varepsilon_B \circ F(f)$.

自然变换 η 和 ε 分别称为伴随 (F, G, φ) 的**单位**和**余单位**.

证明　(1) 由 (F, G, φ) 为从 $\mathcal{C}$ 到 $\mathcal{D}$ 的伴随知, 对于任意 $\mathcal{C}$-对象 A, 存在一个自然双射

$$\varphi = \varphi_{A, F(A)} : \mathrm{Hom}_\mathcal{D}(F(A), F(A)) \to \mathrm{Hom}_\mathcal{C}(A, G(F(A))).$$

规定 $\eta : \mathrm{id}_\mathcal{C} \to G \circ F$ 使对任意 $A \in \mathrm{ob}(\mathcal{C})$, $\eta(A) = \eta_A = \varphi(\mathrm{id}_{F(A)}) \in \mathrm{Hom}_\mathcal{C}(A, G(F(A)))$. 则由定义 4.2.1 和定义 4.3.1 知 η 是自然变换. 下证对任意 $A \in \mathrm{ob}(\mathcal{C})$, $\eta(A) = \eta_A : A \to (G \circ F)(A)$ 是从 A 到 G 的泛态射. 事实上, 对任意 $\mathcal{D}$-对象 B 及 $\mathcal{C}$-态射 $f \in \mathrm{Hom}_\mathcal{C}(A, G(B))$, 由定义 4.3.1 知, 存在 $\mathcal{D}$-态射 $\overline{f} = \varphi^{-1}(f) \in \mathrm{Hom}_\mathcal{D}(F(A), B)$ 使下图可交换:

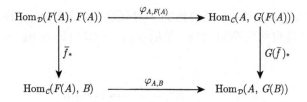

从而得 $f = G(\bar{f}) \circ \eta_A$ 且满足该关系式的 $\bar{f}$ 是唯一的. 故由定义 4.2.4 知 $\eta(A) = \eta_A : A \to (G \circ F)(A)$ 是从 A 到 G 的泛态射. 对任意 $\mathcal{D}$-态射 $g \in \mathrm{Hom}_\mathcal{D}(F(A), B)$, 由定义 4.3.1 知下图可交换:

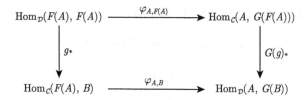

故有 $\varphi(g) = \varphi(g \circ \mathrm{id}_{F(A)}) = G(g) \circ \varphi(\mathrm{id}_{F(A)}) = G(g) \circ \eta_A$.

(2) 由 (1) 对偶地证明. □

定理 4.3.4 设 $F : \mathcal{C} \to \mathcal{D}$ 和 $G : \mathcal{D} \to \mathcal{C}$ 是函子.

(1) 若自然变换 $\eta : \mathrm{id}_\mathcal{C} \to G \circ F$ 使对任意 $A \in \mathrm{ob}(\mathcal{C})$, $\eta(A) = \eta_A : A \to G(F(A))$ 是从 A 到 G 的泛态射, 则 (F, G, φ) 为从 $\mathcal{C}$ 到 $\mathcal{D}$ 的伴随, 其中,

$$\varphi = \varphi_{A,B} : \mathrm{Hom}_\mathcal{D}(F(A), B) \to \mathrm{Hom}_\mathcal{C}(A, G(B))$$

满足对任意 $\mathcal{D}$-态射 $g \in \mathrm{Hom}_\mathcal{D}(F(A), B)$, 有 $\varphi(g) = G(g) \circ \eta_A$;

(2) 若自然变换 $\varepsilon : F \circ G \to \mathrm{id}_\mathcal{D}$ 使对任意 $B \in \mathrm{ob}(\mathcal{D})$, $\varepsilon(B) = \varepsilon_B : F(G(B)) \to B$ 是从 F 到 B 的泛态射, 则 (F, G, φ) 为从 $\mathcal{C}$ 到 $\mathcal{D}$ 的伴随, 其中,

$$\varphi = \varphi_{A,B} : \mathrm{Hom}_\mathcal{D}(F(A), B) \to \mathrm{Hom}_\mathcal{C}(A, G(B))$$

满足对任意 $\mathcal{C}$-态射 $f \in \mathrm{Hom}_\mathcal{C}(A, G(B))$, 有 $\varphi^{-1}(f) = \varepsilon_B \circ F(f)$.

证明 (1) 因为对任意 $A \in \mathrm{ob}(\mathcal{C})$, $\eta(A) = \eta_A : A \to G(F(A))$ 是从 A 到 G 的泛态射, 故由定义 4.2.4 知对任意 $\mathcal{D}$-对象 B 及任意 $\mathcal{C}$-态射 $f \in \mathrm{Hom}_\mathcal{C}(A, G(B))$, 存在唯一 $\mathcal{D}$-态射 $g : F(A) \to B$ 使 $f = G(g) \circ \eta_A$. 从而

$$\varphi = \varphi_{A,B} : \mathrm{Hom}_\mathcal{D}(F(A), B) \to \mathrm{Hom}_\mathcal{C}(A, G(B)), \quad g \mapsto G(g) \circ \eta_A$$

是双射.

　　下证 $\varphi = \varphi_{A,B}$ 关于 A 是自然的. 对任意 $\mathcal{C}$- 态射 $h \in \mathrm{Hom}_{\mathcal{C}}(A', A)$, 由 $\eta : \mathrm{id}_{\mathcal{C}} \to G \circ F$ 是自然变换知 $(G \circ F)(h) \circ \eta_{A'} = G(F(h)) \circ \eta_{A'} = \eta_A \circ h$, 即下图可交换:

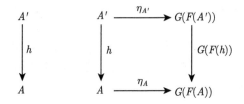

从而对任意 $\mathcal{D}$-态射 $g \in \mathrm{Hom}_{\mathcal{D}}(F(A), B)$, 有

$$\varphi(g \circ F(h)) = G(g \circ F(h)) \circ \eta_{A'}$$
$$= G(g) \circ G(F(h)) \circ \eta_{A'}$$
$$= G(g) \circ \eta_A \circ h$$
$$= \varphi(g) \circ h,$$

即下图可交换:

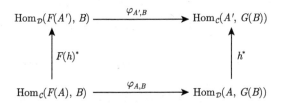

这说明 $\varphi = \varphi_{A,B}$ 关于 A 是自然的. 类似地, 可证明 $\varphi = \varphi_{A,B}$ 关于 B 也是自然的. 从而由定义 4.3.1 知 (F, G, φ) 为从 $\mathcal{C}$ 到 $\mathcal{D}$ 的伴随.

　　(2) 由 (1) 对偶地证明.　　　　　　　　　　　　　　　　　　　　　　　□

　　例 4.3.5　(1) 遗忘函子 $G : \mathbf{Grp} \to \mathbf{Set}$ 有左伴随 $F : \mathbf{Set} \to \mathbf{Grp}$ 满足对任意集 X, $F(X)$ 是 X 上的自由群.

　　(2) 设 $\mathcal{C}$ 是范畴, $\mathcal{J}$ 是小范畴. 则对角函子 $\triangle : \mathcal{C} \to \mathcal{C}^{\mathcal{J}}$ 有左伴随 (或右伴随) 当且仅当 $\mathcal{C}$ 有 $\mathcal{J}$ 型余极限 (或 $\mathcal{J}$ 型极限).

　　定义 4.3.6　设范畴 $\mathcal{C}'$ 是 $\mathcal{C}$ 的子范畴. 若包含函子 $I : \mathcal{C}' \to \mathcal{C}$ 有左 (右) 伴随, 则称范畴 $\mathcal{C}'$ 是 $\mathcal{C}$ 的 (余) **反射子范畴**.

　　例 4.3.7　(1) T_0 拓扑空间范畴 $\mathbf{Sp}_0$ 是拓扑空间范畴 $\mathbf{Sp}$ 的反射子范畴. 对任意一个拓扑空间 X, 定义 X 上的等价关系: $x \sim y$ 当且仅当 $\overline{\{x\}} = \overline{\{y\}}$, 则商空间 $X/\sim$ 是一个 T_0 空间. 此时包含函子的左伴随把每个非 T_0 拓扑空间 X 对应

于商空间 $X/\sim$.

(2) 由例 4.2.5 知紧 T_2 空间范畴 **KHausSp** 是 Tychonoff 空间范畴 **Tych** 的反射子范畴, 此时包含函子的左伴随把每个 Tychonoff 空间对应于它的 Stone-Čech 紧化.

(3) Abel 群范畴 **AbGrp** 是群范畴 **Grp** 的反射子范畴, 此时包含函子的左伴随把每个群 G 对应于 G 的 Abel 化, 即 G 的最大 Abel 商群.

习 题 4.3

1. 设函子 $F : \mathcal{C} \to \mathcal{D}$ 和 $G : \mathcal{D} \to \mathcal{E}$ 都存在左伴随.

证明: 复合函子 $G \circ F : \mathcal{C} \to \mathcal{E}$ 存在左伴随.

2. 证明: 遗忘函子 $G : \mathbf{KHausSp} \to \mathbf{Set}$ 存在左伴随.

3. 将自然数集 $\mathbb{N}$ 按通常序关系看作一个范畴, $M \subseteq \mathbb{N}$ 看作 $\mathbb{N}$ 的子范畴. 证明:

(1) M 是 $\mathbb{N}$ 的反射子范畴当且仅当 M 是一个无限集;

(2) M 是 $\mathbb{N}$ 的余反射子范畴当且仅当 $0 \in M$.

4.4 骨架范畴与范畴等价

定义 4.4.1 设 $\mathcal{C}$ 是一个范畴, 如果 $\mathcal{C}$ 的每一同构态射的定义域与值域相同, 则称 $\mathcal{C}$ 是一个**骨架范畴**, 简称**骨架**. 如果骨架范畴 $\mathcal{C}$ 是 $\mathcal{D}$ 的满子范畴, 且 $\mathcal{D}$ 的任一对象都同构于 $\mathcal{C}$ 的某个对象, 则称 $\mathcal{C}$ 是 $\mathcal{D}$ 的一个**骨架**.

例 4.4.2 (1) 每一个偏序集 P 作为范畴是一个骨架, P 的骨架只有 P 本身.

(2) 所有基数做成的 **Set** 的满子范畴是 **Set** 的一个骨架.

命题 4.4.3 (1) 每一个范畴都有一个骨架;

(2) 同一范畴的两个骨架是同构的.

证明 (1) 设 $\mathcal{C}$ 是一个范畴, 在 $\mathcal{C}$ 的对象的每个同构类中选取一个对象做成 $\mathcal{C}$ 的一个满子范畴 $\mathcal{C}'$, 则 $\mathcal{C}'$ 是 $\mathcal{C}$ 的一个骨架.

(2) 若 $\mathcal{C}'$ 和 $\mathcal{C}$ 都是范畴 $\mathcal{D}$ 的骨架, 则 $\mathcal{C}$ 的每个对象 A 都同构于 $\mathcal{C}'$ 的某个对象 $F(A)$. 由骨架的定义, 这样的对象 $F(A)$ 是唯一的. 以这种方式确定一个函子 $F : \mathcal{C} \to \mathcal{C}'$. 同理确定一个函子 $G : \mathcal{C}' \to \mathcal{C}$ 使得 $\mathcal{C}'$ 的每一对象 B 同构于 $\mathcal{C}$ 中唯一对象 $G(B)$. 这时容易验证 $G \circ F = \mathrm{id}_{\mathcal{C}}, F \circ G = \mathrm{id}_{\mathcal{C}'}$. $\qquad\Box$

定义 4.4.4 设 $F : \mathcal{C} \to \mathcal{D}$ 是函子. 若存在函子 $G : \mathcal{D} \to \mathcal{C}$ 使 $G \circ F \cong \mathrm{id}_{\mathcal{C}}$, $F \circ G \cong \mathrm{id}_{\mathcal{D}}$, 则称 $F : \mathcal{C} \to \mathcal{D}$ 是**范畴等价**, 并称范畴 $\mathcal{C}$ 和 $\mathcal{D}$ 是**等价的**, 记作 $\mathcal{C} \simeq \mathcal{D}$.

命题 4.4.5 范畴之间的等价是自反、对称和传递的.

证明 由范畴等价的定义直接验证. $\qquad\Box$

定理 4.4.6　设 $F : \mathcal{C} \to \mathcal{D}$ 是函子. 则下列条件等价:

(1) 函子 $F : \mathcal{C} \to \mathcal{D}$ 是范畴等价;

(2) 函子 F 是完全和忠实的, 并且对于任意 $\mathcal{D}$-对象 B, 存在 $\mathcal{C}$-对象 A 使 $F(A) \cong B$;

(3) 存在从 $\mathcal{C}$ 到 $\mathcal{D}$ 的伴随 $(F, G, \varphi, \eta, \varepsilon)$ 使其单位 η 和余单位 ε 都是自然同构.

证明　(1) $\Longrightarrow$ (2) 设函子 $F : \mathcal{C} \to \mathcal{D}$ 范畴等价. 则由定义 4.4.4 知存在函子 $G : \mathcal{D} \to \mathcal{C}$ 使 $G \circ F \cong \mathrm{id}_{\mathcal{C}}$, $F \circ G \cong \mathrm{id}_{\mathcal{D}}$. 于是可设 $\alpha : G \circ F \to \mathrm{id}_{\mathcal{C}}$ 为自然同构. 先证函子 F 是忠实的. 事实上, 对于任意 $\mathcal{C}$-态射 $f \in \mathrm{Hom}_{\mathcal{C}}(A, A')$, 由 α 为自然同构知 $f = \alpha_{A'} \circ (G \circ F)(f) \circ \alpha_A^{-1}$, 即下图可交换:

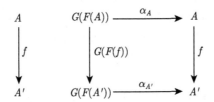

从而对任意 $\mathcal{C}$-态射 $f_1, f_2 \in \mathrm{Hom}_{\mathcal{C}}(A, A')$, 若 $F(f_1) = F(f_2)$, 则 $f_1 = f_2$, 故 F 是忠实的.

再证函子 F 是完全的. 事实上, 对任意 $\mathcal{D}$-态射 $h \in \mathrm{Hom}_{\mathcal{D}}(F(A), F(A'))$, 令 $f = \alpha_{A'} \circ G(h) \circ \alpha_A^{-1} \in \mathrm{Hom}_{\mathcal{C}}(A, A')$. 则 $G(h) = \alpha_{A'}^{-1} \circ f \circ \alpha_A$. 又由上图交换知 $G(F(f)) = \alpha_{A'}^{-1} \circ f \circ \alpha_A$. 从而由 G 是忠实的知 $F(f) = h$, 这说明 F 是完全的.

最后, 对于任意 $\mathcal{D}$-对象 B, 令 $A = G(B) \in \mathrm{ob}(\mathcal{C})$. 则由 $F \circ G \cong \mathrm{id}_{\mathcal{D}}$ 知 $F(A) = F(G(B)) \cong B$.

(2) $\Longrightarrow$ (3) 对于任意 $\mathcal{D}$-对象 B, 由 (2) 知存在 $\mathcal{C}$-对象 A 使 $F(A) \cong B$. 记 $G(B) = A$. 则 $F(A) = F(G(B)) \cong B$. 令 $\varepsilon_B : F(G(B)) \to B$ 为同构态射. 则对任意 $\mathcal{C}$-对象 A 及任意 $\mathcal{D}$-态射 $g \in \mathrm{Hom}_{\mathcal{D}}(F(A), B)$, 有 $\varepsilon_B^{-1} \circ g \in \mathrm{Hom}_{\mathcal{D}}(F(A), F(G(B)))$. 于是由函子 F 是完全和忠实的知, 存在唯一 $\mathcal{C}$-态射 $f \in \mathrm{Hom}_{\mathcal{C}}(A, G(B))$ 使 $F(f) = \varepsilon_B^{-1} \circ g$, 即 $g = \varepsilon_B \circ F(f)$. 故由定义 4.2.7知 $\varepsilon_B : F(G(B)) \to B$ 为从 F 到 B 的泛态射.

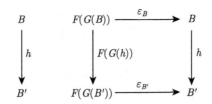

对任意 $\mathcal{D}$-态射 $h \in \mathrm{Hom}_{\mathcal{C}}(B, B')$, 由 $\varepsilon_{B'} : F(G(B')) \to B'$ 为从 F 到 B' 的泛态射知, 存在唯一 $\mathcal{C}$-态射 $G(h) \in \mathrm{Hom}_{\mathcal{C}}(G(B), G(B'))$ 使 $h \circ \varepsilon_B = \varepsilon_{B'} \circ F(G(h))$, 即下图可交换:

综上可知, 对任意 $\mathcal{D}$-对象 B 及任意 $\mathcal{D}$-态射 $h \in \mathrm{Hom}_{\mathcal{C}}(B, B')$, 对象函数 $G(B)$ 和态射函数 $G(h)$ 共同构成函子 $G : \mathcal{D} \to \mathcal{C}$. 并且对任意 $\mathcal{D}$-对象 B, 由 $B \mapsto \varepsilon_B$ 给出一个自然同构 $\varepsilon : F \circ G \to \mathrm{id}_{\mathcal{D}}$. 从而由定理 4.3.4 知, 存在从 $\mathcal{C}$ 到 $\mathcal{D}$ 的伴随 $(F, G, \varphi, \eta, \varepsilon)$ 使其单位 η 和余单位 ε 都自然同构.

(3) $\Longrightarrow$ (1) 由定义 4.2.1、定理 4.3.3 和定义 4.4.4 直接可得. $\qquad\square$

命题 4.4.7 (1) 一个范畴与它的骨架是等价的;

(2) 两个范畴等价当且仅当它们有同构的骨架.

证明 (1) 任一范畴的骨架到该范畴的包含函子满足定理 4.4.6(2), 故是等价函子, 从而范畴的骨架与该范畴等价.

(2) 如果两个范畴的骨架同构, 则由 (1) 可知两范畴等价. 反过来, 如果两个范畴是等价的, 类似于命题 4.4.3 的证明可证它们的骨架是同构的. $\qquad\square$

设范畴 $\mathcal{C}$ 有有限乘积, $A \in \mathrm{ob}(\mathcal{C})$. 则可以定义一个乘积函子 $A \times (-) : \mathcal{C} \to \mathcal{C}$ 使对任意 $\mathcal{C}$-对象 B, 有 $(A \times (-))(B) = A \times B \in \mathrm{ob}(\mathcal{C})$, 并且对任意 $\mathcal{C}$-态射 $f \in \mathrm{Hom}_{\mathcal{C}}(B, B')$, 有 $(A \times (-))(f) = \mathrm{id}_A \times f \in \mathrm{Hom}_{\mathcal{C}}(A \times B, A \times B')$, 其中态射 $\mathrm{id}_A \times f$ 的存在性见注 4.2.11.

定义 4.4.8 设范畴 $\mathcal{C}$ 有有限乘积. 若对任意 $A \in \mathrm{ob}(\mathcal{C})$, 乘积函子 $A \times (-) : \mathcal{C} \to \mathcal{C}$ 存在右伴随, 则称 $\mathcal{C}$ 是**笛卡儿闭范畴**.

可记乘积函子 $A \times (-) : \mathcal{C} \to \mathcal{C}$ 的右伴随为 $(-)^A : \mathcal{C} \to \mathcal{C}$(或记作 $A \to (-) : \mathcal{C} \to \mathcal{C}$). 则对任意 $\mathcal{C}$-对象 B, 记 $(-)^A(B) = B^A$(或记作 $[A \to B]$). 又设伴随对 $(A \times (-), (-)^A)$ 的余单位为 $\varepsilon : (A \times (-)) \circ (-)^A \to \mathrm{id}_{\mathcal{C}}$. 则对任意 $\mathcal{C}$-对象 B, 记 $\varepsilon(B) = \varepsilon_B = \mathrm{eval}_{A,B} : A \times B^A \to B$.

由定理 4.3.3 和定理 4.3.4 知有有限乘积的范畴 $\mathcal{C}$ 是笛卡儿闭的当且仅当对任意 $\mathcal{C}$-对象 A, B, 存在对象 B^A 和态射 $\mathrm{eval}_{A,B} : A \times B^A \to B$ 使对任意 $\mathcal{C}$-态射 $f \in \mathrm{Hom}_{\mathcal{C}}(A \times C, B)$, 存在唯一 $\mathcal{C}$-态射 $\overline{f} \in \mathrm{Hom}_{\mathcal{C}}(C, B^A)$ 使 $\mathrm{eval}_{A,B} \circ (\mathrm{id}_A \times \overline{f}) = f$, 即下图可交换:

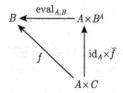

其中 $(B^A, \mathrm{eval}_{A,B})$ 称为 A 和 B 在范畴 $\mathcal{C}$ 中的**指数**, 对象 B^A(或 $[A \to B]$) 称为

A 和 B 在范畴 C 中的**指数对象**, 态射 $\text{eval}_{A,B}$ 称为**赋值态射**.

例 4.4.9　(1) 范畴 **Set** 是笛卡儿闭范畴. 其中, 集 A 和 B 的指数对象是从集 A 到 B 的所有映射构成的集 $B^A = \{f \mid f : A \to B\}$.

(2) 范畴 **Poset** 是笛卡儿闭范畴. 其中, 偏序集 A 和 B 的指数对象是从 A 到 B 的所有保序映射赋予逐点序构成的偏序集.

(3) 范畴 **Sp** 和 **Grp** 均不是笛卡儿闭的.

注 4.4.10　在理论计算机科学中通常要求使用的范畴是笛卡儿闭的, 但是很多常见的数学结构范畴不满足该性质, 因此常常需要寻找范畴的极大笛卡儿闭满子范畴.

习　题　4.4

1. 证明: 拓扑空间范畴 **Sp** 不是笛卡儿闭范畴.
2. 证明: 两个偏序集看作范畴是等价的当且仅当它们同构.
3*. 探讨一个偏序集看作范畴是笛卡儿闭范畴的充要条件.

4.5　Galois 联络

从本节开始, 重点关注与偏序集范畴 **Poset** 有关的特殊范畴. Galois 联络是偏序集范畴之间特殊的伴随函子.

定义 4.5.1　设 L 是偏序集.

(1) 若映射 $p : L \to L$ 满足 $\forall x \in L$, 有 $p(p(x)) = p(x)$, 则称 p 是**幂等的**.

(2) 若 $p : L \to L$ 保序且幂等, 则称 p 是 L 上的一个**投射**.

(3) 若 $c : L \to L$ 为 L 上的投射且 $\forall x \in L$, 有 $c(x) \geqslant x$, 则称 c 是 L 上的一个**闭包算子**.

(4) 若 $k : L \to L$ 为 L 上的投射且满足 $\forall x \in L$, 有 $k(x) \leqslant x$, 则称 k 是 L 上的一个**核算子**或**内部算子**.

Galois 联络是处理偏序结构的有效工具. 下面介绍相关概念和基本性质.

定义 4.5.2　设 L, M 是偏序集, $g : L \to M$ 和 $d : M \to L$ 都是保序映射. 若对任意 $x \in L, y \in M$, 有

$$y \leqslant g(x) \Longleftrightarrow d(y) \leqslant x,$$

则称序对 (g, d) 为 L 与 M 间的一对 **Galois 联络**, g 与 d 分别称为**上联**与**下联**.

注 4.5.3　由例 4.1.3(9), 任意偏序集 $(L, \leqslant)$ 均可看作范畴, 故偏序集 L 与 M 之间的保序映射均可看作函子. 从而 L 与 M 之间的 Galois 联络 (g, d) 实际上是一个伴随对, 其中下联 d 是 g 的左伴随, 上联 g 是 d 的右伴随, 故可记为 $d \dashv g$.

例 4.5.4 设 f 是从集 A 到 B 的映射. 则由映射像引理 (即定理 1.2.9) 知 (f^{-1}, f) 构成偏序集 $(\mathcal{P}(B), \subseteq)$ 和 $(\mathcal{P}(A), \subseteq)$ 之间的一对 Galois 联络.

定理 4.5.5 对偏序集 L 与 M 之间的给定的一对保序映射 $g : L \to M$, $d : M \to L$, 下述条件 (1) 与 (2) 等价:

(1) (g, d) 是 Galois 联络;

(2) $d \circ g \leqslant \mathrm{id}_L$, $\mathrm{id}_M \leqslant g \circ d$, 其中 id_L 与 id_M 分别表示 L 与 M 上的恒同映射;

另外, 上述条件蕴涵

(3) $d = d \circ g \circ d$ 与 $g = g \circ d \circ g$;

(4) $g \circ d$ 与 $d \circ g$ 都是幂等的, 从而分别为闭包算子和核算子.

证明 (1) $\Longrightarrow$ (2) 设 (g, d) 是 Galois 联络. 对任意 $x \in L$, 由 $g(x) \geqslant g(x)$ 知 $x \geqslant d(g(x)) = (d \circ g)(x)$. 从而 $d \circ g \leqslant \mathrm{id}_L$. 又对任意 $y \in M$, 由 $d(y) \geqslant d(y)$ 知 $(g \circ d)(y) = g(d(y)) \geqslant y$. 从而 $\mathrm{id}_M \leqslant g \circ d$.

(2) $\Longrightarrow$ (1) 设 $d \circ g \leqslant \mathrm{id}_L$, $\mathrm{id}_M \leqslant g \circ d$. 则对任意 $x \in L, y \in M$, 若 $g(x) \geqslant y$, 则 $x \geqslant (d \circ g)(x) = d(g(x)) \geqslant d(y)$. 反之, 若 $x \geqslant d(y)$, 则 $g(x) \geqslant g(d(y)) \geqslant y$. 从而由定义 4.5.2 知 (g, d) 是 Galois 联络.

(2) $\Longrightarrow$ (3) 设 $d \circ g \leqslant \mathrm{id}_L$, $\mathrm{id}_M \leqslant g \circ d$. 则用 d 复合这两不等式两端并由 d 保序得 $d \circ g \circ d \leqslant d$ 且 $d \leqslant d \circ g \circ d$. 故 $d = d \circ g \circ d$. 类似地, 可证 $g = g \circ d \circ g$.

(2) $\Longrightarrow$ (4) 显然. $\qquad\qquad\qquad\qquad\qquad\qquad\qquad\qquad\square$

定理 4.5.6 设 L, M 是偏序集.

(1) 设 $g : L \to M$ 是保序映射. 若 g 有下联 $d : M \to L$, 则 g 保 L 中存在的任意交. 反过来, 若 L 中有任意交且 g 保任意交, 则 g 存在唯一下联 $d : M \to L$.

(2) 设 $d : M \to L$ 是保序映射. 若 d 有上联 $g : L \to M$, 则 d 保 M 中存在的任意并. 反过来, 若 M 中有任意并且 d 保任意并, 则 d 存在唯一上联 $g : L \to M$.

证明 (1) 只需证存在性, 唯一性显然. 设保序映射 $g : L \to M$ 有下联 $d : M \to L$. 则对任意 $X \subseteq L$, 若 $\wedge X$ 存在, 由 g 保序知对任意 $x \in X$ 有 $g(\wedge X) \leqslant g(x)$. 故 $g(\wedge X)$ 是集 $g(X)$ 的一个下界. 设 $m \in M$ 是集 $g(X)$ 的任一下界. 则对任意 $x \in X$ 有 $g(x) \geqslant m$. 因为 (g, d) 是 Galois 联络, 由定义 4.5.2 得 $x \geqslant d(m)$. 从而有 $\wedge X \geqslant d(m)$, 即 $g(\wedge X) \geqslant m$. 这说明 $g(\wedge X)$ 是集 $g(X)$ 的最大下界, 即 $g(\wedge X) = \wedge g(X)$.

反过来, 设 L 中有任意交且 g 保任意交, 定义映射 $d : M \to L$ 为对任意 $y \in M$, $d(y) = \wedge \{x \in L \mid y \leqslant g(x)\}$. 显然, d 是保序映射. 对任意 $y \in M$, 由 g 保任意交知 $(g \circ d)(y) = g(d(y)) = g(\wedge \{x \in L \mid y \leqslant g(x)\}) = \wedge \{g(x) \in M \mid y \leqslant$

$g(x)\} \geqslant y$. 故 $g \circ d \geqslant \mathrm{id}_M$. 对任意 $a \in L$, $(d \circ g)(a) = d(g(a)) = \wedge\{x \in L \mid g(a) \leqslant g(x)\} \leqslant a$, 这说明 $d \circ g \leqslant \mathrm{id}_L$. 从而由定理 4.5.5 知 d 是 g 的下联.

(2) 是 (1) 的对偶情形, 证明可对偶进行, 读者可作为练习自证. □

习 题 4.5

1. 设 S 和 T 是偏序集, $g: S \to T$ 和 $d: T \to S$ 是保序映射, (g, d) 是 Galois 联络. 证明: 上联 g 是单射当且仅当下联 d 是满射; 上联 g 是满射当且仅当下联 d 是单射.

2. 设 $g: S \to T$ 和 $d: T \to S$ 是偏序集之间的映射. 证明下述各条等价:

(1) (g, d) 是 Galois 联络;

(2) g 是保序的且 $d(t) = \min g^{-1}(\uparrow t), \forall t \in T$;

(3) d 是保序的且 $g(s) = \max d^{-1}(\downarrow s), \forall s \in S$.

3. 证明定理 4.5.6(2).

4. 设 S 是偏序集且非空集均有交 (即下确界), T 是偏序集, $g: S \to T$ 满足 $T = \downarrow g(S)$. 证明: 若 g 保存在的交, 则 g 有下联 $d: T \to S$ 定义为 $\forall t \in T, d(t) = \inf g^{-1}(\uparrow t)$.

4.6 分配格、Boole 代数与 Heyting 代数

4.6.1 半格、格和分配格

定义 4.6.1 设 L 为偏序集.

(1) 若 L 中任意非空有限子集都有下确界, 则称 L 为**交半格**, 简称**半格**.

(2) 若 L 中任意非空有限子集都有上确界, 则称 L 为**并半格**.

(3) 若 L 既是交半格又是并半格, 则称 L 是一个**格**. 存在最大元 1 和最小元 0 的格称为**有界格**.

例 4.6.2 (1) 全序集 (即链) 都是格. 故实数集、有理数集、整数集在通常序下都是格.

(2) 设 X 是非空集合, 则 X 的幂集 $\mathcal{P}(X)$ 在集合包含序下构成一个格, 称为**幂集格**.

命题 4.6.3 (1) 设 L 为并半格. 则 L 的若干理想的交如果不是空集, 则还是理想.

(2) 设 L 为交半格. 则 L 的若干滤子的交如果不是空集, 则还是滤子.

证明 证明是直接的, 读者可作为练习自证. □

定理 4.6.4 设 $(L, \leqslant)$ 是一个格, 则对任意 $a, b, c \in L$, 有

(1) $a \vee a = a$, $a \wedge a = a$;

(2) $a \vee b = b \vee a$, $a \wedge b = b \wedge a$;

(3) $(a \vee b) \vee c = a \vee (b \vee c)$, $(a \wedge b) \wedge c = a \wedge (b \wedge c)$;

(4) $a \vee (a \wedge b) = a$, $a \wedge (a \vee b) = a$;

(5) $a \leqslant b$ 当且仅当 $a \vee b = b$ 当且仅当 $a \wedge b = a$.

证明 证明是直接的, 读者可作为练习自证. □

定义 4.6.5 设 L_1, L_2 是格, $f: L_1 \to L_2$ 是映射. 若 f 保有限非空交和有限非空并, 则称 f 为**格同态**. 既单且满的格同态称为**格同构**.

定理 4.6.6 设 L_1, L_2 是格, $f: L_1 \to L_2$ 是映射. 则 f 是格同构当且仅当 f 是序同构.

证明 必要性: 设 f 是格同构, 则 f 是保序映射. 又对任意 $x, y \in L_2$, 若 $x \leqslant y$, 由 f 是格同构知 $f(f^{-1}(x) \vee f^{-1}(y)) = f(f^{-1}(x)) \vee f(f^{-1}(y)) = x \vee y = y$. 故 $f^{-1}(x) \vee f^{-1}(y) = f^{-1}(y)$. 于是 $f^{-1}(x) \leqslant f^{-1}(y)$. 从而 f^{-1} 是保序映射.

充分性: 设 f 是序同构. 对任意 $a, b \in L_1$, 记 $a \vee b = c$. 由 f 保序知 $f(a), f(b) \leqslant f(c)$. 对任意 $z \in L_2$. 若 $f(a), f(b) \leqslant z$. 由 f 是双射知存在 $d \in L_1$ 使 $f(d) = z$. 再由 f^{-1} 保序知 $f^{-1}(f(a)), f^{-1}(f(b)) \leqslant f^{-1}(z)$, 即 $a, b \leqslant d$. 于是有 $a \vee b = c \leqslant d$. 从而 $f(c) \leqslant f(d) = z$. 这说明 $f(a) \vee f(b) = f(c) = f(a \vee b)$, 即 f 保非空有限并. 用类似的方法可以证明 f 也保非空有限交. 故 f 是格同构. □

定义 4.6.7 设 L 是格, $S \subseteq L$. 若 S 对 L 的非空有限并与交都封闭, 则称 S 是 L 的**子格**.

注 4.6.8 (1) 空集可认为是任一格的子格;

(2) 若 S 是格 L 的子格, 则 S 作为 L 的子偏序集本身也是格;

(3) 格 L 的任意多个子格的交集还是一个子格.

定义 4.6.9 设 L 是一个格, $a \in L$.

(1) 若 $a \neq 1$ 且 $\forall x, y \in L$, 当 $x \wedge y \leqslant a$ 时有 $x \leqslant a$ 或 $y \leqslant a$, 则称 a 是 L 的**素元**;

(2) 若 $a \neq 1$ 且 $\forall x, y \in L$, 当 $x \wedge y = a$ 时有 $x = a$ 或 $y = a$, 则称 a 是 L 的**交既约元**;

(3) 若 $a \neq 0$ 且 $\forall x, y \in L$, 当 $a \leqslant x \vee y$ 时有 $a \leqslant x$ 或 $a \leqslant y$, 则称 a 是 L 的**余素元**;

(4) 若 $a \neq 0$ 且 $\forall x, y \in L$, 当 $x \vee y = a$ 时有 $x = a$ 或 $y = a$, 则称 a 是 L 的**并既约元**;

(5) 理想格 $(\mathrm{Idl}(L), \subseteq)$ 中的 (余) 素元称为 L 中的 **(余) 素理想**;

(6) 滤子格 $(\mathrm{Filt}(L), \subseteq)$ 中的 (余) 素元称为 L 中的 **(余) 素滤子**.

易见 a 是格 L 的素元当且仅当 a 是 L 的对偶 L^{op} 的余素元.

定义 4.6.10 设 $(L, \leqslant)$ 是一个格. 若对于任意 $a, b, c \in L$, 下列条件成立:

$$a \wedge (b \vee c) = (a \wedge b) \vee (a \wedge c), \tag{4.6.1}$$

$$a \vee (b \wedge c) = (a \vee b) \wedge (a \vee c), \tag{4.6.2}$$

则称 L 是一个**分配格**.

显然, 一个格 L 是分配格当且仅当其对偶 L^{op} 是分配格.

注 4.6.11　定义 4.6.10 中的分配律 (4.6.1) 和 (4.6.2) 等价.

证明　以分配律 (4.6.1) 推得分配律 (4.6.2) 为例证之.

设对于任意 $a, b, c \in L$, 分配律 (4.6.1) 成立. 则有

$$(a \vee b) \wedge (a \vee c) = ((a \vee b) \wedge a) \vee ((a \vee b) \wedge c)$$

$$= a \vee ((a \vee b) \wedge c) = a \vee (a \wedge c) \vee (b \wedge c)$$

$$= a \vee (b \wedge c).$$

这推得分配律 (4.6.2) 成立.　　　　　　　　　　　　　　　　　　　　□

命题 4.6.12　设 $(L, \leqslant)$ 是格, $a \in L$. 则

(1) 若 L 是分配格, 则 a 是 L 的素元当且仅当 a 是 L 的交既约元;

(2) 若 L 是分配格, 则 a 是 L 的余素元当且仅当 a 是 L 的并既约元;

(3) $I \in \mathrm{Idl}(L)$ 为 L 的素理想当且仅当 $\forall a, b \in I, a \wedge b \in I$ 蕴涵 $a \in I$ 或 $b \in I$;

(4) $F \in \mathrm{Filt}(L)$ 为 L 的素滤子当且仅当 $\forall a, b \in F, a \vee b \in F$ 蕴涵 $a \in F$ 或 $b \in F$.

证明　(1) 必要性: 对任意 $x, y \in L$, 当 $x \wedge y = a$ 时, 由 a 是 L 的素元知 $x \leqslant a$ 或 $y \leqslant a$. 又由 $x \wedge y = a$ 知 $a \leqslant x$ 且 $a \leqslant y$. 故 $x = a$ 或 $y = a$. 这说明 a 是 L 的交既约元.

充分性: 对任意 $x, y \in L$, 当 $x \wedge y \leqslant a$ 时, 由 L 是分配格知 $a = a \vee (x \wedge y) = (a \vee x) \wedge (a \vee y)$. 由 a 是 L 的交既约元知 $a \vee x = a$ 或 $a \vee y = a$. 这说明 $x \leqslant a$ 或 $y \leqslant a$.

(2) 这是 (1) 的对偶命题.

(3) 必要性: 易验证两主理想的交 $\downarrow a \cap \downarrow b = \downarrow (a \wedge b)$. 故若 I 是素理想且 $a \wedge b \in I$, 则 $\downarrow a \subseteq I$ 或 $\downarrow b \subseteq I$, 即 $a \in I$ 或 $b \in I$.

充分性: 设 $J, K \in \mathrm{Idl}(L)$ 且 $J \cap K \subseteq I$. 如果 $J \not\subseteq I$ 且 $K \not\subseteq I$, 则存在 $a \in J$ 和 $b \in K$ 使 $a, b \notin I$. 因 $J \cap K = \{x \wedge y \mid x \in J, y \in K\} \subseteq I$, 故有 $a \wedge b \in I$, 从而 $a \in I$ 或 $b \in I$, 矛盾! 说明当 $J, K \in \mathrm{Idl}(L)$ 且 $J \cap K \subseteq I$ 时必有 $J \subseteq I$ 或 $K \subseteq I$, 即 I 为 L 的素理想.

(4) 这是 (3) 的对偶命题.　　　　　　　　　　　　　　　　　　　　□

例 4.6.13　(1) 设 $(X, \mathcal{T})$ 是拓扑空间. 则由定义 2.1.9 易知**开集格** $(\mathcal{T}, \subseteq)$ 是分配格. 并且对任意 $x \in X$, $X - \overline{\{x\}}$ 是 $(\mathcal{T}, \subseteq)$ 的素元. 事实上, 对任意 U,

$V \in \mathcal{T}$, 若 $U \cap V \subseteq X - \overline{\{x\}}$, 则必有 $U \subseteq X - \overline{\{x\}}$ 或 $V \subseteq X - \overline{\{x\}}$, 否则将有 $x \in U \cap V$, 与 $U \cap V \subseteq X - \overline{\{x\}}$ 矛盾!

(2) 设 $(X, \mathcal{T})$ 是拓扑空间, $\mathcal{T}^*$ 为 X 的全体闭集构成的集. 则由定义 2.2.6 易知闭集格 $(\mathcal{T}^*, \subseteq)$ 序同构于开集格 $\mathcal{T}$ 的对偶 $\mathcal{T}^{op}$. 从而 $(\mathcal{T}^*, \subseteq)$ 是分配格. 并且由 (1) 和命题 4.6.12 知对任意 $x \in X$, $\overline{\{x\}}$ 是 $(\mathcal{T}^*, \subseteq)$ 的余素元 (或并既约元).

(3) 如图 4.1, 五元钻石格 M_5 和五边形格 N_5 是两个典型的非分配格.

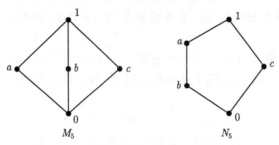

图 4.1 五元钻石格 M_5 和五边形格 N_5

命题 4.6.14 对分配格 L 中任意元 a, b, c, 存在至多一个 $x \in L$ 使 $x \wedge a = b$, $x \vee a = c$.

证明 设 $x, y \in L$, 并且 $x \wedge a = b = y \wedge a$, $x \vee a = c = y \vee a$. 因 $x \vee a = c = y \vee a$, 故 $x \vee y \leqslant c$. 又因 $(L, \leqslant)$ 是分配格, 故

$$x = x \vee (x \wedge a) = x \vee (y \wedge a) = (x \vee y) \wedge (x \vee a) = (x \vee y) \wedge c = x \vee y.$$

同理可证 $y = y \vee x$. 所以 $x = y$. □

4.6.2 Boole 格与完备 Boole 代数

由命题 4.6.14 知, 在有界分配格中, 若某元的补元存在, 则其补元是唯一的.

定义 4.6.15 若偏序集 L 中任意子集都有上确界和下确界, 则称 L 是一个**完备格**.

命题 4.6.16 偏序集 L 是完备格当且仅当 L 中的任一子集都有上确界.

证明 必要性: 显然.

充分性: 只需证 L 中任一子集都有下确界. 为此, 对 $P \subseteq L$, 令 $A = \{x \in L \mid \forall p \in P, x \leqslant p\}$ 为 P 的下界集, 则 $\sup A$ 存在, 下证 $\inf P = \sup A$. 因 $\forall p \in P$ 均是 A 的上界, 故 $\sup A \leqslant p$, 从而 $\sup A$ 是 P 的下界, $\sup A \in A$. 这说明 $\sup A$ 为 P 的最大下界, 即 $\sup A = \inf P$. □

类似可证偏序集 L 是完备格当且仅当 L 中的任一子集都有下确界.

例 4.6.17　(1) 实数集 $\mathbb{R}$ 在通常序下不是完备格.

(2) 设 X 是任意非空集合, 则幂集格 $(\mathcal{P}(X), \subseteq)$ 是完备格.

(3) 含有有限个元素的格 (简称为**有限格**) 都是完备格.

(4) 设 $(X, \mathcal{T})$ 是拓扑空间. 则开集格 $(\mathcal{T}, \subseteq)$ 是完备格.

定义 4.6.18　设 L 是一个有界格, $0, 1$ 为其最小元和最大元, $a, b \in L$. 若 $a \vee b = 1, a \wedge b = 0$, 则称 a 与 b **互为补元**, 称 a 和 b **有补元**, 元 a 的补元记作 a'.

定义 4.6.19　设 $(L, \leqslant)$ 是有界分配格. 若 L 的每个元都有补元, 则称 L 是一个 **Boole 代数**或 **Boole 格**. 完备格若是 Boole 代数, 则称之为**完备 Boole 代数**, 简记为 **cBa**.

于是, Boole 格 L 中有一个一元运算 $(\cdot)' : L \to L, \ a \mapsto a'$.

定理 4.6.20　设 $\mathcal{O}_{\mathrm{reg}}(X)$ 是拓扑空间 X 的全体正则集, 则 $(\mathcal{O}_{\mathrm{reg}}(X), \subseteq)$ 是完备 Boole 代数.

证明　首先, $\varnothing, X \in \mathcal{O}_{\mathrm{reg}}(X)$. 又 $\forall U_i \in \mathcal{O}_{\mathrm{reg}}(X)(i \in I)$, 由习题 2.2(9) 得 $(\bigcup_{i \in I} U_i)^{-\circ}$ 为含 $\bigcup_{i \in I} U_i$ 的最小正则集, $(\bigcap_{i \in I} U_i)^{-\circ}$ 为含于 $\bigcap_{i \in I} U_i$ 的最大正则集. 于是在 $\mathcal{O}_{\mathrm{reg}}(X)$ 中, $\bigwedge_{i \in I} U_i = (\bigcap_{i \in I} U_i)^{-\circ}$, $\bigvee_{i \in I} U_i = (\bigcup_{i \in I} U_i)^{-\circ}$. 又 $\forall U, V, W \in \mathcal{O}_{\mathrm{reg}}(X)$, 由命题 2.2.18 有

$$W \wedge (U \vee V) = [W \cap (U \cup V)^{-\circ}]^{-\circ}$$
$$= [W \cap (U \cup V)^{-}]^{\circ -\circ}$$
$$\subseteq [W \cap (U \cup V)]^{-\circ -\circ}$$
$$= [(W \cap U) \cup (W \cap V)]^{-\circ}$$
$$\subseteq [(W \cap U)^{-\circ} \cup (W \cap V)^{-\circ}]^{-\circ}$$
$$= (W \wedge U) \vee (W \wedge V).$$

而 $W \wedge (U \vee V) \supseteq (W \wedge U) \vee (W \wedge V)$ 显然, 故 $(\mathcal{O}_{\mathrm{reg}}(X), \subseteq)$ 是分配格. 对 $U \in \mathcal{O}_{\mathrm{reg}}(X)$, 令 $U^* = X - U^- = U^{-c}$, 则由 $U^{-c\circ} = U^{-\circ c\circ} = U^{c\circ} = U^{-c}$ 知 $U^* \in \mathcal{O}_{\mathrm{reg}}(X)$. 又 $U \vee U^* = [U \cup (X - U^-)]^{-\circ} = [U^- \cup (X - U^-)^-]^\circ \supseteq X^\circ = X$, $U \wedge U^* = [U \cap (X - U^-)]^{-\circ} = \varnothing$, 即 U^* 是 U 的补元. 综上知 $(\mathcal{O}_{\mathrm{reg}}(X), \subseteq)$ 是完备 Boole 代数. □

4.6.3　Heyting 代数与伪补

比 Boole 代数弱的一个概念是 Heyting 代数. Heyting 代数是作为直觉主义命题逻辑的代数模型 (即直觉主义命题演算的 Tarski-Lindenbaum 代数) 而引入的.

定义 4.6.21 设 $(L, \leqslant)$ 是格, $\rightarrow$ 是 L 上的二元运算. 若下列条件

$$\forall a, b, c \in L, \ a \wedge b \leqslant c \Longleftrightarrow b \leqslant (a \rightarrow c)$$

成立, 则称 $(L, \leqslant)$ 是一个 **Heyting 代数**. 若一个 Heyting 代数 L 还是完备格, 则称 L 为一个**完备 Heyting 代数**, 简记为 **cHa**.

一般 Heyting 代数不必有最小元, 但一定有最大元. 若 Heyting 代数 L 有最小元 0, 则对任一元 $a \in L$, 称 $a \rightarrow 0$ 为 a 的**伪补**, 记为 $\neg a = a \rightarrow 0$.

命题 4.6.22 设 L 是 Heyting 代数. 则对任意 $a, b, c \in L$, 有

(1) $a \rightarrow a$ 为 L 的最大元, 记为 1;

(2) $a \wedge (a \rightarrow b) = a \wedge b$;

(3) $b \wedge (a \rightarrow b) = b$, 特别地, $b \leqslant a \rightarrow b$;

(4) $a \rightarrow (b \wedge c) = (a \rightarrow b) \wedge (a \rightarrow c)$.

证明 (1) 对任意 $x \in L$, 由 L 是 Heyting 代数及 $a \wedge x \leqslant a$ 知 $x \leqslant (a \rightarrow a)$. 这说明 $a \rightarrow a \in L$ 是 L 的上界, 从而是 L 的最大元, 记为 $a \rightarrow a = 1$.

(2) 由 L 是 Heyting 代数及 $(a \rightarrow b) \leqslant (a \rightarrow b)$ 知 $a \wedge (a \rightarrow b) \leqslant b$. 故 $a \wedge (a \rightarrow b) \leqslant a \wedge b$. 又由 L 是 Heyting 代数及 $a \wedge (a \wedge b) \leqslant b$ 知 $(a \wedge b) \leqslant (a \rightarrow b)$. 从而有 $(a \wedge b) \leqslant a \wedge (a \rightarrow b)$. 综上知 $a \wedge (a \rightarrow b) = a \wedge b$.

(3) 由 L 是 Heyting 代数及 $a \wedge b \leqslant b$ 知 $b \leqslant (a \rightarrow b)$. 从而有 $b \wedge (a \rightarrow b) = b$.

(4) 由 (2) 知 $a \wedge (a \rightarrow (b \wedge c)) = a \wedge (b \wedge c) \leqslant b$. 故由 L 是 Heyting 代数知 $a \rightarrow (b \wedge c) \leqslant (a \rightarrow b)$. 同理, $a \rightarrow (b \wedge c) \leqslant (a \rightarrow c)$. 于是有 $a \rightarrow (b \wedge c) \leqslant (a \rightarrow b) \wedge (a \rightarrow c)$. 因为

$$a \wedge (a \rightarrow b) \wedge (a \rightarrow c) = (a \wedge (a \rightarrow b)) \wedge (a \wedge (a \rightarrow c))$$

$$= (a \wedge b) \wedge (a \wedge c) \leqslant b \wedge c,$$

故 $(a \rightarrow b) \wedge (a \rightarrow c) \leqslant a \rightarrow (b \wedge c)$. 综上知 $a \rightarrow (b \wedge c) = (a \rightarrow b) \wedge (a \rightarrow c)$. $\square$

推论 4.6.23 设 L 是 Heyting 代数. 则对任意 $a \in L$, 映射 $a \rightarrow (\cdot) : L \rightarrow L$ 是保序映射, 从而 $(a \rightarrow (\cdot), a \wedge (\cdot))$ 是 $(L, \leqslant)$ 上的 Galois 联络.

证明 由命题 4.6.22(4)、定义 4.6.21 和定义 4.5.2 立得. $\square$

命题 4.6.24 (1) 若 L 是 Heyting 代数, 则 L 是分配格.

(2) 若 L 是一个 Boole 代数, 则 L 是一个 Heyting 代数.

证明 (1) 由注 4.6.11 知, 只需证明对任意 $a, b, c \in L$, 有 $a \wedge (b \vee c) = (a \wedge b) \vee (a \wedge c)$. 显然, $a \wedge (b \vee c) \geqslant (a \wedge b) \vee (a \wedge c)$. 因为 $a \wedge b \leqslant a \wedge b$, $a \wedge c \leqslant a \wedge c$, 故由 L 是 Heyting 代数知 $b \leqslant a \rightarrow (a \wedge b)$ 且 $c \leqslant a \rightarrow (a \wedge c)$. 从而由推论 4.6.23 知

$$(b \vee c) \leqslant (a \rightarrow (a \wedge b)) \vee (a \rightarrow (a \wedge c)) \leqslant (a \rightarrow ((a \wedge b) \vee (a \wedge c))),$$

于是 $a \wedge (b \vee c) \leqslant (a \wedge b) \vee (a \wedge c)$. 综上可得 $a \wedge (b \vee c) = (a \wedge b) \vee (a \wedge c)$.

(2) 设 L 是一个 Boole 代数. 对任意 $a, b \in L$, 规定 $a \to b = a' \vee b$. 则利用分配性, 对任意 $a, b, c \in L$, 当 $a \wedge b \leqslant c$ 时, 有

$$b = b \wedge (a \vee a') = (b \wedge a) \vee (b \wedge a') \leqslant c \vee a' = (a \to c);$$

当 $b \leqslant (a \to c)$ 时, 有

$$a \wedge b \leqslant a \wedge (c \vee a') = a \wedge c \leqslant c.$$

由定义 4.6.21 知 L 是 Heyting 代数.   □

推论 4.6.25   若 a 是有界 Heyting 代数 L 的有补元, 则 a 的伪补 $\neg a = a \to 0$ 就是补元.

证明   若 b 是 a 的一个补元, 则 $a \wedge b = 0$, 进而 $b \leqslant a \to 0$, 故 $a \vee (a \to 0) \geqslant a \vee b = 1$, 又 $a \wedge (a \to 0) = a \wedge 0 = 0$, 所以 $a \to 0$ 也为 a 的补元. 又由 Heyting 代数是分配格及命题 4.6.14 知 a 的补元唯一, 就是伪补 $\neg a = a \to 0$.   □

习 题   4.6

1. 证明: 一个格是分配格当且仅当该格没有子格与格 M_5 和 N_5(图 4.1) 中任何一个同构.
提示: 参见文献 [29].
2. 举例说明 Heyting 代数 H 中不必有最小元.
3. 证明: 格 H 是 Heyting 代数当且仅当 $\forall a, b \in H$, $\max\{c \in H \mid c \wedge a \leqslant b\}$ 存在.
4. 设 L 是格, $a \in L$.
证明: a 是 L 的素元当且仅当 $\downarrow a$ 是素理想; a 是 L 的余素元当且仅当 $\uparrow a$ 是素滤子.
5. 证明: 一个偏序集 P 看作一个范畴是完备的当且仅当 P 是一个完备格.
6. 设 L 是完备格, $f : L \to L$ 是保序映射.
证明: 不动点集 $\mathrm{fix}(f) = \{x \in L \mid x = f(x)\}$ 是一个完备格.
7. 证明: 有界格 L 是 Boole 代数当且仅当 L 是 Heyting 代数且满足 $\forall x \in L$, $\neg\neg x = x$.
8. 证明: 任意 Boole 格看作一个范畴是笛卡儿闭范畴.
9. 设 L 是格, $\Delta : L \to L \times L, \forall a \in L, \Delta(a) = (a, a)$ 为对角映射.
证明: Δ 有上联 $\wedge : L \times L \to L$, 同时有下联 $\vee : L \times L \to L$.

4.7   Locale 与空间式 Locale

本节继续考虑偏序集范畴的特殊子范畴——Locale 范畴, 这属于 Locale 理论. 这一理论又称无点化拓扑. 因任一拓扑空间的拓扑都是具有无限分配律的完备格, 是特殊的完备 Heyting 代数, 即 cHa, 故人们将一般的 cHa 作为广义拓扑空间, 从而有了无点化拓扑. 当考虑它们之间的连续映射及其性质时, 情况要比通常的连续映射复杂得多.

定义 4.7.1 设 L 是完备格. 若对任意 $x \in L, Y \subseteq L$, 有如下无限分配律成立:

$$x \wedge (\vee Y) = \vee \{ x \wedge y \mid y \in Y \}, \tag{ID}$$

则称完备格 L 是一个 **frame** 或 **Locale**.

注 4.7.2 设 $(L, \leqslant)$ 是一个 frame, $a \in L$. 因为映射 $a \wedge (\cdot) : L \to L$ 保任意并, 故由定理 4.5.6 知它存在上联, 用 $a \to (\cdot)$ 表示. 从而由定义 4.5.2 知对任意 $a, b, c \in L$, $a \wedge b \leqslant c \Longleftrightarrow b \leqslant a \to c$. 这说明任一 frame 均是 cHa. 反之, 设 $(L, \leqslant)$ 是一个 cHa, $a \in L$. 则由推论 4.6.23 知映射 $a \wedge (\cdot) : L \to L$ 有上联. 从而由定理 4.5.6 知 $a \wedge (\cdot)$ 保任意并, 即无限分配律成立. 因此, cHa 和 frame 实际上是等价的.

例 4.7.3 (1) 设单位闭区间 $\mathbf{I} = [0,1]$, 则 $(\mathbf{I}, \leqslant)$ 是一个 frame.

(2) 设 $\mathcal{T}(X)$ 是集合 X 上的一个拓扑, 则开集格 $(\mathcal{T}(X), \subseteq)$ 是一个 frame.

定义 4.7.4 (1) 设 $(L, \leqslant)$ 和 $(M, \leqslant)$ 是 frame, $f : L \to M$ 是映射. 若 f 保持任意并和有限交, 则称 f 是 **frame 同态**.

(2) 以 frame 为对象, frame 同态为态射的范畴称为 **Frame 范畴**, 记作 **Frm**.

(3) Frame 范畴的对偶范畴称为 **Locale 范畴**, 记作 **Loc**, 其对象为 Locale, 态射称为 **Locale 连续映射**.

注 4.7.5 由定义 4.7.1 和注 4.7.2 知, 若只涉及对象, Frame, Locale 与 cHa 没有区别, 只有涉及态射时, 才有所不同. 于是下文重点关注范畴 **Loc** 中态射, 即 Locale 连续映射.

例 4.7.6 设 $(X, \mathcal{T}(X))$ 和 $(Y, \mathcal{T}(Y))$ 是拓扑空间, $f : X \to Y$ 是连续映射. 则易见 $f^{-1} : \mathcal{T}(Y) \to \mathcal{T}(X)$ 是 frame 同态. 从而该同态确定了一个 Locale 连续映射 $\mathcal{T}(f) = (f^{-1})^{op} : \mathcal{T}(X) \to \mathcal{T}(Y)$.

设 $(X, \mathcal{T}(X))$ 是拓扑空间, $\{a\}$ 为任意单点空间, 记 $\mathcal{T}(\{a\}) = \mathbf{2} = \{0,1\}$. 则 X 中的点 x 与满足 $f(a) = x$ 的连续映射 $f : \{a\} \to X$ 是一致的. 并且 $f^{-1} : \mathcal{T}(X) \to \mathbf{2}$ 是一 frame 同态. 由此引入以下定义.

定义 4.7.7 设 L 是 Locale, $\{a\}$ 为任意单点空间, 记 $\mathcal{T}(\{a\}) = \mathbf{2} = \{0,1\}$. 则称任一 frame 同态 $p : L \to \mathbf{2}$ 为 L 的 **Locale 点**, 简称为点. 记 $\mathrm{pt}L = \{ p \mid p : L \to \mathbf{2}$ 是 frame 同态$\}$, 即 $\mathrm{pt}L$ 是 Locale L 的全体点构成的集, 并赋予映射的点式序.

命题 4.7.8 设 L 是 Locale.

(1) 若对任意 $x \in L$, 令 $\phi(x) = \{ p \in \mathrm{pt}L \mid p(x) = 1 \}$, 则 $\mathrm{pt}L$ 的子集族 $\{ \phi(x) \mid x \in L \}$ 构成 $\mathrm{pt}L$ 上的一个拓扑, 记作 $\mathcal{T}(\mathrm{pt}L)$;

(2) 空间 $(\mathrm{pt}L, \mathcal{T}(\mathrm{pt}L))$ 是 T_0 空间;

(3) 映射 $\phi: L \to \mathcal{T}(\mathrm{pt}L)$, $x \mapsto \phi(x)$ 是满的 frame 同态.

证明 (1) 设 0_L, 1_L 分别为 Locale L 的最小元和最大元. 显然, $\phi(0_L) = \varnothing$, $\phi(1_L) = \mathrm{pt}L$. 故 $\varnothing$, $\mathrm{pt}L \in \mathcal{T}(\mathrm{pt}L)$. 设 $\phi(x)$, $\phi(y) \in \mathcal{T}(\mathrm{pt}L)$, 可以断言 $\phi(x) \cap \phi(y) = \phi(x \wedge y)$. 对任意 $p \in \phi(x) \cap \phi(y)$, 有 $p(x) = 1$ 且 $p(y) = 1$. 故由 $p: L \to \mathbf{2}$ 为 frame 同态知 $p(x \wedge y) = p(x) \wedge p(y) = 1$. 这说明 $p \in \phi(x \wedge y)$, 即 $\phi(x) \cap \phi(y) \subseteq \phi(x \wedge y)$. 反之, 对任意 $p \in \phi(x \wedge y)$, 有 $p(x \wedge y) = p(x) \wedge p(y) = 1$. 故有 $p(x) = 1$ 且 $p(y) = 1$. 这说明 $p \in \phi(x) \cap \phi(y)$, 即 $\phi(x \wedge y) \subseteq \phi(x) \cap \phi(y)$. 从而 $\phi(x) \cap \phi(y) = \phi(x \wedge y) \in \mathcal{T}(\mathrm{pt}L)$. 类似可证对任意一族 $\{\phi(x) \mid x \in S\}(S \subseteq L)$, 有 $\bigcup_{x \in S} \phi(x) = \phi(\vee\{x \mid x \in S\}) \in \mathcal{T}(\mathrm{pt}L)$. 综上, 由定义 2.1.9 知 $\mathcal{T}(\mathrm{pt}L)$ 构成 $\mathrm{pt}L$ 上的一个拓扑.

(2) 对任意 $p, q \in \mathrm{pt}L$, 若 $p \neq q$, 则存在 $x \in L$ 使 $p(x) \neq q(x)$. 这说明空间 $\mathrm{pt}L$ 中的开集 $\phi(x)$ 只包含 p 与 q 中之一, 故空间 $(\mathrm{pt}L, \mathcal{T}(\mathrm{pt}L))$ 是 T_0 空间.

(3) 由 (1) 的证明可直接获证. $\square$

定理 4.7.9 设 L 是 Locale, $\mathrm{pt}^\circ L$ 表示 L 的全体素元之集.

(1) 映射 $\sigma: \mathrm{pt}L \to \mathrm{pt}^\circ L$, $p \mapsto \vee p^{-1}(0)$ 是双射;

(2) 若对任意 $x \in L$, 令

$$\phi^\circ(x) = \sigma(\phi(x)) = \{\sigma(p) \mid p \in \phi(x)\} = \{\vee p^{-1}(0) \mid p \in \phi(x)\},$$

其中 $\phi(x) = \{p \in \mathrm{pt}L \mid p(x) = 1\} \in \mathcal{T}(\mathrm{pt}L)$. 则 $\mathrm{pt}^\circ L$ 的子集族 $\{\phi^\circ(x) \mid x \in L\}$ 构成 $\mathrm{pt}^\circ L$ 上的一个拓扑, 记作 $\mathcal{T}(\mathrm{pt}^\circ L)$;

(3) 映射 $\phi^\circ: L \to \mathcal{T}(\mathrm{pt}^\circ L)$, $x \mapsto \phi^\circ(x)$ 是满的 frame 同态;

(4) 对任意 $x \in L$, $\phi^\circ(x) = \{a \in \mathrm{pt}^\circ L \mid x \not\leqslant a\}$;

(5) 映射 $\sigma: (\mathrm{pt}L, \mathcal{T}(\mathrm{pt}L)) \to (\mathrm{pt}^\circ L, \mathcal{T}(\mathrm{pt}^\circ L))$ 使 $p \mapsto \vee p^{-1}(0)$ 是同胚映射;

(6) 空间 $(\mathrm{pt}^\circ L, \mathcal{T}(\mathrm{pt}^\circ L))$ 是 T_0 空间.

证明 (1) 对任意 $p \in \mathrm{pt}L$, 由 $p: L \to \mathbf{2}$ 为 frame 同态知 $p^{-1}(0) \neq \varnothing$ 且是 L 的下集. 令 $a = \vee p^{-1}(0)$. 由 p 保任意并知 $p(a) = p(\vee p^{-1}(0)) = \vee p(p^{-1}(0)) = 0$, 从而 $a = \vee p^{-1}(0) \in p^{-1}(0)$. 故 $p^{-1}(0) = \downarrow a$ 是一个主理想. 下证 $a = \vee p^{-1}(0)$ 是 L 的素元. 设 1_L 为 L 的最大元. 由 $a \in p^{-1}(0)$ 知 $a \neq 1_L$. 对任意 $c, d \in L$, 若 $c \wedge d \leqslant a$, 则 $c \wedge d \in \downarrow a = p^{-1}(0)$. 于是由 $p: L \to \mathbf{2}$ 为 frame 同态有 $p(c \wedge d) = p(c) \wedge p(d) = 0$, 从而 $p(c) = 0$ 或 $p(d) = 0$, 即 $c \leqslant a$ 或 $d \leqslant a$. 由定义 4.6.9 知 $a = \vee p^{-1}(0)$ 是 L 的素元, 即 $a \in \mathrm{pt}^\circ L$. 故映射 $\sigma: \mathrm{pt}L \to \mathrm{pt}^\circ L$ 的定义合理. 对于 $p \in \mathrm{pt}L$, 因 p 和 $\sigma(p)$ 完全决定于 $p^{-1}(0) = \downarrow a$, 故 σ 为单射.

又对任意 $b \in \mathrm{pt}^\circ L$. 规定映射 $p_b: L \to \mathbf{2}$ 使

$$p_b(z) = \begin{cases} 0, & z \leqslant b, \\ 1, & z \not\leqslant b. \end{cases}$$

由 b 为素元易直接验证 $p_b : L \to \mathbf{2}$ 是 frame 同态. 又 $\sigma(p_b) = \vee p^{-1}(0) = \vee \downarrow b = b$. 故 σ 为满射, 从而 $\sigma : \mathrm{pt}L \to \mathrm{pt}^\circ L$ 是双射.

(2) 由 (1) 及命题 4.7.8(1) 可得.

(3) 由 (1), (2) 及命题 4.7.8(3) 直接验证可得.

(4) 设 $x \in L$, 令 $H_x = \{a \in \mathrm{pt}^\circ L \mid x \not\leqslant a\}$. 则对任意 $a \in \phi^\circ(x)$, 由 (1) 和 (2) 知存在 $p \in \mathrm{pt}L$ 使 $a = \vee p^{-1}(0)$, $p^{-1}(0) = \downarrow a$ 且 $p(x) = 1$. 从而 $x \not\leqslant a$. 这说明 $\phi^\circ(x) \subseteq H_x$. 反之, 对任意 $a \in H_x$, 由 $a \in \mathrm{pt}^\circ L$, $x \not\leqslant a$ 及 (1) 知存在 $\sigma^{-1}(a) = p_a \in \mathrm{pt}L$ 使 $a = \vee p_a^{-1}(0)$ 且 $p_a(x) = 1$, 即 $a \in \phi^\circ(x)$. 这说明 $H_x \subseteq \phi^\circ(x)$. 综上知对任意 $x \in L$, $\phi^\circ(x) = H_x = \{a \in \mathrm{pt}^\circ L \mid x \not\leqslant a\}$.

(5) 由 (1) 和 (2) 可得.

(6) 由 (5) 和命题 4.7.8(2) 可得. □

定义 4.7.10 设 L 是完备格, $x, y \in L$, $x \neq 1, y \neq 0$.

(1) 若 $\forall x_i \in L$ $(i \in J)$, 当 $\wedge x_i \leqslant x$ 时有 $i \in J$ 使 $x_i \leqslant x$, 则称 x 为 L 的**完全素元**;

(2) 若 $\forall x_i \in L$ $(i \in J)$, 当 $\vee x_i \geqslant y$ 时有 $i \in J$ 使 $x_i \geqslant x$, 则称 y 为 L 的**完全余素元**;

(3) L 的真理想 I 称为**完全素理想**, 如果 $S \subseteq L$ 且 $\wedge S \in I$ 可得 $S \cap I \neq \varnothing$;

(4) L 的真滤子 F 称为**完全素滤子**, 如果 $S \subseteq L$ 且 $\vee S \in F$ 可得 $S \cap F \neq \varnothing$.

定义 4.7.11 设 L 是 Locale. 若 frame 满同态 $\phi : L \to \mathcal{T}(\mathrm{pt}L)$, $x \mapsto \phi(x)$ 是单射 (从而是格同构或序同构), 则称 L 是**空间式 Locale**.

定理 4.7.12 设 L 是 Locale. 则下列条件等价:

(1) L 是空间式的;

(2) 对任意 $x, y \in L$, 若 $x \not\leqslant y$, 则存在 $p \in \mathrm{pt}L$ 使 $p(x) = 1$ 和 $p(y) = 0$;

(3) 对任意 $x, y \in L$, 若 $x \not\leqslant y$, 则存在 L 的素元 a 使 $y \leqslant a$, 但 $x \not\leqslant a$.

证明 (1) $\Longrightarrow$ (2) 设 L 是空间式 Locale. 由定义 4.7.11 知 $\phi : L \to \mathcal{T}(\mathrm{pt}L)$, $x \mapsto \phi(x)$ 是序同构. 对任意 $x, y \in L$, 若 $x \not\leqslant y$, 则 $\phi(x) \not\subseteq \phi(y)$. 从而存在 $p \in \mathrm{pt}L$ 使 $p \in \phi(x)$, 但 $p \notin \phi(y)$, 即 $p(x) = 1$ 而 $p(y) = 0$.

(2) $\Longrightarrow$ (3) 对任意 $x, y \in L$, 若 $x \not\leqslant y$, 则由 (2) 知存在 $p \in \mathrm{pt}L$ 使 $p(x) = 1$ 和 $p(y) = 0$. 令 $a = \vee p^{-1}(0)$. 则由定理 4.7.9(1) 的证明知 $a = \vee p^{-1}(0)$ 是 L 的素元且 $p^{-1}(0) = \downarrow a$. 显然, $y \in p^{-1}(0)$, 即 $y \leqslant a$. 又由 $p(x) = 1$ 知 $x \notin p^{-1}(0)$, 即 $x \not\leqslant a$.

(3) $\Longrightarrow$ (1) 只需证明 $\phi : L \to \mathcal{T}(\mathrm{pt}L)$, $x \mapsto \phi(x)$ 是单射. 对任意 $x, y \in L$,

若 $x \not\leqslant y$, 由 (3) 知存在 L 的素元 a 使 $y \leqslant a$, 但 $x \not\leqslant a$. 规定映射 $p_a : L \to \mathbf{2}$ 使

$$p_a(z) = \begin{cases} 0, & z \in \downarrow a, \\ 1, & z \not\leqslant a. \end{cases}$$

则由定理 4.7.9(1) 的证明知 $p_a : L \to \mathbf{2}$ 是 frame 同态. 因为 $p_a(x) = 1$, $p_a(y) = 0$, 故 $p_a \in \phi(x)$, $p_a \notin \phi(y)$. 从而 $\phi(x) \not\subseteq \phi(y)$, 即 $\phi : L \to \mathcal{T}(\mathrm{pt}L)$ 是单射. $\qquad \square$

例 4.7.13　设 $\mathcal{T}(X)$ 是集 X 上的拓扑. 对任意 $U, V \in \mathcal{T}(X)$, $U \not\subseteq V$, 取 $x \in U$ 使 $x \notin V$. 令 $W = X - \overline{\{x\}}$, 则 W 是 $\mathcal{T}(X)$ 的素元 (交既约元) 且 $V \subseteq W$ 而 $U \not\subseteq W$. 由定理 4.7.12(3), 开集格 $(\mathcal{T}(X), \subseteq)$ 是空间式 Locale.

定义 4.7.14　设 $(X, \mathcal{T})$ 为拓扑空间. 若非空集 F 是闭集格 $(\mathcal{T}^*, \subseteq)$ 的并既约元 (或余素元), 即 F 不能表示成两个真闭子集的并, 则称 F 为 X 的**既约闭集**.

注 4.7.15　设 $(X, \mathcal{T})$ 为拓扑空间. 按上述定义要求, 既约闭集为非空集. 由例 4.6.13(2) 知 $\forall x \in X$, $\overline{\{x\}}$ 是 X 的既约闭集. 空间 $(X, \mathcal{T})$ 的非空既约闭集全体用 $\mathrm{Irr}(X)$ 表示并赋予集合包含序, 所得偏序集记为 $(\mathrm{Irr}(X), \subseteq)$.

定义 4.7.16　设 $(X, \mathcal{T})$ 为拓扑空间. 若对 X 的任意既约闭集 F, 存在唯一 $x \in X$ 使 $F = \overline{\{x\}}$, 则称 X 为 **Sober 空间**.

命题 4.7.17　每个 T_2 空间都是 Sober 空间, 每个 Sober 空间都是 T_0 空间.

证明　设 X 为 T_2 空间, F 为 X 的任意既约闭集. 假设 F 至少包含两个不同的元素 x, y, 则由 X 为 T_2 空间知, 存在 x 的开邻域 U 及 y 的开邻域 V 使 $U \cap V = \varnothing$. 故

$$F = F \cap X = F \cap (X - (U \cap V)) = (F \cap (X - U)) \cup (F \cap (X - V)),$$

从而由 F 为既约闭集知 $F \cap (X - U) = F$ 或 $F \cap (X - V) = F$, 这与 $x, y \in F$ 矛盾! 因此存在唯一 $x \in X$ 使 $F = \{x\} = \overline{\{x\}}$. 由定义 4.7.16 知 X 为 Sober 空间.

又设 Y 为 Sober 空间. 对任意 $a, b \in Y$, 若 $a \neq b$, 由 Y 为 Sober 空间及注 4.7.15 知 $\overline{\{a\}} \neq \overline{\{b\}}$. 这说明 Y 为 T_0 空间. $\qquad \square$

例 4.7.18　(1) 设 X 是无限集, $\mathcal{T}_f = \{U \subseteq X \mid X - U$ 为有限集 $\} \cup \{\varnothing\}$ 是 X 上的有限余拓扑. 则空间 $(X, \mathcal{T}_f)$ 的任一有限子集都是闭集. 从而 $(X, \mathcal{T}_f)$ 是 T_1 空间. 但注意到 X 是既约闭集但不是某点的闭包, 故 $(X, \mathcal{T}_f)$ 不是 Sober 的. 这说明 T_1 空间未必是 Sober 空间.

(2) 设 $X = \{a, b\}$ 赋予 $\mathcal{T} = \{\varnothing, \{a, b\}, \{a\}\}$ 为 Sierpiński 空间. 则 X 的全体既约闭集为 $\{b\}$ 和 $\{a, b\}$. 因为 $\{b\} = \overline{\{b\}}$, $\{a, b\} = \overline{\{a\}}$, 故由定义 4.7.16 知 X 为 Sober 空间, 但显然 X 不是 T_1 空间. 这说明 Sober 空间未必是 T_1 空间.

定理 4.7.19　设 $(X, \mathcal{T}(X))$ 为拓扑空间. 定义映射 $\psi : X \to \mathrm{pt}^\circ \mathcal{T}(X)$ 为对任意 $x \in X$, 有 $\psi(x) = X - \overline{\{x\}}$. 则下列条件 (1) $\Longleftrightarrow$ (2) $\Longrightarrow$ (3):

(1) $(X, \mathcal{T}(X))$ 为 Sober 空间;

(2) ψ 是双射;

(3) $\psi : (X, \mathcal{T}(X)) \to (\mathrm{pt}^\circ \mathcal{T}(X), \mathcal{T}(\mathrm{pt}^\circ \mathcal{T}(X)))$ 是同胚映射.

证明 (1) $\Longrightarrow$ (2) 设 $(X, \mathcal{T}(X))$ 为 Sober 空间. 则对任意 $U \in \mathrm{pt}^\circ \mathcal{T}(X)$, 由命题 4.6.12 和例 4.6.13 知 $X - U$ 为既约闭集. 从而由 X 的 Sober 性知存在唯一 $x \in X$ 使 $X - U = \overline{\{x\}}$, 即 $U = X - \overline{\{x\}} = \psi(x)$, 这说明 ψ 是满射. 又对任意 $x_1, x_2 \in X$, 若 $\psi(x_1) = \psi(x_2)$, 即 $X - \overline{\{x_1\}} = X - \overline{\{x_2\}}$, 则 $\overline{\{x_1\}} = \overline{\{x_2\}}$. 从而由 X 的 Sober 性及注 4.7.15 知 $x_1 = x_2$, 这说明 ψ 是单射. 综上知 ψ 是双射.

(2) $\Longrightarrow$ (1) 设 ψ 是双射. 则对 X 的任意既约闭集 F, 由命题 4.6.12 和例 4.6.13 知 $X - F$ 为 $\mathcal{T}(X)$ 的素元, 即 $X - F \in \mathrm{pt}^\circ \mathcal{T}(X)$, 故由 ψ 是双射知, 存在唯一 $x \in X$ 使 $\psi(x) = X - \overline{\{x\}} = X - F$. 从而有 $F = \overline{\{x\}}$. 于是由定义 4.7.16 知 $(X, \mathcal{T}(X))$ 为 Sober 空间.

(1) $\Longrightarrow$ (3) 设 $(X, \mathcal{T}(X))$ 为 Sober 空间. 则由 (1) 和 (2) 等价知映射 $\psi : X \to \mathrm{pt}^\circ \mathcal{T}(X)$, $x \mapsto X - \overline{\{x\}}$ 为双射. 设 $U \in \mathrm{pt}^\circ \mathcal{T}(X)$, 因为 $X - U$ 为 X 的既约闭集, 故由 X 的 Sober 性知存在唯一 $x_U \in X$ 使 $X - U = \overline{\{x_U\}}$. 定义映射 $\eta : \mathrm{pt}^\circ \mathcal{T}(X) \to X$ 使对任意 $U \in \mathrm{pt}^\circ \mathcal{T}(X)$, 有 $\eta(U) = x_U$. 显然 ψ 和 η 互为逆映射. 并且由定理 4.7.9(2)(4) 知空间 $\mathrm{pt}^\circ \mathcal{T}(X)$ 的拓扑 $\mathcal{T}(\mathrm{pt}^\circ \mathcal{T}(X)) = \{\phi^\circ(G) \mid G \in \mathcal{T}(X)\}$, 其中 $\phi^\circ(G) = \{U \in \mathrm{pt}^\circ \mathcal{T}(X) \mid G \nsubseteq U\}$. 先证 ψ 是连续映射. 对于空间 $\mathrm{pt}^\circ \mathcal{T}(X)$ 的任意开集 $\phi^\circ(G)$, 有

$$
\begin{aligned}
x \in \psi^{-1}(\phi^\circ(G)) &\Longleftrightarrow \psi(x) \in \phi^\circ(G) \\
&\Longleftrightarrow X - \overline{\{x\}} \in \phi^\circ(G) \\
&\Longleftrightarrow G \nsubseteq (X - \overline{\{x\}}) \\
&\Longleftrightarrow x \in G,
\end{aligned}
$$

从而 $\psi^{-1}(\phi^\circ(G)) = G \in \mathcal{T}(X)$. 这说明 ψ 是连续映射.

再证 η 是连续映射. 对于空间 X 的任意开集 $G \in \mathcal{T}(X)$, 有

$$
\begin{aligned}
U \in \eta^{-1}(G) &\Longleftrightarrow \eta(U) \in G \Longleftrightarrow x_U \in G \\
&\Longleftrightarrow G \nsubseteq (X - \overline{\{x_U\}}) \\
&\Longleftrightarrow X - \overline{\{x_U\}} \in \phi^\circ(G) \\
&\Longleftrightarrow U \in \phi^\circ(G),
\end{aligned}
$$

从而 $\eta^{-1}(G) = \phi^\circ(G) \in \mathcal{T}(\mathrm{pt}^\circ \mathcal{T}(X))$. 这说明 η 是连续映射.

综上知 $\psi : (X, \mathcal{T}(X)) \to (\mathrm{pt}^\circ \mathcal{T}(X), \mathcal{T}(\mathrm{pt}^\circ \mathcal{T}(X)))$ 是同胚映射.　　　□

定理 4.7.20　设 L 是 Locale. 则 $(\mathrm{pt}^\circ L, \mathcal{T}(\mathrm{pt}^\circ L))$ 是 Sober 空间.

证明　由定理 4.7.19 知, 只需证明映射

$$\psi : \mathrm{pt}^\circ L \to \mathrm{pt}^\circ \mathcal{T}(\mathrm{pt}^\circ L), \quad a \mapsto \mathrm{pt}^\circ L - \overline{\{a\}}$$

是双射即可. 先证 ψ 是满射. 设 $U \in \mathrm{pt}^\circ \mathcal{T}(\mathrm{pt}^\circ L)$, 由定理 4.7.9(2) 知存在 $x \in L$ 使 $\phi^\circ(x) = U$. 令 $a_U = \vee \{x \in L \mid \phi^\circ(x) = U\}$. 则由定理 4.7.9(3) 知 $\phi^\circ(a_U) = \phi^\circ(\vee \{x \in L \mid \phi^\circ(x) = U\}) = U$. 断言 a_U 是 L 的素元, 即 $a_U \in \mathrm{pt}^\circ L$. 事实上, 因在分配格中素元与交既约元等价, 故 $\forall m, n \in L$, 若 $m \wedge n = a_U$, 则 $\phi^\circ(m \wedge n) = \phi^\circ(m) \cap \phi^\circ(n) = U$. 从而由 U 为 $\mathcal{T}(\mathrm{pt}^\circ L)$ 的素元知 $\phi^\circ(m) = U$ 或 $\phi^\circ(n) = U$. 这说明 $m = a_U$ 或 $n = a_U$. 于是 a_U 是 L 的素元. 又由定理 4.7.9(4) 知 $U = \phi^\circ(a_U) = \{a \in \mathrm{pt}^\circ L \mid a_U \nleqslant a\}$. 这说明 $a_U \notin U$. 故 $U \subseteq \mathrm{pt}^\circ L - \overline{\{a_U\}}$. 假设有某 $t \in \mathrm{pt}^\circ L - \overline{\{a_U\}}$ 而 $t \notin U$, 则 $t \notin \overline{\{a_U\}}$, 存在 $v \in L$ 使 $t \in \phi^\circ(v)$ 而 $a_U \notin \phi^\circ(v)$. 从而有 $v \nleqslant t$, $v \leqslant a_U$ 和 $a_U \leqslant t$ 同时成立, 矛盾! 于是 $U = \mathrm{pt}^\circ L - \overline{\{a_U\}}$, 从而 ψ 是满射.

再证 ψ 是单射. 由定理 4.7.9(6) 知 $(\mathrm{pt}^\circ L, \mathcal{T}(\mathrm{pt}^\circ L))$ 是 T_0 空间. 则对任意 $a, b \in \mathrm{pt}^\circ L$, 若 $a \neq b$, 有 $\overline{\{a\}} \neq \overline{\{b\}}$, 即 $\psi(a) = \mathrm{pt}^\circ L - \overline{\{a\}} \neq \mathrm{pt}^\circ L - \overline{\{b\}} = \psi(b)$. 这说明 ψ 是单射.　　　□

推论 4.7.21　设 L 是 Locale. 则 $(\mathrm{pt} L, \mathcal{T}(\mathrm{pt} L))$ 是 Sober 空间.

证明　由定理 4.7.9(5) 和定理 4.7.20 可得.　　　□

定义 4.7.22　设 $(X, \mathcal{T}(X))$ 为 T_0 拓扑空间. $(X^S, \mathcal{T}(X^s))$ 是一个 Sober 空间, $j : X \to X^s$ 是单的连续映射且 $j^{-1} : \mathcal{T}(X^s) \to \mathcal{T}(X)$ 是格同构, 则称 (X^s, j) 为 X 的一个 **Sober 化**, 有时也说 X^s 为 X 的一个 Sober 化, 其中的连续映射 j 称为 **Sober 化嵌入**.

定理 4.7.23　设 $(X, \mathcal{T}(X))$ 为 T_0 拓扑空间. 则

(1) 空间 $(\mathrm{pt}(\mathcal{T}(X)), \mathcal{T}(\mathrm{pt}(\mathcal{T}(X))))$ 是 X 的一个 **Sober 化**;

(2) 在同胚意义下, $(X, \mathcal{T}(X))$ 的 Sober 化是唯一的.

证明　(1) 作映射 $f : (X, \mathcal{T}(X)) \to (\mathrm{pt} \mathcal{T}(X), \mathcal{T}(\mathrm{pt} \mathcal{T}(X)))$ 定义为对每一 $a \in X$, $f(a) = p_a : \mathcal{T}(X) \to \mathbf{2}$ 满足对任意 $U \in \mathcal{T}(X)$,

$$p_a(U) = \begin{cases} 0, & a \notin U, \\ 1, & a \in U. \end{cases}$$

则可直接验证 $p_a \in \mathrm{pt}(\mathcal{T}(X))$ 是 frame 同态. 又由 f 的定义知对任意 $U \in \mathcal{T}(X)$,

$$f(U) = \{p \in \mathrm{pt}(\mathcal{T}(X)) \mid p(U) = 1\} = \phi(U) \in \mathcal{T}(\mathrm{pt} \mathcal{T}(X)).$$

这说明 f 是开映射. 又对任一开集 $\phi(U) \in \mathcal{T}(\mathrm{pt}\mathcal{T}(X))$, 有 $f^{-1}(\phi(U)) = U \in \mathcal{T}(X)$. 由该表达式可得 f 是连续映射, 且 $f^{-1} : \mathcal{T}(\mathrm{pt}\mathcal{T}(X)) \to \mathcal{T}(X)$ 是序同构. 当 $(X, \mathcal{T}(X))$ 为 T_0 空间时, 对不同点 $a, b \in X$ 有两开集 $U, V \in \mathcal{T}(X)$ 使得 $a \in U, b \in V$ 但 $a \notin V$ 或 $b \notin U$, 这样 $p_a \neq p_b$. 这说明 f 是单射. 注意到 $(\mathrm{pt}(\mathcal{T}(X)), \mathcal{T}(\mathrm{pt}\mathcal{T}(X)))$ 是 Sober 的, 从而由定义 4.7.22 可知它是 X 的一个 Sober 化, 定义的 f 为 Sober 化嵌入.

(2) 设 $(Y, \mathcal{T}(Y)), (Z, \mathcal{T}(Z))$ 均为 $(X, \mathcal{T}(X))$ 的 Sober 化, 则 $(Y, \mathcal{T}(Y))$ 和 $(Z, \mathcal{T}(Z))$ 均为 Sober 的且 $\mathcal{T}(Y) \cong \mathcal{T}(Z)$. 此时自然认为

$$(\mathrm{pt}(\mathcal{T}(Y)), \mathcal{T}(\mathrm{pt}(\mathcal{T}(Y)))) \cong (\mathrm{pt}(\mathcal{T}(Z)), \mathcal{T}(\mathrm{pt}(\mathcal{T}(Z)))).$$

于是由定理 4.7.19 和定理 4.7.9 知

$$(Y, \mathcal{T}(Y)) \cong (\mathrm{pt}\mathcal{T}(Y), \mathcal{T}(\mathrm{pt}\mathcal{T}(Y))) \cong (\mathrm{pt}\mathcal{T}(Z), \mathcal{T}(\mathrm{pt}\mathcal{T}(Z))) \cong (Z, \mathcal{T}(Z)).$$

故在同胚的意义下, T_0 空间的 Sober 化是唯一的. $\square$

习　题　4.7

1. 证明: 若 p 是 Locale L 的点, 则 $p^{-1}(0)$ 是 L 的完全素理想, $p^{-1}(1)$ 是 L 的完全素滤子.

2. 证明: Sober 空间的闭 (开) 子空间、有限积、收缩核还是 Sober 空间.

3. 证明: 以所有的 frame 为对象, 以 frame 同态为态射构成一个范畴, 记为 **Frm**.

4. 设 L, M 均是 Locale, $f : L \to M$ 与 $g : M \to L$ 均是保序映射, 且 $f \dashv g$.
证明: 若 M 是空间式的, 则 f 是 frame 同态当且仅当 g 保素元.

5. 设 **Sob** 是 Sober 空间和连续映射的范畴, **SLoc** 是空间式 Locale 和连续映射的范畴.
证明: 范畴 **Sob** 与 **SLoc** 是等价的范畴.

4.8 子 Locale 与几类特殊 Locale

4.8.1 子 Locale

定义 4.8.1　设 L 是 Locale, $j : L \to L$ 是映射. 若 j 满足条件 : 对任意 $a, b \in L$,

(1) $j(a \wedge b) = j(a) \wedge j(b)$;

(2) $a \leqslant j(a)$;

(3) $j(j(a)) \leqslant j(a)$,

则称 j 为 L 的**上核映射**. 记 $L_j = \{x \in L \mid j(x) = x\}$, 称 L_j 为 L 的**子 Locale**. 如果 $j = \mathrm{id}_L$, 则称 L_j 为**全子 Locale**, 如果 j 为取常值 1_L 的上核映射, 则称 L_j 为**空子 Locale**. 非全也非空的子 Locale 称为**真子 Locale**.

注 4.8.2　设 L 是 Locale, $j : L \to L$ 是 L 的上核映射. 则由定义 4.8.1(2)(3) 知上核映射 $j : L \to L$ 是幂等的, 进而子 Locale $L_j = j(L_j) = j(L)$.

命题 4.8.3　设 L 是 Locale, $j : L \to L$ 是 L 的上核映射. 则子 Locale L_j 是一个 frame.

证明　对任意 $a, b \in L_j$, 由定义 4.8.1 知 $a \wedge b = j(a) \wedge j(b) = j(a \wedge b)$ 且 $j(1) = 1$. 这说明 L_j 有有限交且 L_j 中的交运算与 L 中的交运算一致. 任取 $S \subseteq L_j$. 则 S 在 L 中的上确界 $\bigvee_L S$ 存在. 易证 $j(\bigvee_L S)$ 恰为 S 在 L_j 中的上确界, 即 $\bigvee_{L_j} S = j(\bigvee_L S)$. 于是 L_j 是一个完备格. 下证 L_j 满足无限分配律. 设 $a \in L_j, S \subseteq L_j$. 则

$$a \wedge \left(\bigvee_{L_j} S \right) = a \wedge j\left(\bigvee_L S \right) = j(a) \wedge j\left(\bigvee_L S \right)$$

$$= j\left(a \wedge \left(\bigvee_L S \right) \right) = j\left(\bigvee_L \{ a \wedge s \mid s \in S \} \right)$$

$$= \bigvee_{L_j} \{ a \wedge s \mid s \in S \}.$$

从而 L_j 满足无限分配律, 故 L_j 是一个 frame.　　　□

由上一命题的证明可得下一推论.

推论 4.8.4　设 L 是 Locale, $j : L \to L$ 是上核映射. 则 $j : L \to L_j$ 是一个 frame 同态.

命题 4.8.5　设 L 是 Locale, $a \in L$. 则

(1) 算子 $C(a) = a \vee (\cdot) : L \to L$ 是上核映射, 子 Locale $L_{C(a)} = {\uparrow}a$ 称为**闭子 Locale**;

(2) 算子 $u(a) = a \to (\cdot) : L \to L$ 是上核映射, 子 Locale $L_{u(a)}$ 称为**开子 Locale**.

证明　(1) 由 cHa 的分配性直接验证可得.

(2) 由命题 4.6.22(3)(4) 知 $u(a)$ 满足上核定义的条件 (1) 和 (2). 下面证明 $u(a)$ 满足上核定义条件 (3), 即证对任意 $b \in L$, $a \to (a \to b) \leqslant a \to b$. 事实上, 令 $a \to (a \to b) = t$, 利用 cHa 中的 Galois 联络性质, 由 $t \leqslant a \to (a \to b)$ 得 $t \wedge a \leqslant a \to b$, 从而得 $t \wedge a \leqslant b$. 于是 $a \to (a \to b) \leqslant a \to b$.　　　□

定义 4.8.6　设 L 是 Locale, L_j 是 L 的子 Locale. 称 $\mathrm{cl}_L(L_j) = {\uparrow}j(0)$ 为 L_j 在 L 中的**闭包**.

命题 4.8.7　设 L_j 是 Locale L 的子 Locale. 则 L_j 是 L 的闭子 Locale 当且仅当 $L_j = \mathrm{cl}_L(L_j)$.

证明 由命题 4.8.5 和定义 4.8.6 直接验证可得. □

命题 4.8.8 设 L 是 Locale. 则对任意 $x \in L$, $\mathrm{pt}^\circ(\uparrow x) = \mathrm{pt}^\circ L \cap \uparrow x$.

证明 由命题 4.6.12 和定义 4.6.9(2) 直接验证. □

4.8.2 凝聚 Locale

类似于拓扑空间的紧子集概念, 在完备格中有如下紧元概念.

定义 4.8.9 (1) 设 L 是完备格, $a \in L$. 若对任意 $S \subseteq L$, 当 $a \leqslant \vee S$ 时, 存在有限子集 $F \subseteq S$ 使 $a \leqslant \vee F$, 则称 a 为 L 的**有限元**或**紧元**. L 的全体紧元之集记作 $K(L)$.

(2) 设 L 是 Locale. 若 $K(L)$ 是 L 的子格, 且 L 的元 x 均可表示为 $x = \vee(K(L) \cap \downarrow x)$, 则称 L 是**凝聚 Locale**.

例 4.8.10 (1) 幂集格 $\mathcal{P}(X)$ 是凝聚 Locale;

(2) 自然数集上另加最大元 ∞, 所得完备链为凝聚 Locale, 其紧元集为自然数集.

定理 4.8.11 设 L 是有最小元 0 的分配格. 则 $(\mathrm{Idl}(L), \subseteq)$ 中也有最小元 $\{0\}$ 且

(1) 对于任意一族理想 $\{I_\alpha\}_{\alpha \in \Gamma} \subseteq \mathrm{Idl}(L)$, 在 $(\mathrm{Idl}(L), \subseteq)$ 中有

$$\bigvee_{\alpha \in \Gamma} I_\alpha = \{x_1 \vee x_2 \vee \cdots \vee x_n \mid x_i \in I_{\alpha_i}, \alpha_i \in \Gamma, i = 1, 2, \cdots, n \in \mathbb{Z}_+\};$$

(2) $(\mathrm{Idl}(L), \subseteq)$ 是一个 Locale;

(3) $(\mathrm{Idl}(L), \subseteq)$ 的元 I 是紧元当且仅当 I 是主理想;

(4) L 与 $K(\mathrm{Idl}(L))$ 序同构;

(5) $(\mathrm{Idl}(L), \subseteq)$ 是凝聚的.

证明 (1) 令 $I = \{x_1 \vee x_2 \vee \cdots \vee x_n \mid x_i \in I_{\alpha_i}, \alpha_i \in \Gamma, i = 1, 2, \cdots, n, n \in \mathbb{Z}_+\}$. 则 I 非空且对有限并封闭, 从而是 L 的定向子集. 设 $x_1 \vee x_2 \vee \cdots \vee x_n \in I$. 若 $x \in L$ 且 $x \leqslant x_1 \vee x_2 \vee \cdots \vee x_n$, 则由 L 是分配格知

$$x = x \wedge (x_1 \vee x_2 \vee \cdots \vee x_n) = (x \wedge x_1) \vee (x \wedge x_2) \vee \cdots \vee (x \wedge x_n) \in I.$$

这说明 I 是 L 的下集. 从而 I 是 L 的理想. 因为 $\bigcup_{\alpha \in \Gamma} I_\alpha \subseteq I$, 故 I 是 $\{I_\alpha\}_{\alpha \in \Gamma}$ 在 $(\mathrm{Idl}(L), \subseteq)$ 中的一个上界. 设 J 是 $\{I_\alpha\}_{\alpha \in \Gamma}$ 在 $(\mathrm{Idl}(L), \subseteq)$ 中的任一上界, 则对任意 $x_1 \vee x_2 \vee \cdots \vee x_n \in I$, 由 $\bigcup_{\alpha \in \Gamma} I_\alpha \subseteq J$ 且 J 定向知存在 $t \in J$ 使 $x_1, x_2, \cdots, x_n \leqslant t$. 故 $x_1 \vee x_2 \vee \cdots \vee x_n \leqslant t \in J$. 于是由 J 是下集知 $x_1 \vee x_2 \vee \cdots \vee x_n \in J$. 这说明 $I \subseteq J$. 从而

$$\bigvee_{\alpha \in \Gamma} I_\alpha = I = \{x_1 \vee x_2 \vee \cdots \vee x_n \mid x_i \in I_{\alpha_i}, \alpha_i \in \Gamma, i = 1, 2, \cdots, n \in \mathbb{Z}_+\}.$$

(2) 由 (1) 知 $(\mathrm{Idl}(L),\subseteq)$ 是一个完备格. 由命题 4.6.3(1) 知 $(\mathrm{Idl}(L),\subseteq)$ 中的交运算就是集合交. 故只需证明对任意 $H \in \mathrm{Idl}(L)$ 及任意 $\{I_\alpha\}_{\alpha\in\Gamma} \subseteq \mathrm{Idl}(L)$, 有 $H\cap\bigvee_{\alpha\in\Gamma} I_\alpha \subseteq \bigvee_{\alpha\in\Gamma}(H\cap I_\alpha)$ 即可. 由 (1) 知对任意 $x_1\vee x_2\vee\cdots\vee x_n \in H\cap\bigvee_{\alpha\in\Gamma} I_\alpha$, 其中 $x_i \in I_{\alpha_i}, \alpha_i \in \Gamma, i = 1,2,\cdots,n, n \in \mathbb{Z}_+$, 有 $x_i \in (H\cap I_{\alpha_i})(i = 1,2,\cdots,n)$. 从而由 (1) 知 $x_1 \vee x_2 \vee \cdots \vee x_n \in \bigvee_{\alpha\in\Gamma}(H\cap I_\alpha)$. 这说明 $H\cap\bigvee_{\alpha\in\Gamma} I_\alpha \subseteq \bigvee_{\alpha\in\Gamma}(H\cap I_\alpha)$. 于是在 $(\mathrm{Idl}(L),\subseteq)$ 中, 无限分配律成立. 故 $(\mathrm{Idl}(L),\subseteq)$ 是一个 Locale.

(3) **必要性**: 设 I 是 $(\mathrm{Idl}(L),\subseteq)$ 的紧元. 则 I 是 L 的理想. 易见 $I = \cup\{\downarrow x \mid x \in I\} = \vee\{\downarrow x \mid x \in I\}$. 因为 I 是 $(\mathrm{Idl}(L),\subseteq)$ 的紧元, 故存在 $x_1, x_2, \cdots, x_n \in I$ 使 $I = \bigvee_{i=1}^n \downarrow x_i = \downarrow(\bigvee_{i=1}^n x_i)$. 从而 I 是 L 的主理想.

充分性: 设 $I = \downarrow a$ 是 L 的主理想. 则对任意一族理想 $\{I_\alpha\}_{\alpha\in\Gamma} \subseteq \mathrm{Idl}(L)$, 若 $I = \downarrow a \subseteq \bigvee_{\alpha\in\Gamma} I_\alpha$, 由 $a \in \bigvee_{\alpha\in\Gamma} I_\alpha$ 和 (1) 知存在 $x_i \in I_{\alpha_i}, \alpha_i \in \Gamma, i = 1,2,\cdots,n$ 使 $a = x_1 \vee x_2 \vee \cdots \vee x_n$. 故 $a \in \bigvee_{i=1}^n I_{\alpha_i}$. 从而 $I = \downarrow a \subseteq \bigvee_{i=1}^n I_{\alpha_i}$. 这说明 $I = \downarrow a$ 是 $(\mathrm{Idl}(L),\subseteq)$ 的紧元.

(4) 由 (3) 可得.

(5) 由 (2) 和 (3) 知 $(\mathrm{Idl}(L),\subseteq)$ 是一个 Locale 且 $K(\mathrm{Idl}(L)) = \{\downarrow a \mid a \in L\}$. 因为对任意 $\downarrow a, \downarrow b \in K(\mathrm{Idl}(L))$, 有 $(\downarrow a) \wedge (\downarrow b) = (\downarrow a) \cap (\downarrow b) = \downarrow(a\wedge b)$, $(\downarrow a) \vee (\downarrow b) = \downarrow(a\vee b)$, 故由定义 4.6.7 知 $K(\mathrm{Idl}(L))$ 是 $(\mathrm{Idl}(L),\subseteq)$ 的子格. 且对任意 $I \in \mathrm{Idl}(L)$, 有 $I = \cup\{\downarrow x \mid x \in I\} = \vee\{\downarrow x \mid x \in I\}$. 从而由定义 4.8.9 知 $(\mathrm{Idl}(L),\subseteq)$ 是凝聚的. $\qquad\square$

定理 4.8.12　设 L 是凝聚 Locale. 则

(1) 存在有最小元的分配格 D 使 L 与 $(\mathrm{Idl}(D),\subseteq)$ 序同构;

(2) L 是空间式的.

证明　(1) 设 L 是凝聚 Locale. 则 $D = K(L)$ 有最小元. 作为 L 的子格 D 是分配格. 规定映射 $f : L \to \mathrm{Idl}(K(L))$ 使 $\forall a \in L, f(a) = K(L)\cap\downarrow a$, 容易验证 f 的定义是合理的. 规定映射 $g : \mathrm{Idl}(K(L)) \to L$ 使 $\forall I \in \mathrm{Idl}(K(L))$, $g(I) = \vee I$. 显然 f 和 g 均保序且有 $g \circ f = \mathrm{id}$. 又对任意 $I \in \mathrm{Idl}(K(L))$, 有 $(f \circ g)(I) = K(L)\cap(\downarrow\vee I) \supseteq I$. 下证 $K(L)\cap(\downarrow\vee I) \subseteq I$. 设 $x \in K(L)\cap(\downarrow\vee I)$, 则 $x \in K(L)$ 且 $x \leqslant \vee I$, 故 $\exists a_1, a_2, \cdots, a_n \in I$ 使得 $x \leqslant \bigvee_{i=1}^n a_i$. 因 I 为 $K(L)$ 中理想, 故存在 $b \in I$ 使 $a_1, a_2, \cdots, a_n \leqslant b$, 从而 $x \leqslant \bigvee_{i=1}^n a_i \leqslant b \in I$. 这说明 $K(L)\cap(\downarrow \vee I) \subseteq I$, 从而 $f \circ g = \mathrm{id}$, 于是 L 与 $(\mathrm{Idl}(D),\subseteq)$ 序同构.

(2) 由 (1) 知存在分配格 D 使 L 与 $(\mathrm{Idl}(D),\subseteq)$ 序同构. 故只需证 $(\mathrm{Idl}(D),\subseteq)$ 是空间式的即可. 对任意 $I, J \in \mathrm{Idl}(D)$, 若 $I \not\subseteq J$, 任取 $a \in I - J$. 则 $J\cap(\uparrow a) = \varnothing$. 令 $\mathscr{A} = \{H \in \mathrm{Idl}(D) \mid J \subseteq H 且 H\cap(\uparrow a) = \varnothing\}$. 易见 $(\mathscr{A},\subseteq)$ 是非空偏序集

且 $(\mathscr{A}, \subseteq)$ 中的任意链都有上界, 由 Zorn 引理知 $(\mathscr{A}, \subseteq)$ 中有极大元 M. 则有 $J \subseteq M$ 且 $M \cap (\uparrow a) = \varnothing$, 即 $I \not\subseteq M$. 故由定理 4.7.12 知只需证 M 是 $(\mathrm{Idl}(D), \subseteq)$ 的素元即可. 对任意 $S, T \in \mathrm{Idl}(D)$, 若 $S \cap T \subseteq M$, $S \not\subseteq M$ 且 $T \not\subseteq M$, 则存在 $s \in S - M$, $t \in T - M$. 由 M 的极大性知 $(M \vee (\downarrow s)) \cap (\uparrow a) \neq \varnothing$ 且 $(M \vee (\downarrow t)) \cap (\uparrow a) \neq \varnothing$. 从而由定理 4.8.11(1) 知可取 $m_1, m_2 \in M$ 使 $m_1 \vee s$, $m_2 \vee t \in \uparrow a$. 令 $x = (m_1 \vee s) \wedge (m_2 \vee t) \in \uparrow a$. 则由 D 是分配格知 $x = (m_1 \wedge m_2) \vee (m_1 \wedge t) \vee (s \wedge m_2) \vee (s \wedge t) \in M$. 故 $x \in M \cap (\uparrow a)$, 这与 $M \cap (\uparrow a) = \varnothing$ 矛盾! 从而有 $S \subseteq M$ 或 $T \subseteq M$. 于是由定义 4.6.9 知 M 是 $(\mathrm{Idl}(D), \subseteq)$ 的素元. $\qquad\square$

4.8.3 正则 Locale

定义 4.8.13 设 D 是有界分配格, $a, b \in D$. 若存在 $c \in D$ 使 $c \wedge a = 0$, $c \vee b = 1$, 则称 a **尽含于** b, 记作 $a \leqslant b$.

命题 4.8.14 设 D 是有界分配格.

(1) 对任意 $a \in D$, $a \leqslant a$ 当且仅当 a 在 D 中有补元;

(2) 对任意 $a, b \in D$, $a \leqslant b \Longrightarrow a \leqslant b$;

(3) 对任意 $a, b, c, d \in D$, $a \leqslant b \leqslant c \leqslant d \Longrightarrow a \leqslant d$;

(4) 对任意 $a \in D$, 记 $I_a = \{x \in D \mid x \leqslant a\}$, $F_a = \{x \in D \mid a \leqslant x\}$, 则当 $I_a \neq \varnothing \neq F_a$ 时, I_a 是 D 的理想, F_a 是 D 的滤子.

证明 (1) 由补元概念及定义 4.8.13 易得.

(2) 对任意 $a, b \in D$, 若 $a \leqslant b$, 则存在 $c \in D$ 使 $c \wedge a = 0$, $c \vee b = 1$. 于是 $a = a \wedge 1 = a \wedge (c \vee b) = (a \wedge c) \vee (a \wedge b) = a \wedge b$. 故 $a \leqslant b$.

(3) 由条件知存在 $x \in D$ 使 $x \wedge b = 0$, $x \vee c = 1$. 因 $a \leqslant b$ 且 $c \leqslant d$, 故 $x \wedge a = 0$, $x \vee d = 1$, 即 $a \leqslant d$.

(4) 对任意 $b \in F_a$, 有 $a \leqslant b$, 若 $b \leqslant y$, 则由 (3) 知 $a \leqslant y$, 即 $y \in F_a$. 这说明 F_a 是上集. 设 $b_1, b_2 \in F_a$, 则存在 $c_i \in D$ 使 $a \wedge c_i = 0$, $c_i \vee b_i = 1$, $i = 1, 2$. 于是 $a \wedge (c_1 \vee c_2) = 0$, $(c_1 \vee c_2) \vee (b_1 \wedge b_2) = 1$, 故 $b_1 \wedge b_2 \in F_a$, 从而 F_a 余定向, 进而是 D 的滤子.

类似可证 I_a 是 D 的理想. $\qquad\square$

定义 4.8.15 设 L 是 Locale. 若 $\forall a \in L$, $a = \vee \{x \in L \mid x \leqslant a\}$, 则称 L 是 **正则 Locale**.

注 4.8.16 设 $(X, \mathcal{T}(X))$ 为拓扑空间. 由定理 2.9.10 知若 X 是正则空间, 则 $\forall U \in \mathcal{T}(X)$, $\forall x \in U$, 存在 $V \in \mathcal{T}(X)$ 使 $x \in V \subseteq \overline{V} \subseteq U$. 令 $W = X - \overline{V}$, 则 $W \cap V = \varnothing$, $U \cup W = X$, 故 $V \leqslant U$. 由 $x \in U$ 的任意性得 $U = \cup \{V \mid V \leqslant U\}$. 说明正则空间的开集格是正则 Locale. 反过来, 若拓扑空间 $(X, \mathcal{T}(X))$ 的开集格

为正则 Locale, 则 $\forall U \in \mathcal{T}(X)$, $\forall x \in U$, 存在开集 V 使得 $x \in V$ 且 $V \leqslant U$. 这样存在开集 W 使 $W \cap V = \varnothing$, $U \cup W = X$. 于是 $U \supseteq X - W$. 因 W 是开集, 故 $W \cap \overline{V} = \varnothing$, 从而 $\overline{V} \subseteq X - W$. 这样有 $x \in V \subseteq \overline{V} \subseteq X - W \subseteq U$. 由定理 2.9.10 知 $(X, \mathcal{T}(X))$ 是正则空间. 综合得拓扑空间 $(X, \mathcal{T}(X))$ 是正则的当且仅当 Locale $(\mathcal{T}(X), \subseteq)$ 是正则的. 所以拓扑空间的正则性完全由开集格决定.

类似于正则空间的子空间是正则空间, 我们有如下结论.

定理 4.8.17　正则 Locale 的子 Locale 是正则的.

证明　设 L 是 Locale, $j : L \to L$ 是 L 的上核映射且 $L_j = \{x \in L \mid j(x) = x\}$ 是对应于 j 的子 Locale. 对任意 $a \in L_j$, 有 $j(a) = a$. 若在 L 中有 $x \lessdot_L a$, 则存在 $c \in L$ 使 $c \wedge x = 0$, $c \vee a = 1$. 从而 $j(c) \wedge j(x) = j(c \wedge x) = j(0)$, $j(c) \vee j(x) \geqslant c \vee a = 1$. 这说明在 L_j 中有 $j(x) \lessdot_{L_j} a$. 由 L 的正则性知 $a = \bigvee_L \{x \in L \mid x \lessdot_L a\}$. 从而 $a \leqslant \bigvee_L \{j(x) \mid x \in L, x \lessdot_L a\} \leqslant \bigvee_L \{j(x) \in L_j \mid x \in L, j(x) \lessdot_{L_j} a\} \leqslant \bigvee_{L_j} \{x \in L_j \mid x \lessdot_{L_j} a\}$. 于是由命题 4.8.14(2) 知 $a = \bigvee_{L_j} \{x \in L_j \mid x \lessdot_{L_j} a\}$, 即 L_j 是正则 Locale. □

4.8.4　紧 Locale

定义 4.8.18　设 L 是 Locale. 若最大元 1 是 L 的有限元, 则称 L 是**紧 Locale**.

定理 4.8.19　紧 Locale 的闭子 Locale 是紧的.

证明　设 L 是紧 Locale, 于是 L 的最大元 1 是 L 的紧元. 故对任意 $a \in L$, 1 在闭子 Locale $\uparrow a$ 中也是紧元. 这说明紧 Locale 的闭子 Locale 是紧的. □

命题 4.8.20　非平凡紧 Locale 至少有一个点, 等价地, 至少有一个素元.

证明　设 L 是非平凡紧 Locale, 则 $0 \neq 1$. 令 $I = \downarrow 0$, $F = \uparrow 1$. 则 I 与 F 分别是 L 的理想与滤子, 且 $I \cap F = \varnothing$. 故由定理 4.8.12(2) 的证明可知, 存在 $(\mathrm{Idl}(L), \subseteq)$ 的素元 M 使 $I \subseteq M$, $M \cap F = \varnothing$ 且关于此性质 M 是极大的. 由 L 的紧性知 $\vee M \neq 1$. 故由 M 极大得 $M = \downarrow(\vee M)$. 由此可得 $\vee M$ 是 L 的素元. 由定理 4.7.9(1) 知该素元对应于 L 的一个点. □

定理 4.8.21　紧正则 Locale 是空间式的.

证明　设 L 是紧正则 Locale, $x, y \in L$. 若 $x \nleqslant y$, 由 L 的正则性知 $x = \vee \{z \in L \mid z \lessdot x\}$. 从而存在 $z \in L$ 使 $z \lessdot x$ 且 $z \nleqslant y$. 由 $z \lessdot x$ 知存在 $t \in L$ 使 $t \wedge z = 0$, $t \vee x = 1$. 由 $z \nleqslant y$ 可断言 $t \vee y \neq 1$. 否则假设 $t \vee y = 1$. 则 $z = z \wedge (t \vee y) = (z \wedge t) \vee (z \wedge y) = z \wedge y$, 这与 $z \nleqslant y$ 矛盾! 从而 L 的闭子 Locale $\uparrow(t \vee y)$ 是非平凡的. 根据定理 4.8.19 得闭子 Locale $\uparrow(t \vee y)$ 是紧的. 从而由命题 4.8.20 知 $\uparrow(t \vee y)$ 至少有一个素元. 不妨设 $a \in \mathrm{pt}^{\circ}(\uparrow(t \vee y))$. 由命题

4.8.8 得 $a \in \mathrm{pt}^\circ L$ 且 $a \geqslant t \vee y \geqslant y$, 但是 $a \not\geqslant x$. 否则由 $a \geqslant x$ 和 $a \geqslant t \vee y$ 知 $a \geqslant x \vee (t \vee y) = 1$, 这与 a 是素元矛盾! 从而由定理 4.7.12 知 L 是空间式的. $\qquad\square$

4.8.5 连通 Locale

定义 4.8.22 设 L 是 Locale. 若对任意 $x \in L$, 当 $x \neq 0, 1$ 时, x 在 L 中没有补元, 即不存在 $y \in L$ 使 $x \vee y = 1$ 且 $x \wedge y = 0$, 则称 L 是**连通 Locale**.

显然, 拓扑空间 $(X, \mathcal{T}(X))$ 是连通的当且仅当 Locale $(\mathcal{T}(X), \subseteq)$ 是连通的.

设 $M_0 = \{0, x, y, 1\}$ 赋予偏序 $0 \leqslant x \leqslant 1$, $0 \leqslant y \leqslant 1$. 易见 M_0 同构于两点离散空间的拓扑形成的格. 于是下面两定理是拓扑学中相应结果的 Locale 推广.

定理 4.8.23 设 L 是 Locale. 则 L 是连通的当且仅当不存在 Locale 连续满射 $f : L \to M_0$.

证明 必要性: 设 Locale L 是连通的. 假设存在 Locale 连续满射 $f : L \to M_0$. 则由对偶性知存在 frame 单射 $f^* : M_0 \to L$. 记 $a = f^*(x)$, $b = f^*(y)$. 由 f^* 是 frame 单射知 $a \neq 0, 1 \neq b$. 于是 $a \vee b = f^*(x) \vee f^*(y) = f^*(x \vee y) = f^*(1) = 1$, $a \wedge b = f^*(x) \wedge f^*(y) = f^*(x \wedge y) = f^*(0) = 0$, 这与 L 是连通的矛盾! 从而不存在 Locale 连续满射 $f : L \to M_0$.

充分性: 设不存在 Locale 连续满射 $f : L \to M_0$. 假设 L 不是连通的, 则存在 $a, b \in L$ 使 $a, b \neq 0$, 且 $a \vee b = 1$, $a \wedge b = 0$. 定义 $f^* : M_0 \to L$ 为 $f^*(0) = 0$, $f^*(1) = 1$, $f^*(x) = a$, $f^*(y) = b$. 显然, f^* 是单同态, 这与不存在 Locale 连续满射 $f : L \to M_0$ 矛盾! 从而 L 是连通的. $\qquad\square$

引理 4.8.24 设 L 是 cHa, $a \in L$, 则 a 有补元的充要条件是 $a \to L := \{a \to x \mid x \in L\} = {\uparrow}(\neg a)$, 其中 $\neg a = a \to 0$ 为 a 的伪补.

证明 充分性: 设 $a \to L = {\uparrow}(\neg a)$, 则 $a \wedge \neg a = 0$. 下证 $a \vee \neg a = 1$, 从而 a 的伪补就是 a 的补元. 事实上, 因 $a \vee \neg a \geqslant \neg a$, 故存在 $x \in L$ 使 $a \to x = a \vee \neg a$. 由命题 4.6.22(2), 有 $a \wedge (a \to x) = a \wedge (a \vee \neg a) = a = a \wedge x$, 从而 $x \geqslant a$, 进而 $a \vee \neg a = a \to x \geqslant a \to a = 1$. 于是 $\neg a$ 是 a 的补元.

必要性: 设 a 有补元, 则由推论 4.6.25 知 a 的补元是 $\neg a$. 故 $a \vee \neg a = 1$ 且 $a \to L \subseteq {\uparrow}(a \to 0) = {\uparrow}(\neg a)$. 为证相反的包含式也成立, 现设 $y \in ({\uparrow}\neg a)$. 则 $y \geqslant \neg a$ 且由命题 4.6.22 得 $a \to (y \wedge a) = (a \to y) \wedge (a \to a) = a \to y \geqslant y$. 下证 $y \geqslant a \to (y \wedge a)$.

设 $a \to (y \wedge a) \geqslant c$, 则 $c \wedge a \leqslant y \wedge a$. 利用分配律得

$$y = y \wedge (a \vee \neg a) = (y \wedge a) \vee (y \wedge \neg a) = (y \wedge a) \vee \neg a$$
$$\geqslant (c \wedge a) \vee (\neg a \wedge c) = c \wedge (a \vee \neg a) = c.$$

令 $c_0 = a \to (y \wedge a)$, 则 $a \to (y \wedge a) \geqslant c_0$, 从而 $y = c_0 = a \to (y \wedge a)$. 这说明 $a \to L \supseteq \uparrow(\neg a)$, 于是 $a \to L = \uparrow(\neg a)$.　　　　　　□

定理 4.8.25　一个 Locale 连通当且仅当它没有既开又闭的真子 Locale.

证明　必要性: 设 Locale L 连通而 L 有既开又闭的真子 Locale $a \to L = \uparrow b$. 则 $b = a \to 0 = \neg a$, 从而由引理 4.8.24 得 a 有补元 $b = \neg a$. 因 $a \to L = \uparrow b$ 是真子 Locale, 故 $a, b \neq 0, 1$, 这与定义 4.8.22 矛盾. 从而连通的 Locale 没有既开又闭的真子 Locale.

充分性: 设 Locale L 没有既开又闭的真子 Locale, 如果 L 不连通, 则存在 $a \neq 0, 1$ 且 a 有补元 $\neg a \neq 0, 1$. 又由引理 4.8.24, 得 $a \to L = \uparrow(\neg a)$ 为既开又闭的真子 Locale, 矛盾! 从而 L 是连通 Locale.　　　　　　□

习 题 4.8

1. 证明: 正则 Locale 的紧子 Locale 是闭的.

2. 举例说明 Locale L 的子 Locale 不必是 L 的子格.

3. 设 L_j 为 Locale L 的子 Locale. 若 L 的最小元 $0_L \in L_j$, 则称 L_j 在 L 中稠密.
证明: 对任意 Locale L, 存在一个最小稠密子 Locale.

4. 设 L 是 Locale, $L^c = \{a \in L \mid a$ 是可补元$\}$. 称 L 是**零维 Locale**, 若

$$\forall a \in L, \quad a = \vee \{x \in L^c \mid x \leqslant a\}.$$

证明: 零维 Locale 是正则的.

5*. 设 L, M 是凝聚 Locale, $f : M \to L$ 为 Locale 连续映射, 对应的 frame 同态记作 $f^* : L \to M$. 若 $f^*(K(L)) \subseteq K(M)$, 则称 Locale 连续映射 $f : M \to L$ 为**凝聚映射**. 设 **DLat₀** 是以有最小元的分配格为对象, 格同态为态射的范畴, **CohLoc** 是以凝聚 Locale 为对象, 凝聚映射为态射的范畴.
证明: 范畴 **DLat₀** 与 **CohLoc** 的对偶范畴等价.

4.9　Stone 空间与 Boole 格表示定理

定义 4.9.1　若 Sober 空间 $(X, \mathcal{T}(X))$ 的开集格 $(\mathcal{T}(X), \subseteq)$ 是凝聚 Locale, 则称 $(X, \mathcal{T}(X))$ 为**凝聚空间**.

命题 4.9.2　设 L 是凝聚 Locale. 则 $(\mathrm{pt}L, \mathcal{T}(\mathrm{pt}L))$ 是凝聚空间.

证明　设 L 是凝聚 Locale. 则由推论 4.7.21 知空间 $(\mathrm{pt}L, \mathcal{T}(\mathrm{pt}L))$ 是 Sober 的. 因为 L 是凝聚的, 故由定理 4.8.12 知 L 是空间式的. 从而由定义 4.7.11 知

L 与 $(\mathcal{T}(\mathrm{pt}L), \subseteq)$ 序同构. 于是 $(\mathcal{T}(\mathrm{pt}L), \subseteq)$ 是凝聚 Locale. 再由定义 4.9.1 知 $(\mathrm{pt}L, \mathcal{T}(\mathrm{pt}L))$ 是凝聚空间.　　　　　□

结合定理 4.8.11 和命题 4.9.2 可得如下定义.

定义 4.9.3　设 D 是有最小元的分配格. 称凝聚空间 $(\mathrm{ptIdl}(D), \mathcal{T}(\mathrm{ptIdl}(D)))$ 为 D 的谱空间, 记作 $\mathrm{Spec}D$.

定义 4.9.4　若凝聚空间 $(X, \mathcal{T}(X))$ 是紧 T_2 空间, 则称 $(X, \mathcal{T}(X))$ 为 **Stone 空间**.

定理 4.9.5 (Boole 代数的 Stone 表示定理)　设 D 是有界分配格. 则 D 的谱空间是 Stone 空间当且仅当 D 是 Boole 代数.

证明　必要性: 设有界分配格 D 的谱空间 $(\mathrm{ptIdl}(D), \mathcal{T}(\mathrm{ptIdl}(D)))$ 是 Stone 空间. 由定义 4.8.9、定理 2.10.10 和定义 4.9.4 知, $\mathcal{T}(\mathrm{ptIdl}(D))$ 的紧元集 $K(\mathcal{T}(\mathrm{ptIdl}(D)))$ 为谱空间中全体既开又闭集构成的集族. 于是 $K(\mathcal{T}(\mathrm{ptIdl}(D)))$ 是一个 Boole 代数. 由定理 4.8.11 知 $(\mathrm{Idl}(D), \subseteq)$ 是凝聚 Locale 且 $K(\mathrm{Idl}(D))$ 与 D 序同构. 因为凝聚 Locale 都是空间式的, 故由定义 4.7.11知 $\mathrm{Idl}(D)$ 与 $\mathcal{T}(\mathrm{ptIdl}(D))$ 序同构. 由此得

$$K(\mathrm{Idl}(D)) \cong K(\mathcal{T}(\mathrm{ptIdl}(D))).$$

故 $D \cong K(\mathrm{Idl}(D)) \cong K(\mathcal{T}(\mathrm{ptIdl}(L)))$ 是一个 Boole 代数.

充分性: 设 D 是 Boole 代数. 由定理 4.7.9(5) 知 D 的谱空间 $(\mathrm{ptIdl}(D), \mathcal{T}(\mathrm{ptIdl}(D)))$ 与 $(\mathrm{pt}^\circ\mathrm{Idl}(D), \mathcal{T}(\mathrm{pt}^\circ\mathrm{Idl}(D)))$ 同胚. 对任意 $I, J \in \mathrm{pt}^\circ\mathrm{Idl}(D)$, 若 $I \neq J$, 不妨设 $I \not\subseteq J$, 任取 $a \in I - J$. 由 I, J 是 $(\mathrm{Idl}(D), \subseteq)$ 的素元及 D 是 Boole 代数知补元 $a' \notin I$, $a' \in D - I$. 从而 $\downarrow a \not\subseteq J$, $\downarrow a' \not\subseteq I$. 故由定理 4.7.9(3) 和 (4) 知 $J \in \phi^\circ(\downarrow a)$, $I \in \phi^\circ(\downarrow a')$ 并且

$$\phi^\circ(\downarrow a) \cap \phi^\circ(\downarrow a') = \phi^\circ(\downarrow a \cap \downarrow a') = \phi^\circ(0) = \varnothing.$$

于是 $(\mathrm{pt}^\circ\mathrm{Idl}(D), \mathcal{T}(\mathrm{pt}^\circ\mathrm{Idl}(D)))$ 是 T_2 空间. 从而 D 的谱空间 $(\mathrm{ptIdl}(D), \mathcal{T}(\mathrm{ptIdl}(D)))$ 也是 T_2 空间. 因 Boole 代数有最大元, 故其谱空间是紧的.　　　　　□

该定理表明, 任何 Boole 代数都可表示为某个特殊的紧 T_2 空间 (即它的谱空间) 的既开又闭集族以集合包含序形成的格 (Boole 代数). 这是利用拓扑方法给出的 Boole 代数的表示定理, 称作 **Stone 表示定理**.

习　题　4.9

1. 设 X 是拓扑空间. 证明下列条件等价:

(1) X 是 Stone 空间;

(2) X 是紧的、T_0 的和**零维** (指 T_1 且既开又闭集全体构成拓扑基) 的;

(3) X 是紧的和**全分离的** (指两不同点都有既开又闭集含其中一点不含另一点);

(4) X 是紧的、T_2 的和**全不连通的** (指非空连通集均为单点集).

2. 设 $(X, \mathcal{T}(X))$ 和 $(Y, \mathcal{T}(Y))$ 均是凝聚空间, $f : X \to Y$ 是连续映射. 若 Locale 连续映射 $\mathcal{T}(f) = (f^{-1})^{op} : \mathcal{T}(X) \to \mathcal{T}(Y)$ 是凝聚映射, 则称连续映射 f 是**凝聚映射**. 设 **Boole** 是以 Boole 代数为对象, 以格同态为态射的范畴, **Stone** 是以 Stone 空间为对象, 以凝聚映射为态射的范畴.

证明: 范畴 **Boole** 与范畴 **Stone** 对偶等价.

第 5 章　拓扑空间的特殊化序与连续 domain

重要的计算机程序设计语言是函数式语言, 把程序看作函数, 通过对函数施行基本运算, 如取复合、递归等来达到所期望的效果. 计算机执行过程中信息是在积累的, 自然产生了信息的序结构, 某个状态包含的信息越多, 该状态在信息序结构中就越大. 人们的共识是信息序的不断增大应该给出更精确的计算结果, 要达到最终所要的计算结果, 就需要用有限步骤的计算结果来替代, 其条件是定向收敛或逼近. 这里收敛或逼近是拓扑概念, 定向性是与序有关的. 把这些过程抽象出来, 用数学的结构来描述, 而这种数学的结构则是称作 Domain 的一类特殊序结构, 它要求有限逼近或称作连续, 可用作对所述对象的指称, 每个状态作为 Domain 的元. 相应的操作则是运算, 要求运算可执行且封闭, 这就要求所考虑的这些 Domain 从范畴角度讲具有高级运算, 因而最好是笛卡儿闭的, 这些是程序语言的操作语义所要求的.

从拓扑空间也可诱导多种相关的序结构, 如空间的开集格、闭集格以及特殊化序等. 借助于序结构也可用适当的方法定义序集上的**内蕴拓扑**, 这些内蕴拓扑以及序与拓扑的交叉研究在理论计算机中有较为广泛的应用.

本章介绍计算机程序语义模型所需要的 Domain 理论的基础部分: 连续偏序集和连续 domain 的序结构方面. 第 6 章将利用内蕴拓扑对连续偏序集和连续 domain 进行刻画, 并考虑连续偏序集的一些特殊类型和推广类型. 第 7 章考虑函数空间及在刻画特殊类型 domain 方面的应用. 第 8 章利用形式拓扑、形式球和幂构造获得并刻画多种形式的连续 domain.

5.1　拓扑空间的特殊化序

拓扑空间可能同时又是偏序集, 我们称之为**拓扑偏序集**. 当要求序与拓扑有某些紧密联系时, 人们会得到一些特殊类型的拓扑空间.

定义 5.1.1　若拓扑偏序集 X 的偏序 $\leqslant$ 是积空间 $X \times X$ 的闭子集, 即 $G(\leqslant) := \{(x,y) \mid x,y \in X, x \leqslant y\}$ 关于 $X \times X$ 的积拓扑为闭集, 则称 X 是**序 Hausdorff 空间**.

例 5.1.2　(1) 实数空间依通常拓扑和序是序 Hausdorff 空间.

(2) 设 X 是 T_2 空间, 则带有离散序, X 是序 Hausdorff 空间.

定理 5.1.3　拓扑偏序集 X 是序 Hausdorff 的当且仅当对任意 $x, y \in X$, $x \not\leqslant y$, 存在 x 的邻域 U, y 的邻域 V 使 $U \cap V = \varnothing$ 且 U 是上集, V 是下集.

证明　必要性: 设 X 是序 Hausdorff 的, 则 $\forall x, y \in X$, $x \not\leqslant y$, 有 $(x, y) \notin G(\leqslant)$. 因 $G(\leqslant)$ 是闭集, 故 (x, y) 有开邻域与 $G(\leqslant)$ 不交. 由积拓扑的定义知, 存在 x 的开邻域 U_x 和 y 的开邻域 V_y 使得 $(U_x \times V_y) \cap G(\leqslant) = \varnothing$. 令 $U = \uparrow U_x$, $V = \downarrow V_y$, 则易验证 $U \cap V = \varnothing$.

充分性: 设 X 满足所给条件, 则 $\forall (x, y) \in (X \times X) - G(\leqslant)$, 存在 x, y 的不相交邻域 U, V, 且 U 是上集, V 是下集.

令 $W_{(x,y)} = U^\circ \times V^\circ$ 为 (x, y) 的开邻域, 则 $W_{(x,y)} \cap G(\leqslant) = \varnothing$, 从而 $W_{(x,y)} \subseteq (X \times X) - G(\leqslant)$. 由此得 $G(\leqslant)$ 是积空间 $X \times X$ 的闭集, X 是序 Hausdorff 的. $\square$

由该刻画可知任一序 Hausdorff 空间均是 Hausdorff 空间.

一个拓扑空间可自然获得一个特殊的由拓扑诱导的序, 即有如下定义.

定义 5.1.4　设 $(X, \mathcal{T}(X))$ 为拓扑空间. 对任意 $x, y \in X$, 规定 $x \leqslant_s y \Leftrightarrow x \in \overline{\{y\}}$. 则 $\leqslant_s$ 为集 X 上的预序, 称为拓扑空间 X 的**特殊化序**, 也称由拓扑 $\mathcal{T}(X)$ 诱导的特殊化序, 并用 ΩX 表示预序集 $(X, \leqslant_s)$.

注 5.1.5　(1) 设 $\leqslant_s$ 为拓扑空间 $(X, \mathcal{T}(X))$ 的特殊化序. 则对任意 $x \in X$, 有 $\overline{\{x\}} = \downarrow x$, 从而 X 的闭集均为下集, 开集均为上集; 若 X 是 T_0 空间, 则 $\leqslant_s$ 是偏序.

(2) 拓扑空间之间的连续映射保持特殊化序.

(3) 拓扑空间 $(X, \mathcal{T}(X))$ 是 T_1 空间当且仅当其特殊化序是离散序.

证明　直接验证可得. $\square$

定义 5.1.6　设 $(X, \mathcal{T}(X))$ 为拓扑空间, $A \subseteq X$.

(1) 若 A 可表示为若干开集的交, 则称 A 为 X 的**饱和集**;

(2) 对于 $A \subseteq X$, 记 $\mathscr{F}_A = \{U \in \mathcal{T}(X) \mid A \subseteq U\}$, 则 $\mathscr{F}_A$ 是 $(\mathcal{T}(X), \subseteq)$ 的滤子, 称 $\mathrm{sat}(A) = \cap \mathscr{F}_A = \cap \{U \in \mathcal{T}(X) \mid A \subseteq U\}$ 为集 A 的**饱和化**.

命题 5.1.7　设 $(X, \mathcal{T}(X))$ 为拓扑空间, $A \subseteq X$, 则

(1) A 是拓扑空间 X 的饱和集当且仅当 $A = \mathrm{sat}(A)$;

(2) X 的一个开集族 $\mathscr{U}$ 覆盖 A 当且仅当 $\mathscr{U}$ 覆盖 $\mathrm{sat}(A)$;

(3) A 是饱和集当且仅当在特殊化序下 A 是上集.

证明　(1) 必要性: 设 A 是饱和集, 则 $A \supseteq \mathrm{sat}(A) \supseteq A$, 从而 $A = \mathrm{sat}(A)$.

充分性: 显然.

(2) 必要性: 设 $\mathscr{U}$ 覆盖 A, 则 $A \subseteq \cup \mathscr{U}$, 从而 $\mathrm{sat}(A) \subseteq \cup \mathscr{U}$, 这说明 $\mathscr{U}$ 覆盖 $\mathrm{sat}(A)$.

充分性: 显然.

(3) 必要性: 开集是上集, 饱和集为开集的交, 故是上集.

充分性: 设 A 是在特殊化序下的上集, 因 $\downarrow x$ 是闭集且 $A = \uparrow A = \bigcap_{x \notin \uparrow A}(X - \downarrow x)$, 故得 A 是饱和集. $\qquad\qquad\qquad\qquad\qquad\qquad\qquad\qquad\qquad\square$

命题 5.1.8 设 $(X, \mathcal{T})$ 为拓扑空间. 若 $D \subseteq X$ 是特殊化序下的定向集, 则闭包 $\overline{D}$ 是一个既约闭集.

证明 首先因 D 定向, 故 $\overline{D}$ 是非空闭集. 又假设 A, B 为非空闭集使得 $\overline{D} = A \cup B$. 则 $\downarrow A, \downarrow B$ 中必有一个包含 D, 不妨设 $D \subseteq \downarrow A$. 注意到 A 是闭集, 在特殊化序下是下集, 从而 $D \subseteq A$, 于是 $A = \overline{D}$ 不是 $\overline{D}$ 的真子集. 这说明 $\overline{D}$ 是一个既约闭集. $\qquad\qquad\qquad\qquad\qquad\qquad\qquad\qquad\qquad\square$

习 题 5.1

1. 证明: 若 X 是序 Hausdorff 空间, K 是 X 的紧子集, 则 $\downarrow K$ 和 $\uparrow K$ 均是闭集.
2. 设 X 是紧的序 Hausdorff 拓扑空间. 证明:
(1) 若 $D \subseteq X$ 是定向集, 则 D 作为 X 中的网收敛于唯一的极限 $\sup D$;
(2) 若 $S \subseteq X$ 是滤向集, 则 S 作为 X 中的网收敛于唯一的极限 $\inf S$.
3. 证明: 一个 T_0 空间是 Hausdorff 空间当且仅当它赋予特殊化序是序 Hausdorff 空间.
4. 设 X 为拓扑空间, $A \subseteq X$. 证明: A 是紧集当且仅当 $\operatorname{sat}(A)$ 是紧集.
5. 证明: 若 C 是紧的连通集, 则 C 的饱和化 $\operatorname{sat}(C)$ 还是紧的连通集.

5.2 偏序集基础

第 1 章和第 4 章已经给出了一些与偏序集相关的基本概念和记号, 如理想、滤子、共尾、子偏序集、乘积偏序集等. 下面给出与偏序集相关的更多概念和基本结论.

定义 5.2.1 设 P 是偏序集, $x, y \in P$, $x \leqslant y$. 称子偏序集 $[x, y] = \{z \in P \mid x \leqslant z \leqslant y\}$ 为 P 中的由 x, y 决定的**闭区间**.

定义 5.2.2 设 P 是偏序集, $A \subseteq P$. 如果 $\forall a, b \in A$, 当 $a \neq b$ 时 a 与 b 不可比较大小, 则称 A 是 P 的一个**反链**. 偏序集 P 中链与反链的最大基数分别称为 P 的**长度**与**宽度**.

定义 5.2.3 设 P 是偏序集.
(1) 若 P 中存在有限个元素 $x_1, x_2, \cdots, x_n$ 使 $P = \bigcup_{i=1}^{n} \uparrow x_i$, 则称 P 是**有限生成上集**.
(2) 若 P 中任意定向集均有上确界, 则称 P 是**定向完备偏序集**或简称 **dcpo**.
(3) 若 P 中任意有上界的子集均有上确界, 则称 P 是**有界完备偏序集**或简称 **bc-poset**. 若 P 还是 dcpo, 则称 P 是 **bc-dcpo**.
(4) 若 P 中主理想均为完备格, 则称 P 是 **L-偏序集**, 简称 **L-poset**. 若 P 还是 dcpo, 则称 P 是 **L-dcpo**.

(5) 若 P 中主理想均为并半格, 则称 P 是 **sL-偏序集**, 简称 **sL-poset**. 若 sL-偏序集还是 dcpo, 则称 P 是 **sL-dcpo**.

命题 5.2.4 若 X 是一个 Sober 空间, 则在特殊化序下, $(X, \leqslant_s)$ 是一个 dcpo.

证明 设 $D \subseteq X$ 是 X 的特殊化序下的定向集. 则由命题 5.1.8 知 $\overline{D}$ 是一个既约闭集. 故存在唯一 $x \in X$ 使得 $\overline{D} = \overline{\{x\}} = {\downarrow}x$. 这样, 一方面, x 是 D 的一个上界; 另一方面, 若 y 也是 D 的一个上界, 则有 $D \subseteq {\downarrow}y = \overline{\{y\}}$, 从而 ${\downarrow}x \subseteq {\downarrow}y$, 进而有 $x \leqslant y$. 这说明 x 是 D 的最小上界, 即上确界. 由任一定向集存在上确界得 $(X, \leqslant_s)$ 是一个 dcpo. □

定义 5.2.5 称偏序集 P 上增加新的最小元 $\bot$ 后得到的偏序集 $P_\bot = P \cup \{\bot\}$ 为 P 的**提升**. 称偏序集 P 上增加新的最大元 $\top$ 后得到的偏序集 $P^\top = P \cup \{\top\}$ 为 P 的**加顶**.

定义 5.2.6 设 P 是偏序集, $A \subseteq P$.

(1) A 的全体上界构成的集合记作 $\mathrm{ub}(A)$, A 的全体下界构成的集合记作 $\mathrm{lb}(A)$. 若 A 在 P 中有上界, 则称 A 是**相容集**. A 的全体极小上界的集合记作 $\mathrm{mub}(A)$, 即 $\mathrm{mub}(A) = \{x \in \mathrm{ub}(A) \mid x$ 是 $\mathrm{ub}(A)$ 中的极小元$\}$.

(2) 若 $x, z \in A$ 且 $z \leqslant y \leqslant x$ 蕴涵 $y \in A$, 则称 A 是**序凸集**.

(3) 若 P 的相容定向集均有上确界, 则称 P 是**相容定向完备偏序集**, 或简称 **cdcpo**.

(4) 若 P 是 dcpo 且任一非空子集都有下确界, 则称 P 为一个**完备交半格**.

(5) 若 P 的任意非空集的上确界存在, 则称 P 为一个**完备并半格**.

显然, 对偏序集 L 的任一子集 A, 有 $\mathrm{ub}(A) = \mathrm{ub}({\downarrow}A)$, 特别地, 有 $\sup A = \sup({\downarrow}A)$.

定义 5.2.7[78] 设 L 是偏序集, $A \subseteq L$. 若对 A 的任一上界 x, 存在 $y \in \mathrm{mub}(A)$ 使 $y \leqslant x$, 则称 A 是 **$\mathrm{mub}(A)$-完备**的. 若 L 的任意有限集 $F \subseteq L$ 都是 $\mathrm{mub}(F)$-完备的, 则称 L 满足**性质 m**. 若 L 满足性质 m 且对任意有限集 $F \subseteq L$, $\mathrm{mub}(F)$ 都有限, 则称 L 满足**性质 M**.

命题 5.2.8 完备交半格恰是 bc-dcpo, 有最小元且满足性质 M, 加顶后是一个完备格.

证明 设 L 是完备交半格, $A \subseteq L$ 有上界. 则 $\mathrm{ub}(A) \neq \varnothing$. 于是 $\inf \mathrm{ub}(A)$ 存在, 注意到 A 中元均是 $\mathrm{ub}(A)$ 的下界, 而 $\inf \mathrm{ub}(A)$ 是 $\mathrm{ub}(A)$ 的最大下界, 故知 $\inf \mathrm{ub}(A)$ 也是 A 的上界, 从而是 A 的最小上界, 即 $\inf \mathrm{ub}(A) = \sup A$ 为 A 的上确界. 这说明 L 是 bc-poset, 又已知 L 是 dcpo, 故 L 是 bc-dcpo. 反过来, 类似可证任一 bc-dcpo 均是完备交半格. 故完备交半格恰是 bc-dcpo.

空集的并就是全体元的交, 也就是最小元. 完备交半格满足性质 M 是显然的. 完备交半格加顶后保证了空交也存在, 从而是一个完备格. □

由于程序展开理论的研究, 人们在偏序集中提出了一致集的概念[8, 249], 它是定向集概念的推广, 有关一致集的格论研究为程序展开理论提供了数学基础.

定义 5.2.9 设 P 是偏序集, $S \subseteq P$. 若对任意 $a, b \in S$, 存在 $c \in P$ 使 $a \leqslant c, b \leqslant c$, 则称 S 为 P 的**一致集**. 若 P 的任意一致集都存在上确界, 则称 P 是**一致完备偏序集**.

注 5.2.10 显然空集、定向集和相容集均为一致集, 有最大元的偏序集中任一子集均为一致集. 于是一致完备偏序集均为 bc-dcpo. 但反之不成立, 见下例.

例 5.2.11 设 $X = \{a, b, c\}$, 且 $\mathcal{P}(X)$ 为 X 的幂集格. 令 $L = \mathcal{P}(X) - \{X\}$. 易见 L 为 bc-dcpo, 但 L 中一致集 $\{\{a\}, \{b\}, \{c\}\}$ 无上确界. 这说明 bc-dcpo 不必一致完备.

引理 5.2.12 设 P 是偏序集, $A \subseteq P$ 且 $s, t \in \mathrm{ub}(A)$. 用 $\sup_t A$ 表示 A 在 $\downarrow t$ 中的上确界.

(1) 若 $s \leqslant t$ 且 $\sup_t A$ 存在, 则 $\sup_s A = \sup_t A$.

(2) 设 $\sup_s A$ 和 $\sup_t A$ 存在. 若 $\sup_s A \leqslant t$ 或 $\sup_t A \leqslant s$, 则 $\sup_s A = \sup_t A$.

证明 (1) 注意到 $\sup_t A$ 是 A 在 $\downarrow s$ 中的上界. 若 $k \leqslant s$ 是 A 在 $\downarrow s$ 中的任一上界, 则 $k \in \downarrow t$. 从而 $\sup_t A \leqslant k$. 这说明 $\sup_t A$ 是 A 在 $\downarrow s$ 中的最小上界, 即 $\sup_s A = \sup_t A$.

(2) 不妨设 $\sup_s A \leqslant t$. 则 $\sup_s A$ 是 A 的上界. 从而由 $s' = \sup_s A \leqslant t$ 和 (1) 知 $\sup_{s'} A = \sup_s A = \sup_t A$. □

引理 5.2.13 设 L 是偏序集, $x \in L$, $A \subseteq \downarrow x := \varphi$. 则

(1) 当 $\vee A$ 存在时, 有 $\vee A = \bigvee_\varphi A$, 其中 $\bigvee_\varphi A$ 指 A 在主理想 φ 中取上确界;

(2) 若 L 是交半格, 则当 $\bigvee_\varphi A$ 存在时有 $\bigvee_\varphi A = \vee A$;

(3) 若 L 是 dcpo, $D \subseteq \varphi$ 定向, 则有 $\vee D = \bigvee_\varphi D$.

证明 (1) 设 $\vee A$ 存在. 则 $\vee A \leqslant x$ 为 A 在 $\downarrow x$ 中的一个上界. 令 y 为 A 在 $\downarrow x$ 中的另一上界. 则 y 也为 A 在 L 中的上界, 从而有 $\vee A \leqslant y$. 这说明 $\vee A$ 为 A 在 $\downarrow x$ 中的最小上界, 即 $\vee A = \bigvee_\varphi A$.

(2) 设 L 为交半格且 $\bigvee_\varphi A$ 存在. 则 $\bigvee_\varphi A$ 为 A 在 L 中的一个上界. 设 t 为 A 在 L 中的另一上界. 由 L 是交半格, 得 $t \wedge \bigvee_\varphi A \leqslant x$ 存在且为 A 在 $\downarrow x$ 中的上界, 于是 $\bigvee_\varphi A \leqslant t \wedge \bigvee_\varphi A \leqslant x$. 从而, $\bigvee_\varphi A = t \wedge \bigvee_\varphi A \leqslant t$, 这说明 $\bigvee_\varphi A$ 为 A 在 L 中的最小上界, 即 $\bigvee_\varphi A = \vee A$.

(3) 若 L 为 dcpo, 则由 (1) 易得. □

引理 5.2.14 设 P 是偏序集, $U \subseteq P$ 为非空上集, $A \subseteq U$. 则 $\sup_U A = \sup A$.

证明 当 $\sup_U A$ 存在时, $\sup_U A$ 为 A 在 P 中的上界. 又若 A 在 P 中另有

上界 y, 则由 U 为上集知 $y \in U$ 为 A 在 U 中的上界, 从而 $\sup_U A \leqslant y$. 这说明 $\sup_U A$ 是 A 在 P 中的最小上界, 即 $\sup A = \sup_U A$. 类似地, 当 $\sup A$ 存在时也有 $\sup_U A$ 存在且 $\sup_U A = \sup A$. □

定义 5.2.15　设 P 是偏序集. 若对任意 $z \in P$ 及任意定向集 $A \subseteq {\downarrow} z$, 有 $\sup_z A$ 存在, 则称 P 有**局部定向并**.

引理 5.2.16　设 P 是偏序集. 则下列条件等价:

(1) P 有局部定向并;

(2) P 的任一主理想均是 dcpo;

(3) P 的任一主理想均有局部定向并.

证明　直接验证 $(1) \Longrightarrow (2) \Longrightarrow (3) \Longrightarrow (1)$. □

利用偏序集 P 的全体理想之集 $\mathrm{Idl}(P)$ 可以定义嵌入映射 ${\downarrow}(\cdot) : P \to \mathrm{Idl}(P)$ 使任意 $x \in P$ 对应于 ${\downarrow}(x) := {\downarrow} x$. 关于该嵌入映射, 有如下结果.

命题 5.2.17　设 P 是偏序集. 则嵌入映射 ${\downarrow}(\cdot) : P \to \mathrm{Idl}(P)$ 有下联当且仅当 P 为 dcpo.

证明　必要性: 设嵌入映射 ${\downarrow}(\cdot) : P \to \mathrm{Idl}(P)$ 有下联 $d : \mathrm{Idl}(P) \to P$. 则对任意定向集 $D \subseteq P$, 因 ${\downarrow} D$ 是 P 的理想, 故由 Galois 联络的定义知 $\forall x \in P$, $d({\downarrow} D) \leqslant x \Longleftrightarrow {\downarrow} D \subseteq {\downarrow} x$. 令 $y = d({\downarrow} D)$, 则由 d 为 ${\downarrow}(\cdot)$ 的下联得 ${\downarrow} D \subseteq {\downarrow} y$, 这说明 y 是 D 的上界, 又若 a 为 D 的另一上界, 则 ${\downarrow} D \subseteq {\downarrow} a$, 从而由上面的等价式得 $y = d({\downarrow} D) \leqslant a$, 于是 $\vee D = y = d({\downarrow} D)$.

充分性: 设 P 中任意定向集有上确界. 则 P 中每个理想均有上确界. 于是定义映射 $\vee : \mathrm{Idl}(P) \to P$ 使任意 $I \in \mathrm{Idl}(P)$ 对应于 $\vee I$. 容易验证映射 $\vee$ 是嵌入映射 ${\downarrow}(\cdot) : P \to \mathrm{Idl}(P)$ 的下联. □

命题 5.2.18　设 p 是偏序集 L 上的一个投射, 即 $p : L \to L$ 保序且幂等.

(1) 对任意 $A \subseteq p(L)$, 若 A 在 L 中的上确界 $\bigvee_L A$ 存在, 则 A 在 L 的子偏序集 $p(L)$ 中的上确界 $\bigvee_{p(L)} A$ 存在, 且 $\bigvee_{p(L)} A = p(\bigvee_L A)$.

(2) 若 $p : L \to L$ 是保定向并, 则 L 的子偏序集 $p(L)$ 对 L 中的定向并封闭, 即对任意定向集 $D \subseteq p(L)$ 且 D 在 L 中的上确界 $\bigvee_L D$ 存在, 有 $\bigvee_{p(L)} D = \bigvee_L D$.

(3) 作余限制 $p^\circ : L \to p(L)$. 如果 $p : L \to L$ 还是保定向并的, 则 $p^\circ : L \to p(L)$ 也保定向并.

证明　(1) 设 $A \subseteq p(L)$. 若 A 在 L 中的上确界 $\bigvee_L A$ 存在, 则对任意 $a \in A$, 由 p 保序、幂等及 $a \leqslant \bigvee_L A$ 知 $a = p(a) \leqslant p(\bigvee_L A)$. 从而 $p(\bigvee_L A)$ 是 A 在 L 的子偏序集 $p(L)$ 中的一个上界. 设 $t \in p(L)$ 为 A 在 $p(L)$ 中的任一上界. 则 $t \geqslant \bigvee_L A$. 于是由 p 保序、幂等知 $t = p(t) \geqslant p(\bigvee_L A)$. 这说明 $p(\bigvee_L A)$ 是 A 在 $p(L)$ 中的最小上界, 即 $\bigvee_{p(L)} A = p(\bigvee_L A)$.

(2) 设定向集 $D \subseteq p(L)$ 且 D 在 L 中的上确界 $\bigvee_L D$ 存在. 由 (1) 知

$\bigvee_{p(L)} D = p(\bigvee_L D)$. 因为 $p : L \to L$ 保定向并, 故 $p(\bigvee_L D) = \bigvee_L p(D) = \bigvee_L D$. 从而有 $\bigvee_{p(L)} D = \bigvee_L D$.

(3) 对任一定向集 $D \subseteq L$, 当 $\sup_L D$ 存在时, 由 p 保定向并及 (2) 得

$$p^\circ \big(\sup_L D \big) = p \big(\sup_L D \big) = \sup_L p(D) = \bigvee_{p(L)} p(D) = \bigvee_{p(L)} p^\circ(D),$$

这说明 $p^\circ : L \to p(L)$ 保定向并. □

给定偏序集, 可以诱导该偏序集的子集间的一个重要预序.

定义 5.2.19 设 P 是偏序集. 在 $\mathcal{P}(P) - \{\varnothing\}$ 上定义 **Smyth 序** $\leqslant$ 使对 P 的任意非空子集 G, H, 有 $G \leqslant H$ 当且仅当 $\uparrow H \subseteq \uparrow G$. 设 $\mathcal{F}$ 是由 P 的子集构成的非空集族. 若对任意 $F_1, F_2 \in \mathcal{F}$, 存在 $F_3 \in \mathcal{F}$ 使 $F_1, F_2 \leqslant F_3$, 即 $F_3 \subseteq \uparrow F_1 \cap \uparrow F_2$, 则称 $\mathcal{F}$ 为 P 的**定向子集族**.

引理 5.2.20 (Rudin 引理) 设 P 是偏序集, $\mathcal{P}_{\mathrm{fin}}(P)$ 为 P 的全体非空有限子集之族, 集族 $\mathcal{F} \subseteq \mathcal{P}_{\mathrm{fin}}(P)$ 依 Smyth 序定向. 则存在定向集 $D \subseteq \bigcup_{F \in \mathcal{F}} F$ 使 $\forall F \in \mathcal{F}$ 有 $D \cap F \neq \varnothing$.

证明 令 $\mathscr{A}$ 为集族

$$\left\{ E \subseteq \bigcup_{F \in \mathcal{F}} F \,\middle|\, \forall F \in \mathcal{F}, E \cap F \neq \varnothing \text{ 且} \forall F, G \in \mathcal{F}, G \subseteq \uparrow F \text{ 蕴涵 } E \cap G \subseteq \uparrow(E \cap F) \right\}.$$

显然 $\bigcup_{F \in \mathcal{F}} F \in \mathscr{A}$. 故 $\mathscr{A} \neq \varnothing$. 从而由 Hausdorff 极大原理知偏序集 $(\mathscr{A}, \subseteq)$ 中存在一个极大链 $\mathscr{C}$. 令 $D = \cap \mathscr{C}$. 则 $\forall F \in \mathcal{F}$, 由 F 有限及 $\mathscr{C}$ 是链可得存在 $E_F \in \mathscr{C}$ 使 $D \cap F = E_F \cap F \neq \varnothing$ 且 $\forall F, G \in \mathcal{F}, G \subseteq \uparrow F$ 蕴涵 $D \cap G \subseteq \uparrow(D \cap F)$. 假设存在 $x \in D$ 使对任意 $F \in \mathcal{F}$ 有 $(F \cap D) - \uparrow x \neq \varnothing$. 则易见 $D - \uparrow x \in \mathscr{A}$, 这与 D 的极小性矛盾! 从而对任意 $x \in D$, 存在 $F_x \in \mathcal{F}$ 使 $(F_x \cap D) \subseteq \uparrow x$. 下证 D 是定向集. 设 $a, b \in D$. 则存在 $F_a, F_b \in \mathcal{F}$ 使 $(F_a \cap D) \subseteq \uparrow a$ 且 $(F_b \cap D) \subseteq \uparrow b$. 又由集族 $\mathcal{F}$ 定向知存在 $F_0 \in \mathcal{F}$ 使 $F_a, F_b \leqslant F_0$. 于是 $\varnothing \neq F_0 \cap D \subseteq \uparrow(F_a \cap D) \cap \uparrow(F_b \cap D) \subseteq \uparrow a \cap \uparrow b$. 这说明 D 是定向集. □

习 题 5.2

1. 证明: 定向子集都有最大元的偏序集都是 dcpo, 特别非空有限偏序集都是 dcpo.
2. 证明: 任一非空 dcpo 均存在极大元.
3. 设 L 是偏序集, $p : L \to L$ 是投射. 证明:
   若 L 是完备格 (并半格, bc-poset, dcpo), 则 $p(L)$ 是完备格 (并半格, bc-poset, dcpo).
4. 设 L 是偏序集, $G, F, A \subseteq L$, $A = \uparrow A$. 证明: 若 $G \subseteq \uparrow F$, 则 $G - A \subseteq \uparrow (F - A)$.
5. 设 L 是 dcpo, 映射 $c : \mathrm{Idl}(L) \to \mathrm{Idl}(L)$ 由 $\forall I \in \mathrm{Idl}(L), c(I) = \downarrow \sup I$ 定义.

证明: c 是闭包算子且其像同构于 L.

6*. 证明: 偏序集 L 是 dcpo 当且仅当 L 的任一非空链有上确界.

7. 设 L 是偏序集, $A = {\downarrow} A \subseteq L$, $\mathcal{F}$ 是 L 的依 Smyth 序定向的子集族.

证明: 若 $\forall F \in \mathcal{F}$, $F \cap A \neq \varnothing$, 则 $\mathcal{F}|_A$ 仍是依 Smyth 序定向的.

5.3　双小于关系与连续偏序集

理论计算机中很自然地出现了大量序结构. 某个状态包含的信息量越多, 那它在信息序中就越大. 公认的是信息序的增加应更逼近 (收敛于) (计算) 精确结果. 于是, 在 1972 年, Scott (见 [167]) 为给计算机程序语言提供合适的语义模型, 引入了连续格理论. 后来, 人们推广连续格概念, 将关键的双小于关系移植到定向完备偏序集 (简记为 dcpo) 上, 得到连续 domain 概念, 形成 Domain 理论并得到广泛研究 (见 [41]). 然后, 人们又从数学本身出发, 进一步推广双小于关系和连续性到一般偏序集上.

定义 5.3.1　设 P 是偏序集, $x, y \in P$. 若对任一定向集 D, 当 D 有上确界且 $\sup D \geqslant y$ 时, 存在 $d \in D$ 使 $x \leqslant d$, 则称 x **逼近** y, 也说 x **双小于** y, 记作 $x \ll y$. 称 P 上的这一关系为**双小于关系**. 如果 $x \ll x$, 则称 x 为 P 的**紧元**. P 的全体紧元之集用 $K(P)$ 表示.

对 $x \in P$, 记 ${\downarrow\!\!\!\downarrow} x = \{z \in P \mid z \ll x\}$ 和 ${\uparrow\!\!\!\uparrow} x = \{z \in P \mid x \ll z\}$.

命题 5.3.2　设 P 是偏序集. 则对任意 $x, y, u, z \in P$, 下列性质成立:

(1) $x \ll y \Longrightarrow x \leqslant y$;

(2) $u \leqslant x \ll y \leqslant z \Longrightarrow u \ll z$;

(3) 若 $x \ll z, y \ll z$ 且 $x \vee y$ 存在, 则 $x \vee y \ll z$;

(4) 若 P 有最小元 0, 则 $0 \ll x$. 特别地, 有 $0 \ll 0$.

证明　由定义 5.3.1 直接可得, 读者可作为练习自证.　　　　　　　　□

定义 5.3.3　设 P 是偏序集.

(1) 若对任意 $x \in P$, 集 ${\downarrow\!\!\!\downarrow} x$ 是定向的且 $x = \vee {\downarrow\!\!\!\downarrow} x$, 则称 P 是**连续偏序集**. 一个连续偏序集如果还是一个 dcpo 则称为**连续 domain** 或简称 **Domain**. 一个连续 domain 如果还是一个完备格 (分别地, bc-偏序集, L-偏序集, sL-偏序集, 完备交半格, 完备并半格) 则称之为**连续格** (分别地, **bc-domain**, **L-domain**, **sL-domain**, **连续交半格, 连续并半格**).

(2) 若对任意 $x \in P$, 集 ${\downarrow\!\!\!\downarrow} x \cap K(P)$ 是定向的且 $x = \vee({\downarrow\!\!\!\downarrow} x \cap K(P))$, 则称 P 是**代数偏序集**. 一个代数偏序集如果还是一个 dcpo 则称为**代数 domain**. 一个代数 domain 如果还是一个完备格 (分别地, bc-偏序集, L-偏序集, sL-偏序集, 完备交半格, 完备并半格) 则称为**代数格** (分别地, **Scott domain**, **代数 L-domain**,

代数 sL-domain, **代数交半格**, **代数并半格**).

显然, 任一代数偏序集都是连续的.

例 5.3.4 (1) 实数集 $\mathbb{R}$ 是连续偏序集, 自然数集 $\mathbb{N}$ 是代数偏序集.

(2) 设单位闭区间 $\mathbf{I} = [0,1]$ 上赋予通常序. 则对任意 $x, y \in \mathbf{I}$, $x \ll y \Longleftrightarrow$ $x = 0$ 或 $x < y$. 故 $\mathbf{I}$ 是连续格.

(3) 设 L 是有限格. 则 L 的每个定向子集有最大元. 于是对任意 $x \in L$, 有 $x \ll x$, 即 $L = K(L)$. 从而 L 是代数格.

(4) 设 $(\mathcal{P}(X), \subseteq)$ 是非空集 X 的幂集格. 则 $\forall A, B \in L$, $A \ll B \Longleftrightarrow A$ 是 B 的有限子集. 因每个集均可表示为它的有限子集的定向并, 故幂集格 $(\mathcal{P}(X), \subseteq)$ 是代数格.

命题 5.3.5 设 $(X, \mathcal{T}(X))$ 为拓扑空间.

(1) 对于 $U, V \in (\mathcal{T}(X), \subseteq)$, 若存在紧子集 K 使 $V \subseteq K \subseteq U$, 则 $V \ll U$;

(2) 若 $(X, \mathcal{T}(X))$ 是局部紧 T_2 空间, 则 $(\mathcal{T}(X), \subseteq)$ 是连续格.

证明 (1) 设 $\{U_\lambda\}_{\lambda \in \Gamma}$ 是 $(\mathcal{T}(X), \subseteq)$ 的定向子集族. 若 $U \subseteq \bigcup_{\lambda \in \Gamma} U_\lambda$, 则 $\{U_\lambda\}_{\lambda \in \Gamma}$ 是 K 的开覆盖. 从而由 K 的紧性和 $\{U_\lambda\}_{\lambda \in \Gamma}$ 的定向性知存在 $\lambda_0 \in \Gamma$ 使 $V \subseteq K \subseteq U_{\lambda_0}$. 故由定义 5.3.1 知 $V \ll U$.

(2) 设 $U \in \mathcal{T}(X)$, $x \in U$. 因为 $(\mathcal{T}(X), \subseteq)$ 是完备格, 则集族 $\{V \in \mathcal{T}(X) \mid V \ll U\}$ 是非空定向的. 又因为 $(X, \mathcal{T}(X))$ 是局部紧 T_2 空间, 故由定理 2.10.26 知存在 x 的开邻域 V 使 $\overline{V}$ 紧致且 $V \subseteq \overline{V} \subseteq U$. 从而由 (1) 知 $V \ll U$. 故 $U = \cup\{V \in \mathcal{T}(X) \mid V \ll U\}$. 于是由定义 5.3.3 知 $(\mathcal{T}(X), \subseteq)$ 是连续格. $\square$

定义 5.3.6 若拓扑空间 X 的拓扑 $\mathcal{T}(X)$ 是连续格, 则称 $(X, \mathcal{T}(X))$ 为**核紧空间**.

例 5.3.7 局部紧 T_2 空间均为核紧空间.

定理 5.3.8 (插入性质) 设 P 是连续偏序集, $x, y \in P$. 若 $x \ll y$, 则存在 $z \in P$ 使 $x \ll z \ll y$.

证明 设 $x \ll y$. 令 $D = \cup\{\downarrow z \mid z \ll y\}$. 由 P 是连续偏序集知 D 是定向集的定向并, 因而是定向的. 又由 $\sup D = \sup\{\vee\downarrow z \mid z \ll y\} = \vee\downarrow y = y$ 及 $x \ll y$ 得存在 $u \in D$ 及 $z \ll y$ 使 $x \leqslant u \in \downarrow z$. 于是存在 $z \in P$ 使 $x \ll z \ll y$ 成立. $\square$

命题 5.3.9 设 P 是偏序集. 则 P 为连续的当且仅当提升 $P_\perp$ 为连续的.

证明 可直接验证, 留给读者练习. $\square$

关于乘积运算, 有如下命题.

命题 5.3.10 (1) 设 P 和 Q 是连续偏序集. 则 $P \times Q$ 赋予点式序是连续偏序集.

(2) 设 $P_i (i \in I)$ 是一族有最小元 0 的连续偏序集, 则乘积偏序集 $\prod_{i \in I} P_i$ 也是连续偏序集. 对于元 $\mathbf{x} = (x_i)_{i \in I}, \mathbf{y} = (y_i)_{i \in I} \in \prod_{i \in I} P_i$, 双小于关系由下式

给出:

$$\mathbf{x} \ll \mathbf{y} \Longleftrightarrow x_i \ll y_i \text{ 对所有 } i \text{ 成立且对除有限多个 } i \text{ 外所有其他 } x_i = 0.$$

将连续偏序集换为连续格、bc-domain、有最小元的 L-domain 等, 上述结论也成立.

证明 (1) 在点式序下, 取上确界也是点式地进行运算, 则可简单验证 $\forall (x, y) \in P \times Q$, 有 $\Downarrow (x, y) = (\Downarrow x) \times (\Downarrow y)$, 从而由 P 和 Q 的连续性得到 $P \times Q$ 是连续偏序集.

(2) 可直接验证, 留给读者作为练习. □

习　题　5.3

1. 设 X 是拓扑空间. 证明:

(1) 若 X 是正则空间且 $\mathcal{T}(X)$ 是连续格, 则 X 是 II 型局部紧空间;

(2) 若 X 是 Sober 空间, 则 X 是 II 型局部紧的当且仅当 $\mathcal{T}(X)$ 是连续格;

(3) 若 X 是 T_2 空间, 则 X 是核紧空间当且仅当 X 是局部紧空间.

2. 设 $(\mathbb{Q}, \tau_{\mathbb{Q}})$ 是通常的有理数空间.

证明: 对任一 $U \in \tau_{\mathbb{Q}}$, $U \ll \mathbb{Q}$ 当且仅当 $U = \varnothing$, 从而 $(\mathbb{Q}, \tau_{\mathbb{Q}})$ 不是局部紧空间.

3. 证明: 命题 5.3.9.

4. 证明: 命题 5.3.10(2).

5. 设 $\mathcal{B}$ 是拓扑空间 X 的一个子基, $U, V \in \mathcal{T}(X)$ 且 $U \subseteq V$.

证明: $U \ll V$ 当且仅当由 $\mathcal{B}$ 的元组成 V 的任一覆盖有有限个元覆盖 U.

6. 证明: P 是 bc-domain 当且仅当 P 的加顶 $P^{\top} = P \cup \{\top\}$ 是连续格且满足 $\top \ll \top$.

7. 证明 bc-domain 的闭区间是连续格, 并举例说明连续 domain 的闭区间不必连续.

5.4　基和嵌入基

定义 5.4.1　设 P 是偏序集, $B \subseteq P$. 若对任意 $x \in P$, 存在定向集 $B_x \subseteq B \cap \Downarrow x$ 使 $x = \vee B_x$, 则称 B 是 P 的一个**基**.

定理 5.4.2　设 P 是偏序集. 则 P 是连续的当且仅当 P 有一个基.

证明　必要性: 设 P 是连续偏序集. 则由定义 5.3.3 和定义 5.4.1 知 P 就是其自身的一个基.

充分性: 设 B 是 P 的一个基. 则对任意 $x \in P$, 存在定向集 $B_x \subseteq B \cap \Downarrow x$ 使 $x = \vee B_x$. 显然集 $\Downarrow x \neq \varnothing$ 且 $x = \vee \Downarrow x$. 下证 $\Downarrow x$ 定向. 设 $y, z \in \Downarrow x$. 因为 $y, z \ll x = \vee B_x$ 且 B_x 是定向的, 故存在 $b_1, b_2 \in B_x$ 使 $y \leqslant b_1$ 且 $z \leqslant b_2$. 再由 B_x 的定向性知存在 $b_3 \in B_x \subseteq \Downarrow x$ 使 $b_1, b_2 \leqslant b_3$. 这说明 $\Downarrow x$ 是定向集. 故由定义 5.3.3 知 P 是连续偏序集. □

命题 5.4.3 设 P 是连续偏序集. 则 $B \subseteq P$ 是 P 的基当且仅当 $\forall x, y \in P$, 由 $x \ll y$ 可得存在 $b \in B$ 使得 $x \ll b \ll y$.

证明 利用插入性质 (定理 5.3.8) 可直接验证. □

推论 5.4.4 设 P 是偏序集. 则 P 是代数的当且仅当 $K(P)$ 是 P 的基. 特别地, 任一代数偏序集均是连续的.

证明 由定义 5.3.3、定义 5.4.1 和定理 5.4.2 直接可得. □

定理 5.4.5 偏序集 P 是代数的当且仅当 $K(P)$ 是 P 的**最小基** (即 $K(P)$ 包含在 P 的任一基中).

证明 充分性: 显然.

必要性: 设 P 是代数的, $B \subseteq P$ 是 P 的任一基. 则 $\forall k \in K(P)$ 存在定向集 $B_k \subseteq B \cap {\downarrow}k$ 使 $k = \vee B_k$. 因 $k \ll k$, 故存在 $b \in B_k$ 使得 $k \leqslant b \leqslant k$, 从而 $k = b \in B$. 这说明 $K(P) \subseteq B$, 于是 $K(P)$ 是 P 的最小基. □

例 5.4.6 设 P 是偏序集, 则 P 的**理想完备化**$(\mathrm{Idl}(P), \subseteq)$ 是代数 domain.

证明 设 $\{I_\alpha\}_{\alpha \in \Gamma}$ 是 $(\mathrm{Idl}(P), \subseteq)$ 的定向子集. 显然, $\bigcup_{\alpha \in \Gamma} I_\alpha$ 是 P 的理想. 故 $\bigvee_{\alpha \in \Gamma} I_\alpha = \bigcup_{\alpha \in \Gamma} I_\alpha \in \mathrm{Idl}(P)$. 从而 $(\mathrm{Idl}(P), \subseteq)$ 是一个 dcpo 且 $K(\mathrm{Idl}(P)) = \{{\downarrow}x \mid x \in P\}$. 又因为对任意 $I \in \mathrm{Idl}(P)$, 集族 $\{{\downarrow}x \mid x \in I\}$ 是 $(\mathrm{Idl}(P), \subseteq)$ 的定向子集且 $I = \bigcup_{x \in I}({\downarrow}x)$, 故 $K(\mathrm{Idl}(P))$ 是 $(\mathrm{Idl}(P), \subseteq)$ 的基. 从而由推论 5.4.4 知 $(\mathrm{Idl}(P), \subseteq)$ 是代数 domain. □

由命题 5.2.17 知当 P 是 dcpo 时, 映射 ${\downarrow}(\cdot) : P \to \mathrm{Idl}(P)$ 有下联 $\vee : \mathrm{Idl}(P) \to P$. 进一步可问在什么条件下, 映射 $\vee : \mathrm{Idl}(P) \to P$ 也有下联? 分析 Galois 联络得知所需条件是: 对任意 $x \in P$, 存在满足 $x \leqslant \vee I$ 的最小理想, 于是容易推得下一命题成立.

命题 5.4.7 设 P 是 dcpo. 则映射 $\vee : \mathrm{Idl}(P) \to P$ 有下联当且仅当对任意 $x \in P$, 集 ${\Downarrow}x$ 是理想且 $x = \vee{\Downarrow}x$. 此时, $\vee : \mathrm{Idl}(P) \to P$ 的下联是 ${\Downarrow}(\cdot) : P \to \mathrm{Idl}(P)$.

推论 5.4.8 设 P 是 dcpo. 则映射 $\vee : \mathrm{Idl}(P) \to P$ 有下联当且仅当 P 是连续 domain.

证明 由定义 5.3.3 和命题 5.4.7 可得. □

定义 5.4.9 设 P 是偏序集, $x \in P$, D 是 P 的定向子集. 若 $D \subseteq {\Downarrow}x$ 且 $x = \sup D$, 则称 D 是 x 的一个**局部基**.

定理 5.4.10 设 P 是偏序集. 则下列三条等价:

(1) P 是连续偏序集;

(2) 对任意 $x \in P$, x 有局部基;

(3) 对任意 $x \in P$, 存在 P 的定向子集 D 使 $x = \sup D$ 且 ${\uparrow}x = \cap\{{\uparrow}d \mid d \in D\}$.

证明 (1) $\Longrightarrow$ (2) 显然.

(2) $\Longrightarrow$ (3) 对任意 $x \in P$, 由 (2) 知 x 有局部基 D. 则 $D \subseteq \downarrow x$ 且 $x = \sup D$. 对任意 $d \in D$, 因为 $d \ll x$, 故 $\uparrow x \subseteq \Uparrow d$. 从而 $\uparrow x \subseteq \cap\{\Uparrow d \mid d \in D\}$. 反之, 若 $z \in \cap\{\Uparrow d \mid d \in D\}$, 则 $z \geqslant \sup D = x$, 即 $z \in \uparrow x$. 这说明 $\cap\{\Uparrow d \mid d \in D\} \subseteq \uparrow x$. 综上知 $\uparrow x = \cap\{\Uparrow d \mid d \in D\}$.

(3) $\Longrightarrow$ (2) 对 $x \in P$, 由 (3), 存在定向集 D 使 $x = \sup D$ 且 $\uparrow x = \cap\{\Uparrow d \mid d \in D\}$. 下证 $D \subseteq \downarrow x$. 设 $d \in D$. 由 $\uparrow x = \cap\{\Uparrow d \mid d \in D\}$ 得 $\uparrow x \subseteq \Uparrow d$, 特别 $x \in \Uparrow d$, 即 $d \ll x$, 从而 $D \subseteq \downarrow x$ 为 x 的局部基.

(2) $\Longrightarrow$ (1) 对任意 $x \in P$, 由 (2) 知 x 有局部基 D_x. 令 $B = \bigcup_{x \in P} D_x$. 则由定义 5.4.1 知 B 为 P 的一个基. 从而由定理 5.4.2 知 P 是连续偏序集. □

下面引入嵌入基的概念.

定义 5.4.11　设 B 和 P 是偏序集. 若存在映射 $j : B \to P$ 满足

(1) j 保存在的定向并;

(2) $j : B \to j(B)$ 是序同构;

(3) $j(B)$ 是 P 的基,

则称 (B, j) 是 P 的一个**嵌入基**. 特别地, 若 $B \subseteq P$ 且 (B, i) 是 P 的一个嵌入基, 则称 B 是 P 的一个嵌入基, 其中 $i : B \to P$ 是包含映射.

注 5.4.12　设 P 是偏序集, $B \subseteq P$. 容易证明 B 是 P 的嵌入基当且仅当 B 是 P 的基且对任一定向集 $D \subseteq B$ 满足 $\sup_B D$ 存在, 有 $\sup_B D = \sup_P D$. 同时易见若 (G, j) 是 P 的嵌入基, 则 $j(G) \subseteq P$ 也是 P 的嵌入基.

例 5.4.13　设 X 为无限集, $\mathrm{FN}(X)$ 为 X 的全体有限子集赋予集合包含序. 则 $\mathrm{FN}(X)$ 是一个代数偏序集. 易证 $\mathrm{FN}(X)$ 是 X 的幂集 $\mathcal{P}(X)$ 的一个嵌入基.

命题 5.4.14　若 B 是 T 的一个嵌入基, 则对任意 $x, y \in B$, $x \ll_B y$ 当且仅当 $x \ll_T y$.

证明　必要性: 设 $x, y \in B$ 且 $x \ll_B y$. 由定义 5.4.1 知存在定向集 $D_y \subseteq B \cap \downarrow y$ 使 $y = \vee D_y$. 对任意定向集 $D \subseteq T$, 若 $\sup_T D$ 存在且 $\sup_T D \geqslant y$, 则由 $\sup_B D_y = \sup_T D_y = y \in B$ 且 $x \ll_B y$, 得存在 $b \in D_y \subseteq B$ 使 $x \leqslant b$. 从而由 $b \ll_T y$ 知存在 $d \in D$ 使 $x \leqslant b \leqslant d$. 于是 $x \ll_T y$.

充分性: 设 $x, y \in B$ 且 $x \ll_T y$. 对任意定向集 $D \subseteq B$, 当 $\sup_B D$ 存在且 $\sup_B D \geqslant y$ 时, 根据定义 5.4.11(1), $\sup_T D = \sup_B D \geqslant y$. 从而由 $x \ll_T y$ 知存在 $d \in D$ 使 $x \leqslant d$. 这说明 $x \ll_B y$. □

命题 5.4.15　若 B 是 P 的一个嵌入基, 则 P 和 B 均是连续偏序集.

证明　设 B 是 P 的一个嵌入基. 则由定理 5.4.2 知 P 是连续偏序集. 由定义 5.4.1 和定义 5.4.11 知, 对任一 $a \in B$, 存在定向集 $D_a \subseteq B \cap \downarrow a$ 使 $a = \bigvee_P D_a$. 由此可得 $\sup_B D_a = \sup_P D_a = a \in B$. 由命题 5.4.14 知对任意 $d_a \in D_a$, $d_a \ll_B a$. 这说明 B 是其自身的一个基. 于是由定理 5.4.2 知 B 是连续偏序集. □

例 5.4.16 易见有理数集 $\mathbb{Q}$ 是实数集 $\mathbb{R}$ 的一个嵌入基. 因此根据命题 5.4.15 知 $\mathbb{Q}$ 和 $\mathbb{R}$ 均是连续偏序集. 事实上, 可以直接验证线性序集都是连续偏序集.

例 5.4.17 设 $\mathbb{N}^\tau = \mathbb{N} \cup \{t, \top\}$ 为自然数集 $\mathbb{N}$ 添加两个元 $\{t, \top\}$ 构成, 并赋予线性序使对任意 $n \in \mathbb{N}$, $n < t < \top$. 则 $\mathbb{N}^\tau$ 是一个代数格且 $B = \mathbb{N} \cup \{\top\}$ 是 $\mathbb{N}^\tau$ 的一个基. 显然定向集 $\mathbb{N}$ 在 B 中的上确界是 $\top$, 而 $\mathbb{N}$ 在 $\mathbb{N}^\tau$ 中的上确界是 $t \neq \top$. 因此, 根据定义 5.4.11, B 不是 $\mathbb{N}^\tau$ 的嵌入基. 注意这里 B 自身也是一个代数格.

例 5.4.18 设 $S = \{(0, y) \mid y \in [0, 1]\} \cup \{(x, 0) \mid x \in [0, 1]\} \cup \{(x, 1) \mid x \in [0, 1]\}$ 赋予如下偏序: 对任意 $(x, y), (u, v) \in S$, $(x, y) \leqslant (u, v) \Longleftrightarrow x \leqslant u$ 且 $y \leqslant v$. 则 $(S, \leqslant)$ 是一个连续格. 显然, $S - \{(1, 0)\}$ 是 S 的一个基. 然而, $S - \{(1, 0)\}$ 继承 S 的偏序不是连续的.

命题 5.4.19 若 B 是 P 的一个嵌入基, P 是 Q 的一个嵌入基, 则 B 是 Q 的一个嵌入基.

证明 直接验证. □

命题 5.4.20 若 B_i 是 $P_i (i = 1, 2)$ 的嵌入基, 则 $B_1 \times B_2$ 是 $P_1 \times P_2$ 的嵌入基.

证明 直接验证. □

嵌入基与抽象基及圆理想完备化 (参见 [1, 100, 102]) 有紧密联系.

定义 5.4.21 设 B 是一集合, 称 B 上二元关系 $\prec$ 为**满传递**的, 如果下述两条成立:

(1) $\forall x, y, z \in B$, 若 $x \prec y$ 且 $y \prec z$, 则 $x \prec z$;

(2) 若 F 是 B 的有限集且 $F \prec z \in B$, 则存在 $y \in B$ 使 $F \prec y \prec z$, 其中 $F \prec z$ 指每一 $t \in F$, $t \prec z$.

当 $\prec$ 满传递时, 则称 $(B, \prec)$ 为一个**抽象基**.

定义 5.4.22 设 $(B, \prec)$ 是抽象基, $I \subseteq B$. 若 I 满足下列条件:

(1) $\forall y \in I$, $x \prec y \Longrightarrow x \in I$;

(2) 对任一有限集 $F \subseteq I$, $\exists z \in I$ 使 $F \prec z$,

则称 I 是 B 的一个**圆理想**. 抽象基 B 的全体圆理想赋予集合包含序称为 B 的**圆理想完备化**, 记作 $\mathrm{RI}(B)$.

注 5.4.23 设 I 是 B 的圆理想. 取 $F = \varnothing$, 由圆理想定义存在 $z \in I$ 使 $\varnothing \prec z$ 自动成立, 故 $I \neq \varnothing$. 又设 $x \in I$, 取 $F = \{x\}$ 为有限集, 故由 I 是圆理想, 存在 $y \in I$ 使 $x \prec y$.

定理 5.4.24 (1) 设 $(B, \prec)$ 为一个抽象基, 定义 $j : B \to \mathrm{RI}(B)$ 使 $\forall b \in B$, $j(b) = \downarrow_\prec b = \{x \in B \mid x \prec b\}$. 则 $j(B)$ 是 $\mathrm{RI}(B)$ 的一个基且 $\mathrm{RI}(B)$ 是连续 domain.

(2) 若 B 为偏序集 P 的基, 则 $(B, \ll)$ 为一个抽象基.

(3) 若 P 为连续 domain, B 为 P 的基, 则 $P \cong \mathrm{RI}(B)$.

证明　(1) 设 $\{J_\alpha\}_{\alpha \in \Gamma}$ 为 $(\mathrm{RI}(B), \subseteq)$ 的定向集, 令 $J = \bigcup_{\alpha \in \Gamma} J_\alpha$, 由 $\{J_\alpha\}_{\alpha \in \Gamma}$ 的定向性易验证 $J \in \mathrm{RI}(B)$, 进而 J 为 $\{J_\alpha\}_{\alpha \in \Gamma}$ 在 $(\mathrm{RI}(B), \subseteq)$ 中的上确界, 于是 $(\mathrm{RI}(B), \subseteq)$ 是 dcpo. 由 B 的满传递性得 $j(B) = \{\downarrow_\prec b \mid b \in B\} \subseteq \mathrm{RI}(B)$. 又任一 $I \in \mathrm{RI}(B)$, 当 $b \in I$ 时, 必有 $\downarrow_\prec b \ll I$. 事实上, 当 $D = \{I_\alpha\}_{\alpha \in \Gamma}$ 定向且 $\sup D = \bigcup_{\alpha \in \Gamma} I_\alpha \supseteq I$ 时存在 α_0 使 $b \in I_{\alpha_0}$, 显然 $\downarrow_\prec b \subseteq I_{\alpha_0}$, 这说明 $\downarrow_\prec b \ll I$. 令 $\mathcal{B}_I^* = \{\downarrow_\prec b \mid b \in I\} \subseteq \downarrow I$, 则由圆理想的定义可以验证 $\mathcal{B}_I^*$ 定向且 $\cup \mathcal{B}_I^* \subseteq I$. 又 $\forall i \in I$, 由注 5.4.23 得 $\exists z \in I$ 使 $i \prec z$, $i \in \downarrow_\prec z \subseteq \cup \mathcal{B}_I^*$, 于是 $\cup \mathcal{B}_I^* \supseteq I$, 进而 $\cup \mathcal{B}_I^* = I$, 这说明 $\mathcal{B}_I^*$ 为 I 的局部基, 从而 $j(B)$ 是 $\mathrm{RI}(B)$ 的一个基, $\mathrm{RI}(B)$ 为一个连续 domain.

(2) 显然关系 $\ll$ 具有传递性, 故易验证 $(B, \ll)$ 满足定义 5.4.21 的条件 (1). 下面验证它还满足定义 5.4.21 中条件 (2). 设有限集 $F \subseteq B$, $z \in B$ 且 $F \ll z$, 因 B 为 P 的基, 故 P 连续, 从而 $\ll$ 具有插入性质, 对于每个 $f_i \in F$, $\exists y_i \in P$, 使得 $f_i \ll y_i \ll z$. 由 P 连续可知 $\downarrow z$ 定向, 从而对于这有限个 y_i 存在 $y \in \downarrow z$, 使得 $y_i \leqslant y$, 进而有 $F \ll y \ll z$. 因 B 为 P 的基, 故存在定向集 $B_z \subseteq B \cap \downarrow z$ 使 $z = \vee B_z$. 又 $y \ll z = \vee B_z$, 故 $\exists b \in B \cap \downarrow z$ 使 $y \leqslant b$, 从而 $F \ll y \leqslant b \ll z$, 进而 $F \ll b \ll z$, 故 $(B, \ll)$ 满足定义 5.4.21 中条件 (2).

(3) 若 $I \in \mathrm{RI}(B, \ll)$, 则 I 为 P 的定向集. 令 $x_I = \vee I$, 有 $I \subseteq B \cap \downarrow x_I$. 又当 $z \in B \cap \downarrow x_I$, 据 P 中 $\ll$ 的插入性质, $\exists y \in P$ 使 $z \ll y \ll x_I$, 于是由 I 定向且 $y \ll x_I = \vee I$ 知 $\exists b \in I$ 使 $y \leqslant b$, 从而 $z \ll b \in I$, 故 $z \in I$, 这说明 $I \supseteq B \cap \downarrow x_I$, 从而 $I = B \cap \downarrow x_I$, 进而 $\mathrm{RI}(B, \ll) = \{B \cap \downarrow x \mid x \in P\}$. 由此作映射 $f : P \to \mathrm{RI}(B, \ll)$ 使 $f(x) = B \cap \downarrow x$, 易得 $f : P \cong \mathrm{RI}(B)$. $\square$

下一命题揭示了嵌入基与抽象基之间的关系.

命题 5.4.25　对连续偏序集 P, (P, j) 是 $\mathrm{RI}(P)$ 的一个嵌入基, 其中映射 j 如定理 5.4.24 中对抽象基 $(P, \ll)$ 所定义.

证明　根据定理 5.4.24, $j(P)$ 是 $\mathrm{RI}(P)$ 的一个基. 由 P 的连续性可以验证 j 保存在的定向并, 且 $j : P \to j(P) \subseteq \mathrm{RI}(P)$ 是序同构. 因此, 由定义 5.4.11 知 (P, j) 是 $\mathrm{RI}(P)$ 的一个嵌入基. $\square$

定理 5.4.26　偏序集 P 是连续的当且仅当 (P, j) 是 $\mathrm{RI}(P)$ 的一个嵌入基.

证明　必要性: 由命题 5.4.25 可得.

充分性: 设 (P, j) 是 $\mathrm{RI}(P)$ 的一个嵌入基. 则 $j(P)$ 是 $\mathrm{RI}(P)$ 的一个嵌入基. 根据命题 5.4.15 知, $P \cong j(P)$ 是连续的. $\square$

定理 5.4.27　偏序集 P 是连续的当且仅当 P 序同构于一个 dcpo 的嵌入基.

证明　必要性: 设 P 是连续偏序集. 则由定理 5.4.26 知 $P \cong j(P)$ 且 $j(P)$

是连续 domain RI(P) 的一个嵌入基.

充分性: 若 P 序同构于一个 dcpo 的嵌入基, 则由命题 5.4.15 知 P 是连续的. □

习 题 5.4

1. 设 $(X, \mathcal{T}(X))$ 为拓扑空间, $U \in \mathcal{T}(X)$. 证明:

(1) U 是格 $(\mathcal{T}(X), \subseteq)$ 的紧元 (即 $U \in K(\mathcal{T}(X))$) 当且仅当 U 是紧子集;

(2) 开集格 $(\mathcal{T}(X), \subseteq)$ 是代数格当且仅当空间 X 有一个由紧开集构成的拓扑基.

2. 证明命题 5.4.20.

3. 设 P 是连续偏序集. 称 $W(P) = \min(\{\text{card } B \mid B \text{是} P \text{的一个基}\})$ 为 P 的**权**.

证明: 若 B 为偏序集 P 的嵌入基, 则 $W(P) = W(B)$.

4. 偏序集 P 的**最小基**是指 P 的基中依集合包含序的最小者.

证明: 偏序集 P 是代数偏序集当且仅当 P 存在最小基.

5. 设 P 为偏序集. 证明 $\{\downarrow p \mid p \in P\}$ 是代数偏序集 Idl(P) 的最小基.

5.5 映射像的连续性

关于映射像的连续性情况比较复杂. 保定向并的映射不必保持连续性. 见下例.

例 5.5.1 设 L 是两个平行竖直放置的单位闭区间 $\mathbf{I}_1$ 和 $\mathbf{I}_2$, 按上大下小分别定义 $\mathbf{I}_1$ 或 $\mathbf{I}_2$ 的元素间的序, 但 $\mathbf{I}_1$ 中元素和 $\mathbf{I}_2$ 中元素均不可比较. 设 f 为将 L 的两个极大元粘为一个最大元而保持其他点及其序关系不变的映射. 令 $P = f(L)$. 则易见 L 是连续 domain, f 保定向并, 其映射像 $f(L) = P$ 是形如 "Λ" 的偏序集. 因无元素双小于其最大元, 故 $f(L) = P$ 是典型的不连续的 dcpo.

在一定条件下, 可保证映射像的连续性.

定理 5.5.2 设 L 是连续 domain, $p : L \to L$ 是 L 上一个保定向并的投射. 则 $p(L)$ 继承 L 的序是连续 domain 且在 $p(L)$ 中 $x \ll_{p(L)} y \Longleftrightarrow \exists u \in L$ 使 $x \leqslant p(u)$ 且 $u \ll_L y$.

证明 由命题 5.2.18 知 $p(L)$ 对 L 中的定向并关闭, 从而是 dcpo. 设 $y \in p(L)$. 由 L 的连续性知集 $\downarrow_L y = \{u \in L \mid u \ll_L y\}$ 是定向的且 $y = \bigvee_L \downarrow_L y$. 因为 p 是 L 上的保定向并的投射, 故由命题 5.2.18(2) 知 $p(\downarrow_L y)$ 是定向的且 $y = p(y) = p(\bigvee_L \downarrow_L y) = \bigvee_{p(L)} p(\downarrow_L y) = \bigvee_L p(\downarrow_L y)$. 一方面, 当 $u \ll_L y$ 时断言 $p(u) \ll_{p(L)} y$. 事实上, 设 $D \subseteq p(L)$ 定向并且 $y \leqslant \sup D$, 由 $u \ll_L y$ 知存在 $d \in D$ 使 $u \leqslant d$. 于是, 由 p 的单调性和幂等性有 $p(u) \leqslant p(d) = d$. 这证明了 $p(u) \ll_{p(L)} y$. 另一方面, 设 $x, y \in p(L)$ 满足 $x \ll_{p(L)} y$. 则由上面的证明知 $p(y) = y = \bigvee_{p(L)} p(\downarrow_L y)$, 因此存在 $u \ll_L y$ 使 $x \leqslant p(u)$. 于是, 在 $p(L)$ 中

$x \ll_{p(L)} y \Longleftrightarrow \exists u \in L$ 使 $x \leqslant p(u)$ 且 $u \ll_L y$. 因此, 对每一 $y \in p(L)$, 有定向集 $p(\downarrow_L y) \subseteq \downarrow_{p(L)} y$ 使 $y = \bigvee_{p(L)} p(\downarrow_L y)$. 从而由定理 5.4.10 知 $p(L)$ 是连续的, 进而是连续 domain. □

推论 5.5.3　设 L 是连续 domain, $p : L \to L$ 是保定向并的投射. 若 L 是连续格 (分别地, bc-domain, L-domain), 则子偏序集 $p(L)$ 也是连续格 (分别地, bc-domain, L-domain).

证明　利用命题 5.2.18 和定理 5.5.2 可容易证得. □

注 5.5.4　定理 5.5.2 是文献 [41] 中定理 I-2.2 把条件 "连续偏序集" 换成 "连续 domain" 得到的. 下例说明对连续偏序集 L, $p(L)$ 一般不必连续, 表明文献 [41] 中定理 I-2.2 条件弱了. 其证明错误在于默认了偏序集中定向集的上确界存在. 命题 5.5.6 及其后的几个命题就是适当加强条件来保证这类映射像的连续性.

例 5.5.5　设偏序集 L 是两个平行竖直放置的自然数集 $\mathbb{N}_1$ 和 $\mathbb{N}_2$ 再在上方添加三个地位相同的不可比较的极大元 a, b, c 构成, 按上大下小分别定义 $\mathbb{N}_1$ 和 $\mathbb{N}_2$ 的元素间的序, 且 $\mathbb{N}_1$ 中元素与 $\mathbb{N}_2$ 中元素均不可比较. 注意到 L 中不含 a, b, c 之一的任一无穷定向集没有上确界, 故易证 $\forall x \in L$, x 是紧元, 于是 L 为代数偏序集, 特别地, 是连续偏序集.

令 $p : L \to L$ 满足 $p(a) = p(b) = c$ 且 $\forall x \in L - \{a, b\}$ 有 $p(x) = x$. 则 p 是保定向并的投射. 继承 L 的序 $p(L)$ 为两个平行竖直放置的自然数集再在上方添加一个最大元 c 构成. 注意 $\downarrow_{p(L)} c = \varnothing$, 得 $p(L)$ 是典型的不连续的 dcpo.

考虑到例 5.5.5 中投射 $p : L \to L$ 保 L 的双小于关系 $\ll$, 但它的余限制 $p^\circ : L \to p(L)$ (对任意 $x \in L$, $p^\circ(x) = p(x)$) 不保 $\ll$, 于是我们适当变换关于投射 p 的条件, 自然得到下列几个命题.

命题 5.5.6　设 L 和 P 均为偏序集, 映射 $f : L \to P$ 是保定向并且保双小于关系 $\ll$ 的满射. 则当 L 连续时, P 也连续.

证明　设 $y \in P$. 由 f 是满射知存在 $x \in L$ 使 $f(x) = y$. 据 L 连续得 $\downarrow x$ 定向且 $\sup \downarrow x = x$. 于是 $f(\sup \downarrow x) = \sup f(\downarrow x) = f(x) = y$. 由 f 保双小于关系 $\ll$, 知 $f(\downarrow x) \subseteq \downarrow y$. 故由定理 5.4.10 得 P 连续. □

命题 5.5.7　设 L 是连续偏序集, $p : L \to L$ 是保定向并的投射, 且余限制 $p^\circ : L \to p(L)$ 保双小于关系 $\ll$, 则继承 L 的序 $p(L)$ 是连续偏序集.

证明　由命题 5.2.18 得 $p^\circ : L \to p(L)$ 保定向并. 由命题 5.5.6 得 $p(L)$ 是连续偏序集. □

命题 5.5.8　设 L 为偏序集, $e : L \to L$ 是保定向并的核算子. 则

(1) 若 $D \subseteq e(L)$ 定向且 $\sup_{e(L)} D = t$, 则 $\sup_L D = t$;

(2) 对任意 $x, y \in e(L)$, $x \ll_L y \Longleftrightarrow x \ll_{e(L)} y$.

证明　(1) 由 $t = \sup_{e(L)} D$ 知 t 为 D 在 L 中上界. 又若 s 为 D 在 L 中另

一上界, 则 $e(s)$ 为 D 在 $e(L)$ 中的上界, 从而 $s \geqslant e(s) \geqslant t$, 由此得 t 为 D 在 L 中的上确界, 即 $t = \sup_L D$.

(2) 设 $x, y \in e(L)$, $x \ll_L y$. 则对任一定向集 $D \subseteq e(L)$, 当 $\sup_{e(L)} D \geqslant y$ 时, 由 (1) 得 $\sup_L D = \sup_{e(L)} D \geqslant y$, 又由 $x \ll_L y$ 知存在 $d \in D$ 使 $x \leqslant d$, 这说明 $x \ll_{e(L)} y$.

反过来, 设 $x, y \in e(L)$ 且 $x \ll_{e(L)} y$. 则对任一定向集 $D \subseteq L$, 当 $\sup_L D \geqslant y$ 时, 由 e 保定向并及命题 5.2.18(3) 得 $\sup_L e(D) = e(\sup_L D) = \sup_{e(L)} e(D) \geqslant e(y) = y$. 从而由 $x \ll_{e(L)} y$ 且 e 是核算子得存在 $d \in D$ 使 $x \leqslant e(d) \leqslant d$, 这说明 $x \ll_L y$. □

命题 5.5.9 设 L 是连续偏序集, $e: L \to L$ 是保定向并的核算子. 则继承 L 的序 $e(L)$ 是连续偏序集.

证明 对任一 $y \in e(L)$, 有 $e(y) = y \in L$. 由 L 连续得 $\downarrow_L y$ 定向且 $\sup_L \downarrow_L y = y$. 由 e 保定向并得 $y = e(\sup_L \downarrow_L y) = \sup_L e(\downarrow_L y)$, 再由命题 5.2.18 得 $\sup_L e(\downarrow_L y) = \sup_{e(L)} e(\downarrow_L y) = y$. 由命题 5.5.8(2) 得 $e(\downarrow_L y) \subseteq \downarrow_{e(L)} y$. 这样由定理 5.4.10 得 $e(L)$ 连续. □

命题 5.5.10 设 L 为 dcpo, 映射 $c: L \to L$ 是保定向并的闭包算子, $x, y \in L$ 且 $x \ll_L y$, 则 $c(x) \ll_{c(L)} c(y)$.

证明 设 $D \subseteq c(L)$ 定向且 $\sup_{c(L)} D \geqslant c(y)$, 则由命题 5.2.18 得 $\sup_{c(L)} D = \sup_L D \geqslant c(y) \geqslant y$, 又由 $x \ll_L y$ 得存在 $d \in D$ 使 $x \leqslant d$. 再由 c 保序得 $c(x) \leqslant c(d) = d$. 这说明 $c(x) \ll_{c(L)} c(y)$. □

推论 5.5.11 若 $c: L \to L$ 是连续 domain 上保定向并闭包算子, 则 $c(L)$ 是连续 domain.

证明 由命题 5.2.18 和命题 5.5.10 得余限制 $c^{\circ}: L \to c(L)$ 是满射且保定向并保 $\ll$, 故由命题 5.5.6 得 $c(L)$ 是连续 domain. □

命题 5.5.12 设 L 为连续偏序集, $p: L \to L$ 是保定向并的投射, 且对 $p(L)$ 的任意定向集 D, 当 $\sup_{p(L)} D$ 存在时有 $\sup_{p(L)} D = \sup_L D$, 则 $p(L)$ 是连续偏序集.

证明 设 $y \in p(L)$, 则 $p(y) = y$. 从而由已知条件及命题 5.2.18 得 $y = p(\sup_L(\downarrow_L y)) = \sup_{p(L)} p(\downarrow_L y)$. 又 $\forall u \in \downarrow_L y$, 当 $D \subseteq p(L)$ 定向且 $\sup_{p(L)} D \geqslant y$ 时, 由已知条件得 $\sup_L D \geqslant y$. 再由 $u \ll_L y$ 得存在 $d \in D$ 使 $u \leqslant d$, 从而 $p(u) \leqslant p(d) = d$. 这说明 $p(u) \ll_{p(L)} y$. 于是 $p(\downarrow_L y) \subseteq \downarrow_{p(L)} y$ 且 $\sup_{p(L)} p(\downarrow_L y) = y$ 成立, 由定理 5.4.10 得 $p(L)$ 连续. □

推论 5.5.13 设 L 为连续偏序集, $A \subseteq L$. 若存在保定向并的映射 $r: L \to A$ 使 $r \circ i = \mathrm{id}_A$, 其中 $i: A \to P$ 为包含映射且保定向并, 则子偏序集 A 为连续偏序集.

证明　令 $p : L \to L$ 使得 $p = i \circ r$. 则 p 是保定向并的投射, 此时 $p(L) = (i \circ r)(L) = i(A) = A$. 若 $D \subseteq p(L) = A$ 定向且 $\sup_A D$ 存在, 则由 i 保定向并得 $\sup_A D = i(\sup_A D) = \sup_L D$. 由命题 5.5.12 得 $p(L) = A$ 连续.　　　□

注 5.5.14　(1) 需要指出的是推论 5.5.13 中要求 "i 保定向并" 不能换成条件 "A 关于 L 的定向并关闭". 例如, 在我们给出的例 5.5.5 中, 令 $A = p(L)$, $r : L \to A$ 使得 $r(a) = r(b) = r(c) = c$ 且 $\forall x \in L - \{a, b, c\}, r(x) = x$. 则 A 关于 L 的定向并关闭, r 保定向并, $r \circ i = \mathrm{id}_A$, 但 A 不连续.

(2) 命题 5.5.12 中条件 "对 $p(L)$ 的任意定向集 D, 当 $\sup_{p(L)} D$ 存在时有 $\sup_{p(L)} D = \sup_L D$" 与命题 5.2.18(2) 是不同的.

习　题　5.5

1. 设 L 是代数 domain, $c : L \to L$ 是保定向并的闭包算子.
证明: $c(L)$ 是代数 domain, 且 $c(K(L)) = K(c(L))$.
2*. 设 L 是偏序集. 证明:
L 是代数格当且仅 L 序同构于某幂集格 $\mathcal{P}(X)$ 的对任意交和定向并封闭的子偏序集.
提示: (必要性) 取 $X = K(L)$, 作 $a \mapsto \downarrow a \cap K(L)$. (充分性) 见后文的引理 5.7.9.
3. 举例说明推论 5.5.13 中缺少条件 "i 保定向并" 结论不必成立.

5.6　S-超连续偏序集

在偏序集上还可自然地定义一种新的辅助关系——完全双小于关系. 利用该关系定义一种新的连续性 ([234]).

定义 5.6.1　设 P 是偏序集, $x, y \in P$. 若 $\forall A \subseteq P$, 当 $\sup A$ 存在且 $y \leqslant \sup A$ 时有 $z \in A$ 使 $x \leqslant z$, 则称 x **完全双小于** y, 记作 $x \lhd y$. 称 $x \in P$ 是**超紧元**, 如果 $x \lhd x$. P 的全体超紧元记作 $\mathrm{SK}(P)$. 对任意 $x \in P$, 记 $\Downarrow^\lhd x = \{y \in P \mid y \lhd x\}$, $\Uparrow^\lhd x = \{y \in P \mid x \lhd y\}$.

下一命题是基本的, 可直接验证, 证明从略.

命题 5.6.2　设 P 是偏序集, $x, y, u, v \in P$. 则下列性质成立:
(1) $x \lhd y \Longrightarrow x \ll y \Longrightarrow x \leqslant y$;
(2) $u \leqslant x \lhd y \leqslant v \Longrightarrow u \lhd v$;
(3) 若 P 有最小元 $\bot$, 则 $\forall x \in P - \{\bot\}$, 有 $\bot \lhd x$, 但 $\bot \lhd \bot$ 不成立.

定义 5.6.3 (见 [234])　偏序集 P 称为 **S-超连续偏序集**, 若对任意 $x \in P$, 有 $x = \sup \Downarrow^\lhd x$. P 称为 **S-超代数的**, 如果对每一 $x \in P$, $x = \vee(\downarrow x \cap \mathrm{SK}(L))$. 若 P 是 S-超连续 (分别地, S-超代数) 的完备格, 则称 P 是 **S-超连续格** (分别地, **S-超代数格**).

下例是文献 [234] 给出的 S-超连续偏序集不是连续偏序集的例.

例 5.6.4　在集合包含序下,

$$\varepsilon(\mathbb{N}) = \{A \subseteq \mathbb{N} \mid |A| \leqslant 1 或 |A| = \infty\}$$

是 S-超连续偏序集但不是连续偏序集, 其中 $\mathbb{N}$ 是自然数集. 这是因为对每一 $A \in \varepsilon(\mathbb{N})$ 和 $x \in A$, $\{x\} \lhd A$ 且 $A = \vee\{\{x\} \mid x \in A\}$. 但 $A \ll \mathbb{N}$ 当且仅当 A 是单点集或 $A = \varnothing$. 故 $\downarrow N = \{\{x\} \mid x \in \mathbb{N}\} \cup \{\varnothing\}$ 不是定向的, 因而 $(\varepsilon(\mathbb{N}), \subseteq)$ 不是连续偏序集.

下一命题说明 S-超连续偏序集上的 $\lhd$ 关系也具有插入性质.

命题 5.6.5　设 P 是 S-超连续偏序集, $x, y \in P$. 若 $x \lhd y$, 则存在 $z \in P$ 使 $x \lhd z \lhd y$.

证明　设 $x, y \in P$ 且 $x \lhd y$. 由命题 5.6.2(3) 知 $y \neq \bot$. 下面分情况讨论. ⓘ 若 $y = x$, 则 $x \lhd x$. 此时结论显然成立. ⓘⓘ 若 $y \neq x$ 且 $\bot = x \lhd y$, 则由 P 的 S-超连续性知 $y = \sup \Downarrow^{\lhd} y$, 从而存在 $z \in \Downarrow^{\lhd} y$ 使 $z \neq \bot$. 由命题 5.6.2(3) 知 $\bot = x \lhd z \lhd y$. ⓘⓘⓘ 若 $x \neq \bot$ 且 $y \neq x$. 记 $T = \{t \in P \mid \exists z \in P, t \lhd z \lhd y\}$. 由 P 的 S-超连续性易证 $\sup T = y$. 再由 $x \lhd y = \sup T$ 知存在 $t \in T$ 使 $x \leqslant t$. 于是由 T 的定义知存在 $z \in P$ 使 $x \leqslant t \lhd z \lhd y$, 从而由命题 5.6.2(2) 得 $x \lhd z \lhd y$.　□

定理 5.6.6　设 P 是偏序集, 则下列条件等价:

(1) P 是 S-超连续偏序集;

(2) $\forall x, y \in P$, 若 $x \not\leqslant y$, 则存在 $z \lhd x$ 使 $z \not\leqslant y$;

(3) $\forall x \in P$, $P - \downarrow x = \cup\{\Uparrow^{\lhd} z \mid z \in P - \downarrow x\}$.

证明　(1) $\Longrightarrow$ (2) 由定义 5.6.3 即得.

(2) $\Longrightarrow$ (3) $\forall x \in P$, 由 $P - \downarrow x$ 是上集知 $\cup\{\Uparrow^{\lhd} z \mid z \in P - \downarrow x\} \subseteq P - \downarrow x$. 又设 $u \in P - \downarrow x$. 由 $u \not\leqslant x$ 及 (2) 知存在 $z \lhd u$ 使 $z \not\leqslant x$. 从而 $u \in \Uparrow^{\lhd} z \subseteq P - \downarrow x$. 由 $u \in P - \downarrow x$ 的任意性知 $P - \downarrow x \subseteq \cup\{\Uparrow^{\lhd} z \mid z \in P - \downarrow x\}$. 于是 $\forall x \in P$, $P - \downarrow x = \cup\{\Uparrow^{\lhd} z \mid z \in P - \downarrow x\}$.

(3) $\Longrightarrow$ (1) $\forall x \in P$, 由命题 5.6.2(1) 知 x 是集 $\Downarrow^{\lhd} x$ 的一个上界. 设 y 是集 $\Downarrow^{\lhd} x$ 的另一上界. 为证 $x \leqslant y$, 用反证法. 假设 $x \not\leqslant y$, 则 $x \in P - \downarrow y$. 由 (3) 知存在 $z \in P - \downarrow y$ 使 $x \in \Uparrow^{\lhd} z \subseteq P - \downarrow y$. 从而 $z \lhd x$ 且 $z \not\leqslant y$. 这与 y 是集 $\Downarrow^{\lhd} x$ 的上界矛盾! 这说明 $x \leqslant y$, 即 $x = \sup \Downarrow^{\lhd} x$. 故由定义 5.6.3 得 P 是 S-超连续偏序集.　□

命题 5.6.7　设 P 是 S-超连续偏序集. 则

(1) 若 P 是并半格, 则 P 是连续偏序集;

(2) 若 P 是交半格, 则 P 的任一主理想都是 S-超连续偏序集, 且 $\forall x \in P$, $\forall y \in \downarrow u \subseteq \downarrow x$, 有 $y \lhd_\varphi u$ 当且仅当 $y \lhd u$, 等价地 $\Downarrow^{\lhd} u = \Downarrow^{\lhd}_\varphi u$, 其中 $y \lhd_\varphi u$ 表示 y 在主理想 $\varphi = \downarrow x$ 中完全双小于 u, $\Downarrow^{\lhd}_\varphi u$ 表示 u 在 $\varphi = \downarrow x$ 中的完全双小于下集.

证明　(1) 对每一 $x \in P$, 有 $\Downarrow^\lhd x \subseteq \downarrow x$, 因而 $\sup \downarrow x = x$. 又因 P 是并半格, 故由命题 5.3.2 得 $\downarrow x$ 是定向的. 所以 P 是连续偏序集.

(2) 只需证明 $\forall x \in P$, $\forall u \in \varphi = \downarrow x$, $\Downarrow^\lhd u = \Downarrow^\lhd_\varphi u$ 成立. 设 $y \lhd u$. 对 $A \subseteq \downarrow x$, 当 $\sup_\varphi A$ 存在且 $u \leqslant \sup_\varphi A$ 时, 由引理 5.2.13 得 $\sup_\varphi A = \sup A$. 则 $y \lhd u \leqslant \sup_\varphi A = \sup A$. 从而由定义 5.6.1 知存在 $a \in A$ 使 $y \leqslant a$. 这说明 $y \lhd_\varphi u$, 即 $\Downarrow^\lhd u \subseteq \Downarrow^\lhd_\varphi u$. 又设 $y \lhd_\varphi u$. 由引理 5.2.13 及 $\Downarrow^\lhd u \subseteq \Downarrow^\lhd_\varphi u$ 得 $u = \sup \Downarrow^\lhd u = \sup_\varphi \Downarrow^\lhd u$. 再由 $y \lhd_\varphi u$ 知存在 $v \in \Downarrow^\lhd u$ 使 $y \leqslant v \lhd u$. 从而由命题 5.6.2(2) 知 $y \lhd u$, 即 $\Downarrow^\lhd_\varphi u \subseteq \Downarrow^\lhd u$. 故 $\forall x \in P$, $\forall u \in \varphi = \downarrow x$, $\Downarrow^\lhd u = \Downarrow^\lhd_\varphi u$ 成立. 由此可知 $\forall x \in P$, $\forall u \in \varphi = \downarrow x$, 有 $\sup_\varphi \Downarrow^\lhd_\varphi u = \sup_\varphi \Downarrow^\lhd u = u$, 故 P 的任一主理想是 S-超连续偏序集. □

命题 5.6.8　设 P 为交半格. 若 P 的每一主理想都是 S-超连续的, 则 P 是 S-超连续的.

证明　设 $x \in P$, 令 $\varphi = \downarrow x$. 先证 $\Downarrow^\lhd x = \Downarrow^\lhd_\varphi x$. 由命题 5.6.7 的证明知 $\Downarrow^\lhd x \subseteq \Downarrow^\lhd_\varphi x$. 又设 $y \lhd_\varphi x$. 对 $A \subseteq P$, 当 $\sup A$ 存在且 $x \leqslant \sup A$ 时, 令 $z = \sup A$, $\psi = \downarrow z$, 则由 P 为交半格知 $\psi = \downarrow z$ 为交半格且 $A \subseteq \downarrow z$. 由引理 5.2.13 得 $\sup_\psi A = \sup A = z$. 因 P 的任一主理想是 S-超连续偏序集, 故 $\downarrow z$ 是 S-超连续的. 再由 $x \in \downarrow z$ 知 $x = \sup \Downarrow^\lhd_\psi x$. 此时 $\varphi = \downarrow x$ 可看作 $\downarrow z$ 中的主理想, 故由命题 5.6.7 知 $\Downarrow^\lhd_\psi x = \Downarrow^\lhd_\varphi x$. 从而由 $y \lhd_\varphi x$ 知 $y \lhd_\psi x \leqslant \sup A = \sup_\psi A$. 故存在 $a \in A$ 使 $y \leqslant a$, 从而 $y \lhd x$. 于是 $\Downarrow^\lhd_\varphi x \subseteq \Downarrow^\lhd x$. 综上知 $\Downarrow^\lhd x = \Downarrow^\lhd_\varphi x$. 由此及引理 5.2.13 得 $\sup \Downarrow^\lhd x = \sup \Downarrow^\lhd_\varphi x = \sup_\varphi \Downarrow^\lhd_\varphi x = x$, 故 P 是 S-超连续的. □

综合命题 5.6.7 和命题 5.6.8 可得如下定理.

定理 5.6.9　设 P 为交半格. 则 P 是 S-超连续的等价于 P 的任一主理想是 S-超连续的.

推论 5.6.10　设 P 为交半格. 则 P 的任一闭区间是 S-超连续的当且仅当 P 的任一主滤子是 S-超连续的.

证明　对 $x \in P$, 主滤子 $\uparrow x$ 必为交半格. 又主滤子 $\uparrow x$ 的主理想为 P 的闭区间. 而 P 的闭区间 $[a, b]$ 可看作 P 的主滤子 $\uparrow a$ 中主理想. 由定理 5.6.9 可得该推论成立. □

下面举例说明定理 5.6.9 对一般偏序集不成立.

例 5.6.11　存在 S-超连续偏序集, 它有主理想不是 S-超连续偏序集.

设偏序集 P 是由两个竖直放置的自然数集 $\mathbb{N}$ 添加两个不可比较的上界 a, b 构成的. 则在 P 中易验证对任意 $x \in P$, 有 $\Downarrow^\lhd x = \downarrow x$, 从而 $x = \sup \Downarrow^\lhd x$. 于是由定义 5.6.3 知 P 是 S-超连续的. 但对于 P 中主理想 $\downarrow a$, 因 $\downarrow a$ 同构于形如 Λ 的并半格, 而后者不连续, 从而 $\downarrow a$ 不是 S-超连续的. 故 P 有主理想不是 S-超连续偏序集.

例 5.6.12 存在每一主理想都是 S-超连续的偏序集, 而自身不是 S-超连续偏序集.

设 $P = ((\{0,2\} \times \mathbf{I}) - \{(0,1)\}) \cup \{(1,1),(0,2)\}$ 赋予 $\mathbb{R} \times \mathbb{R}$ 上的继承序构成一个偏序集, 其中 $\mathbf{I} = [0,1]$ 为单位闭区间. 则 $(0,2),(2,1)$ 为 P 中的两个极大点.

因 $\downarrow(2,1) \cong \{0,2\} \times \mathbf{I}$, 故 $\downarrow(2,1)$ 是 S-超连续的. 因 $\downarrow(0,t)(t \in [0,1))$ 和 $\downarrow(2,0)$ 均为链, 而 $\downarrow(1,1) \cong \downarrow(0,2) \cong [0,1]$, $\downarrow(2,z) \cong \downarrow(2,1)(z \in (0,1])$, 它们均为 S-超连续的, 故 P 的每一主理想都是 S-超连续的.

易验证 $\Downarrow^\triangleleft (1,1) = \downarrow(1,1) - \{(1,1)\}$. 由 $(0,2)$ 与 $(1,1)$ 均为 $\Downarrow^\triangleleft((1,1))$ 的极小上界且不可比较, 知 $\sup \Downarrow^\triangleleft (1,1)$ 不存在, 故 P 不是 S-超连续的.

文献 [8] 利用定义 5.2.9 中的一致集在一致完备偏序集上引入了一致小于关系和一致连续性概念, 文献 [165] 则进一步讨论了一致连续偏序集的若干性质. 由于背景的不同, 形式上看, 偏序集的 S-超连续性与一致连续性大不相同. 但出乎意料, 下面将证明偏序集上的这两种连续性其实是等价的. 我们首先将一致小于关系移植到一般偏序集上, 定义偏序集的一致连续性. 然后给出一致连续偏序集的等价刻画, 证明偏序集上的一致连续性与 S-超连续性等价.

定义 5.6.13 设 P 是偏序集, $x,y \in P$. 若对任意一致集 $S \subseteq P$, 当 $\sup S$ 存在且 $y \leqslant \sup S$ 时有 $s \in S$ 使得 $x \leqslant s$, 则称 x **一致小于** y, 记作 $x \ll_u y$. 对任意 $x \in P$, 记 $\Downarrow_u x = \{y \in P \mid y \ll_u x\}$.

下一命题容易直接证明.

命题 5.6.14 设 P 是偏序集, $x, y, u, z \in P$. 则下列结论成立:

(1) $x \ll_u y \Longrightarrow x \leqslant y$;

(2) $u \leqslant x \ll_u y \leqslant z \Longrightarrow u \ll_u z$;

(3) 若 L 有最小元 0, 则 $\Downarrow_u 0 = \varnothing$ 且当 $x \in P, 0 \neq x$ 时有 $0 \ll_u x$ 成立.

推论 5.6.15 设 P 是偏序集. 则对任意 $x \in P$, 集 $\Downarrow_u x$ 均为一致集.

定义 5.6.16 设 P 是偏序集. 若 $\forall x \in P$, 有 $\sup \Downarrow_u x = x$, 则称 P 为**一致连续偏序集**.

引理 5.6.17 设 P 是偏序集, $x, y \in P$. 则下列条件等价:

(1) $x \ll_u y$;   (2) $x \triangleleft y$.

证明 (1) $\Longrightarrow$ (2) 设 $x \ll_u y$. 则 $\forall A \subseteq P$, 当 $\sup A$ 存在且 $y \leqslant \sup A$ 时, 知 A 为相容集, 从而是一致集. 故由 $x \ll_u y$ 知存在 $z \in A$ 使 $x \leqslant z$. 从而由定义 5.6.1 得 $x \triangleleft y$.

(2) $\Longrightarrow$ (1) 显然. □

由引理 5.6.17 立得下一定理.

定理 5.6.18 偏序集 P 是一致连续的当且仅当 P 是 S-超连续的.

下面证明偏序集与它的提升具有相同的 S-超连续性.

命题 5.6.19　设 P 是偏序集. 则 P 为 S-超连续的当且仅当 $P_\perp$ 为 S-超连续的.

证明　设 P 是 S-超连续的. $\forall x \in P_\perp$, 若 $x = \perp$, 则 $\Downarrow^q_{P_\perp} x = \varnothing$. 从而 $x = \sup \Downarrow^q_{P_\perp} x$. 若 $x \neq \perp$, 即 $x \in P$. 易见 $\Downarrow^q_{P_\perp} x = \Downarrow^q_P x \cup \{\perp\}$. 从而由 P 的 S-超连续性知 $x = \sup \Downarrow^q_P x = \sup(\Downarrow^q_P x \cup \{\perp\}) = \sup \Downarrow^q_{P_\perp} x$. 这说明 $P_\perp$ 是 S-超连续的.

反之, 设 $P_\perp$ 是 S-超连续的. 则 $\forall x \in P$, 有 $\Downarrow^q_P x = \Downarrow^q_{P_\perp} x - \{\perp\}$. 由 $P_\perp$ 的 S-超连续性知 $x = \sup \Downarrow^q_{P_\perp} x = \sup(\Downarrow^q_{P_\perp} x - \{\perp\}) = \sup \Downarrow^q_P x$. 从而 P 是 S-超连续的. □

习　题　5.6

1. 证明: 任意一族有最小元的 S-超连续偏序集的乘积是 S-超连续偏序集.
2. 证明: 任一偏序集 P 的全体下集赋予集合包含序是 S-超代数格.
3. 设偏序集 L 的一致集都有上确界且是一致连续偏序集.
　证明: L 是 bc-domain, 且 L 的主理想均为完全分配格.
4. 设 L 是 S-超连续偏序集, 投射 $p : L \to L$ 有右伴随.
　证明: 继承 L 的序, $p(L)$ 是 S-超连续偏序集.
5. 设 L 是全序集. 证明 L 是 S-超连续偏序集.

5.7　连续格与完全分配格

本节要说明 S-超连续格就是完全分配格, 也都是连续格, 它们都是具有某种分配律的完备格.

定理 5.7.1　设 L 是完备格. 则下列条件等价:

(1) L 是连续格;

(2) 对 L 的由定向集组成的集族 $\{K_j \mid j \in J\}$, 下面的定向分配律 (DD) 成立

$$(\text{DD}) \qquad \wedge\{\vee K_j \mid j \in J\} = \vee\{\wedge\{f(j) \mid j \in J\} \mid f \in \Phi\},$$

其中 $\Phi = \{f : J \to \bigcup_{j \in J} K_j \mid$ 对任意 $j \in J$, 有 $f(j) \in K_j\}$ 是 J 上的选择函数全体.

证明　$(1) \Longrightarrow (2)$ 设 L 是连续格. 对 L 的任意定向子集族 $\{K_j \mid j \in J\}$,

$$\wedge\{\vee K_j \mid j \in J\} \geqslant \vee\{\wedge\{f(j) \mid j \in J\} \mid f \in \Phi\}$$

显然成立. 设 $x \ll \wedge\{\vee K_j \mid j \in J\}$. 则对任意 $j \in J$, 有 $x \ll \vee K_j$. 故存在 $h_j \in K_j$ 使 $x \leqslant h_j$. 定义选择函数 $h : J \to \bigcup_{j \in J} K_j$ 使对任意 $j \in J$,

$h(j) = h_j \in K_j$. 从而

$$x \leqslant \wedge\{h(j) \mid j \in J\} \leqslant \vee\{\wedge\{f(j) \mid j \in J\} \mid f \in \Phi\}.$$

于是由 $x \ll \wedge\{\vee K_j \mid j \in J\}$ 的任意性及 L 是连续格知

$$\wedge\{\vee K_j \mid j \in J\} \leqslant \vee\{\wedge\{f(j) \mid j \in J\} \mid f \in \Phi\}.$$

综合上述知 $\wedge\{\vee K_j \mid j \in J\} = \vee\{\wedge\{f(j) \mid j \in J\} \mid f \in \Phi\}$, 即定向分配律 (DD) 成立.

(2) $\Longrightarrow$ (1) 由 L 是完备格及命题 5.3.2 知对任意 $x \in L$, $\downarrow x$ 是定向集. 令 $x^* = \vee \downarrow x$. 则 $x^* \leqslant x$. 下证 $x \leqslant x^*$. 令 $J = \{D \mid D \subseteq L$ 定向且 $\vee D \geqslant x\}$. 对任意 $D \in J$, 令 $K_D = D$. 则由 (2) 知

$$x \leqslant \bigwedge_{D \in J} \vee D = \vee\{\wedge\{f(D) \mid D \in J\} \mid f \in \Phi\}.$$

对任意 $f \in \Phi$, 断言 $\wedge\{f(D) \mid D \in J\} \ll x$. 事实上, 对 L 的任意定向集 S 当 $\vee S \geqslant x$ 时, 有 $S \in J$ 且 $f(S) \in K_S = S$. 故 $\wedge\{f(D) \mid D \in J\} \leqslant f(S) \in S$. 这说明 $\wedge\{f(D) \mid D \in J\} \ll x$. 从而 $x \leqslant x^*$. 于是由定义 5.3.3 知 L 是连续格. $\qquad\square$

推论 5.7.2 分配的连续格是 Locale.

证明 设 L 是分配的连续格. 因为对任意 $Y \subseteq L$, $\{\vee F \mid F$ 是 Y 的有限子集$\}$ 是定向集且 $\vee Y = \vee\{\vee F \mid F$ 是 Y 的有限子集$\}$, 即任意并可表示为有限并的定向并, 故由定义 4.6.10、定义 4.7.1 和定理 5.7.1 知 L 是 Locale. $\qquad\square$

定义 5.7.3 设 L 是 Locale. 若 L 是连续格, 则称 L 是**局部紧 Locale**.

注 5.7.4 由推论 5.7.2 知完备格 L 是局部紧 Locale 当且仅当 L 是分配的连续格.

完全分配格一直是经典格论的重要研究对象, 是特殊的分配连续格.

定义 5.7.5 若对完备格 L 的任意子集族 $\{K_j \mid j \in J\}$, 下面的完全分配律 (CD) 成立:

$$(\text{CD}) \qquad \wedge\{\vee K_j \mid j \in J\} = \vee\{\wedge\{f(j) \mid j \in J\} \mid f \in \Phi\},$$

其中 $\Phi = \{f : J \to \bigcup_{j \in J} K_j \mid$ 对任意 $j \in J$, 有 $f(j) \in K_j\}$ 是 J 上的选择函数全体, 则称 L 是**完全分配格**, 简称为 **CD-格**.

例 5.7.6 (1) 任意非空集 X 的幂集格 $(\mathcal{P}(X), \subseteq)$ 是 CD-格.

(2) 设单位闭区间 $\mathbf{I} = [0,1]$ 上赋予通常序. 则 $\mathbf{I}$ 是 CD-格.

注 5.7.7　(1) 对于完备格 L 的任意子集族 $\{K_j \mid j \in J\}$, 下列不等式恒成立:

$$\wedge\{\vee K_j \mid j \in J\} \geqslant \vee\{\wedge\{f(j) \mid j \in J\} \mid f \in \Phi\}.$$

因此要证 L 是 CD-格, 只需证明另一方向的不等式成立即可.

(2) 若对于任意 $j \in J$, 用 L 的子集 K_j 作为指标集将 K_j 的元列举出来: $K_j = \{x_{j,k} \mid k \in K_j\}$, 则完全分配律 (CD) 有如下形式:

$$\bigwedge_{j \in J} \bigvee_{k \in K_j} x_{j,k} = \bigvee_{f \in \Phi} \bigwedge_{j \in J} x_{j,f(j)}.$$

(3) 完全分配律 (CD) 的对偶形式为: 对于完备格 L 的任意子集族 $\{K_j \mid j \in J\}$, 有

$$(\mathrm{CD}^{op}) \qquad \vee\{\wedge K_j \mid j \in J\} = \wedge\{\vee\{f(j) \mid j \in J\} \mid f \in \Phi\}.$$

下面的定理 5.7.12 说明, 在完备格中, 完全分配律 (CD) 与其对偶 (CD^{op}) 等价.

命题 5.7.8　完全分配格均是连续格.

证明　由定理 5.7.1 和定义 5.7.5 直接可得.　　　　　□

设 L 是完备格. 若 L 的一个子格 S 本身也是完备格, 则称 S 是 L 的一个**完备子格**. 如果 M 是对 L 的任意并和任意交均关闭的子格, 则称 M 是 L 的一个**子完备格**. 幂集格 $\mathcal{P}(X)$ 的子完备格称为一个**完备集环**. 易见每个完备集环都满足完全分配律, 是 CD-格; 集 X 上的拓扑是 $\mathcal{P}(X)$ 的完备子格, 但一般不是 $\mathcal{P}(X)$ 的子完备格.

引理 5.7.9　对任意集 X, 若 $L \subseteq \mathcal{P}(X)$ 且 L 对任意交、定向并封闭, 则 L 是代数格, 且

$$E \in K(L) \Longleftrightarrow \text{存在有限集 } F \subseteq X \text{ 使 } E = \cap\{Y \in L \mid F \subseteq Y\}.$$

证明　由 L 对 $\mathcal{P}(X)$ 中的任意交和定向并封闭知 L 继承 $\mathcal{P}(X)$ 的集合包含序存在任意交, 从而 L 是一个完备格.

设 $E = \cap\{Y \in L \mid F \subseteq Y\}$ 对某有限集 $F \in \mathcal{P}(X)$ 成立. 则对任一定向集 $D \subseteq L$, 当 $\sup D = \bigcup_{d \in D} d \supseteq E$ 时, 有 $\bigcup_{d \in D} d \supseteq F$. 故由 F 有限及 D 定向知存在 $d_0 \in D$ 使 $d_0 \supseteq F$. 从而 $d_0 \supseteq E$. 这说明 E 为 L 的紧元, 即 $E \in K(L)$.

反过来, 设 $E \in K(L)$. 对有限集 $F \in \mathcal{P}(X)$, 作 $G(F) = \cap\{Y \in L \mid F \subseteq Y\} \in L$. 易见 $\{G(A) \mid A$ 是 E 的有限子集$\}$ 是 L 的定向集, 且 $A \subseteq G(A) \subseteq E$ 对任一有限集 $A \subseteq E$ 成立. 于是 $\cup\{G(A) \mid A$ 是 E 的有限子集$\} = E$. 从而由 E 为 L 的紧元知存在有限子集 $F_0 \subseteq E$ 使 $G(F_0) = \cap\{Y \in L \mid F_0 \subseteq Y\} = E$.

综上可知 $E \in K(L)$ 当且仅当存在有限集 $F \subseteq X$ 使 $E = \cap\{Y \in L \mid F \subseteq Y\}$.

下证 L 是代数格. 对任一 $W \in L$, 由前面的证明知 $\{G(F) \mid F$ 是 W 的有限子集$\} \subseteq K(L)$ 定向且 $\sup\{G(F) \mid F$ 是 W 的有限子集$\} = \cup\{G(F) \mid F$ 是 W 的有限子集$\} = W$, 故 L 是代数格. □

由引理 5.7.9 可得下一推论.

推论 5.7.10 每个完备集环在集合包含序下都是完全分配的代数格.

定理 5.7.11 设 $\{L_\lambda\}_{\lambda \in \Gamma}$ 是一族 CD-格. 则乘积 $\prod_{\lambda \in \Gamma} L_\lambda$ 关于逐点序是 CD-格.

证明 设 $\{L_\lambda\}_{\lambda \in \Gamma}$ 是一族 CD-格. 定义 $\prod_{\lambda \in \Gamma} L_\lambda$ 的逐点序如下: 对任意 $\{x_\lambda\}_{\lambda \in \Gamma}, \{y_\lambda\}_{\lambda \in \Gamma} \in \prod_{\lambda \in \Gamma} L_\lambda, \{x_\lambda\}_{\lambda \in \Gamma} \leqslant \{y_\lambda\}_{\lambda \in \Gamma} \iff$ 对任意 $\lambda \in \Gamma$, 有 $x_\lambda \leqslant y_\lambda$. 可直接验证 $\prod_{\lambda \in \Gamma} L_\lambda$ 是完备格且完全分配律 (CD) 成立. □

定理 5.7.12 设 L 是完备格. 则 L 中完全分配律 (CD) 成立当且仅当其对偶 (CD^{op}) 成立. 等价地, L 是 CD-格当且仅当其对偶 L^{op} 是 CD-格.

证明 仅证必要性, 充分性可类似证明. 设 L 是 CD-格, $\{K_j \mid j \in J\}$ 为 L 的任意子集族. 因为

$$\vee\{\wedge K_j \mid j \in J\} \leqslant \wedge\{\vee\{f(j) \mid j \in J\} \mid f \in \Phi\}$$

显然成立, 故只需证明

$$\vee\{\wedge K_j \mid j \in J\} \geqslant \wedge\{\vee\{f(j) \mid j \in J\} \mid f \in \Phi\}.$$

对任意 $f \in \Phi$, 令 $L_f = \{f(j) \mid j \in J\}$. 则由完全分配律 (CD) 知

$$\wedge\{\vee\{f(j) \mid j \in J\} \mid f \in \Phi\} = \wedge\{\vee L_f \mid f \in \Phi\}$$

$$= \vee\{\wedge\{g(f) \mid f \in \Phi\} \mid g \in \Psi\},$$

其中 $\Psi = \{g : \Phi \to \bigcup_{f \in \Phi} L_f \mid$ 对任意 $f \in \Phi$, 有 $g(f) \in L_f\}$. 可断言对任意 $g \in \Psi$, 存在 $j \in J$ 使 $K_j \subseteq \{g(f) \mid f \in \Phi\}$. 否则存在 $g \in \Psi$ 使对任意 $j \in J$ 有 $K_j \not\subseteq \{g(f) \mid f \in \Phi\}$, 即存在 $h_j \in K_j - \{g(f) \mid f \in \Phi\}$. 令 $h : J \to \bigcup_{j \in J} K_j$ 使对任意 $j \in J$, $h(j) = h_j \in K_j$, 则 $h \in \Phi$. 从而 $g(h) \in L_h = \{h(j) \mid j \in J\}$. 故存在 $j_0 \in J$ 使 $g(h) = h(j_0) \in K_{j_0}$, 这与 $h(j_0) \in K_{j_0} - \{g(f) \mid f \in \Phi\}$ 矛盾! 从而对任意 $g \in \Psi$, 存在 $j \in J$ 使 $\wedge K_j \geqslant \wedge\{g(f) \mid f \in \Phi\}$. 于是由 (CD) 得

$$\vee\{\wedge K_j \mid j \in J\} \geqslant \vee\{\wedge\{g(f) \mid f \in \Phi\} \mid g \in \Psi\}$$

$$= \wedge\{\vee\{f(j) \mid j \in J\} \mid f \in \Phi\}.$$

故完全分配律 (CD) 的对偶 (CD^{op}) 成立. □

完全分配格也可以借助于极小集方法加以刻画.

定义 5.7.13　设 L 是完备格.

(1) 设 $x \in L$, $E \subseteq L$. 若 $E \subseteq \Downarrow^{\lhd} x$ 且 $x = \vee E$, 则称 E 是 x 的一个**极小集**.

(2) 设 $x \in L$, $H \subseteq L$. 若 H 在 L^{op} 中为 x 的极小集, 则称 H 是 x 的一个**极大集**.

定理 5.7.14　设 L 是完备格. 则下列条件等价:

(1) L 是 CD-格;

(2) 对任意 $x \in L$, x 有极小集;

(3) 对任意 $x \in L$, x 有极大集;

(4) 对任意 $x \in L$, $x = \vee \Downarrow^{\lhd} x$;

(5) L 是 S-超连续格.

证明　(2) $\Longleftrightarrow$ (4) 显然.

(1) $\Longrightarrow$ (2) 显然最小元 0 的极小集为 $\varnothing$. 设 $0 \neq x \in L$, $J = \{A \mid A \subseteq L$ 且 $\vee A \geqslant x\}$. 则 $J \neq \varnothing$ 且对任意 $A \in J$, 有 $A \neq \varnothing$. 对任意 $A \in J$, 令 $K_A = A$. 由 (1) 知

$$x \leqslant \bigwedge_{A \in J} \vee A = \vee\{\wedge\{f(A) \mid A \in J\} \mid f \in \Phi\},$$

其中 $\Phi = \{f : J \to \bigcup_{A \in J} A \mid$ 对任意 $A \in J$, 有 $f(A) \in A\}$ 是 J 上的选择函数全体. 令 $E = \{\wedge\{f(A) \mid A \in J\} \mid f \in \Phi\}$. 则 $x \leqslant \vee E$. 下证 $E \subseteq \Downarrow^{\lhd} x$, 即证对任意 $f \in \Phi$, 有 $\wedge\{f(A) \mid A \in J\} \lhd x$. 因为对 L 的任意子集 C, 当 $\vee C \geqslant x$ 时, 有 $C \in J$ 且 $f(C) \in K_C = C$. 故 $\wedge\{f(A) \mid A \in J\} \leqslant f(C) \in C$. 这说明 $\wedge\{f(A) \mid A \in J\} \lhd x$. 从而 $E \subseteq \Downarrow^{\lhd} x$, $\vee E \leqslant x$, 于是 $\vee E = x$. 由定义 5.7.13 知 E 是 x 的极小集.

(2) $\Longrightarrow$ (1) 设 $\{K_j \mid j \in J\}$ 为完备格 L 的任意子集族. 由注 5.7.7(2) 知只需证明

$$\wedge\{\vee K_j \mid j \in J\} \leqslant \vee\{\wedge\{f(j) \mid j \in J\} \mid f \in \Phi\}.$$

令 $x = \wedge\{\vee K_j \mid j \in J\}$. $y = \vee\{\wedge\{f(j) \mid j \in J\} \mid f \in \Phi\}$. 则对任意 $j \in J$, 有 $x \leqslant \vee K_j$. 由 (2) 知 x 有极小集 E. 从而对任意 $z \in E \subseteq \Downarrow^{\lhd} x$, 存在 $h_j \in K_j$ 使 $z \leqslant h_j$. 令 $h : J \to \bigcup_{A \in J} A$ 使对任意 $j \in J$, 有 $h(j) = h_j \in K_j$. 则 $z \leqslant \wedge\{h(j) \mid j \in J\} \leqslant \vee\{\wedge\{f(j) \mid j \in J\} \mid f \in \Phi\} = y$. 于是由 $z \in E$ 的任意性及 E 是 x 的极小集知 $x = \vee E \leqslant y$. 从而 L 是 CD-格.

(2) $\Longleftrightarrow$ (3) 由 (2) $\Longleftrightarrow$ (1) 及定理 5.7.12 可得.

(4) $\Longleftrightarrow$ (5) 由定义 5.6.3 可得.　　　　　　　　　　　　　　$\square$

在文献 [158] 中, Raney 给出了如下 CD-格的内蕴式刻画.

定理 5.7.15　设 L 是完备格. 则下列条件等价:

(1) L 是 CD-格;

(2) 对任意 $x, y \in P$, 若 $x \nleqslant y$, 则存在 $p, u \in L$ 使 $x \notin \downarrow p$, $y \notin \uparrow u$ 且 $\uparrow u \cup \downarrow p = L$.

证明 (1) $\Longrightarrow$ (2) 设 L 是 CD-格. 则对任意 $x, y \in L$, 若 $x \nleqslant y$, 由 L 的完全分配性及定理 5.4.10 知 x 有极小集 E_x, y 有极大集 H_y. 故有 $\vee E_x = x \nleqslant y = \wedge H_y$. 这说明存在 $a \in E_x$, $b \in H_y$ 使 $a \nleqslant b$. 令 $p = \vee(L - \uparrow a)$, $u = \wedge(L - \downarrow b)$. 则由极小集、极大集的定义和命题 5.6.2 得 $x \nleqslant p$, $y \ngeqslant u$, 即 $x \notin \downarrow p$, $y \notin \uparrow u$. 下证 $\uparrow u \cup \downarrow p = L$. 假设存在 $z \in L$ 使 $z \notin (\uparrow u \cup \downarrow p)$. 则由 p, u 的定义知 $a \leqslant z \leqslant b$, 这与 $a \nleqslant b$ 矛盾! 从而 $\uparrow u \cup \downarrow p = L$.

(2) $\Longrightarrow$ (1) 由定理 5.7.12 知只需证完全分配律的对偶 (CD^{op}) 成立. 设 $\{K_j \mid j \in J\}$ 为完备格 L 的任意子集族. 令

$$x = \wedge\{\vee\{f(j) \mid j \in J\} \mid f \in \Phi\}, \qquad y = \vee\{\wedge K_j \mid j \in J\},$$

其中 $\Phi = \{f : J \to \bigcup_{j \in J} K_j \mid$ 对任意 $j \in J$, 有 $f(j) \in K_j\}$. 显然 $y \leqslant x$. 下证 $x \leqslant y$. 用反证法. 假设 $x \nleqslant y$, 则由 (2) 知存在 $p, u \in L$ 使 $x \notin \downarrow p$, $y \notin \uparrow u$ 且 $\uparrow u \cup \downarrow p = L$. 从而由 $u \nleqslant y$ 知对任意 $j \in J$, $u \nleqslant \wedge K_j$, 即对任意 $j \in J$, 存在 $h_j \in K_j$ 使 $u \nleqslant h_j$, 即 $h_j \leqslant p$. 令 $h : J \to \bigcup_{A \in J} A$ 使对任意 $j \in J$, 有 $h(j) = h_j \in K_j$. 则 $h \in \Phi$ 且对任意 $j \in J$, 有 $h(j) = h_j \leqslant p$. 从而

$$x = \wedge\{\vee\{f(j) \mid j \in J\} \mid f \in \Phi\} \leqslant \vee\{h(j) \mid j \in J\} \leqslant p,$$

这与 $x \notin \downarrow p$ 矛盾! 故有 $x \leqslant y$. 综上知 $x = y$, 即完全分配律的对偶 (CD^{op}) 成立. $\square$

将 "点" 与 "点" 之间的完全双小于关系 (定义 5.6.1) 推广至 "非空集" 与 "非空集" 的情形, 可以推广完全分配格到广义完全分配格.

定义 5.7.16 设 L 是偏序集.

(1) 在 $\mathcal{P}(L) - \{\varnothing\}$ 上定义完全双小于关系如下: 设 $F, G \in \mathcal{P}(L) - \{\varnothing\}$. $F \lhd G$ 当且仅当对任意子集 $A \subseteq L$, 当 $\sup A$ 存在且 $\sup A \in \uparrow G$ 时, 有 $A \cap \uparrow F \neq \varnothing$. $F \lhd \{x\}$ 简记为 $F \lhd x$. 记 $t(x) = \{F \mid F \in \mathcal{P}_{\mathrm{fin}}(L)$ 且 $F \lhd x\}$.

(2) 若 L 是完备格且 $\forall x \in L, \uparrow x = \cap\{\uparrow F \mid F \in t(x)\}$, 则称 L 是一个**广义完全分配格**, 简称 **GCD 格**.

命题 5.7.17 设 L 是偏序集. 则下面各条成立:

(1) $\forall\, G, H \subseteq L, G \lhd H \Longrightarrow G \leqslant H$;

(2) $\forall\, G, H \subseteq L, G \lhd H \Longleftrightarrow \forall h \in H, G \lhd h$;

(3) $\forall\, E, F, G, H \subseteq L, E \leqslant G \lhd H \leqslant F \Longrightarrow E \lhd F$;

(4) $\forall\, x, y \in L, \{x\} \lhd \{y\} \Longleftrightarrow x \lhd y$.

证明　由定义 5.2.19 和定义 5.7.16(1) 直接验证, 读者可作为练习自证.　□

命题 5.7.18　完全分配格均是 GCD 格.

证明　设 L 是 CD-格, $x \in L$. 则

$$\uparrow x \subseteq \cap\{\uparrow F \mid F \in t(x)\} \subseteq \cap\{\uparrow y \mid y \lhd x\} = \uparrow x.$$

故 $\uparrow x = \cap\{\uparrow F \mid F \in t(x)\}$. 从而由定义 5.7.16 知 L 是 GCD 格.　□

与完全分配格的情形类似, GCD 格也有如下内蕴式刻画.

定理 5.7.19　设 L 是完备格. 则下列条件等价:

(1) L 是 GCD 格;

(2) 对任意 $x, y \in L$, 若 $x \nleqslant y$, 则存在 L 的有限集 F 及 $u \in L$ 使 $x \notin \downarrow u$, $y \notin \uparrow F$ 且 $L = \uparrow F \cup \downarrow u$.

证明　(1) $\Longrightarrow$ (2) 设 L 是 GCD 格. 则对任意 $x, y \in L$, 若 $x \nleqslant y$, 由 L 的广义完全分配性知存在有限集 $F \lhd x$ 使 $y \notin \uparrow F$. 令 $u = \vee(L - \uparrow F)$. 从而由定义 5.7.16(1) 和 $F \lhd x$ 知 $u \notin \uparrow x$, 即 $x \notin \downarrow u$. 对任意 $z \in L$, 若 $z \notin \uparrow F$, 则 $z \in L - \uparrow F$. 故 $z \leqslant u$. 这说明 $L = \uparrow F \cup \downarrow u$.

(2) $\Longrightarrow$ (1) 对任意 $x, y \in L$, 若 $x \nleqslant y$, 存在 L 的有限子集 F 及 $u \in L$ 使得 $x \notin \downarrow u$, $y \notin \uparrow F$ 且 $L = \uparrow F \cup \downarrow u$. 下证 $F \lhd x$. 对任意子集 $A \subseteq L$, 当 $\vee A \in \uparrow x$ 时, 若对任意 $a \in A$, $a \notin \uparrow F$, 则由 $L = \uparrow F \cup \downarrow u$ 知 $a \in \downarrow u$, 即 $A \subseteq \downarrow u$. 从而 $x \leqslant \vee A \leqslant u$, 这与 $x \notin \downarrow u$ 矛盾! 这说明存在 $a \in A \cap \uparrow F$. 于是由定义 5.7.16(1) 知 $F \lhd x$. 从而利用 (2) 得 $\uparrow x = \cap\{\uparrow F \mid F$ 有限且 $F \lhd x\}$. 故由定义 5.7.16(2) 知 L 是 GCD 格.　□

例 5.7.20　对五元钻石格 $M_5 = \{0, a, b, c, 1\}$, 它是典型的非分配格. 由定理 5.7.19 易验证 L 是 GCD 格, 说明 GCD 格不必是分配格.

引理 5.7.21　(1) 设 L 是交半格, $A, B \subseteq L$. 则 $\downarrow A \cap \downarrow B = \downarrow\{a \wedge b \mid a \in A, b \in B\}$.

(2) 若 L 还是完备格, 则 $\forall x \in L$, 有 $\downarrow x \cap \downarrow A = \downarrow\{x \wedge a \mid a \in A\} = \downarrow(x \wedge \vee A) \cap \downarrow A$.

证明　证明是直接的, 读者可作为练习自证.　□

引理 5.7.22　设 L 是完备 Heyting 代数, F 是 L 的非空有限子集, $x \in L$. 则 $F \lhd x$ 当且仅当存在 $y \in F$ 使 $y \lhd x$.

证明　必要性: 用反证法. 假设 $F \lhd x$ 但 $\forall y \in F$, $y \nlhd x$. 则由定义 5.6.1 知存在子集 A_y 使 $x \leqslant \vee A_y$ 而 $y \notin \downarrow A_y$, 即 $\uparrow y \cap \downarrow A_y = \varnothing$ 对任一 $y \in F$ 成立. 由 F 有限可设 $F = \{y_1, y_2, \cdots, y_n\}$. 由 L 是完备 Heyting 代数及引理 5.7.21(1) 得

$$x \leqslant \bigwedge_{y \in F} (\vee A_y) = \vee\{a_{y_1} \wedge a_{y_2} \wedge \cdots \wedge a_{y_n} \mid a_{y_i} \in A_{y_i}, i = 1, 2, \cdots, n\}$$

$$= \vee \downarrow \{a_{y_1} \wedge a_{y_2} \wedge \cdots \wedge a_{y_n} \mid a_{y_i} \in A_{y_i}, i = 1, 2, \cdots, n\}$$

$$= \vee \left(\bigcap_{y \in F} \downarrow A_y \right).$$

从而由 $F \lhd x$ 知 $(\bigcap_{y \in F} \downarrow A_y) \cap \uparrow F \neq \varnothing$. 这说明存在某 $y_k \in F$ 使 $\uparrow y_k \cap \downarrow A_{y_k} \neq \varnothing$, 这矛盾于前述 $\forall y \in F$, $\uparrow y \cap \downarrow A_y = \varnothing$. 该矛盾说明存在 $y \in F$ 使 $y \lhd x$.

充分性: 若存在 $y \in F$ 使 $y \lhd x$. 则对任意子集 A, 当 $\vee A$ 存在且 $\vee A \in \uparrow x$ 时, 由 $y \lhd x \leqslant \vee A$ 知 $y \in \downarrow A$. 则 $A \cap \uparrow F \neq \varnothing$. 从而由定义 5.7.16(1) 知 $F \lhd x$. □

定理 5.7.23 设 L 是完备格. 则 L 是完全分配格当且仅当 L 是 cHa 且是 GCD 格.

证明 必要性: 显然.

充分性: 设 L 是 cHa 和 GCD 格. 对任意 $x \in L$, 由命题 5.6.2(1) 知 x 是集 $\Downarrow^{\lhd} x = \{y \in L \mid y \lhd x\}$ 的上界. 设 z 为集 $\{y \in L \mid y \lhd x\}$ 的任一上界. 下证 $x \leqslant z$. 用反证法. 假设 $x \not\leqslant z$. 则由 L 是 GCD 格知 $\uparrow x = \cap\{\uparrow F \mid F \in \mathcal{P}_{\text{fin}}(L)$ 且 $F \lhd x\}$. 故存在非空有限集 F 使 $F \lhd x$ 但 $z \notin \uparrow F$. 由 $F \lhd x$ 及引理 5.7.22 知存在 $a \in F$ 使 $a \lhd x$. 从而有 $a \leqslant z$, 这与 $z \notin \uparrow F$ 矛盾! 故有 $x \leqslant z$. 从而 $x = \vee\{y \in L \mid y \lhd x\} = \vee \Downarrow^{\lhd} x$. 故由定理 5.7.14 知 L 是 CD-格. □

例 5.7.24 设 $L = \mathcal{O}([0, 1])$ 是单位闭区间 $\mathbf{I} = [0, 1]$ 上通常拓扑, 则 L 是一个 cHa. 易验证 $\mathbf{I}$ 上该拓扑的闭集格不是 cHa, 从而 L 不是 CD-格. 于是由定理 5.7.23 知 L 不是 GCD 格.

习 题 5.7

1. 证明: 任意完备链都是完全分配格.
2. 证明: 完全分配格的子完备格还是完全分配格.
3*. 设 L 是完备格. 证明: L 是完全分配格当且仅当 L 同构于某乘积格 $\mathbf{I}^M$ 的子完备格.
4. 证明: 完备格 L 是完全分配格当且仅当 L 的每个元均有由并既约元组成的极小集.
5. 举例说明连续格的对偶不必是连续格.
6. 设 L 是并半格, $A, B \subseteq L$. 证明: $\uparrow A \cap \uparrow B = \uparrow \{a \vee b \mid a \in A, b \in B\}$.
7. 详细证明引理 5.7.21.

第 6 章　内蕴拓扑与多种连续性的拓扑刻画

所谓偏序集上的**内蕴拓扑**是指利用适当方法借助偏序定义的偏序集上的拓扑. 偏序集上有多种内蕴拓扑. 既然这些内蕴拓扑由偏序决定, 也自然反映原来偏序集的性质特征, 那么自然地, 利用内蕴拓扑的拓扑性质和代数性质可以刻画偏序集的多种连续性. 本章重点介绍这方面的成果.

6.1　偏序集上的内蕴拓扑

先介绍几个简单常用的内蕴拓扑及相关概念.

定义 6.1.1　设 P 是偏序集. 则

(1) P 的全体上集形成 P 的一个拓扑, 称为 **Alexandrov 拓扑**, 记作 $\alpha(P)$. 对偶地, P 的全体下集形成的拓扑, 称为**对偶 Alexandrov 拓扑**, 记作 $\alpha^*(P)$.

(2) P 的以集族 $\{P\} \cup \{P - \downarrow x \mid x \in P\}$ 为子基生成的拓扑称为 P 的**上拓扑**, 记作 $\nu(P)$. 对偶地, P 的以集族 $\{P\} \cup \{P - \uparrow x \mid x \in P\}$ 为子基生成的拓扑称为 P 的**下拓扑**, 记作 $\omega(P)$. 显然, P 的上 (下) 拓扑是使所有 $\downarrow x (\uparrow x)$ 为闭集的最小拓扑.

(3) 偏序集 P 上的**区间拓扑** $\theta(P)$ 是上拓扑 $\nu(P)$ 和下拓扑 $\omega(P)$ 的上确界, 即 $\theta(P)$ 是以子集族 $\{P\} \cup \{P - \downarrow x \mid x \in P\} \cup \{P - \uparrow x \mid x \in P\}$ 为子基的拓扑.

易见, 当 P 为有限偏序集时, 其上的 Alexandrov 拓扑与上拓扑相等. 偏序集 P 上的区间拓扑均是 T_1 的, 因为独点集均为闭集.

定理 6.1.2　设 $(X, \mathcal{T}(X))$ 为 T_0 空间, $\leqslant$ 为集合 X 上的偏序, $\leqslant_s$ 为 $(X, \mathcal{T}(X))$ 的特殊化序. 则 $\leqslant_s = \leqslant$ 当且仅当 $\nu((X, \leqslant)) \subseteq \mathcal{T}(X) \subseteq \alpha((X, \leqslant))$.

证明　必要性: 设 $(X, \mathcal{T}(X))$ 的特殊化序 $\leqslant_s = \leqslant$. 则由注 5.1.5(1) 知 $\forall x \in X$, 有 $\downarrow x = \overline{\{x\}}$ 为 $\mathcal{T}(X)$-闭集. 故由上拓扑定义知 $\nu((X, \leqslant)) \subseteq \mathcal{T}(X)$. 又设 $U \in \mathcal{T}(X)$. 则对任意 $y \in \uparrow U$, 存在 $u \in U$ 使 $u \leqslant y$, 即 $u \in \overline{\{y\}}$. 故 $U \cap \{y\} \neq \varnothing$, 即 $y \in U$. 这说明 U 为上集. 从而 $\mathcal{T}(X) \subseteq \alpha((X, \leqslant))$.

充分性: 设 $\nu((X, \leqslant)) \subseteq \mathcal{T}(X) \subseteq \alpha((X, \leqslant))$. 则由 $\nu((X, \leqslant)) \subseteq \mathcal{T}(X)$ 知对任意 $x \in X$, 有 $\downarrow x$ 是 $\mathcal{T}(X)$-闭集. 又由 $\mathcal{T}(X) \subseteq \alpha((X, \leqslant))$ 知 $\downarrow x$ 是包含 x 的最小 $\mathcal{T}(X)$-闭集. 从而有 $\downarrow x = \overline{\{x\}}$. 于是由定义 5.1.4 知 $\leqslant$ 是空间 $(X, \mathcal{T}(X))$ 的特殊化序, 即 $\leqslant_s = \leqslant$. □

定义 6.1.3 设 P 是偏序集, $\mathcal{O}(P)$ 是 P 上的拓扑, $V \subseteq P$. 若 $V \in \mathcal{O}(P)$ 且是滤子, 则称 V 是一个 $\mathcal{O}(P)$ **开滤子**. 若 $\mathcal{O}(P)$ 有一个由开滤子组成的基, 则称 $\mathcal{O}(P)$ **有开滤子基**. 若 P 的每一点都有一个由滤向开集构成的邻域基, 则称 $\mathcal{O}(P)$ **有小的开滤向基**.

定义 6.1.4 设 P 是偏序集, $U \subseteq P$. 若

(1) U 是上集, 即 $U = \uparrow U$;

(2) 对 P 中任一定向集 D, 当 $\sup D$ 存在且 $\sup D \in U$ 时, 有 $D \cap U \neq \varnothing$,

则称 U 为 P 的 **Scott 开集**, P 的 Scott 开集全体记作 $\sigma(P)$ 并赋予集合包含序. Scott 开集的余集称为 **Scott 闭集**, P 的 Scott 闭集全体记作 $\sigma^*(P)$ 并赋予集合包含序.

命题 6.1.5 设 P 是偏序集. 则

(1) P 上全体 Scott 开集 $\sigma(P)$ 形成 P 上的一个拓扑, 称为 **Scott 拓扑**.

(2) $F \subseteq P$ 是 Scott 闭集当且仅当 F 是下集且对存在的定向并封闭, 即对 P 中任一定向集 D, 当 $D \subseteq F$ 且 $\sup D$ 存在时, 有 $\sup D \in F$. 特别地, P 的主理想均是 Scott 闭集.

(3) 上拓扑 $\nu(P) \subseteq \sigma(P)$.

证明 (1) 显然, $\varnothing, P \in \sigma(P)$. 设 $U, V \in \sigma(P)$. 易见 $U \cap V$ 是上集. 对 P 中任一定向集 D, 当 $\sup D$ 存在且 $\sup D \in U \cap V$ 时, 由 U 是 Scott 开集知 $U \cap D \neq \varnothing$, 即存在 $d_1 \in U \cap D$. 同理存在 $d_2 \in V \cap D$. 因为 D 是定向集, 故存在 $d_3 \in D$ 使 $d_1, d_2 \leqslant d_3$. 从而 $d_3 \in (U \cap V) \cap D$. 由定义 6.1.4 知 $U \cap V \in \sigma(P)$. 又设 $\{U_\alpha\}_{\alpha \in \Gamma} \subseteq \sigma(P)$. 易见 $\bigcup_{\alpha \in \Gamma} U_\alpha$ 是上集. 对 P 中任一定向集 D, 当 $\sup D$ 存在且 $\sup D \in \bigcup_{\alpha \in \Gamma} U_\alpha$ 时, 存在 $\alpha_0 \in \Gamma$ 使 $\sup D \in U_{\alpha_0}$. 从而由 U_{α_0} 是 Scott 开集知 $U_{\alpha_0} \cap D \neq \varnothing$. 于是有 $(\bigcup_{\alpha \in \Gamma} U_\alpha) \cap D \neq \varnothing$. 这说明 $\bigcup_{\alpha \in \Gamma} U_\alpha \in \sigma(P)$. 综上知 $\sigma(P)$ 是 P 上的拓扑.

(2) 由定义 6.1.4 直接证明.

(3) 由上拓扑定义和 (2) 直接可得. □

偏序集 P 赋予 Scott 拓扑所得空间 $(P, \sigma(P))$ 称为 **Scott 空间**, 记为 $\Sigma P = (P, \sigma(P))$.

引理 6.1.6 设 $(X, \mathcal{T}(X))$ 是拓扑空间, $U \in \mathcal{T}(X)$. 则 U 是 $(\mathcal{T}(X), \subseteq)$ 的余素元当且仅当 U 是 $(X, \leqslant_s)$ 的滤子, 其中 $\leqslant_s$ 是 $(X, \mathcal{T}(X))$ 的特殊化序.

证明 必要性: 设 U 是 $(\mathcal{T}(X), \subseteq)$ 的余素元, 则 U 是非空上集且对任意 $x, y \in U$, $U \not\subseteq X - \downarrow x$ 且 $U \not\subseteq X - \downarrow y$. 因 $X - \downarrow x$, $X - \downarrow y$ 均是开集, 故由 U 是余素元知 $U \not\subseteq (X - \downarrow x) \cup (X - \downarrow y) = X - (\downarrow x \cap \downarrow y)$. 从而存在 $z \in U$ 使 $z \leqslant x$ 且 $z \leqslant y$. 这说明 U 是滤子.

充分性: 设 $U \in \mathcal{T}(X)$ 是滤子. 假设 U 不是 $(\mathcal{T}(X), \subseteq)$ 的余素元. 则由定义

4.6.9 知存在 $V, W \in \mathcal{T}(X)$ 使 $U \subseteq V \cup W$ 且 $U \nsubseteq V$, $U \nsubseteq W$. 故存在 $a \in U - V$, $b \in U - W$. 从而由 U 是滤子知存在 $c \in U$ 使 $c \leqslant a$ 且 $c \leqslant b$. 因为 V, W 均是上集, 故 $c \notin V \cup W$, 这与 $c \in U \subseteq V \cup W$ 矛盾! 从而 U 是 $(\sigma(P), \subseteq)$ 的余素元. □

推论 6.1.7　设 P 是偏序集, $U \in \sigma(P)$. 则 U 是 $(\sigma(P), \subseteq)$ 的余素元当且仅当 U 是滤子.

引理 6.1.8　设 P 是偏序集, $U \subseteq P$ 为非空 Scott 开集. 则 U 上的 Scott 拓扑与 U 继承的 P 的 Scott 子空间拓扑相等, 即 $\sigma(U) = \{U \cap V \mid V \in \sigma(P)\}$.

证明　设 $V \in \sigma(P)$, $W = U \cap V$, 要证 $W \in \sigma(U)$. 若 $W = \varnothing$, 则 $W \in \sigma(U)$. 下设 $W \neq \varnothing$. 作为两上集的交, W 自然是上集. 又对 U 的任一定向集 D, 当 $\sup_U D \in W = U \cap V$ 时, 由引理 5.2.14, $\sup D = \sup_U D \in W = U \cap V$, 特别地, $\sup D \in V \in \sigma(P)$. 于是 $D \cap V \neq \varnothing$, 从而由 $D \subseteq U$ 得 $D \cap V = (D \cap U) \cap V = D \cap W \neq \varnothing$. 这说明 $W \in \sigma(U)$, 故 $\sigma(U) \supseteq \{U \cap V \mid V \in \sigma(P)\}$.

反过来, 设 $W \in \sigma(U)$, 要证 $W \in \sigma(P)$. 首先, 由 $U \subseteq P$ 为上集且 $W \subseteq U$ 又为 U 的上集知, W 也为 P 的上集. 又对 P 的任一定向集 D, 当 $\sup D \in W \subseteq U$ 时, 由 $U \in \sigma(P)$ 得 $D \cap U \neq \varnothing$, 从而 $D \cap U$ 为 U 中定向集且有 $\sup(D \cap U) = \sup D \in W$. 由引理 5.2.14, $\sup_U(D \cap U) = \sup(D \cap U) \in W$. 由 $W \in \sigma(U)$ 得 $(D \cap U) \cap W = D \cap W \neq \varnothing$, 故 Scott 开集条件 (2) 对 W 也成立. 于是 $W \in \sigma(P)$, 从而 $W = U \cap W \in \{U \cap V \mid V \in \sigma(P)\}$. 综合得 $\sigma(U) = \{U \cap V \mid V \in \sigma(P)\}$. □

定义 6.1.9　设 P, Q 是偏序集. 若 f 是拓扑空间 $(P, \tau_{\mathrm{int}}(P))$ 和 $(Q, \tau_{\mathrm{int}}(Q))$ 之间的连续映射, 其中 $\tau_{\mathrm{int}}(\cdot)$ 是偏序集上的某内蕴拓扑 (如 Scott 拓扑、上拓扑, 等等), 则称 f 是 τ_{int} **连续映射**. 当 $\tau_{\mathrm{int}}(\cdot)$ 为 Scott 拓扑、上拓扑, 等等, 则称 f 是 **Scott 连续映射、上拓扑连续映射**, 等等. Scott 连续映射也称 **Scott 连续函数**.

命题 6.1.10　设 P, Q 是偏序集. 则映射 $f : (P, \sigma(P)) \to (Q, \sigma(Q))$ 是 Scott 连续映射当且仅当 f 保定向并, 即当 $D \subseteq P$ 定向且 $\sup D$ 存在时有 $f(\sup D) = \sup f(D)$.

证明　必要性: 设 $f : (P, \sigma(P)) \to (Q, \sigma(Q))$ 是 Scott 连续映射. 对任意 x, $y \in P$ 使 $x \leqslant y$, 若 $f(x) \nleqslant f(y)$, 则 $f(x) \in Q - \downarrow f(y)$. 因为 $Q - \downarrow f(y) \in \sigma(Q)$ 且 f 是 Scott 连续映射, 故 $x \in f^{-1}(Q - \downarrow f(y))$ 且 $f^{-1}(Q - \downarrow f(y)) \in \sigma(P)$. 从而由 $x \leqslant y$ 及 $f^{-1}(Q - \downarrow f(y))$ 是上集知 $y \in f^{-1}(Q - \downarrow f(y))$, 矛盾! 故有 $f(x) \leqslant f(y)$. 这说明 f 是保序的. 又对 P 中任一定向集 D, 当 $\sup D$ 存在时, 由 f 保序知 $f(D)$ 是 Q 的定向集且 $f(\sup D)$ 是 $f(D)$ 在 Q 中的上界. 设 z 是 $f(D)$ 在 Q 中的任一上界. 假设 $f(\sup D) \nleqslant z$. 则 $f(\sup D) \in Q - \downarrow z$. 因 $Q - \downarrow z \in \sigma(Q)$ 且 f 是 Scott 连续映射, 故 $f^{-1}(Q - \downarrow z) \in \sigma(P)$ 且 $\sup D \in f^{-1}(Q - \downarrow z)$. 于是存在 $d_0 \in D \cap f^{-1}(Q - \downarrow z)$, 即 $f(d_0) \nleqslant z$, 这与 z 是 $f(D)$ 在 Q 中的上界矛盾! 故 $f(\sup D) \leqslant z$. 从而有 $f(\sup D) = \sup f(D)$.

充分性: 设 $W \in \sigma(Q)$. 则对任意 $z \in \uparrow f^{-1}(W)$, 存在 $x \in f^{-1}(W)$ 使 $x \leqslant z$. 因为 f 保序, 故有 $f(x) \leqslant f(z)$. 从而由 $f(x) \in W$ 及 W 是上集知 $f(z) \in W$, 即 $z \in f^{-1}(W)$. 这说明 $f^{-1}(W)$ 是 P 中的上集. 又对 P 中任一定向集 D, 当 $\sup D$ 存在且 $\sup D \in f^{-1}(W)$ 时, 由 $f(\sup D) = \sup f(D) \in W$ 及 $W \in \sigma(Q)$ 知 $f(D) \cap W \neq \varnothing$. 于是 $D \cap f^{-1}(W) \neq \varnothing$. 则由定义 6.1.4 知 $f^{-1}(W) \in \sigma(P)$. 从而 f 是 Scott 连续映射. $\qquad\square$

定义 6.1.11 偏序集 P 上以 $\sigma(P) \cup \alpha^*(P)$ 为子基生成的拓扑称为**测度拓扑**, 记为 $\mu(P)$. 以 $\sigma(P) \cup \omega(P)$ 为子基生成的拓扑称为 **Lawson 拓扑**, 记作 $\lambda(P)$.

注 6.1.12 由定义可知 $\sigma(P) \subseteq \lambda(P) \subseteq \mu(P)$. 又文献 [143] 定义了连续 domain D 上的以 $\{\uparrow x \cap \downarrow y \mid x, y \in D\}$ 为基的 μ 拓扑. 容易验证连续 domain 上的 μ 拓扑就是测度拓扑, 故测度拓扑是 μ 拓扑的推广.

命题 6.1.13 设 P 是偏序集. 则

(1) 一个上集 $U \subseteq P$ 是 Lawson 开集当且仅当 U 是 Scott 开集;

(2) 一个下集 $A \subseteq P$ 是 Lawson 闭集当且仅当 A 对存在的定向并封闭.

证明 (1) 显然, $\sigma(P)$ 中元均为上集且是 Lawson 开集. 设 U 是 Lawson 开上集. 下证 $U \in \sigma(P)$. 对 P 中任一定向集 D, 当 $\sup D$ 存在且 $\sup D \in U$ 时, 由 Lawson 拓扑定义知存在 $V \in \sigma(P)$ 及有限集 F 使 $\sup D \in V - \uparrow F \subseteq U$. 从而存在 $d_0 \in D$ 使 $d_0 \in V \cap D$. 又由 $\sup D \notin \uparrow F$ 知 $d_0 \notin \uparrow F$. 于是 $d_0 \in V - \uparrow F \subseteq U$. 这说明 $U \in \sigma(P)$.

(2) 由 (1) 和命题 6.1.5(2) 可得. $\qquad\square$

命题 6.1.14 设 P 是偏序集. 若 P 上的 Lawson 拓扑 $\lambda(P)$ 是紧的, 则 P 是 dcpo.

证明 设 $D \subseteq P$ 是定向集. 则 D 可看作拓扑空间 $(P, \lambda(P))$ 中的网. 因为 P 上的 Lawson 拓扑 $\lambda(P)$ 是紧的, 故由定理 3.3.1 知 D 有聚点. 设 x 为 D 的聚点, 下证 $x = \sup D$. 假设存在 $d_0 \in D$ 使 $d_0 \nleqslant x$. 则 $U = P - \uparrow d_0$ 是 x 的 Lawson 开邻域. 显然, 对任意 $d \in D$, 当 $d_0 \leqslant d$ 时, $d \notin U$, 这与 x 为 D 的聚点矛盾! 从而对任意 $d \in D$, 有 $d \leqslant x$, 即 x 为 D 的上界. 又设 s 为 D 的任一上界. 则 $\downarrow s$ 是 Lawson 闭集且 $D \subseteq \downarrow s$. 从而由定理 3.1.7 知 $x \in \mathrm{cl}_{\lambda(P)}(D) \subseteq \downarrow s$. 于是 $x \leqslant s$, 即 $x = \sup D$. 故 P 是 dcpo. $\qquad\square$

命题 6.1.15 设 P 是完备格. 则 P 上的 Lawson 拓扑 $\lambda(P)$ 是紧的.

证明 由 Lawson 拓扑定义和定义 6.1.1 知集族 $\mathcal{W} = \sigma(P) \cup \{P - \uparrow x \mid x \in P\}$ 为 $\lambda(P)$ 的一个子基. 从而由 Alexander 子基引理 (定理 3.3.1) 知只需证 P 的任一由子基 $\mathcal{W}$ 的元构成的覆盖都有有限子覆盖. 设集族 $\mathscr{U} = \{U_j \in \sigma(P) \mid j \in J\} \cup \{P - \uparrow x_k \mid x_k \in P, k \in K\}$ 为 P 的任一由 $\mathcal{W}$ 的元构成的开覆盖. 令

$x = \sup\{x_k \mid k \in K\}$. 则有

$$\cup\{P - \uparrow x_k \mid k \in K\} = P - \cap\{\uparrow x_k \mid k \in K\} = P - \uparrow x.$$

因 $x \notin P - \uparrow x$, 故存在 $j_0 \in J$ 使 $x \in U_{j_0}$. 又因任意并可表示为有限并的定向并, 故由 $U_{j_0} \in \sigma(P)$ 知存在 $k_1, k_2, \cdots, k_n \in K(n \in \mathbb{Z}_+)$ 使 $x_{k_1} \vee x_{k_2} \vee \cdots \vee x_{k_n} \in U_{j_0}$. 从而 $U_{j_0} \cup (P - \uparrow x_{k_1}) \cup \cdots \cup (P - \uparrow x_{k_n})$ 是 $\mathscr{U}$ 的有限子覆盖. 于是拓扑 $\lambda(P)$ 是紧的. □

推论 6.1.16 (见定理 3.3.6)　对任意序数 α, 良序空间 $\overline{S_\alpha} = [0, \alpha]$ 是紧空间.

证明　序数集 $\overline{S_\alpha} = [0, \alpha]$ 是完备链, 其上的序拓扑与其上的区间拓扑、Lawson 拓扑一致, 由命题 6.1.15, 它们均是紧致的. □

文献 [187] 定义了集合 X 上拓扑 τ 的b-拓扑是以集族 $\{O \cap C \mid O, X - C \in \tau\}$ 为基的拓扑. 偏序集 P 上 Scott 拓扑的 b-拓扑记为 $\sigma_b(P)$. 我们有如下命题.

命题 6.1.17　偏序集 P 上的 Scott 拓扑的 b-拓扑 $\sigma_b(P)$ 与测度拓扑 $\mu(P)$ 相等.

证明　易见 $\sigma_b(P) \subseteq \mu(P)$. 设 $t \in U \in \mu(P)$, 则存在 $V \in \sigma(P), C \in \alpha^*(P)$ 使 $t \in V \cap \downarrow t \subseteq V \cap C \subseteq U$. 由 $V \in \sigma(P), \downarrow t \in \sigma^*(P)$ 得 $V \cap \downarrow t \in \sigma_b(P)$, 从而 t 是 U 的 $\sigma_b(P)$ 内点. 由 $t \in U$ 的任意性得 $U \in \sigma_b(P)$, 这说明 $\mu(P) \subseteq \sigma_b(P)$. 于是 $\sigma_b(P) = \mu(P)$. □

命题 6.1.18　设 P 是偏序集, 则下列两条成立:

(1) 一个上集 U 是 $\mu(P)$ 开的当且仅当它是 $\sigma(P)$ 开的;

(2) 每一 $\mu(P)$ 闭集均对定向并关闭.

证明　(1) 由定义 6.1.11 知, 仅需证明 $\mu(P)$ 中的上集 U 是 Scott 开集即可. 设 D 为 P 中任一定向集, 当 $\sup D = y$ 存在且 $y = \sup D \in U$ 时, 由 $U \in \mu(P)$ 及定义 6.1.11 知存在 $V \in \sigma(P), C \in \alpha^*(P)$ 使 $y = \sup D \in V \cap C \subseteq U$. 由 C 是下集及 $V \in \sigma(P)$ 知 $D \cap V \neq \varnothing$ 且 $D \subseteq C$. 故 $D \cap V \cap C = D \cap V \neq \varnothing$, 从而 $D \cap U \neq \varnothing$. 这说明 U 是 Scott 开集.

(2) 设 F 是 $\mu(P)$ 闭集, $D \subseteq F$ 是定向集且 $\sup D = y$ 在 P 中存在. 如果 y 不在 F 中, 则 $y \in P - F \in \mu(P)$. 由定义 6.1.11, 存在 $V \in \sigma(P), C \in \alpha^*(P)$ 使 $y \in V \cap C \subseteq (P - F)$. 从而 $\varnothing \neq D \cap V \cap C \subseteq D \cap (P - F)$, 矛盾于 $D \subseteq F$. □

定义 6.1.19　设 P 是偏序集, $(x_j)_{j \in J}$ 为 P 中的网, $y \in P$. 若存在 $i \in J$ 使当 $j \geqslant i$ 时有 $y \geqslant x_j$, 则称 y 是 $(x_j)_{j \in J}$ 的一个**最终上界**. 如果存在 $i \in J$ 使 y 是集 $(x_j)_{j \geqslant i}$ 的上确界, 则称 y 是 $(x_j)_{j \in J}$ 的一个**最终上确界**. 偏序集 P 中的网 $(x_j)_{j \in J}$ 称为**最终定向的**, 如果存在 $i \in J$ 使 $\forall j \geqslant i, \forall h, k \geqslant j$ 存在 $l \geqslant h, k$ 满足对每一 $s \geqslant l$ 有 $x_s \geqslant x_h, x_k$.

定理 6.1.20 设 P 是偏序集, $(x_j)_{j \in J}$ 为 P 中的网且依测度拓扑 $\mu(P)$ 收敛于 $y \in P$, 则 y 是 $(x_j)_{j \in J}$ 的一个最终上确界; 如果 $(x_j)_{j \in J}$ 为 P 中的最终定向网且 y 是 $(x_j)_{j \in J}$ 的一个最终上确界, 则 $(x_j)_{j \in J}$ 依测度拓扑 $\mu(P)$ 收敛于 y.

证明 设 P 是偏序集, $(x_j)_{j \in J}$ 为 P 中的网且依测度拓扑 $\mu(P)$ 收敛于 $y \in P$. 注意到 $\downarrow y \in \mu(P)$, 由 $(x_j)_{j \in J}$ 依测度拓扑 $\mu(P)$ 收敛于 y 知, 存在 $i \in J$ 使当 $j \geqslant i$ 时 $x_j \in \downarrow y$, 从而 $x_j \leqslant y$, 这说明 y 是一个最终上界. 又假设 z 是 $(x_j)_{j \geqslant i}$ 的另一上界且 $y \not\leqslant z$. 注意到 $y \in P - \downarrow z \in \sigma(P) \subseteq \mu(P)$ 知存在 $k \geqslant i$ 使 $x_k \in P - \downarrow z$, 这样 $x_k \not\leqslant z$, 这与 z 为 $(x_j)_{j \geqslant i}$ 的上界矛盾! 该矛盾说明 y 是 $(x_j)_{j \geqslant i}$ 的一个上确界, 从而是 $(x_j)_{j \in J}$ 的一个最终上确界.

反过来, 对于 y 的任一 $\mu(P)$ 基本开邻域 $V \cap C$, 其中 $V \in \sigma(P)$, $C \in \alpha^*(P)$, 由 y 为网 $(x_j)_{j \in J}$ 的最终上确界知, 存在 $i \in J$ 使 $(x_j)_{j \geqslant i}$ 为定向集且 $\sup_{j \geqslant i} x_j = y$. 由 $y \in V \in \sigma(P)$ 知存在 $k \geqslant i$ 使 $x_k \in V$. 因网 $(x_j)_{j \in J}$ 最终定向, 对 k, i 取 $l \geqslant k, i$ 使当 $s \geqslant l$ 时有 $x_s \geqslant x_k, x_i$. 从而当 $s \geqslant l$ 时, $x_s \in V$. 又 $x_s \leqslant y \in C = \downarrow C$, 故 $x_s \in V \cap C$. 这说明 $(x_j)_{j \in J}$ 依测度拓扑 $\mu(P)$ 收敛于 y. □

命题 6.1.21 设 $(X, \mathcal{T}(X))$ 为 Sober 空间, $\leqslant_s$ 为其特殊化序, 则 $\mathcal{T}(X) \subseteq \sigma((X, \leqslant_s))$.

证明 由命题 5.2.4 知偏序集 $(X, \leqslant_s)$ 是 dcpo. 下证 $\mathcal{T}(X) \subseteq \sigma((X, \leqslant_s))$. 任一 $U \in \mathcal{T}(X)$, 由定理 6.1.2 知 U 为上集. 又对 $(X, \leqslant_s)$ 中任一定向集 D, 当 $x_0 := \sup D \in U$ 时, 由命题 5.2.4 的证明知 $\sup D \in \overline{D} = \overline{\{x_0\}}$, 故 $U \cap D \neq \varnothing$. 综合得 $U \in \sigma((X, \leqslant_s))$, 从而 $\mathcal{T}(X) \subseteq \sigma((X, \leqslant_s))$. □

定理 6.1.22 设 $(X, \mathcal{T}(X))$ 为 Sober 空间, $(X, \leqslant)$ 是 dcpo. 则偏序 $\leqslant$ 恰为 $(X, \mathcal{T}(X))$ 的特殊化序当且仅当 $\nu((X, \leqslant)) \subseteq \mathcal{T}(X) \subseteq \sigma((X, \leqslant))$.

证明 必要性: 设 $(X, \mathcal{T}(X))$ 为 Sober 空间, $(X, \leqslant)$ 是 dcpo 且偏序 $\leqslant$ 为 $\mathcal{T}(X)$ 诱导的特殊化序. 则由定理 6.1.2 和命题 6.1.21 知 $\nu((X, \leqslant)) \subseteq \mathcal{T}(X) \subseteq \sigma((X, \leqslant))$.

充分性: 由定理 6.1.2 直接可得. □

定理 6.1.23 (Hofmann-Mislove 定理) 设 $(X, \mathcal{T}(X))$ 为一个 Sober 空间. 则 X 的紧饱和集与 $(\mathcal{T}(X), \subseteq)$ 的 Scott 开滤子之间存在一一对应.

证明 设 $K \subseteq X$ 是紧饱和集. 则由定义 5.1.6 和命题 5.1.7 知 $\mathscr{F}_K = \{U \in \mathcal{T}(X) \mid K \subseteq U\}$ 是滤子且 $K = \text{sat}(K) = \cap \mathscr{F}_K$. 下证 $\mathscr{F}_K = \{U \in \mathcal{T}(X) \mid K \subseteq U\}$ 是 $(\mathcal{T}(X), \subseteq)$ 的 Scott 开集. 设 $\mathscr{D}$ 是 $(\mathcal{T}(X), \subseteq)$ 的定向子集. 若 $\cup \mathscr{D} \in \mathscr{F}_K$, 则由 $\mathscr{F}_K$ 的定义知 $K \subseteq \cup \mathscr{D}$. 从而由 K 的紧性和 $\mathscr{D}$ 的定向性知存在 $U \in \mathscr{D}$ 使 $K \subseteq U$. 这说明 $U \in \mathscr{F}_K \cap \mathscr{D}$. 故由定义 6.1.4 知 $\mathscr{F}_K$ 是 $(\mathcal{T}(X), \subseteq)$ 的 Scott 开滤子.

又设 $\mathscr{F}$ 是 $(\mathcal{T}(X), \subseteq)$ 的 Scott 开滤子. 令 $T = \cap \mathscr{F}$. 则 T 是 X 的饱和

集. 下证 $\mathscr{F} = \mathscr{F}_T$ 且 T 是 X 的紧子集. 显然 $\mathscr{F} \subseteq \mathscr{F}_T$. 若 $\mathscr{F}_T \not\subseteq \mathscr{F}$, 即存在 $U \in \mathcal{T}(X)$ 使 $T \subseteq U$ 且 $U \notin \mathscr{F}$. 令集族 $\mathscr{C} = \{U \in \mathcal{T}(X) \mid T \subseteq U\text{且}U \notin \mathscr{F}\}$. 易见 $(\mathscr{C}, \subseteq)$ 是非空偏序集且由 $\mathscr{F}$ 是 Scott 开滤子知 $(\mathscr{C}, \subseteq)$ 中的任意链都有上界, 故由 Zorn 引理知 $(\mathscr{C}, \subseteq)$ 中有极大元 V. 对任意 $U_1, U_2 \in \mathcal{T}(X)$, 若 $U_1 \cap U_2 \subseteq V$, 则由 $V = V \cup (U_1 \cap U_2) = (V \cup U_1) \cap (V \cup U_2) \notin \mathscr{F}$ 及 $\mathscr{F}$ 是滤子知 $V \cup U_1 \notin \mathscr{F}$ 或 $V \cup U_2 \notin \mathscr{F}$. 从而 $V \cup U_1 \in (\mathscr{C}, \subseteq)$ 或 $V \cup U_2 \in (\mathscr{C}, \subseteq)$. 故由 V 的极大性知 $V = V \cup U_1$ 或 $V = V \cup U_2$, 即有 $U_1 \subseteq V$ 或 $U_2 \subseteq V$. 这说明 V 是 $(\mathcal{T}(X), \subseteq)$ 的素元. 从而 $X - V$ 是拓扑空间 $(X, \mathcal{T}(X))$ 的既约闭集. 因为 $(X, \mathcal{T}(X))$ 为 Sober 空间, 故存在唯一点 $x \in X$ 使 $X - V = \overline{\{x\}}$, 即 $V = X - \overline{\{x\}}$. 可断言对任意 $W \in \mathscr{F}$, 有 $x \in W$. 否则存在 $W_0 \in \mathscr{F}$ 使 $x \notin W_0$, 即 $x \in X - W_0$. 从而 $\overline{\{x\}} \subseteq X - W_0$ 且 $V = X - \overline{\{x\}} \supseteq W_0$. 于是由 $\mathscr{F}$ 是 $(\mathcal{T}(X), \subseteq)$ 的滤子知 $V \in \mathscr{F}$, 这与 $V \notin \mathscr{F}$ 矛盾! 于是 $x \in \cap\{W \mid W \in \mathscr{F}\} = T$, 这与 $x \notin V \supseteq T$ 矛盾! 从而 $\mathscr{F}_T = \mathscr{F}$. 因为 T 的开覆盖的并集可表示为其有限子族的并的定向并, 故为证 T 是 X 的紧子集, 可设 $\mathscr{D}$ 是 T 的定向开覆盖, 即 $\mathscr{D}$ 是 $(\mathcal{T}(X), \subseteq)$ 的定向集且 $T \subseteq \cup\mathscr{D}$. 则 $\cup\mathscr{D} \in \mathscr{F}_T = \mathscr{F}$. 因为 $\mathscr{F}$ 是 $(\mathcal{T}(X), \subseteq)$ 的 Scott 开滤子, 故存在 $G \in \mathscr{F} \cap \mathscr{D}$, 即存在 $G \in \mathscr{D}$ 使 $T \subseteq G$. 这说明 T 是 X 的紧子集.

最后, 易验证由 $K \mapsto \mathscr{F}_K$ 定义了从 $(X, \mathcal{T}(X))$ 的紧饱和集之族到 $(\mathcal{T}(X), \subseteq)$ 的 Scott 开滤子之族的一个映射, 该映射的逆是由 $\mathscr{F} \mapsto \cap\mathscr{F}$ 所定义的映射. □

定义 6.1.24 (1) 若拓扑空间 X 的任两紧饱和集的交是紧的, 则称 X 是 **coherent 空间**.

(2) 如果拓扑空间 X 满足条件: 对任意由紧饱和集组成的滤子基 $\mathcal{C}$ 和任意开集 U, 当 $\cap\mathcal{C} \subseteq U$ 时, 存在 $K \in \mathcal{C}$ 使 $K \subseteq U$, 则称 X 是**良滤的** (well-filtered).

定理 6.1.25 ([41, 定理 II-1.21])　设 X 是一个 T_0 空间. 考虑下列命题:

(1) X 是 Sober 空间;

(2) 由开集组成的 Scott 开滤子 $\mathcal{F}$ 均可表示为 $\mathcal{F} = \{U \in \mathcal{O}(X) \mid \cap\mathcal{F} \subseteq U\}$ 且 $\cap\mathcal{F}$ 是一个紧饱和集;

(3) X 是良滤的,

则有结论: (1) $\Longleftrightarrow$ (2) $\Longrightarrow$ (3).

证明　(1) $\Longrightarrow$ (2) 由 Hofmann-Mislove 定理 (定理 6.1.23) 直接可得.

(2) $\Longrightarrow$ (1) 假设 A 是一个既约闭集. 则根据 A 的既约性易知 $\mathcal{F} = \{U \in \mathcal{O}(X) \mid U \cap A \neq \varnothing\}$ 是一个滤子. 又设 $\mathcal{D} \subseteq \mathcal{O}(X)$ 定向且 $(\cup\mathcal{D}) \cap A \neq \varnothing$, 则存在开集 $U \in \mathcal{D}$ 使 $U \cap A \neq \varnothing$, 这说明 $\mathcal{F}$ 是 Scott 开滤子. 若 A 不是单点的闭包, 则对每一个 $x \in A$, $X - \downarrow x = X - \overline{\{x\}}$ 是开集且 $(X - \downarrow x) \cap A \neq \varnothing$, 故而

$X - \downarrow x \in \mathcal{F}$. 于是,

$$K := \cap \mathcal{F} \subseteq \bigcap_{x \in A} (X - \downarrow x) \subseteq V := X - A.$$

由假设 (2) 知 $V \in \mathcal{F}$, 故 $V \cap A \neq \varnothing$, 这与 $V = X - A$ 矛盾.

(2) $\Longrightarrow$ (3) 假设 (2) 成立, 从而 (1) 也成立. 设 $\mathcal{C}$ 是由紧饱和集组成的滤子基, U 是开集且 $\cap \mathcal{C} \subseteq U$. 令 $\mathcal{G}$ 是由所有含某个 $C \in \mathcal{C}$ 的开集组成的集族. 则由 Hofmann-Mislove 定理的证明知 $\Phi(A) = \{W \in \mathcal{O}(X) \mid A \subseteq W\}(A \in \mathcal{C})$ 是 Scott 开滤子. 故 $\mathcal{G}$ 是 Scott 开滤子族 $\{\Phi(A)\}_{A \in \mathcal{C}}$ 的定向并, 从而也是 Scott 开滤子. 因 $C \in \mathcal{C}$ 饱和, 故 $\cap \mathcal{G} = \cap \mathcal{C}$. 由假设 (2) 及 $\cap \mathcal{G} = \cap \mathcal{C} \subseteq U$ 知 $U \in \mathcal{G}$. 由 $\mathcal{G}$ 的构造知存在 $K \in \mathcal{C}$ 使 $K \subseteq U$. □

定义 6.1.26 设 P, Q 是偏序集. 若存在 Scott 连续映射 $r : Q \to P$ 和 $s : P \to Q$ 使 $r \circ s = \mathrm{id}_P$, 则称 P 为 Q 的**收缩核**. 映射 $r : Q \to P$ 称为**收缩**.

易见, 偏序集 P 是 Q 的收缩核当且仅当 $(P, \sigma(P))$ 是 $(Q, \sigma(Q))$ 的收缩核.

定理 6.1.27 设 P 是 dcpo. 则 P 是连续的当且仅当 P 同构于某代数 domain 的收缩核.

证明 必要性: 设 P 是连续 domain. 由命题 6.1.10 知 Scott 连续映射就是保定向并映射. 由命题 5.2.17 和命题 5.4.7 知映射 $\vee : \mathrm{Idl}(P) \to P$ 和映射 $\downarrow(\cdot) : P \to \mathrm{Idl}(P)$ 均有上联, 于是由定理 4.5.6 知它们都是 Scott 连续的, 并且对任意 $x \in P$, $x = \vee(\downarrow x) = \mathrm{id}_P(x)$. 这说明 P 是 $\mathrm{Idl}(P)$ 关于收缩映射 $\vee : \mathrm{Idl}(P) \to P$ 的收缩核.

充分性: 设 Q 是代数 domain, 且 P 同构于 Q 的收缩核. 则存在 Scott 连续映射 $r : Q \to P$ 和 $s : P \to Q$ 使 $r \circ s = \mathrm{id}_P$. 令 $e = s \circ r$. 则 $e : Q \to Q$ 是幂等的 Scott 连续映射. 进一步, 由 s 和 r 保序且 $r \mid_{s(P)} : s(P) \to P$ 与 $s : P \to s(P)$ 互逆知 $e(Q) = (s \circ r)(Q) = s(P) \cong P$. 从而 $e(Q) \cong P$, 于是由定理 5.5.2 知 P 是连续 domain. □

习 题 6.1

1. 证明: 完备格上的区间拓扑是紧拓扑.
2. 对连续格 L, 证明 $f : (L \times L, \sigma(L \times L)) \to (L, \sigma(L))$, $(x, y) \mapsto x \vee y$ 是连续映射.
3. 证明: 对全序集 L, 有 $\sigma(L) = \nu(L)$, $\theta(L) = \lambda(L)$.
4. 证明: 偏序集上的 Scott 拓扑为 T_0 拓扑, 每点的闭包恰为该点的主理想.
5. 证明: 完备格 L 的子集 G 是 Scott 开的素滤子当且仅当 G 是完全素滤子.
6. 证明: 若映射 $f : (P, \sigma(P)) \to (L, \sigma(L))$ 是拓扑嵌入, 则 $f : P \to L$ 是序嵌入.
7. 设 L 是 dcpo. 证明 $(L, \sigma(L))$ 的每一个连通分支既是开的又是闭的.
8. 设 L 是偏序集. 证明空间 $(L, \sigma(L))$ 是局部连通的.

9. 一个拓扑空间 X 的**权**是指该拓扑空间的拓扑基的最小基数, 用 $W(X)$ 表示.

证明: 若 P 是连续偏序集, 则权 $W(P) = W(P, \sigma(P)) = W(P, \lambda(P))$.

10. 证明: 若映射 $f : P \to L$ 是上拓扑连续映射, 则 f 是 Scott 连续映射.

11. 对局部紧空间 X, 证明定理 6.1.25 中三条相互等价.

6.2　连续偏序集的内蕴拓扑刻画

本节考虑连续偏序集上常见内蕴拓扑的拓扑性质和代数性质, 考虑用内蕴拓扑的性质来刻画偏序集的连续性. 先考虑偏序集连续性与 Scott 拓扑.

命题 6.2.1　设 P 是连续偏序集. 则对任意 $x \in P$, 有 $\uparrow x = \{y \in P \mid x \ll y\} \in \sigma(P)$.

证明　设 P 是连续偏序集. 则对任意 $x \in P$, 由命题 5.3.2(2) 知 $\uparrow x$ 是上集. 又对 P 中任一定向集 D, 当 $\sup D$ 存在且 $\sup D \in \uparrow x$ 时, 由定理 5.3.8 知存在 $z \in P$ 使 $x \ll z \ll \sup D$. 故由定义 5.3.1 知存在 $d \in D$ 使 $x \ll z \leqslant d$. 这说明 $D \cap \uparrow x \neq \varnothing$. 于是有 $\uparrow x \in \sigma(P)$. 　□

命题 6.2.2　设 P 是连续偏序集. 则

(1) 一个上集 $U \subseteq P$ 是 Scott 开集当且仅当对任意 $x \in U$, 存在 $u \in U$ 使 $u \ll x$;

(2) 集族 $\{\uparrow x \mid x \in P\}$ 构成拓扑空间 $(P, \sigma(P))$ 的基;

(3) 对任意 $X \subseteq P$, 有 $\mathrm{int}_{\sigma(P)} X = \cup\{\uparrow u \mid \uparrow u \subseteq X\}$, 其中 $\mathrm{int}_{\sigma(P)} X$ 表示集合 X 在拓扑空间 $(P, \sigma(P))$ 中的内部. 特别地, 对任意 $x \in P$, 有 $\mathrm{int}_{\sigma(P)} \uparrow x = \uparrow x$.

证明　(1) 必要性: 设 $U \subseteq P$ 是 Scott 开集. 则对任意 $x \in U$, 由 P 是连续偏序集知集 $\downarrow x$ 是定向的且 $x = \vee \downarrow x$. 从而由定义 6.1.4 知存在 $u \in U \cap \downarrow x$.

充分性: 设 $U \subseteq P$ 是上集. 若 $\forall x \in U$, 存在 $u \in U$ 使 $u \ll x$, 则 $U = \cup\{\uparrow u \mid u \in U\}$. 从而由命题 6.2.1 知 $U \in \sigma(P)$.

(2) 由命题 6.2.1 和 (1) 直接可得.

(3) 由 (2) 可得. 　□

引理 6.2.3　设 P 是连续偏序集, $x, y \in P$. 则下列性质成立:

(1) 若 $x \ll y$, 则存在 Scott 开滤子 $U \in \sigma(P)$ 使 $y \in U \subseteq \uparrow x$;

(2) 若 $x \nleqslant y$, 则存在 Scott 开滤子 $U \in \sigma(P)$ 使 $x \in U$ 且 $y \notin U$.

证明　(1) 设 P 是连续偏序集, $x, y \in P$. 若 $x \ll y$, 则由定理 5.3.8 知存在 $a_1 \in P$ 使 $x \ll a_1 \ll y$. 类似地, 存在 $a_2 \in P$ 使 $x \ll a_2 \ll a_1 \ll y$. 依次类推, 可得到一列 $\{a_n\}_{n \in \mathbb{Z}_+}$ 使得 $x \ll a_{n+1} \ll a_n \ll y$, $n = 1, 2, \cdots$. 令 $U = \cup\{\uparrow a_n \mid n \in \mathbb{Z}_+\}$. 则 U 是 Scott 开滤子且 $y \in U \subseteq \uparrow x$.

(2) 设 P 是连续偏序集, $x, y \in P$. 若 $x \not\leqslant y$, 则由定义 5.3.3 知存在 $z \in P$ 使 $z \ll x$ 且 $z \not\leqslant y$. 从而由 (1) 知存在 Scott 开滤子 U 使 $x \in U \subseteq \uparrow z$ 且 $y \notin U$. □

引理 6.2.4 设 L 是 Locale, $y \in L$, G 是 L 的不含 y 的 Scott 开滤子中极大的一个 Scott 开滤子, 则 G 是一个素滤子.

证明 显然 $0 \notin G$. 设有 $a, b \in L, a \vee b \in G$ 而 $b \notin G$, 下证 $a \in G$. 考虑 $F = \{d \in L \mid d \vee a \in G\}$. 因 L 是分配格, 故可简单验证 $b \in F$ 且 F 是一个滤子. 注意到 $a \vee (\cdot)$ 保任意并, Scott 连续, 易验证 F 是 Scott 开集. 显然 $b \in F \supseteq G, F \neq G$. 由 G 的极大性, 得 $y \in F$, 从而 $y \vee a \in F$. 再考虑 $H = \{e \in L \mid y \vee e \in G\}$. 类似可验证 $y \notin H \supseteq G$ 且 H 也是 Scott 开滤子, 由 G 的极大性, 得 $H = G$. 但 $a \in H$, 故 $a \in G$, 说明 G 是素滤子. □

定理 6.2.5 分配的连续格 (即局部紧 Locale) 均是空间式的.

证明 设 L 是局部紧 Locale. 对任意 $x, y \in L$, 若 $x \not\leqslant y$, 则由 L 是连续格和引理 6.2.3 知存在 Scott 开滤子 $U \in \sigma(P)$ 使 $x \in U$ 且 $y \notin U$. 令

$$\mathscr{A} = \{W \in \sigma(P) \mid W \text{ 是包含 } x \text{ 的 Scott 开滤子且 } y \notin W\}.$$

易见 $(\mathscr{A}, \subseteq)$ 是非空偏序集且 $(\mathscr{A}, \subseteq)$ 中的任意链都有上界, 故由 Zorn 引理知 $(\mathscr{A}, \subseteq)$ 中有极大元 $G \supseteq U$. 规定映射 $p : L \to \mathbf{2}$ 使

$$p(z) = \begin{cases} 0, & z \notin G, \\ 1, & z \in G. \end{cases}$$

则由 G 的极大性及引理 6.2.4 可验证 $p : L \to \mathbf{2}$ 是 frame 同态, 即 $p \in \mathrm{pt}L$. 因为 $p(x) = 1, p(y) = 0$, 故由定理 4.7.12 知 L 是空间式的. □

推论 6.2.6 完全分配格作为 Locale 是空间式的.

定理 6.2.7 设 L 是分配的完备格. 则下列条件等价:

(1) L 是完全分配格;

(2) L 和 L^{op} 都是连续格;

(3) L 是连续格且 L 的每个元可表示为余素元的并.

证明 (1) $\Longrightarrow$ (2) 由命题 5.7.8 和定理 5.7.12 可得.

(2) $\Longrightarrow$ (3) 设 L 和 L^{op} 是连续格. 则由定理 6.2.5 知 L^{op} 是空间式 Locale. 由定理 4.7.12 知对任意 $x \in L^{op}$, $x = \wedge\{p \mid p \text{ 是 } L^{op} \text{ 的素元且 } x \leqslant p\}$. 从而对任意 $x \in L$, $x = \vee\{p \mid p \text{ 是 } L \text{ 的余素元且 } p \leqslant x\}$. 这说明 L 的每个元可表示为余素元的并.

(3) $\Longrightarrow$ (1) 设 L 是分配连续格且 L 的每个元可表示为余素元的并. 令 $M(L)$ 为 L 的全体余素元之集. 则由 (3), $\forall x \in L$, 有 $x = \vee(\downarrow x \cap M(L)) = \vee\{p \in M(L) \mid$

$p \ll x\}$. 令 $\beta_x = \{p \in M(L) \mid p \ll x\}$. 设 $p \in \beta_x$. 则 $\forall A \subseteq L$, 当 $x \leqslant \vee A$ 时, 因 $\{\vee F \mid F$ 是 A 的有限子集$\}$ 是定向集且 $\vee A = \vee\{\vee F \mid F$ 是 A 的有限子集$\}$, 故由 $p \ll x$ 知存在 A 的有限子集 F 使 $p \leqslant \vee F$. 从而由 $p \in M(L)$ 是余素元知存在 $a \in F \subseteq A$ 使 $p \leqslant a$, 故有 $p \vartriangleleft x$, $\beta_x \subseteq \Downarrow^\vartriangleleft x$. 由定义 5.7.13 知 β_x 是 x 的极小集. 由定理 5.7.14 得 L 是完全分配格. □

定义 6.2.8　设 $(X, \mathcal{T}(X))$ 为 T_0 空间, $\leqslant$ 是由拓扑 $\mathcal{T}(X)$ 诱导的特殊化序.

(1) 若对 $(X, \leqslant)$ 中任意定向集 D 及任意开集 U, 当 $\sup D$ 存在且 $\sup D \in U$ 时, 有 $D \cap U \neq \varnothing$ (这等价于将 D 看成 X 中网 $D = \{d\}_{d \in D}$ 时, D 收敛到 $\sup D$), 则称空间 X 为**弱单调收敛空间**.

(2) 设 $(X, \mathcal{T}(X))$ 为弱单调收敛空间. 若 $(X, \leqslant)$ 中任意定向集 D 均有上确界, 则称空间 X 为**单调收敛空间**. 单调收敛空间又称 **d-空间**.

注 6.2.9　(1) 空间 X 为弱单调收敛空间 (相应地, 单调收敛空间) 当且仅当 ΩX 是偏序集 (相应地, dcpo) 且 $\mathcal{T}(X) \subseteq \sigma(\Omega X)$, 其中 ΩX 是 X 上赋予特殊化序.

(2) 由命题 5.2.4、命题 6.1.21 和本注的 (1) 知任一 Sober 空间均为单调收敛空间.

(3) 由本注的 (1) 知任一偏序集赋予 Scott 拓扑均为弱单调收敛空间.

定理 6.2.10　设 $(X, \mathcal{T}(X))$ 为弱单调收敛空间. 则下列各条等价:

(1) ΩX 是连续偏序集且 $\mathcal{T}(X) = \sigma(\Omega X)$;

(2) ΩX 的全体 $\mathcal{T}(X)$ 开滤子构成 $\mathcal{T}(X)$ 的基且 $(\mathcal{T}(X), \subseteq)$ 是连续格;

(3) 对任一 $U \in \mathcal{T}(X)$, 有 $U = \cup\{V \subseteq U \mid V$ 是 $(\mathcal{T}(X), \subseteq)$ 的余素元$\}$ 且 $(\mathcal{T}(X), \subseteq)$ 是连续格;

(4) $(\mathcal{T}(X), \subseteq)$ 和 $(\mathcal{T}(X), \supseteq) = \mathcal{T}(X)^{op}$ 都是连续格;

(5) $(\mathcal{T}(X), \subseteq)$ 是完全分配格.

证明　(1) $\Longrightarrow$ (2) 设 ΩX 是连续偏序集且 $\mathcal{T}(X) = \sigma(\Omega X)$. 则由命题 6.2.2 和引理 6.2.3(1) 知 ΩX 的全体 (Scott) 开滤子构成 $\sigma(\Omega X) = \mathcal{T}(X)$ 的基. 下证 $(\sigma(\Omega X), \subseteq) = (\mathcal{T}(X), \subseteq)$ 是连续格. 对任意 $U \in \sigma(\Omega X)$, 由命题 5.3.2 得集族 $\{V \in \sigma(\Omega X) \mid V \ll U\}$ 非空定向. 又由命题 6.2.2 知 $U = \cup\{\uparrow u \mid u \in U\}$. 因对任意 $u \in U$, $\uparrow u$ 是 Scott 紧子集且 $\uparrow u \subseteq \uparrow u \subseteq U$, 故由命题 5.3.5(1) 知 $\uparrow u \ll U$, 从而 $U = \cup\{V \in \sigma(P) \mid V \ll U\}$. 于是由定义 5.3.3 知 $(\sigma(\Omega X), \subseteq)$ 是连续格.

(2) $\Longrightarrow$ (1) 设 $x \in U \in \mathcal{T}(X)$. 因 $(\mathcal{T}(X), \subseteq)$ 是连续格, 于是存在 $V \in \mathcal{T}(X)$ 使 $x \in V \ll U$. 因为 ΩX 的全体 $\mathcal{T}(X)$-开滤子构成 $\mathcal{T}(X)$ 的基, 故存在 $\mathcal{T}(X)$-开滤子 W 使 $x \in W \subseteq V$. 可断言存在 $y_0 \in U$ 使 $x \in W \subseteq \uparrow y_0$. 否则若对任意 $y \in U$, $W \not\subseteq \uparrow y$, 则存在 $t_y \in W$ 使 $y \in X - \downarrow t_y \in \mathcal{T}(X)$. 从而存在 $\mathcal{T}(X)$-开滤子 G_y 使 $y \in G_y \subseteq X - \downarrow t_y$. 因 $U \subseteq \bigcup_{y \in U} G_y$, 故由 $V \ll U$ 知存在 y_1,

$y_2, \cdots, y_n (n \in \mathbb{Z}_+)$ 使 $V \subseteq \bigcup_{i=1}^{n} G_{y_i}$. 取 $z_i = t_{y_i} \in W - G_{y_i} (i = 1, 2, \cdots, n)$. 则由 W 是滤子知存在 $z \in W$ 使 $z \leqslant z_i$, 从而有 $z \notin G_{y_i}$ 对每一 $i = 1, 2, \cdots, n$ 成立, 这与 $z \in W \subseteq V \subseteq \bigcup_{i=1}^{n} G_{y_i}$ 矛盾! 故断言成立.

设 $x \in X$. 令 $D = \{y \in X \mid x \in \text{int}(\uparrow y)\}$. 则由上断言知 $D \neq \varnothing$. 又由定义 5.3.1 和定义 6.1.4 知对任意 $y \in D$, 任意定向集 $A \subseteq \Omega X$, 当 $\sup A \geqslant x$ 时, 由弱单调收敛性得 $A \cap \text{int}(\uparrow y) \neq \varnothing$, 特别 $A \cap \uparrow y \neq \varnothing$, 于是存在 $a \in A$ 使 $y \leqslant a$. 这说明 $y \ll x$, 从而 $D \subseteq \downarrow x$. 下证 D 是定向集. 设 $y_1, y_2 \in D$. 则 $x \in U := \text{int}(\uparrow y_1) \cap \text{int}(\uparrow y_2)$. 从而由上面断言知存在 $y_0 \in U$ 及 $\mathcal{T}(X)$-开滤子 W 使 $x \in W \subseteq \uparrow y_0$. 这说明 $y_0 \in D$ 且 $y_1, y_2 \leqslant y_0$. 故 D 是定向集. 因为 $D \subseteq \downarrow x$, 故 x 是 D 的上界. 设 s 是 D 的任一上界. 若 $x \not\leqslant s$, 则 $x \in X - \downarrow s \in \mathcal{T}(X)$. 于是由上面断言知存在 $e \in X - \downarrow s$ 及 $\mathcal{T}(X)$-开滤子 H 使 $x \in H \subseteq \uparrow e$. 故 $e \in D$, 这与 $e \not\leqslant s$ 矛盾! 从而有 $x \leqslant s$, 即 $x = \sup D$. 这说明 D 是 x 的一个局部基. 于是由 $x \in X$ 的任意性和定理 5.4.10 知 ΩX 是连续偏序集.

对任意 $x \in U \in \sigma(\Omega X)$, 由 D 定向且 $\sup D = x$ 知存在 $d \in D$ 使得 $d \in U$. 这说明 $x \in \text{int}(\uparrow d) \subseteq \uparrow d \subseteq U$, 从而得 U 是它自身每点的 $T(X)$-邻域, 于是 $U \in \mathcal{T}(X)$, $\sigma(\Omega X) \subseteq \mathcal{T}(X)$. 又由注 6.2.9 知 $\mathcal{T}(X) \subseteq \sigma(\Omega X)$, 从而 $\mathcal{T}(X) = \sigma(\Omega X)$.

(2) $\Longleftrightarrow$ (3) 由基的定义及引理 6.1.6 可得.

(3) $\Longleftrightarrow$ (4) $\Longleftrightarrow$ (5) 由定理 6.2.7 可得. □

推论 6.2.11 设 $(X, \mathcal{T}(X))$ 为单调收敛空间. 则下列条件等价:

(1) ΩX 是连续 domain 且 $\mathcal{T}(X) = \sigma(\Omega X)$;

(2) $(\mathcal{T}(X), \subseteq)$ 是完全分配格.

证明 由注 6.2.9 和定理 6.2.10 可得. □

因 $(\sigma(P), \supseteq) = \sigma(P)^{op}$ 与 $(\sigma^*(P), \subseteq) = \sigma^*(P)$ 格同构, 故由注 6.2.9 和定理 6.2.10 直接可得如下定理.

定理 6.2.12 设 P 是偏序集. 则下列条件等价:

(1) P 是连续偏序集;

(2) P 的全体 Scott 开滤子构成 $\sigma(P)$ 的基且 $\sigma(P)$ 是连续格;

(3) 对任意 $U \in \sigma(P)$, $U = \cup\{V \subseteq U \mid V$ 是 $\sigma(P)$ 的余素元$\}$ 且 $\sigma(P)$ 是连续格;

(4) $\sigma(P)$ 和 $\sigma^*(P)$ 都是连续格;

(5) $\sigma(P)$ 是完全分配格.

推论 6.2.13 (连续性对 Scott 开集遗传) 设 P 是连续偏序集, U 是 P 的任一非空 Scott 开集, 则 U 继承 P 的序也是连续偏序集.

证明 由引理 6.1.8 和定理 6.2.12 立得. □

引理 6.2.14　设 P 是偏序集, $\sigma^*(P)$ 是其 Scott 闭集格, $\{F_i \mid i \in I\}$ 是 P 中既约 Scott 闭集的定向集. 则 $\{F_i \mid i \in I\}$ 在 $\sigma^*(P)$ 中的上确界 $\sup_{i \in I} F_i = \overline{\bigcup_{i \in I} F_i}$ 仍是既约 Scott 闭集.

证明　显然, $\sup_{i \in I} F_i = \overline{\bigcup_{i \in I} F_i}$ 成立. 只需证明 $\sup_{i \in I} F_i$ 是既约的. 设 F, G 是 P 的两个 Scott 闭集且 $\overline{\bigcup_{i \in I} F_i} = \sup_{i \in I} F_i \subseteq F \cup G$. 用反证法. 假设 $\overline{\bigcup_{i \in I} F_i} \not\subseteq F$ 且 $\overline{\bigcup_{i \in I} F_i} \not\subseteq G$. 则存在 $F_1, F_2 \in \{F_i \mid i \in I\}$ 使 $F_1 \not\subseteq F$ 且 $F_2 \not\subseteq G$. 从而由 $\{F_i \mid i \in I\}$ 是定向的知存在 $F_3 \in \{F_i \mid i \in I\}$ 使 $F_1, F_2 \subseteq F_3$. 故 $F_3 \not\subseteq F$ 且 $F_3 \not\subseteq G$. 但 $F_3 \subseteq \overline{\bigcup_{i \in I} F_i} \subseteq F \cup G$, 从而由 F_3 的既约性知 $F_3 \subseteq F$ 或 $F_3 \subseteq G$, 矛盾! 这说明 $\overline{\bigcup_{i \in I} F_i} \subseteq F$ 或 $\overline{\bigcup_{i \in I} F_i} \subseteq G$, 即 $\sup_{i \in I} F_i = \overline{\bigcup_{i \in I} F_i}$ 仍是 P 中既约 Scott 闭集. □

结合引理 6.2.14, 我们引入如下概念.

定义 6.2.15　设 P 是偏序集, 令 $c(P)(\subseteq \sigma^*(P))$ 为 P 的全体既约 Scott 闭集之集, 则 $c(P)$ 依集合包含序形成一个 dcpo, 称为 P 的**定向完备化**.

例 6.2.16　$\mathbb{R}$ 的定向完备化为 $(0, +\infty] \cong (0, 1]$; $\mathbb{N}$ 的定向完备化为 $\mathbb{N} \cup \{+\infty\}$.

注 6.2.17　容易验证对连续偏序集 P, 有 P 的定向完备化 $c(P)$ 与抽象基 $(P, \ll)$ 的圆理想完备化 $\mathrm{RI}(P)$ 序同构, 即 $c(P) \cong \mathrm{RI}(P)$.

定义 6.2.18　对偏序集 P 的子集 A 令 $\mu_A = \{y \in A \mid \exists x \in A, y \ll x\}$. 则称 μ_A 为 A 的**迹**.

引理 6.2.19　设 P 是连续偏序集, $A \in c(P)$ 为 P 的既约 Scott 闭集. 则 μ_A 为 P 的定向下集且 $A = \sup\{\downarrow y \mid y \in \mu_A\}$. 由此得 $\forall A, B \in c(P)$, $A \subseteq B \Longleftrightarrow \mu_A \subseteq \mu_B$.

证明　由 A 是 P 的既约 Scott 闭集知 $A \neq \varnothing$ 且 $A = \downarrow A$. 又由 P 是连续偏序集得 $\mu_A \neq \varnothing$. 显然 μ_A 为下集. 对任意 $u, v \in \mu_A$, 不妨设 u, v 不可比较. 则 Scott 开集 $\uparrow u \neq \varnothing$ 且 $\uparrow v \neq \varnothing$. 从而 Scott 闭集 $A - \uparrow u \neq \varnothing$ 且 $A - \uparrow v \neq \varnothing$. 进一步可断言 $A \cap \uparrow u \cap \uparrow v \neq \varnothing$. 否则由 $A = (A - \uparrow u) \cup (A - \uparrow v)$ 是既约 Scott 闭集得 $A = A - \uparrow u$ 或 $A = A - \uparrow v$, 矛盾于 $u, v \in \mu_A$. 取 $w \in A \cap \uparrow u \cap \uparrow v$. 由 P 的连续性及定理 5.3.8 得 $\downarrow w$ 定向且存在 $z \in P$ 使 $u, v \ll z \ll w$. 这说明 $z \in \mu_A$ 且为 u, v 的共同上界, 从而 μ_A 为定向集. 于是 $\{\downarrow y \mid y \in \mu_A\}$ 为 $c(P)$ 中的定向集. 设 $\sup\{\downarrow y \mid y \in \mu_A\} = F$. 易见 $F \subseteq A$. 又对任意 $x \in A$ 及任意 $y \ll x$, 有 $y \in \mu_A \subseteq F$. 由引理 6.2.14, F 是既约 Scott 闭集, 从而对定向并关闭, 得 $x = \vee \downarrow x \in F$. 于是 $A \subseteq F$, 进而 $A = F = \sup\{\downarrow y \mid y \in \mu_A\}$. 再结合引理 6.2.14 可得 $A = \overline{\mu_A}$. 由此得 $\forall A, B \in c(P)$, $A \subseteq B \Longleftrightarrow \mu_A \subseteq \mu_B$. □

命题 6.2.20　设 P 是连续偏序集, $\{F_i \mid i \in I\}$ 是 $c(P)$ 的定向子集. 则 $D = \bigcup_{i \in I} \mu_{F_i}$ 是 P 的定向集且 $\sup_{i \in I} F_i = \sup\{\downarrow d \mid d \in D\} = \overline{D}$.

证明　由引理 6.2.14 和引理 6.2.19 得.　□

推论 6.2.21　设 P 是连续偏序集, $\{F_i \mid i \in I\}$ 是 $c(P)$ 的定向集. 则 $\mu_{\sup_{i\in I} F_i} = \bigcup_{i\in I} \mu_{F_i}$.

证明　只需证明 $\mu_{\sup_{i\in I} F_i} \subseteq \bigcup_{i\in I} \mu_{F_i}$. 设 $y \in \mu_{\sup_{i\in I} F_i}$ 且 $D = \bigcup_{i\in I} \mu_{F_i}$. 则存在 $x \in \sup_{i\in I} F_i$ 使 $y \ll x$. 由命题 6.2.20 得 $\sup_{i\in I} F_i = \overline{D} = \sup\{\downarrow d \mid d \in D\}$. 因为 $x \in \sup_{i\in I} F_i = \overline{D}$ 且 $\uparrow y$ 是包含 x 的 Scott 开集, 故存在 $d \in D$ 使 $y \ll d$. 根据 D 的定义知存在 $i_0 \in I$ 使 $d \in \mu_{F_{i_0}}$. 从而 $y \in \mu_{F_{i_0}} \subseteq \bigcup_{i\in I} \mu_{F_i}$, 进而 $\mu_{\sup_{i\in I} F_i} \subseteq \bigcup_{i\in I} \mu_{F_i}$.　□

定理 6.2.22　若 P 为连续偏序集, 则其定向完备化 $c(P)$ 是连续 domain.

证明　由注 6.2.17 和定理 5.4.24 立得.　□

下面考虑偏序集连续性与 Lawson 拓扑和测度拓扑.

命题 6.2.23　设 P 是连续偏序集. 则 $\mathcal{B} = \{\uparrow x \cap \downarrow y \mid x, y \in P\}$ 是 $\mu(P)$ 的一个基.

证明　首先 $\mathcal{B} = \{\uparrow x \cap \downarrow y \mid x, y \in P\} \subseteq \mu(P)$. 因 $\{\uparrow x \mid x \in P\}$ 和 $\{\downarrow y \mid y \in P\}$ 分别是 $\sigma(P)$ 和 $\alpha^*(P)$ 的基, 故 $\mu(P)$ 有子基 $\{\uparrow x \mid x \in P\} \cup \{\downarrow y \mid y \in P\}$. 于是对任意 $x \in P$ 及任意 $U \in \mu(P)$ 且 $x \in U$, 存在有限个 x_i $(i = 1, 2, \cdots, n)$ 和有限个 y_j $(j = 1, 2, \cdots, m)$ 使 $x \in (\bigcap_{i=1}^n \uparrow x_i) \cap (\bigcap_{j=1}^m \downarrow y_j) \subseteq U$. 这样 $x_i \ll x \leqslant y_j$ $(i = 1, 2, \cdots, n; j = 1, 2, \cdots, m)$. 由 P 是连续偏序集知 $\downarrow x$ 定向, 从而利用 $\ll$ 的插入性质可取 $z \in P$ 使 $x_i \ll z \ll x \leqslant y_j$ $(i = 1, 2, \cdots, n; j = 1, 2, \cdots, m)$. 于是有 $\uparrow z \cap \downarrow x \in \mathcal{B}$ 且 $x \in \uparrow z \cap \downarrow x \subseteq U$ 成立. 这说明 $\mathcal{B}$ 是 $\mu(P)$ 的一个基.　□

命题 6.2.24　设 P 是连续偏序集. 则 B 为 P 的基当且仅当 B 是 $\mu(P)$ 稠密集.

证明　必要性: 易见当 B 是 P 的基时, B 与 $\mu(P)$ 的任意非空基元 $\uparrow s \cap \downarrow t$ 的交非空, 从而 B 是 $\mu(P)$ 稠密集.

充分性: 当 B 是 $\mu(P)$ 稠密集时, 任给 $x \ll y$, 由插入性质, 存在 $s, t \in P$ 使 $x \ll s \ll t \ll y$. 可见 $\uparrow s \cap \downarrow t$ 是 $\mu(P)$ 的非空基元, 故存在 $b \in B$ 使 $x \ll s \ll b \leqslant t \ll y$, 由命题 5.4.3 得 B 为 P 的基.　□

定理 6.2.25　设 P 是连续偏序集. 则下列条件等价:

(1) P 有可数基;

(2) $\sigma(P)$ 是第二可数的;

(3) $\mu(P)$ 是可分的.

证明　(1) $\Longrightarrow$ (2) 设 P 有一个可数基 B, 则由定义 5.4.1、定理 5.4.2 和命题 6.2.2(2) 可知 $\{\uparrow b \mid b \in B\}$ 是空间 $(P, \sigma(P))$ 的可数基. 故 $\sigma(P)$ 是第二可数的.

(2) $\Longrightarrow$ (1) 若 $(P, \sigma(P))$ 有可数基 $\mathcal{B}$, 则 $\mathcal{B} \times \mathcal{B}$ 可数. 令 $A = \{(U_1, U_2) \mid U_1, U_2 \in \mathcal{B}, \exists b \in P$ 使 $U_2 \subseteq \uparrow b \subseteq \uparrow b \subseteq U_1\}$. 则 A 可数. 对任一 $\alpha = (U_1, U_2) \in A$,

取定 $b_\alpha \in P$ 使 $U_2 \subseteq \uparrow b_\alpha \subseteq \uparrow b_\alpha \subseteq U_1$. 令 $B = \{b_\alpha \mid \alpha \in A\}$. 显然 B 是可数集. 下面只需证 B 是 P 的基. 为此, 设 $x \ll y$, 则 $y \in \Uparrow x \in \sigma(P)$. 由 $\mathcal{B}$ 是 $(P, \sigma(P))$ 的基知存在 $V_1 \in \mathcal{B}$ 使 $y \in V_1 \subseteq \Uparrow x$. 由命题 6.2.2(1), 存在 $t \in V_1$ 使 $y \in \Uparrow t \subseteq \uparrow t \subseteq V_1 \subseteq \Uparrow x$. 再由 $\mathcal{B}$ 为 $\sigma(P)$ 的基知存在 $V_2 \in \mathcal{B}$ 使 $y \in V_2 \subseteq \Uparrow t \subseteq \uparrow t \subseteq V_1 \subseteq \Uparrow x$. 令 $\beta = (V_1, V_2)$, 则由 A 的定义得 $\beta \in A$ 且 $y \in V_2 \subseteq \uparrow b_\beta \subseteq \uparrow b_\beta \subseteq V_1 \subseteq \Uparrow x$. 由此得 $x \ll b_\beta \ll y$. 由命题 5.4.3 得 B 为 P 的基.

(1) $\Longleftrightarrow$ (3) 由命题 6.2.24 可得. □

推论 6.2.26　连续偏序集 P 是代数的当且仅当 $\mu(P)$ 稠密集的交仍是 $\mu(P)$ 稠密集.

证明　一方面, 当 P 是代数偏序集时, P 的紧元集 $K(P)$ 是 P 的最小基, 从而是最小的 $\mu(P)$ 稠密集. 这样 $\mu(P)$ 稠密集的交包含 $K(P)$ 仍是 $\mu(P)$ 稠密集. 另一方面, 当 $\mu(P)$ 稠密集的交仍是 $\mu(P)$ 稠密集时, 可知 P 以此交为最小基. 设 B 是该最小基. 如 b 是 B 中的非紧元, 可得 $B - \{b\}$ 也是 P 的基, 这与 B 的最小性矛盾. 故 B 中元均是紧元, 从而 $K(P)$ 是 P 的基, 由此得 P 是代数偏序集. □

注 6.2.27　设 P 是偏序集, $\max(P)$ 为 P 的全体极大元之集. 则 $\max(P)$ 是 $\alpha^*(P)$ 闭集 (特别地, $\mu(P)$ 闭集), 也是 $(P, \alpha^*(P))$ (特别地, $(P, \mu(P))$) 的离散子空间.

证明　对任意 $x \in \max(P)$, 有 $\{x\} = \max(P) \cap \downarrow x$ 为子空间 $(\max(P), \alpha^*(P)|_{\max(P)})$ (特别地, $(\max(P), \mu(P)|_{\max(P)})$) 的开集, 从而 $\max(P)$ 是 $(P, \alpha^*(P))$ (特别地, $(P, \mu(P))$) 的离散子空间. □

定理 6.2.28　设 P 是偏序集, 考虑下述条件:

(1) P 是连续偏序集;

(2) 每一序凸 $\mu(P)$ 开集 U 可表示为 $U = \cup\{\Uparrow x \cap \downarrow y \mid x, y \in U\}$.

则 (1) $\Longrightarrow$ (2). 若 P 是并半格, 则 (2) $\Longrightarrow$ (1), 从而 (1) $\Longleftrightarrow$ (2).

证明　(1) $\Longrightarrow$ (2) 设 $U \in \mu(P)$ 是序凸的. 则 $\cup\{\Uparrow x \cap \downarrow y \mid x, y \in U\} \subseteq U$. 设 $y \in U$. 则存在 $V \in \sigma(P)$ 使 $y \in V \cap \downarrow y \subseteq U$. 由命题 6.2.2 知存在 $x \in V$ 使 $x \ll y$. 从而 $x, y \in V \cap \downarrow y \subseteq U$ 且 $y \in \Uparrow x \cap \downarrow y$. 由 $y \in U$ 的任意性知 $U \subseteq \cup\{\Uparrow x \cap \downarrow y \mid x, y \in U\}$. 故 $U = \cup\{\Uparrow x \cap \downarrow y \mid x, y \in U\}$.

(2) $\Longrightarrow$ (1) 设 P 是并半格, 下证 $\sup \downarrow x = x$. 易见 x 是 $\downarrow x$ 的一个上界. 又假设 y 是 $\downarrow x$ 的另一上界且 $x \nleqslant y$. 则 $x \in P - \downarrow y$. 由 $P - \downarrow y$ 是序凸 $\mu(P)$ 开集及 (2) 知有 $t, w \in P - \downarrow y$ 使 $x \in \Uparrow t \cap \downarrow w \subseteq P - \downarrow y$. 这说明 $t \ll x$ 且 $t \nleqslant y$. 这与 y 是 $\downarrow x$ 的上界矛盾! 该矛盾说明 $x \leqslant y$, 从而 x 是 $\downarrow x$ 的最小上界, 即 $x = \sup \downarrow x$. 由此可得任意 $x \in P$, $\downarrow x \neq \varnothing$, 再由 P 是并半格得 $\downarrow x$ 是定向集, 于是 P 是连续偏序集. □

下面的例子说明完全分配格上的测度拓扑未必是局部紧的.

例 6.2.29 单位闭区间 $\mathbf{I} = [0,1]$ 是完全分配格. 其上的 Lawson 拓扑 $\lambda(\mathbf{I})$ 就是通常的度量拓扑, 从而是 T_2 的. 又 $\lambda(\mathbf{I}) \subseteq \mu(\mathbf{I})$, 故 $\mathbf{I}$ 上的测度拓扑 $\mu(\mathbf{I})$ 是 T_2 的. 假设 $\mu(\mathbf{I})$ 是局部紧的. 则 $\forall x \in \mathbf{I}$, 存在 x 的一个 $\mu(\mathbf{I})$ 紧邻域 U_x 使 $x \in \mathrm{int}_\mu U_x$. 由命题 6.2.23 知存在序凸基元 $(a, x]$ 使 $x \in (a, x] \subseteq \mathrm{int}_\mu U_x$. 再由稠密性知存在 b 使 $a < b < x$. 则 $[b, x] \subseteq \mathrm{int}_\mu U_x \subseteq U_x$. 因为 $[b, x]$ 是 Lawson 闭集, 故 $[b, x]$ 是 $\mu(\mathbf{I})$ 紧集 U_x 的 $\mu(\mathbf{I})$ 闭集, 从而 $[b, x]$ 是 $\mu(\mathbf{I})$ 紧集. 由 $\lambda(\mathbf{I}) \subseteq \mu(\mathbf{I})$ 知 $\lambda(\mathbf{I})|_{[b,x]} \subseteq \mu(\mathbf{I})|_{[b,x]}$. 拓扑空间 $([b, x], \lambda(\mathbf{I})|_{[b,x]})$, $([b, x], \mu(\mathbf{I})|_{[b,x]})$ 均是紧 T_2 空间, 据紧 T_2 拓扑的恰当性 (推论 2.10.16) 得 $\mu(\mathbf{I})|_{[b,x]} = \lambda(\mathbf{I})|_{[b,x]}$. 但由 $b < x$ 及稠密性知存在 c, d 使 $b < c < d < x$. 从而 $(c, d] \subseteq [b, x]$, $(c, d] \in \mu(\mathbf{I})|_{[b,x]}$. 但显然 $(c, d] \notin \lambda(\mathbf{I})|_{[b,x]}$. 这与 $\mu(\mathbf{I})|_{[b,x]} = \lambda(\mathbf{I})|_{[b,x]}$ 矛盾! 从而 $\mu(\mathbf{I})$ 不是局部紧的.

注 6.2.30 对于 T_2 空间而言, 局部紧与核紧等价. 于是例 6.2.29 说明单位闭区间 $\mathbf{I}$ 上的测度拓扑 $\mu(\mathbf{I})$ 不是连续格.

习 题 6.2

1. 设 L 是连续 domain. 证明: L 的全体 Scott 开滤子集赋予集合包含序构成一连续 domain.

2. 设 L 是 dcpo. 证明: L 是连续 domain 当且仅当

对任意 Scott 开集 U, 若 $x \in U$, 则存在 $y \in U$ 及 Scott 开集 V 使 $x \in V \subseteq \uparrow y$.

3. 证明: 任一 dcpo 赋予 Scott 拓扑是单调收敛空间.

4. 设 L 是代数偏序集. 证明 $\{\uparrow k \mid k \in K(L)\}$ 是 $(L, \sigma(L))$ 的一个基.

5. 证明: 若 P 是关于 Lawson 拓扑紧的连续 domain, 则 $\sigma(P)|_{\max(P)} = \lambda(P)|_{\max(P)}$.

6. 抽象基 $(B, \prec)$ 上以 $\{\uparrow^\prec b \mid b \in B\}$ 为子基生成的拓扑称为**伪 Scott 拓扑**, 记为 $p\sigma(B)$. 证明: 任一抽象基上的伪 Scott 拓扑是一个完全分配格.

7. 设 P 是连续偏序集, $U \in \lambda(P)$. 证明 $\uparrow U \in \sigma(P)$.

8. 设 P 是连续偏序集, $x, y \in P, y \not\leq x$.
证明: 存在 y 的 Scott 开邻域 U 和 x 的 Lawson 开邻域 V 使 $U \cap V = \varnothing$.

9. 设 P 是连续偏序集. 证明: 权 $W(P) = W(c(P))$.

10. 设 P 是连续偏序集 $c(P)$ 是定向完备化.
证明: $c(P)$ 与抽象基 $(P, \ll)$ 的圆理想完备化 $\mathrm{RI}(P)$ 序同构, 即详细证明注 6.2.17.

6.3 强连续偏序集

本节引入强逼近关系, 借此引入强连续偏序集概念, 探讨强逼近与逼近相等的条件以及多种连续性之间的关系.

6.3.1　强逼近关系与强连续性

定向集 D 有上界但不必有上确界, 但可能有局部上确界. 对这种可能有局部上确界的定向集也要求有某种逼近, 则得到下面的强逼近概念.

定义 6.3.1　设 P 是偏序集, $x, y \in P$. 若对任意定向集 D 及 D 的任意上界 z 满足 $y \leqslant \sup_z D$, 存在 $d \in D$ 使 $x \leqslant d$, 则称 x **强逼近于** y, 或称 x **强双小于** y, 记作 $x \ll_l y$. 对任意 $x \in P$, 记 $\uparrow_l x = \{y \in P \mid x \ll_l y\}$, $\downarrow_l x = \{y \in P \mid y \ll_l x\}$.

注 6.3.2　(1) 容易验证二元关系 $\ll_l$ 是文献 [41] 中的辅助序. 特别地, $\forall x, y \in P$, $x \ll_l y \Longrightarrow x \leqslant y$. 因此集 $\downarrow_l x$ 是下集.

(2) 对任意 $x, y \in P$, 有 $x \ll_l y \Longrightarrow x \ll y$. 事实上, 设 $x \ll_l y$, 则对每一定向集 D, 当 $\sup D$ 存在且 $\sup D \geqslant y$ 时, 取 $z = \sup D$ 为 D 的上界. 则有 $y \leqslant \sup D = \sup_z D$. 由 $x \ll_l y$, 存在 $d \in D$ 使 $x \leqslant d$. 这说明 $x \ll y$.

定义 6.3.3　设 P 是偏序集. 若对任意 $x \in P$, $\downarrow_l x$ 是定向集且 $\sup \downarrow_l x = x$, 则称 P 是**强连续偏序集**, 或简称为 **SC-偏序集**.

注 6.3.4　根据引理 5.2.12 可直接验证偏序集 P 是 SC-偏序集当且仅当对任意 $x \in P$, $\downarrow_l x$ 是定向集且对任意 $z \in \mathrm{ub}(\downarrow_l x)$, 有 $\sup_z \downarrow_l x = x$.

例 6.3.5　设偏序集 P 是由竖直放置的自然数集 $\mathbb{N}$ 添加两个不可比较的上界 a, b 构成的. 则易见在 P 中 $a \ll_l a$ 不成立, 由此得 P 是连续偏序集, 但非强连续偏序集.

定义 6.3.6　设 P 是偏序集, $B \subseteq P$. 若对任意 $a \in P$, 存在定向集 $D_a \subseteq B \cap \downarrow_l a$ 使 $\sup_P D_a = a$, 则称 B 是 P 的一个**强基**.

由注 6.3.2 易知若 B 是 P 的强基, 则 B 是 P 的基.

命题 6.3.7　设 P 是偏序集. 则 P 是 SC-偏序集当且仅当 P 有一个强基.

证明　证明过程与定理 5.4.2 的证明类似, 读者可作为练习自证.　　　　□

命题 6.3.8　设 P 是 SC-偏序集, $A \subseteq P$ 是非空 Scott 闭集. 则 A 继承 P 的序是 SC-偏序集. 特别地, SC-偏序集的任一主理想是 SC-偏序集.

证明　显然, 对任意 $a \in A$, $\downarrow_l a \subseteq \downarrow_l^A a \subseteq A$, 其中 $\downarrow_l^A a = \{y \in A \mid y \ll_l a$ 在 A 中成立$\}$. 因 A 是 Scott 闭集, 所以 A 对 P 中存在的定向并封闭, 从而 $\sup_A \downarrow_l a = \sup \downarrow_l a = a$. 这说明 A 是其自身的一个强基. 于是由命题 6.3.7 知 A 继承 P 的序是 SC-偏序集.　　　　□

命题 6.3.9　设 P 和 Q 是 SC-偏序集, 则 $P \times Q$ 是 SC-偏序集.

证明　容易验证 $\forall (x, y) \in P \times Q$, $(\downarrow_l x) \times (\downarrow_l y) \subseteq \downarrow_l (x, y)$ 定向且 $\sup_{P \times Q}((\downarrow_l x) \times (\downarrow_l y)) = (x, y)$. 这说明 $P \times Q$ 是其自身的强基. 由命题 6.3.7 知 $P \times Q$ 是 SC-偏序集.　　　　□

6.3.2 下可遗传 Scott 拓扑

下一概念为保证逼近关系与强逼近关系相等提供了条件.

定义 6.3.10 偏序集 P 的 Scott 拓扑称为**下可遗传**, 如果 $\forall F \in \sigma^*(P)$, F 上的相对 Scott 拓扑与 F 上的 Scott 拓扑一致, 即 $\sigma(P)\,|_F = \sigma(F)$, 等价地, $\sigma^*(P)\,|_F = \sigma^*(F)$.

引理 6.3.11 设 P 是偏序集. 则下列条件等价:

(1) P 上的 Scott 拓扑下可遗传;

(2) $\forall x \in P$, 包含映射 $i : {\downarrow} x \to P$ 是 Scott 连续映射;

(3) 定向子集 D 的极小上界均为该定向子集的上确界.

证明 (1) $\Longrightarrow$ (2) 因 $\forall x \in P$, ${\downarrow} x$ 均是 Scott 闭集, 故由 (1) 知 $i : {\downarrow} x \to P$ 是 Scott 连续映射.

(2) $\Longrightarrow$ (3) 设 D 是 P 的任一定向子集且 $b \in \mathrm{mub}(D)$. 则 b 是 D 在 ${\downarrow} b$ 中的上确界. 由 (2) 知 $i : {\downarrow} b \to P$ 是 Scott 连续映射. 从而由命题 6.1.10 知 b 是 D 在 P 中的上确界.

(3) $\Longrightarrow$ (1) 设 E 是 P 的 Scott 闭集. 则易证子偏序集 E 的 Scott 闭集也是 P 的 Scott 闭集. 反之, 设 T 是 P 的 Scott 闭集. 则 $T \cap E$ 是 E 的下集. 设 $D \subseteq T \cap E$ 是定向集且在 E 中的上确界 b 存在. 则 b 是 D 在 P 中的一个极小上界. 从而由 (3) 知 $b = \sup_P D$. 于是 $b \in T \cap E$. 这说明 $T \cap E$ 是 E 的 Scott 闭集. 综上知 P 上的 Scott 拓扑下可遗传. $\qquad\square$

由引理 5.2.13 及引理 6.3.11(3) 立得下一推论.

推论 6.3.12 若 P 是 dcpo 或是交半格, 则 P 上的 Scott 拓扑下可遗传.

命题 6.3.13 设 P 上的 Scott 拓扑下可遗传, $x \in P$. 则 ${\Downarrow}_l x = {\Downarrow} x$.

证明 由注 6.3.2(2) 知 ${\Downarrow}_l x \subseteq {\Downarrow} x$. 进一步, 若 P 的 Scott 拓扑下可遗传, 根据引理 6.3.11(3) 知强双小于关系恰好就是双小于关系, 从而 ${\Downarrow}_l x = {\Downarrow} x$. $\qquad\square$

定理 6.3.14 设 P 是偏序集. 则下列条件等价:

(1) P 是 SC-偏序集;

(2) P 是连续的且 P 上的 Scott 拓扑下可遗传;

(3) P 是连续偏序集且二元关系 $\ll_l$ 与 $\ll$ 重合.

证明 (1) $\Longrightarrow$ (2) 根据命题 6.3.7 知 P 是其自身的一个基, 从而 P 是连续偏序集. 下证 P 的 Scott 拓扑下可遗传. 设 D 是定向集且 $z \in \mathrm{mub}(D)$. 则 $\sup_z D = z$. 由 P 是 SC-偏序集知 ${\Downarrow}_l z$ 是定向集且 $\sup {\Downarrow}_l z = z$. 若 x 是 D 的上界, 则对任意 $t \in {\Downarrow}_l z$, 存在 $d \in D$ 使 $t \leqslant d \leqslant x$. 从而 x 是集 ${\Downarrow}_l z$ 的上界. 故 $z = \sup {\Downarrow}_l z \leqslant x$. 这说明 z 是 D 的上确界, 即 $\sup D = z$. 根据引理 6.3.11 得 P 上的 Scott 拓扑下可遗传.

(2) $\Longrightarrow$ (3) 由命题 6.3.13 可得.

(3) $\Longrightarrow$ (1) 显然. $\qquad\qquad\qquad\qquad\qquad\qquad\qquad$ □

推论 6.3.15　设 P 是 SC-偏序集, $x, y \in P$. 若 $x \ll_l y$, 则存在 $z \in P$ 使 $x \ll_l z \ll_l y$.

证明　由定理 5.3.8 和定理 6.3.14 直接可得. $\qquad\qquad\qquad\qquad$ □

6.3.3　局部 Scott 拓扑

定义 6.3.16　设 P 是偏序集, $U \subseteq P$. 若

(1) U 是上集, 即 $U = \uparrow U$;

(2) 对 P 中任一定向集 D 及 $z \in \mathrm{ub}(D)$, 若 $\sup_z D$ 存在且 $\sup_z D \in U$, 则 $D \cap U \neq \varnothing$,

则称 U 为 P 上的**局部 Scott 开集**. 局部 Scott 开集的余集称为**局部 Scott 闭集**.

注 6.3.17　易知偏序集 P 上全体局部 Scott 开集形成 P 上的拓扑, 称为**局部 Scott 拓扑**, 记作 $\sigma_l(P)$. 根据局部 Scott 开集的定义, 易见 $\sigma_l(P) \subseteq \sigma(P)$.

例 6.3.18　设 $P = \mathbb{N} \cup \{a, b\}$ 为例 6.3.5 构造的偏序集. 则独点集 $\{a\}$ 是 Scott 开集, 但不是局部 Scott 开集. 故 $\sigma_l(P) \neq \sigma(P)$. 此外, 若 $U \in \sigma_l(P)$ 非空, 则 $\{a, b\} \subseteq U$. 这说明 $\sigma_l(P)$ 不是 T_0 拓扑.

定理 6.3.19　设 P 是偏序集. 则下列条件等价:

(1) P 上的 Scott 拓扑下可遗传;

(2) $\sigma(P) = \sigma_l(P)$;

(3) $\nu(P) \subseteq \sigma_l(P)$;

(4) 拓扑空间 $(P, \sigma_l(P))$ 诱导的特殊化序恰为 P 的偏序.

证明　(1) $\Longrightarrow$ (2) 由注 6.3.17 知 $\sigma_l(P) \subseteq \sigma(P)$. 为证 $\sigma(P) \subseteq \sigma_l(P)$, 设 $U \in \sigma(P)$. 则对任意定向集 D 及任意 $z \in \mathrm{ub}(D)$, 若 $\sup_z D$ 存在且 $\sup_z D \in U$, 根据 (1) 和引理 6.3.11(3) 知 $\sup_z D = \sup D \in U$. 因为 U 是 Scott 开集, 所以 $U \cap D \neq \varnothing$. 这说明 U 是局部 Scott 开集, 即 $\sigma(P) \subseteq \sigma_l(P)$.

(2) $\Longrightarrow$ (3) 显然.

(3) $\Longrightarrow$ (1) 设 D 是定向集, $z \in \mathrm{ub}(D)$ 且 $\sup_z D$ 存在. 根据引理 6.3.11(3), 要证 P 具有下可遗传 Scott 拓扑, 只需证 $t := \sup_z D$ 是 D 的上确界. 设 s 是 D 的任一上界. 由 (3) 可知 $\downarrow s$ 是局部 Scott 闭集. 于是 $\sup_z D = t \in \downarrow s$. 故 $t \leqslant s$. 这说明 $\sup_z D = \sup D$.

(3) $\Longleftrightarrow$ (4) 直接由特殊化序的定义可得. $\qquad\qquad\qquad\qquad\qquad$ □

定理 6.3.20　偏序集 P 是 SC-偏序集当且仅当 $\sigma_l(P) = \sigma(P)$ 是完全分配格.

证明　由定理 6.2.12、定理 6.3.14 和定理 6.3.19 可得. $\qquad\qquad\qquad$ □

根据定理 6.3.19 和定理 6.3.20 可得如下推论.

推论 6.3.21 偏序集 P 是 SC-偏序集当且仅当 $\sigma_l(P)$ 是完全分配格且 $\nu(P)$ $\subseteq \sigma_l(P)$.

定理 6.3.22 设 $(X, \mathcal{T}(X))$ 为 T_0 空间. 则下列条件满足 $(1) \Longleftrightarrow (2) \Longrightarrow (3)$:

(1) $\Omega(X)$ 是 SC-偏序集且 $\mathcal{T}(X)$ 是 $\Omega(X)$ 的局部 Scott 拓扑;

(2) $(\mathcal{T}(X), \subseteq)$ 是完全分配格且 $\mathcal{T}(X) \subseteq \sigma_l(\Omega(X))$;

(3) X 是弱单调收敛空间.

证明 $(1) \Longrightarrow (2)$ 由定理 6.3.20 可得.

$(2) \Longrightarrow (1)$ 设 $(\mathcal{T}(X), \subseteq)$ 是完全分配格且 $\mathcal{T}(X) \subseteq \sigma_l(\Omega(X))$. 则

$$\nu(\Omega(X)) \subseteq \sigma_l(\Omega(X)) \subseteq \sigma(\Omega(X)).$$

故由定理 6.1.2 知空间 $(X, \sigma_l(\Omega(X)))$ 诱导的特殊化序恰为 $\Omega(X)$ 的偏序. 由定理 6.2.10、定理 6.3.14 和定理 6.3.19 知 $\Omega(X)$ 是 SC-偏序集且 $\mathcal{T}(X)$ 是 $\Omega(X)$ 的局部 Scott 拓扑.

$(2) \Longrightarrow (3)$ 由注 6.2.9 和注 6.3.17 可得. $\square$

例 6.3.23 设偏序集 P^θ 是用区间 $\left(0, \dfrac{1}{2}\right]$ 替换例 6.3.5 中构造的偏序集中的 b 所得. 则 P^θ 连续且 $(P^\theta, \sigma_l(P^\theta))$ 是 T_0 空间, 特殊化序就是 P^θ 的序, 从而 $(P^\theta, \sigma_l(P^\theta))$ 是弱单调收敛空间. 但易验证 P^θ 的 Scott 拓扑不下可遗传.

6.3.4 偏序集上几种连续性的关系

前面已说明当 P 是并半格且 S-超连续时, P 是连续偏序集. 进一步, 有如下命题.

命题 6.3.24 设 P 是格且 S-超连续, 则 P 是强连续偏序集且是分配格.

证明 设 P 是格且 S-超连续, 由推论 6.3.12 知 P 的 Scott 拓扑下可遗传. 故由定理 6.3.14 得 P 是强连续偏序集. 下证对 $\forall x, y, z \in P$, 分配律 $x \wedge (y \vee z) = (x \wedge y) \vee (x \wedge z)$ 成立. 为此只需证 $x \wedge (y \vee z) \leqslant (x \wedge y) \vee (x \wedge z)$. 对任意 $t \in \Downarrow^\triangleleft (x \wedge (y \vee z))$, 由 $t \triangleleft (x \wedge (y \vee z)) \leqslant y \vee z$ 及命题 5.6.2 知 $t \leqslant x$ 且 $t \triangleleft (y \vee z)$, 从而由定义 5.6.1 知 $t \leqslant y$ 或 $t \leqslant z$. 故 $t \leqslant (x \wedge y) \vee (x \wedge z)$. 由 $t \in \Downarrow^\triangleleft (x \wedge (y \vee z))$ 的任意性及 P 是 S-超连续的知 $x \wedge (y \vee z) = \vee \Downarrow^\triangleleft (x \wedge (y \vee z)) \leqslant (x \wedge y) \vee (x \wedge z)$. 这说明 $x \wedge (y \vee z) \leqslant (x \wedge y) \vee (x \wedge z)$. 从而分配律成立. $\square$

再定义与前面提到的连续性相关的几种连续性, 探讨它们的更多关系.

定义 6.3.25 若偏序集 P 的任一主理想均是连续偏序集, 则称 P 是**主理想连续偏序集**, 或简称 **PI-偏序集**.

定义 6.3.26 设 P 是偏序集. 若对任意 $x \in P$, $\downarrow_l x$ 是定向集且 $\sup_x \downarrow_l x = x$, 则称 P 是**局部连续偏序集**或简称 **LC-偏序集**.

命题 6.3.27　设 P 是偏序集. 若 P 是 PI-偏序集, 则 P 是 LC-偏序集.

证明　设 P 是 PI-偏序集. 则对任意 $y \in P$, 断言 $\downarrow_y y = \downarrow_l y$. 设 $x \ll_l y$. 则对任意 $D \subseteq \downarrow y$ 定向且满足 $\sup_y D = y$, 由 $x \ll_l y$ 知存在 $d \in D$ 使 $x \leqslant d$. 这说明 $x \ll_y y$, 即 $\downarrow_l y \subseteq \downarrow_y y$. 反之, 设 $x \ll_y y$. 则对任意 $D \subseteq P$ 定向及任意 $b \in \mathrm{ub}(D)$, 若 $\sup_b D$ 存在且 $\sup_b D \geqslant y$, 则由 $\downarrow b$ 的连续性知 $\downarrow_b y$ 是定向集且 $\sup_b \downarrow_b y = y$. 根据 $y \leqslant b$ 和引理 5.2.12 知 $\sup_y \downarrow_b y = y$. 从而由 $x \ll_y y$ 知存在 $z \in \downarrow_b y$ 使 $x \leqslant z$. 又由 $z \ll_b y$ 知存在 $d \in D$ 使 $x \leqslant z \leqslant d$. 于是 $x \ll_l y$, 即 $\downarrow_l y \supseteq \downarrow_y y$. 综上知对任意 $y \in P$, $\downarrow_y y = \downarrow_l y$. 因此, 根据 P 是 PI-偏序集可知 P 是 LC-偏序集.　□

命题 6.3.28　设 P 上的 Scott 拓扑下可遗传. 若 P 是 LC-偏序集, 则 P 是 SC-偏序集.

证明　由引理 6.3.11 和命题 6.3.13 知 P 的任意定向子集的极小上界均是上确界且二元关系 $\ll$ 与 $\ll_l$ 重合. 因此, 由定理 6.3.14 知 P 是 SC-偏序集.　□

命题 6.3.29　设 P 是具有局部定向并的 LC-偏序集. 则 P 是 PI-偏序集.

证明　只需证明 P 的任一主理想 $\downarrow x$ 是连续的即可. 设 $y \in \downarrow x$. 根据 P 的局部连续性, $\downarrow_l y$ 是定向集且 $\sup_y \downarrow_l y = y$. 因为 P 具有局部定向并, 所以由引理 5.2.12 和引理 5.2.16 知 $\sup_y \downarrow_l y = \sup_x \downarrow_l y = y$. 设 $z \in \downarrow_l y$. 对任意 $D \subseteq \downarrow x$ 定向且满足 $\sup_x D \geqslant y$, 由 $z \ll_l y$ 知存在 $d \in D$ 使 $z \leqslant d$. 这说明 $z \ll_x y$, 即 $\downarrow_l y \subseteq \downarrow_x y$. 注意到 $\downarrow_l y$ 是定向集且在 $\downarrow x$ 中的上确界为 y, $\downarrow x$ 是其自身的一个基, 从而由定理 5.4.2 知 $\downarrow x$ 是连续的.　□

命题 6.3.30　设偏序集 P 有局部定向并. 则 P 是 PI-偏序集当且仅当 P 是 LC-偏序集.

证明　由引理 5.2.16、命题 6.3.27 和命题 6.3.29 可得.　□

结合命题 6.3.8、定理 6.3.14、命题 6.3.27 和命题 6.3.28 可得到如下结论.

定理 6.3.31　(1) SC-偏序集是连续偏序集、PI-偏序集和 LC-偏序集.

(2) 若 P 上的 Scott 拓扑下可遗传, 则 P 的连续性、SC-连续性、LC-连续性和 PI-连续性等价.

下例说明存在连续、主理想连续且局部连续的偏序集, 但它不是 SC-偏序集.

例 6.3.32　设 $P = \mathbb{N} \cup \{a, b\}$ 为例 6.3.5 构造的偏序集. 则 P 连续且任一主理想均是连续 domain. 但因 P 上的 Scott 拓扑不是下可遗传的, 所以 P 不是 SC-偏序集. 又 $\sigma_l(P)$ 是链从而是 CD-格. 这说明即使 $\sigma_l(P)$ 是 CD-格, P 也不必是 SC-偏序集.

例 6.3.33　设偏序集 P 是例 5.6.11 中由两个平行的自然数集 $\mathbb{N}$ 添加两个不可比较的上界 a, b 构成. 则 P 连续. 但 P 不是 PI-偏序集, 从而 P 上的 Scott 拓扑不下可遗传.

例 6.3.34　设 $Y = \{1, 2\}$, $\mathbf{I} = [0, 1]$ 为单位闭区间. 构造偏序集 P 为

$Y \times \mathbf{I}$ 去除点 $(1,1)$ 后, 添加集 $\{1\} \times [0,1)$ 的两个不可比较的上界 a,b 使 a,b 仅小于点 $(2,1)$, 即 $P = [(Y \times \mathbf{I}) - \{(1,1)\}] \cup \{a,b\}$ 并赋予上述描述的序. 注意到 $\downarrow a = \{1\} \times [0,1)$ 是定向集且在 P 中无上确界, 故 $P = \downarrow(2,1)$ 不连续, 也不是 PI-偏序集. 但可直接验证 P 是 LC-偏序集.

下例说明存在一个 PI-偏序集且其任一主理想均是 dcpo, 但它不是连续偏序集.

例 6.3.35 设 $P = [(\{0,2\} \times \mathbf{I}) - \{(0,1)\}] \cup \{(1,1),(0,2)\}$ 以 $\mathbb{R} \times \mathbb{R}$ 上的诱导序构成一个偏序集, 其中 $\mathbf{I} = [0,1]$ 为单位闭区间. 则 $(0,2),(2,1)$ 为 P 中的两个极大点且 P 是 PI-偏序集. 但因为 $\downarrow(1,1) = \{0\} \times [0,1)$ 在 P 中无上确界, 故 P 不是连续偏序集.

下例说明存在一个连续的 LC-偏序集, 但它不是 PI-偏序集.

例 6.3.36 (见右图) 设 $X = \{0,1\}$, $C = [0,2) \cup \{\top\}$ 是完备的链满足对任意 $s \in C$, 有 $s \leqslant \top$. 令 $P = (X \times C) - (\{0\} \times (1,2))$, 作为 $\mathbb{R} \times \mathbb{R}$ 一个子集赋予如下偏序: 对任意 $(a,b),(c,d) \in P$, 规定

$$
(a,b) \leqslant (c,d) \text{ 当且仅当 }
\begin{cases}
b \leqslant d, & a = c = 0 \text{ 或 } a = c = 1, \\
b \leqslant d \text{ 且 } b < 1, & 0 = a < c = 1 \text{ 且 } d \neq \top, \\
b \leqslant 1, & 0 = a < c = 1 \text{ 且 } d = \top, \\
d = \top > b, & \text{其他, 即 } 1 = a > c = 0.
\end{cases}
$$

注意到 $(0,\top)$ 和 $(1,\top)$ 是 P 中两个不可比较的极大元, 知 $\downarrow(0,\top) \cong \downarrow(1,\top)$ 且 $(0,1) \not\leqslant (1,1) \not\leqslant (0,1)$. 因为在 P 中, 集 $\downarrow(0,1) - \{(0,1)\}$ 和 $\downarrow(1,\top) - \{(1,\top)\}$ 均无上确界, 所以 $(0,1) \ll (0,1)$. 而在主理想 $\downarrow(1,\top)$ 中, $(0,1) \not\ll (0,1)$. 于是可直接验证 P 是连续偏序集. 又因为在 $F = \downarrow(0,\top)$ 中, $\downarrow_F (0,1) = \downarrow(0,1) - \{(0,1)\}$ 没有上确界, 所以 P 不是 PI-偏序集. 进一步注意到 $\downarrow_l (0,1) = \downarrow(0,1) - \{(0,1)\}$ 在 $\downarrow(0,1)$ 中的局部并是 $(0,1)$, 从而可验证 P 是 LC-偏序集.

习 题 6.3

1. 设 P 为偏序集, $x \in P, A \subseteq P$. 证明: $\sup A = x$ 当且仅当 $\forall z \in \mathrm{ub}(A) \neq \varnothing, \sup_z A = x$.

2. 设 P 为偏序集, $x \in P, A \subseteq P$. 证明: $x \in \mathrm{mub}(A)$ 当且仅当 $\exists z \in \mathrm{ub}(A)$ 使 $\sup_z A = x$.

3. 证明: 任一链均为 SC-偏序集.

4. 证明: 一个 dcpo 是连续 domain 当且仅当它的任一主理想是连续 domain.

6.4 连续格与入射 T_0 空间

偏序集上赋予 Scott 拓扑后得到的拓扑空间称作 Scott 空间. 我们将看到连续格决定的 Scott 空间恰好是入射 T_0 空间. 这建立了连续格与一类特殊 T_0 空间之间的联系.

定义 6.4.1 设 Z 是 T_0 拓扑空间. 若对任意 T_0 空间 Y 和 Y 的子空间 X, 以及任意连续映射 $f : X \to Z$, 存在 f 的连续扩张 $\widetilde{f} : Y \to Z$, 则称 Z 为**入射空间**.

命题 6.4.2 Sierpiński 空间是入射空间.

证明 设 Sierpiński 空间 $S = \{0, 1\}$ 赋予拓扑 $\mathcal{T}(S) = \{\varnothing, \{0, 1\}, \{1\}\}$. 显然, S 是 T_0 空间. 对任意 T_0 空间 Y 和子空间 X, 以及任意连续映射 $f : X \to S$, 因为 $f^{-1}(\{1\})$ 是空间 X 的开集, 故存在 Y 的开集 U 使 $f^{-1}(\{1\}) = U \cap X$. 定义映射 $\widetilde{f} : Y \to S$ 如下:

$$\widetilde{f}(x) = \begin{cases} 1, & x \in U, \\ 0, & x \in Y - U. \end{cases}$$

易见 $\widetilde{f}$ 是连续的且 $\widetilde{f}|_X = f$. 从而由定义 6.4.1 知 S 是入射空间. $\square$

引理 6.4.3 任意 T_0 空间均可嵌入到 Sierpiński 空间的乘幂 S^M 中.

证明 设 $S = \{0, 1\}$ 为 Sierpiński 空间. 对任意 T_0 空间 X, 由 S 上的拓扑定义可知连续映射 $f : X \to S$ 由 $f^{-1}(\{1\})$ 唯一确定, 此处 $f^{-1}(\{1\})$ 可以取 X 的任意开集. 定义映射 $\theta : X \to \prod_{\mathcal{T}(X)} S$ 为对任意 $x \in X$ 及任意 $U \in \mathcal{T}(X)$, $p_U(\theta(x)) = \chi_U(x)$, 其中 $p_U : \prod_{\mathcal{T}(X)} S \to S$ 为第 U 个投影, χ_U 为 U 的特征函数:

$$\chi_U(x) = \begin{cases} 1, & x \in U, \\ 0, & x \in X - U. \end{cases}$$

易见 θ 是单射当且仅当 X 是 T_0 空间. 对任意 $U \in \mathcal{T}(X)$, $(p_U \circ \theta)^{-1}(\{1\}) = U$, 这说明 $p_U \circ \theta$ 是连续的, 从而 θ 是连续的. 下证 θ 限制于像集 $\theta(X)$ 上的映射 $\theta^\circ : X \to \theta(X)$ 为同胚, 其中 $\theta(X)$ 为 $\prod_{\mathcal{T}(X)} S$ 的子空间. 为此, 只需证 θ° 为开映射. 对任意 $U \in \mathcal{T}(X)$, 我们断言 $\theta(U) = p_U^{-1}(\{1\}) \cap \theta(X)$. 事实上, 对任一 $x \in U$ 有 $p_U(\theta(x)) = \chi_U(x) = 1$, 从而 $\theta(x) \in p_U^{-1}(\{1\}) \cap \theta(X)$, 于是 $\theta(U) \subseteq p_U^{-1}(\{1\}) \cap \theta(X)$. 又对 $y \in p_U^{-1}(\{1\}) \cap \theta(X)$, 由 θ 是单射知存在唯一 $x \in X$ 使 $\theta(x) = y$. 因 $y \in p_U^{-1}(\{1\})$, 故 $\chi_U(x) = p_U(\theta(x)) = p_U(y) = 1$, 这说明 $x \in U$, 从而 $y \in \theta(U)$, 于是 $\theta(U) \supseteq p_U^{-1}(\{1\}) \cap \theta(X)$, 从而断言中的等式成立. 由所证等式知 $\forall U \in \mathcal{T}(X), \theta^\circ(U) = \theta(U)$ 为 $\theta(X)$ 的开集, 即 θ° 为开映射.

综上得映射 $\theta : X \to \prod_{\mathcal{T}(X)} S$ 为嵌入. $\qquad\qquad\qquad\qquad\qquad\qquad$ $\square$

引理 6.4.4 (1) 入射空间的收缩核是入射空间.

(2) 入射空间的乘积是入射空间.

证明 (1) 设 Z 是入射空间, Z_0 是 Z 的收缩核, 即存在连续映射 $r : Z \to Z_0$ 使 $r \circ i = \mathrm{id}_{Z_0}$, 其中 id_{Z_0} 是 Z_0 上的恒等映射, $i : Z_0 \to Z$ 为包含映射. 对任意 T_0 空间 Y 和子空间 X 以及任意连续映射 $f : X \to Z_0$, 存在连续映射 $i \circ f : X \to Z$. 因 Z 是入射空间, 故存在连续映射 $g : Y \to Z$ 使 $g \circ j = i \circ f$, 其中 $j : X \to Y$ 为包含映射. 令 $\widetilde{f} = r \circ g : Y \to Z_0$, 则 $\widetilde{f}$ 是连续的, 且

$$\widetilde{f} \circ j = (r \circ g) \circ j = r \circ (g \circ j) = r \circ (i \circ f) = (r \circ i) \circ f = f.$$

从而 Z_0 是入射空间.

(2) 设 $\{Z_\alpha\}_{\alpha \in \Gamma}$ 是一族入射空间, 记 $Z = \prod_{\alpha \in \Gamma} Z_\alpha$. 对任意 T_0 空间 Y 和子空间 X, 以及任意连续映射 $f : X \to Z$, 存在连续映射 $p_\alpha \circ f : X \to Z_\alpha$, 其中 $p_\alpha : \prod_{\alpha \in \Gamma} Z_\alpha \to Z_\alpha$ 为笛卡儿积 $\prod_{\alpha \in \Gamma} Z_\alpha$ 的第 α 个投影. 因为每个 Z_α 是入射空间, 故对任意 $\alpha \in \Gamma$, 存在连续映射 $g_\alpha : Y \to Z_\alpha$ 使 $g_\alpha \circ i = p_\alpha \circ f$, 其中 $i : X \to Y$ 为包含映射. 根据乘积空间的性质可知, 存在连续映射 $\widetilde{f} : Y \to Z$ 使对任意 $\alpha \in \Gamma$, $p_\alpha \circ \widetilde{f} = g_\alpha$. 于是对任意 $x \in X$ 及任意 $\alpha \in \Gamma$, 有 $p_\alpha \circ \widetilde{f} \circ i(x) = g_\alpha \circ i(x) = p_\alpha \circ f(x)$. 从而有 $\widetilde{f} \circ i = f$. 由定义 6.4.1 知 $Z = \prod_{\alpha \in \Gamma} Z_\alpha$ 是入射空间. $\qquad$ $\square$

定理 6.4.5 T_0 空间 X 是入射空间当且仅当 X 同胚于 Sierpiński 空间的幂的收缩核.

证明 必要性: 设 X 是入射空间, $S = \{0,1\}$ 为 Sierpiński 空间. 由引理 6.4.3 知存在嵌入映射 $f : X \to \prod_{\mathcal{T}(X)} S$. 不妨将 f 看作包含映射, 由 X 是入射空间知存在连续映射 $g : \prod_{\mathcal{T}(X)} S \to X$ 使 $g \circ f = \mathrm{id}_X$. 这说明 X 是 $\prod_{\mathcal{T}(X)} S$ 的收缩核.

充分性: 设 X 同胚于 Sierpiński 空间的幂的收缩核. 则由命题 6.4.2 和引理 6.4.4 可得 X 是入射空间. $\qquad\qquad\qquad\qquad\qquad\qquad\qquad$ $\square$

设 $S = \mathbf{2} = \{0,1\}$ 为 2 元完备格, 则拓扑 $\mathcal{T}(S) = \{\varnothing, \{0,1\}, \{1\}\}$ 就是 $\mathbf{2}$ 的 Scott 拓扑.

定理 6.4.6 设 $S = \{0,1\}$ 为 Sierpiński 空间, X 为集合. 则 $\prod_X S$ 上的乘积拓扑是由 $\prod_X S$ 上逐点序诱导的 Scott 拓扑.

证明 设 $(\mathcal{P}(X), \subseteq)$ 是 X 的幂集格. 则有格同构 $\mathcal{P}(X) \to \prod_X S$ 将 X 的每个子集 A 对应 A 的特征函数 χ_A. 因为 $(\mathcal{P}(X), \subseteq)$ 是代数格, 其紧元恰是 X 的有限子集, 故若 A 是 X 的有限子集, 则 $\Uparrow A = \uparrow A$. 从而 $(\mathcal{P}(X), \subseteq)$ 上的 Scott 拓扑以集族 $\{\uparrow A \mid A \subseteq X, A \text{ 是有限集}\}$ 为基. 这个基在格同构映射 $\mathcal{P}(X) \to \prod_X S$

下被映成集族

$$\left\{\uparrow f \mid f \in \prod_X S, f = (f_x)_{x \in X} \text{ 满足有限个 } f_x = 1\right\},$$

这恰好是 $\prod_X S$ 上乘积拓扑的一个基. 于是 $\prod_X S$ 上的乘积拓扑是由 $\prod_X S$ 上逐点序诱导的 Scott 拓扑. □

注 6.4.7　设 P 是偏序集, $A \subseteq P$. 若 $(A, \sigma(P)|_A)$ 是 $(P, \sigma(P))$ 的收缩核, 则存在连续映射 $r : (P, \sigma(P)) \to (A, \sigma(P)|_A)$ 使得 $r \circ i = \mathrm{id}_A$. 此时 $i : (A, \sigma(P)|_A) \to (P, \sigma(P))$ 连续. 作 $f = i \circ r : (P, \sigma(P)) \to (P, \sigma(P))$, 则 f 是幂等的连续映射, 从而 $f : P \to P$ 是保定向并的投射, 其像集为 A.

定理 6.4.8　(1) 设拓扑空间 $(X, \mathcal{T}(X))$ 为入射空间, $\leqslant$ 是由拓扑 $\mathcal{T}(X)$ 诱导的特殊化序. 则 $(X, \leqslant)$ 是连续格.

(2) 设 L 是连续格. 则 $(L, \sigma(L))$ 为入射空间.

证明　(1) 设 X 为入射空间. 则由定理 6.4.5 知 X 同胚于 Sierpiński 空间的幂 $\prod_{\mathcal{T}(X)} S$ 的收缩核. 由注 6.4.7 知存在连续映射 $f : \prod_{\mathcal{T}(X)} S \to \prod_{\mathcal{T}(X)} S$ 使 $f = f^2$ 且 X 同胚于 $\prod_{\mathcal{T}(X)} S$ 的子空间 $f(\prod_{\mathcal{T}(X)} S)$, 这时 ΩX 与 $f(\prod_{\mathcal{T}(X)} S)$ 作为 $\prod_{\mathcal{T}(X)} S$ 的子偏序集同构. 因 $\prod_{\mathcal{T}(X)} S$ 是连续格, 故由推论 5.5.3 知 $\Omega X = (X, \leqslant)$ 是连续格.

(2) 设 L 是连续格. 由定理 6.1.27 知 L 是 $\mathrm{Idl}(L)$ 关于 Scott 连续映射 $\vee : \mathrm{Idl}(L) \to L$ 的收缩核. 设 $(\mathcal{P}(L), \subseteq)$ 是 L 的幂集格. 因为包含映射 $i : \mathrm{Idl}(L) \to \mathcal{P}(L)$ 保定向并, 从而是 Scott 连续的. 定义映射 $g : \mathcal{P}(L) \to \mathrm{Idl}(L)$ 使对任意 $A \in \mathcal{P}(L)$, $g(A)$ 为含 A 的最小理想. 则映射 g 是 i 的下联, 从而保并且有 $g \circ i = \mathrm{Id}_{\mathrm{Idl}(L)}$. 于是 L 是 $(\mathcal{P}(L), \subseteq)$ 的收缩核. 根据引理 6.4.4 和定理 6.4.6, $\mathcal{P}(L) \cong \prod_L S$ 是入射空间. 于是 $(L, \sigma(L))$ 也是入射空间. □

定义 6.4.9　设 Z 是 T_0 拓扑空间. 若对任意 T_0 空间 X, Y, $X \subseteq Y$ 且 $\overline{X} = Y$, 以及任意连续映射 $f : X \to Z$, 存在 f 到 Y 上的连续扩张 $\tilde{f} : Y \to Z$, 则称 Z 为**稠密入射空间**.

显然任一入射空间均为稠密入射空间.

命题 6.4.10　设 L 是 bc-domain. 则 $(L, \sigma(L))$ 为稠密入射空间.

证明　对任意 T_0 空间 X, Y, $X \subseteq Y$ 且 $\overline{X} = Y$, 以及任意连续映射 $f : X \to L$, 定义映射 $\tilde{f} : Y \to L$ 为对任意 $y \in Y$, $\tilde{f}(y) = \sup\{\inf f(U \cap X) \mid y \in U \in \mathcal{T}(Y)\}$. 因为 $\overline{X} = Y$, 故映射 $\tilde{f}$ 定义中的 $U \cap X$ 非空且易见 $\{\inf f(U \cap X) \mid y \in U \in \mathcal{T}(Y)\}$ 是定向的. 从而由 L 是 bc-domain 知映射 $\tilde{f}$ 定义合理.

下证 $\tilde{f}$ 是连续的. 设 $q \ll \tilde{f}(y)$, 由 $\ll$ 的插入性质知存在 $p \in L$ 使 $q \ll p \ll \tilde{f}(y)$. 于是存在 $U \in \mathcal{T}(Y)$ 使 $y \in U$ 且 $p \leqslant \inf f(U \cap X)$. 这说明 $\tilde{f}(U) \subseteq \uparrow p \subseteq \uparrow q$.

从而由命题 6.2.2(2) 知 $\widetilde{f}$ 是连续的.

最后证 $\widetilde{f}$ 是 f 的扩张. 设 $x \in X$. 则 $\widetilde{f}(x) \leqslant f(x)$. 设 $a \ll f(x)$, 则由 f 的连续性知存在 $U \in \mathcal{T}(Y)$ 使 $x \in U$ 且 $f(U \cap X) \subseteq \uparrow a$. 从而 $a \leqslant \widetilde{f}(x)$. 因为 $\sup \downarrow f(x) = f(x)$, 所以 $f(x) \leqslant \widetilde{f}(x)$. 综上知 $\widetilde{f}(x) = f(x)$, 即 $\widetilde{f}$ 是 f 的扩张. □

定理 6.4.11 设 $\leqslant_s$ 是 T_0 拓扑空间 $(Z, \mathcal{T}(Z))$ 的特殊化序. 则 $(Z, \mathcal{T}(Z))$ 为稠密入射空间当且仅当 $(Z, \leqslant_s)$ 是 bc-domain, 且 $\mathcal{T}(Z) = \sigma((Z, \leqslant_s))$.

证明 充分性: 由命题 6.4.10 可得.

必要性: 设 T_0 拓扑空间 $(Z, \mathcal{T}(Z))$ 为稠密入射空间. 则由引理 6.4.3 知空间 Z 可嵌入到 Sierpiński 空间 $S = \{0,1\}$ 的幂中, 即存在嵌入映射 $j : Z \to \prod_{\mathcal{T}(z)} S$. 令 $X = j(Z)$, Y 为 X 在积空间 $\prod_{\mathcal{T}(z)} S$ 中的闭包, 即 $Y = \overline{X} \subseteq \prod_{\mathcal{T}(z)} S$. 则由定理 6.4.6 知 Y 为连续格 $\prod_{\mathcal{T}(z)} S$ 的 Scott 闭集, 从而 Y 为 bc-domain. 因 $j^{-1} : X \to Z$ 是连续的, 故由 Z 为稠密入射空间知存在 j^{-1} 的连续扩张 $f : Y \to Z$. 则 $j \circ f : Y \to X$ 是 Scott 连续投射. 于是由推论 5.5.3 知 X 是 bc-domain. 从而由定理 6.4.6 及 $j : Z \to X$ 为同胚知 $(Z, \leqslant_s)$ 是 bc-domain, 且 $\mathcal{T}(Z) = \sigma((Z, \leqslant_s))$. □

习 题 6.4

1. 若拓扑空间 X 又是交半格, 且交运算 $\wedge : X \times X \to X$ 连续, 则称 X 为**拓扑交半格**.

证明: 任意 Hausdorff 拓扑交半格都是序 Hausdorff 拓扑空间.

2. 设 X 是紧 Hausdorff 拓扑交半格, $F \subseteq X$ 是下集.

证明: F 是闭集当且仅当 F 关于定向并封闭.

3. 证明: 完全分配格关于区间拓扑是紧 Hausdorff 拓扑交半格.

4. 设 A 是 Hausdorff 拓扑交半格. 对于 $a \in A$.

(i) 若 a 有一个由 A 的子交半格构成的邻域基, 则称 A 在 a 处有小交半格;

(ii) 若 A 在其每一点处都有小交半格, 则称 A 为 **Lawson 交半格**.

证明: (1) 若 A 是连续格, 则关于 Lawson 拓扑, A 是紧 Lawson 交半格;

(2) 若 A 是紧 Lawson 交半格, 则 A 是连续格且 A 上拓扑是 Lawson 拓扑.

6.5 交连续偏序集

内蕴拓扑除了用来刻画通常的连续性, 还可用来定义其他多种连续性, 其中某些连续性可能比通常连续性强, 某些比通常连续性弱. 利用这些连续性又可进一步刻画通常连续性. 本节先介绍较弱但很重要的交连续性, 它与后文定义的拟连续两种性质叠加就可以刻画通常连续性.

定义 6.5.1 设 P 是偏序集. 对任意 $x \in P$ 及定向集 $D \subseteq P$, 当 $\sup D$ 存在且 $x \leqslant \sup D$ 时有 $x \in \mathrm{cl}_\sigma(\downarrow x \cap \downarrow D)$, 则称 P 是**交连续偏序集**, 此处 $\mathrm{cl}_\sigma(\downarrow x \cap \downarrow D)$

表示集合 $\downarrow x \cap \downarrow D$ 在拓扑空间 $(P, \sigma(P))$ 中的闭包. 一个交连续偏序集如果还是 dcpo 则称为**交连续 dcpo**, 或称**交连续 domain**. 一个交连续偏序集如果还是完备格则称为**交连续格**.

命题 6.5.2　连续偏序集均是交连续偏序集.

证明　设 P 是连续偏序集. 对任意 $x \in P$, 任意定向集 $D \subseteq P$, 当 $\sup D$ 存在且 $x \leqslant \sup D$ 时, 由 P 的连续性知集 $\downarrow x$ 定向且 $x = \vee \downarrow x$. 因为对任意 $y \ll x$, 由 $y \ll x \leqslant \vee D$ 知 $y \in \downarrow D$. 故有 $\downarrow x \subseteq \downarrow x \cap \downarrow D$. 于是由命题 6.1.5(2) 知 $x = \vee \downarrow x \in \mathrm{cl}_\sigma(\downarrow D \cap \downarrow x)$. 从而由定义 6.5.1 知 P 是交连续偏序集. $\qquad \square$

对于完备格上的交连续性有如下代数刻画.

定理 6.5.3　设 P 是完备格. 则下列条件等价:

(1) P 是交连续格;

(2) 对任意 $x \in P$ 及任意定向子集 D, 有 $x \wedge \vee D = \vee \{x \wedge d \mid d \in D\}$;

(3) 对任意定向子集 D 和 S, 有 $\vee D \wedge \vee S = \vee(\downarrow D \cap \downarrow S)$;

(4) 对任意 $x \in P$ 及任意定向子集 D, 当 $x \leqslant \vee D$ 时有 $x = \vee(\downarrow x \cap \downarrow D)$.

证明　(1) $\Longrightarrow$ (2) 设 P 是交连续格. 则对任意 $x \in P$ 及定向集 D, 令 $y = \vee \{x \wedge d \mid d \in D\}$. 则有 $y \leqslant x \wedge \vee D$. 又由引理 5.7.21 知

$$y = \vee \{x \wedge d \mid d \in D\} = \vee \downarrow \{x \wedge d \mid d \in D\} = \vee(\downarrow x \cap \downarrow D) = \vee(\downarrow(x \wedge \vee D) \cap \downarrow D).$$

从而集 $\downarrow(x \wedge \vee D) \cap \downarrow D \subseteq \downarrow y \in \sigma^*(P)$. 又由 P 交连续且 $x \wedge \vee D \leqslant \vee D$ 知 $x \wedge \vee D \in \mathrm{cl}_\sigma(\downarrow(x \wedge \vee D) \cap \downarrow D)$. 故 $x \wedge \vee D \in \downarrow y$. 综上可得 $x \wedge \vee D = y = \vee \{x \wedge d \mid d \in D\}$.

(2) $\Longrightarrow$ (3) 对任意定向集 D 和 S, 由 (2) 可得

$$\vee D \wedge \vee S = \vee \{\vee D \wedge s \mid s \in S\} = \vee \{d \wedge s \mid d \in D, s \in S\} = \vee(\downarrow D \cap \downarrow S).$$

(3) $\Longrightarrow$ (4) 对任意 $x \in P$ 及任意定向子集 D, 当 $x \leqslant \vee D$ 时, 由 (3) 可得

$$x = x \wedge \vee D = \vee(\downarrow x) \wedge \vee D = \vee(\downarrow x \cap \downarrow D).$$

(4) $\Longrightarrow$ (1) 对任意 $x \in P$ 及任意定向集 D, 当 $x \leqslant \vee D$ 时, 要证 $x \in \mathrm{cl}_\sigma(\downarrow x \cap \downarrow D)$. 用反证法. 假设存在 $F_0 \in \sigma^*(P)$ 使 $\downarrow x \cap \downarrow D \subseteq F_0$ 但 $x \notin F_0$. 则由 $x \leqslant \vee D$ 及 (4) 可得 $x = \vee(\downarrow x \cap \downarrow D) \in L - F_0$. 因为 $\downarrow x \cap \downarrow D$ 是定向集, 故由 $L - F_0 \in \sigma(P)$ 知

$$\downarrow x \cap \downarrow D \cap (L - F_0) \neq \varnothing,$$

这与 $\downarrow x \cap \downarrow D \subseteq F_0$ 矛盾! 从而 $x \in \mathrm{cl}_\sigma(\downarrow x \cap \downarrow D)$. 于是由定义 6.5.1 知 P 是交连续格. $\qquad \square$

推论 6.5.4　完备 Heyting 代数等价于分配交连续格.

例 6.5.5　设 $\mathbf{I}^\circ = (0, 1)$ 为开区间, $L = \mathbf{I}^\circ \times \mathbf{I}^\circ \cup \{(0, 0), (1, 1)\}$ 赋予通常点式序. 则 L 是分配完备格但非交连续格 (见 [41, 例 O-4.5(1)]). 故由推论 6.5.4 知 L 不是 Heyting 代数.

定理 6.5.6 设 P 是偏序集, 则下列条件等价:

(1) P 是交连续偏序集;

(2) $\forall U \in \sigma(P), \forall x \in P, \uparrow(U \cap \downarrow x) \in \sigma(P)$;

(3) $\forall U \in \sigma(P), \forall C \in \alpha^*(P), \uparrow(U \cap C) \in \sigma(P)$;

(4) $\forall U \in \mu(P)$, 有 $\uparrow U \in \sigma(P)$.

证明 (1) $\Longrightarrow$ (2) 设 P 是交连续偏序集. 则对任意 $x \in P$ 及 $U \in \sigma(P)$, 易见 $\uparrow(U \cap \downarrow x)$ 是上集. 又对 P 中任一定向集 D, 当 $\sup D$ 存在且 $\sup D \in \uparrow(U \cap \downarrow x)$ 时, 有 $y \in U \cap \downarrow x$ 使 $y \leqslant \sup D$. 故由 P 的交连续性可得 $\downarrow D \cap \downarrow y \cap U \neq \varnothing$. 从而

$$D \cap \uparrow(U \cap \downarrow x) \supseteq D \cap \uparrow(U \cap \downarrow y) \neq \varnothing.$$

这说明 $\uparrow(U \cap \downarrow x) \in \sigma(P)$.

(2) $\Longrightarrow$ (1) 对任意 $x \in P$ 及定向集 $D \subseteq P$, 当 $\sup D$ 存在且 $x \leqslant \sup D$ 时, 下面用反证法证 $x \in \mathrm{cl}_\sigma(\downarrow x \cap \downarrow D)$. 假设 $x \notin \mathrm{cl}_\sigma(\downarrow x \cap \downarrow D)$. 则存在 $U \in \sigma(P)$ 使 $x \in U$ 且 $U \cap \downarrow D \cap \downarrow x = \varnothing$, 从而有 $\uparrow(U \cap \downarrow x) \cap D = \varnothing, \sup D \in \uparrow(U \cap \downarrow x)$. 于是由 $\uparrow(U \cap \downarrow x) \in \sigma(P)$ 知存在 $d \in \uparrow(U \cap \downarrow x) \cap D$, 这与 $\uparrow(U \cap \downarrow x) \cap D = \varnothing$ 矛盾. 故 $x \in \mathrm{cl}_\sigma(\downarrow x \cap \downarrow D)$. 由定义 6.5.1 知 P 是交连续的.

(2) $\Longrightarrow$ (3) $\forall U \in \sigma(P), \forall C \in \alpha^*(P)$, 有

$$\uparrow(U \cap C) = \uparrow\left(U \cap \left(\bigcup_{x \in C} \downarrow x\right)\right) = \uparrow\left(\bigcup_{x \in C}(U \cap \downarrow x)\right) = \bigcup_{x \in C} \uparrow(U \cap \downarrow x) \in \sigma(P).$$

(3) $\Longrightarrow$ (4) 设 $U \in \mu(P)$, 则 $\forall t \in \uparrow U$, 由 U 是 $\mu(P)$ 开集知存在 $V \in \sigma(P)$, $C \in \alpha^*(P)$ 使 $t \in \uparrow(V \cap C) \subseteq \uparrow U$. 由 (3) 得 $\uparrow(V \cap C) \in \sigma(P)$, 这说明 t 为 $\uparrow U$ 的 $\sigma(P)$ 内点. 由 $t \in \uparrow U$ 的任意性得 $\uparrow U$ 是 $\sigma(P)$ 开的.

(4) $\Longrightarrow$ (2) 对 $U \in \sigma(P)$ 及 $x \in P$ 有 $U \cap \downarrow x \in \mu(P)$. 由 (4), $\uparrow(U \cap \downarrow x) \in \sigma(P)$. $\square$

推论 6.5.7 设 P 是交连续偏序集. 则 $\forall x \in P, x$ 是 P 的紧元当且仅当 $\{x\}$ 是 $\mu(P)$ 开集.

证明 当 x 是紧元时, $\uparrow x = \Uparrow x \in \sigma(P)$, 从而 $\{x\} = \uparrow x \cap \downarrow x \in \mu(P)$. 反过来, 如果 $\{x\} \in \mu(P)$, 则由定理 6.5.6(4) 得 $\Uparrow x \in \sigma(P)$. 这说明 x 是 P 的紧元. $\square$

定理 6.5.8 偏序集 P 是交连续偏序集当且仅当 $\sigma^*(P)$ 是完备 Heyting 代数.

证明 必要性: 需证明对任意 $F, F_i \in \sigma^*(P)(i \in I)$ 有

$$F \wedge \left(\bigvee_{i \in I} F_i\right) = \bigvee_{i \in I}(F \wedge F_i).$$

显然有 $F \wedge (\bigvee_{i \in I} F_i) \supseteq \bigvee_{i \in I}(F \wedge F_i)$. 下证 $F \wedge (\bigvee_{i \in I} F_i) \subseteq \bigvee_{i \in I}(F \wedge F_i)$. 设 $x \in F \wedge (\bigvee_{i \in I} F_i) = F \cap (\bigvee_{i \in I} F_i) = F \cap \mathrm{cl}_\sigma(\bigcup_{i \in I} F_i)$. 则对任意 $U \in \sigma(P)$ 使 $x \in U$, 由定理 6.5.6(3) 知 $x \in {\uparrow}(U \cap F) \in \sigma(P)$. 故存在 $i_0 \in I$ 使 ${\uparrow}(U \cap F) \cap F_{i_0} \neq \varnothing$, 即

$$(U \cap F) \cap {\downarrow}F_{i_0} = U \cap (F \cap F_{i_0}) \neq \varnothing.$$

这说明 $x \in \mathrm{cl}_\sigma(\bigcup_{i \in I}(F \cap F_i)) = \bigvee_{i \in I}(F \wedge F_i)$. 从而 $F \wedge (\bigvee_{i \in I} F_i) \subseteq \bigvee_{i \in I}(F \wedge F_i)$. 于是 $\sigma^*(P)$ 是完备 Heyting 代数.

充分性: 对任意 $x \in P$, 任意定向集 $D \subseteq P$, 当 $\sup D$ 存在且 $x \leqslant \sup D$ 时, 因 $\{{\downarrow}d \mid d \in D\}$ 是 $\sigma^*(P)$ 的定向集, 故有 $\sup D \in \mathrm{cl}_\sigma({\downarrow}D) = \bigvee_{d \in D} {\downarrow}d$. 从而 ${\downarrow}x \subseteq \bigvee_{d \in D} {\downarrow}d$. 于是由 $\sigma^*(P)$ 是完备 Heyting 代数可得

$$x \in {\downarrow}x = {\downarrow}x \cap \left(\bigvee_{d \in D} {\downarrow}d\right) = \bigvee_{d \in D}({\downarrow}d \cap {\downarrow}x) = \mathrm{cl}_\sigma\left(\bigcup_{d \in D}({\downarrow}d \cap {\downarrow}x)\right) = \mathrm{cl}_\sigma({\downarrow}D \cap {\downarrow}x).$$

这说明 P 是交连续偏序集. □

命题 6.5.9　设 P 是交连续偏序集, 则下列条件成立:

(1) 若 U 是 $\mu(P)$ 开集, 则 ${\uparrow}U$ 是 Scott 开集, 即 ${\uparrow}U \in \sigma(P)$;

(2) 若 X 是一个上集, 则 $\mathrm{int}_\sigma X = \mathrm{int}_\lambda X = \mathrm{int}_\mu X$;

(3) 若 X 是一个下集, 则 $\mathrm{cl}_\sigma X = \mathrm{cl}_\lambda X = \mathrm{cl}_\mu X$.

证明　(1) 由定理 6.5.6中 (1)$\Longrightarrow$(4) 可得.

(2) 设 X 是一个上集. 由 $\sigma(P) \subseteq \lambda(P) \subseteq \mu(P)$ 知 $\mathrm{int}_\sigma X \subseteq \mathrm{int}_\lambda X \subseteq \mathrm{int}_\mu X$. 因为 $\mathrm{int}_\mu X \subseteq {\uparrow}\mathrm{int}_\mu X \subseteq {\uparrow}X = X$ 且由 (1) 得 ${\uparrow}\mathrm{int}_\mu X \in \sigma(P)$, 则 $\mathrm{int}_\mu X \subseteq \mathrm{int}_\sigma X$. 从而有 $\mathrm{int}_\sigma X = \mathrm{int}_\lambda X = \mathrm{int}_\mu X$.

(3) 由 (2) 立得. □

定理 6.5.10　设 P 是偏序集. 则下列条件等价 (相关概念见定义 6.1.3):

(1) $\sigma(P)$ 有开滤子基;

(2) P 是交连续偏序集且 $\lambda(P)$ 有小的开滤向基;

(3) P 是交连续偏序集且 $\mu(P)$ 有小的开滤向基.

证明　(1) $\Longrightarrow$ (2) 先证 P 是交连续的. 为此, 对任意 $x \in P$ 及定向集 $D \subseteq P$, 若 $\sup D$ 存在且 $x \leqslant \sup D$, 则对 x 的任一 Scott 开邻域 U, 由 (1) 知存在 $\sigma(P)$ 开滤子 V 使 $x \in V \subseteq U$. 此时 $x \in V$ 蕴涵 $D \cap V \neq \varnothing$. 任取 $a \in D \cap V$, 由 V 是滤子知存在 $b \in V$ 使 $b \leqslant x$ 且 $b \leqslant a$. 这说明 $b \in U \cap {\downarrow}x \cap {\downarrow}D \neq \varnothing$. 由此得 $x \in \mathrm{cl}_\sigma({\downarrow}x \cap {\downarrow}D)$, 由定义 6.5.1 知 P 是交连续的.

再证 $\lambda(P)$ 有小的开滤向基. 设 $t \in W \in \lambda(P)$. 由 (1) 知存在 Scott 开滤子 V 及有限集 F 使 $t \in V - {\uparrow}F \subseteq W$. 显然, $V - {\uparrow}F$ 是 Lawson 开集. 又设 v,

$w \in V - \uparrow F$, 由 V 是滤子知存在 $s \in V$ 使 $s \leqslant v$ 且 $s \leqslant w$. 因为 $v, w \notin \uparrow F$, 则 $s \notin \uparrow F$. 从而 $s \in V - \uparrow F$. 这说明 $V - \uparrow F$ 是滤向的. 故 $V - \uparrow F$ 是 Lawson 开的滤向集. 于是由 $t \in W$ 的任意性知 $\lambda(P)$ 有小的开滤向基.

(2) $\Longrightarrow$ (1) 设 $x \in U \in \sigma(P)$. 由 $\sigma(P) \subseteq \lambda(P)$ 及 (2) 知存在 Lawson 开的滤向集 V 使 $x \in V \subseteq U$. 从而 $x \in \uparrow V \subseteq \uparrow U = U$ 且 $\uparrow V$ 是滤子. 因为 P 是交连续偏序集, 由命题 6.5.9(1) 及 V 是 Lawson 开的. 特别地, 是 $\mu(P)$ 开的, 得 $\uparrow V$ 是 Scott 开滤子. 从而由 $x \in U$ 的任意性知 $\sigma(P)$ 有开滤子基.

(1) $\Longrightarrow$ (3) 由 (1) $\Longleftrightarrow$ (2) 可知 P 是交连续偏序集. 下证 $\mu(P)$ 有小的开滤向基. 设 $x \in W \in \mu(P)$. 由定义 6.1.11 及 (1) 知存在 Scott 开滤子 V 使 $x \in V \cap \downarrow x \subseteq W$. 由 V 是 Scott 开滤子可知 $V \cap \downarrow x$ 是 $\mu(P)$ 开滤向集. 由 $x \in W$ 的任意性知 $\mu(P)$ 有小的开滤向基.

(3) $\Longrightarrow$ (1) 设 $x \in U \in \sigma(P)$. 由 $\sigma(P) \subseteq \mu(P)$ 及 (3) 知存在 $\mu(P)$ 开滤向集 V 使 $x \in V \subseteq U$. 从而, $x \in \uparrow V \subseteq \uparrow U = U$ 且 $\uparrow V$ 是滤子. 因 P 是交连续偏序集, 故由命题 6.5.9(1) 及 V 是 $\mu(P)$ 开滤向集得 $\uparrow V$ 是 Scott 开滤子, 从而由 $x \in U$ 的任意性知 $\sigma(P)$ 有开滤子基. $\qquad \square$

定理 6.5.11 设 P 是偏序集, 则下列条件等价:

(1) P 是连续偏序集;

(2) P 是交连续偏序集, $\lambda(P)$ 有小的开滤向基且 $\sigma(P)$ 是连续格;

(3) P 是交连续偏序集, $\mu(P)$ 有小的开滤向基且 $\sigma(P)$ 是连续格.

证明 由定理 6.2.12 和定理 6.5.10 即得. $\qquad \square$

习 题 6.5

1. 证明: 任意一族交连续格的乘积是交连续格.

2. 举例说明交连续格不必是连续格.

3. 设 P 是交连续的 dcpo. $U \neq \varnothing$ 是 P 的 Scott 开集, $F \neq \varnothing$ 是 P 的 Scott 闭集. 证明: 作为 P 的子偏序集, U 和 F 均是交连续 dcpo.

4. 证明: 交连续 dcpo 的收缩核都是交连续 dcpo.

5. 设 P 是 dcpo. 证明: P 是交连续 dcpo 当且仅当 $\forall x \in P, \downarrow x$ 是交连续 dcpo.

6. 举例说明交连续偏序集的主理想不必是交连续的.

6.6 拟连续偏序集

先利用 Smyth 预序把 "点" 与 "点" 之间的逼近关系 (参见定义 5.3.1) 推广至 "非空集" 与 "非空集" 的情形.

定义 6.6.1　设 P 是偏序集, G, H 是 P 的非空子集. 若对 P 的任意定向集 D, 当 $\sup D$ 存在且 $\sup D \in \uparrow H$, 存在 $d \in D$ 使 $d \in \uparrow G$, 则称 G **逼近** H, 记作 $G \ll H$.

简记 $G \ll \{x\}$ 为 $G \ll x$, $\{y\} \ll H$ 为 $y \ll H$. 对 $H \subseteq P$, 记 $\uparrow\!\!\!\!\!^{\star} H = \{x \in P \mid H \ll x\}$. 对 $x \in P$, 记 $\mathrm{fin}(x) = \{F \subseteq P \mid F \text{ 非空有限且 } F \ll x\}$.

命题 6.6.2　设 P 是偏序集. 则下列性质成立:

(1) $\forall G, H \subseteq P, G \ll H \Longrightarrow G \leqslant H$;

(2) $\forall G, H \subseteq P, G \ll H \Longleftrightarrow \forall h \in H, G \ll h$;

(3) $\forall E, F, G, H \subseteq P, E \leqslant G \ll H \leqslant F \Longrightarrow E \ll F$;

(4) $\forall x, y \in P, \{x\} \ll \{y\} \Longleftrightarrow x \ll y$.

证明　由定义 5.2.19 和定义 6.6.1 直接可得, 读者可作为练习自证.　　□

定义 6.6.3　设 P 是 dcpo.

(1) 若对任意 $x \in P$, $\mathrm{fin}(x) = \{F \subseteq P \mid F \text{ 有限且 } F \ll x\}$ 是 P 的 (依 Smyth 序) 定向子集族且 $\uparrow x = \cap\{\uparrow F \mid F \in \mathrm{fin}(x)\}$, 则称 P 是**拟连续 domain**. 拟连续 domain 如果还是一个完备格则称为**拟连续格**.

(2) 若对任意 $x \in P$, $K_{\mathrm{fin}(x)} = \{F \subseteq P \mid F \text{ 有限且 } F \ll F \ll x\}$ 是 P 的 (依 Smyth 序) 定向子集族且 $\uparrow x = \cap\{\uparrow F \mid F \in K_{\mathrm{fin}(x)}\}$, 则称 P 是**拟代数 domain**. 一个拟代数 domain 如果还是一个完备格则称为**拟代数格**.

命题 6.6.4　设 P 是 dcpo, 集族 $\mathcal{F} \subseteq \mathcal{P}_{\mathrm{fin}}(P)$ 依 Smyth 序定向. 对任意 G, $H \subseteq P$, 若 $G \ll H$ 且 $\bigcap_{F \in \mathcal{F}} \uparrow F \subseteq \uparrow H$, 则存在 $F_0 \in \mathcal{F}$ 使 $F_0 \subseteq \uparrow G$.

证明　用反证法. 假设对任意 $F \in \mathcal{F}$, 有 $F \nsubseteq \uparrow G$. 则 $\{F - \uparrow G \mid F \in \mathcal{F}\}$ 是 P 的非空有限集构成的集族且依 Smyth 序定向. 于是由引理 5.2.20 知存在定向集 $D \subseteq \cup\{F - \uparrow G \mid F \in \mathcal{F}\}$ 使对任意 $F \in \mathcal{F}$, 有 $D \cap (F - \uparrow G) \neq \varnothing$. 从而有

$$\sup D \in \bigcap_{d \in D} \uparrow d \subseteq \bigcap_{F \in \mathcal{F}} \uparrow (F - \uparrow G) \subseteq \bigcap_{F \in \mathcal{F}} \uparrow F \subseteq \uparrow H.$$

因为 $G \ll H$, 故存在 $d_0 \in D$ 使 $d_0 \in \uparrow G$, 这与 $D \subseteq \cup\{F - \uparrow G \mid F \in \mathcal{F}\}$ 矛盾. 于是存在 $F_0 \in \mathcal{F}$ 使 $F_0 \subseteq \uparrow G$.　　□

命题 6.6.5　设 P 是一个 dcpo, $U \in \sigma(P)$, 集族 $\mathcal{F} = \{F \mid \text{ 存在 } E \in \mathcal{P}_{\mathrm{fin}}(P)$ 使 $F = \uparrow E\}$ 依 Smyth 序定向. 若 $\cap \mathcal{F} \subseteq U$, 则存在 $F \in \mathcal{F}$ 使 $F \subseteq U$.

证明　用反证法. 假设对任意 $F \in \mathcal{F}$, 有 $F \nsubseteq U$, 即 $F \cap (P - U) \neq \varnothing$. 令 $C = P - U$. 则对任意 $F \in \mathcal{F}$, 有 $F \cap C \neq \varnothing$. 对任意 $F \in \mathcal{F}$, 存在有限集 E_F 使 $\uparrow E_F = F$. 令 $\mathscr{A} = \{E_F \cap C \mid F \in \mathcal{F}\}$. 因 C 是下集, 故由 $\uparrow E_F \cap C = F \cap C \neq \varnothing$ 知 $E_F \cap C \neq \varnothing$ 且对 $F_1, F_2 \in \mathcal{F}$, $\uparrow E_{F_1} \supseteq \uparrow E_{F_2}$ 蕴涵 $\uparrow(E_{F_1} \cap C) \supseteq \uparrow(E_{F_2} \cap C)$. 这说明 $\mathscr{A}$ 是非空有限集构成的 Smyth 序定向集族. 由引理 5.2.20 知存在定向

集 $D \subseteq \cup \mathscr{A} \subseteq C$ 使 $\forall F \in \mathcal{F}$, 有 $D \cap (E_F \cap C) \neq \varnothing$. 从而由命题 6.1.5(2) 知 $\sup D \in C$ 且 $\forall F \in \mathcal{F}$, 有 $\sup D \in \uparrow (E_F \cap C) \subseteq F$. 故 $\sup D \in \cap \mathcal{F} \subseteq U$, 这与 $\sup D \in C$ 矛盾. 于是存在 $F \in \mathcal{F}$ 使 $F \subseteq U$. $\qquad \square$

定义 6.6.6 设 P 是 dcpo. 如果集族 $\mathcal{B} \subseteq \mathcal{P}_{\mathrm{fin}}(P)$ 满足下面两个条件:

(1) 对任意 $x \in P$, 有 $\mathrm{fin}(x) \cap \mathcal{B}$ 是 Smyth 序定向的;

(2) 对任意 $x \in P$, $\bigcap_{B \in \mathrm{fin}(x) \cap \mathcal{B}} \uparrow B \subseteq \uparrow x$,

则称 $\mathcal{B}$ 是 P 的一个**拟基**.

命题 6.6.7 设 P 是 dcpo. 则 P 是拟连续 domain 当且仅当 P 有拟基.

证明 设 P 是拟连续 domain, 则由定义 6.6.3 和定义 6.6.6 知 $\mathcal{P}_{\mathrm{fin}}(P)$ 是 P 的一个拟基. 反过来, 设 $\mathcal{B}$ 是 P 的一个拟基, 下证 P 是拟连续 domain. 设 $x \in P, F_1, F_2 \in \mathrm{fin}(x)$. 由定义 6.6.6 知 $\mathrm{fin}(x) \cap \mathcal{B}$ 定向且 $\bigcap_{B \in \mathrm{fin}(x) \cap \mathcal{B}} \uparrow B \subseteq \uparrow x$. 再由命题 6.6.4 知存在 $B_1, B_2 \in \mathrm{fin}(x) \cap \mathcal{B} \subseteq \mathrm{fin}(x)$ 使得 $F_1 \leqslant B_1, F_2 \leqslant B_2$. 由 $\mathrm{fin}(x) \cap \mathcal{B}$ 的定向性知 $\mathrm{fin}(x)$ 定向. 另一方面,

$$\bigcap_{F \in \mathrm{fin}(x)} \uparrow F \subseteq \bigcap_{B \in \mathrm{fin}(x) \cap \mathcal{B}} \uparrow B \subseteq \uparrow x.$$

因此, 由定义 6.6.3 知 P 是拟连续 domain. $\qquad \square$

推论 6.6.8 设 L 是 dcpo. 则 L 是拟连续的当且仅当对任意 $x \in L$, 存在 Smyth 序定向集族 $\mathcal{F}_x \subseteq \mathrm{fin}(x)$ 使得 $\bigcap_{F \in \mathcal{F}_x} \uparrow F \subseteq \uparrow x$.

证明 必要性显然. 充分性利用 $\mathcal{B} = \bigcup_{x \in L} \mathcal{F}_x$ 为 L 的拟基及命题 6.6.7 立得. $\qquad \square$

推论 6.6.9 每一连续 domain 都是拟连续 domain.

命题 6.6.10 设 L 是拟连续 domain. 则 L 中的每一主理想均为拟连续 domain.

证明 设 L 是拟连续 domain. 对任意 $x \in L$, $z \in \downarrow x := \varphi$, 为证 φ 是拟连续的, 先证 $\mathrm{fin}(z)|_{\varphi} \subseteq \mathrm{fin}_{\varphi}(z)$. 设 $F \in \mathrm{fin}(z)$. 则有 $F \ll z$. 下证 $\varnothing \neq F \cap \varphi \ll_{\varphi} z \leqslant x$. 设定向集 $D \subseteq \varphi$ 且 $\bigvee_{\varphi} D \geqslant z$. 由引理 5.2.13 可知 $\vee D = \bigvee_{\varphi} D \geqslant z$. 由 $F \ll z$ 知 $D \cap \uparrow F \neq \varnothing$, 从而存在 $d \in D, t \in F$ 使得 $d \geqslant t \in F$. 由 $D \subseteq \varphi = \downarrow x$ 知 $t \in \varphi$, 从而 $t \in F \cap \varphi \neq \varnothing$. 于是 $d \in \uparrow_{\varphi}(F \cap \varphi)$, 这表明 $F \cap \varphi \ll_{\varphi} z$. 由 F 的任意性知 $\mathrm{fin}(z)|_{\varphi} \subseteq \mathrm{fin}_{\varphi}(z)$,

$$\cap \{ \uparrow_{\varphi} F' \mid F' \in \mathrm{fin}_{\varphi}(z) \} \subseteq \cap \{ \uparrow_{\varphi}(F \cap \varphi) \mid F \in \mathrm{fin}(z) \}$$

$$= \cap \{ \uparrow F \mid F \in \mathrm{fin}(z) \} \cap \varphi = \uparrow z \cap \varphi = \uparrow_{\varphi} z.$$

由 $\mathrm{fin}(z)$ 的定向性可知 $\mathrm{fin}(z)|_{\varphi}$ 定向. 从而由推论 6.6.8 可知 φ 是拟连续的. $\qquad \square$

定理 6.6.11　设 P 是拟连续 domain, $x \in P$, $H \subseteq P$. 则当 $H \ll x$ 时, 存在有限集 F 使

$$H \ll F \ll x.$$

证明　令 $\mathcal{F} = \{G \in \mathcal{P}_{\mathrm{fin}}(P) \mid$ 存在 $F \in \mathcal{P}_{\mathrm{fin}}(P)$ 使 $G \ll F \ll x\}$. 则由 P 是拟连续 domain 知 $\mathcal{F} \neq \varnothing$. 若 $x \not\leqslant z$. 则由定义 6.6.3 知存在 $F \in \mathrm{fin}(x)$ 使 $z \notin {\uparrow}F$. 从而对任意 $y \in F$, 由定义 6.6.3 知存在 $F_y \in \mathrm{fin}(y)$ 使 $z \notin {\uparrow}F_y$. 令 $G_0 = \bigcup_{y \in F} F_y$. 易见 $G_0 \ll F \ll x$, 即 $G_0 \in \mathcal{F}$ 且 $z \notin {\uparrow}G_0$. 这说明 $\bigcap_{G \in \mathcal{F}} {\uparrow}G \subseteq {\uparrow}x$. 下证 $\mathcal{F}$ 依 Smyth 序定向. 设 $G_1, G_2 \in \mathcal{F}$. 则存在 $F_1, F_2 \in \mathcal{P}_{\mathrm{fin}}(P)$ 使 $G_1 \ll F_1 \ll x$ 且 $G_2 \ll F_2 \ll x$. 因为 P 是拟连续 domain, 故由定义 6.6.3 知存在 $F_3 \in \mathrm{fin}(x)$ 使 $F_1, F_2 \leqslant F_3$. 从而由命题 6.6.2 知 $G_1, G_2 \ll F_3$ 且对任意 $y \in F_3$, 有 $G_1, G_2 \ll y$. 再由 P 的拟连续性知对任意 $y \in F_3$, 存在 $F_y \in \mathrm{fin}(y)$ 使 $G_1, G_2 \leqslant F_y$. 令 $E = \bigcup_{y \in F_3} F_y$. 由命题 6.6.2(2) 知 $E \ll F_3 \ll x$, 即 $E \in \mathcal{F}$ 且 $E \subseteq ({\uparrow}G_1 \cap {\uparrow}G_2)$. 这说明 $\mathcal{F}$ 依 Smyth 序定向. 故由命题 6.6.4 知存在 $G \in \mathcal{F}$ 使 $G \subseteq {\uparrow}H$, 即 $H \leqslant G$. 从而由 $\mathcal{F}$ 的定义知存在 $F \in \mathcal{P}_{\mathrm{fin}}(P)$ 使 $H \leqslant G \ll F \ll x$. □

命题 6.6.12　设 P 是拟连续 domain.

(1) $U \subseteq P$ 是 Scott 开集当且仅当对任意 $x \in U$, 存在 $F \in \mathrm{fin}(x)$ 使 $x \in {\uparrow}F \subseteq U$;

(2) 对 P 的非空子集 H, 有 ${\Uparrow}H = \mathrm{int}_{\sigma(P)}{\uparrow}H$, 其中 $\mathrm{int}_{\sigma(P)}{\uparrow}H$ 表示集合 ${\uparrow}H$ 在拓扑空间 $(P, \sigma(P))$ 中的内部;

(3) 拓扑空间 $(P, \sigma(P))$ 是 Sober 空间.

证明　(1) 必要性: 设 $U \subseteq P$ 是 Scott 开集. 则对任意 $x \in U$, 由定义 6.6.1 知 $U \ll x$. 从而由定理 6.6.11 知存在有限集 F 使 $U \ll F \ll x$. 于是 $x \in {\uparrow}F \subseteq U$.

充分性: 设 $U \subseteq P$ 满足 (1) 中条件. 则由 $x \in U$, 存在 $F \in \mathrm{fin}(x)$ 使得 $x \in {\uparrow}F \subseteq U$, 得 ${\uparrow}x \subseteq U$, 即 U 是上集. 又对 P 中任一定向集 D, 当 $\sup D \in U$ 时, 由条件知存在有限集 $F \ll \sup D$ 使 $\sup D \in {\uparrow}F \subseteq U$. 从而由定义 6.6.1 知存在 $d \in D$ 使 $d \in {\uparrow}F \subseteq U$. 这说明 U 是 Scott 开集.

(2) 由定义 6.6.1 易见 $\mathrm{int}_{\sigma(P)}{\uparrow}H \subseteq {\Uparrow}H \subseteq {\uparrow}H$. 要证明 ${\Uparrow}H \subseteq \mathrm{int}_{\sigma(P)}{\uparrow}H$, 只需证 ${\Uparrow}H$ 是 Scott 开集即可. 设 $x \in {\Uparrow}H$. 由定理 6.6.11 知存在有限集 F 使 $H \ll F \ll x$. 设 $y \in {\uparrow}F$. 则由命题 6.6.2 可得 $y \in {\Uparrow}H$, 即 ${\uparrow}F \subseteq {\Uparrow}H$. 从而由 (1) 知 ${\Uparrow}H$ 是 Scott 开集. 综上得 ${\Uparrow}H = \mathrm{int}_{\sigma(P)}{\uparrow}H$.

(3) 设 $A \subseteq P$ 是非空既约 Scott 闭集, 集族 $\mathcal{F} = \{F \in \mathcal{P}_{\mathrm{fin}}(P) \mid {\Uparrow}F \cap A \neq \varnothing\}$. 则 $\mathcal{F} \neq \varnothing$. 设 $F, G \in \mathcal{F}$. 则 ${\Uparrow}F \cap A \neq \varnothing$ 且 ${\Uparrow}G \cap A \neq \varnothing$. 因为 A 是既约闭集, 故 ${\Uparrow}F \cap {\Uparrow}G \cap A \neq \varnothing$. 取 $x \in {\Uparrow}F \cap {\Uparrow}G \cap A$. 则由 (1) 和 (2) 知存在有限集 $E \ll x$ 使 $E \subseteq {\Uparrow}F \cap {\Uparrow}G$. 从而有 $E \in \mathcal{F}$ 且 ${\uparrow}E \subseteq {\uparrow}F \cap {\uparrow}G$. 这说明 $\mathcal{F}$ 是由 P 的非空有限

集构成的集族且依 Smyth 序定向. 故由 A 是下集知集族 $\{F \cap A \mid F \in \mathcal{F}\}$ 也是由 P 的非空有限集构成的集族且依 Smyth 序定向. 于是由引理 5.2.20 知存在定向集 $D \subseteq \bigcup_{F \in \mathcal{F}}(F \cap A)$ 使对任意 $F \in \mathcal{F}$, 有 $D \cap F \cap A \neq \varnothing$. 令 $\sup D = s$. 则 $s \in A$ 且 $s \in \bigcap_{F \in \mathcal{F}} \uparrow F$. 假设存在 $y \in A$ 使 $y \not\leqslant s$. 则由 P 是拟连续 domain 知存在有限集 $H \ll y$ 使 $s \notin \uparrow H$. 于是 $H \in \mathcal{F}$ 且 $s \notin \uparrow H$, 这与 $s \in \bigcap_{F \in \mathcal{F}} \uparrow F$ 矛盾. 从而 $A = \downarrow s = \mathrm{cl}_\sigma(\{s\})$. 故由定义 4.7.16 知拓扑空间 $(P, \sigma(P))$ 是 Sober 空间.□

由命题 6.6.12 立得如下两个推论.

推论 6.6.13 设 P 是拟连续 domain. 则 $\{\Uparrow F \mid F \in \mathcal{P}_{\mathrm{fin}}(P)\}$ 是 $(P, \sigma(P))$ 的拓扑基.

推论 6.6.14 设 P 是连续 domain. 则 $(P, \sigma(P))$ 是 Sober 空间.

定理 6.6.15 设 P 是 dcpo. 则下列条件等价:

(1) P 是拟连续 domain;

(2) 对任意 $x \in U \in \sigma(P)$, 存在有限集 $F \subseteq P$ 使 $x \in \mathrm{int}_{\sigma(P)} \uparrow F \subseteq \uparrow F \subseteq U$.

证明 (1) $\Longrightarrow$ (2) 设 P 是拟连续 domain. 对任意 $x \in P$, 任意 $U \in \sigma(P)$, 若 $x \in U$, 则由定义 6.6.3 知 $\uparrow x = \cap\{\uparrow F \mid F \in \mathrm{fin}(x)\}$ 且集族 $\{\uparrow F \mid F \in \mathrm{fin}(x)\}$ 依 Smyth 序定向. 从而由命题 6.6.5 知存在 $F \in \mathrm{fin}(x)$ 使 $\uparrow F \subseteq U$. 于是有 $x \in \Uparrow F = \mathrm{int}_{\sigma(P)} \uparrow F \subseteq \uparrow F \subseteq U$.

(2) $\Longrightarrow$ (1) 对任意 $x \in P$, 令 $\mathcal{F} = \{F \in \mathcal{P}_{\mathrm{fin}}(P) \mid x \in \mathrm{int}_{\sigma(P)} \uparrow F \subseteq \uparrow F \subseteq P\}$. 则由定义 6.6.1 和定义 6.6.3 易见 $\forall F \in \mathcal{F}$, 有 $F \ll x$, 即 $\mathcal{F} \subseteq \mathrm{fin}(x)$. 因为 $x \in P$ 且 $P \in \sigma(P)$, 故由 (2) 知存在有限集 $F_0 \subseteq P$ 使 $x \in \mathrm{int}_{\sigma(P)} \uparrow F_0 \subseteq \uparrow F_0 \subseteq P$. 这说明 $F_0 \in \mathcal{F}$, 即 $\mathcal{F} \neq \varnothing$. 设 $F_1, F_2 \in \mathcal{F}$. 则 $x \in \mathrm{int}_{\sigma(P)} \uparrow F_1 \subseteq \uparrow F_1 \subseteq P$ 且 $x \in \mathrm{int}_{\sigma(P)} \uparrow F_2 \subseteq \uparrow F_2 \subseteq P$. 从而由 $x \in (\mathrm{int}_{\sigma(P)} \uparrow F_1 \cap \mathrm{int}_{\sigma(P)} \uparrow F_2) \in \sigma(P)$ 及 (2) 知存在有限集 $F_3 \subseteq P$ 使 $x \in \mathrm{int}_{\sigma(P)} \uparrow F_3 \subseteq \uparrow F_3 \subseteq (\mathrm{int}_{\sigma(P)} \uparrow F_1 \cap \mathrm{int}_{\sigma(P)} \uparrow F_2)$. 这说明 $F_3 \in \mathcal{F}$ 且 $F_1, F_2 \leqslant F_3$, 即集族 $\mathcal{F}$ 依 Smyth 序定向. 显然 $\uparrow x \subseteq \cap\{\uparrow F \mid F \in \mathcal{F}\}$. 又设 $y \notin \uparrow x$. 则由 $x \in P - \downarrow y \in \sigma(P)$ 和 (2) 知存在有限集 $G \subseteq P$ 使 $x \in \mathrm{int}_{\sigma(P)} \uparrow G \subseteq \uparrow G \subseteq P - \downarrow y$. 这说明 $G \in \mathcal{F}$ 且 $y \notin \uparrow G$. 于是 $\cap\{\uparrow F \mid F \in \mathcal{F}\} \subseteq \uparrow x$. 综上可知集族 $\mathcal{F} \subseteq \mathrm{fin}(x)$ 依 Smyth 序定向且 $\uparrow x = \cap\{\uparrow F \mid F \in \mathcal{F}\}$. 从而由推论 6.6.8 知 P 是拟连续 domain. □

命题 6.6.16 设 P 是 dcpo. 则下列条件等价:

(1) P 是拟代数 domain;

(2) 对任意 $x \in U \in \sigma(P)$, 存在有限集 $F \subseteq P$ 使 $x \in \mathrm{int}_{\sigma(P)} \uparrow F = \uparrow F \subseteq U$.

证明 类似于定理 6.6.15 的证明, 读者可作为练习自证. □

利用定理 6.6.15 和命题 6.6.16 的结论, 在一般偏序集上引入如下拟连续 (拟代数) 性.

定义 6.6.17 设 P 是偏序集.

(1) 对任意 $x \in U \in \sigma(P)$, 存在有限集 $F \subseteq P$ 使 $x \in \mathrm{int}_{\sigma(P)} {\uparrow}F \subseteq {\uparrow}F \subseteq U$, 则称 P 是**拟连续偏序集**, 其中 $\mathrm{int}_{\sigma(P)} {\uparrow}F$ 表示集 ${\uparrow}F$ 在拓扑空间 $(P, \sigma(P))$ 中的内部.

(2) 对任意 $x \in U \in \sigma(P)$, 存在有限集 $F \subseteq P$ 使 $x \in \mathrm{int}_{\sigma(P)} {\uparrow}F = {\uparrow}F \subseteq U$, 则称 P 是**拟代数偏序集**.

显然, 拟代数 (拟连续) domain 都是拟代数 (拟连续) 偏序集.

命题 6.6.18　(1) 连续 (代数) 偏序集均是拟连续 (拟代数) 偏序集.

(2) 拟连续 (拟代数) 偏序集的非空 Scott 开集还是拟连续 (拟代数) 偏序集.

证明　(1) 设 P 是连续偏序集. 对任意 $x \in P$, 任意 $U \in \sigma(P)$, 若 $x \in U$, 则由 P 的连续性知存在 $y \ll x$ 使 $y \in U$. 从而 $x \in {\Uparrow}y = \mathrm{int}_{\sigma(P)} {\uparrow}y \subseteq {\uparrow}y \subseteq U$. 于是由定义 6.6.17 知 P 是拟连续偏序集. 类似地, 可证明代数偏序集均是拟代数偏序集, 读者可作为练习自证.

(2) 由定义 6.6.17 及 Scott 拓扑对开集遗传的引理 6.1.8 立得. □

容易验证 Λ 形并半格是拟连续的但不是连续的.

命题 6.6.19　设 P 是拟连续偏序集, $U \subseteq P$. 则

(1) $U \in \sigma(P)$ 当且仅当 $\forall x \in U$, 存在有限集 $F \subseteq P$ 使 $x \in \mathrm{int}_{\sigma(P)} {\uparrow}F \subseteq {\uparrow}F \subseteq U$;

(2) 集族 $\mathcal{B} = \{ \mathrm{int}_{\sigma(P)} {\uparrow}F \mid F \subseteq P$ 为有限集 $\}$ 是 $\sigma(P)$ 的一个基.

证明　由定义 6.6.17 直接可得, 读者可作为练习自证. □

命题 6.6.20　设 P 是拟连续偏序集. 则 $\mathcal{B} = \{(\mathrm{int}_{\sigma(P)} {\uparrow}F) \cap {\downarrow}x \mid F \subseteq P$ 为有限子集, $x \in P\}$ 是 $\mu(P)$ 的一个基.

证明　首先 $\mathcal{B} = \{(\mathrm{int}_{\sigma(P)} {\uparrow}F) \cap {\downarrow}x \mid F \subseteq P$ 为有限子集, $x \in P\} \subseteq \mu(P)$. $\forall U \in \mu(P)$, $\forall x \in U$, 存在 $V \in \sigma(P)$, $C \in \alpha^*(P)$ 使 $x \in V \cap C \subseteq U$. 由 P 是拟连续偏序集知存在有限子集 $F \subseteq P$ 使 $x \in \mathrm{int}_{\sigma(P)} {\uparrow}F \subseteq {\uparrow}F \subseteq V$, 故 $x \in (\mathrm{int}_{\sigma(P)} {\uparrow}F) \cap {\downarrow}x \subseteq V \cap C \subseteq U$, 这说明 $\mathcal{B}$ 是 $\mu(P)$ 的一个基. □

定理 6.6.21　设 P 是拟连续偏序集. 则 P 上的测度拓扑 $\mu(P)$ 是**零维**的, 即 T_1 的且有一个由既开又闭的子集组成的基.

证明　因任意 $x \in P$, $\{x\} = {\uparrow}x \cap {\downarrow}x$, 故由定义 6.1.11 知 $\{x\}$ 是 $\lambda(P)$ 闭集, 故 $\lambda(P)$, 特别地, $\mu(P)$ 是 T_1 的. 由命题 6.6.20 知 $\mathcal{B} = \{(\mathrm{int}_{\sigma(P)} {\uparrow}F) \cap {\downarrow}x \mid F \subseteq P$ 为有限子集, $x \in P\}$ 是 $\mu(P)$ 的一个基. 故只要证其中的任一基元 $(\mathrm{int}_{\sigma(P)} {\uparrow}F) \cap {\downarrow}x$ 也均为 $\mu(P)$ 闭集. 实际上, ${\downarrow}x$ 为 $\sigma(P)$ 闭集, $\mathrm{int}_{\sigma(P)} {\uparrow}F$ 作为上集是 $\alpha^*(P)$ 闭集, 这样它们均为 $\mu(P)$ 闭集, 从而其交是 $\mu(P)$ 闭集. □

定理 6.6.22　设 P 是连续偏序集. 则 $(P, \mu(P))$ 为可分可度量化当且仅当 P 为可数集.

证明　必要性: 当 $(P, \mu(P))$ 为可分可度量化时, 空间 $(P, \mu(P))$ 有可数基.

由定理 6.2.25 得偏序集 P 有可数基, 设为 B. 结合命题 6.2.23, 可选取可数集 $Y \subseteq P$ 使

$$\mathcal{B}^* = \{\uparrow b \cap \downarrow y \mid b \in B, y \in Y\}$$

为 $(P, \mu(P))$ 的可数基. 因为对任意 $p \in P$, 存在 $b \in B$ 使 $b \ll p$, 所以 $\uparrow b \cap \downarrow p \in \mu(P)$. 由 $\{\uparrow b \cap \downarrow y \mid b \in B, y \in Y\}$ 为 $\mu(P)$ 的可数基可知存在 $a \in B, y \in Y$ 使得 $p \in \uparrow a \cap \downarrow y \subseteq \uparrow b \cap \downarrow p$. 这说明 $p \leqslant y \leqslant p$. 从而 $p = y \in Y$. 于是 $P = Y$ 是可数集.

充分性: 设 P 是可数集. 由命题 6.2.23 得 $(P, \mu(P))$ 有可数基. 于是由定理 6.6.21 知 $(P, \mu(P))$ 是 T_3 空间. 从而由 Urysohn 度量化引理知 $(P, \mu(P))$ 是可分可度量化的. $\square$

命题 6.6.23 设 P 是拟连续偏序集. 则

(1) 拓扑空间 $(P, \sigma(P))$ 是 II 型局部紧的.

(2) 拓扑空间 $(P, \lambda(P))$ 是 T_3 空间. 特别地, $(P, \lambda(P))$ 是 Hausdorff 空间.

证明 (1) 对任意 $x \in U \in \sigma(P)$, 由 P 拟连续知存在有限集 $F \subseteq P$ 使 $x \in \mathrm{int}_{\sigma(P)}\uparrow F \subseteq \uparrow F \subseteq U$. 显然 $\uparrow F$ 是拓扑空间 $(P, \sigma(P))$ 的紧子集. 从而 $(P, \sigma(P))$ 是 II 型局部紧的.

(2) 先证 $(P, \lambda(P))$ 是正则空间. 只需对 $\lambda(P)$ 的子基元验证定理 2.9.10 的条件. 设 $U \in \sigma(P)$. 对任意 $x \in U$, 由命题 6.6.19 知存在有限集 $F \subseteq P$ 使 $x \in \mathrm{int}_{\sigma(P)}\uparrow F \subseteq \uparrow F \subseteq U$. 令 $V = \mathrm{int}_{\sigma(P)}\uparrow F \in \sigma(P)$. 则由 $\uparrow F$ 是 $\lambda(P)$ 闭集知 $x \in V \subseteq \mathrm{cl}_\lambda(V) \subseteq \uparrow F \subseteq U$. 若 $x \in U = P - \uparrow y \in \omega(P)$, 则 $y \nleqslant x$, 即 $y \in P - \downarrow x \in \sigma(P)$. 从而由命题 6.6.19 知存在有限集 $G \subseteq P$ 使 $y \in \mathrm{int}_{\sigma(P)}\uparrow G \subseteq \uparrow G \subseteq P - \downarrow x$. 于是有 $x \in P - \uparrow G \subseteq P - \mathrm{int}_{\sigma(P)}\uparrow G \subseteq P - \uparrow y$. 令 $V = P - \uparrow G$. 则 $V \in \lambda(P)$ 且 $x \in V \subseteq \mathrm{cl}_\lambda(V) \subseteq P - \mathrm{int}_{\sigma(P)}\uparrow G \subseteq P - \uparrow y = U$. 综上由定理 2.9.10 知拓扑空间 $(P, \lambda(P))$ 是正则空间. 因 Lawson 拓扑 $\lambda(P)$ 总是 T_1 的, 故 $(P, \lambda(P))$ 是 T_3 空间. $\square$

推论 6.6.24 设 P 是连续偏序集. 则

(1) 拓扑空间 $(P, \sigma(P))$ 是 II 型局部紧的.

(2) 拓扑空间 $(P, \lambda(P))$ 是 T_3 空间. 特别地, $(P, \lambda(P))$ 是 Hausdorff 空间.

证明 由命题 6.6.18 和命题 6.6.23 可得. $\square$

引理 6.6.25 设 P 是拟连续偏序集, $A = \uparrow A$ 是 Scott 紧上集. 则

(1) 对 A 的任意 Scott 开邻域 U, 存在有限集 $F \subseteq P$ 使 $A \subseteq \mathrm{int}_{\sigma(P)}\uparrow F \subseteq \uparrow F \subseteq U$;

(2) 集族 $\mathcal{G} = \{\uparrow G \mid G \text{ 有限且 } A \subseteq \mathrm{int}_{\sigma(P)}\uparrow G\}$ 依 Smyth 序定向且 $A = \cap \mathcal{G}$.

证明 (1) 设 $A = \uparrow A$ 是 P 的 Scott 紧上集且 U 是 A 的 Scott 开邻域. 则 $\forall x \in A$, 由定义 6.6.17 知存在有限集 $F_x \subseteq P$ 使 $x \in \mathrm{int}_{\sigma(P)}\uparrow F_x \subseteq \uparrow F_x \subseteq U$.

故 $\{\mathrm{int}_{\sigma(P)}{\uparrow}F_x \mid x \in A\}$ 是 A 的开覆盖. 因 A 是 Scott 紧的, 故存在有限集 $\{x_1, x_2, \cdots, x_n\} \subseteq A$ 使 $A \subseteq \bigcup_{i=1}^{n} \mathrm{int}_{\sigma(P)}{\uparrow}F_{x_i}$. 令 $F = \bigcup_{i=1}^{n} F_{x_i}$. 显然 F 有限且 ${\uparrow}F = \bigcup_{i=1}^{n} {\uparrow}F_{x_i} \subseteq U$. 从而 $A \subseteq \bigcup_{i=1}^{n} \mathrm{int}_{\sigma(P)}{\uparrow}F_{x_i} \subseteq \mathrm{int}_{\sigma(P)}(\bigcup_{i=1}^{n} {\uparrow}F_{x_i}) = \mathrm{int}_{\sigma(P)}{\uparrow}F \subseteq U$.

(2) 令集族 $\mathcal{G} = \{{\uparrow}G \mid G$ 有限且 $A \subseteq \mathrm{int}_{\sigma(P)}{\uparrow}G\}$. 设 ${\uparrow}G_1, {\uparrow}G_2 \in \mathcal{G}$. 则有 $A \subseteq \mathrm{int}_{\sigma(P)}{\uparrow}G_1 \cap \mathrm{int}_{\sigma(P)}{\uparrow}G_2 \in \sigma(P)$. 从而由 (1) 知存在有限集 $G_0 \subseteq \mathrm{int}_{\sigma(P)}{\uparrow}G_1 \cap \mathrm{int}_{\sigma(P)}{\uparrow}G_2$ 使 $A \subseteq \mathrm{int}_{\sigma(P)}{\uparrow}G_0$. 这说明 ${\uparrow}G_0 \in \mathcal{G}$ 且 ${\uparrow}G_1, {\uparrow}G_2 \leqslant {\uparrow}G_0$. 于是集族 $\mathcal{G}$ 依 Smyth 序定向. 下证 $A = \cap\mathcal{G}$. 显然 $A \subseteq \cap\mathcal{G}$. 对任意 $x \in P - A$, 令 $V = P - {\downarrow}x$. 则 V 是 A 的 Scott 开邻域. 从而由 (1) 知存在有限集 $F_0 \subseteq P$ 使 $A \subseteq \mathrm{int}_{\sigma(P)}{\uparrow}F_0 \subseteq {\uparrow}F_0 \subseteq V$. 这说明 ${\uparrow}F_0 \in \mathcal{G}$ 且 $x \notin \cap\mathcal{G}$. 从而 $\cap\mathcal{G} \subseteq A$. 综上知 $A = \cap\mathcal{G}$. □

推论 6.6.26　设 P 是拟连续偏序集, $A \subseteq P$. 则 A 是 Scott 紧开集当且仅当存在有限集 $F \subseteq P$ 使 $A = \mathrm{int}_{\sigma(P)}{\uparrow}F = {\uparrow}F$.

证明　充分性显然, 仅证明必要性. 不妨设 $A \neq \varnothing$. 若 A 是 Scott 紧开集, 则由引理 6.6.25 知存在有限集 $G \subseteq P$ 使 $A \subseteq \mathrm{int}_{\sigma(P)}{\uparrow}G \subseteq {\uparrow}G \subseteq A$. 从而 $A = \mathrm{int}_{\sigma(P)}{\uparrow}G = {\uparrow}G$. □

命题 6.6.27　设 P 是拟连续偏序集. 则 P 是拟代数的当且仅当 P 上的 Scott 拓扑 $\sigma(P)$ 有一个由 Scott 紧开集构成的基.

证明　必要性: 设 P 是拟代数偏序集. 则由定义 6.6.17 易见集族 $\mathcal{B} = \{{\uparrow}F \mid F \subseteq P$ 有限且 ${\uparrow}F = \mathrm{int}_{\sigma(P)}{\uparrow}F\}$ 是 P 上 Scott 拓扑 $\sigma(P)$ 的由 Scott 紧开集构成的基.

充分性: 设 $\mathcal{B}^*$ 是 $\sigma(P)$ 的由 Scott 紧开集构成的基. 则对任意 $x \in P$, 任意 $U \in \sigma(P)$, 若 $x \in U$, 存在 $W \in \mathcal{B}^*$ 使 $x \in W \subseteq U$. 从而由推论 6.6.26 知存在有限集 $F \subseteq P$ 使 $W = \mathrm{int}_{\sigma(P)}{\uparrow}F = {\uparrow}F$. 这说明 $x \in W = \mathrm{int}_{\sigma(P)}{\uparrow}F = {\uparrow}F \subseteq U$, 即 P 是拟代数偏序集. □

推论 6.6.28　设 P 是拟代数偏序集. 则 P 上的 Lawson 拓扑 $\lambda(P)$ 是零维的.

证明　设 P 是拟代数偏序集. 则由命题 6.6.23(2) 知 $\lambda(P)$ 是 Hausdorff 的. 令

$$\mathcal{B} = \{{\uparrow}F \mid F \subseteq P$ 有限且 ${\uparrow}F = \mathrm{int}_{\sigma(P)}{\uparrow}F\}.$$

由 P 的拟代数性易见集族 $\mathcal{B}$ 是 P 上 Scott 拓扑 $\sigma(P)$ 的一个基. 从而由定义 6.1.11 知集族

$$\mathcal{S} = \mathcal{B} \cup \{P - {\uparrow}F \mid {\uparrow}F \in \mathcal{B}\} \subseteq \lambda(P).$$

对任意 ${\uparrow}F \in \mathcal{B}$, 因为 $F \subseteq P$ 有限且 ${\uparrow}F = \mathrm{int}_{\sigma(P)}{\uparrow}F$, 故 ${\uparrow}F$ 是拓扑空间 $(P, \lambda(P))$ 中的既开又闭的子集. 设 $y \in P - {\uparrow}x \in \omega(P)$, 即 $x \in P - {\downarrow}y \in \sigma(P)$. 则由 P 的拟代数性知存在有限集 $F_y \subseteq P$ 使 ${\uparrow}F_y \in \mathcal{B}$ 且 $x \in \mathrm{int}_{\sigma(P)}{\uparrow}F_y = {\uparrow}F_y \subseteq P - {\downarrow}y$.

从而 $y \in P - \uparrow F_y \subseteq P - \uparrow x$. 故 $P - \uparrow x = \bigcup_{y \in P - \uparrow x}(P - \uparrow F_y)$. 这说明集族 $\mathcal{S}$ 是 $\lambda(P)$ 的由既开又闭的子集组成的基. 从而 P 上的 Lawson 拓扑 $\lambda(P)$ 是零维的. $\qquad\square$

习　题　6.6

1. 设 P 是偏序集, $c(P)$ 是其定向完备化, 且均赋予 Scott 拓扑.

证明: P 拟连续当且仅当 $c(P)$ 拟连续且 $\Sigma c(P)$ 是 ΣP 的 Sober 化.

提示: 见文献 [134, 定理 4.5].

2. 证明命题 6.6.16.

3. 证明命题 6.6.19.

4. 证明: 有限个拟连续 domain 的积还是拟连续 domain.

5. 证明: 完备格是拟连续格当且仅当 $(L, \lambda(L))$ 是 Hausdorff 空间.

6. 证明: 没有无穷反链的 dcpo 是拟连续 domain.

7. 设 L 是拟连续 domain. 证明: $(L, \lambda(L))$ 是紧空间当且仅当 $\omega(L)$ 闭集都是 Scott 紧集.

8. 设 E 是拟连续 domain L 的 Lawson 紧集. 证明: E 是 Lawson 闭的且 $\downarrow E$ 是 Scott 闭的.

9. 举例说明拟连续 domain L 的 Scott 紧 $D \subseteq L$ 的下集 $\downarrow D$ 不必是 Scott 闭的.

10. 设 L 是 dcpo, $\max(L)$ 为 L 的极大元之集.

证明: 若 L 中每一主理想是拟连续的且 $\max(L)$ 是有限集, 则 L 是拟连续的.

提示: 参见文献 [57].

11. 举交半格 dcpo 的例使每一主理想拟连续但本身不拟连续. 提示: 参见文献 [57].

12. 偏序集 L 的 Scott 拓扑称为**上可遗传的**, 若 $\forall x \in L$, $\sigma(\uparrow x) = \sigma(L)|_{\uparrow x}$.

证明: 若 L 拟连续且 Scott 拓扑是上可遗传的, 则 L 的每一主滤子均是拟连续的.

13. 证明: L 是拟代数偏序集当且仅当 $\sigma^*(L)$ 是拟代数格.

6.7　偏序集中的下收敛与 Lawson 拓扑

定义 6.7.1　设 P 是集合, $\mathcal{L}$ 是有序对 $((x_j)_{j \in J}, x)$ 的类, 其中 $(x_j)_{j \in J}$ 是 P 中的网, $x \in P$.

(1) 令 $\mathcal{O}(\mathcal{L}) = \{U \subseteq P \mid$ 若 $((x_j)_{j \in J}, x) \in \mathcal{L}$ 且 $x \in U$, 则 $(x_j)_{j \in J}$ 最终在 U 中$\}$, 则 $\mathcal{O}(\mathcal{L})$ 为 P 上的一个拓扑, 称为**由类 $\mathcal{L}$ 生成的拓扑**.

(2) 若存在 P 上的拓扑 τ 使得 $((x_j)_{j \in J}, x) \in \mathcal{L}$ 当且仅当网 $(x_j)_{j \in J}$ 关于 τ 收敛于 x, 则称 $\mathcal{L}$ 是**拓扑的**.

由定理 3.1.21, $\mathcal{L}$ 是拓扑的当且仅当 $\mathcal{L}$ 是关于 P 的收敛类.

定义 6.7.2　设 P 是偏序集, $(x_j)_{j \in J}$ 是 P 中的网, $y \in P$. 如果存在 $M, N \subseteq P$ 使得:

(1) M 是定向集, N 是滤向集;

(2) $y = \sup M = \inf N$;

(3) 对任意 $a \in M$, $b \in N$, 存在 $k \in J$ 使得当 $j \geqslant k$ 时有 $a \leqslant x_j \leqslant b$,

则称 P 中的网 $(x_j)_{j \in J}$ **序收敛于** y, 记作 $(x_j)_{j \in J} \equiv_{\mathrm{Ord}} y$.

定义 6.7.3 设 P 是偏序集, $(x_j)_{j \in J}$ 是 P 中的网, $y \in P$. 若存在定向集 $M \subseteq P$ 使

(1) $\sup M$ 存在且 $y \leqslant \sup M$;

(2) 对任意 $a \in M$, 存在 $k \in J$ 使得当 $j \geqslant k$ 时有 $a \leqslant x_j$,

则称 P 中的网 $(x_j)_{j \in J}$ **$\mathcal{S}$-收敛于** y, 记作 $(x_j)_{j \in J} \equiv_{\mathcal{S}} y$.

定理 6.7.4 设 P 是偏序集, $U \subseteq P$, $\mathcal{S} = \{((x_j)_{j \in J}, x) \mid (x_j)_{j \in J} \equiv_{\mathcal{S}} x\}$. 则 $U \in \mathcal{O}(\mathcal{S})$ 当且仅当下面两个条件成立:

(1) $U = \uparrow U$;

(2) 对 P 的任意定向集 D, 若 $\sup D$ 存在且 $\sup D \in U$, 则 $D \cap U \neq \varnothing$.

于是 $\mathcal{O}(\mathcal{S}) = \sigma(P)$.

证明 可逐步验证得到, 留读者作为练习自证. □

定义 6.7.5 设 P 是偏序集, $(x_j)_{j \in J}$ 是 P 中的网, $y \in P$. 如果存在定向集 $M \subseteq P$ 使

(1) $\sup M$ 存在且 $y = \sup M$;

(2) 对任意 $a \in M$, 存在 $k \in J$ 使得当 $j \geqslant k$ 时有 $a \leqslant x_j$;

(3) 对任意 $c \in P$, 若存在 $k \in J$ 使得当 $j \geqslant k$ 时有 $c \leqslant x_j$, 则 $c \leqslant y$,

则称 y 是 P 中网 $(x_j)_{j \in J}$ 的**下极限**. 记作 $\underline{\lim}(x_j)_{j \in J} = y$.

注 6.7.6 在定义 6.7.5 中对网 $(x_j)_{j \in J}$ 和 x, 若存在 $k \in J$ 使当 $j \geqslant k$ 时有 $x \leqslant x_j$ $(x_j \leqslant x)$, 则称 x 是网 $(x_j)_{j \in J}$ 的一个**最终下 (上) 界**. 于是定义中 (2) 和 (3) 分别等价于

(2′) M 是网 $(x_j)_{j \in J}$ 的最终下界之集的一个子集;

(3′) y 是网 $(x_j)_{j \in J}$ 的最终下界之集的一个上界.

定理 6.7.7 设 P 是偏序集, $(x_j)_{j \in J}$ 是 P 中的网, $y \in P$.

(1) 若网 $(x_j)_{j \in J}$ 序收敛于 y, 则 y 是网 $(x_j)_{j \in J}$ 的下极限;

(2) 若 y 是网 $(x_j)_{j \in J}$ 的下极限, 则网 $(x_j)_{j \in J}$ $\mathcal{S}$-收敛于 y.

证明 (1) 设网 $(x_j)_{j \in J}$ 序收敛于 y, 则存在 P 的定向集 M 和滤向集 N 使得 $y = \sup M = \inf N$. 对任意 $a \in M$, $b \in N$, 存在 $k_1 \in J$ 使得当 $j \geqslant k_1$ 时有 $a \leqslant x_j \leqslant b$. 设 c 是网 $(x_j)_{j \in J}$ 的一个最终下界, 即存在 $k_2 \in J$ 使得当 $j \geqslant k_2$ 时有 $c \leqslant x_j$. 由于 J 是定向集, 所以存在 $k \geqslant k_1, k_2$ 使得当 $j \geqslant k$ 时有 $c \leqslant x_j \leqslant b$. 这表明网 $(x_j)_{j \in J}$ 的每一最终下界都是滤向集 N 的下界, 因此 $y = \inf N$ 是网 $(x_j)_{j \in J}$ 的最终下界之集的一个上界. 即对任意 $c \in P$, 若存在 $k \in J$ 使当 $j \geqslant k$ 时有 $c \leqslant x_j$, 则有 $c \leqslant \inf N = y$. 由定义 6.7.5 知 y 是网 $(x_j)_{j \in J}$ 的下极限.

(2) 由定义 6.7.3 和定义 6.7.5 立即得证. □

例 6.7.8 表明偏序集中网的下极限点不一定是此网的序收敛点.

例 6.7.8 设 $P = \{a_0, a_1, a_2, \cdots, a_n, \cdots\} \cup \{b, T\}$, 其中 $a_0 < a_1 < a_2 < \cdots < a_n < \cdots < b < T$. 设 $S = (x_j)_{j \in \mathbb{N}}$ 为 P 的网, 其中 $\mathbb{N}$ 为自然数集, 当 j 为奇数时 $x_j = T$, 当 j 为偶数时 $x_j = a_{j/2}$. 则 $M = \{a_0, a_1, a_2, \cdots, a_n, \cdots\}$ 是网 S 的最终下界之集, 又 M 是定向集且 $\sup M = b$, 于是 b 是网 S 的下极限. 设 M' 是 M 中的任一定向集. 若 $\sup M'$ 存在, 则 $\sup M' \leqslant b$. 但是网 S 的最终上界之集为 $\{T\}$, 从而 $\inf\{T\} = T > b$, 于是 $\sup M' \neq \inf\{T\}$, 因此网 S 不序收敛于 P 中的任意一点.

例 6.7.9 表明偏序集中网的 $\mathcal{S}$-收敛点不一定是此网的下极限点.

例 6.7.9 设 $P = \{b_0, b_1, \cdots, b_n, \cdots\} \cup \{a, b\}$, 其中 $b_0 < b_1 < \cdots < b_n < \cdots < b$ 及 $a < b$. 设 $S = (b_j)_{j \in \mathbb{N}}$ 为 P 的网. 则 $M = \{b_0, b_1, \cdots, b_n, \cdots\}$ 是网 S 的最终下界之集, 又 M 定向且 $\sup M = b > a$, 于是 $(b_j)_{j \in J} \equiv_{\mathcal{S}} a$. 但 a 不是网 S 的最终下界之集的上界, 因而 a 不是网 S 的下极限.

综上有: 序收敛点 $\Longrightarrow$ 下极限点 $\Longrightarrow$ $\mathcal{S}$-收敛点. 这里蕴涵关系一般不可逆.

命题 6.7.10 设 P 是偏序集, $(x_j)_{j \in J}$ 为 P 中的网, $y \in P$, 则下列三条等价:

(1) $\underline{\lim}(x_j)_{j \in J} = y$;

(2) $(x_j)_{j \in J} \equiv_{\mathcal{S}} y$ 且 y 是网 $(x_j)_{j \in J}$ 的最终下界之集的一个上界;

(3) $(x_j)_{j \in J} \equiv_{\mathcal{S}} y$ 且对任意 $z \in P - \downarrow y$, 都有 $(x_j)_{j \in J} \not\equiv_{\mathcal{S}} z$.

证明 (1) $\Longleftrightarrow$ (2) 由定义 6.7.3 和定义 6.7.5 立即得证.

(2) $\Longrightarrow$ (3) 只需证对任意 $z \in P - \downarrow y$, 都有 $(x_j)_{j \in J} \not\equiv_{\mathcal{S}} z$. 若存在 $z \in P - \downarrow y$ 使 $(x_j)_{j \in J} \equiv_{\mathcal{S}} z$, 则存在网 $(x_j)_{j \in J}$ 的最终下界之集的定向子集 M, 使 $\sup M$ 存在且 $z \leqslant \sup M$. 再由 (2) 知 $\sup M \leqslant y$, 从而 $z \leqslant y$, 这与 $z \in P - \downarrow y$ 矛盾.

(3) $\Longrightarrow$ (2) 当 (3) 成立时, 若 y 不是网 $(x_j)_{j \in J}$ 的最终下界之集的一个上界, 则存在网 $(x_j)_{j \in J}$ 的一个最终下界 z 使得 $z \in P - \downarrow y$, 由 (3) 知 $(x_j)_{j \in J} \not\equiv_{\mathcal{S}} z$. 但事实上, 令 $M = \{z\}$, 则 M 是网 $(x_j)_{j \in J}$ 的最终下界之集的一个定向子集且 $z \leqslant \sup M$. 由定义 6.7.3 知 $(x_j)_{j \in J} \equiv_{\mathcal{S}} z$, 矛盾!

综合可知 (1), (2) 和 (3) 互相等价. $\qquad\qquad\square$

定义 6.7.11 设 P 是偏序集, $(x_j)_{j \in J}$ 是 P 中的网. 若 y 是网 $(x_j)_{j \in J}$ 及任一子网 $(y_k)_{k \in K}$ 的下极限, 则称网 $(x_j)_{j \in J}$ **下收敛**于 y, 记作 $(x_j)_{j \in J} \equiv_{\text{Low}} y$.

设 P 是偏序集. 令 $\varphi(P) = \{((x_j)_{j \in J}, x) \mid (x_j)_{j \in J} \equiv_{\text{Low}} x\}$, 则由定义 6.7.1 可知, 类 $\varphi(P)$ 生成拓扑 $\mathcal{O}(\varphi(P))$.

注 6.7.12 (1) 设 P 是偏序集, $(x_j)_{j \in J}$ 是 P 中的网, $(y_k)_{k \in K}$ 是 $(x_j)_{j \in J}$ 的子网. 若 $(x_j)_{j \in J} \equiv_{\text{Low}} y$, 则 $(y_k)_{k \in K} \equiv_{\text{Low}} y$.

(2) 设 L 是完备交半格, $(x_j)_{j \in J}$ 是 L 中的网, $(y_k)_{k \in K}$ 是 $(x_j)_{j \in J}$ 的子网. 则 $\underline{\lim}(x_j) = \sup_{j \in J} \inf_{i \geqslant j} x_i$ 存在唯一, 且是 $(x_j)_{j \in J}$ 的某些最终下界的定向并, 故

$((x_j)_{j \in J}, \underline{\lim}(x_j)) \in \varphi(L)$, 同时 $((y_k)_{k \in K}, \underline{\lim}(x_j)) \in \varphi(L)$.

下面考察拓扑 $\mathcal{O}(\varphi(P))$ 的一些性质.

命题 6.7.13 设 P 是偏序集, 则下列两条成立:

(1) P 中上集 $U \in \mathcal{O}(\varphi(P))$ 当且仅当 $U \in \sigma(P)$;

(2) P 中下集 F 为 $\mathcal{O}(\varphi(P))$ 闭集当且仅当 F 为 Scott 闭集.

证明 (1) 设 $U \in \mathcal{O}(\varphi(P))$ 是 P 中上集. 若 $D \subseteq P$ 定向, $\sup D$ 存在且 $\sup D \in U$. 则易证 $((d)_{d \in D}, \sup D) \in \varphi(P)$. 从而由 $U \in \mathcal{O}(\varphi(P))$ 得网 $(d)_{d \in D}$ 最终在 U 中, 于是存在 $d' \in D$, 当 $d \geqslant d'$ 时有 $d \in D \cap U \neq \varnothing$. 再由 U 是上集知 $U \in \sigma(P)$. 反过来, 设 $U \in \sigma(P)$ 是 P 中上集. 当 $((x_j)_{j \in J}, x) \in \varphi(P)$ 且 $x \in U$ 时, 由 $\varphi(P)$ 的定义知 x 为网 $(x_j)_{j \in J}$ 的下极限, 从而存在网 $(x_j)_{j \in J}$ 的最终下界 之集的定向子集 D, 使得 $\sup D$ 存在且 $x = \sup D$. 注意到 $x \in U \in \sigma(P)$, 故 $D \cap U \neq \varnothing$, 于是存在网 $(x_j)_{j \in J}$ 的一个最终下界 d, 使得 $d \in U$, 于是存在 $j \in J$, 当 $i \geqslant j$ 时有 $x_i \geqslant d$. 再由 U 为上集知 $x_i \in U$, 于是网 $(x_j)_{j \in J}$ 最终在 U 中. 由 定义 6.7.1 知 $U \in \mathcal{O}(\varphi(P))$.

结论 (2) 可对偶地证明. □

定理 6.7.14 设 P 是偏序集, $A \subseteq P$. 则 A 为 $\mathcal{O}(\varphi(P))$ 闭集当且仅当对 A 中的网 $(x_j)_{j \in J}$, 由 $((x_j)_{j \in J}, x) \in \varphi(P)$ 可得 $x \in A$.

证明 必要性: 设 A 为 $\mathcal{O}(\varphi(P))$ 闭集, $(x_j)_{j \in J}$ 是 A 中任意网, $((x_j)_{j \in J}, x) \in \varphi(P)$. 若 $x \in P - A$, 则由 $P - A$ 为 $\mathcal{O}(\varphi(P))$ 开集知网 $(x_j)_{j \in J}$ 最终在 $P - A$ 中, 这与 $(x_j)_{j \in J}$ 是 A 中的网矛盾, 从而 $x \in A$.

充分性: 假设 A 不是 $\mathcal{O}(\varphi(P))$ 闭集, 则 $P - A$ 不是 $\mathcal{O}(\varphi(P))$ 开集, 存在 $((x_j)_{j \in J}, x) \in \varphi(P)$, 使得 $x \in P - A$, 但是 $(x_j)_{j \in J}$ 不最终在 $P - A$ 中, 即 $\forall j \in J$, 存在 $f(j) \geqslant j$ 使 $x_{f(j)} \in A$. 令 $y_j = x_{f(j)}$, 则易证 $(y_j)_{j \in J}$ 在 A 中且为 $(x_j)_{j \in J}$ 的 子网. 由注 6.7.12 可知 $((y_j)_{j \in J}, x) \in \varphi(P)$, 从而由条件知 $x \in A$, 这与 $x \in P - A$ 矛盾. 于是 A 是 $\mathcal{O}(\varphi(P))$ 闭集. □

定理 6.7.15 设 P 是偏序集, 则 $\lambda(P) \subseteq \mathcal{O}(\varphi(P))$.

证明 由命题 6.7.13 知 $\sigma(P) \subseteq \mathcal{O}(\varphi(P))$. 注意到 $\lambda(P) = \sigma(P) \vee \omega(P)$, 故 只需证下拓扑 $\omega(P) \subseteq \mathcal{O}(\varphi(P))$, 即证对任意 $y \in P$, 都有 $\uparrow y$ 为 $\mathcal{O}(\varphi(P))$ 闭集. 为此, 设 $(x_j)_{j \in J}$ 是 $\uparrow y$ 中的任一网, $x \in P$. 若 $((x_j)_{j \in J}, x) \in \varphi(P)$, 则由于 y 是 $(x_j)_{j \in J}$ 的一个最终下界且 $(x_j)_{j \in J}$ 下收敛于 x. 由定义 6.7.11 知 $y \leqslant x$, 即 $x \in \uparrow y$. 于是由定理 6.7.14 知 $\uparrow y$ 为 $\mathcal{O}(\varphi(P))$ 闭集, 从而下拓扑 $\omega(P) \subseteq \mathcal{O}(\varphi(P))$. 综合可知在偏序集 P 中 $\lambda(P) \subseteq \mathcal{O}(\varphi(P))$. □

定理 6.7.16 设 $(x_j)_{j \in J}$ 是连续偏序集 P 中网, $x \in P$. 则存在拓扑 τ 使网 $(x_j)_{j \in J}$ 下收敛于 x 当且仅当 $(x_j)_{j \in J}$ 关于 τ 收敛于 x.

证明 令 $\tau = \lambda(P)$. 若网 $(x_j)_{j \in J}$ 下收敛于 x, 则对于含有点 x 的任一 $\lambda(P)$

开集 U, 由于 $\lambda(P) \subseteq \mathcal{O}(\varphi(P))$, 所以 $(x_j)_{j \in J}$ 最终在 U 中, 于是网 $(x_j)_{j \in J}$ 关于 $\lambda(P)$ 收敛于 x.

反过来, 当网 $(x_j)_{j \in J}$ 关于 $\lambda(P)$ 收敛于 x 时, 由 $\sigma(P) \subseteq \lambda(P)$ 知 $(x_j)_{j \in J}$ 关于 $\sigma(P)$ 收敛于 x. 由 P 的连续性及命题 6.2.2 得 $\downarrow x$ 为定向集, $\sup \downarrow x = x$ 且对任意 $y \in \downarrow x$, 有 $x \in \uparrow y \in \sigma(P)$. 由网 $(x_j)_{j \in J}$ 关于 $\sigma(P)$ 收敛于 x 知对任意 $y \in \downarrow x$, 有 $(x_j)_{j \in J}$ 最终在 $\uparrow y$ 中, 即存在 $j \in J$, 使得当 $i \geqslant j$ 时有 $x_i \in \uparrow y \subseteq \uparrow y$. 从而 y 是网 $(x_j)_{j \in J}$ 的一个最终下界, 于是 $\downarrow x$ 是网 $(x_j)_{j \in J}$ 的最终下界之集的定向集. 又 $\sup \downarrow x = x$, 于是由定义 6.7.3 可知 $(x_j)_{j \in J} \equiv_S x$. 下证 $\varliminf (x_j)_{j \in J} = x$. 对网 $(x_j)_{j \in J}$ 的任一最终下界 z, 若 $z \not\leqslant x$, 则由推论 6.6.24 知存在 $\uparrow z$ 的 Lawson 邻域 U 和 x 的 Lawson 邻域 V, 使 $U \cap V = \varnothing$. 但一方面, 由 $z \in \uparrow z \subseteq U$ 及 z 是网 $(x_j)_{j \in J}$ 的最终下界知网 $(x_j)_{j \in J}$ 最终在 U 中; 另一方面, 由 $x \in V$ 及 $(x_j)_{j \in J}$ 关于 $\lambda(P)$ 收敛于 x 知网 $(x_j)_{j \in J}$ 最终在 V 中. 从而网 $(x_j)_{j \in J}$ 最终在 $U \cap V$ 中, 而这与 $U \cap V = \varnothing$ 矛盾! 于是对网 $(x_j)_{j \in J}$ 的任一最终下界 z, 有 $z \leqslant x$, 从而 x 为网 $(x_j)_{j \in J}$ 的最终下界之集的一个上界. 由命题 6.7.10 知 $\varliminf (x_j)_{j \in J} = x$. 注意到 $(x_j)_{j \in J}$ 中的任一子网 $(y_k)_{k \in K}$ 也关于 $\lambda(P)$ 收敛于 x, 从而同理可证 $\varliminf (y_k)_{k \in K} = x$. 于是 $(x_j)_{j \in J}$ 及其子网都以 x 为下极限, 从而 $((x_j)_{j \in J}, x) \in \varphi(P)$. 由定义 6.7.11 知网 $(x_j)_{j \in J}$ 下收敛于 x.   □

定理 6.7.16 表明, 对连续偏序集 P, $\varphi(P) = \{((x_j)_{j \in J}, x) \mid (x_j)_{j \in J} \equiv_{\mathrm{Low}} x\}$ 是拓扑的. 又由定理 3.1.21 知对连续偏序集 P, $\varphi(P)$ 是关于 P 的收敛类.

引理 6.7.17 设 P 是集合, $\mathcal{L}$ 是有序对 $((x_j)_{j \in J}, x)$ 的类, 其中 $(x_j)_{j \in J}$ 是 P 中的网, $x \in P$. 若存在 P 上的拓扑 τ 使 $((x_j)_{j \in J}, x) \in \mathcal{L}$ 当且仅当网 $(x_j)_{j \in J}$ 关于 τ 收敛于 x, 则 $\tau = \mathcal{O}(\mathcal{L})$.

证明 设 τ 为满足引理条件的拓扑, $U \in \tau$. 若 $((x_j)_{j \in J}, x) \in \mathcal{L}$ 且 $x \in U$, 则由条件可知网 $(x_j)_{j \in J}$ 关于 τ 收敛于 x, 于是网 $(x_j)_{j \in J}$ 最终在 U 中. 由 $\mathcal{O}(\mathcal{L})$ 的定义可知 $U \in \mathcal{O}(\mathcal{L})$, 从而 $\tau \subseteq \mathcal{O}(\mathcal{L})$.

另一方面, 对任意的 $U \in \mathcal{O}(\mathcal{L})$, 若 $U \notin \tau$, 则 U 的补集 U^c 不是 τ-闭集. 从而存在 $x \in \overline{U^c}$ 使得 $x \notin U^c$. 由定理 3.1.7(2) 知存在 U^c 中的网 $(y_k)_{k \in K}$ 使该网关于 τ 收敛于 x. 由条件知 $((y_k)_{k \in K}, x) \in \mathcal{L}$. 注意到 $x \notin U^c$, 于是 $x \in U \in \mathcal{O}(\mathcal{L})$. 从而网 $(y_k)_{k \in K}$ 最终在 U 中, 这与 $(y_k)_{k \in K}$ 为 U^c 中的网矛盾. 于是 $U \in \tau$, 进而 $\mathcal{O}(\mathcal{L}) \subseteq \tau$.

综合可知 $\mathcal{O}(\mathcal{L}) = \tau$.   □

由定理 6.7.16 的证明和引理 6.7.17 立得如下结论.

推论 6.7.18 设 P 是连续偏序集, 则 $\lambda(P) = \mathcal{O}(\varphi(P))$.

定理 6.7.19 设 P 是交连续偏序集. 则下列两条等价:

(1) P 是连续偏序集;

(2) P 中网 $(x_j)_{j\in J}$ 下收敛于 x 当且仅当网 $(x_j)_{j\in J}$ 关于 $\lambda(P)$ 收敛于 x.

证明　(1) $\Longrightarrow$ (2)　由定理 6.7.16 即得.

(2) $\Longrightarrow$ (1)　当 (2) 成立时, 对任意 $x\in P$, 令

$$I = \{(U, m, a) \in \mathcal{U}_\lambda(x) \times \mathbb{N} \times P \mid a \in U\},$$

其中 $\mathcal{U}_\lambda(x)$ 为 x 的 $\lambda(P)$ 邻域系, $\mathbb{N}$ 为自然数集. 在 I 上定义 $\leqslant$ 关系: $(U, m, a) \leqslant (V, n, b) \Longleftrightarrow$ (i) $V \subseteq U$ 或 (ii) $U = V$ 且 $m < n$, 则 $(I, \leqslant)$ 是一个定向集. 对每一 $i = (U, n, a)$, 令 $x_i = a$, 则 $(x_i)_{i\in I}$ 为 P 中网且该网关于 $\lambda(P)$ 收敛于 x. 从而由 (2) 知网 $(x_j)_{j\in J}$ 下收敛于 x, 再由定义 6.7.11 知 $\underline{\lim}(x_j)_{j\in J} = x$, 于是存在网 $(x_j)_{j\in J}$ 的最终下界之集的定向子集 D 使得 $\sup D$ 存在且 $x = \sup D$. 因此对任一 $d\in D$, 存在 $i = (U, m, a) \in I$, 当 $j = (V, n, b) \geqslant (U, m, a) = i$ 时有 $d \leqslant x_j = b$. 注意到 $\forall y \in U$, 有 $(U, m+1, y) \geqslant (U, m, a)$, 故 $U \subseteq \uparrow d$, 从而 $\uparrow U \subseteq \uparrow d$. 又这里的 P 是交连续偏序集, 故由命题 6.5.9 可知 $\uparrow U \in \sigma(P)$. 于是由 $x \in \uparrow U \subseteq \uparrow d$ 得 $x \in \mathrm{int}_\sigma(\uparrow d)$, 易见 $d \ll x$. 综合可知对任意 $x \in P$, 存在定向集 $D \subseteq {\downarrow}x$, 使 $\sup D = x$, 这表明 P 为连续偏序集. □

定理 6.7.20　设 L 是完备交半格且赋予拓扑 $\mathcal{O}(\varphi(L))$. 则

(1) L 中的超网均 $\mathcal{O}(\varphi(L))$ 收敛于它的下极限;

(2) 任一 $A \subseteq L$ 是 $\mathcal{O}(\varphi(L))$ 闭的当且仅当每一最终在 A 中的超网均有 $\underline{\lim}(x_j) \in A$.

证明　(1) 设 $(x_j)_{j\in J}$ 是 L 中的超网, $\underline{\lim}(x_j) = z$. 则由注 6.7.12 知 $z = \sup_{j\in J} \inf_{i\geqslant j} x_i$. 从而 $((x_j)_{j\in J}, z) \in \varphi(L)$, 特别 $(x_j)_{j\in J} \mathcal{O}(\varphi(L))$ 收敛于 z.

(2) 设 A 为 $\mathcal{O}(\varphi(L))$ 闭集, $(x_j)_{j\in J}$ 是 L 中的超网且最终在 A 中, $\underline{\lim}(x_j) = z$. 则存在 $j_0 \in J$ 及子网 $(x_i)_{i\geqslant j_0}$ 在 A 中. 这样 $((x_i)_{i\geqslant j_0}, z) \in \varphi(L)$. 由定理 6.7.14, 有 $z \in A$.

反过来, 设 $A \subseteq L$. 考虑 A 中的网 $(x_k)_{k\in K}$ 及 $x \in L$, 当 $((x_k)_{k\in K}, x) \in \varphi(L)$ 时, 由定理 3.1.19, 存在子网 $(x_j)_{j\in J}$ 为超网. 此时由注 6.7.12 知仍有 $((x_j)_{j\in J}, x) \in \varphi(L)$. 由条件 $x = \underline{\lim}(x_j) \in A$. 由定理 6.7.14 得 A 是 $\mathcal{O}(\varphi(L))$ 闭集. □

定理 6.7.21　设 L 是完备交半格. 则

(1) L 中的超网 $(x_j)_{j\in J}$ 的 $\omega(L)$ 聚点集 (等于收敛点集) 为 $\uparrow\underline{\lim}(x_j)$;

(2) L 中上集 A 是 $\omega(L)$ 闭的当且仅当它是 $\lambda(L)$ 闭的当且仅当它是 $\mathcal{O}(\varphi(L))$ 闭的.

证明　(1) 由定理 6.7.20, L 中的超网 $(x_j)_{j\in J} \mathcal{O}(\varphi(L))$ 收敛于 $y = \underline{\lim}(x_j)$, 故由定理 6.7.15 知它 $\lambda(L)$ 收敛于 $\underline{\lim}(x_j)$, 进而 $\omega(L)$ 收敛于 $\underline{\lim}(x_j)$, 于是 $\omega(L)$ 收敛于任一 $z \in \uparrow\underline{\lim}(x_j)$. 又若 $x \not\geqslant y$, 则 $y \in L - {\downarrow}x \in \sigma(L)$, 由注 6.7.12 知存

在 j_0 使 $z = \inf_{i \geqslant j_0} x_i \in L - \downarrow x$. 因 $\uparrow z$ 是 $\omega(L)$ 闭的, 它包含了网 $(x_j)_{j\in J}$ 的所有 $\omega(L)$ 聚点, 这说明 x 不是网 $(x_j)_{j\in J}$ 的 $\omega(L)$ 聚点. 这样网 $(x_j)_{j\in J}$ 的 $\omega(L)$ 聚点集为 $\uparrow\varliminf(x_j)$.

(2) 设 A 是上集. 若 A 是 $\omega(L)$ 闭, 则 A 是 $\lambda(L)$ 闭的, 也是 $\mathcal{O}(\varphi(L))$ 闭的. 由定理 6.7.20 得对每一最终在 A 中的超网 $(x_j)_{j\in J}$, 有 $\varliminf(x_j) \in A$. 再由 (1), 得 A 中网的 $\omega(L)$ 聚点在 A 的某点的主滤子中, 它含于上集 A 中, 从而 A 是 $\omega(L)$ 闭集. □

定理 6.7.22 设 L 是完备格. 则一个上集 A 为 $\lambda(L)$ 闭的当且仅当它是 $\theta(L)$ 闭的当且仅当它是 $\omega(L)$ 闭的. 对偶地, 一个下集 A 是 $\lambda(L^{op})$ 闭的当且仅当它是 $\theta(L)$ 闭的当且仅当它是 $\nu(L)$ 闭的.

证明 由定理 6.7.21(2) 立得. □

推论 6.7.23 设 L 是完备格. 下集 U 为 $\theta(L)$ 开的当且仅当它是 $\omega(L)$ 开的. 对偶地, 一个上集 U 是 $\theta(L)$ 开的当且仅当它是 $\nu(L)$ 开的.

证明 在定理 6.7.22中将 A 换为 $L - U$, 用对偶的方法立得. □

习 题 6.7

1. 证明: 对完备格 L 中的网 $(x_j)_{j\in J}$ 而言 $\varliminf(x_j)_{j\in J} = x$ 等价于 $\sup_{j\in J}\inf_{i\geqslant j} x_i = x$.

2. 设 L 是偏序集, $x \in L$, $(x_j)_{j\in J}$ 是 L 的一个网.
证明: $\varliminf(x_k)_{k\in K} = x$ 对 $(x_j)_{j\in J}$ 的每一子网 $(x_k)_{k\in K}$ 成立当且仅当 $\varliminf(x_j)_{j\in J} = x$ 且对任一 $z \in L$, 若网 $(x_j)_{j\in J}$ 常在 $\uparrow z$ 中, 则 $x \in \uparrow z$.

3. 设 P 是一个偏序集, $X \subseteq P$. 称 X 满足性质 (Ω), 如果下列条件 (Ω) 成立:
(Ω) 对 P 中的超网 $(x_j)_{j\in J}$, 当 $\varliminf(x_j) = y \in X$ 时有 $(x_j)_{j\in J}$ 最终在 X 中.
证明: 对完备格 L, $U \in \omega(L)$ 当且仅当 U 满足性质 (Ω); 若 $V \in \sigma(L)$, 则 V 满足性质 (Ω).

6.8 超连续偏序集

定义 6.8.1 设 P 是偏序集. 在 P 上定义超小于关系 $\prec_{\nu(P)}$ 使对 P 的任意两元 x 和 y, $x\prec_{\nu(P)}y \iff y \in \mathrm{int}_{\nu(P)}\uparrow x$, 其中内部运算是关于上拓扑 $\nu(P)$ 进行.

命题 6.8.2 设 P 是偏序集. 则对任意 $x, y, u, z \in P$, 下列性质成立:

(1) $x \prec_{\nu(P)} y \implies x \ll y$.

(2) $u \leqslant x \prec_{\nu(P)} y \leqslant z \implies u \prec_{\nu(P)} z$.

(3) 若 $x \prec_{\nu(P)} z$, $y \prec_{\nu(P)} z$ 且 $x \vee y$ 存在, 则 $x \vee y \prec_{\nu(P)} z$.

(4) 若 P 有最小元 0, 则 $0 \prec_{\nu(P)} x$. 特别地, 有 $0 \prec_{\nu(P)} 0$.

证明 (3) 和 (4) 的证明是直接的, 仅需证明 (1) 和 (2).

(1) 设 $x \prec_{\nu(P)} y$. 则 $y \in \text{int}_{\nu(P)}{\uparrow}x$. 故由命题 6.1.5(3) 知 $y \in \text{int}_{\nu(P)}{\uparrow}x \subseteq \text{int}_{\sigma(P)}{\uparrow}x$. 从而有 $x \ll y$.

(2) 设 $u \leqslant x \prec_{\nu(P)} y \leqslant z$. 则 $z \geqslant y \in \text{int}_{\nu(P)}{\uparrow}x \subseteq {\uparrow}x \subseteq {\uparrow}u$. 于是 $z \in \text{int}_{\nu(P)}{\uparrow}u$, 即 $u \prec_{\nu(P)} z$. □

定义 6.8.3 偏序集 P 称为**超连续偏序集**, 如果 $\forall x \in P$, 集 $\{y \in L \mid y \prec_{\nu(P)} x\}$ 定向且 $x = \sup\{y \in P \mid y \prec_{\nu(P)} x\}$. 若一个超连续偏序集是完备格, 则称为**超连续格**.

例 6.8.4 显然, 无穷平坦 domain $X_\perp$ (图 6.1) 是 S-超连续的. 又容易看出 $X_\perp$ 的 Scott 拓扑严格细于它的上拓扑且 $\forall x \in X$, $\{y \in X_\perp \mid y \prec_{\nu(P)} x\} = \{\perp\}$. 由定义 6.8.3, 无穷平坦 domain $X_\perp$ 不是超连续的.

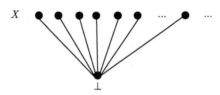

图 6.1　无穷平坦 domain $X_\perp$ 不是超连续的

命题 6.8.5 超连续偏序集均是连续偏序集.

证明 设 P 是超连续偏序集. 则由定义 5.4.9、命题 6.8.2(1) 和定义 6.8.3 知对任意 $x \in P$, 集 $\{y \in L \mid y \prec_{\nu(P)} x\}$ 是 x 的一个局部基. 从而由定理 5.4.10 知 P 是连续偏序集. □

命题 6.8.6 对连续偏序集 P, 下述命题等价:

(1) P 是超连续偏序集;

(2) 对所有 $x, y \in P$, $x \prec_{\nu(P)} y$ 当且仅当 $x \ll y$;

(3) Scott 拓扑恰是上拓扑, 即 $\sigma(P) = \nu(P)$.

证明 (1) $\Longrightarrow$ (2) 对任意 $x, y \in P$, 由命题 6.8.2(1) 知 $x \prec_{\nu(P)} y$ 蕴涵 $x \ll y$. 反之, 设 $x \ll y$. 因 P 超连续, 故集 $\{z \in P \mid z \prec_{\nu(P)} y\}$ 定向且 $y = \sup\{z \in P \mid z \prec_{\nu(P)} y\}$. 从而存在 $z \prec_{\nu(P)} y$ 使 $x \leqslant z$. 于是由命题 6.8.2(2) 知 $x \prec_{\nu(P)} y$. 综上知 $x \prec_{\nu(P)} y$ 当且仅当 $x \ll y$.

(2) $\Longrightarrow$ (3) 由命题 6.1.5(3) 知 $\nu(P) \subseteq \sigma(P)$. 设 $U \in \sigma(P)$. 则对任意 $y \in U$, 由 P 的连续性知存在 $x \in U$ 使 $x \ll y$, 即 $y \in {\uparrow}x$. 又由 (2) 知 ${\uparrow}x = \text{int}_{\nu(P)}{\uparrow}x$. 故有 $y \in {\uparrow}x = \text{int}_{\nu(P)}{\uparrow}x \subseteq U$. 从而由 $y \in U$ 的任意性知 $U \in \nu(P)$. 这说明 $\sigma(P) \subseteq \nu(P)$. 于是有 $\sigma(P) = \nu(P)$.

(3) $\Longrightarrow$ (1) 因为在连续偏序集 P 中, $x \ll y$ 当且仅当 $y \in \text{int}_{\sigma(P)}{\uparrow}x$. 故由 (3) 和定义 6.8.3 知 P 是超连续偏序集. □

定理 6.8.7 设 P 为连续格. 则下述命题等价:

(1) P 是超连续格;

(2) P 上的 Lawson 拓扑 $\lambda(P)$ 等于区间拓扑 $\theta(P)$;

(3) P 上的区间拓扑 $\theta(P)$ 是 T_2 拓扑.

证明 (1) $\Longrightarrow$ (2) 由定义 6.1.1(3)、定义 6.1.11 和命题 6.8.6 可得.

(2) $\Longrightarrow$ (3) 由命题 6.6.23(2) 可得.

(3) $\Longrightarrow$ (1) 设 P 上的区间拓扑 $\theta(P)$ 是 T_2 拓扑. 则由 $\theta(P) \subseteq \lambda(P)$、命题 6.1.15、命题 6.6.18 和命题 6.6.23(2) 知 $\theta(P)$, $\lambda(P)$ 均是紧 T_2 拓扑. 从而由紧 T_2 拓扑的恰当性 (推论 2.10.16) 知 $\theta(P) = \lambda(P)$. 再由命题 6.1.13 及推论 6.7.23 得 $\sigma(P) = \nu(P)$. 由命题 6.8.6 得 P 是超连续格. $\square$

定理 6.8.8 设 P 是偏序集. 考虑下述条件:

(1) P 是超连续偏序集;

(2) $\forall x, y \in P$, 若 $x \not\leqslant y$, 则存在有限子集 $F \subseteq P$ 及 $u \in P$ 使

$$x \notin {\downarrow}F, \qquad y \notin {\uparrow}u \text{ 且 } {\uparrow}u \cup {\downarrow}F = P.$$

则 (1) $\Longrightarrow$ (2). 若 P 为有最小元的并半格, 则 (1) $\Longleftrightarrow$ (2).

证明 (1) $\Longrightarrow$ (2) 设 P 是超连续偏序集. 则对任意 $x, y \in P$, 若 $x \not\leqslant y$, 由 P 的超连续性知存在 $u \prec_{\nu(P)} x$ 使 $u \not\leqslant y$, 即有 $x \in \mathrm{int}_{\nu(P)}{\uparrow}u$ 且 $y \notin {\uparrow}u$. 于是由上拓扑定义知存在有限子集 $F = \{m_1, m_2, \cdots, m_k\} \subseteq P$ 使 $x \in P - {\downarrow}F \subseteq \mathrm{int}_{\nu(P)}{\uparrow}u \subseteq {\uparrow}u$. 从而有 $x \notin {\downarrow}F$ 且 ${\uparrow}u \cup {\downarrow}F = P$.

(2) $\Longrightarrow$ (1) 设 P 为有最小元 0 的并半格且满足条件 (2). 则对任意 $x \in P$, 由命题 6.8.2(4) 知 $0 \prec_{\nu(P)} x$. 从而集 $D := \{y \in P \mid y \prec_{\nu(P)} x\} \neq \varnothing$. 因为 P 为并半格, 故由命题 6.8.2(3) 知 D 是定向集. 下证 $x = \sup D$. 显然, x 是 D 的上界. 设 t 是 D 的任一上界. 假设 $x \not\leqslant t$. 则由 (2) 知存在 P 的有限子集 F 及 $u \in P$ 使 $x \notin {\downarrow}F$, $t \notin {\uparrow}u$ 且 ${\uparrow}u \cup {\downarrow}F = P$. 这说明 $x \in P - {\downarrow}F \subseteq {\uparrow}u$ 且 $u \not\leqslant t$. 因为 $P - {\downarrow}F$ 是 $\nu(P)$ 开集, 故有 $u \prec_{\nu(P)} x$, 即 $u \in D$, 从而 $u \leqslant t$, 矛盾! 于是 $x \leqslant t$, 故 $x = \sup D$. 由定义 6.8.3 知 P 超连续. $\square$

推论 6.8.9 完备格 L 是超连续格当且仅当 L^{op} 是 GCD 格.

证明 由定理 5.7.19 和定理 6.8.8 可得. $\square$

例 6.8.10 设 $\mathbf{I} = [0, 1]$ 是单位闭区间. 令 $L = \mathbf{I} \cup \{a\}$. 在 L 上赋予如下偏序: $\forall x, y \in L$, $x \leqslant y \Longleftrightarrow$ (i) $x, y \in \mathbf{I}$ 使 $x \leqslant y$, 或 (ii) $x = 0$, 或 (iii) $y = 1$ (见 [176, 例 1.3]). 易见 $L \cong L^{op}$ 不是 (超) 连续格, 从而由推论 6.8.9 知 L 不是 GCD 格.

推论 6.8.11 完全分配格均是分配的超连续格, 其上的 Scott 拓扑恰是上拓扑.

证明　由定理 5.7.15 及定理 6.8.8, 或由命题 5.7.18 及推论 6.8.9 可得前一论断. 再由命题 6.8.6 可得后一论断.　　　　　　　　　　　□

定理 6.8.12　若 T_1 空间 (X,τ) 的拓扑 τ 是一个超连续格, 则 (X,τ) 是离散空间.

证明　对任一 $x \in X$, 由 $X \not\subseteq X - \{x\}$ 及定理 6.8.8 知, 存在有限集 $\{W_1, W_2, \cdots, W_n\} \subseteq \tau$ 和开集 $U \in \tau$ 使 $X \not\in \downarrow_\tau \{W_1, W_2, \cdots, W_n\}$ 和 $X - \{x\} \not\in \uparrow_\tau U$ 且

$$\downarrow_\tau \{W_1, W_2, \cdots, W_n\} \cup \uparrow_\tau U = \tau.$$

由此可得 $x \in U$ 且 $W_i \neq X(i = 1, 2, \cdots, n)$, 从而可取 X 的元 $x_i \not\in W_i(i = 1, 2, \cdots, n)$. 对 $y \in U$, 有 $X - \{y\} \not\in \uparrow_\tau U$, 从而 $X - \{y\} \in \downarrow_\tau \{W_1, W_2, \cdots, W_n\}$. 于是存在某 i 使 $X - \{y\} \subseteq W_i \subseteq X - \{x_i\}$, 从而得 $y = x_i$ 对某 $i \in \{1, 2, \cdots, n\}$ 成立. 由 $y \in U$ 的任意性可得 $U \subseteq \{x_1, x_2, \cdots, x_n\}$ 为有限开集. 不妨设 $U = \{x, x_1, x_2, \cdots, x_n\}$. 则可得 $\{x\} = U - \{x_1, x_2, \cdots, x_n\} = U \cap (X - \{x_1, x_2, \cdots, x_n\})$ 为开集. 由 $x \in X$ 的任意性得 (X,τ) 是离散空间.　　□

推论 6.8.13　若 T_1 空间 (X,τ) 的拓扑 τ 是一个 CD-格, 则 (X,τ) 是离散空间.

定理 6.8.14　设 P 是偏序集. 则下列条件等价:

(1) P 是拟连续偏序集;

(2) $(\sigma(P), \subseteq)$ 是超连续格;

(3) $(\sigma^*(P), \subseteq)$ 是 GCD 格.

证明　(1) $\Longrightarrow$ (2) 设 P 是拟连续偏序集. 则在完备格 $(\sigma(P), \subseteq)$ 中, 若 $U, V \in \sigma(P)$, $U \not\subseteq V$, 则存在 $x \in U - V$. 由 P 的拟连续性知存在有限集 $F = \{x_1, x_2, \cdots, x_n\} \subseteq P$ 使 $x \in \text{int}_{\sigma(P)} \uparrow F \subseteq \uparrow F \subseteq U$. 令 $U_0 = \text{int}_{\sigma(P)} \uparrow F \in \sigma(P)$, $V_i = P - \downarrow x_i \subseteq \sigma(P)$ $(i = 1, 2, \cdots, n)$. 显然 $U_0 \not\subseteq V$ 且 $U \not\subseteq V_i$ $(i = 1, 2, \cdots, n)$. 设 $W \in \sigma(P)$. 若 $W \not\subseteq V_i$ $(i = 1, 2, \cdots, n)$. 则对任意 $i = 1, 2, \cdots, n$, 有 $x_i \in W$, 即 $F \subseteq W$. 从而 $U_0 = \text{int}_{\sigma(P)} \uparrow F \subseteq \uparrow F \subseteq W$, 这说明 $\uparrow_{\sigma(P)} U_0 \cup \downarrow_{\sigma(P)} \{V_1, V_2, \cdots, V_n\} = \sigma(P)$. 于是由定理 6.8.8 得 $(\sigma(P), \subseteq)$ 是超连续格.

(2) $\Longrightarrow$ (1) 对任意 $x \in P$, 任意 $U \in \sigma(P)$, 若 $x \in U$, 则 $U \not\subseteq P - \downarrow x$. 故由 (2) 和定理 6.8.8 知, 存在 $U_0, V_1, V_2, \cdots, V_k \in \sigma(P)$ 使 $U_0 \not\subseteq P - \downarrow x$, $U \not\subseteq V_i$ $(i = 1, 2, \cdots, k)$ 且对任意 $W \in \sigma(P)$, 有 $U_0 \subseteq W$ 或存在 $j \in \{1, 2, \cdots, k\}$ 使 $W \subseteq V_j$. 取 $x_i \in U - V_i$ $(i = 1, 2, \cdots, k)$. 令 $F = \{x_1, x_2, \cdots, x_k\}$. 则 $\uparrow F \subseteq U$. 可断言 $U_0 \subseteq \uparrow F$. 否则存在 $u_0 \in U_0 - \uparrow F$. 令 $W_0 = P - \downarrow u_0$. 则 $F \subseteq \uparrow F \subseteq W_0$, 故由 $F \not\subseteq V_i$ $(i = 1, 2, \cdots, k)$ 知 $W_0 \not\subseteq V_i$ $(i = 1, 2, \cdots, k)$. 从而 $u_0 \in U_0 \subseteq W_0$, 这与 $u_0 \not\in W_0$ 矛盾! 于是

$$U_0 \subseteq \uparrow F \text{ 且 } x \in U_0 \subseteq \text{int}_{\sigma(P)} \uparrow F \subseteq \uparrow F \subseteq U,$$

故 P 是拟连续偏序集.

(2) $\Longleftrightarrow$ (3) 由推论 6.8.9 立得.   □

例 6.8.15 设 P 为拟连续而非连续的偏序集. 则由定理 6.8.14 知 $\sigma(P)$ 是分配的超连续格. 但因 P 不连续, 故 $\sigma(P)$ 不是 CD-格, 这说明推论 6.8.11的逆不成立.

定理 6.8.16 设 P 是偏序集. 则下列条件等价:

(1) P 是连续偏序集;

(2) P 是交连续和拟连续偏序集.

证明 (1) $\Longrightarrow$ (2) 由命题 6.6.18 和命题 6.5.2 可得.

(2) $\Longrightarrow$ (1) 由定理 6.2.12 知只需证明 $(\sigma(P), \subseteq)$ 是 CD-格. 因 P 是拟连续偏序集, 故由定理 6.8.14 知 $(\sigma(P), \subseteq)$ 超连续且 $\sigma^*(P)$ 是 GCD 格. 因 P 是交连续的, 故由定理 6.5.8 知 $\sigma^*(P)$ 是 cHa, 由定理 5.7.23 得 $\sigma^*(P)$ 是 CD-格. 再由定理 5.7.12 便知 $(\sigma(P), \subseteq)$ 是 CD-格, 从而 (1) 成立.   □

推论 6.8.17 设 P 是 dcpo. 则下列条件等价:

(1) P 是连续 domain;

(2) P 是交连续 domain 和拟连续 domain.

证明 由定理 6.8.16 直接可得.   □

习　题　6.8

1. 证明: 若完备格 L 是 S-超连续格, 则 L 是超连续格.
2. 举例说明存在 S-超连续的完备交半格 L, L 不是超连续的.
3. 举例说明加顶不能保持超连续性.
4. 证明: 偏序集 P 为超连续的当且仅当 $P_\perp$ 为超连续的.
5. 证明: 超连续偏序集的非空上拓扑开集以继承序还是超连续偏序集.
6. 证明: 若 P 是关于 Lawson 拓扑紧的超连续 domain, 则 P 只有有限多个极大点.

6.9 C-连续偏序集

文献 [64] 首先利用 Scott 闭集引入了 C-连续偏序集概念. 作为一类推广的连续偏序集, C-连续偏序集有着明显区别于通常的连续偏序集的结构性质.

6.9.1 C-逼近关系与 C-连续性

用 Scott 闭集取代定向集, 引入 **C-逼近关系** $\prec_c$.

定义 6.9.1 设 L 是一个偏序集, $x, y \in L$. 如果对 L 的任意非空 Scott 闭集 F, 当 $\sup F$ 存在且 $\sup F \geqslant y$ 时有 $x \in F$, 则称 x **C-逼近** y (或称 x **C-小于** y),

记作 $x \prec_c y$. 若 $x \prec_c x$, 则称 x 为 L 中的 C-紧元. L 的全体 C-紧元之集记为 $\kappa(L)$.

下一命题可直接证明, 证明从略.

命题 6.9.2　设 L 是偏序集, $x, y, a, b \in L$. 则下列性质成立:

(1) $x \prec_c y \Longrightarrow x \leqslant y$;

(2) $a \leqslant x \prec_c y \leqslant b \Longrightarrow a \prec_c b$;

(3) 若 L 有最小元 0, 则 $\forall x \in L$ 有 $0 \prec_c x$.

定义 6.9.3　设 L 是偏序集. 称 L 是 **C-连续**的, 若对任意 $x \in L$, 有 $\vee \downarrow^{\prec_c} x = x$, 其中 $\downarrow^{\prec_c} x = \{y \in L \mid y \prec_c x\}$. 称 L 是 **C-预代数**的, 若 $\forall x \in L, x = \vee\{y \in \kappa(L) \mid y \prec_c x\}$. 满足 $\forall x \in L, \downarrow\{y \in \kappa(L) \mid y \prec_c x\} \in \sigma^*(L)$ 的 C-预代数偏序集称为 **C-代数偏序集**. C-(预) 代数 (相应地, C-连续) 的完备格称为 **C-(预)代数格** (相应地, **C-连续格**).

显然, C-(预) 代数偏序集都是 C-连续的, 任一链均是 C-代数的.

命题 6.9.4　设 L 是偏序集. 则有

(1) $\forall x \in L, \downarrow^{\prec_c} x \in \sigma^*(L)$;

(2) C-连续格是分配格.

证明　(1) 对每一 $x \in L$, 由命题 6.9.2 知 $\downarrow^{\prec_c} x$ 是下集. 设 $D \subseteq \downarrow^{\prec_c} x$ 定向且 $\sup D$ 存在. 则由 C-逼近的定义及 Scott 闭集对定向并关闭, 可得 $\sup D \prec_c x$. 故 $\downarrow^{\prec_c} x \in \sigma^*(L)$.

(2) 设 L 是 C-连续格. 下证对任一有限子集构成的集族 $\{F_i \mid i \in I\}$, 有

$$\bigwedge_{i \in I} \vee F_i = \bigvee_{f \in \prod_{i \in I} F_i} \bigwedge_{i \in I} f(i).$$

记上述等式的左侧、右侧分别为 a, b. 只需证明 $a \leqslant b$ 即可. 设 $x \prec_c a = \bigwedge_{i \in I} \vee F_i$. 则对每一个 $i \in I$, 有 $\downarrow F_i$ 均为 Scott 闭集且 $x \prec_c a \leqslant \vee F_i = \vee \downarrow F_i$. 于是存在 $d_i \in F_i$, 使得 $x \leqslant d_i$. 令 $f \in \prod_{i \in I} F_i$ 定义为 $f(i) = d_i, i \in I$. 则 $x \leqslant \bigwedge_{i \in I} f(i) \leqslant b$. 由 L 是 C-连续格知 $a = \vee\{x \mid x \prec_c a\}$, 故 $a \leqslant b$. $\qquad\square$

下一命题给出了 C-连续性的一个简单刻画, 它是文献 [64] 中命题 3.8 的推广.

命题 6.9.5　设 L 是偏序集. 则 L 是 C-连续的当且仅当 $\forall a \in L$, 存在最小的非空 Scott 闭集 F_a 使得 $\vee F_a \geqslant a$. 此情况下, $F_a = \downarrow^{\prec_c} a$.

证明　必要性: 由命题 6.9.4 (1) 及 L 是 C-连续的, 得 $F_a = \downarrow^{\prec_c} a$ 为 L 上的非空 Scott 闭集且 $\vee F_a \geqslant a$. 若另有 Scott 闭集 F 且 $\vee F \geqslant a$, 则对任意 $y \in \downarrow^{\prec_c} a$, 由 C-逼近关系的定义知 $y \in F$, 从而 $F_a = \downarrow^{\prec_c} a \subseteq F$. 这说明 F_a 是上确界大于等于 a 的最小 Scott 闭集.

充分性: 设 $\forall a \in L$, 存在最小非空 Scott 闭集 F_a 使 $\vee F_a \geqslant a$. 则 $\forall F \in \sigma^*(L)$, 当 $\vee F \geqslant a$ 时, 有 $F_a \subseteq F$. 由 C-逼近关系的定义知, $\forall t \in F_a$ 有 $t \prec_c a$, 即 $F_a \subseteq \downarrow^{\prec_c} a$. 因此 $a \geqslant \vee \downarrow^{\prec_c} a \geqslant \vee F_a \geqslant a$, 从而 $\vee \downarrow^{\prec_c} a = a$. 故 L 是 C-连续的. $\qquad\square$

利用 C-连续性可得 CD-格的新刻画定理.

定理 6.9.6 ([64])　完备格 L 是 C-连续且连续的当且仅当 L 是 CD-格.

证明　只需证必要性即可. 设 L 是 C-连续且连续的. 则对每一 $x \in L$, 由 L 的连续性有 $x = \vee \downarrow x$. 对每一 $a \ll x$, $a = \vee\{y \mid y \prec_c a\}$. 于是 $x = \vee\{y \mid \exists a$ 使 $y \prec_c a \ll x\}$. 令 $y \prec_c a \ll x$. 下证 $y \lhd x$. 设 $X \subseteq L$ 满足 $\vee X \geqslant x$. 构造集合 $E = \{\vee A \mid A \in \mathcal{P}_{\text{fin}}(X)\}$. 则 E 定向且 $\vee E = \vee X \geqslant x$. 由于 $a \ll x$, 故存在有限子集 $A \subseteq X$, 使得 $a \leqslant \vee A = \vee \downarrow A$. 注意到 $\downarrow A$ 是 Scott 闭集及 $y \prec_c a$, 知存在 $d \in A \subseteq X$ 使得 $y \leqslant d$. 这表明 $y \lhd x$. 故 L 是 CD-格. $\qquad\square$

下一命题说明偏序集与其提升具有相同的 C-连续性.

命题 6.9.7　设 L 是偏序集. 则 L 为 C-连续的当且仅当 $L_\perp$ 为 C-连续的.

证明　若 L 为 C-连续的, 由命题 6.9.5 得, $\forall x \in L$ 存在 L 的最小非空 Scott 闭集 F_x 使 $\vee F_x \geqslant x$, 从而存在 $L_\perp$ 的最小非空 Scott 闭集 $F_x \cup \{\perp\}$ 使 $\vee(F_x \cup \{\perp\}) \geqslant x$. 又易知, $\{\perp\}$ 为 $L_\perp$ 中最小非空 Scott 闭集使 $\vee\{\perp\} \geqslant \perp$. 由命题 6.9.5, 得 $L_\perp$ 为 C-连续的.

反过来, 设 $L_\perp$ 是 C-连续的. 则 $\forall x \in L$, 存在 $L_\perp$ 中最小非空 Scott 闭集 F_x^* 使 $\vee F_x^* \geqslant x$. 令 $F_x = F_x^* - \{\perp\}$. 则 F_x 为 L 中满足条件 $\vee F_x \geqslant x$ 的最小非空 Scott 闭集. 由命题 6.9.5 得 L 为 C-连续的. $\qquad\square$

因保 Scott 闭集并的映射保有限并, 故易知 Scott 连续映射不必保 Scott 闭集并. 下例说明保 Scott 闭集并的映射也不必是 Scott 连续的.

例 6.9.8　设 $\mathbf{I} = [0, 1]$ 为单位闭区间. 令 $f : \mathbf{I} \to \mathbf{I}$ 使得对任意 $x \in [0, 1)$, 有 $f(x) = 0$ 且对 $x = 1$ 有 $f(x) = 1$. 则 f 保 Scott 闭集的并, 但 f 不 Scott 连续.

定理 6.9.9　设 L 为 C-连续偏序集, $p : L \to L$ 为核算子. 若对每一 $S \in \sigma^*(p(L))$ 有 $\downarrow S \in \sigma^*(L)$ 且 p 保非空 Scott 闭集的并, 则 $p(L)$ 继承 L 的序是 C-连续的; 若 p 还将 L 的 Scott 闭集映射为 $p(L)$ 的 Scott 闭集, 则 $\forall x, y \in p(L)$, 在 $p(L)$ 中 $x \prec_c y$ 当且仅当在 L 中存在 $t \prec_c y$ 使 $x \leqslant p(t)$.

证明　为证 $p(L)$ 的 C-连续性, 只需证 $\forall y \in p(L)$, 有 $y = \bigvee_{p(L)} \downarrow^{\prec_c}_{p(L)} y$. 先证在 L 中 $p(\downarrow^{\prec_c} y) \subseteq \downarrow^{\prec_c}_{p(L)} y$. 设 $t \in \downarrow^{\prec_c}_L y$. 对非空的 $S \in \sigma^*(p(L))$, 若 $\bigvee_{p(L)} S$ 存在且 $\bigvee_{p(L)} S \geqslant y$, 则由条件知 $\downarrow S \in \sigma^*(L)$ 且 $\bigvee_{p(L)} S$ 是 $\downarrow S$ 在 L 中的一个上界. 又若 z 为 $\downarrow S$ 在 L 中的另一上界. 则有 $z \geqslant p(z) \geqslant p(s) = s$ 对任一 $s \in S$ 成立. 这说明 $p(z)$ 为 S 在 $p(L)$ 中的一个上界. 故 $z \geqslant p(z) \geqslant \bigvee_{p(L)} S$. 这说明 $\bigvee_{p(L)} S$ 为 $\downarrow S$ 在 L 中的最小上界, 即 $\bigvee_{p(L)} S = \bigvee_L \downarrow S$. 由 $t \in \downarrow^{\prec_c}_L y$ 知 $t \in \downarrow S$, 即存在

$s_0 \in S$ 使 $t \leqslant s_0$, 从而 $p(t) \leqslant p(s_0) = s_0$. 由 C-逼近定义得在 $p(L)$ 中 $p(t) \prec_c y$. 于是 $p(\downarrow_L^{\prec c} y) \subseteq \downarrow_{p(L)}^{\prec c} y$ 成立.

显然 y 是 $\downarrow_{p(L)}^{\prec c} y$ 在 $p(L)$ 中的一个上界. 又设 w 是 $\downarrow_{p(L)}^{\prec c} y$ 在 $p(L)$ 中的另一上界. 则 w 也是 $\downarrow_{p(L)}^{\prec c} y$ 在 L 中的一个上界. 又 $p(\downarrow_L^{\prec c} y) \subseteq \downarrow_{p(L)}^{\prec c} y$, 故由 p 保 Scott 闭集的并, L 的 C-连续性及 $\downarrow_L^{\prec c} y \in \sigma^*(L)$ 得 $w \geqslant \bigvee_L p(\downarrow_L^{\prec c} y) = p(\bigvee_L \downarrow_L^{\prec c} y) = p(y) = y$. 这说明 y 是 $\downarrow_{p(L)}^{\prec c} y$ 在 $p(L)$ 中的最小上界, 即 $y = \bigvee_{p(L)} \downarrow_{p(L)}^{\prec c} y$. 于是 $p(L)$ 是 C-连续的.

下设 p 还将 L 的 Scott 闭集映射为 $p(L)$ 的 Scott 闭集. 若在 $p(L)$ 中 $x \prec_c y$, 则由 $p(\downarrow_L^{\prec c} y)$ 为 $p(L)$ 中 Scott 闭集及 $\bigvee_L p(\downarrow_L^{\prec c} y) = p(\bigvee_L \downarrow_L^{\prec c} y) = y$, 知在 L 中存在 $t \prec_c y$ 使 $x \leqslant p(t)$. 反过来, 若在 L 中存在 $t \prec_c y$ 使 $x \leqslant p(t)$, 则由 L 中 $p(\downarrow^{\prec c} y) \subseteq \downarrow_{p(L)}^{\prec c} y$, 知在 $p(L)$ 中有 $x \leqslant p(t) \prec_c y$, 故在 $p(L)$ 中 $x \prec_c y$. □

下面我们引入主理想 C-连续性的概念, 并证明偏序集的 C-连续性与主理想 C-连续性在交半格中是等价的.

定义 6.9.10　设 L 是偏序集. 如果 $\forall x \in L$, 主理想 $\downarrow x$ 都是 C-连续偏序集, 则称 L 为**主理想 C-连续集**.

命题 6.9.11　设 L 是交半格且是 C-连续的. 则 L 为主理想 C-连续集.

证明　先证 $\forall x \in L$, $\forall u \in \downarrow x$, 在主理想 $\varphi = \downarrow x$ 中有 $\downarrow^{\prec c} u \subseteq \downarrow_\varphi^{\prec c} u$. 设 $a \in \downarrow^{\prec c} u$, $A \in \sigma^*(\downarrow x)$ 且 $\bigvee_\varphi A \geqslant u$. 则由推论 6.3.12 得 $A \in \sigma^*(L)$. 由 L 是交半格及引理 5.2.13, 知 $x \geqslant \vee A = \bigvee_\varphi A \geqslant u$. 由 $a \in \downarrow^{\prec c} u$, 知存在 $v \in A \subseteq \downarrow x$ 使 $v \geqslant a$. 于是, $a \in \downarrow_\varphi^{\prec c} u$. 由 a 的任意性得 $\downarrow^{\prec c} u \subseteq \downarrow_\varphi^{\prec c} u$.

再由 L 是 C-连续的及引理 5.2.13, 得 $u = \vee\downarrow^{\prec c} u = \bigvee_\varphi \downarrow^{\prec c} u$ 且 u 为 $\downarrow_\varphi^{\prec c} u$ 在 $\downarrow x$ 中的一个上界. 设 t 为 $\downarrow_\varphi^{\prec c} u$ 在 $\downarrow x$ 中的另一上界. 则 t 为 $\downarrow^{\prec c} u$ 在 $\downarrow x$ 中的上界, 故 $u = \vee\downarrow^{\prec c} u \leqslant t$. 这说明, u 为 $\downarrow_\varphi^{\prec c} u$ 在 $\downarrow x$ 中的上确界, 即 $\bigvee_\varphi \downarrow_\varphi^{\prec c} u = u$. 故由 x 的任意性, 得 L 为主理想 C-连续集. □

命题 6.9.12　设 L 为交半格. 若 L 是主理想 C-连续集, 则 L 是 C-连续的.

证明　设 $\forall x \in L$, $\varphi = \downarrow x$ 都是 C-连续偏序集. 下证 $\forall x \in L$, $\downarrow_\varphi^{\prec c} x \subseteq \downarrow^{\prec c} x$.

设在 φ 中 $y \prec_c x$. 设 A 为 L 中 Scott 闭集且 $\vee A = z \geqslant x$. 则 $\rho = \downarrow z$ 是 C-连续的. 又由推论 6.3.12, L 的 Scott 拓扑下可遗传, 得 $\downarrow_\rho^{\prec c} x$ 为 $\downarrow z$ 中 Scott 闭集, 也为 $\downarrow x$ 中的 Scott 闭集. 再根据引理 5.2.13, 知 $\bigvee_\rho \downarrow_\rho^{\prec c} x = \bigvee_\varphi \downarrow_\rho^{\prec c} x = x$. 由 φ 中 $y \prec_c x$, 存在 $u \in \downarrow_\rho^{\prec c} x$ 使 $y \leqslant u$. 同样利用推论 6.3.12 及引理 5.2.13 得, $A \in \sigma^*(\downarrow z)$ 且 $\bigvee_\rho A = \vee A = z \geqslant x$. 从而由 ρ 中 $u \prec_c x \leqslant z$, 得存在 $a \in A$ 使 $a \geqslant u \geqslant y$ 成立. 故有 $y \prec_c x$, 进而 $\downarrow_\varphi^{\prec c} x \subseteq \downarrow^{\prec c} x$.

显然, $x = \bigvee_\varphi \downarrow_\varphi^{\prec c} x = \vee \downarrow_\varphi^{\prec c} x$ 且 x 为 $\downarrow^{\prec c} x$ 在 L 中的一个上界. 设 t 为 $\downarrow^{\prec c} x$ 在 L 中的另一上界. 则 t 为 $\downarrow_\varphi^{\prec c} x$ 在 L 中的一个上界, 从而 $x = \vee \downarrow_\varphi^{\prec c} x \leqslant t$. 这说明 x 为 $\downarrow^{\prec c} x$ 在 L 中的上确界, 即 $\vee \downarrow^{\prec c} x = x$. 由 x 的任意性得 L 是 C-连

续的.   □

综合命题 6.9.11 和命题 6.9.12 可得如下定理.

定理 6.9.13 设 L 为交半格. 则 L 是 C-连续的当且仅当 L 是主理想 C-连续集.

下面举例说明定理 6.9.13 对一般偏序集不必成立.

例 6.9.14 存在 C-连续偏序集, 它不是主理想 C-连续集.

设偏序集 L 是例 5.6.11 中由两个平行的自然数集 $\mathbb{N}$ 添加两个不可比较的上界 a, b 构成. 不同自然数集中元素不能互相比较, 同一自然数集中元素的序关系为数的通常大小序. 则在 L 中, 对极大元 a 存在最小的非空 Scott 闭集 $F_a = \downarrow a$ 使 $\vee F_a \geqslant a$. 同样对极大元 b 存在最小的非空 Scott 闭集 $F_b = \downarrow b$ 使 $\vee F_b \geqslant b$. 而对任意 $n \in \mathbb{N}$ (两平行 $\mathbb{N}$ 中的任一个), 存在最小的非空 Scott 闭集 $F_n = \downarrow n$ 使 $\vee F_n \geqslant n$. 由命题 6.9.5 知 L 是 C-连续的. 对于 L 中主理想 $\downarrow a$, 作 $\downarrow a$ 的提升 $(\downarrow a)_\perp$, 则 $(\downarrow a)_\perp$ 同构于完备格 $\Lambda \cup \{\perp\}$, 后者为非分配的完备格, 从而 $(\downarrow a)_\perp$ 非 C-连续. 利用命题 6.9.7, 可知 $\downarrow a$ 也非 C-连续. 故 L 不是主理想 C-连续集.

例 6.9.15 存在主理想 C-连续集, 而自身不是 C-连续偏序集.

设 $L = [(\{0, 2\} \times \mathbf{I}) - \{(0, 1)\}] \cup \{(1, 1), (0, 2)\}$ 以 $\mathbb{R} \times \mathbb{R}$ 上的继承序构成一个偏序集, 其中 $\mathbf{I} = [0, 1]$ 为单位闭区间. 则 $(0, 2), (2, 1)$ 为 L 中的两个极大点.

在主理想 $\varphi = \downarrow(2, 1)$ 中, 对点 $x = (2, 1)$, 取 $F_x = \downarrow(1, 1) \cup \{(2, 0)$; 对点 $x = (0, q), (1, 1)$ 和 $(0, 2)$, 取 $F_x = \downarrow x$; 对点 $x = (2, q)$, 取 $F_x = \{0\} \times [0, q] \cup \{(2, 0)$, 其中 $q \in [0, 1)$. 注意到 $\{0\} \times [0, 1)$ 在 L 中是 Scott 闭集但在 φ 中不是, 易知 F_x 是 φ 的使得 $\vee_\varphi F_x \geqslant x$ 的最小非空 Scott 闭集. 由命题 6.9.5, 可知主理想 $\varphi = \downarrow(2, 1)$ 是 C-连续的.

又由于主理想 $\downarrow(0, t)(t \in [0, 1))$ 和 $\downarrow(2, 0)$ 均为链, 主理想 $\downarrow(1, 1) \cong \downarrow(0, 2) \cong [0, 1]$, $\downarrow(2, z) \cong \downarrow(2, 1)$ $(z \in (0, 1])$ 均 C-连续, 故 L 为主理想 C-连续集.

易验证 $\downarrow^{\prec_c}(1, 1) = \downarrow(1, 1) - (1, 1) = \{0\} \times [0, 1) \in \sigma^*(L)$. 由于 $(0, 2)$ 与 $(1, 1)$ 均为 $\downarrow^{\prec_c}(1, 1)$ 的极小上界且不可比较, 故 $\vee \downarrow^{\prec_c}(1, 1)$ 不存在, 从而 L 不是 C-连续的.

6.9.2 拟 C-连续偏序集

下面我们先将 C-连续偏序集的概念推广得拟 C-连续偏序集, 然后给出 GCD 格的新的刻画, 进而研究拟连续 domain 的 Scott 闭集格.

先将 "点" 与 "点" 之间的二元关系 $\prec_c$ 推广到 "非空集" 与 "非空集" 情形.

定义 6.9.16 在 $\mathcal{P}(L) - \{\varnothing\}$ 上定义 C-逼近关系如下: 设 $A, B \in \mathcal{P}(L) - \{\varnothing\}$. $A \prec_c B$ 当且仅当对任意非空 Scott 闭集 $S \subseteq L$, 当 $\vee S$ 存在且 $\vee S \in \uparrow B$ 时, 有 $S \cap \uparrow A \neq \varnothing$. $A \prec_c \{x\}$ 简记为 $A \prec_c x$. 记

$$c(x) = \{F \mid F \in \mathcal{P}_{\mathrm{fin}}(L), F \prec_c x\}, \quad \kappa(x) = \{F \mid F \in \mathcal{P}_{\mathrm{fin}}(L), F \prec_c F \prec_c x\}.$$

定义 6.9.17　设 L 是偏序集. 称 L 是拟 **C-连续**的, 若 $\forall x \in L$, $\uparrow x = \cap\{\uparrow F \mid F \in c(x)\}$; 称 L 是拟 **C-预代数**, 若 $\forall x \in L$, $\uparrow x = \cap\{\uparrow F \mid F \in \kappa(x)\}$. 拟 C-连续的完备格称为拟 **C-连续格**, 拟 C-预代数的完备格称为拟 **C-预代数格**.

下面的命题是简单且基本的, 证明从略.

命题 6.9.18　设 L 是偏序集. 则下面各条成立:

(1) $\forall G, H \subseteq L, G \prec_c H \Longrightarrow G \leqslant H$;

(2) $\forall G, H \subseteq L, G \prec_c H \Longleftrightarrow \forall h \in H, G \prec_c h$;

(3) $\forall E, F, G, H \subseteq L, E \leqslant G \prec_c H \leqslant F \Longrightarrow E \prec_c F$;

(4) $\forall x, y \in L, \{x\} \prec_c \{y\} \Longleftrightarrow x \prec_c y$.

命题 6.9.19　C-连续 (C-预代数) 偏序集均是拟 C-连续 (拟 C-预代数) 偏序集.

证明　设 L 是 C-连续偏序集, $x \in L$. 则 $\uparrow x \subseteq \cap\{\uparrow F \mid F \in c(x)\} \subseteq \cap\{\uparrow y \mid y \prec_c x\} = \uparrow x$. 从而 $\cap\{\uparrow F \mid F \in c(x)\} = \uparrow x$, 故 L 拟 C-连续.

C-预代数的情形类似可证.　□

引理 6.9.20　设 L 是偏序集, $\mathcal{C} \in \sigma^*(\sigma^*(L))$. 则有 $\bigvee_{\sigma^*(L)} \mathcal{C} = \cup \mathcal{C}$.

证明　注意到 $\mathcal{C}$ 中每一个元都是 L 的 Scott 闭集, 要证明上述等式, 故只需证明 $\cup \mathcal{C} \in \sigma^*(L)$. 显然, $\cup \mathcal{C}$ 是 L 的一个下集. 设定向集 $D \subseteq \cup \mathcal{C}$ 且 $\vee D$ 在 L 中存在. 下证存在 $C \in \mathcal{C}$ 使 $\vee D \in C$. 注意到 $\mathcal{D} = \{\downarrow d \mid d \in D\} \subseteq \sigma^*(L)$ 定向, 由 $\mathcal{C} \in \sigma^*(\sigma^*(L))$ 得 $\mathcal{C}$ 在 $\sigma^*(L)$ 中是下集, 于是 $\mathcal{D} \subseteq \mathcal{C}$ 且 $\bigvee_{\sigma^*(L)} \mathcal{D} \in \mathcal{C}$. 而 $\bigvee_{\sigma^*(L)} \mathcal{D} = \downarrow \vee D$, 故存在 $C \in \mathcal{C}$ 使 $\vee D \in C$.　□

引理 6.9.21 ([64, 推论 4.6])　设 L 是偏序集. 则对每一个 $x \in L$, $\downarrow x \in \kappa(\sigma^*(L))$.

证明　设 $\mathcal{C} \in \sigma^*(\sigma^*(L))$, 满足 $\bigvee_{\sigma^*(L)} \mathcal{C} \supseteq \downarrow x$. 则由引理 6.9.20 知 $\downarrow x \subseteq \cup \mathcal{C}$. 于是, 存在 $C \in \mathcal{C}$ 使得 $x \in C$, 故 $\downarrow x \subseteq C$, 从而 $\downarrow x \in \mathcal{C}$. 这表明 $\downarrow x \prec_c \downarrow x$, 即 $\downarrow x \in \kappa(\sigma^*(L))$.　□

定理 6.9.22 (见 [64])　对任意偏序集 L, $\sigma^*(L)$ 都是 C-预代数格, 特别是 C-连续格.

证明　易证, 对每一 $F \in \sigma^*(L)$, 有 $F = \bigvee_{\sigma^*(L)} \{\downarrow x \mid x \in F\}$. 又由引理 6.9.21, $\forall x \in L, \downarrow x \in \kappa(\sigma^*(L))$, 于是 $\sigma^*(L)$ 是 C-预代数格, 特别是 C-连续格.　□

推论 6.9.23　对任意偏序集 L, $\sigma^*(L)$ 都是拟 C-连续格.

下一定理利用拟 C-连续性刻画了 GCD 格, 推广了定理 6.9.6.

定理 6.9.24　设 L 是完备格. 则有下列两条等价:

(1) L 是拟 C-连续且拟连续的;

(2) L 是 GCD 格.

证明 (2) $\Longrightarrow$ (1) 设 L 是 GCD 格. 则对任意 $x \in L$, 有 $\uparrow x = \cap\{\uparrow F \mid F \in \mathcal{P}_{\mathrm{fin}}(L), F \lhd x\}$. 注意到 $F \lhd x$ 蕴涵 $F \prec_c x$ 和 $F \ll x$, 易知 $\uparrow x = \cap\{\uparrow F \mid F \in c(x)\}$, $\uparrow x = \cap\{\uparrow F \mid F \in \mathrm{fin}(x)\}$. 又 L 是完备格, 容易验证 $\mathrm{fin}(x) = \{F \mid F \in \mathcal{P}_{\mathrm{fin}}(L), F \ll x\}$ 依 Smyth 序定向. 故由定义可知 L 是拟 C-连续且拟连续的.

(1) $\Longrightarrow$ (2) 设 L 拟 C-连续且拟连续. 则对每一 $x \in L$, 由 L 的拟连续性有 $\uparrow x = \cap\{\uparrow F \mid F \in \mathrm{fin}(x)\}$. 对每一 $F \in \mathrm{fin}(x)$, 下证 $\uparrow F = \cap\{\uparrow F' \mid F' \in \mathcal{P}_{\mathrm{fin}}(L), F' \prec_c F\}$. 为此, 只需说明 $\cap\{\uparrow F' \mid F' \in \mathcal{P}_{\mathrm{fin}}(L), F' \prec_c F\} \subseteq \uparrow F$. 假设 $t \in \cap\{\uparrow F' \mid F' \in \mathcal{P}_{\mathrm{fin}}(L), F' \prec_c F\}$ 但 $t \notin \uparrow F$. 则对任意 $y \in F$ 有 $t \notin \uparrow y$. 由 L 的拟 C-连续性, 知存在 $F_y \in c(y)$ 使 $F_y \prec_c y$ 且 $t \notin \uparrow F_y$. 令 $F^* = \bigcup_{y \in F} F_y$. 则 F^* 有限, $F^* \prec_c F$ 且 $t \notin \uparrow F^*$, 矛盾于 $t \in \cap\{\uparrow F' \mid F' \in \mathcal{P}_{\mathrm{fin}}(L), F' \prec_c F\}$. 故 $\uparrow F = \cap\{\uparrow F' \mid F' \in \mathcal{P}_{\mathrm{fin}}(L), F' \prec_c F\}$. 从而 $\uparrow x = \cap\{\uparrow F \mid F \in \mathrm{fin}(x)\} = \cap\{\uparrow F' \mid F' \in \mathcal{P}_{\mathrm{fin}}(L), \exists F \in \mathcal{P}_{\mathrm{fin}}(L)$ 使 $F' \prec_c F \in \mathrm{fin}(x)\}$.

对 $F' \prec_c F \in \mathrm{fin}(x)$, 即 $F' \prec_c F \ll x$, 下证 $F' \lhd x$. 对任意 $A \subseteq L$ 且 $\vee A \geqslant x$, 令 $G = \{\vee E \mid E \in \mathcal{P}_{\mathrm{fin}}(A)\}$. 则 $G \subseteq L$ 定向且 $\vee G = \vee A \in \uparrow x$. 由 $F \ll x$ 知存在 $E \in \mathcal{P}_{\mathrm{fin}}(A)$ 使 $\vee E = \vee{\downarrow}E \in \uparrow F$. 注意到 ${\downarrow}E$ 是 Scott 闭集且 $F' \prec_c F$, 故有 ${\downarrow}E \cap \uparrow F' \neq \varnothing$. 于是 $A \cap \uparrow F' \neq \varnothing$, $F' \lhd x$. 由此得, $\uparrow x \subseteq \cap\{\uparrow W \mid W \in \mathcal{P}_{\mathrm{fin}}(L), W \lhd x\} \subseteq \cap\{\uparrow F' \mid F' \in \mathcal{P}_{\mathrm{fin}}(L), \exists F \in \mathcal{P}_{\mathrm{fin}}(L)$ 使 $F' \prec_c F \in \mathrm{fin}(x)\} = \uparrow x$, 从而 $\uparrow x = \cap\{\uparrow W \mid W \in \mathcal{P}_{\mathrm{fin}}(L), W \lhd x\}$, 即 L 是 GCD 格. $\qquad\square$

容易验证对一个有限格 L 而言, L 和 L^{op} 均为连续格且 $\nu(L) = \sigma(L)$. 由命题 6.8.6 知 L 和 L^{op} 都是超连续格. 再由推论 6.8.9 知 L^{op} 和 L 都是 GCD 格, 故立得下一推论.

推论 6.9.25 每一有限格都是拟 C-连续格.

与 C-连续格不同, 拟 C-连续格不必为分配格.

例 6.9.26 设 $L = \mathcal{O}([0,1])$ 为单位闭区间 $\mathbf{I}$ 的开集格. 则 L 是分配连续格但由推论 6.8.13, L 不是 CD-格. 由定理 6.9.6 知 L 不是 C-连续格, 由例 5.7.24 知 L 不是 GCD 格. 由定理 6.9.24 知 L 也不是拟 C-连续格.

下一定理综合刻画拟连续偏序集, 推广了文献 [64] 中推论 4.9 和文献 [211] 中推论 2.1.

定理 6.9.27 设 L 是偏序集, 则有下列四条等价:

(i) L 是拟连续偏序集;   (ii) $\sigma(L)$ 是超连续格;

(iii) $\sigma^*(L)$ 是 GCD 格;   (iv) $\sigma^*(L)$ 是拟连续格.

证明 (i) $\Longleftrightarrow$ (ii) 由定理 6.8.14 可得.

(ii) $\Longleftrightarrow$ (iii) 由推论 6.8.9 可得.

(iii) $\Longleftrightarrow$ (iv) 由推论 6.9.23 和定理 6.9.24 可得. 　　　　　　　　　　□

设 L 是 dcpo, $F \in \sigma^*(L)$. 则由推论 6.3.12, 得 $\sigma^*(F) = \sigma^*(L)|_F = \downarrow_{\sigma^*(L)} F$ 是 $\sigma^*(L)$ 中的主理想. 再由命题 6.6.10 和定理 6.9.27 得

推论 6.9.28　设 L 是拟连续 domain, F 是 L 的非空 Scott 闭集. 则 F 继承 L 的序也是拟连续 domain.

6.9.3　Scott 闭集格的 C-代数性

下面给出具有性质 M 的 dcpo 的 Scott 闭集格的性质.

引理 6.9.29　设 L 是 dcpo. 若 L 满足性质 M, 则对任意 $X \in \sigma^*(L)$, 集合 $C_X := \{C \in \sigma^*(L) \mid \exists x \in X \text{ 使 } C \subseteq \downarrow x\} \subseteq \sigma^*(L)$ 是完备格 $\sigma^*(L)$ 上的 Scott 闭集.

证明　如果 $X = \varnothing$, 则 $C_X = \varnothing$ 是 $\sigma^*(L)$ 上的 Scott 闭集. 下设 $X \neq \varnothing$. 则 $C_X \neq \varnothing$ 是 $\sigma^*(L)$ 中的下集. 于是只需证集合 C_X 在 $\sigma^*(L)$ 中对定向并关闭. 为此设 $\mathcal{E} \subseteq C_X$ 以集合包含序定向. 要证 $\bigvee_{\sigma^*(L)} \mathcal{E} \in C_X$, 即证 Scott 闭包 $cl_\sigma(\cup\mathcal{E}) \in C_X$. 这只需证存在 $e \in X$ 使 $\cup\mathcal{E} \subseteq \downarrow e$. 若 $\mathcal{E} = \{\varnothing\} \subseteq C_X$, 则任取 $e \in X$ 即可. 若 $\mathcal{E} - \{\varnothing\} \neq \varnothing$, 则对任意 $\varnothing \neq E \in \mathcal{E}$, 存在 $x \in X$ 使 $E \subseteq \downarrow x$. 由 E 为 dcpo L 的非空 Scott 闭集知 E 为 dcpo. 由 Zorn 引理得 $\max(E) \neq \varnothing$ 且 $\max(E) \subseteq E \subseteq X$. 令 $A = \bigcup_{E \in \mathcal{E}} \max(E)$. 则 $A \subseteq \cup\mathcal{E} \subseteq X$. 再令 $\mathcal{B} = \{\mathrm{mub}(F) \cap X \mid F \in \mathcal{P}_{\mathrm{fin}}(A)\}$. 下证 $\mathcal{B}$ 为非空有限集的非空族, 且依 Smyth 序定向. 先证 $\mathcal{B}$ 非空. 取 $\varnothing \neq E \in \mathcal{E}$, 则 $\max(E) \neq \varnothing$, 从而 $A \neq \varnothing$. 于是存在 $m \in \max(E), x \in X$ 使 $m \in \max(E) \subseteq E \subseteq \downarrow x$, 从而 $\mathrm{mub}(\{m\}) = \{m\} \subseteq X$, 因此 $\{m\} \in \mathcal{B} \neq \varnothing$. 再证 $\mathcal{B}$ 中元非空. 若 $F = \{a\} \subseteq A$, 则 $\mathrm{mub}(F) \cap X = \{a\} \neq \varnothing$; 若 $|F| \geqslant 2$, 则由 F 有限, 一定存在 $E_1, E_2, \cdots, E_n \in \mathcal{E}$ 使得 $F \subseteq \bigcup_{i=1}^n \max(E_i) \subseteq \bigcup_{i=1}^n E_i$. 由 $\mathcal{E}$ 定向, 知存在 $E \in \mathcal{E}$ 使 $E \supseteq \bigcup_{i=1}^n E_i \supseteq F$. 又 $E \in \mathcal{E}$, 故存在 $x_E \in X$ 使得 $E \subseteq \downarrow x_E$, 从而 $F \subseteq \downarrow x_E$. 由性质 M, $\mathrm{mub}(F) \cap \downarrow x_E \neq \varnothing$, 于是 $\mathrm{mub}(F) \cap X \neq \varnothing$. 故 $\mathcal{B}$ 为非空有限集的非空族. 再证, $\mathcal{B}$ 依 Smyth 序定向. 设 $B_1 = \mathrm{mub}(F_1) \cap X \in \mathcal{B}, B_2 = \mathrm{mub}(F_2) \cap X \in \mathcal{B}$, 其中 $F_1, F_2 \in \mathcal{P}_{\mathrm{fin}}(A)$. 作 $B = \mathrm{mub}(F_1 \cup F_2) \cap X \in \mathcal{B}$. 则对任一 $t \in B$, 必有 $t \in X$ 且 t 是 F_1, F_2 的一个上界, 特别地, 是 F_1 的一个上界. 由性质 M, 存在 $t^* \in \mathrm{mub}(F_1)$ 使 $t^* \leqslant t \in X = \downarrow X$. 这说明存在 $t^* \in \mathrm{mub}(F_1) \cap X$ 使 $t^* \leqslant t$, 从而 $t \in \uparrow(\mathrm{mub}(F_1) \cap X) = \uparrow B_1$. 故由 $t \in B$ 的任意性, 得 $B \subseteq \uparrow B_1$, 即 $B_1 \leqslant B$ 成立. 同理 $B_2 \leqslant B$. 于是证得 $\mathcal{B}$ 依 Smyth 序定向.

由 Rudin 引理 (引理 5.2.20), 存在定向集 $D \subseteq \bigcup_{B \in \mathcal{B}} B \subseteq X$ 使 $\forall F \in \mathcal{P}_{\mathrm{fin}}(A)$, $D \cap \mathrm{mub}(F) \neq \varnothing$. 由 L 为 dcpo, 可设 $\vee D = e$. 则由 $X \in \sigma^*(L)$ 得 $e \in X$. 利用 Hausdorff 极大原理和 Zorn 引理易证 dcpo L 上的任意 Scott 闭集 $E \in \sigma^*(L)$

有 $E = \downarrow\max(E)$, 从而 $\forall E \in \mathcal{E}$, 存在 $x_E \in X$ 使 $E = \downarrow\max(E) \subseteq \downarrow x_E$. 注意到 $\forall a \in A$ 有 $\{a\} \in \mathcal{B}$, 从而 $D \supseteq A \supseteq \max(E)$, $\downarrow e \supseteq \downarrow D \supseteq \downarrow\max(E) = E$. 由 $E \in \mathcal{E}$ 的任意性, 得 $\cup\mathcal{E} \subseteq \downarrow e$. $\qquad\square$

因完备交半格均是满足性质 M 的 dcpo, 故上一引理推广了 [64] 中引理 5.1.

定理 6.9.30 设 L 是 dcpo 且满足性质 M. 则 $X \in \kappa(\sigma^*(L))$ 当且仅当 X 是主理想, 即存在 $a \in L$ 使 $X = \downarrow a$.

证明 充分性, 由引理 6.9.21 可得. 下证必要性. 设 $X \in \kappa(\sigma^*(L))$. 则 $X \in \sigma^*(L)$. 又 $\forall x \in X$, $\downarrow x \in C_X$, 其中 C_X 定义与引理 6.9.29 中一致. 从而, $X = \bigcup_{x \in X} \downarrow x \subseteq \cup C_X \subseteq X$. 故由引理 6.9.20, $X = \cup C_X = \bigvee_{\sigma^*(L)} C_X$. 由引理 6.9.29 知, C_X 是完备格 $\sigma^*(L)$ 上的 Scott 闭集. 由 $X \prec_c X$, 得 $X \in C_X$. 从而存在 $a \in X$ 使 $X \subseteq \downarrow a \subseteq X$, 故 $X = \downarrow a$. 命题得证. $\qquad\square$

推论 6.9.31 设 dcpo L 满足性质 M. 则映射 $\downarrow: L \to \kappa(\sigma^*(L)), x \mapsto \downarrow x$ 是序同构.

定理 6.9.32 设 L 是 dcpo 且满足性质 M. 则 $\sigma^*(L)$ 是 C-代数格.

证明 对任一 $F \in \sigma^*(L)$ 有 $F = \cup\{\downarrow x \mid x \in F\}$. 由引理 6.9.29 及定理 6.9.30, 得 $F = \bigvee_{\sigma^*(L)}\{\downarrow x \mid x \in F\}$ 且 $\downarrow\{\downarrow x \mid x \in F\} = C_F \in \sigma^*(\sigma^*(L))$. 因此, 由定义 6.9.3 知 $\sigma^*(L)$ 是 C-代数格. $\qquad\square$

6.9.4 交 C-连续偏序集

先定义 Scott C-集, 然后利用 Scott C-集引入交 C-连续偏序集概念.

定义 6.9.33 设 L 是偏序集, $F \subseteq L$. 若 F 满足条件: (1) $F = \downarrow F$; (2) 对 F 中任一非空 Scott 闭集 S, 当 $\vee S$ 存在时, 有 $\vee S \in F$, 则称 F 为 L 的 **Scott C-集**. L 的全体 Scott C-集记为 $SC(L)$. 记 $SCo(L) = \{U \subseteq L \mid L - U \in SC(L)\}$.

命题 6.9.34 设 L 是偏序集, 则下列结论成立:

(1) $L, \varnothing \in SC(L)$;

(2) $\forall x \in L$, $\downarrow x \in SC(L)$;

(3) 设 $\{F_\alpha\}_{\alpha \in \Gamma} \subseteq SC(L)$, 则 $\bigcap_{\alpha \in \Gamma} F_\alpha \in SC(L)$;

(4) $U \in SCo(L)$ 当且仅当 $U = \uparrow U$ 且对 L 中任一非空 Scott 闭集 S, 当 $\vee S$ 存在且 $\vee S \in U$ 时, 有 $S \cap U \neq \varnothing$.

证明 由定义 6.9.33 可直接验证. $\qquad\square$

偏序集 L 的全体 "Scott C-集" $SC(L)$ 一般不对有限并封闭, 可能不构成 L 上拓扑的闭集族. 但可类似于交连续性定义, 把 $SC(L)$ 看成拓扑空间的闭集族, 利用之而引入交 C-连续偏序集概念.

定义 6.9.35 设 L 是偏序集, 称 L 是**交 C-连续**的, 若对任意 $x \in L$ 及非空 Scott 闭集 S, 当 $\vee S$ 存在且 $x \leqslant \vee S$ 时有 $x \in \cap\{F \in SC(L) \mid \downarrow x \cap S \subseteq F\}$. 交

C-连续的完备格称为**交 C-连续格**.

命题 6.9.36　C-连续偏序集均是交 C-连续的. 特别地, C-连续格均是交 C-连续格.

证明　设 L 是 C-连续偏序集. 对任一 $x \in L$ 及非空 Scott 闭集 S, 当 $\vee S$ 存在且 $x \leqslant \vee S$ 时, 由 L 的 C-连续性知 $x = \vee {\downarrow}^{\prec_c} x$. 对任意 $a \prec_c x$, 由 $a \prec_c x \leqslant \vee S$ 知 $a \in S$. 从而 ${\downarrow}^{\prec_c} x \subseteq {\downarrow} x \cap S$. 于是对任意 $F \in \mathrm{SC}(L)$ 且 ${\downarrow} x \cap S \subseteq F$, 由 ${\downarrow}^{\prec_c} x \subseteq {\downarrow} x \cap S \subseteq F$ 及命题 6.9.4(1)、定义 6.9.33 知 $\vee {\downarrow}^{\prec_c} x = x \in F$. 从而 $x \in \cap \{F \in \mathrm{SC}(L) \mid {\downarrow} x \cap S \subseteq F\}$. 由定义 6.9.35 知 L 是交 C-连续的. □

命题 6.9.37　若 L 是格且交 C-连续, 则 L 是分配格. 特别地, 交 C-连续格是分配格.

证明　对任意 $x, y, z \in L$, 只需证 $(x \wedge y) \vee (x \wedge z) \geqslant x \wedge (y \vee z)$. 令 $S = {\downarrow} y \cup {\downarrow} z$. 则 S 是非空 Scott 闭集且 $\vee S = y \vee z$. 故 $x \wedge (y \vee z) = x \wedge \vee S$. 由 $x \wedge \vee S \leqslant \vee S$ 及 L 是交 C-连续偏序集知 $x \wedge \vee S \in \cap \{F \in \mathrm{SC}(L) \mid {\downarrow}(x \wedge \vee S) \cap S \subseteq F\}$. 容易验证 ${\downarrow}(x \wedge \vee S) \cap S \subseteq {\downarrow}((x \wedge y) \vee (x \wedge z))$. 由命题 6.9.34(2) 知 ${\downarrow}((x \wedge y) \vee (x \wedge z)) \in \mathrm{SC}(L)$, 故 $x \wedge \vee S \in {\downarrow}((x \wedge y) \vee (x \wedge z))$. 从而 $(x \wedge y) \vee (x \wedge z) \geqslant x \wedge \vee S = x \wedge (y \vee z)$. □

由推论 6.9.25 知有限格是拟 C-连续格, 也均是连续格. 但五边形格和五元钻石格都不是分配格, 由命题 6.9.37 知五边形格和五元钻石格均非交 C-连续格.

定理 6.9.38　偏序集 L 是交 C-连续的当且仅当 $\forall U \in \mathrm{SCo}(L)$, $\forall x \in L$ 有 ${\uparrow}(U \cap {\downarrow} x) \in \mathrm{SCo}(L)$.

证明　充分性: 对任意 $x \in L$ 及非空 Scott 闭集 S, 当 $\vee S$ 存在且 $x \leqslant \vee S$ 时, 要证 $x \in \cap \{F \in \mathrm{SC}(L) \mid {\downarrow} x \cap S \subseteq F\}$. 用反证法. 假设存在 $F_0 \in \mathrm{SC}(L)$ 使 ${\downarrow} x \cap S \subseteq F_0$ 但 $x \notin F_0$. 则 $x \in L - F_0$. 从而 $x \in {\uparrow}((L - F_0) \cap {\downarrow} x)$ 且 ${\uparrow}((L - F_0) \cap {\downarrow} x) \in \mathrm{SCo}(L)$. 由 $x \leqslant \vee S$ 知 $\vee S \in {\uparrow}((L - F_0) \cap {\downarrow} x)$. 故由命题 6.9.34(4) 可得 ${\uparrow}((L - F_0) \cap {\downarrow} x) \cap S \neq \varnothing$. 从而 $(L - F_0) \cap {\downarrow} x \cap S \neq \varnothing$, 这与 ${\downarrow} x \cap S \subseteq F_0$ 矛盾! 故 $x \in \cap \{F \in \mathrm{SC}(L) \mid {\downarrow} x \cap S \subseteq F\}$. 由定义 6.9.35 知 L 是交 C-连续的.

必要性: 设 L 是交 C-连续偏序集. 对任意 $U \in \mathrm{SCo}(L), x \in L$, 易见 ${\uparrow}(U \cap {\downarrow} x)$ 是上集. 对 L 中任一非空 Scott 闭集 S, 当 $\vee S$ 存在且 $\vee S \in {\uparrow}(U \cap {\downarrow} x)$ 时, 存在 $y \in U \cap {\downarrow} x$ 使 $y \leqslant \vee S$. 从而由 L 是交 C-连续的可得

$$y \in \cap \{F \in \mathrm{SC}(L) \mid {\downarrow} y \cap S \subseteq F\}.$$

下证 ${\uparrow}(U \cap {\downarrow} x) \cap S \neq \varnothing$. 用反证法. 假设 ${\uparrow}(U \cap {\downarrow} x) \cap S = \varnothing$. 则 $U \cap {\downarrow} x \cap S = \varnothing$. 从而 ${\downarrow} x \cap S \subseteq L - U$. 由 L 是交 C-连续偏序集及 $L - U \in \mathrm{SC}(L)$ 知 $x \in L - U$, 从而 $y \in L - U$, 与 $y \in U$ 矛盾! 故 ${\uparrow}(U \cap {\downarrow} x) \cap S \neq \varnothing$. 于是由命题 6.9.34(4) 可得 ${\uparrow}(U \cap {\downarrow} x) \in \mathrm{SCo}(L)$. □

推论 6.9.39   设 L 是偏序集. 则 L 是交 C-连续的当且仅当对任意 $U \in$ SCo(L) 及任一下集 A 有 $\uparrow(U \cap A) = \bigcup_{x \in A} \uparrow(U \cap \downarrow x) \in$ SCo(L).

证明   由命题 6.9.34 和定理 6.9.38 简单可证.   □

引理 6.9.40   设 L 是 bc-poset. 则对任意 $x \in L$ 及非空 Scott 闭集 S 有:

(1) $\downarrow x \cap S = \{x \wedge s \mid s \in S\}$;

(2) 当 $\vee S$ 存在时, $\downarrow x \cap S = \downarrow(x \wedge \vee S) \cap S$.

证明   直接验证.   □

定理 6.9.41   设 L 是 bc-poset. 则下列条件等价:

(1) L 是交 C-连续的;

(2) 对任意 $x \in L$ 及非空 Scott 闭集 S, 当 $\vee S$ 存在时, 有 $x \wedge \vee S = \vee\{x \wedge s \mid s \in S\}$;

(3) 对任意非空 Scott 闭集 S_1, S_2, 当 $\vee S_1$, $\vee S_2$ 存在时, 有 $\vee S_1 \wedge \vee S_2 = \vee(S_1 \cap S_2)$;

(4) 对任意 $x \in L$ 及非空 Scott 闭集 S, 当 $\vee S$ 存在且 $x \leqslant \vee S$ 时有 $x = \vee(\downarrow x \cap S)$.

证明   (1) $\Longrightarrow$ (2) 设 L 是交 C-连续 bc-poset. 对任意 $x \in L$ 及非空 Scott 闭集 S, 当 $\vee S$ 存在时, $x \wedge \vee S$ 是集 $\{x \wedge s \mid s \in S\}$ 的一上界. 由 L 是 bc-poset 知 $\vee\{x \wedge s \mid s \in S\}$ 存在且 $\vee\{x \wedge s \mid s \in S\} \leqslant x \wedge \vee S$. 记 $y = \vee\{x \wedge s \mid s \in S\}$. 由引理 6.9.40 知

$$y = \vee\{x \wedge s \mid s \in S\} = \vee(\downarrow x \cap S) = \vee(\downarrow(x \wedge \vee S) \cap S).$$

从而集 $\downarrow(x \wedge \vee S) \cap S \subseteq \downarrow y \in$ SC(L). 又由 L 是交 C-连续的且 $x \wedge \vee S \leqslant \vee S$ 知 $x \wedge \vee S \in \cap\{F \in$ SC$(L) \mid \downarrow(x \wedge \vee S) \cap S \subseteq F\}$. 故 $x \wedge \vee S \in \downarrow y$. 综上可得 $x \wedge \vee S = y = \vee\{x \wedge s \mid s \in S\}$.

(2) $\Longrightarrow$ (3) 对任意非空 Scott 闭集 S_1, S_2, 当 $\vee S_1$, $\vee S_2$ 存在时, 由 (2) 可得 $\vee S_1 \wedge \vee S_2 = \vee\{\vee S_1 \wedge b \mid b \in S_2\} = \vee\{a \wedge b \mid a \in S_1, b \in S_2\} = \vee(S_1 \cap S_2)$.

(3) $\Longrightarrow$ (4) 对任意 $x \in L$ 及非空 Scott 闭集 S, 当 $\vee S$ 存在且 $x \leqslant \vee S$ 时, 由 (3) 可得

$$x = x \wedge \vee S = \vee(\downarrow x) \wedge \vee S = \vee(\downarrow x \cap S).$$

(4) $\Longrightarrow$ (1) 对任意 $x \in L$ 及非空 Scott 闭集 S, 当 $\vee S$ 存在且 $x \leqslant \vee S$ 时, 要证 $x \in \cap\{F \in$ SC$(L) \mid \downarrow x \cap S \subseteq F\}$. 用反证法. 假设存在 $F_0 \in$ SC(L) 使 $\downarrow x \cap S \subseteq F_0$ 但 $x \notin F_0$. 由 $x \leqslant \vee S$ 及 (4) 可得 $x = \vee(\downarrow x \cap S) \in L - F_0$. 由 $\downarrow x \cap S$ 是 Scott 闭集及命题 6.9.34(4) 知 $\downarrow x \cap S \cap (L - F_0) \neq \varnothing$, 这与 $\downarrow x \cap S \subseteq F_0$ 矛盾! 故

$$x \in \cap\{F \in$ SC$(L) \mid \downarrow x \cap S \subseteq F\}.$$

从而 L 是交 C-连续的.   □

定理 6.9.42   完备格 L 是 cHa 当且仅当 L 是交连续格和交 C-连续格.

证明   充分性: 设 L 是交连续且交 C-连续的. 由命题 6.9.37 知 L 是分配格, 从而是 cHa.

必要性: 由定理 6.9.41(2) 可得 cHa 均是交 C-连续格.   □

任一非分配的有限格均不是交 C-连续格, 但都是连续格, 特别地, 是交连续格. 这说明交连续格不必是交 C-连续格. 下两例分别说明分配完备格未必是交 C-连续格; (交)C-连续格未必是交连续格.

例 6.9.43   设 $L = ((0,1) \times (0,1)) \cup \{(0,0),(1,1)\}$ 赋予通常的点式序 (见图 6.2(左)). 则 L 是分配的完备格但不是交连续格. 设集合 A 是由过点 $(0,0.5)$ 及 $(1,0)$ 的线段与完备格 L 的交再取下集得到. 可以验证 A 对定向并封闭, 从而是 L 的一个 Scott 闭集且 $\vee A = (1,1)$ 为最大元. 取点 $x = (0.8,0.8)$, 则 $x \wedge \vee A \neq \vee \{x \wedge a \mid a \in A\}$. 由命题 6.9.37 知 L 不是交 C-连续格.

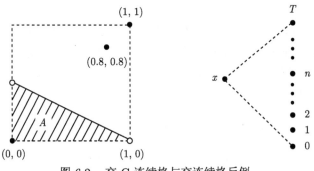

图 6.2   交 C-连续格与交连续格反例

例 6.9.44   设 $L = \{0,1,2,\cdots,n,\cdots,\top\} \cup \{x\}$ 赋予如下序: $0 \leqslant 1 \leqslant 2 \leqslant \cdots \leqslant n \leqslant \cdots \leqslant \top$ 且 $0 \leqslant x \leqslant \top$ (见图 6.2(右), 或 [41, O-4.5(2)]). 容易验证 L 是一个拟连续格, 但 L 不交连续, 从而不连续. 由定理 6.2.12 和定理 5.7.12 知 $\sigma^*(L) \cong \sigma(L)^{op}$ 不是 CD-格. 由 L 的拟连续性及定理 6.9.27 知 $\sigma^*(L)$ 是拟连续格. 又由定理 6.9.22 知 $\sigma^*(L)$ 是 C-连续格. 由 $\sigma^*(L)$ 不是 CD-格和定理 6.9.6 知 $\sigma^*(L)$ 不是连续格. 故由 $\sigma^*(L)$ 是拟连续格及定理 6.8.16 知 $\sigma^*(L)$ 不是交连续格. 这说明 C-连续格不必是交连续格.

引理 6.9.45   设 L 是交 C-连续的 bc-poset, F 是 L 的非空有限子集, $x \in L$. 则 $F \prec_c x$ 当且仅当存在 $a \in F$ 使 $a \prec_c x$.

证明   充分性: 若存在 $a \in F$ 使 $a \prec_c x$. 对任意非空 Scott 闭集 S, 当 $\vee S$ 存在且 $\vee S \in \uparrow x$ 时, 由 $a \prec_c x \leqslant \vee S$ 知 $a \in S$. 则 $S \cap \uparrow F \neq \varnothing$. 由定义 6.9.16 知

$F \prec_c x$.

必要性: 设 $F \prec_c x$. 用反证法. 假设对任一 $a \in F$ 有 $a \not\prec_c x$, 则由定义 6.9.1 知存在非空 Scott 闭集 S_a 使 $x \leqslant \vee S_a$, 但 $a \notin S_a$, 即 $\uparrow a \cap S_a = \varnothing$. 记 $S = \bigcap_{a \in F} S_a$. 易知 S 是 Scott 闭集. 由 L 是交 C-连续的 bc-poset、F 非空有限及定理 6.9.41 知

$$x \leqslant \bigwedge_{a \in F}(\vee S_a) = \vee\left(\bigcap_{a \in F} S_a\right) = \vee S.$$

从而由 $F \prec_c x$ 知 $S \cap \uparrow F \neq \varnothing$. 于是存在 $a_0 \in F$ 使 $\varnothing \neq S \cap \uparrow a_0 \subseteq \uparrow a_0 \cap S_{a_0}$, 这矛盾于 $\uparrow a_0 \cap S_{a_0} = \varnothing$. □

定理 6.9.46　设 L 是 bc-poset. 则 L 是 C-连续的当且仅当 L 是交 C-连续和拟 C-连续的. 特别地, 若 L 是 bc-poset, 则 L 是 C-连续的当且仅当 L 是交 C-连续和拟 C-连续的. 从而完备格 L 是 C-连续格当且仅当 L 是交 C-连续格和拟 C-连续格.

证明　**充分性**: 设 L 是交 C-连续和拟 C-连续 bc-poset. 对任意 $x \in L$, 由命题 6.9.2(1) 知 x 是集 $\downarrow^{\prec_c} x = \{a \in L \mid a \prec_c x\}$ 的上界. 设 z 为集 $\downarrow^{\prec_c} x$ 的任一上界. 下证 $x \leqslant z$. 用反证法. 假设 $x \not\leqslant z$. 由 L 是拟 C-连续的知 $\uparrow x = \cap\{\uparrow F \mid F \in \mathcal{P}_{\text{fin}}(L) \text{ 且 } F \prec_c x\}$. 故存在非空有限集 F 使 $F \prec_c x$ 但 $z \notin \uparrow F$. 由 $F \prec_c x$ 及引理 6.9.45 知存在 $a \in F$ 使 $a \prec_c x$. 从而有 $a \leqslant z$, 这与 $z \notin \uparrow F$ 矛盾! 故有 $x \leqslant z$. 从而 $x = \vee \downarrow^{\prec_c} x$. 由定义知 L 是 C-连续的.

必要性: 由命题 6.9.19 和命题 6.9.36 可得. □

下例是定理 6.9.46 的一个简单应用.

例 6.9.47　设 L 是某集 X 上的核紧 T_1 非离散拓扑. 则由推论 6.8.13, L 是 cHa 而非 CD-格, 从而不是 C-连续格. 由定理 6.9.41 知 L 是一个交 C-连续格. 由定理 6.9.46 知 L 不是拟 C-连续格.

综合前述相关结论可得到如下关系:

完全分配格 $\Longleftrightarrow$ 连续格 + C-连续格; GCD 格 $\Longleftrightarrow$ 拟连续格 + 拟 C-连续格;

cHa $\Longleftrightarrow$ 交连续格 + 交 C-连续格; 完全分配格 $\Longleftrightarrow$ cHa + GCD 格;

连续格 $\Longleftrightarrow$ 交连续格 + 拟连续格; C-连续格 $\Longleftrightarrow$ 交 C-连续格 + 拟 C-连续格.

习　题　6.9

1. 设 P 为偏序集, $x \in P$, $D \subseteq \downarrow^{\prec_c} x$ 是定向集且 $\sup D$ 存在. 证明 $\sup D \prec_c x$.
2. 证明 S-超连续偏序集均为 C-连续偏序集, 从而 CD-格均为 C-连续格.
3. 举例说明在完备格中, 双小于关系与 C-逼近关系互不包含.
4. 设 (g, d) 为偏序集 M 与 N 间的 Galois 联络, 其中 $d: M \to N$, $g: N \to M$.

证明: 对 N 的任意 Scott 闭集 F, 有 $\downarrow g(F)$ 是 M 的 Scott 闭集.

5. 设 (g,d) 为完备格 L 与 M 间的 Galois 联络, 其中 $d: L \to M$, $g: M \to L$.

证明: 若 g 保 Scott 闭集的并, 则 d 保 C-逼近关系; 若 L 是 C-连续格, 则反之也对.

6. 举例说明 C-预代数的 GCD 格不必是 CD-格.

7. 证明: 偏序集间的保 Scott 闭集并的映射一定保有限并.

6.10　具有同构 Scott 闭集格的 dcpo

两个偏序集同构, 则它们的 Scott 闭集格一定同构. 反过来, 这一般不成立, 例如, $[0,1)$ 与 $[0,1]$ 不同构, 但它们的 Scott 闭集格是同构的. 所以探讨具有同构 Scott 闭集格的偏序集问题一般是在 dcpo 范围内讨论. 本节探讨具有同构 Scott 闭集格的 dcpo 的性质和同构的条件, 以及相关问题. 下一命题是简单的, 留给读者作为练习.

命题 6.10.1　若 Scott 空间 $(P, \sigma(P))$ 和 $(Q, \sigma(Q))$ 是 Sober 的, 则 P 和 Q 是 dcpo, 且 $\sigma(P) \cong \sigma(Q)$ 当且仅当 $P \cong Q$.

由该命题得知两个 dcpo 所对应的 Scott 空间如果是 Sober 的, 则当它们的 Scott 拓扑同构时, 该两个 dcpo 一定同构. 这样由拟连续 domain 都是 Sober 的知, 若两拟连续 domain 有同构的 Scott 拓扑, 则该两拟连续 domain 就是同构的. 下一定理说明可用性质 M 来替代命题 6.10.1 中的 Sober 性.

定理 6.10.2　设 P, Q 是 dcpo 且满足性质 M. 则下列各条等价:

(i) $P \cong Q$;

(ii) $\sigma(P) \cong \sigma(Q)$;

(iii) $\sigma^*(P) \cong \sigma^*(Q)$.

证明　(i) $\Longleftrightarrow$ (iii) 由推论 6.9.31 立得.

(ii) $\Longleftrightarrow$ (iii) 平凡的.　　　　　　　　　　　　　　　　　　　　□

完备格都是 Lawson 紧的且满足性质 M, 从而 dcpo 的 Lawson 紧性和性质 M 均不能蕴涵其 Scott 拓扑的 Sober 性. 下例说明 dcpo 上 Scott 拓扑的 Sober 性不能蕴涵性质 M.

例 6.10.3　设 $L = \{x_0, x_1, \cdots\} \cup \{a, b\}$. 定义 $\leqslant$ 使 $i \leqslant j$ 蕴涵 $x_j \leqslant x_i$ 且 $\forall i$ 有 $a, b \leqslant x_i$. 则 L 是 dcpo. 易见, a, b 无极小上界, L 是拟连续 domain 但不满足性质 M, 其上的 Scott 拓扑是 Sober 的.

注 6.10.4　若 P 是拟连续 domain, Q 是 dcpo 且 $\sigma^*(P) \cong \sigma^*(Q)$, 则 $\sigma(P)$ 是 Sober 的且 $\sigma^*(P)$ 是 GCD 格. 由定理 6.9.27 得 Q 也拟连续且 $\sigma(Q)$ 是 Sober 的. 由命题 6.10.1 知 $P \cong Q$.

Johnstone 在文献 [77] 中构造了下面的反例说明 dcpo 上的 Scott 拓扑不必是 Sober 的. Isbell 甚至构造了完备格的例子 ([68]), 其上 Scott 拓扑不是 Sober

的. 对不满足 Sober 性也不满足性质 M 的 dcpo, 定理 6.10.2中 (ii), (iii)$\Longrightarrow$ (i) 何时成立还没有完整的解答.

例 6.10.5 ([77]) 设 $X = \mathbb{N} \times (\mathbb{N} \cup \{\infty\})$, 定义 X 上偏序为

$$(m,n) \leqslant (m',n') \iff \text{当 } m = m' \text{ 时有 } n \leqslant n' \text{ 或当 } n' = \infty \text{ 时有 } n \leqslant m'.$$

则得到偏序集 $(\mathbb{N} \times (\mathbb{N} \cup \{\infty\}), \leqslant)$. 用 $\mathbb{J}$ 表示该偏序集.

引理 6.10.6 设 X 和 Y 是 T_0 空间, $C(X)$ 和 $C(Y)$ 分别是 X 和 Y 的闭集格且 $F: C(X) \to C(Y)$ 是格同构. 则

(a) 对每一 $x \in X$, 如果 $\mathrm{cl}(\{x\})$ 是有限集, 则 $F(\mathrm{cl}(\{x\})) = \mathrm{cl}(\{y\})$ 对某 $y \in Y$ 成立.

(b) 如果 X 和 Y 是单调收敛空间且 $\mathrm{cl}(\{x\})$ 在特殊化序下是一个链, 则 $F(\mathrm{cl}(\{x\})) = \mathrm{cl}(\{y\})$ 对某 $y \in Y$ 成立.

证明 (a) 假定 $B = \mathrm{cl}(\{x\})$ 是有限集. 则 $\downarrow B = \{A \in C(X) \mid A \subseteq \mathrm{cl}(\{x\})\}$ 是有限集. 因 F 是格同构, 故 $F(\downarrow_{C(X)} B) = \downarrow_{C(Y)} F(B)$ 成立, $\downarrow_{C(Y)} F(B)$ 是有限集. 因 $\{\mathrm{cl}(\{y\}) \mid y \in F(B)\} \subseteq \downarrow_{C(Y)} F(B)$, 故它也是有限集. 注意到 T_0 空间中不同点的闭包不同, 可知 $F(B)$ 是有限集. 再由 $F(B)$ 的既约性得 $F(B) = \mathrm{cl}(\{y\})$ 对某 $y \in Y$ 成立.

(b) 设 $H \in C(X)$, $H \neq \varnothing$ 且 $H \subseteq \mathrm{cl}(\{x\})$. 则 H 是一个链, $\sup H$ 存在且 H 收敛到 $\sup H$. 因 H 是闭集, 故 $\sup H \in H$, 由这推得 $H = \mathrm{cl}(\{\sup H\})$. 所以集 $\downarrow_{C(X)} \mathrm{cl}(\{x\}) - \{\varnothing\} = \{\mathrm{cl}(\{u\}) \mid u \in \mathrm{cl}(\{x\})\}$ 是一个链.

显然 F 限制在 $\downarrow_{C(X)} \mathrm{cl}(\{x\}) - \{\varnothing\}$ 和 $\downarrow_{C(Y)} F(\mathrm{cl}(\{x\})) - \{\varnothing\}$ 上是同构, $\downarrow_{C(Y)} F(\mathrm{cl}(\{x\}))$ 是一个链. 进而, $F(\mathrm{cl}(\{x\}))$ 在 Y 的特殊化序下是一个链. 又因 $F(\mathrm{cl}(\{x\}))$ 是闭集且 Y 是单调收敛空间, 故有 $F(\mathrm{cl}(\{x\})) = \mathrm{cl}(\{y\})$ 对某 $y \in Y$ 成立. $\qquad \square$

推论 6.10.7 设 P 和 Q 是 dcpo 且 $F: \sigma^*(P) \to \sigma^*(Q)$ 是格同构. 若主理想 $\downarrow x \subseteq P$ 是链, 则 $F(\downarrow x) = \downarrow y$ 对某 $y \in Q$ 成立. 进一步, 若 $\downarrow x$ 是有限集, 则 $\downarrow y$ 也是有限集.

由 $\mathbb{J}$ 的构作及推论 6.10.7, 可简单验证关于 $\mathbb{J}$ 的下列结果.

注 6.10.8 (1) $\mathbb{J}$ 是 dcpo, $\mathbb{J}$ 中非空既约 Scott 闭集恰好是主理想和 $\mathbb{J}$ 本身, 但不存在 $x \in \mathbb{J}$ 使 $\mathbb{J} = \mathrm{cl}(\{x\})$, 从而 $(\mathbb{J}, \sigma(\mathbb{J}))$ 不是 Sober 的.

(2) 若 $D \subseteq \mathbb{J} - \max(\mathbb{J})$ 定向, 则存在 $(n, \infty) \in \mathbb{J}$ 使 $D \subseteq \downarrow(n, \infty)$, 从而 D 是一个链.

(3) 若 F 含有 $\max(\mathbb{J})$ 中无穷多个点, 则 F 的 Scott 闭包等于 $\mathbb{J}$.

(4) 若 $D \subseteq \mathbb{J} - \max(\mathbb{J})$ 是 Scott 闭集, 则 $D = \bigcup_{i \in I} \downarrow(i, m_i)$ 是不可比较链的并集, 其中 $I \subseteq \mathbb{N}$ 且对所有 $i \in I$ 有 $m_i \in \mathbb{N}$. 反过来, 如果 $D = \bigcup_{i \in I} \downarrow(i, m_i)$ 是

不可比较链的并集, 其中 $I \subseteq \mathbb{N}$ 且对所有 $i \in I$ 有 $m_i \in \mathbb{N}$, 则 $D \subseteq \mathbb{J} - \max(\mathbb{J})$ 是 Scott 闭集.

(5) 若 F 是 $\mathbb{J}$ 的真子集且是 Scott 既约闭集, 则有某 $(m,n) \in \mathbb{J}$ 使 $F = \downarrow(m,n)$.

一个 T_0 空间 X 称为**有界 Sober** 的, 如果在 X 的特殊化序下有上界的非空既约闭集是唯一一点的闭包.

显然, 每一 Sober 空间是有界 Sober 的, 反之不成立. 如果 X 是 T_0 空间且每个真既约闭集是唯一一点的闭包, 则 X 是有界 Sober 的.

如果一个 dcpo 赋予 Scott 拓扑是 Sober 的 (有界 Sober 的), 则称之为 **Sober 的 dcpo** (**有界 Sober 的 dcpo**). 虽 $\mathbb{J}$ 不是 Sober 的, 但它是有界 Sober 的 dcpo.

利用特殊化序下主理想均为既约闭集这一事实, 可得

注 6.10.9　(1) 对每一拓扑空间 X, $(\mathrm{Irr}(X), \subseteq)$ 是一个 dcpo. 若 $\mathcal{D}$ 是 $\mathrm{Irr}(X)$ 的定向集, 则 $\mathcal{D}$ 在 $(\mathrm{Irr}(X), \subseteq)$ 中的上确界为 $\mathrm{cl}(\cup\mathcal{D})$, 这与 $\mathcal{D}$ 在 X 的闭集格中的上确界相同.

(2) 如果两拓扑空间 (X, τ) 和 (Y, η) 有同构的开集格 $(\tau, \subseteq)$ 和 $(\eta, \subseteq)$, 则 dcpo $\mathrm{Irr}(X)$ 和 $\mathrm{Irr}(Y)$ 也同构.

命题 6.10.10　(1) 若 Y 是 Sober 空间, 则 Y 是 T_0 空间 X 的 Sober 化当且仅当 X 的闭集格同构于 Y 的闭集格.

(2) T_0 空间 X 的全体非空既约闭集 $\mathrm{Irr}(X)$ 赋予 **hull-kernel 拓扑**是 X 的一个 Sober 化, 其中 $j_X : X \to \mathrm{Irr}(X)$ 定义为 $j_X(x) = \mathrm{cl}(\{x\})(\forall x \in X)$, 而 hull-kernel 拓扑的闭集族由形如 $h(A) = \{F \in \mathrm{Irr}(X) \mid F \subseteq A\}(A$ 是 X 的闭集) 的元组成.

证明　(1) 必要性: 显然.

充分性: 设 $f : C(X) \to C(Y)$ 是同构, 则对任一 $x \in X$, $f(\overline{\{x\}}) \in \mathrm{Irr}(Y)$. 由 Y 是 Sober 的知存在唯一 $y_x \in Y$ 使得 $f(\overline{\{x\}}) = \overline{\{y_x\}}$. 作 $j : X \to Y$ 使对任一 $x \in X$, $j(x) = y_x$. 由 X 是 T_0 的及 f 是同构知 j 是单射. 断言 $\forall F \in C(Y)$, 有 $j^{-1}(F) = f^{-1}(F)$. 事实上, 对任一 $x \in j^{-1}(F)$, 有 $j(x) \in F$, 从而 $f(\overline{\{x\}}) = \overline{\{j(x)\}} \subseteq F$, 于是 $x \in f^{-1}(F)$. 由 $x \in j^{-1}(F)$ 的任意性知 $j^{-1}(F) \subseteq f^{-1}(F)$. 反过来, 对 $\forall x \in f^{-1}(F)$, 有 $\overline{\{x\}} \subseteq f^{-1}(F)$, 从而 $f(\overline{\{x\}}) = \overline{\{j(x)\}} \subseteq F$, 于是 $j(x) \in F$, $x \in j^{-1}(F)$. 由 $x \in f^{-1}(F)$ 的任意性知 $f^{-1}(F) \subseteq j^{-1}(F)$, 从而断言得证. 此断言说明 $j : X \to Y$ 是连续映射. 又由 $f : C(X) \to C(Y)$ 是同构可得 $j^{-1} : C(Y) \to C(X)$ 是同构, 从而 Y 是 X 的 Sober 化.

(2) 对任意 $A, B \in C(X)$, 断言 $A \subseteq B$ 当且仅当 $h(A) \subseteq h(B)$. 必要性显然. 下证充分性. 若 $h(A) \subseteq h(B)$, 则 $\{\overline{\{x\}} \mid x \in A\} \subseteq h(A) \subseteq h(B) = \{F \in \mathrm{Irr}(X) \mid F \subseteq B\}$, 从而 $A \subseteq B$, 断言成立. 于是对 $A, B \in \mathrm{Irr}(X)$, 若 $A \neq B$,

则 $h(A) \neq h(B)$, 这说明 $\mathrm{Irr}(X)$ 的 hull-kernel 拓扑是 T_0 的. 由上面断言易得 A 是 X 的既约闭集当且仅当 $h(A)$ 是 $\mathrm{Irr}(X)$ 的既约闭集. 从而对于既约闭集 $h(A) = \downarrow_{\mathrm{Irr}(X)} A$ 是 $\mathrm{Irr}(X)$ 中唯一点 A 的闭包, 这说明 $\mathrm{Irr}(X)$ 赋予 hull-kernel 拓扑是 Sober 的. 对任意 $F \in C(X)$, 易得 $j_X^{-1}(h(F)) = F$, 故 $j_X : X \to \mathrm{Irr}(X)$ 是连续的. 由 X 是 T_0 的知 j_X 是单射. 又由断言 $A \subseteq B$ 当且仅当 $h(A) \subseteq h(B)$ 知 j_X^{-1} 是 $\mathrm{Irr}(X)$ 的 hull-kernel 拓扑的闭集格到 $C(X)$ 的同构映射. 从而 $\mathrm{Irr}(X)$ 赋予 hull-kernel 拓扑是 X 的 Sober 化.   □

定理 6.10.11 设 P 是 Sober dcpo, Q 为有界 Sober dcpo. 若 $\sigma^*(P) \cong \sigma^*(Q)$, 则 $P \cong Q$.

证明 设 Q 为有界 Sober 的 dcpo, $F : \sigma^*(Q) \to \sigma^*(P)$ 是同构. 则对任一 $x \in Q$, 有 $F(\downarrow x) \in \mathrm{Irr}(P)$. 由 P 是 Sober 的知存在唯一 $y_x \in P$ 使得 $F(\downarrow x) = \downarrow y_x$. 作 $f : Q \to P$ 使对任一 $x \in Q$, $f(x) = y_x$. 由 F 是同构知 f 的定义是合理的且是从 Q 到 P 的序嵌入, 即 $f^\circ : Q \to f(Q)$ 是序同构. 又对任一 $y \in \downarrow_P f(Q)$, 存在 $x \in Q$ 使得 $y \leqslant f(x) = y_x$, 从而 $F^{-1}(\downarrow y) \subseteq \downarrow x$. 由 Q 为有界 Sober 的, 得存在唯一 x^* 使得 $F^{-1}(\downarrow y) = \downarrow x^*$, 从而有 $y = f(x^*)$. 这说明 $f(Q)$ 是 P 的下集. 又对 $f(Q)$ 的任一定向集 D, 注意到 $f^\circ : Q \to f(Q)$ 是序同构, 是序同构可知 $(f^\circ)^{-1}(D)$ 是 dcpo Q 的定向集, 从而上确界 $x := \sup(f^\circ)^{-1}(D)$ 存在. 这样 $\sup_P D \leqslant f(x)$. 由 $f(Q)$ 是 P 的下集, 得 $\sup_P D \in f(Q)$. 综合得 $f(Q)$ 是 P 的 Scott 闭集. 由 $P = F(Q) = F(\sup_{\sigma^*(Q)}\{\downarrow x \mid x \in Q\}) = \sup_{\sigma^*(P)}\{F(\downarrow x) \mid x \in Q\} = \sup_{\sigma^*(P)}\{\downarrow f(x) \mid x \in Q\} \subseteq f(Q)$ 得 $f(Q) = P$, 从而 $f = f^\circ : Q \to f(Q) = P$ 是同构.   □

推论 6.10.12 对有界 Sober 的 dcpo P, ΣP 是 Sober 的当且仅当 $\mathrm{Irr}(P)$ 的 hull-kernel 拓扑与 $(\mathrm{Irr}(P), \subseteq)$ 的 Scott 拓扑重合.

证明 若 ΣP 是 Sober 的, 则 $\mathrm{Irr}(P) = \{\downarrow x \mid x \in P\}$, 由此容易验证 $\mathrm{Irr}(P)$ 的 hull-kernel 拓扑与 $(\mathrm{Irr}(P), \subseteq)$ 的 Scott 拓扑重合. 反过来, 若 $\mathrm{Irr}(P)$ 的 hull-kernel 拓扑与 $(\mathrm{Irr}(P), \subseteq)$ 的 Scott 拓扑重合, 则 $(\mathrm{Irr}(P), \subseteq)$ 是 Sober 的, 且 $\sigma^*(P) \cong \sigma^*(\mathrm{Irr}(P))$. 由定理 6.10.11 得 $P \cong \mathrm{Irr}(P)$ 是 Sober 的.   □

6.10.1 C_σ-决定 dcpo

与具有同构 Scott 闭集格的 dcpo 问题相关的一个问题是 C_σ-决定 dcpo 问题. 称 T_0 空间 X 是 C-**决定空间**, 如果对每一 T_0 空间 Y, 只要 X 和 Y 的闭集格同构就有 X 和 Y 同胚. 文献 [24, 177] 证明了 T_0 空间 X 是 C-决定空间当且仅当它是 Sober 的 T_D 空间, 其中 T_D 意指 $\forall x \in X, \mathrm{cl}(\{x\}) - \{x\}$ 是闭集. 我们这里要考虑的是 dcpo 赋予 Scott 拓扑的决定性问题. 称一个 dcpo P 为 C_σ-**决定 dcpo**[240], 如果对任意 dcpo Q, P 与 Q 同构当且仅当 P 的 Scott 闭集格同构于

Q 的 Scott 闭集格. 主要问题是: (i) 什么样的 dcpo 是 C_σ-决定的? (ii) 能否像刻画 C-决定空间一样完全刻画 C_σ-决定 dcpo? 第二个问题目前还远没有解决, 而关于第一问题目前发现了许多 C_σ-决定 dcpo 的充分条件. 由注 6.10.4 立即得

定理 6.10.13   若 P 是拟连续 domain, 则 P 是 C_σ-决定 dcpo.

定义 6.10.14   设 P 是偏序集, $x \in P$. 如果 $\downarrow x$ 是一个链, 则称 x 是一个**下方线性元**.

引理 6.10.15   设 X 是单调收敛空间. 如果 $F \in \mathrm{Irr}(X)$ 是 dcpo $\mathrm{Irr}(X)$ 的下方线性元, 则存在 $x \in X$ 使得 $F = \mathrm{cl}(\{x\})$.

证明   首先 $\{\mathrm{cl}(\{x\}) \mid x \in F\}$ 是 $\downarrow_{\mathrm{Irr}(X)} F$ 在 $\mathrm{Irr}(X)$ 中的子集, 故是链. 这样 $\{x \mid x \in F\}$ 是 $(X, \leqslant_\tau)$ 的一个链. 该链收敛到 $x = \sup\{y \mid y \in F\}$. 因 F 是闭集, 故得 $x \in F$, 从而 $\mathrm{cl}(\{x\}) = F$. $\qquad\qquad\square$

如无特别说明, 偏序集的既约集指其 Scott 拓扑的既约集, 并用 $\mathrm{Irr}_\sigma(P)$ 表示 dcpo P 的非空既约闭集全体形成的 dcpo.

定理 6.10.16   若 P 是 dcpo 并满足条件 (DL-sup): 任意真既约 Scott 闭集均为 $\mathrm{Irr}_\sigma(P)$ 中的下方线性元的定向上确界, 则 P 是 C_σ-决定的.

证明   设 P 是满足上面条件 (DL-sup) 的 dcpo, Q 是 dcpo 使得 $\sigma^*(P) \cong \sigma^*(Q)$.

(1) 设 $F \in \mathrm{Irr}_\sigma(P)$ 且 $F \neq P$. 如果 F 是下方线性元, 则由引理 6.10.15, F 是唯一一点的闭包. 如果 F 是 $\mathrm{Irr}_\sigma(P)$ 的下方线性元的定向上确界, 则由引理 6.10.15, F 可表示成 $\mathrm{cl}(\{x_i\})(i \in J)$ 的定向上确界. 于是 $\{x_i \mid i \in J\}$ 是 P 的定向集. 设 $x = \sup\{x_i \mid i \in J\}$. 则注意到 F 是闭集, 我们有 $\mathrm{cl}(\{x\}) = F$ 也是一个点的闭包.

(2) 因 $\sigma^*(P) \cong \sigma^*(Q)$, 故 Q 也满足条件 (DL-sup). 类似于 (1) 可得 $(Q, \sigma(Q))$ 的非空既约真闭集也是唯一一点的闭包.

由有界 Sober 的定义, 可由 (1) 和 (2) 推得 $(P, \sigma(P))$ 和 $(Q, \sigma(Q))$ 都是有界 Sober 的.

(3) 如果 ΣP 或 ΣQ 是 Sober 的, 则由定理 6.10.11 得 $P \cong Q$. 如果 ΣP 和 ΣQ 都不是 Sober 的, 则 P 和 Q 都是既约集但都不是单点的闭包. 从而 $Q \cong \{\mathrm{cl}(\{y\}) \mid y \in Q\} = \mathrm{Irr}_\sigma(Q) - \{Q\} \cong \mathrm{Irr}_\sigma(P) - \{P\} = \{\mathrm{cl}(\{x\}) \mid x \in P\} \cong P$. $\qquad\qquad\square$

例 6.10.17   在 Johnstone 构造的 dcpo $\mathbb{J}$ 中, 若 $n \neq \infty$, 则 $\downarrow(m, n)$ 是 $\mathrm{Irr}_\sigma(X)$ 的下方线性元. 若 $n = \infty$, 则 $\downarrow(m, n)$ 是下方线性元的链 $\{\downarrow(m, k) \mid k \neq \infty\}$ 的上确界. 于是由定理 6.10.16 得 $\mathbb{J}$ 是 C_σ-决定 dcpo. 此例也说明 C_σ-决定 dcpo 不必是 Sober 的.

定义 6.10.18   设 P 是 dcpo. 元 $x \in P$ 称为 C_σ-**决定元 (拟连续元)**, 如果 $\downarrow x$

是一个 C_σ-决定 dcpo (拟连续 domain). 若 P 的每个元都是 C_σ-决定元 (拟连续元), 则称 P 是局部 C_σ-决定 dcpo (局部拟连续 domain).

由定理 6.10.13 知局部拟连续 domain 是有界 Sober 的且是局部 C_σ-决定 dcpo.

命题 6.10.19 Johnstone 构造的 dcpo $\mathbb{J}$ 是局部拟连续 domain, 而非拟连续 domain.

证明 设 $x \in \mathbb{J}$. 若 x 不是极大元, 则 $\downarrow x$ 是有限链, 从而是连续 domain. 若 x 是极大元, 则 $\downarrow x$ 同构于形如 $P = \mathbb{N} \cup B \cup \{T\}$ 的 dcpo, 其中 B 是无交有限链的可数并, $\mathbb{N}$ 为自然数集赋予通常序, $\mathbb{N}$ 与 B 中元不可比, 而 T 是那个极大元.

对每一 $a \in P$, 令 $F_a^n = \{a, n\}(n = 1, 2, \cdots)$. 易见对 P 的任一定向集 $\{d_i\}_{i \in I}$, $\bigvee_{i \in I} d_i \geqslant a$ 蕴涵存在 i_0 使 $d_{i_0} \geqslant a$ 或 $d_{i_0} \geqslant n$. 这说明 $F_a^n \ll a$. 集族 $\{F_a^n\}$ 显然是定向的且 $\cap \uparrow F_a^n = \uparrow a$. 于是, 由推论 6.6.8, $P \cong \downarrow x$ 是拟连续的, $\mathbb{J}$ 是局部拟连续 domain 而非拟连续 domain. $\square$

定理 6.10.20 设 P 是有界 Sober 的 dcpo. 如果 P 的每个元都是 C_σ-决定元的定向上确界, 则 P 是 C_σ-决定的.

证明 设 Q 是 dcpo 且 $F : \sigma^*(P) \to \sigma^*(Q)$ 是同构. 则 F 的限制 $F : \mathrm{Irr}_\sigma(P) \to \mathrm{Irr}_\sigma(Q)$ 也是同构.

(1) 设 $x \in P$ 是 C_σ-决定元. 则 $F(\downarrow x) \in \sigma^*(Q)$ 且通过 F 可得 $\downarrow_{\sigma^*(P)}(\downarrow x) = \{B \in \sigma^*(P) \mid B \subseteq \downarrow x\} = \sigma^*(\downarrow x)$ 同构于 $\downarrow_{\sigma^*(Q)} F(\downarrow x) = \{E \in \sigma^*(Q) \mid E \subseteq F(\downarrow x)\} = \sigma^*(F(\downarrow x))$. 因 $\downarrow x$ 是 C_σ-决定的, 故 $\downarrow x$ 同构于 $F(\downarrow x)$, 说明 $F(\downarrow x)$ 有一个最大元, 记为 $f(x)$. 易见 f 在 P 的 C_σ-决定元集上都可得到定义且对两个 C_σ-决定元 $x_1, x_2 \in P$, $f(x_1) \leqslant f(x_2)$ 当且仅当 $x_1 \leqslant x_2$.

(2) 若 $x \in P$ 是 C_σ-决定元 $x_i (i \in I)$ 的定向上确界, 则

$$F(\downarrow x) = \sup_{\mathrm{Irr}_\sigma(Q)} \{F(\downarrow x_i) \mid i \in I\} = \sup_{\mathrm{Irr}_\sigma(Q)} \{\downarrow f(x_i) \mid i \in I\} = \downarrow y_x,$$

其中 $y_x = \sup_Q \{f(x_i) \mid i \in I\}$ 且 $f(x_i)$ 是 (1) 中定义的 Q 中与 C_σ-决定元 x_i 对应的元. 定义 $f : P \to Q$ 使 $\forall x \in P, f(x) = y_x$, 则由 F 是同构可证 f 的定义合理, 且有 $f(x_1) \leqslant f(x_2)$ 当且仅当 $x_1 \leqslant x_2$, 于是 f 是一个保序单射. 下面证明 f 是满射.

(3) 若 $y \in \downarrow f(P)$, 则 $\downarrow y \subseteq F(\downarrow x)$ 对某元 $x \in P$ 成立. 因为 F 限制于 dcpo $\mathrm{Irr}_\sigma(P)$ 和 $\mathrm{Irr}_\sigma(Q)$ 上是同构的, 故存在 $H \in \mathrm{Irr}_\sigma(P)$ 使得 $H \subseteq \downarrow x$ 且 $F(H) = \downarrow y$. 但因 P 是有界 Sober 的, 故 $H = \downarrow x'$ 对某 $x' \in P$ 成立. 由此可推得 $y = f(x')$, 说明 $y \in f(P)$. 这样 $f(P)$ 是 Q 的下集. 又易知 $f(P)$ 是对定向并关闭的, 从而是 Q 的 Scott 闭集.

(4) 因 F 是 $\sigma^*(P)$ 与 $\sigma^*(Q)$ 之间的同构, 故 $Q = F(P) = F(\sup_{\sigma^*(P)}\{\downarrow x \mid x \in P\}) = \sup_{\sigma^*(Q)}\{F(\downarrow x) \mid x \in P\} = \sup_{\sigma^*(Q)}\{\downarrow f(x) \mid x \in P\}$.

对每一 $x \in P$, $\downarrow f(x) \subseteq f(P)$ 且 $f(P)$ 是 Q 的 Scott 闭集, 这样得到 $\sup_{\sigma^*(Q)}\{\downarrow f(x) \mid x \in P\} \subseteq f(P)$, 从而 $Q \subseteq f(P)$, 进而得 $Q = f(P)$. 于是 f 是满映射, 由 f 的构作知其逆也是保序的, 从而 f 是 P 和 Q 间的同构.　　　□

由于下方线性元和拟连续元均为 C_σ-决定元, 故有

推论 6.10.21　设 P 是有界 Sober 的 dcpo. 如果 P 的每个元都是下方线性元 (拟连续元) 的上确界, 则 P 是 C_σ-决定的.

定理 6.10.22　积偏序集 $\mathbb{J} \times \mathbb{J}$ 是 C_σ-决定的.

证明　积 $\mathbb{J} \times \mathbb{J}$ 中的主理想同构于 $\mathbb{J}$ 中两个主理想的积. 因有限个拟连续 domain 的积还是拟连续 domain, 故由推论 6.9.28 得 $\mathbb{J} \times \mathbb{J}$ 是局部拟连续 domain, 也是有界 Sober 的. 由推论 6.10.21, $\mathbb{J} \times \mathbb{J}$ 是 C_σ-决定的.　　　□

例 6.10.23　寇辉在 [93] 中构造了如下非 Sober 的 dcpo P 的例子: 设 $X = \{x \in \mathbb{R} \mid 0 < x \leqslant 1\}$, $P_0 = \{(k, a, b) \in \mathbb{R}^3 \mid 0 < k < 1, 0 < b \leqslant a \leqslant 1\}$ 和 $P = X \cup P_0$. 定义 P 上的偏序 $\sqsubseteq$ 如下:

(i) 对 $x_1, x_2 \in X$, $x_1 \sqsubseteq x_2$ 当且仅当 $x_1 = x_2$;

(ii) $(k_1, a_1, b_1) \sqsubseteq (k_2, a_2, b_2)$ 当且仅当 $k_1 \leqslant k_2, a_1 = a_2$ 且 $b_1 = b_2$;

(iii) $(k, a, b) \sqsubseteq x$ 当且仅当 $a = x$ 或 $kb \leqslant x < b$.

如果 $u = (h, a, b) \in P_0$, 则 $\downarrow u = \{(k, a, b) \mid k \leqslant h\}$ 是一个链. 如果 $u = x \in X$, 则 $u = \vee\{(k, x, x) \mid 0 < k < 1\}$, 其中每一元 (k, x, x) 是下方线性元且 $\{(k, x, x) \mid 0 < k < 1\}$ 是一个链.

设 F 是 P 的非空既约 Scott 闭集且有上界 v. 若 $v = (h, a, b) \in P_0$, 则 $F \subseteq \downarrow(h, a, b) = \{(k, a, b) \mid k \leqslant h\}$. 取 $m = \vee\{k \mid (k, a, b) \in F\}$, 则 $F = \downarrow(m, a, b)$ 是 (m, a, b) 的闭包.

现假设 F 在 P_0 中没有上界, 则 $v = x$ 对某 $x \in X$ 成立. 如果 $v \notin F$, 则 $F \subseteq P_0$. 由 F 既约闭, 存在 a, b 使 $F \subseteq \{(k, a, b) \mid 0 < k < 1\}$, 这表明 F 有一个形如 (m, a, b) 的上界, 矛盾于假设. 于是 $v \in F$, 结合 $F = \downarrow F$ 是下集可推得 $F = \downarrow v$ 是 v 点的闭包, 说明 P 是有界 Sober 的.

这样 P 满足推论 6.10.21 中条件, 于是 P 是 C_σ-决定的.

定理 6.10.24　若 dcpo P 满足性质 M 且每个元都是下方线性元的上确界, 则 P 是 C_σ-决定的.

证明　设 Q 是 dcpo, $H : \sigma^*(P) \to \sigma^*(Q)$ 是同构. 则限制 $H : \kappa(\sigma^*(P)) \to \kappa(\sigma^*(Q))$ 和限制 $H : \mathrm{Irr}_\sigma(P) \to \mathrm{Irr}_\sigma(Q)$ 都是同构.

对每一 $q \in Q$, 由引理 6.9.21 得 $\downarrow q \in \kappa(\sigma^*(Q))$, 由定理 6.9.30 得 $H^{-1}(\downarrow q) = \downarrow x_q$ 对唯一 $x_q \in P$ 成立. 现定义映射 $h' : Q \to P$ 使得 $h'(q) = x_q$ 当且仅当

$H^{-1}(\downarrow q) = \downarrow x_q$. 因 H^{-1} 是保序单射, 故 h' 也是保序单射. 注意 $\kappa(\sigma^*(Q)) \cong \kappa(\sigma^*(P)) \cong P$ 是 dcpo.

对任一 $x \in P$, 如果 x 是下方线性元, 则 $H(\downarrow x)$ 是 Q 的链 (若 $y_1, y_2 \in H(\downarrow x)$, 则 $h'(y_1), h'(y_2) \in \downarrow x$) 且是 Scott 闭集. 上确界 $\sup_Q H(\downarrow x)$ 存在且在 $H(\downarrow x)$ 中. 于是 $H(\downarrow x) = \downarrow q_x$ 对唯一 $q_x \in Q$ 成立; 如果 x 是下方线性元集 C 的定向上确界, 则由 H 保持 $\kappa(\sigma^*(P))$ 和 $\kappa(\sigma^*(Q))$ 的上确界, 可得 $H(\downarrow x) = H(\downarrow \sup C) = H(\sup_{\kappa(\sigma^*(P))}\{\downarrow c \mid c \in C\}) = \sup_{\kappa(\sigma^*(Q))}\{H(\downarrow c) \mid c \in C\} = \downarrow \sup_Q\{q_c \mid H(\downarrow c) = \downarrow q_c, c \in C\} = \downarrow q_x$ 对唯一 $q_x \in Q$ 成立. 由此, 定义映射 $h : P \to Q$ 使 $h(x) = q_x$ 当且仅当 $F(\downarrow x) = \downarrow q_x$. 因 H 是保序单射, 故 h 也是保序单射. 进一步, 容易验证 h' 是 h 的逆, 所以 h 是 P 和 Q 间的同构. □

注意寇辉[93] 和 Johnstone[77] 的非 Sober dcpo 的例子均不具有性质 M.

6.10.2 Γ-忠实 dcpo 类

文献 [63] 构造的例子说明存在 dcpo 而非 C_σ-决定 dcpo. 与 C_σ-决定 dcpo 问题相关, 人们自然考虑 **Γ-忠实 dcpo 类** (Γ-faithful dcpo class), 这里 dcpo 的类 $\mathcal{L}$ 称为 **Γ-忠实的**, 如果 $\mathcal{L}$ 中任意两个 dcpo P 和 Q 同构当且仅当 $\sigma^*(P) \cong \sigma^*(Q)$ ([63], [236]).

由注 6.10.4 知拟连续 domain 的类是 Γ-忠实 dcpo 类. 注意到 bc-dcpo 均具有 M 性质, 故由定理 6.10.2 得 bc-dcpo 类也是 Γ-忠实 dcpo 类.

当考虑 Γ-忠实 dcpo 类时, 文献 [63] 提出了 **阈限 dcpo** (dominated dcpo) 概念. 并证明了阈限 dcpo 类也是 Γ-忠实 dcpo 类.

定义 6.10.25 ([63]) 设 P 是偏序集, $E \subseteq P$ 非空. 称子集 $F \subseteq P$ 是 **E-阈限的** 如果存在 $e \in E$ 使 $F \subseteq \downarrow e$. 称 P 的子集族 $\mathcal{F}$ 是 **E-阈限的** 如果 $\forall F \in \mathcal{F}$ 是 E-阈限的. 一个 dcpo P 称为是 **阈限 dcpo**, 如果每一 $E \in \mathrm{Irr}(P)$ 和每一依集合包含序定向的 E-阈限族 $\mathcal{D} \subseteq \mathrm{Irr}(P)$, 集 $\cup \mathcal{D}$ 都是 E-阈限的. 若 P 的每个主理想是阈限的, 则称 dcpo P 是 **局部阈限 dcpo**.

显然, 每个有界 Sober 的 dcpo 都是阈限 dcpo, 从而 $\mathbb{J}$ 是阈限 dcpo. 因 dcpo 的 Scott 闭集还是 dcpo, 故阈限 dcpo 一定是局部阈限 dcpo. 下例是文献 [203] 利用 $\mathbb{J}$ 构造的一个非阈限 dcpo $L\mathbb{J}$, 此例中 $L\mathbb{J}$ 是 C_σ-决定的局部阈限 dcpo.

例 6.10.26 设 $L\mathbb{J} = \{(n, m, h) \mid n, h \in \mathbb{N}, m \in \mathbb{N} \cup \{\infty\}\} \cup \{(n, \infty, \infty) \mid n \in \mathbb{N}\}$. 在 $L\mathbb{J}$ 上定义关系 " $\leqslant$ " 使得 $\forall (n, m, h), (s, t, k) \in L\mathbb{J}$, $(n, m, h) \leqslant (s, t, k)$ 当且仅当

(i) $h = k$ 且 $(n, m) \leqslant (s, t)$ 在 $\mathbb{J}$ 中成立; 或

(ii) $h < k$ 且 $t = \infty$ 和 $(n, m) \leqslant (s, t)$ 在 $\mathbb{J}$ 中成立; 或

(iii) $h < k = t = \infty$ 且 $h \leqslant s$; 或

(iv) $m = t = \infty$ 且 $(n, h) \leqslant (s, k)$ 在 $\mathbb{J}$ 中成立.

容易验证 $\leqslant$ 是 $L\mathbb{J}$ 上的偏序且 $(L\mathbb{J}, \leqslant)$ 是一个 dcpo, 可看作 $\mathbb{J}$ 的叠层化. 对每一 $h \in \mathbb{N}$, $L\mathbb{J}$ 的子 dcpo $L_h = \{(n, m, h) \mid n \in \mathbb{N}, m \in \mathbb{N} \cup \{\infty\}\}$ 称为 $L\mathbb{J}$ 的 h-层.

直接由定义可验证下列 6 条结论:

(1) $L\mathbb{J}$ 的极大点集 $\max(L\mathbb{J}) = \{(n, \infty, \infty) \mid n \in \mathbb{N}\}$.

(2) 对每一 $i \in \mathbb{N}$, i-层 $L_i \cong \mathbb{J}$ 可看作 $\mathbb{J}$ 的拷贝, 其中同构由对应 $(n, m, i) \mapsto (n, m)$ 给出且 i-层极大点集为 $\max(L_i) = \{(n, \infty, i) \mid n \in \mathbb{N}\}$.

(3) 若 $t < s$, 则 $\downarrow L_t \subseteq \downarrow L_s$. 实际上 $\downarrow L_s = \cup \{L_t \mid t \leqslant s\}$.

(4) 对每一 $t \in \mathbb{N}$, $\downarrow L_t$ 是 Scott 闭的.

(5) 对每一 $i \in \mathbb{N}$, 集 $\mathrm{Fin}(L_i) = L_i - \max(L_i)$ 中的元称为**有限-点**. $L\mathbb{J}$ 的不同层的有限-点是不可比较大小的. 故对每一 $A \subseteq \mathrm{Fin}(L_i)$, 可得 $\downarrow A \subseteq \mathrm{Fin}(L_i)$.

(6) 非有限-点的集 $L\mathbb{J}^\infty = \{(n, m, h) \mid m = \infty \text{或} h = \infty\}$ 是子 dcpo 且同构于 $\mathbb{J}$.

下面要证明 $L\mathbb{J}$ 是 C_σ-决定 dcpo. 先有下列几个引理和命题.

引理 6.10.27　若 $F \in \mathrm{Irr}(L\mathbb{J})$ 且 $F \subseteq \downarrow L_t$ 对某 $t \in \mathbb{N}$ 成立, 则 F 或者是主理想或者 $F = \downarrow L_h$ 对某 $h \leqslant t$ 成立.

证明　选取最大的 $h \in \mathbb{N}$ 使得 $F \cap L_h \neq \varnothing$. 显然, $h \leqslant t$ 且 $F \subseteq \downarrow L_h$.

(1) 若 $h = 1$, 则由注 6.10.8(1) 和 $L_1 \cong \mathbb{J}$, 可得 F 是主理想或 $F = L_1$.

(2) 现设 $h > 1$. 若 $F \cap \max(L_h)$ 是无限集, 则由 $L\mathbb{J}$ 中 Scott 闭集的性质, 可得 $\max(L_h) \subseteq F$, 这可推得 $F = \downarrow L_h$. 若 $F \cap \max(L_h)$ 是非空有限集, 则

$$F = \downarrow \max(F) \subseteq \downarrow (F \cap \max(L_h)) \cup \downarrow L_{h-1} \cup \downarrow (\max(F) \cap L_h - \max(L_h)).$$

注意到 $\max(F) \cap L_h - \max(L_h) \subseteq L_h - \max(L_h) = \mathrm{Fin}(L_h)$, 由例 6.10.26(5) 得

$$\downarrow (\max(F) \cap L_h - \max(L_h)) \subseteq \mathrm{Fin}(L_h).$$

因 F 是 Scott 闭的, 故由注 6.10.8(4) 得 $\downarrow(\max(F) \cap L_h - \max(L_h))$ 对 $L\mathbb{J}$ 中的定向并关闭, 从而 $\downarrow(\max(F) \cap L_h - \max(L_h))$ 是 Scott 闭的.

因 F 是既约的且不含于 $\downarrow L_{h-1} \cup \downarrow(\max(F) \cap L_h - \max(L_h))$, 故有 $F \subseteq \downarrow(F \cap \max(L_h))$, 进一步可推得 $F = \downarrow(F \cap \max(L_h))$.

设 $F \cap \max(L_h) = \{x_1, x_2, \cdots, x_k\}$. 则 $F = \cup\{\downarrow x_i \mid i = 1, 2, \cdots, k\}$, 从而 $F = \downarrow x_i$ 对某 i 成立, 因此是一个主理想.

最后假定 $F \cap \max(L_h) = \varnothing$. 则 $F \subseteq \downarrow L_{h-1} \cup \downarrow(F \cap \mathrm{Fin}(L_h))$. 因 F 是 Scott 闭的, 故在这一情形有 $\downarrow(F \cap \mathrm{Fin}(L_h)) = F \cap \mathrm{Fin}(L_h)$ 是 Scott 闭的. 又 F 是既约的且 $F \not\subseteq \downarrow L_{h-1}$, 我们有 $F \subseteq F \cap \mathrm{Fin}(L_h)$ 且 $F = F \cap \mathrm{Fin}(L_h)$. 注意到 $F \cap \mathrm{Fin}(L_h)$

也是 $L_h \cong \mathbb{J}$ 的 Scott 闭集且不含 L_h 的极大点, 我们得 $F = F \cap \mathrm{Fin}(L_h)$ 是 L_h 的既约闭集. 于是由注 6.10.8(1), $F = {\downarrow} b$ 对某 $b \in L_h - \max(L_h)$ 成立.

综合上述得 F 或者是主理想或者 $F = {\downarrow} L_h$ 对某 $h \leqslant t$ 成立. $\qquad\square$

命题 6.10.28 对每一 $h \in \mathbb{N} \cup \{\infty\}$, ${\downarrow} L_h$ 是既约 Scott 闭集.

证明 只需证 ${\downarrow} L_h$ 是既约的. 为此, 设 $F, G \in \sigma^*(L\mathbb{J})$ 使得 $F \cup G \supseteq {\downarrow} L_h$. 则 F 或 G 含有 L_h 的无穷个极大点. 由 F 和 G 是 Scott 闭的可得 F 或 G 含 L_h. 注意到 F 和 G 均为下集, 可知 F 或 G 含 ${\downarrow} L_h$, 这说明 ${\downarrow} L_h$ 是既约的. $\qquad\square$

命题 6.10.29 若 $F \in \mathrm{Irr}(L\mathbb{J})$, 则 $F \in \{{\downarrow} x \mid x \in L\mathbb{J}\} \cup \{{\downarrow} L_h \mid h \in \mathbb{N} \cup \{\infty\}\}$.

证明 假定 $F \in \mathrm{Irr}(L\mathbb{J})$ 和 $F \neq L\mathbb{J} = {\downarrow} L_\infty$. 对 $h \in \mathbb{N}$, 设 $M_h = \{n \mid (n, \infty, h) \in F \cap \max(L_h)\}$, 其中 $\max(L_h)$ 是子 dcpo L_h 的极大点集. 则 $\{M_h\}_{h \in \mathbb{N}}$ 是 $\mathbb{N}$ 的递减集列. 若对每一 $h \in \mathbb{N}$, $|M_h|$ (M_h 的基数) 是无穷的, 则由 F 是闭集, 可得对所有 $h \in \mathbb{N}$, ${\downarrow} L_h \subseteq F$ 且 $F = L\mathbb{J}$, 矛盾于 $F \neq L\mathbb{J}$ 的假设. 于是存在某 $s \in \mathbb{N}$ 使得 M_s 是 $\mathbb{N}$ 的有限集. 因 $\{M_h\}_{h \geqslant s}$ 递减, 故存在某 $t \geqslant s$ 使得 $M_h = M_t$ 对所有 $h \geqslant t$ 成立. 若 $M_t = \varnothing$, 则 $F \cap \max(L_h) = \varnothing$ 对所有 $h \geqslant t$ 成立, 且由例 6.10.26(5) 得 $F \cap (\bigcup_{k \in \mathbb{N}} L_{t+k})$ 是下集且对 $L\mathbb{J}$ 中的定向上确界关闭, 于是 $F \cap (\bigcup_{k \in \mathbb{N}} L_{t+k}) \in \sigma^*(L\mathbb{J})$. 由 $F = (F \cap {\downarrow} L_t) \cup (F \cap (\bigcup_{j \in \mathbb{N}} L_{t+j}))$ 及 F 的既约性得 $F \subseteq {\downarrow} L_t$. 由引理 6.10.27 得 F 是主理想或者 $F = {\downarrow} L_h$ 对某 $h \leqslant t$ 成立.

若 $M_t \neq \varnothing$, 则 $F \cap L_\infty$ 是 L_∞ 的非空有限集. 设 $M_t = \{n_1, n_2, \cdots, n_k\}$ 使得 $n_i \leqslant n_j$ 当且仅当 $i \leqslant j$. 则 $\max(F) \cap L_\infty = F \cap L_\infty = \{(n_i, \infty, \infty) \mid i = 1, 2, \cdots, k\}$. 令 $w = t \vee n_k$. 则在此情形下, $F \subseteq {\downarrow}(F \cap L_\infty) \cup {\downarrow} L_w \cup {\downarrow}((\max(F) - L_\infty) \cap \bigcup_{w < h \in \mathbb{N}} L_h)$, 这是有限个 Scott 闭集的并集. 由 F 的既约性, 得 $F \subseteq {\downarrow}\{(n_i, \infty, \infty) \mid i = 1, 2, \cdots, k\}$, 从而得 F 是一个主理想. 总之, 我们证明了 F 是主理想或者 $F = {\downarrow} L_h$ 对某 $h \in \mathbb{N} \cup \{\infty\}$ 成立. $\qquad\square$

由前几个命题, 立刻推得下一定理

定理 6.10.30 在 $L\mathbb{J}$ 中, $\mathrm{Irr}(L\mathbb{J}) = \{{\downarrow} x \mid x \in L\mathbb{J}\} \cup \{{\downarrow} L_h \mid h \in \mathbb{N} \cup \{\infty\}\}$.

命题 6.10.31 $L\mathbb{J}$ 是局部阈限 dcpo 而非阈限 dcpo.

证明 易见 ${\downarrow} L_h \subseteq {\downarrow}(h+1, \infty, \infty)$. 故 $\{{\downarrow} L_h \mid h \in \mathbb{N}\} \subseteq \mathrm{Irr}(L\mathbb{J})$ 定向且是 $L\mathbb{J}$-阈限的. 但 $\cup\{L_h \mid h \in \mathbb{N}\}$ 不是 $L\mathbb{J}$-阈限的, 说明 $L\mathbb{J}$ 不是阈限 dcpo.

为证 $L\mathbb{J}$ 是局部阈限 dcpo, 只需证由 $L\mathbb{J}$ 的每个极大点 (n, ∞, ∞) 决定的主理想是阈限的. 事实上,

$$\mathrm{Irr}({\downarrow}(n, \infty, \infty)) = \{{\downarrow} x \mid x \in {\downarrow}(n, \infty, \infty)\} \cup \{{\downarrow} L_h \mid h = 1, 2, \cdots, n\}.$$

对每一 $E = {\downarrow} L_h$ 且 $h \leqslant n$, 以及每个定向的 E-阈限族 $\mathcal{D} \subseteq \mathrm{Irr}({\downarrow}(n, \infty, \infty))$, 易见 $\mathcal{D}$ 仅含主理想且并 $\cup \mathcal{D}$ 是理想, 其上确界在 $E = {\downarrow} L_h$ 中, 从而是 E-阈限. 对于 $E = {\downarrow} x$ 的情形无须验证. 于是 ${\downarrow}(n, \infty, \infty)$ 是阈限的. $\qquad\square$

定理 6.10.32　设 Q 是 dcpo, $\sigma^*(L\mathbb{J}) \cong \sigma^*(Q)$. 则 $L\mathbb{J} \cong Q$.

证明　设 $F : \sigma^*(L\mathbb{J}) \to \sigma^*(Q)$ 是同构. 归纳定义映射 $f : L\mathbb{J} \to Q$, 再证明 f 是序同构.

第 1 步: 对每一使 $m, h \neq \infty$ 的元 $(n, m, h) \in L_h$, 可见 $\downarrow(n, m, h)$ 是有限链且由推论 6.10.7, 存在 $y_{(n,m,h)} \in Q$ 使 $F(\downarrow(n, m, h)) = \downarrow y_{(n,m,h)}$. 令 $f((n, m, h)) = y_{(n,m,h)}$. 易见 f 限制在这些元上是保序的.

第 2 步: 对每一 $h \neq \infty$ 的点 $(n, \infty, h) \in L_h$, 可见 $(n, \infty, h) = \sup_{L\mathbb{J}}^{\uparrow} \{(n, m, h) \mid m \in \mathbb{N}\}$, 其中 $\sup^{\uparrow}$ 表明是定向上确界, 下同. 且有

$$F(\downarrow(n, \infty, h)) = \sup_{\mathrm{Irr}(Q)}^{\uparrow} F(\{\downarrow(n, m, h) \mid m \in \mathbb{N}\})$$
$$= \sup_{\mathrm{Irr}(Q)}^{\uparrow} \{\downarrow y_{(n,m,h)} \mid m \in \mathbb{N}\}.$$

设 $y_{(n,\infty,h)} = \sup^{\uparrow} \{y_{(n,m,h)} \mid m \in \mathbb{N}\}$, 则 $F(\downarrow(n, \infty, h)) = \downarrow y_{(n,\infty,h)}$. 令 $f((n, \infty, h)) = y_{(n,\infty,h)}$. 注意到如果 $(n, \infty, h) < (n, \infty, k)$, 则

$$\downarrow(n, \infty, h) \subseteq \downarrow(n, \infty, k),$$

$$\downarrow y_{(n,\infty,h)} = F(\downarrow(n, \infty, h)) \leqslant F(\downarrow(n, \infty, k))$$

$$= F(\sup_{\mathrm{Irr}(L\mathbb{J})} \{\downarrow(n, m, k) \mid m \in \mathbb{N}\}) = \sup_{\mathrm{Irr}(Q)} \{\downarrow y_{(n,m,k)} \mid m \in \mathbb{N}\}$$

$$= \downarrow y_{(n,\infty,k)}.$$

考虑限制 f 于第 1 步和第 2 步的那些元上, 可见 f 是单调的.

第 3 步: 对每一元 $(n, \infty, \infty) \in L_{\infty}$, 有 $(n, \infty, \infty) = \sup^{\uparrow} \{(n, \infty, h) \mid h \in \mathbb{N}\}$. 于是 $\{y_{(n,\infty,h)} \mid h \in \mathbb{N}\}$ 是定向的. 设 $y_{(n,\infty,\infty)} = \sup_Q^{\uparrow} \{y_{(n,\infty,h)} \mid h \in \mathbb{N}\}$. 则 $F(\downarrow(n, \infty, \infty)) = \downarrow y_{(n,\infty,\infty)}$. 令 $f((n, \infty, \infty)) = y_{(n,\infty,\infty)}$.

至此我们定义了映射 $f : L\mathbb{J} \to Q$ 满足对任一 $x \in L\mathbb{J}$, $F(\downarrow x) = \downarrow f(x) = \downarrow y_x$. 容易得知 f 的定义是合理的且是单射, 并有

$$(n, m, h) \leqslant (s, t, k) \Longleftrightarrow f((n, m, h)) = y_{(n,m,h)} \leqslant f((s, t, k)) = y_{(s,t,k)}.$$

为证 f 是满射, 先证 $f(L\mathbb{J})$ 是 Q 的下集.

设 $y \in \downarrow f(L\mathbb{J})$. 则存在某 $y_{(n,m,h)} \in f(L\mathbb{J})$ 使 $y \leqslant y_{(n,m,h)}$, $F^{-1}(\downarrow y) \subseteq \downarrow(n, m, h)$ 是既约 Scott 闭集. 于是由定理 6.10.30, $F^{-1}(\downarrow y)$ 或是主理想或是 $\downarrow L_s(s \in \mathbb{N})$. 若 $F^{-1}(\downarrow y)$ 是主理想 $\downarrow x$, 则 $\downarrow y = F(\downarrow x)$ 且 $y = f(x) \in f(L\mathbb{J})$. 若 $F^{-1}(\downarrow y) = \downarrow L_s(s \in \mathbb{N})$, 则 $(p, r, 1) \in \downarrow L_s = F^{-1}(\downarrow y)$ 对所有 $p, r \in \mathbb{N}$ 成立, 于是 $y_{(p,\infty,1)} \leqslant y \leqslant y_{(n,m,h)}$ 且 $(p, \infty, 1) \leqslant (n, m, h)$ 对所有 $p \in \mathbb{N}$ 成立, 显然这在 $L\mathbb{J}$ 中是不可能的. 于是 $F^{-1}(\downarrow y)$ 必然是主理想, 从而 $y = f(x)$ 对某 $x \in L\mathbb{J}$ 成立, 这说明 $f(L\mathbb{J})$ 是 Q 的下集.

由 f 的定义可直接验证 $f(L\mathbb{J})$ 对定向并关闭, $f(L\mathbb{J})$ 是 Q 的 Scott 闭集. 因 F 是 $\sigma^*(L\mathbb{J})$ 与 $\sigma^*(Q)$ 间的格同构, 故有

$$Q = F(L\mathbb{J}) = F\left(\sup_{\sigma^*(L\mathbb{J})} \{ {\downarrow}x \mid x \in L\mathbb{J} \} \right)$$

$$= \sup_{\sigma^*(Q)} \{ F({\downarrow}x) \mid x \in L\mathbb{J} \}$$

$$= \sup_{\sigma^*(Q)} \{ {\downarrow}f(x) \mid x \in L\mathbb{J} \}.$$

对每一 $x \in L\mathbb{J}$, 有 ${\downarrow}f(x) \subseteq f(L\mathbb{J})$ 且 $f(L\mathbb{J})$ 是 Q 的 Scott 闭集. 于是 $\sup_{\sigma^*(Q)}\{ {\downarrow}f(x) \mid x \in L\mathbb{J} \} \subseteq f(L\mathbb{J})$ 成立, 从而 $Q \subseteq f(L\mathbb{J})$, 这说明 $Q = f(L\mathbb{J})$, f 满射. 又 f 的逆显然保序, 故 f 是 $L\mathbb{J}$ 与 Q 间的同构. □

一个 Γ-忠实 dcpo 类 $\mathcal{C}$ 称为是极大的若对每一 dcpo $D \notin \mathcal{C}$, 类 $\mathcal{C} \cup \{D\}$ 就不是 Γ-忠实 dcpo 类. 例如完备格类是 Γ-忠实 dcpo 类但不是极大的. 设 $\mathfrak{D}$dcpo 是所有阈限 dcpo 的类. 文献 [63] 已证明 $\mathfrak{D}$dcpo 是 Γ-忠实 dcpo 类.

推论 6.10.33 $\mathfrak{D}$ dcpo $\cup \{L\mathbb{J}\}$ 是 Γ-忠实 dcpo 类, 从而 $\mathfrak{D}$ dcpo 不是极大 Γ-忠实 dcpo 类.

习 题 6.10

1. 设 P 是有界 Sober 的 dcpo, $x \in P$.

证明: 若 $\forall y \leqslant x$, y 是 P 的 C_σ-决定元的定向上确界, 则 x 是 P 的 C_σ-决定元.

2. 设 P 是 dcpo. 证明: ΣP 是有界 Sober 的当且仅当 $\forall x \in P$, $\Sigma{\downarrow}x$ 是 Sober 的.

3. 证明: $\mathbb{J}$ 是 dcpo 而 $(\mathbb{J}, \sigma(\mathbb{J}))$ 不是核紧空间.

4. 证明: 完备格类是 Γ-忠实 dcpo 类但不是极大的 Γ-忠实 dcpo 类.

5. 设 L, M 为完备交半格. 证明: $P \cong Q$ 当且仅当 $\sigma(P) \cong \sigma(Q)$.

6. 证明: 若某 dcpo 类是 Γ-忠实 dcpo 类, 则该类必须含有 C_σ-决定 dcpo 类.

7*. 设 P 是有界 Sober 的 C_σ-决定 dcpo. 问 P 的主理想是否均是 C_σ-决定的?

第 7 章 L-domain 与 FS-domain

本章主要是考虑函数空间及在刻画特殊类型 domain 方面的应用. 符号 $[X \to L]$ 表示从拓扑空间 X 到 $(L, \sigma(L))$ 的全体连续映射之集并赋予点式序. 对偏序集 P 和 T, 用符号 $[P \to T]$ 表示从 P 到 T 的全体 Scott 连续映射之集并赋予点式序, 并称作 **Scott 函数空间**. 容易验证偏序集 P 的 Scott 拓扑与 Scott 函数空间 $[P \to \mathbf{2}]$ 是序同构的, 其中 $\mathbf{2} = \{0, 1\}$ $(0 < 1)$ 是特殊的非平凡 CD-格. 本章先介绍 L-domain 和 sL-domain 的函数空间刻画, 然后获得用一般 CD-格 L 代替 $\mathbf{2}$ 时函数空间 $[P \to L]$ 的格论性质刻画偏序集 P 的连续性的一个综合性定理. 最后介绍 FS-domain 和 QFS-domain, 探讨其性质和刻画, 证明它们都是 Lawson 紧的.

7.1 L-domain 和 sL-domain 的函数空间刻画

本节利用函数空间从外部刻画 L-domain 和 sL-domain, 获得一般连续偏序集由函数空间的格论性质给出的新刻画.

下面一组引理是函数空间的基本性质.

引理 7.1.1 设 **POS** 是偏序集和 Scott 连续映射的范畴. 对偏序集 P, 定义 $[P \to \cdot] : \mathbf{POS} \to \mathbf{POS}$ 使对 $T \in \mathrm{ob}(\mathbf{POS})$, 有 $[P \to \cdot](T) = [P \to T]$, 而对 $(f : T \to S) \in \mathrm{Mor}(\mathbf{POS})$, 有 $[P \to \cdot](f) = [\mathrm{id} \to f]$, 其中 $[\mathrm{id} \to f] : [P \to T] \to [P \to S]$ 是使得 $\forall h \in [P \to T]$, $[\mathrm{id} \to f](h) = f \circ h$ 成立的映射. 则 $[P \to \cdot]$ 是一个函子.

证明 直接验证. $\qquad\qquad\qquad\qquad\qquad\qquad\qquad\qquad\qquad\qquad$ □

对于上述函子 $[P \to \cdot]$, 由于积偏序集到诸因子的投影都是 Scott 连续的, 故立刻有

引理 7.1.2 ([41, 引理 II-2.9]) 对偏序集 P, 函子 $[P \to \cdot]$ 保任意积. 特别地, $[P \to \mathbf{I}^M] \cong [P \to \mathbf{I}]^M$, 其中 $\mathbf{I} = [0, 1]$ 为单位闭区间赋予通常序, M 为集合.

引理 7.1.3 设 X 是集合, L 是 CD-格. 则从 X 到 L 的所有映射的集合 L^X 以逐点序是 CD-格且序同构于乘积格 $\prod_{x \in X} L$. 特别地, $\mathbf{I}^X$ 是 CD-格.

证明 直接验证. $\qquad\qquad\qquad\qquad\qquad\qquad\qquad\qquad\qquad\qquad$ □

引理 7.1.4 设 X 是拓扑空间, L 是连续 domain, $\{f_\alpha \mid \alpha \in I\}$ 是 $[X \to L]$ 的定向集. 定义映射 $h : X \to L$ 使 $\forall x \in X$, $h(x) = \bigvee_{\alpha \in I} f_\alpha(x)$. 则 $h \in [X \to L]$,

从而在 $[X \to L]$ 中, $\bigvee_{\alpha \in I} f_\alpha = h$.

证明   只需证 h 连续. 对任一 $a \in L$ 及 $y \in h^{-1}(\uparrow a)$, 由 $\ll$ 的插入性质知存在 $\bar{a} \in L$ 使 $h(y) = \bigvee_{\alpha \in I} f_\alpha(y) \gg \bar{a} \gg a$. 再由 $\{f_\alpha(y) \mid \alpha \in I\}$ 的定向性知存在 $\alpha \in I$ 使 $f_\alpha(y) \geqslant \bar{a} \gg a$, 于是 $y \in f_\alpha^{-1}(\uparrow a)$, 从而 $h^{-1}(\uparrow a) \subseteq \bigcup_{\alpha \in I} f_\alpha^{-1}(\uparrow a)$. 又 $h^{-1}(\uparrow a) \supseteq \bigcup_{\alpha \in I} f_\alpha^{-1}(\uparrow a)$ 是显然的, 故 $h^{-1}(\uparrow a) = \bigcup_{\alpha \in I} f_\alpha^{-1}(\uparrow a) \in \mathcal{T}(X)$, 再由 L 连续知 $\{\uparrow a \mid a \in L\}$ 为 $\sigma(L)$ 的基, 从而 $h \in [X \to L]$, 进而根据 h 的构作知 $h = \bigvee_{\alpha \in I} f_\alpha$.   □

引理 7.1.5   设 X 是拓扑空间, L 是 L-domain. 对任意 $f \in [X \to L]$, 任意 $g_1, g_2 \in {\downarrow} f$, 定义映射 $h : X \to L$ 使 $\forall x \in X, h(x) = g_1(x) \bigvee_{f(x)} g_2(x)$. 则 $h \in [X \to L]$ 且 $h = g_1 \bigvee_f g_2$, 从而 ${\downarrow} f$ 是并半格.

证明   对任意 $a \in L$ 及 $x \in h^{-1}(\uparrow a)$, 由 L 是 L-domain 知存在 $\bar{a} \in L$ 使 $h(x) \gg \bar{a} \gg a$ 且 $h(x) = \bigvee_{f(x)}({\downarrow} g_1(x) \cup {\downarrow} g_2(x))$. 因任意并可写成有限并的定向并, 故存在有限集 $\{a_1, a_2, \cdots, a_k\} \subseteq {\downarrow} g_1(x)$, $\{b_1, b_2, \cdots, b_m\} \subseteq {\downarrow} g_2(x)$ 使

$$h(x) \gg \bigvee_{f(x)} \{a_i, b_j \mid i = 1, 2, \cdots, k; j = 1, 2, \cdots, m\} = e \geqslant \bar{a}.$$

特别地, $f(x) \gg e$. 令 $V = \bigcap_{i=1}^{k} g_1^{-1}(\uparrow a_i) \cap \bigcap_{j=1}^{m} g_2^{-1}(\uparrow b_j) \cap f^{-1}(\uparrow e)$, 则 $x \in V \in \mathcal{T}(X)$. 对于任意 $y \in V$, 由 $h(y) = g_1(y) \bigvee_{f(y)} g_2(y) \gg \bigvee_{f(y)} \{a_i, b_j \mid i = 1, 2, \cdots, k; \ j = 1, 2, \cdots, m\}$ 及引理 5.2.12(2) 得 $e = \bigvee_{f(y)} \{a_i, b_j \mid i = 1, 2, \cdots, k; \ j = 1, 2, \cdots, m\}$, 进而 $y \in h^{-1}(\uparrow a)$, 于是 $V \subseteq h^{-1}(\uparrow a)$. 由 $x \in h^{-1}(\uparrow a)$ 的任意性知 $h^{-1}(\uparrow a) \in \mathcal{T}(X)$. 因 $\{\uparrow a \mid a \in L\}$ 是 $\sigma(L)$ 的一个基, 故 $h \in [X \to L]$. 由 h 的构造可知 $h = g_1 \bigvee_f g_2$.   □

虽然 sL-domain 和 L-domain 有差别, 但容易直接验证下一结论:

注 7.1.6   偏序集 L 是 sL-domain 当且仅当 $L_\perp$ 是 L-domain.

与连续格较为接近的是 L-domain, 其每个主理想均为连续格. 于是 L-domain 可看作局部连续格. 下面给出关于 L-domain 的函数空间的几个引理.

引理 7.1.7   设 X 是拓扑空间, L 是 L-domain, $f \in [X \to L]$. 定义映射 $h_o : X \to L$ 使 $\forall x \in X, h_o(x) = O_{f(x)}$ 为 ${\downarrow} f(x)$ 的最小元. 则 $h_o \in [X \to L]$ 是 ${\downarrow} f$ 的最小元.

证明   对任一 $a \in L$, 当 $y \in h_o^{-1}(\uparrow a) \neq \varnothing$ 时, 有 $h_o(y) \gg a$, 由 $h_o(y)$ 的极小性知 $a = h_o(y)$ 是极小元, 从而 a 是紧元, $\uparrow a = \Uparrow a$. 下面证明 $h_o^{-1}(\uparrow a) = f^{-1}(\uparrow a)$. 由 $\uparrow a = \Uparrow a$ 可得 $h_o^{-1}(\uparrow a) \subseteq f^{-1}(\uparrow a)$. 当 $x \in f^{-1}(\uparrow a)$ 时, 由 a 的极小性及 $\uparrow a = \Uparrow a$, 知 $h(x) = O_{f(x)} = a$, 从而 $x \in h_o^{-1}(\uparrow a)$, 于是 $h_o^{-1}(\uparrow a) \supseteq f^{-1}(\uparrow a)$. 综上得 $h_o^{-1}(\uparrow a) = f^{-1}(\uparrow a) \in \mathcal{T}(X)$, 于是 $h_o \in [X \to L]$. 由 h_o 的定义知 h_o 为 ${\downarrow} f$ 的最小元.   □

引理 7.1.8 ([124])　对核紧拓扑空间 X 和有最小元 $\perp$ 的 L-domain L, 函数空间 $[X \to L]$ 也是有最小元的 L-domain.

证明　显然取常值 $\perp$ 的函数是 $[X \to L]$ 的最小元. 由引理 7.1.4、引理 7.1.5 和引理 7.1.7 得 $[X \to L]$ 是有最小元的 dcpo 且对任一 $h \in [X \to L]$, 其在 $[X \to L]$ 中的主理想 $\downarrow h$ 是完备格. 又对每一 $p \in X$ 和 $h \in [X \to L]$, 取 $v \ll h(p)$ 和开集 U 使得 $p \in U \ll h^{-1}(\uparrow v)$. 定义函数 $U \searrow v : X \to L$ 为

$$U \searrow v(x) = \begin{cases} v, & x \in U, \\ \perp, & x \in X - U. \end{cases}$$

利用引理 7.1.4, 容易验证 $U \searrow v \in [X \to L]$ 连续且 $U \searrow v \ll h$. 进一步, 利用引理 7.1.5, 对有限个这样构造的函数, 直接验证 $(U_1 \searrow v_1) \bigvee_h \cdots \bigvee_h (U_n \searrow v_n) \in [X \to L]$ 连续且有 $(U_1 \searrow v_1) \bigvee_h \cdots \bigvee_h (U_n \searrow v_n) \ll h$. 由此可推得 $\downarrow h$ 是定向的且有 $h = \sup \downarrow h$, 于是 $[X \to L]$ 是连续 domain, 进而是有最小元的 L-domain. □

定理 7.1.9　设 X 是紧且核紧拓扑空间, L 是 sL-domain. 则 $[X \to L]$ 是 sL-domain.

证明　由注 7.1.6 和引理 7.1.8 得 $[X \to L_\perp]$ 是 L-domain. 通过扩充陪域可将 $[X \to L]$ 嵌入到 $[X \to L_\perp]$ 中. 假设 $\{f_\gamma\}_{\gamma \in \Gamma}$ 是 $[X \to L_\perp]$ 的定向集且其上确界为 $f \in [X \to L]$. 则对 $x \in X$, 存在 γ_x 使得 $f_{\gamma_x}(x) \in L$. 因 L 是 $L_\perp$ 的 Scott 开集, 故存在含 x 的开集 U_x 使得 $f_{\gamma_x}(U_x) \subseteq L$. 由 X 是紧的知存在有限个 $U_{x_i}(i = 1, 2, \cdots, n)$ 覆盖 X. 由定向性取 $\gamma \in \Gamma$ 使 $f_\gamma \geqslant f_{\gamma_{x_i}}(\forall i = 1, 2, \cdots, n)$, 则 $f_\gamma(X) \subseteq L$, 从而 $f_\gamma \in [X \to L]$. 这说明 $[X \to L]$ 是 $[X \to L_\perp]$ 的 Scott 开集. 又易知 L-domain 的 Scott 开集是 sL-dcpo, 故由推论 6.2.13、连续性对 Scott 开集遗传得 $[X \to L]$ 是 sL-domain. □

例 7.1.10　设 $\mathbb{N}^*_\Lambda = \{a, b, c_0, c_1, c_2, \cdots\}$ 满足 $c_0 > c_1 > c_2 > \cdots$, 且对每一 i, 有 $a, b < c_i$, 而 a 和 b 不可比. 则 $\mathbb{N}^*_\Lambda$ 是连续 domain, 但因 $a \vee b$ 不存在, 故 $\mathbb{N}^*_\Lambda$ 不是 sL-domain.

引理 7.1.11　设 L 是连续 domain 且使得函数空间 $[\mathbb{N}^*_\Lambda \to L]$ 连续, 其中 $\mathbb{N}^*_\Lambda$ 由上例给出. 如果 $x_0 \geqslant x_1 \geqslant x_2 \geqslant \cdots$ 是 L 中的下降序列并有下界, 则该序列有下确界.

证明　考虑集合 $Z = \cup \{\downarrow x \mid x \leqslant x_n, \forall n \in \mathbb{N}\}$. 如果 Z 是定向的, 则 Z 的上确界就是序列 $\{x_n\}_{n \in \mathbb{N}}$ 的下确界.

假定 Z 不定向, 则存在 $z_1, z_2 \in Z$ 使得 $\uparrow z_1 \cap \uparrow z_2 \cap Z = \varnothing$. 取 u_1 和 u_2 为序列的下界使得 $z_i \ll u_i$ $(i = 1, 2)$. 定义函数 $f : \mathbb{N}^*_\Lambda \to L$ 使得 $f(c_n) = x_n$, $f(a) = u_1$, 以及 $f(b) = u_2$. 则 f 保序, 从而是 Scott 连续的. 由假设 $[\mathbb{N}^*_\Lambda \to L]$ 连

续, 利用插入性质及 $\downarrow f$ 的定向性可得存在 $[\mathbb{N}_\Lambda^* \to L]$ 中的 $g \ll f$ 使得 $z_1 \ll g(a)$ 且 $z_2 \ll g(b)$.

若对某个 n, $g(c_n)$ 是 $\{x_n\}_{n\in\mathbb{N}}$ 的下界, 则 $z_1 \ll g(a) \leqslant g(c_n)$ 且 $z_2 \ll g(b) \leqslant g(c_n)$, 于是存在 $w \ll g(c_n)$ 使得 $z_i \leqslant w$ $(i = 1, 2)$, 但这矛盾于 $\uparrow z_1 \cap \uparrow z_2 \cap Z = \varnothing$. 所以下降列 $\{g(c_n)\}_{n\in\mathbb{N}}$ 不含 $\{x_n\}_{n\in\mathbb{N}}$ 的下界.

现对每一 n, 定义 $f_n : \mathbb{N}_\Lambda^* \to L$ 使当 $j \leqslant n$ 时, $f_n(c_j) = x_j$; 当 $j > n$, $m = \sup\{k \mid g(c_j) \leqslant x_k\}$ 时有 $f_n(c_j) = x_{m+1}$, 以及 $f_n(a) = u_1$, $f_n(b) = u_2$. 那么每一 f_n 是保序的, 从而是 Scott 连续的, 这样函数列 $\{f_n\}$ 是定向的且有上确界 f. 故 $g \leqslant f_n$ 对某 n 成立. 但对 $j > n$, $g(c_j) \not\leqslant f_n(c_j)$, 矛盾! 这矛盾说明 Z 必然是定向的, 从而由 L 是连续 domain 知 Z 的上确界就是序列 $\{x_n\}_{n\in\mathbb{N}}$ 的下确界. $\qquad\Box$

定理 7.1.12 设 L 是使得函数空间 $[\mathbb{N}_\Lambda^* \to L]$ 连续的连续 domain. 则 L 是 sL-domain.

证明 对任一 $p \in L$, 要证 $\downarrow p$ 是并半格. 为此设 $x, y \in \downarrow p$. 令 $Z = \{z \in \downarrow p \mid z \ll e, e$ 为 $\uparrow x \cap \uparrow y \cap \downarrow p$ 的某下界$\}$. 下证 Z 是定向集且有上确界 $x \vee_p y$.

选 $z_1, z_2 \in Z$. 则有 $\uparrow x \cap \uparrow y \cap \downarrow p$ 的下界 e_1 和 e_2 使得 $z_i \ll e_i$ $(i = 1, 2)$. 定义 $f : \mathbb{N}_\Lambda^* \to L$ 使得对所有 n, $f(c_n) = p$, $f(a) = e_1$ 和 $f(b) = e_2$. 则 f 保序, 从而 $f \in [\mathbb{N}_\Lambda^* \to L]$. 由假设可知 $[\mathbb{N}_\Lambda^* \to L]$ 中存在 $g \ll f$ 使 $z_1 \ll g(a)$ 且 $z_2 \ll g(b)$. 下降列 $\{g(c_n)\}$ 有下界 $g(a)$ 和 $g(b)$, 从而由引理 7.1.11, $w = \inf\{g(c_n) \mid n \in \mathbb{N}\}$ 是存在的.

设 $u \in \uparrow x \cap \uparrow y \cap \downarrow p$, 则 $e_i \leqslant u \leqslant p(i = 1, 2)$. 定义 $f_n : \mathbb{N}_\Lambda^* \to L$ 使得对 $j \leqslant n$, $f_n(c_j) = p$; 对 $j > n$, $f_n(c_j) = u$, $f_n(a) = e_1$ 和 $f_n(b) = e_2$. 则每一 f_n 是保序的, 从而是 Scott 连续的, 序列 f_n 定向且有上确界 f. 于是 $g \leqslant f_n$ 对某 n 成立, 进而当 $j > n$ 时, $w \leqslant g(c_j) \leqslant f_n(c_j) = u$. 由 u 的任意性, 知 w 是 $\uparrow x \cap \uparrow y \cap \downarrow p$ 的一个下界. 更有 $z_1 \ll g(a) \leqslant w$ 和 $z_2 \ll g(b) \leqslant w$. 所以存在 $z \ll w$ 使得 $z_1, z_2 \leqslant z$. 由此得 $z \in Z$, 从而 Z 定向.

设 $q = \sup Z$. 则对每一 $t \ll x$, 因 x 是 $\uparrow x \cap \uparrow y \cap \downarrow p$ 的下界, 故有 $t \in Z$. 于是 $t \leqslant q$ 且 $x = \sup \downarrow x \leqslant q$. 类似地, $y \leqslant q$. 由于 $\uparrow x \cap \uparrow y \cap \downarrow p$ 的任一元都是 Z 的上界, 所以 q 是 $\uparrow x \cap \uparrow y \cap \downarrow p$ 的下界. 但 $\uparrow x \cap \uparrow y \cap \downarrow p$ 恰好是 x 和 y 在 $\downarrow p$ 中的上界集, 故 $q = x \vee_p y$. $\qquad\Box$

推论 7.1.13 设 L 是连续 domain. 则下述各条等价:

(1) L 是 sL-domain;

(2) 对每一紧且核紧拓扑空间 X, $[X \to L]$ 是连续 domain (分别地, sL-domain);

(3) 对每一 Scott 紧连续 domain E, $[E \to L]$ 是连续 domain (分别地, sL-

domain);

(4) $[\mathbb{N}_\Lambda^* \to L]$ 是连续 domain (分别地, sL-domain).

证明　(1) $\Longrightarrow$ (2) 由定理 7.1.9 得到.

(2) $\Longrightarrow$ (3) 因每一连续 domain 的 Scott 拓扑是 CD-格, 从而是连续格, 故 (2) 包括了 (3).

(3) $\Longrightarrow$ (4) 因 $\mathbb{N}_\Lambda^*$ 的 Scott 拓扑是紧且核紧的, 故 (3) 包括了 (4).

(4) $\Longrightarrow$ (1) 由定理 7.1.12 立得.　　　　　　　　　　□

定理 7.1.14　设 $\mathbb{N}^*$ 表示自然数集赋予反常序: $0 > 1 > 2 > \cdots$. 设 L 是连续 domain 使得函数空间 $[\mathbb{N}_\Lambda^* \to L]$ 和 $[\mathbb{N}^* \to L]$ 都连续. 则 L 是 L-domain.

证明　由定理 7.1.12 得 L 是 sL-domain. 设 $p \in L$. 定义 $f : \mathbb{N}^* \to L$ 使对所有 n, $f(n) = p$. 由假设存在 $g \in [\mathbb{N}^* \to L]$, $g \ll f$.

首先假定 $g(\mathbb{N}^*)$ 是无限集. 对 $n \in \mathbb{N}$, 定义 $g(n)^+$ 是第一个小于 $g(n)$ 的某 $g(n+k)$. 定义 $f_n : \mathbb{N}^* \to L$ 使得当 $j \leqslant n$ 时 $f_n(j) = p$; 当 $j > n$ 时 $f_n(j) = g(j)^+$. 则序列 $\{f_n\}$ 是以 f 为上确界的上升列, 但这时对任何 n, $g \leqslant f_n$ 总是不可能的, 矛盾. 所以 $g(\mathbb{N}^*)$ 是无限集不可能发生.

现确定 $g(\mathbb{N}^*)$ 是有限集. 故存在 $y \in L$ 和 $N \in \mathbb{N}$ 使对所有 $n \geqslant N$ 有 $y = g(n)$. 对 $z \leqslant p$, 定义 $h_n : \mathbb{N}^* \to L$ 使得当 $j \leqslant n$ 时 $h_n(j) = p$, 当 $j > n$ 时有 $h_n(j) = z$. 则 $\{h_n\}$ 是上升列且以 f 为上确界, 故对某 k 有 $g \leqslant h_k$. 于是当 $j > \max\{N, k\}$ 时, $z = h_k(j) \geqslant g(j) = y$. 这样 y 是 $\downarrow p$ 的最小元, $\downarrow p$ 是 dcpo 且是并半格, 从而存在任意并, 故 $\downarrow p$ 是完备格.　　　□

推论 7.1.15　设 L 是连续 domain. 则下述各条等价:

(1) L 是 L-domain;

(2) 对每一核紧拓扑空间 X, $[X \to L]$ 是连续 domain (分别地, L-domain);

(3) 对每一连续 domain E, $[E \to L]$ 是连续 domain (分别地, L-domain);

(4) $[\mathbb{N}_\Lambda^* \to L]$ 和 $[\mathbb{N}^* \to L]$ 是连续 domain (分别地, L-domain).

证明　(1)$\Longrightarrow$(2) 假设 L 是 L-domain. 则存在连续映射 $\omega : L \to L$ 将每一 y 映为 $\downarrow y$ 的最小元 0_y. 又设 X 是核紧拓扑空间, $f : X \to L$ 连续. 对每一 $p \in X$, 取 $v \ll f(p)$ 和开集 U 使得 $p \in U \ll f^{-1}(\uparrow v)$. 定义映射 $U \searrow v : X \to L$ 为

$$U \searrow v(x) = \begin{cases} v, & x \in U, \\ \omega(f(x)), & x \in X - U. \end{cases}$$

可验证 $U \searrow v \in [X \to L]$ 连续且 $U \searrow v \ll f$. 如同引理 7.1.8, 对有限个这样构造的函数, 直接验证 $(U_1 \searrow v_1) \bigvee_f \cdots \bigvee_f (U_n \searrow v_n)$ 是连续的且有 $(U_1 \searrow v_1) \bigvee_f \cdots \bigvee_f (U_n \searrow v_n) \ll f$. 由此可推得 $\downarrow f$ 定向且 $f = \sup \downarrow f$, 于是, $[X \to L]$

是连续的. 因 $[X \to L]$ 是 $[X \to L_{\perp}]$ 的上集, 故由引理 7.1.8 知 $\downarrow f$ 是并半格, 由引理 7.1.7 知 $\downarrow f$ 的最小元是 $h_0 = \omega f$, 故 $\downarrow f$ 是完备格, 于是 (1) 可推得 (2).

(2) $\Longrightarrow$ (3) 连续 domain 的 Scott 拓扑是 CD-格, 从而是连续格, 故 (2) 包括了 (3).

(3) $\Longrightarrow$ (4) 因 $\mathbb{N}_{\wedge}^*$ 和 $\mathbb{N}^*$ 都是连续 domain, 故 (3) 包括了 (4).

(4) $\Longrightarrow$ (1) 由定理 7.1.12 和定理 7.1.14 立得. $\qquad\square$

利用 L-domain 的刻画可得连续偏序集由函数空间 $[P \to L]$ 格论性质给出的刻画.

定理 7.1.16 (刻画定理)　对偏序集 P, 下述各条等价:

(1) P 是连续偏序集;

(2) 对所有 CD-格 L, $[P \to L]$ 是 CD-格;

(3) 对某非平凡 CD-格 L, $[P \to L]$ 是 CD-格.

证明　(1)$\Longrightarrow$ (2) 设 P 是连续偏序集, 则 $(P, \sigma(P))$ 是核紧空间, 从而由推论 7.1.15, 对任一 CD-格 L, $[P \to L]$ 是连续格, $[P \to L]^{op} \cong [P \to L^{op}]$ 是连续格. 又 $[P \to L]$ 是分配格, 故由 CD-格的刻画定理 6.2.7 得 $[P \to L]$ 是 CD-格.

(2)$\Longrightarrow$ (3) 平凡的.

(3)$\Longrightarrow$ (1) 由 $\mathbf{2}$ 是 CD-格 L 的收缩核得 $[P \to \mathbf{2}]$ 是 CD-格 $[P \to L]$ 的收缩核, 从而是连续格. 这样 $[P \to \mathbf{2}]^{op} \cong [P \to \mathbf{2}^{op}] \cong [P \to \mathbf{2}]$ 也是连续格. 又 $[P \to L]$ 是分配格, 故由定理 6.2.7 得 $\sigma(P) \cong [P \to \mathbf{2}]$ 是 CD-格. 由定理 6.2.12 得 P 是连续偏序集. $\qquad\square$

<h2 style="text-align:center">习　题　7.1</h2>

1. 证明: 积偏序集到每个因子偏序集的投影都是 Scott 连续的.

2. 证明引理 7.1.2.

3. 设 P 是 sL-偏序集. 证明: 若 $a \ll c, b \ll c$, 则 $a \vee_c b \ll c$.

4. 设 P 是 L-偏序集, $D \subseteq P$.

证明: 如果 $\sup D \geqslant y \in P$, 则对任一 $d \in D$, 主理想 $\downarrow d$ 与 $\downarrow y$ 有相同的最小元.

5. 设 X 是拓扑空间, L 为完备链.

证明: 以逐点序, $[X \to L]$ 是 L^X 的对任意并和有限交关闭的完备子格.

6. 设 D 是拟连续 domain, E 是超连续格. 证明: Scott 函数空间 $[D \to E]$ 是超连续格.

7. 设 X 是拓扑空间, L 是 L-domain, $a \in L$ 且 $f \in [X \to L]$.

证明: 若 $U \in \mathcal{T}(X)$ 且 $U \subseteq f^{-1}(\mathord{\uparrow} a)$, 则 $F(a, U, f) = U \searrow_f a \in [X \to L]$, 其中

$$F(a, U, f)(x) = (U \searrow_f a)(x) = \begin{cases} a, & x \in U, \\ 0_{f(x)}, & x \notin U. \end{cases}$$

8. 设 L, M 是 L-domain. 证明:

(1) $L \times M$ 是 L-domain;

(2) L-domain 和 Scott 连续映射构成的范畴 **LDOM** 是笛卡儿闭的.

9. 举例说明存在 L-domain, 其中存在两个既约 Scott 闭集的交不是既约的.

提示: 考虑 5 个元的 L-domain.

7.2　有限分离映射与 FS-domain

本节要引入一类特殊的 domain, 称作 FS-domain. 我们将知道每个 bc-domain, 特别是连续格都是 FS-domain.

定义 7.2.1　设 P 是 dcpo.

(1) 若定向集 $\mathcal{D} \subseteq [P \to P]$ 满足 $\sup_{\delta \in D} \delta = \mathrm{Id}_P$, 则称 $\mathcal{D}$ 是 P 上的**单位逼近**.

(2) 设 $\delta : P \to P$ 是 P 上的 Scott 连续映射. 若 $\delta \leqslant \mathrm{Id}_P$ 且只有有限值域, 则称 δ 是 P 上的**压缩**.

(3) 设 $\delta : P \to P$ 是 P 上的 Scott 连续映射. 若存在有限集 F_δ 使对任意 $x \in P$, 存在 $y \in F_\delta$ 满足 $\delta(x) \leqslant y \leqslant x$, 则称 δ 是 P 上的**有限分离映射**, 称 F_δ 为 δ 的**有限分离集**.

(4) 若 P 有一个由压缩构成的单位逼近, 则称 P 为 **B-domain** 或 **RB-domain**.

(5) 若 P 有一个由有限分离映射构成的单位逼近, 则称 P 为 **FS-domain**.

注 7.2.2　易见, Scott 连续映射 δ 是有有限值域的核算子当且仅当 δ 是幂等压缩. 并且注意到每个压缩均为有限分离映射, 从而每一 B-domain 均为 FS-domain.

引理 7.2.3　设 P, Q 是 dcpo, 则有如下结论:

(1) 若 $\mathcal{D} \subseteq [P \to P]$ 是 P 上的单位逼近, 则 $\mathcal{D}^* = \{\delta^2 = \delta \circ \delta \mid \delta \in \mathcal{D}\}$ 也是 P 上的单位逼近;

(2) 若 $\forall i \in I$, $\mathcal{D}_i$ 是 P_i 上的单位逼近, 则 $\prod_{i \in I} \mathcal{D}_i = \{\prod_{i \in I} \delta_i \mid \delta_i \in \mathcal{D}_i\}$ 是 $\prod P_i$ 上的单位逼近;

(3) 若 $\mathcal{D} \subseteq [P \to P]$ 和 $\mathcal{E} \subseteq [Q \to Q]$ 是 P, Q 上的单位逼近, 则 $[\mathcal{D} \to \mathcal{E}]$ 是 $[P \to Q]$ 上的单位逼近, 其中

$$[\mathcal{D} \to \mathcal{E}] = \{[\delta \to \varepsilon] : \delta \in \mathcal{D}, \varepsilon \in \mathcal{E}, \forall g \in [P \to Q], [\delta \to \varepsilon](g) = \varepsilon \circ g \circ \delta\};$$

(4) 若 P 有单位逼近 $\mathcal{D}$ 满足 $\forall \delta \in \mathcal{D}$, $\forall x \in P$, 有 $\delta(x) \ll x$, 则 P 是连续 domain.

证明　可直接验证, 留给读者练习.　　　　　　　　□

引理 7.2.4 设 P 是 dcpo. 若 $\delta \in [P \to P]$ 是有限分离映射, 则对任意 $x \in P$, $\delta(x) \ll x$. 从而 FS-domain 均是连续 domain. 特别地, B-domain 均是连续 domain.

证明 设 $x \in P$, D 是 P 的定向集且满足 $\sup D \geqslant x$. 由 $\delta \in [P \to P]$ 是有限分离映射知存在有限集 F_δ 使对任意 $z \in P$, 存在 $y \in F_\delta$ 满足 $\delta(z) \leqslant y \leqslant z$. 从而对任意 $d \in D$, 存在 $y_d \in F_\delta$ 满足 $\delta(d) \leqslant y_d \leqslant d$. 这样 $\{y_d \mid d \in D\}$ 为有限集, 不妨记为 $\{y_1, y_2, \cdots, y_n\} \subseteq F_\delta$. 令 $D_i = \{d \in D \mid y_d = y_i\}$, $i = 1, 2, \cdots, n$. 则 $\bigcup_{i=1}^n D_i = D$ 且其中必有一个 D_i 是 D 的共尾子集, 记该共尾子集为 D_0, 对应的 y_i 记为 y_0. 则 $\sup D_0 = \sup D \geqslant x$ 且 $\forall d \in D_0$, 有 $\delta(d) \leqslant y_0 \leqslant d$. 于是 $\delta(\sup D) = \delta(\sup D_0) \leqslant y_0$. 由 δ 保序知 $\delta(x) \leqslant \delta(\sup D) \leqslant y_0 \leqslant d \in D_0$, 这说明 $\delta(x) \ll x$. 从而由引理 7.2.3(4) 知 FS-domain 均是连续 domain. □

定理 7.2.5 (1) FS-domain (B-domain) 的有限乘积为 FS-domain (B-domain).

(2) 若 P 是 FS-domain (B-domain), Q 是 P 的收缩核, 则 Q 为 FS-domain (B-domain).

(3) 若 A 是 FS-domain (B-domain) P 的非空 Scott 闭集, 则子偏序集 A 是 FS-domain (B-domain).

证明 以 FS-domain 为例证明, B-domain 的情形类似.

(1) 设 P, Q 是 FS-domain. 则 P, Q 分别有由有限分离映射构成的单位逼近 $\mathcal{D} \subseteq [P \to P]$ 和 $\mathcal{E} \subseteq [Q \to Q]$. 由引理 7.2.3(2) 知 $\mathcal{D} \times \mathcal{E}$ 是 $P \times Q$ 上的单位逼近. 对任意 $(\delta, \varepsilon) \in \mathcal{D} \times \mathcal{E}$, 设 F_δ, F_ε 分别是 δ 和 ε 的有限分离集, 则易证 $F_\delta \times F_\varepsilon$ 为 (δ, ε) 的有限分离集, 从而 $P \times Q$ 是 FS-domain.

(2) 设 $\mathcal{D} \subseteq [P \to P]$ 是 P 上由有限分离映射构成的单位逼近, (r, s) 为 P 与 Q 间的收缩对, 则 $\{r \circ \delta \circ s \mid \delta \in \mathcal{D}\}$ 是 Q 上由有限分离映射构成的单位逼近, 故 Q 为 FS-domain.

(3) 设 $\mathcal{D} \subseteq [P \to P]$ 是 P 上由有限分离映射构成的单位逼近, 则 $\{\delta|_A \mid \delta \in \mathcal{D}\}$ 是 A 上由有限分离映射构成的单位逼近, 故非空 Scott 闭集 A 继承 P 的序是 FS-domain. □

定理 7.2.6 设 P 是 FS-domain. 则 P 有有限个极小元 $m_1, m_2, \cdots, m_k$ 使 $P = \bigcup_{i=1}^k \uparrow m_i$.

证明 设 δ 是 P 上的有限分离映射. 则存在有限集 $F_\delta = \{y_1, y_2, \cdots, y_n\} \subseteq P$ 满足对任意 $x \in P$, 存在 $y_i \in F_\delta$ 使 $\delta(x) \leqslant y_i \leqslant x$, 故 $x \in \bigcup_{i=1}^n \uparrow y_i$, 从而 $P = \bigcup_{i=1}^n \uparrow y_i$. 又 $\{y_1, y_2, \cdots, y_n\}$ 是有限集, 故存在极小元. 设它的全体极小元为 $\{m_1, m_2, \cdots, m_k\}$, 则 $m_1, m_2, \cdots, m_k$ 也为 P 的极小元, 由此得 $P = \bigcup_{i=1}^n \uparrow y_i = \bigcup_{i=1}^k \uparrow m_i$. □

推论 7.2.7 设 P 是 FS-domain. 则 P 是 Scott 紧的, 即拓扑空间 $(P, \sigma(P))$

是紧的.

在本节的开始, 我们提到每一 bc-domain 都是一个 FS-domain, 下面给出该结论的一个明确而简洁的证明.

定理 7.2.8　每一 bc-domain, 特别地, 每一连续格都有一个由具有有限值域的 Scott 连续映射构成的单位逼近, 因而是 B-domain, 特别是 FS-domain.

证明　设 P 是一个 bc-domain. 对任意 $S \in \mathcal{P}_{\mathrm{fin}}(P)$, 定义 $\delta_S : P \to P$ 使得 $\delta_S(x) = \sup\{y \in S \mid y \ll x\}$. 则对 P 的任意定向子集 D, 若 $s \in S$ 且 $s \ll \sup D$, 由插入性质知存在 $d_s \in D$ 使得 $s \ll d_s$. 从而 $s \leqslant \sup_{d \in D} \sup\{y \in S \mid y \ll d\} = \sup_{d \in D} \delta_S(d)$ 且

$$\delta_S(\sup D) = \sup\{s \in S \mid s \ll \sup D\} \leqslant \sup_{d \in D} \delta_S(d) \leqslant \delta_S(\sup D).$$

于是 $\delta_S(\sup D) = \sup_{d \in D} \delta_S(d)$, 进而 δ_S 是 Scott 连续映射. 设 $F_{\delta_S} = \{\delta_S(x) \mid x \in P\}$. 则由 S 的有限性知 F_{δ_S} 有限. 对任意 $x \in P$, 有 $\delta_S(x) \in F_{\delta_S}$ 且 $\delta_S(x) \leqslant x$, 故 δ_S 是 P 上的压缩. 设 $\mathcal{D} = \{\delta_S \mid S \in \mathcal{P}_{\mathrm{fin}}(P)\}$. 则 $\mathcal{D}$ 是定向集且对任意 $x \in P$ 有

$$\sup_{\delta_S \in \mathcal{D}} \delta_S(x) = \sup_{\delta_S \in \mathcal{D}} (\sup\{y \in S \mid y \ll x\})$$

$$\geqslant \sup_{z \ll x}(\sup\{y \in \{z\} \mid y \ll x\})$$

$$= \sup{\downarrow}x = x.$$

因此, $\mathcal{D}$ 是 P 上由压缩构成的单位逼近, 从而 P 是 B-domain, 特别是 FS-domain. □

定义 7.2.9　若 P 是代数 FS-domain, 则称 P 是**双有限 domain**, 简称 **BF-domain**.

定理 7.2.10 ([41, 命题 II-2.20])　设 P 是 dcpo, 则下列条件等价:

(1) P 有一个由有限值域的核算子组成的单位逼近;

(2) P 是代数 domain 且 P 有一个由有限值域的映射组成的单位逼近;

(3) P 是双有限 domain.

证明　(1) $\Longrightarrow$ (2) 由注 7.2.2 和引理 7.2.4 知 P 是连续 domain. 故只需证 P 是代数的. 设 $\mathcal{D} \subseteq [P \to P]$ 是 P 上由有限值域的核算子组成的单位逼近. 则 $\forall x \in P$, 集 $\{\delta(x) \mid \delta \in \mathcal{D}\}$ 定向且 $x = \sup\{\delta(x) \mid \delta \in \mathcal{D}\}$. 因 $\mathcal{D}$ 中任意元素 δ 的像集 $\mathrm{im}\,\delta$ 均有限, 故由命题 5.5.8(2) 知对任意 $x \in P$, $\delta(x)$ 是 P 的紧元, 即 $\delta(x) \in K(P)$. 由定义 5.3.3 得 P 是代数的.

(2) $\Longrightarrow$ (3) 由定义 7.2.1、注 7.2.2 和定义 7.2.9 立得.

(3) $\Longrightarrow$ (1) 设 P 是双有限 domain. 则 P 有由有限分离映射构成的单位逼近 $\mathcal{D} \subseteq [P \to P]$. 对任意 $\delta \in \mathcal{D}$, 令 $G_\delta = \{k \in P \mid \delta(k) = k\}$. 则由定义 7.2.1(3) 和引理 7.2.4 知 $G_\delta \subseteq K(P)$ 且 $G_\delta \subseteq F_\delta$, 其中 F_δ 为 δ 的有限分离集.

可断言对任意 $x \in P$, 集 $\downarrow x \cap G_\delta$ 存在最大元. 首先, 由 F_δ 为 δ 的有限分离集知 $\downarrow x \cap F_\delta \neq \varnothing$. 故可取有限集 $\downarrow x \cap F_\delta$ 中的一个极小元 z. 于是由 F_δ 为 δ 的有限分离集知对于元素 $\delta(z)$, 存在 $y_{\delta(z)} \in F_\delta$ 使 $\delta(\delta(z)) \leqslant y_{\delta(z)} \leqslant \delta(z) \leqslant z$. 故由 $y_{\delta(z)} \in \downarrow x \cap F_\delta$ 及 z 的极小性知 $y_{\delta(z)} = \delta(z) = z$. 这说明 $z \in \downarrow x \cap G_\delta$, 即 $\downarrow x \cap G_\delta \neq \varnothing$. 又设 $k_1, k_2 \in \downarrow x \cap G_\delta$. 则 $k_i = \delta(k_i) \leqslant \delta(x)$, $i = 1, 2$. 由 F_δ 为 δ 的有限分离集知对于元素 x, 存在 $y_x \in F_\delta$ 使 $\delta(x) \leqslant y_x \leqslant x$. 从而 $k_i = \delta(k_i) \leqslant y_x \leqslant x$, $i = 1, 2$. 于是可取 $t \in \min(\downarrow x \cap F_\delta)$ 使 $k_i \leqslant t$, $i = 1, 2$. 故 $k_i = \delta(k_i) = \delta(\delta(k_i)) \leqslant \delta(\delta(t)) \leqslant \delta(t)$, $i = 1, 2$. 由 F_δ 为 δ 的有限分离集知对于元素 $\delta(t)$, 存在 $y_{\delta(t)} \in F_\delta$ 使 $\delta(\delta(t)) \leqslant y_{\delta(t)} \leqslant \delta(t)$. 故由 $y_{\delta(t)} \in \downarrow x \cap F_\delta$ 及 t 的极小性知 $y_{\delta(t)} = \delta(t) = t$. 这说明 $t \in \downarrow x \cap G_\delta$ 且 $k_i \leqslant t$, $i = 1, 2$. 于是集 $\downarrow x \cap G_\delta$ 是定向的, 进而存在最大元.

对任意 $\delta \in \mathcal{D}$, 令 $k_\delta : P \to P$ 满足对任意 $x \in P$, $k_\delta(x) = \max(\downarrow x \cap G_\delta)$. 则由前面断言可知映射 k_δ 的定义合理. 且易验证 $k_\delta : P \to P$ 是有有限值域的 Scott 连续核算子且 $\{k_\delta \mid \delta \in \mathcal{D}\}$ 构成一个单位逼近. $\qquad\qquad\square$

习 题 7.2

1. 举例说明每一主理想均为 FS-domain 的 dcpo 本身不必是 FS-domain.

2. 证明: FS-domain 的 Scott 连续投射像是 FS-domain.

3. 举例说明 FS-domain 的非空 Scott 开集不必为 FS-domain.

4. 证明: 若 P 是 FS-domain, $a, b \in P$ 且 a 是集合 $\uparrow b$ 的下界, 则 $\{a\} \cup \uparrow b$ 是 FS-domain.

5*. 设 S 和 T 是 FS-domain. 证明:

(1) Scott 函数空间 $[S \to T]$ 是 FS-domain.

(2) FS-domain 和 Scott 连续映射构成的范畴 **FS-DOM** 是笛卡儿闭的.

6. 设 L 是 dcpo. 证明: L 是 B-domain 当且仅当 L 是某一 BF-domain 的收缩核.

7*. 设 S 和 T 是 BF-domain. 证明:

(1) Scott 函数空间 $[S \to T]$ 是 BF-domain.

(2) BF-domain 和 Scott 连续映射构成的范畴 **BF-DOM** 是笛卡儿闭的.

提示: 参见文献 [78].

8*. 设 D 是有最小元的 dcpo.

证明: D 是 FS-domain 当且仅当 $[D \to D]$ 是 Lawson 紧连续 domain.

提示: 参见文献 [79].

7.3　QFS-domain

本节利用拟有限分离映射和拟单位逼近这两个新概念, 推广 FS-domain, 定义 QFS-domain 并研究其基本性质. 先将有限分离映射推广得到拟有限分离映射.

定义 7.3.1　设 P 是 dcpo. 如果 $\delta : P \to \mathcal{P}_{\mathrm{fin}}(P)$ 满足下面三个条件:

(1) $a \leqslant b \in P$ 蕴涵 $\delta(b) \subseteq \uparrow \delta(a)$;

(2) 对任意定向集 $D \subseteq P$, 有 $\bigcap_{d \in D} \uparrow\delta(d) \subseteq \uparrow \delta(\sup D)$;

(3) 存在有限集 $F_\delta \subseteq P$ 使得对任意 $x \in P$, 存在 $y \in F_\delta$ 使得 $x \in \uparrow y \subseteq \uparrow \delta(x)$,

则称 δ 是**拟有限分离映射**, 而称 F_δ 为**拟有限分离集**.

注 7.3.2　(1) 对 $\delta_1, \delta_2 : P \to \mathcal{P}_{\mathrm{fin}}(P)$, 若 $\forall x \in P$, 有 $\uparrow \delta_2(x) \subseteq \uparrow \delta_1(x)$, 则称 $\delta_1 \leqslant \delta_2$.

(2) 用 Id^* 表示映射 $\mathrm{Id}^* : P \to \mathcal{P}_{\mathrm{fin}}(P)$ 使得对任意 $x \in P$, 有 $\mathrm{Id}^*(x) = \{x\}$.

(3) 若 δ 是 dcpo P 的拟有限分离映射, 而 F_δ 是相应的拟有限分离集, 则 $P = \uparrow F_\delta$ 是有限生成上集.

命题 7.3.3　若 δ 是 dcpo P 上的拟有限分离映射, 则对任意 $x \in P$, 有 $\delta(x) \ll x$.

证明　设 $x \in P$, $D \subseteq P$ 定向且 $x \leqslant \sup D$. 由 δ 是拟有限分离映射知存在有限集 F_δ 使得对任意 $d \in D$, 存在 $y_d \in F_\delta$ 使得 $d \in \uparrow y_d \subseteq \uparrow \delta(d)$. 设 $F'_\delta = \{y_d \in F_\delta | d \in D\}$. 则 F'_δ 是 F_δ 的一个非空有限子集, 且对任意 $z \in F'_\delta$, 有 $d_z \in D$ 使得 $d_z \in \uparrow z \subseteq \uparrow \delta(d_z)$. 由 D 的定向性知存在 $d_0 \in D$ 使得对任意 $z \in F'_\delta$, 有 $d_0 \in \uparrow d_z \subseteq \uparrow z$, 从而

$$d_0 \in \bigcap_{z \in F'_\delta} \uparrow z = \bigcap_{d \in D} \uparrow y_d \subseteq \bigcap_{d \in D} \uparrow \delta(d).$$

此外, 由定义 7.3.1的条件 (1) 和 (2) 可知

$$\bigcap_{d \in D} \uparrow \delta(d) \subseteq \uparrow \delta(\sup D) \subseteq \uparrow \delta(x),$$

从而有 $d_0 \in \uparrow \delta(x)$. 综合可知 $\delta(x) \ll x$.　　　　□

定义 7.3.4　设 $\mathcal{D}$ 是由从 dcpo P 到 $\mathcal{P}_{\mathrm{fin}}(P)$ 中的映射构成的一个定向集合. 如果 $\mathcal{D}$ 满足下面的条件:

(1) 对任意 $\delta \in \mathcal{D}$, 有 $\delta \leqslant \mathrm{Id}^*$;

(2) 对任意 $x \in P$, 有 $\bigcap_{\delta \in \mathcal{D}} \uparrow \delta(x) \subseteq \uparrow x$,

则称 $\mathcal{D}$ 是 P 上的一个**拟单位逼近**.

下面给出 QFS-domain 的定义.

定义 7.3.5 若 dcpo P 上存在一个由拟有限分离映射构成的拟单位逼近, 则称 P 是一个 **QFS-domain**.

对 FS-domain P 以及它的由 P 上的有限分离映射构成的单位逼近 $\mathcal{D}$, 令 $\mathcal{D}^* = \{\delta^* \mid \delta \in \mathcal{D}\}$, 使得对任意 $\delta \in \mathcal{D}$ 和 $x \in P$, 有 $\delta^*(x) = \{\delta(x)\}$. 则 $\mathcal{D}^*$ 是 P 上的一个由拟有限分离映射构成的拟单位逼近. 故下一命题成立:

命题 7.3.6 每一 FS-domain 都是 QFS-domain.

下面的例子表明命题 7.3.6 的逆不必成立.

例 7.3.7 设 $P = \{a_0, a_1, a_2, \cdots, a_n, \cdots\} \cup \{a, b\}$, 其上的偏序关系为: $a_0 \leqslant a_1 \leqslant a_2 \leqslant \cdots \leqslant a_n \leqslant \cdots \leqslant a$ 且 $a_0 \leqslant b \leqslant a$. 容易知道 P 是一个拟连续 domain 但并不是连续 domain, 更不是 FS-domain. 我们断言 P 是 QFS-domain. 事实上, 设 $\mathcal{D} = \{\delta_i \mid i \in \mathbb{Z}_+\}$, 其中

$$
\delta_i(x) = \begin{cases} \{x\}, & x \leqslant a_i, \\ \{a_i\}, & x > a_i, \\ \{a_i, b\}, & x = b. \end{cases}
$$

由定义 7.3.1 和定义 7.3.4 容易证明对任意 $i \in \mathbb{Z}_+$, 有 δ_i 是拟有限分离映射且 $\mathcal{D}$ 是拟单位逼近. 从而 P 是一 QFS-domain.

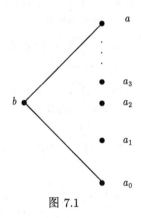

图 7.1

虽然 QFS-domain 不必为连续 domain, 但是我们有下面的结论成立:

命题 7.3.8 每一 QFS-domain 都是拟连续 domain.

证明 设 P 是 QFS-domain, $\mathcal{D}$ 是 P 上的一个由拟有限分离映射构成的拟单位逼近. 由命题 7.3.3 知对任意 $x \in P$, 有 $\{\delta(x)\}_{\delta \in \mathcal{D}} \subseteq \mathrm{fin}(x)$ 且

$$
\bigcap_{F \in \mathrm{fin}(x)} \uparrow F \subseteq \bigcap_{\delta \in \mathcal{D}} \uparrow \delta(x) \subseteq \uparrow x.
$$

因此, $\mathcal{D}$ 是 P 的一个拟基. 由命题 6.6.7 知 P 是拟连续 domain. □

下面讨论 QFS-domain 关于有限积、Scott 闭子集和拟连续映射像等结构的封闭性. 首先给出两个引理:

引理 7.3.9 设 S 和 T 是 dcpo, δ 和 ε 分别是 S 和 T 上的拟有限分离映射. 则:

(1) (δ,ε) 是 $S \times T$ 上的拟有限分离映射, 其中对任意 $(s,t) \in S \times T$, 有 $(\delta,\varepsilon)((s,t)) = \delta(s) \times \varepsilon(t)$;

(2) 若 A 是 S 的非空 Scott 闭子集, 则 $\delta|_A$ 是 A 上的拟有限分离映射, 其中对任意 $x \in A$, 有 $\delta|_A(x) = \delta(x) \cap A$.

证明 (1) 只需验证 (δ,ε) 满足定义 7.3.1 中的三个条件, 下面分别验证之.

(i) 对任意 $(s_1,t_1),(s_2,t_2) \in S \times T$, 若 $(s_1,t_1) \leqslant (s_2,t_2)$, 则有 $s_1 \leqslant s_2, t_1 \leqslant t_2$. 由 δ 和 ε 都是拟有限分离映射知 $\delta(s_2) \subseteq \uparrow \delta(s_1)$, $\delta(t_2) \subseteq \uparrow \delta(t_1)$. 因而有

$$(\delta,\varepsilon)((s_2,t_2)) = \delta(s_2) \times \varepsilon(t_2) \subseteq \uparrow \delta(s_1) \times \uparrow \varepsilon(t_1)$$
$$= \uparrow(\delta(s_1) \times \varepsilon(t_1)) = \uparrow(\delta,\varepsilon)((s_1,t_1)).$$

(ii) 对 $S \times T$ 的任意定向子集 D, 有下面的关系式成立:

$$\bigcap_{d=(d_s,d_t) \in D} \uparrow(\delta,\varepsilon)((d_s,d_t)) = \bigcap_{d=(d_s,d_t) \in D} \uparrow(\delta(d_s) \times \varepsilon(d_t))$$
$$= \bigcap_{d=(d_s,d_t) \in D} (\uparrow \delta(d_s) \times \uparrow \varepsilon(d_t))$$
$$= \bigcap_{d=(d_s,d_t) \in D} \uparrow \delta(d_s) \times \bigcap_{d=(d_s,d_t) \in D} \uparrow \varepsilon(d_t)$$
$$\subseteq \uparrow \delta \left(\sup_{d=(d_s,d_t) \in D} d_s \right) \times \uparrow \varepsilon \left(\sup_{d=(d_s,d_t) \in D} d_t \right)$$
$$= \uparrow(\delta,\varepsilon) \left(\left(\sup_{d=(d_s,d_t) \in D} d_s, \sup_{d=(d_s,d_t) \in D} d_t \right) \right)$$
$$= \uparrow(\delta,\varepsilon) \left(\sup_{d=(d_s,d_t) \in D} (d_s,d_t) \right).$$

(iii) 由命题的条件知存在有限集 $F_\delta \subseteq S$ 和 $F_\varepsilon \subseteq T$ 使得对任意 $(s,t) \in S \times T$, 存在 $a \in F_\delta$ 和 $b \in F_\varepsilon$ 满足 $s \in \uparrow a \subseteq \uparrow \delta(s)$ 和 $t \in \uparrow b \subseteq \uparrow \varepsilon(t)$. 这表明存在 $(a,b) \in F_\delta \times F_\varepsilon$ 使得 $(s,t) \in \uparrow(a,b) \subseteq \uparrow(\delta(s) \times \varepsilon(t)) = \uparrow(\delta,\varepsilon)((s,t))$.

综合以上可知 (δ,ε) 是 $S \times T$ 上的拟有限分离映射.

(2) 只需证明 $\delta|_A$ 满足定义 7.3.1 中的三个条件, 下面分别验证之.

(i) 对任意 $a,b \in A$, 若 $a \leqslant b$, 则有 $\delta|_A(b) = \delta(b) \cap A \subseteq \uparrow \delta(a) \cap A = \uparrow_A \delta|_A(a)$.

(ii) 对 A 的任意定向子集 D, 由 A 是 Scott 闭集知 $\sup_A D = \sup D \in A$ 且

$$\bigcap_{d \in D} \uparrow_A \delta|_A(d) = \bigcap_{d \in D} \uparrow_A (\delta(d) \cap A) = \bigcap_{d \in D} (\uparrow \delta(d) \cap A) = \left(\bigcap_{d \in D} \uparrow \delta(d) \right) \cap A$$

$$\subseteq (\uparrow \delta(\sup D)) \cap A = \uparrow_A (\delta(\sup D) \cap A) = \uparrow_A \delta|_A(\sup D).$$

(iii) 由 δ 是 S 上的拟有限分离映射知, 存在有限子集 $F_\delta \subseteq S$ 使得对任意 $a \in A$, 存在 $y_a \in F_\delta$ 满足 $a \in \uparrow y_a \subseteq \uparrow \delta(a)$. 由 A 是 Scott 闭集知 $y_a \in F_\delta \cap A \neq \varnothing$. 令 $F'_\delta = F_\delta \cap A$. 则对任意 $a \in A$, 存在 $y \in F'_\delta \subseteq A$ 使得 $a \in \uparrow_A y = \uparrow y \cap A \subseteq \uparrow \delta(a) \cap A = \uparrow_A \delta|_A(a)$.

综合以上可知 $\delta|_A$ 是 A 上的拟有限分离映射. □

引理 7.3.10 设 S 和 T 是 dcpo, $\mathcal{C}$ 和 $\mathcal{D}$ 分别是 S 和 T 上的拟单位逼近. 则:

(1) $\mathcal{C} \times \mathcal{D} = \{(\delta, \varepsilon) : \delta \in \mathcal{C}, \varepsilon \in \mathcal{D}\}$ 是 $S \times T$ 上的拟单位逼近, 其中对任意 $(s,t) \in S \times T$, 有 $(\delta, \varepsilon)((s,t)) = \delta(s) \times \varepsilon(t)$;

(2) 若 A 是 T 的一个非空 Scott 闭子集, 则 $\mathcal{D}|_A$ 是 A 上的一个拟单位逼近, 其中 $\mathcal{D}|_A = \{\delta|_A \mid \delta \in \mathcal{D}\}$.

证明 (1) 由 $\mathcal{C}$ 和 $\mathcal{D}$ 分别是 S 和 T 上的拟单位逼近知 $\mathcal{C} \times \mathcal{D}$ 定向. 故只需证明 $\mathcal{C} \times \mathcal{D}$ 满足定义 7.3.4 中的两个条件, 下面分别验证之.

(i) 对任意 $(\delta, \varepsilon) \in \mathcal{C} \times \mathcal{D}$ 和 $(s,t) \in S \times T$, 有 $(\delta, \varepsilon)((s,t)) = \delta(s) \times \varepsilon(t)$. 由 δ 和 ε 都是拟单位逼近知 $s \in \uparrow \delta(s)$ 且 $t \in \uparrow \varepsilon(t)$. 从而有

$$(s,t) \in \uparrow \delta(s) \times \uparrow \varepsilon(t) = \uparrow (\delta(s) \times \varepsilon(t)) = \uparrow (\delta, \varepsilon)((s,t)).$$

(ii) 对任意 $(s,t) \in S \times T$, 有

$$\bigcap_{(\delta, \varepsilon) \in \mathcal{C} \times \mathcal{D}} \uparrow (\delta, \varepsilon)((s,t)) = \bigcap_{\delta \in \mathcal{C}, \, \varepsilon \in \mathcal{D}} \uparrow (\delta(s) \times \varepsilon(t)) = \bigcap_{\delta \in \mathcal{C}, \, \varepsilon \in \mathcal{D}} (\uparrow \delta(s) \times \uparrow \varepsilon(t))$$

$$\subseteq \bigcap_{\delta \in \mathcal{C}} \uparrow \delta(s) \times \bigcap_{\varepsilon \in \mathcal{D}} \uparrow \varepsilon(t) \subseteq \uparrow s \times \uparrow t = \uparrow (s,t).$$

因此, $\mathcal{C} \times \mathcal{D}$ 是 $S \times T$ 上的一个拟单位逼近.

(2) 由 $\mathcal{D}$ 定向知 $\mathcal{D}|_A$ 定向. 故只需验证 $\mathcal{D}|_A$ 满足定义 7.3.4 中的两条.

(i) 对任意 $x \in A$, 有 $x \in \uparrow \delta(x)$ 且 $x \in \uparrow \delta(x) \cap A = \uparrow_A \delta|_A(x)$.

(ii) 对任意 $x \in A$, 由 A 是 Scott 闭集知 $\sup_A D = \sup D \in A$ 且有下面关系式成立:

$$\bigcap_{\delta \in D} \uparrow_A \delta|_A(x) = \bigcap_{\delta \in D} \uparrow_A (\delta(x) \cap A) = \bigcap_{\delta \in D} (\uparrow \delta(x) \cap A) = \uparrow x \cap A = \uparrow_A x.$$

综合以上可知 $\mathcal{D}|_A$ 是 A 上的一个拟单位逼近. $\qquad\square$

定理 7.3.11　(1) 有限个 QFS-domain 的积仍是 QFS-domain.

(2) 若 A 是 QFS-domain P 的一个非空 Scott 闭子集, 则 A 也是 QFS-domain.

证明　由引理 7.3.9 和引理 7.3.10 立得. $\qquad\square$

下一命题说明一个 dcpo 为 QFS-domain 等价于加顶后是 QFS-domain.

命题 7.3.12　设 L 是 dcpo. 则有下面两条成立:

(1) L 是 QFS-domain 当且仅当 L 的加顶 $L^\top$ 是 QFS-domain;

(2) L 是 FS-domain 当且仅当 L 的加顶 $L^\top$ 是 FS-domain.

证明　(1) 必要性: 设 L 是一个 QFS-domain. 则 L 上存在一个由拟有限分离映射构成的拟单位逼近 $\mathcal{D} = \{\delta_i\}_{i \in I}$. 对任意 $\delta_i \in \mathcal{D}$, 定义一个映射 $\delta_i^* : L^\top \to \mathcal{P}_{\text{fin}}(L^\top)$ 使得

$$\delta_i^*(x) = \begin{cases} \delta_i(x), & x \in L, \\ \{\top\}, & x = \top. \end{cases}$$

可直接验证 $\{\delta_i^*\}_{i \in I}$ 是 $L^\top$ 的一个由拟有限分离映射构成的拟单位逼近. 因此, $L^\top$ 是一个 QFS-domain.

充分性: 设 $L^\top$ 是一个 QFS-domain. 则 $L^\top$ 上存在一个由拟有限分离映射构成的拟单位逼近 $\mathcal{D} = \{\delta_i\}_{i \in I}$. 对每一 $x \in L$, 对任意 $i \in I$, $\delta_i(x) - \{\top\} \neq \varnothing$. 否则, $\delta_i(x) = \{\top\} \not\leq \{x\}$, 显然矛盾. 故对每一 $\delta_i \in \mathcal{D}$, 可定义 $\delta_i' : L \to \mathcal{P}_{\text{fin}}(L)$ 使 $\delta_i'(y) = \delta_i(y) - \{\top\} \neq \varnothing$. 可直接验证 $\{\delta_i'\}_{i \in I}$ 是 L 的一个由拟有限分离映射构成的拟单位逼近. 因此, L 是一个 QFS-domain.

(2) 类似于 (1) 的证明, 从略. $\qquad\square$

下面探讨 QFS-domain 在 Scott 连续投射下的保持性. 下一结论来自 [175].

引理 7.3.13（[175, 引理 1.3]）　设 L 是 dcpo, 集族 $\Gamma \subseteq \mathcal{P}_{\text{fin}}(L)$ 依 Smyth 序定向. 若 $f : L \to L$ 是 Scott 连续的, 则有 $\bigcap_{F \in \Gamma} \uparrow f(\uparrow F) = \uparrow f(\bigcap_{F \in \Gamma} \uparrow F)$.

证明　利用 Rudin 引理 (5.2.20) 的证明方法直接验证, 读者可作为练习自证. $\qquad\square$

定义 7.3.14　设 L, M 是 dcpo, $f : L \to M$ 保序. 若对任意 Smyth 序定向族 $\Gamma \subseteq \mathcal{P}_{\text{fin}}(L)$,

(P) $\qquad \bigcap_{F \in \Gamma} \uparrow f(\uparrow F) = \uparrow f(\bigcap_{F \in \Gamma} \uparrow F)$

成立, 则称 f 满足性质 (P).

类似地, 若对任意定向集族 $\Gamma \subseteq \mathcal{P}_{\mathrm{fin}}(L)$,

(P*) $\qquad \bigcap_{F \in \Gamma} \uparrow_{f(L)} f(\uparrow F) = \uparrow_{f(L)} f(\bigcap_{F \in \Gamma} \uparrow F)$

成立, 则称 f 满足性质 (P*).

定义 7.3.15 设 S, T 是 dcpo. 称映射 $f : S \to T$ 是**拟连续的**, 若 f 保序且对 $\mathcal{P}_{\mathrm{fin}}(S)$ 的任意定向集族 $\mathcal{F}$, 有 $f(\bigcap_{F \in \mathcal{F}} \uparrow F) = \bigcap_{F \in \mathcal{F}} \uparrow_{f(S)} f(F)$.

命题 7.3.16 设 L, M 是 dcpo, 映射 $f : L \to M$. 则 f 是 Scott 连续的当且仅当 f 保序且满足性质 (P).

证明 只需证充分性. 设 f 保序且满足条件 (P). 则对定向集 $D \subseteq L$, 有 $f(D)$ 定向. 令 $y = \sup f(D)$. 由条件 (P) 知 $y \in \bigcap_{d \in D} \uparrow f(\uparrow d) = \uparrow f(\bigcap_{d \in D} \uparrow d) = \uparrow f(\uparrow \sup D) = \uparrow f(\sup D)$. 故 $y = \sup f(D) \geqslant f(\sup D)$. 于是 $y = \sup f(D) = f(\sup D)$, f 是 Scott 连续的. $\qquad \square$

下面两例说明拟连续不必 Scott 连续; Scott 连续也不必拟连续.

例 7.3.17 设 $L = [0,1] \cup \{\top\}$ 是一个格, 其中 $[0,1]$ 是单位闭区间, $\top$ 为最大元. 令 $f : L \to L$ 使得对任意 $x \in [0,1)$, 有 $f(x) = x$ 且对 $x = 1$ 和 $x = \top$, 有 $f(x) = \top$. 容易验证 f 是拟连续投射但不是 Scott 连续映射.

例 7.3.18 设 $L = \{0, a, b\}$ 是有三个元组成的半格, 其中 0 是最小元, 而 a 与 b 不可比. 令 $f : L \to L$ 使得 $f(0) = f(a) = 0$ 且 $f(b) = b$. 则 f 是一个 Scott 连续核算子. 但是, 对 $\mathcal{F} = \{\{a\}\}$, 有

$$f\left(\bigcap_{F \in \mathcal{F}} \uparrow F\right) = f(\uparrow a) = \{0\} \neq \{0, b\} = \uparrow_{f(L)} \{0\} = \bigcap_{F \in \mathcal{F}} \uparrow_{f(L)} f(F).$$

因此, 存在定向集族 $\mathcal{F} = \{\{a\}\}$ 使得 $f(\bigcap_{F \in \mathcal{F}} \uparrow F) \neq \bigcap_{F \in \mathcal{F}} \uparrow_{f(L)} f(F)$, 从而 f 不是拟连续映射.

注 7.3.19 (1) 若保序映射 $f : L \to M$ 满足性质 (P), 则在等式 (P) 的两边同时交上 $f(L)$ 即知 f 满足性质 (P*). 然而, 上面的例 7.3.17 说明反之不必成立.

(2) 容易验证 $f(\uparrow F) \subseteq \uparrow_{f(L)} f(F)$, 进而 $\uparrow_{f(L)} f(F) = \uparrow_{f(L)} f(\uparrow F)$, 故依定义 7.3.15 定义的拟连续映射均满足性质 (P*).

定理 7.3.20 设 L 是 QFS-domain, $f : L \to L$ 是 Scott 连续投射. 则 $f(L)$ 是 QFS-domain.

证明 L 上存在由拟有限分离映射构成的拟单位逼近 $\mathcal{D}$. 对每一 $\delta \in \mathcal{D}$, 作 $\delta^* : f(L) \to \mathcal{P}_{\mathrm{fin}}(f(L))$ 使 $\forall x \in f(L)$, $\delta^*(x) = f(\delta(x))$. 令 $\mathcal{D}^* = \{\delta^* : \delta \in \mathcal{D}\}$.

首先, 我们验证对任意 $\delta^* \in \mathcal{D}^*$, δ^* 是 $f(L)$ 上的拟有限分离映射, 即满足定义 7.3.1 中的三个条件.

(1) 对任意 $a, b \in f(L)$, 若 $a \leqslant b$, 则有

$$\delta^*(b) = f(\delta(b)) \subseteq f(\uparrow\delta(a)) \subseteq \uparrow f(\delta(a)) = \uparrow\delta^*(a).$$

(2) 对任意定向集 $D \subseteq f(L)$, 由引理 7.3.13 可知

$$\bigcap_{d \in D} \uparrow_{f(L)}\delta^*(d) = \bigcap_{d \in D} \uparrow_{f(L)}f(\delta(d)) = f(L) \cap \left(\bigcap_{d \in D} \uparrow f(\uparrow\delta(d))\right)$$

$$= f(L) \cap \left(\uparrow f\left(\bigcap_{d \in D} \uparrow\delta(d)\right)\right) \subseteq f(L) \cap (\uparrow f(\uparrow\delta(\sup D)))$$

$$= f(L) \cap (\uparrow f(\delta(\sup D))) = \uparrow_{f(L)}\delta^*(\sup D).$$

(3) 对任意 $x \in f(L)$, 存在有限集 $F_\delta \in \mathcal{P}_{\mathrm{fin}}(L)$ 使得存在 $y \in F_\delta$ 满足 $x \in \uparrow y \subseteq \uparrow\delta(x)$. 对每一 $\delta^* \in \mathcal{D}^*$, 设 $F_{\delta^*} = f(F_\delta) \in \mathcal{P}_{\mathrm{fin}}(f(L))$. 注意到 f 是幂等的, 从而对任意 $x \in f(L)$, 有 $x = f(x) \in f(\uparrow y) \subseteq f(\uparrow\delta(x))$. 再由 $y \in \uparrow y \subseteq \uparrow\delta(x)$ 及 f 为 Scott 连续的知 $f(y) \subseteq f(\uparrow\delta(x)) \subseteq \uparrow_{f(L)}f(\delta(x))$. 于是由 $f(y) \in F_{\delta^*} \in \mathcal{P}_{\mathrm{fin}}(f(L))$ 知

$$x \in f(\uparrow y) \subseteq \uparrow_{f(L)}f(y) \subseteq \uparrow_{f(L)}f(\delta(x)) = \uparrow_{f(L)}\delta^*(x).$$

故而 $\mathcal{D}^*$ 是一个由 $f(L)$ 上拟有限分离映射构成的集合.

其次, 验证 $\mathcal{D}^*$ 是 $f(L)$ 的拟单位逼近. 易知 $\mathcal{D}^*$ 定向. 进一步, 对任意 $\delta^* \in \mathcal{D}^*$ 和 $x \in f(L)$, 有 $x = f(x) \in \uparrow f(\delta(x))$. 从而由引理 7.3.13 知

$$\bigcap_{\delta^* \in \mathcal{D}^*} \uparrow_{f(L)}\delta^*(x) = \left(\bigcap_{\delta \in \mathcal{D}} \uparrow f(\delta(x))\right) \cap f(L) = \left(\bigcap_{\delta \in \mathcal{D}} \uparrow f(\uparrow\delta(x))\right) \cap f(L)$$

$$= \left(\uparrow f\left(\bigcap_{\delta \in \mathcal{D}} \uparrow\delta(x)\right)\right) \cap f(L) \subseteq (\uparrow f(\uparrow x)) \cap f(L)$$

$$= (\uparrow f(x)) \cap f(L) = \uparrow_{f(L)}x.$$

这表明 $\mathcal{D}^*$ 是 $f(L)$ 的一个拟单位逼近.

综上可知, $\mathcal{D}^*$ 是 $f(L)$ 上一个由拟有限分离映射构成的拟单位逼近, 从而 $f(L)$ 是 QFS-domain. □

注意到定理 7.3.20 的证明仅需用到 f 为投射且满足性质 (P*), 故立得如下推论.

推论 7.3.21 设 L 是一个 QFS-domain, $f : L \to L$ 是一投射且满足性质 (P*). 则 $f(L)$ 是一个 QFS-domain.

FS-domain 的收缩核仍为 FS-domain. 类似地, 有如下结论.

推论 7.3.22 QFS-domain 的收缩核仍为 QFS-domain.

证明 设 L 是一个 QFS-domain, M 是 L 的收缩核. 则存在 Scott 连续映射 $s: M \to L$ 和 $r: L \to M$, 使得 $r \circ s = \mathrm{Id}_M$. 作 $f: L \to L$ 使 $f = s \circ r: L \to L$. 则 f 仍是 Scott 连续映射且 $f^2 = s \circ (r \circ s) \circ r = s \circ r = f$ 是幂等的, 从而 f 是一个 Scott 连续投射. 进一步, 由 s 和 r 保序且 $r|_{s(M)}: s(M) \to M$ 与 $s: M \to s(M)$ 互逆知 $f(L) = (s \circ r)(L) = s(M) \cong M$. 故而由定理 7.3.20 可知 M 是一个 QFS-domain. □

定理 7.3.23 设 L 和 M 是 dcpo, (g, d) 是 L 与 M 之间的一个 Galois 联络. 若 g 是 Scott 连续映射且为单射, M 是 QFS-domain, 则 L 是 QFS-domain.

证明 由于 (g, d) 是 L 与 M 之间的 Galois 联络, g 是单射, 故由习题 4.5(1)(或 [41, 命题 O-3.7]) 知 d 是满射且复合映射 $d \circ g: L \to L$ 幂等, $g \circ d: M \to M$ 是闭包算子. 由定理 4.5.6 知 d 保存在的任意并, 从而保定向并. 又 g 是 Scott 连续映射, 于是 $g \circ d$ 是 Scott 连续的. 由定理 7.3.20 知 $g \circ d(M) = g(L)$ 是一个 QFS-domain. 进一步, 由 g 和 d 保序且 $d|_{g(L)}: g(L) \to L$ 与 $g: L \to g(L)$ 互逆可知 $g(L) \cong L$. 因此, $L \cong g(L)$ 是一个 QFS-domain. □

引理 7.3.24 设 (g, d) 是 dcpo L 与 M 之间的 Galois 联络. 若 $g: L \to M$ Scott 连续, 则 $d: M \to L$ 保 M 的非空子集间的 $\ll$ 关系; 若 M 是拟连续 domain, 则上述结论反之也成立.

证明 设 g 是 Scott 连续映射且在 M 中有 $F \ll_M G$. 设 $D \subseteq L$ 定向且 $\vee D \in \uparrow d(G)$. 则存在 $a \in G$ 使得 $\vee D \in \uparrow d(a)$, 即 $\vee D \geqslant d(a)$. 由 g 是 d 的上联且为 Scott 连续映射可知 $\vee g(D) = g(\vee D) \geqslant g(d(a)) \geqslant a$, 从而 $\vee g(D) \in \uparrow G$. 注意到 D 定向, 则 $g(D) \subseteq M$ 定向. 再由 $F \ll_M G$ 知 $g(D) \cap \uparrow F \neq \varnothing$. 故存在 $b \in D$ 使得 $g(b) \in \uparrow F$, 从而 $b \in \uparrow dg(b) \in d(\uparrow F) \subseteq \uparrow d(F)$. 于是 $b \in D \cap \uparrow d(F) \neq \varnothing$, 这表明 $d(F) \ll_L d(G)$.

设 M 是拟连续的且 d 保 M 的非空子集间的 $\ll$ 关系. 对任意定向子集 $D \subseteq L$, 有 $g(D)$ 是 M 的定向子集. 设 $y = \vee D$, $x = \vee g(D)$. 显然, $x \leqslant g(y)$. 为证 $g(y) = x$, 只需证 $g(y) \leqslant x$. 又对任意 $F \in \mathrm{fin}(g(y))$, 由 d 保 $\ll$ 关系可知 $d(F) \ll d(g(y)) \leqslant y = \vee D$. 于是存在 $c \in D$ 使得 $d(F) \leqslant c$, 进而 $g(d(F)) \leqslant g(c) \leqslant x$. 故存在 $z \in F$ 使得 $z \leqslant g(d(z)) \leqslant x$, 从而 $x \in \uparrow F$. 由 M 的拟连续性和 $F \in \mathrm{fin}(g(y))$ 的任意性可知 $x \in \bigcap_{F \in \mathrm{fin}(g(y))} \uparrow F = \uparrow g(y)$, 由此 $x \geqslant g(y)$, 即 $\vee g(D) = g(\vee D)$. □

定理 7.3.25 设 L 和 M 是 dcpo, $f: M \to L$ 是保任意并的满射. 若 M 是 QFS-domain 且 f 保 M 的非空子集间的 $\ll$ 关系, 则 L 是 QFS-domain.

证明 由 f 保任意并且为满射知 f 有一上联 $g: L \to M$ 且 g 为单射. 再由

M 拟连续及引理 7.3.24 知 g 是 Scott 连续映射. 从而, 由定理 7.3.23 可知 L 是一个 QFS-domain. $\square$

下面考虑 QFS-domain 在拟连续投射下保持的问题, 有如下结论.

定理 7.3.26 设 P 是 QFS-domain, $f : P \to P$ 是拟连续投射. 则 $f(P)$ 是 QFS-domain.

证明 由 P 是 QFS-domain 知 P 上有一个由拟有限分离映射构成的拟单位逼近 $\mathcal{D}$. 令 $\mathcal{D}^* = \{ f \circ \delta \mid \delta \in \mathcal{D} \}$. 首先, 我们验证 $\mathcal{D}^*$ 满足定义 7.3.1 的三个条件.

(i) 对任意 $a, b \in f(P)$, 若 $a \leqslant b$, 则对任意 $\delta \in \mathcal{D}$, 有

$$f \circ \delta(b) = f(\delta(b)) \subseteq \uparrow_{f(P)} f(\delta(a)) = \uparrow_{f(P)} f \circ \delta(a).$$

(ii) 对任意定向集 $D \subseteq f(P)$, $\delta \in \mathcal{D}$, 有

$$\bigcap_{d \in D} \uparrow_{f(P)} f \circ \delta(d) = f\left(\bigcap_{d \in D} \uparrow \delta(d) \right) \subseteq f(\uparrow \delta(\sup D)) \subseteq \uparrow_{f(P)} f \circ \delta(\sup D).$$

(iii) 对任意 $\delta \in \mathcal{D}$, 存在有限集 F_δ 使 $\forall x \in P$, 存在 $y \in F_\delta$ 使 $x \in \uparrow y \subseteq \uparrow \delta(x)$. 注意到 f 是投射, 从而 $\forall x \in f(P)$, 有 $f(x) = x$. 再由 f 的拟连续性和 $f(y) \in f(F_\delta)$ 知

$$x \in f(\uparrow y) = \uparrow_{f(P)} f(y) \subseteq f(\uparrow \delta(x)) = \uparrow_{f(P)} f \circ \delta(x).$$

由定义 7.3.1 知 $\mathcal{D}^*$ 是 $f(P)$ 上的一个由拟有限分离映射构成的集合.

其次, 验证 $\mathcal{D}^*$ 是 $f(P)$ 的拟单位逼近. 由 $\mathcal{D}^*$ 的构造可知 $\mathcal{D}^*$ 是定向的. 进一步, 对任意 $\delta \in \mathcal{D}$ 和 $x \in f(P)$, 有 $x = f(x) \in \uparrow f(\delta(x))$ 且

$$\bigcap_{\delta \in \mathcal{D}} \uparrow_{f(P)} f \circ \delta(x) = f\left(\bigcap_{\delta \in \mathcal{D}} \uparrow \delta(x) \right) \subseteq f(\uparrow x) = \uparrow_{f(P)} f(x) = \uparrow_{f(P)} x.$$

这表明 $\mathcal{D}^*$ 是 $f(P)$ 的由拟有限分离映射构成的拟单位逼近. 于是 $f(P)$ 是 QFS-domain. $\square$

下面考虑一些特殊的 QFS-domain, 将证明每一有界完备拟连续 domain, 特别地, 每一拟连续格都是 QFS-domain.

设 P 是完备格. 对任意有限集族 $\mathcal{F} = \{ F_1, F_2, \cdots, F_n \} \subseteq \mathcal{P}_{\text{fin}}(P)$, 记

$$\xi(\mathcal{F}) = \{ x_1 \vee x_2 \vee \cdots \vee x_n \mid x_i \in F_i, 1 \leqslant i \leqslant n \}.$$

则不难验证有 $\xi(\mathcal{F}) \in \mathcal{P}_{\text{fin}}(P)$ 及 $\xi(\varnothing) = \{0\}$.

定义 7.3.27 设 P 是拟连续格. 则对任意有限集族 $\mathcal{F} = \{F_1, F_2, \cdots, F_n\} \subseteq \mathcal{P}_{\mathrm{fin}}(P)$ 及任意 $x \in P$, 有 $\mathrm{fin}(x) \cap \mathcal{F} \subseteq \mathcal{F}$, 从而可定义一个映射 $\delta_{\mathcal{F}} : P \to \mathcal{P}_{\mathrm{fin}}(P)$ 使

$$\delta_{\mathcal{F}}(x) = \xi(\mathrm{fin}(x) \cap \mathcal{F}), \quad \forall x \in P.$$

该映射 $\delta_{\mathcal{F}}$ 称为**拟逼近特征映射**.

命题 7.3.28 任一拟连续格中的每一拟逼近特征映射都是拟有限分离映射.

证明 设 $\delta_{\mathcal{F}}$ 是完备格 P 上的一个拟逼近特征映射. 下证 $\delta_{\mathcal{F}}$ 满足定义 7.3.1 中的三个条件, 下面分别验证之:

(i) 设 $a, b \in P$ 使得 $a \leqslant b$. 则有 $\mathrm{fin}(a) \cap \mathcal{F} \subseteq \mathrm{fin}(b) \cap \mathcal{F}$, 从而 $\xi(\mathrm{fin}(a) \cap \mathcal{F}) \leqslant \xi(\mathrm{fin}(b) \cap \mathcal{F})$.

(ii) 设 D 是 P 的定向子集. 则对任意 $F \in \mathrm{fin}(\sup D) \cap \mathcal{F}$, 存在 $d_F \in D$ 使得 $F \in \mathrm{fin}(d_F) \cap \mathcal{F}$. 从而有

$$\bigcap_{d \in D} \uparrow \delta_{\mathcal{F}}(d) \subseteq \bigcap_{F \in \mathrm{fin}(\sup D) \cap \mathcal{F}} \uparrow \delta_{\mathcal{F}}(d_F) = \bigcap_{F \in \mathrm{fin}(\sup D) \cap \mathcal{F}} \uparrow \xi(\mathrm{fin}(d_F) \cap \mathcal{F})$$

$$\subseteq \bigcap_{F \in \mathrm{fin}(\sup D) \cap \mathcal{F}} \uparrow F = \uparrow \xi(\mathrm{fin}(\sup D) \cap \mathcal{F}) = \uparrow \delta_{\mathcal{F}}(\sup D).$$

(iii) 设 $F_{\delta_{\mathcal{F}}} = \bigcup_{x \in P} \xi(\mathrm{fin}(x) \cap \mathcal{F})$. 则由 $\mathcal{F}$ 的有限性知 $F_{\delta_{\mathcal{F}}}$ 有限. 对任意 $x \in P$, $x \in \uparrow \delta_{\mathcal{F}}(x) = \uparrow \xi(\mathrm{fin}(x) \cap \mathcal{F})$, 故有 $y \in \xi(\mathrm{fin}(x) \cap \mathcal{F}) \subseteq F_{\delta_{\mathcal{F}}}$ 使 $x \in \uparrow y \subseteq \uparrow \delta_{\mathcal{F}}(x)$. □

命题 7.3.29 任一拟连续格的拟逼近特征映射之集都是定向集.

证明 设 $\delta_{\mathcal{F}_1}, \delta_{\mathcal{F}_2}$ 是拟连续格 P 的两个拟逼近特征映射. 则容易验证 $\delta_{\mathcal{F}} = \delta_{\mathcal{F}_1 \cup \mathcal{F}_2}$ 也是一个拟逼近特征映射且由定义 7.3.27 知 $\delta_{\mathcal{F}_1}, \delta_{\mathcal{F}_2} \leqslant \delta_{\mathcal{F}}$. □

定理 7.3.30 任一拟连续格都是 QFS-domain.

证明 设 P 是一个拟连续格, $\mathcal{D} = \{\delta_{\mathcal{F}} \mid \mathcal{F} \text{ 有限且 } \mathcal{F} \subseteq \mathcal{P}_{\mathrm{fin}}(P)\}$. 由命题 7.3.28 及命题 7.3.29 知 $\mathcal{D}$ 是由 P 上的拟有限分离映射构成的定向集. 下证 $\mathcal{D}$ 满足定义 7.3.4 中的两个条件:

(i) 对任意 $\delta_{\mathcal{F}} \in \mathcal{D}$, $x \in P$, 有 $\delta_{\mathcal{F}}(x) = \xi(\mathrm{fin}(x) \cap \mathcal{F}) \leqslant \{x\} = \mathrm{Id}^*(x)$, 其中 Id^* 如注 7.3.2 所述.

(ii) 对任意 $x \in P$, 由 P 是拟连续格可知 $\mathrm{fin}(x) = \{F \subseteq P \mid F \text{ 有限且 } F \ll x\}$ 定向且 $\bigcap_{F \in \mathrm{fin}(x)} \uparrow F \subseteq \uparrow x$. 从而

$$\bigcap_{\delta \in \mathcal{D}} \uparrow \delta(x) \subseteq \bigcap_{F \in \mathrm{fin}(x)} \uparrow \delta_{\{F\}}(x) = \bigcap_{F \in \mathrm{fin}(x)} \uparrow \xi(\mathrm{fin}(x) \cap \{F\}) \subseteq \bigcap_{F \in \mathrm{fin}(x)} \uparrow F \subseteq \uparrow x.$$

于是 $\mathcal{D}$ 是一个由 P 上的拟有限分离映射构成的拟单位逼近. 因此 P 是 QFS-domain.　　　　　　　　　□

习　题　7.3

1. 设 P 是 QFS-domain. 证明: 存在 P 的有限个元 $m_1, m_2, \cdots, m_k$ 使 $P = \bigcup_{i=1}^{k} \uparrow m_i$.
2*. 举例说明: 存在连续的 QFS-domain 但不是 FS-domain.
3. 证明引理 7.3.13.
4. 设 P 是 QFS-domain. 证明: P 有可数基当且仅当 $(P, \sigma(P))$ 是 A_2 空间.

7.4　性质 M* 和 Lawson 紧性

本节首先介绍与拟基有关的 M* 性质, 然后给出拟连续 domain 的 Lawson 紧性的刻画并证明每一 QFS-domain 是 Lawson 紧的, 进而获得 QFS-domain 的等价刻画.

命题 7.4.1　设 P 是拟连续 domain, $\mathcal{B} \subseteq \mathcal{P}_{\text{fin}}(P)$. 则有下列条件等价:
(1) $\mathcal{B}$ 是 P 的一个拟基;
(2) 当 $H \ll x$ 时, 存在 $B \in \mathcal{B}$ 使得 $H \ll B \ll x$;
(3) 当 $H \ll x$ 时, 存在 $B \in \mathcal{B}$ 使得 $H \leqslant B \ll x$.

证明　(1) $\Longrightarrow$ (2) 由定理 6.6.11 知存在有限集 $F \subseteq P$ 使得 $H \ll F \ll x$. 注意到 $\text{fin}(x) \cap \mathcal{B}$ 定向且 $\bigcap_{B \in \text{fin}(x) \cap \mathcal{B}} \uparrow B \subseteq \uparrow x$, 再由命题 6.6.4 知存在 $B \in \text{fin}(x) \cap \mathcal{B}$ 使得 $H \ll F \leqslant B \ll x$.

(2) $\Longrightarrow$ (3) 平凡的.

(3) $\Longrightarrow$ (1) 只需证 $\text{fin}(x) \cap \mathcal{B}$ 定向且对任意 $x \in P$, 有 $\bigcap_{B \in \text{fin}(x) \cap \mathcal{B}} \uparrow B \subseteq \uparrow x$. 由 $\text{fin}(x) \cap \mathcal{B} \subseteq \text{fin}(x)$ 且 $\text{fin}(x)$ 定向知对任意 $B_1, B_2 \in \text{fin}(x) \cap \mathcal{B}$, 存在 $F \in \text{fin}(x)$ 使得 $B_1, B_2 \leqslant F$. 由条件 (3) 知存在 $B \in \mathcal{B}$ 使 $B_1, B_2 \leqslant F \leqslant B \ll x$. 这表明 $\text{fin}(x) \cap \mathcal{B}$ 定向. 对任意 $F \in \text{fin}(x)$, 由条件 (3) 知存在 $B_F \in \mathcal{B}$ 使得 $F \leqslant B_F \ll x$. 从而

$$\bigcap_{B \in \text{fin}(x) \cap \mathcal{B}} \uparrow B \subseteq \bigcap_{F \in \text{fin}(x)} \uparrow B_F \subseteq \bigcap_{F \in \text{fin}(x)} \uparrow F \subseteq \uparrow x. \qquad \square$$

命题 7.4.2　设 P 是拟连续 domain, $\mathcal{B}$ 是 P 的拟基. 则有下面两条件成立:
(1) $U \in \sigma(P)$ 当且仅当对任意 $x \in U$, 存在 $B \in \mathcal{B}$ 使得 $x \in \Uparrow B \subseteq \uparrow B \subseteq U$;
(2) 集族 $\{\Uparrow B \mid B \in \mathcal{B}\}$ 是 $\sigma(P)$ 的拓扑基.

证明　(1) 设 $U \in \sigma(P)$, $x \in U$. 则由命题 6.6.12(1) 知存在有限集 $F \ll x$ 使得 $\uparrow F \subseteq U$. 再由命题 7.4.1 知存在 $B \in \mathcal{B}$ 使得 $F \leqslant B \ll x$, 从而 $x \in \Uparrow B \subseteq \uparrow B \subseteq U$. 反过来, 假设对任意 $x \in U$, 存在 $B_x \in \mathcal{B}$ 使得 $x \in \Uparrow B_x \subseteq \uparrow B_x \subseteq U$, 则有 $U = \bigcup_{x \in U} \Uparrow B_x$. 由命题 6.6.12 知 $\Uparrow B_x$ 是 Scott 开集, 从而 U 也是 Scott 开集.

(2) 由推论 6.6.13 知 $\{\Uparrow F \mid F \subseteq P$ 非空有限 $\}$ 是 $\sigma(P)$ 的一个拓扑基. 由命题 7.4.1 知对非空有限集 $F \subseteq P$ 及 $x \in \Uparrow F$, 存在 $B \in \mathcal{B}$ 使得 $x \in \Uparrow B \subseteq \Uparrow F$. 这表明集族 $\{\Uparrow B \mid B \in \mathcal{B}\}$ 是 $\sigma(P)$ 的一个拓扑基. $\qquad\square$

定义 7.4.3 (1) 设 P 是拟连续 domain, $\mathcal{B}$ 是 P 的一个拟基. 称 P 关于**拟基 $\mathcal{B}$ 具有 M* 性质**是指对任意 $E, F, G, H \in \mathcal{B}$, 若 $E \ll G$ 且 $F \ll H$, 则存在有限集族 $\mathcal{B}^* \subseteq \mathcal{B}$ 使得 $\uparrow G \cap \uparrow H \subseteq \bigcup_{B \in \mathcal{B}^*} \uparrow B \subseteq \uparrow E \cap \uparrow F$.

(2) 设 P 是连续 domain, B 是 P 的基. 称 P 关于**基 B 具有 M* 性质**是指 $\forall x_1, y_1, x_2, y_2 \in B$, 若 $y_1 \ll x_1$ 且 $y_2 \ll x_2$, 则存在有限集 $F \subseteq B$ 使 $\uparrow x_1 \cap \uparrow x_2 \subseteq \uparrow F \subseteq \uparrow y_1 \cap \uparrow y_2$.

引理 7.4.4 设 A 是 dcpo P 的上集且是 Smyth 序定向的若干有限生成上集的交. 则 A 是 P 的 Scott 紧集.

证明 设 $\{\uparrow F_i\}_{i \in I}$ 是 P 的一族依 Smyth 序定向的有限生成上集且 $A = \cap\{\uparrow F_i \mid i \in I\}$. 设 $\mathscr{U} = \{U_\alpha \mid \alpha \in J\}$ 为 A 的由 P 的 Scott 开集组成的任意开覆盖. 令 $W = \bigcup_{\alpha \in J} U_\alpha$. 则 W 是包含 A 的一个 Scott 开集. 若对任意 $i \in I$, $F_i - W \neq \varnothing$, 则集族 $\{F_i - W\}_{i \in I}$ 满足 Rudin 引理 (引理 5.2.20) 的条件, 从而存在定向集 $D \subseteq \bigcup_{i \in I}(F_i - W)$ 使对任意 $i \in I$, $D \cap (F_i - W) \neq \varnothing$. 故 $x := \sup D \in \cap\{\uparrow F_i \mid i \in I\} = A$, 但由 $D \subseteq P - W \in \sigma^*(P)$ 知 $x \notin W$, 这与 $A \subseteq W$ 矛盾! 故存在 $i_0 \in I$ 使 $F_{i_0} - W = \varnothing$, 即 $F_{i_0} \subseteq W$. 又因为 W 为上集, 故 $A \subseteq \uparrow F_{i_0} \subseteq W$. 从而由 $\uparrow F_{i_0}$ 为 Scott 紧集知存在 $\mathscr{U}$ 的有限子族覆盖 $\uparrow F_{i_0}$, 进而覆盖 A, 故 A 是 P 的 Scott 紧集. $\qquad\square$

命题 7.4.5 设 P 是拟连续 domain. 则有下列三条件等价:

(1) 对任意 $x, y \in P$, 有 $\uparrow x \cap \uparrow y$ 关于 Scott 拓扑是紧的;

(2) P 关于任意拟基都具有 M* 性质;

(3) P 关于某个拟基具有 M* 性质.

证明 (1) $\Longrightarrow$ (2) 设 $\mathcal{B}$ 是 P 的一个拟基, $E, F, G, H \in \mathcal{B}$ 满足 $E \ll G$ 且 $F \ll H$. 由条件 (1) 及 G, H 的有限性知 $\uparrow G \cap \uparrow H$ 关于 Scott 拓扑是紧的. 又对任意 $x \in \uparrow G \cap \uparrow H \subseteq \Uparrow E \cap \Uparrow F$, 由命题 7.4.2 知存在 $B_x \in \mathcal{B}$ 使得

$$x \in \Uparrow B_x \subseteq \uparrow B_x \subseteq \Uparrow E \cap \Uparrow F \subseteq \uparrow E \cap \uparrow F.$$

由 $\uparrow G \cap \uparrow H$ 的紧性知存在一个有限集族 $\mathcal{B}^* \subseteq \{B_x \in \mathcal{B} \mid x \in \uparrow G \cap \uparrow H\}$ 使得

$$\uparrow G \cap \uparrow H \subseteq \bigcup_{B \in \mathcal{B}^*} \uparrow B \subseteq \uparrow E \cap \uparrow F.$$

(2) $\Longrightarrow$ (3) 平凡的.

(3) $\Longrightarrow$ (1) 设 P 关于拟基 $\mathcal{B}$ 具有 M* 性质. 对任意 $x, y \in P$, 若 $\uparrow x \cap \uparrow y \neq \varnothing$, 则令 $\mathcal{F}' = \{\uparrow G \cap \uparrow H \mid G \in \text{fin}(x) \cap \mathcal{B}, H \in \text{fin}(y) \cap \mathcal{B}\}$. 由定义 6.6.6 不难

验证 $\mathcal{F}'$ 是一个滤子基且 $\mathcal{F}'$ 中所有元的交恰为 $\uparrow x \cap \uparrow y \neq \varnothing$. 记 $\mathcal{F}$ 为由滤子基 $\mathcal{F}'$ 所生成的滤子. 则由命题 7.4.1(2) 知对任意 $G \in \mathrm{fin}(x) \cap \mathcal{B}$ 及 $H \in \mathrm{fin}(y) \cap \mathcal{B}$, 存在 $G_1, H_1 \in \mathcal{B}$ 使得 $G \ll G_1 \ll x$ 且 $H \ll H_1 \ll y$. 此时, 根据条件 (3) 可知存在一个有限集族 $\mathcal{B}_{(G,H)} \subseteq \mathcal{B}$ 使得 $\uparrow x \cap \uparrow y \subseteq \uparrow G_1 \cap \uparrow H_1 \subseteq \bigcup_{B \in \mathcal{B}_{(G,H)}} \uparrow B \subseteq \uparrow G \cap \uparrow H$. 这表明 $\{\bigcup_{B \in \mathcal{B}_{(G,H)}} \uparrow B \mid G \in \mathrm{fin}(x) \cap \mathcal{B}, H \in \mathrm{fin}(y) \cap \mathcal{B}\}$ 是滤子 $\mathcal{F}$ 的一个滤子基. 从而有 $\bigcup_{B \in \mathcal{B}_{(G,H)}} \uparrow B$ 是一个有限生成上集且

$$\uparrow x \cap \uparrow y = \bigcap_{G \in \mathrm{fin}(x) \cap \mathcal{B}, H \in \mathrm{fin}(y) \cap \mathcal{B}} \left(\bigcup_{B \in \mathcal{B}_{(G,H)}} \uparrow B \right)$$

是有限生成上集的 Smyth 序定向交. 由引理 7.4.4 知 $\uparrow x \cap \uparrow y$ 关于 Scott 拓扑是紧的. □

推论 7.4.6　设 P 是连续 domain. 则有下列三条等价:

(1) 对任意 $x, y \in P$, 有 $\uparrow x \cap \uparrow y$ 关于 Scott 拓扑是紧的;

(2) P 关于任意基都具有 M* 性质;

(3) P 关于某个基具有 M* 性质.

证明　与命题 7.4.5 的证明类似, 留给读者自证. □

引理 7.4.7　设 P 是拟连续 domain. 若上集 A 是 P 的 Scott 紧集, 则 A 的任一 Scott 开邻域 U 均包含有限子集 F 使 $A \subseteq \mathrm{int}_{\sigma(P)} \uparrow F \subseteq \uparrow F \subseteq U$. 特别地, 令集族 $\mathcal{G} := \{\uparrow G \mid G$ 有限且 $A \subseteq \mathrm{int}_{\sigma(P)} \uparrow G\}$, 则 $\mathcal{G}$ 依 Smyth 序定向且 $A = \cap \mathcal{G}$.

证明　设 A 是 P 的 Scott 紧上集, U 是 A 的任一 Scott 开邻域. 对任意 $x \in A$, 由 P 的拟连续性知存在非空有限子集 $F_x \subseteq P$ 使 $x \in \mathrm{int}_{\sigma(P)} \uparrow F_x \subseteq \uparrow F_x \subseteq U$. 则集族 $\{\mathrm{int}_{\sigma(P)} \uparrow F_x \mid x \in A\}$ 构成 A 的一个由 Scott 开集组成的覆盖, 由 A 的 Scott 紧性知存在有限集 $\{x_1, x_2, \cdots, x_n\} \subseteq A$ 使 $A \subseteq \bigcup_{i=1}^{n} \mathrm{int}_{\sigma(P)} \uparrow F_{x_i}$. 令 $F = \bigcup_{i=1}^{n} F_{x_i}$. 易见 $\uparrow F = \bigcup_{i=1}^{n} \uparrow F_{x_i} \subseteq U$ 且 $A \subseteq \bigcup_{i=1}^{n} \mathrm{int}_{\sigma(P)} \uparrow F_{x_i} \subseteq \mathrm{int}_{\sigma(P)}(\bigcup_{i=1}^{n} \uparrow F_{x_i}) = \mathrm{int}_{\sigma(P)} \uparrow F \subseteq U$.

令集族 $\mathcal{G} := \{\uparrow G \mid G$ 有限且 $A \subseteq \mathrm{int}_{\sigma(P)} \uparrow G\}$. 设 $G_1, G_2 \in \mathcal{G}$. 则 $A \subseteq \mathrm{int}_{\sigma(P)} \uparrow G_1 \cap \mathrm{int}_{\sigma(P)} \uparrow G_2 \in \sigma(P)$. 根据前面证明知存在有限集 $G_0 \subseteq \mathrm{int}_{\sigma(P)} \uparrow G_1 \cap \mathrm{int}_{\sigma(P)} \uparrow G_2$ 使 $A \subseteq \mathrm{int}_{\sigma(P)} \uparrow G_0$. 这说明 $\uparrow G_0 \in \mathcal{G}$, 从而集族 $\mathcal{G}$ 依 Smyth 序定向.

下证 $A = \cap \mathcal{G}$. 显然, $A \subseteq \cap \mathcal{G}$. 对任意 $x \in P - A$, 由集 $V := P - \downarrow x$ 是 A 的 Scott 开邻域知存在有限集 F_0 使 $A \subseteq \mathrm{int}_{\sigma(P)} \uparrow F_0 \subseteq \uparrow F_0 \subseteq V$. 这说明 $\uparrow F_0 \in \mathcal{G}$ 且 $x \notin \cap \mathcal{G}$. 综上知 $A = \cap \mathcal{G}$. □

定义 7.4.8　称一个 dcpo L 是**良滤的** (相应地, **Sober 的**, **coherent 的**), 是指 L 赋予 Scott 拓扑 $\sigma(L)$ 是良滤 (相应地, Sober, coherent) 空间.

由定理 6.1.25 知若拓扑空间 X 是 Sober 的, 则 X 是良滤的, 于是 Sober 的

dcpo 均是良滤的.

命题 7.4.9 若拓扑空间 X 是良滤的 (特别地, Sober 的), 则对任一族滤向的非空紧饱和集 $\mathcal{C}$, 有 $A = \cap \mathcal{C}$ 仍为非空紧饱和集.

证明 由良滤性质知 $A \neq \varnothing$. 易知 $A = \cap \mathcal{C}$ 是饱和的. 假设 $\mathcal{U}$ 是 A 的任一开覆盖, 即 $A \subseteq \cup \mathcal{U}$, 则由良滤性质知存在 $C \in \mathcal{C}$ 使得 $C \subseteq \cup \mathcal{U}$. 由 C 是紧的, 知存在有限子覆盖覆盖 C, 进而覆盖 A, 故 A 是紧的. □

定理 7.4.10 设 P 是拟连续 domain, 则下列条件等价:

(1) P 关于 Lawson 拓扑是紧的;

(2) $\omega(P)$ 闭集均是 Scott 紧的;

(3) Scott 紧上集恰好是 $\omega(P)$ 闭集;

(4) P 是有限生成上集且任意两个 Scott 紧上集的交是 Scott 紧的;

(5) P 是有限生成上集且对任意 $x, y \in P$, 有 $\uparrow x \cap \uparrow y$ 是 Scott 紧的.

证明 (1) $\Longrightarrow$ (2) 因 $\omega(P) \subseteq \lambda(P)$, 故 $\omega(P)$ 闭集是 Lawson 闭集. 由 (1) 和定理 2.10.10(1) 得 $\omega(P)$ 闭集是 Lawson 紧的, 进而也是 Scott 紧的.

(2) $\Longrightarrow$ (3) 由 (2) 和引理 7.4.7 可得.

(3) $\Longrightarrow$ (4) 因 P 是 $\omega(P)$ 闭集, 故由 (3) 知 P 是 Scott 紧上集. 从而由引理 7.4.7 得 P 是有限生成上集. 又由 (3) 知任意两个 Scott 紧上集的交是 $\omega(P)$ 闭集, 进而是 Scott 紧的.

(4) $\Longrightarrow$ (5) 注意到对任意 $x, y \in P, \uparrow x, \uparrow y$ 均是 Scott 紧的, 故由 (4) 立得.

(5) $\Longrightarrow$ (1) 设 $x \in P$ 且 $F \subseteq P$ 有限. 因为 $\uparrow F \cap \uparrow x = \bigcup_{y \in F}(\uparrow y \cap \uparrow x)$, 故由 (5) 知 $\uparrow F \cap \uparrow x$ 是 Scott 紧的. 设 A 是 P 的 Scott 紧上集. 由引理 7.4.7 得 $A = \cap \mathcal{G}$, 其中 $\mathcal{G} := \{\uparrow G \mid G$ 有限且 $A \subseteq \text{int}_{\sigma(P)} \uparrow G\}$ 依 Smyth 序定向. 于是 $A \cap \uparrow x$ 为一族依 Smyth 序定向的 Scott 紧上集的交, 从而由命题 6.6.12(3) 和命题 7.4.9 得 $A \cap \uparrow x$ 为 Scott 紧上集. 故由 (5) 可得有限个主滤子的交是 Scott 紧的.

由 Lawson 拓扑定义和定义 6.1.1 知集族 $\mathcal{W} = \sigma(P) \cup \{P - \uparrow x \mid x \in P\}$ 为 $\lambda(P)$ 的一个子基. 从而由 Alexander 子基引理 (定理 3.3.1) 知只需证 P 的任一由子基 $\mathcal{W}$ 的元构成的覆盖都有有限子覆盖. 设集族 $\mathcal{U} = \{U_j \in \sigma(P) \mid j \in J\} \cup \{P - \uparrow x_i \mid x_i \in P, i \in I\}$ 为 P 的任一开覆盖. 令 $U = \bigcup_{j \in J} U_j$. 由 (5) 知 P 为有限生成上集, 即存在有限集 Z 使 $P = \uparrow Z$. 若 $U = L$, 则存在有限个 Scott 开集 U_j 覆盖 Z, 进而覆盖 P, 故 P 关于 Lawson 拓扑是紧的. 若 $U \neq L$, 令 $B = \bigcap_{i \in I} \uparrow x_i$. 则 $B = P - \bigcup_{i \in I}(P - \uparrow x_i)$. 故由集族 $\mathcal{U}$ 覆盖 P 知 $B \subseteq U$. 令 $\mathscr{F} := \{\uparrow x_{i_1} \cap \cdots \cap \uparrow x_{i_n} \mid i_k \in I, k = 1, 2, \cdots, n\}$. 则由前面证明知 $\mathscr{F}$ 为 P 的由 Scott 紧上集构成的滤向集族. 从而由命题 6.6.12(3)、定义 6.1.24(2) 及 $\cap \mathscr{F} = B \subseteq U$ 知存在 $\mathscr{F}$ 中的元素 $\uparrow x_{i_1} \cap \cdots \cap \uparrow x_{i_n} \subseteq U$. 因为有限个主滤子的

交是 Scott 紧的, 故存在有限个 Scott 开集 U_j 覆盖 $\uparrow x_{i_1} \cap \cdots \cap \uparrow x_{i_n}$. 这有限个 Scott 开集 U_j 结合集族 $\{P - \uparrow x_{i_k} \mid k = 1, 2, \cdots, n\}$ 是 $\mathscr{U}$ 的有限子覆盖, 于是 P 关于 Lawson 拓扑是紧的. □

由命题 7.4.5 及定理 7.4.10 立得

推论 7.4.11 一个拟连续 domain P 关于 Lawson 拓扑是紧的当且仅当 P 是有限生成上集且 P 关于它的某些 (任意) 拟基具有 M* 性质.

引理 7.4.12 每一 QFS-domain 均关于其自身的某个拟基具有 M* 性质.

证明 设 P 是一个 QFS-domain. 则 P 具有一个由拟有限分离映射构成的拟单位逼近, 记作 $\mathcal{D}$. 令 $\mathcal{B} = \{\delta(x) \mid x \in P, \delta \in \mathcal{D}\}$. 则由命题 7.3.3 和定义 6.6.6 易知 $\mathcal{B}$ 是 P 的一个拟基. 下证 P 关于拟基 $\mathcal{B}$ 具有 M* 性质. 对任意 $\delta_1(a_1), \delta_2(a_2), \varepsilon_1(b_1), \varepsilon_2(b_2) \in \mathcal{B}$, 若 $\delta_1(a_1) \ll \delta_2(a_2)$ 且 $\varepsilon_1(b_1) \ll \varepsilon_2(b_2)$, 则记 $\delta_2(a_2) = \{x_1, x_2, \cdots, x_n\}, \varepsilon_2(b_2) = \{y_1, y_2, \cdots, y_m\}$. 对任意 $x_i \in \delta_2(a_2)$, 有

$$\bigcap_{\delta \in \mathcal{D}} \uparrow \delta(x_i) \subseteq \uparrow x_i \subseteq \uparrow \delta_1(a_1).$$

从而由命题 6.6.4 可知存在 $f_i \in \mathcal{D}$ 使得

$$x_i \in \uparrow f_i(x_i) \subseteq \uparrow f_i(x_i) \subseteq \uparrow \delta_1(a_1).$$

同理, 对任意 $y_j \in \varepsilon_2(b_2)$ 存在 $g_j \in \mathcal{D}$ 使得

$$y_j \in \uparrow g_j(y_j) \subseteq \uparrow g_j(y_j) \subseteq \uparrow \varepsilon_1(b_1).$$

由 $\mathcal{D}$ 定向知存在 $h_{i,j} \in \mathcal{D}$ 使得 $f_i, g_j \leqslant h_{i,j}$. 从而对任意 x_i, y_j, 有

$$x_i \in \uparrow h_{i,j}(x_i) \subseteq \uparrow f_i(x_i), \quad y_j \in \uparrow h_{i,j}(y_j) \subseteq \uparrow g_j(y_j).$$

于是有

$$\uparrow x_i \cap \uparrow y_j \subseteq \uparrow h_{i,j}(x_i) \cap \uparrow h_{i,j}(y_j) \subseteq \uparrow f_i(x_i) \cap \uparrow g_j(y_j) \subseteq \uparrow \delta_1(a_1) \cap \uparrow \varepsilon_1(b_1).$$

由 $h_{i,j} \in \mathcal{D}$ 是拟有限分离映射知存在有限集 $F_{i,j} \subseteq P$ 使 $\forall z \in \uparrow x_i \cap \uparrow y_j$, 存在 $e_z \in F_{i,j}$ 满足 $z \in \uparrow e_z \subseteq \uparrow h_{i,j}(z)$. 注意到 $x_i, y_j \leqslant z$, 故有 $\uparrow h_{i,j}(z) \subseteq \uparrow h_{i,j}(x_i) \cap \uparrow h_{i,j}(y_j)$. 令 $F'_{i,j} = \{e_z \in F_{i,j} \mid z \in \uparrow x_i \cap \uparrow y_j\}$. 则 $F'_{i,j}$ 有限, 故可记为 $F'_{i,j} = \{e_1, e_2, \cdots, e_{t(i,j)}\}$. 从而对任意 $e_k \in F'_{i,j}$, 存在 $z_k^{(i,j)} \in \uparrow x_i \cap \uparrow y_j$ 使得 $z_k^{(i,j)} \in \uparrow e_k \subseteq \uparrow h_{i,j}(z_k^{(i,j)})$. 于是

$$\uparrow x_i \cap \uparrow y_j \subseteq \bigcup_{k=1}^{t(i,j)} \uparrow e_k \subseteq \bigcup_{k=1}^{t(i,j)} \uparrow h_{i,j}(z_k^{(i,j)}) \subseteq \uparrow h_{i,j}(x_i) \cap \uparrow h_{i,j}(y_j) \subseteq \uparrow \delta_1(a_1) \cap \uparrow \varepsilon_1(b_1).$$

因

$$\uparrow\delta_2(a_2) \cap \uparrow\varepsilon_2(b_2) = \left(\bigcup_{i=1}^{n}\uparrow x_i\right) \cap \left(\bigcup_{j=1}^{m}\uparrow y_j\right) = \bigcup_{i=1}^{n}\bigcup_{j=1}^{m}(\uparrow x_i \cap \uparrow y_j),$$

故

$$\uparrow\delta_2(a_2) \cap \uparrow\varepsilon_2(b_2) \subseteq \bigcup_{i=1}^{n}\bigcup_{j=1}^{m}\bigcup_{k=1}^{t(i,j)}\uparrow h_{i,j}(z_k^{(i,j)}) \subseteq \uparrow\delta_1(a_1) \cap \uparrow\varepsilon_1(b_1).$$

令 $\mathcal{B}_1 = \{h_{i,j}(z_k^{(i,j)}) \mid 1 \leqslant i \leqslant n, 1 \leqslant j \leqslant m, 1 \leqslant k \leqslant t(i,j)\}$. 则由 $h_{i,j}(z_k^{(i,j)}) \in \mathcal{B}$ 知 $\mathcal{B}_1$ 是 $\mathcal{B}$ 的一个有限子集. 因此,

$$\uparrow\delta_2(a_2) \cap \uparrow\varepsilon_2(b_2) \subseteq \bigcup_{B\in\mathcal{B}_1}\uparrow B \subseteq \uparrow\delta_1(a_1) \cap \uparrow\varepsilon_1(b_1).$$

由定义 7.4.3 可知 P 关于 $\mathcal{B}$ 具有 M* 性质. □

定理 7.4.13 每一 QFS-domain, 特别每一 FS-domain, 关于 Lawson 拓扑都是紧 T_2 的.

证明 设 P 是一个 QFS-domain. 则由注 7.3.2(3) 知 P 是有限生成上集. 再由引理 7.4.12 知 P 关于某个拟基具有 M* 性质. 从而, 由推论 7.4.11 可知 P 关于 Lawson 拓扑是紧的. 另一方面, 由命题 7.3.8 及 6.6.23(2) 知 P 关于 Lawson 拓扑是 T_2 的. 每一紧 T_2 空间都是 T_4 空间, 故每一 QFS-domain 赋以 Lawson 拓扑都是 T_4 空间. □

又由 [120, 推论 2.1] 知每一 Lawson 紧的 L-domain 均是 FS-domain. 故有

定理 7.4.14 设 P 是 L-domain, 则下列条件等价:

(1) P 是 B-domain;

(2) P 是 FS-domain;

(3) P 是 QFS-domain;

(4) P 关于 Lawson 拓扑是紧的.

证明 由定理 7.4.13 及 [120, 推论 2.1] 可得, 读者可作为练习自证. □

引理 7.4.15 设 P 是 dcpo, $L = P^1 = P \cup \{1\}$ 是由 P 增加一个最大元所形成的偏序集 (不管 P 中是否含有最大元). 则:

(1) 对任意 $H, G \subseteq P$, 若 $H \ll_P G$, 则 $H \ll_L G$;

(2) 对任意 $E, F \subseteq L$, 若 $E \ll_L F$, 则 $E - \{1\} \ll_P F - \{1\}$.

证明 (1) 证明是直接的.

(2) 考虑任意定向集 $D \subseteq P$ 使得 $\sup_P D \in \uparrow_P(F - \{1\})$. 由于 $D \subseteq P$, 故有 $\sup_L D = \sup_P D \in \uparrow_P(F - \{1\}) \subseteq \uparrow_L F$. 由 $E \ll_L F$ 知存在 $d \in D$ 使得 $d \in \uparrow_L E$. 由 $d \in D \subseteq P$ 知 $d \in \uparrow_P(E - \{1\})$. 这表明 $E - \{1\} \ll_P F - \{1\}$. $\square$

命题 7.4.16   设 P 是有界完备的拟连续 domain, $L = P^1 = P \cup \{1\}$ 是由 P 增加一个最大元所形成的完备格. 则 L 是一个拟连续格.

证明   由 P 的拟连续性知存在拟基 $\mathcal{B} \subseteq \mathcal{P}_{\text{fin}}(P)$. 令 $\mathcal{B}' = \mathcal{B} \cup \{\{1\}\}$. 断言: $\mathcal{B}'$ 是 L 的拟基. 设 $x \in L$, $H \subseteq L$ 使得 $H \ll_L x$. 一方面, 若 $x = 1$, 则 $H \ll_L \{1\} \ll_L 1$. 另一方面, 若 $x \neq 1$, 则由引理 7.4.15 知 $H - \{1\} \ll_P x$. 从而由命题 7.4.1 知存在 $B \in \mathcal{B}$ 使得 $H - \{1\} \ll_P B \ll_P x$. 再由引理 7.4.15 知 $H - \{1\} \ll_L B \ll_L x$. 故由 $\uparrow_L(H - \{1\}) = \uparrow_L H$ 可知 $H \ll_L B \ll_L x$. 这表明 $\mathcal{B}'$ 是 L 的拟基, 于是 L 是拟连续格. $\square$

定理 7.4.17   每一有界完备的拟连续 domain 都是 QFS-domain.

证明   设 P 是一个有界完备的拟连续 domain, $L = P^1 = P \cup \{1\}$ 是由 P 增加一个最大元所形成的完备格. 由命题 7.4.16 知 L 是拟连续格. 因此, 由定理 7.3.30 知 L 是一个 QFS-domain. 由于 P 是 L 的非空 Scott 闭集, 从而由定理 7.3.11(2) 知 P 是 QFS-domain. $\square$

下面介绍拟双有限 domain, 它们都是拟代数的 QFS-domain.

定义 7.4.18   设 L 是 dcpo. 如果映射 $\delta : L \to \mathcal{P}_{\text{fin}}(L)$ 满足下面三个条件:

(1) $a \leqslant b \Longrightarrow \delta(b) \subseteq \uparrow\delta(a)$;

(2) 对任意定向集 $D \subseteq L$, 有 $\bigcap_{d \in D} \uparrow\delta(d) \subseteq \uparrow\delta(\sup D)$;

(3) δ 为有限值域映射且对任意 $x \in L$, $y \in \delta(x)$, 有 $\delta(y) = \delta(x)$,

则称 δ 为拟幂等压缩.

命题 7.4.19   若 δ 是 L 上的拟幂等压缩, 则对任意 $x \in L$, 有 $\delta(x) \ll \delta(x)$.

证明   设 $x \in L$, $D \subseteq L$ 定向且 $\sup D \in \uparrow\delta(x)$. 则存在 $y \in \delta(x)$ 使得 $y \leqslant \sup D$. 由定义 7.4.18(3) 知 $\delta(y) = \delta(x)$. 又由 δ 保序且 $\text{im}(\delta)$ 有限知存在 $d_0 \in D$ 使得对任意 $d \geqslant d_0$, 有 $\delta(d) = \delta(d_0)$, 进而 $\delta(\sup D) = \delta(d_0)$. 于是 $d_0 \in \uparrow\delta(d_0) = \uparrow\delta(\sup D) \subseteq \uparrow\delta(y) = \uparrow\delta(x)$, 这说明 $\delta(x) \ll \delta(x)$. $\square$

定义 7.4.20   设 L 为 dcpo. 若 L 上存在一个由拟幂等压缩映射构成的拟单位逼近, 则称 L 为**拟双有限 domain**, 简称为 **QBF-domain**.

设 L 是一个 BF-domain. 则存在一个由 L 上的幂等压缩构成的单位逼近 $\mathcal{D}$. 令 $\mathcal{D}^* = \{\delta^* \mid \delta \in \mathcal{D}\}$, 使对任意 $\delta \in \mathcal{D}$ 和 $x \in L$, 有 $\delta^*(x) = \{\delta(x)\}$. 则 $\mathcal{D}^*$ 是 L 上的一个由拟幂等压缩构成的拟单位逼近. 又易知每一 QBF-domain 都是 QFS-domain. 故有如下命题.

命题 7.4.21   每一 QBF-domain, 特别每一 BF-domain, 都是拟代数的 QFS-domain.

证明 由定义 6.6.3、命题 7.3.8 及命题 7.4.19 可得. □

习 题 7.4

1. 举例说明存在连续 L-偏序集是有限生成上集且满足 M 性质, 但不是 Lawson 紧的.

2. 证明推论 7.4.6.

3*. 证明定理 7.4.14.

4*. 若 dcpo P 上有由有限值域映射构成的拟单位逼近, 则称 P 是一个 **QRB-domain**. 证明下列条件等价:

(1) P 是 QRB-domain;

(2) P 是 QFS-domain;

(3) P 是 Lawson 紧的拟连续 domain.

提示: 参见文献 [44, 105].

第 8 章 形式拓扑与 Domain 幂构造

本章介绍从所给的拓扑空间出发构作各种 Domain 结构的方法, 包括利用各种拓扑基构作形式点和拟形式点、利用度量构作形式球、利用闭集族和饱和集族进行幂构造等方法. 偏序集上可以赋予多种内蕴拓扑, 赋予 Scott 拓扑后的空间我们称之为对应的 Scott 空间. 利用对应的 Scott 空间, 反过来对某些特殊类型的 Domain 结构可以获得新的拓扑式刻画.

8.1 形式拓扑与形式球

8.1.1 形式拓扑

先介绍一些特殊的拓扑空间类, 然后类似于在 Locale 中引入点, 在某些特殊拓扑空间中引入形式点和拟形式点.

定义 8.1.1 设 X 为拓扑空间, $A \subseteq X$. 若对 A 的任意一族开覆盖 $\{V_i\}_{i \in I}$, 即 $A \subseteq \bigcup_{i \in I} V_i$, 存在 $i_0 \in I$ 使 $A \subseteq V_{i_0}$, 则称 A 是**超紧集**. 若 X 的每一点均有由超紧邻域构成的邻域基, 则称 X 是**局部超紧空间**.

显然, 任一局部超紧空间均是 II 型局部紧空间.

命题 8.1.2 设 P 是连续 domain. 则 $(P, \sigma(P))$ 是 Sober 的局部超紧空间.

证明 设 P 是连续 domain. 则由推论 6.6.14 知 $(P, \sigma(P))$ 是 Sober 空间. 对任意 $x \in P$ 及任意 $U \in \sigma(P)$, 若 $x \in U$, 由命题 6.2.2(1) 知存在 $y \in U$ 使 $y \ll x$. 于是 $x \in \uparrow y \subseteq \uparrow y \subseteq U$. 这说明 $\uparrow y$ 是 x 的超紧邻域. 从而 $\{\uparrow t \mid t \ll x\}$ 是 x 的由超紧邻域构成的邻域基. 由定义 8.1.1 知 $(P, \sigma(P))$ 是局部超紧空间. □

命题 8.1.3 设 $(X, \mathcal{T}(X))$ 是局部超紧空间. 则 $(\mathcal{T}(X), \subseteq)$ 是 CD-格.

证明 据定理 5.7.14, 只需证 $(\mathcal{T}(X), \subseteq)$ 中任一元均有极小集. 设 $U \in \mathcal{T}(X)$. 若 $U = \varnothing$, 则 $B(\varnothing) = \varnothing$ 是 $\varnothing$ 的极小集. 若 $U \neq \varnothing$, 则对任意 $x \in U$, 由 X 的局部超紧性知存在 x 的超紧邻域 N_x 使 $x \in (N_x)^\circ \subseteq N_x \subseteq U$, 从而 $U = \bigcup_{x \in U}(N_x)^\circ$. 令 $B(U) = \{(N_x)^\circ \mid x \in U\}$. 则: (1) $U = \cup B(U)$; (2) 若 $\{V_\alpha\}_{\alpha \in \Gamma}$ 为 X 的任意开集族满足 $\bigcup_{\alpha \in \Gamma} V_\alpha \supseteq U$, 由 N_x 的超紧性知存在 $\alpha_x \in \Gamma$ 使 $(N_x)^\circ \subseteq N_x \subseteq V_{\alpha_x}$. 这说明对任意 $x \in U$, 有 $(N_x)^\circ \lhd U$. 于是 $B(U)$ 是 U 的极小集. 综上由定理 5.7.14 知 $(\mathcal{T}(X), \subseteq)$ 是 CD-格. □

定理 8.1.4 设 $(X, \mathcal{T}(X))$ 是 T_0 空间. 则下列条件等价:

(1) X 是 Sober 的局部超紧空间;

(2) X 是局部超紧的单调收敛空间;

(3) ΩX 是连续 domain 且 $\mathcal{T}(X) = \sigma(\Omega X)$.

证明 (1) $\Longrightarrow$ (2) 由注 6.2.9(2) 和定义 8.1.1 可得.

(2) $\Longrightarrow$ (3) 由推论 6.2.11 和命题 8.1.3 可得.

(3) $\Longrightarrow$ (1) 由命题 8.1.2 可得. □

推论 8.1.5 一个 dcpo P 是连续 domain 当且仅当 $(P, \sigma(P))$ 是局部超紧的.

证明 必要性: 由命题 8.1.2 可得.

充分性: 设 P 是 dcpo 且 $(P, \sigma(P))$ 是局部超紧的. 因为 $(P, \sigma(P))$ 是单调收敛空间, 所以由定理 8.1.4 知 P 是连续 domain. □

定义 8.1.6 设 $\mathcal{B}$ 是拓扑空间 X 的拓扑基. 若 α 是 $(\mathcal{B}, \subseteq)$ 的真滤子且对任意 $V \in \alpha$, $V_i \in \mathcal{B}$ ($i \in I$), 由 $V \subseteq \bigcup_{i \in I} V_i$ 可得存在 $i_0 \in I$ 使 $V_{i_0} \in \alpha$, 则称 α 是 (相对于 $\mathcal{B}$ 的) **形式点**. 全体形式点之集记作 $\mathrm{Pt}(\mathcal{B})$. 称满足 $\forall x \in X$, $\phi(x) = \{U \in \mathcal{B} \mid x \in U\}$ 的映射 $\phi: X \to Pt(\mathcal{B})$ 为**标准映射**.

易见标准映射 ϕ 是单射当且仅当 X 为 T_0 空间.

引理 8.1.7 设 $(X, \mathcal{T}(X))$ 为拓扑空间, $\mathcal{B}, \mathcal{B}_1$ 均是 X 的拓扑基. 则

(1) $(\mathrm{Pt}(\mathcal{T}(X)), \subseteq) \cong (\mathrm{Pt}(\mathcal{B}), \subseteq) \cong (\mathrm{Pt}(\mathcal{B}_1), \subseteq)$;

(2) 若 $(X, \mathcal{T}(X))$ 为 Sober 空间, 则标准映射 $\phi: X \to \mathrm{Pt}(\mathcal{T}(X))$ 是双射.

证明 (1) 只需证 $(\mathrm{Pt}(\mathcal{T}(X)), \subseteq) \cong (\mathrm{Pt}(\mathcal{B}), \subseteq)$. 定义映射 $u: \mathrm{Pt}(\mathcal{T}(X)) \to \mathrm{Pt}(\mathcal{B})$ 使对每一 $\alpha^* \in \mathrm{Pt}(\mathcal{T}(X))$, $u(\alpha^*) = \alpha^* \cap \mathcal{B}$. 定义映射 $v: \mathrm{Pt}(\mathcal{B}) \to \mathrm{Pt}(\mathcal{T}(X))$ 为对任意 $\alpha \in \mathrm{Pt}(\mathcal{B})$, $v(\alpha) = \{U \in \mathcal{T}(X) \mid \exists B \in \alpha$ 使 $B \subseteq U\}$. 容易验证映射 u, v 的定义合理且是保序互逆. 从而 $(\mathrm{Pt}(\mathcal{T}(X)), \subseteq) \cong (\mathrm{Pt}(\mathcal{B}), \subseteq)$.

(2) 若 $(X, \mathcal{T}(X))$ 为 Sober 空间, 则 X 为 T_0 空间, 从而 ϕ 是单射. 下证 ϕ 是满射. 对任意 $\alpha^* \in \mathrm{Pt}(\mathcal{T}(X))$, 令 $W = \cup(\mathcal{T}(X) - \alpha^*) \in \mathcal{T}(X)$. 则由 $\alpha^* \in \mathrm{Pt}(\mathcal{T}(X))$ 知 $W \notin \alpha^*$. 下证集 $X - W$ 是既约闭集. 设 F_1, F_2 是非空闭集满足 $X - W \subseteq F_1 \cup F_2$, 则 $(X - F_1) \cap (X - F_2) \subseteq W \notin \alpha^*$, 故 $X - F_1 \notin \alpha^*$ 或 $X - F_2 \notin \alpha^*$, 从而 $X - F_1 \subseteq W$ 或 $X - F_2 \subseteq W$, 即 $X - W \subseteq F_1$ 或 $X - W \subseteq F_2$, 于是 $X - W$ 是既约闭集. 根据空间 X 的 Sober 性, 存在唯一 $x \in X$ 使 $X - W = \mathrm{cl}_X(\{x\})$. 容易由 $X - W = \mathrm{cl}_X(\{x\})$ 验证 $\forall V \in \alpha^*, x \in V$, 从而 $\phi(x) = \alpha^*$. 这说明 ϕ 是满射. 综上知标准映射 $\phi: X \to \mathrm{Pt}(\mathcal{T}(X))$ 是双射. □

定理 8.1.8 设 $(X, \mathcal{T}(X))$ 为 Sober 空间, $\leqslant$ 是 $(X, \mathcal{T}(X))$ 的特殊化序, $\mathcal{B}$ 是 X 的拓扑基. 则标准映射 $\phi: (X, \leqslant) \to (\mathrm{Pt}(\mathcal{B}), \subseteq)$ 是一个序同构.

证明 由 ϕ 的定义和引理 8.1.7 知 ϕ 是保序双射, 下证 ϕ^{-1} 也是保序映射. 设 $x, y \in X$. 若 $x \not\leqslant y$, 则 $x \in X - \mathrm{cl}_X(\{y\}) \in \mathcal{T}(X)$, 于是存在 $U \in \phi(x)$ 使 $x \in U \subseteq X - \mathrm{cl}_X(\{y\})$. 因为 $y \notin X - \mathrm{cl}_X(\{y\})$, 所以 $U \notin \phi(y)$, 这说明

$\phi(x) \not\subseteq \phi(y)$. 故 ϕ^{-1} 是保序映射. 综上知 ϕ 是一个序同构. □

定义 8.1.9　设 $(X, \mathcal{T}(X))$ 为拓扑空间, $q\mathcal{B}$ 是 X 的子集族. 若 $q\mathcal{B}$ 满足下列条件:

(1) 对任意 $U \in q\mathcal{B}$, 有 $U \neq \varnothing$;

(2) 对任意 $x \in V \in \mathcal{T}(X)$, 存在 $U \in q\mathcal{B}$ 使 $x \in U^{\circ} \subseteq U \subseteq V$,

则称 $q\mathcal{B}$ 是 X 的**拟基**. 若空间 X 的拟基 $q\mathcal{B}$ 由超紧集构成, 则称 $q\mathcal{B}$ 是 X 的**超紧拟基**, 也称 X 有**超紧拟基**$q\mathcal{B}$.

易见, 若 $q\mathcal{B}$ 是 X 的拟基, 则 $q\mathcal{B}^{\circ} = \{U^{\circ} \mid U \in q\mathcal{B}\}$ 是 X 的拓扑基.

注 8.1.10　若 $\mathcal{B}$ 是拓扑空间 $(X, \mathcal{T}(X))$ 的由超紧开集构成的拓扑基, 则 $\mathcal{B}^* = \{U \in \mathcal{B} \mid U \neq \varnothing\}$ 是 X 的超紧拟基.

命题 8.1.11　设 X 为拓扑空间. 则 X 是局部超紧的当且仅当 X 有超紧拟基.

证明　由定义 8.1.1 和定义 8.1.9 直接可得. □

定理 8.1.12　设 X 为 Sober 空间, $q\mathcal{B}$ 是 X 的超紧拟基. 则 $(\mathrm{Pt}(q\mathcal{B}^{\circ}), \subseteq)$ 是连续 domain.

证明　由定理 8.1.4、定理 8.1.8 和命题 8.1.11 可得. □

命题 8.1.13　设 X 为拓扑空间, $q\mathcal{B}$ 是 X 的超紧拟基. 则对任意 $U \in q\mathcal{B}$, 开集族 $\Uparrow U := \{V^{\circ} \mid U \subseteq V^{\circ} \subseteq V \in q\mathcal{B}\}$ 是相对于拓扑基 $q\mathcal{B}^{\circ} = \{W^{\circ} \mid W \in q\mathcal{B}\}$ 的形式点.

证明　对任意 $U \in q\mathcal{B}$. 显然, $\Uparrow U$ 是 $(q\mathcal{B}^{\circ}, \subseteq)$ 中的上集. 因为 $q\mathcal{B}^{\circ}$ 是 X 的拓扑基, 所以存在开集族 $\{(B_i)^{\circ} \mid B_i \in q\mathcal{B}, i \in I\} \subseteq q\mathcal{B}^{\circ}$ 使 $X = \bigcup_{i \in I}(B_i)^{\circ}$. 从而由 U 的超紧性及 $U \subseteq X = \bigcup_{i \in I}(B_i)^{\circ}$ 知存在 $i_0 \in I$ 使 $U \subseteq (B_{i_0})^{\circ} \subseteq B_{i_0} \in q\mathcal{B}$. 这说明 $(B_{i_0})^{\circ} \in \Uparrow U$, 即 $\Uparrow U \neq \varnothing$. 又设 $V^{\circ}, W^{\circ} \in \Uparrow U$, 其中 $V, W \in q\mathcal{B}$. 则 $U \subseteq V^{\circ} \cap W^{\circ}$. 因为 $q\mathcal{B}^{\circ}$ 是 X 的拓扑基, 所以存在开集族

$$\{(B_j)^{\circ} \mid B_j \in q\mathcal{B}, j \in J\} \subseteq q\mathcal{B}^{\circ}$$

使 $V^{\circ} \cap W^{\circ} = \bigcup_{j \in J}(B_j)^{\circ}$. 由 U 的超紧性知存在 $j_0 \in J$ 使 $U \subseteq (B_{j_0})^{\circ} \subseteq B_{j_0} \in q\mathcal{B}$. 这说明存在 $(B_{j_0})^{\circ} \in \Uparrow U$ 使 $(B_{j_0})^{\circ} \subseteq V^{\circ} \cap W^{\circ}$. 从而 $\Uparrow U$ 是 $(q\mathcal{B}^{\circ}, \subseteq)$ 中的滤向集. 故 $\Uparrow U$ 是 $q\mathcal{B}^{\circ}$ 的真滤子.

对任意 $V^{\circ} \in \Uparrow U$ 及 $V_i \in q\mathcal{B}$ $(i \in I)$, 若 $V^{\circ} \subseteq \bigcup_{i \in I}(V_i)^{\circ}$, 则由 U 的超紧性及 $U \subseteq V^{\circ} \subseteq \bigcup_{i \in I}V_i^{\circ}$ 知存在 $i_0 \in I$ 使 $U \subseteq (V_{i_0})^{\circ} \subseteq V_{i_0} \in q\mathcal{B}$. 从而 $(V_{i_0})^{\circ} \in \Uparrow U$. 综上由定义 8.1.6 知 $\Uparrow U$ 是相对于拓扑基 $q\mathcal{B}^{\circ}$ 的形式点. □

下一命题给出了定理 8.1.12 另一种证法.

命题 8.1.14　设 X 为拓扑空间, $q\mathcal{B}$ 是 X 的超紧拟基. 对任意 $x \in X$, 令 $\phi(x) = \{U^{\circ} \mid x \in U^{\circ} \subseteq U \in q\mathcal{B}\}$. 则对任意 $U^{\circ} \in \phi(x)$, 有 $\Uparrow U \ll \phi(x)$ 且

$\phi(x) = \bigcup_{U^{\circ} \in \phi(x)} \Uparrow U$. 特别地, $(\mathrm{Pt}(q\mathcal{B}^{\circ}), \subseteq)$ 是连续 domain.

证明 设 $\{\alpha_i \mid i \in I\}$ 是由相对于拓扑基 $q\mathcal{B}^{\circ}$ 的形式点构成的定向集且满足 $\sup_{i \in I} \alpha_i \supseteq \phi(x)$. 易见 $\bigcup_{i \in I} \alpha_i$ 也是相对于 $q\mathcal{B}^{\circ}$ 的形式点, 故 $(\mathrm{Pt}(q\mathcal{B}^{\circ}), \subseteq)$ 是 dcpo, $\phi(x) \subseteq \sup_{i \in I} \alpha_i = \bigcup_{i \in I} \alpha_i$. 对任意 $U^{\circ} \in \phi(x)$, 存在 $i_0 \in I$ 使 $U^{\circ} \in \alpha_{i_0}$. 设 $V^{\circ} \in \Uparrow U$, 则 $V^{\circ} \supseteq U \supseteq U^{\circ} \in \alpha_{i_0}$, 从而 $V^{\circ} \in \alpha_{i_0}$. 这说明 $\Uparrow U \subseteq \alpha_{i_0}$, 于是 $\Uparrow U \ll \phi(x)$. 下证 $\phi(x) = \bigcup_{U^{\circ} \in \phi(x)} \Uparrow U$. 显然, $\phi(x) \supseteq \bigcup_{U^{\circ} \in \phi(x)} \Uparrow U$. 设 $W^{\circ} \in \phi(x)$. 根据定义 8.1.9 知存在 $U_0 \in q\mathcal{B}$ 使 $x \in U_0^{\circ} \subseteq U_0 \subseteq W^{\circ}$. 这说明 $U_0^{\circ} \in \phi(x)$ 且 $W^{\circ} \in \Uparrow U_0 \subseteq \bigcup_{U^{\circ} \in \phi(x)} \Uparrow U$, 于是 $\phi(x) \subseteq \bigcup_{U^{\circ} \in \phi(x)} \Uparrow U$. 综上知 $\phi(x) = \bigcup_{U^{\circ} \in \phi(x)} \Uparrow U$. 于是由定理 5.4.10 知 $(\mathrm{Pt}(q\mathcal{B}^{\circ}), \subseteq)$ 是连续 domain. $\qquad\square$

下面利用拓扑空间的超紧拟基和形式点刻画 bc-domain 和 L-domain.

定义 8.1.15 设 X 为拓扑空间, $q\mathcal{B}$ 是 X 的超紧拟基. 若对任意 $U, V \in q\mathcal{B}$,

(1) $U \cap V \neq \varnothing$ 蕴涵 $U \cap V \in q\mathcal{B}$;

(2) 若 $\varnothing \neq U \cap V \subseteq W^{\circ} \subseteq W \in q\mathcal{B}$, 则存在 $U_1, V_1 \in q\mathcal{B}$ 使 $U \subseteq U_1^{\circ}, V \subseteq V_1^{\circ}$ 且 $U \cap V \subseteq U_1^{\circ} \cap V_1^{\circ} \subseteq U_1 \cap V_1 \subseteq W^{\circ}$,

则称 $q\mathcal{B}$ 有**相容凝聚性质**.

定理 8.1.16 设 X 为 Sober 空间, $q\mathcal{B}$ 是 X 的超紧拟基且 $X \in q\mathcal{B}$. 若 $q\mathcal{B}$ 有相容凝聚性质, 则 $(\mathrm{Pt}(q\mathcal{B}^{\circ}), \subseteq)$ 是 bc-domain. 反之, 任一 bc-domain 均可由此法表示.

证明 显然集 $\{X\}$ 是形式点, 故 $(\mathrm{Pt}(q\mathcal{B}^{\circ}), \subseteq)$ 有最小元. 由定理 8.1.12 知 $(\mathrm{Pt}(q\mathcal{B}^{\circ}), \subseteq)$ 是连续 domain. 设 $\alpha, \beta \in \mathrm{Pt}(q\mathcal{B}^{\circ})$ 且有上界 γ. 因为 X 为 Sober 空间, 故存在 $x, y, z \in X$ 使 $\phi(x) = \alpha$, $\phi(y) = \beta$, $\phi(z) = \gamma$, 其中 ϕ 如命题 8.1.14 中所定义. 于是根据命题 8.1.14, $\alpha = \bigcup_{U^{\circ} \in \alpha} \Uparrow U$, $\beta = \bigcup_{V^{\circ} \in \beta} \Uparrow V$ 均为定向并. 为证 α, β 在 $(\mathrm{Pt}(q\mathcal{B}^{\circ}), \subseteq)$ 中有上确界, 只需证对任意 $U^{\circ} \in \alpha$, $V^{\circ} \in \beta$, 形式点 $\Uparrow U$ 和 $\Uparrow V$ 有上确界. 因 γ 是 α 和 β 的上界, 故 $U^{\circ}, V^{\circ} \in \gamma = \phi(z)$. 从而 $z \in U^{\circ} \cap V^{\circ} \subseteq U \cap V$. 因为超紧拟基 $q\mathcal{B}$ 有相容凝聚性质, 故 $U \cap V \in q\mathcal{B}$. 从而根据命题 8.1.13, $\Uparrow(U \cap V) \in \mathrm{Pt}(q\mathcal{B}^{\circ})$. 易见 $\Uparrow(U \cap V)$ 是形式点 $\Uparrow U$ 和 $\Uparrow V$ 的一个上界. 设 $\xi \in \mathrm{Pt}(q\mathcal{B}^{\circ})$ 为 $\Uparrow U$ 和 $\Uparrow V$ 的任一上界. 则对任意 $W^{\circ} \in \Uparrow(U \cap V)$, 即 $U \cap V \subseteq W^{\circ}$, 根据定义 8.1.15, 存在 $U_1, V_1 \in q\mathcal{B}$ 使 $U \subseteq U_1^{\circ}$, $V \subseteq V_1^{\circ}$ 且 $U \cap V \subseteq U_1^{\circ} \cap V_1^{\circ} \subseteq U_1 \cap V_1 \subseteq W^{\circ}$. 因为 $U_1^{\circ} \in \Uparrow U$, $V_1^{\circ} \in \Uparrow V$ 且 ξ 是 $(q\mathcal{B}^{\circ}, \subseteq)$ 的真滤子, 故 $W^{\circ} \in \xi$. 从而 $\Uparrow(U \cap V) \subseteq \xi$. 这说明 $\Uparrow(U \cap V)$ 是 $\Uparrow U$ 和 $\Uparrow V$ 的上确界. 综上知 $(\mathrm{Pt}(q\mathcal{B}^{\circ}), \subseteq)$ 是 bc-domain.

反之, 设 P 是 bc-domain. 根据命题 6.2.2(2), 易见 $q\mathcal{B}' = \{\uparrow x \mid x \in P\}$ 是 $(P, \sigma(P))$ 的超紧拟基. 因 P 有最小元 $\perp$, 故 $P = \uparrow\perp \in q\mathcal{B}'$. 下证 $q\mathcal{B}'$ 有相容凝聚性质. 设 $x, y \in P$.

(1) 若 $\uparrow x \cap \uparrow y \neq \varnothing$, 则由 P 是 bc-domain 知 x 和 y 的上确界 $x \vee y$ 存在. 故

$$\uparrow x \cap \uparrow y = \uparrow(x \vee y) \in q\mathcal{B}'.$$

(2) 若 $\varnothing \neq \uparrow x \cap \uparrow y \subseteq \Uparrow z \subseteq \Uparrow z \in q\mathcal{B}'$. 令 $A = \{u \vee v \mid u \in \downarrow x, v \in \downarrow y\}$. 则由 P 的连续性知 A 是定向的且 $\sup A = x \vee y \in \Uparrow z$. 故存在 $u \in \downarrow x$, $v \in \downarrow y$ 使 $u \vee v \in \Uparrow z$. 这说明 $\uparrow u, \uparrow v \in q\mathcal{B}'$ 使

$$\uparrow x \subseteq \Uparrow u = \mathrm{int}_{\sigma(P)}\uparrow u,$$

$\uparrow y \subseteq \Uparrow v = \mathrm{int}_{\sigma(P)}\uparrow v$ 且 $\uparrow x \cap \uparrow y \subseteq \Uparrow u \cap \Uparrow v \subseteq \uparrow u \cap \uparrow v = \uparrow(u \vee v) \subseteq \Uparrow z$. 从而由定义 8.1.15 知 $q\mathcal{B}'$ 有相容凝聚性质. 又因 $(P, \sigma(P))$ 是 Sober 空间, 故由定理 8.1.8 知 $(P, \leqslant) \cong (\mathrm{Pt}(q\mathcal{B}'^\circ), \subseteq)$. □

定义 8.1.17　设 X 为拓扑空间, $q\mathcal{B}$ 是 X 的超紧拟基. 若对任意 $U, V \in q\mathcal{B}$,
(1) $U \cap V \in q\mathcal{B}$;
(2) 若 $U \cap V \subseteq W^\circ \subseteq W \in q\mathcal{B}$, 则存在 $U_1, V_1 \in q\mathcal{B}$ 使

$$U \subseteq U_1^\circ, V \subseteq V_1^\circ \text{ 且 } U \cap V \subseteq U_1^\circ \cap V_1^\circ \subseteq U_1 \cap V_1 \subseteq W^\circ,$$

则称 $q\mathcal{B}$ 有凝聚性质.

定理 8.1.18　设 $q\mathcal{B}$ 是 Sober 空间 X 的超紧拟基, $X \in q\mathcal{B}$. 如果拟基 $q\mathcal{B}$ 具有凝聚性质, 那么 $(\mathrm{Pt}(q\mathcal{B}^\circ), \subseteq)$ 是连续格. 反之, 任一连续格均可由此法表示.

证明　由定理 8.1.16 知 $(\mathrm{Pt}(q\mathcal{B}^\circ), \subseteq)$ 是 bc-domain. 下证 $(\mathrm{Pt}(q\mathcal{B}^\circ), \subseteq)$ 的有限子集均有上确界. 设 $\alpha, \beta \in \mathrm{Pt}(q\mathcal{B}^\circ)$. 根据命题 8.1.14, $\alpha = \bigcup_{U^\circ \in \alpha}\Uparrow U$, $\beta = \bigcup_{V^\circ \in \beta}\Uparrow V$ 均为定向并. 要证 α 和 β 在 $(\mathrm{Pt}(q\mathcal{B}^\circ), \subseteq)$ 中的上确界存在, 只需证对任意 $U^\circ \in \alpha$, $V^\circ \in \beta$, 形式点 $\Uparrow U$ 和 $\Uparrow V$ 的上确界存在. 因为超紧拟基 $q\mathcal{B}$ 有凝聚性质, 故 $\varnothing \neq U \cap V \in q\mathcal{B}$. 从而由命题 8.1.13 知 $\Uparrow(U \cap V) \in \mathrm{Pt}(q\mathcal{B}^\circ)$. 据定理 8.1.16 的证明知 $\Uparrow(U \cap V)$ 是 $\Uparrow U$ 和 $\Uparrow V$ 的上确界. 于是 α 和 β 有上确界. 综上知 $(\mathrm{Pt}(q\mathcal{B}^\circ), \subseteq)$ 是连续格.

反之, 设 P 是连续格. 则由命题 6.2.2(2) 知 $q\mathcal{B}' = \{\uparrow x \mid x \in P\}$ 是 $(P, \sigma(P))$ 的超紧拟基. 显然 $P \in q\mathcal{B}'$ 且 $q\mathcal{B}'$ 有凝聚性质. 又因 $(P, \sigma(P))$ 是 Sober 的, 故由定理 8.1.8 知 $(P, \leqslant) \cong (\mathrm{Pt}(q\mathcal{B}'^\circ), \subseteq)$. □

定义 8.1.19　设 X 为拓扑空间, $q\mathcal{B}$ 是 X 的超紧拟基. 令 $q\mathcal{B}(x) = \{U \mid x \in U^\circ \subseteq U \in q\mathcal{B}\}(\forall x \in X)$. 若对任意 $U, V \in q\mathcal{B}(x)$,
(1) U 和 V 在 $q\mathcal{B}(x)$ 中的下确界存在, 记作 $U \bigcap_x V$;
(2) 若 $U \bigcap_x V \subseteq W^\circ \subseteq W \in q\mathcal{B}(x)$, 则存在 $U_1, V_1 \in q\mathcal{B}(x)$ 使

$$U \subseteq U_1^\circ, V \subseteq V_1^\circ \text{ 且 } U \bigcap_x V \subseteq \left(U_1 \bigcap_x V_1\right)^\circ \subseteq U_1 \bigcap_x V_1 \subseteq W^\circ,$$

则称 $q\mathcal{B}$ 有局部凝聚性质.

定理 8.1.20 设 X 为 Sober 空间, $q\mathcal{B}$ 是 X 的超紧拟基且 $X \in q\mathcal{B}$. 若 $q\mathcal{B}$ 有局部凝聚性质, 则 $(\mathrm{Pt}(q\mathcal{B}^\circ), \subseteq)$ 是有最小元的 L-domain. 反之, 任一有最小元的 L-domain 均可由此法表示.

证明 显然集 $\{X\}$ 是 $(\mathrm{Pt}(q\mathcal{B}^\circ), \subseteq)$ 的最小元. 由定理 8.1.12 知 $(\mathrm{Pt}(q\mathcal{B}^\circ), \subseteq)$ 是连续 domain. 下证 $(\mathrm{Pt}(q\mathcal{B}^\circ), \subseteq)$ 的任一主理想均是完备格. 设 $\gamma \in \mathrm{Pt}(q\mathcal{B}^\circ)$. 因为 X 是 Sober 空间, 故存在 $x \in X$ 使 $\phi(x) = \gamma$, 其中 ϕ 如命题 8.1.14 中所定义. 要证 $\mathrm{Pt}(q\mathcal{B}^\circ)$ 的主理想 $\downarrow\gamma$ 是完备格, 只需证对任意 $\alpha, \beta \in \downarrow\gamma$, α 和 β 在 $\downarrow\gamma$ 中的上确界存在即可. 由命题 8.1.14 知 $\alpha = \bigcup_{U^\circ \in \alpha} \Uparrow U$, $\beta = \bigcup_{V^\circ \in \beta} \Uparrow V$ 均为定向并, 故要证 α 和 β 在 $\downarrow\gamma$ 中的上确界存在, 只需证对任意 $U^\circ \in \alpha$, $V^\circ \in \beta$, 形式点 $\Uparrow U$ 和 $\Uparrow V$ 在 $\downarrow\gamma$ 中有上确界. 因为 γ 是 α 和 β 的上界, 所以 $U^\circ, V^\circ \in \gamma = \phi(x)$. 从而 $x \in U^\circ \cap V^\circ$ 且 $U, V \in q\mathcal{B}(x)$, 其中 $q\mathcal{B}(x)$ 的规定见定义 8.1.19. 于是由超紧拟基 $q\mathcal{B}$ 有局部凝聚性质知 U 和 V 在 $q\mathcal{B}(x)$ 中的下确界 $U \bigcap_x V$ 存在. 根据命题 8.1.13 知 $\Uparrow(U \bigcap_x V) \in \mathrm{Pt}(q\mathcal{B}^\circ)$. 显然 $\Uparrow(U \bigcap_x V)$ 是 $\Uparrow U$ 和 $\Uparrow V$ 在 $\downarrow\gamma$ 中的一个上界. 设 $\xi \in \mathrm{Pt}(q\mathcal{B}^\circ)$ 为 $\Uparrow U$ 和 $\Uparrow V$ 在 $\downarrow\gamma$ 中的任一上界. 则对任意 $W^\circ \in \Uparrow(U \bigcap_x V)$, 有 $U \bigcap_x V \subseteq W^\circ \subseteq W \in q\mathcal{B}(x)$. 于是根据定义 8.1.19 知存在 $U_1, V_1 \in q\mathcal{B}(x)$ 使

$$U \subseteq U_1^\circ,\ V \subseteq V_1^\circ\ \text{且}\ U\bigcap_x V \subseteq \left(U_1 \bigcap_x V_1\right)^\circ \subseteq U_1 \bigcap_x V_1 \subseteq W^\circ.$$

因为 $U_1^\circ \in \Uparrow U$, $V_1^\circ \in \Uparrow V$ 且 ξ 是 $(q\mathcal{B}^\circ, \subseteq)$ 的真滤子, 故 $U_1^\circ, V_1^\circ \in \xi$ 且存在 $S \in q\mathcal{B}$ 使 $S^\circ \in \xi$ 且 $S^\circ \subseteq U_1^\circ \cap V_1^\circ$. 根据定义 8.1.9(2), 存在一族 $\{B_i \in q\mathcal{B} \mid i \in I\}$ 使 $S^\circ = \bigcup_{i \in I}(B_i)^\circ = \bigcup_{i \in I} B_i$. 因为 ξ 是形式点, 则存在 $i_0 \in I$ 使 $(B_{i_0})^\circ \in \xi$, 从而 $x \in (B_{i_0})^\circ \subseteq B_{i_0} \subseteq S^\circ \subseteq U_1^\circ \cap V_1^\circ \subseteq U_1 \cap V_1$. 这说明

$$B_{i_0} \subseteq U_1 \bigcap_x V_1\ \text{且}\ (B_{i_0})^\circ \subseteq \left(U_1 \bigcap_x V_1\right)^\circ \subseteq U_1 \bigcap_x V_1 \subseteq W^\circ.$$

故 $W^\circ \in \xi$, 即 $\Uparrow(U \bigcap_x V) \subseteq \xi$. 于是 $\Uparrow(U \bigcap_x V)$ 是 $\Uparrow U$ 和 $\Uparrow V$ 在 $\downarrow\gamma$ 中的上确界. 故 α 和 β 在 $\downarrow\gamma$ 中的上确界存在, $\downarrow\gamma$ 是完备格. 综上知 $(\mathrm{Pt}(q\mathcal{B}^\circ), \subseteq)$ 是有最小元的 L-domain.

反之, 设 P 是有最小元的 L-domain. 由命题 6.2.2 知 $q\mathcal{B}' = \{\uparrow x \mid x \in P\}$ 是 $(P, \sigma(P))$ 的超紧拟基且 $P \in q\mathcal{B}'$. 下证 $q\mathcal{B}'$ 有局部凝聚性质. 设 $x, y, z \in P$ 且 $\uparrow y, \uparrow z \in q\mathcal{B}'(x) := \{\uparrow u \mid x \in \Uparrow u = \mathrm{int}_{\sigma(P)} \uparrow u \subseteq \uparrow u \in q\mathcal{B}'\}$.

(1) 显然, $y \ll x$ 且 $z \ll x$. 因 P 是 L-domain, 故主理想 $\downarrow x$ 是完备格. 从

而 y 和 z 在 $\downarrow x$ 中的上确界存在, 记作 $y \bigvee_x z$. 根据 P 的连续性知 $y \bigvee_x z \ll x$ 且 $\uparrow y \bigcap_x \uparrow z = \uparrow(y \bigvee_x z) \in q\mathcal{B}'(x)$.

(2) 设

$$\uparrow y \bigcap_x \uparrow z = \uparrow\left(y \bigvee_x z\right) \subseteq \mathord{\uparrow\hspace{-0.5em}\uparrow} t \subseteq \uparrow t \in q\mathcal{B}'(x).$$

定义 $A = \{c\bigvee_x d \mid c \in \downarrow y \text{ 且 } d \in \downarrow z\}$. 则由 P 的连续性知 A 是定向的且 $\sup A = y\bigvee_x z \in \mathord{\uparrow\hspace{-0.5em}\uparrow} t$. 故存在 $c \in \downarrow y$, $d \in \downarrow z$ 使 $c\bigvee_x d \in \mathord{\uparrow\hspace{-0.5em}\uparrow} t$. 这说明存在 $\uparrow c$, $\uparrow d \in q\mathcal{B}'(x)$ 使

$$\uparrow y \subseteq \mathord{\uparrow\hspace{-0.5em}\uparrow} c = \mathrm{int}_{\sigma(P)} \uparrow c, \qquad \uparrow z \subseteq \mathord{\uparrow\hspace{-0.5em}\uparrow} d = \mathrm{int}_{\sigma(P)} \uparrow d,$$

$$\uparrow y \bigcap_x \uparrow z = \uparrow\left(y \bigvee_x z\right) \subseteq \mathord{\uparrow\hspace{-0.5em}\uparrow}\left(c\bigvee_x d\right) = \mathrm{int}_{\sigma(P)}\left(\uparrow c \bigcap_x \uparrow d\right) \subseteq \uparrow c \bigcap_x \uparrow d \subseteq \mathord{\uparrow\hspace{-0.5em}\uparrow} t.$$

于是由定义 8.1.19 知 $q\mathcal{B}'$ 有局部凝聚性质. 又因 $(P, \sigma(P))$ 是 Sober 空间, 故由定理 8.1.8 知 $(P, \leqslant) \cong (\mathrm{Pt}(q\mathcal{B}'^\circ), \subseteq)$. □

下面考虑更为一般的 L-domain 和 sL-domain 情形.

定理 8.1.21　设 Sober 空间 X 有一个具有局部凝聚性质的超紧拟基 $q\mathcal{B}$. 则 $(\mathrm{Pt}(q\mathcal{B}^\circ), \subseteq)$ 是 sL-domain. 又若 $\forall x \in X$, $(q\mathcal{B}(x), \subseteq)$ 有最大元 B_x 且满足 $(B_x)^\circ = B_x$, 则 $(\mathrm{Pt}(q\mathcal{B}^\circ), \subseteq)$ 是 L-domain. 反之, 任一 sL-domain 和 L-domain 均可由此法表示.

证明　由定理 8.1.12 知 $(\mathrm{Pt}(q\mathcal{B}^\circ), \subseteq)$ 是连续 domain. 又据定理 8.1.20 的证明知 $\forall \alpha, \beta, \gamma \in \mathrm{Pt}(q\mathcal{B}^\circ)$, 且若 $\alpha, \beta \in \downarrow \gamma$, 则 α 和 β 在 $\downarrow \gamma$ 中的上确界存在, 从而 $(\mathrm{Pt}(q\mathcal{B}^\circ), \subseteq)$ 是 sL-domain. 进一步, 若对任意 $x \in X$, $(q\mathcal{B}(x), \subseteq)$ 有最大元 B_x 满足 $(B_x)^\circ = B_x$, 下证对任意 $\gamma \in \mathrm{Pt}(q\mathcal{B}^\circ)$, 主理想 $\downarrow \gamma$ 有最小元. 因为 X 为 Sober 空间, 存在 $x \in X$ 使 $\phi(x) = \gamma$, 其中 ϕ 如命题 8.1.14 中所定义. 因为 $(q\mathcal{B}(x), \subseteq)$ 有最大元 B_x 满足 $(B_x)^\circ = B_x$, 易见 $\mathord{\uparrow\hspace{-0.5em}\uparrow} B_x = \{B_x\}$ 是形式点, 从而是 $\downarrow \gamma$ 的最小元, 于是主理想 $\downarrow \gamma$ 是完备格. 故 $(\mathrm{Pt}(q\mathcal{B}^\circ), \subseteq)$ 是 L-domain.

反之, 设 P 是 sL-domain. 根据定理 8.1.20 的证明, $q\mathcal{B}' = \{\uparrow x \mid x \in P\}$ 是 $(P, \sigma(P))$ 的具有局部凝聚性质的超紧拟基. 进一步, 若 P 是 L-domain, 则对任意 $x \in P$, 由主理想 $\downarrow x$ 是完备格知 $\downarrow x$ 有最小元 $\bot_x$. 显然 $\uparrow \bot_x$ 是 Scott 开的且 $\mathord{\uparrow\hspace{-0.5em}\uparrow} \bot_x = \uparrow \bot_x$ 是

$$q\mathcal{B}'(x) = \{\uparrow u \mid x \in \mathord{\uparrow\hspace{-0.5em}\uparrow} u = \mathrm{int}_{\sigma(P)} \uparrow u \subseteq \uparrow u \in q\mathcal{B}'\}$$

中最大元. 又因 $(P, \sigma(P))$ 是 Sober 空间, 故由定理 8.1.8 知 $(P, \leqslant) \cong (\mathrm{Pt}(q\mathcal{B}'^\circ), \subseteq)$. □

为了处理代数情形, 下面引入拟形式点的概念.

定义 8.1.22　设 X 为拓扑空间, $q\mathcal{B}$ 是 X 的拟基. 若 $q\alpha$ 是 $(q\mathcal{B}, \subseteq)$ 的真滤子且 $\forall V \in q\alpha$, $V_i \in q\mathcal{B}(i \in I)$, $V \subseteq \bigcup_{i\in I}(V_i)^\circ$ 蕴涵存在 $i_0 \in I$ 使 $V_{i_0} \in q\alpha$, 则称 $q\alpha$ 是 (相对于 $q\mathcal{B}$ 的) **拟形式点**. 全体拟形式点之集记作 $\mathrm{Pt}^q(q\mathcal{B})$.

例 8.1.23　设 $\mathbf{I} = [0,1]$ 为单位闭区间. 则 $q\mathcal{B} = \{[x,1] \mid x \in [0,1]\}$ 是 $\mathbf{I}$ 上 Scott 拓扑的拟基, $q\mathcal{B}^\circ = \{(x,1] \mid x \in (0,1)\} \cup \{\varnothing, [0,1]\}$, 全体形式点之集为 $\mathrm{Pt}(q\mathcal{B}^\circ) = \{\{(x,1] \mid 0 < x < a\} \cup \{[0,1]\} \mid a \in (0,1]\} \cup \{\{[0,1]\}\}$, 全体拟形式点之集为

$$\mathrm{Pt}^q(q\mathcal{B}) = \{\{[x,1] \mid 0 \leqslant x < a\} \mid a \in (0,1]\} \cup \{\{[x,1] \mid 0 \leqslant x \leqslant a\} \mid a \in [0,1)\}.$$

命题 8.1.24　设 X 为 Sober 空间, $q\mathcal{B}$ 是 X 的超紧拟基, $\alpha \in \mathrm{Pt}(q\mathcal{B}^\circ)$. 则

$$q\alpha := \{U \in q\mathcal{B} \mid U^\circ \in \alpha\} \in \mathrm{Pt}^q(q\mathcal{B}).$$

证明　因为 X 为 Sober 空间, 故存在 $x \in X$ 使 $\phi(x) = \alpha$, 其中 ϕ 如命题 8.1.14 中所定义.

(1) 显然, $\varnothing \notin q\alpha$ 且 $q\alpha \neq \varnothing$.

(2) 设 $U, V \in q\alpha$. 则 $U^\circ, V^\circ \in \alpha$. 因为 $\alpha \in \mathrm{Pt}(q\mathcal{B}^\circ)$, 故存在 $W \in q\mathcal{B}$ 使 $W^\circ \in \alpha = \phi(x)$ 且 $x \in W^\circ \subseteq U^\circ \cap V^\circ$. 根据定义 8.1.9, 存在 $B \in q\mathcal{B}$ 使 $x \in B^\circ \subseteq B \subseteq W^\circ \subseteq U^\circ \cap V^\circ \subseteq U \cap V$. 这说明 $B^\circ \in \alpha$ 且 $U \cap V \supseteq B \in q\alpha$.

(3) 设 $V \in q\alpha$, $V_i \in q\mathcal{B}$ $(i \in I)$ 满足 $V \subseteq \bigcup_{i\in I}(V_i)^\circ$. 则由 $V^\circ \in \alpha$ 且 α 是形式点知存在 $i_0 \in I$ 使 $(V_{i_0})^\circ \in \alpha$ 且 $V_{i_0} \in q\alpha$.

综上知, $q\alpha$ 是相对于 $q\mathcal{B}$ 的拟形式点, 即 $q\alpha \in \mathrm{Pt}^q(q\mathcal{B})$. $\qquad\square$

定理 8.1.25　设 X 为拓扑空间, $q\mathcal{B}$ 是 X 的超紧拟基. 对任意 $U \in q\mathcal{B}$, 令 $\Uparrow_q U := \{V \in q\mathcal{B} \mid U \subseteq V\}$. 则 $(\mathrm{Pt}^q(q\mathcal{B}), \subseteq)$ 是代数 domain 且集 $\{\Uparrow_q U \mid U \in q\mathcal{B}\}$ 是 $\mathrm{Pt}^q(q\mathcal{B})$ 的全体紧元. 反之, 任一代数 domain 均可由此法表示.

证明　设 $\{q\alpha_i \mid i \in I\}$ 是由相对于拟基 $q\mathcal{B}$ 的拟形式点构成的定向集. 易见 $\bigcup_{i\in I} q\alpha_i$ 是相对于拟基 $q\mathcal{B}$ 的拟形式点. 故 $\bigcup_{i\in I} q\alpha_i = \sup_{i\in I} q\alpha_i$. 从而 $(\mathrm{Pt}^q(q\mathcal{B}), \subseteq)$ 是 dcpo.

对任意 $U \in q\mathcal{B}$, 由定义 8.1.22 及 U 超紧知 $\Uparrow_q U = \{V \in q\mathcal{B} \mid U \subseteq V\}$ 是拟形式点, 即 $\Uparrow_q U \in \mathrm{Pt}^q(q\mathcal{B})$. 对任意定向集 $\{q\alpha_i \mid i \in I\} \subseteq (\mathrm{Pt}^q(q\mathcal{B}), \subseteq)$, 若 $\sup_{i\in I} q\alpha_i = \bigcup_{i\in I} q\alpha_i \supseteq \Uparrow_q U$, 则由 $U \in \Uparrow_q U$ 知存在 $i_0 \in I$ 使 $U \in q\alpha_{i_0}$. 从而 $\Uparrow_q U \subseteq q\alpha_{i_0}$. 这说明 $\Uparrow_q U$ 是 $\mathrm{Pt}^q(q\mathcal{B})$ 的紧元. 因对任意 $q\alpha \in \mathrm{Pt}^q(q\mathcal{B})$, $q\alpha = \bigcup_{U \in q\alpha} \Uparrow_q U$ 且为定向并, 故若 $q\alpha$ 是 $\mathrm{Pt}^q(q\mathcal{B})$ 的紧元, 即 $q\alpha \in K(\mathrm{Pt}^q(q\mathcal{B}))$, 则存在 $V_0 \in q\alpha$ 使得 $q\alpha = \Uparrow_q V_0$. 于是 $K(\mathrm{Pt}^q(q\mathcal{B})) = \{\Uparrow_q U \mid U \in q\mathcal{B}\}$ 且 $(\mathrm{Pt}^q(q\mathcal{B}), \subseteq)$ 是代数 domain.

反之, 设 P 是代数 domain. 显然, $\mathcal{B}' = \{\uparrow x \mid x \in K(P)\}$ 是 $(P, \sigma(P))$ 的由超紧开集构成的基和超紧拟基. 从而 $(\mathrm{Pt}^q(\mathcal{B}'), \subseteq) = (\mathrm{Pt}(\mathcal{B}'), \subseteq) \cong (P, \leqslant)$.　□

推论 8.1.26　设 $\mathcal{B}$ 是 Sober 空间 X 的由超紧开集构成的基. 则 $(\mathrm{Pt}(\mathcal{B}), \subseteq)$ 是代数 domain.

证明　由注 8.1.10 知 $\mathcal{B}^* = \{U \in \mathcal{B} \mid U \neq \varnothing\}$ 是 X 的由超紧开集构成的基和超紧拟基. 又相对于拟基 $\mathcal{B}^*$ 的拟形式点恰为相对于基 $\mathcal{B}^*$ 的形式点. 由定理 8.1.25 知 $(\mathrm{Pt}(\mathcal{B}^*), \subseteq) = (\mathrm{Pt}^q(\mathcal{B}^*), \subseteq)$ 是代数 domain. 又因 $\mathcal{B}$ 和 $\mathcal{B}^*$ 均为拓扑基, 故由引理 8.1.7(1) 得 $(\mathrm{Pt}(\mathcal{B}), \subseteq) \cong (\mathrm{Pt}(\mathcal{B}^*), \subseteq)$ 是代数 domain.　□

推论 8.1.27　设 X 为 Sober 空间, $\mathcal{B}$ 是由非空超紧开集构成的拓扑基且 $X \in \mathcal{B}$. 若 $\mathcal{B}$ 有相容凝聚性质 (相应地, 凝聚性质、局部凝聚性质), 则 $(\mathrm{Pt}(\mathcal{B}), \subseteq)$ 是 Scott domain (相应地, 代数格、有最小元的代数 L-domain). 反之, 任一 Scott domain (相应地, 代数格、有最小元的代数 L-domain) 均可由此法表示.

证明　由推论 8.1.26 知 $(\mathrm{Pt}(\mathcal{B}), \subseteq)$ 是代数 domain. 据注 8.1.10 和定理 8.1.16 (相应地, 定理 8.1.18、定理 8.1.20) 的证明, $(\mathrm{Pt}(\mathcal{B}), \subseteq) = (\mathrm{Pt}^q(\mathcal{B}), \subseteq)$ 是 Scott domain (相应地, 代数格、有最小元的代数 L-domain).

反之, 设 P 是 Scott domain(分别地, 代数格、有最小元的代数 L-domain). 则 $\mathcal{B}' = \{\uparrow x \mid x \in K(P)\}$ 是 $(P, \sigma(P))$ 的由非空超紧开集构成的拓扑基. 显然 $P \in \mathcal{B}'$ 且 $\mathcal{B}'$ 有相容凝聚性质 (相应地, 凝聚性质、局部凝聚性质). 故由 $(P, \sigma(P))$ 是 Sober 空间知 $(P, \leqslant) \cong (\mathrm{Pt}(\mathcal{B}'), \subseteq)$.　□

推论 8.1.28　设 X 为 Sober 空间, $\mathcal{B}$ 是由非空超紧开集构成的拓扑基. 若 $\mathcal{B}$ 有局部凝聚性质, 则 $(\mathrm{Pt}(\mathcal{B}), \subseteq)$ 是代数 sL-domain. 进一步, 若 $\forall x \in X$, $\mathcal{B}$ 诱导的邻域基 $(\mathcal{B}(x), \subseteq)$ 有最大元 B_x, 则 $(\mathrm{Pt}(\mathcal{B}), \subseteq)$ 是代数 L-domain. 反之, 任一代数 sL-domain 和代数 L-domain 均可由此法表示.

证明　由推论 8.1.26 知 $(\mathrm{Pt}(\mathcal{B}), \subseteq)$ 是代数 domain. 又根据注 8.1.10 和定理 8.1.21 的证明可知 $(\mathrm{Pt}(\mathcal{B}), \subseteq) = (\mathrm{Pt}^q(\mathcal{B}), \subseteq)$ 是代数 sL-domain, 在进一步条件下, 是代数 L-domain.

反之, 设 P 是代数 sL-domain. 则 $\mathcal{B}' = \{\uparrow x \mid x \in K(P)\}$ 是 $(P, \sigma(P))$ 的由超紧开集构成的拓扑基. 显然, $\mathcal{B}'$ 有局部凝聚性质. 进一步, 若 P 是代数 L-domain. 则对任意 $x \in P$, 由 $\downarrow x$ 是完备格知存在最小元 $\perp_x$. 易见 $\perp_x \in K(P)$ 且 $\uparrow \perp_x$ 是 Scott 开的. 从而 $\uparrow \perp_x$ 是 $\mathcal{B}'(x) = \{\uparrow u \mid x \in \uparrow u \in \mathcal{B}'\}$ 中的最大元. 故由 $(P, \sigma(P))$ 是 Sober 空间知 $(P, \leqslant) \cong (\mathrm{Pt}(\mathcal{B}'), \subseteq)$.　□

注 8.1.29　设 P 是连续 domain. 显然, $q\mathcal{B}' = \{\uparrow x \mid x \in P\}$ 是 $(P, \sigma(P))$ 的超紧拟基. 可直接验证对任意 $I \in \mathrm{Idl}(P)$, $q\alpha(I) := \{\uparrow x \mid x \in I\}$ 是拟形式点, 且对任意拟形式点 $q\alpha$, $I(q\alpha) := \{x \mid \uparrow x \in q\alpha\}$ 是 P 的理想. 从而 $(\mathrm{Pt}^q(q\mathcal{B}'), \subseteq) \cong (\mathrm{Idl}(P), \subseteq)$. 根据定理 8.1.8 知 $(P, \leqslant) \cong (\mathrm{Pt}(q\mathcal{B}'^\circ), \subseteq)$. 故 $(\mathrm{Idl}(P), \subseteq) \cong$

$(\mathrm{Idl}(\mathrm{Pt}(q\mathcal{B}'^\circ)),\subseteq)$. 于是 $(\mathrm{Pt}^q(q\mathcal{B}'),\subseteq)\cong(\mathrm{Idl}(\mathrm{Pt}(q\mathcal{B}'^\circ)),\subseteq)$.

注 8.1.30 (1) 若 Sober 空间 X 有超紧拟基 $q\mathcal{B}$, 一般 $(\mathrm{Pt}^q(q\mathcal{B}),\subseteq)$ 与 $(\mathrm{Idl}(\mathrm{Pt}(q\mathcal{B}^\circ)),\subseteq)$ 不同构. 例如, 设 P 是代数 domain, 则 $(P,\sigma(P))$ 是 Sober 空间且 $\mathcal{B}'=\{\uparrow x\mid x\in K(P)\}$ 是由 $(P,\sigma(P))$ 的超紧开集构成的基和超紧拟基, 且 $(\mathrm{Pt}^q(\mathcal{B}'),\subseteq)=(\mathrm{Pt}(\mathcal{B}'),\subseteq)\cong(P,\leqslant)$. 但一般地, $(P,\leqslant)\ncong(\mathrm{Idl}(P),\subseteq)$.

(2) 给定 Sober 空间 X 的两个由超紧开集构成的超紧拟基 $q\mathcal{B}_1$ 和 $q\mathcal{B}_2$, 由本注中的 (1) 和注 8.1.29 可知, 一般情况下 $(\mathrm{Pt}^q(q\mathcal{B}_1),\subseteq)\ncong(\mathrm{Pt}^q(q\mathcal{B}_2),\subseteq)$.

8.1.2 度量空间的形式球

利用形式球的方法, 也可以对于特殊的度量空间获得相关的连续 domain.

定义 8.1.31 设 (X,d) 是一个度量空间. (X,d) 的全体闭形式球定义为

$$BX := X \times \mathbb{R}_+ = \{(x,r)\mid x\in X, r\in[0,\infty)\}.$$

在 BX 上定义偏序为

$$(x,r)\leqslant(y,s)\Longleftrightarrow d(x,y)\leqslant r-s.$$

直观地说, 序偶 (x,r) 表示中心在 x 处、半径为 r 的闭形式球. 如果 X 是一个赋范线性空间, 自然就是度量空间, 这时闭形式球的偏序集 $(BX,\leqslant)$ 序同构于该空间上闭球赋予集合反包含序形成的偏序集. 序同构映射为闭形式球 (x,r) 对应于中心在 x 处、半径为 r 的闭球 $\overline{B(x,r)}$. 然而对一般度量空间, 如离散度量空间, 这种对应不必是序同构.

定理 8.1.32 如果 (X,d) 是一个完备度量空间, 则 $(BX,\leqslant)$ 是一个连续 domain.

证明 容易从定义知, 如果 $(x,r)\leqslant(y,s)$, 则 $r\geqslant s$. 于是对 BX 中一个定向集 $\{(x_i,r_i)\in BX\mid i\in J\}$, 必然有 $\{r_i\}_{i\in J}$ 是 $\mathbb{R}_+$ 中的下降序列, 从而收敛于其下确界 $\inf\{r_i\}_{i\in J}:=t\geqslant 0$. 对任一 $\varepsilon>0$, 存在 $k\in J$, 当 $j\geqslant k$ 时有 $|r_j-r_k|<\varepsilon$, 从而 $d(x_k,x_j)\leqslant|r_k-r_j|$, 故 $\{x_i\}_{i\in J}$ 是一个 Cauchy 网. 因度量 d 是完备的, 故这个网一定收敛于某个点 $x\in X$ 且有

$$d(x,x_j)=\lim_i d(x_i,x_j)\leqslant\lim_i(r_j-r_i)=r_j-r.$$

故 $(x_j,r_j)\leqslant(x,r)$ 对所有 $j\in J$ 成立. 进一步, 如果 $(x_i,r_i)\leqslant(y,s)$ 对所有 $i\in J$ 成立, 则 $d(x,y)=\lim_i d(x_i,y)\leqslant\lim_i(r_i-s)=r-s$, 从而 $(x,r)\leqslant(y,s)$, 这说明 (x,r) 是定向集 $\{(x_i,r_i)\in BX\mid i\in J\}$ 的上确界, 于是 BX 是一个 dcpo.

下证当 $d(x,y)<r-s$ 时有 $(x,r)\ll(y,s)$. 事实上, 对定向集 $\{(u_i,t_i)\mid i\in J\}$, 若其上确界为 $(u,t)\geqslant(y,s)$, 则由前面的计算可知 t_i 收敛到 t 且 u_i 收敛到

u, 于是

$$d(x,u) \leqslant d(x,y) + d(y,u) < r - s + s - t = r - \lim_i t_i.$$

因 $\lim_i d(x,u_i) = d(x,u)$, 故对充分大的 i, $d(x,u_i) < r - t_i$, 即, $(x,r) \leqslant (u_i,t_i)$. 于是 $(x,r) \ll (y,s)$ 成立.

显然任意 $(y,s) \in BX$, $\left(y, s + \dfrac{1}{n}\right) \ll (y,s)(n \in \mathbb{Z}_+)$ 且这些元组成 $\!\downarrow\!(y,s)$ 中的链, 上确界为 (y,s). 由定理 5.4.10 得 $(BX, \leqslant)$ 是一个连续 domain. ☐

定理 8.1.33 完备度量空间 (X,d) 具有可数基当且仅当 $(BX, \leqslant)$ 具有可数基.

证明 设完备度量空间 (X,d) 具有可数基, 则它有可数稠密子集, 设为 $\{x_i \mid i = 1,2,\cdots\}$. 由前一定理的证明知 $\left\{\left(x_i, q + \dfrac{1}{n}\right)\middle| n \in \mathbb{Z}_+\right\}$ 是点 (x_i,q) $(q > 0$ 为有理数) 在 $(BX, \leqslant)$ 中的一个可数局部基. 由有理数的稠密性, 可证 $\{(x_i,q) \mid q \in \mathbb{Q} \cap \mathbb{R}_+, i = 1,2,\cdots\}$ 是 $(BX, \leqslant)$ 的一个可数基.

反过来, 若 $(BX, \leqslant)$ 有一个可数基, 设为 $\{(x_i,r_i) \mid i = 1,2,\cdots\}$, 则对任一 $x \in X$, 有 $(x,\varepsilon) \ll (x,0)$, 从而由偏序集的基的性质知存在 (x_i,r_i) 使得 $(x,\varepsilon) \ll (x_i,r_i) \ll (x,0)$. 由此可得 $d(x,x_i) < \varepsilon$, 这说明 $\{x_i \mid i = 1,2,\cdots\}$ 是 X 的一个可数稠密子集. 度量空间 (X,d) 是可分的, 从而具有可数基. ☐

习　题　8.1

1. 设 $\mathcal{B}$ 是 Sober 空间 X 的由超紧开集构成的基.

证明: $x \in K(\Omega X)$ 当且仅当 $\cap\{V \in \mathcal{B} \mid x \in V\} \in \mathcal{B}$.

2*. 试探讨 FS-domain 和 B-domain 的形式拓扑刻画.

3. 设 (X,d) 是度量空间. 证明:

(1) $(BX, \leqslant)$ 是连续偏序集;

(2) (X,d) 是可分空间当且仅当 $(BX, \leqslant)$ 具有可数基.

提示: 见文献 [28, 推论 10].

4. 设 (X,d) 是度量空间. 证明: $\max(BX)$ 的相对 Scott 拓扑与相对 Lawson 拓扑一致.

提示: 见文献 [28, 定理 13].

8.2　Domain 的幂构造

前一节从一些特殊的拓扑空间和度量空间出发, 利用形式点和形式球等概念获得了若干特殊 Domain 结构及其刻画. 本节则从 Scott 空间出发以另一方式获得构造新 Domain 结构的方法, 通常认为是幂-domain 构造. 幂-domain 构造最早由 Plotkin 利用适当范畴的自由对象而提出, 旨在为不确定性计算提供数学模型.

一个 domain 范畴是否关于某种幂-domain 构造封闭将决定这个指称语义学模型能否支撑不确定性计算.

我们只介绍从对象出发用拓扑的术语来构造 Scott 空间的 Hoare 幂和 Smyth 幂.

8.2.1　Hoare 幂

定义 8.2.1　偏序集 L 上的所有非空 Scott 闭集依集合包含序构成的偏序集称为 Scott 空间 $(L, \sigma(L))$ 的 **Hoare 幂**, 也称**下幂**, 记作 $H(L)$.

注 8.2.2　由定义, Scott 空间 $(L, \sigma(L))$ 的 Hoare 幂与其拓扑的关系是 $\sigma^*(L) = H(L)_\perp$. 故 $H(L)$ 一定是完备并半格 (任意非空集的上确界存在), 特别地, $H(L)$ 是 dcpo. 一般情况下, $H(L)$ 不必是完备格, 但如果 L 有最小元 0, 则 $H(L) = \sigma^*(L) - \{\varnothing\}$ 也有最小元 $\{0\}$, 这时 $H(L)$ 是完备格.

引理 8.2.3　若 L 是连续 (相应地, 交连续) 偏序集, U 是 L 的 Scott 开集, 则 U 作为 L 的子偏序集也是连续 (相应地, 交连续) 偏序集.

证明　以连续性为例证之, 关于交连续, 利用定理 6.5.8 可类似证得.

由定理 6.2.12, 只需证明 U 的 Scott 拓扑是 CD-格. 由引理 6.1.8 知 U 的 Scott 拓扑是子空间拓扑. 因 L 是连续偏序集, L 的 Scott 拓扑是 CD-格, 这样可直接验证子空间拓扑也是 CD-格, 故由定理 6.2.12 得 U 作为 L 的子偏序集也是连续偏序集.　　　　　　　　□

这一结论可说成连续性和交连续性对 Scott 开子空间可遗传.

注 8.2.4　由推论 6.3.12, dcpo 上的 Scott 拓扑是下可遗传的, 故连续 domain 的 Scott 闭子空间也是连续 domain.

命题 8.2.5　若 L 是连续 (相应地, 拟连续、交连续) 偏序集, 则 $H(L)$ 是连续 (相应地, 拟连续、交连续) 并半格.

证明　由条件及定理 6.2.12、定理 6.9.27 和定理 6.5.8 可知 $\sigma^*(L)$ 是连续格 (相应地, 拟连续格、交连续格). 又因 $H(L)$ 是 $\sigma^*(L)$ 的 Scott 开集, 故由引理 8.2.3 和命题 6.6.18(2) 知 $H(L)$ 是连续 (相应地, 拟连续、交连续) 的, 由注 8.2.2 知 $H(L)$ 是完备并半格. 于是 $H(L)$ 是连续 (相应地, 拟连续、交连续) 并半格.　□

引理 8.2.6　偏序集 L 是拟连续 (相应地, 交连续) 偏序集当且仅当其提升是拟连续 (相应地, 交连续) 偏序集.

证明　充分性: 由 L 是其提升的 Scott 开集及引理 8.2.3 和命题 6.6.18(2) 立得.

必要性: 由定义直接验证.　　　　　　　　　　　　　　　　　　　□

定理 8.2.7　偏序集 L 是连续 (相应地, 拟连续、交连续) 偏序集当且仅当 Hoare 幂 $H(L)$ 是连续 (相应地, 拟连续、交连续) 并半格.

证明　必要性: 由命题 8.2.5 可得.

充分性: 设 $H(L)$ 是连续 (相应地, 拟连续、交连续) 并半格. 则由提升不改变连续性 (相应地, 拟连续性、交连续性), 得 $\sigma^*(L)$ 是连续 (相应地, 拟连续、交连续) 格. 又由定理 6.9.22 知 Scott 闭集格 $\sigma^*(L)$ 总是 C-连续格, 故由定理 6.9.6、定理 6.2.12、定理 6.9.27 和定理 6.5.8 知 L 是连续 (相应地, 拟连续, 交连续) 偏序集. □

8.2.2　Smyth 幂

一个拓扑空间 X 的**拓扑 Smyth 幂**, 记为 $Q(X)$, 是指 X 中所有非空紧饱和子集赋予**上 Vietoris 拓扑** (upper Vietoris topology), 其中上 Vietoris 拓扑, 是指以形如 $\Box U = \{K \in Q(X) \mid K \subseteq U\}$ 的基元开集生成的拓扑, 其中 U 取遍 X 中所有开集.

$Q(X)$ 赋予反包含序 "$\supseteq$" 所得偏序集称为 **Smyth 幂**, 仍记为 $Q(X)$. 容易知道 $Q(X)$ 和 $Q(X) \cup \{\varnothing\}$ 均为交半格且有交运算 $A \wedge B = A \cup B$, $\{\varnothing\}$ 是 $Q(X) \cup \{\varnothing\}$ 中的最大元. 对一个 dcpo L, 空间 $(L, \sigma(L))$ 的 (拓扑)Smyth 幂记为 $Q(L)$, 称为 L 的 (拓扑) Smyth 幂.

命题 8.2.8　若拓扑空间 X 是良滤的 (特别地, Sober 的), 则 $Q(X)$ 是一个 dcpo.

证明　由命题 7.4.9 可得在 $(Q(X), \supseteq)$ 中的定向族 $\mathcal{C}$ 的上确界为 $\vee\mathcal{C} = \cap\mathcal{C} \in Q(X)$, 说明 $Q(X)$ 是一个 dcpo. □

命题 8.2.9　设拓扑空间 X 是 II 型局部紧良滤的. 则 $\forall A, B, K \in Q(X)$,

(1) $A \ll_{Q(X)} B$ 当且仅当 $B \subseteq A^\circ$;

(2) $K = \cap\{C \in Q(X) \mid C \ll_{Q(X)} K\}$, 故 $Q(X)$ 是一个连续 domain.

证明　(1) 假设 $B \subseteq A^\circ$. 设 $\mathcal{C}$ 是一族滤向的紧饱和集满足 $\cap\mathcal{C} \subseteq B$, 即 $\vee\mathcal{C} \geqslant B$. 则由 X 是良滤的知, 存在 $C \in \mathcal{C}$ 使得 $C \subseteq A^\circ \subseteq A$, 即 $C \geqslant A$. 从而有 $A \ll_{Q(X)} B$.

假设 $A \ll_{Q(X)} B$. 设开集 U 满足 $B \subseteq U$. 由 X 是 II 型局部紧的, 对每一个 $x \in B$, 存在紧饱和邻域 C_x(紧邻域的饱和化) 使 $x \in C_x^\circ \subseteq C_x \subseteq U$. 由 B 是紧的, 知存在一个有限的点序列 $x_1, x_2, \cdots, x_n \in B$ 使得 $B \subseteq (\bigcup_{i=1}^n C_x)^\circ \subseteq \bigcup_{i=1}^n C_x \subseteq U$.

易知 $\bigcup_{i=1}^n C_x$ 是紧饱和的. 令 $\mathcal{C} = \{C \in Q(X) \mid B \subseteq C^\circ\}$. 则 $\mathcal{C}$ 是滤向的且 $B = \cap\mathcal{C} = \vee\mathcal{C}$. 由 $A \ll_{Q(X)} B$, 得存在 $C \in \mathcal{C}$ 使得 $C \geqslant A$, 即 $C \subseteq A$. 因此, $B \subseteq C^\circ \subseteq A^\circ$.

(2) 由上述证明 (1) 知, 对任一 $K \in Q(X)$, K 可以表示为一族紧饱和邻域的滤向交, 即 $K = \cap\{C \in Q(X) \mid K \subseteq C^\circ\} = \cap\{C \in Q(X) \mid C \ll K\} = \vee\{C \in Q(X) \mid C \ll K\}$. 故结合命题 8.2.8 得 $Q(X)$ 是一个连续 domain. □

一般地, Scott 拓扑比上 Vietoris 拓扑细. 下一命题说明对于 II 型局部紧

Sober 空间 X, $Q(X)$ 的 Scott 拓扑与上 Vietoris 拓扑一致. 特别地, 对拟连续 domain L, $Q(L)$ 的 Scott 拓扑与上 Vietoris 拓扑一致.

命题 8.2.10 设 X 是 II 型局部紧 Sober 空间. 则 $Q(X)$ 上的 Scott 拓扑与上 Vietoris 拓扑一致. 特别地, 若 L 是拟连续 domain. 则 $Q(L)$ 上的 Scott 拓扑与上 Vietoris 拓扑一致.

证明 直接由 X 是 II 型局部紧 Sober 空间可证, 上 Vietoris 拓扑的基本开集 $\Box U$ (U 是 X 的开集) 也为 $Q(X)$ 的 Scott 开集. 反过来, 由命题 8.2.9 知 $Q(X)$ 是连续 domain, 从而其上的 Scott 拓扑的基形如 $\{\uparrow_{Q(L)} A \mid A \in Q(L)\}$. 由命题 8.2.9(1), 对任意 $A, B \in Q(X)$, $B \in \uparrow_{Q(X)} A$ 当且仅当 $B \subseteq A^\circ$ 当且仅当 $B \in \Box A^\circ$. 因此, $\uparrow_{Q(X)} A = \Box A^\circ$ 也是上 Vietoris 拓扑的一个基本开集, 这表明两种拓扑是一致的. $\qquad\Box$

由命题 6.6.12(3) 与命题 6.6.23(1) 知, 对拟连续 domain L, Scott 空间 $(L, \sigma(L))$ 是 II 型局部紧 Sober 的, 故而是 II 型局部紧良滤的. 于是, 由命题 8.2.9 和命题 8.2.10 有如下结论.

推论 8.2.11 若 L 是拟连续 domain, 则 Smyth 幂 $Q(L)$ 是一个连续 domain.

下一结论引自文献 [71, 引理 3.1], 由此引理可给出 coherent 空间的一种新刻画.

引理 8.2.12 设 L 是一个良滤的 dcpo. 则 L 是 coherent 的当且仅当对任意的 $x, y \in L$, 有 $\uparrow x \cap \uparrow y$ 是紧的.

证明 如果 L 是 coherent 的, 则由 $\uparrow x$, $\uparrow y$ 是紧饱和的知 $\uparrow x \cap \uparrow y$ 是紧的.

反之, 假设对任意的 $x, y \in L$, 有 $\uparrow x \cap \uparrow y$ 是紧的. 下证, 对任意的紧饱和集 $A, B \subseteq L$, 有 $A \cap B$ 在 L 中是紧的. 为此, 先选定 $a \in L$. 定义映射 $f : L \to Q(L)$ 使对任意 $x \in L$, $f(x) = \uparrow x \cap \uparrow a$, 其中 $\uparrow x \cap \uparrow a$ 是紧饱和集. 现断言, f 是 Scott 连续映射. 事实上, 对每一个 Scott 开集 $U \subseteq L$, 显然 $f^{-1}(\Box U) = \{x \mid \uparrow x \cap \uparrow a \subseteq U\}$ 是一个上集. 设 $D \subseteq L$ 定向且 $\sup D \in f^{-1}(\Box U)$, 则有 $\uparrow(\sup D) \cap \uparrow a \subseteq U$, 即 $\bigcap_{d \in D}(\uparrow d \cap \uparrow a) \subseteq U$. 注意到 L 是良滤的, 且 $\{\uparrow d \cap \uparrow a \mid d \in D\}$ 是一族滤向的紧饱和集, 可知存在 $d \in D$ 使得 $\uparrow d \cap \uparrow a \subseteq U$, 即 $d \in f^{-1}(\Box U)$. 因此, $f^{-1}(\Box U)$ 是 Scott 开集, 这表明 f 是 Scott 连续映射.

由 f 的 Scott 连续性知对给定的紧饱和集 $A \subseteq L$, $f(A) = \{\uparrow x \cap \uparrow a \mid x \in A\}$ 在 $Q(L)$ 中也是紧子集. 下面证明 $\cup f(A) = \uparrow A \cap \uparrow a = A \cap \uparrow a$ 在 L 中是紧的. 事实上, 对 $Q(L)$ 中任一紧子集 $\mathcal{C}$, 设 L 的定向的开集族 $\{U_\alpha\}$ 覆盖 $\cup \mathcal{C}$. 则得到 $\{\Box U_\alpha\}$ 是 $\mathcal{C}$ 的一个定向覆盖. 由 $\mathcal{C}$ 的紧性, 知存在 α_0 使得 $\mathcal{C} \subseteq \Box U_{\alpha_0}$. 从而 U_{α_0} 覆盖每一个 $K \in \mathcal{C}$. 于是, $\cup \mathcal{C} \subseteq U_{\alpha_0}$, $\{U_{\alpha_0}\}$ 是 $\cup \mathcal{C}$ 的一个覆盖, 这说明 $\cup \mathcal{C}$ 是紧的, 特别地 $\cup f(A) = A \cap \uparrow a$ 在 L 中是紧的.

对紧饱和集 A 还可定义另一个函数 $g : L \to Q(L)$ 使 $\forall x \in L$, $g(x) = \uparrow x \cap A$.

类似地可以证得 g 也是 Scott 连续的. 故对紧饱和集 $B \subseteq L$, 有 $g(B)$ 在 $Q(L)$ 中也是紧子集. 同样得到, $\cup g(B) = A \cap B$ 在 L 中是紧的. 故 L 是 coherent 的.   □

定理 8.2.13　设 X 是非空 II 型局部紧 Sober 的 coherent 空间. 则 $Q(X)$ 也是 coherent 的.

证明　由命题 8.2.10 知 $Q(X)$ 的 Scott 拓扑与上 Vietoris 拓扑一致. 为证 $Q(X)$ 是 coherent 的, 由引理 8.2.12 知只需证 $\forall A, B \in Q(X)$, $\uparrow_{Q(X)} A \cap \uparrow_{Q(X)} B$ 是紧的. 事实上, 由 X 是 coherent 的, 得 $A \cap B$ 是紧的且 $A \cap B \in Q(X)$. 故 $\uparrow_{Q(X)} A \cap \uparrow_{Q(X)} B = \uparrow_{Q(X)}(A \cap B)$ 也是紧的.   □

注 8.2.14　若 L 是 Lawson 紧的拟连续 domain, 则由定理 7.4.10 知两个 Scott 紧上集的交仍为 Scott 紧的, 于是 $Q(L)$ 是并半格且有并运算 $A \vee B = A \cap B$, $L \in Q(L)$ 是最小元. 需注意的是, 即便 X 是 coherent 的, $Q(X)$ 也不必有最小元. 例如, 设 $L = (0, 1]$ 赋予 Scott 拓扑, 则 $Q(L) \cong L$ 无最小元.

由定理 8.2.13 和注 8.2.14, 立即得到

推论 8.2.15　若 L 是 Lawson 紧拟连续 domain, 则 $Q(L)$ 是 bc-domain, 进而 $Q(L) \cup \{\varnothing\}$ 同构于 $Q(L)^\top$ (加顶) 是连续格.

习　题　8.2

1. 设 L 是一个 Lawson 紧的拟连续 domain.

证明: L 的 Hoare 幂 $H(L)$ 是一个 Lawson 紧的拟连续 domain.

2. 举例说明对一般的 (拟) 连续 domain L 而言, Hoare 幂 $H(L)$ 不必是 Lawson 紧的.

3. 设 L 是拟代数 domain 且有最小元. 则 $H(L)$ 是拟代数格.

4. 举例说明, L-domain 的 Smyth 幂不必是 L-domain.

5. 一个空间是凝聚空间当且仅当它是 Sober 的 coherent 空间且开集格为代数格.

6. 设 P 是无限的连续 domain, $Q(P)$ 是其 Smyth 幂. 证明: 权 $W(P) = W(Q(P))$.

7. 举例说明有限连续 domain 的权与其 Smyth 幂的权一般不相等.

8.3　QFS-domain 的幂

本节研究 QFS-domain 的 Hoare 幂和 Smyth 幂, 证明 QFS-domain 的 Hoare 幂和 Smyth 幂仍为 QFS-domain.

首先, 综合定理 6.9.27, 我们有

定理 8.3.1　设 L 是偏序集, 则有下列五条等价:

(1) L 是拟连续偏序集;

(2) $\sigma(L)$ 是超连续格;

(3) $\sigma^*(L)$ 是 GCD 格;

(4) $\sigma^*(L)$ 是拟连续格;

(5) $\sigma^*(L)$ 是 QFS-domain 和完备格.

证明 根据定理 7.4.13 和定理 7.3.30 可得 (4) $\Longleftrightarrow$ (5). 综合定理 6.9.27, 得证. □

由引理 8.2.6 知提升不改变 dcpo 的拟连续性, 进一步我们有如下结论:

命题 8.3.2 设 $L = \uparrow\{x_1, x_2, \cdots, x_n\}$ 是 dcpo. 则有下面两条成立:

(1) L 是 QFS-domain 当且仅当 $L_\perp$ 是 QFS-domain;

(2) 关于 Lawson 拓扑 L 是紧的当且仅当 $L_\perp$ 是紧的.

证明 (1) 必要性: 由 L 是 QFS-domain 知 L 上存在一个由拟有限分离映射构成的拟单位逼近 $\mathcal{D} = \{\delta_i\}_{i \in I}$. 对任意 $\delta_i \in \mathcal{D}$, 可定义映射 $\delta_i^* : L_\perp \to \mathcal{P}_{\mathrm{fin}}(L_\perp)$ 使得

$$\delta_i^*(x) = \begin{cases} \delta_i(x), & x \in L, \\ \{\perp\}, & x = \perp. \end{cases}$$

可直接验证集族 $\{\delta_i^*\}_{i \in I}$ 是 $L_\perp$ 上的一个拟有限分离映射构成的拟单位逼近, 这说明 $L_\perp$ 是一个 QFS-domain.

充分性: 设 $L_\perp$ 是一个 QFS-domain, 则 $L_\perp$ 上存在一个由拟有限分离映射构成的拟单位逼近 $\mathcal{D} = \{\delta_i\}_{i \in I}$. 对每一 $x_j \in \{x_1, x_2, \cdots, x_n\}(j \in \{1, 2, \cdots, n\})$, 都存在 $i(j) \in I$ 使得 $\perp \notin \delta_{i(j)}(x_j)$. 否则, 若对任意 $i \in I$ 都有 $\perp \in \delta_i(x_j)$, 则 $\bigcap_{i \in I} \uparrow\delta_i(x_j) = \cap\uparrow\perp = L_\perp \neq \uparrow x_j$, 这矛盾于拟单位逼近的定义. 由 $\mathcal{D}$ 的定向性知存在 $\delta_0 \in \mathcal{D}$ 使得 $\delta_0 \geqslant \delta_{i(j)}(j \in \{1, 2, \cdots, n\})$. 易见 $\mathcal{D}^* = \{\delta \mid \delta \geqslant \delta_0\}$ 也是 $L_\perp$ 上的一个由拟有限分离映射构成的拟单位逼近. 对任意 $\delta \in \mathcal{D}^*$, $y \in L$, 存在 $x_j \leqslant y$ 使得 $\delta(y) \geqslant \delta(x_j) \geqslant \delta_0(x_j) \geqslant \delta_{i(j)}(x_j)$. 注意到 $\perp \notin \delta_{i(j)}(x_j)$, 于是 $\perp \notin \delta(y)$, $\delta(y) - \{\perp\} = \delta(y) \neq \varnothing$. 定义 $\delta^L : L \to \mathcal{P}_{\mathrm{fin}}(L)$ 使得 $\delta^L(y) = \delta(y) - \{\perp\} \neq \varnothing$. 则可直接验证 $\{\delta^L \mid \delta \in \mathcal{D}^*\}$ 是 L 上的一个由拟有限分离映射构成的拟单位逼近, 从而 L 是一个 QFS-domain.

(2) 必要性是平凡的. 由 $L = \uparrow\{x_1, x_2, \cdots, x_n\} = \bigcup_{i=1}^{n} \uparrow x_i$ 在 $L_\perp$ 中关于 Lawson 拓扑是闭的可知充分性成立. □

定理 8.3.3 设 L 是一个 QFS-domain. 则 L 的 Hoare 幂 $H(L)$ 是一个 QFS-domain.

证明 由定理 7.4.13 知 L 是拟连续的且关于 Lawson 拓扑是紧的, 由推论 7.4.11 知 L 是有限生成上集的. 令 $L = \uparrow\{x_1, x_2, \cdots, x_n\}$. 由定理 8.3.1 知 $\sigma^*(L)$ 是一个 QFS-domain 且为完备格. 注意到 $\{x_i\} = \downarrow x_i$, 故 $H(L) = \sigma^*(L) - \{\varnothing\} = \uparrow_{\sigma^*(L)}\{\{x_1\}, \{x_2\}, \cdots, \{x_n\}\}$. 再由命题 8.3.2(1) 可知 $H(L)$ 是一个 QFS-domain. □

注意到定理 8.3.3 的证明中仅需 L 是拟连续的且是有限生成上集, 故有如下推论.

推论 8.3.4　设 L 是拟连续 domain. 若 L 是有限生成上集, 则 $H(L)$ 是一个 QFS-domain. 特别地, 若 dcpo L 拟连续且有最小元, 则 $H(L)$ 是一个 QFS-domain.

推论 8.3.5　设 L 是拟连续 domain. 若 L 关于 Lawson 拓扑是紧的, 则 L 的 Hoare 幂 $H(L)$ 是一个 QFS-domain.

下例表明对一般的 (拟) 连续 domain L 而言, Hoare 幂 $H(L)$ 不必是 QFS-domain.

例 8.3.6　设 L 是如图 8.1 所示的 dcpo. 易知 L 是代数的并半格但

$$H(L) = \uparrow\{\{x_1\}, \{x_2\}, \cdots, \{x_n\}, \cdots\}$$

不是有限生成上集, 更不必是 QFS-domain.

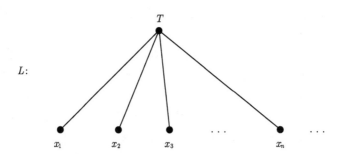

图 8.1　L 为代数 domain 但 $H(L)$ 不是 QFS-domain

由推论 8.2.11 可知, 每一个拟连续 domain 的 Smyth 幂是一个连续 domain. 下一定理说明每一个 QFS-domain 的 Smyth 幂是一个 FS-domain.

定理 8.3.7　设 L 是 QFS-domain. 则 L 的 Smyth 幂 $Q(L)$ 是 bc-domain, 从而是 FS-domain, 特别是 QFS-domain.

证明　由命题 7.3.8、定理 7.4.13、推论 8.2.15 和定理 7.2.8 立得.　　　　□

习　题　8.3

1. 证明: FS-domain 的 Hoare 幂和 Smyth 幂仍是 FS-domain.

2. 设 L 是拟连续 domain. 证明: L 是拟代数的当且仅当 L 的 Smyth 幂 $Q(L)$ 是代数的.

3*. 设 L 是拟连续 domain. 证明下列条件等价:

(1) L 是 QBF-domain;

(2) L 的 Smyth 幂 $Q(L)$ 是 BF-domain;

(3) L 是 Lawson 紧的拟代数 domain.

提示: 参见文献 [44, 105].

4*. 探讨关于拟代数偏序集和/或拟代数 domain 的类似于定理 8.3.1 的刻画.

提示: 参见文献 [56, 命题 4.5].

第 9 章 数 字 拓 扑

数字拓扑是 20 世纪 60 年代后期兴起的一门研究数字图像的几何和拓扑特性的理论, 主要考虑数字空间中点集自身的拓扑性质以及点集与点集之间的邻接关系. 除了数字图像处理和人工智能中的空间推理, 数字拓扑还有许多其他方面的应用, 如数字控制、输入输出模型、医学断层扫描分析等. 在欧氏空间中研究数字拓扑比较典型的方法主要有图论方法、嵌入方法和公理方法. 这三种方法各有优缺点, 从数学角度看公理方法最为完美, 但它不能直接提供具体应用中所必需的处理方法, 这是因为实际中所讨论的空间对象既非开集, 也非连通集, 往往是集合套集合. 图论方法可以直接产生连通性, 但它很难处理拓扑中诸如连续和同伦等复杂概念. 嵌入法相对容易, 但对具体问题必须找到合适的嵌入方式.

数字拓扑被证明是解决计算机图形学和图像处理中拓扑问题的有效工具, 需要在计算机上建立空间关系模型. 数字拓扑的拓扑学方法在 20 世纪 80 年代末才首次被使用[83], 其主要目的是提供整数集 $\mathbb{Z}$ 和格点集合 $\mathbb{Z} \times \mathbb{Z}$(整点平面) 等的拓扑结构, 形成数字轴 $\mathbb{Z}_d$ 和数字平面 $\mathbb{Z}_d \times \mathbb{Z}_d$. 数字拓扑的基本原理是由 Rosenfeld 首先提出的[163], 它为图像处理操作, 如边界跟踪、图像细化、对象计数和轮廓填充等提供了良好数学基础 (见 [90]). 首先, 数字拓扑赋予数字空间的拓扑概念, 诸如物体边界的性质、它们的邻域、连续性 ([46, 172]) 以及连通性 ([12, 47]) 等. 其次数字轴 $\mathbb{Z}_d$ 和数字平面 $\mathbb{Z}_d \times \mathbb{Z}_d$ 等数字空间能够用于计算机图像建模. 数字拓扑实际使用的方法有 Rosenfeld 的基于图的方法[89, 90, 162, 163]、Khalimsky 的基于特定空间的拓扑方法[83], 以及 Kovelevsky 的基于抽象胞腔复形的方法[97], 文献 [144] 中也提出了代数方法. 到目前为止, 已经发表一系列论文来发展数字拓扑的拓扑方法 (见 [13, 14, 42, 86, 88, 91]). 它们中的大多数在数字轴 $\mathbb{Z}_d$ 和数字平面 $\mathbb{Z}_d \times \mathbb{Z}_d$ 上使用所谓的 Khalimsky 拓扑.

数字拓扑的研究, 应该涉及以下具体问题: 处理与一些简单拓扑性质 (如连通性) 和拓扑特征 (如边界) 相关联的阵列对象或其补的性质和特征; 集合的连通性和连通分支 (量) 的定义; 数字点集按照内部和边界点定义的分类, 数字点集边界的定义; Jordan 曲线定理 (和它的高维类似物); 点集的拓扑不变量——欧拉数的定义和应用; 数字拓扑的应用等. 不管是从应用还是从理论上, Jordan 曲线定理都是平面上一个较重要的定理. Jordan 曲线定理成立意味着任何简单闭曲线都能将平面分为两部分, 即曲线内和曲线外, 曲线内部是封闭的, 而曲线外部非封闭.

按 Bourbaki 学派的观点, 代数结构、序结构和拓扑结构是数学中最重要的三大母结构, 这些结构相互交叉渗透派生出众多新的数学结构. 三大母结构融合得较成功很有特色的学科是第 4 章至第 8 章涉及的无点化拓扑, Domain 理论和形式拓扑理论等. 因此, 我们意图以新的视角从代数、序、拓扑这三个不同方面来进一步认识和探讨数字拓扑, 这些探讨提供了拓扑和 Domain 方面的许多重要反例.

9.1 数字轴与数字平面

先建立数字轴和数字平面的概念, 然后再进行多方位考察.

定义 9.1.1 ([3])　在整数集 $\mathbb{Z}$ 上对每一整数 $n \in \mathbb{Z}$, 规定如下基本开集 $B(n)$,

$$B(n) = \begin{cases} \{n\}, & \text{如果 } n \text{ 是奇数}, \\ \{n-1, n, n+1\}, & \text{如果 } n \text{ 是偶数}. \end{cases}$$

这些基本开集全体生成 $\mathbb{Z}$ 的一个拓扑 τ, 称为 $\mathbb{Z}$ 的**数字拓扑**, 拓扑空间 $(\mathbb{Z}, \tau)$ 称为**数字轴**, 简记为 $\mathbb{Z}_d$.

注 9.1.2　(1) 容易验证基本开集 $B(n)$ 全体满足成基定理 (定理 2.3.5) 的条件, 从而确实生成 $\mathbb{Z}$ 上一个拓扑 τ. 又易知 τ 是 T_0 的, 非 T_1 的. 因 T_0 的正则空间 (正规空间) 均为 T_3 空间, 故 τ 不是正则的, 也不是正规的.

(2) 由于基本开集共有可数个, 故数字轴 $(\mathbb{Z}, \tau)$ 是第二可数空间.

(3) 基本开集全体构成数字轴 $(\mathbb{Z}, \tau)$ 的一个开覆盖, 它没有有限子覆盖, 故数字轴 $(\mathbb{Z}, \tau)$ 不是紧空间.

(4) 若 m 是奇数, 则单点集 $\{m\} = B(m) \in \tau$ 是开集, 点 m 称为**开点**.

(5) 若 n 是偶数, 则单点集 $\{n\}$ 是闭集, 点 n 称为**闭点**.

定义 9.1.3 ([3])　在集 $\mathbb{Z} \times \mathbb{Z}$ 上对每点 $(m, n) \in \mathbb{Z} \times \mathbb{Z}$, 规定如下基本开集 $B(m, n)$:

$$B(m,n) = \begin{cases} \{(m,n)\}, & \text{若 } m \text{ 和 } n \text{ 是奇数}, \\ \{(m+a, n) \mid a = -1, 0, 1\}, & \text{若 } m \text{ 是偶数且 } n \text{ 是奇数}, \\ \{(m, n+b) \mid b = -1, 0, 1\}, & \text{若 } m \text{ 是奇数且 } n \text{ 是偶数}, \\ \{(m+a, n+b) \mid a, b = -1, 0, 1\}, & \text{若 } m \text{ 和 } n \text{ 是偶数}. \end{cases}$$

这些基本开集全体生成 $\mathbb{Z} \times \mathbb{Z}$ 的一个拓扑 η, 称为 $\mathbb{Z} \times \mathbb{Z}$ 的**数字拓扑**, 拓扑空间 $(\mathbb{Z} \times \mathbb{Z}, \eta)$ 称为**数字平面**, 简记为 $\mathbb{Z}_d \times \mathbb{Z}_d$.

注 9.1.4　(1) 在 $\mathbb{Z}_d \times \mathbb{Z}_d$ 中, 若 m 和 n 都是奇数, 则 $\{(m,n)\}$ 是开的, 点 (m, n) 称为**开点**; 若 m 和 n 都是偶数, 则 $\{(m,n)\}$ 是闭的, 此时点 (m, n) 称为**闭点**.

(2) 由定理 2.5.19, 若拓扑空间 X 和 Y 分别有基 $\mathcal{B}_X$ 和 $\mathcal{B}_Y$, 则积空间 $(X \times Y, \tau_{X \times Y})$ 有一个基 $\mathcal{B}_{X \times Y} = \{U \times V \mid U \in \mathcal{B}_X, V \in \mathcal{B}_Y\}$. 定义 9.1.3 中 η 的基元 $B(m, n)$ 确是数字轴的基元 $B(m) \times B(n)$, 故由拓扑构造知数字平面恰是两数字轴的积空间, 即 $\eta = \tau * \tau$ 是 τ 和 τ 的积拓扑. 于是数字平面 $\mathbb{Z}_d \times \mathbb{Z}_d = (\mathbb{Z} \times \mathbb{Z}, \tau * \tau)$.

(3) 由 (2) 和注 9.1.2 可知数字平面 $\mathbb{Z}_d \times \mathbb{Z}_d$ 是第二可数的, 非紧的 T_0 空间.

定义 9.1.5 拓扑空间 (X, τ) 称作 **Alexandrov** 空间, 如果 τ 对任意交也封闭.

下一引理的证明容易, 从略.

引理 9.1.6 对拓扑空间 X, 下述各条等价:

(i) X 是一个 Alexandrov 空间;

(ii) 每一点 $x \in X$ 有一个最小的开邻域, 即含该点的开邻域的交;

(iii) X 的任意多个闭集之并仍然是闭集.

推论 9.1.7 Alexandrov 空间的子空间和有限积空间仍是 Alexandrov 空间.

证明 由引理 9.1.6 直接验证, 留读者练习.   □

命题 9.1.8 数字轴 $(\mathbb{Z}, \tau)$ 和数字平面 $(\mathbb{Z} \times \mathbb{Z}, \eta)$ 均为 Alexandrov 空间.

证明 对每一 $n \in (\mathbb{Z}, \tau)$, 基元 $B(n)$ 是最小的含 n 的开邻域, 故由引理 9.1.6(ii) 得 $(\mathbb{Z}, \tau)$ 是 Alexandrov 空间. 由推论 9.1.7 得数字平面 $(\mathbb{Z} \times \mathbb{Z}, \eta)$ 也是 Alexandrov 空间.   □

定义 9.1.9 一个拓扑空间 X 称为

(i) T_D 空间 (见 [24]), 如果对每一 $x \in X, \{x\}^d = \mathrm{cl}(\{x\}) - \{x\}$ 是闭集;

(ii) $T_{1/2}$ 空间 (见 [83]), 如果对每一 $x \in X, \{x\}$ 不是闭集就是开集.

注 9.1.10 (1) 由注 9.1.2 知数字轴是 $T_{1/2}$ 空间. 而作为数字轴的积空间, 数字平面中显然存在既不开又不闭的点, 故数字平面不是 $T_{1/2}$ 空间.

(2) 直接验证数字轴中每一开点的闭包是含该点的三元集, 另两元为该点的一左一右的闭点, 故由 T_D 空间定义知数字轴是 T_D 空间.

命题 9.1.11 设 τ 是数字轴的拓扑, $\tau_{\mathbb{R}}$ 是实直线的拓扑. 定义映射 $f : (\mathbb{R}, \tau_{\mathbb{R}}) \to (\mathbb{Z}, \tau)$ 使对每一 $x \in \mathbb{R}$,

$$f(x) = \begin{cases} n, & \text{如果 } x = n \text{ 是偶数}, \\ m, & \text{如果 } x \in (m-1, m+1) \text{ 对某奇数 } m \text{ 成立}, \end{cases}$$

则 f 是开的商映射且 τ 是由 $\tau_{\mathbb{R}}$ 和 f 决定的商拓扑.

证明 易见 f 是到 $\mathbb{Z}$ 的满射. 先证明 f 是开映射. 为此, 只需证明对 $\mathbb{R}$ 中所有开区间 (a, b), 总有 $f((a, b)) = O \cup E \in \tau$, 其中

$$O = \{s \mid s \text{ 是奇数且 } (s-1, s+1) \cap (a, b) \neq \varnothing\},$$

$E = \cup\{\{t-1,t,t+1\} \mid t$ 是偶数, $(t-1,t) \cap (a,b) \neq \varnothing \neq (t,t+1) \cap (a,b)\}.$

事实上, 如果 $n \in f((a,b))$ 是奇数, 则 $(n-1,n+1) \cap (a,b) \neq \varnothing$ 和 $n \in O$. 如果 $n \in f((a,b))$ 是偶数, 则 $f(n) = n \in (a,b)$, $(n-1,n) \cap (a,b) \neq \varnothing$ 和 $(n,n+1) \cap (a,b) \neq \varnothing$, 这表明 $n \in E$. 于是 $f((a,b)) \subseteq O \cup E$.

反过来, 设 $m \in O \cup E$. 如果 $m \in O$, 则 m 是奇数且 $(m-1,m+1) \cap (a,b) \neq \varnothing$. 取 $w \in (m-1,m+1) \cap (a,b)$, 则 $f(w) = m \in f((a,b))$. 如果 $m \in E$, 则存在偶数 $t \in \mathbb{Z}$ 使得 $m \in \{t-1,t,t+1\}$ 且 $(t-1,t) \cap (a,b) \neq \varnothing \neq (t,t+1) \cap (a,b)$. 容易验证 $\{t-1,t,t+1\} \subseteq f((a,b))$, 从而 $m \in f((a,b))$. 这完成了 $f((a,b)) = O \cup E$ 的证明. 由于 $O \cup E$ 是 $(\mathbb{Z},\tau)$ 中若干基本开集的并集, 故 $f((a,b))$ 是 τ-开的, 从而 f 是开映射.

设 τ_f 是由 $\tau_\mathbb{R}$ 和 f 决定的商拓扑. 下证 $\tau_f = \tau$. 为证 $\tau_f \subseteq \tau$, 设 $U \in \tau_f$. 则 $f^{-1}(U)$ 必然是 $\mathbb{R}$ 中开集且 $f^{-1}(U) = \bigcup_{i \in J}(a_i,b_i)$, 于是 $U = f(f^{-1}(U)) = \bigcup_{i \in J} f((a_i,b_i))$. 因上面已证 f 是开映射, 故 $U = \bigcup_{i \in J} f((a_i,b_i)) \in \tau$, 这证得了 $\tau_f \subseteq \tau$.

为证 $\tau \subseteq \tau_f$, 只需证每个基本开集 $B(n) \in \tau_f$ $(n \in \mathbb{Z})$. 对奇数 n, 我们有 $f^{-1}(B(n)) = f^{-1}(\{n\}) = (n-1,n+1) \in \tau_\mathbb{R}$, 这蕴涵 $B(n) \in \tau_f$; 对偶数 n, 我们有 $f^{-1}(B(n)) = f^{-1}(\{n-1,n,n+1\}) = (n-2,n+2) \in \tau_\mathbb{R}$, 这也蕴涵 $B(n) \in \tau_f$. 于是 $\mathcal{B} = \{B(n)\}_{n \in \mathbb{Z}} \subseteq \tau_f$, $\tau \subseteq \tau_f$. 从而 $\tau = \tau_f$. □

因连通性, 道路连通性均是连续满映射保持的, 故由命题 9.1.11 中构造的映射是开的商映射, 可得

推论 9.1.12　数字轴 $(\mathbb{Z},\tau)$ 和数字平面 $(\mathbb{Z} \times \mathbb{Z}, \eta) = (\mathbb{Z} \times \mathbb{Z}, \tau * \tau)$ 均为道路连通和局部连通的.

证明　由命题 9.1.11 和 $\tau_\mathbb{R}$ 是道路连通和局部连通的, 立刻推得数字轴 $(\mathbb{Z},\tau)$ 为道路连通和局部连通的, 再由注 9.1.4(2) 得数字平面 $(\mathbb{Z} \times \mathbb{Z}, \tau * \tau)$ 是道路连通和局部连通的. □

定理 9.1.13　如果 X 是 Alexandrov 空间且 Y 是 X 的商空间, 则 Y 是 Alexandrov 空间.

证明　设 X 是 Alexandrov 空间且 Y 是由 X 和满映射 $f : X \to Y$ 决定的商空间. 则 $\tau_Y = \tau_f = \{U \subseteq Y \mid f^{-1}(U) \in \tau_X\}$ 是商拓扑. 因 X 是 Alexandrov 空间, f 是商映射, 故对每一集族 $\{U_i\}_{i \in \mathcal{I}} \subseteq \tau_f$, 有 $\bigcap_{i \in \mathcal{I}} f^{-1}(U_i) = f^{-1}(\bigcap_{i \in \mathcal{I}} U_i) \in \tau_X$, 进而 $\bigcap_{i \in \mathcal{I}} U_i \in \tau_f$. 于是由定义 9.1.5, Y 是 Alexandrov 空间. □

定理 9.1.14　设 (X_i, τ_{X_i}) 和 (Y_i, τ_{Y_i}) 是拓扑空间, $f_i : X_i \to Y_i$ $(i = 1,2)$ 是开的商映射. 对每一 $(x_1, x_2) \in X_1 \times X_2$, 规定 $(f_1 \times f_2)(x_1, x_2) = (f_1(x_1), f_2(x_2))$, 则这样定义的映射 $f_1 \times f_2$ 是商映射.

证明　只需证 $\tau_{Y_1 \times Y_2} = \tau_{f_1 \times f_2}$. 为证 $\tau_{Y_1 \times Y_2} \subseteq \tau_{f_1 \times f_2}$, 要证 $\mathcal{B}_{Y_1 \times Y_2} \subseteq \tau_{f_1 \times f_2}$, 其中 $\mathcal{B}_{Y_1 \times Y_2}$ 是 $Y_1 \times Y_2$ 中基元. 为此, 设 $B = V \times W \in \mathcal{B}_{Y_1 \times Y_2}$, $V \in \tau_{Y_1}$ 且 $W \in \tau_{Y_2}$. 则

$$(f_1 \times f_2)^{-1}(V \times W) = f_1^{-1}(V) \times f_2^{-1}(W) \in \tau_{X_1 \times X_2}.$$

由商映射定义 (定义 2.5.30), 得 $V \times W \in \tau_{f_1 \times f_2}$.

为证明包含式 $\tau_{Y_1 \times Y_2} \supseteq \tau_{f_1 \times f_2}$ 也成立, 设 $U \in \tau_{f_1 \times f_2}$. 则由定义 2.5.30, $(f_1 \times f_2)^{-1}(U) \in \tau_{X_1 \times X_2}$. 进而 $(f_1 \times f_2)^{-1}(U) = \bigcup_{i \in J}(V_i \times W_i)$ 对某集族 $\{V_i\}_{i \in J} \subseteq \tau_{X_1}$ 和 $\{W_i\}_{i \in J} \subseteq \tau_{X_2}$ 成立. 因 f_1 和 f_2 都是满的开映射, 故有

$$U = (f_1 \times f_2)(f_1 \times f_2)^{-1}(U) = \bigcup_{i \in J}(f_1(V_i) \times f_2(W_i)) \in \tau_{Y_1 \times Y_2}.$$

于是 $\tau_{Y_1 \times Y_2} \supseteq \tau_{f_1 \times f_2}$. □

推论 9.1.15　数字平面 $(\mathbb{Z} \times \mathbb{Z}, \eta) = (\mathbb{Z} \times \mathbb{Z}, \tau * \tau)$ 是 $(\mathbb{R}^2, \tau_{\mathbb{R}^2})$ 的商空间.

证明　设 $f : (\mathbb{R}, \tau_{\mathbb{R}}) \to (\mathbb{Z}, \tau)$ 是命题 9.1.11 中给出的商映射. 则由命题 9.1.11 的证明, 可见 f 是开的商映射. 定义 $f \times f : (\mathbb{R}^2, \tau_{\mathbb{R}^2}) \to (\mathbb{Z} \times \mathbb{Z}, \tau * \tau)$ 使 $(f \times f)((x,y)) = (f(x), f(y))$. 则由定理 9.1.14, $f \times f$ 是商映射. □

定理 9.1.16　积空间 $(X \times Y, \tau_X * \tau_Y)$ 是 Alexandrov 空间当且仅当空间 (X, τ_X) 和 (Y, τ_Y) 是 Alexandrov 空间.

证明　充分性: 为证 $(X \times Y, \tau_X * \tau_Y)$ 是 Alexandrov 的, 只需证任一点 $(x, y) \in X \times Y$ 都存在最小的开邻域. 事实上, 因 X 和 Y 是 Alexandrov 的, 由引理 9.1.6(ii), 分别存在含 x 最小开集 B_x 和含 y 的最小开集 B_y. 这样在 $X \times Y$ 中 $B_x \times B_y$ 便是含点 (x, y) 的最小开集. 从而由引理 9.1.6(ii) 知 $(X \times Y, \tau_X * \tau_Y)$ 是 Alexandrov 的.

必要性: 注意到 $X \cong X \times \{y\}$ 对每一 $y \in Y$ 成立. 故 X 可看作是 $X \times Y$ 的子空间. 由推论 9.1.7 得 X 是 Alexandrov 的. 同理 Y 也是 Alexandrov 的. □

习　题　9.1

1. 证明引理 9.1.6.
2. 证明推论 9.1.7.
3. 举例说明分离性 $T_{1/2}$ 不为有限可乘性质.
4*. 探讨分离性 T_D 是否为有限可乘性质.

9.2　数字拓扑的序结构

大家知道, 在 T_0 的 Alexandrov 空间 X 中的每点 $x \in X$ 有最小的开邻域 $\uparrow x$ 且特殊化序是一个偏序, 开集恰好是关于特殊化序的上集, 闭集就恰好是下集. 而

数字轴和数字平面是 T_0 的 Alexandrov 空间, 于是本节先刻画数字轴和数字平面的特殊化序, 然后从序的方面研究其性质.

命题 9.2.1 数字轴 $(\mathbb{Z}_d, \tau)$ 的特殊化序可刻画如下: 对偶数 n, $\downarrow n = \{n\}$, 对奇数 m, $\downarrow m = \{m-1, m, m+1\}$. 则偏序集 $(\mathbb{Z}_d, \leqslant_s)$ 与它的对偶偏序集同构, 如图 9.1 所示.

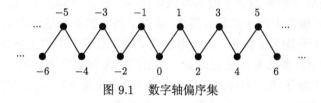

图 9.1　数字轴偏序集

特别地, 偏序集 $(\mathbb{Z}_d, \leqslant_s)$ 是一个 dcpo, 其极大点集为奇数集.

命题 9.2.2 数字平面 $(\mathbb{Z}_d \times \mathbb{Z}_d, \tau * \tau)$ 的特殊化序可刻画如下: 对每一 $(m,n) \in \mathbb{Z} \times \mathbb{Z}$.

$$\downarrow(m,n) = \begin{cases} \{(m,n)\}, & \text{如果 } m,n \text{ 都是偶数}, \\ \{(m, n+a) \mid a = -1, 0, 1\}, & \text{如果 } m \text{ 是偶数且 } n \text{ 是奇数}, \\ \{(m+a, n) \mid a = -1, 0, 1\}, & \text{如果 } m \text{ 是奇数且 } n \text{ 是偶数}, \\ \{(m+a, n+b) \mid a, b = -1, 0, 1\}, & \text{如果 } m,n \text{ 都是奇数}. \end{cases}$$

命题 9.2.3 如果偏序集 P 的定向子集全是有限集, 则 P 是代数 domain.

证明 在假设条件下 P 中每个定向子集 D 都有最大元, 故 P 是一个 dcpo. 进一步, 易证 P 中每个元都是紧元, 故 P 是代数 domain. □

易见数字轴和数字平面两偏序集的定向集都是有限集. 故由命题 9.2.3, 有

推论 9.2.4 数字轴 $\mathbb{Z}_d$ 和数字平面 $\mathbb{Z}_d \times \mathbb{Z}_d$ 在它们的特殊化序下均是代数 domain, 进而 $\mathbb{Z}_d$ 和 $\mathbb{Z}_d \times \mathbb{Z}_d$ 均是 Sober 空间.

第 5 章中定义了偏序集上的完全双小于关系, 并利用这一概念定义了 S-超连续偏序集和 S-超代数偏序集 (定义 5.6.3).

定理 9.2.5 数字轴偏序集 $\mathbb{Z}_d$ 是 S-超代数 domain, 特别地, 是 S-超连续 domain.

证明 直接由数字轴的特殊化序的刻画验证对奇数 n, 有 $\Downarrow^\triangleleft n = \{n-1, n+1\}$, 对偶数 m, 有 $\Downarrow^\triangleleft m = \{m\}$, 从而由定义 5.6.3 得 $\mathbb{Z}_d$ 是 S-超代数 domain. □

明显地, 数字轴的提升 $(\mathbb{Z}_d)_\perp$ (数字轴 $\mathbb{Z}_d$ 赋予特殊化序加上一个底元 $\perp$ 形成的偏序集) 是一个交半格且 $(\mathbb{Z}_d)_\perp$ 中主理想均为有限分配格 (CD-格、S-超代数格).

对于数字平面 $\mathbb{Z}_d \times \mathbb{Z}_d$, 可以验证 $\Downarrow^\triangleleft (0,1) = \varnothing$, 所以数字平面不是 S-超连续 dcpo.

第 6 章中定义 6.8.1 定义了偏序集 P 上的关系 $\prec_{\nu(P)}$, 引入了超连续偏序集概念 (见定义 6.8.3). 下一命题说明数字轴和数字平面均不是超连续 domain.

命题 9.2.6　数字轴和数字平面中关系 $\prec_{\nu(\cdot)}$ 是空关系, 从而均不是超连续的.

证明　由数字轴和数字平面的特殊化序 $\leqslant_s$ 的刻画知, 在 $(\mathbb{Z}_d, \leqslant_s)$ 和 $(\mathbb{Z}_d \times \mathbb{Z}_d, \leqslant_s)$ 中主理想和主滤子都是有限集, 从而上拓扑的每个基元均是有限个主理想并集的余集, 因而均为无限集. 由此得知数字轴和数字平面的上拓扑开集 (基元的并集) 要么为空集要么必然是无限集. 又由数字轴和数字平面的主滤子也是有限集, 得知任一主滤子的上拓扑内部只能是空集. 由此及关系 $\prec_{\nu(\cdot)}$ 的定义知在数字轴和数字平面中没有元素满足关系 $\prec_{\nu(\cdot)}$, 即关系 $\prec_{\nu(\cdot)}$ 是空关系. 再由定义 6.8.3 知数字轴和数字平面均不是超连续的. □

下面考虑数字平面的更多性质以及数字平面的拓扑与它的特殊化序的内蕴拓扑之间的关系. 因特殊化序下开集均为上集, 故有如下结论.

引理 9.2.7　设 $(X, \mathcal{T})$ 是拓扑空间, $\leqslant_s$ 是 X 的特殊化序, $\alpha((X, \leqslant_s))$ 是预序集 $(X, \leqslant_s)$ 上的 Alexandrov 拓扑. 则 $\mathcal{T} \subseteq \alpha((X, \leqslant_s))$.

命题 9.2.8　拓扑空间 (X, τ) 是 Alexandrov 空间当且仅当 $\tau = \alpha((X, \leqslant_s))$.

证明　充分性显然. 下证必要性. 由引理 9.2.7 得 $\tau \subseteq \alpha((X, \leqslant_s))$. 又对一下集 $A \subseteq X$, 有
$$A = \downarrow A = \bigcup_{x \in A}(\downarrow x) = \bigcup_{x \in A}\overline{\{x\}}.$$
由条件 (X, τ) 是 Alexandrov 的知 A 作为若干闭集 $\downarrow x\ (x \in A)$ 的并自身也是闭集. 这表明 $\alpha((X, \leqslant_s)) \subseteq \tau$, 进而 $\tau = \alpha((X, \leqslant_s))$. □

推论 9.2.9　数字轴和数字平面的特殊化序的 Alexandrov 拓扑分别是各自原来的拓扑.

命题 9.2.10　设 (X, τ_X) 和 (Y, τ_Y) 是拓扑空间, $\leqslant_s^X$ 和 $\leqslant_s^Y$ 分别是其特殊化序, $\tau_X * \tau_Y$ 是 τ_X 和 τ_Y 的积拓扑, $\leqslant_s^{X \times Y}$ 是积空间 $X \times Y$ 的特殊化序. 则 $\leqslant_s^{X \times Y} = \leqslant_s^X \times \leqslant_s^Y$.

证明　为证结论成立, 只需证, $(x,y) \in \overline{\{(a,b)\}}$ 当且仅当 $x \in \overline{\{a\}}$ 和 $y \in \overline{\{b\}}$. 而这可由如下等式 $\overline{\{(a,b)\}} = \overline{\{a\} \times \{b\}} = \overline{\{a\}} \times \overline{\{b\}}$ 直接推得. □

定理 9.2.11　设 (X, τ_X) 和 (Y, τ_Y) 是拓扑空间, $\tau_X * \tau_Y$ 是积拓扑, $\leqslant_s^{X \times Y}$ 是积空间 $X \times Y$ 的特殊化序. 则 $\tau_X * \tau_Y = \alpha((X \times Y, \leqslant_s^{X \times Y}))$ 当且仅当 τ_X 和 τ_Y 是 Alexandrov 拓扑.

证明　由推论 9.1.7 和命题 9.2.8 立得. □

定义 9.2.12　称拓扑空间 X 是一个**连通序空间**([83]), 如果 X 是连通的拓

扑空间且存在一个全序满足如下意义的 **3-点性质**: 当 3-点集 $a < b < c \in X$ 时, 使得 a, c 两点在 $X - \{b\}$ 的不同连通分支中.

定理 9.2.13 数字轴 $(\mathbb{Z}, \tau)$ 是一个连通序空间.

证明 数字轴 $(\mathbb{Z}, \tau)$ 的拓扑连通是已知的. 又取 $\mathbb{Z}$ 的全序就是通常的大小关系序. 下面验证 3-点性质. 设 $a < b < c \in \mathbb{Z}$. 分下列两个情况来证明两点 a 和 c 在 $\mathbb{Z}_d - \{b\}$ 的不同连通分支中.

情况 (i): b 是奇数. 则由命题 9.2.1 知 $(-\infty, b-1] \cap (\mathbb{Z}_d - \{b\})$ 和 $[b + 1, +\infty) \cap (\mathbb{Z}_d - \{b\})$ 均是数字轴 $(\mathbb{Z}_d, \leqslant_s)$ 的下集, 从而由推论 9.2.9 知它们都是 $\mathbb{Z}_d - \{b\}$ 的非空闭集. 由于上述两闭集不交且 $a \in (-\infty, b-1]$, $c \in [b + 1, +\infty)$, 故 a 在 $\mathbb{Z}_d - \{b\}$ 中的连通分支含于 $(-\infty, b-1]$, c 在 $\mathbb{Z}_d - \{b\}$ 中的连通分支含于 $[b + 1, +\infty)$, 自然 a 和 c 处于不同的连通分支中.

情况 (ii): b 是偶数. 则由命题 9.2.1 知 $(-\infty, b-1] \cap (\mathbb{Z}_d - \{b\})$ 和 $[b + 1, +\infty) \cap (\mathbb{Z}_d - \{b\})$ 均是数字轴 $(\mathbb{Z}_d, \leqslant_s)$ 的上集, 从而由推论 9.2.9 知它们都是 $\mathbb{Z}_d - \{b\}$ 的非空开集. 由于上述两开集不交且 $a \in (-\infty, b-1]$, $c \in [b + 1, +\infty)$, 故 a 在 $\mathbb{Z}_d - \{b\}$ 中的连通分支含于 $(-\infty, b-1]$, c 在 $\mathbb{Z}_d - \{b\}$ 中的连通分支含于 $[b + 1, +\infty)$, 自然 a 和 c 也处于不同的连通分支中.

综合得 $(\mathbb{Z}, \tau)$ 是一个连通序空间. □

命题 9.2.14 每一 T_0 的 Alexandrov 空间是 T_D 空间.

证明 设 $\leqslant_s$ 是 T_0 的 Alexandrov 空间 X 的特殊化序. 则 $\leqslant_s$ 是偏序且 $\tau = \alpha((X, \leqslant_s))$. 对 $x \in X$, 我们有 $\overline{\{x\}} = \downarrow x$ 且 $d(\{x\}) = \downarrow x - \{x\}$ 是一个下集. 由于 $\tau = \alpha((X, \leqslant_s))$, 故下集 $d(\{x\})$ 是闭的, 这表明 X 是 T_D 的. □

注意到数字轴和数字平面都是 T_0 的 Alexandrov 空间, 立刻有

推论 9.2.15 数字轴和数字平面都是 T_D 空间.

引理 9.2.16 若拓扑空间 X 每点都存在开邻域 V_x 为有限集, 且这些开邻域中每个仅与其余有限个相交不空, 则 X 是仿紧空间.

证明 显然在 X 各点 x 处有最小开邻域 $B_x \subseteq V_x$. 设 $\mathscr{C}$ 是 X 的开覆盖, 作 $\mathscr{B} = \{B_x\}_{x \in X}$, 则 $\mathscr{B}$ 是 $\mathscr{C}$ 的一个开加细覆盖. 由条件对每点 $x \in X$, V_x 仅与有限个 V_{x_i} $(i = 1, 2, \cdots, n)$ 相交非空. 因 $\forall x \in X$, $B_x \subseteq V_x$, 故 B_x 至多仅与有限个 $B_{x_i}(i = 1, 2, \cdots, n)$ 相交不空. 这说明 $\mathscr{B} = \{B_x\}_{x \in X}$ 是局部有限的, 于是 $\mathscr{C}$ 有一个局部有限开加细覆盖 $\mathscr{B} = \{B_x\}_{x \in X}$, 故 X 是仿紧的. □

定理 9.2.17 数字轴和数字平面均是仿紧空间.

证明 因数字轴和数字平面的基本开集均为有限集且每个仅与其余有限个相交不空, 故由引理 9.2.16 得数字轴和数字平面均是仿紧空间. □

拓扑群又名连续群, 是群 G 带有一个拓扑 τ 使得这个群的二元乘法运算 $*$: $G \times G \to G$ 和取逆运算 $(\cdot)^{-1} : G \to G$ 都是关于相关拓扑连续的. 自然地, $\mathbb{R}$ 和

$\mathbb{R} \times \mathbb{R}$ 以通常的加法运算均构成群, $\mathbb{Z}$ 和 $\mathbb{Z} \times \mathbb{Z}$ 分别是 $\mathbb{R}$ 和 $\mathbb{R} \times \mathbb{R}$ 的子群, 当带有通常拓扑时 $\mathbb{Z}, \mathbb{Z} \times \mathbb{Z}, \mathbb{R}$ 和 $\mathbb{R} \times \mathbb{R}$ 均是拓扑群. 但下面要说明, 当带有数字拓扑时, 数字轴 $\mathbb{Z}_d$ 不是拓扑群.

注 9.2.18 数字轴 $\mathbb{Z}_d = (\mathbb{Z}, \tau)$ 不是拓扑群.

证明 只需说明加法运算 $p : (\mathbb{Z} \times \mathbb{Z}, \tau * \tau) \to (\mathbb{Z}, \tau)$ 关于数字拓扑不连续. 单点集 $\{3\}$ 是数字轴 $(\mathbb{Z}, \tau)$ 的开集, 注意到 $(1, 3) > (1, 2) \in p^{-1}(\{3\}) = \{(m, n) \mid m, n \in \mathbb{Z}$ 且 $m + n = 3\}$, 而 $(1, 3) \notin p^{-1}(\{3\})$, 故 $p^{-1}(\{3\})$ 不是数字平面的特殊化序的上集, 从而不是数字平面的开集. 于是加法运算不连续, 数字轴 $(\mathbb{Z}, \tau)$ 不是拓扑群. □

综上, 我们给出数字轴和数字平面的性质和刻画方面的如下综合性定理.

定理 9.2.19 对于数字轴 $(\mathbb{Z}, \tau)$ 和数字平面 $(\mathbb{Z} \times \mathbb{Z}, \tau * \tau)$,

(i) 它们均是 T_D, Sober, Alexandrov, 非 T_1, 非正则的, 非正规的;

(ii) 它们均是道路连通且局部连通的;

(iii) 它们均是仿紧但非紧的;

(iv) 它们均是第二可数空间、代数 domain, 但非超连续的;

(v) 它们均是加法群, 但非拓扑群;

(vi) 数字轴是 S-超代数 domain, 但数字平面不是 S-超代数 domain.

定理 9.2.20 对数字平面 $(\mathbb{Z} \times \mathbb{Z}, \eta)$ 来说,

(i) 它的拓扑 $\eta = \tau * \tau$ 是积拓扑, 其中 τ 是数字轴的拓扑;

(ii) 它的拓扑是由 $\tau_{\mathbb{R}}$ 和开的商映射 $f \times f$ 决定的商拓扑, 其中 f 为命题 9.1.11 中所定义, $f \times f$ 在推论 9.1.15 的证明中定义;

(iii) 它的拓扑是偏序集 $(\mathbb{Z}_d \times \mathbb{Z}_d, \leqslant_s)$ 的 Alexandrov 拓扑;

(iv) 它的特殊化序是数字轴的特殊化序的乘积序.

习 题 9.2

1. 证明引理 9.2.7.
2. 举例说明两个 S-超连续 domain 的乘积不必是 S-超连续的.
3. 举例说明 Sober 空间可以不是 $T_{1/2}$ 空间.
4. 举例说明 Sober 空间可以不是 T_D 空间.

9.3 数字平面的特殊子集

命题 9.3.1 设拓扑空间 X 的每一点都有一个开邻域为有限集, 则 X 的紧子集都有限.

证明 设 A 是 X 的紧子集, 对每一 $a \in A$, 取 U_a 为 a 的一个有限开邻域. 则 $\{U_a\}_{a \in A}$ 是 A 的开覆盖, 它有有限的子覆盖, 不妨设为 $\{U_{a_1}, U_{a_2}, \cdots, U_{a_n}\}$. 因 U_{a_i} 都是有限的且 $A \subseteq \bigcup_{i=1}^{n} U_{a_i}$, 故 A 是有限集. □

注意到数字平面满足命题 9.3.1 的条件, 故有

推论 9.3.2 数字平面的子集 A 是紧的当且仅当 A 是有限集.

例 9.3.3 设 $A = \{(x, y) \mid x + 3y = 1\} \cap (\mathbb{Z} \times \mathbb{Z})$, 则在数字平面中 A 是连通的但不是闭集也不是紧集.

证明 因 A 是无限集, 故由推论 9.3.2 知 A 不是紧的. 设 $f : (\mathbb{R}, \tau_{\mathbb{R}}) \to (\mathbb{Z}, \tau)$ 是命题 9.1.11 中定义的映射:

$$f(x) = \begin{cases} n, & \text{若 } x = n \text{ 是偶数}, \\ m, & \text{若 } x \in (m-1, m+1) \text{ 对某奇数 } m \text{ 成立}. \end{cases}$$

则由推论 9.1.15 的证明知 $f \times f : \mathbb{R}^2 \to (\mathbb{Z} \times \mathbb{Z})$ 是商映射. 因 $A^* = \{(x, y) \mid x + 3y = 1\}$ 在 $\mathbb{R}^2$ 中连通, 故 $A = (f \times f)(A^*)$ 是连通集的连续像, 从而是数字平面的连通集.

为证明 A 不是闭的, 只需证明 A 不是 $(\mathbb{Z}_d \times \mathbb{Z}_d, \leqslant_s)$ 的下集. 明显地, $(1, 0) \in A$, $(0, 0) \notin A$. 由 $\downarrow(1, 0) = \{(0, 0), (1, 0), (2, 0)\}$ 可推得 A 不是下集. □

由命题 9.1.11 知 f 是开的商映射, 从而 $f \times f$ 也是开的商映射. 例 9.3.3 证明中的 A^* 是闭集, 但像集 $A = (f \times f)(A^*)$ 不是闭集. 这说明开的商映射不必是闭映射.

定理 9.3.4 设 X 是 T_0 的 Alexandrov 空间. 则 X 连通等价于 X 道路连通.

证明 充分性显然. 下证必要性. 设 X 是 T_0 的连通的 Alexandrov 空间. 则 X 的特殊化序是偏序且特殊化序的 Alexandrov 拓扑就是 X 的拓扑. 由本书前篇 [205] 中定理 6.4.6 得 X 的特殊化序是序连通的. 这样当点 $x, y \in X$, $x \leqslant y$ 时可作映射 $p : X \to [0, 1]$ 使 $p(0) = x$, $p((0, 1]) = \{y\}$. 任取 X 的闭集 F, 当 $y \in F$ 时, 必有 $x \in F$, 从而 F 的原像为 $[0, 1]$, 当 $x \in F, y \notin F$ 时, F 的原像为 $\{0\}$, 而当 x, y 均不在 F 中时, F 的原像为空集. 不管是何情况 F 的原像总是闭集, 于是 $p : X \to [0, 1]$ 连续, 从而是 X 中连接 x, y 的道路. 这说明 X 中可比较的两点有道路连接. 因 X 是序连通的, 故对任意两点 $a, b \in X$, 存在有限个点 $v_i \in X$ $(i = 0, 1, \cdots, n)$ 使 $v_0 = a$, $v_n = b$ 且 v_i 与 v_{i+1} $(i < n)$ 可比较. 这样有 n 个道路依次连接 v_i 与 v_{i+1} $(i < n)$. 作这 n 个道路的积道路便是连接 $a, b \in X$ 的道路, 这说明 X 是道路连通的. □

数字平面 $(\mathbb{Z} \times \mathbb{Z}, \eta)$ 是 T_0 的 Alexandrov 空间, 故由定理 9.3.4 及本书前篇 [205] 的定理 6.4.6 立得

命题 9.3.5　子集 $A \subseteq \mathbb{Z} \times \mathbb{Z}$ 在数字平面中连通当且仅当 A 在 $(\mathbb{Z}_d \times \mathbb{Z}_d, \leqslant_s)$ 中序连通.

数字 Jordan 曲线是数字平面的重要子集并在数字拓扑的应用中起着重要作用. 这里我们给出关于 Jordan 曲线的一些基本概念和结果.

数字区间是数字轴 $\mathbb{Z}_d$ 的子集 $\{m, m+1, \cdots, n\}$ 并赋予数字轴的子空间拓扑. 设 I_n 是形如 $\{1, 2, \cdots, n-1, n\}$ 的数字区间. 如果 $n \geqslant 5$ 是一个奇数, 则将 I_n 的两端点 1 和 n 粘合得到 C_{n-1}, 并称之为**数字圆**(见 [3]).

数字平面上的**数字简单闭曲线**是同胚于数字圆的子空间, 并称为**数字 Jordan 曲线**. 一个数字 Jordan 曲线 J 具有如下特性:

(1) 有限但至少含 4 个点;

(2) 连通;

(3) 对所有 $j \in J$, 子空间 $J - \{j\}$ 同胚于同一个数字区间.

有好几个版本的数字 Jordan 曲线定理 (见 [85], [171] 及其参考文献). 图论方法给出的定理由 Rosenfeld 在 [163] 和 [164] 中借助于两种不同的连通定义而得到, 一个定义是关于曲线本身的, 另一是关于它的补集的. 最为重要和实用的是下述定理.

定理 9.3.6 ([3])(数字 Jordan 曲线定理)　设 J 是数字平面上一个数字 Jordan 曲线, 则子空间 $\mathbb{Z}_d \times \mathbb{Z}_d - J$ 有两个连通分支. J 成为该两个连通分支的共同边界的充要条件是 J 为数字平面的闭集.

下一定理在弄清一个数字 Jordan 曲线是否是闭集方面很有用.

定理 9.3.7 ([3])　数字平面上一个数字 Jordan 曲线 J 是数字平面的闭集当且仅当 J 不包含两个坐标 m 和 n 均为奇数的点 (m, n).

推论 9.3.8　数字平面上一个数字 Jordan 曲线 J 是闭集当且仅当在特殊化序下 J 不含数字平面偏序集的极大点, 即 $J \cap \max((\mathbb{Z} \times \mathbb{Z}, \leqslant_s)) = \varnothing$.

证明　由命题 9.2.10, 数字平面偏序集是两个数字轴偏序集的积偏序集, 从而也是一个 dcpo. 它的极大点集恰是两数字轴偏序集的极大点集的笛卡儿积, 故由命题 9.2.1 可知该极大点集就是所有的奇数点 (或开点). 于是 J 不含数字平面序集的极大点等价于 J 不含奇数的点 (m, n).　　　　　　　　□

习　题　9.3

1. 举例说明命题 9.3.1 的逆命题不必成立.

2. 证明一个 Alexandrov 空间中紧集均为有限集当且仅当每点有一个邻域为有限集.

3. 证明一个 Alexandrov 空间中子集 A 连通等价于 A 道路连通.

4. 证明每个数字圆都是紧的道路连通的.

9.4 数字图像处理

数字图像已经成为交换可视信息的一种基本手段, 手机屏幕图形、数字照相机的照片、体育赛事的记分显示屏等都是以数字化方式构建、提供图像的例子. 数字图像处理包括构建、存储和显示图像. 这个过程要解决的主要问题自然是:

(1) 在构建数字图像时, 如何能确保现实世界物体特征空间关系在数字化表示过程中准确地加以描述;

(2) 在存储数字图像时, 对图像结构的特征存储是否有比较高效的方法;

(3) 在以数字化方式变换图像时, 图像的拓扑结构如何能得以保持.

这一节我们重点考虑问题 (2), 并为存储数字图像提出有效的拓扑方法. 这要用到前面的 Jordan 曲线定理. 我们对数字平面中不同类型的点用不同的符号来表示. 如两个坐标均为奇数的点, 也称作是**开点**, 我们用小 o 来表示. 每个这样的点为平面上的单点开集; 两个坐标均为偶数的点称作**闭点**, 用 ∗ 表示. 坐标一奇一偶的点称为**混合点**, 这样的点当第 1 坐标为偶数时, 用 ◇ 表示; 当第 2 坐标为偶数时, 用 ∞ 表示. 闭点 ∗ 处的最小基本开集含有此点及其周围的另外 8 个点. 混合点 ◇ 处的最小基本开集含有正上方和正下方的两个点, 混合点 ∞ 处的最小基本开集含有正左方和正右方的两个点. 所有的开点形成数字平面的一个离散子空间, 这一子空间称为**可见屏**, 记为 **V**. 在我们的数字图像处理的模型中, 可见屏对应于数字图像显示中**像素**的集合, 即对应于数字图像上确实看到的东西. 可见屏是数字平面的开的稠密的子集, 它作为子空间是离散空间. 可见屏的稠密性, 提供了一种可视结构, 它把一些像素相连而显示图像. 并且在构建和分析数字图像时, 能够让我们自然地运用拓扑概念和结论.

下面来考虑前面提到的存储问题 (2). 以数字平面作为我们的模型的平台. 容易知道可见屏的 $1 \times 1, 2 \times 2, 3 \times 3$ 阵列分别可由数字平面的 $3 \times 3, 5 \times 5, 7 \times 7$ 的阵列盖住, 或分别被这些阵列边框的 8 个点、16 个点和 24 个点所封入或包围. 一般地, 可见屏的 $n \times n$ (n 为正整数) 阵列可由它周围的数字平面的 $8n$ 个点所包围, 这数字平面的 $8n$ 个点实际是一个数字简单闭曲线. 所以要存储规模为 1000×1000 的像素 (可见屏部分区域) 的数字图像, 既可以存储这 100 万个像素的位置, 也可以存储包围这些像素的数字平面的那 8000 个点的位置, 以表示可见屏中对应的那些点. 显然后者是一种节省存储的有效方法.

但当考虑更一般的图像时如何把这一方法进行推广呢?

我们把一张数字图片建模为一族区域使得在同一个区域中每个点标以相同的标记, 同时用周围的数字平面的点集取代这些区域. 按这种方式, 我们能通过存储周围的点集和标记信息而大幅降低存储一张图片所需要的空间. 由于此图片的一族区域由周围的这一族点集唯一确定, 我们能从所存储的信息来重建或恢复原来的图片.

　　首先我们来建立一个简单的定理.

　　定理 9.4.1　*如果由 $(m-1,n)$, $(m+1,n)$, $(m,n-1)$ 与 $(m,n+1)$ 组成的 4 点子空间 A 是一条数字简单闭曲线, 则 A 含两个开点、两个闭点.*

　　证明　设 A 是形如上述的 4 点数字简单闭曲线. 则 A 与数字圆 C_4 同胚, 而 C_4 可表示为 Z_d 的子空间 $\{1,2,3,4,5\}$ 粘合点 1 和 5 的粘合空间 $C_4 = \{[1] = [5], 2, 3, 4\}$. 由命题 9.2.1, 注意到 Z_d 的开集等价于特殊化序下的上集, 可得 C_4 有两个开点 $[5] = [1]$ 和 3、两个闭点 2 和 4, 其中 $[1] = [5]$ 代表粘合点 1 和 5 的 C_4 的点. 因同胚保子集的开、闭性质, 故子空间 A 作为 C_4 的同胚像必含两个开点. 当 m,n 同奇偶时 A 的序是离散序, 从而 4 个点均为闭点, 与子空间 A 有两个开点不符. 故 m,n 只能一奇一偶, 故两开点是 $(m-1,n)$, $(m+1,n)$ 和 $(m,n-1)$, $(m,n+1)$, 它们也是数字平面的开点, 而 A 的另两点就均为闭点.　　□

　　定理 9.4.1 中的 4 点数字简单闭曲线, 即数字 Jordan 曲线, 就不是闭集, 因它含有开点. 由定理 9.4.1 可知 4 点数字简单闭曲线仅可能是上述 A 或 A(作为图形) 旋转一个直角.

　　在数字平面上给出一条数字简单闭曲线, 它把数字平面分成两个分支. 下面来证明, 与标准版本的 Jordan 曲线定理一样, 这两分支中一个是有界的, 另一个是无界的.

　　定义 9.4.2　*数字平面的子集 A 称为是**有界**的, 如果存在 $M \in \mathbb{Z}_+$ 使得对每一 $(m,n) \in A$, 有 $|n|, |m| \leqslant M$. 否则称 A 是**无界**的.*

　　易知数字平面的一个子集 A 有界当且仅当它在通常平面中有界.

　　定理 9.4.3　*如果 A 是一条数字简单闭曲线, 那么它在数字平面中的补集 A^c 有两个连通分支: 一个是有界的, 另一个是无界的.*

　　证明　设 A 是一条数字简单闭曲线, 则由定理 9.3.6 知 A^c 有两个连通分支. 因 A 有界, 故 A^c 自然是无界的, 从而 A^c 的分支有一个是无界的.

　　设 $M \in \mathbb{Z}_+$ 使得对每一 $(m,n) \in A$, 有 $|n|, |m| \leqslant M$. 令

$$B = \{(m,n) \in \mathbb{Z}_d \times \mathbb{Z}_d \mid |n|, |m| \leqslant M\}.$$

直接可证 B 的补集 B^c 是连通的且 $A \cap B^c = \varnothing$. 于是 $B^c \subseteq A^c$, 也被包含在 A^c 的一个连通分支中, 从而 B 包含 A^c 的另一个分支, 于是 A^c 的另一个分支是有界的.　　□

　　若 A 是一条数字简单闭曲线, 则称 A 的补集的有界分支为 A 的内部, 记为 $\mathrm{Ins}(A)$; 称 A 的补集的无界分支为 A 的外部, 记为 $\mathrm{Out}(A)$. 数字 Jordan 曲线定理告诉我们, 当且仅当 A 是数字平面的闭集时, $A = \partial(\mathrm{Ins}(A)) = \partial(\mathrm{Out}(A))$.

现在有一个数字图像, 即可见屏上显示像素的一个阵列. 与此图像相应, 我们要在数字平面上定义一个划分 $\mathcal{P}$, 此划分中的每个集合对应于图像的一个区域, 其中每点有相同的标记. 前面提到, 我们期望能确定这些区域的一族周围集来存储此图像.

我们把任两不同点都不连通的空间称为**极不连通空间**. 在 $\mathbf{V}$ 上的拓扑是离散拓扑, 当然 $\mathbf{V}$ 的任意两点都不会连通, 从而 $\mathbf{V}$ 是极不连通的, 于是我们需要对可见屏 $\mathbf{V}$ 提出一个替代通常连通性的新概念.

定义 9.4.4 (1) 设 $p = (m, n)$ 是可见屏上的点. 则点 $(m-2, n), (m+2, n), (m, n-2)$ 与 $(m, n+2)$ 称为与 p 是 **4 邻接的点**.

(2) 可见屏上的集合 C 称为是 **4 连通**的, 如果对于任意一对点 $p, q \in C$, 在 C 中存在一个点列 $p_1 = p, p_2, \cdots, p_n = q$ 使对于任一 $i = 1, 2, \cdots, n-1$, p_i 与 p_{i+1} 是 4 邻接的.

我们也可以类似于 4 连通定义 8 连通集. 在建立可见屏的拓扑性质方面, 4 连通性和 8 连通性是重要的, 是 Rosenfeld 数字拓扑理论的关键概念. 在可见屏上给出一点, 与这点 4 邻接的点是这点在可见屏上紧挨着该点的平行方向的两个点和垂直方向的两个点, 与一个开点 8 邻接的点是环绕它的 8 个开点.

下面说明如何将可见屏上的一个图像转换为数字平面上的一族周围集.

定义 9.4.5 设 $\mathcal{P}$ 是可见屏的由 4 连通集组成的一个划分, 且该划分中仅有一个元是无界的. 则由此划分决定的如下集族

$$\mathcal{F}_{\mathcal{P}} = \{\partial(\mathrm{cl}(D)) \mid D \in \mathcal{P}\}$$

称为数字平面的由$\mathcal{P}$ 决定的卡通.

按该定义, 由 $\mathcal{P}$ 决定的卡通是一个集族, 它是数字平面上通过给定的划分取每个集合的闭包的边界而得到的. 可以证明这个集族是含于可见屏的补集中的若干数字简单闭曲线. 因这些数字简单闭曲线都是边界集, 故它们还都是闭集. 从而它们各自的补集恰好有两个以其为边界的连通分支.

下一定理说明划分 $\mathcal{P}$ 能由它所决定的卡通来恢复.

定理 9.4.6 设 $\mathcal{P}$ 是可见屏的由 4 连通集组成的一个划分, 且该划分中至多有一个元是无界的. 设 $\mathcal{F}_{\mathcal{P}}$ 是由 $\mathcal{P}$ 决定的卡通. 则由

$$\mathcal{P}^* = \{C \cap V \mid C \text{为 } J \text{ 的补集}, J \in \mathcal{F}_{\mathcal{P}}\}$$

给出的 $\mathbf{V}$ 的子集族 $\mathcal{P}^*$ 是可见屏的一个划分且有 $\mathcal{P}^* = \mathcal{P}$.

这一定理的证明从略. 不过, 注意这一定理中条件要求划分 $\mathcal{P}$ 是由可见屏的 4 连通集组成, 否则定理不必成立.

综合上述, 我们实际给出了存储和恢复一个数字图像的基本过程:

(1) 给定一个数字图像, 构建可见屏的一个由 4 连通集组成的划分 $\mathcal{P}$ 使得在此划分中的每个集合对应于在此图像中一个具有给定标记的点的区域;

(2) 构建由此划分决定的卡通, 它们都是原来图像的某区域的周围集, 并指定此卡通中每个成员, 即每条数字简单闭曲线的哪侧的点具有何标记, 存储这些卡通成员和标记信息的信息;

(3) 通过对可见屏与在数字平面中各卡通成员的补集的连通分支取交, 来恢复原来划分, 从而确定原来的图像.

上述方法是将通常的连续和连通的实物进行 "离散化" 处理的一种手段. 在这离散化处理过程中原来的连通性以新的方式被保持, 从而保持了现实世界的拓扑. 数字拓扑为上述方法提供了有效的模型, 它包括两个方面: 一是用于表达图像的极不连通的、开的且稠密的可见屏; 二是提供连通性概念的新的替代概念, 借助这新的连通概念来构建不可见结构中的闭点和混合点. 这样数字拓扑才有了用武之地.

第 10 章 形式背景的概念格与拓扑

形式概念分析[35] 是由德国数学家 B. Ganter 和 R. Wille 于 20 世纪 80 年代初期基于数学序理论提出的一种数据分析和知识处理的方法. 尽管形式概念分析是一个比较新的学科分支, 但它在诸如数据挖掘、信息恢复、社会学[34] 及数学学科本身等众多领域中都已经有着广泛的应用. 形式概念分析的理论方面的研究也日趋成熟. 随着计算机科学与信息科学的飞速发展, 有关它们的数学基础的研究越来越受到人们的关注和重视, 已经成为数学工作者、计算机科学与信息科学工作者共同感兴趣的研究领域. 形式概念分析与广义近似空间理论 (又称粗糙集理论) 正是这样两个重要的交叉领域, 它们是数据挖掘和知识处理中两个强有力的数学工具. 尽管形式概念分析与粗糙集理论从不同的角度、用不同的方法来研究和构建数据库的概念, 但是由于二者有着共同的研究背景与研究目标, 它们之间又有着紧密的联系. 从共同的数学基础来看, 二者均是基于关系和序结构理论的交叉领域, 从而又都与拓扑、代数、逻辑等数学分支有着密切关系. 本章讲述用拓扑学方式研究形式背景.

10.1 形式背景的概念格

形式背景与形式概念是形式概念分析的两个基本柱石, 其中形式背景是表示知识的基本载体, 它通过描述对象集合与属性集合之间的二元关系来呈现我们关注领域的知识, 而形式概念则让我们利用数学方法来分析和构建知识的概念结构.

先简要回顾形式概念分析的主要术语与若干结果. 为了与粗糙集理论及 Domain 理论关联, 我们采用了与文献 [35] 中不同的记号来表达. 本章所涉及的形式背景都可以是无限的, 并常用 "背景" 代替 "形式背景".

定义 10.1.1 **形式背景** $\mathbb{K}$ 是一个三元组 (U, V, R), 其中 U 是**对象集**, V 是**属性集**, R 是从 U 到 V 的一个二元关系, xRy 读作 "对象 x 具有属性 y". 简称形式背景为**背景**.

规模小的背景可用矩形表格来表示. 矩形表格中每一行被标以对象名, 每一列被标以属性名, 在 x 行 y 列处的十字表示对象 x 具有属性 y. 表 10.1 给出了一个形式背景的例子.

表 10.1　背景 $\mathbb{K}_0$

	a	b	c	d	e
1	×	×	×	×	×
2	×	×			
3	×	×	×	×	×
4		×	×	×	×
5		×			
6	×	×	×	×	×
7	×	×	×	×	×
8		×	×	×	

定义 10.1.2　设 (U, V, R) 是一个背景, 定义两个映射:

$$\alpha : \mathcal{P}(U) \to \mathcal{P}(V), \ \alpha(A) = \{y \in V \mid \forall a \in A, aRy\},$$

$$\omega : \mathcal{P}(V) \to \mathcal{P}(U), \ \omega(B) = \{x \in U \mid \forall b \in B, xRb\}.$$

若 $A \subseteq U$, $B \subseteq V$, $\alpha(A) = B$ 且 $\omega(B) = A$, 则称序对 (A, B) 为背景 (U, V, R) 的**一个形式概念**, 简称**概念**, 其中 A, B 分别称为概念 (A, B) 的**外延**与**内涵**.

算子 α 与 ω 常常被称为**导出算子**(见 [62]). 为了避免混淆, 此处采用了记号 α 和 ω, 它们对应着 [35] 中的 $'$. 对于对象 $x \in U$ 和属性 $y \in V$, 我们用 $\alpha(x)$ 来代替 $\alpha(\{x\})$, 用 $\omega(y)$ 来代替 $\omega(\{y\})$.

在背景 (U, V, R) 中, 若对象 x 具有所有的属性, 即 $\alpha(x) = V$, 则我们称行 x 为**满行**; 若行 x 满足 $\alpha(x) = \varnothing$, 则称该行为**空行**. 满列和空列可类似定义. 例如, 在表 10.1 所示背景 $\mathbb{K}_0$ 中, 行 1, 3, 6, 7 都是满行, 列 b 是满列, 该背景没有空行和空列.

无特殊说明, 约定涉及的背景均无空行. 由定义容易推得如下几个结论.

注 10.1.3　设 (U, V, R) 是一个背景, $A \subseteq U$, $B \subseteq V$. 则

(1) 对 $\varnothing \subseteq U$, 有 $\alpha(\varnothing) = V$. 类似地, 对 $\varnothing \subseteq V$, 有 $\omega(\varnothing) = U$.

(2) 集合 $A \subseteq U$ 是外延当且仅当 $A = \omega\alpha(A)$ 当且仅当存在 $B \subseteq V$ 使得 $A = \omega(B)$.

(3) 集合 $B \subseteq V$ 是内涵当且仅当 $B = \alpha\omega(B)$ 当且仅当存在 $A \subseteq U$ 使得 $B = \alpha(A)$.

(4) (A, B) 是概念当且仅当 $\omega\alpha(A) = A$, $\alpha\omega(B) = B$ 且 $\alpha(A) = B$.

命题 10.1.4　若 (U, V, R) 是一个背景, $A, A_1, A_2 \subseteq U$, $B, B_1, B_2 \subseteq V$, 则有

(1) $A_1 \subseteq A_2 \Longrightarrow \alpha(A_2) \subseteq \alpha(A_1)$,　　(1') $B_1 \subseteq B_2 \Longrightarrow \omega(B_2) \subseteq \omega(B_1)$;

(2) $A \subseteq \omega\alpha(A)$,　　(2') $B \subseteq \alpha\omega(B)$;

(3) $\alpha(A) = \alpha\omega\alpha(A)$,　　(3') $\omega(B) = \omega\alpha\omega(B)$;

(4) $A \subseteq \omega(B) \Longleftrightarrow B \subseteq \alpha(A)$.

证明 只证 (4), 其他都比较简单. 设 $A \subseteq \omega(B)$. 则由算子 α 的定义及 (2′) 得 $\alpha(A) \supseteq \alpha\omega(B) \supseteq B$. 反过来, 设 $\alpha(A) \supseteq B$, 则由算子 ω 的定义及 (2) 得 $\omega(B) \supseteq \omega\alpha(A) \supseteq A$. 故 (4) 成立. □

推论 10.1.5 设 (U, V, R) 是一个背景, 在 $\mathcal{P}(U)$ 上赋予集合包含序 $\subseteq$, 在 $\mathcal{P}(V)$ 上赋予集合反包含序 $\supseteq$. 则 $\alpha : (\mathcal{P}(U), \subseteq) \to (\mathcal{P}(V), \supseteq)$ 和 $\omega : (\mathcal{P}(V), \supseteq) \to (\mathcal{P}(U), \subseteq)$ 构成一对 Galois 联络, 于是由上联保交和下联保并得, 对任意 $A_i \subseteq U$ 和 $B_i \subseteq V$ $(i \in I)$, 有

$$\alpha\left(\bigcup_{i \in I} A_i\right) = \bigcap_{i \in I} \alpha(A_i), \quad \omega\left(\bigcup_{i \in I} B_i\right) = \bigcap_{i \in I} \omega(B_i).$$

证明 由命题 10.1.4 和定理 4.5.6 立得. □

定义 10.1.6 对于对象 $x \in U$ 和属性 $y \in V$, 称 $\alpha(x) = \{y \in V \mid xRy\}$ 为 x 的**对象内涵**, $\omega(y) = \{x \in U \mid xRy\}$ 为 y 的**属性外延**. 概念 $\gamma x = (\omega\alpha(x), \alpha(x))$ 称作一个**对象概念**, $\mu y = (\omega(y), \alpha\omega(y))$ 称作一个**属性概念**.

定理 10.1.7 设 $\mathbb{K} = (U, V, R)$ 是一个背景, 在 $\mathbb{K}$ 的全体概念构成的集合上赋予序 $\leqslant$ 使得 $(A_1, B_1) \leqslant (A_2, B_2) \Longleftrightarrow A_1 \subseteq A_2$(等价于 $B_2 \subseteq B_1$). 背景 $\mathbb{K}$ 的全体概念在这一偏序下形成一个完备格, 其下确界与上确界分别为

$$\bigwedge_{i \in I}(A_i, B_i) = \left(\bigcap_{i \in I} A_i, \; \alpha\left(\omega\left(\bigcup_{i \in I} B_i\right)\right)\right),$$

$$\bigvee_{i \in I}(A_i, B_i) = \left(\omega\left(\alpha\left(\bigcup_{i \in I} A_i\right)\right), \; \bigcap_{i \in I} B_i\right).$$

记该完备格为 $L(\mathbb{K})$, 并称之为 $\mathbb{K}$ 的**概念格**.

证明 以第一式为例证明. 首先, 证 $(\bigcap_{i \in I} A_i, \alpha(\omega(\bigcup_{i \in I} B_i)))$ 是概念. 事实上, 因 (A_i, B_i) 都是概念, 故 $A_i = \omega(B_i)$, $B_i = \alpha(A_i)$, 于是

$$\alpha\left(\bigcap_{i \in I} A_i\right) = \alpha\left(\bigcap_{i \in I} \omega(B_i)\right) = \alpha\omega\left(\bigcup_{i \in I} B_i\right),$$

$$\omega\alpha\omega\left(\bigcup_{i \in I} B_i\right) = \omega\left(\bigcup_{i \in I} B_i\right) = \bigcap_{i \in I} \omega(B_i) = \bigcap_{i \in I} A_i.$$

所以 $(\bigcap_{i \in I} A_i, \alpha(\omega(\bigcup_{i \in I} B_i)))$ 是概念.

　　其次, 因 $\forall i \in I, \bigcap_{i \in I} A_i \subseteq A_i$, 故 $(\bigcap_{i \in I} A_i, \alpha(\omega(\bigcup_{i \in I} B_i)))$ 是 $\{(A_i, B_i) \mid i \in I\}$ 的一个下界. 又若 (A, B) 是 $\{(A_i, B_i) \mid i \in I\}$ 的任一下界, 则必有 $A \subseteq A_i$, $A \subseteq \bigcap_{i \in I} A_i$. 于是 $(A, B) \leqslant (\bigcap_{i \in I} A_i, \alpha(\omega(\bigcup_{i \in I} B_i)))$. 故 $(\bigcap_{i \in I} A_i, \alpha(\omega(\bigcup_{i \in I} B_i)))$ 是 $\{(A_i, B_i) \mid i \in I\}$ 的最大下界, 即 $\bigwedge_{i \in I}(A_i, B_i) = (\bigcap_{i \in I} A_i, \alpha(\omega(\bigcup_{i \in I} B_i)))$.

　　类似可证 $\bigvee_{i \in I}(A_i, B_i) = (\omega\alpha(\bigcup_{i \in I} A_i), \bigcap_{i \in I} B_i)$. 　　　　　　　□

　　表 10.1 所示背景 $\mathbb{K}_0$ 的概念格如图 10.1, 其中集合被简化为其元素的排列.

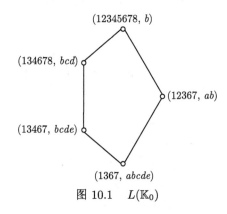

图 10.1　$L(\mathbb{K}_0)$

　　由定理 10.1.7 知, 外延集合和内涵集合均对任意交关闭, 分别用 $L_E(\mathbb{K})$ 和 $L_I(\mathbb{K})$ 表示全体外延和全体内涵构成的集合, 并赋予集合包含序, 则它们都是完备格, 并有

$$L(\mathbb{K}) \cong L_E(\mathbb{K}) \cong L_I^{op}(\mathbb{K}).$$

　　注意到将具有相同内涵的对象和具有相同外延的属性各自合并, 并不改变背景概念格的结构, 于是有以下定义:

　　定义 10.1.8　背景 (U, V, R) 称为**净化**的, 若任意两个满足 $\alpha(x_1) = \alpha(x_2)$ 的对象 $x_1, x_2 \in U$ 都有 $x_1 = x_2$, 且任意两个满足 $\omega(y_1) = \omega(y_2)$ 的属性 $y, y_2 \in V$ 都有 $y_1 = y_2$.

　　背景的约简是简化背景而不影响其概念格结构的另一方法.

　　定义 10.1.9　在一个背景 (U, V, R) 中, 对象 $x \in U$ 称为**可约对象**, 若存在 $X \subseteq U$ 使得 $x \notin X$, $\alpha(x) = \alpha(X)$. 属性 $y \in V$ 称为**可约属性**, 若存在 $Y \subseteq V$ 使得 $y \notin Y$, $\omega(y) = \omega(Y)$. 将背景可约对象和可约属性删去称为对背景进行**约简**.

　　由已知背景构造新背景的方法有多种, 此处我们介绍子背景和背景的直积.

　　定义 10.1.10　设 $\mathbb{K} = (U, V, R)$ 是背景, $H \subseteq U$, $N \subseteq V$. 背景 $\mathbb{L} = (H, N, R \cap (H \times N))$ 称为 $\mathbb{K}$ 的**子背景**. 背景 $\mathbb{K}$ 的子背景 $\mathbb{L} = (H, N, R \cap (H \times N))$ 称为**兼容子背景**, 若对任意概念 $(A, B) \in L(\mathbb{K})$, $(A \cap H, B \cap N)$ 是 $\mathbb{L}$ 的概念.

为了避免混淆, 我们将子背景 $(H, N, R \cap (H \times N))$ 的两个导出算子分别记作 α_1, ω_1. 此处, 对任意 $B \subseteq N$, 有 $\omega_1(B) = \{x \in H \mid \forall y \in B, xRy\}$. 易见 $\omega_1(B) = \omega(B) \cap H$. 对于导出算子 α_1 有类似性质.

引理 10.1.11 设 $(H, N, R \cap (H \times N))$ 是 (U, V, R) 的兼容子背景, 则下列两条成立:

(i) 对满足 $hR^c v$ 的对象 $h \in H$ 和属性 $v \in V$, 有属性 $n \in N$ 使 $hR^c n$ 且 $\omega(v) \subseteq \omega(n)$, 其中 $R^c = U \times V - R$ 是 R 的补关系.

(ii) 对满足 $uR^c n$ 的属性 $n \in N$ 和对象 $u \in U$, 有对象 $h \in H$ 使 $hR^c n$ 且 $\alpha(u) \subseteq \alpha(h)$.

证明 以 (i) 为例证之, (ii) 类似可证, 留读者练习. 设 $v \in V$, $h \in H$ 满足 $hR^c v$, 那么由 $(\omega(v) \cap H, \alpha\omega(v) \cap N)$ 是子背景 $(H, N, R \cap (H \times N))$ 的一个概念且 $h \notin \omega(v) \cap H$, 于是存在一个属性 $n \in \alpha\omega(v) \cap N$ 满足 $hR^c n$, 然而由 $n \in \alpha\omega(v) \cap N$ 可得 $n \in \alpha\omega(v)$, 从而 $\omega(n) \supseteq \omega\alpha\omega(v)$. 注意到 $\omega\alpha\omega(v) = \omega(v)$, 所以有 $\omega(n) \supseteq \omega(v)$. □

定义 10.1.12 两个背景 $\mathbb{K}_1 = (U_1, V_1, R_1)$ 与 $\mathbb{K}_2 = (U_2, V_2, R_2)$ 的**直积背景**定义为 $\mathbb{K}_1 \times \mathbb{K}_2 = (U_1 \times U_2, V_1 \times V_2, \nabla)$, 使对任意 $(u_1, u_2) \in U_1 \times U_2$ 和 $(v_1, v_2) \in V_1 \times V_2$, 有

$$(u_1, u_2)\nabla(v_1, v_2) \Longleftrightarrow u_1 R_1 v_1 \text{ 或 } u_2 R_2 v_2.$$

下面的注刻画了直积背景中的属性外延.

注 10.1.13 对任意 $(v_1, v_2) \in V_1 \times V_2$, 有

$$
\begin{aligned}
\omega(v_1, v_2) &= \{(u_1, u_2) \in U_1 \times U_2 \mid (u_1, u_2)\nabla(v_1, v_2)\} \\
&= \{(u_1, u_2) \in U_1 \times U_2 \mid u_1 R_1 v_1 \text{ 或 } u_2 R_2 v_2\} \\
&= (\omega(V_1) \times U_2) \cup (U_1 \times \omega(v_2)).
\end{aligned}
$$

定义 10.1.14 ([98]) 从形式背景 $\mathbb{K}_1$ 到 $\mathbb{K}_2$ 的一个**信息态射**是指一对映射 (f, g): $f : U_1 \to U_2$ 和 $g : V_2 \to V_1$ 满足 $\forall x \in U_1, \forall y \in V_2$, 有 $f(x)R_2 y \Longleftrightarrow xR_1 g(y)$. 如果信息态射 (f, g) 的一对映射均是双射且 (f^{-1}, g^{-1}) 是从 $\mathbb{K}_2$ 到 $\mathbb{K}_1$ 的一个信息态射, 则称该信息态射 (f, g) 为一个**信息同构**, 此时也称形式背景 $\mathbb{K}_1$ 与 $\mathbb{K}_2$ 同构, 记为 $\mathbb{K}_1 \cong \mathbb{K}_2$.

引理 10.1.15 设 (f, g) 是从背景 $\mathbb{K}_1$ 到背景 $\mathbb{K}_2$ 的一个信息态射, 若 f 和 g 都是满射, 则对任意 $B \subseteq V_1$, 有 $f(\omega(B)) = \omega(g^{-1}(B))$.

证明 若 $B = \varnothing$, 则 $\omega(B) = U_1$. 由于 f 是满的, 故有

$$f(\omega(B)) = f(U_1) = U_2 = \omega(\varnothing) = \omega(g^{-1}(\varnothing)) = \omega(g^{-1}(B)).$$

若 $B \neq \varnothing$, 设 $y \in f(\omega(B))$, 则存在 $x \in \omega(B)$ 使得 $y = f(x)$. 对任意 $a \in g^{-1}(B)$, 有 $g(a) \in B$, 于是 $xR_1g(a)$. 由于 (f, g) 是信息态射, 故 $f(x)R_2a$, 即 yR_2a. 由 a 的任意性得 $y \in \omega(g^{-1}(B))$. 所以, $f(\omega(B)) \subseteq \omega(g^{-1}(B))$. 另一方面, 设 $y \in \omega(g^{-1}(B))$, 由于 f 是满的, 故存在 $x \in U_1$ 使得 $y = f(x)$. 对任意 $b \in B$, 由于 g 是满的, 故存在 $a_b \in g^{-1}(B)$ 使得 $b = g(a_b)$. 由 $y \in \omega(g^{-1}(B))$ 得 yR_2a_b, 即 $f(x)R_2a_b$. 因为 (f, g) 是信息态射, 所以有 $xR_1g(a_b)$, 即 xR_1b. 由 b 的任意性我们有 $x \in \omega(B)$, 从而 $y = f(x) \in f(\omega(B))$, 故 $\omega(g^{-1}(B)) \subseteq f(\omega(B))$. 因此 $f(\omega(B)) = \omega(g^{-1}(B))$. □

习　题　10.1

1. 证明引理 10.1.11(ii).

2. 设 (f, g) 是形式背景 $\mathbb{K}_1 = (U_1, V_1, R_1)$ 与 $\mathbb{K}_2 = (U_2, V_2, R_2)$ 之间的信息态射. 证明: $\forall B \subseteq V_1, f(\omega(B)) \subseteq \omega(g^{-1}(B))$.

3. 举形式背景的两个具体例子, 使其概念格分别同构于典型非分配格 M_5 和 N_5.

4. 证明: 任一完备格均同构于某形式背景的概念格.

5. 举例: 虽 $A \subseteq U, B \subseteq V$ 使 $\omega\alpha(A) = A$ 且 $\alpha\omega(B) = B$ 但 (A, B) 非 (U, V, R) 的概念.

6. 证明形式背景和信息态射可形成一个范畴, 并说明态射如何复合.

10.2　形式背景与拓扑空间

除了序结构和范畴论外, 拓扑学也成功地应用到了形式概念分析的研究领域. 本节先在形式背景的对象集上建立多个拓扑, 并讨论它们之间的关系. 然后研究由拓扑空间诱导出的特殊的形式背景. 约定涉及的背景均无空行和空列, 拓扑空间 (U, τ) 上的特殊化序将记为 R_τ.

10.2.1　形式背景诱导拓扑空间

定义 10.2.1　背景 $\mathbb{K} = (U, V, R)$ 的对象集 U 上定义关系 $\leqslant$ 如下: $\forall x_1, x_2 \in U$,

$$x_1 \leqslant x_2 \Longleftrightarrow \alpha(x_1) \subseteq \alpha(x_2).$$

易见 $\leqslant$ 是 U 上的预序, 若 R 是净化的, 则 $\leqslant$ 是偏序. 预序 $\leqslant$ 诱导 U 上的 Alexandrov 拓扑 $\alpha((U, \leqslant)) = \{A \subseteq U \mid A = \uparrow A\}$. 该拓扑的特殊化序就是原来的预序 $\leqslant$.

命题 10.2.2　对于背景 $\mathbb{K} = (U, V, R)$, 有 $L_E(\mathbb{K}) \subseteq \alpha((U, \leqslant))$.

证明　设 $A \in L_E(\mathbb{K})$, 则存在 $B \subseteq V$ 使 $A = \omega(B)$. 对任意 $x \in \uparrow A$, 存在 $a \in A$ 使 $a \leqslant x$, 于是 $\alpha(a) \subseteq \alpha(x)$. 注意到对任意 $u \in U, C \subseteq V$, 有

$u \in \omega(C) \Longleftrightarrow C \subseteq \alpha(u)$. 则由 $a \in \omega(B)$ 得 $B \subseteq \alpha(a) \subseteq \alpha(x)$, 故 $x \in \omega(B) = A$. 所以, 我们有 $\uparrow A \subseteq A$, 于是 $\uparrow A = A$. 从而 $L_E(\mathbb{K}) \subseteq \alpha((U, \leqslant))$. □

由命题 10.2.2 知背景 $\mathbb{K}$ 的每个概念外延都是 U 上关于 $\leqslant$ 的 Alexandrov 开集, 但反过来一般不成立. 事实上, Alexandrov 空间的开集格总是完备集环, 但概念格未必.

以 $\mathcal{S}_1 = \{U\} \cup \{U - \downarrow x \mid x \in U\}$ 作为子基生成 U 上的上拓扑 $\nu((U, \leqslant))$. 又令 $\mathcal{S} = \{\omega(y) \mid y \in V\}$, 由于 $\mathbb{K}$ 没有空行, 故 $\cup \mathcal{S} = U$. 于是 $\mathcal{S}$ 是 U 上某个拓扑的子基, 记这个拓扑为 $\mathcal{T}_{\mathcal{S}}$.

命题 10.2.3 对于背景 $\mathbb{K} = (U, V, R)$, 有 $\nu((U, \leqslant)) \subseteq \mathcal{T}_{\mathcal{S}}$.

证明 对任意 $x \in U$, 有

$$
\begin{aligned}
U - \downarrow x &= \{u \in U \mid u \not\leqslant x\} \\
&= \{u \in U \mid \alpha(u) \not\subseteq \alpha(x)\} \\
&= \{u \in U \mid \alpha(u) - \alpha(x) \neq \varnothing\} \\
&= \cup \{\omega(y) \mid y \in V - \alpha(x)\} \in \mathcal{T}_{\mathcal{S}}.
\end{aligned}
$$

由命题 10.1.4(4) 得 $u \in \omega(y) \Longleftrightarrow y \in \alpha(u)$. 利用这一关系容易验证上面最后一个等号. 所以 $\mathcal{S}_1 \subseteq \mathcal{S}$, 从而 $\nu((U, \leqslant)) \subseteq \mathcal{T}_{\mathcal{S}}$. □

下面例子表明, 命题 10.2.3 中的等号一般未必成立.

例 10.2.4 在背景 $\mathbb{K}_1 = (X, \mathcal{T}, \in)$ 中, 令 X 是无限集, $\mathcal{T}$ 是 X 上的离散拓扑, 即 $\mathcal{T} = \mathcal{P}(X)$, 则 $\mathcal{T}_{\mathcal{S}} = \mathcal{T} = \mathcal{P}(X)$. 此处预序 $\leqslant$ 恰是 U 上的离散序. 取 $x \in X$, 则 $\{x\} \in \mathcal{T}_{\mathcal{S}}$. 但是因为不存在有限集 $F \subseteq X$ 使 $X - \downarrow F = X - F \subseteq \{x\}$, 故 $\{x\} \notin \nu((U, \leqslant))$.

令 $\mathcal{B} = \{\omega(B) \mid B \subseteq V\}$, 由于 $\cup \mathcal{B} = U$ 且对任意 $B_1, B_2 \in \mathcal{B}$, 有 $\omega(B_1) \cap \omega(B_2) = \omega(B_1 \cup B_2) \in \mathcal{B}$, 故 $\mathcal{B}$ 是 U 上某个拓扑的基, 我们记这个拓扑为 $\mathcal{T}_{\mathcal{B}}$. 易见 $\mathcal{T}_{\mathcal{S}} \subseteq \mathcal{T}_{\mathcal{B}}$. 下述命题表明尽管是以不同的方式定义的, $\mathcal{T}_{\mathcal{B}}$ 与 $\alpha((U, \leqslant))$ 事实上是同一个拓扑.

命题 10.2.5 对于背景 $\mathbb{K} = (U, V, R)$, 有 $\mathcal{T}_{\mathcal{B}} = \alpha((U, \leqslant))$.

证明 设 $\omega(B_i) \in \mathcal{B}$ $(i \in I)$, 则由推论 10.1.5, 我们有 $\cap \{\omega(B_i) \mid i \in I\} = \omega(\bigcup_{i \in I} B_i) \in \mathcal{B}$, 这表明 $\mathcal{B}$ 对任意交封闭, 从而 $\mathcal{T}_{\mathcal{B}}$ 对任意交封闭, 是 Alexandrov 拓扑. 下证关于 $\mathcal{T}_{\mathcal{B}}$ 的特殊化序 $R_{\mathcal{T}_{\mathcal{B}}} = \leqslant$. 首先, 设 $x_1, x_2 \in U$ 且 $x_1 \leqslant x_2$, 则 $\alpha(x_1) \subseteq \alpha(x_2)$. 设 $\omega(B)$ 是 x_1 在基 $\mathcal{B}$ 中的任意开邻域, 则 $x_1 \in \omega(B)$, 于是有 $B \subseteq \alpha(x_1) \subseteq \alpha(x_2)$, 从而 $x_2 \in \omega(B)$, 所以 $x_1 R_{\mathcal{T}_{\mathcal{B}}} x_2$. 反过来, 设 $x_1 R_{\mathcal{T}_{\mathcal{B}}} x_2$, 由于 $x_1 \in \omega\alpha(x_1)$, 故 $x_2 \in \omega\alpha(x_1)$, 从而 $\alpha(x_1) \subseteq \alpha(x_2)$, 所以 $x_1 \leqslant x_2$. 至此我们证得了 $R_{\mathcal{T}_{\mathcal{B}}} = \leqslant$. 由命题 9.2.8, 我们有 $\mathcal{T}_{\mathcal{B}} = \alpha((U, \leqslant))$. □

背景 $\mathbb{K} = (U, V, R)$ 的对象集上的四个拓扑之间的关系如下:

$$\nu((U, \leqslant)) \subseteq \mathcal{T}_{\mathcal{S}} \subseteq \mathcal{T}_{\mathcal{B}} = \alpha((U, \leqslant)).$$

但一般来说, $\alpha((U, \leqslant)) \neq \mathcal{T}_{\mathcal{S}}$.

10.2.2　拓扑空间诱导形式背景

下面考虑由拓扑空间诱导形式背景的问题.

定义 10.2.6　设 $(X, \mathcal{T})$ 是拓扑空间. 定义形式背景 $\mathbb{K}_{\in} = (X, \mathcal{T}, \in)$ 和形式背景 $\mathbb{K}_{\notin} = (X, \mathcal{T}, \notin)$, 其中 $\in, \notin \subseteq X \times \mathcal{T}$ 就是通常的属于和不属于关系.

为明确起见, 将 $(X, \mathcal{T})$ 上的特殊化序记作 $\leqslant_{\mathcal{T}}$. 下面探讨 $\mathbb{K}_{\in}, \mathbb{K}_{\notin}$ 的具体性质, 如净化、对象概念、属性概念等.

先考察背景 $\mathbb{K}_{\in} = (X, \mathcal{T}, \in)$, 它的两个导出算子 α 和 ω 可刻画如下: 对任意 $A \subseteq X$ 和任意 $\mathcal{U} \subseteq \mathcal{T}$,

$$\alpha(A) = \{U \in \mathcal{T} \mid \forall a \in A, a \in U\} = \{U \in \mathcal{T} \mid A \subseteq U\},$$
$$\omega(\mathcal{U}) = \{x \in X \mid \forall U \in \mathcal{U}, x \in U\} = \cap \mathcal{U}.$$

特别地, 对任意 $x \in X$ 和 $U \in \mathcal{T}$, 有

$$\alpha(x) = \{U \in \mathcal{T} \mid x \in U\} = \mathcal{U}_x^{\circ},$$
$$\omega(U) = \cap\{U\} = U,$$

其中 $\mathcal{U}_x^{\circ}$ 表示 x 的开邻域系.

例 10.2.7　设 $(X, \mathcal{T}_X), (Y, \mathcal{T}_Y)$ 是两拓扑空间, $f : X \to Y$ 是连续映射. 则 (f, f^{-1}) 是形式背景 $\mathbb{K}_{\in} = (X, \mathcal{T}_X, \in)$ 到形式背景 $\mathbb{L}_{\in} = (Y, \mathcal{T}_Y, \in)$ 的信息态射. 反过来, 若 (f, g) 是背景 $\mathbb{K}_{\in} = (X, \mathcal{T}_X, \in)$ 到背景 $\mathbb{L}_{\in} = (Y, \mathcal{T}_Y, \in)$ 的信息态射, 则 $\forall V \in \mathcal{T}_Y, \forall x \in X, x \in f^{-1}(V) \iff f(x) \in V \iff x \in g(V)$, 于是 $f^{-1}(V) = g(V) \in \mathcal{T}_X$, 这说明 $f : X \to Y$ 是连续映射, 且 $g = f^{-1} : \mathcal{T}_Y \to \mathcal{T}_X$.

命题 10.2.8　背景 $\mathbb{K}_{\in} = (X, \mathcal{T}, \in)$ 是净化的当且仅当拓扑空间 $(X, \mathcal{T})$ 是 T_0 空间.

证明　设 $\mathbb{K}_{\in}$ 是净化的, $x_1, x_2 \in X$ 且 $x_1 \neq x_2$, 则 $\alpha(x_1) \neq \alpha(x_2)$, 即 $\mathcal{U}_{x_1}^{\circ} \neq \mathcal{U}_{x_2}^{\circ}$. 所以, $(X, \mathcal{T})$ 是 T_0 空间. 反过来, 设 $(X, \mathcal{T})$ 是 T_0 空间, $x_1, x_2 \in X$ 且 $\alpha(x_1) = \alpha(x_2)$, 即 $\mathcal{U}_{x_1}^{\circ} = \mathcal{U}_{x_2}^{\circ}$. 由于 $(X, \mathcal{T})$ 是 T_0 空间, 故 $x_1 = x_2$. 另一方面, 因为 $\omega(U) = U$, 故对任意 $U_1, U_2 \in \mathcal{T}$, 由关系 $\omega(U_1) = \omega(U_2)$ 均可推得 $U_1 = U_2$. 所以, $\mathbb{K}_{\in}$ 是净化的背景.　　　　　　　　　　　□

现在来刻画 $\mathbb{K}_{\in}$ 的对象概念和属性概念. 设 $x \in X, U \in \mathcal{T}$, 则

$$\gamma x = (\omega\alpha(x), \alpha(x)) = (\cap \mathcal{U}_x^{\circ}, \mathcal{U}_x^{\circ}) = (\mathrm{sat}(\{x\}), \mathcal{U}_x^{\circ}),$$

$$\mu U = (\omega(U),\ \alpha\omega(U)) = (U,\ \alpha(U))$$

$$= (U,\ \{V \in \mathcal{T} \mid\ U \subseteq V\}) = (U,\ \uparrow U),$$

其中 sat($\{x\}$) 是集合 $\{x\}$ 的饱和化, $\uparrow U$ 是相对于 $\mathcal{T}$ 上的集合包含序取 U 的上集.

定理 10.2.9 背景 $\mathbb{K}_\in$ 的概念格 $L(\mathbb{K}_\in)$ 是完全分配的代数格.

证明 对任意 $A \subseteq X$, 根据注 10.1.3, 有

$$A\ 是外延 \Longleftrightarrow \omega\alpha(A) = A \Longleftrightarrow \cap\{U \in \mathcal{T} \mid A \subseteq U\} = A$$

$$\Longleftrightarrow A\ 是(X,\mathcal{T})的饱和集 \Longleftrightarrow A\ 关于 \leqslant_\mathcal{T}\ 是上集.$$

所以, $L_E(\mathbb{K}_\in) = \{A \subseteq X \mid A\ 关于 \leqslant_\mathcal{T}\ 是上集\}$. 易见 $L_E(\mathbb{K}_\in) \subseteq \mathcal{P}(X)$ 对任意交和任意并封闭, 从而是完备集环, 因此, $L(\mathbb{K}_\in) \cong L_E(\mathbb{K}_\in)$ 是完全分配的代数格. □

再考察背景 $\mathbb{K}_\notin = (X, \mathcal{T}, \notin)$. 两个导出算子 α 和 ω 刻画为: $\forall A \subseteq X, \forall \mathcal{U} \subseteq \mathcal{T}$,

$$\alpha(A) = \{U \in \mathcal{T} \mid \forall a \in A, a \notin U\} = \{U \in \mathcal{T} \mid U \subseteq A^c\},$$

$$\omega(\mathcal{U}) = \{x \in X \mid \forall U \in \mathcal{U}, x \notin U\} = (\cup\mathcal{U})^c.$$

特别地, 对任意 $x \in X$ 和 $U \in \mathcal{T}$, 有

$$\alpha(x) = \{U \in \mathcal{T} \mid x \notin U\},$$

$$\omega(U) = (\cup\{U\})^c = U^c.$$

命题 10.2.10 背景 $\mathbb{K}_\notin = (X, \mathcal{T}, \notin)$ 是净化的当且仅当拓扑空间 $(X, \mathcal{T})$ 是 T_0 空间.

证明 设 $\mathbb{K}_\notin = (X, \mathcal{T}, \notin)$ 是净化的, $x_1, x_2 \in X$ 且 $x_1 \neq x_2$, 则 $\alpha(x_1) \neq \alpha(x_2)$, 即 $\{U \in \mathcal{T} \mid x_1 \notin U\} \neq \{U \in \mathcal{T} \mid x_2 \notin U\}$, 于是存在 $U_1 \in \mathcal{T}$ 使 $x_1 \in U_1$, $x_2 \notin U_1$ 或存在 $U_2 \in \mathcal{T}$ 使 $x_2 \in U_2$, $X_1 \notin U_2$. 所以, $(X, \mathcal{T})$ 是 T_0 空间. 反过来, 设 $(X, \mathcal{T})$ 是 T_0 空间. 对任意 $x_1, x_2 \in X$, 若 $\alpha(x_1) = \alpha(x_2)$, 则 $\{U \in \mathcal{T} \mid x_1 \notin U\} = \{U \in \mathcal{T} \mid x_2 \notin U\}$. 由于 $(X, \mathcal{T})$ 是 T_0 空间, 故有 $x_1 = x_2$. 另一方面, 设 $U_1, U_2 \in \mathcal{T}$, $\omega(U_1) = \omega(U_2)$, 则 $U_1^c = U_2^c$, 于是 $U_1 = U_2$. 所以, $\mathbb{K}_\notin$ 是净化的. □

背景 $\mathbb{K}_\notin$ 的对象概念和属性概念如下: 设 $\mathcal{F}$ 是 $(X, \mathcal{T})$ 的闭集族, $x \in X$, $U \in \mathcal{T}$, 则

$$\gamma x = (\omega\alpha(x),\ \alpha(x)) = ((\cup\{U \in \mathcal{T} \mid\ x \notin U\})^c,\ \{U \in \mathcal{T} \mid\ x \notin U\})$$

$$= (\cap\{U^c \mid\ U \in \mathcal{T}, x \notin U\},\ \{U \in \mathcal{T} \mid\ x \notin U\})$$

$$= (\cap\{F \in \mathcal{F} \mid\ x \in F\},\ \{U \in \mathcal{T} \mid\ x \notin U\})$$

$$= (\overline{\{x\}}, \{U \in \mathcal{T} \mid x \notin U\}),$$

$$\mu U = (\omega(U), \ \alpha\omega(U)) = (U^c, \ \alpha(U^c))$$

$$= (U^c, \ \{V \in \mathcal{T} \mid V \subseteq U\}) = (U^c, \ \downarrow U).$$

定理 10.2.11　背景 $\mathbb{K}_{\notin}$ 的概念格 $L(\mathbb{K}_{\notin})$ 同构于拓扑空间的闭集格, 其对偶格是 frame.

证明　对任意 $A \subseteq X$, 根据注 10.1.3, 我们有

$$A \text{ 是外延} \Longleftrightarrow \omega\alpha(A) = A$$

$$\Longleftrightarrow (\cup\{U \in \mathcal{T} \mid U \subseteq A^c\})^c = A$$

$$\Longleftrightarrow \cap\{U^c \mid U \in \mathcal{T}, A \subseteq U^c\} = A$$

$$\Longleftrightarrow A^- = A \Longleftrightarrow A \in \mathcal{F}.$$

所以, $L(\mathbb{K}_{\notin}) \cong L_E(\mathbb{K}_{\notin}) = (\mathcal{F}, \ \subseteq)$, 其对偶是一个 frame.　□

习　题　10.2

1* 试对背景 (U, V, R) 在属性集 V 上引入 (多种) 拓扑并探讨其性质.

2. 对实数空间 $\mathbb{R}$, 求出 $K_{\in}(\mathbb{R})$ 和 $K_{\notin}(\mathbb{R})$, 并求出它们的概念格.

3. 举例说明一般背景 $\mathbb{K} = (U, V, R)$ 的拓扑 $\alpha((U, \leqslant)) \neq \mathcal{T}_S$.

4. 设 X 是拓扑空间, $\mathcal{F}$ 是其全体闭集之族.

试刻画背景 $\mathbb{F}_{\in} = (X, \mathcal{F}, \in)$ 和 $\mathbb{F}_{\notin} = (X, \mathcal{F}, \notin)$ 的两个导出算子 α 和 ω.

5* 探讨背景 $\mathbb{F}_{\in} = (X, \mathcal{F}, \in)$ 和 $\mathbb{F}_{\notin} = (X, \mathcal{F}, \notin)$ 的概念格的性质.

6. 证明: 背景 $(X, \mathcal{F}, \in)$ 与 $(X, \mathcal{T}, \notin)$ 信息同构, $(X, \mathcal{F}, \notin)$ 与 $(X, \mathcal{T}, \in)$ 信息同构.

7. 设 (Y, τ) 是 $(X, \mathcal{T})$ 的子空间, $r : \mathcal{T} \to \tau$ 使 $\forall U \in \mathcal{T}, r(U) = U \cap Y$.

证明: (i, r) 是背景 $(Y, \tau, \in)$ 到 $(X, \mathcal{T}, \in)$ 的信息态射, 其中 $i : Y \to X$ 是包含映射.

8* 设 $(X, \mathcal{T})$ 和 (Y, τ) 是拓扑空间, $(X \times Y, \mathcal{T} * \tau)$ 是其积空间.

证明: 背景 $(X \times Y, \mathcal{T} * \tau, \in)$ 与积背景 $(X, \mathcal{T}, \in) \times (Y, \tau, \in)$ 是信息同构的.

问: 背景 $(X \times Y, \mathcal{T} * \tau, \notin)$ 与积背景 $(X, \mathcal{T}, \notin) \times (Y, \tau, \notin)$ 有怎样的关系?

10.3　形式背景的分离性与 AE-紧致性

本节先在形式背景上引入几种分离性, 从而利用概念外延来分离不同的对象. 然后引入形式背景的 AE-紧致性, 探讨分离性和 AE-紧致性的性质.

10.3.1　形式背景的分离性

定义 10.3.1　背景 $\mathbb{K} = (U, V, R)$ 称为 T_0 **背景**, 若对任意满足 $x_1 \neq x_2$ 的 $x_1, x_2 \in U$, 存在 $B_1 \subseteq V$ 使得 $x_1 \in \omega(B_1)$, $x_2 \notin \omega(B_1)$ 或存在 $B_2 \subseteq V$ 使得 $x_1 \notin \omega(B_2)$, $x_2 \in \omega(B_2)$.

命题 10.3.2 背景 $\mathbb{K} = (U, V, R)$ 是 T_0 背景当且仅当对任意满足 $x_1 \neq x_2$ 的 x_1, $x_2 \in U$, 存在 $m \in V$ 使得 $x_1 \in \omega(m)$, $x_2 \notin \omega(m)$ 或者存在 $n \in V$ 使得 $x_1 \notin \omega(n)$, $x_2 \in \omega(n)$.

证明 充分性: 显然.

必要性: 设 $\mathbb{K}$ 是 T_0 背景, x_1, $x_2 \in U$ 且 $x_1 \neq x_2$, 不妨设存在 $B_1 \subseteq V$ 使 $x_1 \in \omega(B_1)$, $x_2 \notin \omega(B_1)$, 则存在 $m \in B_1 \subseteq V$ 使 $x_2 \notin \omega(m)$. 此处 $x_1 \in \omega(m)$ 显然. □

定义 10.3.3 背景 $\mathbb{K} = (U, V, R)$ 称为 T_1 背景, 若对任意满足 $x_1 \neq x_2$ 的 x_1, $x_2 \in U$, 存在 $B_1 \subseteq V$ 使得 $x_1 \in \omega(B_1)$, $x_2 \notin \omega(B_1)$ 且存在 $B_2 \subseteq V$ 使得 $x_1 \notin \omega(B_2)$, $x_2 \in \omega(B_2)$.

命题 10.3.4 背景 $\mathbb{K} = (U, V, R)$ 是 T_1 背景当且仅当对任意满足 $x_1 \neq x_2$ 的 x_1, $x_2 \in U$, 存在 $m \in V$ 使 $x_1 \in \omega(m)$, $x_2 \notin \omega(m)$ 且存在 $n \in V$ 使 $x_1 \notin \omega(n)$, $x_2 \in \omega(n)$.

证明 类似于命题 10.3.2 的证明. □

定义 10.3.5 背景 $\mathbb{K} = (U, V, R)$ 称为 T_2 背景, 若对任意满足 $x_1 \neq x_2$ 的 x_1, $x_2 \in U$, 存在 B_1, $B_2 \subseteq V$ 使得 $x_1 \in \omega(B_1)$, $x_2 \in \omega(B_2)$ 且 $\omega(B_1) \cap \omega(B_2) = \varnothing$.

由背景 T_0, T_1 和 T_2 分离性的定义我们立得下述定理:

定理 10.3.6 每个 T_2 背景都是 T_1 背景, 每个 T_1 背景都是 T_0 背景.

上述三种分离性体现了某些特殊形式背景中不同的对象可以通过不同的概念外延来分离的特性. 由命题 10.3.2 和命题 10.3.4 可以看出, 分离性 T_0 和 T_1 均可以点式刻画, 即背景中不同的对象可通过不同的属性外延来分离, 而类似的刻画对分离性 T_2 不成立, 下例反映了这一点.

例 10.3.7 背景 $\mathbb{K} = (U, V, R)$ 由表 10.2 来表示.

表 10.2

	y_1	y_2	y_3
x_1	×	×	
x_2		×	×
x_3	×		×

对 x_1, $x_2 \in U$, 取 $B_1 = \{y_1, y_2\}$, $B_2 = \{y_3\}$, 则 $x_1 \in \omega(B_1) = \{x_1\}$, $x_2 \in \omega(B_2) = \{x_2, x_3\}$, 且 $\omega(B_1) \cap \omega(B_2) = \varnothing$. 类似地, 易验证对任意 $x_i \neq x_j$, 存在 B_i, $B_j \subseteq V$ 使得 $x_i \in \omega(B_i)$, $x_j \in \omega(B_j)$ 且 $\omega(B_i) \cap \omega(B_j) = \varnothing$ $(i, j = 1, 2, 3)$. 所以, $\mathbb{K}$ 是 T_2 背景. 但对于 x_1, $x_2 \in U$, 不存在 $m, n \in V$ 使 $x_1 \in \omega(m)$, $x_2 \in \omega(n)$ 且 $\omega(m) \cap \omega(n) = \varnothing$. 事实上, 对任意 y_i, $y_j \in V$, 都有 $\omega(y_i) \cap \omega(y_j) \neq \varnothing$ $(i, j = 1, 2, 3)$.

在某些条件下, 背景 $\mathbb{K}_\in = (X, \mathcal{T}, \in)$ 的 T_0, T_1 和 T_2 分离性和拓扑空间 $(X, \mathcal{T})$ 相应的分离性是一致的.

命题 10.3.8 $\mathbb{K}_\in = (X, \mathcal{T}, \in)$ 是 T_0 (T_1) 背景当且仅当 $(X, \mathcal{T})$ 是 T_0 (T_1) 空间. 若 $(X, \mathcal{T})$ 是 Alexandrov 空间, 则 $\mathbb{K}_\in$ 是 T_2 背景当且仅当 $(X, \mathcal{T})$ 是 T_2 空间.

证明 由命题 10.3.2, $\mathbb{K}_\in$ 是 T_0 背景当且仅当对任意满足 $x_1 \neq x_2$ 的 x_1, $x_2 \in U$, 存在 $U_1 \in \mathcal{T}$ 使得 $x_1 \in \omega(U_1) = U_1$ 且 $x_2 \notin \omega(U_1) = U_1$ 或存在 $U_2 \in \mathcal{T}$ 使得 $x_1 \notin \omega(U_2) = U_2$ 且 $x_2 \in \omega(U_2) = U_2$. 这表明 $(X, \mathcal{T})$ 是 T_0 空间. T_1 的情形同理可证.

设 $(X, \mathcal{T})$ 是 T_2 空间, x_1, $x_2 \in X$, $x_1 \neq x_2$, 则存在 $U_1, U_2 \in \mathcal{T}$ 使 $x_1 \in U_1 = \omega(U_1)$, $x_2 \in U_2 = \omega(U_2)$ 且 $U_1 \cap U_2 = \varnothing$, 于是 $\mathbb{K}_\in$ 是 T_2 背景. 反过来, 设 $(X, \mathcal{T})$ 是 Alexandrov 空间且 $\mathbb{K}_\in$ 是 T_2 背景, 设 x_1, $x_2 \in X$, $x_1 \neq x_2$, 则存在 $\mathcal{U}_1, \mathcal{U}_2 \subseteq \mathcal{T}$ 使得 $x_1 \in \omega(\mathcal{U}_1) = \cap \mathcal{U}_1$, $x_2 \in \omega(\mathcal{U}_2) = \cap \mathcal{U}_2$ 且 $\omega(\mathcal{U}_1) \cap \omega(\mathcal{U}_2) = \varnothing$. 令 $U_1 = \cap \mathcal{U}_1$, $U_2 = \cap \mathcal{U}_2$. 由于 $(X, \mathcal{T})$ 是 Alexandrov 空间, 故 U_1, $U_2 \in \mathcal{T}$. 因此 $(X, \mathcal{T})$ 是 T_2 空间. □

形式背景的 T_0, T_1 和 T_2 分离性可被满足一定条件的信息态射所保持.

定理 10.3.9 设 $\mathbb{K}_1 = (U_1, V_1, R_1)$ 与 $\mathbb{K}_2 = (U_2, V_2, R_2)$ 是背景, (f, g) 是从 $\mathbb{K}_1$ 到 $\mathbb{K}_2$ 的信息态射, 其中 f 是双射, g 是满射. 若 $\mathbb{K}_1$ 是 T_0(相应地, T_1, T_2) 背景, 则 $\mathbb{K}_2$ 也是 T_0(相应地, T_1, T_2) 背景.

证明 先考虑 T_0 情形. 设 $y_1, y_2 \in U_2$, $y_1 \neq y_2$, 由于 f 是双射, 存在 $x_1, x_2 \in U_1$ 使得 $f(x_1) = y_1, f(x_2) = y_2$ 且 $x_1 \neq x_2$. 由于 $\mathbb{K}_1$ 是 T_0 背景, 不失一般性, 设存在 $m_1 \in V_1$ 使 $x_1 \in \omega(m_1), x_2 \notin \omega(m_1)$. 由于 f 是双射, 根据引理 10.1.15, 有

$$y_1 = f(x_1) \in f(\omega(m_1)) = \omega(g^{-1}(m_1)) \neq \varnothing,$$

$$y_2 = f(x_2) \notin f(\omega(m_1)) = \omega(g^{-1}(m_1)).$$

故存在 $m \in g^{-1}(m_1) \subseteq V_2$ 使 $y_2 \notin \omega(m)$, 而此处 $y_1 \in \omega(m)$ 是显然的, 所以 $\mathbb{K}_2$ 是 T_0 背景. T_1 的情形同理可证.

现考虑 T_2 情形. 设 $y_1, y_2 \in U_2$, $y_1 \neq y_2$, 由于 f 是双射, 存在 $x_1, x_2 \in U_1$ 使得 $f(x_1) = y_1, f(x_2) = y_2$ 且 $x_1 \neq x_2$. 由于 $\mathbb{K}_1$ 是 T_2 背景, 存在 $B_1, B_2 \subseteq V_1$ 使 $x_1 \in \omega(B_1), x_2 \in \omega(B_2)$ 且 $\omega(B_1) \cap \omega(B_2) = \varnothing$. 由引理 10.1.15, 我们有

$$y_1 = f(x_1) \in f(\omega(B_1)) = \omega(g^{-1}(B_1)),$$

$$y_2 = f(x_2) \in f(\omega(B_2)) = \omega(g^{-1}(B_2)).$$

令 $C_1 = g^{-1}(B_1)$, $C_2 = g^{-1}(B_2)$, 则 C_1, $C_2 \subseteq V_2$ 且 $y_1 \in \omega(C_1), y_2 \in \omega(C_2)$. 由于 f 是双射, 我们有 $\omega(C_1) \cap \omega(C_2) = f(\omega(B_1)) \cap f(\omega(B_2)) = f(\omega(B_1) \cap \omega(B_2)) = f(\varnothing) = \varnothing$. 于是 $\mathbb{K}_2$ 是 T_2 背景. □

我们称背景的性质 P 是遗传的 (对于兼容子背景是遗传的), 若具有性质 P 的背景的每一子背景 (每一兼容子背景) 都具有性质 P. 下一定理表明背景的 T_0, T_1 和 T_2 分离性对于兼容子背景是遗传的.

定理 10.3.10 设 $\mathbb{L} = (H, N, R \cap (H \times N))$ 是 $\mathbb{K} = (U, V, R)$ 的兼容子背景, 若 $\mathbb{K}$ 是 T_0 (相应地, T_1, T_2) 背景, 则 $\mathbb{L}$ 也是 T_0(相应地, T_1, T_2) 背景.

证明 先考虑 T_0 情形. 设 x_1, $x_2 \in H$ 且 $x_1 \neq x_2$, 由于 $\mathbb{K}$ 是 T_0 背景, 不妨设存在 $m \in V$ 使 $x_1 \in \omega(m)$ 且 $x_2 \notin \omega(m)$. 根据引理 10.1.11, 由 $\mathbb{L}$ 的兼容性和 $x_2 R^c m$ 得, 存在 $n \in N$ 使 $x_2 R^c n$ 且 $\omega(m) \subseteq \omega(n)$, 则有 $x_1 \in \omega(m) \cap H \subseteq \omega(n) \cap H = \omega_1(n)$, 但是 $x_2 \notin \omega_1(n)$. 所以, $\mathbb{L}$ 是 T_0 背景. T_1 的情形同理可证.

再证 T_2 的情形. 设 $x_1, x_2 \in H$, $x_1 \neq x_2$, 由 $\mathbb{K}$ 是 T_2 背景, 存在 $B_1, B_2 \subseteq V$ 使 $x_1 \in \omega(B_1), x_2 \in \omega(B_2)$ 且 $\omega(B_1) \cap \omega(B_2) = \varnothing$. 因 $\mathbb{L}$ 是 $\mathbb{K}$ 的兼容子背景, 故 $\omega(B_1) \cap H$ 和 $\omega(B_2) \cap H$ 都是 $\mathbb{L}$ 的外延, 于是存在 $C_1, C_2 \subseteq N$ 使 $\omega(B_1) \cap H = \omega_1(C_1), \omega(B_2) \cap H = \omega_1(C_2)$. 此处显然有 $x_1 \in \omega_1(C_1)$, $x_2 \in \omega_1(C_2)$ 且 $\omega_1(C_1) \cap \omega_1(C_2) = \varnothing$. 因此, 背景 $\mathbb{L}$ 是 T_2 背景. $\square$

利用一类特殊信息态射 (称其为嵌入映射), 可以定义嵌入子背景. 给定背景 $\mathbb{K} = (U, V, R)$ 和 $H \subseteq U$, $N \subseteq V$, 希望构造一种所谓嵌入信息态射 (f, g): $(H, N, R \cap (H \times N)) \to \mathbb{K}$. 自然地, 令 $f = i : H \to U$ 为包含映射. 现考虑 $g : V \to N$. g 必须满足条件: 对任意 $h \in H$ 和 $v \in V$,

$$f(h)Rv \Longleftrightarrow h(R \cap (H \times N))g(v), \text{即}, hRv \Longleftrightarrow hRg(v).$$

为确保 g 的存在性, 对 $v \in V$, 应存在 $n \in N$ 使对任意 $h \in H$, 有 $hRv \Longleftrightarrow hRn$. 也可能存在多个属性满足此条件. 我们可利用选择公理构造出映射 $g : V \to N$.

定义 10.3.11 背景 $\mathbb{K} = (U, V, R)$ 的子背景 $\mathbb{L} = (H, N, R \cap (H \times N))$ 称为 **嵌入子背景**, 若对任意 $v \in V$, 存在 $n \in N$ 使得对任意 $h \in H$ 有 $hRv \Longleftrightarrow hRn$.

注 10.3.12 (1) 设 $(X, \mathcal{T})$ 为拓扑空间, $(Y, \mathcal{T}_Y)$ 为 X 的子空间. 则 $\mathbb{L}_\in = (Y, \mathcal{T}_Y, \in)$ 为 $\mathbb{K}_\in = (X, \mathcal{T}, \in)$ 的嵌入子背景.

(2) 设 $\mathbb{L} = (H, N, R \cap (H \times N))$ 是背景 $\mathbb{K} = (U, V, R)$ 的嵌入子背景, 则对任意 $v \in V$, 存在 $n \in N$ 使得 $\omega_1(n) = \omega(v) \cap H$, 其中 $\omega_1(n)$ 是 n 在 $\mathbb{L}$ 中的属性外延.

命题 10.3.13 设形式背景 $\mathbb{K} = (U, V, R)$ 无空行. 则 $\mathbb{K}$ 的任一嵌入子背景 $\mathbb{L} = (H, N, R \cap (H \times N))$ 也无空行.

证明 容易看出, 形式背景 (U, V, R) 无空行等价于 $\bigcup_{v \in V} \omega(v) = U$. 若背景 $\mathbb{K}$ 无空行, 则 $\bigcup_{v \in V} \omega(v) = U$. 因 $\mathbb{L}$ 是嵌入子背景, 故 $\forall v \in V$, $\exists n \in N$, 使 $\omega(v) \cap H = \omega_1(n)$. 于是 $\bigcup_{n \in N} \omega_1(n) \supseteq \bigcup_{v \in V}(\omega(v) \cap H) = (\bigcup_{v \in V} \omega(v)) \cap H = H$, 从而 $\bigcup_{n \in N} \omega_1(n) = H$, 这说明嵌入子背景 $\mathbb{L}$ 无空行. $\square$

下面定理表明, 背景的 T_0, T_1 和 T_2 分离性对嵌入子背景是遗传的.

定理 10.3.14　设 $\mathbb{L} = (H, N, R \cap (H \times N))$ 是 $\mathbb{K} = (U, V, R)$ 的嵌入子背景, 如果 $\mathbb{K}$ 是 T_0 (相应地, T_1, T_2) 背景, 则 $\mathbb{L}$ 也是 T_0(相应地, T_1, T_2) 背景.

证明　先证 T_0 的情形. 设 $x_1, x_2 \in H$, $x_1 \neq x_2$, 由于 $\mathbb{K}$ 是 T_0 背景, 不妨设存在 $m \in V$ 使得 $x_1 \in \omega(m)$, $x_2 \notin \omega(m)$. 由于 $\mathbb{L}$ 是嵌入子背景, 根据注 10.3.12, 存在 $n \in N$ 使得 $\omega_1(n) = \omega(m) \cap H$. 此处有 $x_1 \in \omega_1(n)$, $x_2 \notin \omega_1(n)$. 因此, $\mathbb{L}$ 是 T_0 背景.

T_1 的情形同理可证.

下证 T_2 的情形. 设 $x_1, x_2 \in H$, $x_1 \neq x_2$, 由于 $\mathbb{K}$ 是 T_2 背景, 故存在 $B_1, B_2 \subseteq V$ 使 $x_1 \in \omega(B_1)$, $x_2 \in \omega(B_2)$ 且 $\omega(B_1) \cap \omega(B_2) = \varnothing$. 由于 $\mathbb{L}$ 是 $\mathbb{K}$ 的嵌入子背景, 故存在 $n_{m_1} \in N$ 使对任意 $m_1 \in B_1$ 有 $\omega_1(n_{m_1}) = \omega(m_1) \cap H$. 令 $C_1 = \{n_{m_1} \mid m_1 \in B_1\} \subseteq N$, 则 $\omega_1(C_1) = \bigcap_{m_1 \in B_1} \omega_1(n_{m_1}) = (\bigcap_{m_1 \in B_1} \omega(m_1)) \cap H = \omega(B_1) \cap H$. 同理, 存在 $C_2 \subseteq N$ 使得 $\omega_1(C_2) = \omega(B_2) \cap H$. 于是有 $x_1 \in \omega_1(C_1)$, $x_2 \in \omega_1(C_2)$, $\omega_1(C_1) \cap \omega_1(C_2) = \omega(B_1) \cap \omega(B_2) \cap H = \varnothing$. 因此, $\mathbb{L}$ 是 T_2 背景. $\qquad\square$

对背景的约简不改变概念格的结构, 对背景的行约简也不改变背景的 T_0, T_1 和 T_2 分离性. 下面定理表明对背景的列约简也不改变背景的 T_0, T_1, T_2 分离性.

定理 10.3.15　设 $\mathbb{L} = (U, N, R \cap (U \times N))$ 是通过将可约的列有限次移除得到的 $\mathbb{K} = (U, V, R)$ 的子背景. 若 $\mathbb{K}$ 是 T_0 (相应地, T_1, T_2) 背景, 则 $\mathbb{L}$ 也是 T_0(相应地, T_1, T_2) 背景.

证明　我们只证 T_2 的情形. 设 $x_1, x_2 \in U$, $x_1 \neq x_2$. 由于 $\mathbb{K}$ 是 T_2 背景, 存在 $B_1, B_2 \subseteq V$ 使 $x_1 \in \omega(B_1)$, $x_2 \in \omega(B_2)$ 且 $\omega(B_1) \cap \omega(B_2) = \varnothing$. 若 $B_1, B_2 \subseteq N$, 则结论得证. 否则, 令 $C_1 = B_1 - N$. 对任意 $y \in C_1$, 存在 $X_y \subseteq N$ 使 $\omega(y) = \omega(X_y)$. 令 $D_1 = (B_1 \cap N) \cup (\bigcup_{y \in C_1} X_y)$, 则 $D_1 \subseteq N$ 且

$$\omega_1(D_1) = \omega(D_1) = \omega(B_1 \cap N) \cap \left(\bigcap_{y \in C_1} \omega(X_y) \right)$$

$$= \omega(B_1 \cap N) \cap \left(\bigcap_{y \in C_1} \omega(y) \right) = \omega(B_1 \cap N) \cap \omega(C_1)$$

$$= \omega((B_1 \cap N) \cup C_1) = \omega(B_1).$$

同理, 存在 $D_2 \subseteq N$ 使 $\omega_1(D_2) = \omega(B_1)$. 于是, $x_1 \in \omega_1(D_1)$, $x_2 \in \omega_1(D_2)$ 且 $\omega_1(D_1) \cap \omega_1(D_2) = \varnothing$. 因此, $\mathbb{L}$ 是 T_2 背景. $\qquad\square$

下一定理表明, 无满行的两个 T_0 (相应地, T_1, T_2) 背景的直积背景也是 T_0 (相应地, T_1, T_2) 背景.

定理 10.3.16 设 $\mathbb{K}_1 = (U_1, V_1, R_1)$ 和 $\mathbb{K}_2 = (U_2, V_2, R_2)$ 是两个无满行的 T_0(相应地, T_1, T_2) 背景, 则直积 $\mathbb{K}_1 \times \mathbb{K}_2 = (U_1 \times U_2, V_1 \times V_2, \nabla)$ 也是 T_0(相应地, T_1, T_2) 背景.

证明 先证明 T_0 的情形. 设 $(u_1, u_2), (x_1, x_2) \in U_1 \times U_2$ 且 $(u_1, u_2) \neq (x_1, x_2)$, 不妨设 $u_1 \neq x_1$. 由于 $\mathbb{K}_1$ 是 T_0 背景, 不妨设存在 $v_1 \in V_1$ 使 $u_1 \in \omega(v_1)$, $x_1 \notin \omega(v_1)$. 由于行 x_2 在 $\mathbb{K}_2$ 中不是满的, 故存在 $v_2 \in V_2$ 使 $x_2 R_2^c v_2$. 于是

$$(v_1, v_2) \in V_1 \times V_2, \qquad (u_1, u_2) \nabla (v_1, v_2), \qquad (x_1, x_2) \nabla^c (v_1, v_2),$$

即 $(u_1, u_2) \in \omega(v_1, v_2)$, $(x_1, x_2) \notin \omega(v_1, v_2)$. 所以, $\mathbb{K}_1 \times \mathbb{K}_2$ 是 T_0 背景.

T_1 的情形同理可证.

现在证明 T_2 的情形. 设 $(u_1, u_2), (x_1, x_2) \in U_1 \times U_2$ 且 $(u_1, u_2) \neq (x_1, x_2)$. 不妨设 $u_1 \neq x_1$, 由于 $\mathbb{K}_1$ 是 T_2 背景, 故存在 $B_1, C_1 \subseteq V_1$ 使 $u_1 \in \omega(B_1)$, $x_1 \in \omega(C_1)$ 且 $\omega(B_1) \cap \omega(C_1) = \varnothing$. 令 $B = B_1 \times V_2$, $C = C_1 \times V_2 \subseteq V_1 \times V_2$, 则易见 $(u_1, u_2) \in \omega(B)$, $(x_1, x_2) \in \omega(C)$. 下证 $\omega(B) \cap \omega(C) = \varnothing$. 假设存在 $(y_1, y_2) \in U_1 \times U_2$ 使 $(y_1, y_2) \in \omega(B) \cap \omega(C)$. 由于在 $\mathbb{K}_2$ 中行 y_2 不是满行, 故存在 $v_2 \in V_2$ 使 $y_2 R_2^c v_2$. 对任意 $b_1 \in B_1$, 有 $(b_1, v_2) \in B$, 于是 $(y_1, y_2) \nabla (b_1, v_2)$. 但此处 $y_2 R_2^c v_2$, 所以 $y_1 R_1 b_1$. 于是 $y_1 \in \omega(B_1)$. 同理, $y_1 \in \omega(C_1)$, 则 $y_1 \in \omega(B_1) \cap \omega(C_1)$, 这与 $\omega(B_1) \cap \omega(C_1) = \varnothing$ 矛盾. 所以, $\omega(B) \cap \omega(C) = \varnothing$, 从而 $\mathbb{K}_1 \times \mathbb{K}_2$ 是 T_2 背景. $\square$

10.3.2 形式背景的 AE-紧致性

下面定义形式背景的 AE-紧致性并讨论其性质.

定义 10.3.17 设 $\mathbb{K} = (U, V, R)$ 是形式背景, $U_1 \subseteq U$. 若存在 $B \subseteq V$, 使得 $\mathscr{A} = \{\omega(v) \mid v \in B\}$ 满足 $U_1 \subseteq \cup \mathscr{A}$, 则称 $\mathscr{A}$ 为 U_1 的**属性外延覆盖**, 或称 $\mathscr{A}$ 为 U_1 的 **AE-覆盖**.

定义 10.3.18 设 $\mathbb{K} = (U, V, R)$ 是形式背景. 若对任意 $B \subseteq V$, 当 $\mathscr{A} = \{\omega(v) \mid v \in B\}$ 满足 $U \subseteq \cup \mathscr{A}$ 时, 总存在有限子族 $\mathscr{B} \subseteq \mathscr{A}$ 使 $U \subseteq \cup \mathscr{B}$, 则称 $\mathbb{K}$ 为 **AE-紧致背景**.

换言之, $\mathbb{K}$ 为 AE-紧致背景当且仅当 U 的任一 AE-覆盖均存在有限子覆盖. 由 AE-紧致性定义知, 若背景 $\mathbb{K} = (U, V, R)$ 的对象集 U 或属性集 V 是有限集, 则该背景必为 AE-紧致的. 又若 U 的每个 AE-覆盖 $\mathscr{A}$ 都有一个有限 AE-覆盖 $\mathscr{B}$ 是 $\mathscr{A}$ 的加细, 则 $\mathbb{K}$ 是 AE-紧致的; 若背景 (U, V, R) 是 AE-紧致的, 则存在有限的 $F \subseteq V$ 使 $U = \bigcup_{v \in F} \omega(v)$.

对于背景 $\mathbb{K}_\in = (X, \mathcal{T}, \in)$, 由于对任意 $U \in \mathcal{T}$ 有 $\omega(U) = U$, 所以有

命题 10.3.19 背景 $\mathbb{K}_{\in} = (X, \mathcal{T}, \in)$ 是 AE-紧致的当且仅当 $(X, \mathcal{T})$ 是紧致拓扑空间.

类似于分离性, 背景的 AE-紧致性也可被满足一定条件的信息态射所保持.

定理 10.3.20 设 $\mathbb{K}_1 = (U_1, V_1, R_1)$ 和 $\mathbb{K}_2 = (U_2, V_2, R_2)$ 是两个背景, (f, g) 是从 $\mathbb{K}_1$ 到 $\mathbb{K}_2$ 的信息态射, f 是满射, g 是单射. 若 $\mathbb{K}_1$ 是 AE-紧致背景, 则 $\mathbb{K}_2$ 也是 AE-紧致背景.

证明 设 $\mathcal{A} = \{\omega(v) \mid v \in B\}$ 使 $B \subseteq V_2$ 且 $U_2 \subseteq \cup \mathcal{A}$, 令 $\mathcal{A}_1 = \{\omega(g(v)) \mid v \in B\}$. 对任意 $x \in U_1$, 有 $f(x) \in U_2$, 于是存在 $v \in B$ 使 $f(x) \in \omega(v)$, 即 $f(x) R_2 v$. 由于 (f, g) 是信息态射, 故 $x R_1 g(v)$ 且 $x \in \omega(g(v))$, 于是 $U_1 \subseteq \cup \mathcal{A}_1$. 因为 $\mathbb{K}_1$ 是 AE-紧致的, 所以存在有限集 $\{v_i \mid i = 1, 2, \cdots, n\} \subseteq B$ 使 $U_1 \subseteq \bigcup_{i=1}^{n} \omega(g(v_i))$. 注意到 f 是满的, g 是单的, 我们有 $U_2 = f(U_1) \subseteq \bigcup_{i=1}^{n} f(\omega(g(v_i))) \subseteq \bigcup_{i=1}^{n} \omega(g^{-1}(g(v_i))) = \bigcup_{i=1}^{n} \omega(v_i)$. 因此, $\mathbb{K}_2$ 也是 AE-紧致背景. □

对于 $\mathbb{K}$ 的子背景 $\mathbb{L}$, 我们可以通过背景 $\mathbb{K}$ 的属性外延来刻画 $\mathbb{L}$ 的 AE-紧致性.

命题 10.3.21 设背景 $\mathbb{L} = (H, N, R \cap (H \times N))$ 是 $\mathbb{K} = (U, V, R)$ 的子背景. 则 $\mathbb{L}$ 是 AE-紧致背景当且仅当对任意 $H \subseteq \cup \mathcal{A}$ 的 $\mathcal{A} = \{\omega(v) \mid v \in B\}$ $(B \subseteq N)$, 存在 $\mathcal{B} \subseteq_{\text{fin}} \mathcal{A}$ 使 $H \subseteq \cup \mathcal{B}$.

证明 设 $\mathbb{L}$ 是 AE-紧致背景, $\mathcal{A} = \{\omega(v) \mid v \in B\}(B \subseteq N)$ 使 $H \subseteq \cup \mathcal{A}$. 令 $\mathcal{C} = \{\omega_1(v) \mid v \in B\}$, 则 $\cup \mathcal{C} = \bigcup_{v \in B} \omega_1(v) = \bigcup_{v \in B} (H \cap \omega(v)) = H \cap (\cup \mathcal{A}) = H$. 由于 $\mathbb{L}$ 是 AE-紧致的, 存在 $\{v_1, v_2, \cdots, v_n\} \subseteq B$ 使 $H \subseteq \bigcup_{i=1}^{n} \omega_1(v_i) \subseteq \bigcup_{i=1}^{n} \omega(v_i)$. 这意味着存在 $\mathcal{B} = \{\omega(v_i) \mid i = 1, 2, \cdots, n\} \subseteq_{\text{fin}} \mathcal{A}$ 使得 $H \subseteq \cup \mathcal{B}$.

反过来, 设条件 "对任意使得 $H \subseteq \cup \mathcal{A}$ 的 $\mathcal{A} = \{\omega(v) \mid v \in B\}$ $(B \subseteq N)$, 存在 $\mathcal{B} \subseteq_{\text{fin}} \mathcal{A}$ 使 $H \subseteq \cup \mathcal{B}$" 成立. 现设有 $\mathcal{A}_1 = \{\omega_1(v) \mid v \in B\}$ $(B \subseteq N)$ 使 $H \subseteq \cup \mathcal{A}_1$. 令 $\mathcal{A} = \{\omega(v) \mid v \in B\}$, 则 $H \subseteq \cup \mathcal{A}$. 由假设, 存在 $\mathcal{B} = \{\omega(v_i) \mid i = 1, 2, \cdots, n\} \subseteq_{\text{fin}} \mathcal{A}$ 使 $H \subseteq \cup \mathcal{B} = \bigcup_{i=1}^{n} \omega(v_i)$. 则 $H = H \cap (\bigcup_{i=1}^{n} \omega(v_i)) = \bigcup_{i=1}^{n} \omega_1(v_i)$. 令 $\mathcal{B}_1 = \{\omega_1(v_i) \mid i = 1, 2, \cdots, n\}$, 于是 $\mathcal{B}_1 \subseteq_{\text{fin}} \mathcal{A}_1$ 且 $H = \cup \mathcal{B}_1$. 所以, $\mathbb{L}$ 是一个 AE-紧致背景. □

设 $\mathbb{K} = (U, V, R)$ 是背景, 我们称 $\mathbb{K}$ 的子背景 $\mathbb{L} = (H, N, R \cap (H \times N))$ 是**闭子背景**, 若存在 $F \subseteq_{\text{fin}} V$ 使 $H = U - \omega(F)$.

下一定理说明背景的 AE-紧致性关于闭子背景是遗传的.

定理 10.3.22 设 $\mathbb{K} = (U, V, R)$ 是一个 AE-紧致背景且 $\mathbb{L} = (H, N, R \cap (H \times N))$ 是 $\mathbb{K}$ 的闭子背景, 则 $\mathbb{L}$ 也是 AE-紧致背景.

证明 由于 $\mathbb{L}$ 是 $\mathbb{K}$ 的闭子背景, 故存在 $F = \{f_1, f_2, \cdots, f_m\} \subseteq_{\text{fin}} V$ 使 $H = U - \omega(F) = U - (\bigcap_{i=1}^{m} \omega(f_i)) = \bigcup_{i=1}^{m} (U - \omega(f_i))$. 设 $\mathcal{A} = \{\omega(v) \mid v \in$

$B\}$ $(B \subseteq N)$ 使 $H \subseteq \cup \mathcal{A}$, 则对任意 $i = 1, 2, \cdots, m$, 有 $U - \omega(f_i) \subseteq \cup \mathcal{A}$. 令 $\mathcal{A}_i = \mathcal{A} \cup \{\omega(f_i)\}$, 则 $U \subseteq \cup \mathcal{A}_i$. 由于 $\mathbb{K}$ 是 AE-紧致的, 故存在 $\mathcal{B}_i \subseteq_{\text{fin}} \mathcal{A}_i$ 使 $U \subseteq \cup \mathcal{B}_i$. 令 $\mathcal{C}_i = \mathcal{B}_i - \{\omega(f_i)\}$, 则 $\mathcal{C}_i \subseteq_{\text{fin}} \mathcal{A}$ 且 $U - \omega(f_i) \subseteq \cup \mathcal{C}_i$. 设 $\mathcal{B} = \bigcup_{i=1}^{m} \mathcal{C}_i$, 则 $\mathcal{B} \subseteq_{\text{fin}} \mathcal{A}$ 且 $H = \bigcup_{i=1}^{m}(U - \omega(f_i)) \subseteq \cup \mathcal{B}$. 由命题 10.3.21 得, $\mathbb{L}$ 是一个 AE-紧致背景. $\square$

下述定理表明, AE-紧致背景的直积仍然是 AE-紧致的.

定理 10.3.23 设 $\mathbb{K}_1 = (U_1, V_1, R_1)$ 和 $\mathbb{K}_2 = (U_2, V_2, R_2)$ 是两个 AE-紧致的背景, 则直积 $\mathbb{K}_1 \times \mathbb{K}_2 = (U_1 \times U_2, V_1 \times V_2, \nabla)$ 也是 AE-紧致的.

证明 设 $U_1 \times U_2 \subseteq \bigcup_{i \in I} \omega(m_i, n_i)$, 即, $U_1 \times U_2 = \bigcup_{i \in I} \omega(m_i, n_i)$, 其中 I 是指标集, 且 $(m_i, n_i) \in V_1 \times V_2$ $(i \in I)$. 因 $\omega(m_i, n_i) = (\omega(m_i) \times U_2) \cup (U_1 \times \omega(n_i))$ $(i \in I)$, 故有

$$U_1 \times U_2 = \bigcup_{i \in I}((\omega(m_i) \times U_2) \cup (U_1 \times \omega(n_i)))$$

$$= \left(\bigcup_{i \in I} \omega(m_i) \times U_2\right) \cup \left(U_1 \times \left(\bigcup_{i \in I} \omega(n_i)\right)\right).$$

我们断言等式 $\bigcup_{i \in I} \omega(m_i) = U_1$ 与 $\bigcup_{i \in I} \omega(n_i) = U_2$ 中至少有一成立. 用反证法来证此断言. 假定 $\bigcup_{i \in I} \omega(m_i) \neq U_1$ 且 $\bigcup_{i \in I} \omega(n_i) \neq U_2$, 则存在 $x \in U_1 - \bigcup_{i \in I} \omega(m_i)$ 与 $y \in U_2 - \bigcup_{i \in I} \omega(n_i)$, 于是 $(x, y) \notin ((\bigcup_{i \in I} \omega(m_i) \times U_2) \cup (U_1 \times (\bigcup_{i \in I} \omega(n_i)))) = U_1 \times U_2$. 矛盾! 断言得证. 下面不妨设等式 $\bigcup_{i \in I} \omega(m_i) = U_1$ 成立. 由于 $\mathbb{K}_1$ 是 AE-紧致的, 故存在有限集 $\{m_1, m_2, \cdots, m_s\} \subseteq \{m_i \mid i \in I\}$ 使 $U_1 \subseteq \bigcup_{t=1}^{s} \omega(m_t)$. 于是,

$$U_1 \times U_2 \subseteq \left(\bigcup_{t=1}^{s} \omega(m_t)\right) \times U_2 \subseteq \bigcup_{t=1}^{s}((\omega(m_t) \times U_2) \cup (U_1 \times \omega(n_t))) = \bigcup_{t=1}^{s} \omega(m_t, n_t).$$

所以, $\mathbb{K}_1 \times \mathbb{K}_2$ 是 AE-紧致的. $\square$

习 题 10.3

1. 证明 $\mathbb{K} = (U, V, R)$ 是 T_1 背景当且仅当 $\forall x \in U$, $\omega\alpha(x) = \{x\}$.
2. 证明定理 10.3.15 关于 T_0, T_1 的两个情形.
3. 举例说明背景 $\mathbb{K}_\in = (X, \mathcal{T}, \in)$ 是 T_2 的, 但拓扑空间 $(X, \mathcal{T})$ 不是 T_2 的.
4*. 利用背景在对象集上诱导的拓扑来定义背景的合适的正则、正规性并探讨其性质.
5. 探讨背景 $\mathbb{K}$ 在对象集上诱导的拓扑的紧致性与 $\mathbb{K}$ 的 AE-紧致性之间的关系.
6*. 利用概念外延定义概念外延紧致 (简记 **CE-紧致**) 背景, 并探究它们的性质.

10.4　形式背景的 AE-仿紧性

本节将拓扑空间的仿紧性推广到形式背景中, 定义形式背景的 AE-仿紧性, 并讨论相关性质. 先引入 AE-局部有限覆盖的概念, 然后定义形式背景的 AE-仿紧性.

定义 10.4.1　设 $\mathbb{K} = (U, V, R)$ 是形式背景, $U_1 \subseteq U$, $B \subseteq V$, $\mathscr{A} = \{\omega(v) \mid v \in B\}$. 若对任意 $x \in U_1$, 存在 $v \in V$, 使 $x \in \omega(v)$ 且 $\omega(v)$ 仅与 $\mathscr{A}$ 中有限个成员相交不空, 则称 $\mathscr{A}$ 是 U_1 的 **AE-局部有限集族**. 进一步, 若 $\mathscr{A}$ 又是 U_1 的 AE-覆盖, 则称 $\mathscr{A}$ 是 U_1 的 **AE-局部有限覆盖**.

注 10.4.2　AE-覆盖、AE-局部有限集族均是由背景的某些属性外延组成. 当涉及背景 $\mathbb{K}$ 和子背景 $\mathbb{L}$ 时, 使用 "AE-覆盖""AE-局部有限集族" 必须明确在 $\mathbb{K}$ 中还是在 $\mathbb{L}$ 中.

定义 10.4.3　设 $\mathbb{K} = (U, V, R)$ 是形式背景, 若当 $B \subseteq V$ 且 $\mathscr{A} = \{\omega(v) \mid v \in B\}$ 满足 $U \subseteq \cup \mathscr{A}$ 时, 总存在 U 的 AE-局部有限覆盖 $\mathscr{B}$ 是 $\mathscr{A}$ 的加细, 则称 $\mathbb{K}$ 为 **AE-仿紧背景**.

若背景 $\mathbb{K}$ 是 AE-紧致的, 则 $\mathbb{K}$ 必为 AE-仿紧的.

在背景 $\mathbb{K}_\in = (X, \mathcal{T}, \in)$ 中, 因 $\forall U \in \mathcal{T}$, 有 $\omega(U) = U$, 故有如下命题.

命题 10.4.4　拓扑空间 $(X, \mathcal{T})$ 是仿紧空间当且仅当 $\mathbb{K}_\in = (X, \mathcal{T}, \in)$ 是 AE-仿紧背景.

命题 10.4.5　设 $\mathbb{K} = (U, V, R)$ 是形式背景, $\forall x \in U$, $\mathscr{S}_x = \{\omega(v) \mid x \in \omega(v)$ 且 $v \in V\}$ 是滤向的, 并存在 $v_x \in V$ 使 $x \in \omega(v_x)$ 为有限集. 若 $\mathscr{V} = \{\omega(v_x) \mid x \in U\}$ 中每个元仅与有限个成员相交不空, 则 $\mathbb{K}$ 是 AE-仿紧背景.

证明　可断言 $\forall x \in U$ 均有包含它的最小属性外延 $\omega(\xi_x)$. 事实上, 对 $x \in U$, 由条件存在 $v_x \in V$ 使 $x \in \omega(v_x)$ 且 $\omega(v_x)$ 是有限集. 令 $\mathcal{U}_x = \{\omega(v) \mid x \in \omega(v) \subseteq \omega(v_x)$ 且 $v \in V\}$, 由 $\omega(v_x) \in \mathcal{U}_x$ 是有限的知 $\mathcal{U}_x$ 是 $\mathscr{S}_x$ 的非空有限子族. 因 $\mathscr{S}_x$ 是滤向的且 $\mathcal{U}_x$ 有限, 故存在 $\xi_x \in V$ 使 $\omega(\xi_x) \in \mathscr{S}_x$ 为 $\mathcal{U}_x$ 的下界. 因 $\mathcal{U}_x$ 在 $\mathscr{S}_x$ 是下集, 故 $\omega(\xi_x) \in \mathcal{U}_x$, 于是 $\omega(\xi_x)$ 为 $\mathcal{U}_x$ 的最小元. 由 $\mathscr{S}_x$ 滤向, 易证 $\omega(\xi_x)$ 也是 $\mathscr{S}_x$ 的最小元, 这说明断言成立.

记 $\mathscr{B} = \{\omega(\xi_x) \mid x \in U\}$. 设 $\mathscr{A}$ 是 U 上的任一 AE-覆盖, 则 $\mathscr{B}$ 是 $\mathscr{A}$ 的加细且覆盖 U. 从而 $\mathscr{B}$ 是 AE-覆盖 $\mathscr{V}$ 的加细. 对任一 $x \in U$, 因 $x \in \omega(\xi_x) \subseteq \omega(v_x)$ 且 $\omega(v_x)$ 与 $\mathscr{V}$ 中有限个元相交不空, 故对任一 $x \in U$, $\omega(\xi_x)$ 仅与 $\mathscr{V}$ 中有限个成员相交不空. 由 $\mathscr{B}$ 是 $\mathscr{V}$ 的加细且 $\mathscr{V}$ 中每个元都是有限集知, $\omega(\xi_x)$ 仅与 $\mathscr{B}$ 中有限个成员相交不空. 这说明 $\mathscr{B}$ 是 U 的 AE-局部有限覆盖. 综上所证, $\mathbb{K}$ 是 AE-仿紧背景. □

推论 10.4.6 若拓扑空间 X 任一点 x 处都存在开邻域 V_x 为有限集, 且 $\mathscr{V} = \{V_x \mid x \in X\}$ 中每个元仅与有限个成员相交不空, 则 X 是仿紧空间.

证明 在 $\mathbb{K}_\in = (X, \mathcal{T}, \in)$ 中, 因 $U \in \mathcal{T}$ 有 $\omega(U) = U$, 故 $\mathscr{S}_x = \{\omega(U) \mid x \in \omega(U)$ 且 $U \in \mathcal{T}\}$ 为 x 处的开邻域基 $\mathcal{U}_x^\circ$. 由于拓扑空间 X 每点的开邻域基是滤向的, 从而背景 $\mathbb{K}_\in$ 满足命题的条件, 于是背景 $\mathbb{K}_\in = (X, \mathcal{T}, \in)$ 是 AE-仿紧背景, 由命题 10.4.4 知 X 是仿紧空间. □

命题 10.4.5 的条件 "$\mathscr{V} = \{\omega(v_x) \mid x \in U\}$ 中每个元仅与有限个成员相交不空" 不可缺少, 否则命题不成立, 反例如下.

例 10.4.7 设 $X = \mathbb{N} \cup \{\infty\}$, $\mathcal{T} = \{A \cup \{\infty\} \mid A \subseteq \mathbb{N}\} \cup \{\varnothing\}$. 取开覆盖 $\mathscr{A} = \{\{n, \infty\} \mid n \in \mathbb{N}\}$, 则 $\mathscr{A}$ 不存在局部有限的开加细覆盖, $(X, \mathcal{T})$ 不是仿紧空间, 从而背景 $\mathbb{K}_\in = (X, \mathcal{T}, \in)$ 不是 AE-仿紧背景. 对于 $\mathbb{K}_\in$, 虽然对每一 $n \in \mathbb{N}$, 可取 $V_n = \{n, \infty\} = \omega(\{n, \infty\}) \in \mathcal{T}$ 是有限集, 但对满足 $W_n \in \mathcal{T}$ 使 $n \in \omega(W_n) = W_n$ 是有限集的任意集族 $\mathscr{W} = \{\omega(W_n) \mid n \in \mathbb{N}\}$, $\mathscr{W}$ 都不满足命题 10.4.5 的条件 "$\mathscr{V} = \{\omega(v_x) \mid x \in U\}$ 中每个元仅与有限个成员相交". 事实上, 注意到 $\cup \mathscr{W} = X$ 为无限集, 知 $\mathscr{W}$ 为无限集族. 又注意到 $\mathbb{K}_\in$ 的每个非空属性外延均包含 $\{\infty\}$, 于是 $\mathscr{W}$ 中每个元均与其余所有成员相交.

类似于形式背景的 AE-紧致性, 背景的 AE-仿紧性也可被适当的信息态射所保持.

引理 10.4.8 设 (f, g) 是形式背景 $\mathbb{K}_1 = (U_1, V_1, R_1)$ 到形式背景 $\mathbb{K}_2 = (U_2, V_2, R_2)$ 的信息态射, 则下列两条成立:

(1) 若 f 是满射, 则 $\forall B \subseteq V_2$, 有 $f(\omega(g(B))) = \omega(B)$;

(2) 若 g 是满射, 则 $\forall A \subseteq U_1$, 有 $g(\alpha(f(A))) = \alpha(A)$.

证明 以 (1) 为例证之, (2) 类似可证. 若 $B = \varnothing$, 则 $\omega(B) = U_2$, $\omega(g(B)) = U_1$, 由 f 是满射, 故有 $f(\omega(g(B))) = f(U_1) = U_2 = \omega(B)$. 若 $B \neq \varnothing$, 对于任意的 $x \in \omega(g(B))$ 及任意 $b \in B$, 有 $x \in \omega(g(b))$, 即 $x R_1 g(b)$. 因 (f, g) 是信息态射, 故 $f(x) R_2 b$, 即 $f(x) \in \omega(b)$, 由 $b \in B$ 的任意性知 $f(x) \in \omega(B)$, 从而 $f(\omega(g(B))) \subseteq \omega(B)$. 对任意的 $y \in \omega(B)$, 由 f 是满射, 知存在 $x \in U_1$, 使 $f(x) = y$, 于是 $\forall b \in B$, 有 $f(x) R_2 b$. 因 (f, g) 是信息态射, 故 $x R_1 g(b)$, 即 $x \in \omega(g(b))$. 注意到 $b \in B$ 的任意性, 有 $x \in \omega(g(B))$. 于是 $y = f(x) \in f(\omega(g(B)))$, 从而 $\omega(B) \subseteq f(\omega(g(B)))$. 综上所证, $f(\omega(g(B))) = \omega(B)$. □

定理 10.4.9 设 $\mathbb{K}_1 = (U_1, V_1, R_1)$ 和 $\mathbb{K}_2 = (U_2, V_2, R_2)$ 是两个背景, (f, g) 是从 $\mathbb{K}_1$ 到 $\mathbb{K}_2$ 的信息态射, 其中 f 是双射, g 是满射. 若 $\mathbb{K}_1$ 是 AE-仿紧的, 则 $\mathbb{K}_2$ 也是 AE-仿紧的.

证明 设 $\mathscr{A} = \{\omega(v) \mid v \in B\}$ 是 U_2 的任一 AE-覆盖, 其中 $B \subseteq V_2$. 作 $\mathscr{W} = \{\omega(g(v)) \mid v \in B\}$, 由 f 是双射及引理 10.4.8 知, $f(\cup \mathscr{W}) = \bigcup_{v \in B} f(\omega(g(v))) =$

$\bigcup_{v\in B}\omega(v)=\cup\mathscr{A}=U_2$, 从而 $U_1=\cup\mathscr{W}$, 这说明 $\mathscr{W}$ 是 U_1 的 AE-覆盖. 因为 $\mathbb{K}_1$ 是 AE-仿紧的, 所以存在 $E\subseteq V_1$ 使 $\mathscr{V}=\{\omega(v)\mid v\in E\}$ 是 U_1 的 AE-局部有限覆盖且加细 $\mathscr{W}$. 由于 g 是满射, 从而对任意 $v\in E$, 存在 $s_v\in V_2$ 使 $v=g(s_v)$. 令 $B_1=\{s_v\mid v\in E\}\subseteq V_2$, 并作 $\mathscr{B}=\{f(\omega(g(s)))\mid s\in B_1\}$. 则由引理 10.4.8 知 $\mathscr{B}=\{\omega(s)\mid s\in B_1\}$ 且有 $\bigcup\mathscr{B}=\bigcup_{s\in B_1}f(\omega(g(s)))=f(\bigcup_{v\in E}\omega(v))=f(\bigcup\mathscr{V})=f(U_1)=U_2$, 从而 $\mathscr{B}$ 是 U_2 的 AE-覆盖.

断言 $\mathscr{B}$ 是 $\mathscr{A}$ 的 AE-加细. 事实上, $\forall s_v\in B_1$, 有 $g(s_v)=v\in E$. 因 $\mathscr{V}$ 是 $\mathscr{W}$ 的 AE-加细且 $\omega(v)\in\mathscr{V}$, 故存在 $u\in B$ 使 $\omega(g(u))\in\mathscr{W}$ 且 $\omega(v)\subseteq\omega(g(u))$. 由 引理 10.4.8 知 $f(\omega(v))=f(\omega(g(s_v)))=\omega(s_v)$, $f(\omega(g(u)))=\omega(u)$, 从而 $\omega(s_v)\subseteq\omega(u)$, 由 $s_v\in B_1$ 的任意性及 $\omega(u)\in\mathscr{A}$ 知 $\mathscr{B}$ 加细 $\mathscr{A}$.

下证 $\mathscr{B}$ 是 U_2 的 AE-局部有限集族. 对每一 $y\in U_2$, 存在 $x\in U_1$ 使 $y=f(x)$. 因 $\mathscr{V}$ 是 U_1 的 AE-局部有限集族, 故存在 $v_x\in V_1$ 使 $x\in\omega(v_x)$ 且 $\omega(v_x)$ 只与 $\mathscr{V}$ 中有限个成员相交不空. 因 g 是满射, 故对 $v_x\in V_1$, 存在 $u_x\in V_2$ 使 $g(u_x)=v_x$, 于是 $y\in f(\omega(v_x))=f(\omega(g(u_x)))=\omega(u_x)$. 由 f 是双射及引理 10.4.8 知对任意 $s_v\in B_1$, 有如下等式

$$
\begin{aligned}
\omega(u_x)\cap\omega(s_v)&=f(\omega(g(u_x)))\cap f(\omega(g(s_v)))\\
&=f(\omega(g(u_x))\cap\omega(g(s_v)))\\
&=f(\omega(v_x)\cap\omega(v)),
\end{aligned}
$$

其中 $g(s_v)=v\in E$. 由此利用 $\omega(v_x)$ 只与 $\mathscr{V}$ 中有限个成员相交这一结论可推得 $\omega(u_x)$ 只与 $\mathscr{B}$ 中有限个成员相交. 由 $y\in U_2$ 的任意性知 $\mathscr{B}$ 是 U_2 的 AE-局部有限集族. 综上, 因 U_2 的任一 AE-覆盖 $\mathscr{A}$ 存在 AE-局部有限加细覆盖 $\mathscr{B}$, 故 $\mathbb{K}_2$ 是 AE-仿紧的. □

下一命题利用 $\mathbb{K}$ 的属性外延给出了 $\mathbb{K}$ 的嵌入子背景 $\mathbb{L}$ 的 AE-仿紧性的充分条件.

命题 10.4.10　设 $\mathbb{K}=(U,V,R)$ 是背景且 $\mathbb{L}=(H,N,R\cap(H\times N))$ 是 $\mathbb{K}$ 的嵌入子背景, 若对任意 $B\subseteq V$, 当 $\mathscr{A}=\{\omega(v)\mid v\in B\}$ 满足 $H\subseteq\cup\mathscr{A}$ 时, 总存在 H 的在 $\mathbb{K}$ 中的 AE-局部有限覆盖 $\mathscr{B}$ 加细 $\mathscr{A}$, 则 $\mathbb{L}$ 是 AE-仿紧的.

证明　设 $B\subseteq N$ 及 $\mathscr{A}_1=\{\omega_1(v)\mid v\in B\}$ 满足 $H\subseteq\cup\mathscr{A}_1$. 令 $\mathscr{A}=\{\omega(v)\mid v\in B\}$, 显然 $\mathscr{A}$ 是 H 的在 $\mathbb{K}$ 中的 AE-覆盖. 由命题假设知存在 H 的在 $\mathbb{K}$ 中的 AE-局部有限覆盖 $\mathscr{B}=\{\omega(v)\mid v\in B_1\}$ 加细 $\mathscr{A}$, 其中 B_1 是 V 的某子集. 令 $\mathscr{B}_1=\{\omega(v)\cap H\mid v\in B_1\}$, 则对任意 $v\in B_1$, 因 $\mathbb{L}$ 是嵌入子背景, 故存在 $s_v\in N$ 使 $\omega_1(s_v)=\omega(v)\cap H$. 作 $B_2=\{s_v\mid v\in B_1\}\subseteq N$, 则 $\mathscr{B}_1=\{\omega_1(s)\mid s\in B_2\}$. 由 $\cup\mathscr{B}\supseteq H$ 知 $\cup\mathscr{B}_1=(\bigcup_{s\in B_1}\omega(s))\cap H=(\cup\mathscr{B})\cap H=H$, 故 $\mathscr{B}_1$ 是 H 在 $\mathbb{L}$ 中的 AE-覆盖.

断言 $\mathscr{B}_1$ 是 $\mathscr{A}_1$ 的加细. 事实上, 任取 $\omega_1(s) \in \mathscr{B}_1$, 存在 $v \in B_1$ 使 $\omega_1(s) = \omega(v) \cap H$, 这时 $\omega(v) \in \mathscr{B}$. 由 $\mathscr{B}$ 为 $\mathscr{A}$ 的加细知, 存在 $u \in B$ 使 $\omega(v) \subseteq \omega(u)$, 这时 $\omega_1(u) \in \mathscr{A}_1$, 从而 $\omega_1(s) = \omega(v) \cap H \subseteq \omega(u) \cap H = \omega_1(u)$, 这说明 $\mathscr{B}_1$ 是 $\mathscr{A}_1$ 的加细.

下证 $\mathscr{B}_1$ 是 H 在 $\mathbb{L}$ 中的 AE-局部有限集族. 对于每一 $h \in H$, 因 $\mathscr{B}$ 是 H 在 $\mathbb{K}$ 中的 AE-局部有限覆盖, 故存在 $v \in V$, 使 $h \in \omega(v)$ 且 $\omega(v)$ 仅与 $\mathscr{B}$ 中有限个成员相交不空, 从而 $\omega(v) \cap H$ 仅与 $\mathscr{B}_1$ 中有限个成员相交不空. 因 $\mathbb{L}$ 是嵌入子背景, 故存在 $n \in N$ 使 $\omega(v) \cap H = \omega_1(n)$. 这时 $h \in \omega_1(n)$ 且 $\omega_1(n)$ 只与 $\mathscr{B}_1$ 中有限个成员相交不空, 这说明 $\mathscr{B}_1$ 是 H 在 $\mathbb{L}$ 中的 AE-局部有限集族.

综上所证, 可知 $\mathbb{L}$ 是 AE-仿紧背景. □

推论 10.4.11 设 $(X, \mathcal{T})$ 是拓扑空间, $Y \subseteq X$. 若由 X 中的开集构成的 Y 的每一覆盖 $\mathscr{A}$, 总存在由 X 中开集构成的 Y 的局部有限覆盖 $\mathscr{B}$ 且加细 $\mathscr{A}$, 则 Y 作为子空间是仿紧空间.

证明 记 $\mathcal{T}_Y$ 为子空间 Y 的拓扑. 由子空间拓扑定义知, $\mathbb{L}_\in = (Y, \mathcal{T}_Y, \in)$ 为 $\mathbb{K}_\in = (X, \mathcal{T}, \in)$ 的嵌入子背景. 因对任意 $U \in \mathcal{T}$, 有 $\omega(U) = U$, 故 $\mathbb{L}_\in$ 满足命题 10.4.10 的条件, 于是 $\mathbb{L}_\in$ 为 AE-仿紧背景, 从而由命题 10.4.4 得 Y 作为子空间是仿紧空间. □

背景 AE-紧致性关于闭子背景是遗传的, 关于 AE-仿紧性, 我们有如下结论.

定理 10.4.12 设 $\mathbb{K} = (U, V, R)$ 是 AE-仿紧背景, $\mathbb{L} = (H, N, R \cap (H \times N))$ 是 $\mathbb{K}$ 的嵌入子背景, 且 $H = U - \omega(f)$, 其中 $f \in V$. 则 $\mathbb{L}$ 也是 AE-仿紧背景.

证明 设 $B \subseteq N$ 及 $\mathscr{A} = \{\omega_1(v) \mid v \in B\}$ 满足 $H \subseteq \cup \mathscr{A}$. 令 $\mathscr{A}' = \{\omega(v) \mid v \in B\}$, 显然 $H \subseteq \cup \mathscr{A}'$. 令 $\mathscr{A}^* = \mathscr{A}' \cup \{\omega(f)\}$, 则 $U \subseteq \cup \mathscr{A}^*$. 由于 $\mathbb{K}$ 是 AE-仿紧的, 故存在 U 的在 $\mathbb{K}$ 中的 AE-局部有限覆盖 $\mathscr{B}_1 = \{\omega(v) \mid v \in B_1\}$ 是 $\mathscr{A}^*$ 的加细, 其中 $B_1 \subseteq V$. 记 $\mathscr{B}_2 = \{\omega(v) \cap H \mid v \in B_1\} - \{\varnothing\}$, $B_2 = \{v \in B_1 \mid \omega(v) \cap H \neq \varnothing\}$. 因 $\mathbb{L}$ 是嵌入子背景, 故对任意 $v \in B_2$, 存在 $s_v \in N$ 使 $\omega(v) \cap H = \omega_1(s_v)$. 作 $B_2^* = \{s_v \mid v \in B_2\} \subseteq N$, 则 $\mathscr{B}_2 = \{\omega_1(s) \mid s \in B_2^*\}$, 即 $\mathscr{B}_2$ 是由 $\mathbb{L}$ 的某些非空属性外延组成的集族. 因 $\mathscr{B}_1$ 是 U 的 AE-覆盖, 故 $\cup \mathscr{B}_2 = \bigcup_{v \in B_1}(\omega(v) \cap H) = (\cup \mathscr{B}_1) \cap H = H$, 于是 $\mathscr{B}_2$ 是 H 的在 $\mathbb{L}$ 中的一个 AE-覆盖.

断言 $\mathscr{B}_2$ 加细 $\mathscr{A}$. 事实上, 对任意 $v \in B_2$, 有 $\omega(v) \in \mathscr{B}_1$ 和 $\omega(v) \cap H \in \mathscr{B}_2$, 由 $\mathscr{B}_1$ 是 $\mathscr{A}^*$ 的加细知, 存在 $\omega(n) \in \mathscr{A}^* = \mathscr{A}' \cup \{\omega(f)\}$, 使 $\omega(v) \subseteq \omega(n)$, 于是 $\omega(v) \cap H \subseteq \omega(n) \cap H = \omega_1(n)$. 因 $\omega(v) \cap H \neq \varnothing$, 故 $\omega(v) \nsubseteq \omega(f)$, 从而 $\omega(n) \in \mathscr{A}'$, $\omega_1(n) \in \mathscr{A}$, 于是 $\mathscr{B}_2$ 也是 $\mathscr{A}$ 的一个加细.

下证 $\mathscr{B}_2$ 是 H 的在 $\mathbb{L}$ 中的一个 AE-局部有限集族. 由 $\mathscr{B}_1$ 是 U 的在 $\mathbb{K}$ 中的 AE-局部有限集族知, $\forall h \in H \subseteq U$, $\exists v \in V$, 使 $h \in \omega(v)$, 且 $\omega(v)$ 仅与 $\mathscr{B}_1$ 中

有限个成员相交不空. 从而 $\omega(v) \cap H$ 仅与 $\mathscr{B}_2$ 中有限个成员相交不空. 因 $\mathbb{L}$ 是嵌入子背景, 故存在 $n \in N$ 使 $\omega(v) \cap H = \omega_1(n)$. 这时有 $h \in \omega_1(n)$ 且 $\omega_1(n)$ 与 $\mathscr{B}_2$ 中有限个成员相交不空. 这说明 $\mathscr{B}_2$ 是 H 的在 $\mathbb{L}$ 中的 AE-局部有限集族.

综上所证, 可知 $\mathbb{L}$ 是 AE-仿紧背景. $\qquad\qquad\qquad\qquad\qquad\qquad\square$

推论 10.4.13　若 $(X, \mathcal{T})$ 是仿紧拓扑空间, $(Y, \mathcal{T}_Y)$ 是 X 的闭子空间, 则 Y 是仿紧的.

以形式背景为对象, 以信息态射为态射可形成一个范畴, 称为**形式背景范畴**, 记为 **FCC**. 下面考虑形式背景范畴的有限乘积对象的表示及其 AE-仿紧性.

定理 10.4.14　设 $\mathbb{K}_1 = (U_1, V_1, R_1)$, $\mathbb{K}_2 = (U_2, V_2, R_2)$ 是两个形式背景, 它们在形式背景范畴 **FCC** 中的乘积对象可表示为 $\mathbb{K} = (U_1 \times U_2, V_1 \sqcup V_2, \Theta)$, 其中 $U_1 \times U_2$ 为 U_1, U_2 的笛卡儿积, $V_1 \sqcup V_2$ 是 V_1 与 V_2 的无交并, 关系 $\Theta \subseteq (U_1 \times U_2) \times (V_1 \sqcup V_2)$ 定义为: $\forall (u_1, u_2) \in U_1 \times U_2$, $v_1 \in V_1$, $v_2 \in V_2$, $(u_1, u_2)\Theta v_1 \Longleftrightarrow u_1 R_1 v_1$, $(u_1, u_2)\Theta v_2 \Longleftrightarrow u_2 R_2 v_2$.

证明　设 $p_i : U_1 \times U_2 \to U_i$ 是投影使 $p_i(u_1, u_2) = u_i \in U_i (i = 1, 2)$. 又设 $q_i : V_i \to V_1 \sqcup V_2$ 为含入映射使 $q_i(v_i) = v_i \in V_i \subseteq V_1 \sqcup V_2 (i = 1, 2)$. 断言 (p_1, q_1) 为 $\mathbb{K}$ 到 $\mathbb{K}_1$ 的信息态射, (p_2, q_2) 为 $\mathbb{K}$ 到 $\mathbb{K}_2$ 的信息态射. 事实上, 对 $(u_1, u_2) \in U_1 \times U_2$, $v_1 \in V_1$, 由关系 Θ 和 q_1 的定义可得

$$p_1((u_1, u_2)) R_1 v_1 \Longleftrightarrow u_1 R_1 v_1 \Longleftrightarrow (u_1, u_2)\Theta v_1 \Longleftrightarrow (u_1, u_2)\Theta q_1(v_1).$$

这说明 (p_1, q_1) 为 $\mathbb{K}$ 到 $\mathbb{K}_1$ 的信息态射. 同理, (p_2, q_2) 为 $\mathbb{K}$ 到 $\mathbb{K}_2$ 的信息态射.

对任一给定的形式背景 $\mathbb{L} = (U, V, R)$ 及信息态射 $(f_1, g_1) : \mathbb{L} \to \mathbb{K}_1$ 和 $(f_2, g_2) : \mathbb{L} \to \mathbb{K}_2$ 需证明存在唯一的信息态射 $(f, g) : \mathbb{L} \to \mathbb{K}$ 使 $(p_1, q_1) \circ (f, g) = (f_1, g_1)$ 和 $(p_2, q_2) \circ (f, g) = (f_2, g_2)$.

存在性　作 $f : U \to U_1 \times U_2$ 使 $\forall u \in U$, $f(u) = (f_1(u), f_2(u))$, 则 $p_1 \circ f(u) = f_1(u)$, $p_2 \circ f(u) = f_2(u)$, 由 u 的任意性知 $f_1 = p_1 \circ f$, $f_2 = p_2 \circ f$.

作 $g : V_1 \sqcup V_2 \to V$, 使 $\forall v_1 \in V_1 \subseteq V_1 \sqcup V_2$, $g(v_1) = g_1(v_1)$, $\forall v_2 \in V_2 \subseteq V_1 \sqcup V_2$, $g(v_2) = g_2(v_2)$. 因 $q_1 : V_1 \to V_1 \sqcup V_2$ 是含入映射, 故 $g(q_1(v_1)) = g(v_1) = g_1(v_1)$, 由 v_1 的任意性知 $g \circ q_1 = g_1$, 同理 $g \circ q_2 = g_2$. 从而有

$$(p_1, q_1) \circ (f, g) = (p_1 \circ f, g \circ q_1) = (f_1, g_1); \quad (p_2, q_2) \circ (f, g) = (p_2 \circ f, g \circ q_2) = (f_2, g_2).$$

断言 (f, g) 是从 $\mathbb{L}$ 到 $\mathbb{K}$ 的信息态射, 事实上, 对 $u \in U$, $v_1 \in V_1 \subseteq V_1 \sqcup V_2$, $v_2 \in V_2 \subseteq V_1 \sqcup V_2$, 有 $f(u)\Theta v_1 \Longleftrightarrow (f_1(u), f_2(u))\Theta v_1 \Longleftrightarrow f_1(u) R_1 v_1$. 又由 (f_1, g_1) 为 $\mathbb{L}$ 到 $\mathbb{K}_1$ 的信息态射知 $f_1(u) R_1 v_1 \Longleftrightarrow u R g_1(v_1)$. 因 $g_1(v_1) = g(v_1)$, 故 $f(u)\Theta v_1 \Longleftrightarrow u R g(v_1)$, 同理有 $f(u)\Theta v_2 \Longleftrightarrow u R g(v_2)$. 这说明 (f, g) 是从 $\mathbb{L}$ 到 $\mathbb{K}$ 信息态射.

唯一性 假设另有从 $\mathbb{L}$ 到 $\mathbb{K}$ 的信息态射 (f', g') 使 $(p_1, q_1) \circ (f', g') = (f_1, g_1)$, $(p_2, q_2) \circ (f', g') = (f_2, g_2)$. 则对任意 $u \in U$, $v_1 \in V_1 \subseteq V_1 \sqcup V_2$, $v_2 \in V_2 \subseteq V_1 \sqcup V_2$, 有

$$f(u) = (p_1 \circ f(u), p_2 \circ f(u)) = (f_1(u), f_2(u)) = (p_1 \circ f'(u), p_2 \circ f'(u)) = f'(u).$$

由 u 的任意性知 $f = f'$. 又易见

$$g(v_1) = g(q_1(v_1)) = g_1(v_1) = g'(q_1(v_1)) = g'(v_1),$$

同理 $g(v_2) = g'(v_2)$. 由 v_1, v_2 的任意性知 $g = g'$. 从而满足条件的信息态射是唯一的.

综上所证, 定理中给出的 $\mathbb{K} = (U_1 \times U_2, V_1 \sqcup V_2, \Theta)$ 即为 $\mathbb{K}_1, \mathbb{K}_2$ 在范畴 **FCC** 的乘积对象. $\square$

在拓扑空间范畴中, 紧致空间与仿紧空间的乘积仍是仿紧空间, 两个仿紧空间的乘积不必仿紧. 但在形式背景范畴 **FCC** 中有如下更强的结论.

定理 10.4.15 在范畴 **FCC** 中, 两个 AE-仿紧背景的乘积对象仍是 AE-仿紧背景.

证明 设 $\mathbb{K}_1 = (U_1, V_1, R_1)$, $\mathbb{K}_2 = (U_2, V_2, R_2)$ 为 AE-仿紧背景, 为避免混淆, $\forall b_1 \in V_1$, $\forall b_2 \in V_2$, 记 $\omega_1(b_1) = \{x \in U_1 \mid x R_1 b_1\}$, $\omega_2(b_2) = \{x \in U_2 \mid x R_2 b_2\}$. 由定理 10.4.14 知 $\mathbb{K}_1$, $\mathbb{K}_2$ 的乘积对象为 $\mathbb{K} = (U_1 \times U_2, V_1 \sqcup V_2, \Theta)$. 对任意 $B = B_1 \sqcup B_2$, 其中 $B_1 \subseteq V_1$, $B_2 \subseteq V_2$, 当 $\mathscr{A} = \{\omega(b) \mid b \in B\}$ 为 $U_1 \times U_2$ 的 AE-覆盖时, 有 $U_1 \times U_2 = (\bigcup_{b \in B_1} \omega(b)) \cup (\bigcup_{b \in B_2} \omega(b))$. 由关系 Θ 的定义知

$$\bigcup_{b \in B_1} \omega(b) = \bigcup_{b \in B_1} (\omega_1(b) \times U_2) = \left(\bigcup_{b \in B_1} \omega_1(b) \right) \times U_2.$$

同理 $\bigcup_{b \in B_2} \omega(b) = U_1 \times (\bigcup_{b \in B_2} \omega_2(b))$, 从而

$$U_1 \times U_2 = \left(\bigcup_{b \in B_1} \omega_1(b) \right) \times U_2 \cup U_1 \times \left(\bigcup_{b \in B_2} \omega_2(b) \right).$$

由此得 $\bigcup_{b \in B_1} \omega_1(b) = U_1$ 或者 $\bigcup_{b \in B_2} \omega_2(b) = U_2$. 不妨设 $\bigcup_{b \in B_2} \omega_2(b) = U_2$. 由 $\mathbb{K}_2$ 是 AE-仿紧的知, U_2 的 AE-覆盖 $\mathscr{A}_2 = \{\omega_2(b) \mid b \in B_2\}$ 存在 AE-局部有限覆盖 $\mathscr{C} = \{\omega_2(c) \mid c \in C\}$ 加细 $\mathscr{A}_2$, 其中 $C \subseteq V_2$. 记 $\mathscr{B} = \{\omega(c) \mid c \in C\}$, $\mathscr{B}$ 显然是 $U_1 \times U_2$ 的 AE-覆盖. 对任一 $\omega(c) = U_1 \times \omega_2(c) \in \mathscr{B}$, 有 $\omega_2(c) \in \mathscr{C}$. 因 $\mathscr{C}$ 加细 $\mathscr{A}_2$, 故存在 $b \in B_2$ 使 $\omega_2(b) \in \mathscr{A}_2$ 且 $\omega_2(c) \subseteq \omega_2(b)$, 从而 $\omega(c) \subseteq \omega(b) = U_1 \times \omega_2(b) \in \mathscr{A}$, 这说明 $\mathscr{B}$ 加细 $\mathscr{A}$.

下证 $\mathscr{B}$ 是 $U_1 \times U_2$ 的 AE-局部有限集族. 对任意 $(u_1, u_2) \in U_1 \times U_2$, 由 $\mathscr{C}$ 是 U_2 的 AE-局部有限覆盖知, 存在 $v_2 \in V_2$ 使 $u_2 \in \omega_2(v_2)$ 且 $\omega_2(v_2)$ 仅与 $\mathscr{C}$ 中有限个成员相交, 这时 $(u_1, u_2) \in \omega(v_2) = U_1 \times \omega_2(v_2)$. 因 $\forall \omega(c) = U_1 \times \omega_2(c) \in \mathscr{B}$ 有 $\omega(v_2) \cap \omega(c) = U_1 \times (\omega_2(v_2) \cap \omega_2(c))$, 故由 $\omega_2(c) \in \mathscr{C}$ 且 $\omega_2(v_2)$ 仅与 $\mathscr{C}$ 中有限个成员相交, 知 $\omega(v_2)$ 仅与 $\mathscr{B}$ 中有限个成员相交, 这说明 $\mathscr{B}$ 是 $U_1 \times U_2$ 的 AE-局部有限集族.

综上所证, 可知 $\mathbb{K}$ 为 AE-仿紧背景. $\qquad\qquad\qquad\qquad\qquad\qquad\square$

推论 10.4.16 在形式背景范畴 **FCC** 中, AE-紧致背景 $\mathbb{K}$ 与 AE-仿紧背景 $\mathbb{L}$ 的乘积对象仍是 AE-仿紧背景.

上述结果说明 AE-仿紧背景的定义是合理的有意义的, 由此可拓宽形式概念分析的理论和拓扑学的应用范围.

习　题　10.4

1. 利用 AE-仿紧性的性质证明推论 10.4.13.

2. 探讨背景 $\mathbb{K}$ 在对象集上诱导的拓扑的仿紧性与 $\mathbb{K}$ 的 AE-仿紧性之间的关系.

3. 证明在范畴 **FCC** 中, 两个 AE-紧致背景的乘积对象仍是 AE-紧致背景.

4. 设 $(X, \mathcal{T}_X)$, $(Y, \mathcal{T}_Y)$ 是拓扑空间, $f : X \to Y$ 连续并诱导 $f^{-1} : \mathcal{T}_Y \to \mathcal{T}_X$. 证明:
(1) (f, f^{-1}) 是形式背景 $\mathbb{K}_\in = (X, \mathcal{T}_X, \in)$ 到 $\mathbb{L}_\in = (Y, \mathcal{T}_Y, \in)$ 的信息态射.
(2) 若 (f, g) 是背景 $\mathbb{K}_\in = (X, \mathcal{T}_X, \in)$ 到 $\mathbb{L}_\in = (Y, \mathcal{T}_Y, \in)$ 的信息态射, 则 $g = f^{-1}$.

5. 设 $\mathbb{K}_1$ 和 $\mathbb{K}_2$ 是两个背景, (f, g) 是从 $\mathbb{K}_1$ 到 $\mathbb{K}_2$ 的信息态射, 其中 f 是双射, g 是满射. 证明: 若 $\mathbb{K}_2$ 是 AE-仿紧的, 则 $\mathbb{K}_1$ 也是 AE-仿紧的.

6*. 探讨范畴 **FCC** 中两个 AE-仿紧背景的余积对象表示和 AE-仿紧性.

第 11 章　广义近似空间与抽象知识库的拓扑

粗糙集理论由波兰学者 Pawlak 于 20 世纪 80 年代创立, 在机器学习、知识发现、数据挖掘、数据信息处理与决策支持等方面得到了广泛应用. 粗糙集理论的核心是数据的关系结构及上、下近似算子. 数据关系及相关诱导集族看成知识, 因而人们引申出某种抽象知识库理论. 形式地看, 粗糙集理论研究的对象是二元组 (U, R), 其中 U 是论域, R 是 U 上的二元关系. 作为类比, 这种对象与拓扑空间 (X, τ) 和偏序集 $(P, \leqslant)$ 极其相像. 于是人们把粗糙集结构当作某种空间结构来研究而形成广义近似空间理论. 这样自然地以拓扑的方式来研究广义近似空间以及更一般的抽象知识库, 从序论方面探讨广义近似空间的多种衍生集族.

11.1　近似算子与诱导拓扑

我们先从最初的近似空间概念开始.

所谓**近似空间**是一个序对 (U, E), 其中 U 是非空集合, 称为**论域**, $E \subseteq U \times U$ 是 U 上的等价关系, 称为**不可区分关系**, 或**知识**. 当 U 非空有限时, (U, E) 就是 Pawlak 最初意义下的近似空间. 对任意 $x \in U$, x 所在的等价类记为 $[x]$. 空集 $\varnothing$ 和所有的等价类被称为由 E 决定的**粒子**.

定义 11.1.1　设 (U, E) 是近似空间, $A \subseteq U$. A 的下近似与上近似分别定义为

$$\underline{E}A = \{x \in U \mid [x] \subseteq A\}, \quad \overline{E}A = \{x \in U \mid [x] \cap A \neq \varnothing\}.$$

此处 A 的下近似 $\underline{E}A$ 包含了 U 中那些根据知识 E 判定肯定属于 A 的点, 而 A 的上近似 $\overline{E}A$ 则包含 U 中那些根据知识 E 判定可能属于 A 的点. 容易直接验证当 E 为等价关系时下近似和上近似具有以下性质:

引理 11.1.2　设 (U, E) 是一个近似空间, 对任意 $A, B \subseteq U$, 有

(1) $\underline{E}A \subseteq A \subseteq \overline{E}A$;

(2) $\underline{E}\varnothing = \overline{E}\varnothing = \varnothing$, $\underline{E}U = \overline{E}U = U$;

(3) $A \subseteq B \Longrightarrow \underline{E}A \subseteq \underline{E}B$, $\overline{E}A \subseteq \overline{E}B$;

(4) $\overline{E}(A \cup B) = \overline{E}(A) \cup \overline{E}(B)$, $\underline{E}(A \cap B) = \underline{E}(A) \cap \underline{E}(B)$;

(5) $\underline{E}(A^c) = (\overline{E}A)^c$, $\overline{E}(A^c) = (\underline{E}A)^c$;

(6) $\underline{E}(\underline{E}A) = \overline{E}(\underline{E}A) = \underline{E}A$, $\overline{E}(\overline{E}A) = \underline{E}(\overline{E}A) = \overline{E}A$,

其中的上标 c 表示集合的补运算.

　　Pawlak 粗糙集理论中要求论域 U 有限和不可区分关系为等价关系, 这在许多情形下不能满足, 于是需要对经典粗糙集进行推广. 从理论研究的角度出发, 论域可以是无限集, 论域上的关系可以是一般的二元关系. 于是近似空间自然被推广到广义近似空间. 下面是基于一般二元关系的广义近似空间的相关概念和事实.

　　定义 11.1.3　设 U 是非空集合, R 是 U 上的二元关系. 序对 (U, R) 称为**广义近似空间**.

　　定义 11.1.4　设 (U, R) 是广义近似空间, $x \in U, A \subseteq U$. 集合 $R_s(x) = \{y \in U \mid xRy\}$ 与 $R_p(x) = \{y \in U \mid yRx\}$ 分别称为 x 的**后继邻域**与**前继邻域**. A 在 (U, R) 中的**下近似**与**上近似**分别定义为

$$\underline{R}A = \{x \in U \mid R_s(x) \subseteq A\}, \quad \overline{R}A = \{x \in U \mid R_s(x) \cap A \neq \varnothing\}.$$

此处算子 $\underline{R}, \overline{R} : \mathcal{P}(U) \to \mathcal{P}(U)$ 分别称为 (U, R) 的**下近似算子**与**上近似算子**. 本书也常将 $\underline{R}A$ 和 $\overline{R}A$ 分别记为 $\underline{R}(A)$ 和 $\overline{R}(A)$.

　　定义 11.1.5　设 (U, R) 是广义近似空间, $V \subseteq U$, $R_1 = R \cap (V \times V)$. 则称 (V, R_1) 为 (U, R) 的一个**子广义近似空间**.

　　下一引理容易直接验证.

　　引理 11.1.6　设 (U, R) 是广义近似空间, 则 $\forall x, y \in U, \forall A, B, A_i \subseteq U$ $(i \in I)$, 有

(1) $\underline{R}(A^c) = (\overline{R}A)^c$, $\overline{R}(A^c) = (\underline{R}A)^c$;

(2) $\underline{R}(U) = U$, $\overline{R}(\varnothing) = \varnothing$;

(3) $\underline{R}(\bigcap_{i \in I} A_i) = \bigcap_{i \in I} \underline{R}A_i$, $\overline{R}(\bigcup_{i \in I} A_i) = \bigcup_{i \in I} \overline{R}A_i$;

(4) 若 $A \subseteq B$, 则 $\underline{R}A \subseteq \underline{R}B$, $\overline{R}A \subseteq \overline{R}B$;

(5) $R_p(x) = \overline{R}(\{x\})$.

　　集合 U 上的关系 R 称为**串行关系**, 若对任意 $x \in U$, 存在 $y \in U$ 使得 xRy; 集合 U 上的关系 R 称为**欧几里得关系**, 若对任意 $x, y, z \in U$, xRy 与 xRz 蕴涵 yRz. 不同性质的二元关系可以被相应的近似算子的特征性质所刻画. 下列 4 条引理的证明不难, 这里仅以最后一个为例证之.

　　引理 11.1.7　设 (U, R) 是一个广义近似空间, 则下列几条等价:

(1) R 是自反的;

(2) 对任意 $A \subseteq U$, 有 $\underline{R}A \subseteq A$;

(3) 对任意 $A \subseteq U$, 有 $A \subseteq \overline{R}A$.

　　引理 11.1.8　设 (U, R) 是一个广义近似空间, 则下列几条等价:

(1) R 是传递的;

(2) 对任意 $A \subseteq U$, 有 $\underline{R}A \subseteq \underline{R}(\underline{R}A)$;

(3) 对任意 $A \subseteq U$, 有 $\overline{R}(\overline{R}A) \subseteq \overline{R}A$.

引理 11.1.9 设 (U, R) 是一个广义近似空间, 则下列几条等价:

(1) R 是串行的;

(2) 对任意 $X \subseteq U$, 有 $\underline{R}X \subseteq \overline{R}X$;

(3) $\underline{R}\varnothing = \varnothing$;

(4) $\overline{R}U = U$;

(5) $\forall x \in U, R_s(x) \neq \varnothing$.

引理 11.1.10 设 (U, R) 是一个广义近似空间, 则下列几条等价:

(1) R 是欧几里得的;

(2) 对任意 $A \subseteq U$, 有 $\overline{R}A \subseteq \underline{R}(\overline{R}A)$;

(3) 对任意 $A \subseteq U$, 有 $\overline{R}(\underline{R}A) \subseteq \underline{R}A$.

证明 (1) $\Longrightarrow$ (2) 设 R 是欧几里得的, $A \subseteq U$. 则 $\forall x \in \overline{R}A$, 有 $R_s(x) \cap A \neq \varnothing$, 故 $\exists y \in A$ 使 xRy. 又 $\forall z \in R_s(x)$, 由 (1) 知 zRy. 注意到 $y \in R_s(z) \cap A \neq \varnothing$, 故 $z \in \overline{R}A$, 这说明 $R_s(x) \subseteq \overline{R}A$, 进而 $x \in \underline{R}(\overline{R}A)$, 于是 $\overline{R}A \subseteq \underline{R}(\overline{R}A)$.

(2) $\Longrightarrow$ (1) 设 $x, y, z \in U$ 且 xRy, xRz. 则 $x \in R_p(y) = \overline{R}\{y\}, z \in R_s(x)$. 由 (2), $x \in \underline{R}(\overline{R}\{y\})$, 于是 $R_s(x) \subseteq \overline{R}\{y\}, z \in \overline{R}\{y\} = R_p(y)$, 故 zRy, 说明 R 是欧几里得的.

(2) $\Longleftrightarrow$ (3) 利用引理 11.1.6(1) 直接验证 (2) 与 (3) 等价. □

定义 11.1.11 集合 U 上的二元关系 R 称为**中介关系**, 若对任意 $x, y \in U$, xRy 蕴涵存在 $z \in U$ 使得 xRz, zRy.

中介关系又被称为满足插入性的二元关系, 连续偏序集的双小于关系 $\ll$ 就是一个中介关系. 而在模态逻辑中则被称为稠密关系, 它们对应着模态逻辑公理模式 (C4): $\Box\Box A \to \Box A$, 其中 $\Box$ 是必然算子. 文献 [246] 在有限情形下利用近似算子刻画了中介关系, 下一引理推广该结果到无限情形.

引理 11.1.12 设 (U, R) 是一个广义近似空间, 则下列几条等价:

(1) R 是中介关系;

(2) 对任意 $X \subseteq U$, 有 $\underline{R}(\underline{R}X) \subseteq \underline{R}X$;

(3) 对任意 $X \subseteq U$, 有 $\overline{R}X \subseteq \overline{R}(\overline{R}X)$.

证明 (1) $\Longrightarrow$ (2) 对任意 $X \subseteq U$ 及 $x \in \underline{R}(\underline{R}X)$, 有 $R_s(x) \subseteq \underline{R}X$. 若 $y \in R_s(x)$, 即 xRy, 由 (1) 得存在 $z \in U$ 使得 xRz, zRy, 从而 $z \in R_s(x) \subseteq \underline{R}X$, 进而 $y \in R_s(z) \subseteq X$. 又由 $y \in R_s(x)$ 的任意性得 $R_s(x) \subseteq X$, 从而 $x \in \underline{R}X$, 故 (2) 成立.

(2) $\Longrightarrow$ (3) 利用引理 11.1.6(1) 直接验证.

(3) $\Longrightarrow$ (1) 对任意 $x, y \in U$, 若 xRy, 则由 (3) 得 $x \in R_p(y) = \overline{R}\{y\} \subseteq$ $\overline{R}(\overline{R}\{y\})$, 从而 $R_s(x) \cap \overline{R}\{y\} \neq \varnothing$. 于是存在 $z \in \overline{R}\{y\} = R_p(y)$, 使得 $z \in R_s(x)$, 从而有 xRz 和 zRy 成立. 这说明 R 是中介关系. □

命题 11.1.13 设 (U, R) 是一个广义近似空间, 则算子 $\underline{R}$ 和 $\overline{R}$ 分别是 U 上某个拓扑的内部与闭包算子当且仅当关系 R 是一个预序.

证明 由引理 11.1.6—引理 11.1.8 和内部、闭包算子的性质直接可得. □

若 R 是一个预序, 则由命题 11.1.13 得 $\underline{R}$ 和 $\overline{R}$ 恰好分别是论域上某个拓扑的内部和闭包算子, 因此序对 (U, R) 本质上既是广义近似空间又是拓扑空间. 于是提出如下定义.

定义 11.1.14 若 R 是集合 U 上的预序, 则序对 (U, R) 称为一个**拓扑广义近似空间**.

若 R 是一个二元关系, $\underline{R}$ 和 $\overline{R}$ 不必是论域上某个拓扑的内部和闭包算子, 但可以自然地诱导一个拓扑.

定义 11.1.15 设 (U, R) 是一个广义近似空间, $A, B \subseteq U$. 若 $\overline{R}(A) \subseteq A$, 则称 A 为一个**R-闭集**; 若 $B \subseteq \underline{R}(B)$, 则称 B 为 (U, R) 的一个**R-开集**; 若 A 既是 R-闭集又是 R-开集, 则称 A 为**R-既开又闭集**.

命题 11.1.16 设 (U, R) 是广义近似空间, 则 (U, R) 的全体 R-开集 $\tau_R = \{A \subseteq U \mid A \subseteq \underline{R}A\}$ 为 U 上一个 Alexandrov 拓扑.

证明 显然 $\varnothing, U \in \tau_R$. 由引理 11.1.6(3) 得 τ_R 对任意交关闭. 设 $A_i \in \tau_R$, 即 $A_i \subseteq \underline{R}(A_i)$ $(i \in I)$. 则 $\bigcup_{i \in I} A_i \subseteq \bigcup_{i \in I}(\underline{R}(A_i))$. 由 $\underline{R}(A_i) \subseteq \underline{R}(\bigcup_{i \in I} A_i)$ 得 $\bigcup_{i \in I}(\underline{R}(A_i)) \subseteq \underline{R}(\bigcup_{i \in I} A_i)$, 进而 $\bigcup_{i \in I} A_i \subseteq \underline{R}(\bigcup_{i \in I} A_i)$. 故 $\bigcup_{i \in I} A_i \in \tau_R$, 即 τ_R 对任意并关闭. 由此可见, τ_R 是一个 Alexandrov 拓扑. □

上述拓扑 τ_R 称为 U 上的**关系诱导拓扑**, 简称**关系拓扑**. 广义近似空间 (U, R) 的 R-开集 (相应地, R-闭集, R-既开又闭集) 全体记为 $\mathcal{O}(U, R)$(相应地, $\mathcal{C}(U, R)$, $\mathrm{Clop}(U, R)$). 本书中 τ_R 也常记为 $\mathcal{T}_R$. 易见, $\varnothing$ 和 U 是 R-开集、R-闭集和 R-既开又闭集, 故广义近似空间的上述三种子集都存在. 下面的引理直观地刻画了这三种集族.

引理 11.1.17 设 (U, R) 是一个广义近似空间, $X \subseteq U$. 则

(1) $X \in \mathcal{O}(U, R)$ 当且仅当 X 在后继运算下是封闭的, 即对任意 $x \in X$, $R_s(x) \subseteq X$.

(2) $X \in \mathcal{C}(U, R)$ 当且仅当 X 在前继运算下是封闭的, 即对任意 $x \in X$, $R_p(x) \subseteq X$.

(3) $X \in \mathrm{Clop}(U, R)$ 当且仅当 X 在后继运算和前继运算下都是封闭的.

(4) $X \in \mathcal{O}(U, R)$ 当且仅当 $X^c \in \mathcal{C}(U, R)$.

证明 (1) 设 X 是 R-开集, 则对任意 $x \in X$, 由于 $X \subseteq \underline{R}X$, 我们有 $x \in \underline{R}X$,

于是 $R_s(x) \subseteq X$, 即 X 在后继运算下是封闭的. 反过来, 若对任意 $x \in X$ 有 $R_s(x) \subseteq X$, 则对任意 $x \in X$, 有 $x \in \underline{R}X$, 从而 $X \subseteq \underline{R}X$, 即 X 是 R-开集.

(2) 设 X 是 R-闭集, 则 $\overline{R}X \subseteq X$. 对任意 $x \in X$ 和 $y \in R_p(x)$, 有 $x \in R_s(y) \cap X \neq \varnothing$, 于是 $y \in \overline{R}X \subseteq X$. 所以, $R_p(x) \subseteq X$. 反过来, 对任意 $y \in \overline{R}X$, 有 $R_s(y) \cap X \neq \varnothing$, 于是存在 $x \in X$ 使 $y \in R_p(x)$. 由于 X 在前继运算下是封闭的, 有 $y \in X$. 所以, $\overline{R}X \subseteq X$ 从而 X 是 R-闭集.

(3) 由 (1), (2) 立得.

(4) $X \in \mathcal{O}(U, R)$ 当且仅当 $X \subseteq \underline{R}X$ 当且仅当 $(\underline{R}X)^c \subseteq X^c$ 当且仅当 $\overline{R}(X^c) \subseteq X^c$ 当且仅当 $X^c \in \mathcal{C}(U, R)$. □

由命题 11.1.16 知 (U, R) 的关系拓扑 τ_R 是 Alexandrov 拓扑, 其特殊化序 R_{τ_R} 是 U 上的预序. 当 R 不为预序时, $R_{\tau_R} \neq R$. 若 A 是广义近似空间 (U, R) 的子集, 由引理 11.1.6(1) 易证, A 是 R-闭集当且仅当 A^c 是 R-开集. 若 R 是预序, 则 $\underline{R}A \subseteq A \subseteq \overline{R}A$.

引理 11.1.18 若 (U, R) 是一个广义近似空间, 则 $R \subseteq R_{\tau_R}$. 若 (U, R) 是一个拓扑广义近似空间, 则 $\overline{R}$ 为 τ_R-闭包运算, $\underline{R}$ 为 τ_R-内部运算且 $R_{\tau_R} = R$.

证明 设 (U, R) 是一个广义近似空间. 若 xRy, 则 $y \in R_s(x)$. 对 x 的任一开邻域 $A \in \mathcal{T}_R$, 有 $x \in A \subseteq \underline{R}A$, 从而 $y \in R_s(x) \subseteq A$. 这说明 $x \in \text{cl}_{\tau_R}(\{y\})$, 即 $xR_{\tau_R}y$, 于是 $R \subseteq R_{\tau_R}$.

当 (U, R) 是拓扑广义近似空间时, 由命题 11.1.13 知 $\overline{R}$ 是某拓扑的闭包算子. 又对任一 τ_R-闭集 A, 有 $\overline{R}A \subseteq A$, 由 R 为预序得 $A \subseteq \overline{R}A$, 从而 $A = \overline{R}A$. 这说明 τ_R-闭集恰为 $\overline{R}$ 的不动点, 进而说明 $\overline{R}$ 为 τ_R-闭包运算. 又由引理 11.1.6 可推得 $\underline{R}$ 是 τ_R-内部运算.

若 R 为预序且 $xR_{\tau_R}y$, 则 $x \in \text{cl}_{\tau_R}(\{y\}) = \overline{R}\{y\} = R_p(y)$, 从而 xRy, 故有 $R_{\tau_R} \subseteq R$. 结合 $R \subseteq R_{\tau_R}$ 得 $R = R_{\tau_R}$. □

引理 11.1.19 每一 T_1 的 Alexandrov 拓扑空间都是离散空间.

证明 设 X 是 T_1 的 Alexandrov 拓扑空间. 由 X 是 T_1 的知每一单点集都是闭集, 从而 X 的任一子集 $A = \bigcup_{x \in A}\{x\}$ 为若干闭集的并集. 由 Alexandrov 拓扑的闭集的任意并还是闭集推得 X 的任一子集都是闭集. 故 X 是离散空间. □

定理 11.1.20 设 (U, R) 为广义近似空间. 如果关系拓扑 τ_R 是 T_1 的, 则 τ_R 是离散拓扑.

证明 由命题 11.1.16 和引理 11.1.19 立得. □

由 Alexandrov 空间的性质和引理 11.1.18, 立得如下命题.

命题 11.1.21 设 (U, R) 是拓扑广义近似空间, (U, τ_R) 是其诱导的拓扑空间, 记 $\mathcal{F}_R$ 为拓扑空间 (U, τ_R) 的闭集族, 那么对任意 $A \subseteq U$, 有

(1) $A^\circ = \{x \in U \mid \uparrow x \subseteq A\}$, $\overline{A} = \downarrow A$;

(2) $A \in \tau_R$ 当且仅当 A 是关于 R 的上集, $A \in \mathcal{F}_R$ 当且仅当 A 是关于 R 的下集;

(3) $\uparrow A$ 是 A 的最小开邻域;

(4) $\mathcal{F}_R$ 和 τ_R 对任意交和任意并都封闭.

对于拓扑空间 $(U, \mathcal{T})$, 特殊化序 $R_{\mathcal{T}}$ 是预序, 所以 $(U, R_{\mathcal{T}})$ 是拓扑广义近似空间并且诱导出拓扑空间 $(U, \mathcal{T}_{R_{\mathcal{T}}})$, 其中 $\mathcal{T}_{R_{\mathcal{T}}} = \{X \subseteq U \mid X$关于$R_{\mathcal{T}}$是上集$\}$.

习　题　11.1

1. 证明引理 11.1.2.

2. 证明命题 11.1.21.

3. 设 R 是 U 上的对称关系. 证明 $\forall A, B \subseteq U, \overline{R}(A) \subseteq B \iff A \subseteq \underline{R}(B)$.

4. 证明集 U 上 (T_0) Alexandrov 拓扑与 U 上的 (偏序) 预序形成一一对应.

5. 将广义近似空间看成形式背景, 探讨诱导算子 α, ω 的性质及与近似算子的联系.

6*. 将广义近似空间看成形式背景, 探讨两者诱导拓扑的联系.

11.2　广义近似空间的分离性

作为数学中最重要的主题之一, 拓扑也为信息系统和粗糙集的研究提供了数学工具和一些有趣的研究课题. 在上节关于诱导关系拓扑的基础上, 我们现在可以介绍广义近似空间的拓扑式研究. 先考察拓扑广义近似空间的经典的拓扑性质, 然后将其推广至一般的广义近似空间, 包括: 广义近似空间的 T_0, T_1, T_2 分离性; 正则性和正规性; 紧致性和连通性等.

拓扑空间 X 是 T_0 的当且仅当 $\forall x, y \in X$, $x \neq y$ 蕴涵 $\overline{\{x\}} \neq \overline{\{y\}}$. 由此有下述命题:

命题 11.2.1　设 (U, R) 是一个拓扑广义近似空间, 则以下论断等价:

(1) τ_R 是 T_0 拓扑;　　(2) R 是反对称的;　　(3) R 是偏序;

(4) 对任意 $x, y \in U$, $x \neq y$ 蕴涵 $\overline{R}(\{x\}) \neq \overline{R}(\{y\})$.

若 R 不是预序, 则命题 11.2.1 中的论断 (1), (2), (4) 不必相互等价, 所以我们利用 (2) 和 (4) 分别推广 T_0 分离性为广义近似空间中的 T_0^a 和 T_0^u 两个分离性.

定义 11.2.2　广义近似空间 (U, R) 称为一个 T_0^a **广义近似空间**, 若对任意 $x, y \in U$, $x \neq y$ 蕴涵 $xR^c y$ 或 $yR^c x$.

命题 11.2.3　设 (U, R) 是一个广义近似空间, 则 (U, R) 是 T_0^a 广义近似空间当且仅当对任意 $x, y \in U$, $x \neq y$ 蕴涵 $x \notin R_s(y)$ 或 $y \notin R_s(x)$ 当且仅当对任意 $x, y \in U$, $x \neq y$ 蕴涵 $x \notin R_p(y)$ 或 $y \notin R_p(x)$.

证明　由定义 11.2.2 和 R^c, R_s, R_p 的含义立得.　　　　□

定义 11.2.4 广义近似空间 (U, R) 称为 T_0^u **广义近似空间**, 若对任意 $x, y \in U$, $x \neq y$ 蕴涵 $\overline{R}(\{x\}) \neq \overline{R}(\{y\})$.

命题 11.2.5 设 (U, R) 是一个广义近似空间, 则 (U, R) 是一个 T_0^u 广义近似空间当且仅当对任意 $x, y \in U$, $x \neq y$ 蕴涵 $R_p(x) \neq R_p(y)$.

证明 由事实 $\overline{R}(\{x\}) = R_p(x)(\forall x \in U)$ 可得. $\qquad\square$

对于一个拓扑空间 $(U, \mathcal{T})$ 和它诱导的广义近似空间 $(U, R_\mathcal{T})$, 有

定理 11.2.6 若 $(U, \mathcal{T})$ 是一个 T_0 空间, 则 $(U, R_\mathcal{T})$ 既是 T_0^u 的又是 T_0^a 的广义近似空间.

证明 因 $(U, \mathcal{T})$ 是 T_0 空间, 故 $R_\mathcal{T}$ 是偏序, 则由命题 11.2.1、定义 11.2.4 和定义 11.2.2 得 $(U, R_\mathcal{T})$ 既是 T_0^u 又是 T_0^a 广义近似空间. $\qquad\square$

众所周知, 拓扑空间 X 是 T_1 空间当且仅当对任意 $x \in X$, 有 $\overline{\{x\}} = \{x\}$. 由命题 11.1.21 知, 在一个拓扑广义近似空间 (U, R) 中, 对任意 $x \in U$, $R_s(x) = \uparrow x$ 是 x 的最小开邻域并且 $\overline{\{x\}} = \downarrow x$. 由这些事实易证下面的命题:

命题 11.2.7 设 (U, R) 是拓扑广义近似空间, 则以下论述等价:

(1) τ_R 是 T_1 空间;　　(2) τ_R 是 T_2 空间;　　(3) R 是 U 上的离散序;

(4) 对任意 $x, y \in U$, $x \neq y$ 蕴涵 $x \notin R_s(y)$ 与 $y \notin R_s(x)$;

(5) 对任意 $x, y \in U$, $x \neq y$ 蕴涵 $R_s(x) \cap R_s(y) = \varnothing$.

利用命题 11.2.7 的 (4),(5), 我们将 T_1, T_2 分离性推广至一般的广义近似空间.

定义 11.2.8 设 (U, R) 是一个广义近似空间, 若对任意 $x, y \in U$, $x \neq y$ 蕴涵 $x \notin R_s(y)$ 与 $y \notin R_s(x)$, 则称 (U, R) 为一个 T_1^a **广义近似空间**.

定义 11.2.9 设 (U, R) 是一个广义近似空间, 若对任意 $x, y \in U$, $x \neq y$ 蕴涵 $R_s(x) \cap R_s(y) = \varnothing$, 则称 (U, R) 为 T_2^a **广义近似空间**.

对一个拓扑空间 $(U, \mathcal{T})$ 和它诱导的广义近似空间 $(U, R_\mathcal{T})$, 有

定理 11.2.10 若 $(U, \mathcal{T})$ 是 T_1 空间, 则 $(U, R_\mathcal{T})$ 既是 T_1^a 又是 T_2^a 广义近似空间.

证明 因 $(U, \mathcal{T})$ 是 T_1 空间, 故 $R_\mathcal{T}$ 是离散序, 由命题 11.2.7、定义 11.2.8 和定义 11.2.9 得 $(U, R_\mathcal{T})$ 既是 T_1^a 又是 T_2^a 广义近似空间. $\qquad\square$

对于拓扑空间来说, T_2 分离性蕴涵 T_1 分离性, T_1 分离性蕴涵 T_0 分离性. 但是, 对于一般的广义近似空间, 上述相应的蕴涵关系不必成立, 见如下反例:

例 11.2.11 设 $U = \{a, b, c\}$, $R = \{(a, b), (b, a), (b, c)\}$, 则 $R_s(a) = \{b\}$, $R_s(b) = \{a, c\}$, $R_s(c) = \varnothing$. 由于 $R_s(a) \cap R_s(b) = R_s(b) \cap R_s(c) = R_s(c) \cap R_s(a) = \varnothing$, 故 (U, R) 是 T_2^a 广义近似空间. 但是, 对于 $a \neq b$, 有 $a \in R_s(b)$, $b \in R_s(a)$, 由定义 11.2.2 和定义 11.2.8 得, (U, R) 既不是 T_1^a 也不是 T_0^a 广义近似空间.

出乎意料的是, 对于广义近似空间, 我们有 T_1^a 蕴涵 T_0^a 和 T_2^a.

定理 11.2.12　设 (U,R) 是 T_1^a 广义近似空间, 则 (U,R) 既是 T_0^a 又是 T_2^a 广义近似空间.

证明　T_1^a 蕴涵 T_0^a 是平凡的. 现证明 T_1^a 蕴涵 T_2^a: 对任意 $x,y \in U$, 由于 (U,R) 是 T_1^a 广义近似空间, 故 $y \neq x$ 蕴涵 $y \notin R_s(x)$. 因而对任意 $x,y \in U$, 有 $R_s(x) \subseteq \{x\}$, 故 $x \neq y$ 蕴涵 $R_s(x) \cap R_s(y) \subseteq \{x\} \cap \{y\} = \varnothing$, 从而 (U,R) 是 T_2^a 广义近似空间.　□

利用关系拓扑我们自然有如下概念.

定义 11.2.13　广义近似空间 (U,R) 称为 T_i $(i = 0, 1)$ **广义近似空间**当且仅当对应的关系拓扑 τ_R 是 T_i $(i = 0, 1)$ 拓扑.

按上述定义可知, 广义近似空间 (U,R) 为 T_0 的当且仅当 $\forall x, y \in U$, 当 $x \neq y$ 时, 存在 R-开集 A 使得 $x \in A$, $y \notin A$ 或存在 R-开集 B 使得 $y \in B$, $x \notin B$; 广义近似空间 (U,R) 为 T_1 的当且仅当 $\forall x, y \in U, x \neq y$ 时, 存在含 x 的 R-开集 A 和含 y 的 R-开集 B 使得 $y \notin A, x \notin B$.

下面给出上述多种广义近似空间分离性的关系.

定理 11.2.14　设 (U,R) 是广义近似空间, 则 (U,R) 是 T_1 的当且仅当它是 T_1^a 的当且仅当 $R = \mathrm{id}_A$, 其中 $A = \{x \in U \mid R_s(x) \neq \varnothing\}$.

证明　(1) 先证 (U,R) 是 T_1 的 $\Longleftrightarrow R = \mathrm{id}_A$, 其中 $A = \{x \in U \mid R_s(x) \neq \varnothing\}$.

必要性: 设 (U,R) 是一个 T_1 广义近似空间. 则由定理 11.1.20 知 τ_R 是离散拓扑, 从而 $\forall x \in U, \{x\}$ 为 R-既开又闭集. 由 $\{x\} \subseteq \underline{R}(\{x\})$ 及下近似的定义知 $R_s(x) \subseteq \{x\}$. 又由 $\{x\}$ 为 R-闭集知, $R_p(x) = \overline{R}(\{x\}) \subseteq \{x\}$. 于是, 可直接验证 $R = \mathrm{id}_A$.

充分性: 设 $R = \mathrm{id}_A$. 则由引理 11.1.6(5) 知 $\forall x \in U, \overline{R}(\{x\}) = R_p(x) \subseteq \{x\}$, 从而 U 中的任意单点集都为 R-闭集. 故 τ_R 是离散的, 进而 τ_R 是 T_1 的.

(2) 再证 (U,R) 是 T_1^a 的 $\Longleftrightarrow R = \mathrm{id}_A$, 其中 $A = \{x \in U \mid R_s(x) \neq \varnothing\}$. 这由 T_1^a 的定义可直接验证.　□

由定理 11.2.14 可知, T_1 与其他分离性的蕴涵关系也就是 T_1^a 与其他分离性的蕴涵关系, 反过来也成立. 又由 T_1 蕴涵 T_0, 故 T_1^a 蕴涵 T_0. 下一定理证明 T_0 蕴涵 T_0^a.

定理 11.2.15　若广义近似空间 (U,R) 是 T_0 的, 则 (U,R) 也是 T_0^a 的.

证明　设广义近似空间 (U,R) 是 T_0 的. 则 $\forall x, y \in U, x \neq y$, 可不妨设存在 R-开集 B 使得 $y \in B$, $x \notin B$, 从而 $y \in B \subseteq \underline{R}(B)$. 又由下近似定义知 $R_s(y) \subseteq B$, 再由 $x \notin B$ 得 $x \notin R_s(y)$. 据命题 11.2.3 知 (U,R) 是 T_0^a 广义近似空间.　□

下例说明定理 11.2.15 的逆命题不成立, 即 T_0^a 不蕴涵 T_0. 此外下例还说明 T_0 与 T_0^u 互不蕴涵; T_0^u 与 T_0^a 互不蕴涵; T_1^a 不蕴涵 T_0^u; T_2^a 不蕴涵 T_0, T_0^u, T_0^a 和 T_1^a.

例 11.2.16 设 $U = \{a, b, c\}$, $K = \{(a, b), (b, a), (b, c)\}$, $L = \{(a, b), (b, a),$ $(a, a), (b, c)\}$, $Q = \{(a, b), (b, c), (a, c)\}$, $R = \{(a, a)\}$. 我们可以得到如下四个广义近似空间 (U, K), (U, L), (U, Q), (U, R). 这四个广义近似空间可说明如下事实:

(1) $T_2^a \not\Rightarrow T_0, T_0^u, T_0^a, T_1^a$. 对于广义近似空间 (U, K), 易验证 (U, K) 是 T_2^a 的. 又 K-开集仅有 $\varnothing, \{c\}$ 和 U. 它们不能分离 U 中 a, b 两点, 故 (U, K) 不是 T_0 的. 又由 $K_p(a) = K_p(c) = \{b\}$ 知 (U, K) 不是 T_0^u 的. 再由 $a \in K_p(b)$, $b \in K_p(a)$ 知 (U, K) 不是 T_0^a 的. 由定理 11.2.14 又知 (U, K) 不是 T_1^a 的. 由此可见 T_2^a 不蕴涵 T_0, T_0^u, T_0^a, T_1^a.

(2) $T_0^u \not\Rightarrow T_0, T_0^a$. 对于广义近似空间 (U, L), 易验证 (U, L) 是 T_0^u 的. 但 L-开集有 $\varnothing, \{c\}$ 和 U. 它们不能分离 U 中 a, b 两点, 故 (U, L) 不是 T_0 的. 又由 $b \in L_p(a) = \{a, b\}$, $a \in L_p(b) = \{a\}$ 知 (U, L) 不是 T_0^a 的. 再由 $L_s(a) \cap L_s(b) = \{a\}$ 知 (U, L) 不是 T_2^a 的. 由此可见 T_0^u 不蕴涵 T_0, T_0^a.

(3) $T_0^a \not\Rightarrow T_0$. 对于广义近似空间 (U, Q), 易验证 (U, Q) 是 T_0^a 的. 但 Q-开集有 $\varnothing, \{c\}$ 和 U. 它们不能分离 U 中 a, b 两点, 故 (U, Q) 不是 T_0 的. 由此可见 T_0^a 不蕴涵 T_0.

(4) $T_1^a, T_0, T_0^a \not\Rightarrow T_0^u$. 对于广义近似空间 (U, R), 由定理 11.2.14 知 (U, R) 是 T_1^a 的. 又由 T_1^a 蕴涵 T_0 和 T_0^a 知 (U, R) 也是 T_0 和 T_0^a 的. 但 $\overline{R}(\{b\}) = \overline{R}(\{c\}) = \varnothing$. 故 (U, R) 不是 T_0^u 的. 可见 T_1^a, T_0, T_0^a 不蕴涵 T_0^u.

定理 11.2.17 T_0^a (T_0, T_1, T_1^a, T_2^a) 广义近似空间的每一个子广义近似空间也是 T_0^a (T_0, T_1, T_1^a, T_2^a) 广义近似空间.

证明 直接验证即得. □

上一定理表明广义近似空间的 T_0^a, T_0, T_1, T_1^a 和 T_2^a 分离性对子广义近似空间都是遗传的, 但是分离性 T_0^u 一般不具有遗传性.

例 11.2.18 令 $U = \{a, b, c, d\}$, $R = \{(a, a), (a, b), (a, c), (a, d), (b, a), (b, b),$ $(b, c), (c, a), (c, b), (d, b), (d, d)\}$. 易见对任意 $x, y \in U$, 若 $x \neq y$, 则 $R_p(x) \neq R_p(y)$. 所以 (U, R) 是 T_0^u 广义近似空间. 取 $V = \{a, b, c\}$, 则对于 $a \neq b \in V$, 有 $(R_1)_p(a) = (R_1)_p(b) = V$. 所以子广义近似空间 (V, R_1) 不是 T_0^u 广义近似空间.

拓扑空间 X 是正则的当且仅当对任意 $x \in X$ 和 x 的任意开邻域 V, 存在 x 的开邻域 W 使得 $\overline{W} \subseteq V$. 当空间 X 是 Alexandrov 空间时, X 是正则的当且仅当对任意 $x \in X$, x 的最小开邻域 $\uparrow x$ 是闭集, 这等价于 $\forall x \in X$, $\downarrow(\uparrow x) \subseteq \uparrow x$, 也等价于 $\forall x, y \in X$, $\uparrow x \cap \uparrow y = \varnothing$ 或 $\uparrow x = \uparrow y$. 由此包含关系和引理 11.1.18, 立得如下命题.

命题 11.2.19 设 (U, R) 是一个拓扑广义近似空间, 则 τ_R 是正则拓扑当且仅当对任意 $x, y, z \in U$, xRz 和 yRz 蕴涵 xRy, 即当且仅当 R^{-1} 是欧几里得关系.

利用命题 11.2.19 中的条件, 给出下面定义.

定义 11.2.20 设 (U, R) 是广义近似空间, 若对任意 $x, y, z \in U$, xRz 和 yRz 蕴涵 xRy, 则称 (U, R) 为一个**正则广义近似空间**.

命题 11.2.21 设 (U, R) 是正则广义近似空间, $x \in U$, 若存在 $y \in U$ 使 xRy, 则 xRx.

证明 根据正则广义拓扑空间的定义, 由 xRy 和 xRy 即可推得 xRx. □

命题 11.2.22 设 (U, R) 是广义近似空间, 则 (U, R) 为正则广义近似空间当且仅当对任意 $x, y \in U$, $R_s(x) \cap R_s(y) = \varnothing$ 或 $x, y \in R_p(x) = R_p(y)$.

证明 必要性: 对任意 $x, y \in U$, 若 $R_s(x) \cap R_s(y) \neq \varnothing$, 则存在 $z \in R_s(x) \cap R_s(y)$. 于是有 xRz 和 yRz 同时成立. 由正则性得 xRy 且 yRx, 进而有 $x \in R_p(y)$ 和 $y \in R_p(x)$. 又 $\forall t \in R_p(x)$ 有 tRx 和 yRx 同时成立, 由正则性得 tRy, $t \in R_p(y)$, 于是 $R_s(x) \subseteq R_s(y)$. 同理 $R_s(y) \subseteq R_s(x)$, 于是 $x, y \in R_p(x) = R_p(y)$ 成立.

充分性: 对任意 $x, y, z \in U$, 若 xRz 和 yRz 成立, 则 $z \in R_s(x) \cap R_s(y) \neq \varnothing$, 故由条件有 $x, y \in R_p(x) = R_p(y)$. 于是有 xRy. □

正则广义近似空间也可以通过补关系和逆关系来刻画.

命题 11.2.23 设 (U, R) 是一个广义近似空间, 则下列论断等价:

(1) (U, R) 是正则广义近似空间;

(2) 对任意 $x \in U$, 有 $\overline{R}(R_s(x)) \subseteq R_s(x)$;

(3) 对任意 $x \in U$, 有 $\underline{R}(R_s^c(x)) \supseteq R_s^c(x)$;

(4) R^{-1} 是欧几里得关系.

证明 (1) $\Longrightarrow$ (2) 设 $x \in U$, $y \in \overline{R}(R_s(x))$, 则 $R_s(y) \cap R_s(x) \neq \varnothing$, 于是存在 $z \in U$ 使 xRz, yRz, 再由 (U, R) 的正则性得 xRy. 所以, $y \in R_s(x)$, 从而有 $\overline{R}(R_s(x)) \subseteq R_s(x)$.

(2) $\Longrightarrow$ (1) 设 $x, y, z \in U$ 且 xRz, yRz, 则 $z \in R_s(y) \cap R_s(x) \neq \varnothing$, 于是 $y \in \overline{R}(R_s(x))$. 再由 (2) 得, $y \in R_s(x)$, 从而 xRy, 故 (1) 成立.

(2) $\Longleftrightarrow$ (3) 由于 $R_s^c(x) = \{y \in U \mid xR^c y\} = U - \{y \in U \mid xRy\} = (R_s(x))^c$, 故

$$
\begin{aligned}
\overline{R}(R_s(x)) \subseteq R_s(x) &\Longleftrightarrow (\overline{R}(R_s(x)))^c \supseteq (R_s(x))^c \\
&\Longleftrightarrow \underline{R}((R_s(x))^c) \supseteq (R_s(x))^c \\
&\Longleftrightarrow \underline{R}(R_s^c(x)) \supseteq R_s^c(x).
\end{aligned}
$$

(1) $\Longleftrightarrow$ (4) 由定义简单可证. □

对于拓扑空间 $(U, \mathcal{T})$ 和它诱导的广义近似空间 $(U, R_{\mathcal{T}})$, 有

定理 11.2.24 若 $(U, \mathcal{T})$ 是正则拓扑空间, 则 $(U, R_{\mathcal{T}})$ 是正则广义近似空间.

证明 用反证法. 假设 (U, R_T) 不是正则的. 则存在 $x, y, z \in U$ 满足 $xR_T z$, $yR_T z$ 但 $xR_T^c y$, 那么 $x \notin \overline{\{y\}}$. 由于 $(U, \mathcal{T})$ 是正则空间, 故存在 x 的开邻域 V_1 和 $\overline{\{y\}}$ 的开邻域 V_2 使得 $V_1 \cap V_2 = \varnothing$. 由于 $xR_T z$ 并且 V_1 是 x 的开邻域, 故有 $z \in V_1$. 又注意到 $yR_T z$ 并且 V_2 也是 y 的开邻域, 所以有 $z \in V_2$. 于是 $z \in V_1 \cap V_2 \neq \varnothing$, 矛盾! $\qquad\square$

拓扑空间的正则性与 T_0, T_1, T_2 分离性之间一般没有相互蕴涵关系, 但对广义近似空间则有 T_1^a 蕴涵正则性.

定理 11.2.25 每个 T_1^a 广义近似空间都是正则广义近似空间.

证明 设 (U, R) 是一个 T_1^a 广义近似空间, $x, y, z \in U$ 满足 xRz 且 yRz, 则由 T_1^a 性和 yRz, 我们有 $y = z$, 从而 xRy. 所以 (U, R) 是正则广义近似空间. $\qquad\square$

对于拓扑空间, 正则 T_0 性蕴涵 T_1 性. 对于广义近似空间, 有如下类似结论:

定理 11.2.26 若 (U, R) 是正则的 T_0^a 广义近似空间, 则 (U, R) 也是 T_2^a 广义近似空间.

证明 设 $x, y \in U$, $x \neq y$, 我们断言 $R_s(x) \cap R_s(y) = \varnothing$. 否则, 存在 $z \in U$ 使得 xRz, yRz, 由 (U, R) 的正则性得 xRy 且 yRx, 这与 (U, R) 是 T_0^a 广义近似空间矛盾. 所以 $R_s(x) \cap R_s(y) = \varnothing$, 从而证得 (U, R) 是 T_2^a 广义近似空间. $\qquad\square$

定理 11.2.27 正则广义近似空间的每个子广义近似空间也是正则的.

证明 设 (U, R) 是一个正则广义近似空间, $V \subseteq U$. 对任意 $x, y, z \in V$, 若 $xR_1 z$, $yR_1 z$, 则由 (U, R) 的正则性得 xRy, 于是 $xR_1 y$, 这表明 (V, R_1) 正则的. $\square$

现考虑广义近似空间的正规性. 拓扑空间 X 的正规性也可以这样刻画: 对任意闭集 $A \subseteq X$ 和 A 的任意开邻域 V, 存在 A 的开邻域 W 使 $\overline{W} \subseteq V$. 于是当 X 是 Alexandrov 空间时, 其上特殊化序为预序, 从而 X 是正规的当且仅当对任意闭集 $A \subseteq X$, A 的最小开邻域 $\uparrow A$ 是闭集, 这也等价于对任意 $x \in X$, $\uparrow(\downarrow x)$ 是闭集, 即 $\downarrow(\uparrow(\downarrow x)) \subseteq \uparrow(\downarrow x)$. 由此关系和引理 11.1.18, 立得下述命题.

命题 11.2.28 设 (U, R) 是拓扑广义近似空间, τ_R 是正规空间当且仅当 $\forall x, y, z, u \in U$, 若 yRx, yRz 且 uRz, 则存在 $v \in U$ 使 vRx 且 vRu.

利用命题 11.2.28 中的条件, 我们将正规性推广至广义近似空间.

定义 11.2.29 设 (U, R) 是一个广义近似空间, 若对任意 $x, y, z, u \in U$, yRx, yRz 和 uRz 蕴涵存在 $v \in U$ 使得 vRx, vRu, 则称 (U, R) 为一个**正规广义近似空间**.

命题 11.2.30 若 (U, R) 是正规广义近似空间, 则对任意 $x, y \in U$, xRy 蕴涵存在 $v \in U$ 使 vRx, vRy.

证明 设 $x, y \in U$, xRy. 根据定义 11.2.29, 由 xRy, xRy, xRy 可得, 存在 $v \in U$ 使得 vRy, vRx, 得证. $\qquad\square$

对一个拓扑空间 $(U, \mathcal{T})$ 和它诱导的广义近似空间 (U, R_T), 有

定理 11.2.31　若 $(U, \mathcal{T})$ 是一个正规拓扑空间, 则 $(U, R_{\mathcal{T}})$ 是正规广义近似空间.

证明　设 $x, y, z, u \in U$, 满足 $yR_{\mathcal{T}}x$, $yR_{\mathcal{T}}z$ 且 $uR_{\mathcal{T}}z$, 若不存在 $v \in U$ 使得 $vR_{\mathcal{T}}x$, $vR_{\mathcal{T}}u$, 则 $\overline{\{x\}} \cap \overline{\{u\}} = \downarrow x \cap \downarrow u = \varnothing$. 由 $(U, \mathcal{T})$ 的正规性得, 存在 $\overline{\{x\}}$ 的开邻域 V_1 和 $\overline{\{u\}}$ 的开邻域 V_2 使得 $V_1 \cap V_2 = \varnothing$. 由于 $yR_{\mathcal{T}}x$, 故 $y \in \overline{\{x\}}$, 所以 V_1 也是 y 的开邻域, 再由 $yR_{\mathcal{T}}z$ 得 $z \in V_1$. 因为 V_2 是 u 的开邻域并且 $uR_{\mathcal{T}}z$, 所以 $z \in V_2$. 于是, $z \in V_1 \cap V_2$, 这与 $V_1 \cap V_2 = \varnothing$ 矛盾. 至此我们证明了对任意 $x, y, z, u \in U$, 若 $yR_{\mathcal{T}}x$, $yR_{\mathcal{T}}z$, $uR_{\mathcal{T}}z$, 则存在 $v \in U$ 使得 $vR_{\mathcal{T}}x$, $vR_{\mathcal{T}}u$, 所以 $(U, R_{\mathcal{T}})$ 是一个正规广义近似空间.　□

拓扑空间的正则性和正规性之间不存在相互蕴涵关系, 而关于广义近似空间正则性和正规性的关系, 下面定理给出一个出乎意料的结果.

定理 11.2.32　每个正则广义近似空间都是正规广义近似空间.

证明　设 (U, R) 是正则广义近似空间, $x, y, z, u \in U$ 满足 yRx, yRz, uRz. 根据 (U, R) 的正则性, 由 yRz 和 uRz 可推出 yRu. 取 $v = y \in U$, 则有 vRx, vRu. 所以 (U, R) 是正规广义近似空间.　□

定理 11.2.32 的逆命题不成立, 下面的例子给出一个非正则的正规广义近似空间.

例 11.2.33　令 $U = \{a, b, c\}$, $R = \{(a, a), (b, b), (c, c), (c, a), (c, b)\}$. 易见 R 是 U 上的一个偏序, 于是 (U, R) 是拓扑广义近似空间, 它的关系拓扑为

$$\tau_R = \{\varnothing, \{a\}, \{b\}, \{a, b, c\}\},$$

闭集族为

$$\mathcal{F}_R = \{\{a, b, c\}, \{b, c\}, \{a, c\}, \varnothing\}.$$

由于 $\mathcal{F}_R$ 中没有两个不交真闭集, 故 τ_R 是正规拓扑空间, 从而 (U, R) 是正规广义近似空间. 但是对于点 a 和不含 a 的闭集 $\{b, c\}$, 不存在开集分离它们, 所以 τ_R 不是正则拓扑, 从而 (U, R) 不是正则广义近似空间.

正规的 T_1 拓扑空间是正则空间. 类似地, 下一定理说明正规的 T_2^a 广义近似空间是正则广义近似空间.

定理 11.2.34　若 (U, R) 是正规的 T_2^a 广义近似空间, 则 (U, R) 是正则广义近似空间.

证明　设 $x, y, z \in U$ 满足 xRz, yRz, 根据 (U, R) 的正规性, 由 xRz, xRz, 和 yRz 可得, 存在 $v \in U$ 使得 vRz, vRy. 若 $v \neq x$, 由于 (U, R) 是 T_2^a 的, 有 $R_s(v) \cap R_s(x) = \varnothing$. 而显然有 $z \in R_s(v) \cap R_s(x)$, 矛盾! 所以 $v = x$, 从而 xRy, 因此 (U, R) 是正则广义近似空间.　□

一般广义近似空间的正规性不是遗传的. 但对于 R-闭子空间, 有

定理 11.2.35 设 (U,R) 是一个正规广义近似空间, $V \subseteq U$. 若 V 是 (U,R) 的 R-闭集, 则子广义近似空间 (V,R_1) 也是正规的.

证明 设 $x,y,z,u \in V$ 满足 yR_1x, yR_1z, uR_1z, 则有 yRx, yRz 和 uRz. 由于 (U,R) 是正规的, 故存在 $v \in U$ 使 vRx 且 vRu. 由 $x \in R_s(v) \cap V$ 得 $v \in \overline{R}V$. 而 V 是 R-闭集, 所以 $\overline{R}V \subseteq V$, 于是 $v \in V$. 这样得到 $v \in V$ 满足 vR_1x 且 vR_1u. 故 (V,R_1) 是正规的. □

习　题　11.2

1. 详细证明命题 11.2.1.
2. 详细证明命题 11.2.7.
3*. 将广义近似空间看成形式背景, 探讨两者相应分离性之间的关系.
4. 举例说明广义近似空间的正规性不是遗传的.

11.3　广义近似空间的紧致性和连通性

先考虑广义近似空间的紧致性. 易见一个 Alexandrov 拓扑空间 X 是紧致的当且仅当存在一个有限的 $A \subseteq X$ 使得 $\uparrow A = X$. 因拓扑广义近似空间 (U,R) 诱导 Alexandrov 拓扑 τ_R, 故有如下命题.

命题 11.3.1 设 (U,R) 是一个拓扑广义近似空间, 则 τ_R 是紧致拓扑当且仅当存在有限的 $A \subseteq U$ 使得 $\uparrow A = U$.

利用命题 11.3.1 中的条件, 对一般的广义近似空间, 我们提出如下定义.

定义 11.3.2 设 (U,R) 是一个广义近似空间, 如果存在有限的 $A \subseteq U$, 对任意 $x \in U$, 存在 $a \in A$ 使得 aRx, 则称广义近似空间 (U,R) 为**关系紧**的.

注 11.3.3 由定义 11.3.2 易见, 关系紧的广义近似空间 (U,R) 的关系 R 是**逆串行**的, 即对任意 $x \in U$, 存在 $y \in U$ 使得 yRx. 反过来, 如果 U 是有限的并且 R 是逆串行的, 则 (U,R) 是关系紧的.

对于拓扑空间 $(U,\mathcal{T})$ 和它的诱导广义近似空间 $(U,R_{\mathcal{T}})$, 有

定理 11.3.4 设 $(U,\mathcal{T})$ 是拓扑空间, 若 $(U,R_{\mathcal{T}})$ 是关系紧的广义近似空间, 则 $(U,\mathcal{T})$ 是紧致拓扑空间.

证明 由于 $(U,R_{\mathcal{T}})$ 是拓扑广义近似空间, 故由 $(U,R_{\mathcal{T}})$ 是关系紧的可得 $(U,\tau_{R_{\mathcal{T}}})$ 是紧致拓扑空间, 而 $\mathcal{T} \subseteq \tau_{R_{\mathcal{T}}}$ (见引理 9.2.7), 所以 $(U,\mathcal{T})$ 也是紧的. □

下述例子表明, 定理 11.3.4 的逆命题不真.

例 11.3.5 设 $U = [a,b] \subseteq \mathbb{R}$, 其中 $\mathbb{R}$ 是实数集, $(U,\mathcal{T})$ 为实数空间 $\mathbb{R}$ 的子空间, 则 $(U,\mathcal{T})$ 是紧空间. 易证 $(U,\mathcal{T})$ 上的特殊化序 $R_{\mathcal{T}}$ 是离散序, $(U,\tau_{R_{\mathcal{T}}})$ 是离散空间. 所以 $(U,\tau_{R_{\mathcal{T}}})$ 不是紧空间, 从而 $(U,R_{\mathcal{T}})$ 也不是关系紧广义近似空间.

我们知道, 拓扑空间的紧致性与 T_2 分离性蕴涵正规性, 但是对于广义近似空间, 我们有下面的反例.

例 11.3.6　令 $U = \{a, b, c, d\}$, $R = \{(a, a), (b, b), (b, c), (c, d)\}$, 则 $R_s(a) = \{a\}$, $R_s(b) = \{b, c\}$, $R_s(c) = \{d\}$, $R_s(d) = \varnothing$. 显然 (U, R) 是 T_2^a 广义近似空间. 由于 U 有限且 R 是逆串行的, 根据注 11.3.3, (U, R) 是关系紧的广义近似空间. 但对于 $c, d \in U$, 有 cRd, 不存在 $x \in U$ 满足 xRc 和 xRd. 由命题 11.2.30, (U, R) 不是正规广义近似空间.

利用关系拓扑还可定义另一种紧性.

定义 11.3.7　广义近似空间 (U, R) 称为**拓扑紧**的当且仅当关系拓扑 τ_R 是紧的, 即 U 的每一 R-开覆盖都有有限子覆盖.

下一命题证明了关系紧强于拓扑紧.

命题 11.3.8　若广义近似空间 (U, R) 是关系紧的, 则 (U, R) 也是拓扑紧的.

证明　由 (U, R) 是关系紧广义近似空间知, 存在有限集 $A \subseteq U$, 对任意 $x \in U$, 存在 $a \in A$ 使 aRx, 即 $\forall x \in U, x \in R_s(a)$, 进而 $\{R_s(a) \mid a \in A\}$ 是 U 的覆盖. 设 $\mathcal{C}$ 为 (U, τ_R) 的开覆盖, 则 $\forall a \in A, \exists O_a \in \mathcal{C}$ 使 $a \in O_a$, 从而 $\{O_a \mid a \in A\} \subseteq \mathcal{C}$. 下证 $\{O_a \mid a \in A\}$ 是覆盖. 由 O_a 是开集得 $\underline{R}(O_a) \supseteq O_a \ni a$, 从而由下近似的定义得 $R_s(a) \subseteq O_a$, 进而 $\{O_a \mid a \in A\}$ 是 $\mathcal{C}$ 的有限子覆盖. 故 (U, R) 是拓扑紧的.　□

关系紧广义近似空间 (U, R) 中 R 是逆串行的, 故命题 11.3.8 的逆命题不成立. 当 U 无限时, 即使 R 是逆串行且 (U, R) 是拓扑紧的, 它也不一定是关系紧的, 见下例.

例 11.3.9　设 $U = \mathbb{N}$ 为自然数集, $R = \Delta \cup \{(i, i+1) \mid i \in U\}$, 其中 Δ 表示恒等关系. 则 (U, R) 是广义近似空间. 显然 R 是逆串行的. 当有限集 $F \subseteq U$ 时, $|R_s(F)| \leqslant 2|F|$, 故 (U, R) 不是关系紧的.

又设 A 为 R-开集且 $i \in A$, 则由 A 为 R-开集得 $i \in A \subseteq \underline{R}A$, 从而 $R_s(i) \subseteq A$, 特别地, $i + 1 \in A$, 这说明 A 为某个 ↑n. 故 $\tau_R = \{\varnothing\} \cup \{↑i \mid i = 0, 1, \cdots\}$. 显然 U 的任意 R-开覆盖都含有 ↑$0 = U$, 故 (U, R) 是拓扑紧的.

容易得知当 R 为预序时, (U, R) 的拓扑紧与关系紧等价.

在考虑广义近似空间的连通性之前先刻画拓扑广义近似空间的连通性.

命题 11.3.10　设 (U, R) 是拓扑广义近似空间, 则 τ_R 是不连通空间当且仅当存在 $A \subseteq U$, $\varnothing \neq A \neq U$ 使得 $\downarrow A = A = ↑A$.

拓扑空间连通性有多种等价刻画: 拓扑空间 X 是不连通的当且仅当存在两个非空闭集 $A, B \subseteq X$ 使 $A \cap B = \varnothing$, $A \cup B = X$, 当且仅当存在两个非空开集 $A, B \subseteq X$ 使 $A \cap B = \varnothing$, $A \cup B = X$, 当且仅当存在既开又闭真子集. 于是为刻画广义近似空间的连通性, 可利用 R-开集、R-闭集, 以及下面定义的 R-隔离子集等概念.

定义 11.3.11 设 (U, R) 是一个广义近似空间, $A, B \subseteq U$. 若 $A \cap B = \varnothing$ 且 $\overline{R}A \cap B = \overline{R}B \cap A = \varnothing$, 则称 A 和 B 为 (U, R) 的一对R-隔离子集.

命题 11.3.12 设 (U, R) 是一个广义近似空间, $A, B \subseteq U$, 则 A 和 B 是 R-隔离子集当且仅当 $A \cap B = \varnothing$, 并且对任意 $a \in A$ 和 $b \in B$ 有 aR^cb, bR^ca.

证明 设 A 和 B 是 R-隔离子集, 则显然 $A \cap B = \varnothing$. 假设存在 $a \in A, b \in B$ 使得 aRb, 则 $b \in R_s(a) \cap B \neq \varnothing$, 从而 $a \in \overline{R}B$, 这与 $\overline{R}B \cap A = \varnothing$ 矛盾. 故对任意 $a \in A$ 和 $b \in B$ 有 aR^cb, 同理也有 bR^ca. 反过来, 对任意 $a \in A$, 因对任意 $b \in B$ 都有 aR^cb, 故 $R_s(a) \cap B = \varnothing$, 从而 $a \notin \overline{R}B$, 这表明 $\overline{R}B \cap A = \varnothing$. 同理可得 $\overline{R}A \cap B = \varnothing$, 故 A 和 B 是 R-隔离子集. $\square$

定义 11.3.13 广义近似空间 (U, R) 称为**连通**的, 若它的 R-既开又闭子集只有 $\varnothing$ 和 U. 否则, 称 (U, R) 为**不连通**的.

定理 11.3.14 设 (U, R) 是一个广义近似空间, 则以下命题等价:

(1) (U, R) 是不连通的广义近似空间;

(2) 存在两个非空 R-隔离子集 $A, B \subseteq U$ 使得 $U = A \cup B$;

(3) 存在两个非空 R-闭集 $A, B \subseteq U$ 满足 $A \cap B = \varnothing$ 且 $A \cup B = U$;

(4) 存在两个非空 R-开集 $A, B \subseteq U$ 满足 $A \cap B = \varnothing$ 且 $A \cup B = U$.

证明 证明简单, 作为练习留给读者. $\square$

对于拓扑空间 $(U, \mathcal{T})$ 和它诱导的广义近似空间 $(U, R_\mathcal{T})$, 我们有

定理 11.3.15 设 $(U, \mathcal{T})$ 是一个拓扑空间, 若 $(U, R_\mathcal{T})$ 是连通的广义近似空间, 则 $(U, \mathcal{T})$ 是连通的拓扑空间.

证明 因 $(U, R_\mathcal{T})$ 是拓扑广义近似空间, 故 $(U, R_\mathcal{T})$ 是连通广义近似空间等价于 $(U, \tau_{R_\mathcal{T}})$ 是连通拓扑空间. 再由 $\mathcal{T} \subseteq \tau_{R_\mathcal{T}}$ 得 $(U, \mathcal{T})$ 是连通拓扑空间. $\square$

下面的例子表明定理 11.3.15 的逆命题不成立.

例 11.3.16 设 $(\mathbb{R}, \mathcal{T}_e)$ 是实数空间, 则 $(\mathbb{R}, \mathcal{T}_e)$ 是连通的拓扑空间. 易证 $(\mathbb{R}, \mathcal{T}_e)$ 的特殊化序 $R_{\mathcal{T}_e}$ 是离散序, 于是, $(\mathbb{R}, R_{\mathcal{T}_e})$ 是不连通的广义近似空间.

注 11.3.17 若 U 是有限集, 则拓扑空间 $(U, \mathcal{T})$ 是连通的 (相应地, 正则的、正规的、紧致的) 当且仅当广义近似空间 $(U, R_\mathcal{T})$ 是连通的 (相应地, 正则的、正规的、关系紧的).

证明 因 U 有限, 故 $\mathcal{T}$ 是 Alexandrov 拓扑, $(U, R_\mathcal{T})$ 是拓扑广义近似空间. 从而 $(U, R_\mathcal{T})$ 的连通性 (相应地, 正则性、正规性、关系紧性) 等价于 $(U, \tau_{R_\mathcal{T}})$ 的连通性 (相应地, 正则性、正规性、紧致性). 又由命题 9.2.8 得 $\mathcal{T} = \tau_{R_\mathcal{T}}$, 于是所述结论成立. $\square$

类似于正规性, 广义近似空间的关系紧性关于 R-闭子广义近似空间是遗传的.

定理 11.3.18 设 (U, R) 是一个关系紧的广义近似空间, $V \subseteq U$. 若 V 是 (U, R) 的 R-闭集, 则子广义近似空间 (V, R_1) 也是关系紧的.

证明　由于 (U,R) 是关系紧的, 存在有限的 $A \subseteq U$ 使得 $U = \bigcup_{a \in A} R_s(a)$. 对任意 $x \in V \subseteq U$, 存在 $a_x \in A$ 使得 $a_x R x$, 从而 $a_x \in \overline{R}V$. 由于 V 是 (U,R) 的 R-闭集, 故 $\overline{R}V \subseteq V$, 从而有 $a_x \in V$, 于是得 $a_x R_1 x$. 所以, (V, R_1) 是关系紧的. □

习　题　11.3

1. 举例说明广义近似空间的关系紧性、拓扑紧性和连通性均不是可遗传的.

2. 详细证明定理 11.3.14.

3*. 设 (U,R) 是广义近似空间并看成形式背景.
给出 (U,R) 的 AE-紧致性概念, 探讨其性质及与关系紧性和拓扑紧性的关系.

4*. 在上题基础上, 探讨 (U,R) 的 AE-紧致性、关系紧性、拓扑紧性加强分离性的问题.

11.4　广义近似空间中各种集族的序结构

本节研究广义近似空间中若干子集族的序结构和代数性质, 这有助于人们深刻地理解粗糙集理论. 先研究广义近似空间的 R-开集族 (相应地, R-闭集族、R-既开又闭集族) 的格论性质, 然后讨论广义近似空间中可定义集族的代数性质, 考虑广义近似空间的上、下近似集族, 给出上 (下) 近似集族在集合包含序下是完全分配格的充分必要条件. 最后在广义近似空间中引入正则集概念, 证明当涉及的关系是串行的传递关系时, 广义近似空间的正则集族在集合包含序下是完备布尔代数.

定理 11.4.1　广义近似空间 (U,R) 的 R-开集族 $(\mathcal{O}(U,R), \subseteq)$ 和 R-闭集族 $(\mathcal{C}(U,R), \subseteq)$ 都既是完全分配格又是代数格.

证明　由命题 11.1.16 知 $\mathcal{O}(U,R) = \tau_R$ 是完备集环, 从而 $\mathcal{O}(U,R)$ 是完全分配格又是代数格. 同样可证得 $\mathcal{C}(U,R)$ 也是完备集环, 从而既是完全分配格又是代数格. □

定理 11.4.2　若广义近似空间 (U,R) 的 R 是对称的, 则 $(\mathcal{O}(U,R), \subseteq)$ 与 $(\mathcal{C}(U,R), \subseteq)$ 都是完备布尔代数.

证明　首先由定理 11.4.1 的证明知 $(\mathcal{O}(U,R), \subseteq)$ 是分配的完备格, 其中 $\varnothing$ 和 U 分别是其最小元和最大元. 设 $X \in \mathcal{O}(U,R)$, 欲证 $X^c \in \mathcal{O}(U,R)$, 由引理 11.1.17(4), 只需证 $X \in \mathcal{C}(U,R)$, 即证 $\overline{R}X \subseteq X$. 设 $y \in \overline{R}X$, 则 $R_s(y) \cap X \neq \varnothing$, 取 $x \in X$ 满足 yRx, 由于 R 是对称的, 故 xRy. 由引理 11.1.17 (1), $X \in \mathcal{O}(U,R)$ 在后继运算下封闭, 故由 $x \in X$ 和 xRy 可得 $y \in X$. 故 $\overline{R}X \subseteq X$. 因此 X^c 是 X 在 $\mathcal{O}(U,R)$ 中的补元, $(\mathcal{O}(U,R), \subseteq)$ 是完备布尔代数. 而 $(\mathcal{C}(U,R), \subseteq)$ 对偶同构于 $(\mathcal{O}(U,R), \subseteq)$, 故 $(\mathcal{C}(U,R), \subseteq)$ 也是完备布尔代数. □

例 11.4.3 令 $U = \{a, b, c\}$, $R = \{(a, b), (b, c), (c, a)\}$, 则 $\mathcal{O}(U, R) = \{\varnothing, U\}$ 显然是完备布尔代数, 但 R 不是对称的. 故 R 的对称性对 $\mathcal{O}(U, R)$ 成为完备布尔代数并不必要.

定理 11.4.4 设 (U, R) 是广义近似空间, 则 R-既开又闭集族 $(\mathrm{Clop}(U, R), \subseteq)$ 既是代数的完全分配格又是完备布尔代数.

证明 由定理 11.4.1 的证明, 易见 $\varnothing, U \in \mathrm{Clop}(U, R)$ 并且 $\mathrm{Clop}(U, R)$ 对任意交、任意并封闭, 于是得 $(\mathrm{Clop}(U, R), \subseteq)$ 是代数的完全分配格. 根据引理 11.1.17(4), 由 $X \in \mathrm{Clop}(U, R)$ 可推得 $X^c \in \mathrm{Clop}(U, R)$, 所以 $(\mathrm{Clop}(U, R), \subseteq)$ 也是完备布尔代数. □

广义近似空间 (U, R) 中每个子集 X 都可用两个集合来逼近: 一个是 X 的下近似 $\underline{R}X$; 另一个是 X 的上近似 $\overline{R}X$. U 的子集 X 称为**可定义集**, 若 $\underline{R}X = \overline{R}X$. 记 (U, R) 的可定义集族为 $\mathrm{Def}(U, R)$. 下一命题给出了可定义集的存在条件.

命题 11.4.5 设 (U, R) 是广义近似空间, 则 $\mathrm{Def}(U, R) \neq \varnothing$ 当且仅当 R 是串行的.

证明 必要性: 设 $A \subseteq U$ 使 $\overline{R}A = \underline{R}A$. 若存在 $x \in U$ 使 $R_s(x) = \varnothing$, 则 $R_s(x) \cap A = \varnothing$, $R_s(x) \subseteq A$, 从而 $x \in \underline{R}A$, $x \notin \overline{R}A$, 矛盾! 故 $\forall x \in U, R_s(x) \neq \varnothing$, 即 R 是串行的.

充分性: 令 $X = R_s(U) \subseteq U$, 则 $\forall x \in U$, 有 $R_s(x) \subseteq R_s(U) = X$, 从而 $x \in \underline{R}X$, 于是由引理 11.1.9, $U \subseteq \underline{R}X \subseteq \overline{R}X \subseteq U$. 这推得 $\underline{R}X = \overline{R}X$. □

在 Pawlak 近似空间 (U, R) 中, 可定义集恰好是诱导出的 Alexandrov 拓扑的既开又闭集. 下一命题给出了广义近似空间中可定义集与 R-既开又闭集的关系.

命题 11.4.6 设 (U, R) 是广义近似空间. 若 R 是串行的, 则 $\mathrm{Clop}(U, R) \subseteq \mathrm{Def}(U, R)$.

证明 设 $X \in \mathrm{Clop}(U, R)$, 则 $\overline{R}X \subseteq X \subseteq \underline{R}X$. 由于 R 是串行的, 我们有 $\underline{R}X \subseteq \overline{R}X$, 于是 $\underline{R}X = \overline{R}X$, $X \in \mathrm{Def}(U, R)$. 因此, $\mathrm{Clop}(U, R) \subseteq \mathrm{Def}(U, R)$. □

例 11.4.7 令 $U = \{a, b, c\}$, $R = \{(a, b), (a, c), (b, a), (c, c)\}$, 则 $R_s(a) = \{b, c\}$, $R_s(b) = \{a\}$, $R_s(c) = \{c\}$, 显然 R 是串行的. 取 $X = \{a\}$, 由于 $\underline{R}X = \{b\} = \overline{R}X$, 故 X 是可定义集. 但是 $\overline{R}X \nsubseteq X \nsubseteq \underline{R}X$, 故 X 不是 R-既开又闭集, 所以 $\mathrm{Clop}(U, R) \neq \mathrm{Def}(U, R)$. 这说明命题 11.4.6 的等式一般不成立.

命题 11.4.8 对于广义近似空间 (U, R), 若 R 是自反的, 则 $\mathrm{Clop}(U, R) = \mathrm{Def}(U, R)$.

证明 因为自反的关系一定是串行的, 所以由命题 11.4.6 得 $\mathrm{Clop}(U, R) \subseteq \mathrm{Def}(U, R)$. 另外, 对任意 $X \in \mathrm{Def}(U, R)$, 有 $\underline{R}X = \overline{R}X$. 由于 R 是自反的, 根据引理 11.1.7, 有 $\underline{R}X \subseteq X \subseteq \overline{R}X$. 于是有 $\underline{R}X = X = \overline{R}X$, 故 $X \in \mathrm{Clop}(U, R)$. 因此 $\mathrm{Def}(U, R) \subseteq \mathrm{Clop}(U, R)$, 从而 $\mathrm{Clop}(U, R) = \mathrm{Def}(U, R)$. □

命题 11.4.9　设 (U, R) 是广义近似空间, R 是串行的. 则 $\mathrm{Def}(U, R)$ 在 $(\mathcal{P}(U), \subseteq)$ 中对任意交和任意并都封闭, 从而是 U 上的一个 Alexandrov 拓扑.

证明　设 $\{X_i \mid i \in I\} \subseteq \mathrm{Def}(U, R)$, 其中 I 是指标集, 则 $\forall i \in I$, 有 $\underline{R}X_i = \overline{R}X_i$. 由引理 11.1.6(3, 4), 可得

$$\overline{R}\left(\bigcap_{i \in I} X_i\right) \subseteq \bigcap_{i \in I} \overline{R}X_i = \bigcap_{i \in I} \underline{R}X_i = \underline{R}\left(\bigcap_{i \in I} X_i\right).$$

由 R 串行及引理 11.1.9 知 $\underline{R}(\bigcap_{i \in I} X_i) \subseteq \overline{R}(\bigcap_{i \in I} X_i)$. 故 $\underline{R}(\bigcap_{i \in I} X_i) = \overline{R}(\bigcap_{i \in I} X_i)$, 从而 $\bigcap_{i \in I} X_i \in \mathrm{Def}(U, R)$. 类似地, 可以证明 $\bigcup_{i \in I} X_i \in \mathrm{Def}(U, R)$. 另一方面, 由引理 11.1.6 和引理 11.1.9 得 $\varnothing, U \in \mathrm{Def}(U, R)$. 所以 $\mathrm{Def}(U, R)$ 在 $(\mathcal{P}(U), \subseteq)$ 中对任意交、任意并封闭.　　　□

定理 11.4.10　若 R 是 U 上的串行关系, 则 $(\mathrm{Def}(U, R), \subseteq)$ 是完全分配格、代数格和完备布尔代数.

证明　由命题 11.4.9 得, $(\mathrm{Def}(U, R), \subseteq)$ 是完全分配的代数格. 特别地, $(\mathrm{Def}(U, R), \subseteq)$ 是分配的完备格, 分别以 $\varnothing$ 和 U 为最小元和最大元. 设 $X \in \mathrm{Def}(U, R)$, 则 $\underline{R}X = \overline{R}X$, 再由引理 11.1.6(1) 得, $\underline{R}(X^c) = (\overline{R}X)^c = (\underline{R}X)^c = \overline{R}(X^c)$, 故 $X^c \in \mathrm{Def}(U, R)$, 从而 X^c 是 X 在 $(\mathrm{Def}(U, R), \subseteq)$ 中的补元, 所以 $(\mathrm{Def}(U, R), \subseteq)$ 也是完备布尔代数.　　　□

下一命题刻画了不同条件下代数格 $(\mathrm{Def}(U, R), \subseteq)$ 的紧元.

命题 11.4.11　设 (U, R) 是一个广义近似空间, $E \subseteq U$.

(1) 若 R 是串行的, 则 $E \in K(\mathrm{Def}(U, R))$ 当且仅当存在有限的 $F \subseteq U$ 使

$$E = \cap\{X \subseteq U \mid F \subseteq X,\ \underline{R}X = \overline{R}X\}.$$

(2) 若 R 是预序, 则 $E \in K(\mathrm{Def}(U, R))$ 当且仅当存在有限的 $F \subseteq U$ 使

$$E = \cap\{X \subseteq U \mid F \subseteq X,\ \downarrow X = X = \uparrow X\}.$$

(3) 若 R 是等价关系, 则 $E \in K(\mathrm{Def}(U, R))$ 当且仅当存在有限的 $F \subseteq U$ 使

$$E = \bigcup_{a \in F} [a]_R.$$

证明　(1) 由于 R 是串行的, 故 $\mathrm{Def}(U, R)$ 在 $(\mathcal{P}U, \subseteq)$ 中对任意交、任意并封闭, 于是有

$$E \in K(\mathrm{Def}(U, R)) \Longleftrightarrow 存在 F \subseteq_{\mathrm{fin}} U 使 E = \cap\{X \in \mathrm{Def}(U, R) \mid F \subseteq X\}$$

$$\Longleftrightarrow 存在 F \subseteq_{\text{fin}} U 使 E = \cap \{X \subseteq U \mid F \subseteq X, \underline{R}X = \overline{R}X\}.$$

(2) 由于 R 是预序, 故 X 是可定义集当且仅当 X 是 $(U, \mathcal{T}_R)$ 的既开又闭集, 于是由命题 11.1.21 知 (2) 成立.

(3) 当 R 是等价关系时, 易见 $X \in \text{Def}(U, R)$ 当且仅当 $\underline{R}X = X = \overline{R}X$ 当且仅当对任意 $x \in X$, 有 $[x]_R \subseteq X$.

设 $E \in K(\text{Def}(U, R))$, 则由引理 5.7.9 得, 存在有限的 $F \subseteq U$ 使得 $E = \cap \{X \in \text{Def}(U, R) \mid F \subseteq X\}$. 令 $\mathcal{A} = \{X \in \text{Def}(U, R) \mid F \subseteq X\}$, 则 $\bigcup_{a \in F}[a]_R \in \mathcal{A}$. 又设 $X \in \mathcal{A}$, 则对任意 $a \in F$ 有 $[a]_R \subseteq X$, 故 $\bigcup_{a \in F}[a]_R \subseteq X$, 从而 $\bigcup_{a \in F}[a]_R \subseteq \cap \mathcal{A}$. 因此, $\cap \mathcal{A} = \bigcup_{a \in F}[a]_R$, 从而 $E = \cap \mathcal{A} = \bigcup_{a \in F}[a]_R$.

反过来, 设存在有限的 $F \subseteq U$ 使得 $E = \bigcup_{a \in F}[a]_R$, 则同上述推导过程可得 $E = \cap \{X \in \text{Def}(U, R) \mid F \subseteq X\}$. 由引理 5.7.9 得, $E \in K(\text{Def}(U, R))$. □

在文献 [70] 中, Järvinen 讨论了广义近似空间 (U, R) 的下近似集族 $\text{Im}(\underline{R}) = \{\underline{R}(X) \mid X \in \mathcal{P}(U)\}$ 和上近似集族 $\text{Im}(\overline{R}) = \{\overline{R}(X) \mid X \in \mathcal{P}(U)\}$ 的格结构. 由引理 11.1.6 易得

命题 11.4.12 [70] $(\text{Im}(\underline{R}), \subseteq)$ 与 $(\text{Im}(\overline{R}), \subseteq)$ 是对偶同构的且均是完备格.

当 R 是预序时, $\text{Im}(\underline{R})$ 与 $\text{Im}(\overline{R})$ 分别是 Alexandrov 拓扑空间 $(U, \mathcal{T}_R)$ 的开集族 $\mathcal{T}_R$ 和闭集族 $\mathcal{F}_R$, 则由命题 11.1.21(4), $\text{Im}(\underline{R})$ 和 $\text{Im}(\overline{R})$ 都是完备集环, 从而是完全分配格.

进一步来考察 $(\text{Im}(\overline{R}), \subseteq)$ 和 $(\text{Im}(\underline{R}), \subseteq)$ 的代数性质. 下述定理表明当 R 是预序时, $(\text{Im}(\underline{R}), \subseteq)$ 和 $(\text{Im}(\overline{R}), \subseteq)$ 还是代数格, 并刻画了它们的紧元.

定理 11.4.13 若 R 是预序, 则

(1) $(\text{Im}(\underline{R}), \subseteq)$ 是完全分配的代数格;

(2) $K((\text{Im}(\underline{R}), \subseteq)) = \{\uparrow F \mid F 是 U 的有限子集\}$.

证明 (1) 由于 $\text{Im}(\underline{R})$ 是完备集环, 故据推论 5.7.10, $(\text{Im}(\underline{R}), \subseteq)$ 是完全分配的代数格.

(2) 由引理 5.7.9, $E \in K((\text{Im}(\underline{R}), \subseteq))$ 当且仅当存在有限集 $F \subseteq U$ 使 $E = \cap \{\underline{R}X \mid F \subseteq \underline{R}X\}$. 注意到 $\uparrow F$ 是 $(U, \mathcal{T}_R)$ 的一个开集, 故有

$$\cap \{\underline{R}X \mid F \subseteq \underline{R}X\} = \cap \{\underline{R}X \mid \forall f \in F, R_s(f) \subseteq X\}$$
$$= \underline{R}(\cap \{X \subseteq U \mid \uparrow F \subseteq X\})$$
$$= \underline{R}(\uparrow F) = \uparrow F.$$

所以 $E \in K((\text{Im}(\underline{R}), \subseteq))$ 当且仅当存在有限的 $F \subseteq U$ 使得 $E = \uparrow F$, 得证. □

定理 11.4.14 若 R 是预序, 则

(1) $(\text{Im}(\overline{R}), \subseteq)$ 是完全分配的代数格;

(2) $K((\mathrm{Im}(\overline{R}), \subseteq)) = \{\downarrow F \mid F \text{ 是 } U \text{ 的有限子集}\}$.

证明　(1) 由于 $\mathrm{Im}(\overline{R})$ 是完备集环, 故 $(\mathrm{Im}(\overline{R}), \subseteq)$ 是完全分配的代数格.

(2) 由引理 5.7.9, $E \in K((\mathrm{Im}(\overline{R}), \subseteq))$ 当且仅当存在有限集 $F \subseteq U$ 使

$$E = \cap\{\overline{R}X \mid F \subseteq \overline{R}X\}.$$

由于 $\cap\{\overline{R}X \mid F \subseteq \overline{R}X\} = \cap\{\downarrow X \mid F \subseteq \downarrow X\} = \downarrow F$, 故 $E \in K((\mathrm{Im}(\overline{R}), \subseteq))$ 当且仅当存在有限的 $F \subseteq U$ 使得 $E = \downarrow F$. 　　□

由定理 11.4.13, 若 R 是预序, 则 $(\mathrm{Im}(\underline{R}), \subseteq)$ 是完全分配格. 然而, 下面两例表明, 如果 R 仅是自反的或仅是传递的, 则 $(\mathrm{Im}(\underline{R}), \subseteq)$ 可能不是分配的.

例 11.4.15　令 $U = \{a, b, c, d\}$, $R = \{(a, a), (a, d), (b, b), (c, c), (d, b), (d, d)\}$, 则 R 是自反的但不是传递的. 直接计算得

$$R_s(a) = \{a, d\}, \quad R_s(b) = \{b\}, \quad R_s(c) = \{c\}, \quad R_s(d) = \{b, d\},$$

$$\mathrm{Im}(\underline{R}) = \{\varnothing, \{a\}, \{b\}, \{c\}, \{a, c\}, \{b, d\}, \{b, c\}, \{a, b, d\}, \{b, c, d\}, U\}.$$

图 11.1 给出了 $(\mathrm{Im}(\underline{R}), \subseteq)$ 的 Hasse 图, 它有一子格 (该子格由五个实点表示) 同构于 N_5, 所以 $(\mathrm{Im}(\underline{R}), \subseteq)$ 不是分配格.

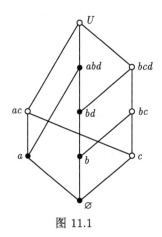

图 11.1

例 11.4.16　令 $U = \{a, b, c, d, e, f\}$, $R = \{(a, b), (a, c), (d, b), (d, e), (f, c)\}$, 则 R 是传递但不是自反的. 直接计算得

$$R_s(a) = \{b, c\}, \quad R_s(d) = \{b, e\}, \quad R_s(f) = \{c\}, \quad R_s(b) = R_s(c) = R_s(e) = \varnothing,$$

$$\mathrm{Im}(\underline{R}) = \{\{b, c, e\}, \{b, c, e, f\}, \{a, b, c, e, f\}, \{b, c, d, e\}, U\}.$$

如图 11.2 所示, 完备格 $(\mathrm{Im}(\underline{R}), \subseteq)$ 同构于典型的非分配格 N_5.

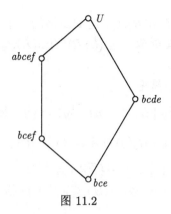

图 11.2

但条件 R 是预序对 $(\mathrm{Im}(\underline{R}),\subseteq)$ 成为完全分配格也非必要. 为了寻求 $(\mathrm{Im}(\underline{R}),\subseteq)$ 成为完全分配格的充分必要条件, 我们介绍下面的定义和定理.

定义 11.4.17 ([225])　U 上关系 R 称为**正则关系**, 若存在 U 上关系 σ 使 $R\circ\sigma\circ R = R$.

Zareckiĭ 在 [225] 中证明了如下著名的定理.

引理 11.4.18 ([225])　集 U 的二元关系 R 是正则的当且仅当 $(\Phi_R(U),\subseteq)$ 是 CD-格, 其中

$$\Phi_R(U) = \{R(A) \mid A\subseteq U\}, \quad R(A) = \{y\in U \mid \exists a\in A, aRy\}.$$

引理 11.4.19　二元关系 R 是正则的当且仅当 R 的逆关系 R^{-1} 是正则的.

证明　设 R 是正则的, 则由定义 11.4.17, 存在二元关系 σ 使得 $R\circ\sigma\circ R = R$. 于是, $R^{-1} = (R\circ\sigma\circ R)^{-1} = R^{-1}\circ\sigma^{-1}\circ R^{-1}$, 这表明 R^{-1} 是正则的. 反过来, 若 R^{-1} 是正则的, 由上述证明得, $R = (R^{-1})^{-1}$ 是正则的. □

下一引理是正则关系的内蕴刻画, 可由关系复合和正则关系定义直接验证得到.

引理 11.4.20[207]　集合 U 上的二元关系 R 是正则的当且仅当对任意 $x,y\in U$, xRy 蕴涵存在 $u,v\in U$ 使得

(a) xRv, uRy;

(b) 对任意 $s,t\in U$, sRv 和 uRt 蕴涵 sRt.

这一内蕴刻画为判别正则关系提供了方便. 由引理 11.4.20, 有下一引理.

引理 11.4.21　若 X 上的二元关系 R 是传递的和中介的, 则 R 是正则的.

证明　设 $x,y\in X$ 且 xRy, 由定义 11.1.11, 存在 $u,v\in X$ 使得 xRv, vRu, uRy. 设 $s,t\in X$ 满足 sRv 和 uRt, 由于 R 是传递的, 故由 sRv, vRu 和 uRt 可推得 sRt. 根据引理 11.4.20, R 是正则的. □

下面给出上近似集族 $(\mathrm{Im}(\overline{R}), \subseteq)$ 是 CD-格的一个充要条件.

定理 11.4.22   对广义近似空间 (U, R), $(\mathrm{Im}(\overline{R}), \subseteq)$ 是 CD-格当且仅当 R 是正则关系.

证明   对任意 $A \subseteq U$, 易见

$$R^{-1}(A) = \{y \mid \exists a \in A, aR^{-1}y\} = \{y \mid \exists a \in A, yRa\}$$

$$= \{y \mid R_s(y) \cap A \neq \varnothing\} = \overline{R}A.$$

故 $\Phi_{R^{-1}}(U) = \{R^{-1}(A) \mid A \subseteq U\} = \{\overline{R}A \mid A \subseteq U\} = \mathrm{Im}(\overline{R})$. 由引理 11.4.18 和引理 11.4.19 知 $(\mathrm{Im}(\overline{R}), \subseteq) = (\Phi_{R^{-1}}(U), \subseteq)$ 是 CD-格当且仅当 R^{-1} 是正则的也当且仅当 R 是正则的.   □

由引理 11.4.21 和定理 11.4.22, 立即得以下推论.

推论 11.4.23   设 (U, R) 是广义近似空间, R 是传递且中介的. 则 $(\mathrm{Im}(\overline{R}), \subseteq)$ 是 CD-格.

显然, 传递的对称关系也是中介的, 故有下一推论.

推论 11.4.24   设 (U, R) 是广义近似空间, R 是传递且对称的. 则 $(\mathrm{Im}(\overline{R}), \subseteq)$ 是 CD-格.

众所周知, 偏序集 L 是完全分配格当且仅当它的对偶 L^{op} 是完全分配格. 则由命题 11.4.12, $(\mathrm{Im}(\underline{R}), \subseteq)$ 是完全分配格当且仅当 $(\mathrm{Im}(\overline{R}), \subseteq)$ 是完全分配格. 故定理 11.4.22、推论 11.4.23 和推论 11.4.24 中的结论对下近似集族 $(\mathrm{Im}(\underline{R}), \subseteq)$ 都成立.

在拓扑空间 $(U, \mathcal{T})$ 中, 子集 X 称为**正则集**当且仅当 $X = X^{-\circ}$, 其中 $X^{-\circ}$ 是 X 的闭包的内部, U 的正则集的全体记作 $\mathcal{O}_{\mathrm{reg}}(U)$. 在拓扑学中有结论: $(\mathcal{O}_{\mathrm{reg}}(U), \subseteq)$ 是完备布尔代数, 本节将正则开集的概念推广至广义近似空间.

定义 11.4.25   设 (U, R) 是广义近似空间, $X \subseteq U$. 若 $X = \underline{R}\,\overline{R}X$, 则称 X 是 (U, R) 的一个**正则集**. 广义近似空间 (U, R) 的正则集全体记作 $\mathrm{Reg}(U, R)$.

Tarski 不动点定理 ([41, 定理 O-2.3]) 是说定义在完备格上的单调映射总存在不动点, 且不动点集还是完备格. 正则集恰好是单调映射 $\underline{R}\,\overline{R} : (\mathcal{P}(U), \subseteq) \to (\mathcal{P}(U), \subseteq)$ 的不动点集, 故有

定理 11.4.26   设 (U, R) 是一个广义近似空间, 则 $(\mathrm{Reg}(U, R), \subseteq)$ 是完备格.

在拓扑空间中, 正则集都是开集, 但在广义近似空间中, 正则集可能不是 R-开集.

例 11.4.27   令集 $U = \{a, b, c\}$, $R = \{(a,b), (a,c), (b,a), (b,c), (c,b)\}$. 则 $R_s(a) = \{b, c\}$, $R_s(b) = \{a, c\}$, $R_s(c) = \{b\}$. 考察集合 $\{b\} \subseteq U$, 易见 $\overline{R}\{b\} = \{a, c\}$, $\underline{R}\,\overline{R}\{b\} = \{b\}$, 故 $\{b\}$ 是正则集. 但因 $\{b\} \not\subseteq \{c\} = \underline{R}\{b\}$, 故 $\{b\}$ 不是 R-开集.

但若关系 R 是传递的, 则广义近似空间 (U, R) 的正则集都是 R-开集.

命题 11.4.28 设 (U, R) 是一个广义近似空间, 若 R 是传递的, 则 $\mathrm{Reg}(U, R) \subseteq \mathcal{O}(U, R)$.

证明 对任意 $X \in \mathrm{Reg}(U, R)$, 有 $X = \underline{R}\,\overline{R}X$. 由于 R 是传递的, 由引理 11.1.8 得 $\underline{R}X = \underline{R}\,\underline{R}\,\overline{R}X \supseteq \underline{R}\,\overline{R}X = X$, 故 X 是 R-开集. $\qquad\square$

下文中, 对任意两个算子 $\alpha, \beta : \mathcal{P}(U) \to \mathcal{P}(U)$, 用 $\alpha \leqslant \beta$ 来表示对任意 $X \subseteq U$, $\alpha(X) \subseteq \beta(X)$. 下面证明, 在适当条件下, $(\mathrm{Reg}(U, R), \subseteq)$ 是一个完备布尔代数.

引理 11.4.29 若 R 是串行的和传递的, 则 $\underline{R}\,\overline{R} : \mathcal{P}(U) \to \mathcal{P}(U)$ 是幂等的.

证明 由引理 11.1.6(4) 知 $\underline{R}$ 和 $\overline{R}$ 都是单调的. 由引理 11.1.9 得 $\underline{R} \leqslant \overline{R}$. 再由引理 11.1.8 得, $\underline{R} \leqslant \underline{R}\,\underline{R}$ 且 $\overline{R}\,\overline{R} \leqslant \overline{R}$. 于是 $\overline{R}\,\underline{R}\,\overline{R} \leqslant \overline{R}\,\overline{R} \leqslant \overline{R}$, $\underline{R}\,\overline{R}\,\underline{R}\,\overline{R} \leqslant \underline{R}\,\overline{R}\,\overline{R} \leqslant \underline{R}\,\overline{R}$. 又因 $\underline{R} \leqslant \underline{R}\,\underline{R}$, $\underline{R} \leqslant \overline{R}$, 故 $\underline{R}\,\overline{R} \leqslant \underline{R}\,\underline{R}\,\overline{R} \leqslant \underline{R}\,\overline{R}\,\underline{R}\,\overline{R} \leqslant \underline{R}\,\overline{R}\,\underline{R}\,\overline{R}$, 于是 $\underline{R}\,\overline{R} = \underline{R}\,\overline{R}\,\underline{R}\,\overline{R}$ 是幂等的. $\qquad\square$

命题 11.4.30 若 R 是 U 上串行和传递关系, 那么有 $\mathrm{Reg}(U, R) = \mathrm{Im}(\underline{R}\,\overline{R})$, 其中 $\mathrm{Im}(\underline{R}\,\overline{R})$ 是单调映射 $\underline{R}\,\overline{R} : \mathcal{P}(U) \to \mathcal{P}(U)$ 的像.

证明 由引理 11.4.29 得, 对任意 $X \subseteq U$, 有 $\underline{R}\,\overline{R}X = \underline{R}\,\overline{R}(\underline{R}\,\overline{R}X) \in \mathrm{Reg}(U, R)$, 故 $\mathrm{Im}(\underline{R}\,\overline{R}) \subseteq \mathrm{Reg}(U, R)$. 反过来, 对任意 $X \in \mathrm{Reg}(U, R)$, 我们有 $X = \underline{R}\,\overline{R}X$, 于是 $X \in \mathrm{Im}(\underline{R}\,\overline{R})$, 从而 $\mathrm{Reg}(U, R) \subseteq \mathrm{Im}(\underline{R}\,\overline{R})$. 所以, $\mathrm{Reg}(U, R) = \mathrm{Im}(\underline{R}\,\overline{R})$. $\qquad\square$

引理 11.4.31 设 (U, R) 是一个广义近似空间. 若 R 是串行的传递关系, 则对任意 $X \in \mathrm{Reg}(U, R)$, 有 $X = \underline{R}X \subseteq \overline{R}X$.

证明 设 $X \in \mathrm{Reg}(U, R)$, $\underline{R}\,\overline{R}X = X$. 由引理 11.1.9 和引理 11.1.8 得 $\underline{R} \leqslant \overline{R}$ 和 $\underline{R} \leqslant \underline{R}\,\underline{R}$. 于是 $X = \underline{R}\,\overline{R}X \subseteq \underline{R}\,\underline{R}\,\overline{R}X = \underline{R}X \subseteq \overline{R}X$, $\underline{R}X \subseteq \underline{R}\,\overline{R}X = X$. 故 $X = \underline{R}X \subseteq \overline{R}X$. $\qquad\square$

下一命题刻画了 $(\mathrm{Reg}(U, R), \subseteq)$ 中的上确界和下确界.

命题 11.4.32 设 (U, R) 是一个广义近似空间, $\{X_i \mid i \in I\} \subseteq \mathrm{Reg}(U, R)$, 若 R 是串行和传递的, 则在 $(\mathrm{Reg}(U, R), \subseteq)$ 中有

(1) $\bigvee_{i \in I} X_i = \underline{R}\,\overline{R}(\bigcup_{i \in I} X_i)$;

(2) $\bigwedge_{i \in I} X_i = \bigcap_{i \in I} X_i$.

证明 (1) 由命题 11.4.30 得 $\underline{R}\,\overline{R}(\bigcup_{i \in I} X_i) \in \mathrm{Reg}(U, R)$. 因 $\underline{R}\,\overline{R}$ 是单调的且 $X_i = \underline{R}\,\overline{R}X_i$ $(\forall i \in I)$, 故 $\underline{R}\,\overline{R}(\cup X_i) \supseteq \cup \underline{R}\,\overline{R}X_i = \cup X_i$, 这表明 $\underline{R}\,\overline{R}(\bigcup_{i \in I} X_i)$ 是 $\{X_i \mid i \in I\}$ 的一个上界. 设 $X \in \mathrm{Reg}(U, R)$ 是 $\{X_i \mid i \in I\}$ 的任意上界, 则 $\cup X_i \subseteq X$, 从而 $\underline{R}\,\overline{R}(\bigcup_{i \in I} X_i) \subseteq \underline{R}\,\overline{R}(X) = X \in \mathrm{Reg}(U, R)$. 所以在 $(\mathrm{Reg}(U, R), \subseteq)$ 中, $\underline{R}\,\overline{R}(\bigcup_{i \in I} X_i)$ 是 $\{X_i \mid i \in I\}$ 的最小上界, 即 $\bigvee_{i \in I} X_i = \underline{R}\,\overline{R}(\bigcup_{i \in I} X_i)$.

(2) 一方面, 由于 $\underline{R}\,\overline{R}$ 是单调的并且 $X_i = \underline{R}\,\overline{R}X_i (\forall i \in I)$, 故有

$$\underline{R}\,\overline{R}\left(\bigcap_{i\in I}X_i\right)\subseteq\bigcap_{i\in I}\underline{R}\,\overline{R}X_i=\bigcap_{i\in I}X_i.$$

另一方面, 由引理 11.4.31 得 $X_i=\underline{R}X_i$, 又 $\underline{R}\leqslant\overline{R}$ 且 $\underline{R}\leqslant\underline{RR}$, 故

$$\bigcap_{i\in I}X_i=\bigcap_{i\in I}\underline{R}X_i=\underline{R}\left(\bigcap_{i\in I}X_i\right)\subseteq\underline{RR}\left(\bigcap_{i\in I}X_i\right)\subseteq\underline{R}\,\overline{R}\left(\bigcap_{i\in I}X_i\right).$$

所以 $\bigcap_{i\in I}X_i=\underline{R}\,\overline{R}(\bigcap_{i\in I}X_i)\in\mathrm{Reg}(U,R)$, 于是 $\bigwedge_{i\in I}X_i=\bigcap_{i\in I}X_i$.　□

命题 11.4.33　若关系 R 是串行的传递关系, 则 $(\mathrm{Reg}(U,R),\subseteq)$ 是分配格.

证明　对任意 $X,Y,Z\in\mathrm{Reg}(U,R)$, 要证

$$X\wedge(Y\vee Z)=(X\wedge Y)\vee(X\wedge Z),\tag{D}$$

只需证

$$X\wedge(Y\vee Z)\leqslant(X\wedge Y)\vee(X\wedge Z).$$

由命题 11.4.32, 事实上只需证

$$X\cap\underline{R}\,\overline{R}(Y\cup Z)\subseteq\underline{R}\,\overline{R}((X\cap Y)\cup(X\cap Z))=\underline{R}\,\overline{R}(X\cap(Y\cup Z)).$$

设 $x\in X\cap\underline{R}\,\overline{R}(Y\cup Z)$, 则 $x\in X$ 且 $x\in\underline{R}\,\overline{R}(Y\cup Z)$. 由引理 11.4.31 得 $x\in X=\underline{R}X$, 于是 $R_s(x)\subseteq X$. 由 $x\in\underline{R}\,\overline{R}(Y\cup Z)$ 且 R 是串行的得 $\varnothing\neq R_s(x)\subseteq\overline{R}(Y\cup Z)$. 取 $u\in R_s(x)\subseteq\overline{R}(Y\cup Z)$, 则 $R_s(u)\cap(Y\cup Z)\neq\varnothing$. 由于 R 是传递的且 $u\in R_s(x)$, 易见 $R_s(u)\subseteq R_s(x)$, 于是 $R_s(x)\cap(Y\cup Z)\neq\varnothing$. 因 $R_s(x)\subseteq X$, 故 $R_s(x)\cap(X\cap(Y\cup Z))=R_s(x)\cap(Y\cup Z)\neq\varnothing$. 所以 $x\in\overline{R}(X\cap(Y\cup Z))$, 这表明 $X\cap\underline{R}\,\overline{R}(Y\cup Z)\subseteq\overline{R}(X\cap(Y\cup Z))$. 由引理 11.4.31 得 $X\cap\underline{R}\,\overline{R}(Y\cup Z)=\underline{R}(X\cap\underline{R}\,\overline{R}(Y\cup Z))\subseteq\underline{R}\,\overline{R}(X\cap(Y\cup Z))$.　□

定理 11.4.34　设 (U,R) 是广义近似空间, 若 R 是传递的串行关系, 则 $(\mathrm{Reg}(U,R),\subseteq)$ 是完备布尔代数.

证明　由定理 11.4.26 和命题 11.4.33 得, $(\mathrm{Reg}(U,R),\subseteq)$ 是分配的完备格. 由于 R 是串行的, 易证 $\varnothing$ 和 U 分别是 $(\mathrm{Reg}(U,R),\subseteq)$ 的最小元和最大元.

对任意 $X\in\mathrm{Reg}(U,R)$, 有 $\underline{R}\,\overline{R}(X)=X$, 由引理 11.1.6(1) 得

$$\overline{R}\underline{R}(X^c)=\overline{R}((\overline{R}X)^c)=(\underline{R}\,\overline{R}(X))^c=X^c.\tag{*}$$

所以 $\underline{R}\,\overline{R}(\underline{R}(X^c))=\underline{R}(\overline{R}\underline{R}(X^c))=\underline{R}(X^c)$, 故 $\underline{R}(X^c)\in\mathrm{Reg}(U,R)$. 又由引理 11.4.31 得, $X=\underline{R}X$ 且 $\underline{R}\varnothing=\varnothing$. 则由命题 11.4.32, 有

$$X\wedge\underline{R}(X^c)=X\cap\underline{R}(X^c)=\underline{R}(X)\cap\underline{R}(X^c)$$

$$= \underline{R}(X \cap X^c) = \underline{R}(\varnothing) = \varnothing.$$

又由引理 11.4.31 得 $X \subseteq \overline{R}(X)$. 于是由命题 11.4.32 和等式 $(*)$ 得

$$X \vee \underline{R}(X^c) = \underline{R}\,\overline{R}(X \cup \underline{R}(X^c))$$

$$= \underline{R}(\overline{R}(X) \cup \overline{R}\,\underline{R}(X^c)) = \underline{R}(\overline{R}(X) \cup X^c)$$

$$\supseteq \underline{R}(X \cup X^c) = \underline{R}(U) = U.$$

所以 $X \wedge \underline{R}(X^c) = \varnothing$, $X \vee \underline{R}(X^c) = U$, 从而 $\underline{R}(X^c)$ 是 X 在 $(\mathrm{Reg}(U, R), \subseteq)$ 中的补元. 于是, $(\mathrm{Reg}(U, R), \subseteq)$ 是一个完备布尔代数.   □

由于预序总是串行、传递的, 由定理 11.4.34 可得如下推论.

推论 11.4.35 若广义近似空间 (U, R) 的 R 是预序, 则 $(\mathrm{Reg}(U, R), \subseteq)$ 是完备布尔代数.

习　题　11.4

1. 证明引理 11.4.20.

2. 证明: 若 R 是集合 U 上的幂等关系, 则 R 是正则关系.

3. 设 (U, R) 为广义近似空间, 则 $\underline{R}\,\overline{R} : \mathcal{P}(U) \to \mathcal{P}(U)$ 是 U 上某拓扑的闭包算子.

4. 关系 R 称为 U 上**正联合关系**([246]), 若由 $(x, y) \notin R$ 可得 $z \in U$ 使 $(x, z) \in R$ 且 $(z, y) \notin R$.

证明: (1) 正联合关系是串行的;

(2) 若 R 是传递的正联合关系, 则 $(\mathrm{Reg}(U, R), \subseteq)$ 是完备布尔代数.

11.5　粗糙连续映射与拓扑连续映射

连续映射和同胚是研究拓扑空间的两个基本的概念, 自然人们也提出了近似空间上的类似连续映射的相应概念, 但这些概念多少有些缺陷. Pawlak 在 [151] 中提出了 Rough 函数和 Rough 连续的概念, 但其选择的论域是非负实数, 有极大的局限性. 之后苗夺谦等在 [146] 中定义了一般近似空间上的粗糙连续函数, 但这一概念不能保证两个粗糙连续函数的复合还是粗糙连续的. 乔全喜等在 [157] 中定义了近似空间之间的连续映射, 该类映射确是复合保持的, 但要求论域是有限集. 我们提出最一般的广义近似空间之间映射的粗糙连续性和拓扑连续性. 这两概念均为文献 [157] 中连续映射的推广, 并且具有复合保持性, 可用于构作广义近似空间范畴及相关子范畴. 利用新的连续性可进一步提出粗糙 (拓扑) 同胚和粗糙 (拓扑) 同胚性质等概念, 研究广义近似空间的若干性质在粗糙 (拓扑) 同胚和粗糙连续满射下的保持性, 为人们认识广义近似空间在不同标准下的异同提供某种依据.

11.5.1　粗糙连续映射

从二元关系出发, 将上近似算子看成闭包运算, 类似于拓扑空间之间连续映射的一个刻画, 自然给出广义近似空间粗糙连续映射的如下定义.

定义 11.5.1　设 (U_1, R_1) 和 (U_2, R_2) 是两个广义近似空间, $f : U_1 \to U_2$ 是一个映射. 若对任意 $X \subseteq U_1$ 有 $f(\overline{R_1}(X)) \subseteq \overline{R_2}(f(X))$, 则称 f 为广义近似空间 (U_1, R_1) 到 (U_2, R_2) 的**粗糙连续映射**, 或 f 是粗糙连续的. 若 f 是一个双射且 f 和 f^{-1} 都是粗糙连续映射, 则称 f 为广义近似空间 (U_1, R_1) 到 (U_2, R_2) 的**粗糙同胚映射**或称**粗糙同胚**. 当这样的粗糙同胚 $f : (U_1, R_1) \to (U_2, R_2)$ 存在时, 称广义近似空间 (U_1, R_1) 和 (U_2, R_2) **粗糙同胚**.

注 11.5.2　当 U_1, U_2 为有限论域时, 这里定义的粗糙连续映射就是文献 [157] 中定义的连续映射.

命题 11.5.3　设 $f : (U_1, R_1) \to (U_2, R_2)$ 是广义近似空间之间的映射. 则下述四条等价:

(1) f 是 (U_1, R_1) 到 (U_2, R_2) 的粗糙连续映射;

(2) 对于任意 $Y \subseteq U_2$, 有 $f^{-1}(\overline{R_2}(Y)) \supseteq \overline{R_1}(f^{-1}(Y))$;

(3) 对于任意 $Y \subseteq U_2$, 有 $f^{-1}(\underline{R_2}(Y)) \subseteq \underline{R_1}(f^{-1}(Y))$;

(4) 对于任意 $x \in U_1$, 有 $f(\overline{R_1}(\{x\})) \subseteq \overline{R_2}(\{f(x)\})$.

证明　(1) $\Longleftrightarrow$ (2) 设 (1) 成立. 则 $\forall Y \subseteq U_2$, 由 f 粗糙连续知

$$f(\overline{R_1}(f^{-1}(Y))) \subseteq \overline{R_2}(f(f^{-1}(Y))) \subseteq \overline{R_2}(Y).$$

于是 $\overline{R_1}(f^{-1}(Y)) \subseteq f^{-1}(\overline{R_2}(Y))$. 反过来, 设 (2) 成立. 则 $\forall X \subseteq U_1$, 由 (2) 得

$$f^{-1}(\overline{R_2}(f(X))) \supseteq \overline{R_1}(f^{-1}(f(X))) \supseteq \overline{R_1}(X),$$

从而得 $\overline{R_2}(f(X)) \supseteq f(\overline{R_1}(X))$.

(2) $\Longleftrightarrow$ (3) 设 (2) 成立. 任取 $Y \subseteq U_2$, 由 (2) 得 $f^{-1}(\overline{R_2}(Y^c)) \supseteq \overline{R_1}(f^{-1}(Y^c))$. 又由引理 11.1.6(1) 及 f^{-1} 保持补运算知

$$f^{-1}(\overline{R_2}(Y^c)) = f^{-1}((\underline{R_2}(Y))^c) = (f^{-1}(\underline{R_2}(Y)))^c,$$

$$\overline{R_1}(f^{-1}(Y^c)) = \overline{R_1}((f^{-1}(Y))^c) = (\underline{R_1}(f^{-1}(Y)))^c.$$

从而 $f^{-1}(\underline{R_2}(Y)) \subseteq \underline{R_1}(f^{-1}(Y))$. 由 Y 的任意性知 (3) 成立.

类似地可证 (3) $\Longrightarrow$ (2).

(1) $\Longleftrightarrow$ (4) (1) $\Longrightarrow$ (4) 是平凡的, 下证 (4) $\Longrightarrow$ (1). 设 (4) 成立. 对任意 $X \subseteq U_1$ 有 $X = \bigcup_{x \in X}\{x\}$. 由 (4) 知 $f(\overline{R_1}(\{x\})) \subseteq \overline{R_2}(\{f(x)\}), \forall x \in X$. 又由引

理 11.1.6(3) 知

$$f(\overline{R_1}(X)) = f\left(\overline{R_1}\left(\bigcup_{x \in X}\{x\}\right)\right) = \bigcup_{x \in X} f(\overline{R_1}(\{x\})) \subseteq \bigcup_{x \in X} \overline{R_2}(\{f(x)\}) = \overline{R_2}(f(X)).$$

故 (4) $\Longrightarrow$ (1) 得证. □

定理 11.5.4 设 $(U_1, R_1), (U_2, R_2), (U_3, R_3)$ 是广义近似空间. 若 $f : (U_1, R_1) \to (U_2, R_2)$ 和 $g : (U_2, R_2) \to (U_3, R_3)$ 都粗糙连续, 则 $g \circ f : (U_1, R_1) \to (U_3, R_3)$ 也粗糙连续.

证明 由 f 是粗糙连续映射知, $\forall X \subseteq U_1$ 有 $f(\overline{R_1}(X)) \subseteq \overline{R_2}(f(X))$. 又由 $f(X) \subseteq U_2$ 及 g 是粗糙连续映射知 $g(\overline{R_2}(f(X))) \subseteq \overline{R_3}(g(f(X)))$. 进而 $g(f(\overline{R_1}(X))) \subseteq \overline{R_3}(g(f(X)))$, 即 $g \circ f(\overline{R_1}(X)) \subseteq \overline{R_3}(g \circ f(X))$. 故 $g \circ f$ 是粗糙连续映射. □

根据定义 11.5.1、命题 11.5.3 和定理 11.5.4 容易证明下面两个定理.

定理 11.5.5 设 (U_1, R) 和 (U_2, Q) 是广义近似空间, $f : U_1 \to U_2$ 是双射, 则下列五条陈述等价:

(1) f 是 (U_1, R) 到 (U_2, Q) 的粗糙同胚;

(2) 对任意 $X \subseteq U_1$ 有 $f(\overline{R}(X)) = \overline{Q}(f(X))$, $f(\underline{R}(X)) = \underline{Q}(f(X))$;

(3) 对任意 $Y \subseteq U_2$ 有 $f^{-1}(\overline{Q}(Y)) = \overline{R}(f^{-1}(Y))$, $f^{-1}(\underline{Q}(Y)) = \underline{R}(f^{-1}(Y))$;

(4) 对任意 $x \in U_1$ 有 $f(R_p(x)) = Q_p(f(x))$;

(5) 对任意 $x, y \in U_1$ 有 $xRy \Longleftrightarrow f(x)Qf(y)$.

定理 11.5.6 设 $(U_1, R_1), (U_2, R_2), (U_3, R_3)$ 是三个广义近似空间. 则有:

(1) 恒同映射 $\mathrm{id} : (U_1, R_1) \to (U_1, R_1)$ 是粗糙同胚;

(2) 若 $f : (U_1, R_1) \to (U_2, R_2)$ 是粗糙同胚, 则 f^{-1} 也是粗糙同胚;

(3) 若 $f : (U_1, R_1) \to (U_2, R_2)$ 和 $g : (U_2, R_2) \to (U_3, R_3)$ 均是粗糙同胚, 则复合映射 $g \circ f : (U_1, R_1) \to (U_3, R_3)$ 也是粗糙同胚.

11.5.2 拓扑连续映射

借助诱导关系拓扑可以定义广义近似空间之间的拓扑连续映射, 并可移植拓扑空间具有的某些性质到相应的广义近似空间上.

定义 11.5.7 设 (U_1, R_1) 和 (U_2, R_2) 是广义近似空间, $f : U_1 \to U_2$ 是映射. 若 U_2 中任意 R_2-开集的 f 原像是 U_1 的 R_1-开集, 则称 f 为 (U_1, R_1) 到 (U_2, R_2) 的**拓扑连续映射**或称 f 是拓扑连续的. 若 f 是双射且 f 和 f^{-1} 都是拓扑连续的, 则称 f 为 (U_1, R_1) 到 (U_2, R_2) 的拓扑同胚映射或**拓扑同胚**, 当这样的拓扑同胚 $f : (U_1, R_1) \to (U_2, R_2)$ 存在时, 称广义近似空间 (U_1, R_1) 和 (U_2, R_2) **拓扑同胚**.

注 11.5.8　设 $f : (U_1, R_1) \to (U_2, R_2)$ 为广义近似空间之间的映射. 则 f 是拓扑连续映射当且仅当 f 为相应诱导拓扑空间之间的连续映射. 从而由拓扑空间中连续映射刻画可知 f 拓扑连续当且仅当 U_2 中任意 R_2-闭集的 f 原像是 U_1 的 R_1-闭集, 同时拓扑连续也有类似于定理 11.5.4 的性质, 拓扑同胚有类似于定理 11.5.6 的三条性质.

命题 11.5.9　设 (U_1, R_1) 和 (U_2, R_2) 是两个广义近似空间, $f : U_1 \to U_2$ 为映射. 若 f 是粗糙连续的, 则 f 也是拓扑连续的.

证明　设 B 为 R_2-闭集, 则有 $B \supseteq \overline{R_2}(B)$. 又由命题 11.5.3 及 f 粗糙连续知

$$f^{-1}(B) \supseteq f^{-1}(\overline{R_2}(B)) \supseteq \overline{R_1}(f^{-1}(B)),$$

从而 $f^{-1}(B)$ 为 R_1-闭集. 故由注 11.5.8 知 f 也是拓扑连续的.　　　　□

下例表明拓扑连续一般不蕴涵粗糙连续.

例 11.5.10　设 $U = \{1, 2\}, R_1 = \{(1, 2), (2, 2)\}, R_2 = \{(1, 2)\}$, 映射 f 是 U 上恒等映射. 则 R_1-开集有 $\varnothing, \{2\}$ 和 U. R_2-开集有 $\varnothing, \{2\}$ 和 U. 可见所有 R_2-开集的 f 原像都是 R_1-开集, 从而 f 是拓扑连续的. 但 $f(\overline{R_1}(\{2\})) = f(\{1, 2\}) = \{1, 2\} \nsubseteq \overline{R_2}(f(\{2\})) = \overline{R_2}(\{2\}) = \{1\}$, 故 f 不是粗糙连续的.

定理 11.5.11　设 (U_1, R_1) 和 (U_2, R_2) 是广义近似空间, $f : U_1 \to U_2$ 是映射. 若 R_2 是 U_2 上的预序, 则 f 粗糙连续当且仅当 f 拓扑连续.

证明　必要性由命题 11.5.9 得到.

下证充分性. 设 f 是拓扑连续的. 任取 $Y \subseteq U_2$, 由 R_2 是 U_2 上的预序及引理 11.1.7 得

$$\underline{R_2}(Y) \subseteq Y, \quad \underline{R_2}(Y) \subseteq \underline{R_2}(\underline{R_2}(Y)).$$

由 R-开集的定义知 $\underline{R_2}(Y)$ 是 U_2 的 R_2-开集. 由 $\underline{R_2}(Y) \subseteq Y$ 知 $f^{-1}(\underline{R_2}(Y)) \subseteq f^{-1}(Y)$. 又由 f 是拓扑连续的及引理 11.1.6(4) 知

$$f^{-1}(\underline{R_2}(Y)) \subseteq \underline{R_1}(f^{-1}(\underline{R_2}(Y))) \subseteq \underline{R_1}(f^{-1}(Y)).$$

由 Y 的任意性及命题 11.5.3 知 f 是粗糙连续的.　　　　□

11.5.3　粗糙同胚性质和拓扑同胚性质

类比拓扑空间, 可定义广义近似空间的粗糙同胚性质和拓扑同胚性质.

定义 11.5.12　设 P 是关于广义近似空间的某种性质. 若广义近似空间 (U_1, R_1) 具有性质 P, 能保证与 (U_1, R_1) 粗糙同胚 (相应地, 拓扑同胚) 的广义近似空间 (U_2, R_2) 也具有性质 P, 则称此性质 P 是一个**粗糙同胚性质**(相应地, **拓扑同胚性质**).

定义 11.5.13 设 P 是某拓扑性质. 若广义近似空间 (U, R) 的诱导拓扑空间 (U, τ_R) 具有该性质 P, 则称广义近似空间 (U, R) 具有性质 P, 并称该性质 P 为广义近似空间的**拓扑诱导性质**.

易见由拓扑性质诱导的广义近似空间的拓扑诱导性质都是拓扑同胚性质.

命题 11.5.14 若广义近似空间 (U_1, R_1) 是拓扑广义近似空间且 (U_2, R_2) 与 (U_1, R_1) 粗糙同胚, 则 (U_2, R_2) 也是拓扑广义近似空间.

证明 由定义 11.1.14 知 R_1 是预序, 要证 (U_2, R_2) 是拓扑广义近似空间只要证 R_2 也为预序. 设 $f : (U_1, R_1) \to (U_2, R_2)$ 为粗糙同胚. 任取 $a \in U_2$, 由 f 是粗糙同胚知存在 $x \in U_1$, 使得 $f(x) = a$. 由 R_1 是预序知 xR_1x, 由定理 11.5.5(5) 知 aR_2a. 故 R_2 是自反的. 又设 $b, c, d \in U_2$ 且 bR_2c 和 cR_2d, 则由 f 是粗糙同胚知存在 $y, z, w \in U_1$, 使得 $f(y) = b$, $f(z) = c$ 和 $f(w) = d$. 由定理 11.5.5(5) 知 yR_1z, zR_1w. 由 R_1 是预序知 yR_1w. 又由定理 11.5.5(5) 知 bR_2d. 故 R_2 是传递的, 进而 R_2 为预序, 命题得证. □

类似可验证广义近似空间的 $T_0, T_1, T_0^u, T_0^a, T_1^a, T_2^a$, 以及正则性、正规性、紧性、连通性都是粗糙同胚性质. 下面以 T_0^u 性和紧性为例证明, 其余留作习题.

命题 11.5.15 T_0^u 性是广义近似空间的粗糙同胚性质.

证明 设 $f : (U_1, R) \to (U_2, Q)$ 是两个广义近似空间之间的粗糙同胚, (U_1, R) 是 T_0^u 的. 任取 $\alpha, \beta \in U_2, \alpha \neq \beta$, 则存在 $x, y \in U_1, x \neq y$ 使 $f(x) = \alpha, f(y) = \beta$. 由 (U_1, R) 是 T_0^u 的及命题 11.2.5 知 $R_p(x) \neq R_p(y)$. 又由定理 11.5.5(4) 知

$$Q_p(f(x)) = f(R_p(x)) \neq f(R_p(y)) = Q_p(f(y)),$$

即 $Q_p(\alpha) \neq Q_p(\beta)$. 由 α, β 的任意性及命题 11.2.5 知 (U_2, Q) 是 T_0^u 的. □

命题 11.5.16 设 $(U_1, R), (U_2, Q)$ 是两个广义近似空间, $f : (U_1, R) \to (U_2, Q)$ 是粗糙连续的且为满射. 若 (U_1, R) 是关系紧的, 则 (U_2, Q) 是关系紧的. 特别地, 关系紧性是粗糙同胚性质.

证明 由定义 11.3.2 知存在 U_1 的有限子集 A 满足 $\forall x \in U_1, \exists a \in A$ 使 aRx, 即 $a \in R_p(x) = \overline{R}(\{x\})$. 取 U_2 的有限子集 $f(A)$. 则对任意 $y \in U_2$, 由 f 是满射知存在 $x \in U_1$ 使 $f(x) = y$. 由 (U_1, R) 是关系紧的知 $\exists a \in A$ 使 $a \in \overline{R}(\{x\})$. 又由 f 粗糙连续知 $f(a) \in f(\overline{R}(\{x\})) \subseteq \overline{Q}(\{f(x)\}) = \overline{Q}(\{y\})$, 即 $f(a)Qy$ 成立. 注意到 $f(A)$ 有限及 y 的任意性, 由定义 11.3.2 知 (U_2, Q) 是关系紧的.

由粗糙同胚均为粗糙连续满射, 故得关系紧性是粗糙同胚性质. □

命题 11.5.17 广义近似空间的拓扑同胚性质都是粗糙同胚性质.

证明 设 P 为某拓扑同胚性质, (U_1, R) 和 (U_2, Q) 是广义近似空间. 若 (U_1, R) 具有性质 P 且 (U_1, R) 粗糙同胚于 (U_2, Q), 则由命题 11.5.9 知 (U_1, R) 拓扑同胚于 (U_2, Q). 再由 P 为拓扑同胚性质得 (U_2, Q) 也具有性质 P. 由粗糙同

胚性质定义知 P 也是粗糙同胚性质.　　　　　　　　　　　　　　　　□

但粗糙同胚性质不一定是拓扑同胚性质, 反例如下.

例 11.5.18　设 $U = \{a, b, c\}$, $K = \{(a, b), (b, c), (a, c)\}$, $L = \{(a, b), (a, a),$ $(b, c)\}$, $f : (U, K) \to (U, L)$ 为 U 上恒等映射. 对于广义近似空间 (U, K), (U, L) 有如下事实: K-开集族等于 L-开集族 $= \{\varnothing, \{c\}, \{b, c\}, U\}$, 从而 f 是拓扑同胚. 由 $L_p(a) = L_p(b) = \{a\}$ 及命题 11.2.5 知 (U, L) 不是 T_0^u 的, 而 (U, K) 是 T_0^u 的, 故广义近似空间的 T_0^u 性不是拓扑同胚性质. 又由 L 是逆串行的而 K 不是逆串行的及注 11.3.3 知 (U, L) 是关系紧的而 (U, K) 不是关系紧的, 故关系紧性也不是拓扑同胚性质.

粗糙同胚性质和拓扑同胚性质可用于判定不同标准下广义近似空间的异同.

11.5.4　广义近似空间范畴

对于广义近似空间, 如果赋予适当的态射, 可以构成范畴.

命题 11.5.19　以广义近似空间为对象, 以粗糙连续映射为态射可形成一个范畴, 称为**广义近似空间范畴**, 记为 **GAS-ROU**. 自然地, 作为 **GAS-ROU** 的子范畴, 以拓扑广义近似空间为对象, 以粗糙连续映射为态射, 也可形成一个范畴, 称为**拓扑广义近似空间范畴**, 记为 **GAS-TOP**. 类似于拓扑广义近似空间范畴, 也可形成**近似空间范畴 AS-ROU**, 它们都是广义近似空间范畴的满子范畴.

证明　直接验证, 从略.　　　　　　　　　　　　　　　　　　　　□

命题 11.5.20　设 **ATOP** 是 Alexandrov 空间及连续映射的范畴. 则两范畴 **GAS-TOP** 与 **ATOP** 是范畴同构的.

证明　作 $F : \mathbf{GAS\text{-}TOP} \to \mathbf{ATOP}$ 使对任意 $(U, R) \in \mathrm{ob}(\mathbf{GAS\text{-}TOP})$, $F((U, R)) = (U, \tau_R) \in \mathrm{ob}(\mathbf{ATOP})$; 任意 $f \in \mathrm{Mor}(\mathbf{GAS\text{-}TOP})$, $F(f) = f \in \mathrm{Mor}(\mathbf{ATOP})$. 作 $G : \mathbf{ATOP} \to \mathbf{GAS\text{-}TOP}$ 使对任意 $(U, \tau) \in \mathrm{ob}(\mathbf{ATOP})$, $G((U, \tau)) = (U, R_\tau) \in \mathrm{ob}(\mathbf{GAS\text{-}TOP})$; 任意 $f \in \mathrm{Mor}(\mathbf{ATOP})$, $G(f) = f \in \mathrm{Mor}(\mathbf{GAS\text{-}TOP})$. 则易验证 $F \circ G = \mathrm{id}_{\mathbf{ATOP}}$, $G \circ F = \mathrm{id}_{\mathbf{GAS\text{-}TOP}}$, 这说明拓扑广义近似空间范畴与 Alexandrov 拓扑空间范畴同构.　　　　　　　　　　　　　　　□

下面考虑范畴 **GAS-ROU** 的有限乘积. 先借助广义近似空间上的二元关系, 给出有限个广义近似空间的关系积空间概念, 这里以两个空间之关系积为例.

定义 11.5.21　设 (U_1, K), (U_2, Q) 是广义近似空间. 定义 $U = U_1 \times U_2$ 上的关系 R 使得 $\forall x, x' \in U_1$, $\forall y, y' \in U_2$, $((x, y), (x', y')) \in R$ 当且仅当 $(x, x') \in K$ 和 $(y, y') \in Q$, 并称关系 R 为 K 和 Q 的积关系, 称广义近似空间 (U, R) 为 (U_1, K) 和 (U_2, Q) 的关系积空间.

命题 11.5.22　设 (U_1, K), (U_2, Q) 是广义近似空间, R 为 $U_1 \times U_2$ 上的关系. 则下列三个条件等价:

(1) R 为 K 和 Q 的积关系;

(2) $\forall x \in U_1, y \in U_2, R_s((x,y)) = K_s(x) \times Q_s(y)$;

(3) $\forall a \in U_1, b \in U_2, R_p((a,b)) = K_p(a) \times Q_p(b)$.

证明 (1) $\Longrightarrow$ (2) 设 R 为 K 和 Q 的积关系, $(x,y) \in U_1 \times U_2$. 由积关系定义知

$$R_s((x,y)) = \{(x',y') \mid xKx', yQy'\} = \{(x',y') \mid x' \in K_s(x), y' \in Q_s(y)\}$$

$$= K_s(x) \times Q_s(y).$$

(2) $\Longrightarrow$ (1) 直接验证.

同理可证 (3) $\Longleftrightarrow$ (1). □

注 11.5.23 命题 11.5.22 中的条件 (3) 也可写成

$$\overline{R}(\{(a,b)\}) = \overline{K}(\{a\}) \times \overline{Q}(\{b\}), \quad \forall a \in U_1, \quad b \in U_2.$$

进一步可得到关于关系积空间的如下命题.

命题 11.5.24 设 $(U_1, K), (U_2, Q)$ 为广义近似空间, 其关系积空间是 (U, R). 任取 $A \subseteq U_1, B \subseteq U_2$, 则 $\underline{R}(A \times B) = \underline{K}(A) \times \underline{Q}(B)$, $\overline{R}(A \times B) = \overline{K}(A) \times \overline{Q}(B)$.

证明 以 $\overline{R}(A \times B) = \overline{K}(A) \times \overline{Q}(B)$ 为例证之. 由上近似算子的定义及命题 11.5.22 得

$$\overline{R}(A \times B) = \{(x,y) \in U \mid R_s((x,y)) \cap (A \times B) \neq \varnothing\}$$
$$= \{(x,y) \in U \mid \exists (x',y') \in R_s((x,y)) \cap (A \times B)\}$$
$$= \{(x,y) \in U \mid \exists x' \in K_s(x) \cap A, y' \in Q_s(y) \cap B\}$$
$$= \{(x,y) \in U \mid K_s(x) \cap A \neq \varnothing, Q_s(y) \cap B \neq \varnothing\}$$
$$= \{(x,y) \in U \mid x \in \overline{K}(A), y \in \overline{Q}(B)\}$$
$$= \overline{K}(A) \times \overline{Q}(B). \qquad \square$$

命题 11.5.25 设 $(U_1, K), (U_2, Q)$ 是广义近似空间, (U, R) 为 (U_1, K) 和 (U_2, Q) 的关系积空间. 则投影 $p_1 : (U, R) \to (U_1, K)$ 和 $p_2 : (U, R) \to (U_2, Q)$ 是粗糙连续的满射.

证明 显然投影 p_1, p_2 都是满射. 下证 p_1 是粗糙连续映射. 对于 p_2 的证明同理.

设 $(x,y) \in U = U_1 \times U_2$, 则由引理 11.1.6(4)、命题 11.5.24 得

$$p_1(\overline{R}\{(x,y)\}) = p_1(\overline{K}\{x\} \times \overline{Q}\{y\})$$

$$= \overline{K}\{x\} = \overline{K}p_1(\{(x,y)\}).$$

由命题 11.5.3(4) 知 p_1 是粗糙连续的. □

注 11.5.26 设 $(U_1,K),(U_2,Q)$ 是两个广义近似空间, (U,R) 为 (U_1,K) 和 (U_2,Q) 的关系积空间. 任取 $A \subseteq U_1, B \subseteq U_2$, 则 $A \times B \subseteq U$. 根据上述两个命题, 容易证明投射 $p_1 : (U,R) \to (U_1,K)$ 和 $p_2 : (U,R) \to (U_2,Q)$ 有如下性质:

(1) $p_1(\underline{R}(A \times B)) = \underline{K}(A), p_2(\underline{R}(A \times B)) = \underline{Q}(B)$;

(2) $p_1(\overline{R}(A \times B)) = \overline{K}(A), p_2(\overline{R}(A \times B)) = \overline{Q}(B)$.

下面考察广义近似空间的关系积与在范畴 **GAS-ROU** 中的范畴积之间的关系. 先有如下命题.

命题 11.5.27 设 $(U_1,K),(U_2,Q)$ 是两个广义近似空间, (U,R) 为 (U_1,K) 和 (U_2,Q) 的关系积空间. 映射 $p_1 : (U,R) \to (U_1,K)$ 和 $p_2 : (U,R) \to (U_2,Q)$ 是投影. 又设 (Y,S) 是广义近似空间, $f : (Y,S) \to (U,R)$ 为映射. 则 f 是粗糙连续映射当且仅当 $p_1 \circ f : (Y,S) \to (U_1,K)$ 和 $p_2 \circ f : (Y,S) \to (U_2,Q)$ 均是粗糙连续映射.

证明 必要性: 因 f 粗糙连续, p_1 和 p_2 为投影, 故复合 $p_1 \circ f$ 和 $p_2 \circ f$ 均粗糙连续.

充分性: 任取 $y \in Y$. 由 $p_1 \circ f$ 和 $p_2 \circ f$ 均为粗糙连续映射知

$$p_1 \circ f(S_p(y)) \subseteq K_p(p_1 \circ f(y)), \quad p_2 \circ f(S_p(y)) \subseteq Q_p(p_2 \circ f(y)).$$

令 $f(y) = (u_1,u_2)$, 则 $p_1 \circ f(y) = u_1, p_2 \circ f(y) = u_2$. 于是有

$$p_1 \circ f(S_p(y)) \subseteq K_p(u_1), \quad p_2 \circ f(S_p(y)) \subseteq Q_p(u_2).$$

又由命题 11.5.22(3) 得 $f(S_p(y)) \subseteq K_p(u_1) \times Q_p(u_2) = R_p((u_1,u_2)) = R_p(f(y))$. 于是得映射 f 粗糙连续. □

定理 11.5.28 两个广义近似空间的关系积就是它们在范畴 **GAS-ROU** 中的乘积.

证明 设 $(U_1,K),(U_2,Q)$ 是两个广义近似空间, (U,R) 为 (U_1,K) 和 (U_2,Q) 的关系积空间. $p_1 : (U,R) \to (U_1,K)$ 和 $p_2 : (U,R) \to (U_2,Q)$ 是投影. 设 (Y,S) 为任一给定的广义近似空间, $q_1 : (Y,S) \to (U_1,K)$, $q_2 : (Y,S) \to (U_2,Q)$ 为粗糙连续映射. 为证定理只需证明存在唯一的粗糙连续映射 $f : (Y,S) \to (U,R)$ 使得 $q_1 = p_1 \circ f$, $q_2 = p_2 \circ f$.

存在性 作 $f : (Y,S) \to (U,R)$ 使 $\forall y \in Y, f(y) = (q_1(y),q_2(y))$. 则 $p_1 \circ f(y) = p_1(q_1(y),q_2(y)) = q_1(y)$. 由 y 的任意性知 $q_1 = p_1 \circ f$. 同理可得 $q_2 = p_2 \circ f$. 由 $q_i \, (i=1,2)$ 均为粗糙连续映射及命题 11.5.27 知 f 是粗糙连续映射.

唯一性 假设存在另一粗糙连续映射 $g : (Y, S) \to (U, R)$ 使得 $q_1 = p_1 \circ g$, $q_2 = p_2 \circ g$. 则对任意 $z \in Y$ 有 $f(z) = (p_1 \circ f(z), p_2 \circ f(z)) = (q_1(z), q_2(z)) = (p_1 \circ g(z), p_2 \circ g(z)) = g(z)$, 由 z 的任意性知 $f = g$, 从而满足条件的粗糙连续映射是唯一的.

这样 (U, R) 为 (U_1, K), (U_2, Q) 在范畴 **GAS-ROU** 中的乘积.   □

由上面的讨论可见粗糙连续映射和关系积两个概念的引入是合理协调的.

习 题 11.5

1. 证明广义近似空间的 $T_0, T_1, T_0^a, T_1^a, T_2^a$, 以及正则性、正规性都是粗糙同胚性质.

2. 证明: 广义近似空间的连通性是粗糙同胚性质.

3. 设 (U, R) 是 $(U_1, K), (U_2, Q)$ 的关系积空间, $A \subseteq U_1, B \subseteq U_2$.
证明: $\underline{R}(A \times B) = \underline{K}(A) \times \underline{Q}(B)$.

4. 设 $(U_1, K), (U_2, Q)$ 是拓扑广义近似空间, (U, R) 是 (U_1, K) 与 (U_2, Q) 的关系积空间.
证明: $\mathcal{T}_R = \mathcal{T}_K * \mathcal{T}_Q$ 为积拓扑.

5*. 探讨广义近似空间的连通性及可定义集在粗糙连续/拓扑连续满射下是否保持.

11.6 知识库及其相对约简与拓扑约简

知识库理论是计算机系统存储结构化和非结构化信息的重要技术手段. 它提供获取、组织、提炼和分享知识的多种方法. 早期知识库指的是论域 U 上的一族等价关系. 后来, 王长忠等在文献 [179] 中把知识库推广为关系信息系统, 它实际决定于 U 上的一族二元关系. 本书把论域 U 上的一族二元关系称为知识库. 这样广义近似空间便是特殊的知识库. 众所周知, 知识库中知识 (属性) 并不是同等重要的, 甚至某些是冗余的, 从而需要约简, 就是保持知识库分类能力不变的条件下, 删除不相关或不重要的知识. 粗糙集理论中, 对知识进行约简和派生已成为重要研究课题. 本节先介绍知识库的交约简, 然后提出相对约简和拓扑约简概念, 引入 RQ-区分矩阵和相应的 RQ-区分函数, 给出有限知识库的相对约简和拓扑约简的求法.

定义 11.6.1 设 R 是 U 上的二元关系, 包含 R 的最小预序称为 R 的**预序闭包**, 记为 $p(R)$.

注 11.6.2 设 R, Q 是论域 U 上的二元关系. 则容易验证:

(1) $R \subseteq p(R) = p(p(R))$ 且 $p(R) = \triangle \cup R \cup R^2 \cup R^3 \cup \cdots$;

(2) 设 R, Q 是论域 U 上的二元关系, 若 $Q \subseteq R$, 则 $p(Q) \subseteq p(R)$.

命题 11.6.3 设 $R_1 \subseteq R_2$ 是 U 上的两个二元关系. 则 $p(R_1) = p(R_2)$ 当且仅当 $R_2 \subseteq p(R_1)$.

证明　必要性: 因 $R_2 \subseteq p(R_2)$, 故由 $p(R_1) = p(R_2)$ 知, $R_2 \subseteq p(R_1)$.

充分性: 因 $R_1 \subseteq R_2 \subseteq p(R_1)$, 故由注 11.6.2 知 $p(R_1) \subseteq p(R_2) \subseteq p(p(R_1)) = p(R_1)$, 从而 $p(R_1) = p(R_2)$. 　　　　　　　　　　　　　　　　$\square$

引理 11.6.4　设 $(U, R), (U, Q)$ 是广义近似空间. 则 $\mathcal{T}_R = \mathcal{T}_Q$ 当且仅当 $p(R) = p(Q)$.

证明　必要性: 先证明 $\forall x \in U$, $p(R)_s(x)$ 是 x 的 $\mathcal{T}_R$-开邻域. 事实上, 对任意 $y \in p(R)_s(x)$, 由 $p(R)_s(x) = \{x\} \cup R_s(x) \cup R_s^2(x) \cup \cdots$, 得 $R_s(y) \subseteq R_s(x) \cup R_s^2(x) \cup R_s^3(x) \cup \cdots \subseteq p(R)_s(x)$. 这说明 $p(R)_s(x)$ 在 R 的后继运算下封闭, 从而由引理 11.1.17 知, $p(R)_s(x) \in \mathcal{T}_R$. 对任意 $x \in U$, $p(R)_s(x)$ 是 x 的最小 $\mathcal{T}_R$-开邻域. 事实上, 若 $V \in \mathcal{T}_R$ 是 x 的另一开邻域, 则由引理 11.1.17 知, $R_s(x) \subseteq V$. 从而 $\forall u \in R_s(x) \subseteq V$, 有 $R_s(u) \subseteq V$, 于是 $R_s^2(x) = \cup\{R_s(u) \mid u \in R_s(x)\} \subseteq V$. 由归纳法得对 $n \geqslant 1$, 有 $R_s^n(x) \subseteq V$. 从而 $p(R)_s(x) \subseteq V$, 这说明 $p(R)_s(x)$ 是 x 的最小 $\mathcal{T}_R$-开邻域. 同理, $\forall x \in U$, $p(Q)_s(x)$ 是 x 的最小 $\mathcal{T}_Q$-开邻域. 因 $\mathcal{T}_R = \mathcal{T}_Q$, 故 $\forall x \in U$, 有 $p(R)_s(x) = p(Q)_s(x)$, 从而 $p(R) = p(Q)$.

充分性: 若 $V \in \mathcal{T}_R$, 则由引理 11.1.17 知 $\forall x \in V$, 有 $R_s(x) \subseteq V$. 故 $\forall y \in R_s(x) \subseteq V$, 有 $R_s(y) \subseteq V$, 这说明 $R_s^2(x) \subseteq V$. 归纳可得对 $n \geqslant 1$, 有 $R_s^n(x) \subseteq V$. 从而 $p(R)_s(x) = \{x\} \cup R_s(x) \cup R_s^2(x) \cup \cdots \subseteq V$. 因 $p(R) = p(Q)$, 故 $p(Q)_s(x) \subseteq V$. 从而 $\forall x \in V$, $Q_s(x) \subseteq p(Q)_s(x) \subseteq V$, 这说明 V 对 Q 的后继运算封闭, 于是 $V \in \mathcal{T}_Q$. 由 $V \in \mathcal{T}_R$ 的任意性知, $\mathcal{T}_R \subseteq \mathcal{T}_Q$. 同理 $\mathcal{T}_R \supseteq \mathcal{T}_Q$, 从而 $\mathcal{T}_R = \mathcal{T}_Q$. 　　$\square$

推论 11.6.5　设 (U, R) 是广义近似空间, 则 $\mathcal{T}_R = \mathcal{T}_{p(R)}$ 且 $\underline{p(R)}$ 是 $\mathcal{T}_R$-内部运算, $\overline{p(R)}$ 是 $\mathcal{T}_R$-闭包运算.

证明　由 $p(p(R)) = p(R)$ 及引理 11.6.4 得 $\mathcal{T}_R = \mathcal{T}_{p(R)}$. 再由引理 11.1.18 得 $\underline{p(R)}$ 是 $\mathcal{T}_R$-内部运算, $\overline{p(R)}$ 是 $\mathcal{T}_R$-闭包运算. 　　$\square$

推论 11.6.6　设 (U, R) 是广义近似空间, 则 $R \subseteq R_{\mathcal{T}_R} = p(R)$.

证明　由推论 11.6.5 知 $\mathcal{T}_R = \mathcal{T}_{p(R)}$, 故 $R_{\mathcal{T}_R} = R_{\mathcal{T}_{p(R)}}$ 且均为预序, 由引理 11.1.18 得 $R_{\mathcal{T}_{p(R)}} = p(R)$, 从而 $R_{\mathcal{T}_R} = p(R) \supseteq R$. 　　$\square$

定义 11.6.7　设 $\mathcal{R}$ 是 U 上的一族二元关系. 则 $\mathcal{R}$ 称为 U 上的**知识库**, 交集 $\cap \mathcal{R} = \bigcap_{P \in \mathcal{R}} P$ 称为 $\mathcal{R}$ 的**不可区分知识**, 记作 $\mathrm{ind}(\mathcal{R})$. 又设 $\varnothing \neq \mathcal{Q} \subseteq \mathcal{R}$, 则

(1) 若 $\mathrm{ind}(\mathcal{Q}) = \mathrm{ind}(\mathcal{R})$ 且 $\forall P \in \mathcal{Q}$, $\mathrm{ind}(\mathcal{Q}) \neq \mathrm{ind}(\mathcal{Q} - \{P\})$, 则 $\mathcal{Q}$ 称为 $\mathcal{R}$ 的**交约简**. $\mathcal{R}$ 的全体交约简用 $\mathrm{red}(\mathcal{R})$ 表示.

(2) 当 $|\mathcal{R}| > 1$ 时, 称 $\mathcal{R}$ 的子族 $\{P \in \mathcal{R} \mid \mathrm{ind}(\mathcal{R} - \{P\}) \neq \mathrm{ind}(\mathcal{R})\}$ 为 $\mathcal{R}$ 的**核**, 记为 $\mathrm{core}(\mathcal{R})$. 当 $|\mathcal{R}| = 1$ 时, 约定 $\mathrm{core}(\mathcal{R}) = \mathcal{R}$.

定义 11.6.8　设 $\mathcal{R}$ 是 U 上的知识库, Q 是 U 上的二元关系且 $\mathrm{ind}(\mathcal{R}) \subseteq Q$. 若存在 $\varnothing \neq \mathcal{P} \subseteq \mathcal{R}$ 使 $\mathrm{ind}(\mathcal{P}) \subseteq Q$, 且 $\forall R \in \mathcal{P}$ 有 $\mathrm{ind}(\mathcal{P} - \{R\}) \nsubseteq Q$, 则

称 $\mathcal{P}$ 是 $\mathcal{R}$ 相对于 Q 的交约简, 简称 **Q-相对约简**. $\mathcal{R}$ 的全体 Q-相对约简可用 $\mathrm{red}_Q(\mathcal{R})$ 表示.

注 11.6.9 由定义知 $\mathcal{R}$ 的交约简就是 $\mathcal{R}$ 的 $\mathrm{ind}(\mathcal{R})$-相对约简, 即 $\mathrm{red}(\mathcal{R}) = \mathrm{red}_{\mathrm{ind}(\mathcal{R})}(\mathcal{R})$. 这说明交约简是特殊的相对约简.

命题 11.6.10 设 $\mathcal{R}$ 是有限集 U 上的知识库, Q 是 U 上的二元关系且 $\mathrm{ind}(\mathcal{R}) \subseteq Q$, 则 $\mathcal{R}$ 存在 Q-相对约简, 即 $\mathrm{red}_Q(\mathcal{R}) \neq \varnothing$.

证明 作 $\mathcal{A} = \{\mathcal{P} \subseteq \mathcal{R} \mid \mathrm{ind}(\mathcal{P}) \subseteq Q\}$. 因 $\mathcal{R} \in \mathcal{A}$, 故 $\mathcal{A} \neq \varnothing$. 对非空有限偏序集 $(\mathcal{A}, \subseteq)$ 用 Zorn 引理得 $(\mathcal{A}, \subseteq)$ 存在极小元 $\mathcal{P}_0$, 易知 $\mathrm{ind}(\mathcal{P}_0) \subseteq Q$. 又 $\forall R \in \mathcal{P}_0$, 由 $\mathcal{P}_0$ 的极小性知 $(\mathcal{P}_0 - \{R\}) \notin \mathcal{A}$, 即 $\mathrm{ind}(\mathcal{P}_0 - \{R\}) \nsubseteq Q$. 这说明 $\mathcal{P}_0 \in \mathrm{red}_Q(\mathcal{R}) \neq \varnothing$. $\qquad\square$

注 11.6.11 命题 11.6.10 的证明过程给出了求相对约简的极小元方法: 构造偏序集 $\mathcal{A} = \{\mathcal{P} \subseteq \mathcal{R} \mid \mathrm{ind}(\mathcal{P}) \subseteq Q\}$, 求出 $(\mathcal{A}, \subseteq)$ 的所有极小元, 就恰好是 $\mathcal{R}$ 的全体 Q-相对约简.

定义 11.6.12 设 $\mathcal{R}$ 是 U 上的知识库, Q 是 U 上的二元关系且 $\mathrm{ind}(\mathcal{R}) \subseteq Q$. 当 $|\mathcal{R}| > 1$ 时, 若存在 $R \in \mathcal{R}$ 使 $\mathrm{ind}(\mathcal{R} - \{R\}) \nsubseteq Q$, 则称 R 为 $\mathcal{R}$ 的 **Q-相对核心元素**, $\{R \in \mathcal{R} \mid \mathrm{ind}(\mathcal{R} - \{R\}) \nsubseteq Q\}$ 称为 $\mathcal{R}$ 的 **Q-相对核**, 记为 $\mathrm{core}_Q(\mathcal{R})$. 当 $|\mathcal{R}| = 1$ 时, 约定 $\mathrm{core}_Q(\mathcal{R}) = \mathcal{R}$.

命题 11.6.13 设 $\mathcal{R}$ 是 U 上的知识库, Q 是 U 上的二元关系且 $\mathrm{ind}(\mathcal{R}) \subseteq Q$. 则

$$\mathrm{core}_Q(\mathcal{R}) \subseteq \mathrm{core}(\mathcal{R}).$$

证明 当 $|\mathcal{R}| = 1$ 时, 显然. 设 $|\mathcal{R}| > 1$. 若 $R \in \mathrm{core}_Q(\mathcal{R})$, 则 $\mathrm{ind}(\mathcal{R} - \{R\}) \nsubseteq Q$. 因 $\mathrm{ind}(\mathcal{R}) \subseteq Q$, 故 $\mathrm{ind}(\mathcal{R} - \{R\}) \neq \mathrm{ind}(\mathcal{R})$, 从而 $R \in \mathrm{core}(\mathcal{R})$, $\mathrm{core}_Q(\mathcal{R}) \subseteq \mathrm{core}(\mathcal{R})$. $\qquad\square$

定理 11.6.14 设 $\mathcal{R}$ 是有限集 U 上的知识库, Q 是 U 上的二元关系且 $\mathrm{ind}(\mathcal{R}) \subseteq Q$, 则

$$\mathrm{core}_Q(\mathcal{R}) = \cap \mathrm{red}_Q(\mathcal{R}).$$

证明 当 $|\mathcal{R}| = 1$ 时, 显然. 下面对 $|\mathcal{R}| > 1$ 先证明 $\mathrm{core}_Q(\mathcal{R}) \subseteq \cap \mathrm{red}_Q(\mathcal{R})$, 用反证法. 若存在 $R \in \mathrm{core}_Q(\mathcal{R})$ 使 $R \notin \cap \mathrm{red}_Q(\mathcal{R})$, 则存在 $\mathcal{Q} \in \mathrm{red}_Q(\mathcal{R})$ 使 $R \notin \mathcal{Q}$. 于是 $\mathcal{Q} \subseteq \mathcal{R} - \{R\}$, 从而 $\mathrm{ind}(\mathcal{R}) \subseteq \mathrm{ind}(\mathcal{R} - \{R\}) \subseteq \mathrm{ind}(\mathcal{Q})$. 由 $\mathcal{Q} \in \mathrm{red}_Q(\mathcal{R})$ 知, $\mathrm{ind}(\mathcal{Q}) \subseteq Q$, 由 $\mathrm{ind}(\mathcal{R} - \{R\}) \subseteq \mathrm{ind}(\mathcal{Q})$ 得 $\mathrm{ind}(\mathcal{R} - \{R\}) \subseteq Q$, 这与 $R \in \mathrm{core}_Q(\mathcal{R})$ 矛盾. 再证明 $\cap \mathrm{red}_Q(\mathcal{R}) \subseteq \mathrm{core}_Q(\mathcal{R})$, 用反证法. 若存在 $R \in \cap \mathrm{red}_Q(\mathcal{R})$ 使 $R \notin \mathrm{core}_Q(\mathcal{R})$, 则 $\mathrm{ind}(\mathcal{R} - \{R\}) \subseteq Q$. 任取 $\mathcal{Q}_0 \in \mathrm{red}_Q(\mathcal{R} - \{R\})$, 可推得 $\mathcal{Q}_0 \in \mathrm{red}_Q(\mathcal{R})$ 且 $R \notin \mathcal{Q}_0$, 这与 $R \in \cap \mathrm{red}_Q(\mathcal{R})$ 矛盾. 综上所证, $\mathrm{core}_Q(\mathcal{R}) = \cap \mathrm{red}_Q(\mathcal{R})$. $\qquad\square$

定义 11.6.15 设 $\mathcal{R}$ 是 $U = \{x_1, x_2, \cdots, x_n\}$ 上的知识库, Q 是 U 上的二元

关系且 $\mathrm{ind}(\mathcal{R}) \subseteq Q$, $\forall x_i, x_j \in U$, 记

$$r_{ij} = \begin{cases} \{R \in \mathcal{R} \mid x_j \notin R_s(x_i)\}, & x_j \notin Q_s(x_i), \\ \mathcal{R}, & x_j \in Q_s(x_i), \end{cases}$$

则称 $D_Q(U, \mathcal{R}) = (r_{ij})$ 是 $\mathcal{R}$ 相对于 Q 的区分矩阵, 简称 **RQ-区分矩阵**.

命题 11.6.16 设 $\mathcal{R}$ 是有限集 $U = \{x_1, x_2, \cdots, x_n\}$ 上的知识库, Q 是 U 上的二元关系满足 $\mathrm{ind}(\mathcal{R}) \subseteq Q$, $D_Q(U, \mathcal{R}) = (r_{ij})$ 是 $\mathcal{R}$ 相对于 Q 的 RQ-区分矩阵. 若 $\varnothing \neq \mathcal{P} \subseteq \mathcal{R}$, 则 $\mathrm{ind}(\mathcal{P}) \subseteq Q$ 当且仅当 $\forall r_{ij} \in D_Q(U, \mathcal{R})$, $\mathcal{P} \cap r_{ij} \neq \varnothing$.

证明 必要性: 对任一 $r_{ij} \in D_Q(U, \mathcal{R})$, 若 $x_j \in Q_s(x_i)$, 则 $r_{ij} = \mathcal{R}$, 此时必有 $\mathcal{P} \cap r_{ij} \neq \varnothing$. 若 $x_j \notin Q_s(x_i)$, 则 $(x_i, x_j) \notin Q$. 由 $\mathrm{ind}(\mathcal{P}) \subseteq Q$ 知, $(x_i, x_j) \notin \mathrm{ind}(\mathcal{P})$, 从而存在 $R \in \mathcal{P}$ 使 $(x_i, x_j) \notin R$, 即 $x_j \notin R_s(x_i)$, 这说明 $R \in \mathcal{P} \cap r_{ij}$, 于是 $\mathcal{P} \cap r_{ij} \neq \varnothing$.

充分性: 若 $(x_i, x_j) \notin Q$, 则 $x_j \notin Q_s(x_i)$, 此时 $r_{ij} = \{R \in \mathcal{R} \mid x_j \notin R_s(x_i)\}$. 由 $\mathcal{P} \cap r_{ij} \neq \varnothing$ 知存在 $R \in \mathcal{P}$, 使 $x_j \notin R_s(x_i)$, 即 $(x_i, x_j) \notin R$, 从而 $(x_i, x_j) \notin \mathrm{ind}(\mathcal{P})$. 由 $(x_i, x_j) \notin Q$ 的任意性知, $\mathrm{ind}(\mathcal{P}) \subseteq Q$. $\square$

推论 11.6.17 设 $\mathcal{R}$ 是 $U = \{x_1, x_2, \cdots, x_n\}$ 上知识库, Q 是 U 上的二元关系且 $\mathrm{ind}(\mathcal{R}) \subseteq Q$, $D_Q(U, \mathcal{R}) = (r_{ij})$ 是 $\mathcal{R}$ 相对于 Q 的 RQ-区分矩阵. 则 $\forall r_{ij} \in D_Q(U, \mathcal{R})$, 有 $r_{ij} \neq \varnothing$.

证明 由 $\mathrm{ind}(\mathcal{R}) \subseteq Q$ 及命题 11.6.16 知, $\forall r_{ij} \in D_Q(U, \mathcal{R})$, $\mathcal{R} \cap r_{ij} \neq \varnothing$, 从而 $r_{ij} \neq \varnothing$. $\square$

定理 11.6.18 设 $\mathcal{R}$ 是 $U = \{x_1, x_2, \cdots, x_n\}$ 上知识库, Q 是 U 上的二元关系且 $\mathrm{ind}(\mathcal{R}) \subseteq Q$, $D_Q(U, \mathcal{R}) = (r_{ij})$ 是 $\mathcal{R}$ 相对于 Q 的 RQ-区分矩阵. 若 $\varnothing \neq \mathcal{Q} \subseteq \mathcal{R}$, 则 $\mathcal{Q}$ 是 $\mathcal{R}$ 的 Q-相对约简当且仅当对 $\mathcal{Q}$ 是满足 $\forall r_{ij} \in D_Q(U, \mathcal{R})$, $\mathcal{Q} \cap r_{ij} \neq \varnothing$ 这一性质的 $\mathcal{R}$ 的极小子族.

证明 由定义 11.6.8 及命题 11.6.16 直接验证. $\square$

下一定理表明可以利用 RQ-区分矩阵求有限知识库 $\mathcal{R}$ 的相对核.

定理 11.6.19 设 $\mathcal{R}$ 是 $U = \{x_1, x_2, \cdots, x_n\}$ 上知识库, Q 是 U 上的二元关系且 $\mathrm{ind}(\mathcal{R}) \subseteq Q$, $D_Q(U, \mathcal{R}) = (r_{ij})$ 是 $\mathcal{R}$ 相对于 Q 的 RQ-区分矩阵. 则 $\mathrm{core}_Q(\mathcal{R}) = \{R \in \mathcal{R} \mid \exists i, j \leqslant n, r_{ij} = \{R\}\}$.

证明 当 $|\mathcal{R}| = 1$ 时, 显然. 下面设 $|\mathcal{R}| > 1$. 记 $\mathcal{S} = \{R \in \mathcal{R} \mid \exists i, j \leqslant n, r_{ij} = \{R\}\}$. 先证 $\mathcal{S} \subseteq \mathrm{core}_Q(\mathcal{R})$, 用反证法. 设存在 $R \in \mathcal{S}$ 使 $R \notin \mathrm{core}_Q(\mathcal{R})$, 则存在 $r_{ij} \in D_Q(U, \mathcal{R})$ 使 $r_{ij} = \{R\}$ 且 $\mathrm{ind}(\mathcal{R} - \{R\}) \subseteq Q$. 由命题 11.6.16 知 $(\mathcal{R} - \{R\}) \cap r_{ij} \neq \varnothing$, 从而存在 $Q_0 \in \mathcal{R} - \{R\}$ 使 $Q_0 \in r_{ij}$, 这与 $r_{ij} = \{R\}$ 矛盾.

下面证明 $\mathrm{core}_Q(\mathcal{R}) \subseteq \mathcal{S}$. 若 $Q_1 \in \mathrm{core}_Q(\mathcal{R})$, 则 $\mathrm{ind}(\mathcal{R} - \{Q_1\}) \nsubseteq Q$. 由命题 11.6.16 知存在 $r_{ij} \in D_Q(U, \mathcal{R})$ 使 $(\mathcal{R} - \{Q_1\}) \cap r_{ij} = \varnothing$. 从而由推论 11.6.17

得 $r_{ij} = \{Q_1\}$, 于是 $Q_1 \in \mathcal{S}$. 由 $Q_1 \in \mathrm{core}_Q(\mathcal{R})$ 的任意性知 $\mathrm{core}_Q(\mathcal{R}) \subseteq \mathcal{S}$. 综上, 定理得证. □

设 $\mathcal{R}$ 是 U 的知识库, 则 $(U, \mathrm{ind}(\mathcal{R}))$ 是广义近似空间, 记 $(U, \mathrm{ind}(\mathcal{R}))$ 的关系诱导拓扑为 $\mathcal{T}_{\mathrm{ind}(\mathcal{R})}$, 称为 $\mathcal{R}$ **的不可区分关系诱导拓扑**. 下面考虑知识库的拓扑约简, 并探讨它与相对约简的关系.

定义 11.6.20 (1) 设 $\mathcal{R}$ 是 U 上的知识库, $\varnothing \neq \mathcal{Q} \subseteq \mathcal{R}$. 若 $\mathcal{T}_{\mathrm{ind}(\mathcal{Q})} = \mathcal{T}_{\mathrm{ind}(\mathcal{R})}$, 且对每一 $P \in \mathcal{Q}$, 都有 $\mathcal{T}_{\mathrm{ind}(\mathcal{Q}-\{P\})} \neq \mathcal{T}_{\mathrm{ind}(\mathcal{R})}$, 则称 $\mathcal{Q}$ 为 $\mathcal{R}$ 的一个拓扑约简. $\mathcal{R}$ 的全体拓扑约简用 $\mathrm{red}_{\mathcal{T}}(\mathcal{R})$ 表示.

(2) 设 $\mathcal{R}$ 是 U 上的知识库, $R \in \mathcal{R}$. 当 $|\mathcal{R}| > 1$ 时, 若 $\mathcal{T}_{\mathrm{ind}(\mathcal{R}-\{R\})} \neq \mathcal{T}_{\mathrm{ind}(\mathcal{R})}$, 则称 R 是 $\mathcal{R}$ 的**拓扑核心元素**, 称集 $\{R \in \mathcal{R} \mid \mathcal{T}_{\mathrm{ind}(\mathcal{R}-\{R\})} \neq \mathcal{T}_{\mathrm{ind}(\mathcal{R})}\}$ 为 $\mathcal{R}$ 的**拓扑核**, 记作 $\mathrm{core}_{\mathcal{T}}(\mathcal{R})$. 当 $|\mathcal{R}| = 1$ 时, 约定 $\mathrm{core}_{\mathcal{T}}(\mathcal{R}) = \mathcal{R}$.

命题 11.6.21 若 $\mathcal{R}$ 是论域 U 上的一族预序, 则 $\mathrm{red}(\mathcal{R}) = \mathrm{red}_{\mathcal{T}}(\mathcal{R})$.

证明 当 $|\mathcal{R}| = 1$ 时, 显然. 下面对 $|\mathcal{R}| > 1$ 先证 $\mathrm{red}(\mathcal{R}) \subseteq \mathrm{red}_{\mathcal{T}}(\mathcal{R})$. 若 $\mathcal{Q} \in \mathrm{red}(\mathcal{R})$, 则 $\mathrm{ind}(\mathcal{Q}) = \mathrm{ind}(\mathcal{R})$. 因 $\mathcal{R}$ 是论域 U 上的一族预序, 故 $\mathrm{ind}(\mathcal{Q})$ 及 $\mathrm{ind}(\mathcal{R})$ 均是 U 上的预序. 于是由 $\mathrm{ind}(\mathcal{Q}) = \mathrm{ind}(\mathcal{R})$ 知 $p(\mathrm{ind}(\mathcal{Q})) = p(\mathrm{ind}(\mathcal{R}))$. 从而由引理 11.6.4 知 $\mathcal{T}_{\mathrm{ind}(\mathcal{Q})} = \mathcal{T}_{\mathrm{ind}(\mathcal{R})}$. 因 $\mathcal{Q} \in \mathrm{red}(\mathcal{R})$, 故 $\forall R \in \mathcal{Q}$, 有 $\mathrm{ind}(\mathcal{Q} - \{R\}) \neq \mathrm{ind}(\mathcal{R})$. 由 $\mathcal{R}$ 是论域 U 上的一族预序知 $p(\mathrm{ind}(\mathcal{Q} - \{R\})) \neq p(\mathrm{ind}(\mathcal{R}))$. 从而由引理 11.6.4 知 $\mathcal{T}_{\mathrm{ind}(\mathcal{Q}-\{R\})} \neq \mathcal{T}_{\mathrm{ind}(\mathcal{R})}$. 这说明 $\mathcal{Q} \in \mathrm{red}_{\mathcal{T}}(\mathcal{R})$. 由 $\mathcal{Q} \in \mathrm{red}(\mathcal{R})$ 的任意性知 $\mathrm{red}(\mathcal{R}) \subseteq \mathrm{red}_{\mathcal{T}}(\mathcal{R})$.

为证 $\mathrm{red}(\mathcal{R}) \supseteq \mathrm{red}_{\mathcal{T}}(\mathcal{R})$, 逆推上述论证可得. 综上, $\mathrm{red}(\mathcal{R}) = \mathrm{red}_{\mathcal{T}}(\mathcal{R})$. □

下面定理表明知识库的拓扑约简是特殊的相对约简.

定理 11.6.22 设 $\mathcal{R}$ 是 U 上的知识库, $R \in \mathcal{R}$, $\varnothing \neq \mathcal{Q} \subseteq \mathcal{R}$. 则

(1) $\mathcal{Q}$ 是 $\mathcal{R}$ 的拓扑约简当且仅当 $\mathcal{Q}$ 是 $\mathcal{R}$ 的 $p(\mathrm{ind}(\mathcal{R}))$-相对约简;

(2) R 是 $\mathcal{R}$ 的拓扑核心元素当且仅当 R 是 $\mathcal{R}$ 的 $p(\mathrm{ind}(\mathcal{R}))$-相对核心元素.

证明 下面以 (1) 为例证之, (2) 类似可证明.

充分性: 若 $\mathcal{Q}$ 是 $\mathcal{R}$ 的拓扑约简, 则 $\mathcal{T}_{\mathrm{ind}(\mathcal{Q})} = \mathcal{T}_{\mathrm{ind}(\mathcal{R})}$, 且 $\forall R \in \mathcal{Q}$, $\mathcal{T}_{\mathrm{ind}(\mathcal{Q}-\{R\})} \neq \mathcal{T}_{\mathrm{ind}(\mathcal{R})}$. 由引理 11.6.4 知 $p(\mathrm{ind}(\mathcal{Q})) = p(\mathrm{ind}(\mathcal{R}))$, 且 $\forall R \in \mathcal{Q}$, $p(\mathrm{ind}(\mathcal{Q} - \{R\})) \neq p(\mathrm{ind}(\mathcal{R}))$. 从而由命题 11.6.3 可推得 $\mathrm{ind}(\mathcal{Q}) \subseteq p(\mathrm{ind}(\mathcal{R}))$, 且 $\forall R \in \mathcal{Q}$, $\mathrm{ind}(\mathcal{Q} - \{R\}) \not\subseteq p(\mathrm{ind}(\mathcal{R}))$. 这说明 $\mathcal{Q}$ 是 $\mathcal{R}$ 的 $p(\mathrm{ind}(\mathcal{R}))$-相对约简.

必要性: 由引理 11.6.4、命题 11.6.3 逆推可得. □

推论 11.6.23 设 $\mathcal{R}$ 是有限集 U 上的知识库, 则 $\mathrm{core}_{\mathcal{T}}(\mathcal{R}) = \cap \, \mathrm{red}_{\mathcal{T}}(\mathcal{R})$.

证明 由定理 11.6.14、定理 11.6.22 直接验证. □

对有限知识库 $\mathcal{R}$ 中的每一成员适当扩充, 不影响拓扑约简和拓扑核的构成.

定理 11.6.24 设 $\mathcal{R} = \{R_1, R_2, \cdots, R_m\}$ 是有限集 U 上的知识库, 作 $\mathcal{R}^* = \{R_1 \cup \triangle_1, R_2 \cup \triangle_2, \cdots, R_m \cup \triangle_m\}$, 其中 $\triangle_i \subseteq \triangle$. 则

(1) $\{R_{j_1}\cup\triangle_{j_1}, R_{j_2}\cup\triangle_{j_2}, \cdots, R_{j_s}\cup\triangle_{j_s}\}\in\mathrm{red}_{\mathcal{T}}(\mathcal{R}^*)$ 当且仅当 $\{R_{j_1}, R_{j_2}, \cdots,$ $R_{j_s}\}\in\mathrm{red}_{\mathcal{T}}(\mathcal{R})$, 其中 $R_{j_t}\in\mathcal{R}$ $(t=1,2,\cdots,s)$;

(2) $\mathrm{core}_{\mathcal{T}}\mathcal{R} = \{R_{i_1}, R_{i_2}, \cdots, R_{i_k}\}$ 当且仅当 $\mathrm{core}_{\mathcal{T}}\mathcal{R}^* = \{R_{i_1}\cup\triangle_{i_1}, R_{i_2}\cup$ $\triangle_{i_2}, \cdots, R_{i_k}\cup\triangle_{i_k}\}$, 其中 $R_{i_t}\in\mathcal{R}$ $(t=1,2,\cdots,k)$.

证明 先证 (1). 必要性: 令 $\mathcal{Q}=\{R_{j_1}, R_{j_2}, \cdots, R_{j_s}\}$, $\mathcal{Q}^*=\{R_{j_1}\cup\triangle_{j_1}, R_{j_2}\cup$ $\triangle_{j_2}, \cdots, R_{j_s}\cup\triangle_{j_s}\}$. 设 $\mathcal{Q}^*\in\mathrm{red}_{\mathcal{T}}(\mathcal{R}^*)$, 则 $\mathcal{T}_{\mathrm{ind}(\mathcal{Q}^*)}=\mathcal{T}_{\mathrm{ind}(\mathcal{R}^*)}$, 从而由引理 11.6.4 知 $p(\mathrm{ind}(\mathcal{Q}^*))=p(\mathrm{ind}(\mathcal{R}^*))$. 因 $\mathrm{ind}(\mathcal{Q})\subseteq\mathrm{ind}(\mathcal{Q}^*)\subseteq\triangle\cup\mathrm{ind}(\mathcal{Q})$, 故由注 11.6.2 得 $p(\mathrm{ind}(\mathcal{Q}))\subseteq p(\mathrm{ind}(\mathcal{Q}^*))\subseteq p(\triangle\cup\mathrm{ind}(\mathcal{Q}))=p(\mathrm{ind}(\mathcal{Q}))$. 从而 $p(\mathrm{ind}(\mathcal{Q}))=$ $p(\mathrm{ind}(\mathcal{Q}^*))$. 同理有 $p(\mathrm{ind}(\mathcal{R}))=p(\mathrm{ind}(\mathcal{R}^*))$, 从而 $p(\mathrm{ind}(\mathcal{Q}))=p(\mathrm{ind}(\mathcal{R}))$. 由引理 11.6.4 得 $\mathcal{T}_{\mathrm{ind}(\mathcal{Q})}=\mathcal{T}_{\mathrm{ind}(\mathcal{R})}$. 又 $\forall R_{j_t}\in\mathcal{Q}$, 有 $R_{j_t}\cup\triangle_{j_t}\in\mathcal{Q}^*$. 因 $\mathcal{Q}^*\in$ $\mathrm{red}_{\mathcal{T}}(\mathcal{R}^*)$, 故 $\mathcal{T}_{\mathrm{ind}(\mathcal{Q}^*-\{R_{j_t}\cup\triangle_{j_t}\})}\neq\mathcal{T}_{\mathrm{ind}(\mathcal{R}^*)}$, 从而 $p(\mathcal{Q}^*-\{R_{j_t}\cup\triangle_{j_t}\})\neq p(\mathcal{R}^*)$. 由 $\mathrm{ind}(\mathcal{Q}-\{R_{j_t}\})\subseteq\mathrm{ind}(\mathcal{Q}^*-\{R_{j_t}\cup\triangle_{j_t}\})\subseteq\triangle\cup\mathrm{ind}(\mathcal{Q}-\{R_{j_t}\})$ 及注 11.6.2 可推得 $p(\mathrm{ind}(\mathcal{Q}^*-\{R_{j_t}\cup\triangle_{j_t}\}))=p(\mathrm{ind}(\mathcal{Q}-\{R_{j_t}\}))$. 从而 $p(\mathrm{ind}(\mathcal{Q}-\{R_{j_t}\}))\neq$ $p(\mathrm{ind}(\mathcal{R}^*))=p(\mathrm{ind}(\mathcal{R}))$, 进而 $\mathcal{T}_{\mathrm{ind}(\mathcal{Q}-\{R_{j_t}\})}\neq\mathcal{T}_{\mathrm{ind}(\mathcal{R})}$, 这说明 $\mathcal{Q}\in\mathrm{red}_{\mathcal{T}}(\mathcal{R})$.

充分性: 逆推可得.

(2) 由 (1) 及推论 11.6.23 直接验证. □

下面介绍 RQ-区分函数和用区分函数求知识库相对约简、拓扑约简的方法.

定义 11.6.25 设 $\mathcal{R}$ 是 $U=\{x_1, x_2, \cdots, x_n\}$ 上知识库, Q 是 U 上的二元关系且 $\mathrm{ind}(\mathcal{R})\subseteq Q$, $D_Q(U,\mathcal{R})=(r_{ij})$ 是 RQ-区分矩阵. 则布尔函数 $f_Q(\mathcal{R})=$ $\bigwedge_{r_{ij}\in D_Q(U,\mathcal{R})}(\bigvee_{R\in r_{ij}}R)$ 称为 $\mathcal{R}$ 的相对于 Q 的 **RQ-区分函数**.

定义 11.6.26 设 $\bigvee_{k=1}^{m}(\bigwedge_{R\in\mathcal{R}_k}R)$ 是 $f_Q(\mathcal{R})$ 的析取范式. 若 $\bigcup_{k=1}^{m}\mathcal{R}_k\subseteq\mathcal{R}$, $\mathcal{R}_k(k\leqslant m)$ 中无重复元且 $\forall k,j\leqslant m$, $k\neq j$, 有 $\mathcal{R}_k$ 与 $\mathcal{R}_j$ 互不包含, 则称该析取范式为 $f_Q(\mathcal{R})$ 的**极小析取范式**.

例 11.6.27 设 $f_Q(\mathcal{R})=R_3\wedge(R_1\vee R_2)\wedge(R_1\vee R_3)\wedge(R_2\vee R_3)\wedge(R_1\vee R_2\vee R_3)$. 运用布尔值逻辑运算规律得 $f_Q(\mathcal{R})=R_3\wedge(R_1\vee R_2)=(R_1\wedge R_3)\vee(R_2\wedge R_3)$, 由定义 11.6.26 知 $(R_1\wedge R_3)\vee(R_2\wedge R_3)$ 为 $f_Q(\mathcal{R})$ 的极小析取范式.

定理 11.6.28 设 $\mathcal{R}$ 是有限集 U 上知识库, $f_Q(\mathcal{R})$ 为该知识库的 RQ-区分函数. 则 $f_Q(\mathcal{R})$ 的极小析取范式形如 $\bigvee_{k=1}^{m}(\bigwedge_{R\in\mathcal{R}_k}R)$ 且析取项所对应的集族 $\{\mathcal{R}_k\mid k\leqslant m\}$ 是唯一的.

证明 存在性 对布尔函数 $f_Q(\mathcal{R})$ 运用分配律、交换律可化为析取范式 $\bigvee_{k=1}^{m}(\bigwedge_{R\in\mathcal{R}_k}R)$, 该范式中不出现"非"运算, 从而有 $\bigcup_{k=1}^{m}\mathcal{R}_k\subseteq\mathcal{R}$. 若对某 $k\leqslant m, \mathcal{R}_k$ 中存在重复元素, 则由幂等律知 $\mathcal{R}_k$ 可删除重复元素, 只保留其中一个. 若存在 $k,j\leqslant m$ 且 $k\neq j$, 使 $\mathcal{R}_k\subseteq\mathcal{R}_j$, 则由吸收律知 $(\bigwedge_{R\in\mathcal{R}_k}R)\vee(\bigwedge_{R\in\mathcal{R}_j}R)=$ $\bigwedge_{R\in\mathcal{R}_k}R$. 经过上述操作, $f_Q(\mathcal{R})$ 可化为满足定义 11.6.26 的某一极小析取范式, 不妨仍记为 $\bigvee_{k=1}^{m}(\bigwedge_{R\in\mathcal{R}_k}R)$.

唯一性 假设 $f_Q(\mathcal{R})$ 还可表示为极小析取范式 $\bigvee_{h=1}^{s}(\bigwedge_{R\in\mathcal{Q}_h}R)$. 记 $\mathscr{A} = \{\mathcal{R}_k \mid k \leqslant m\}$, $\mathscr{B} = \{\mathcal{Q}_h \mid h \leqslant s\}$. 若 $\mathscr{A} \neq \mathscr{B}$, 不妨设 $\mathscr{A} \nsubseteq \mathscr{B}$. 于是存在 $i \leqslant m$ 使 $\mathcal{R}_i \in \mathscr{A}$ 且 $\mathcal{R}_i \notin \mathscr{B}$, 故 $\forall h \leqslant s$, $\mathcal{R}_i \neq \mathcal{Q}_h$. 对 $R \in \mathcal{R}_i$ 赋值 1, $R \in \mathcal{R} - \mathcal{R}_i$ 赋值 0 的赋值法有 $\bigwedge_{R\in\mathcal{R}_i}R = 1$, 从而 $f_Q(\mathcal{R}) = \bigvee_{k=1}^{m}(\bigwedge_{R\in\mathcal{R}_k}R) = \bigvee_{h=1}^{s}(\bigwedge_{R\in\mathcal{Q}_h}R) = 1$. 于是存在 $j \leqslant s$ 使 $\bigwedge_{R\in\mathcal{Q}_j}R = 1$. 断言 $\mathcal{Q}_j \subseteq \mathcal{R}_i$, 否则存在 $R_0 \in \mathcal{Q}_j$ 使 $R_0 \notin \mathcal{R}_i$, 于是 R_0 的值为 0, 从而 $\bigwedge_{R\in\mathcal{Q}_j}R = 0$, 矛盾. 这说明 $\mathcal{Q}_j \subseteq \mathcal{R}_i$ 成立.

对 $R \in \mathcal{Q}_j$ 赋值 1, $R \in \mathcal{R} - \mathcal{Q}_j$ 赋值 0 的赋值法有 $\bigwedge_{R\in\mathcal{Q}_j}R = 1$, 从而 $f_Q(\mathcal{R}) = \bigvee_{k=1}^{m}(\bigwedge_{R\in\mathcal{R}_k}R) = 1$. 因 $\mathcal{Q}_j \subseteq \mathcal{R}_i$ 且 $\mathcal{Q}_j \neq \mathcal{R}_i$, 故存在 $R_0 \in \mathcal{R}_i$ 使 $R_0 \notin \mathcal{Q}_j$, 于是 R_0 的值为 0, 从而 $\bigwedge_{R\in\mathcal{R}_i}R = 0$. 因 $\forall t \leqslant m$ 且 $t \neq i$, 有 $\mathcal{R}_t \nsubseteq \mathcal{R}_i$, 故存在 $P_t \in \mathcal{R}_t$ 使 $P_t \notin \mathcal{Q}_j$, 于是 P_t 的值为 0, 从而 $\bigwedge_{R\in\mathcal{R}_t}R = 0$, 进而 $\forall k \leqslant m$, 有 $\bigwedge_{R\in\mathcal{R}_k}R = 0$, 这时 $\bigvee_{k=1}^{m}(\bigwedge_{R\in\mathcal{R}_k}R) = 0 \neq 1$, 矛盾. 该矛盾说明 $f_Q(\mathcal{R})$ 的极小析取范式的表示法唯一. $\qquad\Box$

定理 11.6.29 设 $\mathcal{R}$ 是 $U = \{x_1, x_2, \cdots, x_n\}$ 上的知识库, $\varnothing \neq \mathcal{C} \subseteq \mathcal{R}$, Q 是 U 上的二元关系且 $\mathrm{ind}(\mathcal{R}) \subseteq Q$, $f_Q(\mathcal{R})$ 为 $\mathcal{R}$ 的 RQ-区分函数. 则 $\mathrm{ind}(\mathcal{C}) \subseteq Q$ 当且仅当对 $R \in \mathcal{C}$ 赋值 1, $R \in \mathcal{R} - \mathcal{C}$ 赋值 0 的赋值法有 $f_Q(\mathcal{R}) = 1$.

证明 必要性: 设 $D_Q(U, \mathcal{R}) = (r_{ij})$ 是 $\mathcal{R}$ 的 RQ-区分矩阵. 由 $\mathrm{ind}(\mathcal{C}) \subseteq Q$ 及命题 11.6.16 知对任一 $r_{ij} \in D_Q(U, \mathcal{R})$, 都有 $\mathcal{C} \cap r_{ij} \neq \varnothing$. 这样 r_{ij} 中有元被赋值 1, 从而 $\bigvee_{P\in r_{ij}}P = 1$. 由 r_{ij} 的任意性知 $f_Q(\mathcal{R}) = \bigwedge_{r_{ij}}(\bigvee_{P\in r_{ij}}P) = 1$.

充分性: 用反证法. 假设 $\mathrm{ind}(\mathcal{C}) \nsubseteq Q$, 由命题 11.6.16 知存在 $r_{st} \in D_Q(U, \mathcal{R})$ 且 $\mathcal{C} \cap r_{st} = \varnothing$, 从而任一 $P \in r_{st}$, 都有 $P \notin \mathcal{C}$ 而被赋值 0. 于是有 $\bigvee_{P\in r_{st}}P = 0$, 进而 $f_Q(\mathcal{R}) = \bigwedge_{r_{ij}}(\bigvee_{P\in r_{ij}}P) = 0$, 这与 $f_Q(\mathcal{R}) = 1$ 矛盾, 该矛盾说明 $\mathrm{ind}(\mathcal{C}) \subseteq Q$. $\qquad\Box$

定理 11.6.30 设 $\mathcal{R}$ 是有限集 U 上知识库, $\varnothing \neq \mathcal{C} \subseteq \mathcal{R}$, Q 是 U 上的二元关系且 $\mathrm{ind}(\mathcal{R}) \subseteq Q$, $\bigvee_{k=1}^{m}(\bigwedge_{R\in\mathcal{R}_k}R)$ 为 RQ-区分函数 $f_Q(\mathcal{R})$ 的极小析取范式. 则下列两条等价:

(1) $\mathcal{C}$ 是满足如下性质 $(*)$ 的 $\mathcal{R}$ 的极小子族:

$(*)$ 对 $P \in \mathcal{C}$ 赋值 1, $P \in \mathcal{R} - \mathcal{C}$ 赋值 0 的赋值法有 $f_Q(\mathcal{R}) = 1$.

(2) 存在 $k \leqslant m$, 使 $\mathcal{C} = \mathcal{R}_k$.

证明 (1) $\Longrightarrow$ (2) 用反证法. 假设 $\forall k \leqslant m$, 有 $\mathcal{C} \neq \mathcal{R}_k$. 显然, $\forall k \leqslant m$, $\mathcal{R}_k$ 满足性质 $(*)$. 由 $\mathcal{C}$ 的极小性及 $\mathcal{C} \neq \mathcal{R}_k$ 知 $\mathcal{R}_k \nsubseteq \mathcal{C}$, 从而存在 $P_k \in \mathcal{R}_k$ 使 $P_k \notin \mathcal{C}$. 对 $P \in \mathcal{C}$ 赋值 1, $P \in \mathcal{R} - \mathcal{C}$ 赋值 0 的赋值法有 P_k 的值为 0, 从而 $\bigwedge_{P\in\mathcal{R}_k}P = 0$. 由 $k \leqslant m$ 的任意性知 $f_Q(\mathcal{R}) = \bigvee_{k=1}^{m}(\bigwedge_{P\in\mathcal{R}_k}P) = 0$. 因 $\mathcal{C}$ 满足性质 $(*)$, 故 $f_Q(\mathcal{R}) = 1$, 与 $f_Q(\mathcal{R}) = 0$ 矛盾.

(2) $\Longrightarrow$ (1) 若存在 $k \leqslant m$, 使 $\mathcal{C} = \mathcal{R}_k$, 则 $\mathcal{C}$ 显然满足性质 $(*)$. 下面证明 $\mathcal{C}$

是满足性质 $(*)$ 的 $\mathcal{R}$ 的极小子族. 任取 $P_1 \in \mathcal{C} = \mathcal{R}_k$, 则对 $P \in \mathcal{C} - \{P_1\}$ 赋值 1, $P \in \mathcal{R} - (\mathcal{C} - \{P_1\})$ 赋值 0 的赋值法有 P_1 的值为 0, 从而 $\bigwedge_{P \in \mathcal{R}_k} P = 0$. 又 $\forall j \neq k$, 有 $\mathcal{R}_j \nsubseteq \mathcal{R}_k = \mathcal{C}$, 从而存在 $P_j \in \mathcal{R}_j$ 使 $P_j \in \mathcal{R} - \mathcal{C} \subseteq \mathcal{R} - (\mathcal{C} - \{P_1\})$. 于是对上述赋值法有 P_j 的值为 0, 从而 $\bigwedge_{P \in \mathcal{R}_j} P = 0$. 综上, $\forall k \leqslant m$, 对上述赋值法均有 $\bigwedge_{P \in \mathcal{R}_k} P = 0$, 从而 $f_Q(\mathcal{R}) = \bigvee_{k=1}^m (\bigwedge_{P \in \mathcal{R}_k} P) = 0$, 这说明 $\mathcal{C} - \{P_1\}$ 不满足性质 $(*)$. 由 $P_1 \in \mathcal{C}$ 的任意性知 $\mathcal{C}$ 是满足性质 $(*)$ 的 $\mathcal{R}$ 的极小子族. □

定理 11.6.31 设 $\mathcal{R}$ 是有限集 U 上的知识库, Q 是 U 上的二元关系且 $\mathrm{ind}(\mathcal{R}) \subseteq Q, \varnothing \neq \mathcal{C} \subseteq \mathcal{R}$. 若 $\bigvee_{k=1}^m (\bigwedge_{R \in \mathcal{R}_k} R)$ 为 $\mathcal{R}$ 的相对于 Q 的 RQ-区分函数 $f_Q(\mathcal{R})$ 的极小析取范式, 则 $\mathcal{C} \in \mathrm{red}_Q(\mathcal{R})$ 当且仅当存在 $k \leqslant m$ 使 $\mathcal{C} = \mathcal{R}_k$.

证明 先由相对约简的定义 11.6.8 及定理 11.6.29、定理 11.6.30 得到 $\mathcal{C} \in \mathrm{red}_Q(\mathcal{R})$ 当且仅当 $\mathcal{C}$ 是满足性质 $(*)$ 的 $\mathcal{R}$ 的极小子族, 再由定理 11.6.30 直接推得所述定理成立. □

定理 11.6.31 在条件 $\mathrm{ind}(\mathcal{R}) \subseteq Q$ 下给出了相对约简的具体求法: 利用布尔值逻辑运算规律, 将 $f_Q(\mathcal{R})$ 化为极小析取范式 $\bigvee_{k=1}^m (\bigwedge_{R \in \mathcal{R}_k} R)$, 则 $\{\mathcal{R}_k \mid k = 1, 2, \cdots, m\}$ 恰是知识库 $\mathcal{R}$ 的全部 Q-相对约简. 下面以具体的例子说明求有限知识库相对约简 (包括交约简、拓扑约简) 的极小元方法和区分函数方法.

例 11.6.32 设 $U = \{x_i \mid 1 \leqslant i \leqslant 8\}$, $\mathcal{R} = \{R_k \mid 1 \leqslant k \leqslant 5\}$ 为 U 上的知识库, 其中

$R_1 = \{(x_1, x_2), (x_2, x_3), (x_1, x_3), (x_4, x_5), (x_5, x_6), (x_7, x_8), (x_6, x_1)\}$,
$R_2 = \{(x_1, x_1), (x_1, x_2), (x_2, x_3), (x_4, x_5), (x_5, x_6), (x_4, x_6), (x_7, x_8), (x_1, x_8)\}$,
$R_3 = \{(x_1, x_1), (x_1, x_2), (x_2, x_3), (x_4, x_5), (x_5, x_6), (x_1, x_6), (x_7, x_8)\}$,
$R_4 = \{(x_1, x_1), (x_1, x_2), (x_2, x_3), (x_1, x_3), (x_4, x_5), (x_5, x_6), (x_6, x_1), (x_1, x_8)\}$,
$R_5 = \{(x_1, x_1), (x_1, x_2), (x_2, x_3), (x_4, x_5), (x_5, x_6), (x_4, x_6), (x_1, x_6), (x_7, x_8)\}$.

易得 $\mathrm{ind}(\mathcal{R}) = \{(x_1, x_2), (x_2, x_3), (x_4, x_5), (x_5, x_6)\}$.

用极小元方法可求 $\mathcal{R}$ 的交约简, 它们是特殊的相对约简. 先由注 11.6.11 求得偏序集 $\mathcal{A} = \{\mathcal{P} \subseteq \mathcal{R} \mid \mathrm{ind}(\mathcal{P}) = \mathrm{ind}(\mathcal{R})\}$ 如下:

$\mathcal{A} = \{\mathcal{R} - R_5, \mathcal{R} - R_3, \mathcal{R} - R_2, \{R_1, R_2, R_4\}, \{R_1, R_4, R_5\}, \{R_1, R_3, R_4\}, \mathcal{R}\}$.

$\mathcal{A}$ 的极小元即为 $\mathcal{R}$ 的交约简:

$$\mathrm{red}(\mathcal{R}) = \{\{R_1, R_2, R_4\}, \{R_1, R_3, R_4\}, \{R_1, R_4, R_5\}\}.$$

因交约简是特殊的相对约简 $(Q = U \times U)$, 故由定理 11.6.14 得 $\mathrm{core}(\mathcal{R}) = \{R_1, R_4\}$.

设 $Q = \{(x_1, x_2), (x_2, x_3), (x_1, x_3), (x_4, x_5), (x_5, x_6), (x_7, x_8)\}$ 是 U 上二元关系, 则容易看出 $\mathrm{ind}(\mathcal{R}) \subseteq Q$.

下面用 RQ-区分矩阵和 RQ-区分函数求 $\mathcal{R}$ 的 Q-相对约简及 Q-相对核. 为简洁起见, 用 R_i 的下标 i 代替 R_i, 例如 $r_{61} = \{2,3,5\}$ 代表 $r_{61} = \{R_2, R_3, R_5\}$. 用 R 代表 $\{1,2,3,4,5\}$.

作 $\mathcal{R}$ 的相对于 Q 的 RM-区分矩阵 $D_Q(U, \mathcal{R}) = (r_{ij})$ 如表 11.1.

表 11.1　RQ-区分矩阵 $D_Q(U, \mathcal{R})$

	x_1	x_2	x_3	x_4	x_5	x_6	x_7	x_8
x_1	$\{1\}$	R	R	R	R	$\{1,2,4\}$	R	$\{1,3,5\}$
x_2	R	R	R	R	R	R	R	R
x_3	R	R	R	R	R	R	R	R
x_4	R	R	R	R	R	$\{1,3,4\}$	R	R
x_5	R	R	R	R	R	R	R	R
x_6	$\{2,3,5\}$	R	R	R	R	R	R	R
x_7	R	R	R	R	R	R	R	R
x_8	R	R	R	R	R	R	R	R

将 $\mathcal{R}$ 的相对于 Q 的 RQ-区分函数化为极小析取范式如下:

$$f_Q(\mathcal{R}) = R_1 \wedge (R_2 \vee R_3 \vee R_5) \wedge (R_1 \vee R_2 \vee R_4) \wedge (R_1 \vee R_3 \vee R_4) \wedge (R_1 \vee R_3 \vee R_5)$$
$$= (R_1 \wedge R_2) \vee (R_1 \wedge R_3) \vee (R_1 \wedge R_5).$$

由定理 11.6.31 知 $\mathcal{R}$ 的全体 Q-相对约简

$$\mathrm{red}_Q(\mathcal{R}) = \{\{R_1, R_2\}, \{R_1, R_3\}, \{R_1, R_5\}\}.$$

由定理 11.6.19 知 $\mathcal{R}$ 的 Q-相对核为 $\mathrm{core}_Q(\mathcal{R}) = \{R_1\}$.

下面用 RQ-区分矩阵和 RQ-区分函数求 $\mathcal{R}$ 的拓扑约简 (特殊相对约简) 及拓扑核. 先利用定理 11.6.22 求得

$$p(\mathrm{ind}(\mathcal{R})) = \{(x_1, x_2), (x_1, x_3), (x_2, x_3), (x_4, x_5), (x_4, x_6), (x_5, x_6)\} \cup \triangle.$$

再作 $\mathcal{R}$ 的相对于 $p(\mathrm{ind}(\mathcal{R}))$ 的 RQ-区分矩阵 $D_{p(\mathrm{ind}(\mathcal{R}))}(U, \mathcal{R}) = (r_{ij})$ 如表 11.2.

表 11.2　RQ-区分矩阵 $D_{p(\mathrm{ind}(\mathcal{R}))}(U, \mathcal{R})$

	x_1	x_2	x_3	x_4	x_5	x_6	x_7	x_8
x_1	R	R	R	R	R	$\{1,2,4\}$	R	$\{1,3,5\}$
x_2	R	R	R	R	R	R	R	R
x_3	R	R	R	R	R	R	R	R
x_4	R	R	R	R	R	R	R	R
x_5	R	R	R	R	R	R	R	R
x_6	$\{2,3,5\}$	R	R	R	R	R	R	R
x_7	R	R	R	R	R	R	R	$\{4\}$
x_8	R	R	R	R	R	R	R	R

将 $\mathcal{R}$ 的相对于 $p(\text{ind}(\mathcal{R}))$ 的 RQ-区分函数化为极小析取范式如下:

$$f_{p(\text{ind}(\mathcal{R}))}(\mathcal{R}) = (R_2 \vee R_3 \vee R_5) \wedge (R_1 \vee R_2 \vee R_4) \wedge (R_1 \vee R_3 \vee R_5) \wedge R_4$$
$$= (R_1 \wedge R_2 \wedge R_4) \vee (R_3 \wedge R_4) \vee (R_4 \wedge R_5).$$

由定理 11.6.22 和定理 11.6.31 知 $\mathcal{R}$ 的拓扑约简全体为

$$\text{red}_{\mathcal{T}}(\mathcal{R}) = \{\{R_1, R_2, R_4\}, \{R_3, R_4\}, \{R_4, R_5\}\}.$$

由定理 11.6.19 和定理 11.6.22 知 $\mathcal{R}$ 的拓扑核为 $\text{core}_{\mathcal{T}}(\mathcal{R}) = \{R_4\}$.

习　题　11.6

1. 详细证明定理 11.6.18 并将交约简看成特殊相对约简而获得关于交约简的相应结论.

2. 将知识库的交约简看成特殊相对约简, 总结求交约简的方法.

3. 设 $\mathcal{R}$ 是有限集 $U = \{x_1, x_2, \cdots, x_n\}$ 上的知识库. 证明 $\text{core}(\mathcal{R}) = \cap\text{red}(\mathcal{R})$.

4. 设 $\mathcal{R}$ 是 U 上的知识库, $\text{ind}(\mathcal{R})$ 的不可区分关系诱导拓扑为 $\mathcal{T}_{\text{ind}(\mathcal{R})}$.

证明: $\mathcal{R}$ 的不同拓扑约简的不可区分关系诱导拓扑均为 Alexandrov 拓扑 $\mathcal{T}_{\text{ind}(\mathcal{R})}$.

11.7　抽象知识库及其多种约简

本节推广知识库得一般的抽象知识库, 将形式背景、广义近似空间以及拓扑空间等均纳入抽象知识库范围, 进而利用拓扑学方式对抽象知识库进行相关探讨.

论域 $U \neq \varnothing$ 的任何子集 $C \subseteq U$ 称为 U 的一个**概念**. U 中的任何概念族 (即 U 的子集族) 称为关于 U 的**抽象知识**, 简称**知识**. 这样看来 U 上的划分就是一个知识, U 上的一族划分, 或更一般地一族二元关系, 则称为关于 U 的一个**知识库** (knowledge base). 注意 U 上的一个等价关系是 $U \times U$ 的概念, 同时该等价关系又决定 U 上的划分而成为一个知识. 一个形式背景 (U, V, R) 的所有概念形成的概念格既可看作是 U 上的 (对象) 知识, 也可看成 V 上的 (属性) 知识. 这是最初对知识和知识库的理解. 但这些概念可以更广泛一些而得到统一. 于是我们提出如下抽象知识库概念.

定义 11.7.1　设 $U \neq \varnothing$ 是集合, $\mathcal{P}$ 是 U 的任一子集族. 则 $(U, \mathcal{P})$, 或 $\mathcal{P}$, 称为 U 的一个**抽象知识库**(缩写为 **AKB**). 交集 $\cap\mathcal{P} = \bigcap_{A \in \mathcal{P}} A$ 称为 $\mathcal{P}$ 的**不可区分知识**, 记作 $\text{ind}(\mathcal{P})$. 称集族 $\{A \in \mathcal{P} \mid \text{ind}(\mathcal{P} - A) \neq \text{ind}(\mathcal{P})\}$ 为 $\mathcal{P}$ 的**核**, 记作 $\text{core}(\mathcal{P})$. 若 $\text{core}(\mathcal{P}) = \mathcal{P}$, 则称 $\mathcal{P}$ 是**独立的**.

显然, 任一拓扑空间均可看作是一个 AKB, 而任一广义近似空间、任一形式背景 (U, V, I) 可诱导出多个 AKB. 易见, 覆盖近似空间就是当 $\cup\mathcal{P} = U$ 时的特殊 AKB.

对抽象知识库也可考虑多种约简.

定义 11.7.2 设 $\mathcal{P}$ 是 U 上的 AKB, $\varnothing \neq \mathcal{Q} \subseteq \mathcal{P}$. 如果 $\cap \mathcal{Q} = \cap \mathcal{P}$ 且 $\forall A \in \mathcal{Q}, \cap \mathcal{Q} \neq \cap (\mathcal{Q} - \{A\})$, 则 $\mathcal{Q}$ 称为 $\mathcal{P}$ 的一个 **交约简**, 简称约简. $\mathcal{P}$ 的全体交约简用 red($\mathcal{P}$) 表示.

容易构造反例说明无限 AKB 的交约简不必存在. 约定抽象知识库 $(U, \mathcal{P})$ 中 U 和 $\mathcal{P}$ 的基数均大于 1.

下面两个命题的证明分别与命题 11.6.10 和定理 11.6.14 的证明类似, 从略.

命题 11.7.3 设 $\mathcal{P}$ 是 U 上的 AKB. 如果 $\mathcal{P}$ 是有限族, 则 $\mathcal{P}$ 存在交约简, 即 red($\mathcal{P}$) $\neq \varnothing$.

命题 11.7.4 设 $\mathcal{P}$ 是有限论域 $U = \{x_1, x_2, \cdots, x_n\}$ 上的 AKB. 则 core($\mathcal{P}$) = $\cap$red($\mathcal{P}$).

下面考虑在抽象知识库上定义区分矩阵, 由此来计算抽象知识库的交约简和核.

定义 11.7.5 设 $\mathcal{P}$ 是有限集 $U = \{x_1, x_2, \cdots, x_n\}$ 上的 AKB. 对每对 $x_i, x_j \in U$, 记

$$c_{ij} = \begin{cases} \{P \in \mathcal{P} \mid \{x_i, x_j\} \nsubseteq P\}, & i \neq j, \\ \varnothing, & i = j. \end{cases}$$

称 $D(U, \mathcal{P}) = (c_{ij})$ 为 $\mathcal{P}$ 的 **M-区分矩阵**.

由定义可知抽象知识库的 M-区分矩阵均是主对角线上的元素为空集的对称矩阵.

命题 11.7.6 设 $\mathcal{P}$ 是有限集 $U = \{x_1, x_2, \cdots, x_n\}$ 上 AKB, $D(U, \mathcal{P}) = (c_{ij})$ 为 $\mathcal{P}$ 的 M-区分矩阵, $\varnothing \neq \mathcal{Q} \subseteq \mathcal{P}$ 且 ind($\mathcal{P}$) $\neq \varnothing$. 则 ind($\mathcal{Q}$) = ind($\mathcal{P}$) 当且仅当 $\forall c_{ij} \in D(U, \mathcal{P})$ 且 $c_{ij} \neq \varnothing$, 都有 $\mathcal{Q} \cap c_{ij} \neq \varnothing$.

证明 必要性: 假设对某 $c_{ij} \in D(U, \mathcal{P})$ 且 $c_{ij} \neq \varnothing$, 有 $\mathcal{Q} \cap c_{ij} = \varnothing$. 此时, $\forall P \in \mathcal{Q}$, 因 $P \notin c_{ij}$, 故 $\{x_i, x_j\} \subseteq P$, 于是 $\{x_i, x_j\} \subseteq$ ind($\mathcal{Q}$) = ind($\mathcal{P}$). 因 $c_{ij} \neq \varnothing$, 故存在 $P_0 \in \mathcal{P}$ 使 $\{x_i, x_j\} \nsubseteq P_0$, 这与 $\{x_i, x_j\} \subseteq$ ind($\mathcal{P}$) $\subseteq P_0$ 矛盾!

充分性: 显然 ind($\mathcal{P}$) $\subseteq$ ind($\mathcal{Q}$), 下面证明 ind($\mathcal{Q}$) $\subseteq$ ind($\mathcal{P}$). 用反证法, 假设存在 $x_i \in$ ind($\mathcal{Q}$), 但 $x_i \notin$ ind($\mathcal{P}$), 于是 $\exists P_0 \in \mathcal{P}$ 使 $x_i \notin P_0$. 因 ind($\mathcal{P}$) $\neq \varnothing$, 故对 $x_j \in$ ind($\mathcal{P}$), 有 $x_j \in P_0$. 这时 $\{x_i, x_j\} \nsubseteq P_0$, 于是 $P_0 \in c_{ij} \neq \varnothing$, 从而由 $\mathcal{Q} \cap c_{ij} \neq \varnothing$ 知存在 $Q \in \mathcal{Q}$ 使 $Q \in c_{ij}$. 由 $x_j \in$ ind($\mathcal{P}$) 知 $x_j \in Q$, 从而 $x_i \notin Q$, $x_i \notin$ ind($\mathcal{Q}$), 这与假设矛盾. $\square$

定理 11.7.7 (交约简判定定理) 设 $\mathcal{P}$ 是有限集 $U = \{x_1, x_2, \cdots, x_n\}$ 上的 AKB, $D(U, \mathcal{P}) = (c_{ij})$ 为 $\mathcal{P}$ 的 M-区分矩阵, $\varnothing \neq \mathcal{Q} \subseteq \mathcal{P}$ 且 ind($\mathcal{P}$) $\neq \varnothing$. 则 $\mathcal{Q}$ 是 $\mathcal{P}$ 的交约简当且仅当 $\mathcal{Q}$ 是满足对任意 $c_{ij} \in D$ 且 $c_{ij} \neq \varnothing$, 都有 $\mathcal{Q} \cap c_{ij} \neq \varnothing$ 这一性质的 $\mathcal{P}$ 的极小子集族.

证明 必要性: 因 Q 是 $\mathcal{P}$ 的交约简, 故 $\mathrm{ind}(Q) = \mathrm{ind}(\mathcal{P})$ 且 $\forall P \in Q$, $\mathrm{ind}(Q - \{P\}) \neq \mathrm{ind}(\mathcal{P})$, 由命题 11.7.6 知, 对任意 $c_{ij} \in D(U, \mathcal{P})$ 且 $c_{ij} \neq \varnothing$, 都有 $Q \cap c_{ij} \neq \varnothing$. 因 $\forall P \in Q$, 有 $\mathrm{ind}(Q - \{P\}) \neq \mathrm{ind}(\mathcal{P})$, 由命题 11.7.6 知 存在 $c_{ij} \in D(U, \mathcal{P})$ 且 $c_{ij} \neq \varnothing$, 有 $(Q - \{P\}) \cap c_{ij} = \varnothing$, 这说明 Q 是对任意 $c_{ij} \in D(U, \mathcal{P})$ 且 $c_{ij} \neq \varnothing$, 都有 $Q \cap c_{ij} \neq \varnothing$ 这一性质的 $\mathcal{P}$ 的极小子集族.

充分性: 逆推可得. □

下一定理说明在一定条件下可以利用 M-区分矩阵求得有限抽象知识库 $\mathcal{P}$ 的核.

定理 11.7.8 设 $\mathcal{P}$ 是有限集 $U = \{x_1, x_2, \cdots, x_n\}$ 上的 AKB, $D(U, \mathcal{P}) = (c_{ij})$ 为 $\mathcal{P}$ 的 M-区分矩阵, $\mathrm{ind}(\mathcal{P}) \neq \varnothing$. 则 $\mathrm{core}(\mathcal{P}) = \{A \in \mathcal{P} \mid \exists i, j \leqslant n, c_{ij} = \{A\}\}$.

证明 记 $S = \{A \in \mathcal{P} \mid \exists i, j \leqslant n, c_{ij} = \{A\}\}$, 设 $A \in \mathrm{core}(\mathcal{P})$, 则 $\mathrm{ind}(\mathcal{P} - \{A\}) \neq \mathrm{ind}(\mathcal{P})$, 由命题 11.7.6 知, 存在 $c_{ij} \in D(U, \mathcal{P})$ 且 $c_{ij} \neq \varnothing$ 使 $(\mathcal{P} - \{A\}) \cap c_{ij} = \varnothing$. 又因 $c_{ij} \neq \varnothing$, 故 $c_{ij} = \{A\}$, 即 $A \in S$, 从而 $\mathrm{core}(\mathcal{P}) \subseteq S$. 用反证法 证 $S \subseteq \mathrm{core}(\mathcal{P})$. 假设 $B \in S$, $B \notin \mathrm{core}(\mathcal{P})$. 则存在 $c_{ij} \in D(U, \mathcal{P})$ 使 $c_{ij} = \{B\}$ 且 $\mathrm{ind}(\mathcal{P} - \{B\}) = \mathrm{ind}\mathcal{P}$, 由命题 11.7.6 知 $c_{ij} \cap (\mathcal{P} - \{B\}) \neq \varnothing$, 这说明存在 $Q \in \mathcal{P} - \{B\}$ 使 $Q \in c_{ij}$, 这与 $c_{ij} = \{B\}$ 矛盾. 从而 $B \in \mathrm{core}(\mathcal{P})$, $S \subseteq \mathrm{core}(\mathcal{P})$. 综上, $\mathrm{core}(\mathcal{P}) = \{A \in \mathcal{P} \mid \exists i, j \leqslant n, c_{ij} = \{A\}\}$. □

注 11.7.9 在 $\mathrm{ind}(\mathcal{P}) \neq \varnothing$ 条件下, 定理 11.7.8 给出了核心元素的具体求法: M-区分矩阵中形如 $\{A\}$ 的元素 $A \in \mathcal{P}$ 恰是该抽象知识库 $\mathcal{P}$ 的核心元素. 而当 $\mathrm{ind}(\mathcal{P}) = \varnothing$ 时, 上述定理不适用. 此时可通过扩充论域的方法求得抽象知识库的 核. 具体见下一定理.

定理 11.7.10 设 $\mathcal{P}$ 是有限集 $U = \{x_1, x_2, \cdots, x_n\}$ 上的 AKB, $\mathcal{P} = \{P_1, P_2, \cdots, P_s\}$. 令 $\top$ 为不在 U 中的元, 作 $U^* = U \cup \{\top\}$ 和 $\mathcal{P}^* = \{P_1 \cup \{\top\}, P_2 \cup \{\top\}, \cdots, P_s \cup \{\top\}\}$. 则 $\mathrm{core}(\mathcal{P}^*) = \{P_{i_1} \cup \{\top\}, P_{i_2} \cup \{\top\}, \cdots, P_{i_k} \cup \{\top\}\}$ 等价于 $\mathrm{core}(\mathcal{P}) = \{P_{i_1}, P_{i_2}, \cdots, P_{i_k}\}$, 其中 $P_{i_j} \in \mathcal{P}(j = 1, 2, \cdots, k)$.

证明 直接验证. □

定理 11.7.10 给出了利用区分矩阵求一般有限抽象知识库的核的方法: 对给 定的有限抽象知识库 $\mathcal{P}$, 如果 $\mathrm{ind}(\mathcal{P}) \neq \varnothing$, 则直接利用定理 11.7.8; 如果 $\mathrm{ind}(\mathcal{P}) = \varnothing$, 则先利用定理 11.7.10 进行扩充, 再利用定理 11.7.8 计算扩充后的核, 然后将 得到的新核中每个元恢复到原抽象知识库中对应的元, 便获得所要求的抽象知识 库的核.

类似于知识库的情形也可用 M-区分函数来求有限抽象知识库的交约简.

定义 11.7.11 设 $\mathcal{P}$ 是有限集 $U = \{x_1, x_2, \cdots, x_n\}$ 上的 AKB, $\mathrm{ind}(\mathcal{P}) \neq \varnothing$, $D(U, \mathcal{P}) = (c_{ij})$ 为 $\mathcal{P}$ 的 M-区分矩阵. 称布尔函数 $f(\mathcal{P}) = \bigwedge_{c_{ij} \neq \varnothing}(\bigvee_{P \in c_{ij}} P)$ 为

$\mathcal{P}$ 的 M-区分函数.

对 M-区分函数 $f(\mathcal{P})$ 也可考虑化为析取范式和极小析取范式.

例 11.7.12 设 $f(\mathcal{P}) = P_3 \wedge (P_1 \vee P_2) \wedge (P_1 \vee P_3) \wedge (P_2 \vee P_3) \wedge (P_1 \vee P_2 \vee P_3)$. 运用布尔值逻辑运算规律得 $f(\mathcal{P}) = P_3 \wedge (P_1 \vee P_2) = (P_1 \wedge P_3) \vee (P_2 \wedge P_3)$, 由定义 11.6.26 知 $(P_1 \wedge P_3) \vee (P_2 \wedge P_3)$ 为 $f(\mathcal{P})$ 的极小析取范式.

下列四个定理的证明分别类似于定理 11.6.28、定理 11.6.29、定理 11.6.30 和定理 11.6.31 的证明, 具体留给读者练习, 这里不再赘述.

定理 11.7.13 设 $\mathcal{P}$ 是有限集 U 上的 AKB, $f(\mathcal{P})$ 为 $\mathcal{P}$ 的 M-区分函数. 则 $f(\mathcal{P})$ 存在极小析取范式形如 $\bigvee_{k=1}^{m} (\bigwedge_{P \in \mathcal{P}_k} P)$ 且析取项对应的集族 $\{\mathcal{P}_k \mid k \leqslant m\}$ 是唯一的.

定理 11.7.14 设 $\mathcal{P}$ 是有限集 U 上的 AKB, $\text{ind}(\mathcal{P}) \neq \varnothing \neq \mathcal{Q} \subseteq \mathcal{P}$, $f(\mathcal{P})$ 为 $\mathcal{P}$ 的 M-区分函数. 则 $\text{ind}(\mathcal{Q}) = \text{ind}(\mathcal{P})$ 当且仅当对于 $P \in \mathcal{Q}$ 的 P 赋值 1, $P \in \mathcal{P} - \mathcal{Q}$ 的 P 赋值 0 的赋值法有 $f(\mathcal{P}) = 1$.

定理 11.7.15 设 $\mathcal{P}$ 是有限集 U 上的 AKB, $\varnothing \neq \mathcal{Q} \subseteq \mathcal{P}$, $\bigvee_{k=1}^{m} (\bigwedge_{P \in \mathcal{P}_k} P)$ 为 $\mathcal{P}$ 的 M-区分函数 $f(\mathcal{P})$ 的极小析取范式. 则下列两条等价:

(1) $\mathcal{Q}$ 是满足如下性质 $(*)$ 的 $\mathcal{P}$ 的极小子族:

$\quad (*)$ 对 $P \in \mathcal{Q}$ 的 P 赋值 1, $P \in \mathcal{P} - \mathcal{Q}$ 的 P 赋值 0 的赋值法有 $f(\mathcal{P}) = 1$.

(2) 存在 $k \leqslant m$, 使 $\mathcal{Q} = \mathcal{P}_k$.

定理 11.7.16 设 $\mathcal{P}$ 是有限集 U 上的 AKB, $\text{ind}(\mathcal{P}) \neq \varnothing$, M-区分函数 $f(\mathcal{P})$ 的极小析取范式为 $\bigvee_{k=1}^{m} (\bigwedge_{P \in \mathcal{P}_k} P)$, $\varnothing \neq \mathcal{Q} \subseteq \mathcal{P}$. 则 $\mathcal{Q} \in \text{red}(\mathcal{P})$ 当且仅当存在 $k \leqslant m$ 使 $\mathcal{Q} = \mathcal{P}_k$.

注 11.7.17 在 $\text{ind}(\mathcal{P}) \neq \varnothing$ 条件下, 定理 11.7.16 给出了交约简的求法: 利用布尔值逻辑运算, 将 M-区分函数 $f(\mathcal{P})$ 化为极小析取范式 $\bigvee_{k=1}^{m} (\bigwedge_{P \in \mathcal{P}_k} P)$, 则 $\{\mathcal{P}_k \mid k = 1, 2, \cdots, m\}$ 恰是抽象知识库 $\mathcal{P}$ 的全部交约简. 而当 $\text{ind}(\mathcal{P}) = \varnothing$ 时, 上述定理不适用. 此时可通过扩充论域的方法求得抽象知识库的交约简. 具体见下一定理.

定理 11.7.18 设 $\mathcal{P}$ 是有限集 $U = \{x_1, x_2, \cdots, x_n\}$ 上的 AKB, $\mathcal{P} = \{P_1, P_2, \cdots, P_s\}$, $\top$ 为任一不在 U 中的元, $U^* = U \cup \{\top\}$, $\mathcal{P}^* = \{P_1 \cup \{\top\}, P_2 \cup \{\top\}, \cdots, P_s \cup \{\top\}\}$. 则 $\mathcal{Q}^* = \{Q_1 \cup \{\top\}, Q_2 \cup \{\top\}, \cdots, Q_m \cup \{\top\}\} \in \text{red}(\mathcal{P}^*)$ 当且仅当 $\mathcal{Q} = \{Q_1, Q_2, \cdots, Q_m\} \in \text{red}(\mathcal{P})$, 其中 $Q_i \in \mathcal{P} (i = 1, 2, \cdots, m)$.

证明 直接验证可得. $\qquad\qquad\qquad\qquad\qquad\qquad\qquad\qquad\qquad\qquad \square$

从一些简单孤立的知识可能会组合派生出新的知识, 使知识库饱和化, 比如取集合并就是一种派生手段. 当然这些参与派生新结论的知识也不都是必要的, 从而也可考虑抽象知识库的并约简和并饱和约简.

定义 11.7.19 设 $\mathcal{P}$ 是 U 上的 AKB, $\varnothing \neq \mathcal{Q} \subseteq \mathcal{P}$. 如果 $\cup \mathcal{Q} = \cup \mathcal{P}$ 且

$\forall R \in \mathcal{Q}, \cup \mathcal{Q} \neq \cup(\mathcal{Q} - \{R\})$), 则 $\mathcal{Q}$ 称为 $\mathcal{P}$ 的**并约简**.

对于 AKB 的并约简, 可类似于交约简进行讨论, 这里不再展开, 留读者作为练习.

注 11.7.20 设 $\mathcal{C}$ 不含空集且 $\cup \mathcal{C} = U$. 许多文献, 如 [127, 247, 248] 等称这样的抽象知识库 $(U, \mathcal{C})$ 为一个**覆盖近似空间**. 在覆盖近似空间中定义的 (覆盖) 约简实际与这里作为抽象知识库定义的并约简是一样的. 于是定义 11.7.19 是覆盖近似空间中 (覆盖) 约简概念的推广.

定义 11.7.21 设 $\mathcal{P}$ 是 AKB 且 $\mathcal{P}^\sharp$ 是由 $\mathcal{P}$ 的非空有限并组成的集族. 则称 $\mathcal{P}^\sharp$ 是 $\mathcal{P}$ 的**并饱和化**. 如果 $\mathcal{P} = \mathcal{P}^\sharp$, 则称 $\mathcal{P}$ 是**并饱和的**.

一般 $\mathcal{P} \subseteq \mathcal{P}^\sharp$, 且有 $\cup \mathcal{P} = \cup \mathcal{P}^\sharp$. 但即使 $(\mathcal{P}, \subseteq)$ 是并半格, 也容易找到反例使 $\mathcal{P} \neq \mathcal{P}^\sharp$. 如果一个 AKB 是并半格, 那它必然是定向的.

定义 11.7.22 设 $\mathcal{P}$ 是 AKB. 如果 $\forall C \in \mathcal{P}, (\mathcal{P} - \{C\})^\sharp \neq \mathcal{P}^\sharp$, 则 $\mathcal{P}$ 称为**极小并饱和的**.

由定义 11.7.22, 易证

命题 11.7.23 若 $\forall A \in \mathcal{P}$ 均不能表示成 $\mathcal{P} - \{A\}$ 中有限个元的并, 则 $\mathcal{P}$ 是极小并饱和的.

定义 11.7.24 设 $\mathcal{P}$ 是 AKB, $\varnothing \neq \mathcal{P}_0 \subseteq \mathcal{P}$. 如果 $\mathcal{P}_0$ 是极小并饱和的且 $\mathcal{P}_0^\sharp = \mathcal{P}^\sharp$, 则 $\mathcal{P}_0$ 称为 $\mathcal{P}$ 的**并饱和约简**.

显然, $\mathcal{P}$ 是极小并饱和的当且仅当 $\mathcal{P}$ 是 $\mathcal{P}$ 的并饱和约简. 由并饱和约简的极小性和定义 11.7.22, 下一命题易于证明.

命题 11.7.25 设 $\mathcal{P}_0, \mathcal{P}_1$ 均是 $\mathcal{P}$ 的并饱和约简且 $\mathcal{P}_0 \subseteq \mathcal{P}_1$, 则 $\mathcal{P}_0 = \mathcal{P}_1$.

命题 11.7.26 设 $\mathcal{P}$ 和 $\mathcal{P}'$ 均是 AKB, $\mathcal{P}_0$ 是 $\mathcal{P}$ 的并饱和约简, $\min(\mathcal{P})$ 是 $\mathcal{P}$ 的极小元集. 则有 $\min(\mathcal{P}) \subseteq \mathcal{P}_0$. 如果 $\mathcal{P}_0 \subseteq \mathcal{P}' \subseteq \mathcal{P}^\sharp$, 则 $\mathcal{P}_0$ 是 $\mathcal{P}'$ 和 $\mathcal{P}^\sharp$ 的并饱和约简.

证明 假设存在 $A \in \min(\mathcal{P})$, $A \notin \mathcal{P}_0$. 由极小元性质知 $A \notin \mathcal{P}_0^\sharp$. 由于 $\mathcal{P}_0$ 是 $\mathcal{P}$ 的并饱和约简, 故 $\mathcal{P}_0^\sharp = \mathcal{P}^\sharp$. 于是 $A \notin \mathcal{P}^\sharp$, 矛盾! 这样, $\min(\mathcal{P}) \subseteq \mathcal{P}_0$. 如果 $\mathcal{P}_0 \subseteq \mathcal{P}' \subseteq \mathcal{P}^\sharp$, 则 $\mathcal{P}_0^\sharp \subseteq (\mathcal{P}')^\sharp \subseteq (\mathcal{P}^\sharp)^\sharp = \mathcal{P}^\sharp = \mathcal{P}_0^\sharp$. 于是 $\mathcal{P}_0^\sharp = \mathcal{P}'^\sharp = (\mathcal{P}^\sharp)^\sharp$. 因 $\mathcal{P}_0$ 是极小并饱和的, 故 $\mathcal{P}_0$ 是 $\mathcal{P}'$ 和 $\mathcal{P}^\sharp$ 的并饱和约简. $\qquad\square$

命题 11.7.27 设 $\mathcal{P}$ 是 AKB, $\mathcal{P}_0$ 是 $\mathcal{P}$ 的并饱和约简. 则对每一 $C \in \mathcal{P}_0$, 不存在非空有限个元 $K_1, \cdots, K_m \in \mathcal{P}_0 - \{C\}$ 使 $C = \bigcup_{i=1}^{m} K_i$.

证明 若存在 $K_1, \cdots, K_m \in \mathcal{P}_0 - \{C\}$ 使 $C = \bigcup_{i=1}^{m} K_i$, 则 $C \in (\mathcal{P}_0 - \{C\})^\sharp$ 且 $(\mathcal{P}_0 - \{C\})^\sharp \supseteq \mathcal{P}_0$. 于是 $\mathcal{P}^\sharp = \mathcal{P}_0^\sharp \subseteq (\mathcal{P}_0 - \{C\})^\sharp \subseteq \mathcal{P}_0^\sharp$, 由此得 $\mathcal{P}^\sharp = \mathcal{P}_0^\sharp = (\mathcal{P}_0 - \{C\})^\sharp$, 矛盾于 $\mathcal{P}_0$ 是 $\mathcal{P}$ 的并饱和约简. 故不存在有限个元 $K_1, \cdots, K_m \in \mathcal{P}_0 - \{C\}$ 使 $C = \bigcup_{i=1}^{m} K_i$. $\qquad\square$

设 $\mathcal{P}$ 是有限集 U 上一个 AKB. 则在集合包含序下 $\mathcal{P}$ 是一个 dcpo. 由 Zorn

引理, 集合 $\min(\mathcal{P}) \neq \varnothing$. 下一定理说明 $\mathcal{P}$ 的并饱和约简是存在的且有算法算出.

定理 11.7.28 若 $\mathcal{P}$ 是有限集 U 的一个 AKB, 则 $\mathcal{P}$ 至少有一个并饱和约简.

证明 归纳地构造 $\mathcal{P}$ 的一列子集 $K_0, K_1, \cdots, K_n, \cdots$ 使得

$$K_0 = \min(\mathcal{P}) \subseteq \mathcal{P}, \; K_1 = \min(\mathcal{P} - K_0^\sharp) \subseteq \mathcal{P}, \; K_2 = \min(\mathcal{P} - (K_0 \cup K_1)^\sharp) \subseteq \mathcal{P},$$
$$\cdots, \; K_n = \min(\mathcal{P} - (K_0 \cup \cdots \cup K_{n-1})^\sharp), \cdots.$$

注意到 $\min(\mathcal{P}) \neq \varnothing$, 可知 $\mathcal{P} - (K_0 \cup \cdots \cup K_i)^\sharp$ 严格递减. 因 U 和 $\mathcal{P}$ 均是有限的, 故存在某 n 使得 $\mathcal{P} - (K_0 \cup \cdots \cup K_n)^\sharp = \varnothing$, 进而对所有 $i \geqslant n+1$ 有 $K_i = \varnothing$. 令 $\mathcal{P}_0 = \bigcup_{i=0}^n K_i \subseteq \mathcal{P}$. 则 $\mathcal{P}_0^\sharp = (\bigcup_{i=0}^n K_i)^\sharp \subseteq \mathcal{P}^\sharp$ 且 $(\bigcup_{i=0}^n K_i)^\sharp \supseteq \mathcal{P}$, 由此得 $(\bigcup_{i=0}^n K_i)^\sharp \supseteq \mathcal{P}^\sharp$ 且 $\mathcal{P}_0^\sharp = \mathcal{P}^\sharp$.

对每一 $C \in \mathcal{P}_0$, 存在 $i_0 \leqslant n$ 使得 $C \in K_{i_0}$. 断言 $C \notin (\mathcal{P}_0 - \{C\})^\sharp$. 事实上, 若 $C \in (\mathcal{P}_0 - \{C\})^\sharp \subseteq \mathcal{P}^\sharp$, 则存在非空有限集 $\mathcal{R} \subseteq \bigcup_{i=0}^n K_i - \{C\}$ 使得 $C = \cup\{R \mid R \in \mathcal{R}\}$. 令 $\mathcal{R}_1 = \mathcal{R} \cap \bigcup_{i=0}^{i_0-1} K_i, \mathcal{R}_2 = \mathcal{R} \cap \bigcup_{i=i_0}^n K_i$. 则 $\mathcal{R}_1 \cup \mathcal{R}_2 = \mathcal{R}$ 且 $C = (\cup\mathcal{R}_1) \cup (\cup\mathcal{R}_2)$. 也有 $\mathcal{R}_2 \subseteq \bigcup_{i=i_0}^n K_i \subseteq \mathcal{P} - (\bigcup_{i=0}^{i_0-1} K_i)^\sharp$. 若 $\mathcal{R}_2 \neq \varnothing$, 则对每一 $R \in \mathcal{R}_2$, 由 $R \neq C \in K_{i_0}$ (即 C 是 $\mathcal{P} - (\bigcup_{i=0}^{i_0-1} K_i)^\sharp$ 中的极小元) 和 $K_i \cap K_j = \varnothing \, (\forall i \neq j)$ 得 $R \nsubseteq C$, 矛盾. 于是 $\mathcal{R}_2 = \varnothing$. 从而 $C = \cup\mathcal{R}_1 \notin K_{i_0}$, 矛盾于 $C \in K_{i_0}$. 断言获证. 由该断言, 我们有 $(\mathcal{P}_0 - \{C\})^\sharp \neq \mathcal{P}^\sharp$. 由定义 11.7.24, 知 $\mathcal{P}_0$ 是 $\mathcal{P}$ 的并饱和约简. $\square$

定理 11.7.29 设 $\mathcal{P}$ 是有限集 U 的一个 AKB, $\mathcal{P}_0$ 是定理 11.7.28 中构造的 $\mathcal{P}$ 的并饱和约简, $\mathcal{P}_1$ 是 $\mathcal{P}$ 的任一并饱和约简. 则 $\mathcal{P}_0 = \mathcal{P}_1$ 是 $\mathcal{P}$ 的唯一并饱和约简.

证明 先证明 $K_i \subseteq \mathcal{P}_1 \, (i = 0, \cdots, n)$. 为此, 我们用数学归纳法.

(1) 对 $K_0 = \min(\mathcal{P})$ 及 $\forall C \in K_0$, 存在 $A_s \in \mathcal{P}_1 (s = 0, \cdots, m)$ 使得 $C = \bigcup_{s=0}^m A_s$. 因 C 是极小元, 故存在 s_0 使得 $C = A_{s_0} \in \mathcal{P}_1$. 于是, $K_0 \subseteq \mathcal{P}_1$.

(2) 假定当 $i \leqslant j$ 时, 有 $K_i \subseteq \mathcal{P}_1$. 则要证

(3) $K_{j+1} \subseteq \mathcal{P}_1$. 事实上, $\bigcup_{i=0}^j K_i \subseteq \mathcal{P}_1$ 且 $\mathcal{P}_1 - (\bigcup_{i=0}^j K_i)^\sharp \subseteq \mathcal{P} - (\bigcup_{i=0}^j K_i)^\sharp \subseteq \uparrow K_{j+1}$. 这样, 对每一 $R \in K_{j+1}$ 有 $R \notin (\bigcup_{i=0}^j K_i)^\sharp$. 因 $\mathcal{P}_1$ 是并饱和约简, 存在有限族 $\mathcal{R} = \mathcal{R}_1 \cup \mathcal{R}_2 \subseteq \mathcal{P}_1$ 使得 $R = (\cup\mathcal{R}_1) \cup (\cup\mathcal{R}_2)$, 其中 $\mathcal{R}_1 \subseteq \mathcal{P}_1 - (\bigcup_{i=0}^j K_i)^\sharp$ 且 $\mathcal{R}_2 \subseteq \mathcal{P}_1 \cap (\bigcup_{i=0}^j K_i)^\sharp$. 由 $\mathcal{R}_1 \subseteq \uparrow K_{j+1}$ 和 R 是 $\uparrow K_{j+1}$ 的极小元, 我们有 $\mathcal{R}_1 = \varnothing$ 或 $\mathcal{R}_1 = \{R\}$. 若 $\mathcal{R}_1 = \varnothing$, 则 $R = \cup\mathcal{R}_2 \in (\bigcup_{i=0}^j K_i)^\sharp$, 矛盾于 $R \notin (\bigcup_{i=0}^j K_i)^\sharp$. 于是, $\mathcal{R}_1 = \{R\}$ 和 $R \in \mathcal{R}_1 \subseteq \mathcal{P}_1$. 从而, $K_{j+1} \subseteq \mathcal{P}_1$.

由归纳法原理, 得 $K_i \subseteq \mathcal{P}_1 \, (i = 0, \cdots, n)$. 由此得 $\mathcal{P}_0 \subseteq \mathcal{P}_1$. 又因 $\mathcal{P}_0$ 和 $\mathcal{P}_1$ 都是极小并饱和的, 故由命题 11.7.25 得 $\mathcal{P}_0 = \mathcal{P}_1$. $\square$

定理 11.7.30 设 $\mathcal{P}$ 是 AKB 且 $\varnothing \neq \mathcal{P}_0 \subseteq \mathcal{P}$. 则 $\mathcal{P}_0$ 既是 $\mathcal{P}$ 的并饱和约简又是并约简的充分必要条件是 $\mathcal{P}_0 = \min(\mathcal{P})$, $\mathcal{P}_0^\sharp = \mathcal{P}^\sharp$ 且 $\forall C \in \mathcal{P}_0, \cup(\mathcal{P}_0 - \{C\}) \neq \cup \mathcal{P}$.

证明　充分性: 由定义 11.7.19 和定义 11.7.24、定理 11.7.28 和定理 11.7.29 推得.

必要性: 因 $\mathcal{P}_0$ 是并饱和约简, 故 $\mathcal{P}_0^\sharp = \mathcal{P}^\sharp$. 又因 $\mathcal{P}_0$ 也是并约简, 故 $\forall C \in \mathcal{P}_0, \cup(\mathcal{P}_0 - \{C\}) \neq \cup\mathcal{P} = \cup\mathcal{P}_0$. 为证 $\mathcal{P}_0 = \min(\mathcal{P})$, 先由定理 11.7.28 和定理 11.7.29 得 $\mathcal{P}_0 = K_0 \cup K_1 \cup \cdots \cup K_n$, 其中 $K_0 = \min(\mathcal{P})$ 及 $K_i = \min(\mathcal{P} - (K_0 \cup K_1 \cup \cdots \cup K_{i-1})^\sharp)(i = 1, 2, \cdots, n)$. 令 $C' \in \bigcup_{i=1}^n K_i$. 则存在极小元 $C_\xi \in K_0 \subseteq \mathcal{P}_0$ 使得 $C_\xi \subseteq C'$, 于是 $\cup(\mathcal{P}_0 - \{C_\xi\}) = \cup\mathcal{P}_0 = \cup\mathcal{P}$, 矛盾于 $\forall C \in \mathcal{P}_0$, $\cup(\mathcal{P}_0 - \{C\}) \neq \cup\mathcal{P} = \cup\mathcal{P}_0$. 这说明 $\bigcup_{i=1}^n K_i = \varnothing$ 且 $\mathcal{P}_0 = K_0 = \min(\mathcal{P})$. □

例 11.7.31　设 $U = \{a, b, c\}$, $\mathcal{P}_1 = \{\{a\}, \{b\}, \{a, b\}, \{b, c\}\}$, $\mathcal{P}_2 = \{\{a\}, \{b\}, \{c\}, \{a, b\}\}$. 对 $\mathcal{P}_1$, 并约简有 $\{\{a\}, \{b, c\}\}$ 和 $\{\{a, b\}, \{b, c\}\}$; 而并饱和约简 $\{\{a\}, \{b\}, \{b, c\}\}$ 是唯一的, 显然 $\mathcal{P}_1$ 没有既是并饱和约简又是并约简的约简.

但容易核实 $\{\{a\}, \{b\}, \{c\}\}$ 既是 $\mathcal{P}_2$ 的并饱和约简又是并约简. 然而, $\mathcal{P}_2$ 还有另一并约简 $\{\{c\}, \{a, b\}\}$.

如果不仅考虑有限并, 也考虑任意并, 则得到抽象知识库的并派生.

定义 11.7.32　设 $\mathcal{P}$ 是集 U 的一个非空 AKB, 由 $\mathcal{P}$ 中元作任意并所产生的集族称为 $\mathcal{P}$ 的**并派生**, 记作 $\mathcal{P}^\vee$.

定理 11.7.33　设 $\mathcal{P}$ 是 U 的对有限交关闭的非空 AKB, 则 $\mathcal{P}$ 的并派生对有限交关闭.

证明　因为 U 是空集在 $\mathcal{P}$ 中的交, 在 $\mathcal{P}$ 中, 故 $\mathcal{P}$ 满足成基定理 (定理 2.3.5) 的条件, 从而并派生 $\mathcal{P}^\vee$ 是一个拓扑, 特别 $\mathcal{P}$ 的并派生 $\mathcal{P}^\vee$ 对有限交关闭. □

由定理 11.7.33 的证明立得如下

推论 11.7.34　设 $\mathcal{P}$ 是非空 AKB 且对集合的有限交关闭, 则 $\mathcal{P}$ 的并派生是一个拓扑.

命题 11.7.35　设 $\mathcal{P}$ 是有限集 U 上的 AKB, $\mathcal{P}_0$ 是 $\mathcal{P}$ 的并饱和约简. 如果 $\varnothing \in \mathcal{P}$, $U = \cup\mathcal{P}$ 且 $\mathcal{P}$ 对非空有限交关闭, 则 $\mathcal{P}_0^\sharp$ 为 U 的一个拓扑.

证明　由并饱和化定义 11.7.21, $\varnothing \in \mathcal{P}$ 及 U 有限知 $\mathcal{P}^\sharp$ 对任意并关闭, 从而 $\mathcal{P}^\sharp = \mathcal{P}^\vee$. 由 $U = \cup\mathcal{P}$ 知 $\mathcal{P}^\sharp$ 对有限交关闭. 从而由推论 11.7.34 得 $\mathcal{P}^\sharp = \mathcal{P}^\vee$ 为 U 上一个拓扑. 由 $\mathcal{P}_0$ 是 $\mathcal{P}$ 的并饱和约简知 $\mathcal{P}_0^\sharp = \mathcal{P}^\sharp$ 是 U 上一个拓扑. □

命题 11.7.36　有限集 U 上的不同拓扑数不少于满足如下 3 个条件的集族 $\mathcal{P}$ 的个数:

(1) $\mathcal{P}$ 为极小并饱和的;

(2) $\varnothing \in \mathcal{P}$ 且 $\mathcal{P}$ 对非空有限交关闭;

(3) $U = \cup\mathcal{P}$.

当 $|U| \leqslant 3$ 时, U 上的不同拓扑数恰为这种集族 $\mathcal{P}$ 的个数.

证明　给定满足上述三条件的集族 $\mathcal{P}$, 由命题 11.7.35 可得唯一以 $\mathcal{P}$ 为并饱

和约简的拓扑 $\mathcal{P}^{\natural}$. 又 U 上的一个拓扑只有唯一的并饱和约简 (但不必满足命题中的所述 3 个条件), 这样有限集 U 上的不同拓扑数不少于满足所述三条件的集族 $\mathcal{P}$ 的个数. 当 $|U| \leqslant 3$ 时, U 上的一个拓扑有唯一的并饱和约简且满足命题中的所述 3 个条件, 从而当 $|U| \leqslant 3$ 时, U 上的不同拓扑数恰为这种集族 $\mathcal{P}$ 的个数.

□

例 11.7.37 设 $U = \{a, b, c\}$. 计算 U 上不同拓扑总数.

求 U 上不同拓扑数等于求满足命题 11.7.36 集族 $\mathcal{P}$ 的个数. 分情况讨论.

若 $|\mathcal{P}| = 2$, 则 $\mathcal{P} = \{\varnothing, U\}$, 个数为 1. 若 $|\mathcal{P}| = 3$, 则当 $U \in \mathcal{P}$ 时, $\mathcal{P}$ 的个数为 $C_6^1 = 6$; 当 $U \notin \mathcal{P}$ 时, $\mathcal{P}$ 的个数为 $C_3^1 = 3$. 若 $|\mathcal{P}| = 4$, 则当 $U \in \mathcal{P}$ 时, $\mathcal{P}$ 中除 $\varnothing$ 和 U 外另两元均为单点集的个数为 $C_3^2 = 3$, $\mathcal{P}$ 中另两元为一个单点集和一个含该点的二元集, 这时可能的个数为 $2 \times C_3^1 = 6$; 当 $U \notin \mathcal{P}$ 时, $\mathcal{P}$ 中除 $\varnothing$ 外有三个单点集的情形只有 1 个, 有两个单点集和一个二元集的个数为 $C_3^2 \times 2 = 6$; 有两个二元集和一个单点集的个数为 $C_3^1 = 3$. 若 $|\mathcal{P}| \geqslant 5$, 则 $\mathcal{P}$ 不能同时满足前述命题的三个条件, 个数为 0. 于是 U 上的不同拓扑的总数为 $1 + 6 + 3 + 3 + 6 + 3 + 6 + 1 + 0 = 29$ 个.

习 题 11.7

1. 举例说明若 $\mathcal{P}$ 是无限的 AKB, 则其交约简和并饱和约简均不必存在.
2. 详细证明定理 11.7.10.
3. 对偶于并饱和约简, 给出 U 的一个 AKB 的交饱和约简的定义, 并证明:

若 $\mathcal{P}$ 是有限集 U 的一个 AKB, 则 $\mathcal{P}$ 存在唯一的交饱和约简. 提示: 参见 [202].

4. 设 $U = \{a, b, c\}$. 计算 $\mathcal{P}(U)$ 的不同子格总数.
5. 举例说明有最小元的 AKB 的交约简不必是唯一的.
6*. 探讨 AKB 的并约简及与交约简、并饱和约简的联系.
7*. 定义 AKB 的**交派生**并探讨交派生的性质.

第 12 章　拓扑分解与宇宙拓扑模型假说

众所周知, 给定一个集合, 其上的全体拓扑按集合包含序构成一个完备格. 于是人们可以通过取若干拓扑的上确界来表达、描述或界定一个拓扑. 比如上拓扑和下拓扑的上确界就是区间拓扑, 而 Lawson 拓扑就是 Scott 拓扑与下拓扑的上确界, 等等. 当然也可以通过将一个给定的拓扑分解成若干拓扑的上确界来研究刻画该拓扑, 或更细致地研究那些能够表示成某种特殊类型拓扑的上确界的拓扑. 这些特殊类型包括: 可度量拓扑类, 具有某种分离性的拓扑类, 紧 T_2 拓扑类等. 如果一个拓扑可表示成若干度量拓扑 (相应地, 紧 T_2 拓扑、Sober 拓扑、T_1+Sober 拓扑, 等等) 的上确界, 则该拓扑称为**度量分解拓扑**(相应地, **紧 T_2 分解拓扑**、**Sober 分解拓扑**、**(T_1+Sober) 分解拓扑**, 等等). 本章重点研究紧 T_2 分解拓扑, 将给定拓扑 "拆成" 某些非平凡紧 T_2 拓扑的上确界, 由此获得对欧氏空间 $\mathbb{R}^n$ 上拓扑的新认识, 由这新认识, 引发我们对宇宙几何拓扑模型的猜测和思考.

12.1　拓扑的双射转移

为了表达、构造一些新的拓扑, 我们要用到拓扑的双射转移或双射转移拓扑这一方法. 所谓拓扑的双射转移或双射转移拓扑实际是第 2 章中讲的商拓扑的一种特殊情形, 这里只是更形象、更具体的表达.

定义 12.1.1　设 (X, τ) 为拓扑空间, Y 为任一集合, $f : X \to Y$ 为双射. 利用 f 作 $f(\tau) := \{f(U) \mid U \in \tau\}$, 则 $f(\tau)$ 为 Y 上的一个拓扑, 称为 τ 的 f **转移拓扑**. 这时 $f : (X, \tau) \to (Y, f(\tau))$ 为同胚. 若存在双射 f 使得 $f(\tau_2) = \tau_1$, 则称 τ_1 为 τ_2 的转移拓扑.

利用转移拓扑方法可构造许多有趣的拓扑实例.

命题 12.1.2　集合 $\mathbf{I} = [0, 1]$ 上的度量拓扑依照集合包含序作成的偏序集的长度 (即极大全序子链的基数) 不小于连续统基数 $|\mathbf{I}|$, 宽度 (极大反链子集的基数) 也不小于 $|\mathbf{I}|$.

证明　设单位闭区间 $\mathbf{I}$ 上的通常拓扑为 η. 对 $a \in \mathbf{I}$, 作 $f_a : \mathbf{I} \to \mathbf{I}$ 使 $f_a(a) = 0, f_a(0) = a, f_a(x) = x$ $(x \notin \{0, a\})$. 易见, f_a 为一一对应且转移拓扑 $f_a(\eta)$ 与 $\mathbf{I}$ 上通常拓扑具有相同的拓扑性质, 特别地, 是紧可度量的. 由紧 T_2 拓扑的恰当性 (推论 2.10.16), 当 $a, b \in \mathbf{I}$, $a \neq b$ 时, $f_a(\eta) \not\subseteq f_b(\eta)$, $f_b(\eta) \not\subseteq f_a(\eta)$. 由

此知道 $\{f_a(\eta) \mid a \in \mathbf{I}\}$ 为 $\mathbf{I}$ 上度量拓扑偏序集的一个反链, 其基数为 $|\mathbf{I}|$, 这就是说, $\mathbf{I}$ 上度量拓扑偏序集的宽度至少是连续统基数 $|\mathbf{I}|$.

下面考虑 $\mathbf{I}$ 上度量拓扑偏序集的长度.

令 τ_a ($\forall a \in \mathbf{I}$) 是由子基

$$\mathcal{S}_a = \eta|_{[0,a]} \cup \{A \mid A \subseteq (a,1]\}$$

生成的拓扑. 易见 τ_a 是 $[0,a]$ 上度量拓扑 $\eta|_{[0,a]}$ 与 $(a,1]$ 上离散拓扑的无交情形的和拓扑 (见定义 2.5.12 和习题 2.5(2)), 从而 τ_a 是可度量拓扑. 又当 $a,b \in \mathbf{I}$ 且 $a < b$ 时有 $\tau_b \subset \tau_a$. 于是 $\{\tau_a \mid a \in \mathbf{I}\}$ 为 $\mathbf{I}$ 上度量拓扑偏序集的一个 (完备) 链, 其基数为 $|\mathbf{I}|$, 这就是说, $\mathbf{I}$ 上度量拓扑偏序集的长度至少是连续统基数 $|\mathbf{I}|$. $\qquad \square$

下例也是利用转移拓扑来构造的重要反例.

例 12.1.3 集合 $\mathbf{I} = [0,1]$ 上存在 T_1 的 Sober 拓扑 τ, 而 τ 不是 T_2 拓扑.

证明 设单位闭区间 $\mathbf{I}$ 上的通常拓扑为 η. 作映射 $f_{1/2} : \mathbf{I} \to \mathbf{I}$ 使得

$$f_{1/2}(0) = 1/2, \quad f_{1/2}(1/2) = 0, \quad f_{1/2}(x) = x \quad (\forall x \in \mathbf{I} - \{0, 1/2\}).$$

则 $f_{1/2}(\eta)$ 是紧 T_2 拓扑. 令 $\tau = \eta \cap f_{1/2}(\eta)$, 则 τ 是 T_1 的紧拓扑. 但因 $\eta \neq f_{1/2}(\eta)$, 由推论 2.10.16 知道 τ 不是 T_2 拓扑. 下面证明 τ 是 Sober 拓扑. 这只要证明任一含有多于两个点的 τ-闭集 F 均不是 τ 的既约集. 分两种情况讨论.

(1) 当存在 $a < 1/2 < b$ 使 $a, b \in F$ 时, 取 $c \in (1/2, b)$. 则 $F = (F \cap [0,c]) \cup (F \cap [c,1])$. 注意到这时 $f_{1/2}([0,c]) = [0,c], f_{1/2}([c,1]) = [c,1]$, 故 $[0,c], [c,1]$ 均为 τ 的真闭集. 于是 F 这时可分解成两个真闭子集的并, 故 F 不是既约的.

(2) 非 (1) 的情形, 即 $F \subseteq [0, 1/2]$ 或 $F \subseteq [1/2, 1]$. 这时再分 (i), (ii) 两种情况.

(i) $F \subseteq [0, 1/2]$. 这时任取 $a, b \in F, a \neq b$, 令 $c = (a+b)/2$, 则

$$F = (F \cap ([0,c] \cup \{1/2\})) \cup (F \cap (\{0\} \cup [c, 1/2])).$$

注意到此时 $[0,c] \cup \{1/2\} = f([0,c] \cup \{1/2\})$ 是 τ-闭集, $\{0\} \cup [c, 1/2] = f(\{0\} \cup [c, 1/2])$ 是 τ-闭集, 故 F 表成了两个真 τ-闭集的并集, F 不是既约的.

(ii) $F \subseteq [1/2, 1]$. 这时若 $1/2 \notin F$, 则由 τ 的紧性, 存在 $c > 1/2$ 使 $F \subseteq [c, 1]$. 因 F 多于两个点, 取 $d \in [c, 1]$ 使 $[c,d] \neq \varnothing \neq [d,1]$, 则 $[c,d], [d,1]$ 均为真 τ-闭集, 从而 $F = (F \cap [c,d]) \cup (F \cap [d,1])$ 分解成两个真 τ-闭集的并集, 说明 F 不是既约的. 若 $1/2 \in F$, 注意到 $f_{1/2}^{-1}(F) = \{0\} \cup ((1/2,1] \cap F)$ 为 η 的闭集, 故存在 $c \in (1/2, 1]$ 使 $F = \{1/2\} \cup ([c,1] \cap F)$, 这时 F 可分解成两个真闭子集的并, 从而不是既约的.

综上, 含多于两点的 τ-闭集均不是既约集, 故 τ 是紧 T_1 且 Sober 的, 但不是 T_2 的.　　　　　　　　　　　　　　　　　　　　　　　　　　　　　　□

习　题　12.1

1. 证明: 一个集合上的拓扑 τ 为 T_1+Sober 的当且仅当 τ 的非空既约闭集均为单点集.
2. 证明: T_1+Sober 分解拓扑还是 T_1+Sober 拓扑.
3. 证明: 同一集合上的可数多个可度量拓扑的上确界还是可度量的.
4. 证明: Sorgenfry 直线 $\mathbb{R}_l$ 的拓扑是可度量分解拓扑, 但该拓扑不可度量化.
5. 证明: 一个拓扑是可度量分解拓扑当且仅当它细于某可度量拓扑且是完全正则的.
6. 证明: 一个可度量分解拓扑的紧子空间拓扑是可度量化的.

12.2　紧 T_2 分解拓扑

众所周知, 我们所处的宇宙空间的几何整体上并不是欧氏几何, 但局部地看又与欧氏几何无异. 基于这一事实, 我们自然提出问题: 在 $\mathbb{R}^n$ 上, 特别地, $\mathbb{R}$ 上是否存在一个度量拓扑, 使得该拓扑局部地看与通常欧氏拓扑一致, 而整体上却严格粗于通常欧氏拓扑? 我们从拓扑的紧 T_2 分解的途径确实找到了 $\mathbb{R}^n$ 上满足要求的拓扑. 这一新拓扑有可能为解释宇宙空间的几何结构提供一种线索.

一般紧 T_2 分解拓扑不再是紧的, 这引导我们考虑哪些非紧的 T_2 拓扑可以分解成紧 T_2 拓扑的上确界的问题. 首先有

定理 12.2.1　单位闭区间 $[0,1]$ 上的离散拓扑是若干紧度量拓扑的上确界.

证明　设 η 是 $[0,1]$ 上的通常拓扑, 对每一 $a \in [0,1]$, 令 f_a 是命题 12.1.2 证明中定义的双射, 则 $[0,1]$ 上的离散拓扑是这些拓扑 $f_a(\eta)$ 的上确界, 这里每一 $f_a(\eta)$ 都与 η 有相同的拓扑性质, 均为紧度量拓扑.　　　　□

对一般集合上的离散拓扑, 有

定理 12.2.2　任一集 X 上的离散拓扑都是若干紧 T_2 拓扑的上确界.

证明　设 Λ 为对应于基数 $|X|$ 的初始序数, 令 $\Gamma = [0, \Lambda]$ 为全体不超过 Λ 的序数, Γ 与集 X 等势且 Γ 依照序数的大小关系形成一个完备链, 从而是一个完全分配格. 其上的区间拓扑与 Lawson 拓扑 $\lambda(\Gamma)$ 相同, 是紧 T_2 拓扑. 对每一 $\alpha \in \Gamma$, 令 f_α 是类似于命题 12.1.2 证明中定义的双射, 则 Γ 上的离散拓扑就是这些 $f_\alpha(\lambda(\Gamma))(\alpha \in \Gamma)$ 的上确界. 再利用 X 与 Γ 等势, 可将上述拓扑分别转移到 X 上, 便知定理结论成立.　　　　□

下面考虑欧氏空间 $\mathbb{R}^n$ 的紧 T_2 拓扑分解问题. 先有

定理 12.2.3　$\mathbb{R}$ 上存在一个紧度量拓扑 τ, τ 严格粗于 $\mathbb{R}$ 上的通常拓扑 η.

证明 设 η 是 $\mathbb{R}$ 上的通常拓扑. 任取 $x \in \mathbb{R}$, 我们具体构造 $\mathbb{R}$ 上的拓扑 τ_x 如下:

$$\tau_x = \{U \in \eta \mid x \notin U\} \cup \{W \in \eta \mid x \in W \text{ 且存在紧集 } K \text{ 使 } \mathbb{R} - W \subseteq K\}.$$

易证 τ_x 为 $\mathbb{R}$ 上的紧 T_2 拓扑, 有可数基, 故可度量. 显然 τ_x 严格粗于 $\mathbb{R}$ 上通常拓扑 η. $\qquad\square$

从几何上看, 这时 $(\mathbb{R}, \tau_x)$ 同胚于 $\mathbb{R}^2$ 中 "∞"-形子空间:

$$(\mathbb{R}, \tau_x) \cong \infty \subseteq \mathbb{R}^2.$$

由这一表示, 上面提到的 τ_x 的性质就更为明显了.

推论 12.2.4 $\mathbb{R}$ 上通常拓扑 η 是两个紧度量拓扑的上确界.

证明 以点 $y \in \mathbb{R}$ 代替上面定理证明中 τ_x 的定义中的点 x, 则得到与 τ_x 有同样性质的另一拓扑 τ_y (实际是 τ_x 的一种转移拓扑), 易见 $\eta = \tau_x \vee \tau_y$. $\qquad\square$

将上述方法提炼, 可得下面更一般的定理.

定理 12.2.5 设 (X, τ) 为局部紧的 T_2 空间, 则存在一个紧 T_2 拓扑 τ_x 使 τ_x 严格粗于 τ.

证明 取 $x \in X$, 构造 X 上的拓扑 τ_x 如下:

$$\tau_x = \{U \in \tau \mid x \notin U\} \cup \{W \in \tau \mid x \in W \text{ 且存在紧集 } K \text{ 使 } (X - W) \subseteq K\}.$$

则易证 τ_x 为拓扑且是紧的, 也严格粗于 τ. 下面证明 τ_x 为 T_2 的.

设 $y, z \in X, y \neq z$. 若 y, z 均与取定的 x 不同, 则先由 τ 的 T_2 性可选取 y, z 的不交 τ-开邻域 V_y, V_z. 再由 $y \neq x$ 可取 y 的 τ-开邻域 $W_y \not\ni x$, 由 $z \neq x$ 可取 z 的 τ-开邻域 $W_z \not\ni x$. 这样 $W_y \cap V_y, W_z \cap V_z$ 分别是 y 和 z 的不交的 τ_x-开邻域.

若 y, z 之一为 x, 不妨设 $z = x, y \neq x$. 则由 τ 的 T_2 性可选取 y, x 的不交 τ-开邻域 V_y, V_x. 由 τ 是局部紧 T_2 的知存在 y 的紧闭邻域 K 使得

$$y \in K^{\circ} \subseteq K \subseteq V_y,$$

其中 K° 为 K 的 τ-内部. 这里自然由 $V_y \cap V_x = \varnothing$ 知 K° 也为 y 的 τ_x-开邻域. 而由 τ_x 的定义可见 $V_x \cup (X - K)$ 是 x 的 τ_x-开邻域. 且

$$K^{\circ} \cap (V_x \cup (X - K)) \subseteq (V_x \cap V_y) \cup (K^{\circ} \cap (X - K)) = \varnothing.$$

总之, X 的任意不同两点都有各自的 τ_x-开邻域不相交, 故 τ_x 是 T_2 的. $\qquad\square$

推论 12.2.6 局部紧的 T_2 拓扑均可表示为两个紧 T_2 拓扑的上确界.

证明　以 X 中与 x 不同的点 y 代替上定理证明中 τ_x 定义中的 x, 则得到另一紧 T_2 拓扑 τ_y, 下面证明 $\tau = \tau_x \vee \tau_y$.

因 $\tau_x, \tau_y \subseteq \tau$, 故只需证 $\tau \subseteq \tau_x \vee \tau_y$. 这也只需证 $\forall t \in U \in \tau$, 存在 $V \in \tau_x \vee \tau_y$ 使 $t \in V \subseteq U$ 成立. 事实上, 因 t 至少与 x, y 之一不同, 不妨设 $t \neq x$. 则由 τ 是 T_2 的知存在 t, x 的各自 τ-开邻域 $V_x \ni x$, $V_t \ni t$ 且 $V_x \cap V_t = \varnothing$. 取 $V = V_t \cap U$, 则 $x \notin V$, 从而 $V \in \tau_x \subseteq \tau_x \vee \tau_y$. 又易见 $t \in V \subseteq U$ 成立, 这就是要证明的.　　□

局部紧条件是上面定理和推论的充分条件, 但不是必要条件. 下例说明存在两个紧 T_2 拓扑的上确界不是局部紧的.

例 12.2.7　设 η 是单位闭区间 $\mathbf{I}$ 上的通常拓扑. 作 $f : \mathbf{I} \to \mathbf{I}$ 使 f 在有理点处不动, 在无理点 α 处 $f(\alpha) = (\alpha + 1/2)(\mathrm{mod}\,1)$(即超过 1 便减去 1). 则 f 为双射. 令 $\tau = \eta \vee f(\eta)$, 则

$$V := \left(\frac{1}{2} - \frac{1}{10}, \frac{1}{2} + \frac{1}{10} \right) \cap f \left(\left(\frac{1}{2} - \frac{1}{10}, \frac{1}{2} + \frac{1}{10} \right) \right) = \left(\frac{1}{2} - \frac{1}{10}, \frac{1}{2} + \frac{1}{10} \right) \cap \mathbb{Q}$$

便是点 $x = 1/2$ 的 τ-开邻域. 假设 τ 是局部紧的, 注意到 τ 是 T_2 的, 则存在 τ 的紧集 K 使

$$x \in K^{\circ} \subseteq K \subseteq V = \left(\frac{1}{2} - \frac{1}{10}, \frac{1}{2} + \frac{1}{10} \right) \cap \mathbb{Q} \subseteq \mathbb{Q}.$$

这里 K° 是 K 在 τ 拓扑下取内部. 但 $\eta \subseteq \tau$, 故 K 也是单位闭区间中通常紧集, 从而是闭集. 又 K° 为 $x = 1/2$ 处的 τ-开邻域, 于是 K° 必含 $x = 1/2$ 处某通常开邻域的全部有理点. 因此 K 必须含某个通常开邻域 (因为 K 为单位闭区间中通常闭集), 这与 $K \subseteq V \subseteq \mathbb{Q}$ 矛盾, 说明 τ 不是局部紧的. 这就是两个紧 T_2 拓扑的上确界不是局部紧的实例.

容易看出上例中构造的拓扑 τ 也不是局部连通的, 于是上例也可看成两个连通且局部连通拓扑的上确界不必是局部连通的例子.

习　题　12.2

1. 证明: 定理 12.2.3 中构造的拓扑空间 $(\mathbb{R}, \tau_x)$ 同胚于 $\mathbb{R}^2$ 中 "∞"-形子空间.
2. 证明: 定理 12.2.3 中对点 x, y 构造的 $\mathbb{R}$ 上的拓扑 τ_x 与 τ_y 互为转移拓扑.
3. 证明: 有理数空间的通常拓扑不是紧 T_2 分解拓扑.
4. 证明: 定理 12.2.3 中拓扑 τ_x 在任一含 x 的有界开区间上的子空间拓扑等于通常拓扑.
5. 举例说明两个相交可度量化空间的和空间不必可度量化 (比较习题 2.5 题 2(1)).

12.3 n 维球面粘点空间

我们具体考察定理 12.2.5 构造的拓扑 τ_*(这里用 $*$ 代替那里取定的任意一点并放于下标) 落实到 $\mathbb{R}^n$ 上的情况. 前面已从几何上看出 $(\mathbb{R}, \tau_*)$ 同胚于 $\mathbb{R}^2$ 中 "∞"-形子空间:

$$(\mathbb{R}, \tau_*) \cong \infty \subseteq \mathbb{R}^2.$$

这一空间实际上是由 1 维球面 (圆周)S^1 粘合一对对径点得到的粘合空间. 进一步, 容易知道 $(\mathbb{R}^2, \tau_*)$ 同胚于 $\mathbb{R}^3$ 中的子空间 S^2_*, 它是粘合 2 维球面 S^2 一对对径点得到的粘合空间. 形状类似于粘合了脐和顶的扁圆南瓜. 至于 $(\mathbb{R}^3, \tau_*)$, 它同胚于 $\mathbb{R}^4$ 中的子空间 S^3_*, 它是粘合了 3 维球面 S^3 的一对对径点得到的粘合空间. 而一般地, $(\mathbb{R}^n, \tau_*)$ 同胚于 $\mathbb{R}^{n+1}$ 中的子空间 S^n_*, 它是粘合 n 维球面 S^n 一对对径点得到的粘合空间, 这不太好用通常的直观来想象了. 我们称空间 $S^n_* = (\mathbb{R}^n, \tau_*)$ 为 n **维球面粘点空间**, 相应的拓扑称为 n **维球面粘点拓扑**. 它们均为紧的, 可度量的且具有可数基.

由于 n 维球面 S^n 是可剖分空间, 故粘合一对对径点的粘合空间 S^n_* 还是可剖分的. 比如那两个对径点就选作顶点, 自然会获得粘合空间的相应剖分.

为了后面宇宙几何模型的应用, 我们考察一下 S^2_* 和 S^3_* 的基本群和各维同调群.

定理 12.3.1 对 2 维和 3 维球面粘点空间 S^2_* 和 S^3_*, 有

$$\pi_1(S^2_*) \cong \pi_1(S^3_*) \cong \mathbb{Z}.$$

证明 先考虑 S^2_*, 将它看成粘合了脐和顶的扁圆南瓜, 并竖着放置. 最高的点称为北极, 最低的点称为南极. 取 U 为含北极的一小块并包括边界, 取 V 为含南极的与 U 有共同边界的剩余的那部分且包括边界. 这时 $S^2_* = U \cup V$. 且有如下几个结论:

(1) U 同胚于一个闭圆盘, 从而 $\pi_1(U) = 0$.

(2) $U \cap V$ 即是 U, V 的共同边界, 同胚于一个圆周. 于是 $\pi_1(U \cap V) \cong \mathbb{Z}$.

(3) 可将 V 的上部分往 "∞"-形中心截口强形变收缩, 下部分暂不动而收缩为 $S^2_*(-)$, 即下半个 S^2_*. 再将 $S^2_*(-)$ 像压缩手风琴一样强形变收缩为圆周. 故 $\pi_1(V) \cong \mathbb{Z}$.

(4) 设 $j : U \cap V \to U, k : U \cap V \to V$ 为包含映射, j_π, k_π 为相应的诱导基本群同态. 对于 $\pi_1(U \cap V) \cong \mathbb{Z}$ 的一个生成元 $[\alpha]$, 可设道路 α 为顺时针方向的边界圆周. 则该 α 随 V 的第一次强形变收缩成中心截口 "∞"-形, 然后再随 α

的第二次强形变收缩成绕圆周正反方向各一周. 于是 $k_\pi([\alpha]) = 0 \in \pi_1(V)$. 自然 $j_\pi([\alpha]) = 0 \in \pi_1(U) = \{0\}$.

综合上述四点, 由 Van-Kampen 定理知 S_*^2 的基本群为 $\pi_1(U)$ 与 $\pi_1(V)$ 的自由积再添加平凡关系, 即 $\pi_1(S_*^2) \cong \mathbb{Z}$.

再考虑 S_*^3, 类似于 S_*^2 的情形, 取 U 为 S_*^3 的同胚于 3 维闭圆盘的一小块并包括边界, 剩下的取作 V 且包括边界. 这时 $S_*^3 = U \cup V$, $S^2 = U \cap V$.

于是 $\pi_1(U) \cong \pi_1(U \cap V) = 0$. 而 V 可强形变收缩为 S_*^3 中心截口下方的部分 $S_*^3(-)$. 由 Van-Kampen 定理知 $\pi_1(S_*^3) \cong \pi_1(S_*^3(-))$. 类似于前面的做法, 再对 $S_*^3(-)$ 取同胚于 3 维闭圆盘的一小块 W 并包括边界, 则可知

$$\pi_1(S_*^3) \cong \pi_1(S_*^3(-)) \cong \pi_1(S_*^3(+) \cap S_*^3(-)) \cong \pi_1(S_*^2) \cong \mathbb{Z},$$

即 $\pi_1(S_*^3) \cong \mathbb{Z}$. □

对于 S_*^2 和 S_*^3 的各维同调群的计算, 因为要用到相对同调方法和切除定理, 这里给出结果, 证明留给感兴趣的读者.

定理 12.3.2　对于 2 维和 3 维球面粘点空间 S_*^2 和 S_*^3, 有

$$H_q(S_*^2) \cong \begin{cases} \mathbb{Z}, & q = 0, 1, 2, \\ 0, & q < 0, q > 2; \end{cases}$$

$$H_q(S_*^3) \cong \begin{cases} \mathbb{Z}, & q = 0, 1, 2, 3, \\ 0, & q < 0, q > 3. \end{cases}$$

习 题 12.3

1. 证明定理 12.3.2.
2. 证明 $(\mathbb{R}^n, \tau_*)$ 同胚于 S_*^n.

12.4　宇宙学基本学说

人们谈论宇宙的历史已经有几千年了, 中国的古人认为宇宙天圆地方, 是扁平的大地加上一个天棚盖——天穹, 并镶嵌闪闪发亮的宝石一般的东西. 欧洲的古人则认为是乌龟驮着世界, 也有人认为是更大的球套着我们的地球. 对中世纪的人而言了解宇宙是什么样子是一个重要问题, 所有的古代文明, 都热衷于讨论他们所看到的星空到底是什么样的.

在地球的不同部分我们所见到的星空是完全不同的. 这种不同主要是因为地球的自转轴是倾斜的. 如果黄道与赤道没有交角, 那么地球上所有的地方看到的

星空都是一样的, 但实际上黄道平面与赤道平面是有交角的, 黄道与赤道的交角大约 23.5°. 在赤道上我们将会看到星星以一个固定的频率在天空中西升东落, 而在高纬度地区, 则会看到星星围绕着一个轴在旋转, 也有大量的星星是无法看见的.

总的来说, 不同时期、不同地域的古人对宇宙的看法大不相同, 不过研究这个问题的方法却总是相似的, 人们总希望用一种模型的方法, 描绘宇宙的图景.

受中世纪的神学思想影响, 虽然人类发现自己生活在一个可笑的球上面, 但仍固执地认为自己生活在宇宙的中心. 所以, 为了解释漫漫宇宙星球的运行现象, 托勒密建立了地球中心说模型, 其意是说在茫茫宇宙的恒星天球中, 太阳系一支独大, 太阳系中所有的星球都围着地球转.

但这个模型存在问题. 首先水星和金星是地球的环内行星, 因为其运动特性表现得极为明显, 必须围着太阳转. 其次地球上观测到的现象中, 关于火星的运行实在是极为让人费解. 火星的公转速度大约是地球的两倍, 那么在地球上观测的时候就会出现一个叫做火星的退行现象, 火星在最靠近地球的时候会突然向相反的方向运动. 当然火星在实际轨道中是不存在逆行行为的, 只是由于同向轨道中, 火星运动速度远远大于地球. 这是地心说很难自圆其说的现象.

由于现代科学的进步, 我们渐渐通过科学观察, 发现地球并不是宇宙的中心, 甚至不是太阳系的中心, 这才逐步抛弃了地心说所描绘的宇宙模型, 初步建立了较为正确的太阳系的观念. 而我们的宇宙不是想象中的那么简单, 宇宙中像太阳这样发光的恒星成千上万, 有的比我们的太阳还亮上几万倍. 现在知道, 离我们最远的恒星达 200 亿光年 (一光年指光在真空中一年内所走过的距离). 不要说肉眼, 就是极高倍望远镜也无法望到这样的星星. 到目前为止, 我们离理解宇宙是什么仍有很漫长的道路要走. 宇宙到底是什么？也许我们从来都不曾知道宇宙的真相, 但总会走在前往真相的路上.

12.4.1 爱因斯坦宇宙学说

19 世纪天文学家描绘的所有宇宙图景都应用了牛顿在 1687 年提出的技术指南. 他的著名的运动定律和万有引力定律, 对于现在已知的运动场景都十分有用. 但令人遗憾的是这种运动的计算只适用于惯性参考系. 在惯性系中, 如没有外力作用, 一切物体相对于参考系则保持匀速直线运动或静止的状态.

如果我们从一个典型的非惯性参考系中去观察, 比如一台旋转的火箭, 你会发现尽管星星从来没有受到任何作用力, 但也在做加速运动, 这种条件下牛顿定律就不再适用了. 如果仍使用牛顿定律去理解, 就需要加入新的概念: 惯性力, 这么做牛顿力学方程会变得十分复杂. 爱因斯坦认为这种表述自然法则的方式存在严重的问题: 对某些观测者而言自然法则的表述如此简单, 但对另一些观测者而言, 自然法则的描述方法则非常困难.

　　爱因斯坦新的万有引力定律被称为广义相对论, 它使得在寻找和表述自然法则时保证对任何观测者都能得出相同的答案.

　　如果一个模型已经不能够用来描绘我们的世界, 除了修修补补之外更好的方法是换一个. 牛顿所理解的空间是一个固定的巨大的舞台, 所有的天体运动都在这个舞台上. 天体可以你来我往, 但无论舞台上占据着什么样的物质, 发生了什么, 时间与空间总是固定的. 这就是典型的牛顿时空观.

　　在经典的物理学模型中, 我们坚信时间与空间总是固定的. 当然如果要认识到真相, 我们必须抛弃在大脑中根深蒂固的常识. 美国物理学家约翰·惠勒把爱因斯坦的相对论归结为两句话: 物质告诉空间如何弯曲, 空间告诉物质如何运动.

　　在这种情形下, 爱因斯坦找到了描述物理运动对惯性系与非惯性系同样适用的描述方程. 在牛顿定律中, 牛顿认为, 物体质量越大, 其带来的引力越大. 而爱因斯坦则认为物体质量越大, 物体造成的空间凹陷越深.

　　怎么理解这种空间凹陷所造成的 "引力" 呢? 你可以想象在一个二维平面上, 由于物体的重量会把这个平面向下压, 二维的平面就向第三个面弯曲, 那么这个平面上所有的物体都会向这个平面中弯曲得最严重的点靠近, 而这种现象如果出现在三维世界, 我们看到的就是物体的质量使得空间向第四个维度弯曲, 造成的空间弯曲越大, 物体之间所表现出的引力也就越大. 这似乎很令人难以置信, 不论是我们的常识还是一直以来固有的观念都告诉我们, 空间是固定不变的, 但爱因斯坦仅仅用理论推导的方式便证明空间不再是固定的脱离物质的存在, 空间变成了一种物质的属性, 物体与空间的关系从容纳变成了依托.

　　值得注意的是, 当物体的质量很小, 且运动速度不快的时候, 物体质量引起的空间形变也就极微小, 这时爱因斯坦的方程也就退回到了从前的牛顿定律. 所以对普遍的小质量、低速运动, 为了计算方便, 大部分情况下我们仍会使用牛顿定律.

　　到现在我们对宇宙的认识似乎更深入了一层, 至少我们要开始放弃空间不变的观念了. 空间在不断变化和演化.

12.4.2　相对空间与相对时间

　　至此我们似乎可以放弃绝对空间的观念了, 至少我们知道大质量的天体会造成空间的扭曲, 同时由于物体质量对空间的影响, 随着速度的增加, 可以观测的空间确实缩小了. 那么问题就出现了: 为什么在不同的参考系测量出的光速都是一样的?

　　没有内禀物质的光的速度有且只有一个, 即 30 万 km/s.

　　相对论所作出的伟大贡献与日心说类似, 既然光速在不同的参照系下是固定不变的, 那么只说明了在不同的参照系中, 空间与时间都在同步变化, 不仅空间是相对的, 连时间都是相对的.

从此, 空间与时间都可以被看作物质的一种场, 当物体在高速运动时, 存在 "尺缩" 的同时还存在 "钟慢" 现象, 当时间和空间都只是相对于物体而存在的 "场" 的时候, 光速的不变性方程简单而又美妙.

相对论所做的最重要的工作之一, 就是让人们放弃了绝对的时空观, 从此时空不再是物体运动的范围而是物体本身的属性.

12.4.3 宇宙的几何与物理性状

宇宙究竟是什么, 我们或许永远也不会有答案. 但我们现在至少知道, 宇宙中的空间与时间都只是一种相对概念, 空间更像是一块橡胶板, 任何在其之上的物体都能压弯它. 已知的爱因斯坦方程虽然能够描述宇宙, 但其只是一个决定曲面几何如何变化的数学定理, 这种方程是一个有着无穷可能性解的方程组. 就像几何体系中, 平面几何、双曲几何、球面几何都是自洽的逻辑体系, 不能说哪一个是正确的. 事实上, 在较小的平面上, 欧几里得的平面几何定理无疑正确, 但如果把地球看作一个三维空间的球体, 那么真正符合地球的几何描述应当是球面几何. 所以在日常生活中我们总认为自己是在一块平地上, 然而事实上, 地球是一个球体, 因为人相对于地球来说实在太小了, 在一个足够小的范围内我们的大地对我们来说也是平的. 宇宙也是一样, 因为宇宙是如此之大, 地球的观测者想要得到正确的结论十分困难. 如果天文望远镜不被发明, 很难纠正地心说的错误观念, 如果相对论不被提出, 也很难放弃陈旧的时空观.

爱因斯坦方程虽然能够描绘宇宙, 但符合这个方程的解实在太多, 我们很难知道到底哪个才是正解, 也许这是人类未来很长时间也不会找到答案的问题, 但至少在找到答案的路上越来越近了. 就现在的观测而言, 适用广义相对论, 放弃了绝对时空观之后我们不可避免地会通过相对论的结论得到一系列可验证的结论. 事实上, 这些年的物理学、天文学的发展正是不断验证相对论的过程.

1. 光线偏折现象

既然在相对论中, 物体质量越大所造成的空间凹陷也就越深, 那么很自然地光线在经过大型天体时一定会产生偏转, 那么恒星光在经过太阳附近时就会产生偏转, 这个现象在 1919 年日全食的时候, 通过实验已被证实, 这也就是所谓的引力透镜现象.

2. 引力红移

大质量天体所发出的光由于巨大的质量所产生的空间凹陷, 会导致其光波周期比在地球上同一种元素的光波周期长, 这种现象被称为引力红移. 这一现象在 20 世纪 60 年代也被实验所证实.

3. 黑洞的存在

1916 年, 德国天文学家卡尔·施瓦氏通过计算得到了爱因斯坦场方程的一个真空解. 这个解表明, 如果一个静态球对称星体实际半径小于一个定值, 其周围会产生奇异的现象, 即存在一个界面——"视界", 一旦进入这个界面, 即使光也无法逃脱. 这个定值称作施瓦氏半径, 这种 "不可思议的天体" 被美国物理学家约翰·惠勒命名为 "黑洞". 黑洞的存在其实是当我们发现空间只不过是由物质质量所产生的场之后必然的结论. 因黑洞的引力极其强大, 视界内的逃逸速度大于光速, 故而, "黑洞是时空曲率大到光都无法从其视界逃脱的天体".

物体的质量告诉空间如何扭曲, 那么当物体质量大到一定程度, 同样密度也大到一定程度的时候, 空间的扭曲一定会突破一个临界点. 在这个临界点上, 空间的扭曲大到不可思议, 从黑洞空间垂直向外射出的光也会由于这种极致的扭曲而被拉扯回黑洞中, 这就导致黑洞是不可观测的. 其实黑洞并不 "黑", 只是无法直接观测. 但黑洞所造成的现象又是可测的, 可以借由间接方式得知其存在, 并且观测到它对其他事物的影响. 借由物体被吸入之前的因黑洞引力带来的加速度导致的摩擦而放出 X 射线和 γ 射线的 "边缘讯息", 可以获取黑洞存在的讯息, 推测出黑洞的存在. 也可借由间接观测恒星或星际云气团绕行轨迹而取得位置以及质量的讯息.

北京时间 2019 年 4 月 10 日 21 时, 人类首张黑洞照片面世, 该黑洞位于室女座一个巨椭圆星系 M87 的中心, 距离地球 5500 万光年, 质量约为太阳的 65 亿倍. 它的核心区域存在一个阴影, 周围环绕一个新月状光环.

4. 引力波

引力波几乎是广义相对论最自然的推导结果. 如果说空间只不过是物质的 "场", 那么当天体的质量产生巨大变化的时候或者在转动的时候, 空间的扭曲程度也会产生变化, 这种空间变化就好像水面的水波一样扩散开来, 产生波动向外传播.

最典型的例子是巨大天体的双星运动. 两个质量巨大的天体相互在空间中造成扭曲, 使得其能够按照既定的轨道运行, 但这种天体运动, 会不断交替地将天体周围的空间进行扭曲, 交替作用则明显得如同电磁波一样, 将空间的扭曲传播开, 呈现出引力波的样子. 所以引力波的实质是空间的波动, 也就是说巨型天体的剧烈变化使得空间产生了波动. 这当然很难以置信, 在牛顿的经典物理学中, 这一点是不可能的, 因为牛顿物理认为物体的相互作用是瞬时的, 但相对论则通过这种方式证明, 物体的相互作用也是需要时间传播的.

引力波的发现可以作为广义相对论空间观念的决定性证明, 说明空间不再是高高在上的绝对观念, 而只是跟随物质存在的一种场. 当然即使认同了相对的时空观, 我们离认识真正的宇宙还很遥远.

12.4.4 宇宙的大爆炸学说

宇宙的大爆炸学说是 20 世纪 40 年代由伽莫夫等人基于宇宙学基本原理提出的. 这一学说认为宇宙最初是由原始火球爆炸产生的, 爆炸后立即膨胀, 物质密度不断变稀, 温度由炽热到温热再逐渐冷却, 直到目前这种状态. 该学说认为宇宙演化经历了三个大的阶段: 第一阶段为爆炸期, 约一分钟时间; 第二阶段为化学元素生成期, 约几分钟时间, 这一时期辐射居于次要地位, 质子、电子和一些较轻的原子核成为宇宙的主要物质成分, 还没有形成天体; 第三阶段为天体起源演化期, 此时期极长. 大爆炸过后宇宙膨胀, 温度下降, 宇宙中气状物不断收缩, 生成气云, 进而逐渐形成天体, 在具备特殊条件的天体上才能出现生命和人类.

宇宙的大爆炸学说还有一个重要结论, 即宇宙在膨胀过程中, 一切天体都远离我们而退行, 星系红移的发现和哈勃定律 (红移量与星系距离之间成正比) 均证实了这一点.

作为一种科学假说, 宇宙的大爆炸学说获得了天文观测事实的诸多支持, 被许多学者所接受. 但是, 这一理论也遇到了许多困难, 因为根据这一理论, 宇宙最初是由原始火球爆炸而来. 爆炸前这个火球有无限高的温度和无限大的密度, 这就是所谓的奇点. 对于这种奇态, 现有理论也是无法加以说明的. 宇宙的大爆炸学说也受到许多人的质疑和反对.

12.4.5 物质–反物质宇宙学说

大爆炸学说推测, 宇宙早期, 强子数略多于反强子数, 现在宇宙中的物质就来源于这个余数. 可是为什么强子数略多于反强子数呢? 粒子物理学家认为, 正粒子和反粒子是对称的. 基于这一认识, 瑞典物理学家克莱因提出了一种对称模型, 称为物质–反物质宇宙模型. 他认为宇宙中的物质和反物质是完全等量的、对称的. 早在 1932 年, 美国物理学家安德森证明了反物质的确存在, 还认为物质和反物质相遇时就会 "湮灭", 即转化为其他形式的物质. 克莱因估计, 大约 100 亿光年前, 引力收缩使气云密度增加到某一极大值, 物质与反物质的湮灭过程进行得异常激烈, 产生的辐射压使排斥力超过了吸引力, 收缩停止而转化为膨胀, 从而形成今天膨胀着的宇宙.

我们今天的宇宙是由正物质组成的, 等量的反物质又到哪里去了呢? 该模型认为, 由于存在磁场, 在电磁力和引力的作用配合下, 大量的物质和反物质得以分离, 各自聚拢为一定的区域, 其间由 "混合" 物质隔开. 这样就有可能在我们这个正物质的宇宙之外还存在另一个反物质的世界. 也许生活在正物质世界的人们根本不可能发现反物质宇宙. 尽管人们难于发现反物质的宇宙, 但人们找到了许多支持反物质存在的间接证据, 于是物质–反物质宇宙学说得到了不少人的支持与认可.

12.4.6　宇宙的中心与边界

首先, 宇宙的中心, 就目前的观测来看, 还不知道是否存在, 因为宇宙可观测的范围存在明显的各向同性. 微波背景辐射告诉我们, 宇宙是相对 "平" 的, 但即便是 "平" 的, 我们也不知道其到底是什么样的拓扑结构, 可以是平的、柱形, 或者是其他什么奇怪的形状, 因为符合相对论以及目前观测结果的宇宙拓扑实在太多, 没有人知道究竟哪个是对的.

事实上, 生活在三维世界的我们很难理解四维宇宙的形态. 毫无疑问的事实是, 根据相对论, 物体质量越大, 造成的空间凹陷越深, 时间流速也越慢, 那么什么是空间凹陷? 平面的凹陷极易理解, 因为二维的物体凹陷时进入了第三个维度, 这是我们能观测到的, 但三维空间的凹陷是凹进了第四个维度, 而这是超出人类想象能力的.

由于我们知道了空间不过是宇宙中物体质量所具有的特性, 那么毫无疑问的是宇宙并不是平坦的, 虽然我们不能像知道地球一样知道宇宙的拓扑结构, 但我们能够明确的事情是宇宙中的空间是存在曲率的. 宇宙的空间在第四个维度上有波动. 那么宇宙在第四个维度上到底是什么形状的呢?

这取决于我们对空间曲率的观察. 在二维空间中, 空间的曲率反映了空间在第三个维度产生了形变, 同理, 三维空间中的曲率则是在第四个维度产生形变的程度, 这当然我们还是很难想象的.

在二维空间中曲率有三种状态.

正曲率 $\kappa > 0$ 的状态. 这表明这个面上的三角形内角和大于 180°. 宇宙是一个四维空间中的闭合球体, 一个凸面, 这种几何拓扑符合非欧几何中的球面几何.

零曲率 $\kappa = 0$ 的状态. 这表明这个面上的三角形内角和等于 180°, 说明我们所在的时空是一个平面, 在第四个维度上不存在任何扭曲, 可以直接用传统的欧几里得几何来表示我们所处的宇宙拓扑.

负曲率 $\kappa < 0$ 的状态. 这表明这个面上的三角形内角和小于 180°, 说明我们所在的时空是一个四维上的马鞍面, 也就是双曲面, 是一个凹面.

这三种空间拓扑都是自洽的, 也就是说我们不能从内部证明哪个拓扑是错误的, 而且当空间出现第四个维度时也可能会产生新的拓扑结构, 当然那也是人类想象力无法触及的地方.

目前科学观测到的空间曲率大约是正的 0.5. 这说明如果宇宙是均匀的, 符合我们所观测的结果的话, 那么整体宇宙应该是一个大的不可思议的四维空间的闭合球体, 在这种情况下宇宙是有限无界的, 而曲率非正的情况下宇宙都是无限无界的. 如果空间曲率真的是正的, 那么宇宙应当有这样的特性: 从宇宙中的任何一点向无穷多的方向出发, 只要你能走得足够远, 就都能回到出发点. 若这个结论成立, 那么宇宙没有中心, 或者任何一个点都是宇宙中心. 这一点与地球何其相似.

当然, 以我们现在的观测能力来说还很难确定宇宙是否真是一个四维空间中的球体, 因为宇宙实在太大了, 大到以我们现有的观察能力只能是盲人摸象, 宇宙具体的形状, 是否有界, 以及在四维以上是否存在更高的维度, 是需要不断研究的问题.

12.4.7 时间穿梭的可能性———虫洞

在所有已知的对宇宙的设想中最令人目眩神迷的就是所谓的空间隧道: 爱因斯坦-罗森桥, 通常我们称之为虫洞.

当然目前来说, 虫洞还只能是一种假设, 因为虫洞几乎无法观测.

不同于我们的电影中所描绘的虫洞模样, 首先虫洞不可视, 其实虫洞的这个洞并不开在三维空间, 虫洞开在第四个维度, 所以你不可能在空间中看到任何的洞.

先来说虫洞这个概念, 首先虫洞只不过是一个数学上的推论.

前面提到, 黑洞是必然存在的. 黑洞的中心是质量过于巨大所产生的超强的空间的四维扭曲. 当这种扭曲超过一定的限度, 就必然会导致黑洞的出现, 同时在这个黑洞的视界内部, 时空与已知的时空垂直, 说明黑洞内部空间扭曲到进入了一个与我们这个时空高维平行的宇宙中去了, 或者是进入了这个宇宙中另一个三维时空中.

所以说虫洞可以简单地理解为一条由于黑洞而产生的时空通道, 但虫洞到底存在与否, 黑洞中间到底是什么, 这超出了正常人类的理解能力, 也许只能通过新的发现才能得出某些异于常识的结论.

12.5 宇宙拓扑模型假说

首先要说明的是, 在我们所在的宇宙之外是否还有其他的宇宙也是不知道的. 所以谈论宇宙拓扑模型指的是我们的这个宇宙.

基于对宇宙的前述认识, 结合上节对拓扑分解的认识, 我们提出关于宇宙几何模型的如下假说:

(TM)　　我们的宇宙在空间的整体上拓扑同胚于 3 维球面粘点空间 S^3_*.

这一假说含有如下意思: 当考虑时间因素时, 不同时刻、空间的整体大小形状可以不同, 但拓扑等价, 且都拓扑同胚于 S^3_*.

下面我们要说明做出这一假说的若干思考以加强对这一假说的信任.

第一, 当今的各种宇宙模型多少都以广义相对论为理论基础, 主张有限无界的宇宙模型, 尤其是近年来关于测定中微子质量的实验结果的公布, 普遍支持宇宙是封闭的这一说法. 显然, 我们的拓扑模型 (TM)——3 维球面粘点空间 S_*^3 是符合这一认识的.

第二, 我们的世界至少是一个四维世界, 即世界上发生的事情都是由空间坐标和时间坐标来确定的, 对于拓扑模型 (TM) 来说, 我们只是从空间上来设定的. 用维数论的知识也可容易算得球面粘点空间 S_*^3 确是 3 维的. 这说明模型 (TM) 与人们的直觉观念并不相悖.

第三, 直观上, 宇宙反映的局部特性是: 局部均匀, 各向同性, 局部欧氏. 这些对于 S_*^3 来说也基本相符, 因为除那特殊的粘合点外, 其他点处都是局部欧氏的. 在远离那个粘合点的地方, 均匀、各向同性也可认为是满足的. S_*^3 极大程度地保留了爱因斯坦模型的性质而具有真实宇宙的本质属性.

第四, 宇宙在空间上具有相当的对称性, 对于 S_*^3 来说, 虽然只是拓扑地考虑, 但这模型不失对称性.

第五, 宇宙几何模型 (TM)——3 维球面粘点空间 S_*^3 具有一定的自然美, 这可借助于 2 维的球面粘点空间 S_*^2 来想象. 又由 S_*^3 的基本群并不为零, 从而 S_*^3 是多连通的, 故 S_*^3 并不是那么简单和平凡. 又由 $H_3(S_*^3) \cong \mathbb{Z}$ 知道 S_*^3 含有一个四维 "洞".

第六, 拓扑模型假说是指不同的时刻, 空间的形态可以不同, 但拓扑等价于 S_*^3, 这与时间的不可逆性是相容的.

第七, 假说 (TM) 是从拓扑角度考虑的, 没有涉及物质和运动, 但绝不能误认为这一模型是静止的无物质的, 在需要的时候, 我们可以赋予这些要素的适当含义.

第八, 因为 S_*^3 是紧致的、封闭的, 且有一个特殊的粘合点, 这在实际宇宙中说明了什么? 或许粘合点能够用来解释奇点和 "黑洞" 的存在, 而紧致性说明宇宙的有限. 就模型 S_*^3 来说, 有限无限、排斥和吸引等具有某种形式的对立统一, 这在一维和二维更容易想象和理解.

接下来, 我们在接受模型 (TM)——3 维球面粘点空间 S_*^3 作为我们的宇宙拓扑模型的情况下, 看能否解释某些宇宙现象.

首先, 将大爆炸宇宙学的奇点看成模型中的粘合点, 称为结点. 这一结点是进行物质交换的场所, 通过 "虫洞" 正物质进入我们的宇宙, 反物质进入我们的宇宙之外, 这个过程是在不断地进行的, 带有爆炸性的, 或说连续状态带有突发性. 然后我们的宇宙膨胀, 从而保持物质密度不致过高, 并且不断演化. 物质的增加在引力作用下产生新的天体和星系逐渐形成今天的宇宙. 而这个过程还将持续下去, 并动态平衡, 不会出现热力学第二定律所预言的 "热死" 状态.

其次, 自然引力促成空间的弯曲, 弯曲后的空间自然实现了粘合. 或者反过来理解, 由于结点处集聚了大量物质, 形成强大的引力致使空间弯曲, 这样形成宇宙的几何结构——3 维球面粘点空间 S_*^3.

　　总之, 结合我们的拓扑模型, 似乎能够解释更多的宇宙问题. 这一模型假说远谈不上严格, 也略去了好多细节. 我们之所以把这一拓扑模型作为假说提出来, 是想寻求更多的探讨和进一步完善. 如果能有所启发, 在此基础上重新修正得到更好的宇宙学说, 那也是我们所期盼的.

　　最后, 我们还应指出在空间上或时空上, 我们的宇宙也不排除以下几个可能:

　　(1) 时空拓扑为 S_*^4;

　　(2) 时空拓扑或等价于 $S_*^3 \times S$, 或等价于 $S_*^3 \times \mathbb{R}$;

　　(3) 空间上或拓扑等价于 $S_*^2 \times S$, 或等价于 $S_*^2 \times S_*^1$;

　　(4) 以上各类空间拓扑的商拓扑, 积拓扑结合出现的其他可能.

　　检验这些可能性的标准就是看其与实际观测结果的吻合程度. 于是, 人们可反过来进一步由物理的天文的结果来探索这些新的可能性的选择, 并可以有针对性地进行论证.

参 考 文 献

[1] Abramsky S, Jung A. Domain theory// Abramsky S, et al., eds. Handbook of Logic in Computer Science (Volume 3). Oxford: Clarendon Press, 1995: 1-168.

[2] Adàmek J, Herrlich H, Strecker G E. Abstract and Concrete Categories. New York: Wiley Interscience, 1990.

[3] Adams C, Franzosa R. 拓扑学基础及应用. 沈以淡, 等译. 北京: 机械工业出版社, 2010.

[4] Alexandroff P. Diskrete räume. Mathematicheskii Sbornik, 1937, 2: 501-518.

[5] Amadio R M, Curien P L. Domains and Lambda-Calculi. Cambridge: Cambridge University Press, 1998.

[6] Aull C E, Thron W J. Separation Axioms Between T_0 and T_1. Indagationes Mathematicae (Proceedings), 1962, 24: 26-37.

[7] Balbes R, Dwinger P. Distributive Lattices. Columbia: University of Missouri Press, 1974.

[8] 白仲林. 一致连续偏序集理论. 西北师范大学学报 (自然科学版), 1996, 32(2): 31-33.

[9] Bonikowaski Z. Algebraic structures of rough sets// Ziarko W P, ed. Rough Sets, Fuzzy Sets and Knowledge Discovery. Berlin: Springer-Verlag, 1994: 242-247.

[10] Birkhoff G. Lattice Theory. 3rd ed. New York: American Mathematical Society Colloquium Publications, 1967.

[11] Bouassida E. The Jordan curve theorem in the Khalimsky plane. Applied General Topology, 2008, 9(2): 253-262.

[12] Boxer L, Staecker P C. Connectivity preserving multivalued functions in digital topology. Journal of Mathematical Imaging and Vision, 2016, 55(3): 370-377.

[13] Boxer L. Generalized normal product adjacency in digital topology. Applied General Topology, 2017, 18(2): 401-427.

[14] Boxer L. Alternate product adjacencies in digital topology. Applied General Topology, 2018, 19(1): 21-53.

[15] Chen D G, Zhang W X, Yeung D, Tsang E C C. Rough approximations on a complete completely distributive lattice with applications to generalized rough sets. Information Sciences, 2006, 176: 1829-1848.

[16] 陈仪香. 稳定 Domain 理论及其 Stone 表示. 四川大学博士学位论文, 1995.

[17] 陈仪香. 半格与 Domain 的表示. 数学学报 (中文版), 1998, 41: 737-742.

[18] 陈仪香. 形式语义学的稳定论域理论. 北京: 科学出版社, 2003.

[19] 陈德刚, 张文修. 粗糙集和拓扑空间. 西安交通大学学报, 2001, 35(12): 1313-1315.

[20] 陈水利, 李敬功, 王向公. 模糊集理论及其应用. 北京: 科学出版社, 2005.

[21] 戴向梅, 徐罗山. 交连续 dcpo 的遗传性和不变性. 模糊系统与数学, 2010, 24(3): 76-81.

[22] Davey B, Priestley H A. Introduction to Lattices and Order. 2nd ed. Cambridge: Cambridge University Press, 2002.

[23] Diaz-Agudo B, Gonzalez-Calero P A. Formal concept analysis as a support technique for CBR. Knowledge-Based Systems, 2001, 14: 163-171.

[24] Drake D, Thron W J. On the representations of of an abstract lattice as the family of closed sets of a topological space. Trans. Amer. Math. Soc., 1965, 120: 57-71.

[25] Engelking R. General Topology. Berlin: Heldermann Verlag, 1989.

[26] Erné M. Scott convergence and Scott topology in partially ordered sets II// Lect. Notes Math., Vol. 871. Berling, Heidelberg: Springer-Verlag, 1981: 61-96.

[27] Erné M. Infinite distributive laws versus local connectedness and compactness properties. Topology and its Applications, 2009, 156: 2054-2069.

[28] Edalat A, Heckmann R. A computational model for metric spaces. Theoretical Computer Science, 1998, 193: 53-73.

[29] 方捷. 格论导引. 北京: 高等教育出版社, 2014.

[30] 方嘉琳. 点集拓扑学. 沈阳: 辽宁人民出版社, 1983.

[31] 樊磊. Domain 理论中若干问题的研究. 首都师范大学博士学位论文, 2001.

[32] 樊太和. 拓扑分子格范畴. 四川大学博士学位论文, 1990.

[33] Fan L H, He W. The Scott topology on posets and continuous posets. Advances in Mathematics, 2009, 38: 723-730.

[34] Ganter B, Wille R. Conceptual scaling // Roberts F, ed. Applications of Combinatories and Graph Theory to the Biological and Social Sciences. New York: Springer-Verlag, 1989: 139-167.

[35] Ganter B, Wille R. Formal Concept Analysis: Mathematical Foundations. Berlin: Springer-Verlag, 1999.

[36] Ganter B, Stumme G, Wille R. Formal Concept Analysis: Foundations and Applications, LNAI 3626. Berlin, Heidelberg: Springer-Verlag, 2005.

[37] 高国士. 拓扑空间论. 2 版. 北京: 科学出版社, 2008.

[38] 耿俊. 幂 domain 理论及相关问题研究. 四川大学博士学位论文, 2017.

[39] Gierz G, Lawson J D. Generalized continuous and hypercontinuous lattices. Rocky Mountain J. Math., 1981, 11: 271-296.

[40] Gierz G, Lawson J D, Stralka A. Quasicontinuous Posets. Houston Journal of Mathematics, 1983, 9: 191-208.

[41] Gierz G, Hofmann K H, Keimel K, Lawson J D, Mislove M, Scott D S. Continuous Lattices and Domains. Cambridge: Cambridge University Press, 2003.

[42] Hamada S. Contractibility of the digital n-space. Applied General Topology, 2015, 16(1): 15-17.

[43] Goubault-Larrecq J. Non-Hausdorff Topology and Domain Theory. Cambridge: Cambridge University Press, 2013.

[44] Goubault-Larrecq J, Jung A. QRB, QFS, and the probabilistic powerdomain. Electronic Notes in Theoretical Computer Science, 2014, 308: 167-182.

[45] 管雪冲, 王戈平. 一类局部定向完备集及其范畴的性质. 数学进展, 2005, 34(6): 677-682.

[46] Han S E. Generalizations of continuity of maps and homeomorphisms for studying 2D digital topological spaces and their applications. Topology and its Applications, 2015, 196: 468-482.

[47] Han S E. An extension problem of a connectedness preserving map between khalimsky spaces. Filomat, 2016, 30(1): 15-28.

[48] 韩胜伟, 赵彬. Quantale 理论基础. 北京: 科学出版社, 2016.

[49] He W, Liu Y M. Reflective subcategories of the category of locales. Chinese Ann. Math., 1997, 18: 361-366.

[50] He W, Jiang S L. Remarks on the sobriety of Scott topology and weak topology on posets. Comment. Math. Univ. Carolinae., 2002, 43: 531-535.

[51] He W, Luo M K. Lattices of quotients of completely distributive lattices. Algebra Universalis, 2005, 54: 121-127.

[52] 贺伟. 范畴论. 北京: 科学出版社, 2006.

[53] 何青玉. Domain 的信息系统表示和多种广义 Domain 的研究. 扬州大学博士学位论文, 2014.

[54] 何青玉, 徐罗山. Scott 闭集格的 C-代数性及其应用. 高校应用数学学报 A 辑, 2014, 29(3): 369-374.

[55] 何青玉, 徐罗山. C-连续偏序集的性质及等价刻画. 模糊系统与数学, 2015, 29(3): 8-12.

[56] He Q Y, Xu L S, Yang L Y. QC-continuity of posets and the Hoare powerdomain of QFS-domains. Topology and its Applications, 2016, 197: 102-111.

[57] He Q Y, Xu L S. A note on quasicontinuous domains. British Journal of Mathematics & Computer Science, 2014, 4(22): 3171-3178.

[58] He Q Y, Xu L S. Weak algebraic information systems and a new equivalent category of DOM of domains. Theoretical Computer Science, 2019, 763: 1-11.

[59] Heckmann R. An upper power domain construction in terms of strongly compact sets//Lecture Notes in Computer Science 598. Berlin, Heidelberg: Springer-Verlag, 1992: 272-293.

[60] Heckmann R, Keimel K. Quasicontinuous domains and the Smyth powerdomain. Electron. Notes Theor. Comput. Sci., 2013, 298: 215-232.

[61] Hitzler P, Krözsch M, Zhang G Q. A categorical view on algebraic lattices in formal concept analysis. Fundamenta Informaticae, 2006, 74: 1-29.

[62] Hitzler P, Schärfe H. Conceptual Structures in Practice. New York: CRC Press, 2008.

[63] Ho W K, Goubault-Larrecq J, Jung A. Xi X Y. The Ho-Zhao problem. Logical Methods in Computer Science, 2018, 14(1):1-19.

[64] Ho W K, Zhao D S. Lattices of Scott-closed sets. Comment. Math. Univ. Carolin, 2009, 50(2): 297-314.

[65] Hoffmann K H, Lawson J D. The spectral theory of distributive continuous lattices. Trans. Amer. Math. Soc., 1978, 246: 285-310.

[66] 胡庆平. 拓扑空间的和空间及其应用. 工程数学学报, 1985, 2: 163-164.

[67] Huang M Q, Li Q G, Li J B. Generalized continuous posets and a new cartesian closed category. Appl. Categor. Struct., 2009, 17: 29-42.

[68] Isbell J R. Completion of a construction of Johnstone. Proc. Amer. Math. Soc., 1982, 85: 333-334.

[69] Järvinen J. On the structure of rough approximations. Fundamenta Informaticae, 2002, 53: 135-153.

[70] Järvinen J. Lattice theory for rough sets// Transactions on Rough Sets VI, LNCS 4374. Berlin, Heidelberg: Springer-Verlag, 2007: 400-498.

[71] Jia X D, Jung A, Li Q G. A note on coherence of dcpos. Topology and its Applications, 2016, 209: 235-238.

[72] Jia X D. Meet-continuity and locally compact Sober dcpos. Ph. D. Thesis, University of Birmingham, 2018.

[73] 江辉有. 拓扑学. 北京: 机械工业出版社, 2013.

[74] Jiang G H, Shi W X. Characterizations of distributive lattices and semicontinuous lattices. Bull. Korean Math. Soc., 2010, 47: 633-643.

[75] Jiang G H, Xu L S. Conjugative relations and applications. Semigroup Forum, 2010, 80: 85-91.

[76] Johnstone P T. Stone Spaces. Cambridge: Cambridge University Press, 1986.

[77] Johnstone P T. Scott is not always Sober// Lecture Notes in Mathematics, Vol. 871. Berlin: Springer, 1981: 282-283.

[78] Jung A. Cartesian Closed Categories of Domains. Amsterdam: CWI Tract 66, 1989.

[79] Jung A. The classification of continuous domains. Proc. 5th. Annual IEEE Symposium on Logic in Computer Science. Los Alamitos: IEEE Computer Society Press, 1990: 35-40.

[80] Kelly J L. 一般拓扑学. 吴从炘, 吴让泉, 译. 北京: 科学出版社, 2010.

[81] Keimel K, Lawson J D. D-completions and the d-topology. Annals of Pure and Applied Logic, 2009, 159: 292-306.

[82] Keimel K, Lawson J D. Extending algebraic operations to D-completions. Electronic Notes in Theoretical Computer Science, 2009, 249: 93-116.

[83] Khalimsky E D, Kopperman R, Meyer P R. Computer graphics and connected topologies on finite ordered sets. Topology and its Applications, 1990, 36: 1-17.

[84] Khalimsky E D, Kopperman R, Meyer P R. Boundaries in digital planes. Journal of Applied Mathematics and Stochastics Analysis, 1990, 3(1): 27-55.

[85] Kiselman C O. Digital Jordan curve theorems // Discrete Geometry for Computer Imagery. Berlin: Springer, 2000: 46-56.

[86] Klette R, Rosenfeld A. Digital straightness—a review. Discrete Applied Mathematics, 2004, 139(1/2/3): 197-230.

[87] Kong T Y. Digital topology with applications to thinning algorithms. Ph. D. Thesis, University of Oxford, 1986.

[88] Kong T Y, Kopperman R, Meyer P R. A topological approach to digital topology. American Mathematical Monthly, 1991, 98(12): 901-917.

[89] Kong T Y, Roscoe A W, Rosenfeld A. Concepts of digital topology. Topology and its Applications, 1992, 46: 219-262.

[90] Kong T Y, Rosenfeld A. Digital topology: Introduction and survey. Computer Vision, Graphics and Image Processing, 1989, 48(3): 357-393.

[91] Kopperman R, Meyer P R, Wilson R G. A Jordan surface theorem for three-dimensional digital spaces. Discrete and Computational Geometry, 1991, 6(2): 155-161.

[92] Kopperman R. Asymmetry and duality in topology. Topology and its Applications, 1995, 66: 1-39.

[93] Kou H. U_k−admitting dcpos need not be Sober// Domains and Processes. Dordrecht: Kluwer Academic Publishers, 2001, 1: 41-50.

[94] 寇辉, 罗懋康. 拟连续 Domain 及其子范畴间的伴随关系. 数学年刊 A 辑, 2002, (5): 633-642.

[95] Kou H, Liu Y M, Luo M K. On meet-continuous dcpos// Zhang G Q, et al., eds. Domain Theory, Logic and Computation. Dordrecht: Kluwer Academic Publishers, 2003: 117-135.

[96] Kou H, Luo M K. RW-spaces and compactness of function spaces for L-domains. Topology and its Applications, 2003, 129: 211-220.

[97] Kovalevsky V A. Finite topologies as applied to image analysis. Computer Vision. Graphics and Image Processing, 1989, 46(2): 141-161.

[98] Krötzsch M, Hitzler P, Zhang G Q. Morphisms in context// Dau F, et al., eds. Conceptual Structures: Common Semantics for Sharing Knowledge. Berlin, Heidelberg: Springer-Verlag, 2005: 223-237.

[99] Lawson J D. The duality of continuous posets. Houston Journal of Mathematics, 1979, 5: 357-386.

[100] Lawson J D. The round ideal completion via sobrification. Topology Proceedings, 1997, 22: 261-274.

[101] Lawson J D. Computation on metric spaces via domain theory. Topology and its Applications, 1998, 85(1-3): 247-263.

[102] Lawson J D. Encounters between topology and domain theory// Keimel K, et al., eds. Domains and Processes. Dordrecht: Kluwer Academic Publishers, 2001: 1-32.

[103] Lawson J D, Xu L S. When does the class $[A \to B]$ consist of continuous domains? Topology and its Applications, 2003, 130: 91-97.

[104] Lawson J D, Xu L S. Posets having continuous intervals. Theoretical Computer Science, 2004, 316: 89-103.

[105] Lawson J D, Xi X Y. The equivalence of QRB, QFS, and compactness for quasicontinuous domains. Order, 2015, 32: 227-238.

[106] 雷银彬. Domain 理论及 Rough 集理论若干相关问题研究. 四川大学博士学位论文, 2007.

[107] 李高林. Domain 的几种推广类型和相关应用研究. 扬州大学博士学位论文, 2012.

[108] 李高林, 徐罗山. 拟连续 Domain 的拟基及其权. 模糊系统与数学, 2007, 21(6): 52-56.

[109] 李高林, 徐罗山, 杨凌云. 关于自然偏序集的自然连续性. 模糊系统与数学, 2011, 25(4): 87-92.

[110] 李高林, 徐罗山. 偏序集中的下收敛与 Lawson 拓扑. 扬州大学学报 (自然科学版), 2012, (1): 9-12.

[111] Li G L, Xu L S. QFS-domains and their Lawson compactness. Order, 2013, 30: 233-248.

[112] 李海洋. 一般格论基础. 西安: 西北工业大学出版社, 2012.

[113] 李雷, 吴从炘. 集值分析. 北京: 科学出版社, 2003.

[114] 李进金, 李克典, 林寿. 基础拓扑学导引. 北京: 科学出版社, 2009.

[115] 李庆国, 邓自克. 连续映射扩充的格论处理. 数学杂志, 2007, (3): 295-300.

[116] 李庆国, 李纪波. 拟紧元和连续格. 数学物理学报, 2008, (6): 1251-1255.

[117] Li Q G, Li J B. Meet continuity of posets via lim-inf-convergence. Advance in Mathematics, 2010, 39: 755-760.

[118] 李永明. 连续偏序集的下收敛结构. 工程数学学报, 1994, 11: 1-7.

[119] 梁基华, 刘应明. Domain 理论与拓扑. 数学进展, 1999, (2): 3-5.

[120] Liang J H, Keimel K. Compact continuous L-domains. Computers and Mathematics with Applications, 1999, 38: 81-89.

[121] 梁基华, 蒋继光. 拓扑学基础. 北京: 高等教育出版社, 2005.

[122] 林寿. 度量空间与函数空间的拓扑. 2 版. 北京: 科学出版社, 2018.

[123] 刘应明, 罗懋康, 彭谦. 完全分配律的分析式与拓扑式刻划. 科学通报, 1989, 15: 1121-1123.

[124] Liu Y M, Liang J H. Solution to two problems of J. D. Lawson and M. Mislove. Topology and its Application, 1996, 69: 153-164.

[125] 刘应明, 张德学. 不分明拓扑中的 Stone 表示定理. 中国科学 A 辑, 2003, 33: 236-247.

[126] Liu G L, Zhu W. The algebraic structures of generalized rough set theory. Information Sciences, 2008, 178: 4105-4113.

[127] 刘海涛. 覆盖粗集的覆盖约简及拓扑式研究. 扬州大学硕士学位论文, 2016.

[128] Luo M K. Lattice-valued semicontinuous mappings and induced topologies. Acta Mathematica Sinica, 1990, 6(3): 193-205.

[129] 罗懋康. 格上拓扑的点式处理——Locale 理论中的 Hausdorff 性, Tietze 扩充定理及其他. 四川大学博士学位论文, 1992.

[130] Lu J, Zhao B, Wang K Y. SI-continuous spaces and continuous posets. Topology and its Applications, 2019, 264: 313-321.

[131] Lane S M. Categories for the Working Mathematician. Berlin, Heidelberg, New York: Springer, 1972.

[132] Mao X X, Xu L S. Representation theorems for directed completions of consistent algebraic L-domains. Algebra Universalis, 2005, 54: 435-447.

[133] 毛徐新. Domain 的表示理论和广义 Domain 研究. 南京大学博士学位论文, 2006.

[134] Mao X X, Xu L S. Quasicontinuity of posets via Scott topology and sobrification. Order, 2006, 23(4): 359-369.

[135] Mao X X, Xu L S. Meet continuity properties of posets. Theoretical Computer Science, 2009, 410: 4234-4240.

[136] 毛徐新, 徐罗山. 测度拓扑和连续偏序集的刻画. 高校应用数学学报, 2014, 29(4): 462-466.

[137] 毛徐新, 徐罗山. 测度拓扑和交连续偏序集的刻画. 模糊系统与数学, 2015, 29(6): 8-12.

[138] 毛徐新, 徐罗山. S-超连续偏序集的性质及等价刻画. 计算机工程与应用, 2015, 51(1): 9-12.

[139] Mao X X, Xu L S. Characterizations of various continuities of posets via approximated elements. Electronic Notes in Theoretical Computer Science, 2017, 333: 89-101.

[140] Mao X X, Xu L S. The measurement topology and the density topology of posets. Journal of Mathematical Research with Applications, 2018, 38(4): 341-350.

[141] 毛徐新, 徐罗山. 偏序集上一致连续性的等价刻画与性质. 高校应用数学学报, 2019, 34(1): 121-126.

[142] Mao X X, Xu L S. Characterizations of supercontinuous posets via Scott S-sets and the S-essential topology. Electronic Notes in Theoretical Computer Science, 2019, 345: 169-183.

[143] Martin K. A foundation for computation. Ph.D Thesis, Tulane University, 2000.

[144] McAndrew A, Osborne C. A survey of algebraic methods in digital topology. Journal of Mathematical Imaging and Vision, 1996, 6(2-3): 139-159.

[145] Menon V G. Separating points in posets. Houston J. of Math., 1995, 21: 283-290.

[146] 苗夺谦, 李道国. 粗糙集理论、算法与应用. 北京: 清华大学出版社, 2008.

[147] Mislove M W. Topology, domain theory and theoretical computer science. Topology and its Applications, 1998, 89: 3-59.

[148] Mislove M W. Local DCPOs, local CPOs and local completions. Electronic Notes in Theoretical Computer Science, 1999, 20: 399-412.

[149] Munkres J R. 拓扑学. 熊金城, 吕杰, 谭枫, 译, 北京: 机械工业出版社, 2006.

[150] Neumann-Lara V, Wilson R G. Digital Jordan curves—a graph-theoretical approach to a topological theorem. Topology and its Applications, 1992, 46: 263-268.

[151] Pawlak Z. Rough sets, rough relations and rough functions. Fundamenta Informaticae, 1996, 27: 103-108.

[152] Pawlak Z. Rough sets. International Journal of Computer and Information Sciences, 1982, 11: 341-356.

[153] Pawlak Z. Rough Sets: Theoretical Aspects of Reasoning About Data. Boston: Kluwer Academic Publishers, 1991.

[154] Pawlak Z, Skowron A. Rough sets: Some extensions. Information Sciences, 2007, 177: 28-40.

[155] 裴道武. 基于三角模的模糊逻辑理论及其应用. 北京: 科学出版社, 2013.

[156] Picado J, Pultr A. Frames and Locales: Topology without Points. Basel: Birkhäuser, Springer, 2012.

[157] 乔全喜. 粗糙集的拓扑结构研究. 西南交通大学博士学位论文, 2013.

[158] Raney G N. Completely distributive complete lattices. Proc. Amer. Math. Soc., 1952, 3: 677-680.

[159] 荣宇音, 徐罗山. 5 元素集合上 T_0 拓扑总数的计算. 高校应用数学学报 A 辑, 2016, (4): 461-466.

[160] 荣宇音, 徐罗山. 广义近似空间的拓扑分离性与紧性. 模糊系统与数学, 2017, (5): 155-159.

[161] 荣宇音, 徐罗山. 广义近似空间的粗糙同胚与拓扑同胚. 高校应用数学学报 A 辑, 2017, (3): 315-320.

[162] Rosenfeld A. Connectivity in digital pictures. Journal of the Association for Computing Machinery, 1970, 17(1): 146-160.

[163] Rosenfeld A. Digital topology. American Mathematical Monthly, 1979, 86: 621-630.

[164] Rosenfeld A. Picture Languages: New York: Academic Press, 1979.

[165] 阮小军, 张小芝. 关于一致连续偏序集的若干性质. 南昌大学学报 (理科版), 2008, 32(2): 119-120.

[166] Sambin G, Valentini S. Topological Characterization of Scott Domains, Archive for Mathematical Logic. (preprint)

[167] Scott D S. Continuous lattices// Topos, Algebraic Geometry and Logic. Berlin: Springer-Verlag, 1972: 97-136.

[168] Scott D S. Domains for denotational semantics// Automata, Languages and Programming. Berlin: Springer-Verlag, 1982: 577-613.

[169] 史福贵. 格上点式一致结构与点式度量理论及其应用. 首都师范大学博士学位论文, 2001.

[170] Šlapal J. A digital analogue of the Jordan curve theorem. Discr. Appl. Math., 2004, 39: 231-251.

[171] Šlapal J. Digital Jordan curves. Topology and its Applications, 2006, 153: 3255-3264.

[172] Šlapal J. Convenient adjacencies for structuring the digital plane. Annals of Mathematics and Artificial Intelligence, 2015, 75: 69-88.

[173] Smyth M B. Power domains and predicate transformers: A topological view// Automata, Languages and Programming. Berlin: Springer-Verlag, 1983: 662-675.

[174] Spreen D, Xu L S, Mao X X. Information systems revisited—the general continuous case. Theoretical Computer Science, 2008, 405(1-2): 176-187.

[175] Venugopalan P. Quasicontinuous posets. Semigroup Forum, 1990, 41: 193-200.

[176] Venugopalan P. A generalization of completely distributive lattices. Algebra Universalis, 1990, 27: 578-586.

[177] Thron W J. Lattice-equivalence of topological spaces. Duke Math. J., 1962, 29: 671-679.

[178] Vickers S. Topology Via Logic. Cambridge: Cambridge University Press, 1989.

[179] Wang C Z, Wu C X, Chen D G. A systematic study on attribute reduction with rough sets based on general binary relations. Information Sciences, 2008, 178: 2237-2261.

[180] 王国俊. φ—极小集理论及其应用. 科学通报, 1986, 31: 1049-1053.

[181] 王国俊. L-fuzzy 拓扑空间论. 西安: 陕西师范大学出版社, 1988.

[182] 王国俊. 序、拓扑、逻辑. 西安: 陕西师范大学出版社, 2005.

[183] 王国俊, 徐罗山. 内蕴拓扑与 Hutton 单位区间的细致化. 中国科学 A 辑, 1992, (7): 705-712.

[184] 王戈平, 时根保. 完全分配格与点格. 数学学报, 1993, (4): 491-497.

[185] 王习娟, 卢涛, 贺伟. L-连续偏序集的 M 性质与有限分离性. 数学年刊 A 辑, 2009, (2): 169-176.

[186] 汪开云. 模糊 Domain 与模糊 Quantale 中若干问题的研究. 陕西师范大学博士学位论文, 2012.

[187] Waszkiewiz P. Distance and measurement in domain theory. Electronic Notes in Computer Science, 2001, 45: 448-462.

[188] Wyler O. Dedekind complete posets and Scott topologies// Continuous Lattices. Berlin: Springer, 1981: 591-637.

[189] 奚小勇. 关于 Domain 函数空间的若干问题. 四川大学博士学位论文, 2005.

[190] Xi X Y, Liang J H. Function spaces from core compact coherent spaces to continuous B-domains. Topology and its Applications, 2009, 156: 542-548.

[191] Xi X Y. Function spaces from Lawson compact continuous domains to continuous B-domains. Topology and its Applications, 2012, 159: 2854-2859.

[192] Xi X Y, Xu L S, Lawson J D. Function spaces from coherent continuous domains to RB-domains. Topology and its Applications, 2016, 206: 148-157.

[193] 熊金城. 点集拓扑讲义. 4 版. 北京: 高等教育出版社, 2011.

[194] 徐罗山. 格与拓扑研究 —— 范畴论方法与拓扑分解方法及应用. 四川大学博士学位论文, 1992.

[195] 徐罗山. 格的内蕴拓扑与完全分配律. 数学学报, 1996, 39(2): 219-225.

[196] Xu L S. External characterizations of continuous sL-domains// Domain Theory, Logic and Computation, 2003: 137-149.

[197] Xu L S. Continuity of posets via Scott topology and sobrification. Topology and its Applications, 2006, 153: 1886-1894.

[198] 徐罗山. 偏序集上的测度拓扑和全测度. 模糊系统与数学, 2007, 21(1): 28-35.

[199] Xu L S, Mao X X. Formal topological characterizations of various continuous domains. Computers and Mathematics with Applications, 2008, 56: 444-452.

[200] Xu L S, Mao X X. Strongly continuous posets and the local Scott topology. Journal of Mathematical Analysis and Applications, 2008, 345: 816-824.

[201] 徐罗山, 栾云骏. 连续 poset 的投射像的连续性. 模糊系统与数学, 2014, 28(2): 91-94.

[202] Xu L S, Zhao J. Reductions and saturation reductions of (abstract) knowledge bases. Electronic Notes in Theoretical Computer Science, 2014, 301: 139-151.

[203] Xu L S, Zhao D S. C_σ-unique dcpos and non-maximality of the class of dominated dcpos regarding Γ-faithfulness. Electronic Notes in Theoretical Computer Science, 2019, 345: 249-260.

[204] 徐罗山, 唐照勇. 偏序集的内蕴拓扑连通性. 高校应用数学学报, 2020, 35(1): 121-126.

[205] 徐罗山, 毛徐新, 何青玉. 应用拓扑学基础. 北京: 科学出版社, 2021.

[206] 徐晓泉. 序与拓扑. 北京: 科学出版社, 2016.

[207] 徐晓泉. 完备格的关系表示理论及其应用. 四川大学博士学位论文, 2004.

[208] Xu X Q, Liu Y M. Regular relations and strictly completely regular ordered spaces. Topology and its Applications, 2004, 135: 1-12.

[209] Xu X, Xi X, Zhao D. A complete Heyting algebra whose Scott space is non Sober. Fund. Math., 2021, 252: 315-323.

[210] 杨金波. 拟超连续 Domain 与拟超连续格. 四川大学博士学位论文, 2006.

[211] Yang J B, Luo M K. Quasicontinuous domains and generalized completely distributive lattices. Advances in Mathematics (China), 2007, 36(4): 399-406.

[212] Yang J B, Xu X Q. The dual of a generalized completely distributive lattice is a hypercontinuous lattice. Algebra Universalis, 2010, 63(2-3): 275-281.

[213] 杨金波, 徐晓泉. 局部强紧空间的 Hoare 空间与 Smyth 空间. 数学学报, 2010, (5): 989-996.

[214] Yang L Y, Xu L S. Algebraic aspects of generalized approximation spaces. Information Sciences, 2009, 51: 151-161.

[215] 杨凌云. 形式概念分析和粗糙集理论的代数及拓扑式研究. 扬州大学博士学位论文, 2010.

[216] 杨凌云, 徐罗山. 形式背景的几种分离性. 扬州大学学报, 2010, 13(1): 21-24.

[217] Yang L Y, Xu L S. Topological properties of generalized approximation spaces. Information Sciences, 2011, 181: 3570-3580.

[218] Yang Z Q. Normally supercompact spaces and completely distributive posets. Topology and its Applications, 2001, 109: 257-265.

[219] Yang Z Q. A cartesian closed subcategory of CONT which contains all continuous domains. Information Sciences, 2004, 168: 1-7.

[220] 杨忠强. 分子格范畴的 Cartesian 闭性. 四川大学博士学位论文, 1990.

[221] 杨忠强, 杨寒彪. 度量空间的拓扑学. 北京: 科学出版社, 2017.

[222] Yao W, Zhao B. A duality between fuzzy domains and strongly completely distributive L-ordered sets. Iranian Journal of Fuzzy Systems, 2014, 11(4): 23-43.

[223] Yao Y Y. Concept lattices in rough set theory. Proceedings of 2004 Annual Meeting of the North American Fuzzy Information Processing Society, 2004: 796-801.

[224] 原雅燕. 寇辉. 关于函数空间的超连续性. 数学年刊, 2010, 31A(5): 571-578.

[225] Zareckiǐ K A. The semigroup of binary relations. Matematicheskiǐ Sbornik. Novaya Seriya, 1963, 61: 291-305.

[226] Zhang D X, Yang Z Q. Cartesian closedness of categorys of completely distributive lattices. Chinese Science Bulletin, 1998, 43: 2059-2063.

[227] 张德学. 一般拓扑学基础. 北京: 科学出版社, 2012.

[228] 张文修, 吴伟志, 梁吉业, 李德玉. 粗糙集理论与方法. 北京: 科学出版社, 2001.

[229] Zhang Q Y, Fan L. Continuity in Quantitative Domains. Fuzzy Sets and Systems. 2005, 154: 118-131.

[230] Zhang W F, Xu X Q. Hypercontinuous posets. Chinese Annals of Mathematics, Series B, 2015, 36(2): 195-200.

[231] 张小红. 模糊逻辑及其代数分析. 北京: 科学出版社, 2008.

[232] 赵彬. 分子格范畴中的极限及其应用. 四川大学博士学位论文, 1993.

[233] Zhao B, Zhao D S. Lim-inf convergence in partially ordered sets. Journal of Mathematical Analysis and Applications, 2005, 309: 701-708.

[234] Zhao B, Zhou Y H. The category of supercontinuous posets. J. Math. Anal. Appl., 2006, 320: 632-641.

[235] 赵东升. 连续格与完全分配格的几个特征, 数学季刊, 1990, 5(1-2): 162-165.

[236] Zhao D S, Fan T H. Dcpo-completion of posets. Theoretical Computer Science, 2010, 411: 2167-2173.

[237] Zhao D S, Ho W K. On topologies defined by irreducible sets. Journal of Logical and Algebraic Methods in Programming, 2015, 84(1): 185-195.

[238] Zhao D S. Closure spaces and completions of posets. Semigroup Forum, 2015, 90(2): 545-555.

[239] Zhao D S, Xi X Y. Directed complete poset models of T_1 spaces. Mathematical Proceedings of the Cambridge Philosophical Society, 2018, 164(1): 125-134.

[240] Zhao D S, Xu L S. Uniqueness of directed complete posets based on Scott closed set lattices. Logical Methods in Computer Science, 2018, 14(2): 1-12.

[241] Zhao D S, Xi X Y, Chen Y X. Topologies generated by families of sets and strong poset models. Topology Proceedings, 2020, 56: 249-261.

[242] 郑崇友, 樊磊, 崔宏斌. Frame 与连续格. 2 版. 北京: 首都师范大学出版社, 2000.

[243] Zhou Y H, Zhao B. Order-convergence and Lim-inf$_M$ convergence in posets. Journal of Mathematical Analysis and Applications, 2007, 325: 655-664.

[244] 周炜, 周创明, 史朝辉, 何广平. 粗糙集理论及应用. 北京: 清华大学出版社, 2015.

[245] Zhu W. Topological approaches to covering rough sets. Information Sciences, 2007, 177: 1499-1508.

[246] Zhu W. Generalized rough sets based on relations. Information Sciences, 2007, 177: 4997-5011.

[247] Zhu W. Relationship among basic concepts in covering-based rough sets. Information Sciences, 2009, 179: 2478-2486.

[248] Zhu W, Wang F. Reduction and axiomization of covering generalized rough sets. Information Sciences, 2003, 152: 217-230.

[249] 朱鸿. 程序展开理论. 中国科学 A 辑, 1988, 8: 887-896.

符 号 说 明

$(B, \prec)$, 抽象基, 137

(B, j), 嵌入基, 136

(F, G, φ) 或 $F \dashv G$, 伴随对, 94

$(L, \leqslant)$, 预序集或偏序集, 6

(U, V, R), 形式背景, 287

(X, d), 度量空间, 16

$(X, \mathcal{T})$, 拓扑空间, 18

$(X^*, \mathcal{T}^*)$, 空间 $(X, \mathcal{T})$ 的单点紧化, 58

(X^s, j), 空间 X 的 Sober 化, 114

(Y, f), 空间 Y 的紧化, 58

$(\mathbb{H}, d_\mathbb{H})$ 或 $\mathbb{H}$, Hilbert 空间, 17

(g, d), Galois 联络, 100

$(x_j)_{j \in J} \equiv_\mathcal{S} y$, 网 $(x_j)_{j \in J} \mathcal{S}$-收敛 y, 192

$(x_j)_{j \in J} \equiv_{\text{Low}} y$, 网 $(x_j)_{j \in J}$ 下收敛 y, 193

$(x_j)_{j \in J} \equiv_{\text{Ord}} y$, 网 $(x_j)_{j \in J}$ 序收敛 y, 192

$(x_j)_{j \in J} \to p$, 网 $(x_j)_{j \in J}$ 收敛于 p, 63

$(\prod_{j \in \mathcal{J}} B_j, \{p_j\}_{j \in \mathcal{J}})$, 对象族的乘积, 92

$2^{\aleph_0}$ 或 c, 连续统基数, 13

$A =_c B$, 集合 A 与 B 等势, 12

$A \cap B$, 集合 A 与 B 的交, 2

$A \cup B$, 集合 A 与 B 的并, 2

$A \oplus B$, A 与 B 的对称差, 3

$A \subset B$ 或 $A \subsetneqq B$, A 是 B 的真子集, 2

$A \subseteq B$, A 是 B 的子集, 1

$A \times B$, A 与 B 的笛卡儿积, 2

A^c, 集合 A 的余集, 2

A^d, 集合 A 的导集, 21

A° 或 $\text{int}(A)$, 集合 A 的内部, 22

A_1、A_2, 第一、第二可数性, 39

BX, 闭形式球, 263

B^A 或 $[A \to B]$, 范畴中的指数对象, 99

$B_d(x, \varepsilon)$, 以 x 为中心的 ε 球形邻域, 17

$B - A$, 集合 A 关于集合 B 的差集, 2

$D(A)$, A 的直径, 81

$D(U, \mathcal{P})$, $\mathcal{P}$ 的 M-区分矩阵, 353

$D_Q(U, \mathcal{R})$, RQ-区分矩阵, 346

$\text{Def}(U, R)$, (U, R) 的可定义集族, 327

F_δ, 映射 δ 的有限分离集, 232

$\text{Fin}(L_h)$, L_h 中有限-点之集, 222

$H(L)$, 偏序集 L 的 Hoare 幂, 265

$\text{Irr}(X)$, X 的全体非空既约闭集, 112

$L(\mathbb{K})$, $\mathbb{K}$ 的概念格, 289

$L \cong M$, 偏序集 L 与 M 同构, 8

$L_E(\mathbb{K})$, $\mathbb{K}$ 的全体外延的集合, 290

$L_I(\mathbb{K})$, $\mathbb{K}$ 的全体内涵的集合, 290

L_j, L 的子 Locale, 115

$L_{C(a)}$, 闭子 Locale, 116

$L_{u(a)}$, 开子 Locale, 116

M_5, 五元钻石格, 105

$\text{Mor}(\mathcal{C})$, 范畴 $\mathcal{C}$ 的态射类, 85

N_5, 五边形格, 105

$O_{f(x)}$, $\downarrow f(x)$ 的最小元, 227

$P^\top$, 偏序集 P 的加顶, 128

$P_\perp$, 偏序集 P 的提升, 128

$\text{Pt}(\mathcal{B})$, 相对于基 $\mathcal{B}$ 的形式点之集, 255

$Q(X)$, 空间 X 的拓扑 Smyth 幂, 266

$R(A)$, 集合 A 的 R-像集, 3

R^{-1}, 关系 R 的逆, 4

$R^{-1}(B)$, 集合 B 的 R 原像集, 4

R^c, 关系 R 的补关系, 4

$R_p(x)$, x 的前继邻域, 312

$R_s(x)$, x 的后继邻域, 312

$S \circ R$, 关系 R 与 S 的复合, 4

S_a, 全序集在 a 处的截段, 13

S_Ω, 最小不可数良序集, 14

$T_i(i = 0, 1, 2, 3, 4)$, T_i 分离性, 49–51

$T_{3\frac{1}{2}}$, T_1 且完全正则性, 52

$W(X)$, 拓扑空间 X 的权, 162

X/R, 集合 X 关于等价关系 R 的商集, 6

$X \cong Y$, 拓扑空间 X 与 Y 同胚, 28

X^Γ, 集合 Γ 到 X 的全体映射, 10

$[P \to T]$, Scott 连续函数空间, 226

$[X \to L]$, 连续函数空间, 226

$[x, y]$, 由 x, y 决定的闭区间, 127

$[x]_R$ 或 $[x]$, x 的 R-等价类, 6

$\Downarrow^{\lhd} x$, x 的完全双小于下集, 142

$\Downarrow_u x$, x 的一致小于下集, 145

ΩX, 预序集 $(X, \leqslant_s)$, 126

ΣP, 偏序集 P 赋予 Scott 拓扑, 155

$\Uparrow^{\lhd} x$, x 的完全双小于上集, 142

$\aleph_0$, 正整数集 $\mathbb{Z}_+$ 的基数, 13

$\alpha(P)$, Alexandrov 拓扑, 154

$\alpha(x)$, 对象 x 的内涵, 289

$\alpha^*(P)$, 对偶 Alexandrov 拓扑, 154

$\bot, \top$, 偏序集的底元和顶元, 7

$\cap_{\alpha \in \Gamma} A_\alpha$ 或 $\cap A_\alpha$, 集族的交, 9

$\coprod_{\alpha \in \Gamma} A_\alpha$, 集族的无交并, 9

Clop(U, R), R-既开又闭集全体, 314

$\cup_{\alpha \in \Gamma} A_\alpha$ 或 $\cup A_\alpha$, 集族的并, 9

$\mathcal{C}(U, R)$, (U, R) 的 R-闭集全体, 314

$\downarrow x$, x 的双小于下集, 132

$\downarrow_l x$, x 强双小于下集, 170

$\delta_{\mathcal{F}}$, 拟逼近特征映射, 245

$\Uparrow H$, 集 H 的双小于上集, 184

$\uparrow x$, 点 x 的双小于上集, 132

$\uparrow_l x$, x 强双小于上集, 170

$\exists 1$, 存在唯一, 90

γx, 对象 x 的概念, 289

$\kappa(L)$, 偏序集 L 中的 C-紧元之集, 202

$\lambda(P)$, 偏序集 P 的 Lawson 拓扑, 157

$\lambda(\mathscr{U})$, 覆盖 $\mathscr{U}$ 的 Lebesgue 数, 81

$\lambda: F \to G$, 函子 F 到 G 的自然变换, 89

$\left(\coprod_{j \in \mathcal{J}} B_j, \{q_j\}_{j \in \mathcal{J}}\right)$, 对象族的余积, 92

$\leqslant$, 预序或偏序, 6

$\leqslant^{op}$, 偏序 $\leqslant$ 的对偶, 6

$\leqslant_s$, 特殊化序, 126

$\ll$, 双小于关系, 132

$\ll_u$, 一致小于关系, 145

$\mathbb{N}$, 含 0 自然数集, 1

$\mathbb{Q}$, 有理数集, 1

$\mathbb{Q}_+$, 正有理数集, 1

$\mathbb{R}$, 实数集, 1

$\mathbb{R}^2$ 或 $\mathbb{R} \times \mathbb{R}$, 欧氏平面点集, 2

$\mathbb{R}^n$, n 维欧氏空间, 17

$\mathbb{R}_l$, Sorgenfrey 直线, 25

$\mathbb{R}_l^2$, Sorgenfrey 平面, 34

$\mathbb{Z}$, 整数集, 1

$\mathbb{Z}_+$, 正整数集, 1

$\mathbb{Z}_d \times \mathbb{Z}_d$, 数字平面, 273

$\mathbb{Z}_d$, 数字轴, 273

$\mathcal{T}_c$, 可数余拓扑, 18

$\mathcal{T}_f$, 有限余拓扑, 18

$\mathcal{T}_s$, 离散拓扑, 18

$\mathcal{T}_\eta$, 平庸拓扑, 18

$\mathcal{A}|_Y$, 集族 $\mathcal{A}$ 在集合 Y 上的限制, 30

$\mathcal{C} \simeq \mathcal{D}$, 范畴 $\mathcal{C}$ 和 $\mathcal{D}$ 等价, 97

$\mathcal{C}^{\mathcal{J}}$, 函子范畴, 90

$\mathcal{C}^{op}$, 范畴 $\mathcal{C}$ 的对偶范畴, 87

$\mathcal{C}_1 \times \mathcal{C}_2$, 范畴 $\mathcal{C}_1$ 与 $\mathcal{C}_2$ 的积范畴, 87

$\mathcal{F} \to x$, 滤子 $\mathcal{F}$ 收敛于 x, 71

$\mathcal{F}_\xi$, 网 ξ 诱导的滤子, 72

$\mathcal{F}_f$, 映射 f 诱导的滤子, 72

$\mathcal{O}(\mathcal{L})$, 由类 $\mathcal{L}$ 生成的拓扑, 191

$\mathcal{P}(X)$, $\mathcal{P}X$ 或 2^X, X 的幂集, 2

$\mathcal{P}^\sharp$, $\mathcal{P}$ 的并饱和化, 356

$\mathcal{P}^\forall$, $\mathcal{P}$ 的并派生, 358

$\mathcal{P}_{\text{fin}}(P)$, P 的全体非空有限子集, 131

$\mathcal{T}$, 拓扑, 18

$\mathcal{T}_X * \mathcal{T}_Y$ 或 $\mathcal{T}_{X \times Y}$, 积拓扑, 33

$\mathcal{T}_e$, 或 $\mathcal{T}_{\mathbb{R}}$, $\mathbb{R}$ 的通常拓扑, 21

$\mathcal{T}_{\text{ind}(\mathcal{R})}$, $\mathcal{R}$ 的不可区分关系诱导拓扑, 347

$\mathcal{U}_x$, x 的邻域系, 20

$\prod_{j \in \mathcal{J}} f_j$, 态射族的乘积, 93

max(L), 偏序集 L 的极大元之集, 7

min(L), 偏序集 L 的极小元之集, 7

μy, 属性 y 的概念, 289

$\mu(P)$, 偏序集 P 的测度拓扑, 157

μ_A, 集 A 的迹, 166

$\neg a = a \to 0$, 元 a 的伪补, 107

$\nu(P)$, 上拓扑, 154

$\omega(P)$, 下拓扑, 154

$\omega(y)$, 属性 y 的外延, 289

$\mathcal{O}(U, R)$, (U, R) 的 R-开集全体, 314

$\overline{A}$, A^- 或 $\mathrm{cl}(A)$, 集合 A 的闭包, 21

$\overline{E}A$, A 的 E 上近似, 311

$\overline{R}$, 上近似算子, 312

∂A, A^b 或 $\mathrm{Bd}(A)$, 集合 A 的边界, 23

$\prec_c$, C-逼近关系, 201

$\prec_{\nu(P)}$, $\nu(P)$ 诱导的超小于关系, 197

$\prod_{\alpha \in \Gamma} A_\alpha$, 集族的笛卡儿积, 10

$\mathrm{Reg}(U, R)$, (U, R) 的正则集的全体, 332

$\sigma(P)$, 偏序集 P 的 Scott 开集全体, 155

$\sigma^*(P)$, 偏序集 P 的 Scott 闭集全体, 155

$\sigma_l(P)$, P 上全体局部 Scott 开集, 172

$\sim_f$, 由映射 f 决定的等价关系, 36

$\sum_{\alpha \in \Gamma} X_\alpha$, 空间族的和空间, 32

$\sum_{\alpha \in \Gamma} \mathcal{T}_\alpha$, 空间族的和拓扑, 32

$\sup^\uparrow$, $\vee^\uparrow$, 定向上确界, 224

τ_R, 关系诱导拓扑, 314

$\tau_{\mathrm{int}}(P)$, 偏序集 P 上的某内蕴拓扑, 156

$\theta(P)$, 偏序集 P 的区间拓扑, 154

$\triangle(X)$, 集合 X 上的恒同关系, 3

$\triangle : \mathcal{C} \to \mathcal{C}^{\mathcal{J}}$, 对角函子, 90

$\underline{E}A$, A 的 E 下近似, 311

$\underline{R}$, 下近似算子, 312

$\underline{\lim}(x_j)_{j \in J}$, 网 $(x_j)_{j \in J}$ 的下极限, 192

$\varnothing$, 空集, 1

$\vee X$ 或 $\sup X$, X 的上确界, 7

$|A|$ 或 $\mathrm{card} A$, 集合 A 的基数, 12

$\wedge X$ 或 $\inf X$, X 的下确界, 7

$\wedge \mathcal{W}$, $\mathcal{W}$ 中非空有限子族交的全体, 25

$\xi : J \to X$ 或 $(x_j)_{j \in J}$, X 内的网, 63

$\xi_{\mathcal{F}}$, 滤子 $\mathcal{F}$ 诱导的网, 73

$\{0, 1\}^A$, A 到 $\{0, 1\}$ 的全体映射, 14

$\{A_\alpha\}_{\alpha \in \Gamma}$, 有标集族, 9

$\{x \mid x$ 满足条件 $P\}$, 集合符号, 1

$\{x_n\}_{n \in \mathbb{Z}_+}$, 序列, 41

$a \leqslant b$, a 尽含于 b, 119

$a \in A$, 元素 a 属于集合 A, 1

$a \notin A$, 元素 a 不属于集合 A, 1

a', 元 a 的补元, 106

$c(P)$, 偏序集 P 的定向完备化, 166

$\mathrm{cl}(A)$, $\overline{A}$, 或 A^-, 集合 A 的闭包, 21

$\mathrm{cl}_L(L_j)$, 子 Locale L_j 在 L 中的闭包, 116

$d(x, A)$, 点 x 到集 A 的距离, 29

$d(x, y)$, 度量空间中点 x 到 y 的距离, 16

$f|_A$, 映射 f 在 A 上的限制, 5

f°, 映射 f 的余限制, 5

$f_Q(\mathcal{R})$, 相对于 Q 的 RQ-区分函数, 348

$\mathrm{fin}(x)$, 双小于 x 的非空有限集全体, 184

$i_A : A \to X$, 从 A 到 X 的包含映射, 4

$\mathrm{ob}(\mathcal{C})$, 范畴 $\mathcal{C}$ 的对象类, 85

$p(R)$, R 的预序闭包, 343

$p_\alpha : \prod_{\alpha \in \Gamma} A_\alpha \to A_\alpha$, 第 α 个投影 (映射), 10

$q : X \to X/R$, 粘合映射, 6

$q\alpha$, 拟形式点, 261

$q\mathcal{B}$, 拟基, 256

$\mathrm{sat}(A)$, 子集 A 的饱和化, 126

$t(x)$, 完全双小于 x 的有限集之族, 151

$x < y$, $x \leqslant y$ 且 $x \neq y$, 6

xRy, x 与 y 是 R-相关的, 3

$x \ll_l y$, x 强双小于 y, 170

$x \prec_c y$, x C-小于 y, 202

$x \lhd y$, x 完全双小于 y, 142

$x \vee y$, 集合 $\{x, y\}$ 的上确界, 7

$x \wedge y$, 集合 $\{x, y\}$ 的下确界, 7

$\Uparrow U$, 内部含 U 的拟基元之集族, 256

$\mathbf{I}$, 单位闭区间 $[0, 1]$, 30

$\mathbf{I} \times S^1$, 圆柱面, 38

$\mathcal{F}_{\mathcal{P}}$, 由 $\mathcal{P}$ 决定的卡通, 285

$\downarrow X$, 集合 X 的下集, 7

$\downarrow a$, 独点集 $\{a\}$ 的下集, 7

$\lim_{n \to +\infty} x_n = a$, 序列 $\{x_n\}_{n \in \mathbb{Z}_+}$ 收敛于 a, 41

$\mathcal{T}_\rho$, 度量 ρ 的 ρ-开集全体, 17

$\mathcal{T}_\rho$, 度量 ρ 诱导的拓扑, 19

$\mathrm{FN}(X)$, X 的全体有限子集, 136

$\text{Pt}^q(q\mathcal{B})$, 全体拟形式点之集, 261

$\text{RI}(B)$, 圆理想完备化, 137

$\text{SCo}(L)$, Scott C-集的余集全体, 209

$\text{SC}(L)$, L 的全体 Scott C-集, 209

$\text{lb}(A)$, A 的全体下界构成的集合, 128

$\text{mub}(A)$, A 的全体极小上界之集, 128

$\text{pt}L$, Locale L 的全体点之集, 109

$\text{pt}^\circ L$, Locale L 的全体素元之集, 110

$\text{ub}(A)$, A 的全体上界之集, 128

$\uparrow X$, 集合 X 的上集, 7

$\uparrow b$, 独点集 $\{b\}$ 的上集, 7

$(\beta X, \eta_X)$, 空间 X 的 Stone-Čech 紧化, 76

AS-ROU, 近似空间和粗糙连续映射的范畴, 340

ATOP, Alexandrov 空间及连续映射的范畴, 340

AbGrp, Abel 群与群同态的范畴, 86

Frm, frame 与 frame 同态的范畴, 109

GAS-ROU, 广义近似空间和粗糙连续映射的范畴, 340

GAS-TOP, 拓扑广义近似空间和粗糙连续映射的范畴, 340

Grp, 群与群同态的范畴, 86

KHausSp, 紧 Hausdorff 空间与连续映射的范畴, 86

Loc, Locale 与连续映射的范畴, 109

Poset, 偏序集与保序映射的范畴, 86

Set, 集与映射的范畴, 86

Sp$_0$, T_0 拓扑空间与连续映射的范畴, 86

Sp, 拓扑空间与连续映射的范畴, 86

Tych, $T_{3\frac{1}{2}}$ 空间与连续映射的范畴, 86

pSp, 带基点的道路连通空间范畴, 88

FCC, 形式背景与信息态射范畴, 308

$K(P)$, P 的全体紧元之集, 132

$\text{adh}(x_j)_{j\in J}$, 网 $(x_j)_{j\in J}$ 的聚点之集, 63

$\text{adh}\mathcal{F}$, 滤子 $\mathcal{F}$ 的全体聚点之集, 71

AKB, 抽象知识库, 352

bc-dcpo, 有界完备 dcpo, 127

bc-poset, 有界完备偏序集, 127

cBa, 完备 Boole 代数, 106

CD-格, 完全分配格, 147

cdcpo, 相容定向完备偏序集, 128

cHa, 完备 Heyting 代数, 107

$\text{core}(\cdot)$, (抽象) 知识库的核, 344, 352

$\text{core}_{\mathcal{T}}(\mathcal{R})$, $\mathcal{R}$ 的拓扑核, 347

dcpo, 定向完备偏序集, 127

$\text{eval}_{A,B}$, 赋值态射, 100

$\text{Filt}(L)$, L 中全体滤子之集, 7

GCD 格, 广义完全分配格, 151

$\text{Hom}_{\mathcal{C}}(A,B)$, A 到 B 的态射集, 85

id_X 或 Id_X, X 上的恒同映射, 4

$\text{Idl}(L)$, L 中全体理想之集, 7

$\text{ind}(\cdot)$, 不可区分知识, 344, 352

$\text{int}(A)$ 或 A°, 集合 A 的内部, 22

L-dcpo, L-定向完备偏序集, 127

L-poset, L-偏序集, 127

$\lim(x_j)_{j\in J}$, 网 $(x_j)_{j\in J}$ 的极限点之集, 63

$\lim\mathcal{F}$, 滤子 $\mathcal{F}$ 的极限点之集, 71

$\text{Ord}\ A$, 良序集 A 的序数, 13

$\text{red}(\cdot)$, 知识库的交约简, 344, 353

$\text{red}_{\mathcal{T}}(\mathcal{R})$, $\mathcal{R}$ 的全体拓扑约简, 347

$\text{red}_Q(\mathcal{R})$, $\mathcal{R}$ 的全体 Q-相对约简, 345

sL-dcpo, 主理想为并半格的 dcpo, 128

sL-poset, sL-偏序集, 128

$\text{Spec}\ D$, D 的谱空间, 123

名 词 索 引

B

半格, 102

伴随, 94, 95

伴随对, 94

包含函子, 88

包含映射, 4

饱和化, 126

饱和集, 126, 159

    在特殊化序下是上集, 126

保并映射, 8

保定向并, 8

保交映射, 8

保滤向交, 8

保序映射, 8

逼近, 132

闭包, 21–23, 64, 72

    Kuratowski 闭包公理, 22

    闭包性质, 21

闭包算子, 69, 100, 132, 141, 314

    生成拓扑, 21

闭点, 273, 283

闭覆盖, 42

闭集, 21, 22, 27, 30

    闭集性质, 21

闭集格, 105

闭加细, 60

闭区间, 127

闭形式球, 263

闭映射, 28, 37

    不必连续, 28

闭子 Locale, 116, 120

闭子背景, 302

闭子空间, 30, 56, 308

边界, 23

边界点, 23

标准映射, 255

并半格, 102

并饱和的, 356

并饱和化, 356

并饱和约简, 356, 357

并既约元, 104

并派生, 358

并约简, 356

补关系, 4

补集, 2

补元, 106, 121

不可区分关系, 311

不可区分关系诱导拓扑, 347

不可区分知识, 344, 352–354

不可数集, 11, 12

不连通空间, 43, 324

    刻画定理, 43

C

测度拓扑, 157–159, 167, 169, 188

插入性质, 133

差集, 2

长度, 127, 360

常值函子, 88

常值序列, 41

超紧集, 254

超紧拟基, 256–261

超紧元, 142

超连续格, 198-201, 207, 268

    对偶是 GCD 格, 199

    Lawson 拓扑等于区间拓扑, 199

超连续偏序集, 198, 199

    是连续偏序集, 198

    Scott 拓扑恰是上拓扑, 198

超滤子, 70

超网, 66, 67, 196

超小于关系, 197

    运算性质, 197

乘积, 2, 92

乘积对象, 92

乘积偏序集, 10

乘积序, 8

抽象基, 137

    圆理想完备化是连续 domain, 137

抽象知识库, 352, 354, 355

稠密入射空间, 178, 179

    赋予特殊化序是 bc-domain, 179

稠密子集, 38, 39, 44, 167

    连续函数唯一扩张, 39

传递关系, 6

传递性, 6

串行关系, 312, 333

粗糙连续映射, 336, 337, 342

    是拓扑连续的, 338

粗糙同胚, 336, 337

粗糙同胚性质, 338–340

    不必是拓扑同胚性质, 340

粗糙同胚映射, 336

D

代表元, 6

代数 domain, 132, 135, 261, 270, 277

代数 L-domain, 132, 262

代数 sL-domain, 133

代数并半格, 133

代数格, 132, 148, 262

代数交半格, 133

代数偏序集, 132, 135, 188

    是拟代数偏序集, 188

    有最小基, 135

代数数, 14

单点紧化, 58, 78

    不必是 Stone-Čech 紧化, 78

单调收敛空间, 164, 218, 255

单射, 5

单位逼近, 232

    单位逼近运算性质, 232

导出算子, 288

    运算性质, 288

导集, 21, 22, 23, 41, 42

    导集性质, 21

道路, 46

道路连通分支, 48

    不必是闭集, 48

道路连通空间, 46, 47, 280

    积空间是道路连通的, 47

    连续像是道路连通的, 47

    是连通的, 47

道路连通子集, 46, 282

道路起点, 46

道路终点, 46

等价, 97

等价的度量, 19

等价关系, 6, 36, 45

等势, 12

笛卡儿闭, 99

笛卡儿积, 2

底元, 7

递降集列, 41

第二可数空间, 39, 40, 280

    是第一可数空间, 39

第二可数性, 39, 167

第一可数空间, 39, 40, 42

第一可数性, 39

点连通, 45

　　　是等价关系, 45

点式序, 8

顶元, 7

定向分配律, 146

定向集, 6, 245

定向完备化, 166

定向完备偏序集, 127

定向子集族, 131

定义域, 4

独立的, 352

度量, 16, 362

度量分解拓扑, 360

度量空间, 16–18, 81, 83

　　　开集性质, 18

对称差, 3

对称关系, 5

对称性, 5, 16

对角函子, 90

对角网, 65

对角线关系, 3

对偶 Alexandrov 拓扑, 154

对偶范畴, 87

对偶命题, 87

对偶偏序, 6, 277

对偶原理, 87

对象概念, 289

对象函数, 87

对象集, 287

对象类, 85

对象内涵, 289

F

发散网, 63

反变函子, 88

反对称关系, 6

反对称性, 6

反链, 127, 360

反射子范畴, 96

泛态射, 90, 91, 94, 95

范畴, 85, 97

范畴等价, 89, 340

　　　刻画定理, 98

范畴同构, 89, 340

仿紧空间, 61, 279, 280, 304, 307–309

　　　闭子空间是仿紧的, 308

　　　仿紧的 T_2 空间都是 T_4 空间, 61

　　　仿紧的正则空间都是正规空间, 61

分配格, 104, 105, 117–119, 123, 152, 173,

　　　　　202, 207, 210, 212, 334

复合, 85, 90

复合关系, 4

复合函子, 89

赋值态射, 100

覆盖, 42

覆盖近似空间, 356

G

概念, 288, 289

概念格, 289, 295, 296

　　　是完备格, 289

格, 102, 173

格同构, 103

格同态, 103

共变函子, 87

共尾子集, 6

孤立点, 21

骨架, 97, 99

骨架范畴, 97

关系, 3, 4

　　　关系的运算律, 4

关系积空间, 340–342

关系紧, 323–325, 339

关系紧性对 R-闭子空间遗传, 325
　关系紧蕴涵拓扑紧, 324
　是粗糙同胚性质, 339
关系拓扑, 314
关系诱导拓扑, 314
管形引理, 57
广义近似空间, 312, 315, 323–327, 332
　R-开集族是 Alexandrov 拓扑, 314
　正则集全体形成完备格, 332
广义近似空间范畴, 340, 342
广义完全分配格, 151

H

函子, 88, 226
　保同构态射, 88
和空间, 32, 33
和拓扑, 32
核, 344, 345, 352–354
核紧空间, 133, 228, 231
核算子, 100, 203
恒等态射、恒同态射, 86
恒同关系, 3
恒同函子, 88, 89
恒同映射、恒等映射, 4
恒同自然变换, 90
后继邻域, 312
划分, 285
混合点, 283

J

积范畴, 87
积关系, 340
积空间, 33–35, 47, 57, 75, 177, 276
积拓扑, 33, 177, 274, 275, 278, 280
基, 134, 135, 167
基本开集, 24
基础集, 2
基数, 12, 360
基元, 24

极不连通空间, 79, 285
极大 (小) 紧化, 58
极大点集, 7, 282
极大集, 150
极大滤子, 70, 74
极大元, 7
极大元集, 7, 168
极限, 91
极限点, 41
极小并饱和的, 356
极小点集, 7
极小集, 150
极小析取范式, 348–350, 355
极小元, 7
极小元集, 7
集的闭邻域, 50
集的开邻域, 50
集的邻域, 50
集的直径, 81
集合, 1, 2, 12
　等势, 12
　集合包含关系, 1, 15
　集合运算律, 2
集合并, 2
集合差, 2
集合交, 2
集合滤子, 70–72
　极限不必唯一, 71
集族, 2
集族的两两不交, 9
集族的无交并, 9
集族限制, 30
迹, 166
既约闭集, 112, 127, 160, 216
继承序, 8
加顶, 128, 240, 268
加细, 60

兼容子背景, 290, 291, 299

交 C-连续, 209–213

    不必是 C-连续或拟 C-连续的, 213

交 C-连续格, 210, 212

    交 C-连续格是分配格, 210

    分配完备格不必是交 C-连续格, 212

交半格, 102, 144, 171

    Scott 拓扑下可遗传, 171

交既约元, 103, 104

交连续 dcpo, 180

交连续 domain, 180

交连续格, 180, 212

交连续偏序集, 179-183, 195, 196, 201, 265

    与 Scott 闭集格是完备 Heyting 代数等价, 180, 181

    与提升是交连续的等价, 265

    Hoare 幂是交连续并半格, 265

    Scott 开集是交连续的, 265

交派生, 359

交约简, 344, 347, 353

    交约简判定定理, 353

截段, 13

尽含于, 119

紧 T_2 分解拓扑, 360, 362, 364

    有限个上确界不必局部紧, 364

紧 T_2 拓扑的恰当性, 57, 60

紧 Locale, 120

    闭子 Locale 是紧的, 120

紧化, 58

紧化等价, 58

紧集, 55, 56, 57, 280–282

紧元, 132

紧致空间, 55–57, 59, 74–76, 79–81, 83, 157, 158, 249, 251, 302, 323, 362

    闭子空间是紧致的, 56

不必序列紧致, 80

管形引理, 57

积空间是紧致的, 57

紧 T_2 拓扑的恰当性, 57

紧致 T_2 空间均是 T_4 空间, 57

连续像是紧致的, 55

滤子的收敛刻画, 74

网的收敛刻画, 74

有限交性质刻画紧致性, 55

子空间不必紧致, 55

Alexander 子基引理, 74

Tychonoff 乘积定理, 75

近似空间, 311

近似空间范畴, 340

净化, 290, 295

局部 C_σ-决定 dcpo, 219

局部 Scott 闭集, 172

局部 Scott 开集, 172

局部 Scott 拓扑, 172

    不必是 T_0 拓扑, 172

局部超紧空间, 254, 256

    拓扑格是 CD-格, 254

局部道路连通空间, 46, 47

    是局部连通的, 47

局部定向并, 130, 174

局部基, 135

局部紧, 59

    与 II 型局部紧关系, 59

局部紧 Locale, 147, 163

    是空间式的, 163

局部紧空间, 59, 363, 364

    不必紧致, 59

    子空间不必紧致, 59

局部连通空间, 46, 280

    不必连通, 46

局部连续偏序集, 173

局部拟连续 domain, 219

局部凝聚性质, 259

局部有限, 60

局部阈限 dcpo, 221, 223

    不必是阈限 dcpo, 223

具体范畴, 89

距离, 16

聚点, 21, 41, 64

K

开点, 273, 283

开覆盖, 42

开集, 20, 23, 27, 30

开集格, 104

开集性质, 18

开加细, 60

开邻域, 20

开滤子, 155

开滤子基, 155, 182

开映射, 28, 37

    不必连续, 28

开子 Locale, 116

开子空间, 30, 31, 59

柯西序列, 82

可定义集, 327

可度量化的, 19, 188

可分空间, 38, 40

    不必是 A_2 空间, 40

    积空间可分, 38

    开子空间可分, 38

    连续像可分, 38

可分性, 38, 167, 188

可见屏, 283, 285

可逆态射, 87

可逆映射, 5

可数覆盖, 42

可数集, 11–13, 167, 188, 264

    存在不可数集, 12

    子集都是可数集, 11

可数紧空间, 79–81

可数无限集, 11

可数余拓扑, 18

可约对象, 290

可约属性, 290

空间式 Locale, 111, 118, 120, 163

    刻画定理, 111

空行, 288, 299

空子 Locale, 115

宽度, 127, 360

扩张, 5

L

离散度量空间, 16

离散拓扑, 18, 315, 362

离散小范畴, 86

离散序, 6

理想, 7, 102

理想完备化, 117, 118, 135

粒子, 311

连通 Locale, 121, 122

连通分支, 45, 279, 282, 284, 285

连通空间, 43, 44, 46, 47

    不必局部连通, 46

    连续像是连通的, 44

连通序空间, 278, 282

连通子集, 44, 45, 282

    连通子集的绝对性, 44

连续 domain, 132, 137, 167, 233, 237, 254, 256, 263, 266, 268

    赋予 Scott 拓扑是 Sober 空间, 187

    是 Sober 的局部超紧空间, 254

    是拟连续 domain, 185

    同构于某代数 domain 的收缩核, 161

连续并半格, 132

连续格, 132, 146, 148, 163, 164, 183, 258

    分配的连续格是 Locale, 147

    分配的连续格是空间式的, 163

是入射空间, 178

连续函数分离, 51

连续交半格, 132

连续偏序集, 132, 134, 136, 138, 141, 143,
       162, 165, 167, 168, 171, 175,
       183, 188, 195, 198

    保定向并的核算子像是连续的, 141

    不必是 PI-偏序集, 174

    乘积是连续的, 133

    定向完备化是连续 domain, 167

    赋予 Lawson 拓扑是 T_3 空间, 189

    赋予 Scott 拓扑是 II 型局部紧的,
       189

    函数空间刻画定理, 231

    局部基刻画, 135

    连续性对 Scott 开集遗传, 165

    是交连续偏序集, 180

    是拟连续偏序集, 188

    双小于关系有插入性质, 133

    与交连续且拟连续等价, 201

    与提升是连续的等价, 133

    Hoare 幂是连续并半格, 265

    Scott 开集是连续的, 265

    Scott 拓扑不必下可遗传, 174

连续统基数, 13, 360

连续映射, 27, 28, 31, 35, 36, 72, 338

    不必是闭映射 (开映射), 28

    不必是粗糙连续的, 338

    不必是同胚, 28

    刻画, 27

    连续映射的刻画, 27

    连续映射的运算, 27

    粘接引理, 31

链, 6

良滤的, 160, 248, 266, 267

良序集, 13, 75

    存在最小不可数良序集, 13, 14

良序定理, 13

良序空间, 76, 158

    闭区间是紧的, 75

    是紧空间, 158

邻域, 20

邻域基, 26

邻域系, 20

    邻域系生成拓扑, 21

    邻域系性质, 20

邻域子基, 26

零维, 123, 188, 190

零维 Locale, 122

论域, 311, 347

滤向集, 6

滤子, 7, 70–72, 102, 155

    滤子基生成滤子, 70

滤子的极限, 71–74

滤子的聚点, 71

滤子基, 70

滤子诱导的网, 73

M

满传递, 137

满射, 5, 12

满行, 288, 301

满子范畴, 86, 340

幂等, 100

幂集, 2, 12, 148

幂集格, 102

N

内部, 22, 23

    内部运算性质, 22

内部收缩核, 31

    是子空间, 31

内部算子, 24, 100, 314

内点, 22

内涵, 288

内蕴拓扑, 125, 154

拟 C-连续, 206, 213

拟 C-连续格, 206, 207

  不必为分配格, 207

  有限格是拟 C-连续格, 207

拟 C-预代数的, 206

拟 C-预代数格, 206

拟逼近特征映射, 245

  是拟有限分离映射, 245

拟代数 domain, 184, 187, 252

拟代数格, 184

拟代数偏序集, 188, 190

  对非空 Scott 开集遗传, 188

  赋予 Lawson 拓扑是零维的, 190

拟单位逼近, 236, 239

  运算性质, 239

拟基, 185, 246, 256

  刻画定理, 246

拟连续 domain, 184–187, 218, 246, 249,
     252, 267, 270

  赋予 Scott 拓扑是 Sober 空间, 186

  每一主理想是拟连续 domain, 185

  是 C_σ-决定 dcpo, 218

  双小于关系有插入性质, 186

  与有拟基等价, 185

  Smyth 幂是连续 domain, 267

拟连续格, 184, 206, 207, 245, 268

  是 QFS-domain, 245

拟连续偏序集, 188, 190, 201, 268

  测度拓扑是零维的, 188

  对非空 Scott 开集遗传, 188

  赋予 Lawson 拓扑是 T_3 空间, 189

  赋予 Scott 拓扑是 II 型局部紧的,
     189

  与 Scott 闭集格是 GCD 格等价, 207

  与 Scott 拓扑是超连续格等价, 200

  与提升是拟连续的等价, 265

  Hoare 幂是拟连续并半格, 265

拟连续映射, 241, 244

拟连续元, 218

拟幂等压缩, 252

拟双有限 domain, 252

拟形式点, 261

拟有限分离集, 236

拟有限分离映射, 236, 238, 245

  运算性质, 238

逆串行, 323

逆关系, 4

逆态射, 87

凝聚 Locale, 117, 118, 122

凝聚空间, 122

凝聚性质, 258

凝聚映射, 122, 124

O

欧几里得关系, 312

欧氏平面, 34

P

陪域, 4

偏序, 6

偏序集, 6, 206

  Scott 闭集格是 C-预代数格, 206

偏序集的乘积, 8

平方度量, 17

平庸拓扑, 18

谱空间, 123

Q

前继邻域, 312

嵌入基, 136–138

  乘积是嵌入基, 137

嵌入子背景, 299, 300, 306, 307

强逼近于, 170

强基, 170

强连续偏序集, 170

强双小于, 170, 171

球形邻域, 17

区间拓扑, 154, 197, 199

曲线, 46

权, 139, 162

全不连通空间, 124

全分离的, 124

全序, 6, 13

全序集, 6

全有界集, 83

全有界空间, 83

全子 Locale, 115

缺边梳子空间, 47

R

入射空间, 176–178

　　乘积是入射空间, 177

　　赋予特殊化序是连续格, 178

　　收缩核是入射空间, 177

弱单调收敛空间, 164, 173

S

三角不等式, 16

商集, 6

商空间, 36, 37, 275

商拓扑, 36, 274, 280

商映射, 36, 37, 274, 275

上 Vietoris 拓扑, 266

上定向集, 6

上核映射, 115

上集, 7

上界, 7

上近似, 311, 312

　　运算性质, 311

上可遗传的, 191

上联, 100

上确界, 7

上拓扑, 154, 197, 198, 293

上拓扑连续映射, 156

上限拓扑, 26

实数空间, 16, 21

实直线, 16, 21, 274

始对象, 87

收敛类, 68

　　拓扑刻画, 68

收敛网, 63, 64

　　极限不必唯一, 64

收缩, 31, 161

收缩核, 31, 161, 177, 233

属性概念, 289

属性集, 287

属性外延, 289

数字 Jordan 曲线, 282

数字 Jordan 曲线定理, 282

数字简单闭曲线, 282, 284

数字平面, 273–275, 277–282

　　不是超连续的, 278

　　紧子集是有限集, 281

　　是 T_D 空间, 279

　　是 Alexandrov 空间, 274

　　是道路连通和局部连通的, 275

　　是仿紧空间, 279

　　在特殊化序下是代数 domain, 277

　　子集连通与道路连通等价, 282

数字区间, 282

数字拓扑, 273

数字圆, 282

数字轴, 273–275, 277–280

　　不是超连续的, 278

　　不是拓扑群, 280

　　是 S-超代数的, 277

　　是 T_D 空间, 279

　　是 Alexandrov 空间, 274

　　是道路连通和局部连通的, 275

　　是仿紧空间, 279

　　是连通序空间, 279

　　在特殊化序下是代数 domain, 277

双射, 5

双小于关系, 132, 133, 136, 139, 141, 162, 171, 243
  双小于关系性质, 132
双有限 domain, 234
  刻画定理, 234
素理想, 103, 104
素滤子, 103, 104
素元, 103, 104, 110

T

拓扑, 18, 358, 362
  Locale 上的拓扑, 109
  拓扑公理, 18
拓扑 Smyth 幂, 266
拓扑广义近似空间, 314
拓扑广义近似空间范畴, 340
拓扑核, 347
拓扑基, 24-27, 31, 33, 162, 167, 188, 246, 255, 264, 293
  成基定理, 25
  积空间的拓扑基, 33
  拓扑基的刻画, 24
拓扑交半格, 179
拓扑紧, 324
  拓扑紧不必是关系紧, 324
拓扑空间, 18
拓扑空间族, 32
拓扑空间族的积拓扑, 35
拓扑连续映射, 337
拓扑偏序集, 125
拓扑嵌入, 31
拓扑嵌入定理, 53
拓扑群, 279
拓扑同胚, 337
拓扑同胚性质, 338-340
  均是粗糙同胚性质, 339
拓扑性质, 29
拓扑学家的正弦曲线, 46, 49

拓扑诱导性质, 339
拓扑约简, 347
态射, 85, 86
  恒同态射唯一, 86
态射函数, 87
态射类, 85
态射族的乘积, 93
特殊化序, 126, 128, 154, 155, 159, 164, 172, 179, 255, 276–278, 280, 282, 292
提升, 128, 133, 146, 203, 265, 269
通常度量, 16
通常拓扑, 21, 362
同构, 8
同构函子, 89
同构态射, 87, 88
同胚, 28, 32, 177
  连续双射不必是同胚, 32
同胚性质, 29
同胚映射, 28, 110, 113
投射, 100, 130, 139
投影映射, 5, 34
  是连续开映射, 34
凸集, 46

W

外延, 288
完备 Boole 代数, 106
完备 Heyting 代数, 107, 152, 180, 181
完备并半格, 128
完备布尔代数, 326–328, 334, 335
完备度量空间, 82, 83, 263, 264
  闭形式球的偏序集是连续的, 263
完备范畴, 91
完备格, 105, 106, 157, 289, 332
  是 Lawson 紧的, 157
完备集, 82
完备集环, 148

是 CD-格, 代数格, 149

完备交半格, 128

完备子格, 148

完全分配格, 147, 163–165, 172, 173, 295,
    326–328, 332

    测度拓扑未必是局部紧的, 169

    是 cHa 和 GCD 格, 153

    是 GCD 格, 152

    是分配的超连续格, 199

    是空间式的, 163

    是连续格, 148

完全分配律, 147–149

完全函子, 89

完全双小于, 142, 143, 151, 277

    完全双小于关系的性质, 142

    与一致小于等价, 145

完全素理想, 111

完全素滤子, 111

完全素元, 111

完全余素元, 111

完全正则空间, 52

    任意积空间是完全正则的, 52

    是正则空间, 53

    子空间是完全正则的, 52

网, 63, 192–195

    网的 S-收敛点不必是下极限点, 193

    网的下极限点不必是序收敛点, 193

网的极限, 63, 73

网的聚点, 63

网诱导的滤子, 72

伪 Scott 拓扑, 169

伪补, 107

无交和空间, 32, 93

无交和拓扑, 32

无界, 284

无限分配律, 109

五边形格, 105

五元钻石格, 105

X

下定向集, 6

下方线性元, 218, 220

下极限, 192, 193, 196

下集, 7

下界, 7

下近似, 311, 312

    运算性质, 311

下可遗传, 171, 172, 174

下联, 100

下幂, 265

下确界, 7

下收敛, 193–195

下拓扑, 154, 194, 360

下限拓扑, 25

限制, 5

线性序集, 6

相容定向完备偏序集, 128

相容集, 128

相容凝聚性质, 257

相似, 13

像素, 283

小的开滤向基, 155, 182, 183

小范畴, 86

协变函子, 88

信息态射, 291, 298, 302, 305

信息同构, 291

形式背景, 287, 289, 292, 294, 296

形式背景范畴, 308–310

形式点, 255–260

形式概念, 288

序 Hausdorff 空间, 125, 126

    刻画定理, 126

序列, 41, 42

序列紧空间, 79–81

    不必紧致, 80

    是可数紧致空间, 80

序嵌入, 8

序收敛, 192, 193

序数, 13

序拓扑, 26, 75

序同构, 8, 9, 103, 117, 118, 138, 255

    保序双射不必是序同构, 9

序凸集, 128, 168

序型, 13

选择公理, 14, 75

选择函数, 14

Y

压缩, 232

一一映射 (对应), 5

    一一映射的逆, 5

一致集, 129

一致连续偏序集, 145

一致完备偏序集, 129

一致小于, 145

    一致小于关系的性质, 145

遗传的, 39

遗忘函子, 89

映射, 4, 5, 11

    可数集的像集可数, 11

    映射的复合运算, 5

    映射的像集和原像集运算性质, 5

    映射像引理, 5

映射像引理, 5

映射族分离点, 53

映射族分离点与闭集, 53

有标集族, 9

有补元, 106

有乘积, 92

有界, 284

有界 Sober, 216, 217, 219, 220

有界 Sober 的 dcpo, 216

有界格, 102

有界完备偏序集, 127

有限补拓扑, 18

有限-点, 222

有限分离集, 232

有限分离映射, 232

有限覆盖, 42

有限集, 11

有限交性质, 55

有限可乘的, 39

有限生成上集, 127, 247, 249

有限余拓扑, 18

有序对, 2

有有限乘积, 92

有余积, 92

右伴随, 94

诱导的拓扑, 19

余反射子范畴, 96

余积, 92

余极限, 91

余集, 2

(余素) 理想, 103

(余素) 滤子, 103

余素元, 103, 104, 155

余完备范畴, 91

余限制, 5

宇宙集, 2

预序, 6, 314, 335, 347

预序闭包, 343

预序集, 6

阈限 dcpo, 221, 223

元素, 1

原子, 7

圆理想, 137

圆理想完备化, 137

圆柱面, 38

约简, 290, 300

Z

在点 x 处局部连通, 46

在点 x 处局部道路连通, 46

在点处连续, 27

粘合空间, 36

粘合拓扑, 36

粘合映射, 6, 36

真子 Locale, 115, 122

真子集, 2

正定性, 16

正规广义近似空间, 321–323

    R-闭子空间是正规的, 323

正规空间, 51–53, 61, 322

    不必是正则的, 51

    邻域式刻画, 51

    Tietze 扩张定理, 52

    Tychonoff 定理, 53

    Urysohn 引理, 52

正联合关系, 335

正则 Locale, 119, 120

    子 Locale 是正则的, 120

正则关系, 331, 332

正则广义近似空间, 320–322

    均是正规广义近似空间, 322

    每个子广义近似空间是正则的, 321

正则集, 24, 106, 333

正则空间, 50, 51, 53, 61, 320

    不必是 T_2 的, 51

    邻域式刻画, 51

知识, 311

知识库, 344–346, 348–350, 352

直积, 93

直积背景, 291, 301, 303

值域, 4

指标集, 9

指数对象, 100

中介关系, 313

忠实函子, 89

终对象, 87

逐点序, 8

主理想, 7, 144, 209

主理想 C-连续集, 204, 205

    不必是 C-连续的, 205

主理想连续偏序集, 173

主滤子, 7

转移拓扑, 360

子 Locale, 115, 116, 120

    是 frame, 116

子背景, 290, 302

子范畴, 86

子覆盖, 42

子格, 103

子广义近似空间, 312, 321, 323, 325

子基, 25–27, 31, 34

    成子基定理, 25

    积空间的子基, 34

子基元, 25

子集, 1, 11, 38

    稠密子集刻画, 38

子集族, 9

子空间, 30, 31, 33, 55, 59, 156

    子空间的绝对性, 30

子空间拓扑, 30

子偏序集, 8

子完备格, 148

子网, 65–67

子序列, 41

自反关系, 5

自反性, 5

自然变换, 89, 95

自然同构, 90

自然投射, 6

自由积, 93

字典序关系, 8

最大元, 7

最小不可数良序集, 14

最小不可数序数, 14

最小基, 135

最小元, 7

最终定向的, 158

最终上界, 158, 192

最终上确界, 158

最终下界, 192, 193

左伴随, 94

其 他

A_1 空间, 39, 80

　　序列紧致与可数紧致等价, 80

A_2 空间, 39, 40, 42

　　是 Lindelöf 空间, 42

　　是可分空间, 40

b-拓扑, 158

C-决定空间, 217

C_σ-决定 dcpo, 217–220

　　不必是 Sober 的, 218

C_σ-决定元, 218

F_σ 集, 24

G_δ 集, 24

h-层, 222

n 维欧氏空间, 17

n 维球面粘点空间, 365

n 维球面粘点拓扑, 365

n 元组, 3

Q-相对核, 345, 351

Q-相对约简, 345

R-闭集, 314, 323, 325, 326

　　R-闭集族是完全分配格, 326

R-等价 (类), 6

R-隔离子集, 325

R-既开又闭集, 314, 327

　　集族是完备集环且是 cBa, 327

R-开集, 314, 326

　　R-开集族是完全分配格, 326

R-相关, 3

$T_{1/2}$ 空间, 274

$T_{3\frac{1}{2}}$ 空间, 52, 53, 76, 77

T_D 空间, 274, 279

T_0 背景, 296–301

　　兼容子背景是 T_0 的, 299

　　嵌入子背景是 T_0 的, 300

T_0 空间, 49, 172, 295, 317

T_0^a 广义近似空间, 316, 317, 321

T_0^u 广义近似空间, 317

T_0^u 性, 339

　　是粗糙同胚性质, 339

T_1 背景, 297–301

　　兼容子背景是 T_1 的, 299

　　均是 T_0 背景, 297

　　嵌入子背景是 T_1 的, 300

T_1 空间, 49, 50, 112, 317

　　不必是 Sober 空间, 112

　　单点集都是闭集, 50

T_1^a 广义近似空间, 317, 321

　　既是 T_0^a 又是 T_2^a 广义近似空间, 317

　　均是正则广义近似空间, 321

T_2 背景, 297–301

　　兼容子背景是 T_2 的, 299

　　均是 T_1 背景, 297

　　嵌入子背景是 T_2 的, 300

T_2 紧化, 58

T_2 空间, 50, 61, 362, 363

　　紧子集是闭集, 56

　　局部紧与核紧等价, 169

　　滤子至多有一个极限点, 71

　　是 Sober 空间, 112

　　收敛网有唯一极限, 64

T_2^a 广义近似空间, 317, 321, 322

T_3 空间, 50

T_4 空间, 51

T_i $(i = 0, 1)$ 广义近似空间, 318

$(T_1{+}\mathrm{Sober})$ 分解拓扑, 360

3-点性质, 279

4 连通, 285

4 邻接的点, 285

AE-仿紧背景, 304, 305, 307, 309

    范畴乘积是保持的, 309

AE-覆盖, 301

AE-紧致, 301–303, 310

    闭子背景是 AE-紧致的, 302

    直积是 AE-紧致的, 303

AE-局部有限覆盖, 304

AE-局部有限集族, 304

AKB, 352, 353, 356–358

Alexander 子基引理, 74

Alexandrov 空间, 274–276, 278, 279

    商空间是 Alexandrov 空间, 275

    有限积空间是 Alexandrov 空间, 274

    子空间是 Alexandrov 空间, 274

    T_0 的 Alexandrov 空间是 T_D 空间,
    279

Alexandrov 拓扑, 154, 278, 280, 292, 293,
    314, 328

    若是 T_1 的, 则是离散的, 315

bc-dcpo, 127–129

    不必一致完备, 129

bc-domain, 132, 178, 179, 234, 257, 268

    是 B-domain, 234

    是稠密入射空间, 178

bc-poset, 127, 211–213

B-domain, 232–234, 251

    非空 Scott 闭集为 B-domain, 233

    均是 FS-domain, 232

    收缩核为 B-domain, 233

    有限乘积为 B-domain, 233

BF-domain, 234, 252

    是 QBF-domain, 252

Boole 代数, 106, 107, 123

    Boole 代数的 Stone 表示定理, 123

    是 Heyting 代数, 107

Boole 格, 106

C-(预) 代数格, 202

Cauchy 网, 82

Cauchy 序列, 82

cdcpo, 128

CD-格, 147, 149, 150, 201, 203, 226, 231,
    254

    乘积是 CD-格, 149

    分配的超连续格不必是 CD-格, 201

    内蕴式刻画, 150

    与 S-超连续格等价, 150

    与其对偶是 CD-格等价, 149

CE-紧致, 303

cHa, 153, 212

    不必是 GCD 格, 153

    与交连续格和交 C-连续格等价, 212

coherent 的 dcpo, 248

coherent 空间, 160, 267, 268

C-逼近, 201

C-逼近关系, 201, 202, 205, 213

    运算性质, 202

C-代数格, 202, 209

C-代数偏序集, 202

C-连续, 202–206, 210, 213

    不必是主理想 C-连续集, 205

    是交 C-连续的, 210

    是拟 C-连续的, 206

    与提升是 C-连续的等价, 203

C-连续格, 202, 206, 212

    是分配格, 202

    C-连续格不必是交连续格, 212

C-小于, 201

C-预代数的, 202, 206

    是拟 C-预代数的, 206

C-预代数格, 202, 206

dcpo, 127, 171

Scott 拓扑下可遗传, 171

De Morgan 律, 11

Domain, 连续 domain, 132

dominated dcpo, 221

d-空间, 164

E-阈限的, 221

frame, 109, 296

Frame 范畴, 109

frame 同态, 109, 110

FS-domain, 232–234, 237, 240, 251

    非空 Scott 闭集为 FS-domain, 233

    关于 Lawson 拓扑是紧 T_2 的, 251

    加顶是 FS-domain, 240

    是 QFS-domain, 237

    是 Scott 紧的, 233

    是连续 domain, 233

    收缩核为 FS-domain, 233

    有限乘积为 FS-domain, 233

Galois 联络, 100, 101, 130, 135, 243

    刻画定理, 101

GCD 格, 151–153, 200, 206, 207, 268

    不必是分配格, 152

    内蕴式刻画, 152

    与拟 C-连续格且拟连续格等价, 206, 207

Hausdorff 极大原理, 15, 131

Hausdorff 空间, 50

Heine-Borel 性质, 55

Heyting 代数, 107

    是分配格, 107

Hilbert 空间, 17

Hoare 幂, 265, 269, 270

    不必是 QFS-domain, 270

Hofmann-Mislove 定理, 159

hull-kernel 拓扑, 216

II 型局部紧空间, 59, 189, 254, 266, 268

Lawson 交半格, 179

Lawson 拓扑, 157, 189, 190, 194, 195, 197, 199, 249, 251

    Lawson 紧偏序集是 dcpo, 157

LC-偏序集, 173–175

    不必是 PI-偏序集, 175

L-dcpo, 127

L-domain, 132, 230, 251, 259, 260

    函数空间刻画, 230

Lebesgue 数, 81

Lindelöf 空间, 42, 53

    不必是 A_2 空间, 42

    紧致与可数紧致等价, 79

Lindelöf 性, 42

Locale, 109, 110, 117, 147, 163

Locale 点, 109

Locale 范畴, 109

Locale 连续映射, 109

L-偏序集或 L-poset, 127

M* 性质, 247

mub(A)-完备, 128

M-区分函数, 355

M-区分矩阵, 353, 354

m 性质, 128

M 性质, 128, 208, 209, 214, 220

PI-偏序集, 173–175

    不必是连续偏序集, 175

    是 LC-偏序集, 174

QBF-domain, 252

    是拟代数 domain, 252

QFS-domain, 237, 243, 251, 252, 268, 270

    不必是连续 domain, 237

    对 Scott 连续投射像保持, 241

    对非空 Scott 闭子集遗传, 240

    关于 Lawson 拓扑是紧 T_2 的, 251

    关于某个拟基具有 M* 性质, 250

    加顶是 QFS-domain, 240

    拟连续投射像是 QFS-domain, 244

是拟连续 domain, 237
收缩核是 QFS-domain, 243
有限乘积是 QFS-domain, 240
与提升是 QFS-domain 等价, 269
Hoare 幂是 QFS-domain, 269
Smyth 幂是 FS-domain, 270
QRB-domain, 253
RB-domain, 232
RQ-区分函数, 348–350
RQ-区分矩阵, 346
Rudin 引理, 131, 208
Scott C-集, 209
Scott domain, 132, 262
Scott 闭集, 155, 166, 171, 202, 203, 206–
209, 211, 233, 240
Scott 函数空间, 226, 228
Scott 开集, 155, 165
Scott 开滤子, 159, 162, 163, 165
Scott 空间, 155, 176, 254
Scott 连续函数, 156
Scott 连续映射, 156, 203, 241
保 Scott 闭集并的映射不必是 Scott
连续的, 203
保定向并, 156
不必保 Scott 闭集并, 203
Scott 拓扑, 155–159, 162, 177, 181, 189,
194, 198, 214, 267
dcpo 上 Scott 拓扑的 Sober 性不能
蕴涵性质 M, 214
SC-偏序集, 170–174
非空 Scott 闭集是 SC-偏序集, 170
局部 Scott 拓扑是完全分配格, 172
是 PI-, LC-, 连续的偏序集, 174
有限乘积是 SC-偏序集, 170
Sierpiński 空间, 19, 64, 71, 112, 176, 177
是入射空间, 176
sL-dcpo, 128

sL-domain, 132, 227–229, 260
函数空间刻画, 229
提升是 L-domain, 227
sL-poset, 128
sL-偏序集, 128
Smyth 幂, 266–268, 270
Smyth 序, 131, 184, 240, 247, 248
Sober 的 dcpo, 216, 248
Sober 分解拓扑, 360
Sober 化, 114, 216
是唯一的, 114
Sober 化嵌入, 114
Sober 空间, 112, 114, 159, 214, 216, 254,
255, 280
不必是 T_1 空间, 112
刻画定理, 112
是 T_0 空间, 112
是良滤的, 160
在特殊化序下是 dcpo, 128
Hofmann-Mislove 定理, 159
Smyth 幂是 dcpo, 266
Sorgenfrey 平面, 34, 53
Sorgenfrey 直线, 25
Stone-Čech 紧化, 76–78, 93
是极大 T_2 紧化, 78
Stone 表示定理, 123
Stone 空间, 123
S-超代数格, 142
S-超代数偏序集, 142, 277, 280
S-超连续格, 142
S-超连续偏序集, 142–146, 173, 277
不必是连续偏序集, 143
刻画定理, 143
完全双小于关系有插入性质, 143
与提升是 S-超连续的等价, 146
与一致连续偏序集等价, 145
主理想 S-超连续自身不是的例, 145

主理想不必是 S-超连续偏序集, 144

Tietze 扩张定理, 52

Tukey 引理, 15

Tychonoff 乘积定理, 75, 80

Tychonoff 定理, 53

Tychonoff 空间, 52, 54

Urysohn 引理, 52

Vietoris 拓扑, 267

Zorn 引理, 15, 67, 70, 74, 75

$\mathcal{C}$-对象, 85

$\mathcal{C}$-态射, 85

$\mathcal{D}$ 的骨架, 97

$\mathcal{P}$ 决定的卡通, 285

$\mathcal{R}$ 的全体 Q-相对约简, 345

$\mathcal{S}$-收敛, 192, 193

Γ-忠实 dcpo 类, 221

ρ-开集, 17

τ_{int} 连续映射, 156

ε 球形邻域, 17